Periodensystem der chemischen Elemente

H^1 1s																	He^2 1s^2
Li^3 2s	Be^4 2s^2											B^5 2s^{2}2p	C^6 2s^{2}2p^2	N^7 2s^{2}2p^3	O^8 2s^{2}2p^4	F^9 2s^{2}2p^5	Ne^{10} 2s^{2}2p^6
Na^{11} 3s	Mg^{12} 3s^2											Al^{13} 3s^{2}3p	Si^{14} 3s^{2}3p^2	P^{15} 3s^{2}3p^3	S^{16} 3s^{2}3p^4	Cl^{17} 3s^{2}3p^5	Ar^{18} 3s^{2}3p^6
K^{19} 4s	Ca^{20} 4s^2	Sc^{21} 3d 4s^2	Ti^{22} 3d^2 4s^2	V^{23} 3d^3 4s^2	Cr^{24} 3d^5 4s	Mn^{25} 3d^5 4s^2	Fe^{26} 3d^6 4s^2	Co^{27} 3d^7 4s^2	Ni^{28} 3d^8 4s^2	Cu^{29} 3d^{10} 4s	Zn^{30} 3d^{10} 4s^2	Ga^{31} 4s^{2}4p	Ge^{32} 4s^{2}4p^2	As^{33} 4s^{2}4p^3	Se^{34} 4s^{2}4p^4	Br^{35} 4s^{2}4p^5	Kr^{36} 4s^{2}4p^6
Rb^{37} 5s	Sr^{38} 5s^2	Y^{39} 4d 5s^2	Zr^{40} 4d^2 5s^2	Nb^{41} 4d^4 5s	Mo^{42} 4d^5 5s	Tc^{43} 4d^6 5s	Ru^{44} 4d^7 5s	Rh^{45} 4d^8 5s	Pd^{46} 4d^{10} –	Ag^{47} 4d^{10} 5s	Cd^{48} 4d^{10} 5s^2	In^{49} 5s^{2}5p	Sn^{50} 5s^{2}5p^2	Sb^{51} 5s^{2}5p^3	Te^{52} 5s^{2}5p^4	I^{53} 5s^{2}5p^5	Xe^{54} 5s^{2}5p^6
Cs^{55} 6s	Ba^{56} 6s^2	La^{57} 5d 6s^2	Hf^{72} 4f^{14} 5d^2 6s^2	Ta^{73} 5d^3 6s^2	W^{74} 5d^4 6s^2	Re^{75} 5d^5 6s^2	Os^{76} 5d^6 6s^2	Ir^{77} 5d^9 –	Pt^{78} 5d^9 6s	Au^{79} 5d^{10} 6s	Hg^{80} 5d^{10} 6s^2	Tl^{81} 6s^{2}6p	Pb^{82} 6s^{2}6p^2	Bi^{83} 6s^{2}6p^3	Po^{84} 6s^{2}6p^4	At^{85} 6s^{2}6p^5	Rn^{86} 6s^{2}6p^6
Fr^{87} 7s	Ra^{88} 7s^2	Ac^{89} 6d 7s^2															

Ce^{58} 4f^2 6s^2	Pr^{59} 4f^3 6s^2	Nd^{60} 4f^4 6s^2	Pm^{61} 4f^5 6s^2	Sm^{62} 4f^6 6s^2	Eu^{63} 4f^7 6s^2	Gd^{64} 4f^7 5d 6s^2	Tb^{65} 4f^8 5d 6s^2	Dy^{66} 4f^{10} 6s^2	Ho^{67} 4f^{11} 6s^2	Er^{68} 4f^{12} 6s^2	Tm^{69} 4f^{13} 6s^2	Yb^{70} 4f^{14} 6s^2	Lu^{71} 4f^{14} 5d 6s^2
Th^{90} – 6d^2 7s^2	Pa^{91} 5f^2 6d 7s^2	U^{92} 5f^3 6d 7s^2	Np^{93} 5f^5 7s^2	Pu^{94} 5f^6 7s^2	Am^{95} 5f^7 7s^2	Cm^{96} 5f^7 6d 7s^2	Bk^{97}	Cf^{98}	Es^{99}	Fm^{100}	Md^{101}	No^{102}	Lr^{103}

Festkörperphysik

Die Grundlagen

von
J. Richard Christman
U. S. Coast Guard Academy

Mit 225 Bildern, 20 Tabellen, 242 Aufgaben
und 75 Beispielen samt Lösungen

R. Oldenbourg Verlag München Wien 1992

Autorisierte Übersetzung der englischsprachigen Ausgabe, die im Verlag John Wiley & Sons, Inc. Uunter dem Titel „Fundamentals of Solid State Physics" erschienen ist.

Copyright © 1988, by John Wiley & Sons, Inc.

All Rights Reserved

Deutsche Übersetzung: Dr.-Ing. *Monika Ziegler*

Die Deutsche Bibliothek – CIP-Einheitsaufnahme

Christman, J. Richard:
Festkörperphysik : die Grundlagen ; mit 242 Aufgaben und 75 Beispielen samt Lösungen / von J. Richard Christman. [Dt. Übers.: Monika Ziegler]. – München ; Wien : Oldenbourg, 1992
  Einheitssacht.: Fundamentals of solid state physics ⟨dt.⟩
  ISBN 3-486-21976-6

© 1992 R. Oldenbourg Verlag GmbH, München

Das Werk einschließlich aller Abbildungen ist urheberrechtlich geschützt. Jede Verwertung außerhalb der Grenzen des Urheberrechtsgesetzes ist ohne Zustimmung des Verlages unzulässig und strafbar. Das gilt insbesondere für Vervielfältigungen, Übersetzungen, Mikroverfilmungen und die Einspeicherung und Bearbeitung in elektronischen Systemen.

Satz: Falkner GmbH, Inning/A.
Gesamtherstellung: R. Oldenbourg Graphische Betriebe GmbH, München

ISBN 3-486-21976-6

Inhalt

Vorwort IX

1. Überblick über die Festkörperphysik

   1.1 Theorie des Festkörpers 3
   1.2 Atomarer Hintergrund 8
   1.3 Eigenschaften von Festkörpern 11
   1.4 Experimente am Festkörper 16
   1.5 Literatur 18

2. Kristallgitter

   2.1 Periodizität im Kristall 23
   2.2 Kristallsymmetrie 30
   2.3 Bravaisgitter 35
   2.4 Positionen, Richtungen und Ebenen im Kristall 43
   2.5 Literatur 51

3. Festkörperstrukturen

   3.1 Kristallstrukturen 59
   3.2 Strukturdefekte 70
   3.3 Amorphe Strukturen 74
   3.4 Flüssigkristalle 81
   3.5 Literatur 84

4. Elastische Streuung von Wellen

   4.1 Interferenz von Wellen 91
   4.2 Elastische Streuung an Kristallen 97
   4.3 Experimentelle Technik 107
   4.4 Streuung an Oberflächen 116
   4.5 Elastische Streuung an amorphen Festkörpern 121
   4.6 Literatur 123

5. Bindung

   5.1 Energieberechnungen 131
   5.2 Das molekulare Wasserstoffion 134
   5.3 Kovalente Bindung 143
   5.4 Ionenbindung 149
   5.5 Metallische Bindung 156
   5.6 Van der Waals Bindung 156
   5.7 Wasserstoffbrücken 160
   5.8 Literatur 160

6. Gitterschwingungen

6.1 Normale Schwingungen 167
6.2 Eine monoatomare, lineare Kette 173
6.3 Eine zweiatomare, lineare Kette 181
6.4 Gitterschwingungen in drei Dimensionen 188
6.5 Oberflächenschwingungen 197
6.6 Unelastische Neutronenstreuung 199
6.7 Elastische Konstanten 202
6.8 Literatur 206

7. Elektronenzustände

7.1 Qualitative Ergebnisse 215
7.2 Elektronenzustände in Kristallen 218
7.3 Fest gebundene Elektronen 224
7.4 Quasifreie Elektronen 228
7.5 Berechnungen von Elektronenenergien 237
7.6 Oberflächenzustände 241
7.7 Literatur 244

8. Thermodynamik von Phononen und Elektronen

8.1 Atomschwingungen 251
8.2 Elektronen am Nullpunkt der absoluten Temperatur 259
8.3 Elektronen bei Temperaturen oberhalb des absoluten Nullpunktes: Metalle 268
8.4 Elektronen bei Temperaturen oberhalb des absoluten Nullpunktes: Halbleiter 275
8.5 Spezifische Wärme 283
8.6 Literatur 288

9. Elektrische- und Wärmeleitfähigkeit

9.1 Elektronendynamik 299
9.2 Die Boltzmannsche Transportgleichung 307
9.3 Elektrische Leitfähigkeit 316
9.4 Wärmeleitfähigkeit 320
9.5 Streuung 328
9.6 Literatur 339

10. Dielektrische und optische Eigenschaften

10.1 Statische dielektrische Eigenschaften 349
10.2 Ferroelektrische und piezoelektrische Materialien 360
10.3 Elektromagnetische Wellen in Festkörpern 366
10.4 Frequenzabhängige Polarisierbarkeiten 372
10.5 Elektronische Polarisierbarkeit 377
10.6 Effekte freier Ladungsträger 384

10.7 Ionische Polarisierbarkeit 393
10.8 Literatur 398

11. Magnetische Eigenschaften

11.1 Grundlagen 407
11.2 Diamagnetismus und Paramagnetismus 412
11.3 Spontane Magnetisierung und Ferromagnetismus 423
11.4 Ferrimagnetismus und Antiferromagnetismus 436
11.5 Spinwellen 444
11.6 Magnetische Resonanzerscheinungen 448
11.7 Literatur 453

12. Freie Elektronen und Magnetismus

12.1 Freie Elektronen im Magnetfeld 463
12.2 Diamagnetismus des freien Elektrons 473
12.3 Paramagnetismus des freien Elektrons 477
12.4 Ladungstransport in Magnetfeldern 480
12.5 Literatur 490

13. Supraleitung

13.1 Merkmale der Supraleitung 498
13.2 Theorie von Supraleitern 507
13.3 Elektrodynamik von Supraleitern 518
13.4 Josephsoneffekte 527
13.5 Literatur 535

14. Physik von Halbleiterbauelementen

14.1 Überschußladungsträger und Fotoleitfähigkeit 543
14.2 Diffusion von Ladungsträgern 552
14.3 p-n-Übergänge 559
14.4 Halbleiterbauelemente 571
14.5 Literatur 580

Anhang

A. Gleichungen des Elektromagnetismus 587
B. Fourierreihen 588
C. Bestimmung der Madelungkonstanten 591
D. Integrale, die die Fermi-Dirac-Verteilungsfunktion enthalten 595
E. Elektronenübergänge in einem homogenen elektrischen Feld 597

Sachregister 600

Vorwort

Das ist eine erste Einführung in die Festkörperphysik für Studenten fortgeschrittener Semester. Schwerpunkt wurde auf das Verständnis der Grundvorstellungen gelegt, in der Hoffnung, daß die Studenten eine solide Basis für ihr weiteres Studium erhalten. Elektronen- und Phononenzustände werden zu Beginn beschrieben, um dann für die Diskussion der grundlegenden thermodynamischen, elektrischen, magnetischen und optischen Eigenschaften zur Verfügung zu stehen.
Ein wichtiges Anliegen des Buches ist es, überzeugende Beziehungen zwischen Festkörpereigenschaften und den Grundgesetzen von Quantenmechanik, Elektromagnetismus und Thermodynamik herzustellen. Es wurde versucht, jedes Phänomen eindeutig zu beschreiben und in schlüssiger Art zu zeigen, wie es aus den Grundgesetzen der Physik abgeleitet wird. Durch das Studium des Festkörpers können Grundgesetze besser verstanden werden, dieser Aspekt wird nicht vernachlässigt. Für viele Studenten ist es das erste Mal, daß sie ihr Wissen aus einer Vielzahl von Fächern des Grundstudiums einbringen müssen. Auf diese schwierige Aufgabe ist beim Abfassen dieses Textes Rücksicht genommen.
Ein zweites Anliegen ist es, die experimentellen Wurzeln dieses Gebietes zu zeigen. Es wurden Beschreibungen von vielen wichtigen Versuchen beigefügt. Sie wurden ausgewählt, um wichtige Gedanken zu beleuchten und zu zeigen, wie einige Grundgrößen gemessen werden können.
Um die Grundlagen umfassend behandeln zu können, wurden einige technische Anwendungen, die normalerweise in einem solchen Buch enthalten sind, nur kurz oder gar nicht erwähnt. Einige sind zu den Aufgaben am Kapitelende gesteckt worden. Die an den Kapitelenden angehängten ausgedehnten Literaturzitate enthalten oft Hinweise auf Arbeiten, die Anwendungen besprechen; sie werden denjenigen Studenten empfohlen, die an technologischen Aspekten dieses Gebietes interessiert sind.
Kapitel 14, das die Physik der Halbleiterbauelemente behandelt, wurde für die vielen Studenten eingefügt, die nach ihrem Studium direkt in die Halbleiterindustrie einsteigen wollen. Obwohl die Betonung auf den Grundbegriffen, insbesondere auf Rekombination und Diffusion liegt, werden einige wichtige Bauelemente diskutiert. Der Dozent hat so die Möglichkeit, den Stoff an jeder Stelle nach dem Kapitel 9 zu behandeln. Geschieht es jedoch vor Kapitel 10, wäre eine kurze Erklärung der optischen Absorption notwendig. Um die Werte von wichtigen Größen bestimmen zu können, sind numerische Rechnungen von Bedeutung. Die Studenten sollten die Größenordnungen von Fermienergien, Absorptionsfrequenzen, Debyetemperaturen und eine Menge anderer, den Festkörper charakterisierender Parameter kennen.
Deshalb sind überall im Text viele Beispiele mit Lösungen eingebaut, und etwa die Hälfte dieser Aufgaben betreffen derartige Rechnungen.
Andere Aufgaben sind komplizierter und können als Test dafür verwendet werden, ob der Stoff verstanden wurde. Die große Anzahl von Aufgaben und der breite Schwierigkeitsbereich bieten dem Dozenten zahlreiche Möglichkeiten.

Auch können die Aufgaben dem Vorwissen der Studenten angepaßt werden. Einige Probleme gehen über den Stoff dieses Textes hinaus, sie können als Grundlage für Seminare oder als Anregung für eine weiterführende Lektüre benutzt werden.

Mit Ausnahme von Ångströmeinheiten und dem Elektronenvolt wurden ausschließlich SI-Einheiten verwendet. Nach den ersten Semestern, in denen diese Einheiten eingeführt werden, sind die Studenten mit ihnen vertraut. Andererseits würde die Benutzung unbekannter Einheiten die Aufmerksamkeit vom Stoff ablenken. Da es in der Literatur viele Arbeiten in CGS-Gauss-Einheiten gibt, ist eine Umrechnungstabelle im vorderen Einband enthalten, die Maxwellschen Gleichungen findet man in Anhang A.

Die Studenten sollten einiges Wissen in Quantenmechanik, elektromagnetischer Theorie und Thermodynamik auf fortgeschrittenem Niveau mitbringen. Sie sollten auch mit den Lösungen der Schrödingergleichung für eindimensionale rechteckige Potentialtöpfe sowie den harmonischen Oszillatorpotentialen vertraut sein. Nützlich sind auch einige Begriffe der dreidimensionalen Quantenmechanik, insbesondere die kinetische Energie und Impulsoperatoren. In den Kapiteln über Magnetismus werden Drehimpulsoperatoren und erlaubte Werte des Drehimpulses verwendet. Zum Verständnis der Kapitel über Bindung und Elektronenzustände ist einiges Wissen über Atomzustände auf dem Niveau der üblichen Vorlesungen über moderne Physik hilfreich.

Die Maxwellschen Gleichungen sowohl in Integral- als auch in Differentialform werden häufig benutzt. Die Vorstellungen der elektrischen Polarisation und Magnetisierung sind zwar erläutert, trotzdem ist einige Erfahrung auf diesem Gebiet nützlich. Das Kapitel über Supraleitung benutzt das Vektorpotential. An einigen Kapitelenden sind ein paar Randwertprobleme eingefügt, aber die Betonung liegt darauf, *wie* aus den Lösungen physikalische Vorstellungen abgeleitet werden können und nicht auf den Lösungstechniken.

Die Begriffe Energie, Temperatur und Entropie werden häufig ohne Definition verwendet. Auch die kanonische Gesamtheit wird nur mit einer kurzen Erläuterung benutzt. Verteilungsfunktionen von Fermionen und Bosonen werden jedoch gründlich diskutiert, sobald sie eingeführt werden.

Die mathematische Vorbereitung sollte einiges Grundwissen über Laplace-, Gradient-, Divergenz- und Rotationsoperatoren und ihre Anwendung in der Quantenmechanik und elektromagnetischen Theorie beinhalten. Die Studenten sollten mit dem Gaußschen und dem Stokesschen Theorem vertraut sein. Für Wellenfunktionen werden komplexe Bezeichnungen verwendet, der Leser sollte in der Lage sein, die konjugiert Komplexe und die Größe einer komplexen Zahl zu ermitteln. Fourierreihen werden auch benutzt, und die Studenten sollten mit der Vorstellung vertraut sein, daß eine genau definierte, aber ansonsten beliebige Funktion in eine solche Reihe entwickelt werden kann. Ein Überblick dazu ist im Anhang enthalten.

Zum Entstehen dieses Buches haben viele beigetragen. Besonders dankbar bin ich *Frank J. Blatt* (Michigan State University), *Louis Buchholtz* (California State University in Chico), *Cheuk-Kin Chau* (California State University in Chico), *D. R. Chopra* (East Texas State University), *Robert J. DeWitt* (Southern Arkansas

University), *Eric Dietz* (California State University in Chico), *L. Edward Millet* (California State University in Chico), *Robert L. Paulson* (California State University in Chico) und *Lawrence Slifkin* (University of North Carolina). Sie haben das Manuskript sorgfältig gelesen und viele wertvolle Vorschläge gemacht. Ihre Bemühungen haben das Buch zum Nutzen der Studenten stark verbessert.

Während ich das Buch geschrieben habe, verbrachte ich ein anregendes Jahr im Rensselaer Polytechnic Institute und profitierte viel aus der Zusammenarbeit mit den Mitarbeitern des physikalischen Bereiches. Besonderer Dank gilt *Robert Resnick*, der meine Schreibbemühungen unterstützte und meinen Geist belebte, wenn der Weg steinig war. *Gerhard Salinger* verwendete einen Entwurf in seiner Vorlesung und leitete die Bemerkungen der Studenten an mich weiter. *Thomas Furtak* (jetzt bei der Colorado School of Mines) stellte Informationen über Oberflächenphononenzustände zur Verfügung, *Gwo-Chiang Wang* führte mich in LEED-Experimente ein, und *John Schroeder* half mir bei den amorphen Substanzen. Ich danke ihnen allen.

Die anhaltende Unterstützung von *Saul Krasner, Hugh Costello, Edward Wilds, Joseph Pancotti* und *Robert Fuller*, alles Mitarbeiter des physikalischen Bereichs der U. S. Coast Guard Academy, wird dankend anerkannt. *Mary McKenzie* von der Bibliothek war beim Aufspüren von Literaturzitaten besonders hilfreich. Ich danke auch für die Unterstützung von Captain *David A. Sandell*, wissenschaftlicher Dekan der Akademie.

Robert A. McConnin, früher Herausgeber für Physik bei Wiley und *Blanca Ferreris*, seine Assistentin, erleichterten in vielfältiger Weise das Schreiben und Veröffentlichen. Ich danke auch *Deborah Herbert*, die die Herausgabe überwachte, *Virginia Dunn*, die das Manuskript redigierte, *Ann Renzi*, die den Entwurf für das Buch machte und *Pam Pelton*, die die Herstellung überwachte. Die Zeichnungen wurden von *Sigmund Malinowski, Alfred Corring, Richard Schaffer* und *John Bukofsky* angefertigt. Es war eine große Freude, mit dieser Gruppe hart arbeitender Fachleute zusammenarbeiten zu können.

Dank gebührt auch dem technischen Hilfspersonal bei Image Processing Systems von Madison, Wisconsin, das dabei geholfen hat, ein gutes Textverarbeitungssystem zu erstellen, und dem Computer Establishment von Old Saybrook, Connecticut, das bei der Hardware geholfen hat.

Ich danke *meiner Frau, Mary Ellen*, die beim Manuskript mitgeholfen hat, und die enorme Geduld und gute Laune während des Schreibens bewies. Ihre Unterstützung soll dankend anerkannt werden.

Dieses Buch ist *Hillard B. Huntington* gewidmet, der mich in die Wunder des Festkörpers einführte. Er geht der Untersuchung des Festkörpers mit einem Eifer nach, der ansteckend ist. Als Lehrer hat er die beneidenswerte Fähigkeit, sowohl den Lehrstoff als auch seine Liebe zu ihm zu vermitteln.

J. Richard Christman

1. Ein Überblick über die Festkörperphysik

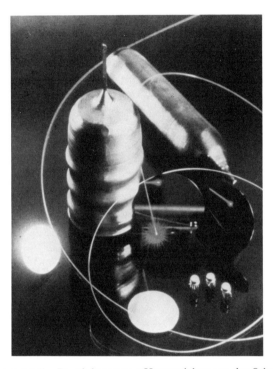

Galliumarsenideinkristalle. Durch langsames Herausziehen aus der Schmelze wächst der Kristall an der langen Nadel am oberen Ende.

1.1 Theorie des Festkörpers .. 3
1.2 Atomarer Hintergrund ... 8
1.3 Eigenschaften von Festkörpern 11
1.4 Experimente an Festkörpern 16

Festkörperphysiker versuchen in erster Linie, die Eigenschaften von Werkstoffen infolge ihrer Grundbausteine: Elektronen und Atomkerne zu verstehen. Warum sind einige Werkstoffe gute elektrische Leiter und andere nicht? Warum sind manche Werkstoffe gute Wärmeisolatoren? Warum sind einige Werkstoffe undurchsichtig und andere durchsichtig? Auf etwas höherem Niveau könnten wir fragen, warum ein bestimmter Festkörper Licht innerhalb eines definierten Frequenzbandes absorbiert, hingegen Licht benachbarter Frequenzen transmittiert, oder warum die Magnetisierung eines bestimmten Festkörpers in definierter Art von der Temperatur abhängt. Um diese und ähnliche Fragen beantworten zu können, braucht man detailliertes Wissen über die Bewegung von Elektronen und Kernen in Festkörpern und über die Wechselwirkung dieser Teilchen mit äußeren Feldern. Die meisten Festkörpereigenschaften folgen aus der gleichzeitigen Wechselwirkung der Teilchen untereinander und mit einem äußeren Feld. Hat man einmal die zugrundeliegenden physikalischen Mechanismen verstanden, kann man sie zur Herstellung von für bestimmte Anwendungen maßgeschneiderten Werkstoffen und Bauelementen ausnutzen. Die technologischen Folgen sind weitreichend: die für elektronische Anwendungen entwickelten Werkstoffe und Bauelemente bestätigen das. Aber die Elektronikindustrie ist gewiß nicht die einzige, die von dem anwachsenden Wissen über den Festkörper profitiert. Zum Beispiel können viele moderne Entwicklungen sowohl in der linearen als auch in der nichtlinearen Optik dem Einsatz neuer optischer Werkstoffe und Festkörperlaser zugeordnet werden. Die Untersuchung der Supraleitfähigkeit hat zur Entwicklung von Magneten hoher Feldstärken und leistungsfähigen Gleichstrommotoren ohne Widerstandsverluste geführt. Auch die Konstruktion empfindlicher Magnetometer für die Messung von Magnetfeldern läßt sich daraus ableiten. Die Kommunikationsindustrie hat von neuen Fasern für die Lichttransmission und von der Entwicklung der Mikrowellenverstärker profitiert. Die Hochenergie- und die Kernphysik verwenden jetzt Teilchendetektoren auf Halbleiterbasis.

Die Festkörperphysik hat auch bei einfacheren, aber ebenso wichtigen Dingen geholfen. Werkstoffe mit bestimmten thermischen, mechanischen oder dielektrischen Eigenschaften verdanken ihre Existenz unserem grundlegenden Verständnis der Festkörper. Außerdem werden Techniken, die für die Untersuchung von Festkörpern entwickelt wurden, jetzt erfolgreich für die Untersuchung biologischer Stoffe angewandt.

1.1 Theorie des Festkörpers

Die zum Verständnis der Festkörpereigenschaften verwendeten physikalischen Gesetze sind dieselben wie die, die benutzt werden, um Atome und Moleküle zu beschreiben: die Maxwellschen Gleichungen für elektromagnetische Felder und die Schrödingergleichung für Wellenfunktionen von Teilchen. Dazu müssen die Gesetze der Thermodynamik und der statistischen Mechanik hinzugefügt werden.

Elektronen und Kerne sind geladen, und ihre Wechselwirkung untereinander sind überwiegend elektrostatischer Natur. Grundsätzlich ist ein Festkörper eine Ansammlung von Kernen und Elektronen, die über das Coulombsche Gesetz miteinander wechselwirken. Indem man magnetische Wechselwirkungen mit einschließt und relativistisch korrigierte Ausdrücke verwendet, kann man bei einigen Rechnungen eine höhere Genauigkeit erzielen, aber in den meisten Fällen bringt das nur geringfügige Korrekturen.

Wellenfunktionen von Teilchen erhält man durch Anwendung der Schrödingergleichung, sie enthalten Informationen über dynamische Größen wie der mit den Teilchen verbundenen Energie. Im nächsten Schritt werden dynamische Größen zur Berechnung des Beitrages eines Elektrons in einem beliebigen Zustand zu unterschiedlichen Werkstoffeigenschaften benutzt. Wir werden diesem Weg mehrfach in diesem Buch folgen.

Nicht alle Zustände sind besetzt. Wir betrachten hauptsächlich Festkörper, die sich im thermodynamischen Gleichgewicht befinden oder durch äußere Kräfte nur wenig davon entfernt sind. Obwohl Teilchen kontinuierlich Zustände wechseln, kann die thermodynamische Wahrscheinlichkeit dafür, daß ein bestimmter Zustand besetzt ist, mit Hilfe der statistischen Mechanik berechnet werden. Diese Wahrscheinlichkeit gibt die mittlere Anzahl von Teilchen an, die einen bestimmten Zustand besetzen, wenn sich der Festkörper bei einer gegebenen Temperatur im thermodynamischen Gleichgewicht befindet. Um eine physikalische Eigenschaft zu ermitteln, wird der Beitrag jedes Zustandes durch die mittlere Besetzungszahl angegeben, und die Ergebnisse für alle Zustände werden summiert.

Eine äußere Kraft verändert die Wellenfunktionen der Teilchen und die Werte verschiedener dynamischer Größen. Um den Einfluß einer äußeren Kraft zu untersuchen, führen wir das oben angeführte Programm aus, aber addieren zur Schrödingergleichung Größen, die die Kraft beschreiben.

Die Struktur von Festkörpern

Die Atome in einem Festkörper sind nicht unbeweglich, sondern jedes Atom schwingt mit einer kleinen Amplitude um eine feste Gleichgewichtslage. Die stationären Gleichgewichtslagen der Atome geben dem Festkörper eine feste Struktur und unterscheiden ihn von einer Flüssigkeit oder einem Gas. In Flüssigkeiten und Gasen bewegen sich die Atome über große Entfernungen, und die Struktur ist nicht ortsfest.

Die Verteilung der atomaren Gleichgewichtslagen definieren die Struktur eines Festkörpers. Es gibt drei Hauptklassen: kristallin, amorph und polykristallin. In Kristallen bilden die atomaren Gleichgewichtslagen eine geometrische Anordnung, die sich exakt durch den ganzen Festkörper ohne Änderung der Zusammensetzung, Ausdehnung oder Orientierung wiederholt. Die atomaren Gleichgewichtslagen in einem amorphen Festkörper haben keine solche sich wiederholende Anordnung. Ein polykristalliner Festkörper setzt sich aus einer großen Zahl kleiner Kristalle, sogenannter Kristallite, zusammen. Die Atome bilden eine Anordnung genau wie in einem Kristall, aber deren Orientierung ändert sich abrupt an den Kristallitgrenzen. In Abhängigkeit davon, wie ein Werkstoff hergestellt wird, kann er kristallin, polykristallin oder amorph sein. Da die Gleichgewichtslagen in Kristallen eine sich wiederholende Anordnung bilden, wurden diese Festkörper gründlicher als amorphe oder polykristalline Festkörper untersucht. Die Struktur eines Kristalls verringert enorm die für viele Rechnungen nötige Arbeit. Die Schrödingergleichung muß zum Beispiel nur für Punkte innerhalb einer Anordnung anstatt für Punkte durch den ganzen Kristall hindurch gelöst werden. Bei vielen Experimenten sind die Ergebnisse an Kristallen viel leichter zu interpretieren als die Ergebnisse an amorphen Festkörpern. Außerdem ist der Einfluß der Periodizität auf kristalline Eigenschaften an sich schon interessant. Aber viele der bei der Untersuchung von Kristallen entwickelten Vorstellungen gelten auch für amorphe Stoffe, und Eigenschaften dieser Festkörper werden ebenfalls in diesem Buch besprochen.

Elektronen

Elektronen genügen dem Pauliprinzip: es gibt nur ein Elektron in einem Zustand eines Systems. Zwei Elektronen können zwar dieselbe räumliche Wellenfunktion haben, aber nur wenn der eine Spin nach oben und der andere nach unten gerichtet ist. Diese Tatsache hat wichtige Konsequenzen. Ein aus N Teilchen bestehendes Elektronensystem hat die niedrigste mögliche Gesamtenergie, wenn die N Zustände geringster Energie jeweils durch ein einzelnes Elektron besetzt und alle anderen Zustände unbesetzt sind. Die Besetzung der tiefsten Zustände zwingt andere Elektronen, höhere Zustände zu besetzen.
Weil sie dem Pauliprinzip genügen, spielen nicht alle Elektronen gleich wichtige Rollen bei der Bestimmung der Werkstoffeigenschaften. Elektronen, die fest an Atome gebunden sind und deshalb geringe Energie haben, werden nur geringfügig durch Nachbaratome oder äußere Kräfte beeinflußt. Sie tragen nur wenig zu den meisten Festkörpereigenschaften bei, weil es keine leeren Zustände benachbarter Energie gibt, in die sie angeregt werden können. Diese Elektronen werden Rumpfelektronen genannt, und die Kombination eines Atomkerns mit seinem Komplement von Rumpfelektronen wird Ionenrumpf genannt.
Elektronen außerhalb des Atomrumpfes tragen am meisten zu den Werkstoffeigenschaften bei. Diese Zustände sind den atomaren s- und p-Zuständen in teilweise gefüllten Schalen eng verwandt: zum Beispiel die $4s$-Zustände von Kalium und Kalzium und die $4s$- und $4p$-Zustände von Gallium und Germanium. In der gerade darunter liegenden Schale sind die s- und p-Unterschalen vollständig gefüllt, und diese Zustände sind zusammen mit jenen niedrigerer Energie Rumpfzustände.
Elektronen außerhalb des Atomrumpfes erzeugen die das Atom zusammenhaltenden Anziehungskräfte und zusammen mit den Ionenrümpfen Rückstellkräfte, die für die Schwingungsbewegungen der Atome verantwortlich sind. Diese Elektronen können in einem elektrischen Feld oder in einem Temperaturgradienten von Ort zu Ort wandern und sind für die elektrische Leitfähigkeit und maßgeblich für die Wärmeleitfähigkeit von Metallen verantwortlich. Sie absorbieren Licht

und tragen deshalb zu optischen Eigenschaften bei. Tatsächlich tragen die äußeren Elektronen direkt oder indirekt zu allen Festkörperphänomenen bei. Die Rumpfelektronen spielen auch eine wichtige Rolle. Sie sind für kurzreichweitige Abstoßungskräfte zwischen Atomen verantwortlich und verhindern deshalb den Kollaps von Festkörpern. Zusammen mit den Anziehungskräften infolge der äußeren Elektronen bestimmen die Abstoßungskräfte die atomaren Gleichgewichtsabstände. Die mit der Wechselwirkung von zwei Atomen verbundene potentielle Energie sollte wie die in Bild 1-1 gezeigte aussehen. Der Gleichgewichtsabstand R_0 ist am Kurvenminimum: Für Abstände größer als R_0 ziehen sich die Atome an und für kleinere Abstände stoßen sie sich ab. Rumpfelektronen halten der Kompression eines Festkörpers stand.

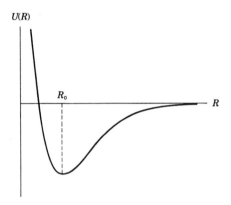

Bild 1-1 Eine typische Funktion der potentiellen Energie für die Wechselwirkung zweier Atome mit dem Abstand R. Für $R > R_0$ ziehen sich die Atome an, ein Phänomen, das mit Elektronen von teilweise gefüllten Schalen zusammenhängt. Für $R < R_0$ stoßen sich die Atome ab, die Abstoßungskraft wird stark, wenn sich die Wellenfunktionen der Rumpfelektronen überlappen.

Die oben gegebene Beschreibung von Rumpf- und Nichtrumpfzuständen läßt die teilweise gefüllten d- und f-Unterschalen der Atome der Übergangsmetalle aus. Die Energien dieser Zustände sind etwa denen der s- und p-Zuständen in der nächst höheren Schale gleich, aber die Wellenfunktionen erstrecken sich nicht so weit vom Kern wie die s- und p-Funktionen. Elektronen dieser Zustände tragen zu einigen Eigenschaften bei, aber nicht zu allen, und müssen auf einer Fall-zu-Fall Grundlage behandelt werden.

Atomschwingungen

Funktionen mit einem Minimum der potentiellen Energie führen zu Schwingungen der Atome um ihre Gleichgewichtslagen. Wenn die Amplitude der Bewegung klein ist, dann ist die Rückstellkraft proportional der Verschiebung, und die Bewegung jedes Atoms kann als lineare Kombination einfacher harmonischer Schwingungen beschrieben werden.

Wenn sich ein Atom bewegt, zwingt es seine Nachbarn aus ihren Gleichgewichtslagen heraus, und diese üben ihrerseits Kräfte auf ihre Nachbarn aus. Atomare Oszillationen werden deshalb als normale Schwingungsmoden beschrieben, als kollektive Schwingungen, bei denen alle Atome die gleiche Frequenz haben. Ein bestimmtes System kann nur mit definierten Frequenzen schwingen, und diese unterscheiden sich von Festkörper zu Festkörper, da die erlaubten Frequenzen durch die Gleichgewichtslagen der Atome und die Größe der Kräfte zwischen ihnen bestimmt sind. Das normale Schwingungsspektrum ist eine wichtige Kenngröße eines Festkörpers, und es wird eine Menge theoretischer und experimenteller Arbeit geleistet, um diese Spektren zu untersuchen. Normale Schwingungsenergien sind gequantelt. Die mit einer normalen Schwingung der Winkelfrequenz ω verbundene Energie kann geändert werden, aber nur in Vielfachen von $\hbar \omega$, wobei $\hbar$ die Plancksche Wirkungskonstante, dividiert durch 2π ($\hbar = 1{,}05 \times 10^{-34}$ J · s) ist. Das Energiequant $\hbar \omega$ wird Phonon genannt, der Name ähnelt dem Photon, dem elektromagnetischen Energiequant. Phononen tragen zu vielen Festkörpereigenschaften bei und können zusammen mit den Elektronen als Grundbestandteile eines Festkörpers betrachtet werden.

Mit Ausnahme von Sonderfällen, zum Beispiel Elektron – Positron – Annihilation oder β-Zerfall, bleibt die Anzahl von Elektronen in einem Festkörper konstant. Die Zahl der Phononen hingegen nicht, sie ist temperaturabhängig und ändert sich gewöhnlich bei Wechselwirkungen zwischen Ionenrümpfen.

Defekte

Defekte sind Anomalien in der atomaren Struktur, das heißt Bereiche, wo die Struktur von der im Festkörper üblichen abweicht. Zum Beispiel sind Fremdatome Defekte. In Kristallen sind alle Abweichungen von der regulären Atomanordnung ebenfalls Defekte. Einige von diesen können Leerstellen sein: das sind Plätze, an denen Atome entsprechend der Kristallstruktur fehlen. Andere können Zwischengitteratome sein, das sind Plätze, auf die Atome eigentlich nicht hingehören. Zusätzlich können kristalline Verbindungen ungeordnet sein, wobei einige Atome der einen Sorte Plätze besetzen, die von Atomen der anderen Sorte besetzt sein sollten.

Alle Kristalle haben Fremdatome, Zwischengitteratome, Leerstellen und andere Defekte. Einige Fremdatome stammen aus der Schmelze, aus der der Kristall gezüchtet wird, andere kommen während des Wachstumsprozesses in den Kristall oder diffundieren von der Oberfläche aus hinein. Leerstellen und Zwischengitteratome werden thermisch gebildet, und ihre Konzentrationen steigen mit der Temperatur.

Bei einer amorphen Struktur wird das Fehlen einer regulären Anordnung nicht als Defekt betrachtet, aber solche Strukturen können andere Defekttypen haben, zum Beispiel Fremdatome. Ein anderer Typ in kovalent gebundenen amorphen Festkörpern sind unabgesättigte Bindungen (dangling bonds). Solch ein Defekt tritt auf, wenn ein Atom normalerweise eine bestimmte Anzahl von Bindungen mit seinen Nachbarn hat, aber ein Atom hat weniger Bindungen.

Defekte beeinflussen in gewissem Maße nahezu alle Werkstoffeigenschaften. Die Streuung von Elektronen an Defekten und an schwingenden Wirtsatomen hat zur Folge, daß die elektrische Leitfähigkeit von Metallen und Halbleitern endlich ist. In Halbleitern ändern beigemengte Fremdatome deutlich die elektrischen Eigenschaften, weil die zum elektrischen Strom beitragende Zahl von Elektronen stark verändert wird. In manchen Festkörpern wirken Leerstellen wie geladene Teilchen und ziehen Elektronen an oder stoßen sie ab. Sie können das elektromagnetische Absorptionsspektrum des Materials und damit die Farbe ändern oder dazu führen, daß ein durchsichtiger Festkörper undurchsichtig wird.

1.2 Atomarer Hintergrund

Das Periodensystem der chemischen Elemente, das die Grundzustände der Elektronenkonfigurationen zeigt, ist auf der inneren vorderen Einbandseite wiedergegeben. Die Elemente sind von links nach rechts mit wachsender Atomzahl angeordnet. Elemente derselben Spalte haben ähnliche chemische Eigenschaften, und aus ihnen hervorgehende Festkörper haben gewöhnlich ähnliche physikalische Eigenschaften.

Edelgase

Atome der Edelgase in der letzten Spalte rechts wechselwirken nur schwach mit anderen Atomen. Dieses Verhalten folgt aus den Strukturen ihres Elektronenenergieniveaus und ihrer Grundzustandskonfigurationen. Mit Ausnahme von Helium hat die höchste besetzte Schale für alle diese Atome vollständig gefüllte s- und p-Unterschalen, und alle höheren Energiezustände sind frei. Für ein Edelgasatom der Reihe n sind die ns- und np-Unterschalen die höchsten gefüllten Unterschalen, und die niedrigsten leeren Zustände sind die s-Zustände der $n + 1$-Schale. In jedem Fall gibt es eine breite Energielücke zwischen dem höchsten gefüllten und dem tiefsten leeren Zustand, und jede Veränderung in der Elektronenkonfiguration erfordert eine beträchtliche Energie.
Edelgasatome gehen Bindungen unter 100 K ein und bilden dabei Festkörper. Diese Bindungen kommen hauptsächlich durch van der Waalssche Wechselwirkungen zustande. Geringe Veränderungen der Wellenfunktionen der Elektronen führen zur Bildung eines elektrischen Dipolmoments, und das damit verbundene elektrische Feld erzeugt Dipolmomente an Nachbaratomen. Dipole an Nachbaratomen ziehen einander schwach an, und die Atome drängen so eng zusammen, wie es die Rumpf-Rumpf-Abstoßung erlaubt. Jedes Atom in einem Kristall hat 12 nächste Nachbarn.

Spalten IA und IIA

Der Grundzustand irgendeines Atoms einer anderen Spalte des Periodensystems besteht aus einer Edelgaskonfiguration und aus einem Elektron oder mehreren in höheren Energiezuständen. Die ersten Elektronen sind im Atomrumpf, und die

Rumpfkonfiguration eines Atoms einer bestimmten Reihe ist jene des Edelgasatoms der vorangegangenen Reihe.

Mit Ausnahme von Wasserstoff, das nur ein Elektron hat, haben die Atome der Spalte IA des Periodensystems jedes ein einzelnes s-Elektron außerhalb des Edelgasrumpfes, und die Atome der Spalte IIA haben jeweils zwei s-Elektronen außerhalb ihrer Atomrümpfe. In jedem Fall sind diese s-Elektronen schwach an die Atome gebunden, und ihre Wellenfunktionen erstrecken sich weit über den Atomrumpf hinaus. Ein $3s$-Elektron von Kalium hat zum Beispiel eine Energie von etwa -5.2 eV, und der äußere Peak seiner Wahrscheinlichkeitsdichte liegt etwa 1.3 Å vom Kern entfernt. Diese Werte wollen wir mit einem $2p$-Rumpfelektron vergleichen, das eine Energie von etwa -36 eV hat und dessen äußerer Peak 0.26 Å vom Kern entfernt ist.

IA- und IIA-Elemente werden bei Temperaturen im Bereich von 300 bis 1600 K fest. Bei einer Bildung des Festkörpers werden die äußeren s-Elektronen einfach von ihren ursprünglichen Atomen weggezogen, sie werden frei und können sich im Material bewegen. Die Energien dieser Elektronen verringern sich, und die Atome gehen Bindungen untereinander ein. Diese Stoffe sind Metalle. Ihre hohen Konzentrationen an freien Elektronen machen sie zu ausgezeichneten elektrischen Wärmeleitern und sind die Ursache ihres hohen optischen Reflexionsvermögens. Mit Ausnahme von Wasserstoff nennt man Elemente der IA-Spalte Alkalimetalle und Elemente der IIA-Spalte Erdalkalimetalle.

Die rechte Seite des Periodensystems

Atome der Spalten III, IV, V, VI und VII haben vollständig gefüllte s-Unterschalen und teilweise gefüllte p-Unterschalen außerhalb ihrer Atomrümpfe. Diese Elemente haben eine große Vielfalt von physikalischen Charakteristika. Stickstoff, Sauerstoff, Fluor und Chlor sind bei Raumtemperatur Gase, werden aber bei Temperaturen unter 100 K fest. Brom ist bei Raumtemperatur flüssig, und die übrigen Elemente sind Festkörper. Gallium schmilzt etwa bei Raumtemperatur, Silizium etwa bei 1670 K und Kohlenstoff in Diamantform bei über 3700 K. Aluminium, Zinn und Blei sind Metalle. Arsen, Antimon und Wismut haben viele Merkmale von Metallen, sind aber keine typischen Metalle. Einige Arten von Kohlenstoff und Tellur sind einigermaßen gute elektrische Leiter, aber diese Elemente sind nicht metallisch. Silizium und Germanium sind Halbleiter. Die reinen Stoffe sind bei tiefen Temperaturen Isolatoren, aber bei hohen Temperaturen oder bei Zugabe bestimmter Fremdatome werden sie einigermaßen gute Leiter. Andere Elemente von dieser Seite des Periodensystems sind Isolatoren.

Mit Ausnahme der Metalle gehen die Atome der rechten Seite des Periodensystems beim Übergang zum Festkörper kovalente Bindungen untereinander ein. Bei einer kovalenten Bindung besetzen die Elektronen einen Bereich längs einer zwei Atome verbindenden Linie, und die Energie wird hauptsächlich, weil solche Elektronen von zwei Ionenrümpfen anstatt nur von einem angezogen werden, erniedrigt. Solche Bindungen sind extrem stark.

Ein Atom kann höchstens zu vier anderen Atomen kovalent gebunden sein. In Germanium, Silizium und Diamant hat gewöhnlich jedes Atom nur vier nächste

Nachbarn, die an den Ecken eines regulären Tetraeders angeordnet sind, und die feste Struktur zeigt eine Kugelpackung, die viel lockerer als die eines typischen Metalls oder eines Festkörpers mit van der Waals-Bindung ist. In kovalenten Bindungen können sich die Elektronen nicht leicht durch den Festkörper bewegen, deshalb sind diese Stoffe viel schlechtere elektrische Leiter als Metalle.
Nicht alle kovalent gebundenen Atome bilden Tetraederstrukturen. In Graphit (eine andere Form von Kohlenstoff) hat jedes Atom kovalente Bindungen zu drei anderern Atomen, alle in einer Ebene, aber die Atomebenen werden untereinander über van der Waals-Kräfte angezogen.
Stickstoffatome bilden durch kovalente Bindungen aus jeweils zwei Atomen bestehende Moleküle, fester Stickstoff entsteht hingegen durch van der Waals-Anziehung der Moleküle untereinander. Fester Sauerstoff wird in ähnlicher Weise gebildet.

Übergangsmetalle

Die breiten mittleren Bereiche der vierten, fünften, sechsten und siebenten Reihe des Periodensystems enthalten die Übergangsmetalle. In diesen Atomen sind die d- und f-Zustände gefüllt, wobei sich die Energie erhöht. In der vierten Reihe sind zum Beispiel in den ersten zwei Spalten die $4s$-Zustände gefüllt und in den mittleren Spalten die $3d$-Zustände. Ähnliche Verhältnisse liegen in der fünften Reihe vor. In der sechsten Reihe hat Lanthan ein einzelnes $5d$-Elektron, dann werden aber $4f$-Zustände gefüllt, bevor das Auffüllen von $5d$-Zuständen wieder bei Hafnium beginnt. Die siebente Reihe zeigt ein ähnliches Bild.
Obwohl die d-Zustände in den Übergangsreihen Energien vergleichbar denen der äußeren s-Zustände haben, sind die Scheitelpunkte der d-Wellenfunktionen sehr wohl innerhalb der äußeren Scheitelpunkte der s-Wellenfunktionen und somit im allgemeinen ziemlich nahe dem Atomrumpf. Für Scandium in der $3d$-Serie liegt das äußere Maximum der $4s$-Wahrscheinlichkeitsdichte bei $r = 1.6$ Å, und das Maximum der $3d$-Wahrscheinlichkeitsdichte bei $r = 0.53$ Å.
Da im Festkörper ein s-Elektron oder mehrere pro Atom frei beweglich sind, sind diese Elemente Metalle. Andererseits haben d-Zustände kovalentähnliche Bindungen mit ihren Nachbarn und erzeugen somit extrem feste Atombindungen. Von allen metallischen Elementen ist Wolfram in der $6d$-Serie der Festkörper mit der festesten Bindung. Wie wir sehen werden, sind die d-Elektronen in unvollständig gefüllten Unterschalen für die magnetischen Eigenschaften der Übergangsmetalle wichtig. Eisen, der Prototyp eines ferromagnetischen Stoffes, ist ein $3d$-Übergangsmetall.
Obwohl die Energien von f-Elektronen in Atomen der sechsten und siebenten Reihe den Energien der d-Zustände vergleichbar sind, sind diese Elektronen tief in den Rümpfen versteckt. In der Lanthanserie liegen zum Beispiel die äußeren Maxima der $4f$-Funktionen bei Abständen von 0.21 Å bis 0.37 Å vom Kern entfernt. Die $5p$-Rumpffunktionen haben andererseits ihre Maxima bei 0.63 Å bis 0.85 Å Entfernung vom Kern. Als Folge davon haben $4f$-Elektronen keine deutliche Wechselwirkung mit Nachbaratomen. In einigen Festkörpern kann jedoch eins der f-Elektronen zu einem d-Zustand übergehen und dabei seine Wechsel-

wirkung mit Nachbaratomen verstärken. Elektronen in unvollständig gefüllten f-Zuständen sind für die magnetischen Eigenschaften der Elemente der sechsten und siebenten Reihe wichtig.

Spalten IB und IIB

Die drei Übergangsreihen enden mit Nickel, Palladium und Platin. Atome der nächsten, der IB-Spalte haben vollständig gefüllte d-Unterschalen, und jedes Atom hat ein Elektron in seiner äußeren s-Unterschale. Das sind die Edelmetalle, und diese sind in vielerlei Hinsicht den Alkalimetallen ähnlich. Atome der Zinkfamilie in der IIB-Spalte haben vollständig gefüllte d- und s-Unterschalen. Sie sind ein wenig den Erdalkalimetallen ähnlich. Für beide Atomarten sind die d-Energiezustände genügend tiefer als die s-Zustände. Sie sind für einige, aber nicht alle Eigenschaften wichtig.

1.3 Eigenschaften von Festkörpern*

Die Anzahl der untersuchten Eigenschaften ist sehr groß. In diesem Kapitel wird ein kurzer Überblick gegeben, die Einzelheiten werden an den entsprechenden Stellen im Buch besprochen.

Mechanische Eigenschaften

Die Dichte der meisten üblichen Festkörper liegt zwischen 1×10^3 und 25×10^3 kg/m^3. Bei einer endgültigen Analyse wird die Dichte eines Festkörpers aus den Atommassen und den Bindungskräften zwischen den Atomen bestimmt. Die Bindungskräfte legen die atomaren Gleichgewichtslagen und somit das benötigte Volumen fest. Für die meisten Festkörper liegt die Atomkonzentration innerhalb einer Größenordnung von 10^{28} Atome/m^3, und der mittlere Atomabstand beträgt einige Ångströmeinheiten (1 Å = 10^{-10} m).

Die Bindungskräfte bestimmen auch die Kohäsionsenergie eines Festkörpers. Das ist die pro Atom benötigte Energie, um einen Festkörper in neutrale Atome in Ruhelagen zu zerlegen und sie weit genug voneinander zu entfernen. Kohäsionsenergien haben Werte von etwa 0.02 eV/Atom bis über 10 eV/Atom. Sie sind für van der Waals-Bindung klein und für kovalente Bindung groß, während die Daten für die metallische Bindung zwischen diesen Grenzwerten liegen.

Äußere mechanische Kräfte verformen Festkörper. Die Verformung kann als Druck, Scherung oder einer Kombination davon stattfinden. In jedem Falle verhalten sich die meisten Festkörper wie ideale Federn; wenn die wirkenden Kräfte genügend klein sind, dann ist die Verformung proportional der Spannung (angewandte Kraft/Flächeneinheit). Die Proportionalitätsfaktoren heißen elastische Konstanten, und ihre Werte sind wichtige Festkörperparameter. Der Kompres-

---

* Die Werte im folgenden Abschnitt wurden dem American *Institute of Physics Handbook*, 3. Auflage (New York: McGraw-Hill, 1972) entnommen.

sionsmodul, der den für eine bestimmte Änderung des Probenvolumens benötigten Druck angibt, hängt von diesen Konstanten ab. Von allen bei Raumtemperatur festen chemischen Elementen läßt sich Cäsium am leichtesten komprimieren. Ein Druck von 5×10^8 Pa verringert das Volumen einer Cäsiumprobe um etwa 16%. Durch denselben Druck werden die meisten anderen Elemente um 5% oder weniger komprimiert.

Elastische Wellen breiten sich im Festkörper aus. Die Wellengeschwindigkeiten, sogenannte Schallgeschwindigkeiten, werden aus den Atommassen und interatomaren Kräften bestimmt. Schubkräfte sind im allgemeinen viel schwächer als Kompressionskräfte, deshalb sind die Geschwindigkeiten transversaler oder nahezu transversaler Wellen viel geringer als die Geschwindigkeiten longitudinaler oder nahezu longitudinaler Wellen. In Aluminium breiten sich zum Beispiel Longitudinalwellen mit 6000 m/s und Querwellen mit 3000 m/s aus.

Thermische Eigenschaften

Die einem Festkörper zur Erhöhung seiner Temperatur zuzuführende Energie pro Kelvin heißt Wärmekapazität. Es gibt verschiedene Wärmekapazitäten, da andere, von außen kontrollierbare Kenngrößen eines Festkörpers sich während des Aufheizprozesses ändern können. Die Wärmekapazität bei konstantem Volumen hängt im wesentlichen von Teilchenbewegungen ab, und wir wollen sie deshalb im einzelnen besprechen.

Wenn ein Festkörper oberhalb der tiefsten Temperaturen erwärmt wird, dann sind die schwingenden Atome die primären Energieempfänger. Die Schwingungsenergie nimmt bei der Erwärmung zu oder anders gesagt, die Anzahl der Phononen nimmt zu. Die klassische statistische Mechanik sagt voraus, daß die Wärmekapazität bei konstantem Volumen $3 Nk_B$ sein sollte, wobei k_B die Boltzmannkonstante und N die Anzahl von Atomen in der Probe ist. Dieses Ergebnis erhält man experimentell bei hohen Temperaturen, bei tiefen Temperaturen ist aber der Quotient aus Phononenverteilung und Wärmekapazität gleich der dritten Potenz der absoluten Temperatur. Das Tieftemperaturverhalten der Wärmekapazität ist ein Beweis für die Quantisierung der Schwingungsenergie.

Auch die Elektronen erhalten einen Teil der bei der Erwärmung aufgenommenen Energie. Bei mittleren und hohen Temperaturen ist das ein vernachlässigbarer Anteil, aber bei tiefen Temperaturen wird er für Metalle signifikant. Der Elektronenanteil zur Wärmekapazität nimmt proportional mit der Temperatur zu, womit bewiesen wird, daß die Elektronen die zugeführte Energie nicht gleichmäßig aufteilen.

Die Wärmeleitfähigkeit ist ein Maß für die Geschwindigkeit, mit der Energie von einem Bereich eines Festkörpers zu einem anderen übertragen wird, wenn die zwei Bereiche unterschiedliche Temperaturen haben. Für die meisten Stoffe ist der Energiefluß Q proportional dem Temperaturgradienten (dT/dx für einen Energiefluß in x-Richtung).* Im Speziellen gilt $Q = -\varkappa (dT/dx)$, wobei $\varkappa$ die Wärmeleitfähigkeit ist.

---

* Um den Energiefluß zu bestimmen, betrachten wir einen infinitesimalen Bereich senkrecht zur Richtung des Energieflusses. Der Fluß ist dann die Energie, die diesen Bereich pro Einheitszeit pro Einheitsbereich durchfließt.

1.3 Eigenschaften von Festkörpern

Sowohl Elektronen als auch Phononen sind bei der Energieübertragung von einer Stelle zu einer anderen im Festkörper beteiligt. In Metallen sind Elektronen die primären Ladungsträger, und diese Stoffe haben im allgemeinen hohe Wärmeleitfähigkeiten. So ist zum Beispiel die Wärmeleitfähigkeit bei Raumtemperatur von Aluminium etwa 235 W/m · K und von Kupfer etwa 400 W/m · K. Die meisten Nichtmetalle, bei denen Phononen die primären Energieträger sind, haben geringe Wärmeleitfähigkeiten. Sie ist zum Beispiel für Natriumchlorid 6 W/m · K. Die Wärmeleitfähigkeiten von Diamant und Silizium sind jedoch über 100 W/m · K.

Nahezu alle Werkstoffeigenschaften hängen von der Temperatur ab. Die meisten Stoffe dehnen sich bei steigender Temperatur aus. Einige werden bessere elektrische und Wärmeleiter, andere schlechtere. Magnetisches Eisen verliert oberhalb einer bestimmten kritischen Temperatur seine Magnetisierung, wenn nicht ein äußeres Feld angelegt wird. Es werden viele theoretische und experimentelle Anstrengungen unternommen, um das Temperaturverhalten der Werkstoffeigenschaften zu verstehen, und ein großer Teil dieses Buches beschreibt die Ergebnisse.

Elektrische Eigenschaften

Für Werkstoffe, die dem Ohmschen Gesetz gehorchen, ist die Beziehung zwischen einem angelegten elektrischen Feld $\mathcal{E}$ und der dadurch erzeugten Stromdichte $\mathbf{J}$ gleich $\mathbf{J} = \sigma \cdot \mathcal{E}$, wobei σ die Leitfähigkeit ist.* Für die meisten Werkstoffe hängt die elektrische Leitfähigkeit von der Konzentration der freien Elektronen und den Geschwindigkeiten, die sie in einem elektrischen Feld erhalten, ab. Da Elektronengeschwindigkeiten durch Streuung an schwingenden Atomen und Defekten in der atomaren Struktur begrenzt werden, hängt die Leitfähigkeit von der Temperatur und der Konzentration an Fremdatomen, Leerstellen und anderen Defekten ab.

Die Qualität eines Festkörpers als elektrischer Leiter wird durch den Wert seiner elektrischen Leitfähigkeit angegeben. Gute Leiter, wie reines Kupfer, Silber und Gold haben bei Raumtemperatur Leitfähigkeiten von etwa $5 \times 10^7 \, (\Omega \cdot m)^{-1}$. Im Gegensatz dazu ist die Leitfähigkeit von Natriumchlorid bei Raumtemperatur in der Größenordnung von $10^{-11} \, (\Omega \cdot m)^{-1}$. Man beachte den durch diese Werte wiedergegebenen enormen Wertebereich. Halbleiter haben elektrische Leitfähigkeiten zwischen denen von Leitern und Isolatoren. Bei tiefen Temperaturen sind reine Halbleiter Isolatoren, aber ihre Leitfähigkeiten nehmen mit steigender Temperatur rasch zu und sind oberhalb der Raumtemperatur gewöhnlich nur einige Größenordnungen kleiner als die von Metallen. Bei Raumtemperatur ist die Leitfähigkeit von reinem Germanium etwa $2 \, (\Omega \cdot m)^{-1}$. Die Leitfähigkeiten von Halbleitern können um einen Faktor von einigen Hundert oder mehr erhöht werden, wenn bestimmte Fremdatome hinzugefügt werden. Dieses Verhalten, das trotz verstärkter Streuung an Fremdatomen auftritt, ist für die meisten elektronischen Anwendungen der Halbleitermaterialien besonders wichtig.

---

* Stromdichte ist Ladungsfluß: die Ladung pro Flächeneinheit und Zeiteinheit, die einen infinitesimalen Bereich senkrecht zum Fluß kreuzt.

Supraleiter haben bei tiefen Temperaturen einen elektrischen Widerstand von Null. Wenn in einer supraleitenden Schleife Strom fließt, tritt keine Erwärmung auf, und der Strom fließt, selbst wenn keine Quelle einer elektromotorischen Kraft vorhanden ist, unvermindert. Oberhalb einer kritischen Temperatur wird der Stoff ein normaler Leiter mit einem von Null verschiedenen elektrischen Widerstand. Auch ein genügend großes Magnetfeld führt den Supraleiter in den normalen Zustand über. Zum Beispiel ist Blei unterhalb von 7.23 K ein Supraleiter und darüber ein normaler Leiter. In der Nähe von 0 K erzeugt ein Feld von etwa 8×10^{-2} T in einer Bleiprobe den normalen Zustand. Es wurden supraleitende Verbindungen mit kritischen Temperaturen von über 90 K und von kritischen Feldern von über 100 T entwickelt.

Bei der Untersuchung von Isolatoren ist die dielektrische Konstante die elektrische Größe von primärem Interesse. Durch ein äußeres elektrisches Feld werden gebundene Elektronen und Ionen in verschiedene Richtungen verschoben, und es erfolgt Ladungstrennung oder Polarisation. Der Mittelpunkt der Elektronenverteilung für jedes Atom entfernt sich ein wenig vom Kern, deshalb haben die Atome elektrische Dipolmomente. Das Feld richtet gewöhnlich die Dipolmomente aus, und da die Momente Ursachen eines elektrischen Feldes sind, kann das Gesamtfeld in einem polarisierten Festkörper deutlich unterschiedlich vom äußeren Feld sein.

Die Polarisation **P** an einem Punkt im Festkörper ist das Dipolmoment pro Einheitsvolumen dort, und für die meisten Stoffe ist sie proportional dem gesamten elektrischen Feld an diesem Punkt. Wenn $\mathcal{E}$ das lokale elektrische Feld ist, dann ist $\mathbf{P} = \mathcal{E}_0 (K - 1) \mathcal{E}$, wobei K die dielektrische Konstante des Materials und $\mathcal{E}_0$ die Dielektrizitätskonstante im Vakuum ist. Ein Festkörper mit einer großen dielektrischen Konstante wird leicht polarisiert und verändert dabei das elektrische Feld deutlich. Wenn ein Material mit der dielektrischen Konstanten K zwischen die Platten eines Kondensators gebracht wird, nimmt die Kapazität um den Faktor K zu. Der Raum zwischen den Platten eines Kondensators, der zur Energiespeicherung benutzt wird, wird oft mit einem Material mit großen dielektrischen Konstanten gefüllt. Für eine bestimmte Potentialdifferenz zwischen den Platten ist die gespeicherte Energie proportional der dielektrischen Konstanten des Füllmaterials.

Die meisten Alkalihalogenide haben dielektrische Konstanten von etwa 5. Die dielektrischen Konstanten der Elemente aus der IVten Spalte des Periodensystems sind größer: 13 für Kohlenstoff in Diamantform, 12 für Silizium und 16 für Germanium. Einige Verbindungen, vor allem Bleiverbindungen, haben extrem große dielektrische Konstanten: Bleiselenid hat etwa 280, und Bleitellurid hat etwa 400. Einige Festkörper, wie zum Beispiel Bariumtitanat, sind auch ohne ein äußeres Feld polarisiert.

Magnetische Eigenschaften

Ein magnetisches Feld verändert Elektronenbahnen und Spinrichtungen, und deshalb haben Atome in einem Feld oft nichtverschwindende magnetische Dipolmomente. Wenn das so ist, wird das Feld durch deren Anwesenheit geändert. Die

1.3 Eigenschaften von Festkörpern

Magnetisierung **M** eines Festkörpers ist das Dipolmoment pro Volumeneinheit und sie ist für viele Materialien an jedem Punkt proportional dem lokalen Magnetfeld. Diese Situation ist der elektrischen Polarisation eines Dielektrikums analog, aber die mathematische Beschreibung ist etwas unterschiedlich. Das Magnetfeld **H** ist an jedem Punkt definiert durch $\mathbf{H} = (1/\mu_0)\mathbf{B} - \mathbf{M}$, wobei **B** die magnetische Flußdichte ist, die magnetische Suszetilibität χ_m ist für viele Stoffe durch $\mathbf{M} = \chi_m \mathbf{H}$ gegeben.

Ein Festkörper mit einer positiven magnetischen Suszeptibilität heißt paramagnetisch. Bei Anwesenheit eines solchen Festkörpers ist das Gesamtfeld größer als das äußere Feld. Ein Festkörper mit einer negativen magnetischen Suszeptibilität heißt diamagnetisch, und bei solchen Materialien ist das Gesamtfeld kleiner als das äußere Feld. Aluminium ist zum Beispiel paramagnetisch und hat bei Raumtemperatur eine magnetische Suszeptibilität von $+2.1 \times 10^{-5}$. Wismut ist diamagnetisch mit einer magnetischen Suszeptibilität von -1.64×10^{-5} bei Raumtemperatur.

Unterhalb einer bestimmten Temperatur, dem sogenannten Curiepunkt, erfolgt in einem Ferromagneten spontane Magnetisierung, das heißt, die Probe wird auch ohne ein äußeres Feld magnetisch. Bei Temperaturen oberhalb des Curiepunktes ist ein ferromagnetischer Stoff paramagnetisch. Der Curiepunkt von reinem Eisen liegt zum Beispiel bei etwa 1043 K.

Optische Eigenschaften

Wenn auf eine Festkörperoberfläche Licht scheint, dann wird ein Teil reflektiert und ein Teil dringt in das Material ein. Darüber hinaus breitet sich das in den Festkörper eingedrungene Licht in eine andere Richtung und mit einer anderen Phasengeschwindigkeit aus im Vergleich zum einfallenden Licht. Ein Teil des Lichtes wird absorbiert. Das Reflexionsvermögen, der Brechungsindex und der Absorptionskoeffizient beschreiben diese Phänomene.

Der Brechungsindex ist das Verhältnis der Lichtgeschwindigkeit im Vakuum zur Phasengeschwindigkeit im Festkörper. Bei gegebener Einfallsrichtung kann er benutzt werden, um mit Hilfe des Snellschen Gesetzes die Ausbreitungsrichtung im Festkörper zu ermitteln. Das Reflexionsvermögen gibt das Verhältnis der reflektierten Intensität zur einfallenden Intensität wieder. Für denselben Einfallswinkel ist dieses Verhältnis für gut reflektierende Werkstoffe größer als für schlecht reflektierende. Bei einer Entfernung x von der Oberfläche ist die Intensität I durch $I = I_0 e^{-\alpha x}$ gegeben, wobei α der Absorptionskoeffizient ist und I_0 die Intensität bei $x = 0$, direkt an der Oberfläche. Durchsichtige Materialien haben kleine Absorptionskoeffizienten, undurchsichtige haben große Absorptionskoeffizienten.

Der Brechungsindex, das Reflexionsvermögen und der Absorptionskoeffizient sind abhängig von der Frequenz des einfallenden Lichtes. Ein Festkörper kann zum Beispiel am blauen Ende des optischen Spektrums undurchlässig und am roten Ende durchlässig für Licht sein. Einige Festkörper werden als Filter benutzt, um Licht eines schmalen Wellenlängenbereiches zu erzeugen. Die Frequenzab-

hängigkeit des Brechungsindex ist die Ursache für das farbige Regenbogenspektrum, das von einem Prisma, auf welches weißes Licht fällt, ausgeht.
Quarzglas ist für Wellenlängen von etwa 100 bis etwa 4500 nm bzw. vom ultravioletten bis zum infraroten Bereich des Spektrums durchlässig. Die Absorption ist an beiden Durchlässigkeitsgrenzen stark, und der Brechungsindex variiert innerhalb des Bereiches von 1.5 bis 1.4. Im Vergleich dazu ist Germanium nur im Infraroten, von 1800 bis 23000 nm durchlässig, und sein Brechungsindex in diesem Bereich ist etwa 4. Metalle sind gut reflektierende Stoffe und haben große Absorptionskoeffizienten. Platin hat für gelbes Licht ein Reflexionsvermögen von etwa 0.7 und einen Absorptionskoeffizienten von etwa $9 \times 10^7 \, m^{-1}$.
Es gibt noch andere wichtige optische Erscheinungen. Viele Werkstoffe emittieren unter verschiedenen Bedingungen Licht oder lumineszieren. Stoffe, die beim Auftreffen eines Elektronenstrahles lumineszieren, werden zur Beschichtung von Fernsehbildschirmen benutzt. Lichtemission von anderen Festkörpern kann durch ein elektrisches Feld angeregt werden, diese Stoffe werden zur Herstellung von Leuchtdioden, wie sie für optische Anzeigeeinheiten benutzt werden, verwendet. Die Fähigkeit mancher Halbleiter, Licht zu erzeugen, wird zur Herstellung von Lasern ausgenutzt.

1.4 Experimente am Festkörper

Experimentell bestimmte Daten von Werkstoffeigenschaften haben sichtlich eine praktische Bedeutung. Die Daten sind in Handbüchern zusammengestellt und werden zum Beispiel von Konstrukteuren benutzt. Von für unsere Zwecke größerem Interesse sind jedoch ihre Anwendung zur Bestätigung theoretischer Berechnungen. Die Festkörperphysik hat aus der Wechselwirkung von Theorie und Experiment enorm profitiert. Der Wunsch, experimentelle Ergebnisse zu erklären, hat zu detaillierten Rechnungen und einem tieferen Verständnis der Wechwelwirkung zwischen den Festkörperbausteinen geführt. Der Wunsch, die Theorie zu bestätigen, hat zur Entwicklung von Experimenten auf atomarem Niveau geführt, um Informationen über die atomistische Struktur, Elektronenzuständen, normale Schwingungsfrequenzen und Defekte zu erhalten.
Für eine Vielzahl von Messungen werden Röntgenstrahlen, Elektronen und Neutronen, die am Festkörper gestreut werden, benutzt. Einfallende Röntgenstrahlen und Neutronen wechselwirken primär mit den Festkörperelektronen, während Neutronen über starke Kernkräfte mit dem Kern wechselwirken. Nach der Streuung erzeugen elektromagnetische, Elektronen- oder Neutronenwellen ein Beugungsbild, das von der Verteilung der streuenden Teilchen in der Probe abhängt. In einer Gruppe von Experimenten wird die atomare Struktur aus der gestreuten Intensität als Funktion des Streuwinkels abgeleitet.
Elektronen mit brauchbaren Energien dringen in einen Festkörper nicht tiefer als etwa 50 Å ein, deshalb ist die Verwendung dieser Teilchen in erster Linie auf Oberflächenuntersuchungen begrenzt. Röntgenstrahlen und Neutronen dringen hingegen viel tiefer ein und werden deshalb zur Untersuchung des kompakten

1.4 Experimente am Festkörper

Festkörpers benutzt. Neutronenstreuung wird durch die Spins der streuenden Teilchen beeinflußt, deshalb werden Neutronen oft verwendet, um die Positionen magnetischer Dipole in magnetischen Stoffen zu untersuchen. Neutronenbeugungsbilder werden auch von Atomschwingungen beeinflußt, so ist eine ihrer wichtigsten Anwendungen die Bestimmung von normalen Schwingungsspektren. Röntgenstrahlen mit genügend hohen Energien, Elektronen tiefer Niveaus anzuregen, werden zur Untersuchung der Verteilung von Rumpfelektronen verwendet.

Ein besonders wichtiges Experiment, vor allem bei der Untersuchung von Halbleitern, gründet sich auf den Halleffekt. Ein elektrisches Feld verursacht einen elektrischen Strom durch eine Probe, und ein Magnetfeld wird senkrecht zum Strom angelegt. Das Magnetfeld verursacht eine Ladungsverdichtung entlang der Probenkanten, und diese Ladung erzeugt ein zusätzliches elektrisches Feld, welches quer zum Strom und dem Magnetfeld ist. Die transversale Potentialdifferenz kann in einigen Stoffen zur Berechnung der Konzentration der freien Elektronen verwendet werden. Sie kann auch in Verbindung mit Leitfähigkeitsdaten benutzt werden, um die mittlere Elektronengeschwindigkeit in einem äußeren elektrischen Feld zu ermitteln.

Optische Absorption und Reflexionseigenschaften erbringen eine Fülle an Informationen über Elektronenenergien und normale Schwingungsfrequenzen. Wenn ein Elektron Licht absorbiert, geht es in einen höheren Energiezustand über. Stellt man den Absorptionskoeffizienten als Funktion der Frequenz dar, zeigen die Maxima Unterschiede in den Energien der Elektronenzustände. Licht wird auch von schwingenden Atomen absorbiert, deshalb entsprechen die Frequenzen einiger Maxima normalen Schwingungsfrequenzen.

Magnetische Resonanztechniken sind besonders bei der Untersuchung der Wechselwirkung von Elektronen und Ionenrümpfen in magnetischen Materialien nützlich. Die Energiezustände der Elektronen werden beim Vorhandensein eines Magnetfeldes aufgespalten, und die Messung der Aufspaltung liefert Informationen über die Zustände. Das Ausmaß der Aufspaltung kann aus der Absorption einer elektromagnetischen Strahlung, die so eingestellt wird, daß sie in einem Magnetfeld Niveauübergänge verursacht, abgeleitet werden.

Viele Eigenschaften von Metallen, wie zum Beispiel Leitfähigkeit und magnetische Suszeptibilität, zeigen ein periodisches Verhalten, wenn sie als Funktionen des reziproken Wertes des Magnetfeldes aufgetragen werden. Das periodische Verhalten der magnetischen Suszeptibilität, der sogenannte de Haas-van Alphen-Effekt, hat eine wichtige Rolle bei der Untersuchung des Beitrages von Elektronen zu magnetischen Eigenschaften gespielt. Der Effekt ist aber vielleicht interessanter, weil er benutzt werden kann, um Informationen über Elektronenzustände in Metallen zu erhalten. Die Periode der Suszeptibilität ist für ein bestimmtes Metall bei tiefen Temperaturen vom Drehmoment der energiereichsten Elektronen abhängig. Im einfachsten Falle von freien Elektronen kann diese Periodizität verwendet werden, um die Größe des maximalen Drehmoments zu ermitteln.

1.5 Literatur

Die unten angegebenen Bücher sind gute allgemeine Darstellungen der Festkörperphysik. Jedes beinhaltet alle wichtigen Bereiche. Sie sollten beachtet und in Verbindung mit späteren Kapiteln dieses Buches zu Rate gezogen werden.

Einführende Texte

Diese können als qualitative Beschreibungen von Festkörperphänomenen und experimentellen Techniken als auch für mathematische Analysen zur Einführung gelesen werden.

J. S. Blakemore, *Solid State Physics*, 2nd ed. (Philadelphia: Saunders, 1974).
H. E. Hall, *Solid State Physics* (New York: Wiley, 1974).
M. A. Omar, *Elementary Solid State Physics* (Reading, MA: Addison-Wesley, 1975).
M. N. Rudden and J. Wilson, *Elements of Solid State Physics* (New York: Wiley, 1980).

Literatur für Fortgeschrittene

Diese enthalten mehr quantitative Analysen als die oben genannten Arbeiten. Zu ihrem Studium ist ein guter Hintergrund in moderner Physik und Quantenmechanik erforderlich.

A. O. E. Animalu, *Intermediate Quantum Theory of Crystalline Solids* (Englewood Cliffs, NJ: Prentice-Hall, 1977).
N. W. Ashcroft and N. D. Mermin, *Solid State Physics* (New York: Holt, Rinehart & Winston, 1976).
Ch. Kittel, *Einführung in die Festkörperphysik*, 8. Aufl., (München Wien: R. Oldenbourg, 1989).
J. P. McKelvey, *Solid State and Semiconductor Physics* (New York: Harper & Row, 1966).
R. A. Smith, *Wave Mechanics of Crystalline Solids* (London: Chapman & Hall, 1961).
J. M. Ziman, *Principles of the Theory of Solids*, 2nd ed. (London: Cambridge Univ. Press, 1972).

Anspruchsvollere Literatur

Diese sollten für genauere Diskussionen der Festkörperphänomene zu Rate gezogen werden. Sie werden gewöhnlich für die zweite Stufe in Festkörperphysik (für Absolventen) verwendet.

J. Callaway, *Quantum Theory of the Solid State* (New York: Academic, 1976).
W. Jones and N. H. March, *Theoretical Solid State Physics* (New York: Wiley-Interscience, 1973).
C. Kittel, *Quantentheorie der Festkörper* (München Wien: R. Oldenbourg, 1988).

Andere Literatur

Jeder Student der Festkörperphysik sollte mit der Buchreihe „Solid State Physics", die zweimal jährlich von Academic Press herausgegeben wird, vertraut sein. Frühere Ausgaben wurden von F. Seitz und D. Turnbull herausgegeben, bei den späteren Ausgaben kam H. Ehrenreich als Herausgeber hinzu. Diese Bücher sind Monographien, die sich mit nahezu allen wichtigen Gebieten der Festkörperphysik befassen. Sie sind dazu geeignet, nach Einführungen, fortgeschrittenen Darlegungen, experimentellen Daten und nach Literaturzusammenstellungen zu suchen. Viele einführende Artikel über Probleme der Festkörperphysik, die von führenden Wissenschaftlern geschrieben wurden, erscheinen in „*Scientific American*", „*Physics Today*" und „*Spectrum*". Diese Zeitschriften sollten regelmäßig gelesen werden.

Zwei interessante Bücher, die die Geschichte der Festkörperphysik beschreiben, sind

S. Millman (ed.), *A History of Engineering and Science in the Bell System, Physical Sciences* (1925–1980) (Murray Hill, NJ: AT & T Bel Laboratories, 1983).

N. Mott (ed.), *The Beginnings of Solid State Physics* (London: The Royal Society, 1980).

2. Kristallgitter

Natürlich vorkommender Quarzkristall. Es gibt nur eine geringe Anzahl unterschiedlicher Winkel zwischen benachbarten Kristallflächen, weil ein Kristall am leichtesten entlang von Ebenen mit hoher Dichte an Gitterpunkten spaltbar ist.

2.1 Periodizität im Kristall ... 23
2.2 Kristallsymmetrie 30
2.3 Bravaisgitter 35
2.4 Positionen, Richtungen und Ebenen im Kristall 43

Dieses Kapitel ist der Kristallgeometrie gewidmet. Da die Gleichgewichtslagen der Atome in einem Kristall so angeordnet sind, daß dieselbe Struktur immer wiederholt wird, können diese Lagen leicht beschrieben werden. Es werden mathematische Methoden erklärt und angewendet, um exakt zu definieren, was unter dem Begriff kristalline Periodizität verstanden werden soll. Für viele Kristalle ist die atomare Struktur durch einen hohen Grad an Symmetrie charakterisiert, und Strukturen sind tatsächlich oft durch ihre vorhandene Symmetrie klassifiziert. Die Beschreibung und Anwendung der Kristallsymmetrie werden besprochen. Eine allgemeine Kennzeichnung zur Festlegung von Richtungen und Ebenen im Kristall wird ebenfalls angegeben. Die hier eingeführten Begriffe und die verwendete Sprache werden nahezu immer bei der Untersuchung kristalliner Festkörper benutzt, und wir werden sie an vielen Stellen dieses Buches brauchen.

2.1 Periodizität im Kristall

Bild 2-1 veranschaulicht die Vorstellung der Kristallperiodizität. Sie zeigt die atomaren Gleichgewichtslagen auf einem Teil einer Ebene im Kristall. Zwei, mit ○ und ● bezeichnete Atome bilden eine Atomgruppe, die Basis genannt wird, diese wiederholt sich durch den ganzen Kristall. Die Basis wird entlang der oberen Linie, immer mit demselben Abstand untereinander, viele Male wiederholt. Diese Linie von Basiskopien wird entlang anderer, paralleler Linien wiederholt, wobei jede von Nachbarlinien durch dieselbe Verschiebung entfernt ist, dabei sind die jeweiligen Atomgruppen um denselben Betrag relativ zu den Atomgruppen der vorhergehenden Linie verschoben. Um die Beschreibung eines dreidimensionalen Kristalls zu vervollständigen, muß man sich andere Ebenen vorstellen, die der dargestellten Ebene gleich und parallel zu ihr sind und jeweils oberhalb und unterhalb der Zeichenebene verlaufen. Nachbarebenen haben gleiche Abstände zueinander und sind vielleicht parallel zueinander verschoben. Jede Ebene ist um denselben Betrag und in dieselbe Richtung relativ zur darunterliegenden Ebene verschoben. Alle Kopien der Basis haben dieselbe Orientierung. Um die Struktur eines Kristalls zu beschreiben, werden die atomaren Gleichgewichtslagen angegeben. Da der Kristall aus exakten Duplikaten der Basis mit regelmäßigen Abständen besteht, gibt es zwei Aufgaben zu lösen: eine Beschreibung der relativen Atomlagen innerhalb der Basis und eine Beschreibung der Basiskopien im Kristall.

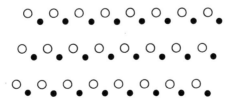

Bild 2-1 Atomare Konfiguration eines zweidimensionalen kristallinen Festkörpers. Die aus zwei Atomen ○ und ● bestehende Basis wiederholt sich periodisch durch den ganzen Festkörper.

24 2. Kristallgitter

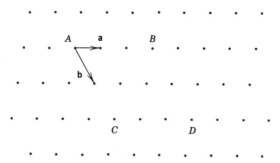

Bild 2-2 Ein Gitter für den Kristall von Bild 2-1. Gitterpunkte geben die relativen Positionen der Basiskopien an. **a** und **b** sind Grundvektoren des Gitters: die Verschiebung eines beliebigen Gitterpunktes von A kann geschrieben werden $n_1\mathbf{a} + n_2\mathbf{b}$, wobei n_1 und n_2 ganzzahlig sind.

Die Lagen der Basiskopien werden mit Hilfe eines Gitters beschrieben: eine dreidimensionale periodische Anordnung von Punkten, die in allen Richtungen unendlich ist. Für den in Bild 2-1 dargestellten Kristall bilden die Mittelpunkte der ○ Atome ein Gitter. Die Mittelpunkte der ● Atome bilden ein identisches Gitter, das durch eine einfache Translation vom ersten Gitter verschoben ist. Um die Kristallperiodizität zu beschreiben, werden diese zwei Gitter und alle anderen, die von ihnen durch eine einfache Translation abgeleitet werden können, als identisch betrachtet. Um für einen bestimmten Kristall das Gitter zu erzeugen, können wir eins der Basisatome heraussuchen und dann den Kristall durch eine Punktanordnung ersetzen, wobei jeder Punkt eine durch das gewählte Atom und seine Duplikate besetzte Gleichgewichtslage einnimmt. Bild 2-2 zeigt eine Ebene von Gitterpunkten für den Kristall von Bild 2-1.

Gitter- und Basisvektoren

In das Diagramm sind zwei Verschiebungsvektoren **a** und **b** eingezeichnet, jeder führt vom Gitterpunkt A zu einem benachbarten Gitterpunkt. Sie heißen Grundvektoren des Gitters und werden so ausgewählt, daß der Ort jedes Gitterpunktes in der Ebene relativ zu A durch $n_1\mathbf{a} + n_2\mathbf{b}$ gegeben ist, wobei n_1 und n_2 ganze Zahlen sind (positiv, negativ oder Null). So ist zum Beispiel der Ortsvektor für den Punkt B gleich $3a$, der für den Punkt C ist $2b$ und der für Punkt D ist $3\mathbf{a} + 2\mathbf{b}$. Wären die Punkte nicht periodisch angeordnet, könnten die Ortsvektoren nicht als lineare Kombination der zwei Grundvektoren mit ganzzahligen Koeffizienten geschrieben werden.
Um ein Gitter in drei Dimensionen zu beschreiben, werden drei Grundvektoren **a**, **b** und **c** benötigt. Der dritte Vektor gibt den Ort eines dem Punkt A benachbarten Gitterpunktes in einer oberhalb oder unterhalb der gezeigten Ebene an. Mit Hilfe dieser Vektoren ist der Ort jedes Gitterpunktes relativ zu A durch $n_1\mathbf{a} + n_2\mathbf{b} + n_3\mathbf{c}$ gegeben, wobei n_1, n_2 und n_3 ganze Zahlen sind. Jeder Vektor dieser Form heißt Gittervektor. Die Grundvektoren müssen nicht orthogonal zueinander sein.

2.1 Periodizität im Kristall   25

Der für den Ursprung ausgewählte Punkt A ist kein besonderer Punkt. Jeder Gitterpunkt kann mit demselben Ergebnis herausgegriffen werden. Ein Gitter hat eine Translationssymmetrie: wenn jeder Punkt durch einen der Gittervektoren $n_1\mathbf{a} + n_2\mathbf{b} + n_3\mathbf{c}$ verschoben wird, sieht das Gitter genauso aus wie vor der Translation. Das bedeutet, daß sich die Gitterpunkte an genau denselben Stellen vor und nach der Translation befinden.

Genauer betrachtet, können Kristalle nur eine Translationssymmetrie haben, wenn sie unendlich sind. Bei der Besprechung von Eigenschaften im kompakten Material ist es mathematisch zweckmäßig, Idealkristalle ohne Ränder zu betrachten und anzunehmen, daß Kristalle und ihre Gitter in allen Richtungen unendlich ausgedehnt sind. Randeffekte müssen dann getrennt betrachtet werden.

Eine manchmal benutzte Methode, die Grundvektoren des Gitters auszuwählen, beginnt damit, den kürzesten Verschiebungsvektor zwischen zwei Gitterpunkten zu ermitteln und ihn $\mathbf{a}$ zu nennen. Gibt es mehrere solche Vektoren, ist jeder geeignet. Als zweiter Vektor $\mathbf{b}$ wird einer der kürzesten Vektoren, der nicht parallel zu $\mathbf{a}$ verläuft, verwendet, und als dritter Vektor $\mathbf{c}$ wird einer der kürzesten Vektoren, der nicht in der Ebene von $\mathbf{a}$ und $\mathbf{b}$ verläuft, angenommen. Andere Methoden, die Grundvektoren auszuwählen, werden oft benutzt, wenn das Gitter einen hohen Symmetriegrad hat. Beispiele werden später gegeben.

Mit jedem Gitterpunkt ist eine Kopie der Basis verbunden, und die Lagen der Atome relativ zum Gitterpunkt sind durch sogenannte Basisvektoren gegeben. Für jedes Atom in der Basis gibt es einen Basisvektor, und diese werden, wie in Bild 2-3 dargestellt $\mathbf{p}_1$, $\mathbf{p}_2$, ... genannt. Der Kristall kann wieder erzeugt werden, indem ein Duplikat jedes Basisatoms in die Nähe jedes Gitterpunktes gebracht wird, wobei die Verschiebung des Atoms vom Gitterpunkt durch seinen Basisvektor beschrieben ist. Atomlagen im Kristall sind dann durch Vektoren der Form $n_1\mathbf{a} + n_2\mathbf{b} + n_3\mathbf{c} + \mathbf{p}i$ gegeben, wobei i das betrachtete Basisatom angibt. Die ersten drei Terme lokalisieren einen Gitterpunkt, und der letzte Term lokalisiert das Atom in Bezug zu diesem Punkt.

Obwohl wir eben ein Gitter erzeugt haben, indem wir ein Basisatom und seine Duplikate durch Gitterpunkte ersetzt haben, muß ein Gitter seine Punkte nicht an Atompositionen haben. Es kann als Ganzes durch einen beliebigen Betrag relativ zu den Atomen verschoben sein. Durch die Addition eines beliebigen Vektors zu allen Basisvektoren kann eine Translation erfolgen. Sowohl die alten als

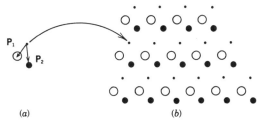

Bild 2-3 (a) Basis und Basisvektoren. (b) Gitterpunkte und Atomlagen. Ein Atom ○ ist mit jedem Gitterpunkt verbunden und von ihm durch $\mathbf{p}_1$ verschoben. Ebenso ist ein Atom ● mit jedem Gitterpunkt verbunden und durch $\mathbf{p}_2$ von ihm verschoben.

26   2. Kristallgitter

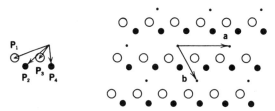

Bild 2-4 Eine andere Basis und Serie von Grundvektoren des Gitters für den Kristall von Bild 2-1. Die Basis ist doppelt so groß wie die Basis in Bild 2-1.

auch die neuen Basisvektoren beschreiben zusammen mit den Gittervektoren dieselbe Kristallstruktur.

Weder die Basisvektoren noch die Grundvektoren des Gitters sind für einen gegebenen Kristall eindeutig. Die Basis kann zum Beispiel ausgedehnt werden, so daß sie doppelt so viel Atome wie ursprünglich enthält. Jeder endliche Bereich des Kristalls enthält dann die Hälfte der ursprünglichen Gitterpunkte, und es müssen neue Grundvektoren ausgewählt werden. Bild 2-4 zeigt eine mögliche Auswahl an Grundvektoren für eine Basis, die doppelt so groß wie die bisher betrachtete ist.

Wenn die Basis so klein wie möglich ist, werden Basis und das damit verbundene Gitter primitiv genannt. Die in Bild 2-2 gezeigten Grundvektoren sind primitive Vektoren, während die in Abbildung 2-4 gezeigten keine primitiven Vektoren sind. Sogar wenn das Gitter primitiv ist, gibt es verschiedene Möglichkeiten für die drei Grundvektoren; in Bild 2-5 sind einige Beispiele gezeigt. Im Prinzip kann jede Kombination von Basisvektoren und Grundvektoren des Gitters benutzt werden, so lange sie die Atompositionen genau beschreiben. In der Praxis sind manche Varianten zweckmäßiger als andere.

Beispiel 2-1

In einem Cäsiumchloridkristall, vergleiche Bild 3-6a, wechseln Cäsiumatomebenen mit Chloratomebenen ab. In jeder Ebene liegen die Atome an Ecken von Quadraten, die wie die Quadrate eines Schachbrettes angeordnet sind. Atome einer Ebene liegen direkt über den Mittelpunkten der durch die Atome der darunterliegenden Ebene gebildeten Quadrate. Der Abstand zwischen Nachbaratomen einer Ebene ist $a = 4.11$ Å, und der Abstand benachbarter Ebenen ist $1/2\,a$. Man suche eine Möglichkeit für die primitiven Gittervektoren und die damit verbundenen Basisvektoren für diesen Kristall.

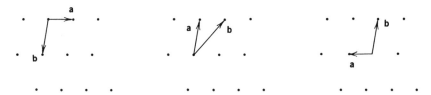

Bild 2-5 Alternative Serien primitiver Gittervektoren für den Kristall von Bild 2-1.

2.1 Periodizität im Kristall

Lösung
Es gibt genau so viele Cäsium- wie Chloratome, deshalb versuchen wir es mit einer Basis, die aus einem Atom jeder Sorte besteht. Wenn die Chloratome ein Gitter bilden, das dem von den Cäsiumatomen gebildeten Gitter identisch ist, dann ist unsere Wahl der Basis befriedigend. Wir betrachten eine Ebene von Cäsiumatomen und legen den Ursprung eines karthesischen Koordinatensystems auf ein Atom, wobei die x- und y-Achsen parallel zu den oben beschriebenen Seiten der Quadrate verlaufen und die z-Achse senkrecht zur Ebene der Quadrate. Es ist offensichtlich, daß $a\hat{x}$ und $a\hat{y}$ zwei Grundvektoren des Gitters sind, da die Position jedes Cäsiumatoms in der Ebene durch einen Vektor der Form $n_1 a\hat{x} + n_2 a\hat{y}$ gegeben ist. Cäsiumatomebenen sind durch a voneinander getrennt, und es gibt relativ zu jedem Atom in einer Ebene Cäsiumatome bei $n_3 a\hat{z}$ in anderen Ebenen. Vektoren der Form $n_1 a\hat{x} + n_2 a\hat{y} + n_3 a\hat{z}$ geben die Positionen jedes Cäsiumatoms an, deshalb können $a\hat{x}, a\hat{y}$ und $a\hat{z}$ als Grundvektoren des Cäsiumatomgitters angenommen werden. Wenn der Ursprung jetzt in ein Chloratom gelegt wird, und der Ortsvektor aller Chloratome gefunden wird, ist das Ergebnis dasselbe: ihre Positionen bilden ein Gitter mit den Grundvektoren $a\hat{x}$, $a\hat{y}$ und $a\hat{z}$. Sie sind deshalb die Grundvektoren für das Kristallgitter, und die Basis besteht aus einem Cäsiumatom und einem Chloratom. Da der Verschiebungsvektor von einem Cäsium- zu einem Chloratom $(a/2)(\hat{x} + \hat{y} + \hat{z})$ ist, sind mögliche Basisvektoren $\mathbf{p}_{Cs} = 0$ und $\mathbf{p}_{Cl} = (a/2)(\hat{x} + \hat{y} + \hat{z})$. Es ist offensichtlich, daß es keine kleinere Basis gibt, deshalb sind die von uns gefundenen Basis- und Grundvektoren primitiv. ◆

Einheitszellen

Die kristalline Periodizität kann auch mit Hilfe einer dreidimensionalen geometrischen Figur, genannt Einheitszelle, beschrieben werden. Ein Beispiel ist in Bild 2-6 gezeigt. Man kann sich einen Kristall als Ansammlung von Einheitszellen vorstellen, die alle identisch sind und alle dieselbe Atomverteilung enthalten. Diese Einheitszellen sind nebeneinander und übereinander so angeordnet, daß sie sich nicht überlappen und daß keine Zwischenräume entstehen, auf diese

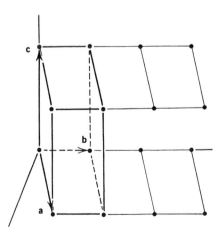

Bild 2-6 Eine parallelepipedische Einheitszelle. Die Grundvektoren des Gitters **a**, **b** und **c** verlaufen längs der Kanten. Der Kristall kann durch Anordnung der Einheitszellen nebeneinander und übereinander gebildet werden. Die atomare Konfiguration ist in jeder Zelle dieselbe, und jede Zelle hat einen Abstand von einem Gittervektor zu einer anderen Zelle.

Weise wird ein Kristall gebildet. Eine jede dieser Zellen kommt mit einer anderen zur Deckung, wenn sie um einen Gittervektor parallel verschoben wird. Atome, die einer Einheitszelle zugeordnet sind, bilden eine Basis für den Kristall.
Eine Einheitszelle kann als Parallelepiped mit den drei Grundvektoren des Gitters als Kanten konstruiert werden. Jede Seite der Zelle ist ein Parallelogramm mit zwei der Grundvektoren als Kanten. Für die in Bild 2-6 gezeigte Zelle werden **a** und **b** zur Bildung der Grund- und Deckfläche benutzt, **a** und **c** zur Bildung der linken und rechten Seite und **b** und **c** zur Bildung der Vorder- und Rückseite. Die Einheitszelle ist so positioniert, daß ihre Ecken an Gitterpunkten liegen, aber das ist nicht obligatorisch.
Gerade weil es verschiedene Möglichkeiten für die benutzten Basis- und Gittervektoren gibt, um einen gegebenen Kristall zu beschreiben, gibt es auch verschiedene Möglichkeiten für die Einheitszelle. Wenn sie die kleinste aller im Volumen möglichen Einheitszellen ist, dann wird sie primitiv genannt. Eine solche Zelle enthält eine primitive Basis und kann konstruiert werden, indem primitive Gittervektoren als Kanten benutzt werden. Für einen gegebenen Kristall gibt es mehrere verschiedene primitive Zellen. Sie haben unabhängig von ihrer Form alle dasselbe Volumen.
Entsprechend der Bedingung für eine Einheitszelle gibt es exakt einen Gitterpunkt und eine Serie von Basisatomen für jede Einheitszelle im Kristall. Für die Zelle von Bild 2-6 ist an jeder der acht Ecken ein Gitterpunkt, aber jeder davon gehört zu acht Zellen. Wenn die Zelle ohne Bewegung der Gitterpunkte ein wenig verrückt wird, dann ist nur ein einziger Punkt in ihrem Inneren. Um die Periodizität von Kristallen zu beschreiben, werden oft nichtprimitive Einheitszellen verwendet. Natürlich enthält eine solche Zelle mehr als einen primitiven Gitterpunkt.
Wenn Atome an den Ecken einer parallelepipedischen Einheitszelle sind, dann sind sie durch Gittervektoren getrennt, und die Basis kann nur ein Atom enthalten. Die anderen gehören zu Kopien, die Nachbarzellen zugeordnet sind. Wenn ein Atom auf einer Zellkante ist, dann müssen drei andere identische Atome auf anderen Kanten sein, und die Basis kann nur eins davon enthalten. Ein Atom auf einer Zellfläche ist von einem identischen Atom auf der gegenüberliegenden Fläche durch einen Gittervektor getrennt, und nur eins davon ist Bestandteil der Basis. Wenn wir die Anzahl von Atomen pro Einheitszelle zählen, können wir alle Atome auf Ecken, Kanten und Flächen einschließen, aber wir müssen sie jeweils als ein Achtel, ein Viertel und ein halbes Atom werten. Atome im Inneren einer Zelle werden natürlich jeweils als ein ganzes Atom gezählt.
Das Volumen einer Einheitszelle kann mit Hilfe der Grundvektoren des Gitters ermittelt werden. Für die Einheitszelle von Bild 2-6 ist die Basisfläche ein Parallelogramm mit den Kanten **a** und **b** gleich $|\mathbf{a} \times \mathbf{b}| = ab \sin \gamma$, wobei γ der Winkel zwischen **a** und **b** ist. Um das Volumen der Zelle zu erhalten, wird die Basisfläche mit der Komponente von **c** längs einer Achse senkrecht zur Basis multipliziert. Da das Vektorprodukt $\mathbf{a} \times \mathbf{b}$ senkrecht zur Basis ist, ist das Zellvolumen τ gegeben durch

$$\tau = |\mathbf{c} \cdot (\mathbf{a} \times \mathbf{b})| \tag{2-1}$$

Da alle Einheitszellen exakt dieselbe Atomverteilung haben, ist die Dichte des Kristalls und der Einheitszelle dieselbe gleich $\varrho = M/\tau$, wobei M die Gesamtmasse in der Zelle ist.

Beispiel 2-2
Die Grundvektoren des Gitters für Cäsiumchlorid sollen $\mathbf{a} = a\hat{\mathbf{x}}$, $\mathbf{b} = a\hat{\mathbf{y}}$ und $\mathbf{c} = a(\hat{\mathbf{x}} + \hat{\mathbf{y}} + \hat{\mathbf{z}})$ sein. Man beschreibe die parallelepipedische Einheitszelle und ermittele das Zellvolumen.

Lösung
Die durch **a** und **b** gebildete Zellbasis ist ein Quadrat. Da $\mathbf{c} = a(\hat{\mathbf{x}} + \hat{\mathbf{y}} + \hat{\mathbf{z}})$, sind die Seitenflächen geneigte Parallelogramme, die nicht senkrecht auf der Grundfläche stehen. Das Zellvolumen ist $\tau = a(\hat{\mathbf{x}} + \hat{\mathbf{y}} + \hat{\mathbf{z}}) \cdot (a\hat{\mathbf{x}} \times a\hat{\mathbf{y}}) = a(\hat{\mathbf{x}} + \hat{\mathbf{y}} + \hat{\mathbf{z}}) \cdot (a^2\hat{\mathbf{z}}) = a^3$, das ist exakt dasselbe Volumen wie jenes von der in Beispiel 2-1 beschriebenen Zelle, einem Würfel mit der Kante a. Für *CsCl* mit $a = 4.11$ Å ist $\tau = 6.94 \times 10^{-29}$ m³. ◆

Beispiel 2-3
Eine Einheitszelle von Zink hat einen Rhombus als Grundfläche mit einer Kantenlänge von $a = 2.66$ Å und einem inneren Winkel $\gamma = 60°$. Die Seitenflächen sind Rechtecke senkrecht zur Grundfläche mit einer Kantenlänge $c = 4.95$ Å. Es gibt zwei Zinkatome pro Einheitszelle. Man ermittele das Zellvolumen und die Dichte von Zink.

Lösung
Das Zellvolumen ist $\tau = |\mathbf{c} \cdot (\mathbf{a} \times \mathbf{b})|\ ca^2 \sin\gamma = 4.95 \times 10^{-11} \times (2.66 \times 10^{-10})^2 \sin 60° = 3.03 \times 10^{-28}$ m³. Zink hat ein Atomgewicht von 65.38; um die Masse eines mittleren Zinkatoms zu bestimmen, dividieren wir durch die Avogadrosche Zahl: $65.38/6.022 \times 10^{23} = 1.086 \times 10^{-22}$ g $= 1.086 \times 10^{-25}$ kg. Da es zwei Zinkatome pro Einheitszelle gibt, ist $\varrho = 2 \times 1.086 \times 10^{-25}/3.03 \times 10^{-29} = 7.13 \times 10^3$ kg/m³. ◆

Ein anderer Typ von Einheitszelle, die sogenannte Wigner-Seitz-Zelle, wird oft als Alternative zur parallelepipedischen Einheitszelle benutzt, besonders dann, wenn der Kristall nur ein Atom in seiner primitiven Basis hat. Eine Wigner-Seitz-Zelle ist so konstruiert, daß ein Gitterpunkt in seinem Zentrum ist, und jeder Punkt in der Zelle ist dem Zentrum näher als jedem anderen Gitterpunkt. Um solch eine Zelle zu konstruieren, wird ein zentraler Gitterpunkt ausgewählt, und von ihm ausgehend werden zu allen nahegelegenen Gitterpunkten Linien gezogen. Schließlich wird jede Linie durch eine zu ihr senkrecht liegende Ebene halbiert. Die geometrische Figur mit dem kleinsten Volumen, die durch diese Ebenen begrenzt ist und deren Mittelpunkt der ausgewählte Gitterpunkt ist, ist die Wigner-Seitz-Zelle. Wenn die parallelepipedische Zelle ein Würfel ist, dann ist auch die Wigner-Seitz-Zelle ein Würfel. In anderen Fällen hat die Wigner-Seitz-Zelle mehr Flächen als die parallelepipedische Einheitszelle und erscheint so komplizierter.

2.2 Kristallsymmetrie

Die meisten Kristalle zeigen einen hohen Grad an Symmetrie. Für das periodische Gitter eines Kristalls sind gewisse Symmetrien spezifisch, und die Gitter werden entsprechend ihrer Symmetrien eingeteilt. Die Symmetrie wird durch die Ausführung einiger physikalischer Verfahren, die die Positionen der Gitterpunkte in solch einer Weise ändert, daß sie nach der Operation exakt dieselben Plätze haben wie zuvor, beschrieben. Wir haben schon eine Art, die Translationssymmetrie, betrachtet. Obwohl es viele mögliche Symmetrieoperationen gibt, betreffen uns hauptsächlich drei Arten: Rotationen, Spiegelungen und Inversionen.

Rotationssymmetrien

Die Rotation eines Gitters um den Winkel α ist in Bild 2-7 dargestellt. Die Rotationsachse steht senkrecht auf der Zeichenebene und ist mit einem X gekennzeichnet. In (*a*) ist ein einzelner Gitterpunkt gezeigt, bei A vor und bei A' nach der Rotation. Wenn das Gitter invariant ist, muß es bei A' vor der Rotation einen Gitterpunkt gegeben haben. In (*b*) ist ein zu einer Rotation um $\pi/2$ invariantes Gitter dargestellt. Jeder Gitterpunkt dreht zu einer Position, die vorher von einem anderen Gitterpunkt besetzt war.

Wenn ein Gitter nach einer gewissen Rotation unverändert bleibt, muß jeder Gitterpunkt nach einer ganzzahligen Anzahl von gleichen Rotationen zu seiner ursprünglichen Position zurückkehren. Deshalb muß der Rotationswinkel einer der Art $2\pi/n$ sein, wobei n ganzzahlig ist. Wenn ein Gitter durch eine Rotation um $2\pi/n$ unverändert bleibt, dann hat es eine n-fache Symmetrieachse.

Die Translationssymmetrie eines Gitters beschränkt die Werte von n auf 1, 2, 3, 4 oder 6. Das heißt, daß der Rotationswinkel ein Vielfaches von 2π, π, $2\pi/3$, $\pi/2$ oder $\pi/3$ sein muß und nicht zum Beispiel $2\pi/5$ oder $2\pi/7$ sein kann. Um die Ursache dafür zu finden, wollen wir Bild 2-8 betrachten, das eine Ebene von Gitterpunkten mit einer Symmetrieachse durch X senkrecht zur Zeichenebene zeigt. Es ist unwichtig, ob es bei X einen Gitterpunkt gibt oder nicht.

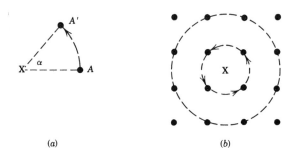

Bild 2-7 Drehung eines Gitters um den Winkel α. (a) Gitterpunkt A geht über in A'. (b) Ein zweidimensionales Gitter mit vierzähliger Symmetrie. Die Pfeile zeigen das Ergebnis einer Drehung um $1/2\,\pi$.

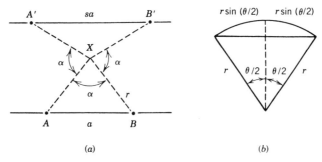

Bild 2-8 (a) Die Drehung von Gitterpunkten um X erzeugt parallele Linien von Punkten. Wenn der Abstand von A nach B a ist, dann muß der Abstand von A' nach B' ein Vielfaches von a sein. (b) Die Sehne eines Kreises ist $2r\,sin\,(1/2\,\Theta)$, wobei Θ der der Sehne gegenüberliegende Winkel ist.

Wir nehmen an, daß Gitterpunkt A durch eine Rotation um α unverändert bleibt, und daß Gitterpunkt A durch eine solche Rotation in B überführt wird. Wenn der Abstand AB a ist, dann müssen Gitterpunkte auf der Linie AB und jeder dazu parallelen Linie den Abstand a haben. Auf einer Linie parallel zu Ab können zwei Punkte A' und B' gebildet werden, wenn das Gitter zuerst um den Winkel α im Uhrzeigersinn und dann um denselben Winkel im Gegenuhrzeigersinn gedreht wird. Zwischen A' und B' können andere Gitterpunkte sein, deshalb ist ihr Abstand nicht notwendigerweise a. Er muß aber ein Vielfaches von a sein.

Sowohl Ab als auch $A'B'$ sind Sehnen eines Kreises, und wie in (b) gezeigt wird, hat eine Sehne die Länge $2r\,sin\,(1/2\,\theta)$, wobei r der Kreisradius und θ der der Sehne gegenüberliegende Winkel ist. Daher ist die Länge von AB gleich $2r\,sin\,(1/2\,\alpha)$ und die Länge von $A'B'$ ist $2r\,sin\,(3/2\,\alpha)$. Die erste Größe muß gleich a sein, und die zweite muß gleich einem Vielfachen von a sein, also gilt $2r\,sin\,(1/2\,\alpha) = a$ und $2r\,sin\,(3/2\,\alpha) = sa$, wobei s ganzzahlig ist. Aus der Division folgt $[sin\,(3/2\,\alpha)]/[sin\,(1/2\,\alpha)] = s$, und die Anwendung der trigonometrischen Identität $sin\,(3/2\,\alpha) = 3\,sin\,(1/2\,\alpha) - 4\,sin^3\,(1/2\,\alpha)$ ergibt

$$sin^2\,(1/2\,\alpha) = \frac{3-s}{4} \qquad (2\text{-}2)$$

Die rechte Seite dieser Gleichung muß positiv und kleiner oder gleich 1 sein. Die einzigen Werte von s, die diese Bedingung erfüllen, sind $s = -1$ ($\alpha = \pm\pi$), $s = 0$ ($\alpha = \pm 2\pi/3$), $s = 1$ ($\alpha = \pm\pi/2$), $s = 2$ ($\alpha = \pm\pi/3$) und $s = 3$ ($\alpha = 0$ oder 2π). Deshalb können in Kristallen nur zwei-, drei-, vier- und sechsfache Symmetrieachsen auftreten.

Spiegelsymmetrie

Bild 2-9 zeigt ein Beispiel einer Spiegelebene. Sie steht senkrecht auf der Zeichenebene, und die stark gezogene Linie gibt ihre Schnittlinie mit der Ebene der Gitterpunkte an. Die Gitterpunkte links und rechts von der Spiegelebene können

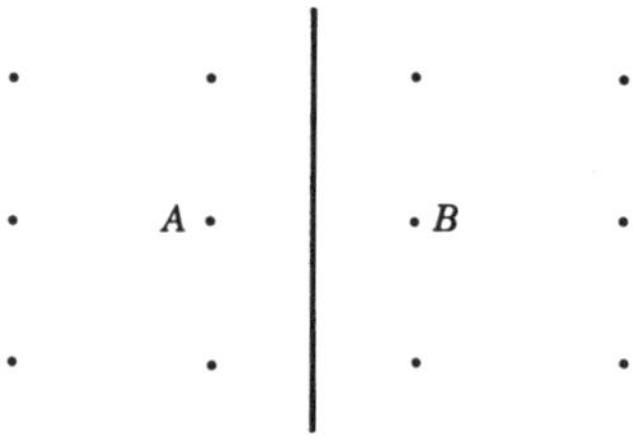

Bild 2-9 Eine Spiegelebene, die eine Ebene von Gitterpunkten schneidet. Die Spiegelebene ist die senkrechte Halbierende der die Punkte A und B verbindenen Linie, daher sind diese Punkte Spiegelbilder voneinander. Wenn das Gitter eine Spiegelebene hat, können alle Gitterpunkte derart in Paare geteilt werden.

in Paare eingeteilt werden, wobei jeweils die zwei Punkte eines Paares den gleichen Abstand von der Spiegelebene haben und die sie verbindende Linie senkrecht zu dieser Ebene ist. Das heißt, daß die Punkte Spiegelbilder voneinander sind. Wenn alle Gitterpunkte derart in Paare aufgeteilt werden können, dann ist das Gitter invariant gegenüber einer Reflexion in der Ebene. Für ein zweidimensionales Gitter ist das entsprechende Symmetrieelement eine Spiegellinie.

Inversionssymmetrie

Wenn ein Kristall im Ursprung ein Inversionszentrum hat, dann ist der Kristall für jeden Punkt **r** bei **r** und −**r** exakt derselbe. Die Atomverteilung ist zum Beispiel um **r** dieselbe wie um −**r**.

Für ein Gitter allein, ohne eine Basis ist jeder Gitterpunkt ein Inversionszentrum. Wenn es bei **r** einen Gitterpunkt gibt, dann gibt es auch einen bei −**r**, da der negative Wert eines Gittervektors auch ein Gittervektor ist. Es gibt auch andere Inversionszentren, die nicht mit Gitterpunkten zusammenfallen.

Zweidimensionale Gitter

Gittertypen unterscheiden sich voneinander durch ihre vorhandene Symmetrie. Im Zweidimensionalen gibt es fünf verschiedene Typen, die in Bild 2-10 mit ihren Symmetrieelementen dargestellt sind. Eine zweifache (zweizählige) Achse ist mit ◯, eine dreifache (dreizählige) Achse mit △, eine vierfache (vierzählige) Achse mit □ und eine sechsfache (sechszählige) Achse ist mit ⬡ gekennzeichnet. Spiegellinien sind als stark gezogene Linien angegeben. Alle Symmetrieachsen liegen natürlich senkrecht zur Zeichenebene.

Ein schiefes Gitter mit nur zweizähligen Symmetrieachsen und ohne Spiegellinien hat die geringste Symmetrie der zweidimensionalen Gittertypen. Die Achsen gehen wie gezeigt durch Gitterpunkte und durch Zellmittelpunkte. Wenn $a \neq b$ ist, kann der Winkel γ zwischen zwei angrenzenden Zellseiten jeden Wert außer $\pi/2$ haben. Wenn $a = b$ ist, kann γ nicht $\pi/3$, $\pi/2$ oder $2\pi/3$ sein. Für diese Spezialfälle treten andere Symmetrieelemente automatisch in Erscheinung, und das Gitter hat eine höhere Symmetrie als ein schiefes Gitter.

Spiegellinien verursachen im Gitter zumindest rechteckige Symmetrie. Man beachte, daß die Verteilung zweizähliger Achsen für schiefe und rechteckige Gitter dieselbe ist, und daß sich diese Gitter, wenn man die Symmetrielemente betrachtet, nur in der Anzahl von Spiegellinien unterscheiden. Ein anderes Gitter hat auch nur zweizählige Achsen und Spiegellinien, das zentrierte rechteckige

2.2 Kristallsymmetrie 33

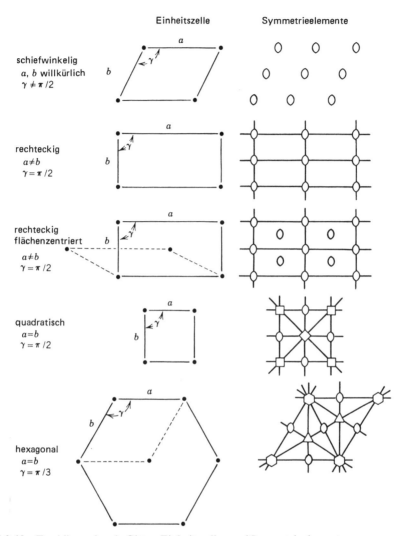

Bild 2-10 Zweidimensionale Gitter: Einheitszellen und Symmetrieelemente.

Gitter. Es ist dem rechteckigen Gitter ähnlich, hat aber in den Rechteckzentren zusätzliche Gitterpunkte. Mit jeder rechteckigen Einheitszelle sind zwei Gitterpunkte verbunden, deshalb kann das Rechteck nicht primitiv sein. Eine primitive Zelle ist in der Zeichnung durch gestrichelte Linien angegeben.

Wenn es eine vierzählige Symmetrieachse gibt, dann folgt ein quadratisches Gitter. Die vierzähligen Symmetrieachsen gehen durch die Gitterpunkte und durch das Zellzentrum. Zusätzlich gehen durch die Zellmitte vier Spiegellinien, jeweils um 45° gegeneinander geneigt. Ähnlich dem zentrierten rechteckigen Gitter kann ein zentriertes quadratisches Gitter gebildet werden, aber dieses wäre wieder ein quadratisches Gitter und kann deshalb nicht als unterschiedlicher Gittertyp betrachtet werden, vgl. Bild 2-11.

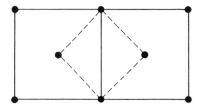

Bild 2-11 Ein kubisch zentriertes Gitter. Die durchgezogenen Linien stellen Quadrate mit Gitterpunkten an den Ecken und Flächenmitten dar. Die durch gestrichelte Linien angegebene Einheitszelle ist auch ein Quadrat, hat aber nur in seinen Ecken Gitterpunkte.

Eine sechszählige Achse erzeugt schließlich ein hexagonales Gitter. Die primitive Einheitszelle sieht nicht wie ein Sechseck aus, sondern ist die durch die gestrichelten Linien dargestellte Figur, ein Rhombus mit einem Innenwinkel von 60°. Die primitive Zelle kann aus zwei identischen gleichseitigen Dreiecken, die umgekehrt aufeinander stehen, konstruiert werden. Dreizählige Achsen gehen durch die Dreiecksmitten, und zweizählige Achsen gehen durch ihre Kantenmitten. Spiegellinien verbinden jede Zellecke mit dem Mittelpunkt der gegenüberliegenden Seite.

Wenn ein Symmetrieelement durch einen Gitterpunkt geht, müssen parallele Elemente derselben Art durch alle Gitterpunkte gehen, und wenn ein Symmetrieelement durch das Innere einer Einheitszelle geht, dann müssen parallele Elemente durch entsprechende Punkte aller Einheitszellen des Kristalls gehen. Die Serie aller durch einen Gitterpunkt gehenden Symmetrieelemente wird Punktgruppe des Gitters genannt. Die Punktgruppe eines quadratischen Gitters besteht zum Beispiel aus einer vierzähligen Achse und vier Spiegellinien, während die Punktgruppe eines hexagonalen Gitters aus einer sechszähligen Achse und sechs Spiegellinien besteht.

Ein Kristall hat eine niedrigere Symmetrie als sein Gitter, wenn die Basis nicht gegen eine Symmetrieoperation des Gitters oder mehrere invariant ist. Bild 2-12a zeigt ein Gitter und eine Basis, die beide vierzählige Symmetrie haben. Der Kristall hat deshalb auch vierzählige Symmetrie. Andererseits zeigt (*b*) einen Kristall, für den das Gitter vierzählige Symmetrie, aber die Basis nur zweizählige Symmetrie hat. Wie in (*c*) gezeigt ist, ist der Kristall nach einer Rotation von π/2 um die Symmetrieachse unterschiedlich. Obwohl jeder Gitterpunkt ein Inversionszentrum für ein Gitter ist, hat ein Kristall keine Inversionszentren, sofern nicht auch die Basis invariant gegen Inversion ist.

Drei nichtkollineare Gitterpunkte definieren eine Gitterebene in einem dreidimensionalen Kristall. Offensichtlich gibt es in jedem Kristall eine große Anzahl

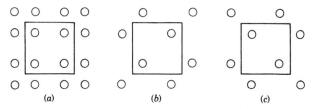

Bild 2-12 (a) Gitter und Basis haben vierzählige Symmetrie. (b) Das Gitter hat vierzählige Symmetrie, aber die Basis hat nur zweizählige Symmetrie. (c) Der Kristall von (b) nach einer Drehung um $1/2\pi$. Er ist nicht dergleiche wie in (b).

von Gitterebenen in vielen verschiedenen Orientierungen. Egal was auch untersucht wird, die Gitterpunkte in der Ebene müssen eins der oben beschriebenen zweidimensionalen Gitter bilden.

2.3 Bravaisgitter

Im Dreidimensionalen gibt es 14 verschiedene Gittertypen, sie werden Bravaisgitter genannt und sind in Bild 2-13 gezeigt. Sie sind in sieben Gittersysteme eingeteilt, wobei die Gitter eines jeden Systems dieselbe Punktgruppe von Symmetrieelementen hat. In diesen Darstellungen bilden **a** und **b** die Kanten der Einheitszellengrundfläche, und **c** zeigt von der Grundfläche nach oben. α ist der Winkel zwischen **c** und **a**, β ist der Winkel zwischen **c** und **b**, und γ ist der Winkel zwischen **a** und **b**. Diese Winkel sind in der oberen Einheitszelle in der Zeichnung dargestellt. Dort ist auch ein Koordinatensystem gezeigt, das zur Beschreibung der Gittervektoren in der folgenden Diskussion verwendet wird.
Wenn die Gitterpunkte nur an den Zellecken sitzen, dann ist die Zelle primitiv und wird mit *P* bezeichnet. Zellen mit primitiven Gitterpunkten an den Ecken und in den Raumzentren werden mit *I* bezeichnet (von dem deutschen Wort innenzentriert), und Zellen mit primitiven Gitterpunkten an den Ecken und in den Flächenzentren werden mit *F* bezeichnet. Es gibt im Diagramm eine Zelle mit primitiven Punkten an den Ecken und in den Zentren der Grund- und Deckfläche. Diese ist mit *C* bezeichnet, da die **c**-Achse gewöhnlich senkrecht auf diesen Flächen steht.

Kubische Gitter

Alle Gitter des kubischen Systems können konstruiert werden, indem Einheitszellen in Form eines Würfels benutzt werden. Diese Gitter haben die höchste Zahl von Symmetrieelementen aller Gittertypen: drei vierzählige Achsen, vier dreizählige Achsen, sechs zweizählige Achsen, und neun Spiegelebenen gehen durch die Mitte jedes Würfels. Die Symmetrieelemente sind in Bild 2-14 gezeigt. Jede vierzählige Achse verläuft durch die Zentren zweier gegenüberliegender Flächen, die dreizähligen Achsen verlaufen entlang der Raumdiagonalen, und jede zweizählige Achse durchquert den Würfel von einer Kantenmitte zur diametral gegenüberliegenden Kantenmitte. Drei der Spiegelebenen sind parallel zu den Würfelflächen und gehen durch das Raumzentrum, während jede der anderen sechs Spiegelebenen durch diametral gegenüberliegende Flächendiagonalen den Würfel durchqueren.
Ein einfaches oder primitives kubisches Gitter hat nur an den Würfelecken Gitterpunkte, und der Würfel ist eine primitive Einheitszelle. Wenn der Würfel die Kantenlänge *a* hat, dann sind $\mathbf{a} = a\hat{\mathbf{x}}$, $\mathbf{b} = a\hat{\mathbf{y}}$ und $\mathbf{c} = a\hat{\mathbf{z}}$ die drei primitiven Gittervektoren.
Für ein kubisch raumzentriertes Gitter gibt es zwei primitive Gitterpunkte pro Würfel, einer in einer Ecke und einer in der Würfelmitte. Jeder Würfel enthält

36 2. Kristallgitter

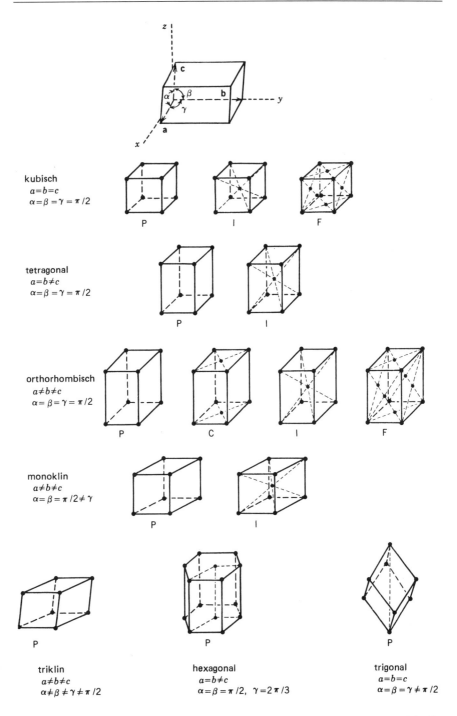

Bild 2-13 Die 7 dreidimensionalen Gittersysteme und 14 Bravaisgitter. Zusätzliche Bedingungen zu den Kantenlängen und Winkeln sind im Text beschrieben.

2.3 Bravaisgitter

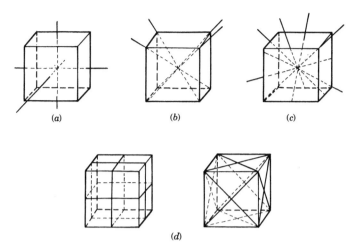

Bild 2-14 Symmetrieachsen und -ebenen eines Würfels: (a) Vierzählige Achsen, (b) dreizählige Achsen, (c) zweizählige Achsen und (d) Spiegelebenen.

zwei Kopien der primitiven Basis. Die Grundvektoren des Gitters werden gewöhnlich so gewählt, daß sie Vektoren von einer Würfelmitte zu drei benachbarten Würfelecken sind:

$$\mathbf{a} = {}^1\!/_2\, a\, (\hat{\mathbf{x}} + \hat{\mathbf{y}} - \hat{\mathbf{z}}),\, \mathbf{b} = {}^1\!/_2\, a\, (-\hat{\mathbf{x}} + \hat{\mathbf{y}} + \hat{\mathbf{z}})\, \text{und}\, \mathbf{c} = {}^1\!/_2\, a\, (\hat{\mathbf{x}} - \hat{\mathbf{y}} + \hat{\mathbf{z}}).$$

Diese Vektoren und die aus ihnen gebildete parallelepipedische Einheitszelle sind in Bild 2-15b gezeigt. Man beachte, daß $\mathbf{a} + \mathbf{c} = a\hat{\mathbf{x}}$, $\mathbf{a} + \mathbf{b} = a\hat{\mathbf{y}}$ und $\mathbf{b} + \mathbf{c} = a\hat{\mathbf{z}}$, deshalb können die Positionen von Würfelecken ebenso wie die Positionen von Würfelmitten als lineare Kombinationen der Grundvektoren, jeweils mit ganzzahligen Koeffizienten geschrieben werden.

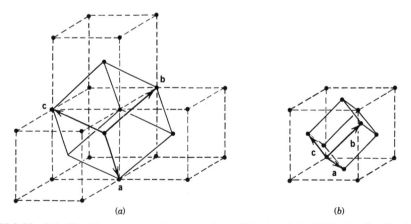

Bild 2-15 Primitive Translationsvektoren und parallelepipedische Einheitszellen für (a) ein kubisch raumzentriertes Gitter und (b) ein kubisch flächenzentriertes Gitter.

Bei einem kubisch flächenzentrierten Gitter sind mit jedem Würfel ein Eckpunkt und drei Punkte in den Flächenzentren verbunden, deshalb gibt es vier primitive Gitterpunkte pro Würfel. Jeder Würfel enthält vier Kopien der primitiven Basis. Als Grundvektoren des Gitters werden gewöhnlich Vektoren von einer Würfelecke zu drei benachbarten Flächenzentren benutzt: $\mathbf{a} = 1/2\, a\, (\hat{\mathbf{x}} + \hat{\mathbf{y}})$, $\mathbf{b} = 1/2\, a\, (\hat{\mathbf{y}} + \hat{\mathbf{z}})$ und $\mathbf{c} = 1/2\, a\, (\hat{\mathbf{x}} + \hat{\mathbf{z}})$. Diese Vektoren und eine prallelepipedische Einheitszelle sind in Bild 2-15b gezeigt.

Kubische Gitter können gebildet werden, indem man zweidimensionale quadratische Gitter übereinanderstapelt. Um ein einfaches kubisches Gitter zu bilden, werden die zweidimensionalen Gitter direkt übereinander mit einem Abstand gleich der kubischen Kantenlänge a angeordnet. Um ein kubisch raumzentriertes Gitter zu bilden, wird jede Ebene mit den Ecken ihrer Quadrate über die Quadratmitten der darunterliegenden Ebene angeordnet, wie in Bild 2-16a gezeigt ist. Der Abstand der Ebenen ist $1/2\, a$. Um ein kubisch raumzentriertes Gitter zu bilden, werden die Quadratseiten zu einer halben kubischen Flächendiagonalen oder $a\sqrt{2}$. Die Ebenen haben einen Abstand von $1/2\, a$, und die Flächenecken einer Ebene liegen wieder über den Flächenmitten der darunterliegenden Ebene. Diese Anordnung ist in Bild 2-16b gezeigt.

Für alle drei kubischen Gitter bilden Gitterpunkte auf Ebenen senkrecht zu einer kubischen Raumdiagonalen, einer dreifachen Achse, zweidimensionale hexagonale Gitter. Bild 2-17 zeigt eine hexagonale Ebene und eine zweidimensionale hexagonale Einheitszelle für ein einfaches kubisches Gitter. Identische parallele Ebenen gehen durch alle Gitterpunkte. Wenn eine der kubischen dreizähligen Achsen von Ebene zu Ebene übergeht, dann geht sie durch einen Punkt dreifacher Symmetrie in einer hexagonalen Zelle, dann durch einen anderen Punkt

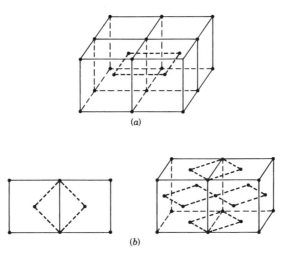

Bild 2-16 Die Stapelung von quadratischen Gittern und die Bildung von (a) einem kubisch raumzentrierten Gitter und (b) einem kubisch flächenzentrierten Gitter. In einem kubisch flächenzentrierten Gitter bilden die Würfelflächen keine zweidimensionalen primitiven Einheitszellen. Das links mit gestrichelten Linien gezeichnete Quadrat ist jedoch eine zweidimensionale primitive Zelle.

2.3 Bravaisgitter

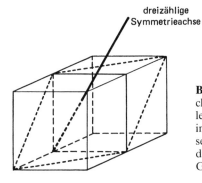

dreizählige Symmetrieachse

Bild 2-17 Eine hexagonale Ebene in einem einfachen kubischen Gitter. Die gestrichelten Linien stellen eine zweidimensionale hexagonale Einheitszelle in der Ebene dar. Eine dreizählige Symmetrieachse, senkrecht zur Ebene und längs der kubischen Raumdiagonalen ist ebenfalls eingezeichnet. Durch jeden Gitterpunkt geht eine parallele Ebene hindurch.

dreifacher Symmetrie und schließlich durch einen Punkt sechsfacher Symmetrie. Diese Anordnung wird wiederholt. Zwei hexagonale Ebenen schneiden eine kubische Raumdiagonale im Würfelinneren in Drittel. Da die Länge einer Raumdiagonalen $\sqrt{3}a$ ist, ist der Abstand der Ebenen $a/\sqrt{3}$. Kubische Flächendiagonale bilden die Kanten der hexagonalen Zelle, deshalb ist die Länge einer hexagonalen Kante $\sqrt{2}a$.

Um ein kubisch flächenzentriertes Gitter zu konstruieren, werden dieselben Ebenen mit demselben Abstand $a/\sqrt{3}$ benutzt. Jetzt ist jedoch in der Mitte jeder Flächendiagonalen ein Gitterpunkt, deshalb ist die Sechseckkante nur halb so lang, nämlich $a/\sqrt{2}$. Um ein kubisch raumzentriertes Gitter zu konstruieren, müssen doppelt so viele Ebenen mit dem halben Abstand benutzt werden. Drei neue Ebenen durch die kubischen Raumzentren schneiden die Raumdiagonale in Sechstel. Deshalb ist der Ebenenabstand nun $a/(2\sqrt{3})$. Die Kantenlänge des Sechseck beträgt $\sqrt{2}a$.

Beispiel 2-4
Man ermittele die Lagevektoren der acht kubischen Ecken und der sechs kubischen Flächenzentren für ein kubisch flächenzentriertes Gitter aufgrund der primitiven Gittervektoren $\mathbf{a} = \frac{1}{2}a\,(\hat{\mathbf{x}} + \hat{\mathbf{y}})$, $\mathbf{b} = \frac{1}{2}a\,(\hat{\mathbf{y}} + \hat{\mathbf{z}})$ und $\mathbf{c} = \frac{1}{2}a\,(\hat{\mathbf{x}} + \hat{\mathbf{z}})$.

Lösung
Entsprechend dem in Bild 2-13 gezeigtem Koordinatensystem haben die acht kubischen Ecken die Lagevektoren 0, $a\hat{\mathbf{x}}$, $a\hat{\mathbf{y}}$, $a\hat{\mathbf{z}}$, $a\,(\hat{\mathbf{x}} + \hat{\mathbf{y}})$, $a\,(\hat{\mathbf{y}} + \hat{\mathbf{z}})$ und $a\,(\hat{\mathbf{x}} + \hat{\mathbf{y}} + \hat{\mathbf{z}})$. Da $\mathbf{a} - \mathbf{b} + \mathbf{c} = a\hat{\mathbf{x}}$, $\mathbf{a} + \mathbf{b} - \mathbf{c} = a\hat{\mathbf{y}}$, und $-\mathbf{a} + \mathbf{b} + \mathbf{c} = a\hat{\mathbf{z}}$, können diese so geschrieben werden: 0, $\mathbf{a} - \mathbf{b} + \mathbf{c}$, $\mathbf{a} + \mathbf{b} - \mathbf{c}$, $-\mathbf{a} + \mathbf{b} + \mathbf{c}$, $2\mathbf{a}$, $2\mathbf{c}$, $2\mathbf{b}$ und $\mathbf{a} + \mathbf{b} + \mathbf{c}$. Die sechs Flächenzentren sind bei $\frac{1}{2}a\,(\hat{\mathbf{x}} + \hat{\mathbf{z}})$, $\frac{1}{2}a\,(\hat{\mathbf{y}} + \hat{\mathbf{z}})$, $\frac{1}{2}a\,(\hat{\mathbf{x}} + \hat{\mathbf{y}})$, $\frac{1}{2}a\,(\hat{\mathbf{x}} + 2\hat{\mathbf{y}} + \hat{\mathbf{z}})$, $\frac{1}{2}a\,(2\hat{\mathbf{x}} + \hat{\mathbf{y}} + \hat{\mathbf{z}})$ und $\frac{1}{2}a\,(\hat{\mathbf{x}} + \hat{\mathbf{y}} + 2\hat{\mathbf{z}})$. Und diese können folgendermaßen geschrieben werden: $\mathbf{c}$, $\mathbf{b}$, $\mathbf{a}$, $\mathbf{a} + \mathbf{b}$, $\mathbf{a} + \mathbf{c}$ und $\mathbf{b} + \mathbf{c}$. Man beachte, daß alle diese Lagevektoren als lineare Kombinationen der primitiven Gittervektoren mit ganzzahligen Koeffizienten geschrieben werden können. ◆

Beispiel 2-5
Man betrachte ein kubisch raumzentriertes Gitter und ermittele drei primitive Gittervektoren so, daß zwei von ihnen die Kanten einer zweidimensionalen hexa-

gonalen Einheitszelle bilden. Man finde mit Hilfe des dritten Vektors den Abstand der hexagonalen Ebenen.

Lösung
Wir benutzen die in Bild 2-17 gezeigte Ebene und das in Bild 2-13 gezeigte Koordinatensystem. Zwei Gittervektoren in der Ebene sind einmal $\mathbf{a} = a\,(-\hat{\mathbf{x}} + \hat{\mathbf{z}})$ durch die linke Würfelfläche und zum anderen $\mathbf{b} = a\,(-\hat{\mathbf{x}} + \hat{\mathbf{y}})$ durch die Grundfläche. Der Winkel θ zwischen diesen Vektoren ist durch $\cos\theta = (\mathbf{a}\cdot\mathbf{b})/(|\mathbf{a}|\,|\mathbf{b}|) = a^2/(2a^2) = 1/2$, deshalb ist $\theta = 60°$. Sie haben die gleiche Länge $\sqrt{2}a$, daher bilden sie die Kanten einer hexagonalen Einheitszelle. Der dritte Vektor c verbindet zwei Gitterpunkte auf Nachbarebenen. Da eine Nachbarebene durch das kubische Raumzentrum geht, können wir $\mathbf{c}$ als Vektor von der unteren linken Ecke des vorderen Würfels zum Raumzentrum festlegen, damit wird $\mathbf{c} = 1/2\,a\,(-\hat{\mathbf{x}} + \hat{\mathbf{y}} + \hat{\mathbf{z}})$. Der Ebenenabstand ist die Komponente von $\mathbf{c}$ längs der Raumdiagonalen senkrecht zu den hexagonalen Ebenen. Da $(1/\sqrt{3})\,(\hat{\mathbf{x}} + \hat{\mathbf{y}} + \hat{\mathbf{z}})$ ein Einheitsvektor entlang dieser Raumdiagonalen ist, beträgt der Abstand der Ebenen $d = 1/2\,a\,(-\hat{\mathbf{x}} + \hat{\mathbf{y}} + \hat{\mathbf{z}}) \cdot (1/\sqrt{3})\,(\hat{\mathbf{x}} + \hat{\mathbf{y}} + \hat{\mathbf{z}}) = a/(2\sqrt{3})$. Die drei Vektoren $\mathbf{a}$, $\mathbf{b}$ und $\mathbf{c}$ sind primitiv, da in dem von ihnen gebildeten Parallelepiped nur an den Ecken Gitterpunkte sitzen und nicht im Inneren. ◆

Tetragonale Gitter

Eine primitive tetragonale Einheitszelle mit Gitterpunkten nur in den Ecken hat eine quadratische Grundfläche und rechteckige Seitenflächen senkrecht zur Grundfläche. Es kann erzeugt werden, indem Ebenen mit quadratischen Gittern gestapelt werden, wobei $\mathbf{c}$ senkrecht zu der Ebene von $\mathbf{a}$ und $\mathbf{b}$ ist und wobei der Ebenenabstand unterschiedlich von der Länge einer quadratischen Kante ist. Die vierzähligen Achsen der quadratischen Gitter werden beibehalten und sind parallel zu $\mathbf{c}$. Mögliche primitive Gittervektoren sind $\mathbf{a} = a\hat{\mathbf{x}}$, $\mathbf{b} = a\hat{\mathbf{y}}$ und $\mathbf{c} = c\hat{\mathbf{z}}$. Wie in Bild 2-18 a gezeigt ist, hat die Zelle eine vierzählige und vier zweizählige Achsen und fünf Spiegelebenen durch ihr Zentrum. Zwei zweizählige Achsen gehen durch die Mitten gegenüberliegender Rechtecke, und zwei gehen durch die Mitten diametral gegenüberliegender Rechteckkanten. Vier Spiegelebenen liegen senkrecht zur quadratischen Grundfläche, zwei davon schneiden das Quadrat längs der Diagonalen und zwei schneiden es von Kantenmitte zu Kantenmitte. Die fünfte Spiegelebene liegt parallel zur Grundfläche und schneidet die rechteckigen Seitenflächen in der Mitte. Diese Symmetrieelemente können alle in den Diagrammen der quadratischen und rechteckigen Gitter von Bild 2-10 betrachtet werden.

Wenn ein kubisches Gitter entlang einer seiner vierzähligen Achsen durch Druck oder Verlängerung verformt wird, ist das Ergebnis ein tetragonales Gitter. Die anderen vierzähligen Achsen des Würfels werden zweizählige Achsen, und die Raumdiagonalen sind nicht länger Symmetrieachsen. Vier ehemalige zweizählige Achsen verlieren ebenso ihren Symmetriecharakter.

Es gibt noch ein anderes Bravaisgitter im tetragonalen System: ein raumzentriertes Gitter mit Gitterpunkten in den tetragonalen Zellecken und einem zusätzli-

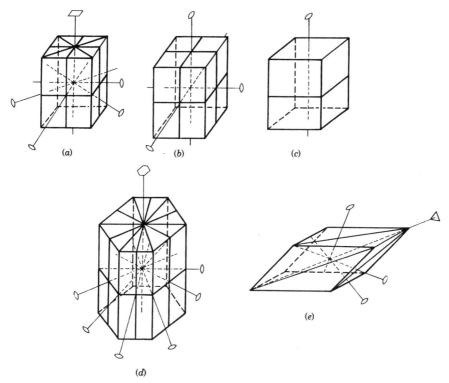

Bild 2-18 Symmetrieelemente von Einheitszellen: (a) Tetraedrisch, (b) orthorhombisch, (c) monoklin, (d) hexagonal, (e) trigonal.

chen Punkt in der Mitte. Die primitiven Gittervektoren sind $1/2\, a\, (\hat{x} + \hat{y}) - 1/2\, c\hat{z}$, $1/2\, a\, (-\hat{x} + \hat{y}) + 1/2\, c\hat{z}$, und $1/2\, a\, (\hat{x} - \hat{y}) + 1/2\, c\hat{z}$, wobei a die quadratische Kantenlänge und c die Höhe der tetragonalen Einheitszelle ist.
Die in Bild 2-13 gezeigte raumzentrierte Zelle kann durch eine flächenzentrierte Zelle ersetzt werden. Eine neue quadratische Grundfläche wird durch die Grundflächendiagonalen von vier benachbarten raumzentrierten Zellen, so wie es in Bild 2-16 für die kubisch flächenzentrierte Zelle gezeigt ist, gebildet. Jetzt sind die Gitterpunkte in den Ecken und Flächenzentren der neuen Zelle. Wir schlußfolgern, daß eine tetragonal flächenzentrierte Zelle exakt dasselbe Gitter wie eine tetragonal raumzentrierte Zelle beschreibt und nur eine davon in die Liste der Bravaisgitter aufgenommen werden muß.

Orthorhombische Gitter

Alle sechs Flächen einer primitiven orthorhombischen Einheitszelle sind Rechtecke, und die Seitenflächen stehen senkrecht auf der Grundfläche. Wie in Bild 2-18b gezeigt ist, hat die Einheitszelle drei zweizählige Achsen, die durch die Mitten gegenüberliegender Rechtecke gehen und drei Spiegelebenen, wobei jede senkrecht auf einer zweizähligen Achse steht und durch das Raumzentrum geht.

Das Gitter kann durch Zusammendrücken oder Verlängern eines tetragonalen Gitters längs einer oder beider der zweizähligen Achsen durch die rechteckigen Flächenzentren erzeugt werden. Die Grundfläche wird dann von einem Quadrat zu einem Rechteck verformt, und eine ehemalige vierzählige Achse wird eine zweizählige Achse.
Es gibt vier Gitter im orthorhombischen System: Primitiv, basiszentriert, raumzentriert und flächenzentriert. Für die letzten drei ist die orthorhombische Zelle nicht primitiv. Sie alle können leicht durch Stapelung von rechteckigen oder rechteckig zentrierten Gittern konstruiert werden.

Monokline Gitter

Die Grundfläche einer monoklinen Einheitszelle ist ein schiefwinkeliges Parallelogramm, und seine rechteckigen Seitenflächen stehen senkrecht auf der Grundfläche. Seine Symmetrieelemente bestehen nur aus einer einzelnen zweizähligen Achse, senkrecht zur schiefen Grundfläche und einer einzelnen Spiegelebene, parallel zur Grundfläche und durch das Zellzentrum hindurch. Diese sind in Bild 2-18c gezeigt. Die zweizählige Achse der schiefwinkeligen Einheitszelle, die die Grundfläche bildet, bleibt durch Stapelung schiefer Gitterebenen direkt übereinander, wobei ein primitives monoklines Gitter gebildet wird, oder durch Stapelung der Zellecken einer Ebene auf die Zellmitten der darunterliegenden Ebene, wobei ein raumzentriertes Gitter gebildet wird, erhalten.

Trikline Gitter

Ein triklines Gitter hat die geringste Symmetrie aller dreidimensionaler Gittertypen. Es hat keine Symmetrieachsen und keine Spiegelebenen. Es kann durch Stapelung zweidimensionaler schiefer Gitter gebildet werden, wobei die Ebenen so verschoben werden, daß sich keine zweizähligen Achsen ausrichten können.

Hexagonale und trigonale Gitter

Ein dreidimensionales hexagonales Gitter kann durch Stapelung von zweidimensionalen hexagonalen Gitterebenen in der Weise gebildet werden, daß Gitterpunkte direkt übereinander liegen. Die Grundfläche einer primitiven Einheitszelle ist ein 60°-Rhombus. Die Seitenflächen sind Rechtecke und stehen senkrecht auf der Grundfläche. Zwei primitive Gittervektoren verlaufen parallel zu den Rhombuskanten, und der dritte steht senkrecht auf der Grundfläche. Der dritte wird gewöhnlich mit c bezeichnet.
Um die Symmetrieelemente zu zeigen, ist in Bild 2-18d eine Einheitszelle mit hexagonaler Basis verwendet worden. Eine sechszählige Achse verläuft parallel zu den Seitenflächen durch das Zellzentrum. Es gibt sechs zweizählige Achsen, davon geht jede durch das Zellzentrum und dann entweder durch ein Flächenzentrum oder durch eine Kantenmitte. Senkrecht zu jeder zweizähligen Achse ist eine Spiegelebene, und zusätzlich gibt es eine Spiegelebene parallel zur Grundfläche in der Mitte zwischen Grund- und Deckfläche.

Eine trigonale Zelle kann durch Stapelung von zweidimensionalen hexagonalen Gitterebenen in Dreiergruppen so konstruiert werden, daß eine sechszählige und zwei dreizählige Achsen, die mit zweidimensionalen Einheitszellen auf verschiedenen Ebenen verbunden sind, entstehen. Das ist dasselbe Schema, wie es zur Konstruktion kubischer Gitter benutzt wurde, mit der Ausnahme, daß hier der Abstand der Ebenen keinen bestimmten Wert hat, so wie das bei kubischen Gittern erforderlich war. Eine kubische Einheitszelle kann durch Verlängerung oder Zusammendrücken entlang einer Raumdiagonalen zu einer trigonalen Zelle verformt werden, so daß die Würfelkanten sich auf die Diagonale zubewegen bzw. von ihr wegbewegen wie die Speichen eines Regenschirms.

Die Symmetrieelemente sind in Bild 2-18e gezeigt. Zusätzlich zu der dreizähligen Achse gibt es drei zweizählige Achsen, wovon jede die Einheitszelle von einer Kantenmitte zur Mitte der gegenüberliegenden Kante durchquert und drei Spiegelebenen, jede davon verläuft auf einer Fläche längs einer Diagonalen und geht durch das Zellzentrum. Die dreizählige Achse ist die gemeinsame Schnittlinie der drei Spiegelebenen.

Eindeutige Symmetrieelemente

Eine kleine Anzahl von Symmetrieelementen identifizieren jedes Gittersystem eindeutig. Zum Beispiel muß ein Gitter hexagonal sein, wenn es sechszählige Achsen hat. Die Existenz sechszähliger Achsen garantiert das Auftreten aller anderen Symmetrieelemente eines hexagonalen Gitters. Wenn ein Gitter vierzählige Achsen hat, ist es entweder kubisch oder tetragonal: tetragonal, wenn die Achsen parallel zueinander sind und kubisch, wenn sie es nicht sind. Wenn das Gitter dreizählige Achsen hat, aber keine sechszähligen, dann ist es entweder trigonal oder kubisch, je nachdem, ob die Achsen parallel zueinander sind oder nicht. Wenn die Achsen höchster Symmetrie zweizählig sind, ist das Gitter monoklin oder orthorhombisch, in Abhängigkeit davon, ob die Achsen parallel zueinander sind oder nicht. Wenn schließlich keine Symmetrieachsen vorhanden sind, dann ist das Gitter triklin. Die eindeutigen Symmetrieelemente werden häufig benutzt, um im Zusammenhang mit Ergebnissen der Röntgenstrahlstreuung das Gitter einer bestimmten Probe zu identifizieren.

2.4 Positionen, Richtungen und Ebenen im Kristall

Um Punkte in einer Einheitszelle, Richtungen entlang von Linien durch Gitterpunkte und Ebenen durch Gitterpunkte zu bezeichnen, wird eine spezielle Kennzeichnung gebraucht. Lagevektoren von Punkten und Vektoren parallel zu Linien werden als lineare Kombinationen von Grundvektoren des Gitters geschrieben, und die Koeffizienten werden zur Identifizierung der Punkte oder Linien benutzt. Die Orientierung einer Ebene erfolgt über ihren Normalenvektor.

Positionen in einer Zelle

Der Lagevektor **r** eines Punktes in einer Zelle bezüglich einer Zellecke kann geschrieben werden

$$\mathbf{r} = u\mathbf{a} + v\mathbf{b} + w\mathbf{c} \tag{2-3}$$

wobei u, v und w Zahlen kleiner oder gleich 1 sind. Gibt man diese drei Zahlen in der Form uvw ohne Kommas dazwischen an, ist der Punkt identifiziert. Da die Längeneinheit mit den Grundvektoren verbunden ist, sind die Koeffizienten u, v und w dimensionslos.

Diese Bezeichnung wird zur Spezifizierung von Positionen von Atomen und anderen interessanten Punkten in Einheitszellen verwendet. Zum Beispiel hat der Mittelpunkt jeder parallelepipedischen Einheitszelle den Lagevektor $1/2\,\mathbf{a} + 1/2\,\mathbf{b} + 1/2\,\mathbf{c}$, deshalb sind die Indizes dieses Punktes $1/2\,1/2\,1/2$. Punkte auf der Raumdiagonalen vom Ursprung zur diametral gegenüberliegenden Zellecke haben die Indizes uuu, so daß zum Beispiel der Punkt ein Viertel der Raumdiagonalen vom Ursprung die Indizes $1/4\,1/4\,1/4$ bekommt.

Beispiel 2-6
Man bestimme die Indizes der linken und rechten Flächenzentren der allgemeinen Einheitszelle, die in Bild 2-13 oben gezeigt ist.

Lösung
Das linke Flächenzentrum liegt bei $1/2\,\mathbf{a} + 1/2\,\mathbf{c}$, deshalb lauten seine Indizes $1/2\,0\,1/2$. Das rechte Flächenzentrum liegt bei $1/2\,\mathbf{a} + \mathbf{b} + 1/2\,\mathbf{c}$, deshalb lauten seine Indizes $1/2\,1\,1/2$. ◆

Beispiel 2-7
Man bestimme für eine primitive hexagonale Einheitszelle die Indizes der Punkte, bei denen dreizählige Achsen die Grundfläche schneiden.

Lösung
Bild 2-19 zeigt die Grundfläche der Zelle und die Grundvektoren **a** und **b**. Der untere Symmetriepunkt befindet sich am Schnittpunkt der Linien $y = a - \sqrt{3}x$ und $y = 0$, seine Koordinaten sind daher $x = a/\sqrt{3}$, $y = 0$. Wir ersetzen $\mathbf{a} = (\sqrt{3}/2)a\hat{\mathbf{x}} - (1/2)a\hat{\mathbf{y}}$ und $\mathbf{b} = a\hat{\mathbf{y}}$ durch $\mathbf{r} = u\mathbf{a} + v\mathbf{b}$ und finden $\mathbf{r} = (\sqrt{3}/2)ua\hat{\mathbf{x}} - (1/2)(u - 2v)a\hat{\mathbf{y}}$. Die x-Komponente muß bei $a/\sqrt{3}$ und die y-Komponente muß bei 0 sein, deshalb sind $u = 2/3$ und $v = 1/3$. Die Indizes sind $2/3\,1/3\,0$. Der obere Symmetriepunkt befindet sich am Schnittpunkt der Linien $y = a - \sqrt{3}x$ und $y = 1/2\,a$. Dieselbe Analyse führt zu $u = 1/3$ und $v = 2/3$, deshalb lauten die Indizes $1/3\,2/3\,0$. ◆

Richtungen in Kristallen

Um eine Richtung zu beschreiben, werden die Indizes u, v und w benutzt, und die gewünschte Richtung ist dann $u\mathbf{a} + v\mathbf{b} + w\mathbf{c}$. Sie wird in der Form $[uvw]$, in ecki-

2.4 Positionen, Richtungen und Ebenen im Kristall 45

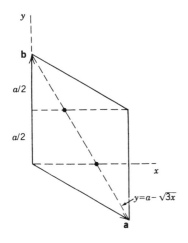

Bild 2-19 Eine zweidimensionale hexagonale Zelle mit der Kantenlänge a. Die Punkte markieren die Stellen, wo die zwei dreizähligen Symmetrieachsen die Zellebene schneiden. Der untere Punkt ist beim Schnittpunkt von $y = a - \sqrt{3}x$ und $y = 0$, während der obere Punkt beim Schnittpunkt von $y = a - \sqrt{3}x$ und $y = 1/2\,a$ ist.

gen Klammern und ohne Kommas angegeben. Ein negativer Index wird durch einen Strich über der Größe angezeigt: $[\overline{uvw}]$ ist die umgekehrte Richtung von $[uvw]$. Die gewöhnlich betrachteten Richtungen sind jene von Linien durch Gitterpunkte, und da diese Linien parallel zu Gittervektoren verlaufen, können ihre Richtungen durch ganzzahlige Indizes angegeben werden. Darüber hinaus werden die ganzen Zahlen so festgelegt, daß immer ihre kleinsten Werte angegeben werden, das heißt, jeder gemeinsame Divisor von u, v und w wird weggelassen. Zum Beispiel ist eine [100]-Linie in der Richtung von a, eine [010]-Linie ist in der Richtung von b und eine [001]-Linie ist in der Richtung von c. Für jede parallelepipedische Einheitszelle sind die [111], [11$\overline{1}$], [1$\overline{1}$1] und [$\overline{1}$11]-Richtungen parallel zu den vier Raumdiagonalen.

Für jedes Gitter können Richtungen so eingeteilt werden, daß Angehörige jeder Gruppe in eine beliebige andere Gruppe durch Symmetrieoperationen, die das Gitter unverändert lassen, überführt werden können. Richtungen in derselben Gruppe werden äquivalent genannt. In einem kubischen Gitter sind [100]-, [010]- und [001]-Richtungen und die entgegengesetzten Richtungen äquivalent. Eine Drehung um $\pi/2$ um die [100]-Richtung führt zum Beispiel eine [010]-Linie entweder in eine [001]-Linie oder eine [00$\overline{1}$]-Linie über, in Abhängigkeit vom Richtungssinn. Eine Gruppe äquivalenter Richtungen wird durch $\langle uvw \rangle$ angegeben, wobei die Indizes einer dieser Richtungen in Winkelklammern gesetzt wird. Diese Bezeichnung ist nützlich, wenn wir nicht zwischen äquivalenten Richtungen unterscheiden müssen.

Gitterebenen

Eine Gitterebene geht durch Gitterpunkte, und jede Ebene kann durch drei Gitterpunkte auf ihr identifiziert werden. Von hauptsächlichem Interesse ist jedoch die Orientierung der Ebene, und diese wird durch den Normalvektor der Ebene beschrieben.

Das Vektorprodukt zweier beliebiger nichtparalleler Vektoren ist senkrecht zu der Ebene, die diese zwei Vektoren enthält. Zum Beispiel ist $\mathbf{b} \times \mathbf{c}$ senkrecht zur

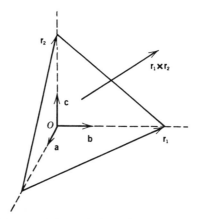

Bild 2-20 Eine Kristallebene und ihre Schnittpunkte mit den Kristallachsen. Die Ebene schneidet die **a**-Achse bei $x\mathbf{a}$, die **b**-Achse bei $y\mathbf{b}$ und die **z**-Achse bei $z\mathbf{c}$. $\mathbf{r}_1 = y\mathbf{b} - x\mathbf{a}$ und $\mathbf{r}_2 = z\mathbf{c} - x\mathbf{a}$ sind Vektoren in der Ebene, und $\mathbf{r}_1 \times \mathbf{r}_2$ ist ein Vektor senkrecht zur Ebene. Eine parallele Ebene geht durch den Ursprung.

Ebene von **b** und **c**. Wie wir zeigen werden, bilden die drei Vektoren $\mathbf{b} \times \mathbf{c}$, $\mathbf{c} \times \mathbf{a}$ und $\mathbf{a} \times \mathbf{b}$ eine Grundkonfiguration und zwar so, daß Normalen aller Gitterebenen als lineare Kombinationen von ihnen mit ganzzahligen Koeffizienten geschrieben werden können.
Bild 2-20 zeigt die Grundvektoren eines Gitters, die vom Ursprung O zu einem Gitterpunkt führen. Eine Gitterebene ist auch eingezeichnet, und sie schneidet die **a**-Achse bei $x\mathbf{a}$, die **b**-Achse bei $y\mathbf{b}$ und die **c**-Achse bei $z\mathbf{c}$. Die Schnittpunkte sind nicht notwendigerweise Gitterpunkte. Die zwei Vektoren $\mathbf{r}_1 = y\mathbf{b} - x\mathbf{a}$ und $\mathbf{r}_2 = z\mathbf{c} - x\mathbf{a}$ liegen in der Ebene, deshalb ist

$$\mathbf{r}_1 \times \mathbf{r}_2 = xyz \left[\frac{\mathbf{b} \times \mathbf{c}}{x} + \frac{\mathbf{c} \times \mathbf{a}}{y} + \frac{\mathbf{a} \times \mathbf{b}}{z} \right] \qquad (2\text{-}4)$$

ein Normalenvektor der Ebene.
Weil die Ebene eine Gitterebene ist, sind die Verhältnisse y/x, z/x und y/z rationale Zahlen. Zur Demonstration betrachten wir das in Bild 2-21 dargestellte zweidimensionale Beispiel. In der Ebene von **a** und **b** sind Gitterpunkte gezeigt und eine Schnittlinie einer zweiten Gitterebene. Wenn $\mathbf{r}_1 = n_a \mathbf{a} + n_b \mathbf{b}$ und $\mathbf{r}_2 = m_a \mathbf{a} + m_b \mathbf{b}$ zwei Gitterpunkte auf dieser Schnittlinie sind, dann ist ein allgemeiner Punkt auf dieser Linie gegeben durch

$$\mathbf{r} = \mathbf{r}_2 + \gamma (\mathbf{r}_1 - \mathbf{r}_2)$$
$$= [m_a + \gamma (n_a - m_a)] \mathbf{a} + [m_b + \gamma (n_b - m_b)] \mathbf{b} \qquad (2\text{-}5)$$

wobei γ eine Zahl ist, die für verschiedene Punkte unterschiedlich ist. Um den Schnittpunkt von **a** zu finden, nimmt man $\gamma = -m_b / (n_b - m_b)$, und um den Schnittpunkt von **b** zu finden, nimmt man $\gamma = -m_a / (n_a - m_a)$. In jedem Fall wird

2.4 Positionen, Richtungen und Ebenen im Kristall

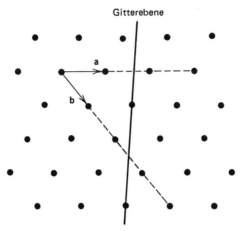

Bild 2-21 Die starke Linie ist die Schnittlinie einer Gitterebene mit der Ebene von **a** und **b**. Das Verhältnis seiner **a**- und **b**-Schnittpunkte, in Einheiten von a und b ist eine rationale Zahl.

der Wert von γ in Gleichung (2-5) eingesetzt. Der Schnittpunkt von **a** ist durch $r = x\mathbf{a}$ mit

$$x = \frac{m_a(n_b - m_b) - m_b(n_a - m_a)}{n_b - m_b} \tag{2-6}$$

gegeben und der Schnittpunkt von **b** ist durch $r = y\mathbf{b}$ mit

$$y = \frac{m_b(n_a - m_a) - m_a(n_b - m_b)}{n_a - m_a} \tag{2-7}$$

gegeben. Das Verhältnis y/x ist $-(n_b - m_b)/(n_a - m_a)$ ein Verhältnis ganzer Zahlen. Der Beweis kann auf drei Dimensionen erweitert werden, allerdings ist die Algebra etwas komplizierter.
Da die Schnittpunkte einer Gitterebene in Einheiten der Gitterkonstanten im Verhältnis ganzer Zahlen erfolgen, kann Gleichung 2-4 geschrieben werden

$$\mathbf{r}_1 \times \mathbf{r}_2 = A\,[\mathrm{h}\mathbf{b} \times c + \mathrm{k}\mathbf{c} \times \mathbf{a} + \mathrm{l}\mathbf{a} + \mathbf{b}] \tag{2-8}$$

wobei h, k und l ganzzahlig sind und A ist eine Zahl, dessen Größe bedeutungslos ist, weil sie nicht die Richtung des Vektors beeinflußt. Gewöhnlich werden h, k und l so gewählt, daß sie die drei kleinsten Größen haben, wenn sie in Gleichung 2-8 eingesetzt werden, um einen Vektor in der richtigen Richtung zu erhalten. Jeder gemeinsame ganzzahlige Faktor wird in die Größe A außerhalb der Klammer aufgenommen.
Die drei ganzen Zahlen h, k und l heißen Millersche Indizes der Ebene, und die Ebene wird durch das Symbol (hkl) bezeichnet. Wenn ein Index negativ ist, wird ein Strich über seiner Zahl angebracht. Die Millerschen Indizes kennzeichnen ei-

---
Aus satztechnischen Gründen erscheint das „l" bei den Millerschen Indizes als „l".

nen Normalenvektor auf eine Ebene und nicht eine spezifische Ebene: alle parallelen Ebenen haben dieselben Indizes.
Gleichung 2-4 liefert eine Technik, die Millerschen Indizes einer Ebene zu ermitteln. Man setzt den Ursprung auf einen Gitterpunkt und ermittelt dann die Schnittpunkte der Ebene mit den Kristallachsen. Man drückt jeden Schnittpunkt in Einheiten des Gitterabstands längs der entsprechenden Achse aus und errechnet dann seinen reziproken Wert. Schließlich werden die drei erhaltenen Zahlen mit einem gemeinsamen Faktor multipliziert, um die drei kleinsten Zahlen mit denselben Verhältnissen zu bekommen. Diese sind h, k und l. Wenn die Ebene eine der Kristallachsen nicht schneidet, wird angenommen, daß der Schnittpunkt unendlich weit vom Ursprung entfernt ist, und der entsprechende Index ist 0.

Beispiel 2-8
Wie lauten die Millerschen Indizes der Ebene, die die drei Gitterpunkte $r_1 = a - b$, $r_2 = 2a + c$ und $r_3 = 3b + c$ enthält?

Lösung
Die Vektoren $r_1 - r_3$ und $r_2 - r_3$ liegen in der Ebene, deshalb erfüllen alle Punkte r in der Ebene $r = r_3 + \alpha (r_1 - r_3) + \beta (r_2 - r_3) = (\alpha + 2\beta) a + (3 - 4\alpha - 3\beta) b + (1 - \alpha) c$, wobei α und β Zahlen sind. Das hat die Form $r = xa + yb + zc$. Beim Schnittpunkt mit a gilt $3 - 4\alpha - 3\beta = 0$ und $1 - \alpha = 0$, daher sind $\alpha = 1$, $\beta = -1/3$ und $x = \alpha + 2\beta = 1/3$. Beim Schnittpunkt mit b gilt $\alpha + 2\beta = 0$ und $1 - \alpha = 0$, deshalb sind $\alpha = 1$, $\beta = -1/2$ und $y = 3 - 4\alpha - 3\beta = 1/2$. Beim Schnittpunkt mit c gilt $\alpha + 2\beta = 0$ und $3 - 4\alpha - 3\beta = 0$, also sind $\alpha = 6/5$, $\beta = -3/5$ und $z = 1 - \alpha = -1/5$. Die entsprechenden reziproken Werte sind 3, 2 und -5, also handelt es sich um eine $(32\bar{5})$-Ebene. ◆

In den meisten Fällen werden Positionen, Richtungen und Ebenen lieber mit Hilfe primitiver Gittervektoren als mit den konventionellen indiziert. Das heißt, es werden kubisch primitive, tetragonale, orthorhombische oder monokline Gitter benutzt, um die Indizes zu finden, auch wenn das primitive Gitter flächenzentriert, raumzentriert oder basiszentriert ist. Wenn es nicht ausdrücklich anders erwähnt wird, werden wir diese Vereinbarung benutzen.
Einige Beispiele für Ebenen in kubischen Gittern sind in Bild 2-22 gezeigt. (100), (010) und (001)-Ebenen sind jeweils senkrecht zur a-, b- oder c-Achse. (110), (101) und (011)-Ebenen gehen durch gegenüberliegende Flächennormalen, genauso wie die $(\bar{1}10)$, $(10\bar{1})$ und $(01\bar{1})$-Ebenen. (111), $(\bar{1}11)$, $(1\bar{1}1)$ und $(11\bar{1})$-Ebenen sind senkrecht zu Raumdiagonalen.
Da die Normale einer Ebene zwei entgegengesetzte Richtungen haben kann, sind (hkl) und $(\overline{hkl})$ alternative Bezeichnungen für dieselbe Ebenenschar. Wenn jedoch zwei parallele Flächen einer Einheitszelle unterschieden werden müssen, dann wird die nach außen gerichtete Normale benutzt. Für die in Bild 2-22 gezeigte Zelle wird die linke Fläche mit $(0\bar{1}0)$ mit ihrer Normalen in der negativen b-Richtung bezeichnet und die rechte Fläche mit (010) mit ihrer Normalen in der positiven b-Richtung.

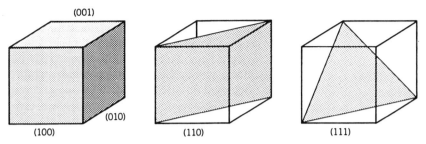

Bild 2-22 Ebenen hoher Symmetrie in kubischen Kristallen: (a) (100), (010) und (001)-Ebenen, (b) eine (110)-Ebene, (c) eine (111)-Ebene.

Die Schar aller Ebenen, die aufgrund von Symmetrieoperationen der Punktgruppe des Gitters äquivalent sind, werden mit {hkl} bezeichnet, wobei h, k und l die Indizes von einer der Ebenen sind. In dieser Bezeichnungsweise stellt zum Beispiel {100} alle Würfelflächen dar.

Netzebenenabstände

Die Schnittpunkte aller Gitterebenen bestimmter Millerscher Indizes mit den Kristallachsen können leicht ermittelt werden. Entsprechend der nach Gleichung 2-8 durchgeführten Diskussion sind die Schnittpunkte einer Ebene mit den **a**-, **b**- und **c**-Achsen

$$x = \frac{n}{h} \tag{2-9}$$

$$y = \frac{n}{k} \tag{2-10}$$

und

$$z = \frac{n}{l} \tag{2-11}$$

Da n ganzzahlige Werte annimmt, geben diese Ausdrücke die Schnittpunkte paralleler Gitterebenen an. Wir müssen aber aufpassen, wenn h, k und l einen gemeinsamen ganzzahligen Divisor ungleich 1 haben. Dann geben diese Ausdrücke auch Schnittpunkte von Ebenen an, die nicht durch Gitterpunkte gehen. Entsprechend der Gleichungen 2-9, 2-10 und 2-11 schneidet eine (200)-Ebene in einem einfachen kubischen Gitter die a-Achse bei $1/2\,a$, aber das ist keine Gitterebene, da sie keine Gitterpunkte enthält. Wenn wir zur Indizierung der Ebenen primitive Gittervektoren benutzen, müssen wir Indizes verwenden, die keinen gemeinsamen Divisor ungleich 1 haben. Dann geben Gleichungen 2-9, 2-10 und 2-11 exakt die Schnittpunkte aller Gitterebenen an und keine anderen.
Andererseits, wenn wir nichtprimitive Gittervektoren zur Indizierung von Ebenen benutzen und möchten, daß die Gleichungen 2-9, 2-10 und 2-11 die Schnittpunkte aller Ebenen angeben, dann müssen wir Werte von h, k und l mit einem

gemeinsamen Faktor akzeptieren. Wir wollen zum Beispiel einfache kubische Gittervektoren benutzen, um Ebenen in einem kubisch raumzentrierten Gitter zu indizieren. Zusätzlich zu Gitterebenen durch Punkte an den Würfelecken gibt es Ebenen durch die Raumzentren. Ebenen parallel zu den (100)-Würfelflächen haben Schnittpunkte bei $1/2\, na$, wobei n ganzzahlig ist, und wir müssen in den Gleichungen 2-9, 2-10 und 2-11 $h = 2$, $k = 0$ und $l = 0$ benutzen. Der Abstand d zwischen benachbarten Ebenen mit denselben Millerschen Indizes ist durch

$$d = \frac{\tau}{|\mathbf{g}|} \qquad (2\text{-}12)$$

gegeben, wobei τ das Volumen der primitiven Einheitszelle angibt und $\mathbf{g} = h\mathbf{b} \times \mathbf{c} + k\mathbf{c} \times \mathbf{a} + l\mathbf{a} \times \mathbf{b}$. Hier sind $\mathbf{a}$, $\mathbf{b}$ und $\mathbf{c}$ primitiv, und die Indizes haben keinen gemeinsamen Divisor außer 1. Da die in Bild 2-20 gezeigte Ebene die a-Achse bei xa schneidet, ist der Abstand zwischen ihr und einer parallelen Ebene durch den Ursprung gleich der Projektion von xa auf die Normale. Da $\mathbf{g}/|\mathbf{g}|$ ein Einheitsvektor senkrecht zur Ebene ist, gilt $d = |\, x\mathbf{a} \cdot \mathbf{g}\,| / |\mathbf{g}|$. Damit wird $|\, x\mathbf{a} \cdot \mathbf{g}\,| = |xh\mathbf{a} \cdot (\mathbf{b} \times \mathbf{c})|$ $= |xh\tau|$, daraus folgt $d = |xh\tau| / |\mathbf{g}| = |n|\tau / |\mathbf{g}|$. Um den Netzebenenabstand zu erhalten, muß die betrachtete Ebene zu derjenigen durch den Ursprung benachbart sein, n muß 1 sein, dann folgt Gleichung 2-12.

Beispiel 2-9
Für ein einfaches kubisches Gitter mit der Kantenlänge a soll der Ursprung eines Koordinatensystems in einen Gitterpunkt gelegt werden, und die Grundvektoren des Gitters sollen entlang der kubischen Kanten verlaufen. Man ermittele die Millerschen Indizes für eine Ebene, die die $\mathbf{a}$-Achse bei $4\mathbf{a}$, die $\mathbf{b}$-Achse bei $3\mathbf{b}$ und die $\mathbf{c}$-Achse bei $2\mathbf{c}$ schneidet. Man bestimme dann den Abstand benachbarter Ebenen parallel zu der gegebenen Ebene. Man bestimme schließlich die Schnittpunkte mit den Kristallachsen der dem Ursprung nächstgelegenen Ebene, ausschließlich derjenigen durch den Ursprung.

Lösung
Für die beschriebene Ebene gilt $x = 4$, $y = 3$ und $z = 2$. Die reziproken Werte sind $1/4$, $1/3$ und $1/2$. Um die kleinsten ganzen Zahlen in demselben Verhältnis zu erhalten, multiplizieren wir jeden Reziprokwert mit 12 und bekommen $h = 3$, $k = 4$ und $l = 6$. Die Ebene ist eine (346)-Ebene. Wenn $\mathbf{a} = a\hat{\mathbf{x}}$, $\mathbf{b} = a\hat{\mathbf{y}}$ und $\mathbf{c} = a\hat{\mathbf{z}}$, dann wird $g = 3a^2\hat{\mathbf{x}} + 4a^2\hat{\mathbf{y}} + 6a^2\hat{\mathbf{z}}$ und $|\mathbf{g}| = \sqrt{61}\, a^2$. Das primitive Zellvolumen ist a^3, daraus folgt $d = \tau / |\mathbf{g}| = a^3 / (\sqrt{61}\, a^2) = a/\sqrt{61} = 0.128\, a$. Für die dem Ursprung nächstgelegene Ebene gilt $x = 1/h = 1/3$, $y = 1/k = 1/4$ und $z = 1/l = 1/6$, ihre Schnittpunkte sind also $1/3\, a\hat{\mathbf{x}}$, $1/4\, a\hat{\mathbf{y}}$ und $1/6\, a\hat{\mathbf{z}}$. ◆

Für jedes Gitter ist die Anzahl von Gitterpunkten pro Einheitsfläche auf einer beliebigen Ebene durch d/τ gegeben, wobei τ das Volumen der primitiven Einheitszelle angibt. Wir wollen eine primitive Zelle so erzeugen, daß zwei primitive Gittervektoren in der Ebene liegen und der dritte von einem Gitterpunkt in der Ebene zu einem anderen in einer Nachbarebene führt. Die Zahl der Gitterpunkte pro Einheitsfläche der Ebene ist $1/A$, wobei A die Fläche der parallelepipedischen Zellbasisfläche in der Ebene ist. Das Einheitszellvolumen ist Ad, daraus folgt $1/A = d/\tau$. Für ein kubisch flächenzentriertes Gitter tritt die größte Konzentration von Gitterpunkten auf (111)-Ebenen auf, während für kubisch raumzentrierte Gitter die größte Konzentration auf (110)-Ebenen auftritt.

Beispiel 2-10
Man bestimme die Konzentration von Gitterpunkten auf einer (111)-Ebene eines kubisch flächenzentrierten Gitters.

Lösung
Die primitiven Gittervektoren sollen $\mathbf{a} = 1/2\, a\, (\hat{\mathbf{x}} + \hat{\mathbf{y}})$, $\mathbf{b} = 1/2\, a\, (\hat{\mathbf{y}} + \hat{\mathbf{z}})$ und $\mathbf{c} = 1/2\, a\, (\hat{\mathbf{x}} + \hat{\mathbf{z}})$ sein. Das Volumen der primitiven Einheitszelle ist $\tau = |\mathbf{a} \cdot (\mathbf{b} \times \mathbf{c})| = 1/4\, a^3$, wie aufgrund der vier primitiven Gitterpunkte pro Würfel erwartet werden konnte. Der Vektor $\mathbf{g} = \mathbf{a} \times \mathbf{b} + \mathbf{b} \times \mathbf{c} + \mathbf{c} \times \mathbf{a} = 1/4\, a^2\, (\hat{\mathbf{x}} + \hat{\mathbf{y}} + \hat{\mathbf{z}})$ steht senkrecht auf den (111)-Ebenen, daher ist der Ebenenabstand $d = \tau / |\mathbf{g}| = a / \sqrt{3}$, und die Konzentration von Gitterpunkten ist $d/\tau = (a/\sqrt{3}) / (a^3/4) = 4 / (\sqrt{3}\, a^2) = 2.331/a^2$. ◆

2.5 Literatur

M. J. Buerger, *Contemporary Crystallography* (New York: McGraw-Hill, 1970).
M. J. Buerger, *Introduction to Crystal Geometry* (New York: McGraw-Hill, 1971).
D. McKie and C. McKie, *Crystalline Solids* (New York: Wiley, 1974).
H. D. Megaw, *Crystal Structures* (Philadelphia: Saunders, 1973).
D. E. Sands, *Introduction to Crystallography* (New York: Benjamin, 1969).
A. R. Verma and O. N. Srivastava, *Crystallography for Solid State Physics* (New York: Wiley, 1982).
E. J. W. Whittaker, *Chrystallography* (Elmsford, NY: Pergamon, 1981).

Aufgaben

1. Es gibt keine zweidimensionalen Gitter mit dreizähligen Achsen als Achsen höchster Symmetrie. Man betrachte eine dreizählige Achse durch einen Gitterpunkt und zeige, daß sie automatisch eine sechszählige Achse wird, wenn Translationssymmetrie berücksichtigt wird.

2. Es wurde im Text gezeigt, daß tetragonal flächenzentrierte und tetragonal raumzentrierte Gitter identische Bravaistypen sind. Warum sind orthorhombisch flächenzentrierte und raumzentrierte Gitter unterschiedliche Bravaistypen? Man betrachte zur Beantwortung vier herkömmliche raumzentrierte Einheitszellen mit einer gemeinsamen Kante und zeichne die Einheitszelle so, daß sie Gitterpunkte an ihren Ecken und Flächenzentren hat.

3. Man benutze die in der vorangegangenen Aufgabe gezeigte Methode, um zu zeigen, daß die folgenden Paare denselben Bravaistyp haben: (a) monoklin flächenzentriert und raumzentriert, (b) monoklin basiszentriert und primitiv, (c) triklin flächenzentriert und primitiv.

4. $SrTiO_3$ hat eine ideale Perovskitstruktur. Strontiumatome sitzen in den Würfelecken, Titanatome sitzen in den Würfelzentren und Sauerstoffatome auf den Flächenzentren. Die kubische Kantenlänge soll a sein. (a) Um was für einen Bravaistyp handelt es sich? (b) Man beweise, daß es für jede primitive Einheitszelle im Kristall 3 Sauerstoffatome, 1 Titanatom und 1 Strontiumatom gibt. (c) Man schreibe die primitiven Gittervektoren und die damit verbundenen Basisvektoren für diese Struktur auf.

5. Man stelle für jede der folgenden Reihe primitiver Gittervektoren den Bravaistyp fest und gebe mittels a, b und c die Dimensionen der konventionellen Einheitszelle an:

   (a) $(a/2)\hat{x} + (a/2)\hat{y}, a\hat{y}, (a/\sqrt{2})\hat{z}$;

   (b) $(a/2)\hat{x} + (a/2)\hat{y}, a\hat{y}, a\hat{z}$;

   (c) $a\hat{x} + 2b\hat{y}, b\hat{y}, c\hat{z}$;

   (d) $1/2\, a\hat{x} + 1/2\, b\hat{y}, b\hat{y}, c\hat{z}$.

6. Die Lagevektoren für Gitterpunkte in zwei verschiedenen Gittern sind durch

   (a) $\mathbf{r} = (10n_1 + 9n_2 + 19n_3)(a/10)\hat{x} + 6(n_2 + n_3)(a/5)\hat{y} + 2n_3 a\hat{z}$ und

   (b) $\mathbf{r} = 1/2\,(2n_1 + n_2)\,a\hat{x} + 1/2\,\sqrt{3}n_2 a\hat{y} + 2n_3 a\hat{z}$ gegeben.

   n_1, n_2 und n_3 sind ganzzahlig, und a ist eine Länge. Man bestimme in jedem Falle eine Serie von primitiven Gittervektoren und identifiziere den Bravaistyp.

7. Wenn n_1, n_2 und n_3 ganzzahlige Werte annehmen, beschreiben die unten angegebenen Vektoren $\mathbf{r}_1$ und $\mathbf{r}_2$ die Atompositionen in einem Kristall. Man nehme zuerst an, daß $\mathbf{r}_1$ und $\mathbf{r}_2$ mit zwei verschiedenen Atomsorten verknüpft sind und bestimme eine Serie primitiver Gittervektoren und der damit verbundenen Basisvektoren für den Kristall. Man identifiziere den Bravaistyp. Man nehme dann an, daß die mit $\mathbf{r}_1$ und $\mathbf{r}_2$ verbundenen Atomsorten identisch sind und bestimme wieder die primitiven Gittervektoren und die Basisvektoren. Man identifiziere den Bravaistyp.

   (a) $\mathbf{r}_1 = (n_1 + n_3)a\hat{x} + (n_2 + n_3)a\hat{y} + n_3 a\hat{z}$ und

   $\mathbf{r}_2 = (n_1 + n_3 + 1/2)a\hat{x} + (n_2 + n_3 + 1/2)a\hat{y} + (n_3 + 1/2)a\hat{z}$.

   (b) $\mathbf{r}_1 = 1/5\,(5n_1 + 3n_2)a\hat{x} + 4/5 n_2 a\hat{y} + 2n_3 a\hat{z}$ und

   $\mathbf{r}_2 = 1/5\,(5n_1 + 3n_2 + 4)a\hat{x} + 2/5\,(2n_2 + 1)a\hat{y} + (2n_3 + 1)a\hat{z}$.

8. Die primitiven Gittervektoren für ein kubisch raumzentriertes Gitter sollen lauten $\mathbf{a} = 1/2\,a\,(\hat{x} + \hat{y} - \hat{z})$, $\mathbf{b} = 1/2\,a\,(-\hat{x} + \hat{y} + \hat{z})$ und $\mathbf{c} = 1/2\,a\,(\hat{x} - \hat{y} + \hat{z})$. Das

2.5 Literatur 53

Koordinatensystem soll wie in Bild 2-13 aussehen. Man drücke als lineare Kombinationen dieser Vektoren aus: (a) Lagevektoren für die acht Würfelecken, (b) Lagevektoren für die acht Punkte in der kubischen Einheitszelle, die auf der Raumdiagonalen ein Viertel von den Würfelecken entfernt sind und (c) den Gittervektor von $a\hat{y}$ nach $a\hat{x}$, diagonal durch die Zellbasisfläche.

9. Ein Punkt mit den Koordinaten x und y ist in der xy-Ebene gegeben, man bestimme seine Koordinaten nach jeder der folgenden Operationen: (a) eine $\pi/2$-Drehung um die z-Achse, (b) eine $2\pi/3$-Drehung um die z-Achse, (c) eine $\pi/2$-Drehung um die y-Achse und (d) eine Reflexion an der yz-Ebene.

10. Man betrachte eine einfache kubische Einheitszelle mit der Kantenlänge a und lege ein karthesisches Koordinatensystem mit seinem Ursprung in einen Gitterpunkt und seine z-Achse längs einer kubischen Raumdiagonalen. Für die x- und y-Achsen wähle man geeignete orthogonale Richtungen. (a) Man bestimme die Koordinaten aller Würfelecken. (b) Man bestimme die Koordinaten jeder Würfelecke, nachdem der Würfel um $2\pi/3$ um die z-Achse gedreht wurde. (c) Man zeige, daß jede Ecke zu einer Lage gedreht wird, die vorher durch eine andere Ecke besetzt war.

11. Für ein tetragonal raumzentriertes Gitter lauten die primitiven Gittervektoren $\mathbf{a} = 1/2\, a\, (\hat{\mathbf{x}} + \hat{\mathbf{y}}) - 1/2\, c\hat{\mathbf{z}}$, $\mathbf{b} = 1/2\, a\, (-\hat{\mathbf{x}} + \hat{\mathbf{y}}) + 1/2\, c\hat{\mathbf{z}}$, und $\mathbf{c} = 1/2\, a\, (\hat{\mathbf{x}} - \hat{\mathbf{y}}) + 1/2\, c\hat{\mathbf{z}}$, wobei a eine Kantenlänge der quadratischen Grundfläche ist und c die Höhe der konventionellen Einheitszelle. Anfänglich gilt $c > a$. Der Kristall wird nun längs der z-Achse zusammengedrückt. (a) Für welche Werte von c wird das Gitter kubisch raumzentriert? (b) Für welche Werte von c wird das Gitter kubisch flächenzentriert? Man gebe die Antwort in Einheiten von a an.

12. Man betrachte eine trigonale Einheitszelle und lege ein karthesisches Koordinatensystem mit seinem Ursprung in einen Gitterpunkt und seiner z-Achse entlang der dreizähligen Symmetrieachse der Zelle. Drei primitive Gittervektoren haben die gleiche Länge a und schließen denselben Winkel mit der Symmetrieachse ein. Die Projektion von $\mathbf{a}$ auf die xy-Ebene erfolgt längs der positiven x-Achse, die Projektion von $\mathbf{b}$ schließt einen Winkel von 120° mit der positiven x-Achse ein, und die Projektion von $\mathbf{c}$ schließt einen Winkel von 240° mit der positiven x-Achse ein. (a) Man schreibe die primitiven Gittervektoren in Einheiten ihrer karthesischen Komponenten. (b) Für welchen Wert von Θ ist $\mathbf{a}$ senkrecht zu $\mathbf{b}$? (c) Man zeige, daß für den in (b) gefundenen Wert von Θ $\mathbf{c}$ senkrecht zu $\mathbf{a}$ und $\mathbf{b}$ ist. (d) Man zeige, daß der in (b) gefundene Wert von Θ der Winkel zwischen einer Kante und einer Raumdiagonalen an der selben Ecke eines Würfels ist. (e) Man ermittle in Einheiten von a und Θ einen allgemeinen Ausdruck für die Länge der Raumdiagonalen längs der Symmetrieachse und zeige dann, daß die Raumdiagonale die dem Würfel entsprechende Länge hat, wenn Θ den in (b) gefundenen Wert hat, nämlich $\sqrt{3}a$.

13. Bei 1190 K hat Eisen ein kubisch flächenzentriertes Gitter mit einer Würfelkantenlänge von 3.647 Å, während es bei 1670 K ein kubisch raumzentriertes

Gitter mit einer Würfelkantenlänge von 2.932 Å hat. In jedem Fall enthält die primitive Basis ein Atom. Man berechne die Dichte von Eisen bei diesen zwei Temperaturen. Natürlich vorkommendes Eisen hat ein mittleres Atomgewicht von 55.85.

14. Man betrachte eine einfache kubische Einheitszelle mit der Kantenlänge a. (a) Man benutze die Bezeichnung uvw, um die Positionen der acht Punkte in der Zelle aufzuschreiben, die bei einem Viertel der Raumdiagonalen von der Würfelecke entfernt liegen. (b) Man bestimme die Entfernung eines dieser Punkte zu einem der nächsten kubischen Flächenzentren.

15. Man bestimme für ein einfaches kubisches Gitter mit der Kantenlänge a den Abstand der Gitterpunkte entlang der Linien der folgenden Richtungen: (a) [110], (b) [111], (c) [320] und (d) [321].

16. Man bestimme die Millerschen Indizes für die folgenden Gitterebenen: (a) eine Ebene parallel zu **a** und **b** in einem beliebigen Gitter, (b) eine Ebene parallel zu 3**a** + **c** und **b** in einem beliebigen Gitter, (c) der Ebene, die die Punkte 3**a**, 2**b** und $1/2$ (**a** + **b** + **c**) enthält, in einem beliebigen Gitter und (d) einer Ebene, die eine kubische Kante enthält und zwei andere kubische Kanten desselben Würfels an ihren Mittelpunkten schneidet, in einem einfachen kubischen Gitter.

17. Für jede der folgenden parallelen Ebenenscharen vergleiche man den Abstand in einem einfachen kubischen Gitter mit dem Ebenenabstand derselben Millerschen Indizes im kubisch flächenzentrierten und im kubisch raumzentrierten Gitter, jeweils mit derselben Kantenlänge: (a) (100), (b) (110), (c) (111), (d) (210). Die Indizes beziehen sich auf primitive kubische Gittervektoren.

18. Man vergleiche die Konzentration von Gitterpunkten auf (111)-Ebenen eines kubisch flächenzentrierten Gitters mit der Konzentration auf (110)-Ebenen eines kubisch raumzentrierten Gitters mit derselben Kantenlänge.

19. Die Konzentration von Gitterpunkten auf einer (111)-Ebene eines bestimmten kubisch flächenzentrierten Gitters ist dieselbe wie die Konzentration auf einer (110)-Ebene eines bestimmten einfachen kubischen Gitters. Wie lautet das Verhältnis ihrer Kantenlängen?

20. Für ein bestimmtes einfaches tetragonales Gitter ist das Verhältnis des Abstandes der (111)-Ebenen zum Abstand der (110)-Ebenen gleich 0.905. Wie lautet das Verhältnis von der Höhe der konventionellen Zelle zur Kantenlänge seiner quadratischen Grundfläche?

21. Ein orthorhombisches Gitter hat die primitiven Gittervektoren **a** = $a\hat{x}$, **b** = $b\hat{y}$ und **c** = $c\hat{z}$. Man bestimme den Netzebenenabstand und die Zahl der Gitterpunkte pro Einheitsfläche für jede der folgenden Ebenenscharen: (a) (100), (b) (010), (c) (110) und (d) (101).

22. Kristalle bevorzugen eine Spaltung entlang von Ebenen mit hoher Konzentration an Gitterpunkten, und diese haben gewöhnlich kleine Millersche In-

dizes. Winkel zwischen Ebenen mit kleinen Millerschen Indizes sind mögliche Winkel zwischen Kristallflächen, wenn der Kristall geschnitten wird. Man bestimme für ein einfaches kubisches Gitter die Winkel zwischen folgenden Ebenenpaaren: (a) (100) und (110), (b) (110) und (111), (c) (111) und ($\bar{1}1\bar{1}$).

3. Festkörperstrukturen

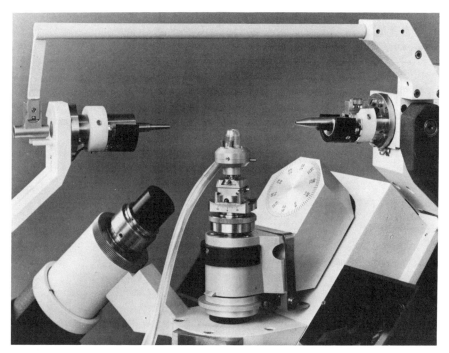

Ein Goniometer, das zur exakten Orientierung von Kristallen für die Bestimmung von struktur- und orientierungsabhängigen Eigenschaften benutzt wird. Der Kristall kann um verschiedene Achsen gedreht werden, und der Drehwinkel kann gemessen werden.

3.1 **Kristallstrukturen** 59
3.2 **Strukturdefekte** 70
3.3 **Amorphe Strukturen** . . . 74
3.4 **Flüssigkristalle** 81

Dieses Kapitel enthält detaillierte Beschreibungen von vielen häufig vorkommenden kristallinen und amorphen Strukturen. In den meisten Fällen ist die Struktur des Festkörpers bezeichnend für den Bindungsmechanismus. Die Atome in Metallen und Edelgasfestkörpern sind zum Beispiel dicht gepackt, und jedes Atom hat eine große Zahl von nächsten Nachbarn. Atome in kovalenten Festkörpern haben andererseits vier oder weniger nächste Nachbarn und sind viel lockerer gepackt. Andere Festkörper haben solche Strukturen, daß die Zahl nächster Nachbarn zwischen der für Metalle und jener für kovalente Festkörper liegt. Für diese Einführung in das Gebiet betrachten wir einfache Strukturen von Elementfestkörpern, die aus einer Atomsorte bestehen und von binären Verbindungen, die aus zwei Atomsorten bestehen. Die am Ende des Kapitels zusammengestellten Literaturzitate enthalten Informationen über komplexere Strukturen. Da Flüssigkristalle technologisch interessant sind, wurde auch ein Abschnitt, der sich mit diesen Strukturen befaßt, aufgenommen.

3.1 Kristallstrukturen

Wenn sich eine Basis um jeden Gitterpunkt wiederholt, nennt man das Ergebnis eine Kristallstruktur. Es existieren tausende von verschiedenen Kristallstrukturen, aber man braucht nur einige wenige, um die von den meisten chemischen Elementen und ihrer einfacher Verbindungen gebildeten Kristalle zu beschreiben.

Dicht gepackte Strukturen

Die meisten Metalle und alle Edelgaselemente kristallisieren in einer oder anderen der sogenannten dicht gepackten Strukturen, bei denen Atome dichter zusammengepackt sind, als andere Strukturen erlauben. Wir konnten erwarten, daß diese Materialien dicht gepackt sind, weil die Kohäsionsenergie für metallische und van der Waals-Bindung mit der Zahl nächster Nachbarn bis zu dem Punkt, wo Überlappen der Atomrümpfe signifikant wird, ansteigt. Wir betrachten einen Kristall mit einer Atomsorte und stellen uns vor, daß die Atome Kugeln mit dem Radius r sind. Die dichteste Packung von Kugeln mit ihren Zentren in einer Ebene wird erreicht, wenn sie wie in Bild 3-1 gezeigt ist, angeordnet sind. Die Kugelzentren bilden ein zweidimensionales hexagonales Gitter mit der primitiven Zellkante $a = 2r$. Durch jede Kugel geht eine sechszählige Symmetrieachse. Im Diagramm ist eine primitive hexagonale Zelle gezeigt, und Stellen, an denen dreizählige Symmetrieachsen die Ebene durchstoßen, sind durch Punkte und X gekennzeichnet: ein Punkt markiert eine Achse durch den oberen rechten Zellbereich, und ein X markiert eine Achse durch den unteren linken Zellbereich. Diese Stellen befinden sich in der Mitte der Bereiche zwischen den Kugeln, und um die dichte Packung bei der Hinzufügung anderer Schichten zu erhalten, sind Kugeln darüber so angeordnet, daß jede Kugel gut in die durch drei darunterliegende Kugeln gebildete Mulde paßt.

3. Festkörperstrukturen

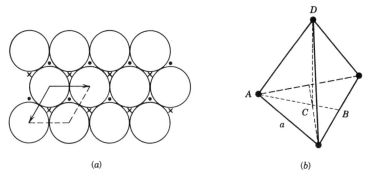

(a) (b)

Bild 3-1 (a) Eine Ebene dichtgepackter Kugeln. Eine Seite der primitiven hexagonalen Zelle ist $a = 2r$, wobei r der Kugelradius ist. (b) Ein von vier dicht gepackten Kugeln gebildeter regulärer Tetraeder. Jede Seite hat die Länge a, AB hat die Länge $\sqrt{1 - (1/2)^2}\, a = \sqrt{3}/2\, a$, und AC ist zwei Drittel davon oder $a/\sqrt{3}$. ACD ist ein rechter Winkel, deshalb ist CD $\sqrt{2/3}\, a$.

Kugeln mit ihren Zentren in derselben Ebene passen nicht in die zwei Reihen von Punkten hinein. Wenn die zweite Kugelschicht so angeordnet ist, daß die Kugelzentren über den Punkten liegen, dann können keine Kugeln auf dieser Ebene auf die X-Plätze gebracht werden. Wenn Kugeln der zweiten Schicht auf den mit Punkten markierten Stellen liegen, ist eine Serie von Mulden direkt über Kugelzentren der ersten Schicht, und die zweite Serie ist über den mit X markierten Stellen. Für diese Diskussion benutzen wir A, um eine dicht gepackte Schicht mit einer wie im Bild gezeigten Kugelanordnung zu bezeichnen, B zur Bezeichnung einer Schicht mit den Kugeln auf den Punkten und C zur Bezeichnung einer Schicht mit Kugeln auf X-Plätzen.

Wenn die Stapelfolge $ABCABC$ ... ist, dann bilden die Atompositionen eine kubisch flächenzentrierte (kfz) Struktur, mit einem kubisch flächenzentrierten Gitter und einem Atom in der primitiven Basis. Die erste Schicht ist wie in Bild 3-1a gezeigt, die zweite Schicht ist so verschoben, daß die Zellecken auf den Punkten liegen, und die dritte Schicht ist so verschoben, daß die Zellecken auf den X-Plätzen liegen. In der ersten Schicht gehen dreizählige Achsen durch die Kugelzentren, dann in der zweiten Schicht durch dreizählige Symmetriepunkte auf den linken Seiten der Zelle und in der dritten Schicht durch dreizählige Symmetriepunkte auf den rechten Seiten der Zelle. Diese Anordnung wiederholt sich. Dieses Stapelschema ist identisch demjenigen, das früher für kubische und trigonale Gitter unter Benutzung von Ebenen zweidimensionaler hexagonaler Gitter beschrieben wurde, vgl. Bild 2-17.

Um nachzuweisen, daß ein kubisch flächenzentriertes Gitter und kein trigonales Gitter erzeugt wurde, müssen wir das Verhältnis des Netzebenenabstands zum Kugelabstand ermitteln. Erinnern wir uns, daß für ein kubisch flächenzentriertes Gitter mit der Würfelkante a die Gitterpunkte in einer hexagonalen Ebene einen Abstand von $a/\sqrt{2}$ und die hexagonalen Ebenen einen Abstand von $a/\sqrt{3}$ haben.

Für das System der dicht gepackten Kugeln sitzen drei benachbarte Kugeln in einer Ebene und eine vierte in der von ihnen gebildeten Mulde liegende Kugel an den Ecken eines regulären Tetraeders, wie es in Bild 3-1b gezeigt ist. Die Seiten-

3.1 Kristallstrukturen   61

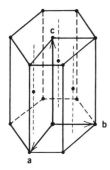

Bild 3-2 Hexagonal dicht gepackte Struktur. Die Punkte stellen Atomlagen an den Ecken der primitiven Zelle und auf einer der inneren dreizähligen Achsen, in der Mitte zwischen Grund- und Deckfläche, dar. Die andere dreizählige Achse ist ein offener Kanal.

flächen sind gleichseitige Dreiecke mit der Kantenlänge $2r$, und die Höhe des Tetraeders ist $(2\sqrt{2/3})r$, deshalb ist der Netzebenenabstand $\sqrt{2/3}$ mal dem Abstand zwischen Kugeln, das richtige Verhältnis für ein kubisch flächenzentriertes Gitter. Die im Diagramm gezeigten Translationsvektoren **a** und **b** liegen längs der Flächendiagonalen des Würfels, und $2r$ ist die halbe Länge der Flächendiagonalen, damit wird die kubische Kantenlänge $2\sqrt{2}r$.

Wenn die Stapelfolge $ABAB...$ ist, folgt eine hexagonal dichte Packung (hcp). Bild 3-2 zeigt die Atompositionen für diese Struktur. Das primitive Gitter ist hexagonal, und die primitive Basis enthält zwei Atome, ein Atom in der Zellecke und eins bei $1/3$ **a** + $2/3$ **b** + $1/2$ **c**, für die gezeigte Zelle. Das zweite Atom sitzt auf einer der dreizähligen Achsen in der Mitte zwischen Grundfläche und Deckfläche der Zelle. Man beachte, daß Atome nur entlang einer der dreizähligen Achsen angeordnet sind, die anderen dreizähligen Achsen geben einen offenen Kanal, der nicht von Atomen besetzt ist, an. Man beachte auch, daß der Verschiebungsvektor von einem Atom in der ersten Schicht zu einem Atom in der zweiten Schicht kein Gittervektor ist. Es gibt zum Beispiel kein Atom beim doppelten Wert dieser Verschiebung. Für dichtgepackte Kugeln des Radius r ist die Länge einer Sechseckseite $a = 2r$, und der Abstand zwischen den Schichten ist wie bei kfz-Strukturen $(2\sqrt{2/3})r$. Da die Zellhöhe doppelt so groß wie der Schichtabstand ist, gilt $c = (4\sqrt{2/3})r$, und das Verhältnis c/a ist $2\sqrt{2/3} = 1.633$.

Viele Kristalle haben Strukturen, die in der Form ihrer Einheitszellen und in den Indizes ihrer Atompositionen einer hcp-Struktur ähnlich sind, aber sie weichen von einer hcp-Struktur in ihren c/a-Verhältnissen ab. Ein Vergleich vom tatsächlichen c/a-Verhältnis zum idealen Wert von 1.633 kann benutzt werden, um den Grad der Ähnlichkeit einer Struktur zu der von dichtgepackten Kugeln zu bestimmen. Wenn c/a größer als der ideale Wert ist, können wir uns vorstellen, daß Kugeln auf hexagonalen Ebenen dicht gepackt sind, aber nicht Kugeln auf benachbarten Ebenen berühren. Umgekehrt berühren sich Kugeln auf benachbarten hexagonalen Ebenen, wenn das c/a-Verhältnis kleiner als der ideale Wert ist, aber die Kugeln in einer Ebene sind voneinander getrennt und folglich nicht dicht gepackt.

Der Packungsanteil ist eine Zahl, die benutzt wird, um in einer bestimmten Struktur anzugeben, wie dicht die Atome gepackt sind. Die Atome werden durch die größten Kugeln, die mit der Zellgröße vereinbar sind, ersetzt. Der Packungsanteil ist dann das Verhältnis des durch diese Kugeln eingenommenen Gesamtvolumens zum Gesamtvolumen des Kristalls. Um den Packungsanteil für eine bestimmte Struktur zu ermitteln, muß man erst den Abstand zwischen dichtbenachbarten Atomen finden und nimmt den Kugelradius r als Hälfte dieses Abstands. Dann ist der Packungsanteil F gegeben durch

$$F = N \frac{4\pi}{3} \frac{r^3}{\tau} \tag{3-1}$$

wobei N die Anzahl der Atome pro Einheitszelle ist und τ das Zellvolumen.

Beispiel 3-1
(a) Man ermittle den Packungsanteil für eine einfache kubische Struktur mit einem einfachen kubischen Gitter und einem Atom in der primitiven Basis. (b) Man ermittle den Packungsanteil für eine kfz-Struktur.

Lösung
(a) In einer einfachen kubischen Struktur sind die Atome benachbarter Würfelecken die nächsten Nachbarn. Sie sind durch die kubische Kantenlänge a getrennt, und die größten in einen Würfel passenden Kugeln haben einen Radius von a. Das Zellvolumen ist a^3, und es gibt eine Kugel pro Würfel, also ist der Packungsanteil $F = (4\pi/3) (a/2)^3 / a^3 = \pi/6 = 0.524$. (b) Für eine kfz-Struktur sind ein Atom in der Würfelecke und ein Atom im benachbarten Flächenzentrum nächste Nachbarn mit einem Abstand von einer halben Flächendiagonalen oder $a/\sqrt{2}$. Der entsprechende Kugelradius ist $a/(2\sqrt{2})$, und es gibt vier Kugeln pro Würfel, also ist der Packungsanteil $F = 4 (4\pi/3) / (2\sqrt{2})^3 = \pi / (3\sqrt{2}) = 0.740$. Die Kugeln einer einfachen kubischen Struktur nehmen ein wenig mehr als die Hälfte des verfügbaren Volumens ein, während die Kugeln einer kfz-Struktur nahezu drei Viertel des verfügbaren Volumens einnehmen. ◆

Eine hcp-Struktur hat denselben Packungsanteil wie eine kfz-Struktur, und das ist der größte Packungsanteil jeder Kristallstruktur. Jedes Atom in einer dieser Strukturen ist von 12 nächsten Nachbaratomen umgeben, die größte Zahl nächster Nachbarn von jeder Kristallstruktur.
Bei Raumtemperatur kristallisieren von den chemischen Elementen 16 in kfz-Strukturen und 22 in hcp-ähnlichen Strukturen. Die Edelmetalle (Kupfer, Silber und Gold) sind kubisch flächenzentriert, während Metalle der Spalten IIA und IIB des Periodensystems hcp-ähnlich sind. Die meisten der Übergangsmetalle sind entweder kfz oder hcp-ähnlich. Darüber hinaus werden die Edelgase bei tiefen Temperaturen fest und bilden kfz-Strukturen.
Magnesium hat ein c/a-Verhältnis, das nahezu ideal ist, und viele der anderen hcp-ähnlichen Kristalle haben c/a-Verhältnisse, die nur wenige Prozent geringer als der ideale Wert sind. Strukturen einiger Elemente wie Zink und Cadmium sind hcp-ähnlich, aber mit größeren c/a-Verhältnissen als der ideale Wert. Für Zink ist $c/a = 1.86$ und für Cadmium ist $c/a = 1.89$.

Die kfz- und hcp-Strukturen sind sehr ähnlich, und für die meisten oben erwähnten Festkörper ist die die Struktur bestimmende Energiedifferenz extrem gering. Kobalt, Thallium und Cer kristallisieren in Abhängigkeit von der Temperatur in kfz- oder hcp-ähnlichen Strukturen. Kubische Formen sind bei hohen Temperaturen stabil, hexagonale Formen bei tiefen Temperaturen. Viele Kobaltkristalle zeigen eine Stapelfolge wie zum Beispiel *ABABCACA*.... Beide der Folgen *AB-AB* ... und *ACAC* ... sind hcp-ähnlich, aber die hexagonalen Zellen sind relativ zueinander verschoben. Für die oben angegebene Folge wird die Verschiebung durch die kfz-ähnliche Folge *ABCA* erreicht. Solche Verschiebungen kommen in ungleichmäßigen Abständen durch den ganzen Kristall hindurch vor. Kleine Kobaltkristalle können unregelmäßige Stapelung aufweisen, wobei es keine wiederholte Anordnung in der Schichtfolge gibt.

Kubisch raumzentrierte Strukturen

Bei Raumtemperatur bilden 13 chemische Elemente Kristalle mit kubisch raumzentrierten Strukturen (krz). Diese haben kubisch raumzentrierte Gitter und ein Atom in ihrer primitiven Basis. Da diese Struktur nicht dicht gepackt ist, hat sie einen Packungsanteil von 0.680, nur 8% weniger als die dicht gepackten Strukturen. Jedes Atom hat acht nächste Nachbarn bei einem Abstand von jeweils der halben kubischen Raumdiagonalen oder bei $\sqrt{3}a/2$. Das ist der Grund für eine Packung, die weniger dicht als die der kfz- und hcp-Strukturen ist. Es gibt aber noch sechs weitere Atome bei einem Abstand von einer kubischen Kantenlänge, so ist jedes Atom von 14 anderen mit nahezu dem gleichen Abstand umgeben, und der Packungsanteil bleibt hoch. Alle Alkalimetalle sind krz und auch andere Elemente von der linken Seite des Periodensystems sowie einige Übergangsmetalle. Eisen ist zum Beispiel unter 1179 K und oberhalb von 1674 K krz. Zwischen diesen beiden Temperaturen ist es kfz.

Beispiel 3-2
Man lokalisiere die nächsten und die übernächsten Nachbarn des Atoms in (a) einer kfz- und (b) einer krz-Struktur.

Lösung
(a) In einer kfz-Struktur konzentrieren wir uns auf ein Atom in der Würfelecke. Diesen Punkt haben zwölf kubische Flächen gemeinsam, und die nächsten Nachbarn zu dem Punkt befinden sich in den Zentren dieser Flächen. Der Abstand der nächsten Nachbarn ist eine halbe Flächendiagonale oder $a/\sqrt{2}$, wobei a die Würfelkante ist. An dem Atom treffen sich sechs kubische Kanten, und entlang dieser Kanten, mit einem Abstand von einer Kantenlänge, befinden sich jeweils die übernächsten Nachbarn. Alle Atome der kfz-Struktur sind äquivalent, deshalb hat ein Atom in einem Flächenzentrum auch 12 nächste Nachbarn mit einem Abstand von $a/\sqrt{2}$ und sechs übernächste Nachbarn mit einem Abstand von a. (b) In einer krz-Struktur konzentrieren wir uns auf ein Atom im Würfelzentrum. Seine acht nächsten Nachbarn sitzen in den Ecken des umgebenden Würfels, jeweils mit einem Abstand von einer halben Raumdiagonalen oder $\sqrt{3}a/2$. Seine sechs

64 3. Festkörperstrukturen

übernächsten Nachbarn sitzen in den Zentren der sechs Nachbarwürfel mit einer Entfernung von einer kubischen Kantenlänge. Ein Atom in einer Würfelecke hat dieselbe Konfiguration in der Umgebung wie ein Atom im Würfelzentrum. ◆

Kovalente Strukturen

Kovalent gebundene Kristalle sind locker gepackt, weil hier jedes Atom maximal vier nächste Nachbarn hat. Wir untersuchen drei einfache, aber wichtige Strukturen: Diamant, Zinkblende und Wurtzit.

Die Diamantstruktur hat ein kubisch flächenzentriertes Gitter und eine primitive Basis mit zwei gleichartigen Atomen. Die Positionen, die von den beiden Basisatomen eingenommen werden, bilden bei Wiederholung ein kubisch flächenzentriertes Gitter, und die zwei Gitter sind um ein Viertel der kubischen Raumdiagonalen gegeneinander verschoben. Bild 3-3a zeigt eine perspektivische Darstellung und eine ebene Ansicht der Struktur. Die Atome sitzen in den Würfelecken und in den Flächenzentren. Zusätzlich gibt es vier Atome im Inneren jedes Würfels, wovon jedes um ein Viertel der Raumdiagonalen von einer Ecke oder einem Flächenzentrum verschoben ist. Für die gezeigte Struktur ist die Richtung der Verschiebungen von der unteren linken hinteren Würfelecke zur oberen rechten vorderen Würfelecke festgelegt, aber in anderen Fällen können sie auch entlang der anderen Raumdiagonalen verlaufen. Jedes Atom hat vier nächste Nachbarn

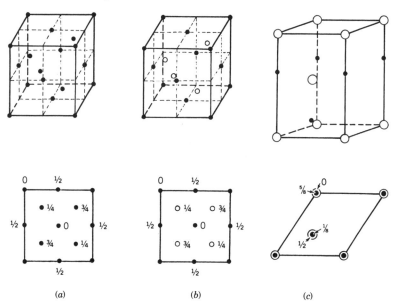

Bild 3-3 Einige von kovalenten Materialien bevorzugte Kristallstrukturen: (a) Diamant, (b) Zinkblende und (c) Wurtzit. In den ebenen Darstellungen sind Höhenlagen der Atome von der Grundfläche in Einheiten der Zellhöhe angegeben. In jeder Struktur sind die Atome tetraedrisch gebunden. In der Diamantstruktur sind alle Atome von derselben Sorte, während die anderen zwei Strukturen gleiche Anzahl von zwei verschiedenen Atomen enthalten.

an den Ecken eines regulären Tetraeders, die gleich weit voneinander entfernt sind. Diese Entfernung beträgt ein Viertel der kubischen Raumdiagonalen oder $\sqrt{3}a/4$, wobei a die kubische Kantenlänge ist.

Diese Struktur ist sehr locker gepackt. Wenn die Atome durch die größten in den Würfel passenden Kugeln ersetzt werden, ist ihr Abstand die Hälfte des Abstands nächster Nachbarn oder $\sqrt{3}a/8$. Es gibt acht Atome pro Würfel, also ist der Packungsanteil $8(4\pi/3)(\sqrt{3}/8)^3 = 0.340$. Nur etwa ein Drittel des Volumens ist mit Kugeln gefüllt.

Silizium und Germanium, zwei halbleitende Werkstoffe, sind die einzigen chemischen Elemente, die bei Raumtemperatur in der Diamantstruktur kristallisieren. Unterhalb von 286.4K ist die Diamantstruktur stabil für Zinn, und bei hoher Temperatur und hohem Druck kristallisiert Kohlenstoff in der Diamantstruktur, woraus der Name folgt.

Die kubische Zinksulfid (ZnS)- oder Zinkblendestruktur, die in Bild 3-3b gezeigt ist, ist der Diamantstruktur ähnlich, aber die zwei Atome der primitiven Basis sind von unterschiedlichem Typ. Das von einer Atomsorte gebildete kubisch flächenzentrierte Gitter ist von dem von der anderen Atomsorte gebildeten Gitter um ein Viertel der kubischen Raumdiagonalen verschoben, und jedes Atom sitzt im Zentrum eines regulären Tetraeders, das von vier Atomen der anderen Sorte gebildet ist. Viele binäre Halbleiter wie CdS, InAs, InSb, AlP und GaAs und auch einige Edelmetallhalogenide wie CuF, CuCl und AgI haben diese Struktur.

Zusätzlich zur Zinkblendestruktur hat Zinksulfid noch eine hexagonale Form, die in Bild 3-3c gezeigt ist und Wurtzit genannt wird. Die primitive Basis besteht aus zwei Atomen jeder Sorte, und jede Atomsorte bildet eine hcp-ähnliche Struktur. Die zwei hcp-ähnlichen Strukturen sind gegeneinander entlang der c-Achse um fünf Achtel der Zellhöhe verschoben. Man beachte, daß alle Atome im Inneren der Zelle entlang derselben dreizähligen Achse angeordnet sind. Jedes Atom sitzt im Zentrum eines Tetraeders, an dessen Ecken vier Atome der anderen Sorte sitzen, aber die Tetraeder sind nicht ganz regulär, so wie sie es bei der Diamant- und Zinkblendestruktur sind. Andere Materialien mit dieser Struktur sind ZnO, BeO, MgTe, SiC und eine zweite Form von CdS. Die c/a-Verhältnisse dieser Kristalle sind nahe dem idealen Wert, deshalb kann die Struktur als dicht gepackte Anordnung der größeren Atome betrachtet werden, und die kleineren Atome füllen einige der Zwischenräume aus.

Die Geometrie von Kohlenstoff in der Form von Graphit ist nicht tetraedrisch. Eine der verschiedenen vorhandenen Formen ist in Bild 3-4 gezeigt, hier sind Höhenlagen von Atomen über der Basisebene in Einheiten der Zellhöhe angegeben. In jeder Schicht sind die Atompositionen an den Eckpunkten von Sechsek-

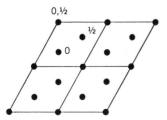

Bild 3-4 Ebene Ansicht einer Einheitszelle der Graphitstruktur. Höhenlagen sind in Einheiten der Zellhöhe angegeben.

ken, aber diese Punkte bilden kein Gitter, da es keine Atome in den Sechseckzentren gibt. Tatsächlich hat die primitive hexagonale Zelle Atome in ihren Eckpunkten und an einem der Punkte, wo eine dreizählige Symmetrieachse die Ebene durchstößt. Die nächste Schicht hat dieselbe Struktur, aber das innere Atom ist an einer anderen Stelle dreizähliger Symmetrie in der Zelle. Wenn andere Schichten dazukommen, wird diese Anordnung wiederholt. Atome in derselben hexagonalen Ebene werden durch kovalente Bindungen zusammengehalten, aber Atome in unterschiedlichen Lagen werden durch van der Waals-Kräfte zusammengehalten. Für diese Form von Graphit ist die hexagonale Kantenlänge etwa 1.4 Å, und der Abstand zwischen benachbarten Schichten beträgt etwa 3.53 Å.

Beispiel 3-3
Man lokalisiere für die (a) Zinkblende- und (b) die Wurtzitstrukturen, wie sie in Bild 3-3 dargestellt sind, die nächsten Nachbarn zu dem Atom in der unteren linken hinteren Zellecke.

Lösung
Bild 3-5 zeigt für jede Struktur ebene Ansichten von vier Zellen. In jedem Fall hat das zu betrachtende Atom vier nächste Nachbarn. (a) In der Zinkblendestruktur befinden sich zwei bei $1/4\,a$ oberhalb der Zeichenebene und sind mit $+1/4$ gekennzeichnet. Zwei befinden sich unterhalb der Zeichenebene und sind mit $-1/4$ gekennzeichnet. (b) Für Wurtzit befinden sich drei nächste Nachbarn bei $1/8\,c$ oberhalb der Zeichenebene und sind mit $+1/8\,c$ in der Darstellung gekennzeichnet. Das andere Atom befindet sich bei $3/8\,c$ direkt unter dem Atom. ◆

Andere kubische Strukturen

Die in Bild 3-6a dargestellte Cäsiumchloridstruktur (CsCl) hat ein einfaches kubisches Gitter und eine Basis, die aus jeweils einem Atom jeder Sorte besteht. Jedes Atom ist im Zentrum eines Würfels, und die Atome der anderen Sorte befinden sich in den Würfelecken mit einem Abstand von je $\sqrt{3}a/2$. Jedes Atom hat

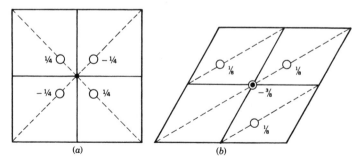

Bild 3-5 Ebene Ansichten der Einheitszellen für (a) die Zinkblendestruktur und (b) die Wurtzitstruktur. Sie zeigen nur ein Zentralatom (●) und seine nächsten Nachbarn (○). Höhenlagen sind in Einheiten der Zellhöhe angegeben.

3.1 Kristallstrukturen 67

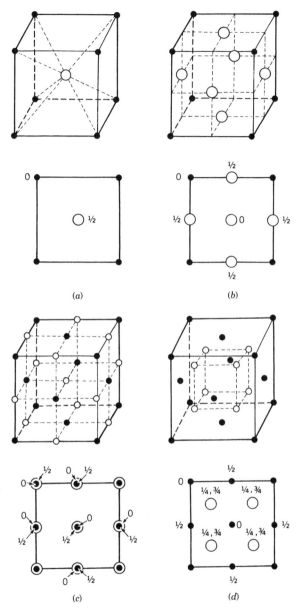

Bild 3-6 Einige Kristallstrukturen mit kubischen Gittern: (a) CsCl, (b) Cu$_3$Au, (c) NaCl und (d) CaF$_2$. Höhenlagen bezüglich der Grundfläche sind in Einheiten der Zellhöhen angegeben. CsCl und Cu$_3$Au haben einfache kubische Gitter, während NaCl und CaF$_2$ kubisch flächenzentrierte Gitter haben.

auch sechs übernächste Nachbarn. Diese sind von derselben Sorte und haben einen Abstand von a. Wenn beide Atome der Basis von derselben Sorte wären, würde die Struktur krz sein. Wenn das so ist, würde eine Translation um eine halbe kubische Raumdiagonale den Kristall nicht unverändert lassen, aber die Positionen der zwei Atomsorten austauschen. CsCl-Strukturen werden von einigen Halogeniden gebildet, wie zum Beispiel TlJ und CsCl selbst. Eine große Zahl intermetallischer Verbindungen wie CuPd, CuZn (β-Messing), AgMg und AlNi kristallisieren in dieser Struktur. Das ist nicht überraschend, wenn man die große Ähnlichkeit dieser Struktur zur krz-Struktur berücksichtigt.

Andere intermetallische Verbindungen haben die in Bild 3-6b gezeigte Struktur von Cu_3Au. Das Gitter ist einfach kubisch, wobei Goldatome in den Würfelecken und Kupferatome in den Flächenzentren sitzen. Wenn die Atome identisch wären, würde diese Struktur kfz sein. Jedes Goldatom hat 12 nächste Nachbarn in einem Abstand von $a/\sqrt{2}$, alle sind Kupferatome. Jedes Kupferatom hat auch 12 nächste Nachbarn mit demselben Abstand, aber vier davon sind Gold- und acht sind Kupferatome.

Die in Bild 3-6c gezeigte Natriumchloridstruktur (NaCl) hat ein kubisch flächenzentriertes Gitter und eine Basis, die aus einem Atom jeder Sorte besteht. Man beachte, daß die durch Punkte dargestellten Atome in den Ecken und Flächenzentren eines Würfels sitzen und daß die durch offene Kreise dargestellten Atome ein identisches Gitter bilden, das um eine halbe Würfelkante vom ersten verschoben ist. Jedes Atom hat sechs nächste Nachbarn, alle von der anderen Sorte und mit einem Abstand von einer halben Würfelkante. Einige Materialien, die in NaCl-Strukturen kristallisieren, sind LiH, KCl, AgBr, MgO und natürlich NaCl selbst.

Das Gitter für die in Bild 3-6d gezeigte Fluoritstruktur (CaF_2) ist auch kubisch flächenzentriert. Die primitive Basis besteht aus drei Atomen, zwei Atome von einer Sorte und ein Atom von der anderen Sorte.

In CaF_2 selbst bilden die Calciumatome ein kubisch flächenzentriertes Gitter, während die Fluoratome zwei dieser Gitter bilden, wobei jedes vom Calciumgitter um ein Viertel der Raumdiagonalen verschoben ist, aber entlang verschiedener Raumdiagonalen. Diese besondere Kombination von zwei kubisch flächenzentrierten Gittern erzeugt ein einfaches kubisches Gitter mit der Würfelkante $1/2\ a$, das in das Calciumgitter mit der Würfelkante a eingebettet ist. Für jede kubische Einheitszelle gibt es vier Calciumatome und acht Fluoratome. Jedes Calciumatom hat acht Fluoratome in den Ecken eines Würfels als nächste Nachbarn, während jedes Fluoratom im Zentrum eines regulären Tetraeders, dessen Ecken von Calciumatomen besetzt sind, sitzt. Die Fluoritstruktur wird von vielen Fluoriden bevorzugt, besonders von denen, die mit Elementen der II. Spalte eine Verbindung eingegangen sind. Auch einige Oxide wie ThO_2 und einige intermetallische Verbindungen wie Mg_2Pb kristallisieren in dieser Struktur.

Andere hexagonale Strukturen

Bild 3-7 zeigt ebene Darstellungen zweier wichtiger Strukturen mit hexagonalen Gittern. Die primitive Basis von Nickelarsenid (NiAs) besteht aus zwei Atomen

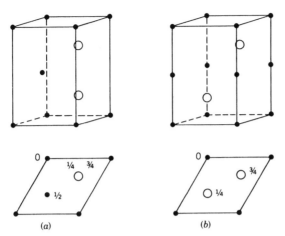

Bild 3-7 Zwei Kristallstrukturen mit hexagonalen Gittern: (a) NiAs und (b) CdJ$_2$. Höhenlagen sind in Einheiten der Zellhöhe angegeben.

jeder Sorte, die im Diagramm durch Punkte bzw. offene Kreise dargestellt sind. Hexagonale Ebenen von Nickelatomen wechseln mit hexagonalen Ebenen von Arsenatomen ab, wobei der Schichtabstand ein Viertel der Zellhöhe beträgt. Wenn man dieselbe Bezeichnungsweise benutzt, wie sie bei den hexagonalen Ebenen in kfz- und hcp-Strukturen eingeführt wurde, ist die Stapelfolge $A(C)B$-$(C)A(C)B(C)...$, wobei die Zeichen für die Ebenen von Nickelatomen in Klammern gesetzt wurden. Die Arsenatome allein betrachtet, haben eine hcp-ähnliche Struktur, aber das c/a-Verhältnis unterscheidet sich gewöhnlich sehr vom idealen Wert. Viele Sulfide, Selenide, Antimonide und Arsenide kristallisieren in dieser Struktur.

Bild 3-7b zeigt die Cadmiumjodidstruktur (CdJ$_2$), wobei zwei Cadmium- und vier Jodatome die primitive Basis bilden. Betrachtet man die Jodatome (offene Kreise) allein, dann bilden sie eine hcp-ähnliche Struktur, und Cadmiumatome besetzen einige der Zwischengitterplätze. Man beachte, daß Jodatome andere Jodatome und Cadmiumatome als nächste Nachbarn haben. Viele Halogenide wie MgBr$_2$, CaJ$_2$ und PbJ$_2$ kristallisieren in dieser Struktur.

Andere Strukturen

Obwohl die Kristalle der meisten chemischen Elemente und ihrer einfachen Verbindungen kubische oder hexagonale Gitter haben, weichen einige davon ab. Zum Beispiel sind Gallium, Indium und eine Form von Mangan tetragonal, Jod, Sauerstoff und eine Form von Schwefel sind orthorhombisch und Arsen, Antimon, Wismut, Quecksilber und eine andere Form von Schwefel sind trigonal. Für viele dieser Festkörper ist die Basis groß, und die Struktur ist ziemlich komplex. Einzelheiten können in den am Ende des Kapitels zusammengestellten Literaturzitaten nachgelesen werden.

3.2 Strukturdefekte

Abweichungen von einer Idealstruktur, die aus einer Wiederholung der Basis an den Gitterpunkten des ganzen Raumes besteht, nennt man Defekte. Hier werden wir einige von ihnen beschreiben, später werden wir sehen, wie sie einige Eigenschaften von Werkstoffen beeinflussen.

Punktdefekte

In Bild 3-8 sind die drei Arten von Punktdefekten dargestellt. Eine Leerstelle ist ein Platz im kompakten Material, der von einem Atom besetzt wäre, wenn die periodische Anordnung im Kristall vollständig wäre. Aber das Atom fehlt. Ein Zwischengitteratom ist ein Atom, das eine Position zwischen den durch die periodische Anordnung vorgeschriebenen Plätze besetzt. Eine Verunreinigung ist ein Atom von einer Sorte, die von der der Wirtsatome abweicht. Es kann ein Wirtsatom ersetzen oder einen Zwischengitterplatz besetzen. In einigen Fällen müssen Isotope der Wirtsatome als Verunreinigungen angesehen werden. Punktdefekte können Gruppen bilden: es wurden sowohl Komplexe von mehreren tausend Leerstellen oder noch mehr, die man Pore (oder engl. void) nennt, als auch Cluster von Zwischengitteratomen beobachtet.

In Kristallen, die aus mehr als einer Atomsorte bestehen, kann ein eng verwandter Defekttyp auftreten. Als ein Beispiel wollen wir einen Kristall mit zwei verschiedenen Atomsorten A und B betrachten. Wenn einige A-Atome Plätze besetzen, die in der periodischen Anordnung von B-Atomen besetzt sein sollten, während die verdrängten B-Atome A-Plätze besetzen, dann wird der Kristall ungeordnet genannt.

Trotz der Bezeichnung stören Punktdefekte die Anordnung in einem Kristall über mehrere Atomabstände hinweg. Nachbaratome einer Leerstelle relaxieren zum Beispiel zu Positionen, die näher an der Leerstelle liegen im Vergleich zu ihrer regulären Lage. Zwischengitteratome drängen gewöhnlich Nachbaratome

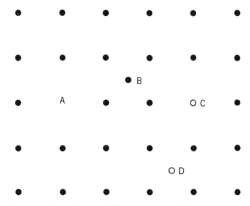

Bild 3-8 Punktdefekte in Kristallen. ● Wirtsatome; ○ Fremdatome, A eine Leerstelle, B ein Zwischengitteratom, C ein substitutionelles Fremdatom, D ein interstitielles Fremdatom.

3.2 Strukturdefekte 71

nach außen, während der Festkörper in Abhängigkeit von der Größe eines Verunreinigungsatoms in dessen Umgebung kontrahiert oder sich ausdehnt. Leerstellen und Zwischengitteratome werden thermisch erzeugt. Gleichgewichtskonzentrationen können berechnet werden, wenn die durch

$$F = E - TS \qquad (3\text{-}2)$$

definierte freie Energie F als minimal angenommen wird. Hier ist E die Energie und S die Entropie des Kristalls. Beide Größen hängen von der Zahl der Defekte ab. Obwohl Leerstellen und Zwischengitteratome die Energie eines Kristalls erhöhen, erhöhen sie auch die Entropie, deshalb verschwinden Gleichgewichtskonzentrationen mit der Ausnahme von $T = O$ nicht. Wir berechnen die Konzentration isolierter Leerstellen in einem Kristall mit einem Atom in seiner primitiven Basis. Die Entropie wird durch die Konfigurationskomponente bestimmt, die mit der Anzahl von verschiedenen Atomanordnungen zusammenhängt. Wir nehmen an, daß der Kristall N Atome und N Leerstellen enthält. Diese können auf $N + N_v$ Plätzen in $(N + N_v)!$ verschiedenen Möglichkeiten angeordnet sein, aber ein Austausch von Atomen mit anderen Atomen oder von Leerstellen mit anderen Leerstellen führt nicht zu unterschiedlichen Konfigurationen. Die Zahl der verschiedenen Konfigurationen ist durch $(N + N_v)!/N!N_v!$ gegeben und die Konfigurationsentropie ist

$$S = k_B \ln \left[\frac{(N + N_v)!}{N!N_v!} \right]$$
$$\approx k_B[(N + N_v) \ln(N + N_v) - N \ln(N) - (N_v) \ln(N_v)], \qquad (3\text{-}3)$$

wobei die Stirling-Näherung benutzt wurde, um die Endform zu erhalten: für große x gilt $\ln(x!) = x \ln(x)$. Andere Beiträge zur Entropie stammen aus Änderungen der Elektronen- und Phononenzustände, aber sie sind klein, und wir vernachlässigen sie.

E_v soll die zur Bildung einer Leerstelle benötigte Energie sein. Da sich bei der Bildung einer Leerstelle die Zahl der Atome nicht verändert, ist E im wesentlichen die Energie, die benötigt wird, um ein Atom aus dem Inneren an die Probenoberfläche zu bringen. Wenn wir mehrfache Leerstellenkomplexe vernachlässigen, wird die Energie des Kristalls um $N_v E_v$ erhöht, wenn N_v Leerstellen gebildet werden, deshalb ist die freie Energie

$$F = N_v E_v - k_B T[(N + N_v) \ln(N + N_v) - N \ln(N) - N_v \ln(N_v)]. \qquad (3\text{-}4)$$

F wird ein Minimum, wenn $N_v / (N + N_v) = e^{-\beta E_v}$, wobei $\beta = 1/k_B T$. Da $N_v \ll N$, ist die Gleichgewichtszahl von Leerstellen durch

$$N_v = N e^{-\beta E_v} \qquad (3\text{-}5)$$

gegeben. Entsprechend Gleichung 3-5 ist die Zahl der Leerstellen bei $T = 0$ K Null und steigt mit der Temperatur.

Für die meisten Materialien ist E_v mehrere Elektronenvolt groß. Wenn E_v zum Beispiel 2 eV ist, dann ist bei Raumtemperatur N_v/N etwa 3×10^{-34} und bei 1000 K etwa 9×10^{-11}. Um einen Wert für E_v aus experimentellen Werten zu erhalten, wird eine graphische Darstellung von ln (N_v/N) als Funktion von β benutzt. Sie ist eine Gerade mit dem Anstieg $- E_v$.
Die Gleichgewichtskonzentration von Zwischengitteratomen in einem Festkörper wird in genau der gleichen Weise berechnet. In einer Einheitszelle gibt es nur eine geringe Zahl von Zwischengitterplätzen, und die Wahrscheinlichkeit, daß einer von ihnen besetzt wird, hängt von der Energie ab, die benötigt wird, um ein Atom von der Probenoberfläche zu diesem Platz zu bringen. Für Strukturen mit kleinen Packungsanteilen wie Diamant ist diese Energie in der Größenordnung von einem Elektronenvolt, aber für dicht gepackte Strukturen ist sie weit über 10 eV. Wenn ein Atom seinen Platz verläßt und in den Bereich zwischen den Atomen kommt, dann werden sowohl eine Leerstelle als auch ein Zwischengitteratom gebildet. Die Energie für einen Frenkeldefekt, wie diese Kombination genannt wird, ist die Summe der Energien, die zur Bildung einer individuellen Leerstelle und eines individuellen Zwischengitteratoms gebraucht würden.
Festkörper haben oft Nichtgleichgewichtskonzentrationen von Leerstellen und Zwischengitteratomen. Zum Beispiel führen Abschreckvorgänge zu diesem Ergebnis. Wenn eine Probe bei einer hohen Temperatur ihr Gleichgewicht erreicht, wird eine hohe Defektkonzentration erzeugt, und dann wird die Probe rasch abgekühlt. Den Atomen steht dabei nur unzureichend Energie zur Verfügung, um sich nacheinander zu bewegen, da sie überschüssige Leerstellen auffüllen müssen oder zur Oberfläche gelangen. Auch der Beschuß einer Probe mit hochenergetischen Teilchen erzeugt überschüssige Defektkonzentrationen. Die Untersuchung von Strahlenschäden ist ein wichtiger Teil der modernen Werkstoffforschung.

Versetzungen

Bild 3-9 stellt die zwei Grundtypen von Versetzungen dar. Im Prinzip kann eine Stufenversetzung dadurch erzeugt werden, daß ein Kristall längs einer Ebene, die sich durch die Probe ausdehnt, teilweise aufgeschnitten wird, dann wird eine Extraebene von Atomen in die Schnittfläche eingefügt, und dann läßt man die Atome zu neuen Gleichgewichtslagen relaxieren. Die Versetzung selbst befindet sich längs der Linie, die die untere Kante der eingeschobenen Ebene bildet. Die Atomlagen behalten ihre normale Anordnung weit genug von dieser Linie entfernt. Wenn man denselben Schnitt ausführt, wird eine Schraubenversetzung erzeugt, indem Atome oberhalb und nach einer Seite der Schnittfläche um eine Gitterkonstante parallel zur Schnittfläche verschoben werden. Es gibt allgemeinere Versetzungstypen, aber diese können immer als Kombinationen von Stufen- und Schraubenversetzungen konstruiert werden.
Während des Kristallwachstums wird gewöhnlich eine große Zahl von Versetzungen erzeugt. Wenn eine Versetzungslinie zur Probenoberfläche durchstößt, ist die Folge der Fehlanpassung der Gitterebenen eine Stufe an der Oberfläche, wo Atome aus der Schmelze leicht adsorbiert werden. Versetzungen werden auch

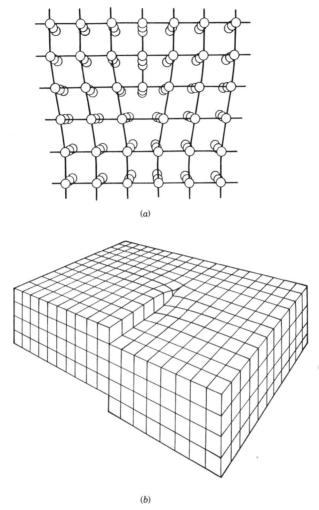

Bild 3-9 Versetzungen in Kristallen. (a) Stufenversetzung. Eine zusätzliche Netzebene beginnt in der Mitte der Abbildung und erstreckt sich nach oben. (b) Schraubenversetzung. Die Ebene der Versetzung erstreckt sich zum Teil von vorn in den Kristall hinein. Atome auf einer Seite sind bezüglich der Atome auf der anderen Seite um eine Einheitszelle nach unten verschoben. (Nach J. M. Hirth und J. Lothe, *Theory of Dislocations* (New York: Wiley, 1982. Mit Genehmigung verwendet).

bei der Biegung einer Probe erzeugt, ein Prozeß, der Kaltverformung genannt wird.

Zweidimensionale Defekte

In gewissem Sinne muß die Oberfläche einer endlichen Probe als Defekt aufgefaßt werden. Wie wir sehen werden, werden die meisten Rechnungen von Eigenschaften im kompakten Material mit der Annahme ausgeführt, daß der Kristall

Translationsperiodizität besitzt und sich daher durch den ganzen Raum ausdehnt. Die Oberflächen sind für kleine Korrekturen an den Ergebnissen verantwortlich und für Phänomene, die sie selbst betreffen. Elektronenzustände und Atombewegungen, die nicht zu jenen im Inneren in Beziehung stehen, haben ihre Ursache in der Oberfläche. Wir werden sie an den passenden Stellen im Buch diskutieren. Auch Grenzen zwischen Kristalliten in einer polykristallinen Probe können als zweidimensionale Defekte betrachtet werden.

3.3 Amorphe Strukturen

Die Strukturen amorpher Materialien können nicht so detailliert beschrieben werden wie kristalline Strukturen. Da die Atompositionen in amorphen Materialien keine weitreichende Periodizität aufweisen, erfordert eine exakte Beschreibung der Struktur eine Auflistung aller Atomlagen. Auch wenn das möglich wäre, würde die enorme Länge der Liste sie praktisch nutzlos machen. Anstelle solch einer Liste wird die mittlere Verteilung von Atomen relativ zu einem Zentral- oder Bezugsatom zur Beschreibung der Struktur benutzt. Die mittlere Verteilung wird durch die sogenannte radiale Verteilungsfunktion gegeben.

Radiale Verteilungsfunktionen

Um die physikalische Bedeutung einer radialen Verteilungsfunktion zu illustrieren, betrachten wir einen amorphen Festkörper, der aus nur einer Atomsorte besteht und beschreiben, wie die Funktion abgeschätzt werden könnte, wenn alle Atompositionen bekannt wären. Nachdem eins der Atome als Bezugsatom ausgewählt wurde, berechnen wir zuerst die Konzentration $n(r)$ von Atomzentren in einer Kugelschale, die sich von r nach $r + \triangle r$ ausdehnt, wenn man vom Zentrum des Bezugsatoms aus mißt. Das heißt, wir dividieren die Zahl der Atome mit ihrem Zentrum in der Schale durch das Schalenvolumen. Dieser Prozeß wird wiederholt, wobei nacheinander jedes Atom als Bezugsatom verwendet wird. Im allgemeinen ist das Ergebnis für verschiedene Atome unterschiedlich, da im Gegensatz zur Situation in einem Kristall die Verteilung der Atome nicht dieselbe für jedes Atom ist. Der mittlere Wert von $n(r)$ für das System wird berechnet und schließlich der Grenzwert, wenn die Schalendicke $\triangle r$ klein wird. Das ist dann die mittlere Konzentration $\bar{n}(r)$ von Atomen in einem Abstand r von einem Atom. Die radiale Verteilungsfunktion $\varrho(r)$ ist definiert durch

$$\varrho(r) = 4\pi r^2 \bar{n}(r). \tag{3-6}$$

Natürlich kann der eben beschriebene Prozeß in der Praxis nicht ausgeführt werden, da das Material eine große Vielzahl von Atomen enthält. Es wurden aber Modelle amorpher Strukturen, die einige tausend Atome enthalten, konstruiert, und mit Hilfe von Computern wurden für sie radiale Verteilungsfunktionen errechnet. Radiale Verteilungsfunktionen für reale Festkörper können experimentell mittels Röntgenstrahltechniken ermittelt werden.

3.3 Amorphe Strukturen

Zwei Grenzfälle sind interessant: ein vollständig geordneter Kristall und eine zufällige Verteilung von Atomen. Wir erwarten, daß die radiale Verteilungsfunktion eines amorphen Festkörpers Merkmale beider Spezialfälle aufweist. Wir betrachten zuerst die radiale Verteilungsfunktion für einen Kristall mit kfz-Struktur. Wenn die Würfelkante a ist, dann gibt es um jedes Atom 12 andere Atome in einer Entfernung von $a/\sqrt{2}$, 6 andere Atome in einer Entfernung von a, 24 andere Atome in einer Entfernung von $\sqrt{3}/2 a$ usw. Wenn wir eine extrem enge Kugelschale betrachten, die ihr Zentrum in einem der Atome hat und die Anzahl der Atome mit ihrem Zentrum in der Schale zählen, ist das Ergebnis Null, wenn nicht die Schale einen der Abstände überspannt, die einem interatomaren Abstand der kfz-Struktur entspricht. Wenn die Schale einen dieser Abstände überspannt, vergrößert sich die Konzentration abrupt. Nun befinden sich eine endliche Anzahl von Atomen in der Schale, und das Schalenvolumen wird Null, wenn $\triangle r$ klein wird. Zum Beispiel ist $n(r) = 0$ für r zwischen 0 und $a/\sqrt{2}$, und $n(r)$ ist unendlich für $r = a/\sqrt{2}$. Wie in Bild 3-10 dargestellt ist, besteht die radiale Verteilungsfunktion für einen Kristall aus einer Serie von Zacken (engl. spikes) an den verschiedenen Atomabständen. Sie ist zwischen den Spikes Null.

Wenn im anderen Extremfall die Atomzentren statistisch im Material verteilt sind, dann hängt die mittlere Konzentration n nicht von r ab. Unabhängig vom Wert von r sind Atompaare mit diesem Abstand irgendwo im Material vorhanden, und außerdem ist die Anzahl von Paaren mit einem bestimmten Abstand genauso groß wie die mit einem beliebigen anderen Abstand. Die mittlere Konzentration ist dieselbe wie die makroskopische Konzentration n_0 von Atomen im Festkörper: die Gesamtzahl von Atomen dividiert durch das Volumen des Festkörpers. Für eine statistische Verteilung gilt

$$\varrho(r) = 4\pi r^2 n_0. \tag{3-7}$$

Diese Funktion ist in Bild 3-11 dargestellt. Man beachte, daß für eine statistische Verteilung $\varrho(r)$ für kleine r deutlich unrealistisch ist: in einem realen Festkörper sind infolge von Kern-Kern-Abstoßung die Plätze in der unmittelbaren Umge-

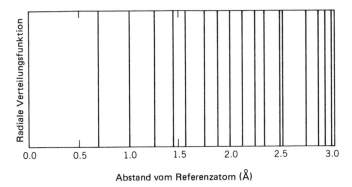

Bild 3-10 Radiale Verteilungsfunktion für eine kristalline kfz Struktur. Der Abstand vom Zentralatom ist in Einheiten der kubischen Kantenlänge angegeben. Die Funktion besteht aus einer Serie unendlicher Spikes, einer für jeden der kfz Netzebenenabstände.

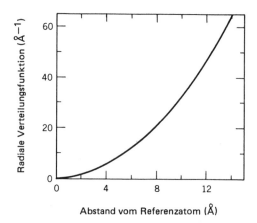

Bild 3-11 Radiale Verteilungsfunktion für eine zufällige Atomverteilung mit der makroskopischen Konzentration 2.55×10^{28} Atome/m³.

bung anderer Atompositionen nicht besetzbar, und $\varrho\,(r) = 0$ in einem Abstandsbereich nahe $r = 0$.
Eine radiale Verteilungsfunktion für einen amorphen Festkörper ist in Bild 3-12 gezeigt. Der allgemeine Trend in der Kurve folgt der radialen Verteilungsfunktion für eine statistische Verteilung. Für große r treffen sich die Kurven nahezu. Für kleine r jedoch ist die Funktion deutlich von der für statistische Verteilung verschieden. Tatsächlich hat sie viele Gemeinsamkeiten mit der radialen Verteilungsfunktion für einen Kristall. Die Funktion wird Null für kleine, aber von Null verschiedene Werte von r, das heißt, es gibt einen Abstand, der der dichtesten Annäherung der Atome entspricht. Bei größeren r besteht die Funktion aus einer Serie von Peaks, analog zu den Spikes in der radialen Verteilungsfunktion für einen Kristall. Der Peak, der am kleinsten Wert von r auftritt, entspricht zum Beispiel dem Abstand naher Nachbarn. Atome haben die Neigung, sich umeinander

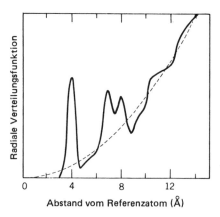

Bild 3-12 Radiale Verteilungsfunktion für ein amorphes Metall. Der allgemeine Trend folgt der Funktion für eine zufällige Verteilung, diese ist durch die gestrichelte Kurve angegeben. Abweichungen von der gestrichelten Kurve zeigen Nahordnung an.

3.3 Amorphe Strukturen

anzusammeln, und die Konzentration von nahen Nachbarn ist viel größer als die Konzentration für eine statistische Verteilung. Im Gegensatz zu den Spikes in der radialen Verteilungsfunktion für einen Kristall haben aber die Peaks endliche Höhen und von Null verschiedene Breiten. Alle nahen Nachbarn haben zum Beispiel nicht exakt denselben Abstand.

Genau neben dem ersten Peak sinkt die radiale Verteilungsfunktion zu einem Wert ab, der geringer als der Wert für eine statistische Verteilung ist. Nahe Nachbarn, die sich um ein Atom angehäuft haben, verdrängen andere Atomzentren aus ihrer direkten Nachbarschaft. Wenn r nach den ersten Peaks ansteigt, werden die Peaks breiter und weniger ausgeprägt. Amorphe Materialien zeigen also Nahordnung, aber keine Fernordnung. Kristalle haben andererseits sowohl Nah- als auch Fernordnung.

Eine große Menge an struktureller Information geht im Prozeß der Mittelung, der zur radialen Verteilungsfunktion führt, verloren. Die Funktion enthält keine Informationen über die Winkelverteilung von Atomen um ein beliebiges Atom, noch enthält sie Informationen über den Abstand eines bestimmten Atompaares. Trotzdem sind Einheiten der Funktion hilfreich bei der Untersuchung amorpher Materialien. Die Peakpositionen zeigen bevorzugte Atomabstände an. Peakbreiten sind auch von Interesse. Ein sehr enger erster Peak zeigt zum Beispiel an, daß nahezu alle nahen Nachbarn ungefähr denselben Abstand haben, während ein breiter erster Peak einen weiten Bereich von Abständen naher Nachbarn anzeigt. Die Peakanzahl ist ein Maß für den Ordnungszustand der Struktur. Wenn viele Peaks erkennbar sind, ist die Struktur noch in großer Entfernung von einem Atom geordnet, aber wenn man nur einige Peaks sieht, ist die Struktur nur in der nahen Nachbarschaft eines Atoms geordnet.

Eine radiale Verteilungsfunktion kann benutzt werden, um die mittlere Atomanzahl in einer bestimmten Kugelschale zu ermitteln. Die mittlere Atomanzahl mit den Atomzentren im Bereich von r_1 bis r_2 ist durch

$$\overline{N} = \int_{r_1}^{r_2} \overline{n}(r)\, d\tau \tag{3-8}$$

gegeben, wobei $d\tau$ ein infinitesimales Volumenelement ist. Da $\overline{n}(r) = \varrho(r)/(4\pi r^2)$ und $d\tau = 4\pi r^2\, dr$, gilt

$$\overline{N} = \int_{r_1}^{r_2} \varrho(r)\, dr. \tag{3-9}$$

Wenn die Integration über den ersten Peak der radialen Verteilungsfunktion ausgeführt wird, stellt zum Beispiel $\overline{N}$ die mittlere Anzahl naher Nachbarn eines Atoms im Festkörper dar. Wir heben hervor, daß das ein Mittel über alle Atome ist: Einige Atome haben mehr nahe Nachbarn, und andere haben weniger. N muß nicht ganzzahlig sein.

Da die radiale Verteilungsfunktion den mittleren Abstand naher Nachbarn angibt, kann sie zur Bestimmung des Packungsanteils für einen amorphen Festkörper benutzt werden. Zuerst werden die Atome durch Kugeln des Radius R ersetzt, wobei R die Hälfte von r für den ersten Peak der Funktion ist. Wenn n_0 die makroskopische Konzentration von Atomen im Material ist, dann sind $N = n_0 \tau$

Atome im makroskopischen Volumen τ. Das von Kugeln eingenommene Volumen ist $N(4\pi/3)R^3 = n_0\tau\,(4\pi/3)R^3$ und der Packungsanteil F ist der Quotient dieses Volumens zu τ oder

$$F = \frac{4\pi}{3}\,n_0\,R^3. \tag{3-10}$$

Amorphe Metalle

Die in Bild 3-12 gezeigte Funktion ist eine typische radiale Verteilungsfunktion für amorphe Metalle. Die in der Struktur des Materials begründeten Peaks in der Funktion können weitgehend anhand eines Modells verstanden werden, das harte Kugeln zur Darstellung der Atome verwendet (engl. hard sphere model). Das Modell ist demjenigen, das im vorhergehenden Abschnitt zur Ableitung der kfz- und hcp-Strukturen verwendet wurde, sehr ähnlich.
Eine der in Bild 3-12 gezeigten radialen Verteilungsfunktion ähnliche kann man erhalten, wenn man mehrere tausend Kugellagerkugeln in einen Behälter mit unregelmäßigen Seitenflächen einbringt, den Behälter schüttelt und ihre Positionen beobachtet, wenn sie zur Ruhe gekommen sind. Unregelmäßige Seitenflächen braucht man, um die Bildung einer Kristallstruktur zu verhindern. Eine Verteilungsfunktion kann auch vollständig von einem Computer erbracht werden. Die Koordinaten von Kugelzentren werden durch einen Zufalls-Zahlengenerator ermittelt und den Bedingungen unterworfen, daß sich keine Kugeln überlappen und daß jede Kugel wenigstens drei andere berührt. Wenn die Positionen einmal bekannt sind, wird der Computer wieder benutzt, um die radiale Verteilungsfunktion zu errechnen. Verteilungen wie diese werden zufällige dicht gepackte Strukturen genannt.
In vielen Fällen bilden die nächsten Nachbarn jeder Kugel in einer zufälligen dicht gepackten Struktur einen Ring, wobei alle mit der mittleren Kugel in Kontakt sind. Die Konfiguration ist der Verteilung nächster Nachbarn in einem kfz oder hcp Kristall ähnlich. Eine große Zahl von Kugeln mit einer Konfiguration naher Nachbarn wie dieser ist die Ursache für den großen ersten Peak in der radialen Verteilungsfunktion. Dieser tritt bei $r = 2R$ auf, wobei R der Kugelradius ist. Da keine Kugelzentren dichter beieinander sein können als $2R$, verschwindet die Funktion für $r < 2R$. Der erste Peak einer realistischeren radialen Verteilungsfunktion hat einen kleinen Ausläufer zu kleineren r hin, was ein gewisses Maß an Rumpfüberlappung, das in einem Metall auftritt, anzeigt.
Nicht alle Kugeln der Struktur haben die oben beschriebene Konfiguration. In einigen Fällen können ein oder mehrere nahe Nachbarn nicht die Bezugskugel berühren. Konfigurationen mit Abständen naher Nachbarn, die etwas größer als $2R$ sind, sind die Ursache dafür, daß der erste Peak eine endliche Breite hat. Je größer der Kugelabstand ist, umso seltener wird er in der Struktur vorkommen, deshalb sinkt die Funktion hinter $r = 2R$ ab.
Es gibt andere Peaks, die anderen sehr wahrscheinlichen Atomkonfigurationen entsprechen. Zum Beispiel treten in Abständen von etwa $2\sqrt{3}R$ bzw. $4R$ in der Darstellung ausgeprägte Doppelpeaks auf. Diese entsprechen Atomabständen in

3.3 Amorphe Strukturen

dicht gepackten Kristallstrukturen. Peaks bei großen r sind breit, und die radiale Verteilungsfunktion weicht kaum von derjenigen für eine statistische Verteilung ab. Die Ähnlichkeit mit einer Kristallstruktur ist verschwunden.

Sowohl die Anzahl von nahen Nachbarn als auch die Packungsanteile sind für alle zufälligen dicht gepackten Verteilungen etwa gleich. Wenn das Integral der radialen Verteilungsfunktion für den Bereich von $r = 0$ bis zum ersten Minimum ausgerechnet wird, liegt das Ergebnis immer zwischen 11.5 und 12. Das Ergebnis stimmt gut mit der Größe überein, die aus Röntgendaten für tatsächliche amorphe Metalle erhalten wurde. Der Packungsanteil für alle zufälligen dicht gepackten Strukturen ist nahe 0.64, etwa 13% weniger als der Packungsanteil für kfz und hcp Kristallstrukturen.

Beispiel 3-4
Man benutze die radiale Verteilungsfunktion von Bild 3-12, um den Kugelradius R für eine äquivalente dicht gepackte Kugelverteilung zu bestimmen. Dann benutze man den für R erhaltenen Wert, um die Lagen der Doppelpeaks und den Packungsanteil zu bestimmen. Die makroskopische Konzentration beträgt 0.02 Atome/Å^3.

Lösung
Der erste Peak tritt bei etwa 4 Å auf, deshalb ist der Kugelradius 2 Å. Doppelpeaks sollten bei etwa $r = 2\sqrt{3}R \approx 7$ Å und $r = 4R \approx 8$ Å auftreten. Diese Werte stimmen mit der Kurve von Bild 3-12 überein. Der Packungsanteil ist $F = (4\pi/3)n_0 R^3 = (4\pi/3) \times 0.02 \times 2^3 \approx 0.67$, also etwas größer als der für die übliche zufällige dicht gepackte Struktur, aber geringer als der für eine dicht gepackte Kristallstruktur. ◆

Amorphe kovalente Strukturen

Die radiale Verteilungsfunktion für einen amporphen kovalenten Festkörper ist in Bild 3-13 gezeigt. Die Kurve zeigt einen ziemlich scharfen ersten Peak, danach fällt sie auf Null ab, bevor sie zum zweiten Peak ansteigt. Danach zeigt sie noch einige Peaks, folgt aber im allgemeinen der Parabelkurve für eine statistische Verteilung. Im Gegensatz zur Funktion für ein amorphes Metall ist der zweite Peak nicht aufgespalten.

Die Position des ersten Peaks gibt den Abstand nächster Nachbarn, und dieser ist für amorphe kovalente Festkörper fast genau derselbe wie der Abstand nächster Nachbarn für einen Kristall desselben Materials. Die Packungsanteile von kristallinen und amorphen kovalenten Festkörpern sind gleich: 0.34. Die makroskopische Konzentration von Atomen in einem amorphen Festkörper ist auch fast dieselbe wie die Konzentration in einem Kristall desselben Materials, deshalb haben amorphe und kristalline Formen desselben Materials fast dieselbe Dichte. Die Zahl der nächsten Nachbarn eines Atoms kann durch Integration der radialen Verteilungsfunktion über den ersten Peak ermittelt werden, und das Ergebnis ist für kovalente Festkörper in allen Fällen fast exakt 4.

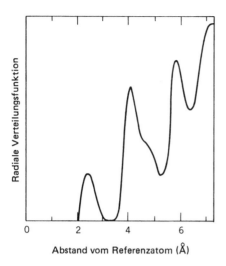

Bild 3-13 Radiale Verteilungsfunktion für einen amorphen kovalenten Festkörper. Die Funktion geht nach dem ersten Peak auf Null. Danach folgen eine Reihe von Peaks und dann nähert sie sich der Funktion für eine zufällige Verteilung. Der erste Peak entspricht fast genau vier nächsten Nachbarn.

Diese Charakteristika deuten auf eine Struktur hin, die derjenigen eines Kristalls, zumindest lokal um jedes Atom herum, sehr ähnlich ist. Tatsächlich wiederholt sich die radiale Verteilungsfunktion ganz genau durch ein Modell, in dem jedes Atom an vier andere gebunden ist, und die Bindungslänge variiert nur um etwa 1% oder weniger von der im Kristall. Das Modell erscheint aus physikalischer Sicht vernünftig, da die Atome nicht mehr als vier Bindungen bilden können, und die Bildung von weniger Bindungen hat eine beträchtliche Energieerhöhung zur Folge. Außerdem ist die Bindungslänge weitgehend durch das Energieminimum einer einzelnen Bindung als Funktion des Atomabstands bestimmt, deshalb erwarten wir einen geringen Unterschied in den Bindungslängen.
Die Winkel zwischen benachbarten Bindungen sind in kristallinen und amorphen Formen desselben kovalenten Materials auch etwa gleich. In einer Diamantstruktur sind alle Bindungswinkel gleich, etwa 109°. Für die meisten Modelle von kovalenten amorphen Strukturen liegen alle Bindungswinkel innerhalb 20° von 109°, und die Standardabweichung der Bindungswinkelverteilung ist weniger als 10°.
Die Hauptsache, in der sich amorphe und kristalline kovalente Strukturen unterscheiden, ist die Verteilung der Nachbarn außerhalb der nächsten Nachbarn. In kristallinem Germanium zum Beispiel sind die übernächsten Nachbarn eines Atoms in der Würfelecke die flächenzentrierten Plätze. In amorphem Germanium ist diese Anordnung zerstört. Das Bindungssystem, das zu einem nächsten Nachbaratom gehört, kann eine beliebige Winkelposition um die Linie, die das Zentralatom mit dem nächsten Nachbarn verbindet, haben. Bezüglich der Diamantstruktur können übernächste Nachbarn irgendwo auf Kreisen um die kubische Raumdiagonale herum und durch die nächsten Flächenzentren hindurch liegen, nicht nur auf den Flächenzentren selbst. Nach einigen Abständen nächster Nachbarn nähert sich die Verteilung einer statistischen Verteilung.

3.4 Flüssigkristalle

Einige Aspekte der Struktur flüssiger Kristalle zeigen weitreichende kristallähnliche Ordnung, während andere Aspekte amorphe Unordnung zeigen können. Flüssige Kristalle setzen sich aus organischen Molekülen zusammen, die lang und schmal sind, entweder mit stäbchenförmiger oder mit plättchenförmiger Gestalt. Es können entweder ihre Orientierung oder ihre Positionen geordnet sein. Darüber hinaus können molekulare Positionen in einer Richtung geordnet und in einer anderen ungeordnet sein. Jene Moleküle, die von sich aus flüssige Kristalle bilden, sind gewöhnlich stäbchenförmig mit Längen von etwa 25 Å und Durchmessern von etwa 5 Å. Weil die Strukturen der meisten dieser Materialien temperaturabhängig sind, sagt man, daß sie thermotrope Phasen haben.

Andere organische Moleküle bilden Flüssigkristalle nur, wenn sie mit hoher Konzentration in entsprechende Lösungsmittel gebracht werden. Sie werden durch den Begriff lyotrop beschrieben, was lösungsmittelabhängig bedeutet. Beispiele dafür sind synthetische Polypeptidmoleküle, die stäbchenförmig mit Längen von etwa 300 Å und Durchmessern von etwa 20 Å sind. Seifen, die komplexe organische Moleküle enthalten, bilden flüssige Kristallstrukturen bei genügend hohen Konzentrationen in Wasser und anderen geeigneten Lösungsmitteln.

Thermotrope Flüssigkristalle

Es wurden viele verschiedene Strukturen, die von thermotropen Flüssigkristallen angenommen werden, identifiziert. Die wichtigsten davon werden nematisch, smektisch A, smektisch B und smektisch C genannt. Der Begriff nematisch kommt von dem griechischen Wort für Faden, und der Begriff smektisch kommt von dem griechischen Wort für Seife. Diese Strukturen sind in Bild 3-14 dargestellt.
Nicht alle thermotrope Flüssigkristalle bilden alle oben genannten Strukturen, aber diejenigen, die es tun, sind bei hohen Temperaturen nematisch. Die molekularen Orientierungen sind geordnet, wobei sich die langen Achsen der Moleküle ausrichten. Die Tendenz zur Ausrichtung wird durch thermische Bewegung gebremst, und die Zahl ausgerichteter Moleküle steigt mit sinkender Temperatur. Die molekularen Positionen sind nicht geordnet und genau betrachtet, ist das Material flüssig. Es fließt, und seine Struktur ändert sich mit der Zeit.
Unterhalb einer Übergangstemperatur hat das Material eine smektische A-Phase, die durch eine Schichtstruktur charakterisiert ist. In jeder Schicht ist die molekulare Anordnung amorph: sie zeigt keine Fernordnung. Aber in der Richtung senkrecht zu den Schichten tritt Fernordnung auf. Genauer gesagt ist die molekulare Konzentration eine periodische Funktion des Abstandes senkrecht zu den Schichten. Moleküle einer smektischen A-Struktur sind mit ihrer langen Dimension senkrecht zu den Schichten orientiert, und der Wiederholungsabstand ist etwa der Länge eines Moleküls gleich.
Bei einer noch tieferen Temperatur wird der Flüssigkristall smektisch C. Genau wie bei den smektischen A-Strukturen handelt es sich um eine Schichtstruktur, und das Material ist eine zweidimensionale Flüssigkeit, wobei die molekulare

82   3. Festkörperstrukturen

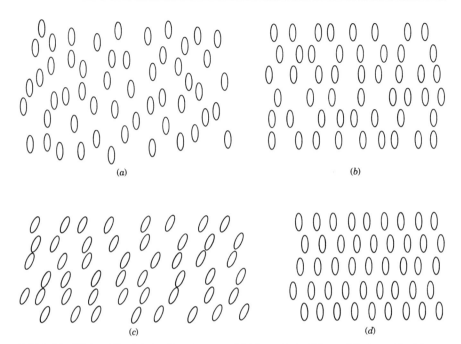

Bild 3-14 Einige Flüssigkristallstrukturen. (a) Nematisch. Die molekularen Positionen haben keine Fernordnung, aber die Moleküle sind ausgerichtet. (b) Smektisch A. Die Moleküle sind in Schichten angereichert und senkrecht zu den Schichten ausgerichtet. (c) Smektisch C. Die Moleküle sind in Schichten angereichert und ausgerichtet, aber ihre lange Dimension ist nicht senkrecht zu den Schichten. (c) Smektisch B. Die molekularen Positionen bilden zweidimensionale Kristalle. Die molekularen Positionen in verschiedenen Schichten haben keine Beziehung zueinander.

Konzentration in der dritten Richtung periodisch ist. Die Moleküle sind noch immer ausgerichtet. Aber die Richtung der Ausrichtung ist jetzt nicht mehr senkrecht zu den Schichten. Der Schichtabstand wird während des Übergangs kleiner, so daß er danach l cos θ ist, wobei l die Länge eines Moleküls und Θ der Winkel zwischen der langen Dimension des Moleküls und der Schichtnormalen ist.

Wenn die Temperatur noch weiter unterhalb einer anderen Übergangstemperatur gesenkt wird, dann kommt das Material in den Bereich der smektischen B-Phase, die letzte Phase vor der vollständigen Kristallisation. Die Moleküle bilden jetzt in jeder Schicht eine reguläre Anordnung, das heißt, jede Schicht ist ein zweidimensionaler Kristall. Molekulare Positionen in einer Schicht haben aber keine Beziehung zu molekularen Positionen in anderen Schichten.

Thermotrope Flüssigkristalle sind technologisch wichtig. Molekulare Orientierungen können durch magnetische und elektrische Felder eingestellt werden. Da das Reflexionsvermögen von der molekularen Orientierung abhängt, können Bereiche eines Flüssigkristallfilms mit verschiedenen molekularen Orientierungen optisch unterschieden werden. Diese zwei Eigenschaften machen Flüssigkristalle für Anzeigeeinrichtungen besonders nützlich. Die Farbe einiger Flüssigkristalle hängt von der molekularen Orientierung ab. Für einige ist die Farbe druckabhängig, und für andere ist sie temperaturabhängig. Flüssigkristalle werden als Druck- und Temperatursensoren benutzt.

Lyotropische Flüssigkristalle

Ein typisches Seifenmolekül besteht aus einer Kohlenwasserstoffkette, die ionisch an ein positives Ion wie Na, K oder NH gebunden ist. Das ionische Ende der Kette hat ein elektrisches Dipolmoment und neigt dazu, Wassermoleküle anzuziehen. Wassermoleküle ihrerseits vermeiden die Nähe des Kohlenwasserstoff-Endes. In Wasser ordnen sich Seifenmoleküle derartig an, daß ihre dipolaren Enden ihre Kohlenwasserstoff-Enden von den Wassermolekülen abschirmen. Bei niedrigen Konzentrationen geschieht das durch die Bildung nahezu kugelförmiger Teilchen, die 20 bis 100 Seifenmoleküle enthalten und vielleicht einige Hundert Ångström Durchmesser haben. Die polaren Enden der Moleküle bilden bei Kontakt mit Wasser die Oberfläche eines Kügelchens, während die Kohlenwasserstoff-Enden innen sind.
Wenn mehr Seife dazukommt, werden die Kügelchen größer, dehnen sich aus und bilden sich in zylindrische Stäbchen um. Die polaren Enden sind wieder an der Oberfläche, und die Kohlenwasserstoff-Enden sind im Inneren. Die Bildung von Kügelchen und Stäbchen ist die Ursache für die Reinigungswirkung der Seife. Die Kohlenwasserstoff-Enden haben eine Affinität zu Kohlenwasserstoffmolekülen in Öl oder Fett, und wenn diese vorhanden sind, bilden sich Seifenkügelchen um sie herum, wodurch diese Verbindung löslich wird.
Zylindrische Stäbchen von Seifenmolekülen sind die Bausteine einiger lyotropischer Flüssigkristallstrukturen. Wenn die Konzentration einen kritischen Wert erreicht und eine genügende Anzahl von Stäbchen gebildet ist, richten sich die Stäbchen aus und bilden eine hexagonale Anordnung. Bild 3-1 kann als Darstellung dieser Struktur interpretiert werden, wobei die Kreise Stäbchenenden darstellen. In Wirklichkeit berühren sich die Stäbchen nicht ganz, Wassermoleküle füllen den Zwischenraum und binden die Stäbchen aneinander.
Bei noch höheren Konzentrationen bilden die Seifenmoleküle eine Schichtstruktur, ähnlich der smektischen Phase eines thermotropen Flüssigkristalls. Die Moleküle neigen dazu, sich in Schichten anzureichern und sind senkrecht zu den Schichten ausgerichtet. Ketten auf alternierenden Schichten zeigen in umgekehrte Richtungen, deshalb zeigt ein Kohlenwasserstoff-Ende eines Moleküls zu einem anderen Kohlenwasserstoff-Ende von einer anderen Schicht. Im Bereich zwischen diesen Schichten ist Wasser ausgeschlossen. Die polaren Enden zeigen auf andere polare Enden einer benachbarten Schicht, und der Raum zwischen diesen Schichten ist mit Wassermolekülen aufgefüllt. Sowohl die hexagonale Anordnung von Stäbchen als auch die Schichtanordnung von Molekülen sind Flüssigkristallstrukturen.

3.5 Literatur

Alle am Ende von Kapitel 2 angegebenen Literaturzitate enthalten Stoff über die *Struktur von Kristallen*. Zu diesen fügen wir hinzu:

J. V. Smith, *Geometrical and Structural Crystallography* (New York: Wiley, 1982).

A. F. Wells, „The Structures of Crystals" in *Solid State Physics* (F. Seitz and D. Turnbull, Eds.), Vol. 7, p. 425 (New York: Academic, 1958).

Diskussionen über amorphe Strukturen können gefunden werden in:

G. S. Cargill III, „Structure of Metallic Alloy Glasses" in *Solid State Physics* (H. Ehrenreich, F. Seitz and D. Turnbull, Eds.), Vol. 30, p. 227 (New York: 1975).

J. C. Phillips, „The Physics of Glass". *Physics Today* **35**:27, Feb. 1982.

R. Zallen, *The Physics of Amorphous Solids* (New York: Wiley, 1983).

Diskussionen über Flüssigkristalle können gefunden werden in:

P. G. deGennes, *The Physics of Liquid Crystals* (London: Oxford Univ. Press, 1975).

J. D. Litster and R. J. Birgeneau, „Phases and Phase Transitions". *Physics Today* **35**:26, May 1982.

P. S. Pershan, „Lyotropic Liquid Crystals" *Phys. Today* **35**:34, May 1982.

Die folgenden Werke bieten hauptsächlich Zusammenstellungen von Kristallstrukturdaten:

C. S. Barrett and T. B. Massalski, *Structure of Metals: Crystallographic Methods, Principles, Data* (New York: McGraw-Hill, 1966).

J. D. H. Donnay and G. Donnay, *Crystal Data* (American Crystallographic Association, 1963). [Washington, D. C.]

International Union of Crystallography, *Structure Reports*, N. V. A. Oosthoek's Uitgevers MIJ (published annually).

W. B. Pearson; *Handbook of Lattice Spacings and Structures of Metals and Alloys* (Elmsford, NY: Pergamon, 1967).

A. Taylor and B. J. Kagle, *Crystallographic Data on Metal and Alloy Structures* (New York: Dover, 1963).

R. W. G. Wyckoff, *Crystal Structures* (New York: Wiley-Interscience, 1963).

Texte, die sich mit Defekten befassen, finden sich in:

L. A. Girifalco, *Statistical Physics of Materials* (New York: Wiley, 1973).

J. P. Hirth and J. Lothe, *Theory of Dislocations* (New York: Wiley, 1982).

F. A. Kroger and H. J. Vink, „Relations between the Concentrations of Imperfections in Crystalline Solids" in *Solid State Physics* (F. Seitz and D. Turnbull, Eds.), Vol. 3, p. 307 (New York: Academic, 1956).

3.5 Literatur

Aufgaben

1. Auf jeder Ebene einer parallelen Ebenenschar bilden die Atompositionen ein zweidimensionales hexagonales Gitter mit der Sechseckkante $a = 3.25$ Å. Die Ebenen werden entsprechend dem in Abschnitt 3.1 diskutierten Schema benannt, und alle Atome sind gleichartig. Man identifiziere für jede der nachfolgenden Stapelfolgen das Bravaisgitter und ermittle die Kantenlängen der konventionellen Einheitszelle. (a) $ABAB...$, mit dem Ebenenabstand 4.88 Å, (b) $ABCABC...$ mit dem Ebenenabstand 2.66 Å, (c) $ABCABC...$, mit dem Ebenenabstand 2.15 Å und (d) $ABCABC...$, mit dem Ebenenabstand 1.32 Å.

2. Man zeige, daß der Packungsanteil einer tetragonal raumzentrierten Struktur (ein tetragonal raumzentriertes Gitter und eine primitive Basis mit einem Atom) gleich ist $(\pi/3)(a/c)$ wenn $c > \sqrt{2}a$ und gleich ist $(\pi/24)(a/c)(2 + c^2/a^2)^{3/2}$ wenn $c < \sqrt{2}a$. Hier ist a die Kante der quadratischen Basis, und c ist die Höhe der konventionellen Einheitszelle. Man zeigt, daß man für $c = a$ eine krz Struktur erhält.

3. Man betrachte eine hcp-ähnliche Struktur mit der hexagonalen Kantenlänge a und der Zellhöhe c. (a) Man zeige, daß für $c/a > 2\sqrt{2/3}$ der Abstand nächster Nachbarn a ist und daß der Packungsanteil $(2\pi/3\sqrt{3})(a/c)$ ist. (b) Man zeige, daß für $c/a < 2\sqrt{2/3}$ der Abstand nächster Nachbarn $[(c^2/4) + (a^2/3)]^{1/2}$ und der Packungsanteil $(\pi/12\sqrt{3})[(c/a)^2 + (4/3)]^{3/2}(a/c)$ ist. (c) Man zeige, daß für $c/a = 2\sqrt{2/3}$ die in (a) und (b) gefundenen Ausdrücke übereinstimmen. Man zeige im besonderen, daß der Packungsanteil derselbe wie für eine kfz Struktur, nämlich $\pi/(3\sqrt{2})$ ist.

4. Die kubische Einheitszelle von Natriumchlorid hat eine Kantenlänge von 5.63 Å. (a) Wie viele nächste Nachbarn hat ein Natriumatom? Von welcher Atomsorte sind sie? Wie groß ist der Abstand nächster Nachbarn? (b) Wie viele übernächste Nachbarn hat ein Natriumatom? Von welcher Atomsorte sind sie? Wie groß ist der Abstand übernächster Nachbarn? (c) Man betrachte (111)-Ebenen, die mit einfachen kubischen Gittervektoren indiziert wurden. Die Grundfläche soll ein mit Natriumatomen besetztes hexagonales Gitter sein und wird A genannt. Unter Benutzung der in Abschnitt 3.1 gegebenen Bezeichnungsweise benenne man die folgenden Ebenen und ermittle die Besetzungsart mit Atomen.

5. Wenn zu einem Gitter eine Basis hinzugefügt wird, können Rotations- und Spiegelsymmetrie verringert werden. Für jede der unten angegebenen Strukturen soll ermittelt werden, ob Rotations- und Spiegelsymmetrien des hexagonalen Gitters verringert werden oder wegfallen. Wir nehmen an, daß die Atome der Basis kugelförmig symmetrisch sind, so daß sie durch Rotationen oder Reflexionen unbeeinflußt bleiben. (a) Hexagonal dichte Packung, (b) NiAs und (c) Wurtzit.

6. Cadmiumjodid kristallisiert in der in Bild 3-7 gezeigten Struktur. Die Zelldimensionen sind $a = 4.24$ Å und $c = 6.84$ Å. (a) Man ermittle die Lageindices

aller Atome für die im Diagramm dargestellte Zelle. (b) Wie groß ist der kürzeste Cd-Cd-Abstand? Wie groß ist der kürzeste Cd-J-Abstand? (c) Die Atomgewichte von Cadmium und Jod sind 112.4 bzw. 126.9. Wie groß ist die Dichte von CdJ_2?

7. Natrium hat ein Atomgewicht von 23.0 und kristallisiert in einer krz Struktur. Bei Raumtemperatur beträgt die Dichte 1.01×10^3 kg/m³. Man berechne (a) die Kantenlänge einer konventionellen Einheitszelle, (b) den Abstand nächster Nachbarn und (c) die Anzahl von Atomen pro Einheitsfläche auf einer (111)-Ebene.

8. Zinksulfid kristallisiert sowohl in der Zinkblendestruktur ($a = 3.81$ Å) als auch in der Wurtzitstruktur ($a = 3.81$ Å, $c = 6.23$ Å). Man vergleiche die Abstände nächster Nachbarn und die Dichten für die beiden Zinksulfidformen. Zink hat ein Atomgewicht von 65.4, und Schwefel hat ein Atomgewicht von 32.1.

9. Galliumsarsenid kristallisiert in der Zinkblendestruktur. Die Bindungslänge von Gallium-Arsen beträgt 2.45 Å. (a) Wie groß ist die Länge einer kubischen Kante? (b) Wie groß ist der kürzeste Ga-Ga-Abstand? (c) Wie ist die Dichte von GaAs? Das Atomgewicht von Gallium ist 69.7 und das von Arsen ist 75.0.

10. Wie lautet das c/a-Verhältnis einer Wurtzitstruktur, in der jedes Atom im Zentrum eines regulären Tetraeders sitzt, und vier Atome der anderen Sorte die Ecken des Tetraeders einnehmen. Man ermittle den Abstand nächster Nachbarn bezüglich a.

11. Wir nehmen an, Galliumsarsenid kristallisiert anstatt in der Zinkblendestruktur in der Wurtzitstruktur. Das c/a-Verhältnis soll den in Aufgabe 10 gefundenen Wert haben, und die Bindungslänge soll den in Aufgabe 9 gegebenen Wert haben, die Dichte soll berechnet werden.

12. Wir nehmen an, ein Kristall habe N normale Plätze und N_I Zwischengitterplätze. (a) Man zeige, daß die Zahl an Möglichkeiten, N_f Atome auf Zwischengitterplätzen und $N-N_f$ Atome auf normalen Plätzen anzuordnen, gegeben ist durch

$$W = \frac{N!}{N_f!(N-N_f)!} \frac{N_I!}{N_f!(N_I-N_f)!}$$

(b) E_f soll die Energie sein, die benötigt wird, um ein Atom von einem normalen Platz zu einem Zwischengitterplatz zu bewegen. Man zeige, daß die freie Energie ein Minimum wird, wenn gilt

$$\frac{(N-N_f)(N_I-N_f)}{N_f^2} = e^{\beta E_f}.$$

(c) Man zeige, daß die Zahl an Frenkeldefekten durch

$N_\mathrm{f} = (NN_\mathrm{I})^{1/2} e^{-\beta E_\mathrm{f}/2}$

gegeben ist, wenn sie viel kleiner als N und N_I ist.

13. In einem Kristall mit einem Atom in seiner primitiven Basis und acht Zwischengitterplätzen in jeder primitiven Einheitszelle wird eine Energie von 2.0 eV gebraucht, um einen Frenkeldefekt zu bilden. Unter Benutzung des Ergebnisses von Aufgabe 12 soll die Gleichgewichtszahl von Frenkeldefekten pro Einheitszelle bei 100, 300 und 1000 K gefunden werden.

14. Man trage die Hauptähnlichkeiten der radialen Verteilungsfunktionen für amorphe Metalle und amorphe kovalente Festkörper zusammen. Man liste die Hauptunterschiede auf. Man betrachte die Lage und Breite des ersten Peaks, die Tiefe des Bereiches zwischen erstem und zweitem Peak, die Form der Funktion in der Nähe des zweiten Peaks und das Verhalten für große r.

15. Ein bestimmtes Metall kristallisiert in einer kfz Struktur. Es bildet auch eine amorphe Struktur mit einer um 12% geringeren Dichte als im kristallinen Zustand. Wir nehmen an, daß der Abstand nächster Nachbarn in beiden Strukturen gleich ist. Man bestimme den Packungsanteil für den amorphen Festkörper.

16. (a) Man benutze die radiale Verteilungsfunktion von Bild 3-13, um die allgemeine Atomkonzentration zu bestimmen. Man vergleiche das Ergebnis mit der Atomkonzentration in einem Kristall mit Diamantstruktur und einer kubischen Kantenlänge von 5.66 Å. (b) Man bestimme die Bindungslänge für den amorphen Festkörper und vergleiche das Ergebnis mit der Bindungslänge im Kristall. (c) Man bestimme die Anzahl von Atomen, deren Mittelpunkte einen Abstand zwischen 3.5 und 4.5 Å zu einem anderen Atom in dem amorphen Festkörper haben. Man vergleiche das Ergebnis mit der analogen Zahl in einer statistischen Verteilung mit derselben Konzentration.

4. Elastische Streuung von Wellen

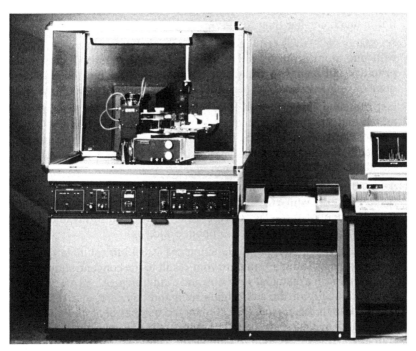

Eine Röntgenbeugungsapparatur. Kamera und Detektor sind hinter dem Glasfenster montiert. Die Schränke enthalten die Hochspannungsversorgung und einen Bandschreiber, der die Intensität als Funktion des Streuwinkels aufschreibt.

4.1 Interferenz von Wellen . . . 91
4.2 Elastische Streuung an Kristallen 97
4.3 Experimentelle Technik . . 107
4.4 Streuung an Oberflächen . 116
4.5 Elastische Streuung an amorphen Festkörpern . . 121

4.1 Interferenz von Wellen   91

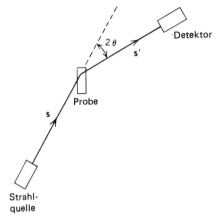

Bild 4-1 Streuung an einer Probe. Der Strahl kann aus Röntgenstrahlen, Elektronen oder Neutronen bestehen. Der Ausbreitungsvektor der einfallenden Welle ist **s** und der der gestreuten Welle ist **s'**, der Streuwinkel ist 2 θ.

Bild 4-1 zeigt die geometrische Anordnung eines Streuexperiments. Ein gut gebündelter Strahl von Röntgenstrahlen, Elektronen oder Neutronen wird auf die Probe gerichtet, wo er gestreut wird. Die Intensität wird am Detektor als Funktion des Streuwinkels 2θ gemessen und dazu benutzt, Schlußfolgerungen über die atomistische Struktur der Probe zu ziehen.
Elektromagnetische und Elektronenwellen streuen an den Elektronen der Probe, während Neutronenwellen am Kern gestreut werden. In jedem Falle interferieren die an Teilchen des Festkörpers gestreuten Wellen und erzeugen ein Beugungsdiagramm. Wenn die Probe kristallin ist, werden Maxima der Streuwinkel im Diagramm zur Bestimmung der Struktur benutzt. Wenn die Probe amorph ist, wird die Intensität als Funktion des Streuwinkels benutzt, Informationen über die radiale Verteilungsfunktion zu erhalten. In diesem Kapitel wird die Beziehung zwischen dem Intensitätsverhalten und der Probenstruktur untersucht und experimentelle Techniken, die zur Gewinnung des Intensitätsdiagramms dienen, werden diskutiert.

4.1 Interferenz von Wellen

Einfallende und gestreute Wellen

Bei den meisten Experimenten ist die einfallende Welle eine nahezu monochromatische ebene Welle, die durch einen Ausbreitungsvektor **s** und eine Kreisfrequenz ω charakterisiert ist. Der Ausbreitungsvektor hat die Richtung der Wellenbewegung und die Größe $2\pi/\lambda$, wobei λ die Wellenlänge ist. Die Wellenfunktion kann geschrieben werden

$$\xi(\mathbf{r}, t) = A \cdot e^{i(sr - \omega t)}, \tag{4-1}$$

4. Elastische Streuung von Wellen

wobei A die Amplitude und i die Einheit der imaginären Zahl $\sqrt{-1}$ ist. Aus zwei Gründen wird eine komplexe Exponentialfunktion benutzt, um die Welle zu beschreiben. Wenn die an Teilchen des Systems gestreuten Wellen summiert werden, kann erstens die Summe einfacher berechnet werden, wenn statt einer trigonometrischen eine Exponentialfunktion benutzt wird. Und zweitens kann dieselbe komplexe Funktion verwendet werden, um elektromagnetische, Elektronen- und Neutronenwellen zu beschreiben. Wenn die Welle elektromagnetisch ist, wird zum Beispiel der reelle Teil von ξ eine karthesische Komponente des elektrischen Feldes darstellen. Für Elektronen und Neutronen ist die komplexe Funktion eine Lösung der Schrödingergleichung für ein freies Teilchen. Eine Lösung kann nicht durch eine reelle trigonometrische Funktion dargestellt werden.

Die Streuung an einem Teilchen der Probe erzeugt eine Kugelwelle. Ihre Wellenfronten sind Kreise mit ihrem Mittelpunkt im streuenden Teilchen, und sie bewegen sich radial vom Teilchen nach außen. Wenn sich das streuende Teilchen bei $\mathbf{r}'$ und der Detektor bei $\mathbf{r}$ befindet, dann hat die gestreute Welle am Detektor die Form

$$\xi_s(\mathbf{r}, t) = \frac{A'}{|\mathbf{r} - \mathbf{r}'|} e^{i(s|\mathbf{r}-\mathbf{r}'|-\omega t)} . \tag{4-2}$$

Wir betrachten elastische Streuung, für die die Frequenz der gestreuten Welle gleich der Frequenz der einfallenden Welle ist, und $s' = s$. Von jedem streuenden Teilchen der Probe kommt am Detektor eine ähnliche Welle an, und ihre Summe ist die resultierende Welle.

Gewöhnlich ist die Probengröße im Vergleich zum Abstand Probe – Detektor klein und deshalb kann die an einem beliebigen Teilchen gestreute Welle am Detektor durch eine ebene Welle angenähert werden. Der Teilchen-Detektor-Abstand $|\mathbf{r} - \mathbf{r}'|$ ist für alle Teilchen der Probe etwa gleich, deshalb können wir ihn im Nenner von Gl. 4-2 als konstant ansetzen. Im Exponent jedoch spielen geringe Abweichungen von $\mathbf{r}'$ in $s|\mathbf{r} - \mathbf{r}'|$ bei der Bestimmung des Beugungsbildes eine wichtige Rolle, und wir müssen dort die $\mathbf{r}'$-Abhängigkeit, beibehalten.

Wir definieren einen Ausbreitungsvektor $\mathbf{s}'$ mit der Größe $2\pi/\lambda$, der vom streuenden Teilchen zum Detektor zeigt. Da $\mathbf{r} - \mathbf{r}'$ ein Vektor in der gleichen Richtung ist, gilt $s|\mathbf{r} - \mathbf{r}'| = \mathbf{s}' \cdot (\mathbf{r} - \mathbf{r}')$ und die von $\mathbf{r}'$ ausgehende Welle ist am Detektor durch

$$\xi_s(\mathbf{r}, t) = A_s e^{i[\mathbf{s}' \cdot (\mathbf{r} - \mathbf{r}') - \omega t]} \tag{4-3}$$

gegeben. Das ist eine ebene Welle. Da der Detektor weit entfernt ist, bewegen sich alle, ihn erreichenden Wellen auf nahezu parallelen Wegen, und wir können $\mathbf{s}'$ für alle von ihnen gleichsetzen.

Die Amplitude der gestreuten Welle A_s ist proportional der einfallenden Welle an dem streuenden Teilchen. Das bedeutet A_s ist proportional $Ae^{i\mathbf{s} \cdot \mathbf{r}'}$. Für diese Diskussion ist der Proportionalitätsfaktor nicht wichtig, und wir können schreiben

$$\xi_s(\mathbf{r},t) = Ae^{i(\mathbf{s}\cdot\mathbf{r}' - \omega t)} e^{i\mathbf{s}'\cdot(\mathbf{r} - \mathbf{r}')}$$
$$= Ae^{i(\mathbf{s}'\cdot\mathbf{r} - \omega t)} e^{-i(\mathbf{s}'-\mathbf{s})\cdot\mathbf{r}'}$$
$$= Ae^{i(\mathbf{s}'\cdot\mathbf{r} - \omega t)} e^{-i\Delta\mathbf{s}\cdot\mathbf{r}'}, \qquad (4\text{-}4)$$

wobei $\Delta\mathbf{s} = \mathbf{s}' - \mathbf{s}$ die Änderung des Ausbreitungsvektors durch die Streuung ist. Die Größe von $\Delta\mathbf{s}$ kann mit Hilfe des Streuwinkels 2θ und der Wellenlänge aufgeschrieben werden. Da die Ausbreitungsvektoren $\mathbf{s}$ und $\mathbf{s}'$ dieselbe Größe, aber um 2θ verschiedene Richtungen haben, gilt $\mathbf{s}'\cdot\mathbf{s} = s^2\cos(2\theta)$ und damit

$$|\Delta\mathbf{s}| = |\mathbf{s}' - \mathbf{s}| = [2s^2 - 2\mathbf{s}\cdot\mathbf{s}']^{1/2}$$
$$= \sqrt{2}s\,[1 - \cos(2\theta)]^{1/2}. \qquad (4\text{-}5)$$

Wir benutzen die Bedingung $\cos(2\theta) = 1 - 2\sin^2(\theta)$ und schreiben $|\Delta\mathbf{s}| = 2s\sin\theta$ oder da $s = 2\pi/\lambda$,

$$|\Delta\mathbf{s}| = \frac{4\pi}{\lambda}\sin\theta \qquad (4\text{-}6)$$

Diese Beziehung wird später wichtig werden.

Interferenz

Um zu verstehen wie ein Beugungsbild überhaupt zustande kommt, betrachten wir die Streuung an zwei Teilchen, eins bei $\mathbf{r}_1$ und das andere bei $\mathbf{r}_2$. Die resultierende Welle am Detektor ist die Summe der zwei gestreuten Wellen oder

$$\xi_s(\mathbf{r},t) = Ae^{i(\mathbf{s}'\cdot\mathbf{r}-\omega t)}\left[e^{-i\Delta\mathbf{s}\cdot\mathbf{r}_1} + e^{-i\Delta\mathbf{s}\cdot\mathbf{r}_2}\right]$$
$$= Ae^{i(\mathbf{s}'\cdot\mathbf{r}-\omega t)} e^{i\Delta\mathbf{s}\cdot\mathbf{r}_1}\left[1 + e^{i\Delta\mathbf{s}\cdot(\mathbf{r}_1-\mathbf{r}_2)}\right]. \qquad (4\text{-}7)$$

In komplexer Darstellung ist die Wellenintensität proportional dem Quadrat des Betrages von ξ. Das ist das Produkt von ξ und seiner konjugiert Komplexen, die aus ξ gebildet wird, wenn i durch $-i$ ersetzt wird und die mit ξ^* bezeichnet wird. Für den einfallenden Strahl ist $\xi^*\xi = |A|^2$, da der Exponent die Größe 1 hat. Für die gestreute Welle gilt

$$\xi_s^*\xi_s = |A|^2[2 + e^{-i\Delta\mathbf{s}\cdot(\mathbf{r}_1-\mathbf{r}_2)} + e^{i\Delta\mathbf{s}\cdot(\mathbf{r}_1-\mathbf{r}_2)}]$$
$$= |A|^2\{2 + 2\cos[\Delta\mathbf{s}\cdot(\mathbf{r}_1-\mathbf{r}_2)]\}$$
$$= 4|A|^2\cos^2[\tfrac{1}{2}\Delta\mathbf{s}\cdot(\mathbf{r}_1-\mathbf{r}_2)], \qquad (4\text{-}8)$$

wobei die Bedingungen $e^{i\alpha} + e^{-i\alpha} = 2\cos\alpha$ und $\cos\alpha = 2\cos^2(\tfrac{1}{2}\alpha) - 1$, die für jeden Winkel α gelten, benutzt wurden. Der Detektormeßwert ist proportional dem Quadrat des Betrages von ξ_s.

94 4. Elastische Streuung von Wellen

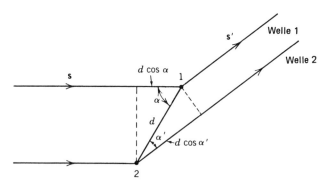

Bild 4-2 1 und 2 sind streuende Teilchen in der Probe. Welle 2 legt einen um ($d \cos \alpha' - d \cos \alpha$) weiteren Weg als Welle 1 zurück, damit haben die Wellen eine Phasendifferenz von $(2\pi/\lambda)(d \cos \alpha' - d \cos \alpha) = (\mathbf{s}' - \mathbf{s}) \cdot (\mathbf{r}_1 - \mathbf{r}_2)$.

Gleichung 4-8 zeigt, daß die Intensität ein Maximum wird, wenn die Teilchen so angeordnet sind, daß $\Delta \mathbf{s} \cdot (\mathbf{r}_1 - \mathbf{r}_2)$ ein Vielfaches von 2π ist. Wenn andererseits $\Delta \mathbf{s} (\mathbf{r}_1 - \mathbf{r}_2)$ ein ungerades Vielfaches von π ist, dann verschwindet die Intensität. Die Größe $\Delta \mathbf{s} (\mathbf{r}_1 - \mathbf{r}_2)$ ist die Phasendifferenz der zwei Wellen. Wie Bild 4-2 zeigt, entsteht sie aus dem Unterschied der Weglängen. Wenn der Abstand der zwei Teilchen gleich $d = |\mathbf{r}_1 - \mathbf{r}_2|$ ist, dann bewegt sich Welle 2 um $d(\cos\alpha' - \cos\alpha)$ weiter als Welle 1 und ihre Phasendifferenz beträgt $\Delta \emptyset = (2\pi/\lambda)(d \cos\alpha' - d \cos\alpha)$. Da $\mathbf{s}$ die Größe $2\pi/\lambda$ hat und einen Winkel von α mit $\mathbf{r}_1 - \mathbf{r}_2$ einschließt, und $\mathbf{s}'$ die Größe $2\pi/\lambda$ hat und den Winkel α' mit $\mathbf{r}_1 - \mathbf{r}_2$ hat, gilt $\Delta \emptyset = (\mathbf{s}' - \mathbf{s}) \cdot (\mathbf{r}_1 - \mathbf{r}_2)$.

Wir nehmen an, daß die den Detektor erreichenden Wellen nur einmal gestreut werden. Vielfachstreuung ist für Röntgenstrahlen unwichtig, wird aber bei der Streuung von Elektronen an Elektronen wichtig. Um die gesamte Streuwelle zu ermitteln, müssen wir Ausdrücke wie jene von Gl. 4-4 summieren, für jedes streuende Teilchen des Materials einmal. Zur genaueren Beschreibung betrachten wir die Streuung von Röntgenstrahlen an Elektronen, $n(\mathbf{r}')$ soll die Elektronenkonzentration sein. Dann kann die Summe über die gestreuten Wellen durch ein Volumenintegral angenähert werden, wobei der Integrand durch das Produkt von Gl. 4-4 und $n(\mathbf{r}')$ gegeben ist:

$$\xi_s(\mathbf{r}, t) = A e^{i(\mathbf{s}' \cdot \mathbf{r} - \omega t)} \int e^{-i\Delta \mathbf{s} \cdot \mathbf{r}'} n(\mathbf{r}') d\tau', \tag{4-9}$$

dabei sind die gestrichenen Koordinaten Integrationsvariable, und das Integral geht über das Probenvolumen.

Wir führen die Integration für ein Atom nach dem anderen aus. Schauen wir uns Bild 4-3 an. Wir nehmen an, der Kern des Atoms j befinde sich bei $\mathbf{r}_j$, und die Konzentration von Elektronen um ihn herum sei n_j. $\mathbf{r}''$ soll die Verrückung eines Elektrons vom Kern im Atom sein. Dann gilt $\mathbf{r}' = \mathbf{r}_j + \mathbf{r}''$ und

$$\xi_s(\mathbf{r}, t) = A e^{i(\mathbf{s}' \cdot \mathbf{r} - \omega t)} \sum_j e^{i\Delta \mathbf{s} \cdot \mathbf{r}_j} \int e^{-i\Delta \mathbf{s} \cdot \mathbf{r}''} n_j(\mathbf{r}'') d\tau'', \tag{4-10}$$

4.1 Interferenz von Wellen 95

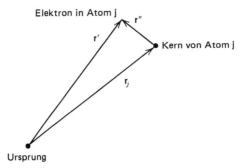

Bild 4-3 Um die Lage eines Elektrons in der Nähe des Kernes j zu bezeichnen, wird ein relativer Lagevektor $\mathbf{r}''$ verwendet. Das Elektron befindet sich bei $\mathbf{r}' = \mathbf{r}_j + \mathbf{r}''$, wenn $\mathbf{r}_j$ die Position des Kerns angibt.

wobei das Integral über die Elektronenverteilung des Atoms j geht, und die Summe wird über alle Atome des Festkörpers ausgeführt. Mit Ausnahme des Faktors A stellt das Integral

$$f_j(\Delta \mathbf{s}) = \int e^{-i\Delta \mathbf{s}\cdot \mathbf{r}''} n(\mathbf{r}'')\, d\tau'' \tag{4-11}$$

die Summe aller an Elektronen des Atoms j gestreuten Wellen dar und wird Atomformfaktor für jenes Atom genannt. Es ist im allgemeinen eine komplexe Zahl.

Viele Elektronen im Festkörper können nicht eindeutig bestimmten Atomen zugeordnet werden, aber glücklicherweise führen alle Zuordnungen zum selben Ergebnis, so lange die verschiedenen atomaren Konzentrationen n_j, nimmt man sie zusammen, die gesamte Elektronenkonzentration genau beschreiben. Für unsere Diskussion an Kristallen nehmen wir jedoch denselben Atomformfaktor für Atome, die aufgrund der kristallinen Periodizität äquivalent sind, an.

Mit Atomformfaktoren kann die gesamte Streuwelle geschrieben werden

$$\xi_s(\mathbf{r}, t) = A e^{i(\mathbf{s}'\cdot \mathbf{r} - \omega t)} \sum_j f_j e^{-i\Delta \mathbf{s}\cdot \mathbf{r}_j}, \tag{4-12}$$

wobei die Summation über alle Atome der Probe ausgeführt wird. In diesem Ausdruck werden Wellen von allen Atomen summiert, jede durch den entsprechenden Atomformfaktor gewichtet. So weit können wir ohne Festlegung der Atompositionen gehen. In den folgenden Abschnitten untersuchen wir die Intensität $|\zeta_s|^2$ für kristalline und amorphe Strukturen. Bevor wir jedoch fortfahren, wollen wir ein Beispiel für einen Atomformfaktor geben.

Beispiel 4-1
Als ein grobes Atommodell nehmen wir an, daß die Elektronenkonzentration innerhalb einer Kugel des Radius R den gleichen Wert n hat und außerhalb 0 ist. (a) Man finde einen Ausdruck für den Atomformfaktor als Funktion von $|\Delta \mathbf{s}|\, R$. (b) Wir nehmen an, die Kugel habe den Radius von 2.5 Å und enthalte 10 Elektro-

nen. Die Wellenlänge der Welle soll 2.0 Å betragen, man berechne den Atomformfaktor für Streuwinkel von 5°, 60°, 90° und 120°.

Lösung
(a) Wenn die z-Achse längs $\Delta\mathbf{s}$ gelegt wird und Kugelkoordinaten benutzt werden, ist der Atomformfaktor gegeben durch

$$f = n \int_{r=0}^{R} \int_{\theta=0}^{\pi} \int_{\phi=0}^{2\pi} e^{-i|\Delta\mathbf{s}|r\cos\theta} r^2 \sin\theta \, d\theta \, d\phi \, dr.$$

Hier stellt θ die übliche Kugelkoordinate dar und ist nicht der halbe Streuwinkel. Das Integral über ϕ hat den Wert 2π. Um das Integral über θ zu berechnen, setzen wir $\alpha = |\Delta\mathbf{s}|r$ und benutzen

$$\int_0^{\pi} e^{-i\alpha\cos\theta} \sin\theta \, d\theta = \left. \frac{e^{-i\alpha\cos\theta}}{i\alpha} \right|_0^{\pi}$$

$$= \frac{1}{i\alpha}(e^{i\alpha} - e^{-i\alpha}) = \frac{2}{\alpha}\sin\alpha$$

wobei wir erhalten

$$f = 4\pi n \int_0^R \frac{\sin(|\Delta\mathbf{s}|r)}{|\Delta\mathbf{s}|} r \, dr.$$

Da $\int \sin(|\Delta\mathbf{s}|r) r \, dr = (1/|\Delta\mathbf{s}|^2)[\sin(|\Delta\mathbf{s}|r) - |\Delta\mathbf{s}|\cos(|\Delta\mathbf{s}|r)]$, wird

$$f = \frac{4\pi n}{|\Delta\mathbf{s}|^3}[\sin(|\Delta\mathbf{s}|R) - |\Delta\mathbf{s}|R\cos(|\Delta\mathbf{s}|R)].$$

(b) Wenn es N Elektronen in der Kugel gibt, ist die Konzentration $n = 3N/4\pi R^3$ und wenn $\beta = |\Delta\mathbf{s}|R$, dann wird

$$f = \frac{3N}{\beta^3}(\sin\beta - \beta\cos\beta).$$

Entsprechend Gl. 4-6 ist $\beta = (4\pi R/\lambda)\sin\theta$, wobei θ jetzt der halbe Streuwinkel ist. Für $2\theta = 5°$ ist $\beta = 0.685$ und $f = 9.54$, für $2\theta = 60°$ ist $\beta = 7.85$ und $f = 0.0619$, für $2\theta = 90°$ ist $\beta = 11.1$ und $f = -0.0488$ und für $2\theta = 180°$ ist $\beta = 15.7$ und $f = 0.122$.
◆

Bild 4-4 zeigt eine Darstellung von $|f|^2$ als Funktion von β für das gleichförmige Kugelmodell des Beispiels. Für kleine Streuwinkel oder kleine Werte des Verhältnisses R/λ ist β klein, und der Atomformfaktor ist fast der Anzahl von Elektronen im Atom gleich. Mit steigendem β fällt er stark ab, und zeigt damit an, daß die Streuintensität klein wird, wenn die Wellenlänge viel kleiner als der Atomradius ist. Wie wir sehen werden, kann die Wellenlänge nicht viel größer als der interatomare Abstand sein, sonst entsteht kein Beugungsbild. So begrenzen die

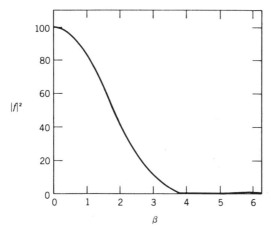

Bild 4-4 Das Quadrat $|f|^2$ des Atomformfaktors für eine Kugel, die eine gleichmäßige Verteilung von 10 Elektronen enthält. $\beta = (4\pi R/\lambda) \sin \theta$, wobei R der Kugelradius und θ der halbe Streuwinkel ist. Bei kleinen β ist $|f|$ gleich der Anzahl von Elektronen in der Kugel, nimmt aber für wachsende β schnell ab.

Atomformfaktoren und die Notwendigkeit, ein Beugungsbild zu erhalten, den Bereich der verwendbaren Wellenlängen.

4.2 Elastische Streuung an Kristallen

Streuintensität

Wenn die Atome eine periodische Anordnung bilden, kann Gl. 4-12 beträchtlich vereinfacht werden. Atompositionen sind dann durch Vektoren der Form $\mathbf{r}_j = n_1\mathbf{a} + n_2\mathbf{b} + n_3\mathbf{c} + \mathbf{p}_m$ gegeben, wobei $\mathbf{a}$, $\mathbf{b}$ und $\mathbf{c}$ die Grundvektoren des Gitters sind, und $\mathbf{p}_m$ ist ein Basisvektor. Gleichung 4-12 wird damit

$$\xi_i = Ae^{i(\mathbf{s}' \cdot \mathbf{r} - \omega t)} \sum_{n_1} \sum_{n_2} \sum_{n_3} \sum_m f_m e^{-i\Delta\mathbf{s} \cdot (n_1\mathbf{a} + n_2\mathbf{b} + n_3\mathbf{c} + \mathbf{p}_m)}, \tag{4-13}$$

wobei die drei ersten Summen rechts über alle Gitterpunkte gehen, und die vierte geht über die Atome der Basis. Verschiedene Atome der Basis können verschiedene Formfaktoren haben, aber die Formfaktoren für gleichwertige Atome in verschiedenen Einheitszellen werden als identisch angenommen. Da alle Einheitszellen des Kristalls exakte Kopien voneinander sind, ist die Summe

$$F = \sum_m f_m e^{-i\Delta\mathbf{s} \cdot \mathbf{p}_m} \tag{4-14}$$

für alle Einheitszellen des Kristalls gleich und kann aus jedem Term von Gl. 4-13 ausgeklammert werden. F wird Strukturfaktor genannt und gibt abgesehen vom Amplitudenfaktor A die Summe der Wellen an, die von den Elektronen einer einzelnen Einheitszelle gestreut werden.

4. Elastische Streuung von Wellen

Wenn der Strukturfaktor einmal aus allen Gliedern ausgeklammert ist, wird Gl. 4-13

$$\xi_i = A e^{i(\mathbf{s'} \cdot \mathbf{r} - \omega t)} F \left[\sum_{n_1} e^{-i n_1 \Delta \mathbf{s} \cdot \mathbf{a}} \right] \left[\sum_{n_2} e^{-i n_2 \Delta \mathbf{s} \cdot \mathbf{b}} \right] \left[\sum_{n_3} e^{-i n_3 \Delta \mathbf{s} \cdot \mathbf{c}} \right] \quad (4\text{-}15)$$

Weil die Glieder jeder Summe eine geometrische Reihe bilden, können die Summen in geschlossener Form berechnet werden. Wir nehmen an, der Kristall habe N Einheitszellen entlang jeder der drei durch $\mathbf{a}$, $\mathbf{b}$ und $\mathbf{c}$ definierten Kristallachsen. Dann läuft zum Beispiel n_1 von 0 bis $N - 1$, und die erste Summe wird

$$\sum_{n_1 = 0}^{N-1} e^{-i n_1 \Delta \mathbf{s} \cdot \mathbf{a}} = \frac{e^{-i N \Delta \mathbf{s} \cdot \mathbf{a}} - 1}{e^{-i \Delta \mathbf{s} \cdot \mathbf{a}} - 1} = \frac{e^{-i N \Delta \mathbf{s} \cdot \mathbf{a}}}{e^{i - \Delta \mathbf{s} \cdot \mathbf{a}}} \frac{\sin(1/2 N \Delta \mathbf{s} \cdot \mathbf{a})}{\sin(1/2 \Delta \mathbf{s} \cdot \mathbf{a})}. \quad (4\text{-}16)$$

Wir haben aus beiden Gliedern $e^{-i N \Delta \mathbf{s} \cdot \mathbf{a}/2}$ im Zähler und $e^{i - \Delta \mathbf{s}\, \mathbf{a}/2}$ im Nenner ausgeklammert und dann die Identität $e^{i\alpha} - e^{-i\alpha} = 2i \sin\alpha$ sowohl im Zähler als auch im Nenner benutzt. Wenn Gl. 4-16 und ähnliche Ausdrücke für die anderen Gittersummen in Gl. 4-15 eingesetzt werden und die Größe von ξ_s quadriert wird, um die Intensität am Detektor zu erhalten, ist das Ergebnis

$$|\xi_s|^2 = |A|^2 |F|^2 \left[\frac{\sin(1/2 N \Delta \mathbf{s} \cdot \mathbf{a})}{\sin(1/2 \Delta \mathbf{s} \cdot \mathbf{a})} \right]^2 \left[\frac{\sin(1/2 N \Delta \mathbf{s} \cdot \mathbf{b})}{\sin(1/2 \Delta \mathbf{s} \cdot \mathbf{b})} \right]^2 \left[\frac{\sin(1/2 N \Delta \mathbf{s} \cdot \mathbf{c})}{\sin(1/2 \Delta \mathbf{s} \cdot \mathbf{c})} \right]^2. \quad (4\text{-}17)$$

Normalerweise enthält ein Kristall nicht entlang jeder Kristallachse dieselbe Zahl von Einheitszellen. Dann haben die N's, die in verschiedenen Faktoren dieses Ausdrucks erscheinen, unterschiedliche Werte.
Wir untersuchen jetzt den Faktor $\sin^2(1/2 N \Delta \mathbf{s} \cdot \mathbf{a})/\sin^2(\Delta \mathbf{s} \cdot \mathbf{a})$. Der Einfachheit halber soll $\beta = 1/2 \Delta \mathbf{s} \cdot \mathbf{a}$ und $g(\beta) = \sin^2(N\beta)/\sin^2(\beta)$ sein. Bild 4-5 zeigt eine graphische Darstellung von $g(\beta)$ für $N = 10$. Abgesehen von einem konstanten Faktor gibt diese Funktion auch die Intensität von monochromatischem Licht an, das an einem Beugungsgitter mit 10 Spalten gebeugt wird. Sie ist mit der Periode π in β periodisch und hat Hauptmaxima, wenn β ein Vielfaches von π ist. Für diese Maxima gilt $\Delta \mathbf{s} \cdot \mathbf{a} = 2h\pi$, wobei h ganzzahlig ist und $g(\beta) = N^2$. Das letzte Ergebnis folgt, wenn $2h\pi$ für $\Delta \mathbf{s} \cdot \mathbf{a}$ in der linken Seite von Gl. 4-16 eingesetzt wird. Jedes Glied der Summe ist 1.
Die ersten Nullstellen auf beiden Seiten des Hauptmaximums bei $\beta = 0$ treten bei $N\beta = \pm\pi$ auf, deshalb kann die Breite des Hauptpeaks als $\Delta\beta = 2\pi/N$ angenommen werden. Wenn die Probengröße ansteigt, dann steigt die Intensität am Hauptpeak im Verhältnis von N^2 an, und die Breite des Peaks sinkt im Verhältnis von $1/N$. Für makroskopische Proben ist N vielleicht in der Größenordnung von 10^8 oder mehr, Hauptpeaks sind also extrem intensiv und scharf.
$N - 2$ Nebenmaxima liegen zwischen jeweils zwei aufeinanderfolgenden Hauptmaxima. Sie liegen etwa bei $\sin(N\beta) = \pm 1$ oder $\beta = n\pi/2N$, wobei n eine ungerade ganze Zahl ist. Es gibt jedoch keine bei $\beta = h\pi \pm (\pi/2N)$, da diese Punkte in-

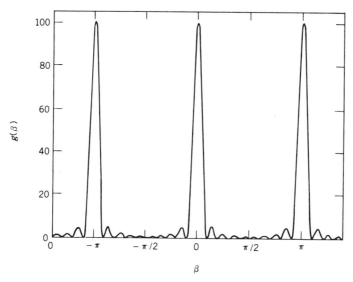

Bild 4-5 Die Funktion $g(\beta) = \sin^2(N\beta)/\sin^2(\beta)$ für $N = 10$. Sie ist periodisch mit der Periode π und hat Hauptmaxima bei $\beta = h\pi$, wobei h ganzzahlig ist. Zwischen benachbarten Hauptmaxima treten $N - 2$ Nebenmaxima auf. Mit wachsendem N werden die Hauptmaxima höher und schmaler, und Nebenmaxima werden weniger ausgeprägt.

nerhalb der Hauptmaxima liegen. Für große N ist $g(\beta)$ an den Nebenmaxima viel geringer als an den Hauptmaxima. Für einen Kristall brauchen wir nur die Hauptmaxima zu betrachten.

Ähnliche Ergebnisse erhält man für die anderen Gitterfaktoren von Gl. 4-17. Die wichtigste Situation für Untersuchungen kristalliner Strukturen entsteht, wenn alle drei Faktoren gleichzeitig Maximalwerte haben. Dann wird eine extrem intensive Streuwelle erzeugt. Die Bedingung für einen intensiven Streupeak, gegeben durch die Änderung $\Delta\mathbf{s}$ des Wellenausbreitungsvektors, ist

$$\Delta\mathbf{s} \cdot \mathbf{a} = 2h\pi \tag{4-18}$$

$$\Delta\mathbf{s} \cdot \mathbf{b} = 2k\pi \tag{4-19}$$

und

$$\Delta\mathbf{s} \cdot \mathbf{c} = 2l\pi, \tag{4-20}$$

wobei h, k und l ganzzahlig sind. Diese Gleichungen heißen Lauebedingungen. Viele verschiedene Peaks sind möglich, eine für jeden Satz von h, k und l Werten. Die Peaks werden durch Angabe der Indizes h, k und l in der Form (hkl) identifiziert, gerade wie die Kennzeichnung einer Gitterebene.

Reziproke Gittervektoren

Die Gleichungen 4-18, 4-19 und 4-20 können für $\Delta\mathbf{s}$ leicht gelöst werden, wenn man die drei Vektoren **A**, **B** und **C** benutzt, die folgendermaßen definiert sind.

$$\mathbf{A} = 2\pi \frac{\mathbf{b} \times \mathbf{c}}{\mathbf{a} \cdot (\mathbf{b} \times \mathbf{c})}, \tag{4-21}$$

$$\mathbf{B} = 2\pi \frac{\mathbf{c} \times \mathbf{a}}{\mathbf{a} \cdot (\mathbf{b} \times \mathbf{c})} \tag{4-22}$$

und

$$\mathbf{C} = 2\pi \frac{\mathbf{a} \times \mathbf{b}}{\mathbf{a} \cdot (\mathbf{b} \times \mathbf{c})}. \tag{4-23}$$

Jeder davon ist proportional einem der drei Vektoren, die in Kapitel 2 benutzt wurden, um die Normalen zu Gitterebenen und Gitterabständen zu finden. **A** ist senkrecht zu **b** und **c**, und seine Projektion auf **a** ist $2\pi/a$. Das folgt aus $\mathbf{a} \cdot \mathbf{A} = 2\pi \mathbf{a} \cdot (\mathbf{b} \times \mathbf{c})/\mathbf{a} \cdot (\mathbf{b} \times \mathbf{c}) = 2\pi$. Ähnlich ist **B** senkrecht zu **a** und **c**, und seine Projektion auf **b** ist $2\pi/b$; **C** ist senkrecht zu **a** und **b**, und seine Projektion auf **c** ist $2\pi/c$. **A**, **B** und **C** sind nicht notwendigerweise orthogonal zueinander und keiner von ihnen muß parallel zu irgendeinem Gittervektor sein. Bild 4-6 zeigt ein Beispiel, wo **A** nicht parallel zu **a** und **B** nicht parallel zu **b** ist.

Die Lauebedingung für intensive Streuung ist erfüllt, wenn gilt

$$\Delta\mathbf{s} = h\mathbf{A} + k\mathbf{B} + l\mathbf{C}. \tag{4-24}$$

Um das zu beweisen, setzt man Gleichung 4-24 in die linke Seite von Gl. 4-18 ein und erhält $\Delta\mathbf{s} \cdot \mathbf{a} = h\mathbf{A} \cdot \mathbf{a} + k\mathbf{B} \cdot \mathbf{a} + l\mathbf{C} \cdot \mathbf{a} = 2\pi h$, da $\mathbf{B} \cdot \mathbf{a}$ und $\mathbf{C} \cdot \mathbf{a}$ verschwinden und $\mathbf{A} \cdot \mathbf{a} = 2\pi$. Die anderen zwei Gleichungen werden in ähnlicher Weise erfüllt. Vektoren der Form

$$\mathbf{G} = h\mathbf{A} + k\mathbf{B} + l\mathbf{C}, \tag{4-25}$$

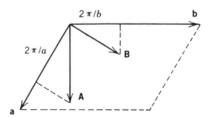

Bild 4-6 Reziproke Gittervektoren **A** und **B**. Der Grundvektor des Gitters **c** und der reziproke Gittervektor **C** liegen senkrecht zur Zeichenebene. **A** ist senkrecht zu **b**, und seine Projektion auf **a** ist $2\pi/a$. **B** ist senkrecht zu **a**, und seine Projektion auf **b** ist $2\pi/b$.

wobei h, k und l ganzzahlig sind, definieren die Positionen von Punkten in einem Gitter. Die Grundvektoren **A**, **B** und **C** haben Einheiten einer reziproken Länge, deshalb wird das Gitter reziprokes Gitter genannt, und Vektoren wie **G** werden reziproke Gittervektoren genannt. Um ein reziprokes Gitter von einem Gitter, das zur Beschreibung der Atomlagen benutzt wird, zu unterscheiden, wird letzteres oft Raumgitter genannt. Wie ein Raumgitter ist das reziproke Gitter unbegrenzt. Mit jedem Raumgitter ist ein reziprokes Gitter verbunden. Für ein bestimmtes Raumgitter werden Gl. 4-21, 4-22 und 4-23 benutzt, um Raumgitter die Grundvektoren des reziproken Gitters zu ermitteln, dann wird Gl. 4-25 benutzt, um das reziproke Gitter zu erzeugen.

Beispiel 4-2
Man ermittle die Grundvektoren des reziproken Gitters für ein einfaches kubisches Gitter der Kantenlänge a.

Lösung
Es sei $\mathbf{a} = a\hat{\mathbf{x}}$, $\mathbf{b} = a\hat{\mathbf{y}}$ und $\mathbf{c} = a\hat{\mathbf{z}}$. Dann ist $\mathbf{a} \cdot (\mathbf{b} \times \mathbf{c}) = a^3$, deshalb wird $\mathbf{A} = (2\pi/a^3)a\hat{\mathbf{y}} \times a\hat{\mathbf{z}} = (2\pi/a)\hat{\mathbf{x}}$, $\mathbf{B} = (2\pi/a^3)a\hat{\mathbf{z}} \times a\hat{\mathbf{x}} = (2\pi/a)\hat{\mathbf{y}}$ und $\mathbf{C} = (2\pi/a^3)a\hat{\mathbf{x}} \times a\hat{\mathbf{y}} = (2\pi/a)\hat{\mathbf{z}}$. Man beachte, daß die Anordnung von Punkten $h\mathbf{A} + k\mathbf{B} + l\mathbf{C}$ mit h, k und l ganzzahlig wieder ein einfaches kubisches Gitter ergibt: die drei Grundvektoren sind gegenseitig orthogonal und haben dieselbe Größe. Die kubische Kante der reziproken Einheitszelle ist $2\pi/a$. ◆

Das einem kubisch flächenzentrierten Raumgitter entsprechende reziproke Gitter ist kubisch raumzentriert, während das einem kubisch raumzentrierten Raumgitter entsprechende reziproke Gitter kubisch flächenzentriert ist. In jedem Fall ist die Kantenlänge $4\pi/a$, wobei a die Kante der kubischen Einheitszelle im Raumgitter ist. Das einem hexagonalen Gitter entsprechende reziproke Gitter ist wieder hexagonal, mit der hexagonalen Kante $4\pi/(\sqrt{3}a)$ und der Zellhöhe $2\pi/c$. Hier ist a die Sechseckkante und c die Zellhöhe in der Gitterzelle.
Im allgemeinen gehören ein Raumgitter und sein reziprokes zum selben Gittersystem, obwohl sie verschiedene Bravaistypen sein können. Wenn irgendeine Operation der Punktgruppe des Gitters das Gitter unverändert läßt, muß sie auch das reziproke Gitter unverändert lassen. Das Volumen einer reziproken Einheitszelle ist $\Omega = |\mathbf{A} \cdot (\mathbf{B} \times \mathbf{C})|$ und wenn Gl. 4-21, 4-22 und 4-23 benutzt werden, um **A**, **B** und **C** zu substituieren, ist das Ergebnis

$$\Omega = \frac{8\pi^3}{\tau} .$$ (4-26)

wobei τ das Volumen der Einheitszelle des Raumgitters ist. Wir nennen Ω ein „Volumen", obwohl es die Einheiten eines reziproken Volumens hat. Genauso sprechen wir von der „Länge" eines reziproken Gittervektors. Wie Gl. 2-8 zeigt, ist der reziproke Gittervektor $\mathbf{G} = h\mathbf{A} + k\mathbf{B} + l\mathbf{C}$ senkrecht zu Gitterebenen mit den Millerschen Indizes (hkl). Gleichung 2-12 für den Abstand paralleler Gitterebenen kann nun mit einem reziproken Gittervektor senkrecht zu den Ebenen geschrieben werden. Wenn h, k und l keinen gemeinsamen Teiler außer 1 haben, ist der Abstand d gegeben durch

$$d = \frac{2\pi}{|\mathbf{G}|}. \tag{4-27}$$

Dieser Ausdruck wird sich später als nützlich erweisen.
Schließlich stellen wir fest, daß die Grundvektoren des Raumgitters ermittelt werden können, wenn die Grundvektoren des reziproken Gitters bekannt sind. Sie sind gegeben durch

$$\mathbf{a} = 2\pi \frac{\mathbf{B} \times \mathbf{C}}{\mathbf{A} \cdot (\mathbf{B} \times \mathbf{C})}, \tag{4-28}$$

$$\mathbf{b} = 2\pi \frac{\mathbf{C} \times \mathbf{A}}{\mathbf{A} \cdot (\mathbf{B} \times \mathbf{C})} \tag{4-29}$$

und

$$\mathbf{c} = 2\pi \frac{\mathbf{A} \times \mathbf{B}}{\mathbf{A} \cdot (\mathbf{B} \times \mathbf{C})}. \tag{4-30}$$

Der Beweis kann erbracht werden, indem Gl. 4-21, 4-22 und 4-23 in Gl. 4-28, 4-29 und 4-30 eingesetzt werden und dann Vektorgesetze benutzt werden, die man im hinteren Einbanddeckel findet.

Ewaldkonstruktion

Um einen elastischen Beugungspeak zu erhalten, muß s' − s die Lauebedingungen erfüllen, und s' muß dieselbe Größe wie s haben. Diese Bedingungen begrenzen die Anzahl von elastischen Streupeaks, die man für eine bestimmte Wellenlänge, Einfallsrichtung und Kristallorientierung erhält, in starkem Maße. Tatsächlich werden elastische Peaks für eine willkürliche Wahl dieser Variablen vielleicht gar nicht erzeugt. Um elastische Peaks zu erhalten, muß der Kristall gewöhnlich gedreht werden, oder man muß die Wellenlänge ändern.
Eine Ewaldkonstruktion, wie in Bild 4-7, illustriert diese Vorstellung. Es sind reziproke Gittervektoren mit Positionen, die durch h**A** + k**B** + l**C**, wobei h, k und l ganzzahlig sind, gegeben sind, gezeigt. Der Ausbreitungsvektor für die einfallende Welle ist mit seiner Spitze an irgendeinem dieser Punkte gezeichnet, dann wird ein Kreis mit dem Radius $2\pi/\lambda$ mit seinem Mittelpunkt am Ende des Ausbreitungsvektors gezogen. Wenn die Oberfläche des Kreises durch einen anderen reziproken Gitterpunkt geht, dann wird ein elastischer Streupeak erzeugt.
Für die in Bild 4-7a gezeigte Situation ist die Bedingung erfüllt, und der Ausbreitungsvektor für den gestreuten Strahl ist vom Mittelpunkt des Kreises bis zu ei-

4.2 Elastische Streuung an Kristallen   103

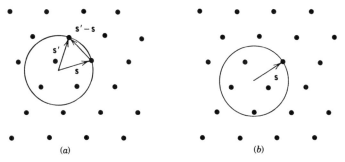

Bild 4-7 Eine Ewaldkonstruktion. Die Punkte stellen reziproke Gitterpunkte dar, s ist der Ausbreitungsvektor der einfallenden Welle, und s' ist der Ausbreitungsvektor der gestreuten Welle. Der Radius der Ewaldkugel ist $2\pi/\lambda$. In (a) ist die Lauebedingung s' = s + G, wobei G ein reziproker Gittervektor ist, erfüllt, und ein intensiver elastischer Peak wird erzeugt. In (b) ist die Lauebedingung nicht erfüllt, und es werden keine Peaks gebildet.

nem reziproken Gitterpunkt auf seiner Oberfläche eingezeichnet. Der die beiden Spitzen der zwei Ausbreitungsvektoren verbindende Vektor ist deutlich ein reziproker Gittervektor, und so ist die Bedingung s' − s = G erfüllt. Darüber hinaus hat deutlich jeder der Ausbreitungsvektoren die Größe $2\pi/\lambda$.
Wenn der einfallende Ausbreitungsvektor eine leicht unterschiedliche Richtung zum Kristall hat wie in Bild 4-7b, dann ist der Kreismittelpunkt an einem etwas anderen Platz, und seine Oberfläche geht nicht durch einen zweiten reziproken Gitterpunkt. Die Lauebedingung ist nicht erfüllt, und man erhält keinen hochintensiven Streupeak.

Die Braggbedingung

Die Lauebedingung $\Delta s = h\mathbf{A} + k\mathbf{B} + l\mathbf{C}$ für einen Streupeak ist der Bedingung für die Verstärkung von Wellen, die an (hkl) Ebenen reflektiert werden, identisch. Wir bemerken, daß der einfallende und gestreute Ausbreitungsvektor mit den (hkl) Ebenen gleiche Winkel einschließen, wenn der (hkl) Peak erzeugt wird. Ihre

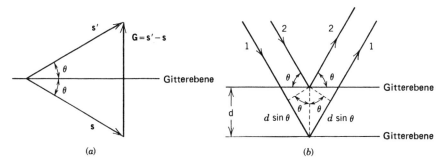

Bild 4-8 Braggstreuung. (a) Einfallender und gestreuter Ausbreitungsvektor schließen einen Winkel θ mit der Gitterebene ein. G = s' − s ist ein reziproker Gittervektor senkrecht zur Ebene. (b) Streuung an zwei parallelen Ebenen. Welle 1 hat einen um $2d \sin\theta$ weiteren Weg als Welle 2 und der Gangunterschied ist bei maximaler Verstärkung ein Vielfaches der Wellenlänge.

Größen sind gleich, und ihr Differenzvektor ist ein reziproker Gittervektor senkrecht zur Ebene. Deshalb muß, wie in Bild 4-8a gezeigt ist, die Ebene den Winkel zwischen ihnen halbieren.

Wir betrachten jetzt zwei Wellen, die unter dem Winkel θ auf zwei parallele Ebenen des Abstands d einfallen, wie es in Bild (b) gezeigt ist. Die Ausbreitungsvektoren der reflektierten Wellen schließen auch den Winkel θ mit den Ebenen ein. Die an der unteren Ebene reflektierte Welle 1 hat eine um $2d \sin \theta$ längere Wegstrecke als die an der oberen Ebene reflektierte Welle 2. Die reflektierten Wellen verstärken sich und erzeugen ein Intensitätsmaximum, wenn diese Entfernung ein Vielfaches der Wellenlänge beträgt, deshalb gilt

$$2d \sin \theta = n\lambda \tag{4-31}$$

für eine Streupeak. Die an anderen, hier nicht gezeigten Ebenen dieser Schar reflektierten Wellen verstärken sich auch, wenn diese Bedingung erfüllt ist. Gleichung 4-31 stellt die Braggbedingung für einen Streupeak dar.

Die Braggbedingung folgt aus der Lauebedingung. Wenn die Indizes des Peaks einen gemeinsamen Divisor n haben, wird er ausgeklammert, und man schreibt $\Delta \mathbf{s} = n\mathbf{G}$, wobei $\mathbf{G} = h\mathbf{A} + k\mathbf{B} + l\mathbf{C}$, und h, k und l haben keinen gemeinsamen Divisor außer 1. Jetzt werden die Beträge von $\Delta \mathbf{s}$ und $n\mathbf{G}$ gleichgesetzt, dann benutzt man Gl. 4-6 und 4-27 und erhält $(4\pi/\lambda) \sin \theta = 2\pi n/d$ oder $2d \sin \theta = n\lambda$, die Braggbedingung.

Wir können die Braggbedingung benutzen, um die Beschränkungen der in der Strukturanalyse verwendeten Wellenlängen zu verstehen. Da $\sin \theta$ kleiner oder gleich 1 sein muß, können keine Intensitätspeaks auftreten, wenn λ größer als der doppelte größte Netzebenenabstand ist. Diese Bedingung ist auch in der Ewaldkonstruktion offensichtlich. Es ist für zwei reziproke Gitterpunkte unmöglich, auf der Ewaldkugel zu liegen, wenn nicht der Kugeldurchmesser größer oder gleich der Größe des kürzesten reziproken Gittervektors ist. Der Kugeldurchmesser beträgt $4\pi/\lambda$ und der kürzeste reziproke Gittervektor hat die Größe $2\pi/d_{max}$, wobei d_{max} der Netzebenenabstand der am weitesten auseinanderliegenden Gitterebenenschar ist. So muß $4\pi/\lambda$ größer oder gleich $2\pi/d_{max}$ sein, oder λ muß kleiner oder gleich $2d_{max}$ sein, damit ein Peak auftritt. Wenn die Probe zum Beispiel ein einfaches kubisches Gitter mit der Kantenlänge a hat, muß die Wellenlänge kleiner oder gleich $2a$ sein.

Wenn die Wellenlänge etwa dem doppelten Netzebenenabstand gleich ist, ist θ nahezu 90°, und der Streuwinkel für den mit jenen Ebenen verbundenen Peak ist nahe 180°. Wenn die Ebenen weit auseinanderliegen, können nur wenige Peaks auftreten, und diese liegen in der Rückstreurichtung. Wenn die Wellenlänge kleiner gemacht wird, bewegen sich die Peaks in die Vorwärtsstreurichtung, und andere Peaks, die enger benachbarten Ebenen entsprechen, erscheinen in der Rückstreurichtung.

Beispiel 4-3
Wir betrachten eine einfache kubische Kristallstruktur mit der Würfelkantenlänge $a = 3.50$ Å und nehmen an, daß sie Röntgenstrahlen der Wellenlänge 3.10 Å

streuen soll. Man ermittle alle Ebenenscharen, die die Braggbedingung erfüllen und finde für jeden Peak den Braggwinkel.

Lösung
Entsprechend der Braggbedingung gilt $\sin \theta = n\lambda/2d$. Für ein einfaches kubisches Gitter ist der Abstand der Ebenen mit den Indices (hkl) gleich $d = a/(h^2 + k^2 + l^2)^{1/2}$, daher wird $\sin \theta = (n\lambda/2a)(h^2 + k^2 + l^2)^{1/2} = n\,(3.10/7.00)(h^2 + k^2 + l^2)^{1/2} = 0.443\,n\,(h^2 + k^2 + l^2)^{1/2}$. Das muß kleiner oder gleich 1 sein. Wir berechnen $0.443\,(h^2 + k^2 + l^2)^{1/2}$ für verschiedene Werte von h, k und l. Wenn das Ergebnis 1 oder weniger ist, kann der Peak durch geeignete Orientierung des Kristalls erzeugt werden, vorausgesetzt der Strukturfaktor und die Atomformfaktoren sind nicht zu klein. Wir überprüfen, ob die Multiplikation mit einer ganzen Zahl n auch einen Wert kleiner als 1 erbringt. Wenn der Peak erzeugt werden kann, benutzen wir $\sin \theta = 0.433n\,(h^2 + k^2 + l^2)^{1/2}$ um θ zu finden. Die folgende Tafel zeigt die Ergebnisse:

(hkl)	n	$0.443n(h^2 + k^2 + l^2)^{1/2}$	θ
(100)	1	0.443	26.3°
	2	0.886	62.3°
(110)	1	0.626	38.8°
(111)	1	0.767	50.1°
(210)	1	0.990	82.0°

Für jede dieser Ebenen können natürlich die Indices vertauscht und ihre Vorzeichen verändert werden, um andere Ebene, die mit den Peaks desselben Streuwinkels verbunden sind, zu finden. Für dieses Beispiel sind das die einzigen Ebenen, für die die Braggbedingung erfüllt ist. ◆

Strukturfaktoren
Für $\Delta \mathbf{s} \cdot \mathbf{G}$ wird Gl. 4-14

$$F = \sum_m f_m e^{-i\mathbf{G} \cdot \mathbf{p}_m}, \tag{4-32}$$

wobei die Summe über alle Atome der Basis läuft. Wir schreiben $\mathbf{p}_m = u_m\mathbf{a} + v_m\mathbf{b} + w_m\mathbf{c}$ und $\mathbf{G} = h\mathbf{A} + k\mathbf{B} + l\mathbf{C}$. Dann wird $\mathbf{G} \cdot \mathbf{p}_m = 2\pi(u_m h + v_m k + w_m l)$ und

$$F = \sum_m f_m e^{-2\pi i(u_m h + v_m k + w_m l)}. \tag{4-33}$$

Für einige Werte von h, k und l verstärken sich die an den Atomen der Basis gestreuten Wellen, während sie sich für andere Werte auslöschen. Wir betrachten zum Beispiel eine CsCl-Struktur. Die primitiven direkten Gittervektoren sollen $\mathbf{a}$

= $a\hat{x}$, **b** = $a\hat{y}$ und **c** = $a\hat{z}$ sein. Mögliche Basisvektoren sind dann $\mathbf{p}_{cs} = 0$ und $\mathbf{p}_{cl}$ = $1/2\,(\mathbf{a} + \mathbf{b} + \mathbf{c})$, so wird

$$F = f_{cs} + f_{cl}e^{-i\pi(h+k+l)}. \tag{4-34}$$

Wenn h + k + l eine ungerade Zahl wird, dann ist $e^{-i\pi(h+k+l)} = -1$ und $F = f_{cs} - f_{cl}$. Wenn f_{cs} und f_{cl} real sind und dasselbe Vorzeichen haben, sind diese Linien extrem schwach. Wenn andererseits h + k + l eine gerade Zahl wird, dann ist $e^{-i\pi(h+k+l)} = +1$ und $F = f_{cs} + f_{cl}$. Diese Linien sind stark.

Röntgenstrahlpeaks werden oft indiziert, indem man Gittervektoren eines nichtprimitiven Gitters verwendet. Zum Beispiel werden Peaks von *kfz* und *krz* Strukturen gewöhnlich unter Benutzung einfacher kubischer Gittervektoren indiziert. Gleichung 4-17 sagt trotzdem die Intensität der Peaks voraus, vorausgesetzt, daß alle Atome der nichtprimitiven Basis in den Strukturfaktor aufgenommen werden. Um den Strukturfaktor für eine *krz* Struktur, die als einfaches kubisches Gitter indiziert werden soll, zu finden, können wir die Ergebnisse für die CsCl Struktur verwenden. Beide Atome der Basis haben denselben Atomformfaktor *f*, so wird $F = 2f$ für h + k + l geradzahlig und $F = 0$ für h + k + l ungeradzahlig. Im ersten Fall verstärken sich Wellen von den zwei Atomen, während sie sich im zweiten Fall auslöschen. Das folgende Beispiel liefert Ergebnisse für eine *kfz* Struktur.

Beispiel 4-4
Man ermittle den Strukturfaktor für eine *kfz* Kristallstruktur, wenn die Streupeaks entsprechend der einfachen kubischen Struktur indiziert sind. Man zeige im besonderen, daß der Strukturfaktor verschwindet, wenn nicht alle h, k und l geradzahlig oder ungeradzahlig sind, und man finde seinen Wert für diese Fälle. Der Atomformfaktor soll *f* sein.

Lösung
Die Grundvektoren des Raumgitters sollen $\mathbf{a} = a\hat{x}$, $\mathbf{b} = a\hat{y}$ und $\mathbf{c} = a\hat{z}$, und die Basisvektoren sollen $\mathbf{p}_1 = 0$, $\mathbf{p}_2 = 1/2\,(\mathbf{a} + \mathbf{b})$, $\mathbf{p}_3 = 1/2\,(\mathbf{a} + \mathbf{c})$ und $\mathbf{p}_4 = 1/2\,(\mathbf{b} + \mathbf{c})$ sein. Dann wird

$$F = f[1 + e^{-i\pi(h+k)} + e^{-i\pi(h+l)} + e^{-i\pi(k+l)}].$$

Die Summe zweier gerader Zahlen ist gerade, die Summe zweier ungerader Zahlen ist gerade und die Summe einer geraden und einer ungeraden Zahl ist ungerade. Wenn h, k und l alle gerade oder alle ungerade sind, ist jede der Summen im Exponent geradzahlig, die Exponenten sind jeweils 1 und $F = 4f$. Wenn zwei der Indizes geradzahlig und einer ungeradzahlig sind oder wenn zwei ungeradzahlig und einer geradzahlig sind, sind zwei der Exponenten -1, und der andere ist $+1$, und damit wird $F = 0$. Es gibt keine anderen Möglichkeiten. ◆

Für eine *krz* Struktur gibt es keine (100), (111) oder (210) Peaks. Für eine *kfz* Struktur gibt es keine (100), (110) oder (210) Peaks. Wenn ein Kristall einmal als kubisch bestimmt ist, kann die Folge der Streuwinkel, für die Peaks auftreten, benutzt werden, um ihn als kubisch primitiv, *krz* oder *kfz* zu klassifizieren. Experimentelle Werte der relativen Intensitäten an Streupeaks sind hilfreich bei der Bestimmung der Atomlagen in einer Einheitszelle.

4.3 Experimentelle Technik

Strahlerzeugung und -nachweis

Um ein gut beobachtbares Beugungsbild zu erhalten, sollte die Wellenlänge des einfallenden Strahls etwa dem Netzebenenabstand entsprechen. In den meisten Experimenten wird die Wellenlänge durch Veränderung der Energie der Strahlpartikel eingestellt. Für ein beliebiges Teilchen ist die Wellenlänge λ seiner Welle über die Broglie-Beziehung mit einer Größe seines Impulses p verknüpft $\lambda = 2\pi \hbar/p$. Für Photonen gilt $E = cp$, also wird $\lambda = 2\pi\hbar c/E$ und für nichtrelativistische Elektronen und Neutronen gilt $E = p^2/2m$, damit wird $\lambda = (2\pi^2\hbar^2/mE)^{1/2}$, wobei m die Teilchenmasse ist. Die für die Strukturanalyse verwendbaren Photonen haben Energien in der Größenordnung von 10^{-15} J (10 keV). Geeignete Elektronen haben Energien in der Größenordnung von 10^{-17} J (10^2 eV), und geeignete Neutronen haben Energien in der Größenordnung von 10^{-20} J (0.10 eV).

Um einen Röntgenstrahl zu erzeugen, werden Elektronen, die aus einem geheizten, meist aus Wolfram bestehendem Draht austreten, in einem elektrischen Feld beschleunigt und treffen auf ein Target auf, das gewöhnlich aus Molybdän, Kupfer, Nickel, Kobalt oder Eisen besteht. Das Spektrum der aus dem Target austretenden Röntgenstrahlen besteht aus zwei sich überlappenden Teilen: Einem sehr breiten kontinuierlichen Spektrum und einer Serie enger, intensiver Peaks bei bestimmten Wellenlängen. Beide Teile werden in unterschiedlichen Experimenten für die Strukturanalyse benutzt.

Der kontinuierliche Teil des Spektrums, der Bremsstrahlung oder weiße Strahlung heißt, wird durch die einfallenden Elektronen erzeugt, wenn sie im elektrischen Feld der Atome des Targets abgebremst werden. Bremsstrahlung ist unabhängig vom Targetmaterial, aber es hängt von der Potentialdifferenz ab, die zur Beschleunigung der einfallenden Elektronen verwendet wird. In Bild 4-9a sind typische Kurven für zwei verschiedene Beschleunigungspotentiale gezeigt.

Für jedes Beschleunigungspotential gibt es eine kleinste Wellenlänge, diese wird erzeugt, wenn die gesamte kinetische Energie eines Elektrons zur Entstehung eines einzelnen Photons verbraucht wird. Wenn das Beschleunigungspotential V ist, dann ist die Elektronenenergie eV, die Kreisfrequenz der Röntgenwelle ist ω = eV/$\hbar$, und die kleinste Wellenlänge ist $\lambda = 2\pi c/\omega = 2\pi\hbar c/eV$. Um eine kleinste Wellenlänge von 1 Å zu erhalten, wird eine Beschleunigungsspannung von 12.4 kV benötigt. Größere Beschleunigungsspannungen erzeugen Spektren mit kürzeren kleinsten Wellenlängen.

Die meisten Elektronen durchlaufen eine Reihe photonenerzeugender Abbremsungen, wobei sie bei jedem Prozeß nur einen Teil ihrer Ausgangsenergie verlieren. Jedes erzeugte Photon hat weniger Energie als das einfallende Elektron, des-

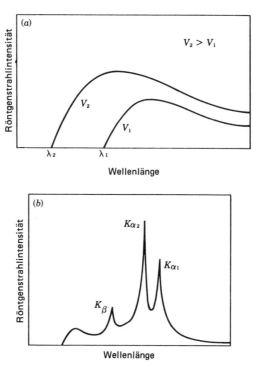

Bild 4-9 (a) Bremsstrahlungsspektrum für zwei Beschleunigungsspannungen, wobei $V_2 >V_1$. Die Grenzwellenlängen sind λ_1 und λ_2. Das Spektrum ist unabhängig vom Targetmaterial. (b) Bremsstrahlung und charakteristisches Spektrum für ein typisches Target in einer Röntgenröhre. Unterschiedliche Targets erzeugen unterschiedliche charakteristische Linien.

halb sind die Wellenlängen größer als die minimale Wellenlänge. Die maximale Röntgenstrahlintensität in der Bremsstrahlung tritt bei etwa 1.5 λ_{min} auf, und danach sinkt die Intensität langsam auf Null ab. Die obere Grenze des verwendbaren Teils des Spektrums ist durch Absorption in der Luft, im Target oder in anderen Teilen des Gerätes festgelegt. Sie liegt gewöhnlich im Bereich von 2 bis 5 Å.
Im Gegensatz zur Bremsstrahlung sind die Peaks im Röntgenstrahlspektrum charakteristisch für das Target. Wenn die Energie des einfallenden Elektrons groß genug ist, kann das Elektron mit einem gebundenen Elektron eines Targetatoms zusammenstoßen und es herauslösen. Ein Elektron aus einem höheren Zustand springt in den freien Zustand, und die freiwerdende Energie erscheint als ein Photon. Ein anderer Zustand wird dann frei, und daraus folgt ein anderes Photon, wenn er von einem Elektron aufgefüllt wird. Das Endergebnis ist eine Kaskade von Photonen verschiedener Wellenlängen.
Röntgenstrahlung mit einer für die Strukturanalyse geeigneten Wellenlänge wird erzeugt, wenn ein Elektron aus der innersten Schale eines Targetatoms mit mittlerer Ordnungszahl herausgelöst wird. Charakteristische Linien für ein typisches Target sind in Bild 4-9b gezeigt. K_α-Strahlung tritt auf, wenn ein Elektron von der zweiten Schale in einen freien Zustand der ersten Schale springt, K_β-Strahlung

entsteht, wenn ein Elektron von der dritten in die erste Schale springt. Da die Schalen Elektronen unterschiedlicher Energien enthalten, werden verschiedene K_α- und K_β-Linien erzeugt. Für ein Molybdäntarget liegt der Mittelwert der K_α-Linien bei 0.71 Å und der Mittelwert der K_β-Linien bei 0.63 Å. Für Kupfer liegen diese Mittelwerte bei 1.54 bzw. 1.39 Å. Um einen monochromatischen Strahl zu erzeugen, muß man einen Filter oder Monochromator benutzen.

Elektronenstrahlen für Beugungsexperimente werden in genau derselben Weise wie in einer Röntgenröhre erzeugt. Um einen Elektronenstrahl zu erhalten, wird ein Draht geheizt, und die Elektronen werden dann in einem elektrischen Feld beschleunigt. Die Energie der Elektronen und damit die Wellenlänge ihrer Wellen ist durch die Beschleunigungsspannung festgelegt. Eine Reihe elektromagnetischer Linsen wird zur Fokussierung des Strahls verwendet, und eine Blende verringert den Strahldurchmesser.

Neutronen erhält man aus Kernreaktoren und Teilchenbeschleunigern. Die dabei erzeugten Energien sind zu groß bzw. die Wellenlängen ihrer Wellen sind zu klein für Beugungsexperimente. Indem die Neutronen in einem Moderator aus schwerem Wasser oder Graphit geleitet werden, wird ihre Energie verringert, und man läßt sie das thermische Gleichgewicht erreichen. Für eine Moderatortemperatur von etwa 600 K ist die mittlere Wellenlänge der Neutronen etwa 1 Å, eine brauchbare Wellenlänge für Strukturuntersuchungen. Es gibt natürlich Wellen, deren Wellenlängen größer und kleiner als der Mittelwert sind, deshalb muß ein Monochromator benutzt werden.

Es wurden verschiedene Arten von Röntgenstrahldetektoren entwickelt. In der Vergangenheit wurde weitgehend photographisches Filmmaterial verwendet, aber modernere Experimente benutzen elektronische Zähler. Gegenwärtig werden Szintillationszähler, Proportionalzähler und Festkörperdetektoren verwendet. Einzelne Röntgenstrahlphotonen ionisieren Gasatome oder heben Elektronen in hochenergetische Zustände des Zählermaterials, und die Anregung wird zur Bildung eines elektrischen Impulses, der dann nachgewiesen wird, benutzt. In einigen Fällen ist die Intensität des elektrischen Impulses proportional der Photonenenergie, so daß das Gerät so eingestellt werden kann, daß die Photonen eines engen Wellenlängenbereiches aufgezeichnet werden können. Das sichert, daß nur elastisch gestreute Wellen beobachtet werden.

Zur Aufzeichnung gestreuter Elektronen werden Filme, Phosphorleuchtschirme und Faradaykäfige benutzt. Filme mit geeigneter Schicht können auch zum Nachweis von Neutronen verwendet werden, aber die am meisten verwendeten Neutronendetektoren benutzen Substanzen wie Bortrifluorid, die Neutronen absorbieren und Teilchen emittieren. Diese α-Teilchen werden dann mit Hilfe eines geladenen Teilchendetektors nachgewiesen.

Wenn ein photographischer Film als Detektor benutzt wird, dann legt man ihn gewöhnlich als Zylinder um die Probe herum, wobei seine Achse, so wie es in Bild 4-10 gezeigt ist, senkrecht zum einfallenden Strahl ist. Der Film zeichnet das Intensitätsverhalten auf. Wenn ein Zähler benutzt wird, dann bewegt man ihn von Ort zu Ort und registriert die Intensität an jeder Stelle. In jedem Fall werden aus den Meßwerten die Richtungen der gestreuten Ausbreitungsvektoren für die Streupeaks ermittelt.

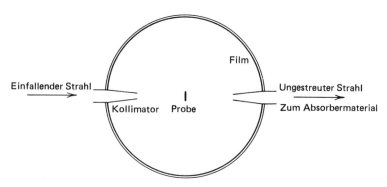

Bild 4-10 Geometrie einer Zylinderkamera. Der Strahl kommt durch einen Kollimator herein, und der ungestreute Anteil verläßt die Kamera durch einen Absorber. Der photographische Film wird als Zylinder um die Probe gelegt und zeichnet die gestreute Intensität auf. Wenn anstelle des Films ein Zähler benutzt wird, bewegt dieser sich auf einem Kreisbogen um die Probe.

Es gibt drei wichtige experimentelle Methoden: die Lauemethode, die Drehkristallmethode und die Pulvermethode. In jedem Fall ist das Anliegen, eine genügend große Zahl von Peaks zu erhalten, entweder indem man ein breites Wellenlängenspektrum oder eine große Vielzahl von Kristallorientierungen verwendet. In den folgenden Abschnitten wird jede Methode soweit sie die Röntgenstrahlanalyse betrifft, diskutiert.

Lauemethode

Lauediagramme erhält man, wenn die Probe mit Bremsstrahlung eines geeigneten Targets bestrahlt wird. Der einfallende Strahl enthält eine Mischung aus Wellen mit Wellenlängen von λ_{min}, die durch die Beschleunigungsspannung festgelegt ist bis λ_{max}. Üblicherweise ist λ_{min} etwa 0.2 Å, und λ_{max} ist etwa 3 Å. In Bild 4-11 ist ein Lauediagramm von Natriumchlorid reproduziert. Es besteht aus einer Anzahl von Punkten, die auftreten wo intensive gestreute Wellen den Film treffen. Wir wollen die Bildung dieses und ähnlicher Diagramme anderer Kristalle verstehen.

Bild 4-12 zeigt eine Ewaldkonstruktion für die Lauemethode. Es gibt dort zwei einfallende Ausbreitungsvektoren, sie zeigen in dieselbe Richtung und haben ihre Spitzen an demselben reziproken Gittervektor. Der längere Vektor hat die Größe $2\pi/\lambda_{min}$ und der kürzere hat die Größe $2\pi/\lambda_{max}$. Für jeden Vektor ist die entsprechende Ewaldkugel mit ihrem Mittelpunkt am Ende des Vektors und mit dem der Größe des Vektors gleichem Radius eingezeichnet. Wir können uns eine kontinuierliche Verteilung von Ewaldkugeln vorstellen, eine für jede Wellenlänge im Strahl und alle mit ihren Mittelpunkten zwischen den zwei im Diagramm. Für jeden reziproken Gitterpunkt im Bereich zwischen den zwei begrenzenden Kreisen tritt ein Streupeak auf, vorausgesetzt natürlich, daß der Strukturfaktor nicht zu klein ist.

Wir betrachten den Peak, der mit dem reziproken Gittervektor **G** verbunden ist, wie es Bild 4-13 zeigt. Die Spitze des einfallenden Ausbreitungsvektors ist an ei-

4.3 Experimentelle Technik   111

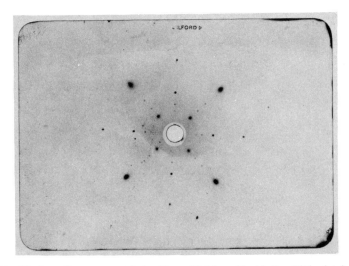

Bild 4-11 Ein Lauediagramm von kristallinem Natriumchlorid. Das Bild zeigt deutlich die vierzählige Symmetrie. (Nach Walter Kiszenick, unveröffentlicht. Mit Genehmigung des Autors).

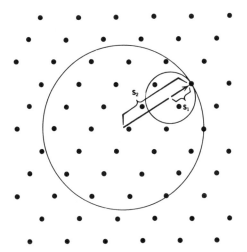

Bild 4-12 Eine Ewaldkonstruktion für die Lauemethode. Die zwei einfallenden Ausbreitungsvektoren s_1 und s_2 gehören zur längsten bzw. kürzesten Wellenlänge des Strahls. Wenn nicht der Strukturfaktor verschwindet, wird für jeden reziproken Gitterpunkt zwischen den zwei Kugeln und auf ihren Oberflächen ein Streupeak erzeugt.

nem reziproken Gitterpunkt, und sein Ende ist an der Mittelsenkrechten von $\mathbf{G}$. Wenn $\hat{\mathbf{s}}$ ein Einheitsvektor in der Richtung des einfallenden Strahls ist, dann gilt $\hat{\mathbf{s}} \cdot \mathbf{G} = -|\mathbf{G}| \sin \theta$ und

$$\sin \theta = - \frac{\hat{\mathbf{s}} \cdot \mathbf{G}}{|\mathbf{G}|}. \tag{4-35}$$

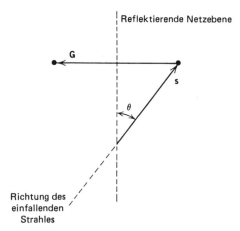

Bild 4-13 Um einen Streupeak für den reziproken Gittervektor **G** zu erhalten, muß der Ausbreitungsvektor für die einfallende Welle von einem Punkt auf der Mittelsenkrechten von **G** (die reflektierende Ebene) zum reziproken Gitterpunkt am Ende von **G** reichen.

Aus dem Diagramm folgt $\sin\theta = \frac{1}{2}|\mathbf{G}|/|\mathbf{s}| = (\lambda/4\pi)|\mathbf{G}|$. Das wird in Gl. 4-35 eingesetzt und das Ergebnis nach λ aufgelöst:

$$\lambda = 4\pi\frac{\hat{\mathbf{s}}\cdot\mathbf{G}}{|\mathbf{G}|^2} \tag{4-36}$$

Gleichung 4-36 kann verwendet werden, um zu entscheiden, ob ein bestimmter Peak erzeugt wird. Für jeden reziproken Gittervektor wird die Wellenlänge ausgerechnet, und wenn sie zwischen λ_{min} und λ_{max} liegt und wenn der Strukturfaktor nicht verschwindet, dann tritt jener Peak auf.

In den meisten Fällen kann die Lauemethode nicht verwendet werden, um das reziproke Gitter aufzuzeichnen. Gleichung 4-35 zeigt, daß Punkte, die von verschiedenen aber parallelen reziproken Gitterpunkten herrühren, an derselben Stelle des Films entstehen. Aus dem Streuwinkel kann man die Richtung, aber nicht die Größe von **G** ermitteln.

Da der Wellenlängenbereich des einfallenden Strahls beschränkt ist, kann man mit Hilfe von Gl. 4-36 die Größen der reziproken Gittervektoren eingrenzen. Gelegentlich reicht das aus, um das Gitter zu bestimmen, aber es ist keine allgemein brauchbare Technik.

Obwohl die Lauemethode nicht zur Bestimmung von Einzelheiten des Gitters verwendet werden kann, wird sie oft zur Ermittlung der Kristallsymmetrie angewendet. Ein Lauediagramm zeigt jede Rotationssymmetrie des Kristalls um die Richtung des einfallenden Strahls. Das Diagramm von Bild 4-11 wurde zum Beispiel mit einer einfallenden Strahlrichtung längs der ‹100› Richtung angefertigt, und das Bild zeigt deutlich die vierzählige Symmetrie des Kristalls. Wir erinnern uns, daß die Identifizierung der Symmetrieelemente ausreicht, um das Gittersystem zu bestimmen.

Lauediagramme werden oft zur Orientierung von Kristallen verwendet. Wenn das Gitter zum Beispiel kubisch ist, kann es gedreht werden, bis das Diagramm vierzählige Symmetrie um die Richtung des einfallenden Strahls zeigt. Diese Richtung ist dann eine der ‹100› Richtungen. Ähnlich zeigt eine dreizählige Symmetrie im Diagramm an, daß der Strahl längs einer ‹111› Richtung einfällt.

Drehkristallmethode

Bei dieser Methode wird ein monochromatischer Strahl verwendet, und der Kristall wird während der Aufnahme um eine Achse senkrecht zum Strahl gedreht. Die Geometrie entspricht der in Bild 4-10 gezeigten, wobei die Drehachse senkrecht zur Zeichenebene ist. Das reziproke Gitter rotiert mit dem Kristall. Schauen wir uns Bild 4-7 an und stellen wir uns vor, daß das reziproke Gitter sich um eine Achse senkrecht zur Zeichenebene und durch den Punkt an der Spitze des einfallenden Ausbreitungsvektors dreht. Wenn es sich dreht, durchlaufen verschiedene reziproke Gittervektoren die Oberfläche der Ewaldkugel, und wenn ein Punkt die Oberfläche trifft, wird der entsprechende Intensitätspeak erzeugt.

Da ein reziproker Gitterpunkt die Ewaldkugel an mehr als einer Stelle treffen kann, können auf dem Film auch mehr als ein Punkt von demselben Gitterpunkt herrühren. Um die Anzahl von überschüssigen Punkten zu reduzieren, wird der Drehwinkel begrenzt. Man läßt den Kristall schwingen, dann wird dasselbe Bild mehrmals aufgezeichnet. Drehkristalltechniken werden oft verwendet, um Form und Größen der Einheitszelle zu bestimmen. Die Analyse ist besonders einfach, wenn das Gitter einen hohen Symmetriegrad hat, und wenn der Kristall mit einer Symmetrieachse längs der Drehachse orientiert wird. Als Beispiel betrachten wir einen orthorhombischen Kristall mit der Drehachse längs einer der zweizähligen Achsen. Nehmen wir an, daß der Grundvektor des Gitters **c** und längs dieser Achse liegt, und **a** und **b** sind senkrecht zueinander und zu **c**. Sie drehen sich mit dem Kristall. Ein Film wird in Form eines Zylinders konzentrisch um die Probe mit seiner Achse längs der Drehachse angeordnet. Wenn er belichtet wird, sind die aufgezeichneten Streupeaks so wie in Bild 4-14a gezeigt, wobei die horizontalen Punktreihen senkrecht zur Drehachse verlaufen. Der Abstand von der mittleren Reihe zu jeder der anderen Reihen wird ausgemessen, und daraus kann der Abstand der Gitterpunkte längs **c** ermittelt werden.

Die Analyse wird wie folgt ausgeführt. Ein karthesisches Koordinatensystem wird mit seiner z-Achse längs der Drehachse und mit seiner x-Achse längs des einfallenden Strahls orientiert. Dann ist $\mathbf{c} = c\hat{\mathbf{z}}$, und **a** und **b** drehen sich in der xz-Ebene. Ein Grundvektor des reziproken Gitters ist $\mathbf{C} = (2\pi/c)\hat{\mathbf{z}}$. Die anderen zwei, **A** und **B** haben Größen von $2\pi/a$ bzw. $2\pi/b$ und drehen sich in der xz-Ebene.

Wie in Bild 4-14b dargestellt, treten dort Punkte auf, wo die Vektoren $\mathbf{s}' = \mathbf{s} + h\mathbf{A} + k\mathbf{B} + l\mathbf{C}$ den Film schneiden. Da **s**, **A** und **B** in der xy-Ebene liegen, ist die z-Komponente von $\mathbf{s}' = 2\pi l/c$. Wenn $\mathbf{s}'$ einen Winkel von α mit der xy-Ebene einschließt, dann wird $s'_z = (2\pi/\lambda)\sin\alpha$ und

$$c = \frac{l\lambda}{\sin\alpha}. \tag{4-37}$$

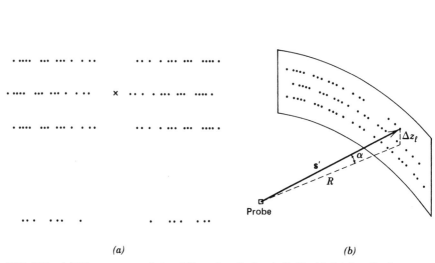

Bild 4-14 (a) Diagramm von Intensitätspeaks, die durch die Drehkristallmethode erzeugt wurden. Ein orthorhombischer Kristall wurde um seine c-Achse gedreht, die senkrecht zum einfallenden Strahl lag. Es sind nur Peaks in der Vorwärtsrichtung gezeigt. X markiert den Ort, wo der ungestreute Anteil des Strahls den Film trifft. (b) Der Abstand Δz_l zwischen einer Punktreihe und der mittleren Reihe wird verwendet, um α und die Gitterkonstante längs der Drehachse zu berechnen.

Die mittlere Reihe der Punkte entspricht $l = 0$, und der Wert von l für eine andere Reihe ist einfach die Nummer der Reihe, wenn man von der $l = 0$ Reihe an zählt. Der Winkel α für eine bestimmte Reihe kann aus dem Diagramm des Films ermittelt werden: wenn R der durch den Film geformte Radius ist und Δz_l ist die Entfernung von Reihe 1 zur mittleren Reihe auf dem Film, dann gilt $\tan \alpha = \Delta z_l / R$. Wenn einmal α für eine Reihe bekannt ist, wird Gl. 4-37 benutzt, um bei gegebener Wellenlänge c zu berechnen. Mit einem anders orientierten Kristall kann mit einer ähnlichen Analyse a und b bestimmt werden.

Wenn die Grundvektoren bekannt sind, können alle Streupeaks indiziert werden. Wir beginnen mit den $l = 0$-Peaks in der xy-Ebene. Für sie gilt $|s' - s|^2 = 4\pi^2 [(h/a)^2 + (k/b)^2]$ und da $|s' - s|^2 = (4\pi/\lambda)^2 \sin^2 \theta$ wird

$$4 \sin^2 \theta = \lambda^2 \left[\frac{h^2}{a^2} + \frac{k^2}{b^2} \right]. \tag{4-38}$$

Für jeden Peak wird der halbe Streuwinkel θ aus der Lage des Punktes auf dem Film ermittelt, und dann werden die Werte von h und k ausgewählt, so daß Gl. 4-38 erfüllt ist. Schließlich betrachtet man die anderen Punktreihen, die anderen Werten von l entsprechen.

Pulvermethode

Hier wird die Probe in eine große Zahl beliebig orientierter Kristalle zermahlen und mit einem monochromatischen Strahl bestrahlt. Da das Pulver eine große Menge von Kristallen mit im Prinzip jeder Orientierung enthält, werden alle Streupeaks, die reziproken Gittervektoren kürzer als $4\pi/\lambda$ und nicht verschwindenden Strukturfaktoren entsprechen, erzeugt.

Wir stellen uns einen derart orientierten Kristall vor, daß ein intensiv gestreuter Strahl mit dem Streuwinkel θ entsteht. Wenn der Kristall um die Richtung des einfallenden Strahls gedreht wird, rotiert der gestreute Strahl um die Oberfläche eines Kegels, wobei die Kegelspitze im Kristall liegt und der Öffnungswinkel gleich dem doppelten Streuwinkel ist. Um ein Pulverdiagramm zu erhalten, werden die Kristalle nicht gedreht, aber die Wirkung ist nahezu dieselbe. Bei einem Pulver werden die den verschiedenen Orientierungen entsprechenden gestreuten Strahlen gleichzeitig erzeugt. Sie bilden konzentrische Kegel, einen für jeden möglichen Streuwinkel, und der einfallende Strahl verläuft längs ihrer gemeinsamen Achse, wie es in Bild 4-15 dargestellt ist.

In Bild 4-16 ist ein Pulverdiagramm für Wolfram gezeigt, es besteht aus einer Reihe von konzentrischen Ringen, einen für jeden möglichen Streuwinkel. Vor der Belichtung wurde der Film in Form eines Zylinders um die Probe angeordnet, so wie es in Zusammenhang mit der Drehkristallmethode beschrieben wurde. Diese Anordnung hat zwei Serien von Ringen zur Folge, eine von den rückgestreuten Wellen erzeugte und eine von den vorwärts gestreuten Wellen erzeugte. Die zwei kleinen Kreise in den Zentren der Ringsysteme sind Eintritts- bzw. Austrittsöffnungen für den Strahl.

Um zu zeigen, wie Pulverdiagramme indiziert werden, betrachten wir einen kubischen Kristall und nehmen an, die Würfelkantenlänge sei a. Der Wert von a muß experimentell bestimmt werden. Wenn ein einfaches kubisches Gitter als Basis für die Indizes benutzt wird, ist der Abstand der (hkl)-Ebenen durch $d = a/(h^2 + k^2 + l^2)^{1/2}$ gegeben, und die Braggbedingung wird $[2a/(h^2 + k^2 + l^2)^{1/2}] \sin\theta = n\lambda$, oder

$$\sin^2\theta = \frac{\lambda^2 N}{4a^2} \tag{4-39}$$

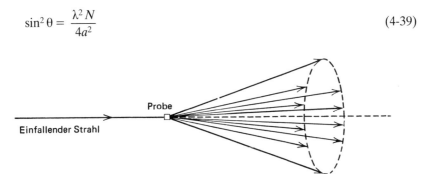

Bild 4-15 Ein Kegel der gestreuten Strahlen an einer Pulverprobe. Alle gezeigten Strahlen haben denselben Streuwinkel. Sie werden von unterschiedlichen Kristallitgruppen erzeugt, die durch Drehungen um die Richtung des einfallenden Strahls miteinander in Beziehung stehen. Andere nicht gezeigte Kegel entsprechen anderen Streuwinkeln.

Bild 4-16 Pulverdiagramme von Wolfram. Jeder Ring entspricht einem anderen Streuwinkel. Das Bild besteht aus zwei Gruppen von Ringen, aus Strahlen, die nach rückwärts gestreut wurden (links) und die nach vorwärts gestreut wurden (rechts). (Nach Walter Kiszenick, unveröffentlicht. Mit Genehmigung des Autors).

mit $N = n^2 (h^2 + k^2 + l^2)$. N ist eine für jeden Ring unterschiedliche ganze Zahl. Der Streuwinkel wird für jeden Ring gemessen und $\sin^2 \theta$ wird berechnet, dann wird jedem Ring ein Wert für N zugeordnet. Die Werte von N werden so ausgewählt, daß ihre Verhältnisse dieselben wie die Verhältnisse der entsprechenden Werte von $\sin^2 \theta$ sind. Wenn mehr als eine Serie ganzer Zahlen dieselben Verhältnisse hat, wird gewöhnlich diejenige mit den kleinsten Werten ausgewählt. Schließlich wird Gl. 4-39 verwendet, um a zu ermitteln.

Die Kenntnis von möglichen Folgen von N-Werten ist besonders hilfreich bei der Festlegung von Werten für N. Für ein einfaches kubisches Gitter muß N die Summe der Quadrate dreier ganzer Zahlen sein, und kann zum Beispiel nicht 7, 15, 23 oder 28 sein. Wenn das Gitter kubisch raumzentriert ist, muß $h + k + l$ geradzahlig sein. Da das Quadrat einer geraden Zahl auch geradzahlig ist und das Quadrat einer ungeraden Zahl ungeradzahlig ist, bedeutet das, daß N geradzahlig sein muß. Wenn das Gitter kubisch flächenzentriert ist, müssen die Indizes alle entweder geradzahlig oder ungeradzahlig sein, deshalb ist die Folge von N-Werten 3, 4, 8, 11, 12, 16, 19, 20,... Wenn N für einen Beugungsring ermittelt worden ist, werden die Indizes bestimmt, indem drei ganze Zahlen die Bedingung $h^2 + k^2 + l^2 = N$ erfüllen. In einigen Fällen ist mehr als eine Indizierung für einen bestimmten Ring möglich. Zum Beispiel sind sowohl der (300) als auch der (221) Peak mit dem $N = 9$ Ring verbunden, sowie der (410) und (322) Peak mit dem $N = 17$ Ring.

4.4 Streuung an Oberflächen

Beugung niederenergetischer Elektronen (LEED) stellt eine wichtige Technik zur Untersuchung von Kristalloberflächen dar. Elektronen aus einem geheizten Draht werden in einem elektrischen Feld beschleunigt und treffen als gebündelter Strahl auf die Probe auf. Die rückgestreute Intensität wird gemessen. Die verwendeten Energien reichen von einigen Elektronenvolt bis zu einigen Hundert Elektronenvolt. Die Wellenlänge muß natürlich etwa in der Größenordnung der Gitterabstände liegen.

Die Geometrie ist derjenigen eines Röntgenstrahlstreuexperiments sehr ähnlich. Als Detektor wird gewöhnlich ein Phosphorleuchtschirm verwendet, und zwischen Probe und Leuchtschirm ordnet man ein Drahtgitter an. Wenn elastische Streuung untersucht wird, wird am Gitter relativ zur Probe das geeignete Potential eingestellt, so daß den Leuchtschirm nur diejenigen Elektronen erreichen, die dieselbe Energie wie die einfallenden Elektronen haben. Nachdem die elastisch gestreuten Elektronen das Gitter passiert haben, werden sie zum Leucht-

4.4 Streuung an Oberflächen

schirm hin beschleunigt und erzeugen beim Auftreffen einen hellen Fleck. Gewöhnlich wird der Strahl fokussiert, so daß nur ein kleiner Oberflächenbereich untersucht wird. Typische lineare Ausdehnungen eines untersuchten Bereichs sind in der Größenordnung von 100 Å oder weniger.

Wenn Oberflächen reiner Kristalle untersucht werden, müssen sie rein sein und dürfen nur ein Minimum von Fremdatomen haben. Die Kristalle werden im Hochvakuum gespalten, und das Hochvakuum muß in der LEED-Apparatur erhalten bleiben. Trotz dieser Vorkehrungen sind die Probenoberflächen oft kontaminiert. Andererseits ist der Zweck vieler LEED-Experimente die Untersuchung von Verteilungen von Fremdatomen, die an Kristalloberflächen adsorbiert sind.

Die atomaren Gleichgewichtspositionen auf einer reinen Kristalloberfläche können mit Hilfe eines zweidimensionalen Gitters und einer Basis beschrieben werden. Für die meisten Metalle ist die Anordnung nahezu die gleiche wie diejenige auf einer parallelen Ebene im Volumen. Zum Beispiel ist das einer (100) Oberfläche entsprechende Gitter eines kubischen Metalls ein zweidimensionales quadratisches Gitter und das einer (111) Oberfläche entsprechende Gitter ist ein zweidimensionales hexagonales Gitter. Bei tetraedrisch gebundenen Kristallen kann die Oberflächenstruktur etwas unterschiedlich von der Struktur einer parallelen Ebene im Volumen sein. Das Fehlen von nach außen gerichteten Bindungen hat ein Ansteigen der Energie zur Folge, die durch eine Verformung der Struktur verringert werden kann.

Zur Untersuchung des elastischen Streudiagramms schreiben wir $\mathbf{s}_\perp + \mathbf{s}_\parallel$ für den Ausbreitungsvektor der einfallenden Welle und $\mathbf{s}'_\perp + \mathbf{s}'_\parallel$ für den Ausbreitungsvektor der reflektierten Welle. Die unteren Indizes $\perp$ und $\parallel$ beziehen sich auf die Komponenten, die senkrecht bzw. parallel zur Oberfläche liegen. Damit ein intensiver Streupeak auftritt, müssen die parallelen Komponenten die Bedingung

$$\mathbf{s}'_\parallel = \mathbf{s}_\parallel + \mathbf{G} \tag{4-40}$$

erfüllen, wobei $\mathbf{G}$ ein reziproker Gittervektor ist, der mit dem zweidimensionalen Oberflächengitter verbunden ist und nicht mit dem dreidimensionalen Volumengitter. Wenn im besonderen $\mathbf{a}$ und $\mathbf{b}$ zwei primitive Vektoren des Oberflächengitters sind, und $\mathbf{n}$ ist ein Vektor senkrecht zur Oberfläche, dann sind

$$\mathbf{A} = 2\pi \frac{\mathbf{b} \times \mathbf{n}}{\mathbf{a} \cdot (\mathbf{b} \times \mathbf{n})} \tag{4-41}$$

und

$$\mathbf{B} = 2\pi \frac{\mathbf{a} \times \mathbf{n}}{\mathbf{a} \cdot (\mathbf{b} \times \mathbf{n})} \tag{4-42}$$

zwei Grundvektoren des reziproken Gitters, und es gilt

$$\mathbf{G} = h\mathbf{A} + k\mathbf{B} \tag{4-43}$$

wobei h, k und l ganzzahlig sind. **A**, **B** und **G** liegen in der Oberflächenebene. Die Streupeaks werden indiziert, indem die in Gl. 4-43 erscheinenden zwei ganzen Zahlen benutzt werden.
Gleichung 4-40 ist das zweidimensionale Gegenstück zu Gl. 4-24. Die atomare Struktur nahe der Oberfläche ist entlang einer Linie senkrecht zur Oberfläche nicht periodisch, deshalb gibt es keine ähnliche Bedingung bei senkrechten Komponenten des Ausbreitungsvektors. Die Größe von $s'_\perp$ wird aus der Bedingung bestimmt, daß die Elektronenenergie erhalten bleibt. Da die Elektronenenergie durch $(\hbar^2/2m)s^2$ gegeben ist und da $|s|^2 = |s'|^2$, ergibt sich

$$|\mathbf{s}'_\perp|^2 = |\mathbf{s}|^2 - |\mathbf{s}_\parallel|^2 - |\mathbf{G}|^2 - 2\mathbf{G} \cdot \mathbf{s}_\parallel, \tag{4-44}$$

wobei Gl. 4-40 benutzt wurde, um $s'_\parallel$ zu eliminieren. Die ersten zwei Glieder auf der rechten Seite sind bekannt. $|s|^2$ wird aus der Energie der einfallenden Elektronen und letztlich aus dem Beschleunigungspotential bestimmt. Die parallele Komponente von **s** ist durch $\mathbf{s}_\parallel = s \cos \theta$ gegeben, wobei θ der Winkel zwischen dem einfallenden Strahl und der Oberfläche ist.
Wir nehmen an, daß der Strahl senkrecht zur Oberfläche einfällt. Dann gilt $\mathbf{s}_\parallel = 0$, damit wird

$$\mathbf{s}'_\parallel = \mathbf{G} \tag{4-45}$$

und

$$|\mathbf{s}'_\perp|^2 = |\mathbf{s}|^2 - |\mathbf{G}|^2. \tag{4-46}$$

Für extrem niedrige Energie wird die rechte Seite von Gl. 4-46 für jedes **G** mit Ausnahme von $\mathbf{G} = 0$ negativ, und die einzige reflektierte Welle, die erzeugt wird, ist diejenige mit $\mathbf{s}'_\parallel = 0$ und $\mathbf{s}'_\perp = -\mathbf{s}_\perp$. Diese Welle wird reflektierte genannt. Wenn die Energie erhöht wird, erreicht sie solche Werte, daß die rechte Seite von Gl. 4-46 für einen oder mehrere der kürzesten reziproken Gittervektoren positiv wird. Für jedes solche **G** gibt es dann eine gestreute Welle mit einem durch Gl. 4-45 gegebenen $\mathbf{s}'_\parallel$, und die Größe von $\mathbf{s}'_\perp$ ist durch Gl. 4-46 gegeben. Wenn eine dieser Wellen erstmalig erscheint, ist die senkrechte Komponente ihres Ausbreitungsvektors nahezu Null, und ihre Fortpflanzungsrichtung ist nahezu parallel zur Oberfläche. Mit weiterer Erhöhung der Energie wird der Winkel zwischen der Ausbreitungsrichtung der Welle und der Oberfläche größer bis als Grenzwert $\mathbf{s}'_\perp \mathbf{s}_\perp$ erreicht. Im üblichen Experiment ist die Energie genügend groß, daß mehrere Streupeaks beobachtet werden können.
Bild 4-17a ist ein LEED-Diagramm, das von einem Elektronenstrahl mit 68 eV Energie, der senkrecht auf eine (110) Oberfläche von Kupfer auftritt, erzeugt wurde. Der reflektierte Strahl ist ausgeblendet. Das Diagramm zeigt deutlich die zweizählige Symmetrie, die man von einem rechteckigen Oberflächengitter erwartet. Die Streuwinkel werden gemessen, und die Ergebnisse dienen zur Berechnung der Dimensionen der primitiven Einheitszelle.

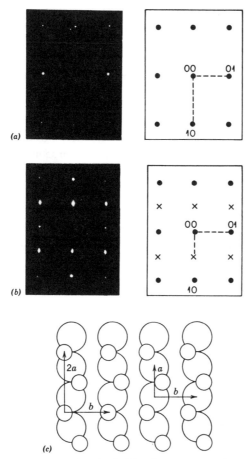

Bild 4-17 LEED-Diagramm für eine (110)-Oberfläche von Kupfer. In (a) ist die Oberfläche rein, und das Bild zeigt deutlich die zweizählige Symmetrie des Oberflächengitters. Das reziproke Gitter mit Indizes ist rechts gezeigt. In (b) hat die Oberfläche eine hohe Konzentration von Sauerstoffverunreinigungen, und es treten zusätzliche Peaks auf. (c) zeigt eine Oberflächenstruktur, die das Bild von *b* erzeugt. Darunterliegende Kupferatome sind durch größere Kreise wiedergegeben, während Sauerstoffatome an der Oberfläche durch kleinere Kreise angegeben sind. **a** und **b** sind primitive Gittervektoren für das Oberflächengitter von Kupfer. Eine Seite der von Sauerstoff gebildeten Einheitszelle ist doppelt so lang wie die entsprechende Einheitszelle von Kupfer, und der dazugehörige reziproke Gittervektor ist halb so groß. Jede beliebige Verschiebung des Sauerstoffgitters parallel zur Oberfläche ergibt dasselbe Beugungsdiagramm. (Nach J. R. Noonan, Oak Ridge National Laboratory, unveröffentlicht. Mit Genehmigung des Autors).

Da Fremdatome von der Umgebung adsorbiert werden können oder absichtlich auf die Oberfläche aufgebracht sind, können einige Atome dort von anderer Art als im Volumen sein. Wenn die Bedeckung genügend groß ist, bilden die adsorbierten Atome periodische Anordnungen in ausreichendem Maße, um zum LEED-Diagramm beizutragen. Da die Plätze, an denen Adsorbtion stattfindet, durch die Struktur des Wirtsgitters bestimmt sind, hat das Fremdatomgitter zum

Oberflächengitter der Wirtsatome eine Beziehung, aber die Gitter von Fremd- und Wirtsatomen müssen nicht identisch sein, und ihre LEED-Diagramme können unterschiedlich sein. Bild 4-17b zeigt das Diagramm von Sauerstoffatomen, die auf einer (110)-Oberfläche von Kupfer adsorbiert sind. Vergleicht man mit dem Diagramm für eine reine Oberfläche, haben die Peaks horizontal denselben Abstand, sind aber vertikal enger beieinander. Bild 4-17c zeigt eine der vielen möglichen Oberflächenstrukturen, die dieses Diagramm erzeugt haben könnten. Die Fremdatome bilden ein rechteckiges Gitter, wobei aber eine Seite der Einheitszelle doppelt so lang ist wie die entsprechende Seite der Wirtszelle. Für eine solche Struktur ist einer der reziproken Gittervektoren nur halb so groß wie für das Wirtsgitter, und die Beugungspeaks erscheinen zwischen den von einer reinen Oberfläche erzeugten Peaks.

Die in Bild 4-17c dargestellte Struktur wird (2×1) Struktur genannt, eine Bezeichnung, die angibt, daß ein primitiver Gittervektor doppelt so lang ist wie der entsprechende Vektor im Wirtsgitter, während der andere dieselbe Länge wie der entsprechende Vektor im Wirtsgitter hat. Allgemein wird die Struktur mit ($n \times m$) angegeben, wenn die Einheitsvektoren $n\mathbf{a}$ und $m\mathbf{b}$ sind, wobei $\mathbf{a}$ und $\mathbf{b}$ die Gittervektoren des Wirtsgitters sind. In vielen Fällen können dieselben Fremdatome verschiedene Strukturen in verschiedenen Bereichen derselben Oberfläche bilden. Diese unterschiedlichen Regionen werden Domänen genannt. Sie sind üblicherweise größer als der von einem Elektronenstrahl untersuchte Bereich, deshalb ist das LEED-Diagramm normalerweise charakteristisch für eine einzelne Domäne.

Die Streuwinkel der intensiven Streupeaks enthalten nur Informationen über die Größe und Form der Einheitszelle. Um Aussagen über die Art und Position der Basisatome zu erhalten, müssen die Intensitäten des gestreuten Strahls mit theoretischen Berechnungen verglichen werden. Sowohl die theoretischen Voraussagen der Intensiäten von bekannten Atomanordnungen als auch die Deutung experimenteller Intensitäten zur Ermittlung tatsächlicher Atomanordnungen sind weitaus schwieriger auszuführen als die analogen Berechnungen für Röntgenstrahlen. Die Situation ist kompliziert, weil die einfallenden Elektronen von den Elektronen des Materials stark gestreut werden, und viele werden mehr als einmal gestreut bevor sie den Festkörper verlassen. Trotzdem wurde ein großer Fortschritt bei der Interpretation von LEED-Intensitäten erzielt, und diese Technik hat zu vielen Erkenntnissen über die Struktur von Oberflächen beigetragen.

Zur Untersuchung von Oberflächen ist auch die Analyse von Elektronen, die aufgrund des Augermechanismus emittiert werden, wichtig. Ein einfallendes Elektron kann beim Zusammenstoß mit einem Atom an der Oberfläche bewirken, daß ein anderes Elektron von seinem Zustand im Atom entfernt wird. Ein höherenergetisches Elektron springt dann in den freigewordenen Zustand, und in den meisten Fällen werden Photonen emittiert. Manchmal jedoch wird die Energie auch noch an ein anderes Elektron im Atom übertragen, das dann aus dem Festkörper herausgelöst wird. Das versteht man unter dem Augerprozeß, und das Energiespektrum der emittierten Elektronen kann verwendet werden, um die Energiezustände der Oberflächenatome herauszufinden. Da es für alle Atome Energiezustandsdiagramme gibt, können experimentell bestimmte Augerspektren zur Identifizierung von Atomen an der Oberfläche benutzt werden.

4.5 Elastische Streuung an amorphen Festkörpern

Gleichung 4-12 gilt für amorphe Festkörper genauso wie für Kristalle. Wir betrachten den einfachsten Fall, jenen eines amorphen Festkörpers, der aus nur einer Atomsorte besteht, und wir nehmen an, daß der Atomformfaktor f_j für alle Atome gleich ist. Das stimmt nicht exakt, da verschiedene Atome unterschiedliche Nachbarverteilungen haben können und damit unterschiedliche Elektronenverteilungen. Geringe Änderungen des Formfaktors von Atom zu Atom beeinflussen jedoch nicht signifikant die wichtigsten Kennzeichen des Diagramms der Streuintensität, und wir vernachlässigen sie. Im folgenden lassen wir den Index des Atomformfaktors weg.

Wir beginnen mit Gl. 4-12 und schreiben

$$\xi_s^* = A^* e^{-i(\mathbf{s}' \cdot \mathbf{r} - \omega t)} f^* \sum_k e^{i \Delta \mathbf{s} \cdot \mathbf{r}_k} \tag{4-47}$$

für die konjugiert Komplexe von ξ_s. Wir multiplizieren mit Gl. 4-12 und finden

$$|\xi_s|^2 = |A|^2 |f|^2 \sum_j \sum_k e^{i \Delta \mathbf{s} \cdot (\mathbf{r}_k - \mathbf{r}_j)}, \tag{4-48}$$

wobei jede Summe über alle Atome des Materials läuft. Die Intensität am Detektor ist proportional $|\xi_s|^2$.
Die Größe

$$S_a = \sum_j \sum_k e^{i \Delta \mathbf{s} \cdot (\mathbf{r}_j - \mathbf{r}_k)} \tag{4-49}$$

wird der amorphe Stukturfaktor genannt. Er unterscheidet sich vom Strukturfaktor eines Kristalls in zweierlei Hinsicht. Erstens geht die Summe über alle Atome des Festkörpers. Zweitens ist er ein Faktor im Ausdruck für die Intensität und nicht im Ausdruck für die Wellenfunktion. Setzt man den amorphen Strukturfaktor ein, erhält man für die Intensität

$$|\xi_s|^2 = |A|^2 |f|^2 S_a. \tag{4-50}$$

Wenn es N Atome im Festkörper gibt, enthält die Doppelsumme in Gl. 4-49 N Glieder, für die gilt $\mathbf{r}_k = \mathbf{r}_j$, und jedes davon hat den Wert 1. Sie addieren sich zu N, deshalb kann der amorphe Strukturfaktor geschrieben werden

$$S_a = N + \sum_j {\sum_k}' e^{i \Delta \mathbf{s} \cdot (\mathbf{r}_k - \mathbf{r}_j)}, \tag{4-51}$$

wobei der Strich am zweiten Summationssymbol anzeigt, daß $k = j$ Glieder weggelassen wurden.
Für jeden bestimmten Wert von j in der ersten Summe läuft die zweite Summe über die Atomverteilung und das Atom j. Man beachte, daß der Abstand $\mathbf{r}_k - \mathbf{r}_j$

von Atom k von Atom j in die Summe eingeht. Da unterschiedliche Atome in einem amorphen Festkörper unterschiedliche Atomverteilungen in ihrer Umgebung haben, ist die Summe über k für verschiedene Werte von j unterschiedlich. Im Gegensatz zu den Gittersummen für einen Kristall können die Summen in Gl. 4-51 nicht in geschlossener Form berechnet werden. In der Praxis wird jedoch die zweite Summe durch ihren Mittelwert ersetzt.

Um den Mittelwert der zweiten Summe in Gl. 4-51 zu berechnen, soll $\mathbf{r} = \mathbf{r}_k - \mathbf{r}_j$ sein, und wir nehmen an, daß $\bar{n}(r)$ die mittlere Atomanzahl pro Einheitsvolumen ist, und die Atome sollen einen Abstand r vom Bezugsatom haben. Das infinitesimale Volumenelement $d\tau$ bei r enthält im Mittel $\bar{n}(r)\,d\tau$ andere Atome, und der Mittelwert der Summe kann durch das Volumenintegral $\int e^{i\Delta \mathbf{s} \cdot \mathbf{r}}\, \bar{n}(r)\, d\tau$ ausgedrückt werden. Da das ein Mittelwert über alle Atome des Festkörpers ist, ist er für alle Werte von j der ersten Summe gleich. Es gibt N solcher Terme, deshalb kann der amorphe Strukturfaktor angenähert werden durch

$$S_a = N + N \int e^{i\Delta \mathbf{s} \cdot \mathbf{r}}\, \bar{n}(r)\, d\tau, \tag{4-52}$$

und die gestreute Intensität wird durch

$$|\xi_s|^2 = |A|^2 |f|^2 N \left[1 + \int e^{i\Delta \mathbf{s} \cdot \mathbf{r}}\, \bar{n}(r)\, d\tau \right] \tag{4-53}$$

angenähert, wobei die Integrale über das Probenvolumen laufen.

Wenn ein photographischer Film in Form eines Zylinders um die Probe angeordnet und von den Streuwellen belichtet wird, besteht das Diagramm aus einer Reihe von Ringen, ähnlich einem kristallinen Pulverdiagramm. Die Ringe sind jedoch breit und diffus, und man kann nur einige von ihnen sehen. Wie Gl. 4-53 zeigt, hängt die Streuintensität von der Größe von $\Delta \mathbf{s}$ ab und nicht von seiner Richtung, deshalb wird in der Praxis das Diagramm nur von einem auf die Probe zentrierten Kreisbogen erfaßt. Für jeden Streuwinkel wird $|\Delta \mathbf{s}|$ unter Benutzung von $|\Delta \mathbf{s}| = (4\pi/\lambda) \sin \theta$ berechnet, wobei θ der halbe Streuwinkel ist, dann wird die Intensität als Funktion von $|\Delta \mathbf{s}|$ aufgetragen. Ein typisches Ergebnis ist in Bild 4-18 gezeigt. Man kann deutlich vier Ringe unterscheiden.

Für eine bestimmte Änderung $\Delta \mathbf{s}$ im Ausbreitungsvektor betrachten wir jene Atompaare mit dem Abstand $\mathbf{r}$, daß $\Delta \mathbf{s} \cdot \mathbf{r}$ ein Vielfaches von 2π ist. Wellen von Atomen dieser Paare verstärken sich am Detektor. Wenn es viele solche Paare im Festkörper gibt, ist die Streuintensität groß und ein intensiver Ring wird erzeugt. Im Gegensatz dazu gibt es zwischen den Ringen relativ dunkle Gebiete, wenn $\Delta \mathbf{s} \cdot \mathbf{r}$ etwa ein ungeradzahliges Vielfaches von π für einen großen Anteil von Atompaaren ergibt.

Aus demselben Grund wie beim Pulverdiagramm entstehen anstelle von Punkten Ringe. Wenn an zwei Atomen des Abstands $\mathbf{r}$ gestreute Wellen sich verstärken, dann tritt auch für Wellen Verstärkung auf, die an einem anderen Paar gestreut werden, wenn ihr relativer Abstand von $\mathbf{r}$ mit einem beliebigen Winkel um die Richtung des einfallenden Strahls rotiert.

Die Analyse eines Diagramms ist kompliziert, weil alle Atompaare mit Ausnahme jener, für die $\Delta \mathbf{s} \cdot \mathbf{r}$ ein ungeradzahliges Vielfaches von π ist, für jedes $\Delta \mathbf{s}$ zur

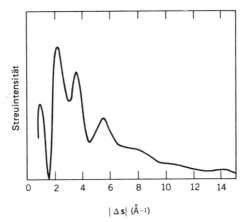

Bild 4-18 Die Streuintensität von Röntgenstrahlen bei amorphem Germanium als Funktion der Änderung |Δs| des Ausbreitungsvektors. (Nach H. Krebs und R. Steffen, *Z. Anorg. Chem.* **327**:224, 1964).

Intensität beitragen. Wir nehmen zum Beispiel an, daß Δs · r für eine große Anzahl von Paaren einen Wert zwischen 0 und π hat. Die an Atomen eines Paares gestreuten Wellen interferieren und erzeugen eine Intensität, die geringer als die maximal mögliche ist, aber es gibt so viele Paare, daß die Gesamtintensität recht hoch sein kann.

Trotzdem können Streudaten verwendet werden, um die mittlere Konzentration von Atomen um ein Zentralatom und mit Hilfe von Gl. 3-2 die radiale Verteilungsfunktion zu bestimmen. Der Integrand in Gl. 4-52 hat die Form eines Fourierintegrals, dem Analogon einer Fourierreihe für eine nichtperiodische Funktion. Wenn sein Wert für alle Werte von Δs bekannt ist, können Techniken der Fourieranalyse benutzt werden, um $\bar{n}(r)$ auszurechnen. Die Analyse ist mathematisch anspruchsvoll, und wir werden sie hier nicht behandeln.

4.6 Literatur

Alle in Kapitel 3 genannten Bücher enthalten Diskussionen von Röntgenstrahl-, Elektronen- und Neutronenstreuung an Kristallen. Zusätzlich siehe

B. D. Cullity, *Elements of X-ray Diffraction* (New York: Addison-Wesley, 1956).
R. W. James, „*The Dynamical Theory of X-Ray Diffraction*" in *Solid State Physics* (F. Seitz and D. Turnbull, Eds.), Vol. 15, p. 53 (New York: Academic, 1963).
C. G. Shull and E. O. Wollan, „*Applications of Neutron Diffraction to Solid State Problems*" in *Solid State Physics* (F. Seitz and D. Turnbull, Eds.), Vol. 2, p. 137 (New York: Academic, 1956).

Streuung an Kristalloberflächen wird diskutiert in

K. A. R. Mitchell, „Low-Energy Electron Diffraction." *Comtemporary Physics* **14**:251, 1973.

G. A. Somorjai and H. H. Farrell, „Low-Energy Electron Diffraction" in *Advances in Chemical Physics* (I. Prigogine and S. A. Rice, Eds.) (New York: Wiley, 1971).

M. B. Webb and M. G. Lagally, „Elastic Scattering of Low-Energy Electrons from Surfaces" in *Solid State Physics* (H. Ehrenreich, F. Seitz, and D. Turnbull, Eds.), Vol. 28, p. 301 (New York: Academic, 1973).

Zur Information über elastische Streuung an amorphen Festkörpern siehe das in Kapitel 3 zitierte Buch von Zallen und

R. Grigorovici, „The Structure of Amorphous Semiconductors" in *Electronic and Structural Properties of Amorphous Semiconductors* (P. C. LeComber and J. Mort, Eds.) (New York: Academic, 1972).

Für Röntgenstrahlbeugungsdaten siehe die im vorangegangenen Kapitel zusammengestellten Zitate und „*Crystal Data*", die gemeinsam von U. S. Department of Commerce, National Bureau of Standards und Joint Committee on Powder Diffraction Standards publiziert werden.

Aufgaben

1. Röntgenstrahlen mit einer Wellenlänge von 1.54 Å treffen längs der z-Achse auf zwei identische Atome, die einen Abstand von 3.2 Å haben. Ihr relativer Abstandsvektor liegt in der yz-Ebene und schließt einen Winkel von θ_r mit der z-Achse ein. In der yz-Ebene wird ein Detektor um die Atome bewegt. Man ermittle für (a) $\theta_r = 0$ und (b) $\theta_r = 45°$ die Positionen des Detektors, an denen er Maxima der gestreuten Intensität registriert.

2. Die Wellenfunktion für ein Elektron im Grundzustand eines Wasserstoffatoms ist $\psi(r) = (1/\sqrt{\pi})(1/a_0)^{3/2} e^{-r/a_0}$ wobei a_0 der Bohrsche Radius ist. (a) Die Elektronenkonzentration soll $n(r) = \psi^* \psi$ sein, man berechne den Atomformfaktor. (b) Man ermittle die Grenzwerte, wenn die Wellenlänge der einfallenden Welle groß bzw. klein wird. (c) Mit welcher atomaren Abmessung sollte die Wellenlänge verglichen werden, um zu entscheiden, ob sie groß oder klein ist?

3. Der in Aufgabe 2 gefundene Formfaktor ist vom Streuwinkel unabhängig. (a) Welche Charakteristika sollte die Elektronenkonzentration haben, damit der Formfaktor vom Streuwinkel abhängt? (b) Für welche Festkörper kann man erwarten, daß die Winkelabhängigkeit am stärksten wird?

4. Ein orthrhombisches Gitter hat die primitiven Gittervektoren $\mathbf{a} = a\hat{x}$, $\mathbf{b} = b\hat{y}$, und $\mathbf{c} = c\hat{z}$. Man ermittle die Grundvektoren des reziproken Gitters und benutze sie, um einen Ausdruck für den Abstand von benachbarten parallelen

Gitterebenen abzuleiten. Man setze für $a = 3.17$ Å, $b = 4.85$ Å und $c = 2.13$ Å und ermittle den Abstand der Ebenen für jede der folgenden Ebenenscharen: (100), (110), (011) und (111).

5. Für jede der folgenden Raumgitter ermittle man die Grundvektoren des reziproken Gitters und klassifiziere das reziproke Gitter entsprechend den Bravaisgittertypen: (a) hexagonal, (b) tetragonal raumzentriert und (c) orthorhombisch raumzentriert. Man gebe in jedem Falle die Abmessungen der konventionellen reziproken Einheitszelle durch die Abmessungen der konventionellen Gitterzelle an.

6. Wir betrachten ein trigonales Raumgitter und benutzen primitive Gittervektoren mit gleichen Längen und mit demselben Winkel zwischen jedem Paar von ihnen. Man ermittle die Grundvektoren des reziproken Gitters und zeige, daß das reziproke Gitter trigonal ist. Man zeige auch, daß der Winkel θ' zwischen jedem Paar von ihnen durch $\cos \theta' = -(\cos \theta)/(1 + \cos \theta)$ gegeben ist.

7. Man benutze die Gl. 4-21, 4-22 und 4-23, um (a) Gl. 4-26 und (b) Gl. 4-28, 4-29 und 4-30 zu beweisen.

8. Wir nehmen an, daß zwei Atome in der primitiven Basis einer Zinkblendestruktur die Atomformfaktoren f_a und f_b haben. (a) Man ermittle einen Ausdruck für den Strukturfaktor F des (hkl)-Streupeaks, der unter Verwendung eines einfachen kubischen Gitters indiziert wird. Man zeige, daß $F = 0$, wenn nicht alle h, k und l geradzahlig oder alle ungeradzahlig sind. Dann zeige man, daß $F = 4(f_a + f_b)$ für h + k + l = 4n, $F = 4(f_a - if_b)$ für h + k + l = 4n + 1, $F = 4(f_a - f_b)$ für h + k + l = 4n + 2 und $F = 4(f_a + if_b)$ für h + k + l = 4n + 3, wobei n eine beliebige ganze Zahl ist. (b) Wir nehmen an, daß beide Formfaktoren reell sind und daß $f_b = 1/2 f_a$. Man ermittle die relativen Intensitäten der vier Peaks, die zu demselben Wert von n gehören. Die zwei Atome in der primitiven Basis der Diamantstruktur haben gewöhnlich leicht unterschiedliche Formfaktoren, weil ihre Bindungssysteme unterschiedlich orientiert sind, deshalb gelten die in Teil *a* erhaltenen Ergebnisse auch für die Diamantstruktur.

9. (a) Man ermittle einen Ausdruck für den Strukturfaktor F einer idealen *hcp*-Struktur. Man benutze die Indizes eines primitiven Gitters. (b) Man nehme an, die zwei Atome der Basis haben denselben Atomformfaktor und er sei unabhängig von $|\Delta \mathbf{s}|$. Man ordne die folgenden Streupeaks nach steigender Intensität: (100), (110), (111), ($\bar{1}$11), (210) und (211).

10. Man berechne die Energie (a) eines Photons, (b) eines Elektrons und (c) eines Neutrons, wenn die Wellenlänge jeweils 1.00 Å beträgt.

11. Man beginne mit der Lauebedingung $\Delta \mathbf{s} = \mathbf{G}$ und zeige, daß ein Intensitätspeak für elastische Streuung auftritt, wenn $\mathbf{s} \cdot \mathbf{G} = -1/2|\mathbf{G}|^2$.

12. Ein tetragonales Gitter hat die Grundvektoren $\mathbf{a} = a\hat{\mathbf{x}}$, $\mathbf{b} = a\hat{\mathbf{y}}$ und $\mathbf{c} = c\hat{\mathbf{z}}$. Der Ausbreitungsvektor für einen einfallenden Röntgenstrahl liegt in der *xy*-

Ebene und schließt einen Winkel α mit der x-Achse ein. (a) Die Wellenlänge soll λ sein; man zeige, daß der elastische (hkl)-Streupeak auftritt, wenn gilt

$$h \cos \alpha + k \sin \alpha = - \frac{\lambda a}{2} \left[\frac{h^2 + k^2}{a^2} + \frac{l^2}{c^2} \right]$$

(b) Man zeige, daß keine Peaks mit den Indizes der Form (00l) erzeugt werden. (c) Wir nehmen an λ = 1.54 Å, a = 4.73 Å und c = 5.71 Å. Man ermittle den Winkel α, den der Strahl mit der x-Achse einschließen muß, um jeden der folgenden Peaks zu erzeugen: (100), (101) und (111). (d) Man ermittle den Streuwinkel für jeden der Peaks von Teil c.

13. Röntgenstrahlen der Wellenlänge 1.54 Å werden benutzt, um ein Drehkristalldiagramm eines einfachen kubischen Kristalls der Kantenlänge 4.51 Å herzustellen. Der Film hat die Form eines Zylinders mit dem Radius 57.3 mm um die Probe herum, und die Probe dreht sich um eine vierzählige Symmetrieachse. (a) Wie viele Reflexreihen gibt es? (b) Wie groß ist der Abstand zwischen den Reihen auf dem Film? (c) Man ermittle die Positionen der zwei ersten Reflexe auf derselben Seite der Vorwärtsrichtung mit dem kleinsten Streuwinkel in der mittleren Reihe und der ersten Reihe darüber. (d) Welche der in Teil c gefundenen Reflexe fehlen, wenn überhaupt, wenn das Gitter kubisch raumzentriert ist?

14. Durch Streuung von Röntgenstrahlen mit einer Wellenlänge von 1.39 Å an einem orthorhombischen Kristall, der um seine c-Achse rotiert, wird ein Drehkristalldiagramm aufgenommen. Der Radius des Filmzylinders beträgt 57.3 mm, und man erhält 5 Reflexreihen. (c) Man zeige, daß die Länge der Einheitszelle längs der c-Achse weniger als 3λ = 4.17 Å betragen muß, weil es nur zwei Reflexreihen über der mittleren Reihe gibt. (b) Die mittlere Reihe und die erste Reihe darüber haben einen Abstand von 12.1 mm. Wie groß ist die Länge c der Zellkante? (c) Wie groß ist der Abstand zwischen der mittleren Reihe und der zweiten Reihe darüber auf dem Film? (d) Die anderen Kanten der konventionellen orthorhombischen Einheitszelle wurden zu a = 4.34 Å und c = 3.23 Å bestimmt. Auf der mittleren Reihe sind die dem ungestreuten Strahl nächsten fünf Reflexe 9.20, 12.4, 15.5, 18.7 und 22.7 mm von der Stelle, wo der ungestreute Strahl den Film trifft, entfernt. Diese Reflexe sollen indiziert werden.

15. Wir betrachten einen Kristall mit einfachem kubischen Gitter und einem Atom in seiner primitiven Basis. Die Kantenlänge beträgt 4.50 Å. (a) Für jeden der folgenden Peaks ermittle man die Wellenlänge, bei der der Peak bei einem Streuwinkel von 40° auftritt: (100), (110) und (111). (b) Wenn die Wellenlänge so groß ist, daß der Streuwinkel für den (110)-Peak 40° beträgt, wie groß sind dann die Streuwinkel für (100) und (111) Peaks? (c) Wenn die Wellenlänge gerade so groß ist, daß der Streuwinkel für den (110)-Peak 40° beträgt, wie groß ist dann der Streuwinkel für den (220)-Peak?

16. Ein tetragonaler Kristall wird zu Pulver gemahlen, und Röntgenstrahlen einer Wellenlänge von 1.54 Å werden zur Herstellung eines Pulverdiagramms verwendet. Die konventionelle Einheitszelle hat eine quadratische Basis mit einer Kantenlänge von 3.20 Å und einer Höhe von 4.63 Å. Man ermittle die Streuwinkel für jeden der drei Ringe mit dem kleinsten Durchmesser sowohl in der Vorwärts- als auch in der Rückwärtsstreurichtung. (b) Welche dieser Ringe sind schwach, wenn die Basis aus einem Atom in der Zellecke und einem Atom anderer Art im Zellzentrum besteht? Die Atomformfaktoren sollen reell sein und dasselbe Vorzeichen haben.

17. Ein kubischer Kristall wird zu Pulver gemahlen, und es wird ein Pulverdiagramm mit Röntgenstrahlen der Wellenlänge von 1.39 Å hergestellt. Die kleinsten fünf Ringe in der Vorwärtsstreurichtung entsprechen Streuwinkeln von 24.4, 28.2, 40.3, 47.7 und 50.0° und die fünf kleinsten Ringe in der Rückstreurichtung entsprechen Streuwinkeln von 172.8, 154.6, 139.0, 131.7 und 123.1°. (a) Man berechne $\sin^2\theta$ für jeden der Ringe in Vorwärtsstreurichtung. Man vergleiche ihre Verhältnisse mit denen, die man für ein einfaches kubisches, ein kubisch flächenzentriertes und ein kubisch raumzentriertes Gitter erwartet. Man identifiziere das Gitter durch diesen Vergleich. (b) Man nehme an, daß der Ring mit dem kleinsten Durchmesser in der Vorwärtsstreurichtung der kleinste mögliche für das in Teil a identifizierte Gitter sei und berechne die kubische Kantenlänge. (c) Man indiziere alle Ringe. (d) Man berechne die Kantenlänge unter Benutzung des Rings mit kleinstem Durchmesser in der Rückwärtsstreurichtung.

18. Das Oberflächengitter einer reinen (001)-Oberfläche einer Kupferprobe ist quadratisch und hat eine Kantenlänge von 5.61 Å. In einem LEED-Experiment treffen monoenergetische Elektronen senkrecht auf die Oberfläche auf. (a) Man berechne die geringste Energie, für die intensive Streuung auftritt ohne Berücksichtigung der reflektierten Strahlung. Wie viele gestreute Strahlen werden bei dieser Energie erzeugt? Welche Richtungen haben sie? (b) Wir nehmen an, die Energie sei 4.50 mal größer als die in Teil a gefundene. Man ermittle den Winkel, den jeder stark gestreute Strahl mit der Oberfläche einschließt. (c) Man skizziere das LEED-Diagramm, wie es für die Energie von Teil b auf einem Schirm erscheinen würde, der so um die Probe angeordnet ist wie ein Film in einer Röntgenkamera.

19. Wir nehmen für die Kupferprobe von Aufgabe 18 an, daß abwechselnd Reihen von Kupferatomen, die parallel zu einer der Quadratkanten liegen, von Fremdatomreihen ersetzt werden. Man identifiziere für ein LEED-Experiment mit einem senkrecht auftreffenden Strahl und einer Elektronenenergie von 20.0 eV alle stark gestreuten Strahlen, die man erhält und ermittle den Winkel, den jeder von ihnen mit der Oberfläche einschließt. Welche dieser Strahlen würden fehlen, wenn die Oberfläche keine Fremdatome enthielte?

5. Bindung

Stabmodell der Diamantstruktur. Eine kubische Zelle ist durch dicke Stäbe hervorgehoben.

5.1 Energieberechnungen . . . 131
5.2 Das molekulare Wasserstoffion 134
5.3 Kovalente Bindung 143
5.4 Ionenbindung 149
5.5 Metallische Bindung 156
5.6 Van der Waals – Bindung . 156
5.7 Wasserstoffbrücken 160

In einem Festkörper gebundene Atome haben eine geringere Gesamtenergie als die gleichen Atome, wenn sie genügend weit voneinander entfernt sind. Die Energieverringerung hat in allen Fällen ihre Ursache darin, daß die Elektronen in einem Festkörper mit mehr als einem Ionenrumpf wechselwirken und deshalb meist Zustände mit geringerer Energie besetzen als im Grundzustand eines isolierten Atoms. Wenn Atome zusammen gebracht werden, breiten sich die Wellenfunktionen der Elektronen für Zustände, die zur Bindung beitragen, in Bereiche zwischen den Atomen aus, wo die potentielle Energie geringer ist als bei weit entfernten Atomen. Die Ausbreitung der Wellenfunktionen führt auch zu einem Absinken der kinetischen Energie der Elektronen, ein Ergebnis, das direkt aus der Heisenbergschen Unschärferelation folgt. Der Impuls eines Elektrons, das auf einen kleinen Raum beschränkt ist, hat im allgemeinen starke Schwankungen, deshalb ist der Mittelwert des Impulses quadratisch, und damit wird die Energie größer als für den Fall, daß das Elektron weniger eingeschränkt ist.

Bindungsmechanismen können qualitativ auf der Grundlage der Größe und der Form der Elektronenverteilung unterschieden werden. Für kovalente Bindungen ist die Elektronenkonzentration in der Nachbarschaft von Linien, die die Atome verbinden, größer als abseits dieser Linien. Andererseits ist die Elektronenverteilung in einem Metall in den Zwischengitterbereichen viel gleichförmiger. Im Falle ionischer Festkörper wird ein Elektron oder mehrere aus der Nachbarschaft eines Atoms zur Nachbarschaft eines anderen Atoms überführt, und die Atome können als entgegengesetzt geladene Ionen behandelt werden, die sich gegenseitig elektrostatisch anziehen. Wir wollen einige der Einzelheiten dieser und anderer Bindungsmechanismen in diesem Kapitel untersuchen. Zuerst wird eine kurze Einführung in die Berechnung der Elektronenenergien gegeben.

5.1 Energieberechnungen

Die Schrödingergleichung

Die Berechnung der Gesamtenergie eines Festkörpers beginnt im Prinzip mit der Ermittlung der Lösungen der Schrödingergleichung für Elektronenenergien und Wellenfunktionen. Die mit einem Elektron verbundene Wellenfunktion $\Psi(\mathbf{r}, t)$ enthält Informationen über das Verhalten des Elektrons. Die Größe $dP = |\Psi(\mathbf{r}, t)|^2 d\tau$ gibt zum Beispiel die Wahrscheinlichkeit an, daß sich zur Zeit t das Elektron im infinitesimalen Volumen $d\tau$ bei $\mathbf{r}$ befindet. Ψ kann komplex sein, und sein Quadrat wird aus dem Produkt von Ψ mit seiner konjugiert Komplexen, die mit Ψ^* bezeichnet wird, berechnet. $|\Psi|^2$ wird Wahrscheinlichkeitsdichte für das Elektron genannt.

Die Wellenfunktion und damit die Wahrscheinlichkeitsdichte werden mit Hilfe der potentiellen Energiefunktion $U(\mathbf{r})$ für das Elektron bestimmt. Genauer gesagt ist die Wellenfunktion eine Lösung der Schrödingergleichung

$$-\frac{\hbar^2}{2m} \nabla^2 \Psi(\mathbf{r}, t) + U(\mathbf{r})\Psi(\mathbf{r},t) = i\hbar \frac{\partial \Psi(\mathbf{r}, t)}{\partial t}. \tag{5-1}$$

Hier ist m die Elektronenmasse und ∇^2 ist der Laplaceoperator, der in karthesischen Koordinaten durch

$$\nabla^2 \Psi = \frac{\partial^2 \Psi}{\partial x^2} + \frac{\partial^2 \Psi}{\partial y^2} + \frac{\partial^2 \Psi}{\partial z^2} \tag{5-2}$$

gegeben ist.

Für die Näherung werden wir benutzen, daß die potentielle Energiefunktion unabhängig von der Zeit ist, und $\Psi(\mathbf{r}, t)$ kann als Produkt zweier Funktionen geschrieben werden, wobei eine nur von Raumkoordinaten abhängt und die andere nur von der Zeit: $\Psi(\mathbf{r}, t) = \psi(\mathbf{r}) f(t)$. Die zeitabhängige Funktion hat die Form $e^{-i\omega t}$, wobei ω die Kreisfrequenz ist. Sowohl ihr Real- als auch ihr Imaginärteil oszillieren sinusförmig mit der Zeit, aber da ihr Betrag 1 ist, führt das zu einer von der Zeit unabhängigen Wahrscheinlichkeitsdichte: $|\Psi(\mathbf{r}, t)|^2 = |\Psi(\mathbf{r})|^2$.

Die Kreisfrequenz der Wellenfunktion ist mit der Energie des Teilchens durch

$$E = \hbar \omega \tag{5-3}$$

verbunden. Diese Beziehung wurde in Kapitel 4 benutzt, wo wir an einer Probe gestreute ebene Wellen betrachteten. Die hier zu behandelnden Wellenfunktionen sind beträchtlich komplizierter, aber Gl. 5-3 ist immer noch gültig.

Um die Differentialgleichung für $\psi(\mathbf{r})$ zu erhalten, wird in Gl. 5-1 $\Psi(\mathbf{r}, t) = \psi(\mathbf{r}) e^{-i\omega t}$ eingesetzt, und der exponentielle Faktor wird aus jedem Glied entfernt. Benutzt man Gl. 5-3, ist das Ergebnis die zeitunabhängige Schrödingergleichung

$$-\frac{\hbar^2}{2m} \nabla^2 \psi(\mathbf{r}) + U(\mathbf{r}) \psi(\mathbf{r}) = E \psi(\mathbf{r}). \tag{5-4}$$

Eine potentielle Energiefunktion wird zuerst aufgestellt, und dann werden Lösungen zu Gl. 5-4, die entsprechenden Randbedingungen genügen, gesucht. Es sind sehr viel Zustände für ein in einem Festkörper gebundenes Elektron möglich, jedes mit einer Wellenfunktion und einer Energie. Wir benutzen einen Index, um die Zustände voneinander zu unterscheiden: ψ_i und E_i stellen jeweils Wellenfunktion und Energie des Zustandes i dar.

Im Prinzip sollte die Schrödingergleichung auch ein Glied enthalten, das vom Spindrehimpuls des Elektrons abhängt, aber wir können diesen Term in den meisten Diskussionen vernachlässigen. Der Spin wird jedoch wichtig, wenn die Besetzung von Elektronenzuständen betrachtet wird. Die z-Komponente S_z des Spindrehimpulses muß entweder $+1/2 \hbar$ oder $-1/2 \hbar$ sein. Zwei Elektronen mit derselben räumlichen Wellenfunktion $\psi(\mathbf{r})$ sind in unterschiedlichen Zuständen, wenn S_z für sie differiert. Darüber hinaus genügen Elektronen dem Pauliprinzip, das heißt, nur ein Elektron besetzt einen beliebigen Zustand, und nur zwei können dieselbe räumliche Wellenfunktion haben.

Die Funktion der potentiellen Energie

Zwei Terme bestimmen die Funktion der potentiellen Energie für ein Elektron in einem Festkörper. Der erste folgt aus elektrostatischen Elektron-Kern-Wechselwirkungen und ist durch

$$U_{en}(\mathbf{r}) = - \frac{e^2}{4\pi\varepsilon_0} \sum_i \frac{Z_i}{|\mathbf{r} - \mathbf{R}_i|} \tag{5-5}$$

gegeben. Hier ist $\mathbf{R}_i$ die Lage von Kern i, der Z_i Protonen haben soll, und die Summe geht über alle Kerne im Festkörper. Da die Kerne das Elektron anziehen, ist U_{en} bezüglich der potentiellen Energie eines Elektrons, das weit entfernt von allen Kernen ist, negativ.
Der zweite wichtige Term folgt aus elektrostatischen Wechselwirkungen zwischen dem betrachteten Elektron und allen anderen Elektronen. Um diesen Term zu berechnen, werden die Elektronen durch eine kontinuierliche Verteilung mit einer Elektronenkonzentration $n(\mathbf{r}')$ proportional der Elektronenwahrscheinlichkeitsdichte ersetzt. Der Elektron-Elektron-Beitrag zur Funktion der potentiellen Energie wird im speziellen durch

$$U_{ee}(\mathbf{r}) = \frac{e^2}{4\pi\varepsilon_0} \int \frac{n(\mathbf{r}')}{|\mathbf{r} - \mathbf{r}'|} d\tau', \tag{5-6}$$

ausgedrückt, wobei

$$n(\mathbf{r}') = \sum_i |\psi_i(\mathbf{r}', t)|^2. \tag{5-7}$$

Die gestrichenen Koordinaten sind die Variablen der Integration in Gl. 5-6, und die Summe in Gl. 5-7 geht über alle besetzten Elektronenzustände, mit Ausnahme desjenigen, für den die Schrödingergleichung gelöst wird.
Für die Untersuchung der meisten Materialeigenschaften müssen wir die Elektronenwellenfunktionen und Energiezustände nur für stationäre Kerne in ihren Gleichgewichtspositionen kennen. U_{en} ist dann unabhängig von der Zeit. Weiterhin nehmen wir an, daß alle Elektronen-Wellenfunktionen die Form $\Psi(\mathbf{r}, t) = \psi(\mathbf{r})e^{-i\omega t}$ haben, deshalb ist auch U_{ee} zeitunabhängig. Da die gesamte potentielle Energie unabhängig von der Zeit ist, haben die Lösungen der Schrödingergleichung tatsächlich die angenommene Form.
Gleichung 5-6 wird Hartree-Formulierung der Elektron-Elektron-Wechselwirkung genannt. Man beachte, daß Elektronenwellenfunktionen verwendet werden, um die Funktion der potentiellen Energie zu berechnen, und diese Funktion wird umgekehrt benutzt, um die Wellenfunktionen zu lösen. Eine selbstkonsistente Methode wird entwickelt. Man erhält die Wellenfunktionen unter Verwendung einer Testfunktion der potentiellen Energie in der Schrödingergleichung, und dann werden die Wellenfunktionen benutzt, um die Funktion der potentiellen Energie zu bestimmen. Wenn das Ergebnis nicht mit der ursprüngli-

chen Testfunktion übereinstimmt, wird die Funktion angepaßt und der Vorgang wiederholt.

Zur Elektron-Elektron-Wechselwirkung wurden auch kompliziertere Formulierungen entwickelt. Die wichtigste davon führt zur Hartree-Fock Funktion der potentiellen Energie, welche berücksichtigt, daß sich Elektronen mit parallelen Spins meiden, nicht weil sie geladen sind, sondern weil sie dem Pauliprinzip gehorchen. Diese Funktion ist komplizierter als die Hartree-Funktion, und wir werden sie hier nicht diskutieren.

Das oben beschriebene Programm ist beachtlich und kann nur dann exakt ausgeführt werden, wenn Rechner großer Speicherkapazität und hoher Geschwindigkeit benutzt werden. Trotzdem kann man viel über Bindung lernen, wenn man einfache Verhältnisse, die nur eine geringe Anzahl von Elektronen beinhalten, betrachtet. Wir beginnen mit dem molekularen Wasserstoffion.

5.2 Das molekulare Wasserstoffion

Bindungszustände

Wie in Bild 5-1a dargestellt ist, besteht das System aus zwei Protonen und einem Elektron. Ein Proton, mit a bezeichnet, befindet sich im Ursprung, während das andere, mit b bezeichnete sich bei $\mathbf{R}$ befindet. Die Verschiebung des Elektrons

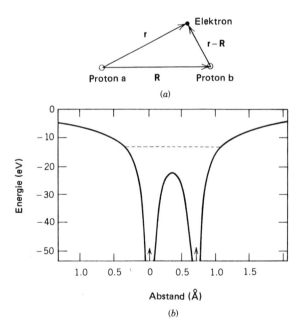

Bild 5-1 (a) Geometrie eines molekularen Wasserstoffions. Die Protonen haben einen Abstand von $\mathbf{R}$, das Elektron sitzt bezüglich Proton a bei $\mathbf{r}$ und bezüglich Proton b bei $\mathbf{r} - \mathbf{R}$. (b) Potentielle Energie des Elektrons längs der Linie, die die Protonen verbindet. Atompositionen sind durch Pfeile angegeben. Die Energie des niedrigsten Elektronenzustandes ist durch eine gestrichelte Linie wiedergegeben.

5.2 Das molekulare Wasserstoffion

von Proton a ist $\mathbf{r}$ und seine Verschiebung von Proton b ist $\mathbf{r} - \mathbf{R}$, damit ist die potentielle Elektron-Proton-Energie gegeben durch

$$U(\mathbf{r}) = - \frac{e^2}{4\pi\varepsilon_0} \frac{1}{r} - \frac{e^2}{4\pi\varepsilon_0} \frac{1}{|\mathbf{r} - \mathbf{R}|}. \tag{5-8}$$

Eine Darstellung dieser Funktion längs der die Protonen verbindenen Linie ist in Bild 5-1b gezeigt. In der Nähe der beiden Protonen gibt es beinahe einen Coulombschen Potentialtopf, und im Bereich zwischen den Protonen ist die potentielle Energie geringer als die potentielle Energie, die auf ein Proton allein zurückgeführt werden kann.

In der Nähe eines Protons erwarten wir, daß die Elektronenwellenfunktion stark der Wellenfunktion eines Elektrons in einem Wasserstoffatom ähnelt. Der Ausläufer der Wellenfunktion erstreckt sich jedoch über die Potentialbarriere in den Nachbarpotentialtopf hinein und geht stetig in ein Atomorbital über, das um dieses Proton kreist.

Zur Erläuterung nehmen wir an, daß in der Nähe jedes Protons die Wellenfunktion etwa ein Wasserstoff $1s$ Orbital ist, und als erste Näherung der Wellenfunktion für das Elektron im molekularen Ion schreiben wir

$$\psi(\mathbf{r}) = N[\chi(r) + \chi(|\mathbf{r} - \mathbf{R}|)], \tag{5-9}$$

mit

$$\chi(r) = \frac{1}{\sqrt{\pi}} \left[\frac{1}{a_0} \right]^{3/2} e^{-r/a_0}. \tag{5-10}$$

Hier ist a_0 der Bohrsche Radius ($a_0 = 4\pi\varepsilon_0\hbar^2/me^2 = 0.529$ Å). Das Orbital wird normiert: $\int |\chi(r)|^2 d\tau = 1$, wobei das Integral über den ganzen Raum läuft. Die erste Funktion in der Klammer von Gl. 5-9 bezieht sich auf Proton a, während sich die zweite auf Proton b bezieht. N ist eine Normierungskonstante, die so gewählt wurde, daß $\int |\psi|^2 d\tau = 1$. Da χ reell ist, wird

$$|\psi(\mathbf{r})|^2 = |N|^2 [\chi^2(r) + \chi^2(|\mathbf{r} - \mathbf{R}|) + 2\chi(r)\chi(|\mathbf{r} - \mathbf{R}|)]. \tag{5-11}$$

Wenn $\Delta = \int \chi(r)\chi(|\mathbf{r} - \mathbf{R}|) d\tau$, wählen wir N zu

$$N = \left[\frac{1}{2(1 + \Delta)} \right]^{1/2}. \tag{5-12}$$

Die durch Gl. 5-9 gegebene und in Bild 5-2 dargestellte Wellenfunktion beschreibt die Aufteilung des Elektrons auf die beiden Protonen. Man beachte, daß atomare Wellenfunktionen und keine Wahrscheinlichkeitsdichten überlagert werden. Die Wahrscheinlichkeitsdichte für das Elektron im molekularen Ion, wie sie durch Gl. 5-11 gegeben ist, schließt den Interferenzterm $2\chi(r)\chi(|\mathbf{r} - \mathbf{R}|)$ ein, der in Bereichen, wo *sowohl* $\chi(r)$ als auch $\chi(|\mathbf{r} - \mathbf{R}|)$ signifikant werden, groß

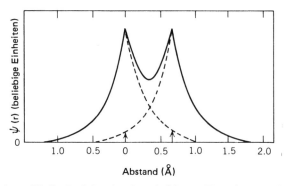

Bild 5-2 Genäherte Wellenfunktion für den niedrigsten Energiezustand eines Elektrons in einem molekularen Wasserstoffion längs der Linien, die die Protonen verbindet. Die gestrichelten Linien zeigen die Ausläufer der 1s Atomorbitale an, die sich an jedem Proton befinden.

ist. Das ist gerade der Bereich, in dem die potentielle Energie für das Elektron in einem molekularen Ion geringer als die potentielle Energie für ein Elektron in einem Wasserstoffatom ist.

Um die Energie des Zustandes zu bestimmen, berechnen wir ihren Mittelwert $\langle E \rangle$, der durch

$$\langle E \rangle = \int \psi^*(\mathbf{r}) \left[-\frac{\hbar^2}{2m} \nabla^2 \psi(\mathbf{r}) - \frac{e^2}{4\pi\varepsilon_0 r} \psi(\mathbf{r}) - \frac{e^2}{4\pi\varepsilon_0 |\mathbf{r} - \mathbf{R}|} \psi(\mathbf{r}) \right] d\tau \qquad (5\text{-}13)$$

gegeben ist. Gl. 5-9 wird benutzt, um ψ zu ersetzen, dann wird mit Hilfe der Schrödingergleichungen für $\chi(r)$ und $\chi(|\mathbf{r} - \mathbf{R}|)$ das Ergebnis vereinfacht. Diese Schrödingergleichungen lauten:

$$-\frac{\hbar^2}{2m} \nabla^2 \chi(r) - \frac{e^2}{4\pi\varepsilon_0 r} \chi(r) = E_{1s} \chi(r), \qquad (5\text{-}14)$$

und

$$-\frac{\hbar^2}{2m} \nabla^2 \chi(|\mathbf{r} - \mathbf{R}|) - \frac{e^2}{4\pi\varepsilon_0 |\mathbf{r} - \mathbf{R}|} \chi(|\mathbf{r} - \mathbf{R}|) = E_{1s} \chi(|\mathbf{r} - \mathbf{R}|), \qquad (5\text{-}15)$$

E_{1s} ($= -13.6$ eV) ist die Energie eines Elektrons in einem Wasserstoff 1s-Zustand. Nach Vereinfachung lautet Gl. 5-13

$$\langle E \rangle = E_{1s} - \frac{e^2 N^2}{4\pi\varepsilon_0} \int [\chi(r) + \chi(|\mathbf{r} - \mathbf{R}|)] \left[\frac{1}{r} \chi(|\mathbf{r} - \mathbf{R}|) + \frac{1}{|\mathbf{r} - \mathbf{R}|} \chi(r) \right] d\tau. \qquad (5\text{-}16)$$

Es sei

$$A = \frac{e^2}{4\pi\varepsilon_0} \int \chi^2(r) \frac{1}{|\mathbf{r} - \mathbf{R}|} d\tau \qquad (5\text{-}17)$$

bzw.

$$B = \frac{e^2}{4\pi\varepsilon_0} \int \chi(r)\chi(|\mathbf{r} - \mathbf{R}|) \frac{1}{r} d\tau. \tag{5-18}$$

Durch einfache Veränderung der Variablen kann gezeigt werden, daß gilt $(e^2/4\pi\varepsilon_0)\int[\chi^2(|\mathbf{r} - \mathbf{R}|)/r]d\tau = A$ und $(e^2/4\pi\varepsilon_0)\int[\chi(r)\chi(|\mathbf{r} - \mathbf{R}|)/|\mathbf{r} - \mathbf{R}|] d\tau = B$. Wenn Gl. 5-12, 5-17 und 5-18 benutzt werden, wird Gl. 5-16

$$\langle E \rangle = E_{1s} - \frac{A + B}{1 + \Delta}. \tag{5-19}$$

Da A und B beide positiv sind, sagt Gl. 5-19 deutlich ein Absinken der Energie vom 1s-Zustand voraus. Die Gesamtenergie des H_2^+-Moleküls erhält man durch Addition der potentiellen Energie der Proton-Proton-Wechselwirkung zu $\langle E \rangle$:

$$E_{\text{total}} = E_{1s} - \frac{A + B}{1 + \Delta} + \frac{e^2}{4\pi\varepsilon_0} \frac{1}{R}. \tag{5-20}$$

A und B bestimmen das Ausmaß, um welches die Energie verringert wird, wenn sich die Protonen annähern. A ist im wesentlichen die potentielle Energie für die Wechselwirkung zwischen einem Proton und dem Elektron, wenn es sich in einem atomaren Zustand um das andere Proton befindet. B ist ein Maß dafür, wie sich die Ausläufer benachbarter Atomfunktionen im Zwischengitterbereich überlappen. Je stärker die Überlappung, desto geringer die Energie und desto stärker die Bindung.
Für die Atomfunktionen von Gl. 5-10, können die Gl. 5-12, 5-17 und 5-18 in geschlossener Form berechnet werden.

$$\Delta = \left[1 + \frac{R}{a_0} + \frac{R^2}{3a_0^2}\right] e^{-R/a_0}, \tag{5-21}$$

$$A = \frac{e^2}{4\pi\varepsilon_0} \frac{1}{a_0} \left[\frac{a_0}{R} - \left(\frac{a_0}{R} + 1\right) e^{-2R/a_0}\right], \tag{5-22}$$

und

$$B = \frac{e^2}{4\pi\varepsilon_0} \frac{1}{a_0} \left[\frac{R}{a_0} + 1\right] e^{-R/a_0}. \tag{5-23}$$

Diese Ausdrücke wurden benutzt, um in Bild 5-3 $\langle E \rangle$ und E_{total} als Funktionen von R darzustellen.
Für einen großen Protonenabstand geht $A \to e^2/4\pi\varepsilon_0 R$, $B \to 0$ und $\Delta \to 0$, damit geht $\langle E \rangle \to E_{1s} - e^2/4\pi\varepsilon_0 R$ und $E_{\text{total}} \to E_{1s}$. $\langle E \rangle$ ist dann die Energie eines Elektrons in einem atomaren 1s-Zustand, das mit einem weit entfernten Proton wechselwirkt. Das System entspricht einem genügend weit entferntem Proton und ei-

138   5. Bindung

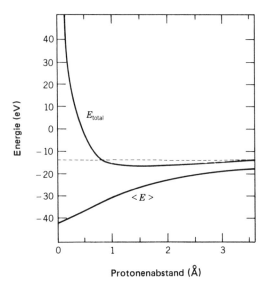

Bild 5-3 Elektronenenergie $\langle E \rangle$ und Gesamtenergie als Funktionen des Protonenabstandes für den Bindungszustand eines molekularen Wasserstoffions. Das 1s Atomniveau ist durch eine gestrichelte Linie angegeben.

nem neutralen Wasserstoffatom, deshalb ist die Gesamtenergie gerade jene eines Elektrons in einem Wasserstoff 1s-Zustand. Der Interferenzterm in der Wahrscheinlichkeitsdichte ist klein, da $\chi(r)$ extrem gering ist, während $\chi(|\mathbf{r} - \mathbf{R}|)$ nicht klein ist und umgekehrt.

Wenn R klein wird, geht $A \to e^2/4\pi\varepsilon_0$, $B \to e^2/4\pi\varepsilon_0 a_0$ und $\Delta \to 1$, damit geht $\langle E \rangle \to E_{1s} - e^2/4\pi\varepsilon_0 a_0$. Wenn die potentielle Energie der Proton-Proton-Wechselwirkung zu $\langle E \rangle$ addiert wird, um E_{total} zu bilden, wird das Ergebnis groß und positiv. E_{total} geht bei etwa $R = 2.50\, a_0$ durch ein Minimum. Das ist der vorausgesagte Gleichgewichtsabstand der Protonen.

Beispiel 5-1

Man benutze die Wellenfunktion von Gl. 5-9, um für ein H_2^+-Ion mit einem Protonenabstand von $2.50\, a_0$ (a) die mittlere Elektronenenergie, (b) die mittlere potentielle Elektronenenergie, (c) die mittlere kinetische Elektronenenergie und (d) die Gesamtenergie zu berechnen, die die potentielle Energie der Proton-Proton-Wechselwirkung einschließt.

Lösung

Für $R = 2.50\, a_0$ folgen aus Gl. 5-21, 5-22 und 5-23 $\Delta = 0.458$, $A = 1.70 \times 10^{-18}$ J ($= 10.6$ eV) und $B = 1.25 \times 10^{-18}$ J ($= 7.82$ eV). (a) Die mittlere Elektronenenergie ist $\langle E \rangle = E_{1s} - (A + B)/(1 + \Delta) = -4.21 \times 10^{-18}$ J ($= -26.3$ eV). (b) Die mittlere potentielle Energie des Elektrons ist gegeben durch

$$\langle U \rangle = \int \psi^*(\mathbf{r}) \left[-\frac{e^2}{4\pi\varepsilon_0} \frac{1}{r} - \frac{e^2}{4\pi\varepsilon_0} \frac{1}{|\mathbf{r} - \mathbf{R}|} \right] \psi(\mathbf{r})\, d\tau$$

$$= -\frac{N^2 e^2}{4\pi\varepsilon_0} \left[\int \chi^2(r) \frac{1}{r}\, d\tau + \int \chi^2(|\mathbf{r} - \mathbf{R}|) \frac{1}{|\mathbf{r} - \mathbf{R}|}\, d\tau \right] - 2N^2(A + 2B).$$

Die Integrale lassen sich leicht berechnen: die ersten zwei Glieder sind jeweils $-N^2 e^2/4\pi\varepsilon_0 a_0$ oder -1.49×10^{-18} J (-9.33 eV). Schließlich ist $\langle U \rangle = -5.88 \times 10^{-18}$ J (-36.7 eV). (c) $\langle K \rangle = \langle E \rangle - \langle U \rangle = -4.21 \times 10^{-18} + 5.88 \times 10^{-18} = 1.67 \times 10^{-18}$ J (10.4 eV). (d) Die Proton-Proton-Wechselwirkungsenergie beträgt $e^2/4\pi\varepsilon_0 R = 1.74 \times 10^{-18}$ J (10.9 eV), damit wird die Gesamtenergie $-4.21 \times 10^{-18} + 1.74 \times 10^{-18} = -2.47 \times 10^{-18}$ J (-15.4 eV).
Die Gesamtenergie bei unendlichem Abstand der Protonen beträgt zum Vergleich -2.18×10^{-18} J. Die mittlere potentielle Energie des Elektrons ist dann -4.36×10^{-18} J, und die mittlere kinetische Energie des Elektrons ist 2.18×10^{-18} J. Man beachte, daß sowohl die kinetische als auch die potentielle Energie sinkt, wenn das Molekül gebildet wird. ♦

Im Experiment findet man den Gleichgewichtsabstand $R = 2.0\ a_0$, und die Gesamtenergie bei diesem Abstand wird zu $E_{\text{total}} = -2.6 \times 10^{-18}$ J ermittelt. Obwohl das Verhalten der berechneten Energie qualitativ einen richtigen Verlauf zeigt und Bindung voraussagt, gibt es einen quantitativen Fehler. Die Fehler treten auf, weil die genäherte Wellenfunktion nicht genügend die Verzerrung berücksichtigt, eine Situation, die durch Hinzufügen anderer Funktionen zu Gl. 5-9 leicht korrigiert werden kann. Im Prinzip kann die vollständige Anzahl der Wasserstoff-Funktionen verwendet und in folgender Form geschrieben werden

$$\chi(\mathbf{r}) = \sum_n A_n \Phi_n(\mathbf{r}), \tag{5-24}$$

wobei $\Phi_n(\mathbf{r})$ eine Atomfunktion und A_n eine Konstante ist, und die Summe über alle Atomfunktionen geht. In der Praxis wird die Summe nach einigen Gliedern abgebrochen. Für den zweiten Potentialtopf wird ein ähnlicher Ausdruck mit unterschiedlichen Konstanten und mit bei $\mathbf{r} - \mathbf{R}$ zentrierten Wellenfunktionen aufgestellt, und dann werden diese zwei Ausdrücke in Gl. 5-9 angewendet. Der Erwartungswert für die Energie wird aufgrund der Koeffizienten A_n berechnet, und dann werden diesen Koeffizienten Werte zugeordnet, daß $\langle E \rangle$ den kleinsten möglichen Wert hat. Schließlich wird der Gleichgewichtsabstand ermittelt, indem man dem Minimum von E_{total} als Funktion von R gesucht wird.

Antibindungszustände

Nicht alle molekularen Zustände haben eine Verringerung der Energie zur Folge. Als ein Beispiel dafür betrachten wir die Elektronenwellenfunktion

$$\psi(r) = N[\chi(r) - \chi(|\mathbf{r} - \mathbf{R}|)], \tag{5-25}$$

wobei $\chi(r)$ wieder die $1s$ Funktion von Wasserstoff ist. Das ist genau wie die in Gl. 5-9 gegebene Funktion eine qualitative richtige Näherungslösung der zeitunabhängigen Schrödingergleichung.
Die Wellenfunktion ist in Bild 5-4 dargestellt. Im Vergleich zur Bindungsfunktion von Bild 5-2 ist sie im Bereich zwischen den Protonen klein und in der Umge-

140   5. Bindung

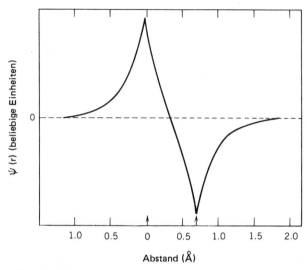

Bild 5-4 Genäherte Wellenfunktion für den niedrigsten Antibindungsenergiezustand eines Elektrons in einem molekularen Wasserstoffion längs der Linie, die die Protonen verbindet.

bung der Protonen entsprechend groß. Wie Bild 5-5 zeigt, ist die Elektronenenergie für jeden Abstand größer als die Energie für den Bindungszustand. Insbesondere sinkt die mittlere potentielle Energie für diesen Zustand weniger als für den Bindungszustand, wenn sich die Protonen annähern. Das Elektron meidet den Zwischengitterbereich, wo der Abfall der potentiellen Energie am größten ist.

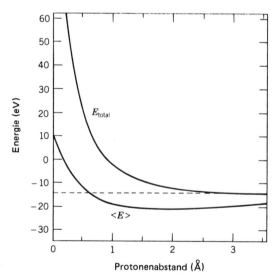

Bild 5-5 Elektronenenergie $\langle E \rangle$ und Gesamtenergie als Funktionen des Protonenabstandes für den niedrigsten Antibindungszustand eines molekularen Wasserstoffions. Das $1s$ Atomniveau ist durch eine gestrichelte Linie angegeben.

Außerdem ist die kinetische Energie größer als für den Bindungszustand, wie man aus dem Vergleich der Anstiege der Wellenfunktion im Zwischengitterbereich sehen kann.
Eine genaue Berechnung, ähnlich wie diejenige für die Bindungszustände, ergibt

$$\langle E \rangle = E_{1s} - \frac{A - B}{1 - \Delta} \tag{5-26}$$

wobei A, B und Δ die selben Integrale wie vorher darstellen. E_{total} ist wieder $\langle E \rangle$ + $e^2/4\pi\varepsilon_0 R$. Wie man in Bild 5-5 sieht, ist die Gesamtenergie für alle Werte von R größer als die Energie eines Wasserstoffatoms, das genügend weit von einem Proton entfernt ist. Wenn sich das Elektron in diesem Zustand befindet, sind die Protonen nicht gebunden. Dieser Zustand ist ein Antibindungszustand.

Abstoßungskräfte

Wenn Atome dicht beieinander sind, dann stoßen sie sich eher ab, als daß sie sich anziehen. Für das H_2^+-Ion in einem Bindungszustand wird die Abstoßung ausschließlich durch die gegenseitige Wechselwirkung der Protonen erzeugt. Für Atome mit einer größeren Anzahl von Elektronen tragen Rumpfelektronen deutlich zur Abstoßung bei.
Wenn Atome dicht zusammen gebracht werden, wird für jeden Rumpfzustand jedes Atoms ein Elektronenzustand erzeugt. Einige haben geringere Energie als die atomaren Zustände und sind Bindungszustände, während andere höhere Energien haben und Antibindungszustände sind. Da alle Rumpfzustände, sowohl Bindungs- als auch Antibindungszustände besetzt sind, ist die Energie beträchtlich größer, als wenn nur Bindungszustände besetzt wären. Man beachte die Rolle des Pauliprinzips. Wenn eine beliebige Zahl von Elektronen denselben Zustand besetzen könnten, würden sich alle Rumpfelektronen in Bindungszuständen befinden und Festkörper würden zu extrem kleinen Volumina zusammenfallen.
Wir können uns vorstellen, daß sich die Atome durch die äußeren Elektronen anziehen, da die Mehrzahl von ihnen Bindungszustände besetzt und daß sie sich aufgrund der Rumpfelektronen abstoßen. Da sich die Rumpfwellenfunktionen nicht so weit über den Kern hinaus ausdehnen wie die Wellenfunktionen für die äußeren Elektronen, tritt für große Abstände Anziehung und für kleine Abstände Abstoßung auf.
Man kann aus den ersten Grundsätzen keine analytische Form für die Rumpfabstoßungsenergie als Funktion des Atomabstandes ableiten. Es werden jedoch oft Näherungsausdrücke benutzt. Man verwendet für die Wechselwirkungsenergie zweier Rümpfe entweder den Ausdruck

$$E_c = \frac{\beta}{R^n} \tag{5-27}$$

oder die Form

$$E_c = \beta \cdot e^{-R/\varrho}, \tag{5-28}$$

wobei R der Atomabstand ist. β, n und ϱ sind Parameter, die für einen bestimmten Stoff aus dem Vergleich von gemessenen und berechneten Werten von Eigenschaften, die von Rumpf-Rumpf-Wechselwirkungen abhängen, gewählt werden. Für die meisten Materialien hat n einen Wert zwischen 8 und 14, während ϱ einen Wert zwischen $0.3\,a_0$ und a_0 hat.

Für eine Gruppe von Atomen müssen die Energien summiert werden. Wenn zum Beispiel Gl. 5-27 benutzt wird, ist die gesamte Rumpf-Rumpf-Energie für N identische Atome gegeben durch

$$E_{c\,\text{total}} = \frac{1}{2} \sum_i \sum_j{}' \frac{\beta}{R_{ij}^n}, \tag{5-29}$$

wobei R_{ij} der Abstand zwischen Atom i und Atom j ist. Beide Summen erstrecken sich über die Atome im Material, aber Glieder, für die $i = j$ ist, werden weggelassen. Der Strich am zweiten Summationssymbol wurde dafür eingeführt. Jedes Atompaar geht zweimal in die Summen ein, einmal, wenn i das erste Atom des Paares darstellt und j das zweite und zum zweiten, wenn i das zweite und j das erste Atom des Paares darstellt. Der Faktor $1/2$ wurde eingefügt, um die doppelte Zählung zu korrigieren.

In der Praxis sinkt die Abstoßungsenergie rapid, wenn R_{ij} zunimmt, und es geht nur wenig an Genauigkeit verloren, wenn nur jene Atompaare mit den geringsten Abständen berücksichtigt werden. Für jeden Wert von i in Gl. 5-29 werden nur wenige Glieder der Summe über j, diejenigen, die die nächsten Nachbarn des Atoms i darstellen, benötigt. Für Kristalle mit einem einzigen Atom in der primitiven Basis ist die Verteilung von Atomen um ein beliebiges Atom dieselbe wie um irgend ein anderes. Gleichung 5-29 reduziert sich dann auf

$$E_{c\,\text{total}} = \frac{Nz\beta}{2R^n}, \tag{5-30}$$

wobei N die Anzahl von Atomen im Kristall ist, z ist die Zahl der nächsten Nachbarn eines beliebigen Atoms, und R ist der Abstand nächster Nachbarn.

Beispiel 5-2

Die Gesamtenergie zweier Argonatome, bezogen auf ihre Energie bei unendlichem Abstand beträgt

$$E = -C(a_0/R)^6 + B(a_0/R)^{12},$$

wobei $C = 2.35 \times 10^3$ eV, $B = 1.69 \times 10^8$ eV, und a_0 ist der Bohrsche Radius. Das erste Glied stellt die Energie aufgrund der Anziehungskraft der äußeren Elektronen dar, und das zweite Glied die Energie der Rumpf-Rumpf-Abstoßung. Man berechne (a) den Gleichgewichtsabstand R_{eq}, (b) die Anziehungsenergie für $R = R_{eq}$, (c) die Abstoßungsenergie für $R = R_{eq}$ und (d) die Gesamtenergie für $R = R_{eq}$.

Lösung
Für $R = R_{eq}$ wird $dE/dR = 0$, damit $(6Ca_0^6/R_{eq}^7) - (12Ba_0^{12}/R_{eq}^{13}) = 0$ und $R_{eq} = (2B/C)^{1/6} a_0 = (2 \times 1.69 \times 10^8/2.35 \times 10^3)^{1/6} a_0 = 7.24 a_0 = 3.83$ Å. (b) Die Anziehungsenergie ist $-C(a_0/R_{eq})^6 = -1.63 \times 10^{-2}$ eV. (c) Die Abstoßungsenergie ist $B(a_0/R_{eq})^{12} = 8.14 \times 10^{-3}$ eV. (d) Die Gesamtenergie ist ihre Summe oder -8.16×10^{-3} eV. Obwohl beim Gleichgewichtsabstand die Abstoßungskraft genau die Anziehungskraft aufhebt, überwiegt die der Anziehungskraft entsprechende Energie gegenüber derjenigen Energie, die mit der Abstoßungskraft zusammenhängt. ◆

5.3 Kovalente Bindung

Die kovalente Bindung kommt etwa in der gleichen Weise wie die Bindung der Protonen in H_2^+ zustande. Um eine Bindungswellenfunktion zu entwickeln, bilden wir zuerst eine lineare Kombination der Atomorbitale für jedes Atom. Die zu Atom a gehörige Funktion lautet zum Beispiel

$$\chi_a(\mathbf{r}) = \sum_n A_{an} \Phi_{an}(\mathbf{r}). \tag{5-31}$$

Hier läuft n über die Atomzustände, Φ_{an} ist ein Atomorbital, und A_{an} ist ein konstanter Koeffizient. Für jedes Atom werden ähnliche Funktionen aufgestellt, wobei verschiedene Atome verschiedene Koeffizienten haben. Wenn die Atome nicht identisch sind, sind die Atomorbitale $\Phi_{an}(\mathbf{r})$ auch unterschiedlich. Wir betrachten ein System aus zwei Atomen, dann sei die Wellenfunktion

$$\psi(r) = C_a \chi_a(\mathbf{r} - \mathbf{R}_a) + C_b \chi_b(\mathbf{r} - \mathbf{R}_b), \tag{5-32}$$

wobei C_a und C_b Konstanten sind, und $\mathbf{R}_a$ und $\mathbf{R}_b$ geben die Atompositionen an. A_{an}, A_{bn}, C_a und C_b werden so gewählt, daß ψ eine gute Näherung einer Lösung der Schrödingergleichung wird. Es gibt eine Zahl von Lösungen, die alle durch dieselbe Form dargestellt werden, aber in den Werten der Koeffizienten differieren und verschiedene Energiewerte haben. Für die niedrigsten Energiezustände haben die Koeffizienten Werte, die ein starkes Überlappen erzeugen.
Für eine kovalente Bindung wird die Summe in Gl. 5-31 durch eine lineare Kombination der drei p-Funktionen, die zu den höchsten besetzten Atomschalen gehören, bestimmt. Für viele Bindungen ist auch die s-Funktion derselben Schale wichtig. Die Atomorbitale werden so angesetzt, daß die Wellenfunktion längs radialer Linien aus dem Atom heraus groß ist, und die Funktion überlappt eine ähnliche Funktion, die von einem Nachbaratom herrührt.

5. Bindung

Für ein Atom im Ursprung kann die *p*-Funktion folgendermaßen geschrieben werden

$$\Phi_{px}(\mathbf{r}) = \frac{x}{r} f_p(r), \tag{5-33}$$

$$\Phi_{py}(\mathbf{r}) = \frac{y}{r} f_p(r), \tag{5-34}$$

und

$$\Phi_{pz}(\mathbf{r}) = \frac{z}{r} f_p(r), \tag{5-35}$$

wobei $f_\varrho(r)$ die radiale Funktion ist, die zu den *p*-Orbitalen gehört, sie ist in allen drei Ausdrücken die gleiche. Sie wird so gewählt, daß Φ_{px}, Φ_{py} und Φ_{pz} alle normiert sind.
Sie hängt nur vom Abstand vom Kern und nicht vom Winkel ab, und wir nehmen an, daß sie in den äußeren Bereichen des Atoms positiv ist. Die *p*-Funktionen haben jeweils zwei Lappen, Bereiche hoher Wahrscheinlichkeitsdichte, die sich vom Ursprung in entgegengesetzte Richtungen ausdehnen. Bild 5-6 ist ein Polardiagramm der Wahrscheinlichkeitsdichte, die zu Φ_{pz} für die $n = 2$ Schale von Wasserstoff gehört, es zeigt die zwei Lappen der Funktion, einer erstreckt sich in die positive *z*-Richtung, und der andere erstreckt sich in die negative *z*-Richtung.

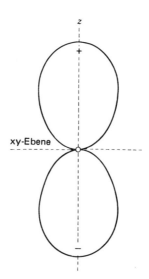

Bild 5-6 Polardiagramm der Elektronenwahrscheinlichkeitsdichte eines atomaren *p*-Orbitals. Längs einer beliebigen Linie durch den Ursprung ist die Wahrscheinlichkeitsdichte proportional dem Abstand zwischen dem Schnittpunkt mit dem Diagramm und dem Ursprung. Die Wellenfunktion ist in den äußeren Bereichen eines Lappens positiv und in den äußeren Bereichen des anderen Lappens negativ.

5.3 Kovalente Bindung   145

In den äußeren Bereichen ist Φ_{pz} in einem Lappen positiv und in dem anderen negativ. Φ_{px} und Φ_{py} haben ähnliche Lappen längs der x- und y-Achsen.
Die Lappen müssen nicht längs der Koordinatenachsen verlaufen. Wenn α, β und γ Konstante sind, die $\alpha^2 + \beta^2 + \gamma^2 = 1$ genügen, dann ist

$$\chi(\mathbf{r}) = \alpha\Phi_{px}(\mathbf{r}) + \beta\Phi_{py}(\mathbf{r}) + \gamma\Phi\Phi_{pz}(\mathbf{r}) \tag{5-36}$$

eine normierte Funktion, die einen positiven Lappen in der durch den Einheitsvektor $\hat{\mathbf{n}} = \alpha\hat{\mathbf{x}} + \beta\hat{\mathbf{y}} + \gamma\hat{\mathbf{z}}$ definierten Richtung und einen negativen in der entgegengesetzten Richtung hat. Um das zu verdeutlichen, setze man Gl. 5-33, 5-34 und 5-35 in Gl. 5-36 ein und beachte, daß $\alpha x + \beta y + \gamma z = \mathbf{r} \cdot \hat{\mathbf{n}}$; damit wird $\chi(r) = \mathbf{r} \cdot \hat{\mathbf{n}} f_\varrho(r)/r$. Das Skalarprodukt hat den größten positiven Wert für $\mathbf{r}$ in der Richtung von $\hat{\mathbf{n}}$, und sein größter negativer Wert folgt für $\mathbf{r}$ in der entgegengesetzten Richtung.
Zwischen zwei Atomen wird eine starke Bindung erzeugt, wenn die Lappen eines Atoms parallel zu den Lappen des anderen Atoms sind, wobei sich Lappen desselben Vorzeichens überlappen. Es könnten sich zum Beispiel zwei Atome auf der z-Achse befinden, und ihre positiven Lappen dehnen sich in die x-Richtung aus. Liegen die Atome genügend eng beieinander, überlappen sich die positiven und die negativen Lappen. Solche Bindungen heißen π-Bindungen, sie sind die hauptsächlichen Ursachen, aufgrund derer kovalente Moleküle, wie O_2 und N_2 zusammengehalten werden.
Starke Überlappung tritt auch auf, wenn die Funktionen so angeordnet sind, daß die Lappen desselben Vorzeichens von Nachbaratomen zueinander zeigen. Solch eine Bindung, die σ-Bindung genannt wird, ist für viele Festkörper wichtig. Die Funktionen sind jedoch keine einfachen linearen Kombinationen atomarer p-Orbitale: eine σ-Bindung wird durch die Hinzufügung des mit derselben Schale verbundenen s-Orbitals verstärkt. Eine s-Funktion ist sphärisch symmetrisch, deshalb wird sie einen Lappen aufheben und den anderen verstärken, wenn sie zu einer p-Funktion addiert wird. Zum Beispiel soll $f_s(r)$ die s-Funktion sein, und sie soll positiv sein. Dann hat $f_s(r) + \Phi_{pz}(\mathbf{r})$ einen Hauptlappen in der positiven z-Richtung und nur einen Nebenlappen in der negativen z-Richtung. Bild 5-7 zeigt ein Polardiagramm der Wahrscheinlichkeitsdichte solch einer Funktion. Einzelne Atomfunktionen, die eine σ-Bindung eingehen, haben die Form

$$\chi(\mathbf{r}) = A_s f_s(r) + A_p [\alpha x + \beta y + \gamma z] f_p(r)/r, \tag{5-37}$$

wobei $\alpha^2 + \beta^2 + \gamma^2 = 1$ und A_s und A_p Konstante sind, die der Bedingung $|A_s|^2 + |A_p|^2 = 1$ genügen, wenn χ normiert ist. Das Verhältnis $|A_p|^2 / |A_s|^2$ gibt den Anteil des p-ähnlichen Charakters in der Wahrscheinlichkeitsdichte, bezogen auf den Anteil des s-ähnlichen Charakters an. Dieses Verhältnis wird oft mit n bezeichnet, und für einen bestimmten Wert von n heißt die Bindung sp^n-Bindung.
Da vier linear unabhängige Funktionen die Summe von Gl. 5-37 bilden, können mit jedem Atom bis zu vier unabhängige Bindungswellenfunktionen verknüpft sein, die sich voneinander in den Werten von α, β und γ unterscheiden. Die für Festkörper wichtigste Gruppe besteht aus denen, deren Lappen gleiche Winkel

146   5. Bindung

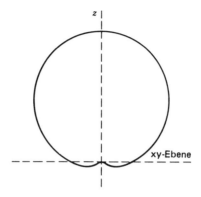

Bild 5-7 Polardiagramm der Wahrscheinlichkeitsdichte für eine sp-Mischung, $|\Phi_s + \Phi_{pz}|^2$. Die s-Funktion, die sphärisch symmetrisch ist, hebt einen Lappen der p-Funktion auf und verstärkt den anderen. Ein kleiner Lappen dehnt sich in die negative z-Richtung aus, ist aber zu klein, um im Maßstab des Diagramms sichtbar zu werden.

einschließen. Wenn sich ein Atom in der Mitte eines Würfels befindet, wie es in Bild 5-8 gezeigt ist, erstrecken sich die Lappen nach außen in Richtung der vier Ecken. Diese vier Ecken sind die Positionen anderer Atome, und die zu ihnen gehörenden Lappen zeigen in Richtung auf das mittlere Atom. Die vier gezeigten Lappen haben die Richtungen $(1/\sqrt{3})(\hat{\mathbf{x}} + \hat{\mathbf{y}} + \hat{\mathbf{z}})$, $(1/\sqrt{3})(-\hat{\mathbf{x}} - \hat{\mathbf{y}} + \hat{\mathbf{z}})$, $(1/\sqrt{3})(\hat{\mathbf{x}} - \hat{\mathbf{y}} - \hat{\mathbf{z}})$ und $(1/\sqrt{3})(-\hat{\mathbf{x}} + \hat{\mathbf{y}} - \hat{\mathbf{z}})$, damit lauten die Funktionen

$$\chi_1(\mathbf{r}) = A_s f_s(r) + \frac{A_p}{\sqrt{3}}(x + y + z)\frac{f_p(r)}{r}, \tag{5-38}$$

$$\chi_2(\mathbf{r}) = A_s f_s(r) + \frac{A_p}{\sqrt{3}}(-x - y + z)\frac{f_p(r)}{r}, \tag{5-39}$$

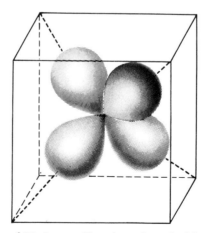

Bild 5-8 Tetraedrische sp^3-Bindungen. Von einem Atom im Mittelpunkt des Würfels gehen vier Lappen aus. An den Enden der gestrichelten Linien befinden sich andere Atome, von denen Lappen in Richtung Würfelmitte zeigen.

5.3 Kovalente Bindung

$$\chi_3(\mathbf{r}) = A_s f_s(r) + \frac{A_p}{\sqrt{3}} (x - y - z) \frac{f_p(r)}{r}, \qquad (5\text{-}40)$$

und

$$\chi_4(\mathbf{r}) = A_s f_s(r) + \frac{A_p}{\sqrt{3}} (-x + y - z) \frac{f_p(r)}{r}. \qquad (5\text{-}41)$$

Jedes Atom sitzt in der Mitte eines regulären Tetraeders, das durch vier andere Atome gebildet wird. Diese Anordnung wird von vielen Atomen der rechten Seite des Periodensystems bevorzugt und führt zu Diamant-, Zinkblende- und Wurtzitkristallstrukturen. Wenn die vier Atome, an die das Zentralatom gebunden sind, identisch sind, müssen die vier Lappen mit Ausnahme ihrer Richtungen dieselben sein, und alle mit A_s bezeichneten Konstanten in den Gl. 5-38, 5-39, 5-40 und 5-41 haben denselben Wert. Genauso haben alle mit A_p gekennzeichneten Konstanten denselben Wert. Darüber hinaus gilt $4|A_s|^2 = 1$, da nur ein einziges s-Orbital vorhanden ist, und deshalb können wir $A_s = 1/2$ setzen. Es gibt drei p-Orbitale, damit können wir $A_p = \sqrt{3}/2$ setzen. Das Verhältnis $|A_p|^2 / |A_s|^2$ ist 3, und diese Funktionen beschreiben sp^3-Bindungen.

Beispiel 5-3
Man ermittle die Wellenfunktion für eine sp^3-Bindung zwischen zwei identischen Atomen des Abstands R längs der Richtung $(1/\sqrt{3}) (\hat{\mathbf{x}} + \hat{\mathbf{y}} + \hat{\mathbf{z}})$.

Lösung
Man setze den Ursprung in ein Atom, dann ist das andere Atom bei $\mathbf{R} = (R/\sqrt{3}) (\hat{\mathbf{x}} + \hat{\mathbf{y}} + \hat{\mathbf{z}})$. Die Wellenfunktion des Atoms im Ursprung hat ihren Lappen in der Richtung $(1/\sqrt{3}) (\hat{\mathbf{x}} + \hat{\mathbf{y}} + \hat{\mathbf{z}})$ und ist so die durch Gl. 5-38 gegebene Funktion. Wir nennen sie χ_a. Der Verschiebungsvektor des zweiten Atoms vom Punkt $\mathbf{r}$ ist $\mathbf{r} - \mathbf{R}$ und der Lappen der Funktion dieses Atoms ist in der Richtung $-(1/\sqrt{3}) (\hat{\mathbf{x}} + \hat{\mathbf{y}} + \hat{\mathbf{z}})$. Die entsprechende Funktion lautet:

$$\begin{aligned}\chi(\mathbf{r}) &= \frac{1}{2} f_s(|\mathbf{r} - \mathbf{R}|) - \frac{1}{2} \left[\left(x - \frac{R}{\sqrt{3}}\right) + \left(y - \frac{R}{\sqrt{3}}\right) + \left(z - \frac{R}{\sqrt{3}}\right) \right] \frac{f_p(|\mathbf{r} - \mathbf{R}|)}{|\mathbf{r} - \mathbf{R}|} \\ &= \frac{1}{2} f_s(|\mathbf{r} - \mathbf{R}|) - \frac{1}{2} (x + y + z - \sqrt{3} R) \frac{f_p(|\mathbf{r} - \mathbf{R}|)}{|\mathbf{r} - \mathbf{R}|},\end{aligned}$$

wobei wir A_s gleich $1/2$ setzen und A_p gleich $\sqrt{3}/2$. Die Wellenfunktion ist die Summe oder

$$\psi(\mathbf{r}) = \frac{N}{2} \left[f_s(r) + (x + y + z) \frac{f_p(r)}{r} \right]$$

$$+ \frac{N}{2} \left[f_s(|\mathbf{r} - \mathbf{R}|) - (x + y + z - \sqrt{3} R) \right] \frac{f_p(|\mathbf{r} - \mathbf{R}|)}{|\mathbf{r} - \mathbf{R}|}.$$

N ist die Normierungskonstante, sie ist durch $N^2 = 1/2 \, (1 + S)$ gegeben, wobei $S = \int \chi_a \chi_b d\tau$ ist. ◆

Maximal zwei Elektronen können dieselbe räumliche Wellenfunktion haben, eins mit nach oben und das andere mit nach unten gerichtetem Spin, deshalb können die vier sp^3-Bindungszustände für maximal acht Elektronen gelten. Mit Ausnahme von Blei sind die Elemente der Spalte IV des Periodensystems aufgrund der kovalenten sp^3-Bindungen im Festkörper gebunden. Diese Atome haben jeweils vier Elektronen in den äußeren s- und p-Zuständen, damit sind die Bindungszustände genau gefüllt.

Die Atome vieler binärer Verbindungen gehen kovalente Bindungen ein und bilden dabei im Festkörper eine tetraedrische Anordnung. Von jedem Atompaar werden insgesamt acht s- und p-Elektronen beigesteuert, und diese füllen die acht Bindungszustände auf. Einige Beispiele sind GaAs, mit Gallium von Spalte III und Arsen von Spalte V und CdS mit Cadmium von Spalte II und Schwefel von Spalte VI.

Man beachte, daß die Atomorbitale, die zur Bindung beitragen, im Grundzustand des isolierten Atoms nicht unbedingt besetzt sein müssen. Alle Atome der Spalte IV haben in ihren äußeren Schalen zwei s- und zwei p-Elektronen, aber die sp^3-Bindungsfunktionen werden mit einem einzelnen s-Orbital und mit drei p-Orbitalen für jedes Atom gebildet. Wir können uns einen Zweistufenprozeß vorstellen, bei dem zuerst ein Elektron von einem s- in einen p-Zustand angehoben wird, bevor es zur Bindung beiträgt. Obwohl sich im ersten Schritt die Energie erhöht, wird sie im zweiten Schritt, bei der Bindung verringert, und das Ergebnis ist eine Verringerung der Energie.

Kovalente Bindungen haben einige gemeinsame Charakteristika. Sie sind ziemlich stark. Kovalente Stoffe haben Kohäsionsenergien von etwa 3 eV bis etwa 10 eV. Kovalente Bindungen sind gerichtet. Sie treten in bestimmten gut definierten Richtungen auf, und folglich sind kovalente Stoffe spröde und lassen sich nur schwer biegen. Grob gesagt, sind die Elektronen an die Bereiche der Bindungslappen gebunden und können sich nicht frei durch den Festkörper bewegen. Als Ergebnis sind kovalente Werkstoffe gewöhnlich elektrische Isolatoren oder Halbleiter.

Einige Elemente, wie zum Beispiel Kohlenstoff (als Graphit), Selen und Tellur bilden Festkörper mit Strukturen, die als Stapelung paralleler Ebenen beschrieben werden können. Atome in diesen Ebenen sind durch kovalente Bindungen aneinander gebunden, während Atome benachbarter Ebenen viel schwächer aneinander gebunden sind. Die einzelnen Atomfunktionen, die in die Bindungen zwischen Atomen derselben Ebene eingehen, haben die durch Gl. 5-37 gegebene Form, aber wenn zum Beispiel die Ebene die xy-Ebene ist, dann ist $\gamma = 0$. Eine häufig auftretende Situation besteht darin, daß die Lappen symmetrisch um das Zentralatom angeordnet sind, dann ist der Winkel zwischen benachbarten Lap-

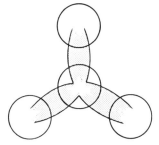

Bild 5-9 Schematische Darstellung von sp^2-Bindungen in einer Ebene, die gleich große Winkel einschließen. Von jedem Atom gehen drei Bindungen aus, und die Linien, die ein Atom mit seinem nächsten Nachbarn verbinden, schließen Winkel von jeweils 120° ein.

pen gleich 120°, wie es in Bild 5-9 gezeigt ist. Wenn die Bindungsfunktionen mit Ausnahme ihrer Richtungen identisch sind, dann sind die Bindungen sp^2-Bindungen.
Atome in verschiedenen Ebenen werden in diesen Stoffen durch van der Waalssche Kräfte angezogen. Da Bindungen zwischen Atomen derselben Ebene stark und Bindungen zwischen den Ebenen schwach sind, ist der Abstand benachbarter Ebenen groß im Vergleich zu den Atomabständen in der Ebene. Für Graphit beträgt der Abstand eng gebundener Atome in der Ebene etwa 1.4 Å, während der Ebenenabstand etwa 3.35 Å beträgt. Bindungen zwischen den Ebenen können leicht aufgebrochen werden, und die einzelnen Atomschichten gleiten leicht aufeinander, während die Struktur in den Schichten unverändert bleibt. Graphit wird oft als Trockenschmiermittel verwendet.

5.4 Ionenbindung

Wenn zwei durch eine kovalente Bindung verbundenen Atome nicht identisch sind, werden die Funktionen χ_a und χ_b in Gl. 5-32 von verschiedenen Atomorbitalen abgeleitet. Insbesondere sind die Funktionen f_s und f_p für Atome a und b unterschiedlich. Da das System bezüglich eines Atomaustauschs nicht invariant ist, sind auch die Konstanten C_a und C_b verschieden. Obwohl die Wellenfunktion in den Bereich zwischen die Atome hineinreicht, ist die Wahrscheinlichkeit für ein Elektron größer, sich näher an dem einen Atom als an dem anderen zu befinden. Die Atome verhalten sich in gewissem Sinn wie negativ geladene Ionen und ziehen sich elektrostatisch an. Die Bindung solcher Atompaare wird beschrieben als wäre sie teilweise kovalent und teilweise ionisch.
Im extremen Fall verläßt ein Elektron ein Atom und wird an das andere Atom gebunden. Wenn als Ergebnis die Elektronenverteilung um beide Atome kugelsymmetrisch ist, ist die Bindung vollständig ionisch, und die Anziehungskraft kann einfach als Coulombsche Wechselwirkung zwischen zwei entgegengesetzt geladenen Ionen beschrieben werden.
Man kann sich verschiedene Möglichkeiten überlegen, um die Ionizität einer Bindung zu definieren. Wir können zum Beispiel die mittlere Elektronenladung

$e\int|\psi|^2\,d\tau$ auf den zwei Seiten der Mittelsenkrechten auf der Verbindungslinie der zwei Atome vergleichen. Andererseits können wir die Größe $C_a^2 - C_b^2$ nehmen, um zu messen in welchem Maße das Elektron Atom a dem Atom b vorzieht. Oft wird auch ein anderes Verfahren, das auf kalorimetrischen Messungen beruht, benutzt. Dabei wird die Energie gemessen, die gebraucht wird, um eine Bindung zwischen zwei a-Atomen in einem Stoff, der nur aus a-Atomen besteht, aufzubrechen. Eine ähnliche Messung wird für die Energie gemacht, die zur Aufbrechung einer b-b-Bindung erforderlich ist. Diese zwei Bindungen sind vollständig kovalent. Schließlich wird die Energie gemessen, die zur Aufbrechung einer a-b-Bindung benötigt wird. Die letzte Energie ist im allgemeinen größer als der Mittelwert der ersten zwei, und die Differenz wird dem teilweise ionischen Charakter einer a-b-Bindung zugeschrieben.

Alkalihalogenide sind wichtige Beispiele von Stoffen, für die die Bindung nahezu vollständig ionisch ist. Für diese Stoffe beträgt die ionische Bindung 90% oder mehr der Kohäsionsenergie. Atome der Alkalimetalle von Spalte IA haben alle ein einzelnes s-Elektron außerhalb des Rumpfs, während Halogenidatome von Spalte VII jeweils einen leeren p-Zustand in ihren äußeren Schalen haben. Im Festkörper wird das s-Elektron überführt und vervollständigt die äußere Schale des Halogenidatoms. Beide Atome werden zu Ionen mit vollständig gefüllten Schalen, und für jedes ist die mittlere Ladungsdichte nahezu kugelsymmetrisch. Das Metallion, das ein Elektron verloren hat, wird positiv und das Halogenidatom, das ein Elektron erhalten hat, wird negativ.

Bild 5-10 zeigt die gesamte Elektronenwahrscheinlichkeitsdichte für eine typische Ionenbindung. Praktisch sind die Bindungen nicht ausgerichtet. Im Gegensatz zur kovalenten Bindung begrenzt die Ionenbindung nicht die Zahl der nächsten Nachbarn auf vier. Die Zahl ist jedoch begrenzt, weil die Nachbarn eines beliebigen Atoms alle eine Ladung desselben Vorzeichens haben und sich somit abstoßen. Wie wir gesehen haben, haben feste Alkalihalogenide solche Strukturen,

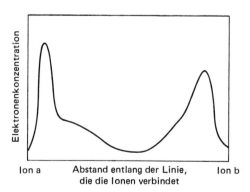

Bild 5-10 Elektronenkonzentration längs der Linie, die die zwei ionisch gebundenen Atome verbindet; sie befinden sich an den beiden Kanten des Diagramms. Die Wahrscheinlichkeitsdichte ist in den Rumpfregionen groß und im Zwischengitterbereich klein. Ion a ist ein Halogenidion mit gefüllten äußeren s- und p-Unterschalen, und Ion b ist ein Alkaliion, dem das äußere s-Elektron fehlt.

5.4 Ionenbindung

daß es entweder sechs oder acht nächste Nachbarn zu einem beliebigen Atom gibt. Wenn die Bindung rein ionisch ist, ist die Gleichung für die gesamte potentielle Energie des Systems ganz einfach. Da jedes Ion als Punktladung betrachtet werden kann, summieren wir die elektrostatische potentielle Energie für alle Ionenpaare und addieren dann die Energie der Rumpf-Rumpf-Abstoßung. Das Ergebnis ist

$$E = -\frac{1}{2} \sum_i \sum_j{}' \frac{q_i q_j}{4\pi\varepsilon_0 |\mathbf{r}_i - \mathbf{r}_j|} + \text{(Rumpfbeitrag)} \tag{5-42}$$

wobei $\mathbf{r}_i$ die Position des Ions i und q_i seine Ladung ist. Der Strich an der zweiten Summation zeigt an, daß der Term $i = j$ weggelassen wird, der Faktor 1/2 wird aufgenommen, weil jede Bindung in den Summen zweimal auftritt. Dieser Ausdruck ist demjenigen von Gl. 5-29 für die Rumpf-Rumpf-Wechselwirkungsenergie ähnlich. Jetzt ist jedoch die Energie eines Ionenpaares dem Atomabstand umgekehrt proportional und wächst nicht mit einer hohen Potenz des Abstandes. Die Wechselwirkung ist weitreichend und auch Ionen, die viel weiter entfernt sind als nächste Nachbarn, tragen deutlich zu dieser Energie bei.

Wir betrachten einen binären Ionenkristall mit einem positiven und einem negativen Ion in seiner primitiven Basis. Wir nehmen an, daß positive Ionen mit der Ladung $+e$ bei $n_1\mathbf{a} + n_2\mathbf{b} + n_3\mathbf{c}$ lokalisiert sind, und negative Ionen mit der Ladung $-e$ bei $n_1\mathbf{a} + n_2\mathbf{b} + n_3\mathbf{c} + \mathbf{p}$ lokalisiert sind, wobei $\mathbf{p}$ ein Basisvektor ist. Die elektrostatische Energie E_+ eines positiven Ions, das im Ursprung sitzen soll, ist gegeben durch

$$E_+ = -\frac{e^2}{4\pi\varepsilon_0} \left[\sum_{\mathbf{R}} \frac{1}{|\mathbf{R} + \mathbf{p}|} - \sum_{\mathbf{R}}{}' \frac{1}{|\mathbf{R}|} \right], \tag{5-43}$$

wobei $\mathbf{R}$ ein Gittervektor ist, und jede Summe geht über alle Einheitszellen des Kristalls. Die erste Summe berücksichtigt Wechselwirkungen von Ionen entgegengesetzter Ladung und die zweite Summe Wechselwirkungen von Ionen derselben Ladung. Der Strich zeigt an, daß der $\mathbf{R} = 0$ Term aus der zweiten Summe weggelassen wurde.

Alle Ionen, sowohl positive als auch negative, haben dieselbe potentielle Energie, damit ist die gesamte elektrostatische Energie E_M gegeben durch

$$E_M = -\frac{Ne^2}{4\pi\varepsilon_0} \left[\sum_{\mathbf{R}} \frac{1}{|\mathbf{R} + \mathbf{p}|} - \sum_{\mathbf{R}}{}' \frac{1}{|\mathbf{R}|} \right], \tag{5-44}$$

wobei N die Anzahl der primitiven Einheitszellen ist. Es gibt $2N$ Ionen im Kristall, aber Gl. 5-43 wird mit N multipliziert, anstatt mit $2N$, um ein doppeltes Zählen der Wechselwirkungen zu vermeiden. E_M wird Madelungenergie genannt, deshalb der Index M. Gleichung 5-44 wird oft in dieser Form geschrieben

$$E_M = -\frac{Ne^2}{4\pi\varepsilon_0} \frac{\alpha}{R_0}, \tag{5-45}$$

wobei R_0 der Abstand nächster Nachbarn ist, und α ist eine dimensionslose Größe, die man Madelungkonstante nennt, sie ergibt sich aus

$$\alpha = R_0 \left[\sum_{\mathbf{R}} \frac{1}{|\mathbf{R}+\mathbf{p}|} - \sum_{\mathbf{R}}' \frac{1}{|\mathbf{R}|} \right]. \tag{5-46}$$

Die Madelungkonstante hängt von der Struktur des Kristalls ab, aber nicht von den Dimensionen der Einheitszelle. Zum Beispiel ist sie für NaCl und CsCl unterschiedlich, aber für alle Kristalle mit CsCl-Struktur, unabhängig von ihren Gitterkonstanten ist sie gleich. Manchmal wird die elektrostatische Energie durch die Gitterkonstante a und nicht durch den Abstand nächster Nachbarn R_0 ausgedrückt. Dann wird $E_M = -Ne^2\alpha'/4\pi\varepsilon_0 a$, wobei $\alpha' = \alpha a/R_0$.
Madelungskonstanten können nicht durch Berechnung der einzelnen Summen in Gl. 5-46 bestimmt werden. Wir müßten die Beiträge aller Atome innerhalb einer Kugel des Radius R summieren und dann versuchen, die Summe als Grenzwert zu berechnen, wenn R groß wird. Die Anzahl von Gliedern erhöht sich stärker als R, und da die Nenner der Summanden proportional zu R anwachsen, konvergieren die Summen nicht. Selbst wenn die Glieder in den zwei Summen vor der Summation verbunden werden, ist die Konvergenz extrem gering, wenn nicht besondere Vorkehrungen unternommen werden. Man hat Techniken entwickelt, die Berechnung derart auszuführen, daß Ionen mit einem etwa gleichen Abstand zum Ursprung so gruppiert werden, daß jede Gruppe neutral ist. Dazu werden manche Ionen in eine Gruppe und die übriggebliebenen in die nächste Gruppe aufgenommen. Die Anteile der Gruppen werden dann nach wachsendem Abstand vom Ursprung summiert. Diese Technik wird Evjenmethode der Summation genannt. Eine andere, sogenannte Ewaldmethode ist allgemeiner anwendbar, allerdings mathematisch komplizierter. Sie wird in Anhang C erklärt. Einige Werte für Madelungskonstanten, bezogen auf Abstände nächster Nachbarn sind[*]

NaCl	1.74756
CsCl	1.76267
ZnS (Zinkblende)	1.63805

Um die Gesamtenergie eines Ionenkristalls zu ermitteln, muß die Energie der Rumpf-Rumpf-Abstoßung zur Madelungenergie addiert werden. Wenn wir nur Wechselwirkungen nächster Nachbarn berücksichtigen und die Rumpf-Rumpf-Energie zweier Ionen des Abstands R proportional $1/R^n$ sein soll, dann ergibt sich die Energie eines binären Kristalls zu

$$E = -\frac{e^2 N\alpha}{4\pi\varepsilon_0 R} + \frac{NA}{R^n}. \tag{5-47}$$

---

[*] Die Werte sind einem Artikel von M. P. Tosi, der am Ende des Kapitels zitiert wird, entnommen. Dieser Artikel gibt auch Madelungskonstanten anderer Stoffe an.

Bei exakter Betrachtung müßten noch andere Beiträge zur Energie in Gl. 5-47 aufgenommen werden. Wir werden uns mit einer Vernachlässigung, nämlich der kinetischen Energie der Ionen, in den Kapiteln 6 und 8 beschäftigen. Jetzt nehmen wir an, daß die Temperatur dem absoluten Nullpunkt nahe ist, so daß dieser Beitrag vernachlässigbar wird. Für genauere Ergebnisse müssen auch noch kovalente und van der Waalssche Beiträge berücksichtigt werden.

Gleichung 5-47 kann verwendet werden, um den Gleichgewichtsabstand zu berechnen. Der erste Hauptsatz der Thermodynamik lautet

$$dE = -P\,d\tau_s + T\,dS, \tag{5-48}$$

wobei P der Druck, S die Entropie der Probe und τ_s das Probenvolumen ist. Wir nehmen an, P sei klein, eine Voraussetzung, die gewöhnlich nur zu einem unbedeutenden Fehler führt. Bei $T = 0$ ist das Gleichgewichtsprobenvolumen bestimmt durch $dE/d\tau_s = 0$, einer Bedingung die gleich $dE/dR = 0$ ist. Die Ableitung von Gl. 5-47 nach R wird gleich Null gesetzt, und die sich daraus ergebende Gleichung wird nach R aufgelöst. Man erhält

$$R_{eq} = \left[\frac{4\pi\varepsilon_0 nA}{\alpha e^2} \right]^{1/(n-1)} \tag{5-49}$$

für den Gleichgewichtsabstand nächster Nachbarn.

Wenn Gl. 5-49 in Gl. 5-47 eingesetzt wird, lautet der Ausdruck für die Energie

$$E = -\frac{Ne^2\alpha}{4\pi\varepsilon_0 R_{eq}} \left(1 - \frac{1}{n} \right). \tag{5-50}$$

Für die meisten Ionenkristalle ist n in der Größenordnung von 10, und wie man aus der Gleichung sieht, bestimmt der Madelungterm die Energie. Wechselseitige Abstoßung der Ionen ist natürlich auch wichtig. Im Gleichgewicht hebt die Abstoßungskraft die elektrostatische Anziehungskraft auf. Das Gleichgewicht stellt sich jedoch bei einem Abstand ein, für den die Abstoßungsenergie im Ver-

Tabelle 5-1 Energieparameter für ausgewählte Alkalihalogenidkristalle

Kristall	R (Å)	n	A (J·m^n)
LiF	2.014	6.20	2.61×10^{-79}
LiCl	2.570	7.30	2.34×10^{-89}
NaF	3.317	6.41	4.98×10^{-88}
NaCl	2.820	8.38	1.77×10^{-99}
KF	2.674	7.39	4.21×10^{-90}
KCl	3.174	8.55	1.01×10^{-100}
RbF	2.815	8.14	3.85×10^{-99}
CsF	3.004	10.22	8.03×10^{-117}
CsCl	3.571	10.65	3.44×10^{-120}

Berechnet aus Daten, die in dem Artikel von M. P. Tosi, der am Ende des Kapitels zitiert ist, angegeben sind.

154   5. Bindung

gleich zur elektrostatischen Anziehungskraft klein ist. In einigen Fällen können die Parameter A und n aus Messungen an einem Gas bestimmt werden, dann wird Gl. 5-49 verwendeet, um R_{eq} vorauszusagen. Häufiger wird R_{eq} aus Röntgenstreuexperimenten bestimmt und wird zusammen mit Kompressibilitätsdaten zur Ermittlung der Parameter n und A in Gl. 5-49 benutzt. Es könnten auch andere Größen, wie die Kohäsionsenergie verwendet werden, aber sie sind nicht so empfindlich gegenüber den Werten von A und n. Tabelle 5-1 gibt Werte der Parameter für einige Alkalihalogenide an.

Die isotherme Kompressibilität $\varkappa$ ist durch $\varkappa = -(1/\tau_s)(\partial \tau_s/\partial P)_T$ definiert, wobei der Index anzeigt, daß die Temperatur konstant gehalten wird, wenn die Ableitung berechnet wird. Wenn $dE/d\tau_s = -P$ nach τ_s differenziert wird, wobei die Temperatur konstant bleibt, ist das Ergebnis $d^2E/d\tau_s^2 = -(\partial P/\partial \tau)_T$, damit wird

$$\frac{1}{\varkappa} = \tau_s \left[\frac{d^2E}{d\tau_s^2} \right]_{\tau_s = \tau_{s0}}, \qquad (5\text{-}51)$$

wobei τ_{s0} das Gleichgewichtsvolumen der Probe ist. Der Reziprokwert der Kompressibilität wird Kompressionsmodul genannt. Um die Ableitung in Gl. 5-51 zu berechnen, müssen wir die Beziehung zwischen dem Probenvolumen und dem Abstand nächster Nachbarn wissen. Für eine beliebige Probe ist das Volumen einer Einheitszelle proportional der dritten Potenz des Abstands nächster Nachbarn, daher schreiben wir $\tau_s = CNR^3$, wobei C eine durch die Struktur bestimmte Konstante ist. Zum Beispiel ist R für die CsCl-Struktur $(\sqrt{3}/2)a$, damit ist $C = a^3/R^3 = 8/3^{3/2} = 1.54$.

Die erste Ableitung der Energie kann unter Benutzung von $dE/d\tau_s = (dE/dR)(dR/d\tau_s) = (dE/dR)/3CNR^2$ und die zweite Ableitung unter Benutzung von $d^2E/d\tau_s^2 = (d^2E/dR^2)/3CNR^2$ berechnet werden, wobei die Bedingung $dE/dR = 0$ für $R = R_{eq}$ verwendet wurde. $A = (\alpha e^2/4\pi\varepsilon_0 n)R_{eq}^{n-1}$ von Gl. 5-49 wird in Gl. 5-47 eingesetzt, dann wird E zweimal nach R differenziert, und das Ergebnis wird durch $3CNR^2$ dividiert. Dann lautet Gleichung 5-51

$$\frac{1}{\varkappa} = \frac{\alpha e^2(n-1)}{36\pi\varepsilon_0 CR_{eq}^4}, \qquad (5\text{-}52)$$

und wenn die Gleichung nach n aufgelöst wird, erhält man

$$n = 1 + \frac{36\pi\varepsilon_0 CR_{eq}^4}{\alpha e^2 \varkappa} \qquad (5\text{-}53)$$

Beispiel 5-4
Der Gleichgewichtsabstand nächster Nachbarn in Natriumchlorid beträgt bei tiefen Temperaturen 2.79 Å und die isotherme Kompressibilität 3.39×10^{-11} m³/J. Man verwende diese Daten, um die Energieparameter n und A zu berechnen, dann bestimme man die Madelung- und Rumpfüberlappungsbeiträge zur Energie pro Einheitszelle.

5.4 Ionenbindung 155

Lösung
Für NaCl ist $R = 1/2\, a$, wobei a die Kantenlänge ist. Das Volumen eines Würfels ist a^3, und jeder Würfel enthält vier Ionenpaare, damit wird $a^3 = 4C\,(a/2)^3$ und $C = 2$. Entsprechend Gl. 5-53 gilt

$$n = 1 + \frac{36\pi\varepsilon_0 C R_{eq}^4}{\alpha e^2 \varkappa}$$

$$= 1 + \frac{36\pi \times 8.85 \times 10^{-12} \times 2 \times (2.79 \times 10^{-10})^4}{1.75 \times (1.60 \times 10^{-19})^2 \times 3.39 \times 10^{-11}} = 8.99.$$

Entsprechend Gl. 5-49 ergibt sich in SI-Einheiten

$$A = \frac{\alpha e^2 R_{eq}^{n-1}}{4\pi\varepsilon_0 n} = \frac{1.75 \times (1.60 \times 10^{-19})^2 \times (2.79 \times 10^{-10})^{7.99}}{4\pi \times 8.85 \times 10^{-12} \times 8.99}$$

$$= 2.23 \times 10^{-105}.$$

Der Madelungbeitrag zur Energie pro Einheitszelle ist

$$\frac{E_M}{N} = -\frac{e^2 \alpha}{4\pi\varepsilon_0 R_{eq}} = -\frac{(1.60 \times 10^{-19})^2 \times 1.75}{4\pi \times 8.85 \times 10^{-12} \times 2.79 \times 10^{-10}}$$

$$= -1.44 \times 10^{-18}\,\text{J},$$

und der Rumpfüberlappungsbeitrag entspricht der Größe von E_M/N, dividiert durch n, oder $1.44 \times 10^{-18}/8.99 = 1.60 \times 10^{-19}$ J. ◆

Die durch Gl. 5-47 angegebene Kristallenergie wird relativ zur Energie einer Gruppe von Ionen in Ruhe, die weit genug entfernt voneinander sind, gemessen. Um die Kohäsionsenergie zu berechnen, müssen wir wissen, welche Energieänderungen auftreten, wenn ein Elektron von einem Metallatom zu einem Halogenidatom überführt wird. Die Energie, die man braucht, um ein Elektron aus einem Atom herauszulösen, heißt Ionisierungsenergie, während die Energie, die frei wird, wenn ein Elektron zu einem Atom hinzukommt, Elektronenaffinität heißt. Um die Kohäsionsenergie zu ermitteln, müssen wir zu der durch Gl. 5-47 gegebenen Energie die Ionisierungsenergie für das Metallatom addieren und die Elektronenaffinität für das Halogenidatom subtrahieren.
Die Ionisierungsenergie für Natrium beträgt 8.22×10^{-19} J und die Elektronenaffinität von Chlor 5.78×10^{-19} J, damit wird unter Benutzung der Ergebnisse von Beispiel 5-4 die Energie von NaCl $-1.44 \times 10^{-18} + 1.60 \times 10^{-19} + 8.22 \times 10^{-19} - 5.78 \times 10^{-19} = -1.28 \times 10^{-18}$ J pro primitive Einheitszelle, relativ zu neutralen Atomen mit großem Abstand. Die Kohäsionsenergie beträgt $+1.28 \times 10^{-18}$ J/Zelle (7.97 eV/Zelle). Das für NaCl erhaltene Ergebnis ist ganz typisch. Kohäsionsenergien für ionische Festkörper betragen etwa 5 eV/Atom, etwas weniger als typische kovalente Bindungen, aber nichtsdestoweniger ziemlich stark.

5.5 Metallische Bindung

Die äußeren Elektronen von Atomen in Metallen sind schwach gebunden. Wenn ein Festkörper gebildet wird, verringert sich die potentielle Energiebarriere zwischen den Atomen, und diese Elektronen werden frei und können sich durch den Festkörper bewegen. Die damit verbundene Reduzierung der kinetischen Energie ist für die Bindung verantwortlich.

Atomorbitale in einem Metall bilden keinen gerichteten Bindungen, anstattdessen verbinden sie sich und bilden Wellenfunktionen, die sich durch das ganze Material ausdehnen, wobei die Amplitude überall nahezu gleich ist. Wenn ein Elektron im Atom schwach gebunden ist, dann kann die Elektronenenergie sehr wohl über dem Maximum der potentiellen Energie liegen, wenn ein Festkörper gebildet wird. Die Wellenfunktionen sind dann in den Bereichen zwischen den Atomen nahezu ebene Wellen, und die Elektronen werden nur gering von den Kräften der Ionenrümpfe beeinflußt.

Metallische Bindung kann nur für große Ansammlungen dicht gepackter Atome, nicht aber für Paare oder kleine Gruppen auftreten. Wie gezeigt wurde, haben Metalle kubisch flächenzentrierte, hexagonal dicht gepackte oder kubisch raumzentrierte Strukturen, wobei jedes Atom eine große Anzahl nächster Nachbarn hat. Einfache Metalle, wie die von den Atomen der Spalten Ia, IIA, IB und IIB des Periodensystems gebildeten, haben Kohäsionsenergien im Bereich von 1 bis 5 eV/Atom, etwas weniger als die meisten kovalenten Festkörper.

Zusätzlich zu den einfachen Metallen sind auch einige Elemente der rechten Seite des Periodensystems metallisch. Unter diesen sind Aluminium, Indium, Blei und eine Form von Zinn. Die aus zwei oder mehreren dieser Elemente gebildeten Festkörper sind teilweise auch metallisch, ebenso wie Festkörper, die Verbindungen aus metallischen und nichtmetallischen Elementen sind. Wichtige Ausnahmen sind Metalloxide, die Nichtleiter sind. Für einige Stoffe kann die Bindung ein Zwischenzustand zwischen kovalent und metallisch sein. Eine Elektronenwellenfunktion erstreckt sich durch das Material, aber es gibt eine etwas höhere Wahrscheinlichkeitsdichte entlang der die Atome verbindenden Linien. Viele Verbindungen, die aus metallischen und nichtmetallischen Elementen bestehen, zeigen eine Bindung dieser Art. Kovalentähnliche Bindungen, die von d-Orbitalen der Übergangsmetallatome gebildet werden, sind die Ursache, daß diese Metalle stark gebunden sind. Wolfram mit einer Kohäsionsenergie von 9 eV/Atom hat von allen metallischen Elementen die stärkste Bindung.

5.6 Van der Waals-Bindung

Wenn die mittlere Lage der Elektronen in einem Atom nicht mit dem Kern zusammenfällt, hat das Atom ein elektrisches Dipolmoment und erzeugt ein elektrisches Feld, sogar wenn seine Gesamtladung Null ist. Da ein elektrisches Feld auf Elektronen und Protonen Kräfte in entgegengesetzten Richtungen ausübt, werden an anderen Atomen Dipolmomente hervorgerufen. Da sich das Feld mit dem Abstand vom Ursprungsatom ändert, hat darüberhinaus die Kraft, die das

5.6 Van der Waals Bindung

Ursprungsatom auf Elektronen eines zweiten Atoms ausübt, eine andere Größe als die Kraft, die es auf die Protonen ausübt, damit wirkt vom ersten Atom eine Gesamtkraft auf das zweite. Wie wir sehen werden, ist diese Gesamtkraft eine Anziehungskraft.

Wir betrachten zwei neutrale Atome mit dem Abstand **R**, wie es in Bild 5-11 dargestellt ist. Wir nehmen an, das Atom 1 habe in einem bestimmten Moment das Dipolmoment $\mathbf{p}_1$. Dann ist das elektrische Feld, das von Atom 1 auf den Ort von Atom 2 wirkt, gegeben durch

$$\mathcal{E} = \frac{1}{4\pi\varepsilon_0} \frac{1}{R^3} [3\mathbf{p}_1 \cdot \hat{\mathbf{R}}\hat{\mathbf{R}} - \mathbf{p}_1], \qquad (5\text{-}54)$$

wobei $\hat{\mathbf{R}}$ ein Einheitsvektor in der Richtung von **R** ist. Das Feld erzeugt ein Dipolmoment im zweiten Atom, das die Richtung des Feldes hat und proportional zu ihm ist. Wir schreiben für das Dipolmoment des zweiten Atoms

$$\mathbf{p}_2 = \alpha\mathcal{E} = \frac{\alpha}{4\pi\varepsilon_0 R^3} [3\mathbf{p}_1 \cdot \hat{\mathbf{R}}\hat{\mathbf{R}} - \mathbf{p}_1] \qquad (5\text{-}55)$$

Hier ist α der Proportionalitätsfaktor, der Polarisierbarkeit des Atoms genannt wird. Die potentielle Energie eines Dipols **p** in einem elektrischen Feld $\mathcal{E}$ ergibt sich aus $U = - \mathbf{p} \cdot \mathcal{E}$, damit wird die potentielle Energie für die Wechselwirkung zwischen den zwei Atomen

$$U(\mathbf{R}) = - \frac{\alpha}{(4\pi\varepsilon_0)^2 R^6} [3(\mathbf{p}_1 \cdot \hat{\mathbf{R}})^2 + \mathbf{p}_1^2]. \qquad (5\text{-}56)$$

Einige Besonderheiten dieses Ausdrucks sind wichtig. Erstens ist $U(\mathbf{R})$ negativ, was anzeigt, daß sich die Atome anziehen. Zweitens variiert $U(\mathbf{R})$ mit $1/R^6$. Vergleicht man mit Energien anderer Bindungsmechanismen, fällt diese Energie mit

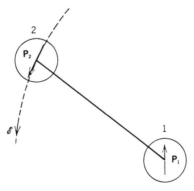

Bild 5-11 Atom 1 hat das Dipolmoment $\mathbf{p}_1$ und erzeugt ein elektrisches Feld am Ort von Atom 2. In Atom 2 wird ein Dipolmoment $\mathbf{p}_2$ hervorgerufen, und die Atome sind durch die Feldkraft des Dipols gebunden. Die gestrichelte Linie stellt einen Teil des elektrischen Feldes aufgrund von Atom 1 dar.

dem Abstand viel schneller ab als irgend eine andere Energie und ist für die üblichen Atomabstände am schwächsten. Drittens ist $U(\mathbf{R})$ proportional zum Quadrat von $\mathbf{p}_1$. Das Dipolmoment eines Atoms in einem Festkörper ändert seine Größe und Richtung, deshalb verschwindet sein Mittelwert mit der Zeit. Das Vorzeichen von $U(\mathbf{R})$ ändert sich jedoch nicht, wenn $\mathbf{p}_1$ zeitlich schwankt, und sein zeitliches Mittel verschwindet nicht. Die Kraft ist immer eine Anziehungskraft, unabhängig von der Richtung von $\mathbf{p}_1$. Da das Dipolmoment $\mathbf{p}_1$ statistisch und schnell schwankt, können wir als van der Waals-Energie das zeitliche Mittel von Gl. 5-56 ansetzen. Wir schreiben $\mathbf{p}_1 \cdot \hat{\mathbf{R}} = p_1 \cos\theta$, wobei θ der Winkel zwischen $\mathbf{p}_1$ und $\hat{\mathbf{R}}$ ist. Wenn alle Werte von θ mit derselben Wahrscheinlichkeit auftreten, ist der Mittelwert von $\cos^2\theta$ gleich $1/2$ und der Mittelwert von $(\mathbf{p}_1 \cdot \hat{\mathbf{R}})^2$ ist $1/2 \langle p_1^2 \rangle$, wobei $\langle p_1^2 \rangle$ der quadratische Mittelwert des Dipolmomentes ist. Der zeitliche Mittelwert von Gl. 5-56 ist

$$\langle U(\mathbf{R}) \rangle = - \frac{5\alpha \langle p_1^2 \rangle}{2(4\pi\varepsilon_0)^2 R^6}. \tag{5-57}$$

Alle Atome ziehen sich aufgrund der van der Waalsschen Kräfte an, aber dieser Krafttyp ist extrem schwach und wenn andere Bindungskräfte vorhanden sind, dann überdecken sie sie. Es ist jedoch der primäre Bindungsmechanismus für die Elemente der Edelgase. Diese Atome haben überhaupt keine teilweise gefüllten Unterschalen, und die niedrigsten nichtbesetzten atomaren Zustände sind von den höchsten besetzten Zuständen sehr weit entfernt. Als eine Folge sind die Wellenfunktionsverzerrungen, die für kovalente oder metallische Bindung erforderlich wären, energetisch ungünstig. Es bleibt nur van der Waals-Bindung übrig. Um die Energie eines Paars von Edelgasatomen zu ermitteln, müssen wir zu der durch Gl. 5-57 gegebenen Energie die Energie der Rumpfabstoßung addieren. Gewöhnlich setzt man die Rumpf-Rumpf-Energie proportional zu $1/R^{12}$ und die gesamte potentielle Energie ist dann

$$U_{\text{total}} = -4\varepsilon \left[\left(\frac{\sigma}{R}\right)^6 - \left(\frac{\sigma}{R}\right)^{12} \right], \tag{5-58}$$

wobei ε und σ Parameter sind, die von der Polarisierbarkeit und dem mittleren Dipolmoment eines Atoms und vom Grad der Rumpfüberlappung abhängen. Gleichung 5-58 gibt die sogenannte Lennard-Jones 6-12 potentielle Energie für ein Paar von Edelgasatomen an.
Die gesamte potentielle Energie eines van der Waals-Festkörpers wird durch Summation von Gl. 5-58 über alle Atompaare ermittelt. Die Summe konvergiert schnell und kann leicht berechnet werden. Kristalle der Edelgasatome haben *kfz* Strukturen, und für sie ist $\Sigma R^{-6} = 14.45392 R_0^{-6}$ und $\Sigma R^{-12} = 12.13188 R_0^{-12}$, wobei R_0 der Abstand nächster Nachbarn ist. Wenn wir die kinetische Energie der Atome vernachlässigen, ergibt sich die Gesamtenergie zu

$$E = -2N\varepsilon \left[14.45 \left(\frac{\sigma}{R_0}\right)^6 - 12.13 \left(\frac{\sigma}{R_0}\right)^{12} \right], \tag{5-59}$$

5.6 Van der Waals Bindung

wobei N die Anzahl der Atome im Kristall ist. Werte für ε und σ für Edelgaskristalle sind in Tabelle 5-2 angegeben.

Tabelle 5-2 Lennard-Jones-Parameter für Edelgaskristalle

Element	R_0 (Å)	ε (10^{-23} J)	σ (Å)
Ne	3.13	50	2.74
Ar	3.76	167	3.40
Kr	4.01	225	3.65
Xe	4.35	320	3.98

Die Daten sind entnommen von M. Born und K. Huang, *Dynamical Theory of Crystal Lattices* (London: Oxford Univ. Press, 1954).

Für Druck und Temperatur gleich Null, ist der Gleichgewichtsabstand nächster Nachbarn R_{eq} durch die Bedingung $dE/dR_0 = 0$ bestimmt, das führt für Edelgaskristalle zu

$$R_{eq} = 1.090\,\sigma. \tag{5-60}$$

Für eine *kfz* Struktur hängt das Probenvolumen τ_s vom Abstand nächster Nachbarn derart ab $\tau_s = N R_0^3 / \sqrt{2}$, damit ergibt sich die isotherme Kompressibilität $\varkappa$ zu

$$\frac{1}{\varkappa} = \tau_s \frac{d^2 E}{d\tau_s^2}\bigg|_{R=R_{eq}} = 97.41\,\frac{\varepsilon}{R_{eq}^3}. \tag{5-61}$$

Gleichungen 5-60 und 5-61 kann man verwenden, um ε und σ aus Röntgenstrahl- und Kompressibilitätsdaten zu ermitteln.

Beispiel 5-5
Kristallines Argon hat eine *kfz* Struktur mit einer Kantenlänge von 5.31 Å. Seine isotherme Kompressibilität beträgt 93.8×10^{-11} m²/N. Unter der Annahme, daß die Atome nur über van der Waals-Kräfte wechselwirken, berechne man die Werte für die Energieparameter ε und σ.

Lösung
Der Abstand nächster Nachbarn ist die halbe Kantenlänge, somit wird $R_{eq} = a/\sqrt{2} = 5.31/\sqrt{2} = 3.75$ Å. Aus Gl. 5-60 folgt $\sigma = R_{eq}/1.090 = 3.44$ Å. Aus Gl. 5-61 folgt $\varepsilon = R_{eq}^3 / (97.41\,\varkappa) = (3.75 \times 10^{-10}) / (97.41 \times 93.8 \times 10^{-11}) = 5.77 \times 10^{-22}$ J. ◆

5.7 Wasserstoffbrücken

Wasserstoffbindungen passen eigentlich nicht in die bislang diskutierten Kategorien, obwohl sie mit zwei von ihnen gleiche Kennzeichen haben. In einer Wasserstoffbindung bildet ein Wasserstoffatom die Bindung, die zwei Atome zusammenhält. Zwischen dem Wasserstoffatom und einem der anderen Atome wird eine teils kovalente, teils ionische Bindung erzeugt. Die Wahrscheinlichkeitsdichte der Elektronen ist in der Nähe des anderen Atoms hoch, und das Paar hat ein elektrisches Dipolmoment, das von dem anderen Atom auf das Wasserstoffatom gerichtet ist. Zwei solcher Paare ziehen sich elektrostatisch an, wobei das negative Ion des zweiten Paares zum Wasserstoffatom des ersten Paares gezogen wird. Ein wichtiges Beispiel ist Eis. Zwei Wassermoleküle ziehen einander an, wobei der Sauerstoff des einen Moleküls zu einem der Wasserstoffatome des anderen gezogen wird. Das bedeutet, daß Wasserstoff zwei Sauerstoffatome in verschiedenen Molekülen bindet. Diese Bindungsart hält die zwei Stränge des DNA-Moleküls zusammen und ist auch für die Adhäsion vieler Leime verantwortlich. Wasserstoffbindungen sind schwächer als metallische Bindungen aber viel stärker als van der Waals-Bindungen. Typische Bindungsenergien liegen im Bereich von 0.3 bis 1 eV pro Atom.

5.8 Literatur

E. U. Condon and H. Odabasi, *Atomic Structure* (London: Cambridge Univ. Press, 1980).

U. Fano and L. Fano, *Physics of Atoms and Molecules* (Chicago: University of Chicago Press, 1972).

M. A. Morrison, T. L. Estle, and N. F. Lane, *Quantum States of Atoms, Molecules, and Solids* (Englewood Cliffs, NJ: Prentice-Hall, 1976).

M. O'Keeffe and A. Navrotsky (Eds), *Structure and Bonding in Crystals* (New York: Academic, 1981).

D. Park, *Introduction to the Quantum Theory* (New York: McGraw-Hill, 1964).

J. C. Phillips, *Bonds and Bands in Semiconductors* (New York: Academic, 1973).

J. C. Slater, *Quantum Theory of Matter* (New York: McGraw-Hill, 1968).

M. P. Tosi, „*Cohesion of Ionic Solids in the Born Model*" in *Solid State Physics* (F. Seitz and D. Turnbull, Eds.), Vol. 16, p. 1 (New York: Academic, 1964).

H. E. Zimmerman, *Quantum Mechanics for Organic Chemists* (New York: Academic, 1975).

Aufgaben

1. Die Funktion der potentiellen Energie für die zwei Elektronen eines Heliumatoms lautet

$$U(\mathbf{r}_1, \mathbf{r}_2) = \frac{e^2}{4\pi\varepsilon_0} \left[-\frac{2}{r_1} - \frac{2}{r_2} + \frac{1}{|\mathbf{r}_1 - \mathbf{r}_2|} \right],$$

5.8 Literatur

wobei der Kern sich im Ursprung befindet und die Elektronen bei r_1 und r_2.
(a) Die Zwei-Elektronen-Wellenfunktion sei $\psi(\mathbf{r}_1, \mathbf{r}_2) = \psi_a(\mathbf{r}_1)\psi_b(\mathbf{r}_2)$, wobei ψ_a und ψ_b die normierten Funktionen der Einzelpartikel sind. Man schreibe einen Ausdruck für die mittlere potentielle Energie $\langle U \rangle = \int\int |\psi|^2 U d\tau_1 d\tau_2$ in Form von Integralen, die die Funktionen der Einzelteilchen enthalten. Die Integrale sollen nicht berechnet werden, aber es soll gezeigt werden, daß $\langle U \rangle$ die Form $\langle U_a \rangle + \langle U_b \rangle + \langle U_{ee} \rangle$ hat, wobei $\langle U_a \rangle$ die mittlere potentielle Energie eines Elektrons mit der Wellenfunktion ψ_a im Feld zweier Protonen ist, $\langle U_b \rangle$ ist eine ähnliche Größe für ein Elektron mit der Wellenfunktion ψ_b und $\langle U_{ee} \rangle$ ist die mittlere Energie der Elektron-Elektron-Wechselwirkung. Man schreibe explizite Ausdrücke für $\langle U_a \rangle$, $\langle U_b \rangle$ und $\langle U_{ee} \rangle$ in Integralform.
(b) $\psi_a(r_1)$ soll der zeitunabhängigen Schrödingergleichung genügen

$$-\frac{\hbar^2}{2m}\nabla_1^2\psi_a + \frac{e^2}{4\pi\varepsilon_0}\left[-\frac{2}{r_1} + \int \frac{|\psi_b(\mathbf{r}_2)|^2}{|\mathbf{r}_1 - \mathbf{r}_2|} d\tau_2\right]\psi_a = E_a\psi_a.$$

Man multipliziere mit ψ_a^* und integriere über die mit $\mathbf{r}_1$ verbundenen Koordinaten. Man zeige, daß $E_a = \langle K_a \rangle + \langle U_a \rangle + \langle U_{ee} \rangle$, wobei $\langle K_a \rangle$ die mittlere kinetische Energie eines Elektrons mit der Wellenfunktion ψ_a ist. (c) Man zeige, daß die Gesamtenergie des Systems $E_a + E_b - \langle U_{ee} \rangle$ ist, wobei E_b mit ψ_b in derselben Weise wie E_a mit ψ_a verknüpft ist.

2. Wir betrachten die *sp*-Mischung $\chi(\mathbf{r}) = A_s f_s(r) + A_p z f_p(r)/r$, wobei A_s und A_p Konstante sind. f_s, zf_p/r und χ sollen normiert sein. (a) Man zeige, daß χ keine Eigenfunktion des Operators ist, der mit dem Quadrat des Bahndrehimpulses zusammenhängt, sondern daß es eine Eigenfunktion des Operators ist, der mit der z-Komponente des Bahndrehimpulses verbunden ist. (b) Welche Ergebnisse sind für Elektronen mit dieser Wellenfunktion möglich, wenn man die Größe des Bahndrehmomentes mißt? (c) Mit welcher Wahrscheinlichkeit treten sie auf?

3. Wir betrachten die einzelnen sp^3 Atomfunktionen χ_1 und χ_2, die durch die Gl. 5-38 und 5-39 definiert sind. (a) Man zeige, daß sie orthogonal zueinander sind. Das heißt, man zeige, daß $\int \chi_1 \chi_2 \, d\tau = 0$, wenn $|A_p|^2 = 3|A_s|^2$. Wir erinnern uns, daß s und p Funktionen, die zum gleichen Atom gehören, automatisch orthogonal sind. (b) Wie groß ist der Winkel zwischen den Bindungsrichtungen von χ_1 und χ_2?

4. In einem Kristall identischer tetraedrisch gebundener Atome, liegen sp^3-Bindungen, die von einem Atom ausgehen, in der in Bild 5-8 gezeigten Richtung. (a) Man zeichne vier Lappen der Bindungsfunktionen, wobei jeder von einem Atom ausgeht, das an das Zentralatom gebunden ist. (b) Man schreibe Ausdrücke, analog zu den Gl. 5-38, 5-39, 5-40 und 5-41 für die Funktionen des einzelnen Atoms auf, die zu den Lappen von Teil a gehören.

5. In kristallinem CsCl sitzt jedes Cäsiumatom in der Mitte eines Würfels, und die Chloratome sitzen in den Ecken. Im Gleichgewicht ist der Abstand zwischen einem Cäsiumatom und dem nächsten Chloratom 3.57 Å. Die Bindung

soll rein ionisch sein. (a) Man berechne die elektrostatische Energie, bezogen auf die Energie bei unendlichem Abstand, für die Wechselwirkung zwischen einem einzelnen Cäsiumatom und seinen acht nächsten Chlornachbarn, wenn alle Atome ihre Gleichgewichtslagen einnehmen. (b) Das ist eine grobe Berechnung der Energie eines Cäsiumatoms in einem Kristall, da die ionische Wechselwirkung eine extrem große Reichweite hat. Man berechne zum Vergleich die Madelungenergie pro Ion, wenn alle Atome ihre Gleichgewichtslagen einnehmen.

6. Die Energie pro Ion für Cäsiumchlorid ist etwa $-(\alpha e^2/4\pi\varepsilon_0 R) + 8Ae^{-R/\varrho}$, wobei α die Madelungkonstante, $A = 5.64 \times 10^3$ eV und $\varrho = 0.34$ Å ist. Man berechne den Gleichgewichtsabstand nächster Nachbarn. Man sollte einen Computer und ein Programm zum Wurzelziehen oder einfach eine trial-and-error-Methode benutzen. Das Ergebnis entspricht nicht exakt dem Abstand nächster Nachbarn, der in Aufgabe 5 gegeben ist, da andere Energiebeiträge, wie diejenige von van der Waals-Kräften weggelassen wurden.

7. Man benutze die in Tabelle 5-1 angegebenen Parameter für Natriumchlorid im Gleichgewicht, um (a) die Madelungenergie pro Ion, (b) die Energie pro Ion infolge der Rumpf-Rumpf-Abstoßung und (c) die Kompressibilität bei $T = 0$ K zu berechnen.

8. (a) Man benutze die Werte von n und A von Tabelle 5-1, um den Gleichgewichtsabstand nächster Nachbarn von CsCl bei $T = 0$ K zu ermitteln. (b) Mit Hilfe des Ergebnisses bestimme man die Kompressibilität von CsCl bei $T = 0$ K.

9. Um den Einfluß der Struktur auf Kristalleigenschaften zu untersuchen, nehmen wir an, Natriumchlorid kristallisiere in einer Zinkblendestruktur. Man vergleiche (a) den Abstand nächster Nachbarn, (b) die Energie pro Ion und (c) die Kompressibilität mit den Werten, die diese Größe haben, wenn das Material seine übliche NaCl-Struktur hat. Die Energie der Rumpf-Rumpf-Abstoßung sei proportional zu $1/R^n$, man benutze für beide Strukturen denselben Wert von n, passe aber A der unterschiedlichen Zahl nächster Nachbarn an.

10. Die Energie pro Atom eines Argonkristalls als Funktion des Abstands nächster Nachbarn R kann geschrieben werden $U(R) = -(A/R^6) + (B/R^{12})$, wobei $A = 1.03 \times 10^{-77}$ J · m^6 und $B = 1.62 \times 10^{-134}$ J · m^{12} ist. (a) Man ermittle den Gleichgewichtsabstand nächster Nachbarn und (b) man vergleiche die van der Waals- und Rumpfabstoßungsbeiträge zur Energie beim Gleichgewichtsabstand. (c) Wir nehmen an, daß die van der Waals-Energie nur von Wechselwirkungen nächster Nachbarn herrührt, man bestimme die Größe der van der Waals-Kraft zwischen zwei Argonatomen beim Gleichgewichtsabstand. Kristallines Argon hat eine *kfz* Struktur.

11. Die Polarisierbarkeit α eines Argonatoms ist durch $\alpha/4\pi\varepsilon_0 = 1.62 \times 10^{-30}$ m^3 gegeben. Man betrachte zwei Argonatome, die über van der Waals-Kräfte wechselwirken. Der van der Waals-Beitrag zur Energie soll -6.20×10^{-3} eV/

Atom und der Atomabstand soll 3.08 Å betragen. Man berechne die zeitlichen Mittelwerte (a) $\sqrt{\langle p_1^2 \rangle}$ und (b) $\sqrt{\langle \mathcal{E}^2 \rangle}$, wobei $\mathcal{E}$ die elektrische Feldstärke ist, die von einem Atom auf dem Platz des anderen erzeugt wird. Zum Vergleich berechne man (c) den Abstand eines Elektrons von einem Proton so, daß ihr Dipolmoment die Größe $\sqrt{\langle p_1^2 \rangle}$ hat und (d) den Abstand eines isolierten Protons von einem Punkt, wo das elektrische Feld die Größe $\sqrt{\langle \mathcal{E}^2 \rangle}$ hat.

12. Man betrachte die van der Waals-Wechselwirkung eines Atompaars mit der Polarisierbarkeit α. Atom 1 sitze im Ursprung und habe das Dipolmoment $\mathbf{p}_1$. Atom 2 sitzt auf der x-Achse in einem Abstand von R und hat das Dipolmoment $\mathbf{p}_2$, das vom elektrischen Feld des Atoms 1 erzeugt wird. Wir nehmen an $\mathbf{p}_1$ liege in der xy-Ebene und schließe den Winkel θ mit der x-Achse ein. (a) Man finde einen Ausdruck in $\mathbf{p}_1$, R, α und θ für die Kraft, die von Atom 1 auf Atom 2 ausgeübt wird. (b) Man zeige, daß die Kraft nur eine Zentralkraft ist, wenn $\mathbf{p}_1$ entweder parallel oder senkrecht zur Linie liegt, die die Atome verbindet. (c) Ist die zeitlich gemittelte Kraft eine Zentralkraft, wenn $\mathbf{p}_1$ statistisch mit der Zeit schwankt?

6. Gitterschwingungen

Das dreiachsige Neutronenspektrometer am Hochflußreaktor von Brookhaven. Der Reaktor steht links im Hintergrund, das Spektrometer ist direkt links vom Zentrum.

6.1 Normale Schwingungen . . . 167
6.2 Eine monoatomare, lineare
   Kette 173
6.3 Eine zweiatomare, lineare
   Kette 181
6.4 Gitterschwingungen in drei
   Dimensionen 188

6.5 Oberflächen-
   schwingungen 197
6.6 Unelastische Neutronenstreuung 199
6.7 Elastische Konstanten . . . 202

Das wichtigste Ziel dieses Kapitels besteht darin, grundlegende Konzepte vorzustellen, die zum Verständnis der Vibrationsbewegungen von Atomen in Festkörpern und den Beiträgen dieser Vibrationen zu den Materialeigenschaften benötigt werden. Die wichtigste Idee ist die einer normalen Schwingung, bei der alle Atome mit der gleichen Frequenz oszillieren. Nur Gitterschwingungen mit bestimmten Frequenzen, die durch die zwischenatomaren Kräfte bestimmt sind, treten in einem Festkörper auf. Diese Kräfte legen das Schwingungsspektrum fest, ein wichtiges Charakteristikum des Festkörpers.
Die Konzepte für Verrückungen und Frequenzen der normalen Schwingungen sind sowohl für kristalline als auch für amorphe Festkörper gültig. Weil jedoch die Atome in Kristallen periodisch angeordnet sind, haben die normalen Atomverrückungen für diese Matcrialien eine besonders einfache Form und sind relativ leicht zu diskutieren. Wir werden, soweit wir können, allgemeine Verhältnisse diskutieren und uns dann auf Kristalle spezialisieren.

6.1 Normale Schwingungen

Die Idee ist einfach. Wenn die Verrückungen der Atome aus ihren Gleichgewichtslagen klein sind, sind die Kräfte, die sie aufeinander ausüben, proportional zur Verrückung, wie im Falle einer Kopplung der Atome durch ideale Federn. Wir können die Kraft auf ein Atom als eine Summe von Einzelkräften betrachten, wobei jede proportional zur Verrückung eines Atoms aus der Gleichgewichtslage ist. Diese Näherung führt zu atomaren Bewegungen, die einfach harmonisch sind.
Die Proportionalitätskonstanten, die das Verhältnis zwischen Kraft und Verrückung angeben, können im Prinzip aus Details der zwischenatomaren Kräfte berechnet werden. Wir werden diese Rechnungen nicht durchführen, sondern wir werden annehmen, daß die Kraftkonstanten bekannt sind. Wir setzen die Ausdrücke für die Kräfte in das zweite Newtonsche Axiom ein und erhalten so einen Satz von Differentialgleichungen, eine für jedes Atom. Dann suchen wir die Lösungen, für die alle Atomverrückungen die gleiche Frequenz haben.
Genau genommen sollte die Quantenmechanik zur Beschreibung der Atomebewegungen verwendet werden. Aber sowohl die Quantenmechanik als auch die klassische Mechanik führen zum gleichen Frequenzspektrum. Deshalb verwenden wir die klassische Mechanik für diese Einführung.

Normale Schwingungen eines einfachen Systems

Zur Veranschaulichung betrachten wir ein eindimensionales System von drei Atomen, wie es in Bild 6-1 dargestellt ist. Die Atome haben die Gleichgewichtslagen x_1, x_2, x_3 und die Verrückung des Atoms i aus der Gleichgewichtslage wird u_i (t) bezeichnet. Wir betrachten hier nur die Wechselwirkungen mit nächsten Nachbarn.
Die Kraftwirkung des Atoms 2 auf Atom 1 ist proportional zur Differenz der Verrückungen dieser Atome aus ihren Gleichgewichtslagen und wir schreiben $F_1 =$

168 6. Gitterschwingungen

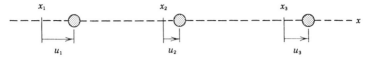

Bild 6-1 Ein eindimensionales System von drei Atomen. Das Atom i wird um u_i aus seiner Gleichgewichtslage x_i ausgelenkt.

$-K_1(u_1 - u_2)$, wobei K_1 eine Konstante ist. Wegen des dritten Newtonschen Axioms ist die Kraft des Atoms 1 auf Atom 2 $-K_1(u_2 - u_1)$. Zusätzlich übt Atom 3 eine Kraft $-K_2(u_3 - u_2)$ auf Atom 2 aus, so daß die resultierende Kraft auf dieses Atom $F_2 = -K_1(u_2 - u_1) - K_2(u_2 - u_3)$ ist. Auf Atom 3 übt nur Atom 2 eine Kraft aus, deshalb ist $F_3 = -K_2(u_3 - u_2)$. K_2 ist dabei die Kraftkonstante für die Wechselwirkung zwischen Atom 2 und Atom 3. Man beachte, daß die Kräfte die Tendenz haben, das Gleichgewicht wieder herzustellen. Wenn z.B. $u_1 > u_2$ ist, wirkt die Kraft auf Atom 1 in negativer x-Richtung.

Das zweite Newtonsche Axiom liefert für die drei Atome:

$$m \frac{d^2u_1}{dt^2} = -K_1(u_1 - u_2), \tag{6-1}$$

$$m \frac{d^2u_2}{dt^2} = -K_1(u_2 - u_1) - K_2(u_2 - u_3), \tag{6-2}$$

und

$$m \frac{d^2u_3}{dt^2} = -K_2(u_3 - u_2). \tag{6-3}$$

Um normale Schwingungen als Lösung dieser Differentialgleichungen zu erhalten, nehmen wir an, daß jede Verrückung die gleiche sinusförmige Zeitabhängigkeit hat. Das heißt, wir setzen $u_i = u_{i0} e^{-i\omega t}$ für das $i-te$ Atom. Dabei ist u_{i0} zeitunabhängig und ω die Kreisfrequenz der Schwingung. Obwohl zur Vereinfachung der späteren Rechnungen eine komplexe Schreibweise verwendet wurde, sind die Verrückungen real. Wir benötigen den Realteil von u_i zur Beschreibung der physikalischen Verrückung.

Die zweite Ableitung von $u_i(t)$ ist $-\omega^2 u_i(t)$, so erhält man aus 6-1, 6-2 und 6-3

$$(K_1 - m\omega^2)u_1 - K_1 u_2 = 0, \tag{6-4}$$

$$-K_1 u_1 + (K_1 + K_2 - m\omega^2)u_2 - K_2 u_3 = 0, \tag{6-5}$$

und

$$-K_2 u_2 + (K_2 - m\omega^2)u_3 = 0, \tag{6-6}$$

nach einigen Umstellungen. Da diese Gleichungen homogen in den Verrückungen sind, ist $u_i = 0$ eine mögliche Lösung für alle i. Diese Lösung ist allerdings uninteressant, da sie eine Situation beschreibt, bei der sich alle Atome in ihren Gleichgewichtslagen in Ruhe befinden. Andere Lösungen existieren nur, wenn die Koeffizientendeterminante der Verrückungen verschwindet. Die Verrückungen müssen alle null sein, wenn nicht

$$\begin{vmatrix} (K_1 - m\omega^2) & -K_1 & 0 \\ -K_1 & (K_1 + K_2 - m\omega^2) & K_2 \\ 0 & -K_2 & (K_2 - m\omega^2) \end{vmatrix} = 0. \tag{6-7}$$

Diese Determinante wird Säkulardeterminante des Normalschwingungsproblems genannt.
Gleichung 6-7 bestimmt die Frequenzen der Normalschwingungen. Wenn die Determinante ausgerechnet wird, erhält man die Gleichung

$$m\omega^2[m^2\omega^4 - 2(K_1 + K_2)m\omega^2 + 3K_1K_2]u_1 = 0. \tag{6-8}$$

Die linke Seite ist ein Polynom dritter Ordnung in ω^2, deshalb wird Gleichung 6-8 durch drei Werte von ω^2 befriedigt. Da wir eine positive Kreisfrequenz annehmen, führt jeder dieser Werte zu einer Frequenz der normalen Schwingung. Die Frequenzen der normalen Schwingung sind:

$$\omega_1 = 0, \tag{6-9}$$

und
$$\omega_2 = \frac{1}{m}[(K_1 + K_2) - (K_1^2 + K_2^2 - K_1K_2)^{1/2}]^{1/2}, \tag{6-10}$$

$$\omega_3 = \frac{1}{m}[(K_1 + K_2) + (K_1^2 + K_2^2 - K_1K_2)^{1/2}]^{1/2}. \tag{6-11}$$

Wenn ω irgendeine der drei Frequenzen ist, können nur zwei der Bewegungsgleichungen als voneinander unabhängig betrachtet werden, und die Verrückungen werden nicht vollständig bestimmt durch die Gleichungen 6-9, 6-10 und 6-11. Zwei Verhältnisse können jedoch abgeschätzt werden, z.B. u_2/u_1 und u_3/u_1. Gleichung 6-4 ergibt unmittelbar u_2/u_1; Gleichung 6-5 oder 6-6 können dazu verwendet werden, u_3/u_1 zu bestimmen. Jedes der Verhältnisse hat verschiedene Werte für verschiedene Frequenzen.

Das Normalschwingungsproblem für einen Festkörper

Die oben gegebene Beschreibung kann erweitert werden auf einen dreidimensionalen Festkörper. Wechselwirkungen zwischen allen Atomen nicht nur zwischen nächsten Nachbarn können berücksichtigt werden. Weil eine große Zahl von Atomen miteinander wechselwirkt und weil wir die wirkenden Kräfte in drei Komponenten zerlegen müssen, wird die Beschreibung kompliziert. Wir verwenden die Indizes i und j, um die Atome voneinander zu unterscheiden, und α und β bezeichnen die kartesischen Komponenten. α z. B. kann x, y und z bedeuten. In dieser Schreibweise wird die α Komponente der Kraft auf das Atom i mit $F_{i\alpha}$ und die β Komponente der Verrückung des Atoms j aus der Gleichgewichtslage mit $u_{j\beta}$ bezeichnet.

Betrachten wir ein Atom i. Auf das Atom wird eine Kraft ausgeübt, wenn irgendein Atom, einschließlich i selbst, aus dem Gleichgewicht ausgelenkt wird. Die Verrückung eines Atoms in einer Richtung kann eine Kraft auf ein Atom i in einer anderen Richtung zur Folge haben. Ein Ausdruck für die Kraft in harmonischer Näherung auf ein Atom i muß einen Term für jede Komponente der Verrückung jedes Atoms enthalten. Wir schreiben

$$F_{i\alpha} = - \sum_j \sum_\beta \Phi_{\alpha\beta}(i, j) u_{j\beta}, \tag{6-12}$$

wobei die erste Summation über alle Atome des Festkörpers und die zweite über die drei kartesischen Koordinaten durchgeführt werden muß. $\Phi_{\alpha\beta}(i, j)$ ist eine Kraftkonstante. Sie hängt von der Natur der atomaren Wechselwirkungen im betrachteten Festkörper ab und ist verschieden für unterschiedliche Paare von Atomen und für verschiedene Komponenten der Verrückungen der Atome. Einige Kraftkonstanten sind negativ, wie ein Vergleich der Gleichungen 6-1, 6-2 und 6-3 mit 6-12 zeigt.

Das zweite Newtonsche Axiom für die α Komponente des Atoms i lautet

$$m_i \frac{d^2 u_{i\alpha}}{dt^2} = - \sum_j \sum_\beta \Phi_{\alpha\beta}(i, j) u_{j\beta}. \tag{6-13}$$

Gleichung 6-13 ist die Darstellung des Satzes von Simultangleichungen für die Verrückungskomponenten. Drei ähnliche Gleichungen können für jedes Atom des Festkörpers angegeben werden.

Um die Lösungen der normalen Schwingungen zu erhalten, setzen wir an $u_{i\alpha} = u_{i\alpha 0} e^{-i\omega t}$, wobei $u_{i\alpha 0}$ zeitunabhängig ist und ω die Kreisfrequenz angibt. Durch Einsetzen in Gleichung 6-13 erhält man

$$m_i \omega^2 u_{i\alpha}(t) = \sum_j \sum_\beta \Phi_{\alpha\beta}(i, j) u_{j\beta}(t) \tag{6-14}$$

oder

$$\sum_j \sum_\beta [\Phi_{\alpha\beta}(i, j) - m_i \omega^2 \delta_{ij} \delta_{j\beta}] u_{j\beta}(t) = 0, \tag{6-15}$$

wobei δ_{ij} und $\delta_{\alpha\beta}$ die Kroneckersymbole sind. δ_{ij} ist z.B. 0, wenn $i \neq j$ und 1, wenn $i = j$. Die Frequenzen der normalen Schwingungen sind Lösungen der Determinantengleichung.

$$\mathrm{Det}[\Phi_{\alpha\beta}(i, j) - m_i \omega^2 \delta_{\alpha\beta} \delta_{ij}] = 0, \tag{6-16}$$

wobei die Determinante auf der linken Seite durch die Koeffizienten der Verrückungskomponenten in den Bewegungsgleichungen gebildet wird. Die Bezeichnungsweise kann etwas verwirrend sein, weil jede Verrückungskomponente durch zwei Indizes gekennzeichnet wird, einen, der das Atom bezeichnet, und einen, der die kartesische Komponente bezeichnet. Die Komponenten i und α bezeichnen die Zeilen der Determinante in der Reihenfolge $1x$, $1y$, $1z$, $2x$, $2y$, $2z$, $3x$, ... Die Indizes j und β bezeichnen in gleicher Weise die Spalten.

6.1 Normale Schwingungen

Wenn man die Determinante ausrechnet, erhält man ein Polynom der Ordnung $3N$ in ω^2, wobei N die Anzahl der Atome im Festkörper ist. Der Term höchster Ordnung ist proportional zu $(\omega^2)^{3N}$ und resultiert aus dem Produkt der Diagonalelemente. Das Polynom hat $3N$ Wurzeln und, weil nur positive Werte für ω zugelassen werden, genau $3N$ normale Schwingungen. Sobald einmal die Frequenzen der normalen Schwingungen gefunden wurden, kann eine von ihnen in Gleichung 6-15 eingesetzt werden und diese Gleichungen können für die Verhältnisse der Verrückungskomponenten gelöst werden.

In harmonischer Näherung ist der Satz von Simultangleichungen, wie in Gleichung 6-15 dargestellt, sowohl für Kristalle als auch für amorphe Materialien gültig. Für amorphe Festkörper makroskopischer Ausdehnung kann jedoch das Problem nicht einfach gelöst werden, weil zu viele Atome vorhanden sind. Selbst mit numerischen Techniken und sehr schnellen Rechnern können die Frequenzen der normalen Schwingungen höchstens für Systeme mit etwa 100 Atomen berechnet werden. In kristallinen Festkörpern wird dagegen die Komplexität der Aufgabe stark durch die periodische Anordnung der Atome reduziert, wie wir gleich sehen werden. Zunächst betrachten wir jedoch detaillierter, wie man die Kraftkonstanten aus den zwischenatomaren Kräften bestimmen kann.

Kraftkonstantenbestimmung aus der potentiellen Energie

Kraftkonstanten können direkt aus der Abhängigkeit der zwischenatomaren Kräfte vom Atomabstand bestimmt werden. Man entwickelt dazu einfach die Kräfte als Potenzreihe der Verrückungskomponenten und bezeichnet die Koeffizienten in den linearen Termen als Kraftkonstanten. Diese Methode werden wir später im Beispiel 6-3 anwenden.

Da die Kraft auf ein Atom aus der potentiellen Energie des Festkörpers bestimmt werden kann, stehen die Kraftkonstanten in direkter Beziehung zur Funktion der potentiellen Energie. Wir diskutieren nun diese Beziehung.

Die potentielle Energie $U(\mathbf{r}_1, \mathbf{r}_2, \mathbf{r}_3 \ldots \mathbf{r}_N)$ eines Festkörpers, der N Atome enthält, ist eine Funktion von $3N$ unabhängigen Variablen, die die kartesischen Koordinaten der Kerne sein können. In gewissem Sinne ist die Funktion falsch bezeichnet. Sie beinhaltet nämlich sowohl die gesamte kinetische Energie der Elektronen als auch die potentielle Energie der Elektron-Elektron, der Elektron-Kern und der Kern-Kern Wechselwirkungen. Tatsächlich ist diese Energie die Gesamtenergie des Festkörpers mit Ausnahme der Schwingungsenergie der Atome. Die Kraft auf ein Atom i, ausgedrückt durch die Funktion der potentiellen Energie, ist gegeben durch

$$F_i = -\frac{\partial U}{\partial x_i}\hat{\mathbf{x}} - \frac{\partial U}{\partial y_i}\hat{\mathbf{y}} - \frac{\partial U}{\partial z_i}\hat{\mathbf{z}}$$

$$= -\frac{\partial U}{\partial u_{ix}}\hat{\mathbf{x}} - \frac{\partial U}{\partial u_{iy}}\hat{\mathbf{y}} - \frac{\partial U}{\partial u_{iz}}\hat{\mathbf{z}} \qquad (6\text{-}17)$$

Entsprechend Gleichung 6-12 ist die Kraftkonstante $\Phi_{\alpha\beta}(i, j)$ durch $\Phi_{\alpha\beta}(i, j) = -\partial F_{i\alpha}/\partial u_{j\beta}$ gegeben, oder wenn Gleichung 6-17 benutzt wird, durch

6. Gitterschwingungen

$$\Phi_{\alpha\beta}(i,j) = \frac{\partial^2 U}{\partial u_{i\alpha} \partial u_{j\beta}}. \tag{6-18}$$

Exakt ausgedrückt, man sollte eine geringe Verschiebung zur Approximation an U durchführen. Das bedeutet, daß die Ableitung in Gleichung 6-18 für Atome im Gleichgewichtszustand durchgeführt wird.
Im Prinzip liefert Gleichung 6-18 eine Möglichkeit zur Berechnung von Kraftkonstanten. Man erhält zunächst die Gesamtenergie des Festkörpers für die ruhenden Kerne in einer Anzahl von Konfigurationen und findet ein Minimum. Das bestimmt eine Gleichgewichtskonfiguration, die einer kristallinen oder amorphen Form der Substanz entspricht. Dann wird die zweite Ableitung der Energie nach den Verrückungskomponenten für die Gleichgewichtskonfiguration gebildet. Natürlich ist der Arbeitsaufwand für die Durchführung eines solchen Verfahrens viel zu groß und deshalb wurden Näherungsverfahren entwickelt.

Anharmonische Kräfte

In Gleichung 6-12 für die Kraft auf ein Atom in harmonischer Näherung haben wir nichtlineare Terme in den Atomverrückungen vernachlässigt. Obwohl diese Näherung genaue Resultate für die Frequenzen der normalen Schwingungen liefert, sind die vernachlässigten Terme für einige andere physikalische Erscheinungen von Bedeutung.
Anharmonische Terme sind verantwortlich für einen kontinuierlichen Austausch von Schwingungsenergie zwischen den normalen Schwingungen. Wenn die Atome im thermischen Gleichgewicht sind, verliert jeder Schwingungszustand so viel Energie, wie er gewinnt und es gibt keinen Nettoenergieaustausch mit einem anderen Schwingungszustand. Wenn die Atome jedoch nicht im thermischen Gleichgewicht sind, wenn z. B. ein Temperaturgradient vorhanden ist, fließt Energie von Schwingungszuständen mit hoher zu solchen mit geringer Energie. Daher sind anharmonische Kräfte wichtig, wenn sich im Festkörper das thermische Gleichgewicht einstellt.
Anharmonische Kräfte sind also wichtig für die thermische Ausdehnung eines Festkörpers. Diese Vorstellung kann durch die Funktion der potentiellen Energie von zwei wechselwirkenden Atomen, wie in Bild 6-2 dargestellt, verdeutlicht werden. In (a) ist die potentielle Energie quadratisch, und die Kraft, die von jedem Atom auf ein anderes ausgeübt wird, ist linear in den relativen Verrückungen. Die Funktion (b) dagegen ist nicht quadratisch und führt zu anharmonischen Kräften. Jede der dargestellten horizontalen Linien ist eine mögliche Schwingungsenergie für das Paar. Der Schnittpunkt der horizontalen Linie mit der Kurve der potentiellen Energie ergibt für jede Energie die Schwingungsamplitude, und der Mittelpunkt der Linie gibt den mittleren Atomabstand an.
Mit der Temperatur steigt auch die Schwingungsenergie an. Es ist klar, daß dieser Anstieg nur dann zu einer Änderung des mittleren Abstandes führt, wenn die potentielle Energie nicht symmetrisch zu ihrem Minimum verläuft. Für die meisten Festkörper erzeugt die Wechselwirkung der Atomrümpfe eine Kurve, die links

6.2 Eine monoatomare, lineare Kette   173

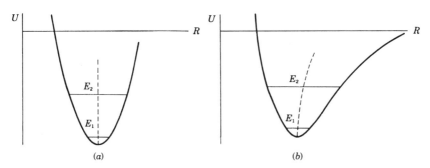

Bild 6-2 (a) Harmonische und (b) anharmonische Funktion der potentiellen Energie für die Wechselwirkung von zwei Atomen. R ist der Atomabstand, während E_1 und E_2 zwei mögliche Schwingungsenergien darstellen. Bei (a) bedeutet ein Energieanstieg keine Änderung des mittleren Atomabstandes, der durch die Mittelpunkte der Linien gleicher Energie gegeben ist. Bei (b) bewirkt ein Anstieg der Energie auch einen Anstieg des mittleren Atomabstandes.

vom Minimum steiler als rechts ist, und deshalb erfolgt eine Ausdehnung mit ansteigender Temperatur.

6.2 Eine monoatomare, lineare Kette

Wenn die Gleichgewichtslagen der Atome periodisch angeordnet sind, haben die Lösungen (Gleichung 6-15) des Satzes von Gleichungen eine besonders einfache Form, und die Gleichungen sind ziemlich einfach zu lösen. Zur Veranschaulichung betrachten wir einen eindimensionalen Kristall mit einem einzigen Atom in der primitiven Zelle.

Bewegungsgleichungen

Das System besteht aus N Atomen mit der Masse m und einem Gleichgewichtszustand a, wie in Bild 6-3 gezeigt. Die Gleichgewichtslagen sind durch $n \cdot a$ gegeben, wobei $n = 0, 1, 2......N-1$. Die Atome bewegen sich längs der x-Achse, und die

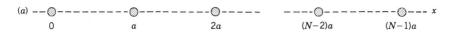

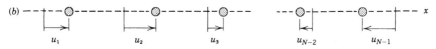

Bild 6-3 Eine eindimensionale, lineare Kette von N Atomen. (a) Gleichgewichtspositionen, wobei für Atom n $x=na$ gilt. (b) Auslenkung der Atome aus der Gleichgewichtslage zum gleichen Zeitpunkt. Die Verrückung des Atoms n wird durch u_n beschrieben. Für die dargestellte Situation sind u_{N-2} und u_{N-1} negativ, während die anderen Verrückungen positiv dargestellt worden sind.

Lage des Atoms n ist durch $x_n(t) = na + u_n(t)$ gegeben, wobei $u_n(t)$ die Verrückung des Atoms aus der Gleichgewichtslage ist. Die Bewegungsgleichung für das Atom n lautet

$$m \frac{d^2 u_n}{dt^2} = -\sum_i \Phi(n,i) u_i. \tag{6-19}$$

Dabei ist $\Phi(n, i)$ die Kraftkonstante für die Wechselwirkung der Atome n und i, und summiert wird über alle Atome der Kette. Gleichung 6-19 ist identisch mit Gleichung 6-13, lediglich die Indizes, die die kartesischen Komponenten spezifizieren, sind weggelassen worden. Für eine normale Schwingung ist $d^2 u_n(t)/dt^2 = -\omega^2 u_n(t)$ und Gleichung 6-19 wird zu

$$m\omega^2 u_n(t) = \sum_i \Phi(n,i) u_i(t). \tag{6-20}$$

Die Lösungen haben eine besonders einfache Form, wenn alle Atome exakt der gleichen Bewegungsgleichung gehorchen. In dem beschriebenen System haben die Atome in der Nähe der Kettenenden andere Beeinflussungen von den Nachbarn als die Atome im Inneren, und deshalb gehorchen sie unterschiedlichen Bewegungsgleichungen. Wir beheben diese Tatsache dadurch, daß wir die N Atome als Teil einer unendlichen Kette betrachten. Dadurch hat jedes Atom gleiche Nachbarschaftsverhältnisse. Wenn jedes Atom mit $2p$ Nachbarn in Wechselwirkung steht, kann die Summe in Gleichung 6-20 so angeordnet werden

$$m\omega^2 u_n(t) = \sum_{s=-p}^{+p} \Phi(n, n+s) u_{n+s}(t). \tag{6-21}$$

Hier sind die Atome so bezeichnet worden, daß die Summe mit dem Atom a im Abstand pa auf der einen Seite von Atom n beginnt und mit dem Atom a im Abstand pa auf der anderen Seite endet. Einige der Ausdrücke in der Summe können mit Atomen außerhalb der betrachteten Kette verbunden sein, aber sie werden so einbezogen, daß jedes Atom an der gleichen Anzahl von Wechselwirkungen beteiligt ist. $\Phi(n, n+s)$ hängt nicht von n, sondern nur von s ab. Atome mit den Gleichgewichtslagen $5a$ und $8a$ z. B. wechselwirken mit der gleichen Kraftkonstanten wie Atome mit den Gleichgewichtslagen $10a$ und $13a$. Wenn wir $\Phi(s)$ für $\Phi(n, n+s)$ einsetzen, wird aus Gleichung 6-21

$$m\omega^2 u_n(t) = \sum_{s=-p}^{+p} \Phi(s) u_{n+s}(t). \tag{6-22}$$

Um ein Modell zu erzeugen, in dem alle Atome gleichwertig sind, haben wir tatsächlich die Anzahl der Gleichungen, die gelöst werden müssen, vergrößert. Die Atome außerhalb der ursprünglichen Kette von N Atomen liefern einen Beitrag

6.2 Eine monoatomare, lineare Kette

zur Kraft auf die Atome in der Kette, und wir müssen deshalb ihre Bewegungen betrachten. Um die Komplexität dieses Problems zu reduzieren, fordern wir

$$u_{n+N}(t) = u_n(t). \tag{6-23}$$

Das Modell besteht mit anderen Worten aus einer unendlichen Kette, die aus Segmenten zusammengesetzt ist, die jeweils N Atome enthalten. Es wird angenommen, daß die Verrückung eines Atoms in einem Segment genau das gleiche wie die Verrückung eines analogen Atoms in einem anderen Segment ist. Die Verrückungen, die Gleichung 6-23 genügen, erfüllen die periodischen Randbedingungen.
Mit Ausnahme von Oberflächenschwingungen, an denen nur Atome in der Nähe der Probenoberfläche beteiligt sind, ergibt die Einführung periodischer Randbedingungen keinen Fehler bei der Berechnung der Frequenzen von normalen Schwingungen. Wenn N groß ist, wird die Zahl der Atome in der Nähe des Randes klein, und die periodischen Randbedingungen führen zu einer richtigen Beschreibung der Bewegung von fast jedem Atom im Kristall. Oberflächenschwingungen werden später diskutiert.

Verrückungen von normalen Schwingungen

Zunächst betrachten wir eine normale Schwingung mit der Kreisfrequenz ω und nehmen an, daß keine andere normale Schwingung die gleiche Frequenz hat. Solch eine Schwingung wird als nichtentartet bezeichnet. Alle Verrückungen sind proportional zu irgendeiner von ihnen und wir können setzen

$$u_l(t) = \Gamma u_0(t). \tag{6-24}$$

Dabei ist Γ zeitunabhängig, kann aber von ω abhängen. Es wird durch die Bewegungsgleichungen bestimmt.
Gleichung 6-24 ist sogar gültig, wenn die Struktur nichtkristallin ist. Wir machen nun Gebrauch von der Periodizität der Kette. Weil die Atome gleichwertig sind, ist die Proportionalitätskonstante zwischen den Verrückungen von Atom 2 und Atom 1 auch Γ. Das heißt, $u_2(t) = \Gamma u_1(t)$. Damit man versteht, warum das so ist, betrachten wir ein anderes Segment der unendlichen Kette, von $x = a$ gehen wir zu $x = Na$. Der Satz von Gleichungen ist für diese Atome genau der gleiche wie für die Atome im ursprünglichen Segment. Insbesondere ist die Proportionalitätskonstante der Verrückungen von Atom 1 und Atom 0 die gleiche wie die Proportionalitätskonstante der Verrückungen von Atom 1 und Atom 0 in der ursprünglichen Kette. Da Atom 0 der neuen Kette Atom 1 der alten Kette ist und Atom 1 der neuen Kette Atom 2 der alten ist, gilt $u_2(t) = \Gamma u_1(t)$. Bezüglich Atom 0 ist $u_2(t) = \Gamma^2 u_0(t)$.
Wir können das mit anderen Segmenten fortsetzen und zeigen, daß $u_{n+1}(t) = \Gamma u_n(t)$. Folglich ist

$$u_n(t) = \Gamma^n u_0(t). \tag{6-25}$$

Gleichung 6-25 liefert $u_N(t) = \Gamma^N u_0(t)$, jedoch nach Gleichung 6-23 ist $u_N(t) = u_0(t)$. Damit ist $\Gamma^N = 1$ und Γ die n-te Wurzel aus 1. Da $e^{i2\pi h} = 1$ ist, wenn h ganzzahlig ist, nimmt Γ einen der Werte $e^{i2\pi h/N}$ an. Dieses Resultat wird üblicherweise so geschrieben

$$\Gamma = e^{iqa}, \tag{6-26}$$

q ist dabei $2\pi h/Na$. Später werden wir sehen, daß ein anderer Wert von h mit jeder Frequenz einer normalen Schwingung verbunden ist.

Wir schreiben $u_0(t) = Ae^{-i\omega t}$, wobei A eine Konstante ist. Dann erhält man mit Gleichung 6-25 und Gleichung 6-26

$$u_n(t) = Ae^{i(qna-\omega t)}. \tag{6-27}$$

Das ist die mathematische Form der Verrückung einer normalen Schwingung für ein Atom in einer periodischen linearen Kette. Da wir die Form im voraus kennen, können wir sie zu einer starken Vereinfachung der Lösung der Säkulargleichungen für Frequenzen normaler Schwingungen verwenden.

Wenn zur gleichen Frequenz mehr als eine normale Schwingung gehört, braucht die Proportionalitätskonstante der Verrückungen von zwei beliebigen Atomen nicht die gleiche für die ursprüngliche und die transformierte Kette zu sein. Trotzdem können die Verrückungen von normalen Schwingungen noch wie in Gleichung 6-27 beschrieben werden. Der Beweis ist etwas komplizierter als im nichtentarteten Fall und der Leser wird auf die Literatur am Ende des Kapitels hingewiesen.

Wie Gleichung 6-27 zeigt, verhalten sich die normalen Schwingungen in Kristallen ähnlich wie fortschreitende Wellen in einem kontinuierlichen Band. Falls A reell ist, ergibt sich für den Realteil von Gleichung 6-27 $u_n(t) = A\cos(qna - \omega t)$. Der Ausdruck für die Elongation des Bandes ist $y(x, t) = A\cos(qx - \omega t)$. Hierbei hängt q mit der Wellenlänge λ über $q = 2\pi/\lambda$ zusammen. Die Funktionen haben die gleiche Form. Um Atomverrückungen aus dem Ausdruck für die Elongation des Bandes zu bestimmen, setzt man für $x = na$ und die Ausbreitungskonstante q wird auf die Werte $2\pi h/Na$ beschränkt. Wir schließen daraus, daß die normale Schwingung eine fortschreitende Sinuswelle mit der Wellenlänge $\lambda = 2\pi/q = Na/h$ ist.

Frequenzen der normalen Schwingungen

Durch Einsetzen von Gleichung 6-27 in Gleichung 6-22 erhält man

$$m\omega^2 = \sum_s \Phi(s)\, e^{iqsa}, \tag{6-28}$$

nach Division durch $Ae^{i(qna-\omega t)}$. Gleichung 6-28 liefert die Dispersionsrelation für normale Schwingungen einer Kette: die Frequenzen der normalen Schwingungen als Funktion der Ausbreitungskonstanten. Bei Verwendung der Gleichung muß

6.2 Eine monoatomare, lineare Kette

man nur einen der erlaubten Werte von q einsetzen und nach ω auflösen. Man beachte die gewaltige Reduzierung der Komplexität dieses Problems. Wir brauchen nicht N, sondern nur eine Gleichung zu lösen. Die Gleichung muß allerdings für eine große Anzahl von Zeiten gelöst werden, für jeden erlaubten Wert von q eine.

Als Beispiel betrachten wir eine Kette, in der jedes Atom nur mit seinem nächsten Nachbarn wechselwirkt. Die Kraft von Atom $n+1$ auf Atom n soll $\gamma(u_{n+1} - u_n)$ und die Kraft von Atom $n-1$ auf Atom n $\gamma(u_{n-1} - u_n)$ sein. Gleichung 6-28 wird dann zu

$$m\omega^2 = -\gamma[e^{-iqa} + e^{iqa} - 2]$$
$$= 2\gamma[1 - \cos(qa)] = 4\gamma \sin^2(1/2\,qa). \tag{6-29}$$

Dabei wurden die Beziehungen $e^{iqa} + e^{-iqa} = 2\cos(qa)$ und $\cos(qa) = 1 - 2\sin^2(1/2\,qa)$ verwendet. Die Frequenzen der normalen Schwingungen werden angegeben durch

$$\omega(q) = \left[\frac{4\gamma}{m}\right]^{1/2} |\sin(1/2\,qa)| \tag{6-30}$$

und sind in Bild 6-4 graphisch dargestellt.

Wir vergleichen die Dispersionsrelation von Gleichung 6-30 mit einer ähnlichen Kurve für mit der Geschwindigkeit v in einem kontinuierlichen Band fortschreitende Wellen. Für die fortschreitenden Wellen gilt $\omega = vq$ und $\omega(q)$ ist eine gerade Linie.

Die Dispersionskurve der Kette ist linear für q nahe 0, genau wie die Kurve für ein kontinuierliches Band. In der Nähe von $q = 0$ ist die Wellenlänge groß im Vergleich zu den Atomabständen und benachbarte Atome haben fast die gleiche Verrückung aus der Gleichgewichtslage zur gleichen Zeit. Die diskrete Massen-

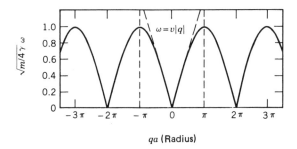

Bild 6-4 Die Dispersionsrelation $\omega = \sqrt{(4\gamma/m)}|\sin(1/2\,qa)|$ für eine monoatomare lineare Kette bei Wechselwirkung mit nächsten Nachbarn. Hierbei ist ω die Kreisfrequenz, q die Ausbreitungskonstante, γ die Kraftkonstante und a ist der Gleichgewichtsatomabstand. Die Ausbreitungskonstante wird gewöhnlich auf den Bereich $-\pi/a$ bis $+\pi/a$ beschränkt. Die gestrichelten Linien zeigen die Dispersionsrelation $\omega = v|q|$ für ein kontinuierliches Band.

verteilung des Materials beeinflußt nicht die Dispersionskurve bei großen Wellenlängen.
Schallwellen haben Frequenzen im Linearbereich der Dispersionskurve. Die Schallgeschwindigkeit in unserem eindimensionalen Kristall ist der Anstieg der $\omega(q)$ Kurve im Grenzwert $q \to 0$. Für diesen Grenzwert kann $\sin(1/2\,qa)$ durch $1/2\,qa$ ersetzt werden und Gleichung 6-30 bekommt die Form $\omega = (\gamma a^2/m)^{1/2} q$ für positive q. Daher ergibt sich für die Schallgeschwindigkeit $(\gamma a^2/m)^{1/2}$. Da m/a die lineare Massendichte ist und γa als Spannung in der Kette interpretiert werden kann, ist dieses Ergebnis in Übereinstimmung mit der Geschwindigkeit einer Welle in einem Band, das aus der Elementarphysik bekannt ist.
Wenn q groß wird, weicht $\omega(q)$ beträchtlich von der Geraden ab. Wenn $qa = \pm\pi$, erreicht $\omega(q)$ ein Maximum, das durch den folgenden Ausdruck beschrieben wird:

$$\omega_{max} = \left[\frac{4\gamma}{m}\right]^{1/2}. \tag{6-31}$$

Normale Schwingungen haben keine Kreisfrequenzen, die größer als ω_{max} sind. Andererseits ist ω nicht begrenzt auf ein kontinuierliches Band. Später werden wir sehen, was geschieht, wenn eine Schwingung mit einer Kreisfrequenz größer als ω_{max} angeregt wird.
Wie das folgende Beispiel zeigt, können Charakteristika der Dispersionskurve wie Schallgeschwindigkeit und Maximalfrequenz verwendet werden, um Informationen über die Kraftkonstanten zu gewinnen.

Beispiel 6-1
Die Schallgeschwindigkeit in einer linearen monoatomaren Kette sei 1.08×10^4 m/s. Bestimme (a) die Kraftkonstante und (b) die maximale Kreisfrequenz der normalen Schwingung, wenn die Masse jedes Atoms 6.81×10^{-26} kg und der Gleichgewichtsatomabstand 4.85 Å betragen. Nur Wechselwirkungen mit nächsten Nachbarn werden angenommen.

Lösung
Da $v = \sqrt{\gamma a^2/m}$, $\gamma = v^2\,m/a^2 = (1.08 \times 10^4)^2 \times 6.81 \times 10^{-26} / (4.85 \times 10^{-10})^2 = 33.8$ J/m². (b) $\omega_{max} = \sqrt{(4\gamma/m)} = (4 \times 33.8 / 6.81 \times 10^{-26})^{1/2} = 4.46 \times 10^{13}$ rad/s. Man beachte, daß ω_{max} weit oberhalb der Kreisfrequenz für hörbaren Schall liegt.
◆

Begrenzungen der Ausbreitungskonstanten

Die Dispersionskurve für unseren eindimensionalen Kristall ist periodisch in der Ausbreitungskonstanten: sie wiederholt sich in Intervallen von $2\pi/a$. Die Atomverrückungen sind auch periodisch in q. Insbesondere sind die Verrückungen bei normalen Schwingungen die gleichen für die Ausbreitungskonstanten q und $q+2\pi h/a$, wobei h irgendeine ganze Zahl ist. Für den Schwingungszustand mit der Ausbreitungskonstanten $q+2\pi h/a$ gilt

$$u_n(t) = A e^{i(qna+2\pi nh - \omega t)} = A e^{i(qna - \omega t)}, \tag{6-32}$$

was natürlich das gleiche ist wie bei dem Schwingungszustand mit der Ausbreitungskonstanten q. Die zweite Gleichung folgt aus der Beziehung $e^{i2\pi nh} = 1$.
Bild 6-5 zeigt die Verrückung für zwei kontinuierliche Bänder, auf denen sich Wellen mit Ausbreitungskonstanten ausbreiten, die sich um $2\pi/a$ unterscheiden. Natürlich sind diese Wellen unterschiedlich, aber die Auslenkungen des Bandes an Punkten wie $x = na$, wobei n ganzzahlig ist, sind für beide Wellen gleich. Die Verrückungen zwischen diesen Punkten sind unterschiedlich, aber dieser Unterschied hat keine Bedeutung für den Kristall.
Zwei Schwingungen mit Ausbreitungskonstanten, die um $2\pi/a$ differieren, sind physikalisch gleich und nur eine kann in die Liste der normalen Schwingungen aufgenommen werden. Die Vervielfältigung der Schwingungen wird vermieden, wenn man die Ausbreitungskonstante auf einen Bereich mit der Breite $2\pi/a$ beschränkt. Es ist üblich, die kleinste mögliche Ausbreitungskonstante für eine bestimmte Schwingung zu verwenden, so daß q auf den Bereich

$$-\frac{\pi}{a} \leq q < +\frac{\pi}{a} \tag{6-33}$$

beschränkt wird. Alle Werte in diesem Bereich unterscheiden sich um weniger als $2\pi/a$. Nur einer der Endpunkte kann berücksichtigt werden, welcher ist unbedeu-

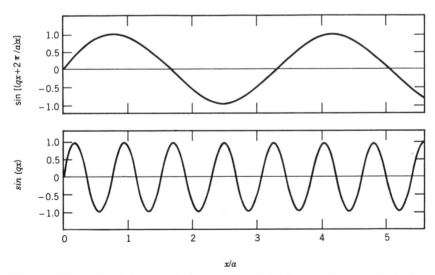

Bild 6-5 Die zwei Funktionen $\sin(qx)$ und $\sin[(q+2\pi/a)x]$ haben dieselben Werte für $x = na$, wobei n irgendeine ganze Zahl ist. Die Wellen stellen dieselbe normale Schwingung dar. Für die graphische Darstellung wurde $a = \lambda/0.3$ ausgewählt, wobei λ die Wellenlänge im oberen Diagramm ist.

6. Gitterschwingungen

tend. Die gestrichelten Linien in Abbildung 6-4 markieren die Grenzen des Bereiches.

Es gibt genau N erlaubte Werte der Ausbreitungskonstanten im Bereich $-\pi/a$ bis $+\pi/a$. Die erlaubten Werte sind durch $2\pi h/Na$ gegeben. Nach Gleichung 6-33 liegt h im Bereich $-1/2N$ bis $+1/2N$, der genau N ganze Zahlen enthält. Es gibt einen erlaubten Ausbreitungsvektor für jedes Atom in der Kette.

Im allgemeinen ist die Zahl der normalen Schwingungen gleich der Zahl der Freiheitsgrade des Systems. Unsere lineare Kette von N Atomen hat N Freiheitsgrade und N normale Schwingungen, die gleiche Zahl wie die der möglichen Ausbreitungskonstanten. In diesem System ist jede Schwingung mit einer unterschiedlichen Ausbreitungskonstanten verbunden, und q kann deshalb zur Bezeichnung der Schwingungen verwendet werden.

Beispiel 6-2
Man betrachte eine fortlaufende Welle in einem eindimensionalen monoatomaren Kristall, dessen Gleichgewichtspositionen $a = 5$ Å voneinander entfernt sind. Bestimme (a) die erlaubten Werte der Ausbreitungskonstanten, wenn die Kette 6×10^8 Atome enthält. (b) Welche Werte der Ausbreitungskonstanten sind erlaubt, wenn die Länge der Kette durch zusätzliche Atome mit gleichen Abständen verdoppelt wird? In beiden Fällen soll die Ausbreitungskonstante den kleinsten möglichen Wert für die Welle annehmen.

Lösung
(a) Die erlaubten Werte der Ausbreitungskonstanten werden bestimmt durch $q = 2\pi h/Na = 2\pi h/(6 \times 10^8 \times 5 \times 10^{-10}) = 20.9h$ m^{-1}. Die Werte von h liegen zwischen $-1/2 N = -3 \times 10^8$ und $+1/2 N = +3 \times 10^8$, deshalb gibt es 6×10^8 erlaubte Ausbreitungskonstanten in gleichen Abständen zwischen -6.27×10^9 m^{-1} und $+6.27 \times 10^9$ m^{-1}. (b) Wenn $N = 1.2 \times 10^9$ Atome beträgt, dann ist $q = 10.5h$ m^{-1}. Die Werte von h liegen im Bereich von -6×10^8 bis $+6 \times 10^8$, und es gibt 1.2×10^9 erlaubte Ausbreitungskonstanten. Die Änderung der Kettenlänge durch Hinzufügen von Atomen mit gleichen Abständen ändert nicht die Grenzen der Ausbreitungskonstanten. Dadurch werden nur mehr erlaubte Werte zwischen die gleichen Grenzen gezwängt. ◆

Hochfrequenzanregungen

Wenn Atome im Inneren durch Anregung von Oberflächenatomen zu Schwingungen mit einer höheren Kreisfrequenz als ω_{max} gezwungen werden, so werden solche Frequenzen zum Probeninneren hin besonders stark gedämpft.
Wir betrachten eine Kette, in der nur nächste Nachbarn wechselwirken. Es gilt Gleichung 6-29, jedoch q muß komplex sein, um die Gleichung zu erfüllen. Für q setzt man $q = \alpha + i\beta$, wobei α und β reelle Zahlen sind, in Gleichung 6-29 ein und verwendet die Beziehung $\sin(A + iB) = \sin(A)\cos(iB) + \cos(A) \cdot \sin(iB) = \sin(A)\cosh(B) + i\cos(A)\sinh(B)$. Man erhält

$$m\omega^2 = 4\gamma[\sin(1/2\alpha a)\cosh(1/2\beta a) + i\cos(1/2\alpha a)\sinh(1/2\beta a)]^2. \quad (6\text{-}34)$$

Da ω reell ist, gilt $\cos(1/2\alpha a)\sinh(1/2\beta a) = 0$. Wenn $\sinh(1/2\beta a) = 0$, dann ist $\beta = 0$, q ist reell und ω muß kleiner als ω_{max} sein. Wir betrachten diese Lösung nicht weiter und wählen $\alpha = \pi/a$, so daß $\cos(1/2\alpha a) = 0$. Dann ist $\sin(1/2\alpha a) = 1$ und Gleichung 6-34 geht über in $m\omega^2 = 4\gamma \cosh^2(1/2\beta a)$ oder in

$$\beta = \frac{2}{a} \cosh^{-1}\left[\frac{m\omega^2}{4\gamma}\right]^{1/2} = \frac{2}{a} \cosh^{-1}\left[\frac{\omega}{\omega_{max}}\right]. \qquad (6\text{-}35)$$

Für ein gegebenes ω erfüllen zwei Werte von β Gleichung 6-35, ein positiver und ein negativer. Liegt die Kette längs der positiven x-Achse von $x = 0$ bis $x = (N-1)a$ und wird das Atom bei $x = 0$ in Schwingungen versetzt, benötigen wir den positiven Wert. Dann ist die Verrückung von Atom n gegeben durch

$$u_n(t) = A e^{i(qna-\omega t)} = A e^{i(n\pi + i\beta na - \omega t)}$$

$$= (-1)^n A e^{-\beta na} e^{-i\omega t}. \qquad (6\text{-}36)$$

Jedes Atom schwingt mit der Kreisfrequenz ω, aber die Amplitude fällt exponentiell von Atom zu Atom längs der Kette ab. Wenn ω nahe bei ω_{max} liegt, ist β fast 0 und die Schwingungen breiten sich weit in die Kette hinein aus. β wächst jedoch gewaltig an, wenn ω größer wird, und bereits wenn ω nur etwas größer als ω_{max} ist, schwingen nur relativ wenige Atome mit einer größeren Amplitude. Diese Anregung liefert keine fortschreitende Welle.

6.3 Eine zweiatomare lineare Kette

Wichtige Merkmale von Schwingungsspektren werden durch eine lineare Kette mit zwei Atomen pro primitive Zelle veranschaulicht. Eine Zelle der Kette, die in Bild 6-6 dargestellt ist, hat die Länge a und enthält ein Atom der Masse M und eins der Masse m. Die Gleichgewichtspositionen der Atome mit der Masse M liegen bei na, während die von Atomen mit der Masse m bei $(n + 1/2)a$ liegen, n ist wieder eine ganze Zahl. Ohne Verlust der Allgemeinheit setzen wir $M > m$. Wir betrachten nur Wechselwirkungen mit nächsten Nachbarn und nehmen eine Kraftkonstante γ an.

Frequenzen von normalen Schwingungen

Die Verrückung der zwei Atome der Einheitszellen aus der Gleichgewichtslage wird durch $u_{Mn}(t)$ bzw. durch $u_{mn}(t)$ dargestellt. In harmonischer Näherung er-

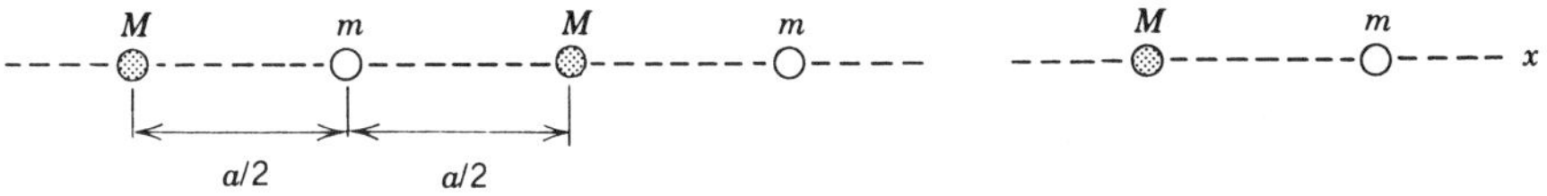

Bild 6-6 Eine zweiatomare lineare Kette. Eine primitive Einheitszelle hat die Länge a und enthält zwei Atome, eins mit der Masse M und ein anderes mit der Masse m.

gibt das zweite Newtonsche Axiom

$$M \frac{d^2 u_{Mn}(t)}{dt^2} = \gamma[u_{mn} + u_{mn-1} - 2u_{Mn}] \tag{6-37}$$

für das Atom der Masse M und

$$m \frac{d^2 u_{mn}(t)}{dt^2} = \gamma[u_{Mn} + u_{Mn+1} - 2u_{mn}] \tag{6-38}$$

für das Atom der Masse m in der gleichen Zelle. Alle Atome der Masse M sind infolge der Translationssymmetrie äquivalent und ihre Verrückungen aus den Gleichgewichtslagen sind in ähnlicher Weise aufeinander bezogen wie bei der monoatomaren Kette. Deshalb gilt

$$u_{Mn}(t) = A_M e^{i(qna - \omega t)}. \tag{6-39}$$

Die Verrückungen der Atome der Masse m aus der Gleichgewichtslage werden analog bestimmt

$$u_{mn}(t) = A_m e^{i[qna + (1/2)qa - \omega t]}. \tag{6-40}$$

Der Faktor $e^{iqa/2}$ braucht nicht eingeführt zu werden, die Rechnung wird dadurch allerdings einfacher. Atome der Masse M und Atome der Masse m sind nicht gleichwertig, deshalb gilt nicht $A_M = A_m$. Man beachte, daß n die Einheitszelle und nicht ein Atom bezeichnet.
Wenn die Gleichungen 6-39 und 6-40 in die Gleichungen 6-37 und 6-38 eingesetzt werden, erhält man

$$-M\omega^2 A_M = 2\gamma[A_m \cos(1/2 qa) - A_M] \tag{6-41}$$

und

$$-m\omega^3 A_m = 2\gamma[A_M \cos(1/2 qa) - A_m]. \tag{6-42}$$

Dabei wurde durch $e^{i(qna - \omega t)}$ dividiert, um Gleichung 6-41 zu erhalten und durch $e^{i(qna + qa/2 - \omega t)}$ dividiert, um Gleichung 6-42 zu erhalten. Außerdem wurde die Beziehung $e^{iqa/2} + e^{-iqa/2} = 2\cos(1/2\, qa)$ verwendet. Die Gleichungen 6-41 und 6-42 sind zwei lineare homogene Gleichungen mit den Unbekannten A_M und A_m. Eine Lösung ist $A_M = A_m = 0$. Diese Lösung betrachten wir jedoch nicht, weil sie eine Situation ohne Schwingungen beschreibt. Zur Bestimmung der anderen Lösungen muß die Koeffizientendeterminante von A_M und A_m verschwinden. Das bedeutet

$$\begin{vmatrix} 2\gamma - M\omega^2 & -2\gamma \cos(1/2 qa) \\ -2\gamma \cos(1/2 qa) & 2\gamma - m\omega^2 \end{vmatrix} = 0 \tag{6-43}$$

6.3 Eine zweiatomare, lineare Kette

oder, wenn die Determinante ausgerechnet wurde

$$(2\gamma - M\omega^2)(2\gamma - m\omega^2) - 4\gamma^2\cos^2(\tfrac{1}{2}qa) = 0. \tag{6-44}$$

Diese Gleichung ist quadratisch in ω^2 und hat die zwei Lösungen

$$\omega^2 = \gamma\,\frac{M+m}{Mm} \pm \gamma\left[\left(\frac{M+m}{Mm}\right)^2 - \frac{4}{Mm}\sin^2(\tfrac{1}{2}qa)\right]^{1/2}. \tag{6-45}$$

Die positive Wurzel des rechten Ausdrucks stellt die Frequenzen der normalen Schwingung dar.
Wellen mit Ausbreitungskonstanten q und $q + 2\pi h/a$ sind wie bei der monoatomaren Kette identisch und q ist auf einen Bereich mit der Breite $2\pi/a$ begrenzt, um Verdopplungen zu vermeiden. Normalerweise wird q auf den Bereich $-\pi/a$ bis $+\pi/a$ beschränkt, so daß die Ausbreitungskonstante einer Welle den kleinsten geeigneten Wert annimmt.
Die erlaubten q-Werte sind die gleichen wie bei der linearen Kette. Die periodischen Randbedingungen haben die Form $u_{Mn+N}(t) = u_{Mn}(t)$ und $u_{mn+N}(t) = u_{mn}(t)$ und führen zu der Bedingung $q = 2\pi h/Na$, wobei h eine ganze Zahl ist. Im reduzierten Zonenschema ist h auf die Werte im Bereich $-1/2\,N$ bis $+1/2\,N$ beschränkt, und die Zahl der erlaubten Werte ist genau der Zahl der Einheitszellen gleich. Zwei normale Schwingungen entsprechen jedem Wert, deshalb gibt es insgesamt $2N$ normale Schwingungen, eine für jeden Freiheitsgrad.
Bild 6-7 zeigt die Dispersionsrelation nach Gleichung 6-45. Der obere Zweig entspricht dem positiven Vorzeichen, der untere dem negativen. Da die Frequenzen im oberen Zweig gewöhnlich im oder nahe dem optischen Bereich des elektromagnetischen Spektrums liegen, wird dieser Zweig optischer Zweig genannt. Der

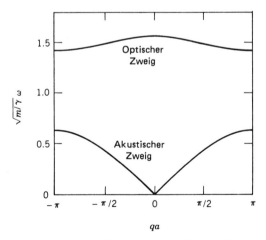

Bild 6-7 Die Dispersionsrelation für eine zweiatomare lineare Kette mit dem Massenverhältnis $M/m = 5$. Zu jedem q-Wert gehören zwei Frequenzen, eine im optischen Zweig und eine im akustischen Zweig. Ganz allgemein gilt für eine lineare Kette, daß die Zahl der Zweige gleich der Zahl der Atome in der primitiven Einheitszelle ist.

untere Zweig wird akustischer Zweig genannt. Wenn eine Schwingung mit einer Frequenz zwischen den beiden Zweigen oder oberhalb des optischen Zweiges angeregt wird, wird sie so stark gedämpft, daß nur Atome in der Nähe des Anregungszentrums mit einer merklichen Amplitude schwingen.

Manchmal werden der optische und der akustische Zweig in verschiedenen Bereichen dargestellt, siehe Bild 6-8. Dort ist der akustische Zweig von $-\pi/a$ bis $+\pi/a$ und der optische in zwei Teilen von $-2\pi/a$ bis $-\pi/a$ und von $+\pi/a$ bis $+2\pi/a$ dargestellt. Diese Form ist als erweitertes Zonenschema bekannt, während die Darstellung aus Bild 6-7 reduziertes Zonenschema heißt. Ein Schema kann in ein anderes transformiert werden durch eine Translation einzelner Bereiche um $2\pi/a$ nach rechts oder nach links.

Durch Einsetzen von $q = 0$ und $q = \pi/a$ in Gleichung 6-45 erhält man die maximale und minimale Kreisfrequenz des optischen Zweigs. Diese sind

$$\omega_{\text{op max}} = \left[2\gamma \frac{M+m}{Mm} \right]^{1/2} \tag{6-46}$$

und

$$\omega_{\text{op min}} = \left[\frac{2\gamma}{m} \right]^{1/2}. \tag{6-47}$$

Das Verhältnis ist $(\omega_{\text{op max}})/(\omega_{\text{op min}}) = [1+(m/M)]^{1/2}$. Der Zweig ist schmal für kleine m/M und weitet sich für m/M gegen 1 auf.

Die Maximalfrequenz des akustischen Zweiges tritt bei $q = \pi/a$ auf und ist

$$\omega_{\text{ac max}} = \left[\frac{2\gamma}{M} \right]^{1/2}. \tag{6-48}$$

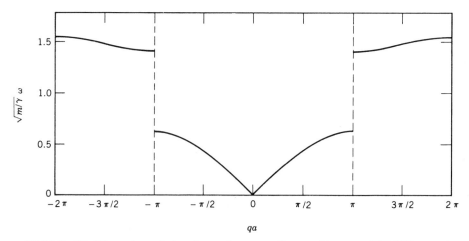

Bild 6-8 Die Dispersionsrelation der zweiatomaren linearen Kette von Bild 6-7 im erweiterten Zonenschema. Der optische Zweig ist in zwei Bereiche aufgespalten: $-2\pi/a < q < -\pi/a$ und $\pi/a < q < +2\pi/a$. Bild 6-7 erhält man, wenn jeder Bereich um einen reziproken Gittervektor verschoben wird.

Die Differenz $\omega_{op\,min} - \omega_{ac\,max}$ gibt die Breite der Lücke zwischen den Zweigen bei $q = \pi/a$ an. Die Lücke verringert sich, wenn die Massen sich nur wenig unterscheiden und verschwindet völlig für $m = M$. Die Kette ist dann monoatomar mit einer Länge der Einheitszelle von $1/2\,a$. Wenn die Dispersionskurve im erweiterten Zonenschema dargestellt wird, ist die Darstellung identisch mit dem Zentralbereich von Bild 6-4, wegen der neuen Zellengröße liegt q allerdings im Bereich von $-2\pi/a$ bis $+2\pi/a$.

Die Dispersionskurve des akustischen Zweiges ist für kleine q fast linear. In diesem Bereich kann $\sin(1/2\,qa)$ durch $1/2\,qa$ ersetzt werden und die Wurzel in Gleichung 6-45 kann in eine Potenzreihe von qa entwickelt werden. Das Resultat ist

$$\omega^2 \approx \frac{\gamma a^2}{2(M+m)}\,q^2. \tag{6-49}$$

Damit erhält man für die Schallgeschwindigkeit

$$\upsilon = \left[\frac{\gamma a^2}{2(M+m)}\right]^{1/2}. \tag{6-50}$$

Da die lineare Massendichte $(M+m)/a$ ist, stimmt dieser Ausdruck mit dem entsprechenden Ausdruck für ein kontinuierliches Band der Spannung $1/2\,\gamma a$ überein.

Beispiel 6-3
Eine lineare Kette von wechselweise angeordneten Natrium- und Chloratomen, deren Gleichgewichtslagen einen Abstand von 2.81 Å haben, wird aufgebaut. Ein Natriumatom hat die Masse von 3.82×10^{-26} kg, und ein Chloratom hat die Masse von 5.89×10^{-26} kg. Die Wechselwirkung der Atome sei elektrostatisch, jedes Na-Atom soll die Nettoladung $+e$ und jedes Cl-Atom die Nettoladung $-e$ haben. e ist die Ladung eines Protons. Die maximale und die minimale Kreisfrequenz jedes Zweiges des Schwingungsspektrums soll unter der Annahme bestimmt werden, daß nur nächste Nachbarn wechselwirken.

Lösung
Die Kraft zwischen zwei benachbarten Atomen ist bestimmt durch

$$F = \frac{e^2}{4\pi\varepsilon_0 r^2}.$$

Dabei ist r der Atomabstand. Wir setzen $r = 1/2\,a + x$, wobei x die Differenz der Atomverrückungen darstellt. Die binomische Formel ergibt $r^{-2} = (1/2\,a + x)^{-2} \approx (1/2\,a)^{-2} - 2(1/2\,a)^{-3}x$ in erster Ordnung von x. Deshalb wird

$$\gamma = \frac{2e^2}{4\pi\varepsilon_0(1/2\,a)^3} = \frac{(1.60 \times 10^{-19})^2}{4\pi \times 8.85 \times 10^{-12}}\,\frac{2}{(2.81 \times 10^{-10})^3} = 20.7\,\text{J/m}^2.$$

Für den akustischen Zweig ist die minimale Kreisfrequenz 0 und die maximale Kreisfrequenz ist

$$\omega_{ac\,max} = \sqrt{2\gamma/M} = (2 \times 20.7/5.89 \times 10^{-26})^{1/2} = 2.65 \times 10^{13}\,\text{rad/s}.$$

Für den optischen Zweig ist

$$\omega_{op\,min} = \sqrt{2\gamma/m} = (2 \times 20.7/3.82 \times 10^{-26})^{1/2} = 3.29 \times 10^{13}\,\text{rad/s}$$

und

$$\omega_{op\,max} = \sqrt{2\gamma(M+m)/Mm}$$
$$= [2 \times 20.7 \times (5.89 \times 10^{-26} + 3.82 \times 10^{-26})$$
$$\div 5.89 \times 10^{-26} \times 3.82 \times 10^{-26}]^{1/2}$$
$$= 4.23 \times 10^{13}\,\text{rad/s}.$$

Diese Abschätzung der Grenzfrequenzen der Zweige ist schlecht. Für genauere Resultate muß man Wechselwirkungen zwischen weiter entfernten Atomen berücksichtigen, weil die elektrostatische Wechselwirkung langreichweitig ist. ◆

Schwingungsamplituden

Die Gleichungen 6-41 und 6-42 bestimmen das Amplitudenverhältnis A_m/A_M für jede Frequenz einer normalen Schwingung. Man erhält

$$\frac{A_m}{A_M} = \frac{2\gamma - M\omega^2}{2\gamma \cos(1/2\,qa)}$$

$$= \frac{1 - \dfrac{M}{m} \pm \left[\left(\dfrac{M+m}{m}\right)^2 - 4\dfrac{M}{m}\sin^2(1/2\,qa)\right]^{1/2}}{2\cos(1/2\,qa)}. \qquad (6\text{-}51)$$

Die zweite Gleichung erhält man, wenn ω^2 nach Gleichung 6-45 eingesetzt wird. Das obere Vorzeichen ist für den optischen Zweig und das untere für den akustischen Zweig gültig.

Wir untersuchen zunächst den akustischen Zweig. Für $q = 0$ erhält man aus Gleichung 6-51 $A_m/A_M = 1$. Wie für den akustischen Zweig im Bereich großer Wellenlängen typisch, bewegen sich alle Atome gemeinsam mit der gleichen Amplitude. Für $q = \pi/a$ ist Gleichung 6-51 unbestimmt, aber nach der L'Hospitalschen Regel ergibt sich für diesen Randpunkt null. Die daraus resultierenden Amplituden $A_m = 0$ und A_M beliebig zeigen an, daß nur die schweren Atome schwingen. Bei konstantem A_M verringert sich A_m mit ansteigendem q, bis es schließlich bei $q = \pi/a$ verschwindet.

Für den optischen Zweig ergibt Gleichung 6-52 bei $q = 0$ $A_m/A_M = -M/m$. Das negative Vorzeichen zeigt an, daß sich die Atome in der Einheitszelle in entgegengesetzen Richtungen bewegen. Da das Amplitudenverhältnis umgekehrt proportional zum Massenverhältnis ist, bleibt der Massenmittelpunkt jeder Zelle während der Bewegung fest. Die x-Koordinate x_c des Massenmittelpunktes der Zelle n wird bestimmt durch

$$(M + m)x_c = Mna + m(n + 1/2)a + MA_M e^{i(qna - \omega t)}$$
$$+ mA_m e^{i[qna + (1/2)qa - \omega t]} \qquad (6\text{-}52)$$

Für $q = 0$ und $mA_m = -MA_M$ reduziert sich dieser Ausdruck zu $(M + m)x_c = Mna + m(n+1/2)a$, dem gleichen Ausdruck wie für stationäre Atome.
Wenn die zwei Atome der Zelle entgegengesetzt geladen sind, können optische Schwingungen mit großen Wellenlängen leicht durch ein oszillierendes elektrisches Feld angeregt werden. Die Kräfte des Feldes haben die gleiche Stärke auf die beiden Atome und sind entgegengesetzt gerichtet, deshalb ändern sie nicht die Bewegung des Massenmittelpunktes. Das ist ein wichtiger Mechanismus für die Anregung von optischen Schwingungen in Ionenkristallen. Wir werden das später detaillierter diskutieren.
Für optische Schwingungen mit kurzer Wellenlänge ($q \to \pi/a$) ergibt Gleichung 6-51 $A_m/A_M \to \infty$. Das bedeutet $A_M = 0$ und A_m ist beliebig, und nur leichte Atome können schwingen. Wenn A_m konstant bleibt, fällt A_M mit wachsendem q ab, bis es bei $q = \pi/a$ verschwindet. Eine Zusammenfassung der Merkmale der Dispersionskurve für eine zweiatomare Kette ist in Bild 6-9 dargestellt.

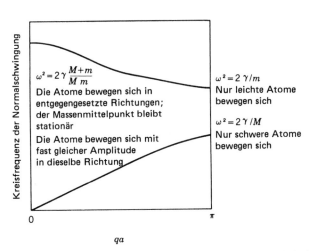

Bild 6-9 Zusammenfassung der Kreisfrequenzen und Amplitudenverhältnisse von normalen Schwingungen einer zweiatomaren linearen Kette an besonderen Punkten der Dispersionskurve.

6.4 Dreidimensionale Gitterschwingungen

Das in den letzten beiden Abschnitten eingeführte Konzept kann leicht auf drei Dimensionen verallgemeinert werden. Die normalen Schwingungen sind in harmonischer Näherung wieder ebene Wellen, die Amplituden und Ausbreitungskonstanten aber sind Vektoren. Der Ausbreitungsvektor **q** liegt in Richtung der Wellenausbreitung und hat die Größe $2\pi/\lambda$, wobei λ die Wellenlänge ist. Die Amplitude **A** hat die Richtung der Teilchenbewegung.

Einatomige Kristalle

Wir betrachten zunächst einen Kristall mit einem Atom pro primitive Einheitszelle. Wenn die Atome bei einer normalen Schwingung mit dem Ausbreitungsvektor q und der Frequenz ω schwingen, wird die Verrückung des Atoms j aus der Gleichgewichtslage Rj beschrieben durch

$$\mathbf{u}_j(t) = \mathbf{A} e^{i(\mathbf{q}\cdot\mathbf{R}_j - \omega t)}. \tag{6-53}$$

A ist der Amplitudenvektor. Wenn Gleichung 6-53 in Gleichung 6-15 eingesetzt wird, erhält man

$$\sum_j \sum_\beta [\Phi_{\alpha\beta}(i,j) - m\omega^2 \delta_{ij}\delta_{\alpha\beta}] A_\beta e^{i\mathbf{q}\cdot\mathbf{R}_j} = 0, \tag{6-54}$$

nach der Division durch $e^{-i\omega t}$. Die erste Summation geht über alle Atome, aber praktisch ist die Summation auf eine relativ kleine Zahl von Nachbarn des Atoms i beschränkt. Die zweite Summation geht über die Koordinaten. Zwei Atome mit den Gleichgewichtspositionen $\mathbf{R}_1$ und $\mathbf{R}_1 + \mathbf{R}_s$ wechselwirken mit der gleichen Kraftkonstanten wie zwei Atome mit den Gleichgewichtspositionen $\mathbf{R}_2$ und $\mathbf{R}_2$ und $\mathbf{R}_s$. Die Kraftkonstanten sind identisch, weil die Atompaare den gleichen Gleichgewichtsabstand haben. Allgemein hängt $\Phi_{\alpha\beta}(i,j)$ von $\mathbf{R}_i$ und $\mathbf{R}_j$ nur in der Kombination $\mathbf{R}_j - \mathbf{R}_i$ ab. Wir definieren $\mathbf{R}_s = \mathbf{R}_j - \mathbf{R}_i$ und $\Phi_{\alpha\beta}(s) = \Phi_{\alpha\beta}(i,j)$. Dann erhält man durch Multiplikation von Gleichung 6-54 mit $e^{-i q R i}$

$$\sum_s \sum_\beta [\Phi_{\alpha\beta}(s) - m\omega^2 \delta_{s0}\delta_{\alpha\beta}] A_\beta e^{i\mathbf{q}\cdot\mathbf{R}_s} = 0. \tag{6-55}$$

Die Größe $D_{\alpha\beta}(\mathbf{q})$ ist definiert durch

$$D_{\alpha\beta}(\mathbf{q}) = \frac{1}{m} \sum_s \Phi_{\alpha\beta}(s)\, e^{i\mathbf{q}\cdot\mathbf{R}_s} \tag{6-56}$$

und wird dynamische Matrix des Systems genannt. Damit erhält man aus Gleichung 6-55

$$\sum_\beta [D_{\alpha\beta}(\mathbf{q}) - \omega^2 \delta_{\alpha\beta}] A_\beta = 0. \tag{6-57}$$

6.4 Gitterschwingungen in drei Dimensionen

Die drei Gleichungen, die Gleichung 6-57 darstellt, entsprechen den drei möglichen Werten von α und bilden einen Satz von Simultangleichungen in den drei Unbekannten A_x, A_y und A_z. Nichttriviale Lösungen existieren nur, wenn die Koeffizientendeterminante der Amplitudenkomponenten verschwindet. Das heißt, die Amplitude der Bewegung verschwindet, wenn nicht

$$\begin{vmatrix} D_{xx} - \omega^2 & D_{xy} & D_{xz} \\ D_{yx} & D_{yy} - \omega^2 & D_{yz} \\ D_{zx} & D_{zy} & D_{zz} - \omega^2 \end{vmatrix} = 0. \tag{6-58}$$

Die Gleichung 6-58 wird gelöst für die Kreisfrequenzen ω der normalen Schwingungen als Funktion von **q**. Da die linke Seite ein Polynom dritten Grades in ω^2 ist, ergibt Gleichung 6-58 drei positive Werte von ω für jedes **q**.
Die Dispersionskurven sind in Bild 6-10 dargestellt. Die Kreisfrequenz ist als Funktion der Größe **q** in einer ausgewählten Richtung aufgetragen. Ähnliche Darstellungen kann man auch für andere q-Richtungen aufzeichnen. Die drei Zweige entsprechen den drei Lösungen von Gleichung 6-58 für jeden q-Wert. Wenn man erst einmal eine Frequenz gefunden hat, können die drei Gleichungen in 6-57 für die Verhältnisse der Amplitudenkomponenten gelöst werden: z. B. A_y/A_x und A_z/A_x. Diese Verhältnisse bestimmen die Richtung der Atombewegungen. Wenn **q** längs einer der Symmetrieachsen des Kristalls liegt, entsprechen zwei Schwingungen transversalen Wellen mit **A** senkrecht zu **q**. Diese Schwingungen haben die gleiche Frequenz und werden als degeneriert bezeichnet. Die dritte normale Schwingung entspricht einer longitudinalen Welle mit **A** parallel zu **q**. Für die meisten Richtungen von **q** jedoch sind alle drei Frequenzen unterschiedlich und **A** ist weder parallel noch senkrecht zu **q** und die Welle kann nicht als longitudinal oder transversal klassifiziert werden.
Für jeden Zweig nähert sich ω(**q**) linear mit **q** dem Nullpunkt und der Anstieg der Dispersionskurve gibt die Schallgeschwindigkeit an. In der Nähe von **q** = 0 sind

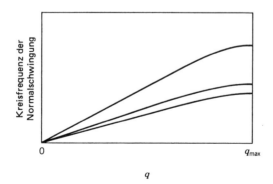

Bild 6-10 Dispersionskurven für einen dreidimensionalen Kristall mit einem Atom in der primitiven Zelle. Drei Schwingungen gehören zu jedem **q**-Wert. Die Kurven sind für eine **q**-Richtung geringer Symmetrie aufgetragen. Für eine **q**-Richtung hoher Symmetrie sind die zwei unteren Kurven entartet und entsprechen transversalen Schwingungen, während die oberste Kurve einer longitudinalen Schwingung entspricht.

die Wellen entweder longitudinal oder transversal, unabhängig von der Ausbreitungsrichtung. Da die Kraftkonstanten für Scherung normalerweise geringer als für Kompression sind, sind Transversalwellen langsamer als Longitudinalwellen.

Begrenzungen des Ausbreitungsvektors

Wir betrachten eine monoatomare Probe mit N primitiven Einheitszellen, die so angeordnet sind, daß N Zellen längs **a**, N Zellen längs **b** und N Zellen längs **c** liegen. Diese Probe ist Teil eines unendlichen Kristalls.
Die Argumentation dafür, daß Gleichung 6-53 die korrekte Form der atomaren Verrückungen angibt, ist ähnlich wie bei der monoatomaren Kette. Weil der Kristall gegenüber einer Translation $\mathbf{R}_n = n\mathbf{a}$ invariant ist, gilt

$$\mathbf{u}_n(t) = \Gamma_a^n \mathbf{u}_0(t). \tag{6-59}$$

Dabei ist Γ_a eine Konstante. Die periodischen Randbedingungen $\mathbf{u}_{n+N}(t) = \mathbf{u}_n(t)$ führen zu der Bedingung $\Gamma_a^N = 1$, deshalb ist $\Gamma_a = e^{i2\pi h/N}$ bei ganzzahligem h. Für Atome mit dem Abstand $\mathbf{R}_n = n\mathbf{b}$ und für Atome mit dem Abstand $\mathbf{R}_n = n\mathbf{c}$ werden die Verrückungen durch ähnliche Ausdrücke wie in Gleichung 6-59 angegeben. Die Multiplikationsfaktoren sind $\Gamma_b = e^{i2\pi k/N}$ bzw. $\Gamma_c = e^{i2\pi l/N}$. k und l sind ganze Zahlen. Die Verrückung eines Atoms bei $\mathbf{R} = n_1\mathbf{a} + n_2\mathbf{b} + n_3\mathbf{c}$ ist somit

$$\mathbf{u} = \Gamma_a^{n_1} \Gamma_b^{n_2} \Gamma_c^{n_3} \mathbf{u}_0 = e^{i2\pi(n_1 h + n_2 k + n_3 l)/N} \mathbf{u}_0. \tag{6-60}$$

Der Exponentialfaktor in Gleichung 6-60 kann unter Verwendung von $\mathbf{R}(h\mathbf{A} + k\mathbf{B} + l\mathbf{C}) = 2\pi (n_1 h + n_2 k + n_3 l)$ durch $\mathbf{R}$ ausgedrückt werden. **A**, **B** und **C** sind die fundamentalen reziproken Gittervektoren. Die analoge Gleichung zu 6-53 erhält man mit

$$\mathbf{q} = \frac{h}{N}\mathbf{A} + \frac{k}{N}\mathbf{B} + \frac{l}{N}\mathbf{C}. \tag{6-61}$$

Das sind die erlaubten Ausbreitungsvektoren für normale Wellen in einem dreidimensionalen Kristall.
Zwei Schwingungen mit Ausbreitungsvektoren, die um einen reziproken Gittervektor differieren, sind physikalisch identisch. Sie haben die gleiche Frequenz und die gleichen Verhältnisse der Auslenkungen. Wir betrachten eine Schwingung mit dem Ausbreitungsvektor $\mathbf{q} + \mathbf{G}$, wobei $\mathbf{G}$ irgendein reziproker Gittervektor ist. Da $\mathbf{G} \cdot \mathbf{R}_n$ ein Vielfaches von 2π ist, gilt für die Verrückung des Atoms in der Zelle n

$$\mathbf{u}_n(t) = \mathbf{A}\, e^{i(\mathbf{q}\cdot\mathbf{R}_n + \mathbf{G}\cdot\mathbf{R}_n - \omega t)} = \mathbf{A}\, e^{i(\mathbf{q}\cdot\mathbf{R}_n - \omega t)}, \tag{6-62}$$

das gleiche wie für die Verrückung bei einem Ausbreitungsvektor **q**. Gleichung 6-15 ergibt natürlich den gleichen Satz von Frequenzen für diese beiden Ausbreitungsvektoren.

6.4 Gitterschwingungen in drei Dimensionen

In einer Liste der verschiedenen normalen Schwingungen dürfen die Ausbreitungsvektoren nicht um einen reziproken Gittervektor differieren. Eine Methode, um das sicherzustellen, ist die Beschränkung von h, k und l auf den Bereich von $-1/2\,N$ bis $+1/2N$. Es gibt genau N ganze Zahlen in diesem Bereich und damit N^3 verschiedene Ausbreitungsvektoren, genau so viele wie Einheitszellen in der Probe. Da es für jeden Ausbreitungsvektor drei normale Schwingungen gibt und in jeder Zelle ein Atom ist, ist die Zahl der normalen Schwingungen gleich der Zahl der Freiheitsgrade: das Dreifache der Atomzahl. Eine Schwingung kann durch Angabe des Ausbreitungsvektors und des Zweiges gekennzeichnet werden.

Brillouin-Zonen

Ein Ausbreitungsvektor **q** definiert einen Punkt im reziproken Raum, und der Raum wird durch das reziproke Gitter überspannt. Wenn h, k und l in Gleichung 6-61 auf den Berich von $-1/2\,N$ bis $+1/2\,N$ beschränkt sind, liegt **q** in einem Bereich, der als Brillouin-Zone bekannt ist.* Bild 6-11 zeigt die Konstruktion einer Brillouin-Zone für einen zweidimensionalen Kristall. Ein reziproker Gitterpunkt wird als Ursprung ausgewählt und die reziproken Gittervektoren werden von dort nach anderen Punkten gezeichnet. Dann werden die Mittelsenkrechten dieser Vektoren konstruiert. Die kleinste geometrische Figur in der Fläche, deren Zentrum im Ursprung liegt und die durch die Mittelsenkrechten begrenzt ist, wird Brillouin-Zone genannt.
Eine ähnliche Prozedur wird bei einem dreidimensionalen Kristall durchgeführt. Jetzt sind die Mittelsenkrechten aber Flächen und die Brillouin-Zone ist ein dreidimensionaler Bereich. Sie hat das kleinste Volumen von allen Figuren, deren Zentrum im Ursprung liegt und die durch Ebenen begrenzt werden, die die reziproken Gittervektoren senkrecht halbieren. Das entspricht genau der Wigner-Seitz Einheitszelle des direkten Gitters (Raumgitters). Es ist klar, daß keine zwei Punkte innerhalb der Zone einen Abstand eines reziproken Gittervektors haben.

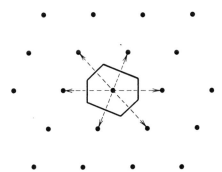

Bild 6-11 Die Konstruktion einer Brillouin-Zone für ein zweidimensionales Gitter. Die Punkte stellen reziproke Gitterpunkte dar und die gestrichelten Linien sind reziproke Gittervektoren vom Mittelpunkt zu benachbarten Punkten. Die Zone ist die kleinste Figur, die durch die Mittelsenkrechten auf den Vektoren eingeschlossen wird. Für ein dreidimensionales Gitter sind die Mittelsenkrechten Flächen und die Zone ist eine dreidimensionale Figur mit dem kleinsten Volumen, das durch diese Flächen begrenzt wird.

---
* Dieser Bereich wird manchmal als *erste* Brillouin-Zone bezeichnet, um ihn von anderen Bereichen des reziproken Raumes zu unterscheiden, die als zweite oder höhere Brillouin-Zonen bezeichnet werden. Wir werden keine anderen Zonen als die erste verwenden.

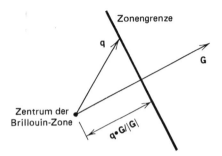

Bild 6-12 Eine Begrenzung der Brillouin-Zone halbiert den reziproken Gittervektor **G**. Die Projektion des Vektors **q**, der vom Zonenzentrum zur Grenze verläuft, auf **G** ist **q** · **G**/|**G**|. Der Wert muß halb so groß wie **G** sein, deshalb ist **q** · **G** = 1/2 |**G**|².

Die Punkte auf der Oberfläche der Brillouin-Zone können leicht lokalisiert werden. In Bild 6-12 ist **q** ein Vektor vom Zonenzentrum zu einem Punkt auf der Fläche, die den reziproken Gittervektor **G** senkrecht halbiert. Die Projektion von **q** auf **G**, die durch **q** · **G**/|**G**| bestimmt wird, muß halb so groß wie **G** sein. Es gilt also **q****G**/|**G**| = 1/2 |**G**| oder

$$\mathbf{q} \cdot \mathbf{G} - {}^1\!/{}_2|\mathbf{G}|^2 = 0. \tag{6-63}$$

Um die Zonengrenze zu bestimmen, wählt man zuerst eine Richtung für **q** aus. Dann löst man Gleichung 6-63 für jeden reziproken Gittervektor nach **q** auf. Die kleinsten erhaltenen Werte ergeben einen Punkt auf der Zonenoberfläche und der verwendete Vektor **G** stellt die Senkrechte zu dieser Oberfläche dar. Praktisch braucht man Gleichung 6-63 nur für wenige reziproke Gittervektoren zu lösen, die kürzesten haben etwa die gleiche Richtung wie **q**.
Brillouin-Zonen für kubische Gitter werden in Bild 6-13 dargestellt. Die Zone für ein einfaches kubisches Raumgitter mit der Kantenlänge a ist ein Würfel mit der Kantenlänge $2\pi/a$. Für ein kubisch raumzentriertes Gitter ist das reziproke Gitter kubisch flächenzentriert. Die Zone hat 12 Flächen, von denen jede eine der Li-

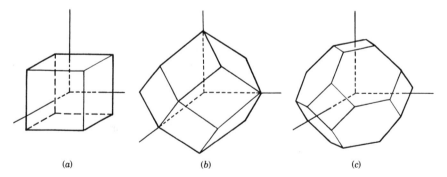

Bild 6-13 Brillouin-Zonen für kubische Raumgitter: (a) einfach kubisch, (b) kubisch raumzentriert und (c) kubisch flächenzentriert. Jede der Flächen in (b) halbiert senkrecht einen reziproken Gittervektor von der Würfelecke zu einem der 12 nächsten Flächenzentren. Die quadratischen Flächen in (c) sind Mittelsenkrechte der Vektoren, die das Würfelzentrum mit den sechs nächsten Würfelzentren verbinden. Die hexagonalen Flächen sind die Mittelsenkrechten zu den Vektoren vom Würfelzentrum zu den acht nächsten Würfelecken.

6.4 Gitterschwingungen in drei Dimensionen

nien von einer Würfelecke zu einem benachbarten Flächenzentrum halbiert. Für ein kubisch flächenzentriertes Raumgitter ist das reziproke Gitter kubisch raumzentriert. Jede der hexagonalen Flächen halbiert eine Linie aus dem Würfelzentrum zu einer Würfelecke und jede der quadratischen Flächen halbiert eine Linie, die das Zentrum mit dem Zentrum des benachbarten Würfels verbindet.

Die Brillouin-Zone eines Kristalls hängt nur vom Gitter und nicht von der Basis ab. Cäsiumchlorid hat ein einfaches kubisches Raumgitter und hat deshalb auch eine einfache kubische Brillouin-Zone. Natriumchlorid und Kupfer haben Brillouin-Zonen, die einem kubisch flächenzentrierten Raumgitter entsprechen.

Beispiel 6-4
(a) Man zeichne die Brillouin-Zone für ein zweidimensionales hexagonales Gitter mit der Kantenlänge a. (b) Wie groß ist die Länge des größten Ausbreitungsvektors in dieser Zone?

Lösung
(a) Man lege ein kartesisches Koordinatensystem fest, wie in Abbildung 6-14a gezeigt. Dann ist $\mathbf{a} = 1/2\, a(\hat{x} + \sqrt{3}\hat{y})$ und $\mathbf{b} = a\hat{x}$.
$\mathbf{A} = (4\pi/\sqrt{3}a)\hat{y}$ und $\mathbf{B} = (2\pi/\sqrt{3}a)(\sqrt{3}\mathbf{x}-\hat{y})$ sind die fundamentalen reziproken Gittervektoren. Reziproke Gitterpunkte sind in (b) aufgezeichnet und 0 ist als Ursprung angenommen worden. Die Mittelsenkrechten der sechs reziproken Gittervektoren vom Ursprung zu anderen reziproken Gittervektoren bilden die Brillouin-Zone. Innerhalb dieses Bereiches liegen keine anderen Mittelsenkrechten. Die Brillouin-Zone ist hexagonal mit der Kantenlänge $4\pi/3a$. (b) Sechs Vektoren vom Ursprung zu der Zonengrenze sind größer als irgendwelche ande-

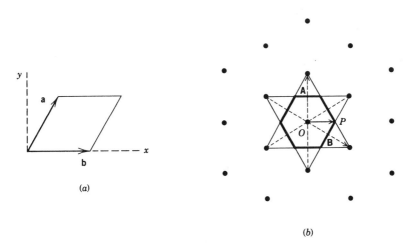

Bild 6-14 (a) Die Einheitszelle eines zweidimensionalen hexagonalen Raumgitters. (b) Das entsprechende reziproke Gitter. O ist der Ursprung und die gestrichelten Linien verbinden ihn mit benachbarten reziproken Gitterpunkten. Die Mittelsenkrechten bilden die Brillouin-Zone, die durch dicke Linien gekennzeichnet ist. OP ist der längste Ausbreitungsvektor in der Zone.

ren. Einer davon ist z. B . der von 0 nach P eingezeichnete Vektor. Sie haben alle die Länge $4\pi/3a$ wie die hexagonale Kante. ◆

Beispiel 6-5
Man bestimme für ein kubisch flächenzentriertes Raumgitter die Länge des größten Ausbreitungsvektors in der Brillouin-Zone, wenn er (a) parallel zur Würfelkante, (b) parallel zur Raumdiagonalen und (c) parallel zur Flächendiagonalen des Würfels verläuft.

Lösung
Legen Sie das Koordinatensystem längs der drei zueinander senkrechten Würfelkanten fest und verwenden Sie als Fundamentalvektoren des Raumgitters $a\hat{x}$, $a\hat{y}$ und $a\hat{z}$. Dann sind $A = (2\pi/a)(\hat{x} + \hat{y} + \hat{z})$, $B = (2\pi/a)(\hat{x} + \hat{y} + \hat{z})$ und $C = (2\pi/a)(\hat{x} - \hat{y} + \hat{z})$ die fundamentalen Vektoren des reziproken Gitters. (a) Betrachten Sie $q = q\hat{x}$. Wie in Bild 6-13 dargestellt, schneidet die x-Achse die quadratische Fläche der Brillouin-Zone so, daß sie senkrecht halbiert $G = B + C$ $(4\pi/a)\hat{x}$. Daher gilt $\mathbf{q} \cdot \mathbf{G} = 4\pi q/a$, $|G|^2 = 16\pi^2/a^2$ und Gleichung 6-63 ergibt $(4\pi q/a) = 8\pi^2/a^2$, so ist $q = 2\pi/a$. (b) Man betrachte $\mathbf{q} = (q/\sqrt{3})(\hat{x} + \hat{y} + \hat{z})$. Eine Gerade in dieser Richtung schneidet die hexagonale Zonenfläche, daß sie halbiert $G = A$. Daher gilt $\mathbf{q} \cdot \mathbf{G} = 2\pi\sqrt{3}q/a$ und $|G|^2 = 12\pi^2/a^2$, somit ist $q = \sqrt{3}\pi/a$. (c) Man betrachte $q = (q/\sqrt{2})(\hat{x} + \hat{y})$. Eine Gerade in dieser Richtung trifft die Zonengrenze im Mittelpunkt des Schnittes von zwei hexagonalen Flächen. Wir können $G = A$ oder $G = B$ setzen. In jedem Fall gilt $\mathbf{q} \cdot \mathbf{G} = (2\pi\sqrt{2}q/a)$ und $|G|^2 = 12\pi^2/a^2$, somit ist $q = 3\pi/\sqrt{2}a$. ◆

Symmetrien und Dispersionsrelationen

$\omega(\mathbf{q})$ ist invariant gegenüber allen Symmetrieoperationen der Punktgruppe des Kristalls. Um konkret zu sein, nehmen wir an, daß eine Symmetrieoperation der Punktgruppe auf den Ausbreitungsvektor $\mathbf{q}$ angewendet wird. Das Resultat ist der Vektor $\mathbf{q}'$. Dann gilt $\omega(\mathbf{q}') = \omega(\mathbf{q})$. Das ist leicht zu verstehen. Wir betrachten zwei Kristalle, die vollkommen gleich sind, nur ist der zweite relativ zum ersten verdreht. Wenn $\mathbf{q}$ sich nach $\mathbf{q}'$ dreht, dann ist $\omega(\mathbf{q}')$ für den zweiten Kristall das gleiche wie $\omega(\mathbf{q})$ für den ersten. Nun nehmen wir an, daß die Drehung eine der Symmetrieelemente des Kristalls ist. Dann ist der zweite Kristall das gleiche wie der erste und $\omega(\mathbf{q}')$ für den zweiten muß das gleiche sein wie $\omega(\mathbf{q}')$ für den ersten. Daher ist $\omega(\mathbf{q}) = \omega(\mathbf{q}')$ für jeden Kristall. Man beachte, daß $\omega(\mathbf{q})$ die Symmetrie des Kristalls hat, nicht nur das Gitter.
Sogar wenn der Kristall keine Inversionssymmetrie hat, gilt $\omega(-\mathbf{q}) = \omega(\mathbf{q})$. Wenn t in Gleichung 6-13 durch $-t$ ersetzt wird, bleibt die Gleichung die selbe. Deshalb ist $\mathbf{u}_j = Ae^{i(\mathbf{q} \cdot \mathbf{R}_j + \omega t)}$ die Verrückung einer normalen Schwingung, wenn $\mathbf{u}_j = Ae^{i(\mathbf{qR}_j - \omega t)}$ ist. Der Realteil des vorigen Ausdrucks ist identisch mit dem Realteil von $Ae^{i(-\mathbf{qR} - \omega t)}$, dem Ausdruck für die Verrückung einer normalen Schwingung mit dem Ausbreitungsvektor $-q$.
Diese Symmetrieeigenschaften sind vorteilhaft, wenn Frequenzen normaler Schwingungen berechnet und aufgezeichnet werden sollen. Die Gleichung 6-57

6.4 Gitterschwingungen in drei Dimensionen

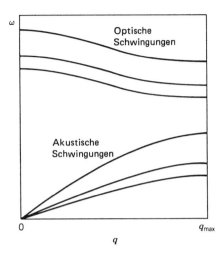

Bild 6-15 Die schematische Darstellung der Schwingungsdispersionskurven eines dreidimensionalen Kristalles mit zwei Atomen in seiner primitiven Basis. Zu jedem Ausbreitungsvektor gehören drei akustische und drei optische Schwingungen. Wenn **q** längs einer Richtung hoher Symmetrie verläuft, sind die zwei unteren Kurven jedes Zweiges identisch.

braucht nicht für $\omega(\mathbf{q})$ und $\omega(\mathbf{q}')$ gelöst zu werden, wenn $\mathbf{q}$ und $\mathbf{q}'$ durch Symmetrieoperationen der Kristallpunktgruppe ineinander übergehen oder wenn $\mathbf{q}' = -\mathbf{q}$ ist. Gleichung 6-57 wird nur für Ausbreitungsvektoren in einem Sektor der Zone berechnet, der so ausgewählt wird, daß jeder Vektor außerhalb des Sektors durch Symmetrieoperationen der Punktgruppe auf einen Vektor innerhalb zurückgeführt werden kann. Ein beträchtlicher Aufwand wird gespart, wenn die Punktgruppe groß ist.

Kristalle mit einer Basis von mehreren Atomen

Wenn $\mathbf{R}_n + \mathbf{p}_i$ die Gleichgewichtsposition des Atoms in der Zelle n ist und $\mathbf{u}_{ni}$ die Verrückung des Atoms aus der Gleichgewichtslage ist, dann gilt

$$\mathbf{u}_{ni}(t) = A_i e^{i[\mathbf{q}\cdot(\mathbf{R}_n + \mathbf{p}_i) - \omega t]} \tag{6-64}$$

für die normale Schwingung mit dem Ausbreitungsvektor $\mathbf{q}$ und der Kreisfrequenz ω. Der Index i an der Amplitude bezeichnet ein Atom der Basis, keine Zelle. Für normale Schwingungen sind die Amplituden der verschiedenen Atome in der Basis gewöhnlich unterschiedlich, so wie bei der eindimensionalen zweiatomaren Kette im Abschnitt 6.3. Die periodischen Randbedingungen führen wieder zu Ausbreitungsvektoren entsprechend Gleichung 6-61. Die Atomverrückungen sind identisch für Schwingungen mit Ausbreitungsvektoren $\mathbf{q}$ und $\mathbf{q} + \mathbf{G}$, wobei $\mathbf{G}$ ein reziproker Gittervektor ist. Deshalb kann $\mathbf{q}$ auf die Brillouin-Zone beschränkt werden.

Die Frequenzen der normalen Schwingungen erhält man durch Einsetzen von Gleichung 6-64 in die Bewegungsgleichungen für die Atome und durch die Säkulardeterminante, die gleich 0 gesetzt werden muß. Es gibt drei Gleichungen für jedes Atom der Basis, eine für jede kartesische Komponente der Amplitude. Obwohl die Idee einfach ist, wird die Durchführung unvermeidlich sehr kompliziert und wir werden deshalb nur die Resultate mitteilen und keine Details betrachten.

Wenn die Basis *p* Atome enthält, ist die Säkulardeterminante ein Polynom der Ordnung $3p$ in ω^2, deshalb gehören $3p$ normale Schwingungen zu jedem Ausbreitungsvektor **q** und die Dispersionskurve besitzt $3p$ Zweige. Drei Zweige sind akustische Schwingungen, bei denen die Frequenz mit dem Ausbreitungsvektor gegen 0 strebt. Die anderen $3p - 3$ Zweige sind optische Schwingungen, bei denen das nicht der Fall ist. Die verschiedenen Zweige sind schematisch in Bild 6-15 dargestellt.

Phononen

Die Energie des harmonischen Oszillators ist quantisiert*: sie besitzt einen der Werte $(n + 1/2)\hbar\omega$, wobei n gleich 0 oder eine positive ganze Zahl und ω die Kreisfrequenz der Schwingung ist. Kein anderer Energiewert ist möglich. Ähnlich sind die Energien der normalen Schwingungen im Festkörper auch quantisiert.

$$E = [n + 1/2]\hbar\omega \qquad (6\text{-}65)$$

Gleichung 6-65 gibt die Energie der Schwingung mit der Kreisfrequenz ω an. Hierbei wird die Energie relativ zur Energie der starren Translation gemessen, für die die Kreisfrequenz verschwindet. Jedes Atom hat immer etwas Schwingungsenergie: eine normale Schwingung mit der Kreisfrequenz ω hat mindestens die Energie $1/2\hbar\omega$, die sogenannte Nullpunktenergie.

Weil die möglichen Energieniveaus einer Schwingung mit der Kreisfrequenz ω den gleichen Abstand $\hbar\omega$ haben, können die Energien normaler Schwingungen als Teilchen interpretiert werden. Die Teilchen werden Phononen genannt und jedes Phonon hat die Energie $\hbar\omega$. In Gleichung 6-65 gibt n die Zahl der Phononen und $n\hbar\omega$ die gesamte Phononenenergie der Schwingung mit der Kreisfrequenz ω an. Man beachte, daß alle Phononen, die zur gleichen Schwingung gehören, die gleiche Energie haben, dagegen bei unterschiedlicher Frequenz auch unterschiedliche Energie besitzen.

Der Impuls **p** eines freien Elektrons wird mit dem Ausbreitungsvektor der Welle durch $\mathbf{p} = \hbar\mathbf{k}$ in Verbindung gebracht. Analog wird $\hbar\mathbf{q}$ als Kristallimpuls eines Phonons mit dem Ausbreitungsvektor **q** bezeichnet. Das ist nicht der Impuls der schwingenden Atome, denn der ist 0. Die Erhaltungssätze sind jedoch in ähnlicher Weise wie für den echten Impuls gültig. Wenn wir z.B. die unelastische Neutronenstreuung studieren, werden wir sehen, daß die Summe der Neutronenimpulse und der Phononenimpulse bei Wechselwirkungen von Neutronen mit Atomen des Festkörpers erhalten bleibt.

---

* Siehe z.B. R. Eisberg und R. Resnick, *Quantum Physics* (New York: Wiley, 1985).

6.5 Oberflächenschwingungen

Normale Schwingungen stehen auch in Verbindung mit der Probenoberfläche. Die Kraftkonstanten sind in der Nähe der Oberfläche zwischen den Nachbarn anders als zwischen den Nachbarn im Inneren. Zusätzlich können an der Oberfläche Fremdatome adsorbiert werden, und diese haben andere Massen und Kraftkonstanten als die Wirtsatome. Deshalb erwartet man unterschiedliche Frequenzen für Oberflächenschwingungen und Volumenschwingungen.

Ein qualitatives Verständnis der Oberflächenschwingungen kann man durch ein einfaches Modell, das sogenannte Rosenzweigmodell*, erhalten. Eine (001) Oberfläche einer einfachen kubischen Struktur wird betrachtet. Die Gleichgewichtspositionen auf der Oberfläche bilden ein quadratisches Gitter mit der Kantenlänge a, wobei a die Kantenlänge der primitiven Einheitszelle des Volumenmaterials ist. Die Wechselwirkungen zwischen nächsten Nachbarn werden durch die Kraftkonstante γ beschrieben, die Wechselwirkungen zwischen übernächsten Nachbarn durch die Kraftkonstante $1/2\,\gamma$ und andere Wechselwirkungen werden vernachlässigt. Die Kräfte zwischen nächsten Nachbarn haben nichtzentrale Anteile, und übernächste Nachbarn wechselwirken nur, wenn die Komponenten ihrer Verrückungen längs der Wellenausbreitung differieren.

Für die Bestimmung der Dispersionsrelation der Volumenschwingungen werden dem System periodische Randbedingungen auferlegt und das Normalschwingungsproblem gelöst. Für Wellen, die sich parallel zur (010) Fläche ausbreiten, sind die Frequenzen der normalen Schwingung

$$\omega^2{}_1 = \omega^2{}_2 = 4(\gamma/M)[2 - \cos(q_x a) - \cos(q_z a)] \quad (6\text{-}66)$$

und

$$\omega^2{}_3 = 4(\gamma/M)[4 - \cos(q_x a) - \cos(q_z a) - 2\cos(q_x a)\cos(q_z a)]. \quad (6\text{-}67)$$

Die erste Gleichung steht für die zwei transversalen Zweige und die zweite für den longitudinalen Zweig. M ist die Masse von einem Atom. Die Kreisfrequenzen sind in Bild 6-16 als Funktion von q_x dargestellt. Die schattierten Bereiche kennzeichnen alle Kreisfrequenzen, die man aus dem Gleichungen 6-66 und 6-67 erhält, wenn q_x und q_z alle erlaubten Werte annehmen. Die Kreisfrequenzen für die transversalen Schwingungen liegen zwischen den Kurven $\omega_1(0)$ und $\omega_1(\pi)$, während die Kreisfrequenzen für die longitudinalen Schwingungen zwischen den Kurven $\omega_3(0)$ und $\omega_3(\pi)$ liegen. Die Argumente sind begrenzende Werte für $q_z a$. Der mit ABC gekennzeichnete Bereich gibt die Lücke im normalen Schwingungsspektrum des Volumens an.

Wenn die Oberfläche berücksichtigt wird, ändern sich die Frequenzen der normalen Volumenschwingungen etwas, aber noch wichtiger ist, daß neue Schwingungen erscheinen. Das sind Wellen, die sich parallel zur Oberfläche ausbreiten und die durch Schwingungen von Atomen, die nur wenige Atomlagen von der

---

* Details dieses Modells sind in G. Armand und P. Masri, *J. Vacuum Sci. Technol.* **9**:705, 1971 zu finden.

Oberfläche entfernt sind, charakterisiert sind. Die Amplituden dieser Wellen fallen fast exponentiell mit dem Abstand von der Oberfläche ab.
Die Atompositionen sind in der xy Ebene periodisch und deshalb stellen q_x und q_y noch die Komponenten des Ausbreitungsvektors für die Oberflächenwellen dar. Das Verhältnis der Verrückungen für zwei Atome mit dem Abstand na längs der x-Achse ist zum Beispiel $e^{iq_x na}$. Die Dispersionsrelationen für Oberflächenwellen erhält man als Funktion von diesen zwei Komponenten, und ω wird als Funktion der Größe q für irgendeine Richtung parallel zur Oberfläche aufgezeichnet. In Bild 6-16 ist ω in der x Richtung von q dargestellt.
Einige Oberflächenwellen haben Frequenzen, die fast identisch mit denen von Volumenwellen sind. Andere haben Frequenzen in den Lücken des Volumenspektrums. In Bild 6-16 zum Beispiel erscheint eine Reihe von Schwingungen im verbotenen Bereich, der mit ABC bezeichnet ist. Zusätzlich erscheint unterhalb der transversalen Zweige ein neuer Zweig im Spektrum, der aus Rayleighwellen besteht. In der Nähe von $q = 0$ hat diese Dispersionskurve nahezu den gleichen Anstieg wie ein transversaler Zweig, aber in der Nähe der Grenze der Brillouin-Zone biegt sie schärfer ab.
Die Ausdehnung des verbotenen Bereichs, die Frequenzen der Oberflächenschwingungen und die Geschwindigkeit der Rayleighwellen reagieren empfindlich auf Änderungen der Kraftkonstanten und der Massen, die für die Rechnungen verwendet werden, und sind für unterschiedliche Materialien verschieden. Trotzdem sind die Ergebnisse in qualitativer Form gültig. Das bedeutet, wir erwarten bei allen Proben Oberflächenschwingungen mit Frequenzen im verbotenen Bereich und unterhalb des akustischen Zweiges.

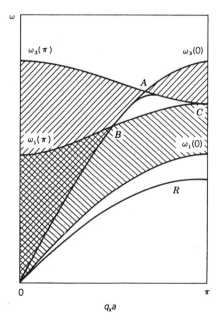

Bild 6-16 Kreisfrequenzen für normale Schwingungen in einem kubischen Kristall mit einer (001) Oberfläche. Volumenschwingungen sind durch abgeschattete Bereiche dargestellt. Die mit $\omega_1(0)$ und $\omega_1(\pi)$ bezeichneten Kurven kennzeichnen die Grenzen der transversalen Volumenschwingungen, während $\omega_3(0)$ und $\omega_3(\pi)$ die Grenzen der longitudinalen Volumenschwingungen kennzeichnen. In dem Bereich ABC tritt keine Volumenschwingung auf. R stellt die Dispersionskurve für Rayleigh-Oberflächenwellen dar, unterhalb der Kurve für transversale Volumenschwingungen. Einige Oberflächenwellen haben Frequenzen, die im verbotenen Bereich direkt unter A liegen. (Aus G. Armand, L. Dobrzynski und P. Masri, *J. Vacuum Sci. Technol.* 9:705, 1971. Mit Erlaubnis der Autoren).

6.6 Unelastische Neutronenstreuung

In Kapitel 4 haben wir die Streuung von Wellen an ruhenden Atomen diskutiert. Wenn die Atome in Bewegung sind, ist das Bild der Streuintensität ein anderes, und die Differenz erlaubt die experimentelle Bestimmung der Dispersionskurven der Schwingung. Da Neutronen für das Schwingungsspektrum im Volumen eine bessere Sonde sind als Röntgenstrahlen oder Elektronen, werden wir die Streuung dieser Teilchen diskutieren. Die allgemeinen Prinzipien gelten jedoch auch für andere einfallende Teilchen. Die unelastische Streuung niederenergetischer Elektronen wird zum Beispiel zum Studium von Oberflächenschwingungen verwendet.

Erhaltungssätze

Neben den elastischen Streuungen ist die wahrscheinlichste Wechselwirkung zwischen einem Neutron und den Atomen eines Festkörpers der Austausch eines einzelnen Energiequants mit einer normalen Schwingung. Wenn die Kreisfrequenz der normalen Schwingung ω ist, gilt für den Energieerhaltungssatz

$$E' - E = \pm \hbar\omega. \tag{6-68}$$

Dabei sind E und E' die Energien des Neutrons vor und nach der Streuung. Das Pluszeichen wird verwendet, wenn das Neutron ein Phonon absorbiert und das Minuszeichen, wenn das Neutron ein Phonon emittiert. Da Neutronen mit Energien verwendet werden, die in der Größenordnung der Phononenenergien liegen, ist der Energieaustausch bei der Streuung groß und leicht zu detektieren.

Für die Ableitung der Beziehung zwischen den Wellenvektoren betrachten wir einen Kristall mit einem Atom in der primitiven Basis. Nach Gleichung 4-12 ist die gestreute Neutronenwelle dann proportional zu

$$S = \sum_j e^{-i\Delta \mathbf{s} \cdot \mathbf{r}_j}. \tag{6-69}$$

Summiert wird dabei über alle Atome, die die gleichen Atomformfaktoren haben sollen. Atom j ist bei $\mathbf{r}_j$ und $\Delta \mathbf{s} = \mathbf{s}' - \mathbf{s}$ ist die Änderung des Neutronenausbreitungsvektors bei der Streuung. Wir verwenden einen Ausdruck wie bei der Streuung an ruhenden Atomen. Jetzt gebrauchen wir jedoch $\mathbf{r}_j = \mathbf{R}_j + \mathbf{u}_j(t)$, wobei $\mathbf{R}_j$ der Gittervektor und $\mathbf{u}_j$ die Verrückung des Atoms j aus seiner Gitterposition sind. Da $\mathbf{u}_j$ klein ist, können wir $e^{-i\Delta \mathbf{s} \cdot \mathbf{u}_j}$ durch $1 - i\Delta \mathbf{s} \cdot \mathbf{u}_j$ approximieren und schreiben

$$S = \sum_j e^{-i\Delta \mathbf{s} \cdot \mathbf{R}_j}[1 - i\Delta \mathbf{s} \cdot \mathbf{u}_j]. \tag{6-70}$$

Wir nehmen an, daß die Atome in einer normalen Schwingung mit der Kreisfrequenz ω und dem Wellenvektor $\mathbf{q}$ schwingen. Weil die Verrückung reell ist, nehmen wir für $\mathbf{u}_j$ die Summe von Gleichung 6-53 und dem konjugiert Komplexen an. Wir nehmen weiterhin an, daß die Amplitude $\mathbf{A}$ reell ist und schreiben

$$\mathbf{u}_j = \mathbf{A}[e^{i(\mathbf{q}\cdot\mathbf{R}_j - \omega t)} + e^{-i(\mathbf{q}\cdot\mathbf{R}_j - \omega t)}]. \tag{6-71}$$

Wenn Gleichung 6-71 in Gleichung 6-70 eingesetzt wird, erhält man

$$S = \sum_j e^{-i\Delta\mathbf{s}\cdot\mathbf{R}_j} - i\,\Delta\mathbf{s}\cdot\mathbf{A}\,e^{-i\omega t} \sum_j e^{i(\mathbf{q}-\Delta\mathbf{s})\cdot\mathbf{R}_j}$$

$$- i\,\Delta\mathbf{s}\cdot\mathbf{A}\,e^{i\omega t} \sum_j e^{-i(\mathbf{q}+\Delta\mathbf{s})\cdot\mathbf{R}_j}. \tag{6-72}$$

Eine Summe der Form $\Sigma\,e^{i\alpha\cdot\mathbf{R}_j}$ hat nur dann einen großen Wert, wenn α ein reziproker Gittervektor ist. Die erste Summe in Gleichung 6-72 ist groß, wenn $\Delta\mathbf{s} = \mathbf{G}$, wobei $\mathbf{G}$ ein reziproker Gittervektor ist. Das ist die Bedingung für elastische Streuung. Die zweite Summe ist groß, wenn $\Delta\mathbf{s} = \mathbf{q} + \mathbf{G}$ gilt; das entspricht der Absorption eines Phonons durch ein Neutron. Die dritte ist groß, wenn $\Delta\mathbf{s} = -\mathbf{q} + \mathbf{G}$; das entspricht einer Phononenemission. Daher ist

$$\Delta\mathbf{s} = \pm\,\mathbf{q} + \mathbf{G}, \tag{6-73}$$

für unelastische Streuung an einer normalen Schwingung mit dem Ausbreitungsvektor $\mathbf{q}$.

Gleichung 6-73 ersetzt den üblichen Impulserhaltungssatz für Wechselwirkungen von Teilchen. Die Größen $\hbar\mathbf{s}$ und $\hbar\mathbf{s}'$ geben den Impuls der Neutronen vor und nach der Streuung an, deshalb ist $\hbar\Delta\mathbf{s}$ die Änderung des Neutronenimpulses. Die Größe $\hbar\mathbf{q}$ ist der Phononenimpuls im Kristall. Entsprechend Gleichung 6-73 braucht die Summe von Neutronenimpuls und Phononenimpuls im Kristall nicht erhalten zu bleiben. Sie kann sich um $\hbar\mathbf{G}$ ändern. Dieser Ausdruck sorgt dafür, daß $\mathbf{q}$ in der Brillouin-Zone liegt.

Analyse der Daten

Ein Drei-Achsen-Neutronenspektrometer, wie es in Bild 6-17 skizziert ist, findet breite Anwendung für Experimente zur unelastischen Streuung. Der einfallende Strahl, der normalerweise von einem Kernreaktor kommt, enthält Teilchen mit unterschiedlichen Energien. Die elastische Streuung am Kristall A wird zur Erzeugung eines monochromatischen Strahls verwendet, und durch eine Änderung der Orientierung dieses Kristalls werden Teilchen mit einer speziellen Energie ausgewählt. Der kollimierte monochromatische Strahl wird dann von der Probe gestreut, und der austretende Strahl trifft auf den Analysatorkristall, wo er wieder elastisch gestreut wird. Schließlich gelangt der Strahl in den Detektor, in dem die Zahl der Neutronen gezählt wird. Neutronen mit unterschiedlichen Wellenlängen und demzufolge unterschiedlichen Energien werden bei verschiedenen Winkeln detektiert. Der Analysatorkristall und der Detektor können als Ganzes in einem Bogen um die Probe bewegt werden. Dadurch können Neutronen, die unter verschiedenen Winkeln gestreut wurden, nachgewiesen werden.

6.6 Unelastische Neutronenstreuung

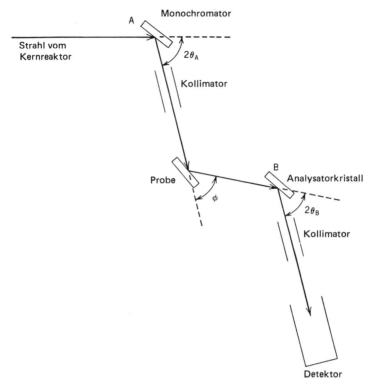

Bild 6-17 Die Geometrie für ein Dreiachsen-Neutronenspektrometer. Einfallende Teilchen mit bestimmter Energie werden durch den Winkel θ_A ausgewählt, während die gestreuten Teilchen mit einer bestimmten Energie durch den Winkel θ_B für die Detektion ausgewählt werden. Für einen bestimmten Streuwinkel Φ wird θ_B so lange verändert, bis ein unelastischer Peak in der Zählrate erscheint. Φ wird verändert, um Wechselwirkungen mit vielen normalen Schwingungen abzutasten.

Die Orientierung des Kristalls A bestimmt den Ausbreitungsvektor der einfallenden Welle. Der Winkel $2\theta_A$ wird gemessen, und für die Beugung erster Ordnung gilt $\lambda = 2d \sin\theta_A$. Dabei ist d der Gitterebenenabstand. Die Größe des Ausbreitungsvektors wird aus $s = 2\pi/\lambda$ gefunden. Seine Richtung ist natürlich die Strahlrichtung. Wenn λ bekannt ist, kann die Energie der einfallenden Neutronen berechnet werden.
Bei einem bestimmten Streuwinkel ϕ wird die Zahl der auf dem Detektor pro Zeiteinheit auftreffenden Neutronen als Funktion des Winkels θ_B gemessen. Neutronen werden bei jedem Winkel nachgewiesen, aber bei den meisten Winkeln resultieren sie aus Multiphononstreuungen und deshalb ist ihre Zahl klein. Ein Maximum der Zählrate erhält man, wenn die Bedingungen für eine Einphononstreuung an einer normalen Schwingung erfüllt werden. Der θ_B Wert für das Maximum wird dazu verwendet, die Energie und den Ausbreitungsvektor des gestreuten Neutrons zu berechnen. Das Vorzeichen von $E' - E$ wird benutzt, um zu entscheiden, ob ein Phonon absorbiert oder emittiert wurde, dann wird Glei-

chung 6-68 zur Bestimmung von ω und Gleichung 6-73 zur Bestimmung von $\mathbf{q}+\mathbf{G}$ oder $-\mathbf{q}+\mathbf{G}$ verwendet.

Um weiter auswerten zu können, müssen die reziproken Gittervektoren der Probe bekannt sein. Sie werden vor dem unelastischen Streuexperiment bestimmt, zum Beispiel durch elastische Röntgenstreuung. Wenn $\mathbf{q}+\mathbf{G}$ oder $-\mathbf{q}+\mathbf{G}$ gegeben sind, wird ein reziproker Gittervektor $\mathbf{G}$ so ausgewählt, daß $\mathbf{q}$ in der Brillouin-Zone liegt. Sowohl die Frequenz als auch der Ausbreitungsvektor für die normale Schwingung sind dann bekannt. Um andere Schwingungen zu untersuchen, wird das Experiment bei anderen Streuwinkeln wiederholt.

Unelastische Neutronenstreuung kann auch zum Studium von normalen Schwingungen amorpher Festkörper verwendet werden. Obwohl die Wellenvektoren nicht mit normalen Schwingungen verbunden sind, erscheinen Maxima in der Zählrate, wenn die Änderung in der Neutronenenergie mit der Phononenenergie übereinstimmt. Das Schwingungsspektrum wird durch das Aufsuchen der unelastischen Streumaxima bestimmt.

6.7 Elastische Konstanten

Die harmonische Natur der zwischenatomaren Kräfte bei geringen Atomverrückungen hat Einfluß auf das makroskopische Verhalten der Festkörper: die Kompression oder die Torsion eines Festkörpers sind proportional zu der Kraft, die an seiner Oberfläche angelegt wird, vorausgesetzt, daß die elastische Grenze nicht überschritten wird. Die Kraft pro Flächeneinheit wird durch den Spannungstensor beschrieben und die Ausdehnung, die der Festkörper erfährt, wird durch die Dehnungsmatrix beschrieben. Diese zwei Matrizen sind zueinander proportional, die Proportionalitätskonstanten sind die elastischen Konstanten. Wichtige mechanische Eigenschaften des Festkörpers, wie z.B. die Kompressibilität, hängen von diesen Konstanten ab.

Spannung und Dehnung

Bild 6-18a zeigt einen Teil eines Festkörpers, der genügend groß ist, um viele primitive Einheitszellen zu enthalten, der aber klein genug ist, um als unendlich klein in Bezug auf makroskopische Phänomene behandelt zu werden. Ein Koordinatensystem ist eingezeichnet, und jede Fläche ist nach der zu ihr senkrechten Koordinatenachse bezeichnet. So werden zum Beispiel die Flächen vorn und hinten mit A_x, die links und rechts mit A_y und die Flächen oben und unten mit A_z bezeichnet. Eine Fläche ist positiv, wenn der nach außen gerichtete Normalenvektor in positive Achsenrichtung zeigt, und negativ, wenn er in die negative Achsenrichtung zeigt.

Um einen Festkörper unter Spannung zu setzen, werden die Kräfte so angelegt, daß sowohl die Gesamtkraft als auch das Gesamtdrehmoment verschwinden. Zwei Möglichkeiten sind in Bild 6-18b und c gezeigt. Im ersten Fall werden gleich große, aber entgegengesetzt gerichtete Kräfte senkrecht an gegenüberliegende Flächen angelegt, die Probe tendiert zu einer Ausdehnung. Im zweiten Fall wir-

6.7 Elastische Konstanten 203

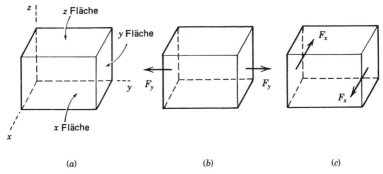

(a) (b) (c)

Bild 6-18 (a) Das verwendete Koordinatensystem zur Beschreibung der Spannung. Jede Fläche der Probe ist durch die zu ihr senkrechte Achse bezeichnet. (b) Das Spannungselement T_{yy}: die Kräfte längs der y-Achse greifen an der y-Fläche an, und $T_{yy} = F_y/A_y$, wobei A_y die Größe der Fläche ist. Wenn T_{yy} positiv ist, wird eine Auslenkung hervorgerufen. (c) Das Spannungselement T_{xy}: die Kräfte parallel zur x-Achse greifen an den y-Flächen an, und $T_{xy} = F_x/A_y$. Eine Scherung wird hervorgerufen. Eine Rotation wird verhindert durch das Anlegen einer Spannung $T_{yx} = T_{xy}$.

ken gleich große, entgegengesetzt gerichtete Kräfte parallel an entgegengesetzten Flächen und versuchen sie zu tordieren. Wenn eine der Flächen zur Probenoberfläche gehört, wird die Spannung auf sie durch einen äußeren Einfluß angelegt. Wenn die Fläche eine gedachte Grenze zwischen zwei Teilen der Probe ist, werden die Spannungen durch benachbarte Teile der Probe angelegt.
Die Spannung wird durch einen Tensor zweiter Ordnung $T_{\alpha\beta}$ beschrieben. Der erste Index gibt die Richtung der Kraft an und der zweite bezeichnet die Fläche, auf die die Kraft wirkt. Die Größe des Spannungselements ist das Verhältnis von Kraft zu Fläche. In Bild 6-18 b ist die Spannung zum Beispiel $T_{yy} = F_y/A_y$ und in c ist die Spannung $T_{xy} = F_x/A_y$. Die anderen Elemente des Spannungstensors sind ähnlich definiert. Die Diagonalelemente des Spannungstensors sind positiv, wenn sie die Probe dehnen würden und negativ, wenn sie die Probe komprimieren würden. Ein negatives Diagonalelement bedeutet einen Druck. Man beachte, daß die alleinige Wirkung einer Spannung T_{xy} ein resultierendes Drehmoment auf die Probe bedeutet. Dieses Drehmoment wird aufgehoben, wenn auch eine Spannung T_{yx} wirkt und $T_{yx} = T_{xy}$. Wir nehmen immer an, daß $T_{\alpha\beta} = T_{\beta\alpha}$.
Die Deformationen des Festkörpers werden durch die Dehnungsmatrix beschrieben, deren Elemente $e_{\alpha\beta}$ sind. Wenn r die Position eines Teilchens in der unverformten Probe von Bild 6-18 angibt, dann soll sich dieses Teilchen in der verformten Probe nach $r' = r + u$ bewegen. Die verschiedenen Teile des verformten Festkörpers verschieben sich unterschiedlich, deshalb ist die Verrückung u eine Funktion der Ausgangsposition des Teils. Die Ableitungen bezüglich der Ausgangskoordinaten bilden die Elemente der Dehnungsmatrix. Insbesondere gilt $e_{\alpha\alpha} = \partial u_\alpha / \partial r_\alpha$, mit $\alpha = x, y$ oder z. Die Nichtdiagonalelemente sind definiert durch $e_{\alpha\beta} = (\partial u_\alpha / \partial r_\beta) + (\partial u_\beta / \partial r_\alpha)$. Die Diagonalelemente e_{xx}, e_{yy} und e_{zz} beschreiben die Kompression oder die Dehnung des Festkörpers, während die anderen Elemente die Scherung beschreiben. Die Definition sichert, daß $e_{\alpha\beta} = e_{\beta\alpha}$.

Bei einer gleichförmigen Kompression längs der x-Achse ist e_{xx} eine Konstante und der Punkt, der sich ursprünglich bei x, y, z befand, bewegt sich zu $x(1 + e_{xx})$, y, z. Wenn andererseits e_{xy} konstant ist und alle anderen Dehnungselemente verschwinden, führt das Material eine gleichförmige Scherung durch, und der Punkt, der sich ursprünglich bei x, y, z befand, bewegt sich nach $x + 1/2\, e_{xy} y$, $y + 1/2\, e_{xy} x$. Diese Torsion wird in Abbildung 6-19 dargestellt.

Wenn ein Festkörper gedehnt wird, kann sich sein Volumen ändern. Wir nehmen an, daß die Abmessungen einer Probe ursprünglich l_x, l_y und l_z längs der x, y und z-Achse waren. Wenn die Probe gleichförmig gedehnt wird, werden ihre Abmessungen $l_x(1 + e_{xx})$, $l_y(1 + e_{yy})$ und $l_z(1 + e_{zz})$. Das Volumen der gedehnten Kurve ist $l_x l_y l_z \cdot (1 + e_{xx})(1 + e_{yy})(1 + e_{zz})$ was durch $l_x l_y l_z (1 + e_{xx} + e_{yy} + e_{zz})$ approximiert werden kann in erster Ordnung der Spannung. Die relative Volumenänderung bei Dehnung ist $\delta\tau_s/\tau_s = e_{xx} + e_{yy} + e_{zz}$. Reine Scherungen ändern das Volumen der Probe in erster Ordnung nicht.

Obwohl jede Spannungs- und Dehnungsmatrix neun Elemente hat, reduzieren die Bedingungen $\tau_{\alpha\beta} = \tau_{\beta\alpha}$ und $e_{\alpha\beta} = e_{\beta\alpha}$ die Zahl der unabhängigen Elemente auf sechs. Um die Bezeichnung zu vereinfachen, werden die Elemente nach folgendem Schema durchnummeriert $xx \to 1$, $yy \to 2$, $zz \to 3$, $yz \to 4$, $xz \to 5$ und $xy \to 6$. Die relative Volumenänderung ist dann z. B. $e_1 + e_2 + e_3$.

Das Hookesche Gesetz, das so lange gültig ist, wie die elastischen Konstanten nicht überschritten werden, gibt die Beziehung zwischen Spannung und Dehnung an. Mit der Bezeichnung des letzten Abschnitts lautet es

$$T_i = \sum_{j=1}^{6} c_{ij} e_j. \tag{6-74}$$

Dabei sind die c_{ij} die elastischen Konstanten des Festkörpers. Es gibt 36 elastische Konstanten, aber durch Energiebetrachtungen kann gezeigt werden, daß $c_{ij} = c_{ji}$ ist, so bleiben nur 21 unabhängige Konstanten.

Wenn ein Festkörper kristallin ist und Symmetrieachsen oder Ebenen besitzt, ist die Zahl der unabhängigen elastischen Konstanten geringer als 21. Wenn der Kri-

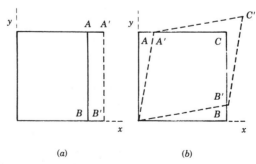

Bild 6-19 Die xy-Ebene eines gleichförmig gedehnten Festkörpers. In (a) ist e_{xx} das einzige nichtverschwindende Dehnungselement, während in (b) e_{xy} das einzige nichtverschwindende Element ist. Wenn der Festkörper gedehnt wird, geht der Punkt A über in A', B in B' und C geht über in C'.

stall z. B. kubische Symmetrie hat, gilt $c_{11} = c_{22} = c_{33}, c_{12} = c_{13} = c_{23}, c_{44} = c_{55} = c_{66}$ und alle anderen Elemente verschwinden. Die drei unabhängigen elastischen Konstanten für solch einen Kristall sind c_{11}, c_{12} und c_{44}.
Die Gleichheit von c_{11}, c_{22} und c_{33} folgt unmittelbar aus der Äquivalenz der Richtungen [100], [010] und [001] im Würfel. Um zu zeigen, daß $c_{15} = 0$ ist, nehmen wir an, daß der Kristall so deformiert ist, daß nur e_5 nicht verschwindet. Dann ist $T_1 = c_{15} \cdot e_5$. Jetzt rotiert der Kristall 180° um die z-Achse. Weil r_x und u_x das Vorzeichen ändern und r_z und u_z nicht, ändert e_5 das Vorzeichen. Andererseits ändert sich das Vorzeichen von T_1 nicht. Weil der Kristall kubisch ist, ändert sich entweder c_{15} nicht oder es muß verschwinden. Ähnliche Argumente können angeführt werden, um zu zeigen, daß die anderen oben angeführten Gleichungen gelten.
In amorphen und polykristallinen Materialien sind alle Richtungen gleichwertig. Symmetriebetrachtungen zeigen, daß alle die Gleichungen, die für kubische Kristalle gelten, auch für diese Materialien gültig sind und zusätzlich ist $c_{11} = c_{12} + 2c_{44}$. Für diese Materialien werden c_{12} und c_{44} gewöhnlich mit λ und μ bezeichnet, die sogenannten Lameschen Konstanten. Damit ergibt sich

$$c_{11} = \lambda + 2\mu.$$

Beispiel 6-6
Der Youngsche Modul (Elastizitätsmodul) wird oft verwendet, um die Elastizität einer isotropen, einer amorphen oder einer polykristallinen Probe zu charakterisieren. Die Probe unterliegt einer einachsigen Spannung. Die Kräfte wirken senkrecht zu einem Paar von gegenüberliegenden Flächen und die relative Dehnung oder Kompression der Probe längs der Wirkungslinie der Kraft wird gemessen. Der Modul ist das Verhältnis von angelegter Spannung zur relativen Änderung der Abmessungen. Das heißt $Y = T/e_1$, wobei T die Spannung für die Kompressionskräfte in x-Richtung ist. Bestimme einen Ausdruck für den Elastizitätsmodul mit den Lameschen Konstanten.

Lösung
Wir setzen $T_1 = T$ und alle anderen Spannungselemente gleich null. Wenn i nacheinander die Werte 1 bis 6 annimmt, ergibt Gleichung 6-74 $T = (\lambda+2\mu)e_1 + \lambda d_2 + \lambda e_3, 0 = \lambda e_1 + (\lambda+2\mu) \cdot e_2 + \lambda e_3, 0 = \lambda e_1 + \lambda e_2 + (\lambda+2\mu)e_3, 0 = \mu e_4, 0 = \mu e_5$ und $0 = \mu e_6$. Das wird nach den Spannungselementen aufgelöst und ergibt $e_1 = (\lambda+\mu)T/[\mu(3\lambda+2\mu)]$, $e_2 = e_3 = -\lambda T/[2\mu(3\lambda+2\mu)(\lambda+\mu)]$, $e_4 = e_5 = e_6 = 0$. Aus den ersten dieser Gleichungen ergibt sich $Y = \mu(3\lambda+2\mu)/(\lambda+\mu)$. ◆

Wenn eine einachsige Spannung angelegt wird, ändern sich die Abmessungen senkrecht zur Kraftrichtung auch. In diesem Falle ist die Größe $\sigma = -e_2/e_1$ ein Maß für diese Änderung. Sie wird Poissonsche Zahl genannt und ist durch die Lameschen Konstanten ausgedrückt

$$\lambda/[2(\lambda+\mu)].$$

Kompressibilität

Wenn gleichförmiger Druck auf eine Probe ausgeübt wird, wird ihr Volumen geringer. Die Kompressibilität ist definiert durch $\varkappa = -(1/\tau_s)(\partial\tau_s/\partial P)_T$ und gibt die relative Änderung des Probenvolumens an. Hierbei ist P der Druck und T die Temperatur. In Kapitel 5 haben wir diese Größe für ionische und van der Waalssche Festkörper durch die Kräfte zwischen den Atomen abgeschätzt. Wir betrachten jetzt makroskopisch und schätzen die Kompressibilität über elastische Konstanten ab.

Wenn der Druck nicht zu groß ist, können wir die Kompressibilität durch $\varkappa = -(1/P)(\delta\tau_s/\tau_s)$ approximieren. Gleichförmiger Druck wird beschrieben durch $T_1 = T_2 = T_3 = -P$ und $T_4 = T_5 = T_6 = 0$. Für einen kubischen Kristall ergibt Gleichung 6-74

$$-P = c_{11}e_1 + c_{12}e_2 + c_{12}e_3, \qquad (6\text{-}75)$$

$$-P = c_{12}e_1 + c_{11}e_2 + c_{12}e_3, \qquad (6\text{-}76)$$

$$-P = c_{12}e_1 + c_{12}e_2 + c_{11}e_3, \qquad (6\text{-}77)$$

$$0 = c_{44}e_4, \qquad (6\text{-}78)$$

$$0 = c_{44}e_5, \qquad (6\text{-}79)$$

und

$$0 = c_{44}e_6, \qquad (6\text{-}80)$$

wenn i nacheinander die Werte von 1 bis 6 annimmt. Die Summe der ersten drei Gleichungen ergibt $-3P = (c_{11} + 2c_{12})(e_1 + e_2 + e_3)$ und so ergibt sich die relative Volumenänderung zu $\delta\tau_s/\tau_s = e_1 + e_2 + e_3 = -3P/(c_{11} + 2_{12})$ und

$$\varkappa = 1/3(c_{11} + 2c_{12}). \qquad (6\text{-}81)$$

Für einen isotropen Festkörper ist $c_{11} = \lambda + 2\mu$ und $c_{12} = \lambda$ so wird $\varkappa = 3/(3\lambda + 2\mu)$. Viele Handbücher geben den Volumenmodul $1/\varkappa$ an.

6.8 Literatur

Ausgezeichnete *Einführungen in das Gebiet der Atomschwingungen* sind:

L. Brillouin, *Wave Propagation in Periodic Structures* (New York: Dover, 1953).
A. K. Ghatak and L. S. Kothari, *Lattice Dynamics* (Reading, MA: Addison-Wesley, 1972).

Anspruchsvolle Abhandlungen dazu geben:

M. Born and K. Huang, *Dynamical Theory of Crystal Lattices* (London: Oxford Univ. Press, 1954).
J. T. Devreese, V. E. Van Doren, and P. E. Van Camp (Eds.), *Ab Initio Calculation of Phonon Spectra* (New York: Plenum, 1983).

A. A. Maradudindin, E. W. Montroll, G. H. Weiss, and I. P. Ipatova, *Theory of Lattice Dynamics in the Harmonic Approximation* (New York: Academic, 1963).

S. S. Mitra, „Vibrational Spectra of Solids" in *Solid State Physics* (F. Seitz and D. Turnbull, Eds.), Vol. 13, p. 1 (New York: Academic, 1962).

Schwingungen in amorphen Materialien werden in folgenden Arbeiten diskutiert:

M. F. Thorpe, „Phonons in Amorphous Solids" in *Physics of Structurally Disordered Solids*, (S. S. Mitra, Ed.) (New York: Plenum, 1974).

J. F. Vetelino and S. S. Mitra, „Dynamics of Structurally Disordered Solids" in *Physics of Structurally Disordered Solids* (S. S. Mitra, Ed.) (New York: Plenum, 1974).

Die Elastizität vom makroskopischen Standpunkt aus wird in vielen Mechanikbüchern behandelt. Einige Beispiele sind:

J. Norwood, Jr., *Intermediate Classical Mechanics* (Englewood Cliffs, NJ: Prentice-Hall, 1979).

A. Sommerfeld, *Mechanics of Deformable Bodies* (New York: Academic, 1950).

K. R. Symon, *Mechanics* (Reading, MA: Addison-Wesley, 1971).

Eine anspruchsvolle Behandlung der *elastischen Konstanten* findet man bei:

H. B. Huntington, „The Elastic Constants of Crystals" in *Solid State Physics* (F. Seitz and D. Turnbull, Eds.), Vol. 7, p. 213 (New York: Academic, 1958).

Aufgaben

1. Eine monoatomare lineare Kette von N Atomen mit einem Gleichgewichtsabstand a wird betrachtet. Sie schwingt normal mit einer Ausbreitungskonstanten $q = 2\pi h/Na$. Man zeige, daß zu einem beliebigen Zeitpunkt (a) die mittlere Verrückung der Atome aus ihren Gleichgewichtslagen und (b) der Gesamtimpuls der Atome gleich null sind. (c) Man zeige, daß diese Größen nicht notwendigerweise verschwinden, wenn $q = 0$ ist. Die Atome bewegen sich dann zusammen und behalten ihre relativen Positionen.

2. Eine monoatomare lineare Kette von N Atomen mit der Masse m und dem Gleichgewichtsabstand a schwingt in einer normalen Schwingung mit der Ausbreitungskonstanten q, der Kreisfrequenz ω und der Amplitude A. Nur nächste Nachbarn stehen in Wechselwirkung und die Kraftkonstante ist γ. Man nehme periodische Randbedingungen an und stelle die Verrückungen und die Geschwindigkeiten durch reelle, nicht komplexe Funktionen dar. (a) Man zeige, daß die klassische kinetische Energie des Atoms mit der Gleichgewichtslage na $K_n = 1/2\, m\omega^2 A^2 \sin^2(qna - \omega t)$ ist. (b) Man zeige, daß bis auf eine additive Konstante die gesamte potentielle Energie $U = 1/2\, \gamma \Sigma\, (u_{n+1} - u_n)^2$ ist, wobei über die Atome summiert wird. Man zeige ferner, daß $U = 1/2\, \gamma \Sigma\, (2u_n^2 - u_n u_{n+1} - u_n u_{n-1})$ ist. (c) Man zeige, daß die Gesamtenergie $E = 2\gamma NA^2 \sin^2(1/2\, qa)$ ist.

3. Die klassische statistische Mechanik sagt voraus, daß jede normale Schwingung die Energie $k_B T$ hat, wenn der Festkörper im thermischen Gleichgewicht bei der Temperatur T ist. Hier ist k_B die Boltzmann-Konstante. Betrachtet wird eine monoatomare lineare Kette von 5×10^7 Atomen mit einem Gleichgewichtsabstand von 6.5 Å. Die Masse jedes Atoms beträgt $1,8 \times 10^{-26}$ kg und nur nächste Nachbarn wechselwirken. Die Kraftkonstante soll 9.7 N/m sein. Man verwende die klassische Mechanik, um zu bestimmen: (a) die Schwingungsamplitude bei 300 K für die Schwingung mit der Maximalfrequenz, (b) die Schwingungsamplitude bei 300 K für die Schwingung, deren Frequenz 1% der Maximalfrequenz beträgt und (c) die Temperatur, bei der die Amplitude der Schwingung mit der Maximalfrequenz 1% des Gleichgewichtsatomabstands beträgt.

4. Eine lineare Kette besteht aus $2N$ Atomen der Masse M bei einem Gleichgewichtsabstand von $1/2\, a$. Jedes Atom wechselwirkt nur mit nächsten Nachbarn. Die Kraftkonstante für die Wechselwirkung zwischen dem Atom bei na und dem Atom bei $na + 1/2\, a$ ist γ_1, während die Kraftkonstante für die Wechselwirkung zwischen dem Atom bei na und dem Atom bei $na - 1/2\, a$ γ_2 ist. γ_1 soll größer als γ_2 sein. Jede Zelle der Länge a enthält zwei nicht gleichwertige Atome. (a) Ein Ausdruck für die Kreisfrequenz der normalen Schwingung als Funktion der Ausbreitungskonstanten q soll abgeleitet werden. (b) Man bestimme die Frequenzen der normalen Schwingung für $q = 0$ und für $q = \pi/a$. Man bezeichne die Schwingungen, die zum akustischen Zweig gehören und die, die zum optischen Zweig gehören. (c) Man skizziere die Dispersionskurven. (d) Wie lautet die Antwort bei b, wenn γ_2 größer als γ_1 ist?

5. Die Kraft zwischen zwei Argonatomen wird angenähert durch

$$F(r) = 24\varepsilon \left| 2\frac{\sigma^{12}}{R^{13}} - \frac{\sigma^6}{R^7} \right|,$$

wobei R ihr Abstand ist, $\varepsilon = 0.0104\,\text{eV}$ und $\varrho = 3.40$ Å. Man betrachte eine lineare Kette von Argonatomen, bei der nur nächste Nachbarn wechselwirken. (a) Man bestimme den Gleichgewichtsabstand unter der Annahme, daß die Kraft zwischen zwei benachbarten Atomen bei diesem Abstand verschwindet. (b) Man berechne die Kraftkonstante in harmonischer Näherung für zwei benachbarte Atome. (c) Die Masse eines Argonatoms ist 6.64×10^{-26} kg. Die Schallgeschwindigkeit in der linearen Kette ist zu berechnen. (d) Man bestimme die maximale Kreisfrequenz der normalen Schwingung für diese Kette.

6. In vielen Fällen werden die experimentellen Dispersionskurven gut wiedergegeben, wenn angenommen wird, daß die Ionenrümpfe und die äußeren Elektronen verschiedene Verrückungen haben. Man betrachte eine monoatomare lineare Kette mit dem Gleichgewichtsabstand a. Wir nehmen an, daß jeder Ionenrumpf nur mit seinen eigenen äußeren Elektronen wechselwirkt und daß die Kraft proportional zur Verrückung des Massenmittelpunktes der

Elektronen vom Kern ist. Die Kraftkonstante ist γ_2. Benachbarte Elektronenverteilungen wechselwirken mit der Kraftkonstanten $\gamma_1 \cdot u_{in} = Ae^{i(qna-\omega t)}$ ist die Verrückung des Ionenrumpfes n und $u_{en} = Be^{i(qna-\omega t)}$ ist die Verrückung des Massenmittelpunktes der äußeren Elektronen, die zu dem Ion n gehören. (a) Man zeige, daß

und
$$-\omega^2 M u_{in} = \gamma_2 (u_{en} - u_{in})$$
$$-\omega^2 m u_{en} = \gamma_2 (u_{in} - u_{en}) + \gamma_1 (u_{en-1} + u_{en+1} - 2u_{en}).$$

Dabei sind M die Ionenmasse und m die Gesamtmasse der äußeren Elektronen, die zu dem Ion gehören. (b) Man löse nach der Kreisfrequenz der normalen Schwingung, die zu der Ausbreitungskonstanten q gehört, auf und zeige dann, daß

$$\omega^2 = \frac{4\gamma_1}{M} \frac{\sin^2(1/2\, qa)}{1 + \frac{4\gamma_1}{\gamma_2} \sin^2(1/2\, qa)}$$

der Grenzwert für $m \to 0$ ist (die Elektronen sind viel leichter als die Ionen). (c) Man bestimme den Ausdruck für die Schallgeschwindigkeit und die maximale Kreisfrequenz. Man vergleiche diese Werte mit denen für eine starre Atombewegung.

7. Wir betrachten eine zweiatomare lineare Kette, bei der nur nächste Nachbarn wechselwirken. Bei der optischen Schwingung am Punkt $q = 0$ bewegen sich die Atome einer Zelle so, daß ihr Massenmittelpunkt in Ruhe bleibt. Am Punkt $q = \pi/a$ bewegen sich bei der optischen Schwingung nur die leichten Atome und bei der akustischen Schwingung nur die schweren Atome. Wir betrachten dieselbe Kette, nehmen aber an, daß die nächsten Nachbarn mit der Kraftkonstanten γ_1 und die übernächsten Nachbarn mit der Kraftkonstanten γ_2 wechselwirken. (a) Welche der oben getroffenen Feststellungen sind noch richtig? (b) Hängt die Breite des optischen Zweiges von γ_2 ab? (d) Hängt die Breite des akustischen Zweiges von γ_2 ab? (d) Hängt die Lücke zwischen den zwei Zweigen bei $q = \pi/a$ von γ_2 ab?

8. Ein zweidimensionaler Kristall hat ein quadratisches Gitter und ein Atom in seiner primitiven Basis. Die Masse des Atoms soll M sein und die Kante der primitiven Einheitszelle soll a sein. Es wird angenommen, daß nur nächste und übernächste Nachbarn wechselwirken und daß die Kraft immer längs der Verbindungslinie der wechselwirkenden Atome wirkt. In harmonischer Näherung sind γ_1 die Kraftkonstanten für die Wechselwirkung nächster Nachbarn und γ_2 für die Wechselwirkung übernächster Nachbarn. (a) Man nehme an, daß sich die Atome in der Gitterebene bewegen und entwickle die Säkulargleichung für die Frequenzen der normalen Schwingungen als Funktion des Ausbreitungsvektors **q**. (b) Man bestimme einen Ausdruck für die Frequenzen der normalen Schwingungen, die sich parallel zur Kante der quadra-

tischen Zelle ausbreiten. Für jede Schwingung soll bestimmt werden, ob die Welle transversal, longitudinal oder keins von beiden ist. (c) Man mache das gleiche für eine Ausbreitung längs der Zellendiagonalen. (d) Man vergleiche für jede der beiden betrachteten Ausbreitungsrichtungen die Schallgeschwindigkeiten für die zwei Zweige des Spektrums.

9. Man betrachte den zweidimensionalen Kristall von Aufgabe 8. Man beschreibe die Grenzen der Brillouin-Zone. Man verwende die Ergebnisse von Aufgabe 8, um die Kreisfrequenzen der normalen Schwingungen für einen Ausbreitungsvektor zu bestimmen, der sich vom Zonenzentrum zu (a) der Mitte einer Kante der Zone und (b) zu einer Ecke der Zone erstreckt (c) Für jede dieser Wellen drücke man die Wellenlänge durch die Kantenlänge a des Quadrats aus.

10. Die Säkulargleichung, die in der Aufgabe 8 abgeleitet wurde, liefert eine schöne Darstellung der Symmetrie, die durch die Frequenzen der normalen Schwingungen als Funktion des Ausbreitungsvektors **q** dargestellt wird. Ein kartesisches Koordinatensystem wird so ausgerichtet, daß seine Achsen parallel zu den Kanten der quadratischen Einheitszelle verlaufen. Man zeige, daß sich die Säkulargleichung nicht ändert, wenn die folgenden Größen ersetzt werden: (a) $\mathbf{q} \to -\mathbf{q}$ (180° Rotation), (b) $q_x \to -q_x$ (Spiegelung), (c) $q_y \to -q_y$ (Spiegelung) und (d) $q_x \to q_y$, $q_y \to -q_x$ (90° Drehung). Das sind alles Operationen in der Punktgruppe eines Quadrats.

11. Wir betrachten die Brillouin-Zone eines kubisch flächenzentrierten Raumgitters mit der Würfelkante a. Zu bestimmen sind die Komponenten eines Vektors, der (a) vom Zonenzentrum zur Mitte einer quadratischen Fläche, (b) vom Zonenzentrum zur Mitte einer hexagonalen Fläche und (c) vom Zonenzentrum zu einem Punkt verläuft, in dem sich zwei hexagonale und eine quadratische Fläche treffen.

12. Man bestimme den längsten Ausbreitungsvektor in der Brillouin-Zone eines kubisch raumzentrierten Kristalls in Abhängigkeit von der Würfelkante a. Dazu soll angenommen werden, daß die kürzeste Wellenlänge, die zu irgendeinem Ausbreitungsvektor in der Brillouin-Zone gehört, $\lambda = 3.75$ Å ist. Zu berechnen sind die Kantenlängen der kubischen Einheitszelle des Raumgitters und der kubischen Einheitszelle des reziproken Gitters.

13. Atome der Masse m bilden eine einfache kubische Struktur mit der Würfelkante a. Es sollen nur nächste Nachbarn wechselwirken und für jedes Paar von Nachbarn ist die Kraft, die von einem Atom 2 auf ein Atom 1 ausgeübt wird

$$\mathbf{F} = (\gamma_c - \gamma_a)(\mathbf{u}_2 - \mathbf{u}_1) \cdot \hat{\mathbf{R}}\,\hat{\mathbf{R}} + \gamma_a(\mathbf{u}_2 - \mathbf{u}_1).$$

Dabei sind γ_c und γ_a Konstanten und $\hat{\mathbf{R}}$ ist der Einheitsvektor in Richtung der Gleichgewichtsverrückung des Atoms 2 vom Atom 1. Der zu γ_c proportionale Ausdruck ist die harmonische Näherung einer Zentralkraft, während die zwei zu γ_a proportionalen Ausdrücke zusammen die Kraft der Bindungsverbiegung beschreiben, die danach strebt, die Verbindungslinie der Atome parallel zu ihrer Gleichgewichtsrichtung zu erhalten. (a) Man bestimme die Ausdrücke für die dynamischen Matrixelemente und zeige insbesondere, daß diese Matrix diagonal ist. (b) Ein Ausdruck für die Kreisfrequenz der normalen Schwingung als Funktion des Ausbreitungsvektors ist zu bestimmen. (c) Es soll sein: $m = 1.5 \times 10^{-25}$ kg, $a = 3.6$ Å, $\gamma_c = 16$ N/m und $\gamma_a = 5.8$ N/m. Gesucht sind die Kreisfrequenzen der normalen Schwingungen für den Ausbreitungsvektor $\mathbf{q} = (\pi/a)(3\hat{\mathbf{x}} + 2\hat{\mathbf{y}} + 4\hat{\mathbf{z}})$, wobei die Koordinatenachsen längs der Würfelkanten verlaufen. (d) Für jede der in c bestimmten Kreisfrequenzen ist die Richtung der Teilchenbewegung zu bestimmen. (e) Sind die Kreisfrequenzen für den Ausbreitungsvektor in c größer oder kleiner, als sie sein würden, wenn $\gamma_a = 0$ wäre?

14. Atome in einer bestimmten monoatomaren linearen Kette haben einen Gleichgewichtsabstand von 4.85 Å und ihre Maximalfrequenz beträgt 4.46×10^{13} rad/s. In welchem Abstand von der Quelle beträgt die Amplitude nur noch 10% der Amplitude der Quelle, wenn eine Schwingung von 5.75×10^{13} rad/s in der Kette angeregt wird?

15. Atome in einer monoatomaren linearen Kette haben die Masse $m = 6.44 \times 10^{-25}$ kg und den Gleichgewichtsabstand $a = 4.85$ Å. Es soll nur Wechselwirkung zwischen nächsten Nachbarn bestehen und die Kraftkonstante ist 15.0 N/m. (a) Energie und Kristallimpuls eines Phonons, das zur Maximalfrequenz der normalen Schwingung gehört, sollen bestimmt werden. (b) Ein 2.5 Å-Neutron soll eins dieser Phononen absorbieren. Wie groß ist die relative Änderung in seiner Energie und in seinem Impuls? Die Änderung des Impulses soll innerhalb der Brillouin-Zone stattfinden.

16. Ein Strahl von 3.5 Å-Neutronen fällt senkrecht auf eine Würfelfläche eines monoatomaren einfach kubischen Kristalls mit der Würfelkante 4.25 Å. Einige Neutronen, die durch Einphononenwechselwirkung vorwärts gestreut werden, verlassen den Kristall in Richtung der Raumdiagonalen des Würfels und haben eine Wellenlänge von 2.33 Å. Wie groß sind die Frequenz und der Wellenvektor der Schwingung, mit der die Neutronen wechselwirken? Werden Phononen durch diese Neutronen absorbiert oder emittiert?

17. Ein Würfel mit einer Kantenlänge a wird so tordiert, daß ein Punkt, der sich ursprünglich bei x, y, z befand, nach $[(1-\gamma)x + \gamma y], [\gamma x + (1-\gamma)y], z$ bewegt, wobei $\gamma \ll 1$. Der Ursprung liegt an der Würfelecke und die Koordinatenachsen liegen in Richtung der Kanten des ursprünglichen Würfels. (a) Man bestimme die Koordinaten jeder Würfelecke nach der Torsion und fertige eine Skizze des tordierten Würfels an. (b) Wie lauten die Elemente der Dehnungsmatrix? (c) Man bestimme die Länge von jeder Würfelkante, die ursprünglich in der xy-Ebene lag, nach der Torsion in erster Ordnung von γ. (d) Wie groß ist die relative Volumenänderung des Würfels in erster Ordnung von γ. (e) Man bestimme die Spannung (durch γ und die Lameschen Konstanten ausgedrückt), die erforderlich ist, um diese Torsion zu produzieren, unter der Annahme isotropen Materials.

18. Ein kubischer Kristall wird gleichförmig in solch einer Weise unter Spannung gesetzt, daß alle Elemente des Spannungstensors mit Ausnahme von T_1 und T_4 gleich null sind. (a) Man bestimme die Elemente der Dehnungsmatrix über T_1 und T_4 sowie die elastischen Konstanten. (b) Man berechne einen allgemeinen Ausdruck für die Lage des Materials, das sich ursprünglich bei x, y, z befand, bezogen auf einen Ursprung, der in der Probe fixiert ist, unter der Annahme, daß $\partial u_i / \partial r_j = \partial u_j / \partial r_i$ gilt.

19. Der Youngsche Modul (Elastizitätsmodul) und das Poisson-Verhältnis sind für eine bestimmte Messingprobe $Y = 2.48 \times 10^{10}$ N/m² und $\sigma = 0.462$. Messing hat kubische Symmetrie. Welche elastischen Konstanten können aus diesen Daten bestimmt werden und welche Werte besitzen sie? Welche(s) Experiment(e) sollte(n) durchgeführt werden, um die Werte der anderen elastischen Konstanten bestimmen zu können?

7. Elektronenzustände

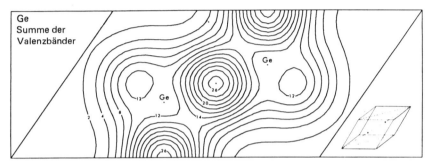

Linien gleicher Elektronendichte in der Nähe von zwei Atomen in einem Germaniumkristall. Man beachte die Elektronenverteilung im Bereich zwischen den Atomen.

7.1 Qualitative Ergebnisse . . . 215
7.2 Elektronenzustände
   in Kristallen 218
7.3 Fest gebundene Elektronen . 224
7.4 Quasifreie Elektronen . . . 228
7.5 Berechnungen von
   Elektronenenergien 237
7.6 Oberflächenzustände . . . 241

Nahezu alle Materialeigenschaften hängen direkt oder indirekt vom Elektronensystem ab. Dieses Kapitel enthält die Grundlagen: die Beschreibung der Wellenfunktionen und der Energieniveaus von Elektronen in Festkörpern. Elektronenwellenfunktionen und Energieniveaus erhält man durch die Lösung der zeitunabhängigen Schrödingergleichung, Gleichung 5-4, mit Hilfe der Hartree oder bei genaueren Berechnungen mit Hilfe der Hartree-Fock Potentialfunktion. Eine kurze Beschreibung dieser Potentialfunktionen und des selbstkonsistenten Verfahrens steht in Kapitel 5. Dort wurde das System schnell auf nur zwei Atome reduziert, um einige Grundlagen der Atombindung zu zeigen. Wir betrachten jetzt eine große Ansammlung von Atomen.

7.1 Qualitative Ergebnisse

Bild 7-1 ist eine sehr schematische Darstellung von einem Energiespektrum eines idealen Kristalls, bei dem alle Atome periodisch angeordnet sind und Oberflächeneffekte vernachlässigt wurden. Die dominierenden Eigenarten sind die Gruppenbildung der Niveaus und die verbotenen Zonen im Spektrum. Jeder der schattierten Bereiche enthält eine große Zahl von diskreten Niveaus, die in der Größenordnung der Anzahl der Atome im Festkörper liegt. Diese Niveaus haben einen so geringen Abstand, daß sie nicht mehr einzeln betrachtet werden können. Die schattierten Bereiche sind oben im Diagramm breiter als unten. Das weist darauf hin, daß die Gruppen von Niveaus bei höheren Energien einen größeren Bereich überdecken als bei geringen.

Das Hauptmerkmal dieses Energiespektrums kann qualitativ durch Überlappung von Atomorbitalen, wie in Kapitel 5 diskutiert, erklärt werden. Für eine Ansammlung von deutlich voneinander getrennten Atomen sind die Atomzustände die erlaubten Energien und die Wellenfunktionen sind die entsprechenden Atomorbitale. Wenn die Atome näher zusammenkommen und schließlich einen Festkörper bilden, überlappen sich die Orbitale der verschiedenen Atome und jedes Atomniveau spaltet sich auf. So spaltet sich das $1s$ Niveau des Wasser-

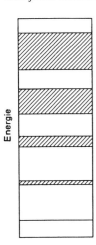

Bild 7-1 Energieniveaus für ein gebundenes Elektron in einem kristallinen Festkörper. Die schattierten Bereiche zeigen die Gruppen von erlaubten Energiewerten an. Jede Gruppe besteht tatsächlich aus einer großen Zahl von diskreten Niveaus, die so eng zusammenliegen, daß sie im Diagramm nicht mehr unterschieden werden können. Die Gruppen sind bei geringen Energien schmal und bei hohen Energien breit. Kein Elektron kann eine Energie haben, die in einer verbotenen Zone liegt.

stoffs in ein bindendes und ein antibindendes Niveau auf, wenn ein H_2^+ Molekül gebildet wird. Für einen Festkörper ist die Zahl der Niveaus natürlich viel größer als zwei.

Die Ausdehnung der Orbitalüberlappung hängt von der Energie der beteiligten Zustände und von der Potentialfunktion ab. Bild 7-2 zeigt schematisch die potentielle Energie eines Elektrons längs einer Atomreihe in einem Kristall. An einer Oberfläche (in der Abbildung nicht dargestellt) steigt sie steil auf null an, das ist der Wert, der für die potentielle Energie eines Elektrons außerhalb des Festkörpers festgelegt wurde. Innerhalb des Festkörpers zeigt die Funktion die gleiche Periodizität wie der Kristall. Sie hat mit Ausnahme der oberflächennahen Bereiche den selben Wert an zwei Punkten, die einen Abstand von einem Gittervektor haben.

In der Nähe von jedem Kern bildet die potentielle Energie einen tiefen Topf, im wesentlichen genau so einen wie um den Kern eines isolierten Atoms. In den Zwischenbereichen ist sie die Summe der Beiträge von vielen Atomen und deshalb ist die potentielle Energie geringer als außerhalb des Festkörpers.

Die Rumpfelektronen haben Energien, die tief in den Potentialtöpfen in der Nähe der Kerne liegen. Ihre Wellenfunktionen sind fast Atomorbitale und haben nahezu exponentielle Schwänze außerhalb der klassischen Wendepunkte (die Enden der horizontalen Linien, die in Bild 7-2 die Energieniveaus darstellen). Zwischen den Atomen ist die Energie weit unterhalb der potentiellen Energie, deshalb fallen die Schwänze steil nach null ab und die Wahrscheinlichkeitsdichte ist in den Zwischenbereichen extrem klein. Deshalb ist die Aufspaltung der Niveaus gering. Das niedrigste Niveau in Bild 7-1 ist zum Beispiel als einzelne Linie dargestellt und zwar etwa bei der gleichen Energie wie das niedrigste Atomniveau. Zwei Zustände, einer Spin auf, der andere Spin ab, gehören zu diesem Niveau für jedes Atom im Festkörper.

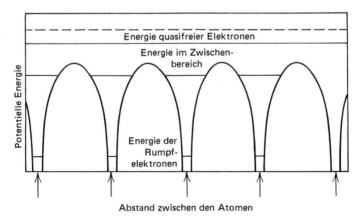

Bild 7-2 Potentielle Elektronenenergie längs einer Atomreihe in einem Kristall. Die gestrichelte Linie markiert die Energie eines Elektrons außerhalb des Festkörpers. Die Positionen der Kerne sind durch Pfeile gekennzeichnet und die erlaubten Energieniveaus sind durch durchgezogene horizontale Linien dargestellt. Die Rumpfzustände haben Energien, die tief in den Potentialtöpfen in der Nähe jeden Kerns liegen. Quasifreie Elektronen haben Energien, die deutlich oberhalb der Maxima der potentiellen Energie liegen.

Wellenfunktionen für Elektronen mit höheren Energien fallen weniger steil ab als die für die tiefer liegenden Elektronen, deshalb ist die Überlappung von benachbarten Atomorbitalen bei höheren Energien stärker als bei geringen Energien. Die Aufweitung der Energieniveaus steigt folglich mit der Energie. Für nahezu alle Rumpfzustände ist die Aufspaltung gering und verbotene Zonen erscheinen in diesem Energiebereich deshalb, weil das Atomspektrum diskret ist. Die Breite der verbotenen Zone wird primär durch die Abstände der Atomniveaus bestimmt, mittelbar durch die Aufspaltung, die mit der Überlappung gekoppelt ist.

Wir wenden uns nun dem Bereich nahe dem Maximum der potentiellen Energie zu. Dieser Bereich ist wichtig, weil er die höchsten besetzten Niveaus für Isolatoren und Halbleiter bei tiefen Temperaturen enthält. Elektronen mit Energien in diesem Bereich können nicht mehr als Rumpfelektronen betrachtet werden. Benachbarte Atomorbitale überlagern sich und bilden Wellenfunktionen, die sich mit großer Amplitude durch den gesamten Festkörper ausbreiten. Diese Funktionen ähneln nicht den Atomorbitalen, ausgenommen sehr nahe am Kern. In diesem Energiebereich ist die Breite der Bänder gewöhnlich größer als der Abstand der Atomniveaus. Die Orbitale eines Atoms breiten sich nicht nur weit in den Zwischenbereich aus, sondern auch in der Nähe eines Kerns ist jede Wellenfunktion eine Mischung von mehreren Atomorbitalen. So enthalten z. B. die äußeren Schalen sowohl s als auch p Funktionen mit großer Amplitude. Verbotene Zonen treten auf, aber ihre Lage steht nicht einfach in Beziehung zu s und p Energieniveaus eines Elektrons in einem isolierten Atom.

Wellenfunktionen für Elektronen mit Energien deutlich oberhalb des Maximums der potentiellen Energie sind fast ebene Wellen und die Wahrscheinlichkeitsdichte für irgendeins dieser Elektronen ist nahezu gleich im gesamten Festkörper. Die Ionenrümpfe üben nur schwache Kräfte auf diese Elektronen aus und haben weniger Einfluß auf die Wellenfunktionen als bei geringen Energien. Diese Kräfte verursachen jedoch die verbotenen Zonen. Später werden wir im Detail untersuchen, wie das zustande kommt.

Bei tiefen Temperaturen sind die Metalle die einzigen defektfreien Festkörper, die eine bedeutende Zahl von quasifreien Elektronen, so nennt man die Elektronen mit Energien in diesem Bereich, besitzen. Diese Ansammlungen verringern die potentielle Energie in den Gebieten zwischen den Atomen und deshalb ist die Energie tiefer als die eines Elektrons in der äußersten besetzten Schale eines isolierten Metallatoms. Folglich werden die äußersten Elektronen der Atome in Festkörpern quasifrei. In Halbleitern jedoch sind die Zustände deutlich oberhalb des Maximums der potentiellen Energie nur besetzt, wenn der Festkörper bestimmte Störstellen enthält oder wenn er eine hohe Temperatur besitzt.

Zusätzliche Energieniveaus, einige auch in der verbotenen Zone, werden von Strukturdefekten, Oberflächen, Störstellen, Leerstellen und Zwischengitteratomen verursacht. Elektronenenergiespektren von amorphen Materialien sehen anders aus als in Bild 7-1 dargestellt. Die Niveaus erscheinen auch bei Energien, die bei der kristallinen Form des gleichen Materials in der verbotenen Zone liegen und die Grenzen der Energiebänder sind beträchtlich verwaschen.

7.2 Elektronenzustände in Kristallen

Wie die Berechnungen der Frequenzen der normalen Schwingungen und der Verrückungen vereinfachen sich auch die Berechnungen der Elektronenwellenfunktionen und der Energieniveaus beträchtlich, wenn die Ionenrümpfe einen idealen Kristall bilden und periodische Randbedingungen gelten. Der Hauptgrund dafür ist, daß die mathematische Form der Wellenfunktionen durch die Translationssymmetrie des Kristalls bestimmt wird. Die Schrödingergleichung braucht nur für eine einzige Einheitszelle integriert zu werden.

Blochfunktionen

In einem idealen Kristall ohne Begrenzungen und mit Atomen, die auf Plätzen sitzen, die durch das Gitter und die Basisvektoren vorgeschrieben sind, haben die Wellenfunktionen der Elektronen folgende Form

$$\psi(r) = e^{i\mathbf{k}\cdot r} u(\mathbf{k}, \mathbf{r}) \tag{7-1}$$

$\mathbf{k}$ ist ein reeller konstanter Vektor und $u(\mathbf{r})$ ist eine Funktion, die periodisch mit der Periode des Gitters ist. Das bedeutet $u(\mathbf{k}, \mathbf{r} + \mathbf{R}) = u(\mathbf{k}, \mathbf{r})$ für einen beliebigen Gittervektor $\mathbf{R}$. Der Vektor $\mathbf{k}$ und die Funktion $u(\mathbf{k}, \mathbf{r})$ können verschieden sein für verschiedene Elektronenzustände im gleichen Kristall, aber in jedem Falle wird Gleichung 7-1 erfüllt. Eine Funktion, die diese Form hat, wird Blochfunktion genannt.

Die Gleichung 7-1 folgt direkt aus der Periodizität des Kristalls. Weil alle Einheitszellen gleichwertig sind, ist die Wahrscheinlichkeitsdichte von analogen Punkten in allen Zellen die gleiche. Da $|\psi(\mathbf{r} + \mathbf{R})|^2 = |\psi(\mathbf{r})|^2$ ist, unterscheiden sich $\psi(\mathbf{r} + \mathbf{R})$ und $\psi(\mathbf{r})$ höchstens um einen multiplikativen Faktor der Größe 1. Das heißt

$$\psi(\mathbf{r} + \mathbf{R}) = e^{i\alpha(\mathbf{R})}\psi(\mathbf{r}), \tag{7-2}$$

wobei $\alpha(\mathbf{R})$ reell ist und von $\mathbf{R}$, aber nicht von $\mathbf{r}$ abhängen kann.

$\alpha(\mathbf{R})$ muß linear in $\mathbf{R}$ sein. Um das zu verstehen, betrachten wir zwei Gittertranslationen $\mathbf{R}_1$ und $\mathbf{R}_2$ und bestimmen $\psi(\mathbf{r} + \mathbf{R}_1 + \mathbf{R}_2)$ auf zwei verschiedenen Wegen. Im ersten wird $\mathbf{R}_1 + \mathbf{R}_2$ als eine einzige Translation behandelt und wir schreiben $\psi(\mathbf{r} + \mathbf{R}_1 + \mathbf{R}_2) = e^{i\alpha(\mathbf{R}_1 + \mathbf{R}_2)} \psi(\mathbf{r})$. Im zweiten behandeln wir $\mathbf{R}_1$ und $\mathbf{R}_2$ als zwei separate Translationen und schreiben $\psi(\mathbf{r} + \mathbf{R}_1 + \mathbf{R}_2) = e^{i\alpha(\mathbf{R}_2)} \psi(\mathbf{r} + \mathbf{R}_1) = e^{i\alpha(\mathbf{R}_2)} \cdot e^{i\alpha(\mathbf{R}_1)} \psi(\mathbf{r})$. Da die beiden Resultate gleich sein müssen, gilt $\alpha(\mathbf{R}_1 + \mathbf{R}_2) = \alpha(\mathbf{R}_1) + (\mathbf{R}_2)$. Weil dieser Ausdruck linear in $\mathbf{R}$ ist, kann $\alpha(\mathbf{R})$ in der Form $AR_x + BR_y + CR_z + D$ geschrieben werden, wobei A, B, C und D unabhängig von $\mathbf{R}$ sind. Der konstante Ausdruck D führt zu einem Phasenfaktor, der für alle Zellen gleich ist und vernachlässigt werden kann. Die anderen Terme können als Skalarprodukt von $\mathbf{R}$ und einem konstanten Vektor $\mathbf{k}$ geschrieben werden. Daher gilt $\alpha(\mathbf{R}) = \mathbf{k} \cdot \mathbf{R}$ und

7.2 Elektronenzustände in Kristallen

$$\psi(\mathbf{r} + \mathbf{R}) = e^{i\mathbf{k} \cdot \mathbf{R}} \psi(\mathbf{r}), \tag{7-3}$$

für irgendeinen Gittervektor $\mathbf{R}$. Diese Gleichung ist als Blochtheorem bekannt. Gleichung 7-3 kann man entnehmen, daß $\psi(\mathbf{r})$ die in Gleichung 7-1 angegebene Blochform besitzt. Für irgendeine Funktion $\psi(\mathbf{r})$ können wir ein $u(\mathbf{k}, \mathbf{r})$ definieren, so daß gilt $\psi(\mathbf{r}) = e^{i\mathbf{k}\mathbf{r}} \cdot u(\mathbf{k}, \mathbf{r})$. Wir wollen nun zeigen, daß man Gleichung 7-3 entnehmen kann, daß $u(\mathbf{k}, \mathbf{r})$ periodisch ist. Wenn $e^{i\mathbf{k} \cdot \mathbf{r}} u(\mathbf{k}, \mathbf{r})$ eingesetzt wird für $\psi(\mathbf{r})$, ergibt sich aus Gleichung 7-3

$$e^{i\mathbf{k} \cdot (\mathbf{r} + \mathbf{R})} u(\mathbf{k}, \mathbf{r} + \mathbf{R}) = e^{i\mathbf{k} \cdot \mathbf{R}} e^{i\mathbf{k} \cdot \mathbf{r}} u(\mathbf{k}, \mathbf{r}) \tag{7-4}$$

oder

$$u(\mathbf{k}, \mathbf{r} + \mathbf{R}) = u(\mathbf{k}, \mathbf{r}). \tag{7-5}$$

Deshalb hat $u(\mathbf{k}, \mathbf{r})$ die Periodzität des Gitters.
Genau genommen sind die Blochfunktionen nur dann gültige Elektronenwellenfunktionen, wenn der Kristall unbegrenzt ist. In der Nähe der Oberfläche eines endlichen Kristalls ist die Struktur verschieden von der im Inneren, so daß $|\psi(\mathbf{r} + \mathbf{R})|^2$ verschieden von $|\psi(\mathbf{r})|^2$ ist, wenn $\mathbf{r}$ in der Nähe der Oberfläche ist und $\mathbf{r} + \mathbf{R}$ nicht, oder umgekehrt. Jedoch im Inneren von makroskopischen Kristallen sind Blochfunktionen exzellente Näherungen der wahren Wellenfunktionen und wir werden sie deshalb verwenden, um Volumeneigenschaften der Materialien zu diskutieren. Wellenfunktionen für Punkte in der Nähe der Oberflächen werden separat betrachtet.
Durch Multiplikation mit einem zeitabhängigen Faktor wird die Blochfunktion

$$\psi(\mathbf{r}, t) = e^{i(\mathbf{k} \cdot \mathbf{r} - \omega t)} u(\mathbf{k}, \mathbf{r}). \tag{7-6}$$

Dieser Ausdruck stellt eine fortschreitende Welle dar, die sich in Richtung von $\mathbf{k}$ ausbreitet. Ihre Amplitude wird moduliert von Punkt zu Punkt, ist aber für äquivalente Punkte in allen Zeiten gleich.
Wenn $u(\mathbf{k}, \mathbf{r})$ unabhängig von $\mathbf{r}$ ist, ist $\psi(\mathbf{r}, t)$ eine ebene Welle und das Elektron hat den Impuls $p = \hbar \cdot \mathbf{k}$. Eine ebene Welle ist jedoch nur dann eine gültige Wellenfunktion, und das Elektron hat nur dann einen definierten Impuls, wenn die Funktion der potentiellen Energie unabhängig von r ist. Dann verschwindet die resultierende Kraft auf ein Elektron und der Impuls wird erhalten. Wenn die Funktion der potentiellen Energie in einem Kristall dagegen von r abhängt, dann wird der Elektronenimpuls nicht erhalten.
Die Größe $\hbar\mathbf{k}$ wird für ein Elektron in einem idealen Kristall sogar dann erhalten, wenn die Ionenrümpfe Kräfte auf das Elektron ausüben. Einmal in einem Zustand mit einem speziellen Wert von $\hbar\mathbf{k}$, bleibt das Elektron in diesem Zustand und behält diesen Wert bei, wenn nicht eine Kraft auf das Elektron wirkt, die nicht die Periodizität des Kristalls besitzt. Die Größe $\hbar\mathbf{k}$ wird Kristallelektronenimpuls genannt und spielt bei Elektronenwechselwirkungen die gleiche Rolle wie $\hbar\mathbf{q}$ bei Phononenwechselwirkungen. Sie wird dazu verwendet, Elektronenzustände zu kennzeichnen und spielt bei fast allen Diskussionen eine Rolle, bei denen der Einfluß von äußeren Kräften auf das Elektronensystem behandelt wird.

Energiebänder

Die Differentialgleichung für $u(\mathbf{k}, \mathbf{r})$ erhält man durch Einsetzen von Gleichung 7-1 in die Schrödingergleichung. Wir betrachten zuerst $\nabla^2 \psi(\mathbf{k}, \mathbf{r})$. Wir verwenden die Produktregel für die Differentiation und erhalten

$$\frac{\partial^2 \psi}{\partial x^2} = \frac{\partial^2}{\partial x^2} [e^{i(k_x x + k_y y + k_z z)} u]$$

$$= \left[\frac{\partial^2 u}{\partial x^2} + 2ik_x \frac{\partial u}{\partial x} - k_x^2 u \right] e^{i\mathbf{k} \cdot \mathbf{r}}. \tag{7-7}$$

Ähnlich gilt

$$\frac{\partial_2 \psi}{\partial y_2} = \left[\frac{\partial^2 u}{\partial y^2} + 2ik_y \frac{\partial u}{\partial y} - k_y^2 u \right] e^{i\mathbf{k} \cdot \mathbf{r}} \tag{7-8}$$

und

$$\frac{\partial_2 \psi}{\partial z_2} = \left[\frac{\partial^2 u}{\partial z^2} + 2ik_z \frac{\partial u}{\partial z} - k_z^2 u \right] e^{i\mathbf{k} \cdot \mathbf{r}}. \tag{7-9}$$

Aufsummiert liefern die Gleichungen 7-7, 7-8 und 7-9

$$\nabla^2 \psi = [\nabla^2 u + 2i\mathbf{k} \cdot \nabla u - k^2 u] e^{i\mathbf{k} \cdot \mathbf{r}}. \tag{7-10}$$

Damit ergibt sich die zeitunabhängige Schrödingergleichung zu

$$-\frac{\hbar^2}{2m} \nabla^2 u - i \frac{\hbar^2}{m} \mathbf{k} \cdot \nabla u + \frac{\hbar^2 k^2}{2m} u + Uu = Eu. \tag{7-11}$$

Jeder Term wurde dabei durch $e^{i\mathbf{k}\mathbf{r}}$ dividiert.
Gleichung 7-11 muß nach $u(\mathbf{k}, \mathbf{r})$ aufgelöst werden. Da $u(\mathbf{k}, \mathbf{r})$ periodisch ist, braucht eine Lösung nur für eine Einheitszelle gefunden zu werden. Dazu müssen die Randbedingungen für u ähnlich wie für ψ verwendet werden. Da ψ und sein Verlauf kontinuierlich sind, ist auch $u(\mathbf{k}, \mathbf{r})$ und sein Verlauf an irgendeinem Punkt auf der Oberfläche der Einheitszelle ähnlich bzw. $u(\mathbf{k}, \mathbf{r})$ und sein Verlauf an irgendwelchen anderen Punkten der Oberfläche ist von dem ersten Wert nur um Gittervektoren verschoben. Insbesondere, wenn $\mathbf{r}$ und $\mathbf{r} + \mathbf{R}$ zwei Punkte auf der Oberfläche der Zelle sind, gilt dann

$$u(\mathbf{k}, \mathbf{r}) = u(\mathbf{k}, \mathbf{r} + \mathbf{R}) \tag{7-12}$$

und

$$\hat{\mathbf{n}}_1 \cdot \nabla u(\mathbf{k}, \mathbf{r}) = -\hat{\mathbf{n}}_2 \cdot \nabla u(\mathbf{k}, \mathbf{r} + \mathbf{R}). \tag{7-13}$$

Hierbei sind $\hat{\mathbf{n}}_1$ der Einheitsvektor der nach außen gerichteten Oberflächennormalen bei $\mathbf{r}$ und $\hat{\mathbf{n}}_2$ der Einheitsvektor der nach außen gerichteten Oberflächennormalen bei $\mathbf{r} + \mathbf{R}$. Die erste Bedingung sichert die Kontinuität von ψ und die

7.2 Elektronenzustände in Kristallen   221

zweite die Kontinuität ihrer senkrechten Ableitung. Das Minuszeichen in Gleichung 7-13 erscheint, weil $\hat{n}_1$ und $\hat{n}_2$ entgegengesetzte Richtungen haben.
Die Funktionen $u(\mathbf{k}, \mathbf{r})$, die den Gleichungen 7-11, 7-12 und 7-13 genügen, existieren nur, wenn die Energie E bestimmte diskrete Werte annimmt. Das sind die erlaubten Energieniveaus für die Zustände mit dem Ausbreitungsvektor $\mathbf{k}$. Das Symbol $E_n(\mathbf{k})$ wird dazu verwendet, um ein Energieniveau zu bezeichnen. Dabei ist n eine ganze Zahl, Bandindex genannt, und bezeichnet die Niveaus mit ansteigender Energie: $E_1(\mathbf{k})$ ist das niedrigste Energieniveau mit dem Ausbreitungsvektor $\mathbf{k}$, $E_2(\mathbf{k})$ das nächst höhere und so weiter. Der Bandindex und der Ausbreitungsvektor werden auch verwendet, um die Wellenfunktionen zu charakterisieren: $\psi_n(\mathbf{k}, \mathbf{r})$ bezeichnet z. B. eine Wellenfunktion mit dem Bandindex n und $u_n(\mathbf{k}, \mathbf{r})$ bezeichnet ihren periodischen Anteil.
Alle Niveaus mit dem gleichen Bandindex werden Energieband genannt. Die Bänder werden normalerweise wie in Bild 7-3 dargestellt. Eine $\mathbf{k}$-Richtung wird ausgewählt und die Energie als Funktion von $\mathbf{k}$ dargestellt. Um ein vollständiges Bild zu erhalten, müssen natürlich ähnliche Darstellungen für verschiedene $\mathbf{k}$-Richtungen aufgezeichnet werden.
Die Energieniveaus für einen bestimmten Ausbreitungsvektor sind voneinander durch wenige Elektronenvolt voneinander getrennt. In Bild 7-3 liegen z. B. die Energieniveaus für $k = \pi/2a$ bei ungefähr -10.6, -11.0, -11.8, -12.0 und -14.9 eV. Diese Abstände verursachen die verbotenen Zonen, die Energielücken, des

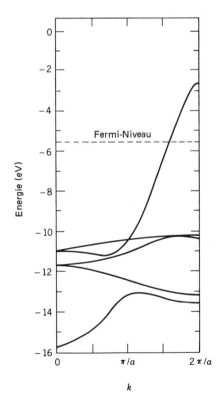

Bild 7-3 Energiebänder von Elektronen für kristallines Kupfer. Der Ausbreitungsvektor liegt in [100] Richtung. Die Bänder, die zu den Zuständen der Ionenrümpfe gehören, sind nicht dargestellt. Die potentielle Energie ist außerhalb des Kristalls gleich null. Das Fermi-Niveau wird in Kapitel 8 erklärt. (Nach E. C. Snow und J. T. Waber, *Phys. Rev.*; 157, 570, 1967. Mit Erlaubnis der Autoren.)

Energiespektrums; aber nicht in jedem Falle erscheint eine Energielücke zwischen benachbarten Bändern. Insbesondere existiert dann keine verbotene Zone, wenn das Minimum des einen Bandes tiefer als das Maximum des Bandes mit dem nächst tieferen Index liegt. Bild 7-4 verdeutlicht diesen Sachverhalt.

Eigenschaften von Energiebändern

Ein Energieband spiegelt die Periodizität des reziproken Gitters wider. Das bedeutet

$$E_n(\mathbf{k} + \mathbf{G}) = E_n(\mathbf{k}), \tag{7-14}$$

wobei $\mathbf{G}$ irgendein reziproker Gittervektor ist. Darüber hinaus stellt $\psi_n(\mathbf{k} + \mathbf{G}, \mathbf{r})$ den gleichen Zustand dar wie $\psi_n(\mathbf{k}, \mathbf{r})$. Um das zu zeigen, berücksichtigen wir zuerst, daß die Funktion $e^{i\mathbf{G}\cdot\mathbf{r}}$ die Periodizität des Raumgitters besitzt. Da $\mathbf{G}\cdot\mathbf{R}$ ein Vielfaches von 2π ist, gilt $e^{i\mathbf{G}\cdot(\mathbf{r}+\mathbf{R})} = e^{i\mathbf{G}\cdot\mathbf{r}}$ für einen beliebigen Raumgittervektor $\mathbf{R}$. Für die Wellenfunktion im Band n mit dem Ausbreitungsvektor $\mathbf{k} + \mathbf{G}$ schreiben wir

$$\psi_n(\mathbf{k} + \mathbf{G}, \mathbf{r}) = e^{i(\mathbf{k}+\mathbf{G})\cdot\mathbf{r}} u_n(\mathbf{k} + \mathbf{G}, \mathbf{r}) = e^{i\mathbf{k}\cdot\mathbf{r}} u_n'(\mathbf{k} + \mathbf{G}, \mathbf{r}), \tag{7-15}$$

wobei $u_n'(\mathbf{k} + \mathbf{G}, \mathbf{r}) = e^{i\mathbf{G}\mathbf{r}} u_n(\mathbf{k} + \mathbf{G}, \mathbf{r})$ ist. Es ist klar, daß $u_n'(\mathbf{k} + \mathbf{G}, \mathbf{r})$ die Periodizität des Gitters hat. Wenn man Gleichung 7-15 in die zeitunabhängige Schrödingergleichung einsetzt, bemerkt man, daß $u_n'(\mathbf{k} + \mathbf{G}, \mathbf{r})$ exakt der gleichen Differentialgleichung wie $u_n(\mathbf{k}, \mathbf{r})$ gehorcht. Außerdem gehorchen $u_n'(\mathbf{k} + \mathbf{G}, \mathbf{r})$ und $u_n(\mathbf{k} + \mathbf{G})$ den gleichen Randbedingungen. Deshalb sind die Funktionen gleich, vielleicht bis auf einen unwichtigen Faktor der Größe 1. Da $u_n'(\mathbf{k} + \mathbf{G}, \mathbf{r}) = u_n(\mathbf{k}, \mathbf{r})$, ist $\psi_n(\mathbf{k} + \mathbf{G}, \mathbf{r}) = \psi_n(\mathbf{k}, \mathbf{r})$. Die Wellenfunktionen für die beiden Ausbrei-

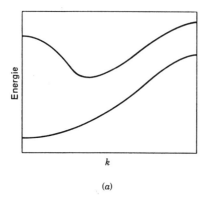
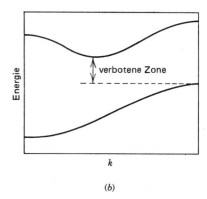

(a) (b)

Bild 7-4 (a) Das Minimum des zweiten Energiebandes liegt unter dem Maximum des ersten. Für jeden Ausbreitungsvektor liegt die Energie des zweiten Bandes über der des ersten Bandes, aber das Energiespektrum besitzt keine verbotene Zone. Im Gegensatz dazu zeigt (b) eine Situation, bei der die beiden Bänder durch eine verbotene Zone voneinander getrennt sind.

tungsvektoren sind identisch. Außerdem erhält man genau die gleiche Reihe von Energieniveaus, deshalb ist $E_n(\mathbf{k} + \mathbf{G}) = E_n(\mathbf{k})$. Um überflüssige Angaben in der Liste der Zustände zu vermeiden, werden die Ausbreitungsvektoren gewöhnlich auf die Brillouin-Zone bezogen. Dann können keine zwei Ausbreitungsvektoren um einen reziproken Gittervektor differieren. Manchmal werden jedoch die Energiebänder im erweiterten Zonenschema dargestellt, so ähnlich wie das Schwingungsspektrum einer zweiatomaren Kette in Bild 6-8 dargestellt wurde.

$E_n(\mathbf{k})$ hat die Symmetrie der Punktgruppe des Kristalls. Das bedeutet, daß $E_n(\mathbf{k}')$ = $E_n(\mathbf{k})$, wenn $\mathbf{k}'$ in $\mathbf{k}$ durch eine Symmetrieoperation übergeht, die den Kristall invariant läßt. Der Beweis ist genau derselbe wie in Abschnitt 6.4, in dem wir gezeigt haben, daß die Frequenzen der normalen Schwingungen die Symmetrie der Punktgruppe des Kristalls haben.

Zusätzlich ist $E_n(-\mathbf{k}) = E_n(\mathbf{k})$, unabhängig davon, ob der Kristall ein Inversionszentrum hat oder nicht. Streng genommen sollte die Funktion der potentiellen Energie Spin-Bahn-Wechselwirkungen und kleine Korrekturen, die spinabhängig sind, berücksichtigen. Wenn diese berücksichtigt werden, ist $E_n(-\mathbf{k}) \neq E_n(\mathbf{k})$ für Elektronen mit dem gleichen Spin. Aber $E_n(-\mathbf{k})$ für ein Spin ab Elektron ist gleich $E_n(\mathbf{k})$ für ein Spin auf Elektron und analog ist $E_n(-\mathbf{k})$ für ein Spin auf Elektron gleich $E_n(\mathbf{k})$ für ein Spin ab Elektron.

Erlaubte Ausbreitungsvektoren

Die Randbedingungen der Wellenfunktionen führen zu einer Quantisierung des Kristallelektronenimpulses. Um die erlaubten Werte des Impulses zu finden, verwenden wir periodische Randbedingungen, ähnlich wie bei den normalen Schwingungen. Realistischer wäre die Randbedingung, daß eine Elektronenwellenfunktion außerhalb des Festkörpers gegen Null strebt, aber mit Ausnahme von extrem einfachen Fällen ist diese Randbedingung schwer anzuwenden. Wenn sie angewendet wird, führt sie auch zu einer Quantisierung des Impulses und die erlaubten Werte sind nur unwesentlich verschieden von denen, die man bei periodischen Randbedingungen erhält.

Ein Kristall soll aus N^3 Einheitszellen zusammengesetzt sein, N Zellen längs jeder Kristallachse. Dann werden die periodischen Randbedingungen ausgedrückt durch

$$\psi(\mathbf{r} + N\mathbf{a}) = \psi(\mathbf{r} + N\mathbf{b}) = \psi(\mathbf{r} + N\mathbf{c}) = \psi(\mathbf{r}), \tag{7-16}$$

wobei $\mathbf{a}$, $\mathbf{b}$ und $\mathbf{c}$ primitive Gittervektoren sind. Wenn man die Blochbeziehung in diese Ausdrücke einsetzt und verwendet $u_n(\mathbf{k}, \mathbf{r} + N\mathbf{a}) = u_n(\mathbf{k}, \mathbf{r} + N\mathbf{b}) \times u_n(\mathbf{k}, \mathbf{r} + N\mathbf{c}) = u_n(\mathbf{k}, \mathbf{r})$ erhält man $e^{iN\mathbf{k} \cdot \mathbf{a}} = 1$, $e^{iN\mathbf{k} \cdot \mathbf{b}} = 1$ und $e^{iN\mathbf{k} \cdot \mathbf{c}} = 1$. Diese Beziehungen werden erfüllt durch

$$\mathbf{k} = \frac{h}{N}\mathbf{A} + \frac{k}{N}\mathbf{B} + \frac{l}{N}\mathbf{C}, \tag{7-17}$$

wobei **A**, **B** und **C** die Fundamentalvektoren des reziproken Gitters und h, k und l ganze Zahlen sind. Wenn **k** auf die Brillouin-Zone beschränkt wird, dann sind h, k und l auf den Bereich von $-1/2N$ bis $+1/2N$ beschränkt. Innerhalb dieser Bereiche gibt es genau N Werte, so daß insgesamt N^3 erlaubte Ausbreitungsvektoren existieren. Die erlaubten Ausbreitungsvektoren sind für Elektronen und normale Schwingungen die gleichen.

Weil **k** quantisiert ist, müssen wir die Banddiagramme etwas uminterpretieren. Die Banddarstellung bleibt zwar gleich, aber jede Kurve ist aus einer Reihe von diskreten Punkten zusammengesetzt, ein Punkt auf jeder Kurve für jeden erlaubten Ausbreitungsvektor. Da die Anzahl der Punkte auf jeder Kurve extrem groß ist, vielleicht 10^8 oder noch mehr, liegen die Punkte sehr eng beieinander und die Kurven können deshalb im allgemeinen als kontinuierlich betrachtet werden.

Nun sind wir in der Lage, die Zustände in einem Band zu zählen. Die Zahl der verschiedenen Ausbreitungsvektoren ist gleich der Zahl der Einheitszellen im Kristall und für einen Ausbreitungsvektor und einen Bandindex gibt es zwei Zustände, einen mit Spin auf und einen mit Spin ab. Die Gesamtzahl der Zustände in einem Band ist deshalb gleich der doppelten Zahl der Einheitszellen im Kristall. Wenn ein Kristall vergrößert wird durch Hinzufügung von Zellen, steigt die Anzahl der Zustände in einem Band, aber die Maxima und Minima des Bandes tun das nicht. Es werden mehr erlaubte Energiewerte zwischen die gleichen Grenzen eingefügt.

Beispiel 7-1
Man zeige, daß für jedes Band $2N^3\tau/(2\pi)^3$ Zustände pro Einheitsvolumen des reziproken Raumes existieren. Dabei ist τ das Volumen der Einheitszelle des Raumgitters.

Lösung
Eine Brillouin-Zone ist eine primitive Einheitszelle des reziproken Gitters, deshalb ist ihr Volumen $|\mathbf{A} \cdot (\mathbf{B} \times \mathbf{C})| = (2\pi)^3/|\mathbf{a} \cdot (\mathbf{b} \times \mathbf{c})| = (2\pi)^3/\tau$. Um dieses Resultat zu erhalten, sind die Gleichungen 4-21, 4-22 und 4-23 zur Substitution von **A**, **B** und **C** zu verwenden. Die Vektorbeziehung $(\mathbf{V}_1 \times \mathbf{V}_2) \cdot (\mathbf{V}_3 \times \mathbf{V}_4) = (\mathbf{V}_1 \cdot \mathbf{V}_4)(\mathbf{V}_2 \cdot \mathbf{V}_3)$ sollte benutzt werden. Es gibt N^3 Ausbreitungsvektoren in der Brillouin-Zone und zwei Zustände in jedem Band für jeden Ausbreitungsvektor, deshalb gibt es für jedes Band $2N^3\tau/(2\pi)^3$ Zustände pro Einheitsvolumen des reziproken Raumes. ◆

7.3 Fest gebundene Elektronen

Es gibt zwei idealisierte Situationen, für die die Wellenfunktionen der Elektronen auf einfache Weise ausgedrückt werden können und Energiebandberechnungen relativ leicht durchgeführt werden können. Eine dieser Situationen tritt auf, wenn die interessierenden Energien tief im Potentialtopf eines Kerns liegen und die andere, wenn die Energien weit oberhalb des Maximums der potentiellen

Energiefunktion liegen. Der erste Fall wird in diesem Abschnitt diskutiert und der zweite im nächsten Abschnitt.

Wellenfunktionen für fest gebundene Elektronen

Die Berechnung ist sehr ähnlich wie bei der kovalenten Bindung, die in Abschnitt 5.3 behandelt wurde. Wir nehmen an, daß die Kristallbasis nur ein Atom enthält und alle Atome an Gitterpunkten sind. Wir nehmen weiter an, daß die Wellenfunktion in der Nähe eines Kerns sehr nahe bei den Atomzuständen dieses Kerns liegt.
Der Atomzustand $\chi(\mathbf{r} - \mathbf{R})$ eines Kernes bei $\mathbf{R}$ genügt der zeitunabhängigen Schrödingergleichung

$$-\frac{\hbar^2}{2m}\nabla^2\chi(\mathbf{r} - \mathbf{R}) + U_a(\mathbf{r} - \mathbf{R})\chi(\mathbf{r} - \mathbf{R}) = E_a(\mathbf{r} - \mathbf{R}). \tag{7-18}$$

Dabei sind $U_a(\mathbf{r} - \mathbf{R})$ die potentielle Energie eines Elektrons in einem isolierten Atom und E_a das atomare Energieniveau, das zu χ gehört. $\chi(\mathbf{r})$ fällt nahezu exponentiell in den Bereichen ab, für die $U_a(\mathbf{r}) > E_a$ ist, das ist in der Nähe der Kerne der Fall.
Eine Elektronenwellenfunktion für fest gebundene Elektronen in einem Kristall wird angenähert durch

$$\psi(\mathbf{k}, \mathbf{r}) = \Gamma \sum_{\mathbf{R}} e^{i\mathbf{k} \cdot \mathbf{R}} \chi(\mathbf{r} - \mathbf{R}). \tag{7-19}$$

Summiert wird über alle Atome des Kristalls und Γ ist eine Konstante, die durch die Normierungsbedingung bestimmt ist. Man beachte, daß, wenn $\mathbf{r}$ in der Nähe eines Kerns ist, ψ ungefähr ein Atomzustand dieses Kerns ist, multipliziert mit einem konstanten Faktor. Wenn $\mathbf{r}$ zum Beispiel nahe bei $\mathbf{R}'$ liegt, ist $\chi(\mathbf{r} - \mathbf{R}) \approx 0$ für alle $\mathbf{R}$ mit Ausnahme $\mathbf{R} = \mathbf{R}'$ und $\psi(\mathbf{k}, \mathbf{r}) \approx \Gamma e^{i(\mathbf{k} \cdot \mathbf{R}')} \chi(\mathbf{r} - \mathbf{R}')$.
Die Faktoren $e^{i\mathbf{k} \cdot \mathbf{R}}$ in Gleichung 7-19 werden so gewählt, daß $\psi(\mathbf{k}, \mathbf{r})$ die Blochform besitzt. Wenn $\mathbf{R}'$ irgendein Gittervektor ist, gilt

$$\psi(\mathbf{k}, \mathbf{r} + \mathbf{R}') = \Gamma \sum_{\mathbf{R}} e^{i\mathbf{k} \cdot \mathbf{R}} \chi(\mathbf{r} + \mathbf{R}' - \mathbf{R}). \tag{7-20}$$

$\mathbf{R}'' = \mathbf{R} - \mathbf{R}'$ ist ein anderer Gittervektor, deshalb können wir $\mathbf{R}$ ersetzen durch $\mathbf{R}'' + \mathbf{R}'$ und $\mathbf{R}''$ wie eine Summationsvariable benutzen. Wenn das getan wird, erhält man

$$\psi(\mathbf{k}, \mathbf{r} + \mathbf{R}') = \Gamma \sum_{\mathbf{R}''} e^{i\mathbf{k} \cdot (\mathbf{R}'' + \mathbf{R}')} \chi(\mathbf{r} - \mathbf{R}'')$$

$$= \Gamma e^{i\mathbf{k} \cdot \mathbf{R}'} \sum_{\mathbf{R}''} e^{i\mathbf{k} \cdot \mathbf{R}''} \chi(\mathbf{r} - \mathbf{R}'') = e^{i\mathbf{k} \cdot \mathbf{R}'} \psi(\mathbf{k}, \mathbf{r}). \tag{7-21}$$

Das ist gültig, wenn die Probe Teil eines viel größeren Kristalls ist, so daß jedes Atom die gleiche Verteilung von Nachbarn um sich herum hat. Dann ist jeder

Ausdruck in der Summe über **R**″, die in Gleichung 7-21 erscheint, identisch zu den Ausdrücken in der Summe über **R** in Gleichung 7-19.

Die Konstante Γ wird durch die Bedingung $\int \psi^* \psi \delta\tau = 1$ bestimmt, wobei über das Volumen der Probe integriert wird. Um das abzuschätzen, schreibt man

$$\psi^*(\mathbf{k}, \mathbf{r}) = \Gamma^* \sum_{\mathbf{R}'} e^{-i\mathbf{k} \cdot \mathbf{R}'} \chi^*(\mathbf{r} - \mathbf{R}'). \tag{7-22}$$

Denn

$$\int \psi^*(\mathbf{k}, \mathbf{r}) \psi(\mathbf{k}, \mathbf{r}) \, d\tau$$
$$= |\Gamma|^2 \sum_{\mathbf{R}'} \sum_{\mathbf{R}} e^{i\mathbf{k} \cdot (\mathbf{R} - \mathbf{R}')} \int \chi^*(\mathbf{r} - \mathbf{R}') \chi(\mathbf{r} - \mathbf{R}) \, d\tau. \tag{7-23}$$

Die Summe über **R** kann betrachtet werden als Summe über die Nachbarn des Atoms bei **R**′ und, weil jedes Atom die gleiche Verteilung von Nachbarn um sich herum hat, ist der Wert der Summe der gleiche für jeden Wert von **R**′. Wir berechnen die Summe für **R**′ = 0 und multiplizieren das Resultat mit der Zahl der Atome N in der Probe. Wenn $\int \chi^*(\mathbf{r}) \chi(\mathbf{r} - \mathbf{R}) \, d\tau = B(\mathbf{R})$, dann ist

$$1 = |\Gamma|^2 N \sum_{\mathbf{R}} e^{i\mathbf{k} \cdot \mathbf{R}} B(\mathbf{R}), \tag{7-24}$$

und wir können setzen

$$\Gamma = \left[N \sum_{\mathbf{R}} e^{i\mathbf{k} \cdot \mathbf{R}} B(\mathbf{R}) \right]^{-1/2}. \tag{7-25}$$

Bänder bei fester Bindung

Wir setzen die Wellenfunktion, die durch Gleichung 7-19 dargestellt ist, in die Schrödingergleichung für ein Elektron in einem Kristall ein und verwenden Gleichung 7-18, um $-(\hbar^2/2m)\nabla^2 \chi(\mathbf{r} - \mathbf{R})$ durch $E_a \chi(\mathbf{r} - \mathbf{R}) - U_a(\mathbf{r} - \mathbf{R}) \chi(\mathbf{r} - \mathbf{R})$ zu ersetzen. Nach leichten Umordnungen kann das Resultat so geschrieben werden

$$\sum_{\mathbf{R}} e^{i\mathbf{k} \cdot \mathbf{R}} [U(\mathbf{r}) - U_a(\mathbf{r} - \mathbf{R})] \chi(\mathbf{r} - \mathbf{R}) = [E(\mathbf{k}) - E_a] \sum_{\mathbf{R}} e^{i\mathbf{k} \cdot \mathbf{R}} \chi(\mathbf{r} - \mathbf{R}). \tag{7-26}$$

Schließlich erhält man nach Multiplikation mit $\psi^*(\mathbf{k}, \mathbf{r})$ (Gleichung 7-22) und der Integration über das Probenvolumen

$$E(\mathbf{k}) = E_a + |\Gamma|^2 \sum_{\mathbf{R}'} \sum_{\mathbf{R}} e^{i\mathbf{k} \cdot (\mathbf{R} - \mathbf{R}')} \int \chi^*(\mathbf{r} - \mathbf{R}') [U(\mathbf{r}) - U_a(\mathbf{r} - \mathbf{R})] \chi(\mathbf{r} - \mathbf{R}) \, d\tau. \tag{7-27}$$

Wieder ist die Summe über **R** für jeden Wert von **R**′ gleich, deshalb multiplizieren wir den Ausdruck **R**′ = 0 mit der Zahl der Atome N. Es soll sein

$$A(\mathbf{R}) = \int \chi^*(\mathbf{r}) [U_a(\mathbf{r} - \mathbf{R}) - U(\mathbf{r})] \chi(\mathbf{r} - \mathbf{R}) \, d\tau \tag{7-28}$$

7.3 Fest gebundene Elektronen

Mit Hilfe von Gleichung 7-25 kann $|\Gamma|^2$ ersetzt werden. Dann wird Gleichung 7-27 zu

$$E(\mathbf{k}) = E_a - \frac{\Sigma A(\mathbf{R})e^{i\mathbf{k}\cdot\mathbf{R}}}{\Sigma B(\mathbf{R})e^{i\mathbf{k}\cdot\mathbf{R}}}, \qquad (7\text{-}29)$$

wobei beide Summen über alle Atome des Kristalls gehen.
Der $\mathbf{R} = 0$ Term dominiert in jeder Summe von Gleichung 7-29. Die Integrale in allen anderen Ausdrücken enthalten das Produkt $\chi^*(\mathbf{r})\,\chi(\mathbf{r} - \mathbf{R})$ von Energiezuständen verschiedener Atome und sind klein. Im Nenner behalten wir nur den Ausdruck $\mathbf{R} = 0$, der den Wert 1 hat. Wir bezeichnen den Ausdruck $\mathbf{R} = 0$ im Zähler mit α. Insbesondere ist $\alpha = \int \chi(\mathbf{r})[u_a(\mathbf{r}) - U(\mathbf{r})]\chi(\mathbf{r})\,d\tau$. Dann gilt in erster Ordnung

$$E(\mathbf{k}) = E_a - \alpha - {\sum_{\mathbf{R}}}' A(\mathbf{R})e^{i\mathbf{k}\cdot\mathbf{R}}. \qquad (7\text{-}30)$$

Der Strich an der Summe zeigt an, daß der Ausdruck $\mathbf{R} = 0$ nicht in der Summe enthalten ist.
Da $U_a(\mathbf{r}) > U(\mathbf{r})$ für alle Wert von $\mathbf{r}$ ist, ist α positiv und der zweite Ausdruck in Gleichung 7-30 stellt eine Verringerung der Energie des Atomniveaus dar. Der Mechanismus ist so ähnlich wie in Kapitel 5 bei der Bindung diskutiert: die mittlere potentielle Energie eines Atomniveaus ist in einem Kristall geringer als in einem isolierten Atom. Wenn der Atomabstand geringer wird, wächst $U_a(\mathbf{r}) - U(\mathbf{r})$ und das Band als Ganzes bewegt sich energetisch nach unten.
Der dritte Term hängt von der Überlappung der Energiezustände der verschiedenen Atome ab. $A(\mathbf{R})$ ist groß, wenn sowohl $\chi(\mathbf{r})$ als auch $\chi(\mathbf{r} - \mathbf{R})$ im Zwischengitterbereich groß sind, in diesem Bereich unterscheiden sich $U(r)$ und $U_a(r - R)$ stark. Die Summe beschreibt die Aufspaltung der Niveaus, die zur Bildung eines Bandes führt: sie ist unterschiedlich für verschiedene Ausbreitungsvektoren. Wenn N Atome vorhanden sind, dann werden N Zustände gebildet, die den N Werten von $\mathbf{k}$ entsprechen. Einige sind größer als $E_a - \alpha$, andere sind geringer. Wenn zum Beispiel $\mathbf{k} = 0$ ist, dann treten $\chi(\mathbf{r})$ und $\chi(\mathbf{r} - \mathbf{R})$ in der Wellenfunktion in der Kombination $\chi(\mathbf{r}) + \chi(\mathbf{r} - \mathbf{R})$ auf, wie in der Funktion der Bindung. Wenn andererseits $\mathbf{k} \cdot \mathbf{R} = \pi$ ist, dann treten sie in der Kombination $\chi(\mathbf{r}) - \chi(\mathbf{r} - \mathbf{R})$ auf, wie bei der Antibindungsfunktion. Die anderen Möglichkeiten existieren entsprechend den anderen Werten von $\mathbf{k} \cdot \mathbf{R}$. Die Atomniveaus verknüpfen sich verschieden für verschiedene Werte und verursachen unterschiedliche Elektronenverteilungen. Sowohl die mittlere potentielle Energie als auch die mittlere kinetische Energie sind unterschiedlich für Elektronen mit verschiedenen Ausbreitungsvektoren. Wenn der Atomabstand geringer wird, wird $A(\mathbf{R})$ größer und die Breite des Bandes, gemessen von der geringsten zur größten Energie, steigt auch an. Deshalb erzeugt eine starke Überlappung ein breites Band.

Beispiel 7-2
(a) Man bestimme einen Ausdruck für die Energien eines Bandes bei fester Bindung für einen Kristall mit einfach kubischem Gitter und einer Basis von einem Atom. Man setze voraus, daß das Atomniveau $\chi(\mathbf{r})$ reell ist und sphärische Symmetrie hat und daß $A(\mathbf{R})$ null ist mit Ausnahme für die nächsten Nachbarn. (b) Man bestimme einen Ausdruck für die minimale und die maximale Energie im Band.

Lösung
(a) Die Einheitszelle soll ein Würfel mit der Kantenlänge a sein. Man wähle ein kartesisches Koordinatsystem, dessen Achsen parallel zu den Würfelkanten liegen. Jedes Atom hat seine nächsten Nachbarn bei $\pm a\hat{x}$, $\pm a\hat{y}$ und $\pm a\hat{z}$. Da χ sphärische Symmetrie besitzt, hat das Integral für $A(\mathbf{R})$ den selben Wert für alle Paare nächster Nachbarn. Wenn $A = \int \chi^*(\mathbf{r})[U_a(\mathbf{r} - \mathbf{R}) - U(\mathbf{r})]\chi(\mathbf{r} - \mathbf{R})\, d\tau$ für nächste Nachbarn ist, dann gilt

$$E(\mathbf{k}) = E_a - \alpha$$
$$A[e^{i\mathbf{k}_x a} + e^{-i\mathbf{k}_x a} + e^{i\mathbf{k}_y a} + e^{-i\mathbf{k}_y a} + e^{i\mathbf{k}_z a} + e^{-i\mathbf{k}_z a}]$$
$$= E_a - \alpha - 2A[\cos(k_x a) + \cos(k_y a) + \cos(k_z a)].$$

(b) Da die Brillouin-Zone ein Würfel mit der Kantenlänge $2\pi/a$ ist, reichen k_x, k_y und k_z jeweils von $-\pi/a$ bis $+\pi/a$. Wenn A positiv ist, erscheint das Minimum der Energie bei $\mathbf{k} = 0$ und ist $E_a - \alpha - 6A$. Das Maximum der Energie erscheint bei $k_x = k_y = k_z = \pi/a$ und beträgt $E_a - \alpha + 6A$. Die Bandbreite beträgt $12A$. ◆

7.4 Quasifreie Elektronen

Freie Elektronen

Für Elektronen mit Energien, die deutlich oberhalb des Maximums der potentiellen Energie liegen, beeinflußt die Funktion der potentiellen Energie nicht die Wellenfunktionen mit Ausnahme der Punkte sehr nahe am Ionenrumpf. In erster Näherung ersetzen wir die tatsächliche Funktion der potentiellen Energie durch ihren Volumenmittelwert U_0. U_0 hängt nicht von r ab, deshalb können wir es als Ersatz für die tatsächliche Funktion der potentiellen Energie nur dann verwenden, wenn Kräfte auf Elektronen vernachlässigbar sind. Später werden wir schwache Kräfte zulassen und das Modell entsprechend modifizieren.
Die zeitunabhängige Schrödingergleichung

$$-\frac{\hbar^2}{2m}\nabla^2\psi(r) + U_0\psi(r) = E\psi(r) \tag{7-31}$$

7.4 Quasifreie Elektronen

hat Lösungen der Form

$$\psi = A e^{i\mathbf{k}' \cdot \mathbf{r}}, \tag{7-32}$$

wobei $\mathbf{k}'$ kein Ausbreitungsvektor ist. Der Strich wird verwendet, weil $\mathbf{k}$ ohne Strich für die Ausbreitungsvektoren in der Brillouin-Zone reserviert ist. Die Konstante A wird durch die Normierungsbedingung $\int \psi^* \psi d\tau = 1$ bestimmt, wobei das Integral über das Probenvolumen geht. Da $\psi^* \psi = |A|^2$ gilt, können wir A gleich $1/\sqrt{\tau_s}$ setzen, wobei τ_s das Probenvolumen ist, und schreiben

$$\psi = \frac{1}{\sqrt{\tau_s}} e^{i\mathbf{k}' \cdot \mathbf{r}}. \tag{7-33}$$

Eine Wellenfunktion der Form von Gleichung 7-33 ist eine ebene fortschreitende Welle mit der Wellenlänge $\lambda = 2\pi/k'$. Wir haben hier implizit die Randbedingungen für einen unendlichen Festkörper benutzt. Die Welle existiert im gesamten Raum und wird z.B. nicht an Grenzflächen reflektiert oder abgeschwächt. Wenn wir einen endlichen Festkörper betrachten müssen, dann wird er als Teil eines unendlichen Festkörpers angenommen und wir verwenden weiterhin die ebenen Wellen.
Weil $\nabla^2 \psi = -(k')^2 \psi$, ergibt Gleichung 7-31

$$E = U_0 + \frac{\hbar^2}{2m}(k')^2 \tag{7-34}$$

für die Beziehung zwischen der Elektronenenergie und dem Ausbreitungsvektor. Ein Elektron mit einer Wellenfunktion wie in Gleichung 7-33 hat einen Impuls $\mathbf{p} = \hbar \mathbf{k}'$, deshalb kann Gleichung 7-34 $E = U_0 + p^2/2m$ geschrieben werden. Der erste Ausdruck ist die potentielle Energie und der zweite die kinetische Energie.
Obwohl die Wellenfunktionen freier Elektronen in keiner Weise von der Struktur des Festkörpers abhängen, können sie in Form von Blochfunktionen geschrieben werden. Wir betrachten irgendeinen Kristall und nehmen an, daß ein Satz von reziproken Gittervektoren bekannt ist. Für jeden Ausbreitungsvektor $\mathbf{k}'$ gibt es einen reziproken Gittervektor $\mathbf{G}$, so daß $\mathbf{k} = \mathbf{k}' + \mathbf{G}$ ein Vektor in der Brillouin-Zone ist. Die Auswahl von $\mathbf{G}$ wird in Bild 7-5 dargestellt, für irgendein $\mathbf{k}'$ verläuft der geeignete reziproke Gittervektor vom nächsten reziproken Gitterpunkt von $\mathbf{k}'$ zum Ursprung. Durch den Ausbreitungsvektor $\mathbf{k}$ in der Brillouin-Zone ausgedrückt, erhält man die Wellenfunktion und die Energie zu

$$\psi(\mathbf{k}, \mathbf{r}) = \frac{1}{\sqrt{\tau_s}} e^{i\mathbf{G} \cdot \mathbf{r}} e^{i\mathbf{k} \cdot \mathbf{r}} \tag{7-35}$$

und

$$E(\mathbf{k}) = U_0 + \frac{\hbar^2}{2m} |\mathbf{k} + \mathbf{G}|^2. \tag{7-36}$$

230 7. Elektronenzustände

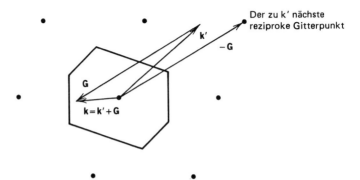

Bild 7-5 Die Punkte stellen die reziproken Gitterpunkte dar, und die Grenze der Brillouin-Zone ist durch eine dicke Linie gekennzeichnet. $\mathbf{k}'$ ist ein beliebiger Vektor im reziproken Raum, dessen Spitze zu dem zu $-\mathbf{G}$ nächsten reziproken Gitterpunkt zeigt. $\mathbf{k} = \mathbf{k}' + \mathbf{G}$ ist ein Vektor in der Brillouin-Zone.

Man beachte, daß $e^{i\mathbf{G} \cdot \mathbf{r}}$ die Gitterperiodizität besitzt, deshalb ist $\psi(\mathbf{k}, \mathbf{r})$ eine Blochfunktion.

Bild 7-6 zeigt die Bänder der freien Elektronen für einen eindimensionalen Kristall mit einer Gitterkonstanten a. In (a) ist die Energie als Funktion der Ausbreitungskonstanten k' dargestellt. Die gestrichelten Linien kennzeichnen die Gren-

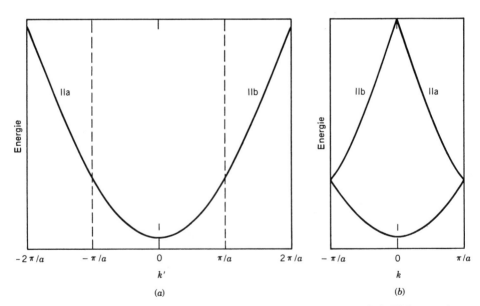

Bild 7-6 (a) Die Energie als Funktion der Ausbreitungskonstanten für freie Elektronen in einem eindimensionalen Festkörper. Die gestrichelten Linien kennzeichnen die Grenzen der Brillouin-Zone für einen Kristall mit einer Gitterkonstanten a. (b) zeigt dasselbe Energiespektrum wie in (a), allerdings im reduzierten Zonenschema dargestellt. Der Kurventeil rechts von π/a ist nach links um $2\pi/a$ verschoben worden und der Kurventeil links von $-\pi/a$ ist nach rechts um $2\pi/a$ verschoben worden.

zen der Brillouin-Zone. Um (b) zu zeichnen, wurden alle Bereiche außerhalb der Brillouin-Zone um ein Vielfaches von $2\pi/a$ verschoben und dadurch in die Brillouin-Zone gebracht. Das Resultat ist einem üblichen Banddiagramm sehr ähnlich, in dem eine große Zahl von diskreten Energieniveaus für jeden Ausbreitungsvektor in der Zone existieren. Es unterscheidet sich von einem Banddiagramm für einen realen Kristall dadurch, daß keine verbotenen Zonen im Energiespektrum auftreten. Im nächsten Abschnitt werden wir sehen, wodurch verbotene Zonen erscheinen.

Beispiel 7-3
Ein einfacher kubischer Kristall hat eine Kantenlänge von $a = 5.7$ Å. Man berechne die vier geringsten Energien freier Elektronen, wenn der Wellenvektor k im reduzierten Zonenschema den Wert $\pi/2a$ besitzt und senkrecht auf der Würfelfläche steht.

Lösung
Man orientiere ein kartesisches Koordiatensystem so, daß seine Achsen parallel zu den Würfelkanten liegen und setze $\mathbf{k} = (\pi/2a)\hat{\mathbf{x}}$. Die reziproken Gittervektoren haben die Form $\mathbf{G} = \mathrm{h}\,(2\pi/a)\hat{\mathbf{x}} + \mathrm{k}\,(2\pi/a)\hat{\mathbf{y}} + \mathrm{l}\,(2\pi/a)\hat{\mathbf{z}}$, deshalb sind die Energieniveaus für $U_0 = 0$ durch

$$E(\mathbf{k}) = \frac{\hbar^2}{2m}\left[\left(\frac{\pi}{2a} + \frac{2\pi\mathrm{h}}{a}\right)^2 + \left(\frac{2\pi\mathrm{h}}{a}\right)^2 + \left(\frac{2\pi\mathrm{l}}{a}\right)^2\right]$$

$$= \frac{2\hbar^2\pi^2}{ma^2}\left[\left(\frac{1}{4} + \mathrm{h}\right)^2 + \mathrm{k}^2 + \mathrm{l}^2\right]$$

gegeben.
Um die vier kleinsten Werte zu erhalten, wählt man ganze Zahlen für h, k und l aus. Für (000) ist $E = 4.59 \times 10^{-20}$ J (0.287eV); für (100) ist $E = 4.14 \times 10^{-19}$ J (2.59eV); für (010) ist $E = 7.81 \times 10^{-19}$ J (4.88eV); und für (100) ist $E = 1.15 \times 10^{-18}$ J (7.18eV). ◆

Quasifreie Elektronen

Wir nehmen jetzt an, daß die Elektronen schwach mit den Ionenrümpfen des Festkörpers wechselwirken. Weder die Wellenfunktionen der Elektronen noch die Energieniveaus sind deutlich verschieden von denen für völlig freie Elektronen. Da die Wellenfunktion für ein quasifreies Elektron fast eine ebene Welle ist, entwickeln wir den periodischen Teil $u(\mathbf{k}, \mathbf{r})$ der Blochfunktion in eine Fourierreihe.
Eine beliebige kontinuierliche Funktion $f(\mathbf{r})$ mit der Gitterperiodizität hat eine Fourierreihe der Form

$$f(\mathbf{r}) = \sum_{\mathbf{G}} A(\mathbf{G})e^{i\mathbf{G}\cdot\mathbf{r}}. \tag{7-37}$$

Dabei ist $A(\mathbf{G})$ unabhängig von $\mathbf{r}$ und summiert wird über alle reziproke Gittervektoren. Wenn die periodische Funktion $f(\mathbf{r})$ bekannt ist, findet man die Fourierkoeffizienten $A(\mathbf{G})$ durch

$$A(\mathbf{G}) = \frac{1}{\tau} \int f(\mathbf{r}) e^{-i\mathbf{G}\cdot\mathbf{r}} d\tau. \tag{7-38}$$

Integriert wird dabei über das Volumen τ der Einheitszelle. Um zu zeigen, daß Gleichung 7-38 gilt, multiplizieren wir beide Seiten von Gleichung 7-34 mit $e^{-i\mathbf{G}'\cdot\mathbf{r}}$, integrieren über das Volumen der Einheitszelle und benutzen die Beziehung

$$\int e^{i(\mathbf{G}-\mathbf{G}')\cdot\mathbf{r}} d\tau = 0 \tag{7-39}$$

falls $\mathbf{G}' \neq \mathbf{G}$. Wenn $\mathbf{G}' = \mathbf{G}$ ist, ergibt das Integral τ. Der einzige Term in der Summe, der übrigbleibt, ist der für $\mathbf{G}' = \mathbf{G}$ und man erhält unmittelbar Gleichung 7-38. Details dazu sind im Anhang B zu finden.
Wenn wir schreiben

$$u_n(\mathbf{k},\mathbf{r}) = \sum_{\mathbf{G}} u(\mathbf{G}) e^{i\mathbf{G}\cdot\mathbf{r}} \tag{7-40}$$

für den periodischen Teil der Wellenfunktion, dann ist die Wellenfunktion selbst gegeben durch

$$\psi(\mathbf{k},\mathbf{r}) = \sum_{\mathbf{G}} u(\mathbf{G}) e^{i(\mathbf{k}+\mathbf{G})\cdot\mathbf{r}}, \tag{7-41}$$

wobei $\mathbf{k}$ der Ausbreitungsvektor in der Brillouin-Zone ist. Gleichung 7-41 kann verwendet werden, um die Wellenfunktion eines Elektrons in einem Kristall darzustellen. Wenn mit wenigen Ausnahmen alle Koeffizienten klein sind, ist das eine Wellenfunktion für quasifreie Elektronen.
Die potentielle Energie hat auch Gitterperiodizität und ihre Fourierreihe hat die Form

$$U(\mathbf{r}) = \sum_{\mathbf{G}'} U(\mathbf{G}') e^{i\mathbf{G}'\cdot\mathbf{r}}. \tag{7-42}$$

$U(0)$, das dem Wert für $\mathbf{G}' = 0$ entspricht, ist die über das Volumen gemittelte potentielle Energie. Wir bezeichnen sie mit U_0. Außerdem ist $U(\mathbf{r})$ reell, deshalb gilt $U^*(\mathbf{G}) = U(-\mathbf{G})$.
Die Gleichungen 7-41 und 7-42 setzen wir in die zeitunabhängige Schrödingergleichung ein und benutzen die Beziehung $\nabla^2 e^{i(\mathbf{k}+\mathbf{G})\cdot\mathbf{r}} = -|\mathbf{k}+\mathbf{G}|^2 e^{i(\mathbf{k}+\mathbf{G})\cdot\mathbf{r}}$. Durch Kürzen des gemeinsamen Faktors $e^{i\mathbf{k}\cdot\mathbf{r}}$ und Umstellen erhält man

$$\sum_{\mathbf{G}} \left[E - U_0 - \frac{\hbar^2}{2m} |\mathbf{k}+\mathbf{G}|^2 \right] u(\mathbf{G}) e^{i\mathbf{G}\cdot\mathbf{r}}$$
$$= \sum_{\mathbf{G}} \sum_{\mathbf{G}'} u(\mathbf{G}) U(\mathbf{G}') e^{i(\mathbf{G}+\mathbf{G}')\cdot\mathbf{r}}, \tag{7-43}$$

wobei der Strich am Summationssymbol anzeigt, daß der Term $\mathbf{G}' = 0$ weggelassen wurde. Er ist auf die linke Seite gebracht worden. Nun multipliziert man die Gleichung mit $e^{-i\mathbf{G}''\cdot\mathbf{r}}$ und integriert über eine Einheitszelle. Nach Gleichung 7-39 ist das Resultat für jeden Ausdruck auf der linken Seite gleich Null mit Ausnahme des Terms für $\mathbf{G} = \mathbf{G}''$ und für jeden Ausdruck auf der rechten Seite mit Ausnahme für $\mathbf{G} + \mathbf{G}' = \mathbf{G}''$. Wir wählen die Summe über $\mathbf{G}'$ aus. Für ein spezielles $\mathbf{G}'$ sind die einzigen Ausdrücke, die übrigbleiben, diejenigen, für die $\mathbf{G} = \mathbf{G}'' - \mathbf{G}'$ gilt. So wird aus Gleichung 7-43

$$\left[E - U_0 - \frac{\hbar^2}{2m} |\mathbf{k} + \mathbf{G}''|^2 \right] u(\mathbf{G}'') = \sum_{\mathbf{G}} u(\mathbf{G}'' - \mathbf{G}')U(\mathbf{G}'). \qquad (7\text{-}44)$$

Einen Satz von Simultangleichungen für die unbekannten $u(\mathbf{G})$ erhält man, wenn $\mathbf{G}''$ jeden reziproken Gittervektor annimmt. Die erlaubten Energien für einen bestimmten Ausbreitungsvektor $\mathbf{k}$ bestimmt man, indem man die Koeffizientendeterminante der Unbekannten gleich Null setzt. Praktische Überlegungen begrenzen die Zahl der Ausdrücke in der Summe und die Zahl der Gleichungen auf einige Hundert. Anstelle der Durchführung der eben beschriebenen Prozedur werden wir ein Näherungsverfahren anwenden.

Wir nehmen an, daß die Abhängigkeit der $U(\mathbf{r})$ von $\mathbf{r}$ so schwach ist, daß $U(\mathbf{G})$ für jeden reziproken Gittervektor mit Ausnahme von $\mathbf{G} = 0$ klein ist. Da die Wellenfunktion sich dann nur wenig unterscheidet von der Wellenfunktion für freie Elektronen, nehmen wir an, daß nur ein Koeffizient $u(\mathbf{G})$ groß ist, während alle anderen klein sind. Zur Veranschaulichung dieser Absicht untersuchen wir eine Wellenfunktion, die ungefähr $e^{i\mathbf{k}\cdot\mathbf{r}}$ ist und nehmen an, daß alle Koeffizienten $u(\mathbf{G})$ klein sind mit Ausnahme von $u(0)$. Später ist eine Änderung dieser Annahme nötig.

In der Summe rechts von Gleichung 7-44 werden alle Ausdrücke, die Produkte von kleinen Größen sind, vernachlässigt. Der einzige Ausdruck, der nicht vernachlässigbar ist, ist der für $\mathbf{G}' = \mathbf{G}''$. Dadurch wird aus der Gleichung

$$\left[E - U_0 - \frac{\hbar^2}{2m} |\mathbf{k} + \mathbf{G}''|^2 \right] u(\mathbf{G}'') = u(0)U(\mathbf{G}'') \qquad (7\text{-}45)$$

für $\mathbf{G}'' \neq 0$ und

$$\left[E - U_0 - \frac{\hbar^2}{2m} k^2 \right] u(0) = 0 \qquad (7\text{-}46)$$

für $\mathbf{G}'' = 0$. Die rechte Seite der letzten Gleichung verschwindet, weil die Summe in Gleichung 7-44 keinen $\mathbf{G}'' = 0$ Ausdruck enthält. Gleichung 7-46 wird befriedigt, wenn $E = U_0 + (\hbar^2 k^2/2m)$. In dieser Näherung sind die Energieniveaus exakt die gleichen wie für freie Elektronen.

Der Ausdruck für die Energie wird in Gleichung 7-45 eingesetzt und das Ergebnis nach $u(\mathbf{G}'')$ aufgelöst:

$$u(\mathbf{G}'') = \frac{2mU(\mathbf{G}'')}{\hbar^2[k^2 - |\mathbf{k} + \mathbf{G}''|^2]} u(0) \qquad (7\text{-}47)$$

für alle $\mathbf{G}''$ mit Ausnahme für $\mathbf{G}'' = 0$. Um die Wellenfunktion zu erhalten, wird dieser Ausdruck in Gleichung 7-41 eingesetzt und $u(0)$ wird so gewählt, daß die Wellenfunktion normiert ist. Obwohl die Energieniveaus dieselben wie für freie Elektronen sind, stimmen die Wellenfunktionen nicht überein. Der periodische Anteil $u(\mathbf{k}, \mathbf{r})$ ist nicht mehr konstant, sondern verändert sich innerhalb einer Einheitszelle und widerspiegelt so den Einfluß der Wechselwirkungen mit den Ionenrümpfen.

Die gerade durchgeführte Berechnung wird falsch, wenn $\mathbf{k}$ in der Nähe der Grenze der Brillouin-Zone liegt. Nehmen wir z. B. an, daß es nahe der Fläche liegt, die $\mathbf{G}_1$ trennt. Dann ist $\mathbf{k}$ ungefähr $1/2\mathbf{G}_1$ und $k^2 \approx |\mathbf{k} - \mathbf{G}_1|^2$. Nach Gleichung 7-47 ist $u(-\mathbf{G}_1)$ groß, was im Widerspruch zu der ursprünglichen Annahme steht.

Die Methode kann leicht korrigiert werden. Wir nehmen in Gleichung 7-44 an, daß sowohl $u(0)$ als auch $u(-\mathbf{G}_1)$ groß sind, während alle anderen Fourierkoeffizienten $u(\mathbf{G})$ klein sind. Die wichtigsten Terme in der Summe auf der rechten Seite der Gleichung sind der $\mathbf{G}' = \mathbf{G}''$ Term, $u(0)U(\mathbf{G}'')$, und der $\mathbf{G}' = \mathbf{G}'' + \mathbf{G}_1$ Term, $u(-\mathbf{G}_1)U(\mathbf{G}'' + \mathbf{G}_1)$. Die anderen Terme sind Produkte von kleinen Größen. Aus Gleichung 7-44 wird

$$\left[E - U_0 - \frac{\hbar^2}{2m} k^2 \right] u(0) = u(-\mathbf{G}_1)U(-\mathbf{G}_1) \qquad (7\text{-}48)$$

für $\mathbf{G}'' = 0$ und

$$\left[E - U_0 - \frac{\hbar^2}{2m} |\mathbf{k} - \mathbf{G}_1|^2 \right] u(-\mathbf{G}_1) = u(0)U(\mathbf{G}_1) \qquad (7\text{-}49)$$

für $\mathbf{G}'' = -\mathbf{G}_1$. Das sind zwei simultane homogene Gleichungen für $u(0)$ und $u(-\mathbf{G}_1)$. Die Energie wird durch die Bedingung

$$\begin{vmatrix} E - U_0 - \dfrac{\hbar^2}{2m} k^2 & -U(\mathbf{G}_1) \\ -U(-\mathbf{G}_1) & E - U_0 - \dfrac{\hbar^2}{2m} |\mathbf{k} + \mathbf{G}_1|^2 \end{vmatrix} = 0 \qquad (7\text{-}50)$$

bestimmt. Wenn die Determinante ausgerechnet wird, erhält man aus Gleichung 7-50

$$\left[E - U_0 - \frac{\hbar^2}{2m} k^2 \right] \left[E - U_0 - \frac{\hbar^2}{2m} |\mathbf{k} - \mathbf{G}_1|^2 \right] - |U(\mathbf{G}_1)|^2 = 0. \qquad (7\text{-}51)$$

Wir haben dabei verwendet, daß $U(-\mathbf{G}_1) = U^*(\mathbf{G}_1)$. Das ist eine quadratische Gleichung für E und sie hat die zwei Lösungen

7.4 Quasifreie Elektronen

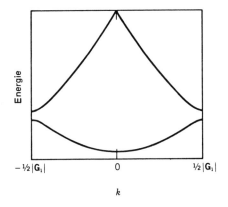

Bild 7-7 Die Energie als Funktion des Ausbreitungsvektors für quasifreie Elektronen. Der Ausbreitungsvektor verläuft parallel zu dem reziproken Gittervektor $\mathbf{G}_1$, der durch die Grenze der Brillouin-Zone halbiert wird. Die Kurven sind ähnlich wie die in Bild 7-6b, aber es erscheinen Energielücken bei $\mathbf{k} = \pm \frac{1}{2} \mathbf{G}_1$. Die Breite der Energielücken hängt von der Fourier-Komponente $U(\mathbf{G}_1)$ der Funktion der potentiellen Energie ab.

$$E(\mathbf{k}) = U_0 + \frac{\hbar^2}{4m}[k^2 + |\mathbf{k} - \mathbf{G}_1|^2]$$
$$+ \tfrac{1}{2}(\hbar^2/2m)^2(|\mathbf{k} - \mathbf{G}_1|^2 - k^2)^2 + 4|U(\mathbf{G}_1)|^2]^{1/2}. \tag{7-52}$$

Bild 7-7 zeigt die beiden durch Gleichung 7-52 beschriebenen Bänder für $\mathbf{k}$ parallel zu $\mathbf{G}_1$. Man sollte sie vergleichen mit den Bändern für freie Elektronen, die in Bild 7-6b dargestellt sind. Weit entfernt von der Zonengrenze sind die beiden Darstellungen ähnlich, aber in der Nähe der Grenze der Brillouin-Zone ist die untere Kurve tiefer als die für freie Elektronen, während die obere höher liegt. Eine Energielücke (verbotene Zone) erscheint an der Grenze der Brillouin-Zone. Die Energieaufspaltung an der Grenze erhält man durch das Einsetzen von $\mathbf{k} = 1/2\,\mathbf{G}_1$ in Gleichung 7-52. Die obere und die untere Energie betragen dann $E = U_0 + (\hbar^2\,\mathbf{G}_1^2/8m) + |U(\mathbf{G}_1)|$ bzw. $E = U_0 + (\hbar^2\,\mathbf{G}_1^2/8m) - |U(\mathbf{G}_1)|$, somit ist die Energielücke an der Grenze der Brillouin-Zone gleich $2|U(\mathbf{G}_1)|$ das doppelte des Fourier-Koeffizienten der Funktion für die potentielle Energie. Wenn $U(\mathbf{G}_1)$ verschwindet, haben beide Energien den Wert $U_0 + (\hbar^2\,\mathbf{G}_1^2/8m)$, der für freie Elektronen gültig ist.

Ausdrücke für die Wellenfunktionen können auch bestimmt werden. Die Gleichung 7-48 wird nach $u(-\mathbf{G}_1)$ aufgelöst und für die Energie wird einer der Ausdrücke aus Gleichung 7-52 eingesetzt. An der Grenze der Brillouin-Zone gilt für die Wellenfunktion des unteren Energieniveaus

$$\psi(\mathbf{k}, \mathbf{r}) = e^{i\mathbf{k}\cdot\mathbf{r}}u(0)[1 - e^{-i\mathbf{G}_1\cdot\mathbf{r}}]. \tag{7-53}$$

Für die Wellenfunktion des oberen Energieniveaus gilt

$$\psi(\mathbf{k}\cdot\mathbf{r}) = e^{i\mathbf{k}\cdot\mathbf{r}}u(0)[1 + e^{-i\mathbf{G}_1\cdot\mathbf{r}}]. \tag{7-54}$$

In jedem Fall wird $u(0)$ durch die Forderung bestimmt, daß die Wellenfunktion normiert ist.

Die Gleichungen 7-53 und 7-54 helfen uns qualitativ, die Ursache für die Energielücke zu verstehen. Die Fourier-Koeffizienten $U(\mathbf{G}_1)$ und $U(-\mathbf{G}_1)$ der Funktion der potentiellen Energie führen zu einer räumlichen Abhängigkeit der Form

$$U(\mathbf{r}) = U(\mathbf{G}_1)e^{i\mathbf{G}_1 \cdot \mathbf{r}} + U(-\mathbf{G}_1)e^{-i\mathbf{G}_1 \cdot \mathbf{r}} = 2U(\mathbf{G}_1)\cos(\mathbf{G}_1 \cdot \mathbf{r}). \tag{7-55}$$

Dabei wurde angenommen, daß $U(\mathbf{G}_1)$ reell ist. Die wahre Funktion der potentiellen Energie hat andere Fourier-Komponenten, aber die beiden in Gleichung 7-55 benutzten sind für die Energielücke verantwortlich. Die Wahrscheinlichkeitsdichte für das untere Energieniveau

$$|\psi|^2 = 2|u(0)|^2[1 - \cos(\mathbf{G}_1 \cdot \mathbf{r})], \tag{7-56}$$

ist an den Stellen groß, wo die potentielle Energie groß und negativ ist. Die Wahrscheinlichkeitsdichte für das obere Energieniveau

$$|\psi|^2 = 2|u(0)|^2[1 + \cos(\mathbf{G}_1 \cdot \mathbf{r})], \tag{7-57}$$

ist dagegen groß, wenn die potentielle Energie groß und positiv ist. Die Elektronen in den beiden Niveaus haben auch unterschiedliche mittlere kinetische Energien. Diese Unterschiede verursachen die Energielücke.

Die Gleichungen 7-53 und 7-54 werden oft als Resultat der Braggbeugung der Elektronenwelle interpretiert. Eine freie Elektronenwelle erleidet in einem Kristall eine Streuung und der Ausbreitungsvektor der gestreuten Welle unterscheidet sich von dem der einfallenden Welle um einen reziproken Gittervektor. Sowohl die einfallende als auch die gestreute Welle sind in ψ enthalten.

Diese Analyse kann leicht für quasifreie Elektronenzustände mit höherer Energie (als weiter oben betrachtet) modifiziert werden. Wenn $\mathbf{G}_2$ ein beliebiger reziproker Gittervektor ist und $\mathbf{G}_1$ wieder ein reziproker Gittervektor ist, der durch den Rand der Brillouin-Zone halbiert wird, dann sind die beiden Bänder freier Elektronen mit den Energien $(\hbar^2/2m)|\mathbf{k} + \mathbf{G}_2|^2$ und $(\hbar^2/2m)|\mathbf{k} - \mathbf{G}_1 - \mathbf{G}_2|^2$ für $\mathbf{k} = \tfrac{1}{2}\mathbf{G}_1$ entartet. Um die verbotene Zone zu bestimmen, wenn schwache Kräfte wirken, nehmen wir an, daß $u(\mathbf{G}_2)$ und $u(\mathbf{G}_1 + \mathbf{G}_2)$ groß sind, während die anderen Fourier-Koeffizienten klein sind und führen dann die gleiche Analyse wie zuvor durch.

Beispiel 7-4
Eine einfach kubische Struktur hat eine Würfelkantenlänge von 4.85 Å. Der Energienullpunkt soll auf den Boden des untersten Bandes für freie Elektronen gelegt werden. (a) Man nehme an, daß die Elektronen völlig frei sind und berechne die Energie des untersten Energieniveaus mit dem Ausbreitungsvektor im Zentrum der Fläche der Brillouin-Zone. (b) Man nehme an, daß $U(\mathbf{G}_1) = 0.24$ eV ist, wobei $\mathbf{G}_1$ der reziproke Gittervektor senkrecht zu der Fläche der Brillouin-Zone in Aufgabe a ist. Berechnen Sie die Energie der beiden untersten quasifreien Elektronenzustände mit dem Ausbreitungsvektor aus Aufgabe a.

Lösung
(a) Am Zentrum der Zonenfläche ist $\mathbf{k} = \pi/a$ und $E = \hbar^2 k^2/2m = (1.05 \times 10^{-34})^2 (\pi/4.85 \times 10^{-10})^2/(2 \times 9.11 \times 10^{-31}) = 2.54 \times 10^{-19}$ J $= 1.59$ eV. (b) Es gibt jetzt zwei verschiedene Niveaus, ein $|U(\mathbf{G}_1)|$ unterhalb des Energieniveaus für freie Elektronen bei 1.35 eV und ein $|U(\mathbf{G}_1)|$ oberhalb des Energieniveaus für freie Elektronen bei 1.83 eV. ◆

7.5 Berechnungen von Elektronenenergien

Moderne Verfahren

Im Prinzip können Entwicklungen von Wellenfunktionen in Linearkombinationen von Atomniveaus oder von Fourierreihen verwendet werden, um die Elektronenwellenfunktionen und Energieniveaus in Festkörpern zu bestimmen. Die meisten Elektronen von Interesse haben jedoch Energien, die weder weit über dem Maximum der potentiellen Energie noch im Potentialenergietopf liegen. Wenn Atomniveaus verwendet werden, muß eine große Anzahl in die Summe genommen werden, um eine vernünftige Annäherung an die Wellenfunktion im zwischenatomaren Bereich zu erhalten. Wenn Fourierreihen verwendet werden, ist eine gewaltige Anzahl von Ausdrücken erforderlich, um die Wellenfunktionen in der Nähe des Kerns, wo sich die Funktion der potentiellen Energie sehr stark mit dem Ort ändert, gut darzustellen.

Die interessanten Wellenfunktionen können offensichtlich am besten durch Linearkombinationen von Atomniveaus in der Nähe eines Kerns und durch Linearkombinationen von ebenen Wellen im Bereich zwischen den Atomen dargestellt werden. Die meisten Bandstrukturberechnungen machen Gebrauch von Funktionen, die einen Kompromiß zwischen ebenen Wellen und Atomniveaus darstellen. Jede dieser Funktionen ist im zwischenatomaren Bereich ungefähr eine ebene Welle, es werden jedoch andere Terme hinzugefügt, damit man den genauen Funktionsverlauf in der Nähe der Kerne erhält. Eine Versuchswellenfunktion wird als Linearkombination dieser speziellen Funktionen konstruiert und die Schrödingergleichung wird dazu verwendet, die Koeffizienten zu bestimmen. Berechnungen, bei denen solche speziellen Funktionen verwendet werden, sind sehr erfolgreich bei der Bestimmung der Energieniveaus von drei oder mehr wichtigen Formen. Bezüglich detaillierter Informationen wird der Leser auf die Literatur am Ende dieses Kapitels verwiesen.

Linearkombinationen sowohl von Atomniveaus als auch von ebenen Wellen werden benutzt, um die Wellenfunktionen und die Energieniveaus für Elektronen in amorphen Festkörpern zu bestimmen. Die Wellenfunktionen für Elektronen besitzen jedoch in diesen Materialien keine Blochform, deshalb sind diese Berechnungen viel schlimmer als bei Kristallen. Einige werden in der Literatur am Ende dieses Kapitels angegeben.

Beispiele von Bandstrukturen

Die interessanten Energiebänder vieler Metalle liegen oberhalb der Maxima der potentiellen Energie und ähneln den Bändern für quasifreie Elektronen. Die Funktion der potentiellen Energie ist über einen großen Bereich des Volumens der Einheitszelle gleichförmig und eine bedeutsame Kraft wirkt auf das Elektron nur dann, wenn es sehr nahe am Kern ist. Obwohl die Kraft eines Ionenrumpfes auf ein Elektron bei geringen Abständen groß ist, ist sein Einfluß auf die Wellenfunktion gering. Mit Ausnahme der Bereiche nahe der Ränder der Brillouin-Zone bleiben die Bänder nahezu parabolisch und haben die Form $E = Ak^2$, obwohl der Wert für A etwas von $\hbar^2/2m$ abweichen kann. Die Bänder verbiegen sich in der Nähe der Grenzen und bilden Energielücken.

Bild 7-8 zeigt die Bandstruktur von Kalium für drei Richtungen von **k**. Diese Kurven sind typisch für alle Alkalimetalle, die dem Modell der quasifreien Elektronen von allen Materialien am nächsten kommen.

Die Anwesenheit von atomaren d-Niveaus mit Energien in der Nähe der freien Elektronenbänder kompliziert die Bandstruktur. Betrachten Sie noch einmal Bild 7-3, die Bandstruktur von Kupfer. Das unterste aufgezeichnete Band startet in der Nähe von **k** = 0 wie ein Band freier Elektronen. Bei etwa -13eV ist die Elektronenenergie ungefähr gleich mit den atomaren d-Niveaus in Kupfer und die d-Komponenten der Wellenfunktion werden bedeutsam. Von dieser Stelle an verliert das Band seinen Charakter als freies Elektronenband und die Energie hängt viel weniger von **k** ab, so wie bei einem Band bei fester Bindung. Das Umgekehrte erscheint für eine der höheren Energiekurven. In der Nähe von **k** = 0 haben die zugehörigen Wellenfunktionen starke d-Komponenten und die Kurven beginnen wie ein Band bei fester Bindung; dann, etwa im Zentrum der Darstellung, ändert sich der Charakter und wird wie bei einem freien Elektronen-

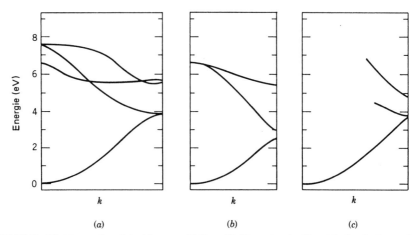

Bild 7-8 Elektronenbandstruktur von Kalium für Energien im Bereich des $4s$ Atomniveaus: (a) **k** in [100] Richtung; (b) **k** in [110] Richtung und (c) **k** in [111] Richtung. Einige Kurven sind unvollständig. Die aufgezeichneten Bänder sind in ihrer Form sehr ähnlich zu denen, die durch das Modell der quasifreien Elektronen vorausgesagt wurden. (Nach F. S. Ham, *Phys. Rev.* 128:82, 1962. Mit Erlaubnis des Autors.)

7.5 Berechnungen von Elektronenenergien   239

band. Wenn keine d-Zustände in diesem Energiebereich sein würden, würden die beiden Kurven zusammen ein einziges quasifreies Elektronenband bilden. Die Wellenfunktionen für die restlichen Bänder zeigen alle starke d-Komponenten. Wenn der Spin vernachlässigt wird, besteht eine atomare d-Unterschale aus fünf d Niveaus und folglich können fünf verschiedene Wellenfunktionen für jeden **k**-Wert konstruiert werden. Ihre Energien sind im Diagramm mit den quasifreien Elektronenenergien zusammen dargestellt. Obwohl es insgesamt sechs Bänder gibt, zeigt das Diagramm nur fünf verschiedene Kurven, weil zwei d-Bänder für die aufgezeichnete k-Richtung entartet sind.

Die Bandstruktur für einen typischen kovalenten Festkörper, das Silizium, ist in Bild 7-9 gezeigt. Die Wellenfunktionen, die zu den untersten dargestellten Bändern gehören, das sind die mit Energien kleiner als Null im Diagramm, werden vorwiegend von s und p Funktionen äußerer Schalen gebildet und sind kovalenten Bindungsfunktionen ähnlich. Alle Zustände dieser Bänder sind besetzt, wenn

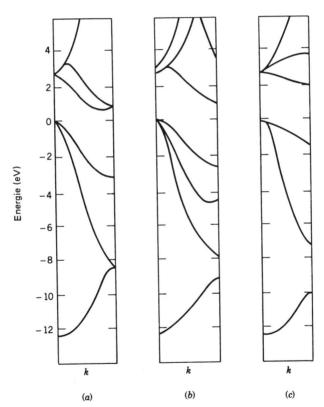

Bild 7-9 Elektronenbandstruktur von kristallinem Silizium für Energien im Bereich des $3s$ und des $3p$ Atomniveaus: (a) **k** in [100] Richtung; (b) **k** in [110] Richtung und (c) **k** in [111] Richtung. Die Bänder unterhalb $E = 0$ sind Valenzbänder und hängen mit der Bindung zusammen. Die höheren Bänder sind Leitungsbänder und wichtig für die elektrischen Eigenschaften von Silizium. Eine verbotene Zone existiert zwischen den Valenz- und den Leitungsbändern. (Nach A. Zunger und M. L. Cohen, *Phys. Rev.* **B** 20:4082, 1979. Mit Erlaubnis des Autors.)

der Kristall die kleinste mögliche Gesamtenergie besitzt. Es gibt vier sogenannte Valenzbänder, die alle verschieden für die in (b) dargestellte **k**-Richtung sind, während für die Richtungen in (a) und (c) zwei entartet sind. Die höheren Energiebänder im Bereich der Maxima der potentiellen Energie und darüber sind vollkommen leer, wenn die Gesamtenergie des Kristalls ein Minimum ist. Einige Zustände in diesen Bändern sind bei höheren Temperaturen besetzt und die Elektronen in ihnen tragen zur elektrischen Leitfähigkeit bei. Deshalb sind die Bänder als Leitungsbänder bekannt. Eine Energielücke existiert zwischen diesen beiden Gruppen von Bändern und spielt, wie wir sehen werden, eine wichtige Rolle für die elektrischen Eigenschaften von Silizium.

Die effektive Masse

In einigen Bändern können die Elektronenenergien über einen großen Teil der Brillouin-Zone durch einen Ausdruck der Form

$$E_n(\mathbf{k}) = A|\mathbf{k} - \mathbf{k}_0|^2, \tag{7-58}$$

angenähert werden. A ist eine Konstante und $\mathbf{k}_0$ ist der Ausbreitungsvektor, der zur Minimumenergie des Bandes gehört. Für ein freies Elektronenband ist $A = \hbar^2/2m$, aber für andere Bänder nimmt A andere Werte an. In Analogie zu freien Elektronen wird für A $\hbar^2/2m^*$ eingesetzt und m^* als effektive Elektronenmasse bezeichnet. Die effektive Masse ist im allgemeinen nicht gleich der Masse freier Elektronen, weil die Elektronen mit den Ionenrümpfen des Kristalls wechselwirken. Je stärker diese Wechselwirkung ist, um so fester sind die Elektronen an die Atome gebunden und um so größer ist die effektive Masse. Ein Band mit $m^* > m$ ist flacher als ein Band freier Elektronen.

Die Definition der effektiven Masse kann verallgemeinert werden und dadurch für jedes Band gültig werden, auch für solche, die nicht die Form von Gleichung 7-58 besitzen. Die Verallgemeinerung hat Tensorform. Der sogenannte reziproke effektive Masse Tensor ist definiert durch

$$\left[\frac{1}{m^*}\right]_{ij} = \frac{1}{\hbar^2} \frac{\partial^2 E(\mathbf{k})}{\partial k_i \partial k_j}. \tag{7-59}$$

Dabei sind i und j kartesische Koordinaten. Ein reziproker effektive Masse Tensor ist für jeden Elektronenzustand definiert.

Die Elemente des Tensors geben die Krümmung des Bandes an einem Punkt im reziproken Raum an und sie können positiv, negativ oder null sein. Wenn die Elektronenenergien durch Gleichung 7-58 beschrieben werden, dann reduziert sich der reziproke effektive Masse Tensor zu einem Diagonaltensor, bei dem jedes Diagonalelement den Wert $(2A/\hbar^2)$ annimmt. Die effektive Masse ist dann ein Skalar.

Da die effektive Masse die Krümmung angibt, ist der reziproke effektive Masse Tensor nützlich für die Beschreibung von Bändern. Wie wir in Kapitel 9 sehen werden, wird sie auch zur Beschreibung der Reaktion der Elektronen auf elektromagnetische Felder benötigt und deshalb ist die effektive Masse auch für das Studium der Elektronenbewegung unter Einfluß von Feldern wichtig.

Beispiel 7-5
Man leite Ausdrücke für die Elemente des reziproken effektive Masse Tensors für das Band bei fester Bindung vom Beispiel 7-2 her. Man bestimme die begrenzenden Werte für die Zustände in der Nähe von $\mathbf{k} = 0$.

Lösung
Man differenziere $E = E_a - \alpha - 2A[\cos(k_x a) + \cos(k_y a) + \cos(k_z a)]$ zweifach nach k_x und dividiere durch $\hbar^2$; man erhält

$$(1/m^*)_{xx} = (2Aa^2/\hbar^2)\cos(k_x a).$$

Analog erhält man
$$(1/m^*)_{yy} = (2Aa^2/\hbar^2)\cos(k_y a)$$
und
$$(1/m^*)_{zz} = (2Aa^2/\hbar^2)\cos(k_z a).$$

Alle anderen Elemente verschwinden. Für $\mathbf{k}$ nahe 0 kann jede der Cosinusfunktionen durch 1 ersetzt werden, und damit wird jedes Diagonalelement $2Aa^2/\hbar^2$. In diesem Bereich ist die effektive Masse ein Skalar und ihr Wert ist durch $m^* = \hbar^2/2Aa^2$ bestimmt. Für ein fest gebundenes Elektron ist das Überlappungsintegral A klein und die effektive Masse groß. Wenn die Überlappung stärker wird und sich die Wellenfunktion über ein größeres Volumen ausbreitet, wird die effektive Masse geringer.

7.6 Oberflächenzustände

Kristalloberflächen haben nur einen geringen Einfluß auf die Wellenfunktionen und Energieniveaus des Volumens. Sie verursachen jedoch zusätzliche Elektronenzustände. Die Wellenfunktionen, die zu den Oberflächenzuständen gehören, sind über die gesamte Oberfläche ausgedehnt, sie werden aber sehr stark in Richtung Volumen abgeschwächt. Die Energien einiger Oberflächenzustände fallen mit den Elektronenenergien des Volumenmaterials zusammen, während andere in den verbotenen Zonen zwischen den Bändern liegen.
Wenn die Atome auf der Oberfläche ein zweidimensionales Gitter bilden, dann erfüllt jede Elektronenwellenfunktion das zweidimensionale Blochtheorem: $\psi(\mathbf{r} + \mathbf{R}) = e^{i\mathbf{k} \cdot \mathbf{R}} \psi(\mathbf{r})$, wobei $\mathbf{R}$ der Oberflächengittervektor ist und der Ausbreitungsvektor $\mathbf{k}$ parallel zur Oberfläche verläuft. Die Atompositionen bilden kein Gitter in Richtung Kristallinneres und deshalb gibt es kein analoges Theorem zwischen den Wellenfunktionen an einem Oberflächenpunkt und denen an einem Punkt im Volumen. Jede Wellenfunktion strebt gegen Null bei großen Abständen zu irgendeiner Seite der Oberfläche.

Aus diesem Grunde sind die Berechnungen von Elektronenwellenfunktionen und Energien furchtbar kompliziert. Es braucht nur eine Einheitszelle des Oberflächengitters betrachtet zu werden, aber die Schrödingergleichung muß über einen Bereich integriert werden, der genügend weit nach jeder Seite der Oberfläche hin ausgedehnt ist und deshalb eine große Anzahl von Atomen enthält. Die Weite des Bereiches ist durch praktische Überlegungen begrenzt wie etwa Rechnerzeit und Speicherkapazität des Rechners.

In einer Modellberechnung wird der Kristall durch eine Scheibe ersetzt, die in der Größenordnung von 10 Atomlagen dick ist.* Die Scheibe ist begrenzt durch zwei parallele unendliche Flächen, von denen die eine mit der Oberfläche zusammenfällt und die andere im Inneren der Probe verläuft. Eine Struktur, die in drei Dimensionen periodisch ist, wird mathematisch konstruiert durch Anordnung einer unendlichen Zahl von identischen Scheiben, eine auf der anderen mit einem schmalen Abstand zwischen benachbarten Scheiben. Bei dieser Struktur fällt eine Fläche der Einheitszelle mit der zweidimensionalen Einheitszelle des Oberflächengitters zusammen, die Dimension der Einheitszelle senkrecht zur Oberfläche setzt sich zusammen aus der Dicke einer Scheibe und einem Abstand. Wenn die primitive Basis der Oberfläche ein Atom enthält, enthält auch die Einheitszelle für dieses Modell ein Atom für jede Atomschicht in der Scheibe.

Bild 7-10 zeigt Ergebnisse für eine Goldprobe mit einer (111) Oberfläche. Gold hat ein kubisch flächenzentriertes Gitter, deshalb ist das Oberflächengitter hexagonal und die dazugehörige zweidimensionale Brillouin-Zone ist ein Hexagon wie in (a) dargestellt. Die Energien sind in (b) und (c) sowohl für Volumen- als auch für Oberflächenzustände aufgetragen. Für die Volumenzustände kann der Ausbreitungsvektor $\mathbf{k}_{\parallel} + \mathbf{k}_{\perp}$ geschrieben werden, wobei diese Vektoren parallel bzw. senkrecht zur Oberfläche verlaufen. Die Energien sind als Funktion von $\mathbf{k}_{\parallel}$ dargestellt. Die $\mathbf{k}_{\parallel}$-Richtungen sind die beiden in (a) gekennzeichneten. Für jeden Wert von $\mathbf{k}_{\parallel}$ gibt es viele verschiedene Niveaus, entsprechend für die verschiedenen Werte von $\mathbf{k}_{\perp}$. Diese Niveaus sind durch schattierte Bereiche im Diagramm gekennzeichnet. Man beachte die Existenz von verbotenen Zonen im Energiespektrum.

Die erlaubten Energieniveaus für Oberflächenzustände sind in Bild 7-10 b und 7-10 c durch Linien markiert. Einige von ihnen liegen in den schattierten Bereichen und werden im Diagramm nicht hervorgehoben. Andere liegen jedoch in den verbotenen Zonen des Volumenmaterials und sind mit A, B, C und D bezeichnet. Diese Zustände können experimentell durch Absorption von Licht nachgewiesen werden, da dabei auch Elektronenübergänge in die Oberflächenzustände stattfinden.

Bild 7-11 zeigt die Wahrscheinlichkeitsdichte für den Oberflächenzustand mit $\mathbf{k}_{\parallel}$ = 0, längs einer Linie senkrecht zur Oberfläche dargestellt. Die Oberfläche ist durch eine vertikale Linie gekennzeichnet; die Probe liegt links davon und rechts Vakuum. Die Positionen der Atomschichten sind durch Pfeile markiert. In der Probe oszilliert die Wahrscheinlichkeitsdichte, und die Amplitude fällt mit dem

---

* Details dieses Modells findet man bei Kai-Ming Ho, B. N. Harmon und S. H. Liu, *Phys. Rev. Lett.* **44**: 1531, 1980.

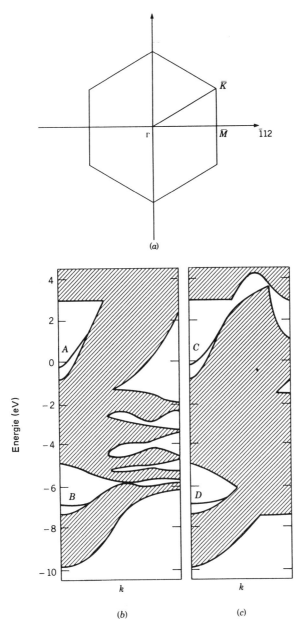

Bild 7-10 Energieniveaus für eine Goldprobe mit einer (111) Oberfläche. (a) Die zweidimensionale Brillouin-Zone für das Oberflächengitter, in die auch die Richtungen für die Ausbreitungskonstanten, gegen die in (b) und (c) die Energie aufgetragen wurde, eingetragen sind. Die Energien des Volumenmaterials sind in (b) und (c) durch schattierte Bereiche gekennzeichnet und die Energien für die Oberflächenzustände sind durch Linien markiert, die mit A, B, C und D bezeichnet wurden. (Nach S. H. Liu, C. Hinnen, C. Nguyen van Huong, N. R. De Tacconi und K. M. Ho, *J. Electroanal. Chem.* **176**:325, 1984. Mit Erlaubnis der Autoren.)

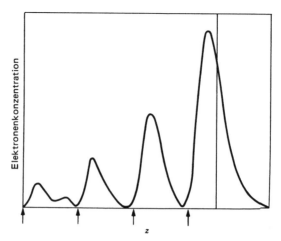

Bild 7-11 Berechnete Wahrscheinlichkeitsdichten für Elektronenoberflächenzustände bei einem Ausbreitungsvektor im Zentrum der zweidimensionalen Brillouin-Zone. Aufgetragen wurde gegen eine Linie senkrecht zur Oberfläche. Die Probe ist Gold mit einer (111) Oberfläche. Die vertikale Linie kennzeichnet den Probenrand und die Pfeile markieren die Atomschichten in dem Material. (Nach S. H. Liu, C. Hinnen, C. Nguyen van Huong, N. R. De Tacconi und K. M. Ho; *J. Electroanal. Chem.* **176**:325, 1984. Mit Erlaubnis der Autoren.)

Abstand von der Oberfläche ab. Nach nur wenigen Atomschichten ist die Amplitude schon sehr klein. Man beachte den exponentiellen Abfall außerhalb der Probe.

7.7 Literatur

Grundlagen

R. H. Bube, *Electrons in Solids* (New York: Academic, 1981).
C. M. Hurd, *Electrons in Metals* (New York: Wiley, 1975).
L. Pincherle, *Electronic Energy Bands in Solids* (London: MacDonald, 1971).

Spezialliteratur

J. Callaway, *Energy Band Theory* (New York: Academic, 1964).
J. R. Reitz, „Methods of the One-Electron Theory of Solids" in *Solid State Physics* (F. Seitz and D. Turnbull, Eds.), Vol. 1, p. 1 (New York: Academic, 1955).
J. M. Ziman, „The Calculation of Bloch Functions" in *Solid State Physics* (H. Ehrenreich, F. Seitz, and D. Turnbull, Eds.), Vol 26, p. 1 (New York: Academic, 1971).

Bücher und Artikel über *spezielle Rechenverfahren*

D. W. Bullett, „The Renaissance and Quantitative Development of the Tight-Binding Method" in *Solid State Physics* (H. Ehrenreich, F. Seitz, and D. Turnbull, Eds), Vol. 35, p. 129 (New York: Academic, 1980).

J. O. Dimmock, „The Calculation of Electronic Energy Bands by the Augmented Plane Wave Method" in *Solid State Physics* (H. Ehrenreich, F. Seitz, and D. Turnbull, Eds.), Vol. 26, p. 103 (New York: Academic, 1971).

F. S. Ham, „The Quantum Defect Method" in *Solid State Physics* (F. Seitz and D. Turnbull, Eds.), Vol. 1, p. 127 (New York: Academic, 1955).

W. A. Harrison, *Pseudopotentials in the Theory of Metals* (New York: Benjamin, 1966).

V. Heine, „The Pseudopotential Concept" in *Solid State Physics* (H. Ehrenreich, F. Seitz, and D. Turnbull, Eds), Vol. 24, p. 1; (New York: Academic, 1970).

V. Heine, „Electronic Structure from the Point of View of the Local Atomic Environment" in *Solid State Physics* (H. Ehrenreich, F. Seitz, and D. Turnbull, Eds.), Vol. 35, p. 1 (New York: Academic, 1980).

T. Loucks, *Augmented Plane Wave Method* (New York: Benjamin, 1967).

T. O. Woodruff, „The Orthogonalized Plane-Wave Method" in *Solid State Physics* (F. Seitz and D. Turnbull, Eds.), Vol. 4, p. 367 (New York: Academic, 1957).

Aufgaben

1. (a) Man beweise, daß $E_n(\mathbf{k})$ alle Symmetrieelemente der Kristallpunktgruppe besitzt. Betrachten Sie z.B. die Lösungen von Gleichung 7-11 für einen Kristall vor und nach einer Rotation. (b) Man bestimme die Ausbreitungsvektoren für alle Zustände, die wegen der Symmetrie die gleiche Energie wie der Zustand bei $\mathbf{k} = (\pi/8a)$ [110] haben. Dabei soll vorausgesetzt werden, daß der Kristall kubisch ist und die Atome sphärische Symmetrie haben.

2. In der Näherung für feste Bindung sollen die Energien für ein s-Band in einem einfach kubischen Kristall durch Gleichung 7-30 gegeben sein, wobei α und A positiv sind. Die folgenden Punkte der Brillouin-Zone sollen nach steigender Energie geordnet werden: (a) Das Zentrum einer Fläche, (b) der Mittelpunkt einer Kante, (c) ein Punkt auf der Hälfte zwischen Zentrum und einer Ecke längs der Raumdiagonalen, (d) ein Punkt auf der Hälfte zwischen dem Flächenzentrum und einer Ecke längs der Flächendiagonalen und (e) eine Ecke.

3. Man beweise, daß für ein Band wie in Beispiel 7-2 gilt: (a) $E(\mathbf{k} + \mathbf{G}) = E(\mathbf{k})$, wobei $\mathbf{G}$ irgendein reziproker Gittervektor ist; (b) $E(\mathbf{k}_1) = E(\mathbf{k}_2)$, wobei $\mathbf{k}_1$ und $\mathbf{k}_2$ durch Rotation um $\pi/2$ um die [001] Achse ineinander übergehen und (c) $E(-\mathbf{k}) = E(\mathbf{k})$.

4. (a) Man leite einen Ausdruck für die Elektronenenergie als Funktion des Ausbreitungsvektors $\mathbf{k}$ in der Näherung für feste Bindung für eine kubisch flächenzentrierte Struktur mit der Kantenlänge a ab. Die Wellenfunktionen

sollen aus s Atomniveaus aufgebaut sein und nur Überlappungen mit nächsten Nachbarn sollen von Bedeutung sein. Die Lösung soll durch die Überlappungsintegrale α und A, die im Text definiert sind, angegeben werden. Die Überlappungsintegrale sollen positiv sein und A soll für alle nächste Nachbarn gleich sein. (b) Für welche(n) Wert(e) von $\mathbf{k}$ hat die Energie ein Maximum? (c) Für welche(n) Wert(e) von $\mathbf{k}$ hat die Energie ein Minimum? (d) Welchen Energiebereich umspannt das Band (durch α und A ausgedrückt)? (e) Man skizziere die Energie als Funktion von $\mathbf{k}$, wenn $\mathbf{k}$ vom Zentrum der Brillouin-Zone zum Zentrum einer hexagonalen Fläche verläuft. (f) Man skizziere die Energie als Funktion von $\mathbf{k}$, wenn $\mathbf{k}$ vom Zentrum der Brillouin-Zone zum Zentrum einer quadratischen Fläche verläuft.

5. (a) Man entwickle die Cosinusfunktion des in Aufgabe 4 bestimmten Energiebandes in eine Potenzreihe, um einen Ausdruck für $E(\mathbf{k})$ zu erhalten, der in der Nähe von $\mathbf{k} = 0$ gültig ist. Alle Terme mit höherer als quadratischer Ordnung in $\mathbf{k}$ sollen vernachlässigt werden. (b) Man verwende das Resultat von Teil a der Aufgabe und zeige, daß die effektive Masse ein Skalar für $\mathbf{k}$ nahe Null ist und bestimme ihren Wert. Was passiert mit der effektiven Masse, wenn die Atome näher zusammengebracht werden? (c) Für $\mathbf{k}$ in der Nähe des Zentrums einer hexagonalen Fläche soll $\mathbf{k} = \mathbf{k}_0 - \delta\mathbf{k}$ gelten, wobei $\mathbf{k}_0$ das Flächenzentrum angibt. Man zeige, daß für kleine $\delta\mathbf{k}$ gilt

$$E \approx E_a - \alpha - A(a^2 \delta k_x \delta k_y + a^2 \delta k_x \delta k_z + a^2 \delta k_y \delta k_z).$$

A und α sind die üblichen Überlappungsintegrale. (d) Man bestimme die Elemente des reziproken effektiven Masse Tensors für einen Zustand mit einem Ausbreitungsvektor im Zentrum einer hexagonalen Fläche.

6. Als ein Beispiel zur Berechnung des Überlappungsintegrals, das in der feste Bindung Näherung benutzt wird, betrachten wir zwei Protonen im Abstand R voneinander auf der z Achse. Die gesamte potentielle Energie eines Elektrons ist

$$U(\mathbf{r}) = -\frac{e^2}{4\pi\varepsilon_0}\left[\frac{1}{r} + \frac{1}{|\mathbf{r} - \mathbf{R}|}\right],$$

mit $\mathbf{R} = R\hat{z}$. Das Atomniveau soll die $1s$ Wellenfunktion für Wasserstoff sein, $\chi(r) = (1/\sqrt{\pi})\,(1/a_0)^{3/2} e^{-r/a_0}$ und die atomare potentielle Energie soll sein $U_a(r) = -(e^2/4\pi\varepsilon_0)\,(1/r)$. Dabei ist a_0 der Bohrsche Radius, 0.529 Å. (a) Man berechne die Überlappungsintegrale α und A ($\mathbf{R}$), die im Text definiert sind. (b) Man schätze die Breite eines Bandes bei fester Bindung für eine Ansammlung von Wasserstoffatomen, die eine einfach kubische Struktur mit der Kantenlänge a_0 bilden, ab. (c) Wie groß ist die Breite, wenn die Kantenlänge $2a_0$ beträgt?

7. Eine einfach kubische Kristallstruktur hat die Kantenlänge a. Man stelle fest, ob jeder der folgenden Ausbreitungsvektoren $\mathbf{k}$ in der (ersten) Brillouin-Zone liegt. Falls das nicht der Fall ist, dann bestimme man einen reziproken Git-

tervektor **G** so, daß **k** + **G** in der Brillouin-Zone liegt. In jedem Falle bestimme man die Elektronenenergie in der freie Elektronen Näherung. (a) $(3\pi/a)$ [100]. (b) $(3\pi/a)$ [111] (c) $(5\pi/a)$ [110]. (d) $(7\pi/2a)$ [121].

8. Rubidium besitzt eine kubisch raumzentrierte Struktur mit einer Kantenlänge von 5.585 Å. Am Zentrum der Fläche in [110] Richtung soll die verbotene Zone zwischen dem niedrigsten und dem nächstniedrigsten quasifreien Elektronenband 0.857eV betragen. Man nehme an, daß die verbotene Zone durch eine einzige Fourierkomponente der potentiellen Energiefunktion hervorgerufen wird und daß die effektive Masse gleich der freien Elektronenmasse ist. Man berechne die Energien (bezogen auf den Boden des unteren Bandes) der Zustände in den zwei Bändern bei Ausbreitungsvektoren am Zentrum der Fläche in [110] Richtung.

9. Sowohl Natrium als auch Cäsium haben kubisch raumzentrierte Struktur. Die Kantenlänge für Natrium beträgt 4.225 Å, die für Cäsium 6.045 Å. Man betrachte das niedrigste quasifreie Elektronenband für beide Materialien und lasse **k** in [110] Richtung verlaufen. $E(\mathbf{k})$ für Natrium ist nahezu parabolisch bis zur Zonengrenze und die Energielücke dort kann vernachlässigt werden. Die Breite des Bandes beträgt 4.19eV. $E(\mathbf{k})$ für Cäsium biegt sich in der für ein quasifreies Elektronenband typischen Weise. Die Breite des Bandes beträgt 1.67eV und die Energielücke an der Zonengrenze ist 1.16eV. Man bestimme die effektiven Massen der Elektronen in der Nähe von **k** = 0 für die niedrigsten quasifreien Elektronenbänder von diesen beiden Kristallen.

10. Kalzium hat eine kubisch flächenzentrierte Struktur mit einer Kantenlänge von 5.58 Å. Die interessierenden Bänder sollen freie Elektronenbänder sein. (a) Man bestimme die Maximalenergie für das unterste freie Elektronenband, bezogen auf die Energie am Boden des Bandes. Welche Ausbreitungsvektoren der Zustände gehören zu dieser Energie? (b) Man bestimme die minimale Energie des zweiten freien Elektronenbandes, bezogen auf die Energie am Boden des ersten Bandes. Welche Ausbreitungsvektoren der Zustände gehören zu dieser Energie? (c) Nun verwenden wir das quasifreie Elektronenmodell, um die Größe der Fourierkomponente der potentiellen Energiefunktion abzuschätzen, die benötigt wird, damit das zweite Band vollständig oberhalb des ersten liegt. Welche Fourierkomponenten sollten dafür vergrößert werden?

11. Man betrachte ein quasifreies Elektronenband, für das die Wellenfunktionen in etwa $Ae^{i(\mathbf{k} + \mathbf{G}_2) \cdot \mathbf{r}}$ sind für **k** in der Nähe des Zentrums der Brillouin-Zone. Hierbei ist $\mathbf{G}_2$ ein reziproker Gittervektor. Welche Fourierkomponente der potentiellen Energie ist am wichtigsten für die Bestimmung der verbotenen Zone, wenn sich **k** an $1/2\mathbf{G}_1$ annähert? Unter der Annahme, daß alle anderen Komponenten vernachlässigt werden können, soll ein Ausdruck für die verbotene Zone im Zentrum dieser Fläche bestimmt werden.

12. Viele Bandstrukturberechnungen haben als Grundlage eine potentielle Energiefunktion, die als „Muffin-Tin" Potential bekannt ist. Auf jedem Gitterplatz stellt man sich eine Kugel vor. Innerhalb der Kugeln wird die potentielle Energie als kugelsymmetrisch angenommen, während sie außerhalb der Kugeln konstant sein soll. Als Beispiel betrachten wir einen Kristall mit einfach kubischer Struktur (Kantenlänge a) und nehmen einen Kugelradius von $R = 1/2\,a$ an. Die potentielle Energie innerhalb der Kugel soll $U(r) = -(e^2/4\pi\varepsilon_0)\,(1/r)$ sein, wobei r der radiale Abstand vom Kugelzentrum ist. Die potentielle Energie außerhalb der Kugeln sei konstant U_0. (a) Man bestimme einen algebraischen Ausdruck für die Fourierkomponente $U(\mathbf{G})$, die dem reziproken Gittervektor $\mathbf{G}$ entspricht. Das Integral $e^{-i\mathbf{G}\cdot\mathbf{r}}$ über den Bereich außerhalb der Kugel kann aus der Differenz der Integrale über die Einheitszelle und über die Kugel abgeschätzt werden. Das Integral über die Kugel kann leicht bestimmt werden, wenn die z-Achse längs $\mathbf{G}$ verläuft und Kugelkoordinaten verwendet werden. (b) Man verwende die Näherung für quasifreie Elektronen, um die verbotene Zone zwischen dem ersten und zweiten Band im Zentrum der Fläche der Brillouin-Zone zu bestimmen. Man setze $U_0 = -(e^2/4\pi\varepsilon_0)\,(1/R)$ und $a = 6.0$ Å.

13. Das Leitungsband von Silizium hat ein Minimum für $\mathbf{k}$ ungefähr 0.85 mal den Abstand vom Zonenzentrum zum Zentrum der quadratischen Zonenfläche in [100] Richtung. In der Nähe des Minimums ist die Energie bestimmt durch

$$E = \frac{\hbar^2}{2m}\left[\frac{(k_x - k_0)^2}{0.916} + \frac{k_y^2 + k_z^2}{0.191}\right].$$

(a) Man zeige, daß die minimale Energie für $\mathbf{k} = k_0\,\hat{\mathbf{x}}$ erscheint. (b) Man bestimme die Elemente des reziproken effektive Masse Tensors für ein Elektron an diesem Bandminimum. (Das Leitungsband von Silizium hat wegen der kubischen Symmetrie fünf weitere Minima).

8. Thermodynamik von Phononen und Elektronen

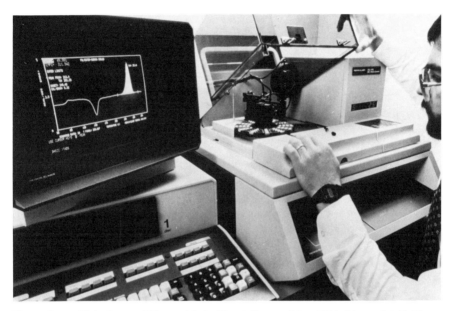

Ein modernes Kalorimeter. Die graphische Darstellung auf dem Bildschirm zeigt die Energieabsorptionsrate als Funktion der Temperatur.

8.1 Atomschwingungen 251
8.2 Elektronen am Nullpunkt der absoluten Temperatur . . . 259
8.3 Elektronen bei Temperaturen oberhalb des absoluten Nullpunktes: Metalle 268
8.4 Elektronen bei Temperaturen oberhalb des absoluten Nullpunktes: Halbleiter . . 275
8.5 Spezifische Wärme 283

Materialeigenschaften sind temperaturabhängig, weil die Elektronen, die verschiedene Zustände und Schwingungsmoden besetzen, unterschiedliche Energien bei unterschiedlichen Temperaturen haben. Man stelle sich einen Festkörper in Kontakt mit einem Reservoir der absoluten Temperatur T vor. Nach der statistischen Mechanik ist die Wahrscheinlichkeit, daß sich der Festkörper in einem Zustand mit der Energie E befindet, proportional zu e^{-E/k_BT}, wobei k_B die Boltzmannkonstante ist ($k_B = 1.381 \times 10^{-23}$ J/K $= 8.62 \times 10^{-5}$ eV/K). Bei hohen Temperaturen hat der Festkörper eine größere Besetzungswahrscheinlichkeit für hochenergetische Zustände als bei tiefen Temperaturen.

Die Energie E schließt die Wechselwirkungen zwischen allen Teilchen ein und es ist ziemlich schwierig, damit zu arbeiten. Glücklicherweise können die thermodynamischen Berechnungen vereinfacht werden, weil die Gesamtenergie durch eine Summe von unabhängigen Beiträgen, einen für jede Normalschwingung und einen für jeden Elektronenzustand, angenähert werden kann. Deshalb brauchen wir den Festkörper nicht als Gesamtheit zu betrachten, sondern können jeden Schwingungszustand und jeden Elektronenzustand als ein unabhängiges System in Kontakt mit dem Reservoir behandeln. Im nächsten Abschnitt verwenden wir diese Näherung, um die Energie einer normalen Schwingung zu überprüfen. Elektronen werden in späteren Abschnitten diskutiert.

8.1 Atomschwingungen

Phononenstatistik

Eine normale Schwingung der Kreisfrequenz ω mit n Phononen hat die Energie $(n + 1/2)\hbar\omega$. Jedes Phonon hat die Energie $\hbar\omega$ und $1/2\,\hbar\omega$ ist die Nullpunktenergie der Schwingung. Die Wahrscheinlichkeit, daß der Schwingungszustand n Phononen bei der Temperatur T hat, ist gegeben durch

$$P_n = Ae^{-\beta(n+1/2)\hbar\omega}. \tag{8-1}$$

Dabei ist $\beta = 1/k_BT$ und A eine Konstante. Wenn Gleichung 8-1 über Null und alle positiven ganzen Zahlen summiert wird, muß das Resultat gleich 1 sein. Die Ausdrücke in der Summe bilden eine einfache geometrische Reihe, die in geschlossener Form geschrieben werden kann:

$$\sum_{n=0}^{\infty} P_n = Ae^{-\beta\hbar\omega/2} \sum_{n=0}^{\infty} e^{-\beta n\hbar\omega} = \frac{Ae^{-\beta\hbar\omega/2}}{1 - e^{-\beta\hbar\omega}}. \tag{8-2}$$

Deshalb ist

$$A = \frac{1 - e^{-\beta\hbar\omega}}{e^{-\beta\hbar\omega/2}}. \tag{8-3}$$

Die mittlere Energie $\langle E \rangle$ eines Schwingungszustandes im thermischen Gleichgewicht erhält man durch Summation aller möglichen Energiewerte, die entsprechend der Wahrscheinlichkeit ihres Auftretens gewichtet werden:

$$\langle E \rangle = A \sum_n (n + 1/2)\hbar\omega e^{-\beta[n + (1/2)]\hbar\omega}. \tag{8-4}$$

Das kann unter Berücksichtigung der folgenden Beziehung abgeschätzt werden

$$\sum_n (n + 1/2)\hbar\omega e^{-\beta[n + (1/2)]\hbar\omega} = -\frac{d}{d\beta}\left[\sum_n e^{-\beta[n + (1/2)]\hbar\omega}\right]$$

$$= -\frac{d}{d\beta} \frac{e^{-\beta\hbar\omega/2}}{1 - e^{-\beta\hbar\omega}}$$

$$= \hbar\omega \frac{e^{-3\beta\hbar\omega/2}}{(1 - e^{-\beta\hbar\omega})^2} + \frac{1}{2}\hbar\omega \frac{e^{-\beta\hbar\omega/2}}{1 - e^{-\beta\hbar\omega}}. \tag{8-5}$$

Aus Gleichung 8-4 wird

$$\langle E \rangle = \frac{\hbar\omega}{e^{\beta\hbar\omega} - 1} + 1/2 \hbar\omega. \tag{8-6}$$

Gleichung 8-3 wurde verwendet, um für A einzusetzen. Gleichung 8-6 ist äquivalent zu $\langle E \rangle = (\langle n \rangle + 1/2)\hbar\omega$, wobei

$$\langle n \rangle = \frac{1}{e^{\beta\hbar\omega} - 1} \tag{8-7}$$

die mittlere Zahl der Phononen im Schwingungszustand bei der Temperatur T ist. Bild 8-1 zeigt $\langle n \rangle$ als Funktion von $\beta\hbar\omega$. Ein Zustand, für den $\hbar\omega \gg k_B T$ gilt, hat

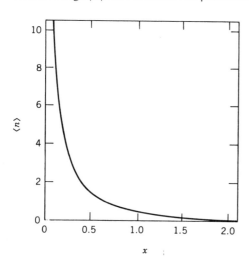

Bild 8-1 Die mittlere thermodynamische Anzahl von Phononen, die zu einem normalen Schwingungszustand gehört, als Funktion von $x = \beta\hbar\omega$. Nur Zustände, für die $\hbar\omega < k_B T$ gilt, besitzen eine beträchtliche Anzahl von Phononen.

wenige Phononen und die Energie im Zustand ist trotz der hohen Energie jedes Phonons gering. Im Grenzfall für große $\beta\hbar\omega$ gilt für die mittleren Werte

$$\langle n \rangle \to e^{-\beta\hbar\omega} \tag{8-8}$$

und

$$\langle E \rangle \to \hbar\omega e^{-\beta\hbar\omega} + 1/2\,\hbar\omega, \tag{8-9}$$

$\langle n \rangle$ strebt gegen Null und $\langle E \rangle$ strebt nach seinem Nullpunktwert. Andererseits hat ein Zustand, für den $\hbar\omega \ll k_B T$ gilt, eine große Zahl von Phononen und trägt beträchtlich zur Schwingungsenergie bei. Um das zu erkennen, setzt man in die Gleichung 8-6 und 8-7 für $e^{\beta\hbar\omega}$ die Potenzreihenentwicklung ein ($e^{\beta\hbar\omega} \approx 1 + \beta\hbar\omega$ +...) und erhält

$$\langle n \rangle \to \frac{1}{\beta\hbar\omega} = \frac{k_B T}{\hbar\omega} \tag{8-10}$$

und

$$\langle E \rangle \to \frac{1}{\beta} = k_B T. \tag{8-11}$$

Der Nullpunktbeitrag zu $\langle E \rangle$ ist klein im Verhältnis zu $k_B T$ und wird vernachlässigt.
Bei genügend hohen Temperaturen, wenn $k_B T \gg \hbar\omega$ für jeden Zustand, trägt jeder Zustand zur Gesamtenergie $k_B T$ bei. Das entspricht dem klassischen Resultat. Im klassischen Fall ist jedoch die Energie eines Zustands bei allen Temperaturen $k_B T$. Bei tiefen Temperaturen haben nur niederfrequente Zustände die Energie $k_B T$. Die Energien der hochfrequenten Zustände sind geringer und entsprechend den Gleichungen 8-8 und 8-9 sind die Zustände mit den höchsten Frequenzen eingefroren.

Dichte der Zustände

Um die gesamte Schwingungsenergie für einen Festkörper bei der Temperatur T bestimmen zu können, wird die Gleichung 8-6 über alle normalen Schwingungen aufsummiert. Wenn ω_s die Kreisfrequenz des Zustands s ist, gilt

$$E_T = \sum_s \frac{\hbar\omega_s}{e^{\beta\hbar\omega_s} - 1} + \frac{1}{2} \sum_s \hbar\omega_s. \tag{8-12}$$

Diese Summe enthält drei Terme für jedes Atom des Festkörpers.
Da alle Festkörper eine große Zahl von normalen Schwingungen mit einem geringen Frequenzabstand haben, kann das Frequenzspektrum als kontinuierlich behandelt werden und die Summe in Gleichung 8-12 durch ein Integral ersetzt werden. Eine Zustandsdichtefunktion $g(\omega)\,d\omega$ wird definiert und $g(\omega)$ gibt die Zahl der Zustände mit einer Kreisfrequenz zwischen ω und $\omega + d\omega$ an. Für die Gesamtenergie ergibt sich so

$$E_T = \int \frac{\hbar\omega}{e^{\beta\hbar\omega} - 1} g(\omega)\, d\omega + \frac{1}{2} \int \hbar\omega g(\omega)\, d\omega, \tag{8-13}$$

wobei jedes Integral über das gesamte Frequenzspektrum läuft. Diese Gleichung ist sowohl für kristalline als auch amorphe Festkörper gültig. Bei einem Kristall ist $g(\omega) = 0$, wenn ω in einer verbotenen Zone liegt.

In der Praxis wird die Zustandsdichte für Kristalle unter Verwendung der Dispersionsbeziehungen abgeschätzt, durch die eine große Anzahl der Frequenzen von Normalschwingungen mit Ausbreitungsvektoren, die statistisch aus der Brillouin-Zone ausgewählt werden, berechnet werden kann. Der Bereich der möglichen Frequenzen wird in Intervalle mit der Breite $\Delta\omega$ eingeteilt und ein Histogramm, das die Zahl der Zustände in jedem Intervall aufzeigt, wird graphisch dargestellt. Wenn $\Delta\omega$ klein und die Zahl der erhaltenen Frequenzen groß ist, nähert sich das Histogramm $g(\omega)\,\Delta\omega$.

Es kann auch eine andere Methode benutzt werden. Für einen bestimmten Zweig des Spektrums liegen die Spitzen der Ausbreitungsvektoren, die zu Zuständen mit gleichen Kreisfrequenzen gehören, auf einer Fläche im reziproken Raum, wie in Bild 8-2 dargestellt. Man stelle sich zwei solcher Flächen vor, von denen eine der Frequenz ω und die andere der Frequenz $\omega + \Delta\omega$ entspricht. Wenn $\Delta\omega$ genügend klein ist, ist der Beitrag des Zweiges zu $g(\omega)$ gerade gleich der Zahl der Zustände mit Ausbreitungsvektoren, die zwischen diesen Flächen liegen. Da die erlaubten Ausbreitungsvektoren gleichmäßig im reziproken Raum verteilt sind, ist die Zahl der Zustände zwischen den Flächen im Prinzip leicht zu berechnen. Sie ist das Produkt aus der Anzahl der Ausbreitungsvektoren pro Einheitsvolumen des reziproken Raumes und dem Volumen zwischen den beiden Flächen. Wie im Beispiel 7-1 gezeigt, ist diese Größe $N\tau/(3\pi)^3$, wobei N die Zahl der primitiven Einheitszellen in der Probe und τ das Volumen der Zelle ist.

Beispiel 8-1
Man leite einen Ausdruck für die Dichte der Zustände an der unteren Grenzfrequenz für einen einzelnen akustischen Zweig eines Kristalls mit N primitiven Einheitszellen ab. Es soll angenommen werden, daß die Schallgeschwindigkeit unabhängig vom Ausbreitungsvektor ist.

Bild 8-2 Eine schematische Darstellung der Flächen konstanter Frequenz im reziproken Raum. Eine Brillouin-Zone ist dargestellt und jede Linie ist so durch Ausbreitungsvektoren definiert, daß ω (**q**) = konstant. Verschiedene Flächen gehören zu unterschiedlichen ω Werten.

8.1 Atomschwingungen

Lösung
Da $\omega = qv$ ist, wird die Fläche konstanter Frequenz eine Kugel mit dem Radius $q = \omega/v$. Sie schließt das Volumen $(4\pi/3)q^3 = (4\pi/3)(\omega/v)^3$ im reziproken Raum ein. Eine Kugel mit dem Radius $q + dq$ schließt das Volumen $(4\pi/3)(q + dq)^3 \approx (4\pi/3)(q^3 + 3q^2\,dq)$ ein, und das Volumen zwischen den Kugeln beträgt somit $4\pi q^2\,dq = 4\pi(\omega^2/v^3)\,d\omega$, wobei verwendet wurde, daß $\omega = qv$ ist. Dieses Volumen wird multipliziert mit $N\tau/(2\pi)^3$ und man erhält $g(\omega) = (N\tau/2\pi^2 v^3)\omega^2$. ◆

Ein allgemeiner Ausdruck für die Dichte der Zustände kann für einen Kristall hergeleitet werden. Die Differenz in der Frequenz von zwei Zuständen im selben Zweig mit den Ausbreitungsvektoren $\mathbf{q}$ bzw. $\mathbf{q} + d\mathbf{q}$ ist

$$d\omega = \frac{\partial \omega}{\partial q_x} dq_x + \frac{\partial \omega}{\partial q_y} dq_y + \frac{\partial \omega}{\partial q_z} dq_z = \nabla_q \omega \cdot d\mathbf{q}, \tag{8-14}$$

wobei für $\nabla_q\omega$ in kartesischen Koordinaten $\nabla_q\omega = (\partial\omega/\partial q_x)\hat{\mathbf{x}} + (\partial\omega/\partial q_y)\hat{\mathbf{y}} + (\partial\omega/\partial q_z)\hat{\mathbf{z}}$ gilt. Als erstes nehmen wir an, daß die zwei Ausbreitungsvektoren auf derselben Fläche gleicher Frequenz liegen. Dann ist $d\mathbf{q}$ eine Tangente zu der Fläche und $d\omega = 0$. Das Skalarprodukt $\nabla_q\omega \cdot d\mathbf{q}$ verschwindet, aber weder $\nabla_q\omega$ noch $d\mathbf{q}$ sind Null, deshalb müssen sie senkrecht aufeinander stehen. Das bedeutet, daß $\nabla_q\omega$ senkrecht zu der Fläche konstanter Kreisfrequenz ω steht. Jetzt nehmen wir an, daß $\mathbf{q}$ und $d\mathbf{q}$ auf verschiedenen Flächen liegen, die durch $dq_\perp$ voneinander getrennt sind, wie das in Abbilung 8-3 gezeigt ist. Dann gilt $d\omega = |\nabla_q\omega|dq_\perp$, und das Volumen zwischen den Flächen ist $\oint dq_\perp dS = d\omega \oint |\nabla_q\omega|^{-1} dS$, wobei das Integral über irgendeine Fläche geht. Der Zweig trägt

$$g(\omega) = \frac{N\tau}{(2\pi)^3} \oint \frac{dS}{|\nabla_q\omega|} \tag{8-15}$$

zu der Dichte der Zustände bei. Die Gleichung 8-15 wird über die Zweige des Spektrums summiert; damit kann die Gesamtdichte der Zustände berechnet werden.

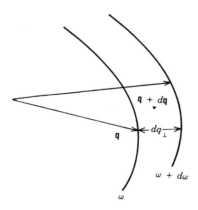

Bild 8-3 Zwei Flächen konstanter Frequenz im reziproken Raum. Die Differenz in der Kreisfrequenz kann durch $d\omega = \nabla_q\omega \cdot d\mathbf{q}$ beschrieben werden und, da $\nabla_q\omega$ ein Vektor senkrecht zur Oberfläche ist, durch $d\omega = |\nabla_q\omega|dq_\perp$.

8. Thermodynamik von Phononen und Elektronen

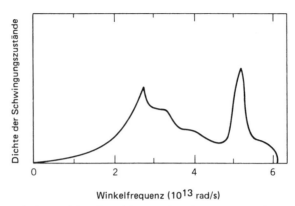

Bild 8-4 Eine typische Funktion der Dichte von Schwingungszuständen. Für niedrige Frequenzen wird die Funktion gut durch die Debyesche Näherung dargestellt, aber der Hochfrequenzteil zeigt eine komplizierte Struktur.

Für die niederfrequenten akustischen Zustände ergibt Gleichung 8-15 das Resultat, das in Beispiel 8-1 gefunden wurde.

Für diese Schwingungszustände ist $|\nabla_q \omega| = v$ eine Konstante und $\oint dS/|\nabla_q \omega| = 4\pi q^2/v = 4\pi \omega^2/v^3$. Das wird mit $N\tau/(2\pi)^3$ multipliziert, um das im Beispiel angegebene Resultat zu erhalten. Wenn alle drei akustische Zweige berücksichtigt werden, ist die Dichte der Schwingungszustände bei geringen Frequenzen

$$g(\omega) = \frac{N\tau}{2\pi^2} \left[\sum (1/v_s^3) \right] \omega^2. \qquad (8\text{-}16)$$

Dabei wird über alle akustischen Zweige summiert.

Eine typische Zustandsdichte ist in Bild 8-4 dargestellt. In der Nähe von $\omega = 0$ ist sie proportional zu ω^2, aber von mittleren Frequenzen an geht der allgemeine Trend nach unten. Den Grund dafür erkennt man in den Darstellungen für Flächen konstanter Energie wie etwa in Bild 8-2. Oberhalb der mittleren Frequenzen schneiden die Flächen von konstantem ω die Grenze der Brillouin-Zone und der Bereich dazwischen fällt stark mit wachsender Frequenz ab. Trotz dieses Trends hat die Zustandsdichte eine oder mehrere ziemlich scharfe Spitzen bei hohen Frequenzen. Diese erscheinen, weil in der Nähe der Zonengrenze die Dispersionskurve längs einer senkrechten Linie zur Grenze flach verläuft. Daher ist $|\nabla_q \omega|$ extrem klein oder verschwindet sogar in der Nähe der Zonengrenze, und $g(\omega)$ wird groß. $|\nabla_q \omega|$ verschwindet auch an anderen Punkten der Zone und einige Spitzen in dem Diagramm gehören zu diesen Punkten.

Die Debyesche Näherung

Manchmal wird Gleichung 8-16 dazu verwendet, die Zustandsdichte des gesamten akustischen Spektrums darzustellen. Diese Näherung, die Debyesche Näherung, vernachlässigt die Struktur in der Dichte der Zustände und nimmt die Schallgeschwindigkeit als isotrop an. Trotzdem liefert diese Näherung oft ver-

nünftige Resultate, besonders bei Temperaturen, die so tief sind, daß nur Zustände in den linearen Anteilen der Dispersionskurve eine bedeutende Energie besitzen.
Wenn die Debyenäherung verwendet wird, setzt man für die obere Grenze des Integrals über die Zustandsdichte nicht die tatsächliche Maximalfrequenz der akustischen Schwingungen ein, sondern eine Frequenz ω_m, die so ausgewählt wird, daß Gleichung 8-16 die richtige Anzahl der Zustände voraussagt. Wenn N Einheitszellen in einer Probe sind, dann genügt ω_m der Beziehung

$$3N = \int_0^{\omega_m} g(\omega)\,d\omega. \tag{8-17}$$

Wenn die Integration ausgeführt und das Resultat nach ω_m aufgelöst wird, erhält man

$$\omega_m = \left[\frac{18\pi^2}{\tau}\frac{1}{\Sigma(1/v_s^3)}\right]^{1/3}. \tag{8-18}$$

Summiert wird über die drei akustischen Zweige.
Die Kreisfrequenz ω_m kann dazu verwendet werden, die Dichte der Schwingungszustände in einem Kristall zu charakterisieren. Die Debyetemperatur T_D, die durch

$$T_D = \frac{\hbar\omega_m}{k_B}, \tag{8-19}$$

definiert ist, wird jedoch an Stelle von ω_m normalerweise verwendet. Durch T_D ausgedrückt ist

$$g(\omega) = \frac{9N\hbar^3}{k_B^3 T_D^3}\,\omega^2. \tag{8-20}$$

Die Debyetemperatur wird verwendet, um zwischen Hoch- und Tieftemperaturbereichen für einen bestimmen Festkörper zu unterscheiden. Wenn $T > T_D$ ist, erwartet man, daß alle Zustände die Energie $k_B T$ haben. Wenn $T > T_D$ ist, sollen alle hochfrequenten Zustände eingefroren sein.
Die Debyetemperaturen von einigen Festkörpern sind in Tabelle 8-1 zusammengestellt. Manche Werte sind experimentell durch Messung der Schallgeschwindigkeiten unter Verwendung der Gleichungen 8-18 und 8-19 bestimmt worden. Häufiger jedoch wurden Angaben zur spezifischen Wärme benutzt. Die wichtigen Ausdrücke werden später abgeleitet.

Die Gesamtenergie der Schwingungen

Wir sind jetzt in der Lage, die Gleichung 8-13 für den Bereich hoher Temperaturen und für den Bereich tiefer Temperaturen abzuschätzen. Wir betrachten einen

8. Thermodynamik von Phononen und Elektronen

Tabelle 8-1 Debyetemperaturen für ausgewählte Elemente

Element	T(K)	Element	T(K)
Aluminium	428	Lanthan	142
Cäsium	38	Blei	105
Kohlenstoff		Lithium	344
Diamant	2230	Magnesium	400
Graphit	420	Mangan	410
Chlor	115	Nickel	450
Kobalt	445	Osmium	500
Kupfer	343	Kalium	91
Germanium	370	Scandium	360
Gold	165	Natrium	158
Jod	106	Silber	225
Eisen	467	Vanadium	380
Krypton	72	Zink	327

Quelle: American Institute of Physics Handbook, 3rd ed. (New York: McGraw-Hill, 1972).

Kristall mit N primitiven Einheitszellen und einem Atom pro Einheitszelle. Wir wählen den Nullpunkt der Energie so, daß der gesamte Beitrag der Nullpunktsbewegungen verschwindet.

Bei hohen Temperaturen gilt für alle Frequenzen des Spektrums $\beta\hbar\omega \ll 1$ und wir können deshalb $e^{\beta\hbar\omega}$ durch die ersten beiden Terme in der Potenzreihenentwicklung, $1 + \beta\hbar\omega$ ersetzen. Der Integrand von Gleichung 8-13 wird dann $g(\omega)/\beta$ und, da das Integral von $g(\omega)$ die Gesamtzahl der normalen Schwingungen angibt, gilt

$$E_T = \frac{3N}{\beta} = 3Nk_BT. \tag{8-21}$$

Das ist das klassische Resultat: jede Schwingung trägt k_BT zur Gesamtenergie bei. Das gleiche Resultat wird so lange erhalten, wie $g(\omega)$ die richtige Zahl der Schwingungen vorhersagt, unabhängig von ihrer Frequenzabhängigkeit.

Um den Tieftemperaturausdruck zu erhalten, benutzen wir die Debyenäherung für die Dichte der Zustände. Wenn $g(\omega)$ aus Gleichung 8-20 in Gleichung 8-13 eingesetzt wird, erhält man

$$E_T = \frac{9N\hbar^4}{k_B^3 T_D^3} \int_0^{\omega_m} \frac{\omega^3}{e^{\beta\hbar\omega} - 1}\, d\omega = \frac{9Nk_BT^4}{T_D^3} \int_0^{\beta\hbar\omega_m} \frac{x^3}{e^x - 1}\, dx, \tag{8-22}$$

wobei $x = \beta\hbar\omega$. Für sehr tiefe Temperaturen gilt $\beta\hbar\omega \gg 1$ und die obere Grenze kann man durch ∞ ersetzen. Der Wert des Integrals ist dann $\pi^2/15$. Man erhält so

$$E_T = \frac{3\pi^4 N}{5} \frac{k_B T^4}{T_D^3}. \tag{8-23}$$

Bei tiefen Temperaturen ist die Gesamtschwingungsenergie proportional zu T^4 und umgekehrt proportional zu T_D^3. Eine einfache qualitative Überlegung liefert das gleiche Resultat. Wir nehmen an, daß jede Schwingung mit einem Ausbreitungsvektor innerhalb einer Kugel im reziproken Raum, die $\omega = k_B T/\hbar$ entspricht, $k_B T$ zur Gesamtenergie beiträgt und Schwingungen mit Ausbreitungsvektoren außerhalb der Kugel nicht zur Gesamtenergie beitragen. Die Zahl der beitragenden Schwingungen ist proportional zu $q^3 = \omega^3/\upsilon^3$ und das ist proportional zu T^3. Die Gesamtzahl der Schwingungen ist gleich der Zahl mit Ausbreitungsvektoren in der Kugel, die $\omega_m = k_B T_D/\hbar$ entspricht. Das ist proportional zu T_D^3, somit ist der Anteil der Schwingungen, die zur Gesamtenergie beitragen, $(T/T_D)^3$. Die Multiplikation mit $k_B T$ ergibt die Energie pro Schwingung dieses Systems.

8.2 Elektronen am Nullpunkt der absoluten Temperatur

Bei $T = 0$ K sind die Elektronen des Festkörpers auf die möglichen Zustände so verteilt, daß ihre Gesamtenergie möglichst gering ist: wenn der Festkörper N Elektronen enthält, dann werden die N Zustände geringster Energie besetzt und alle höheren Zustände bleiben unbesetzt. Wenn die Temperatur erhöht wird, werden die Elektronen auf Zustände angeregt, die bei $T = 0$ K unbesetzt sind, und lassen vorher besetzte Zustände leer zurück. In diesem und den folgenden Abschnitten werden wir die thermodynamische Wahrscheinlichkeit dafür bestimmen, daß jeder Zustand besetzt ist, und den höchsten besetzten Energiezustand bei $T = 0$ K identifizieren. Elektronen in diesen Zuständen und in den Zuständen, die zu diesen energetisch benachbart sind, haben die größte Bedeutung für die Materialeigenschaften.

Die Fermienergie

Das Elektronensystem wird durch seine Fermienergie charakterisiert, eine Größe, die zwischen dem höchsten besetzten Energiezustand und dem niedrigsten unbesetzten Energiezustand bei $T = 0$ K liegt. Im Prinzip kann die Fermienergie für irgendeinen Festkörper durch Abzählung der Energiezustände gefunden werden; man beginnt mit dem Zustand geringster Energie und zählt, bis die Zahl der Zustände mit der Zahl der Elektronen im Festkörper übereinstimmt. Die Fermienergie liegt dann zwischen der Energie des letzten gezählten Zustandes und der Energie des nächst höheren. Sie wird üblicherweise bei Energiespektren und Bandstrukturen durch eine Linie angezeigt, die Ferminiveau genannt wird. Man betrachte zum Beispiel Bild 7-3.
Kristalline Metalle können von Isolatoren durch die Lage des Ferminiveaus in Bezug auf die verbotenen Zonen im Energiespektrum der Elektronen unterschieden werden. Das Ferminiveau eines Isolators fällt in die verbotene Zone, während das Ferminiveau eines Metalls in ein Band fällt, wie in Bild 8-5 dargestellt. Wie wir sehen werden, kann ein völlig besetztes Band nicht zum elektrischen Stromfluß beitragen.
Wenn das Ferminiveau in einer verbotenen Zone liegt, sind alle Bänder entweder vollkommen gefüllt oder vollkommen leer, so daß kein Strom fließen kann, wenn

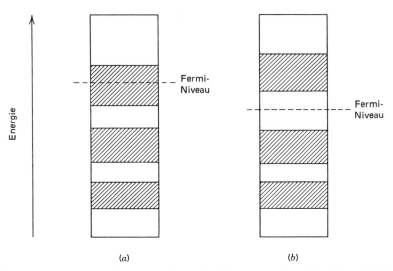

Bild 8-5 Ferminiveau und Energiespektrum für (a) ein kristallines Metall und (b) für einen kristallinen Isolator bei $T = 0$ K. Die erlaubten Energien sind gestrichelt dargestellt. Bei einem Metall liegt das Ferminiveau in einem Band, während es bei einem Isolator in einer verbotenen Zone liegt.

ein elektrisches Feld angelegt wird. Im Gegensatz dazu ist das Band nur teilweise besetzt, wenn das Ferminiveau im Band liegt, und die Elektronen in dem Band können zu einem Strom beitragen, wenn ein elektrisches Feld angelegt wird. Später werden wir noch eine dritte Kategorie betrachten. Defektfreie Halbleiter sind Isolatoren bei tiefen Temperaturen und werden bei hohen Temperaturen, oder wenn sie geeignete Störstellen besitzen, Leiter. Diese beiden Ereignisse sind mit teilweise gefüllten Bändern verbunden.

Da die Zahl der Zustände in einem Band gleich der doppelten Zahl der primitiven Einheitszellen in der Probe ist, muß ein Kristall mit einer ungeraden Zahl von Elektronen pro primitive Einheitszelle metallisch sein. Die Fermienergie liegt dann in einem Band. Andererseits muß ein Kristall mit einer geraden Anzahl von Elektronen pro primitive Einheitszelle nicht notwendig ein Isolator bei $T = 0$ K sein, sogar wenn die Zahl der Elektronen exakt gleich der Zahl der Zustände in einer ganzen Zahl von Bändern ist. Wenn zwei Bänder sich in der Nähe des Ferminiveaus überlappen, erscheint dort keine verbotene Zone und der Kristall ist metallisch. Die Erdalkalimetalle zum Beispiel haben eine gerade Zahl von Elektronen pro Einheitszelle, aber sie sind keine Isolatoren, weil sie überlappende Bänder in der Nähe der Fermienergie besitzen.

Zustandsdichte

Um die Zustände zu zählen, behandeln wir die Elektronenenergie als eine kontinuierliche Funktion des Ausbreitungsvektors und machen Gebrauch von der Zustandsdichtefunktion ähnlich wie beim Schwingungsspektrum. Die Dichte der Zustände $\varrho(E)$ ist so definiert, daß $\varrho(E) dE$ die Anzahl von Elektronenzustän-

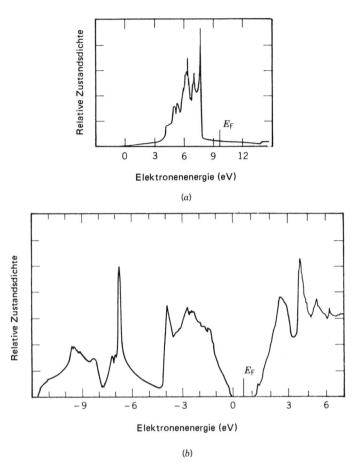

Bild 8-6 (a) Zustandsdichte der Elektronen für Kupfer. Die gestrichelte Linie zeigt das Ferminiveau an. Viele d Zustände, die in einem engen Energiebereich zusammengedrängt sind, verursachen die Maxima direkt unterhalb der Fermienergie. (b) Zustandsdichte der Elektronen für Silizium. Die verbotene Zone zwischen dem Valenzband und dem Leitungsband ist deutlich zu erkennen. ((a) Nach O. Jepson, D. Glotzel und A. R. Mackintosh, *Phys. Rev.* **B** 23:2684, 1981. Mit Erlaubnis der Autoren. (b) Nach D. J. Stukel, T. C. Collins und R. N. Euwema in *Zustandsdichte der Elektronen* (L. H. Bennett, Herausgeber), National Bureau of Standards Special Publication 323; 1971. Mit Genehmigung des National Bureau of Standards).

den mit einer Energie im Intervall von E bis $E + dE$ angibt. Bild 8-6 zeigt einige Beispiele.

Die Ausbreitungsvektoren sind gleichmäßig über den reziproken Raum verteilt, deshalb ist die Zustandsdichte das Produkt aus der Zahl der Zustände pro Volumeneinheit des reziproken Raumes und dem Volumen zwischen den Flächen konstanter Energie für die Energien E und $E + dE$. Im allgemeinen gilt

$$\varrho(E) = \frac{2\tau_s}{(2\pi)^3} \oint \frac{dS}{|\nabla_k E|}, \qquad (8\text{-}24)$$

wobei das Integral über die Fläche konstanter Energie für die Energie E geht und

$$\nabla_k E(k) = \frac{\partial E(\mathbf{k})}{\partial k_x} \hat{\mathbf{x}} + \frac{\partial E(\mathbf{k})}{\partial k_y} \hat{\mathbf{y}} + \frac{\partial E(\mathbf{k})}{\partial k_z} \hat{\mathbf{z}}. \tag{8-25}$$

Gleichung 8-24 ist der Gleichung 8-15 sehr ähnlich: ω wird durch E ersetzt, $\mathbf{q}$ wird durch $\mathbf{k}$ ersetzt und $N\tau$ wird durch das Probenvolumen τ_s ersetzt. Der Faktor 2 in Gleichung 8-24 erscheint wegen der zwei möglichen Werte der z Komponente des Spins.

Für freie Elektronen ist die Fläche konstanter Energie für die Energie E eine Kugel mit dem Radius $k = (2mE/\hbar^2)^{1/2}$ und dem Volumen $(4\pi/3)k^3 = (4\pi/3)(2mE/\hbar^2)^{3/2}$. Die Anzahl der Zustände pro Volumeneinheit des reziproken Raumes ist $\tau_s/4\pi^3$, deshalb haben $(\tau_s/3\pi^2)(2mE/\hbar^2)^{3/2}$ Zustände Ausbreitungsvektoren innerhalb der Kugel. Die Zustandsdichte ist die Ableitung dieser Größe nach E

$$\varrho(E) = \frac{\sqrt{2}\tau_s m^{3/2}}{\pi^2 \hbar^3} E^{1/2}. \tag{8-26}$$

Beispiel 8-2
Man weise nach, daß Gleichung 8-24 für die Zustandsdichte freier Elektronen Gleichung 8-26 ergibt.

Lösung
Bezogen auf die untere Bandkante wird die Energie durch $E(\mathbf{k}) = \hbar^2 k^2/2m$ beschrieben; deshalb ist

$$\nabla_k E = \frac{\hbar^2}{2m} \left[\frac{\partial k^2}{\partial k_x} \hat{\mathbf{x}} + \frac{\partial k^2}{\partial k_y} \hat{\mathbf{y}} + \frac{\partial k^2}{\partial k_z} \hat{\mathbf{z}} \right] = \frac{\hbar^2}{m} [k_x \hat{\mathbf{x}} + k_y \hat{\mathbf{y}} + k_z \hat{\mathbf{z}}] = \frac{\hbar^2}{m} \mathbf{k}.$$

Eine Fläche konstanter Energie ist eine Kugel mit dem Radius $k = (2mE/\hbar^2)^{1/2}$ und $|\nabla_k E|$ ist auf ihr konstant. Deshalb gilt

$$\oint \frac{dS}{|\nabla_k E|} = \frac{1}{|\nabla_k E|} \oint dS = \frac{4\pi m}{\hbar^2 k} k^2 = \frac{4\pi m k}{\hbar^2}$$

und

$$\varrho(E) = \frac{\tau_s}{4\pi^3} \frac{4\pi m k}{\hbar^2} = \frac{\sqrt{2}\tau_s m^{3/2}}{\pi^2 \hbar^3} E^{1/2}. \qquad \blacklozenge$$

Berechnung der Fermienergie.
Die Fermienergie erhält man durch Lösung der Gleichung

$$n = \frac{1}{\tau_s} \int_{E_0}^{E_F} \varrho(E)\, dE, \tag{8-27}$$

8.2 Elektronen am Nullpunkt der absoluten Temperatur

wobei n die Elektronenkonzentration und E_0 die Energie des untersten Elektronenzustandes ist. Das Integral liefert die Zahl der Zustände mit einer Energie zwischen dem untersten Zustand und der Fermienergie. Da alle diese Zustände und keine anderen besetzt sind, ergibt das die Zahl der Elektronen im Festkörper.

In der Praxis braucht die Integration nicht über das gesamte Energiespektrum durchgeführt zu werden. Normalerweise wird die Konzentration der Elektronen in den Rumpfzuständen von der linken Seite der Gleichung 8-27 abgezogen, und E_0 wird als niedrigster Energiezustand außerhalb des Rumpfes interpretiert. Die Gleichung 8-27 ist für alle kristallinen und amorphen Festkörper gültig.

Beispiel 8-3
(a) Man bestimme einen Ausdruck für die Fermienergie eines Metalls, bei dem mit Ausnahme eines Bandes alle Bänder entweder völlig besetzt oder völlig leer sind, und sich die Elektronen des teilweise gefüllten Bandes wie freie Elektronen verhalten, mit einer skalaren effektiven Masse m^*. (b) Die in a gemachten Angaben gelten für Natrium. Man betrachte einen Würfel mit der Kantenlänge 4.225 Å; jedes Atom soll ein Elektron zu dem teilweise gefüllten Band beitragen. Man berechne die Fermienergie für Natrium bezogen auf die untere Bandkante. Die effektive Masse soll die freie Elektronenmasse sein.

Lösung
(a) Für ein teilweise gefülltes Band gilt

$$\varrho(E) = \frac{\sqrt{2}\tau_s(m^*)^{3/2}}{\pi^2 \hbar^3} (E - E_0)^{1/2},$$

wobei E_0 die geringste Energie im Band ist. Wenn n die Konzentration der Elektronen in diesem Band ist, dann gilt

$$n = \frac{\sqrt{2}(m^*)^{3/2}}{\pi^2 \hbar^3} \int_{E_0}^{E_F} (E - E_0)^{1/2} dE = \frac{2\sqrt{2}(m^*)^{3/2}}{3\pi^2 \hbar^3} (E_F - E_0)^{3/2}.$$

Diese Gleichung wird nach der Fermienergie aufgelöst:

$$E_F = E_0 + \frac{\hbar^2}{2m^*} (3\pi^2 n)^{2/3}.$$

Die Fermienergie hängt von der Elektronenkonzentration ab, das heißt, sie ändert sich nicht, wenn die Probe durch Material mit der gleichen Elektronenkonzentration vergrößert wird. (b) Natrium hat zwei Atome pro kubische Einheitszelle und jedes trägt ein Elektron zu dem freien Elektronenband bei, deshalb ist n

$= 2/a^3 = 2/(4.225 \times 10^{-19})^3 = 2.65 \times 10^{28}$ Elektronen/m^3 und

$$E_F = E_0 + \frac{(1.05 \times 10^{-34})^2}{2 \times 9.11 \times 10^{-31}} (3\pi^2 \times 2.65 \times 10^{28})^{2/3}$$

$$= E_0 + 5.15 \times 10^{-19} \text{ J} = E_0 + 3.22 \text{ eV}.$$

Die Fermienergie liegt 3.22 eV oberhalb des Minimums des freien Elektronenbandes. ◆

Fermiflächen von Metallen

Die Fermifläche eines kristallinen Metalls ist eine Fläche konstanter Energie im reziproken Raum, die der Fermienergie entspricht. In der freien Elektronennäherung kann eine Fermifläche auch für ein amorphes Metall definiert werden. Das Ferminiveau eines Isolators dagegen liegt in einer verbotenen Zone, so daß eine Fermifläche nicht existiert.
Wenn die Energiebänder und die Fermienergie eines Metalls erst einmal bestimmt sind, kann die Fermifläche als der Ort aller Ausbreitungsvektoren **k** erzeugt werden, für die gilt $E(\mathbf{k}) = E_F$. Betrachten wir zum Beispiel freie Elektronen und nehmen $E_0 = 0$ an. Die Punkte, die der Beziehung $\hbar^2 k^2/2m^* = E_F$ genügen, liegen auf einer Kugeloberfläche mit dem Radius $k_F = (2m^* E_F/\hbar^2)^{1/2}$. Weil $E_F = (\hbar^2/2m^*)(3\pi^2 n)^{2/3}$ ist, gilt für k_F

$$k_F = (3\pi^2 n)^{1/3} \tag{8-28}$$

Wenn die Fermikugel nicht vollständig innerhalb der Brillouin-Zone liegt, transformieren wir die außerhalb liegenden Bereiche durch reziproke Gittervektoren nach innen.
Bild 8-7 verdeutlicht die Entwicklung der Fermifläche in der freien Elektronennäherung, wenn die Elektronenkonzentration ansteigt. Die Probe soll ein zweidimensionaler quadratischer Kristall sein. Das Diagramm a zeigt die Fermifläche, wenn die Konzentration ein Elektron pro primitive Einheitszelle beträgt. Oben ist die Bandstrukturdarstellung mit Kurven für **k** längs der Kante des Quadrats und längs der Diagonalen des Quadrats. Das Ferminiveau ist die gestrichelte Linie. Der Fermikreis, der im darunterliegenden zweiten Diagramm dargestellt ist, liegt vollständig innerhalb der Brillouin-Zone.
Wenn es zwei Elektronen pro Einheitszelle gibt, sieht das Diagramm wie in b aus. Wie das obere Diagramm zeigt, hat die Fermifläche zwei Zweige, einen im ersten Band und einen im zweiten Band. Das Diagramm darunter zeigt den Fermikreis und die beiden untersten Diagramme zeigen die Fermiflächen des ersten und zweiten Bandes im reduzierten Zonenschema. Die Kreisteile, die außerhalb der Zone liegen, sind durch reziproke Gittervektoren nach innen transformiert worden. Die besetzten Zustände sind schattiert dargestellt.
Wie diese Diagramme bereits andeuten, kann die Fermifläche sehr kompliziert sein, sogar dann, wenn die Elektronen quasifrei sind. Als Beispiel ist die Fermi-

8.2 Elektronen am Nullpunkt der absoluten Temperatur 265

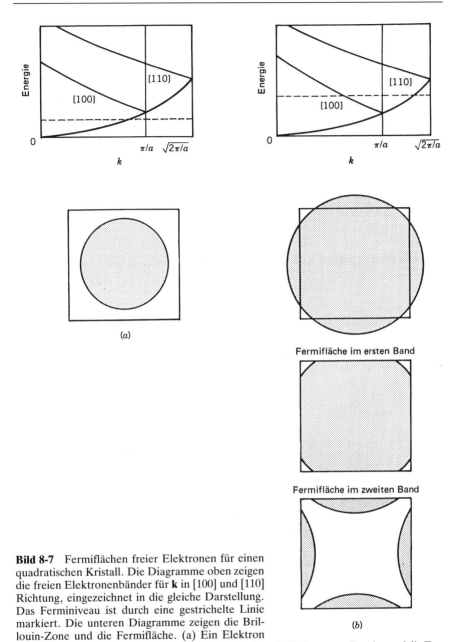

Bild 8-7 Fermiflächen freier Elektronen für einen quadratischen Kristall. Die Diagramme oben zeigen die freien Elektronenbänder für **k** in [100] und [110] Richtung, eingezeichnet in die gleiche Darstellung. Das Ferminiveau ist durch eine gestrichelte Linie markiert. Die unteren Diagramme zeigen die Brillouin-Zone und die Fermifläche. (a) Ein Elektron pro primitive Einheitszelle. Das Ferminiveau liegt innerhalb des ersten Bandes und die Fermifläche liegt innerhalb der Brillouin-Zone. (b) Zwei Elektronen pro primitive Einheitszelle. Das Ferminiveau liegt in zwei Bändern. Das zweite Diagramm von oben zeigt die Fermifläche im erweiterten Zonenschema, während die anderen beiden Diagramme die Fermifläche des ersten und zweiten Bandes im reduzierten Zonenschema darstellen. Die Fermifläche des zweiten Bandes erhält man aus dem erweiterten Zonenschema durch Transformation der außerhalb liegenden Teile nach innen mit Hilfe eines reziproken Gittervektors. Die besetzten Zustände sind durch Schattierung gekennzeichnet.

266   8. Thermodynamik von Phononen und Elektronen

fläche von Aluminium in Bild 8-8 dargestellt. Bei diesem Metall liefert jede primitive Einheitszelle drei Elektronen zu den quasifreien Elektronenbändern. Das erste Band ist völlig besetzt und Teile der Fermifläche liegen im zweiten, dritten und vierten Band. Die Flächen für das zweite und dritte Band sind nahezu Teile von Kugeln, transformiert in die Brillouin-Zone.

Eine schwache potentielle Energie verursacht Ausbauchungen der Fermikugel in Richtung der Zonengrenzen. Bild 8-9 a zeigt ein Band quasifreier Elektronen und im Vergleich dazu ein parabolisches Band. Wenn das Ferminiveau in dem Bereich liegt, in dem die Kurve für quasifreie Elektronen von der Parabel abweicht, liegt die Fermifläche näher an der Zonengrenze als die entsprechende Fläche für völlig freie Elektronen. Der Einfluß auf eine Ein-Band Fermifläche ist in (b) und der Einfluß auf eine Zwei-Band Fermifläche ist in (c) gezeigt. Die Flächen in beiden Bändern verbiegen sich in Richtung der Zonengrenzen.

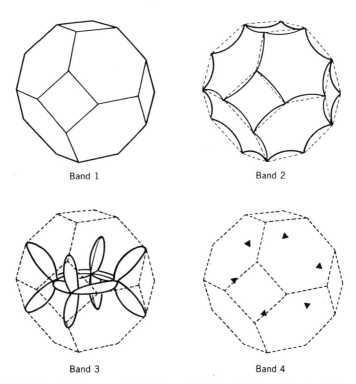

Bild 8-8 Die Fermifläche von Aluminium. Die verschiedenen Zweige können durch Translation der außerhalb liegenden Kugelteile ins Innere der Zone konstruiert werden. Das erste Band ist völlig gefüllt, während das zweite Band leere Zustände enthält; die besetzten Zustände liegen zwischen der Fläche und der Zonengrenze. Die besetzten Zustände im dritten Band werden durch die dargestellten Flächen eingeschlossen. Das vierte Band hat kleine Taschen von besetzten Zuständen. Die für das dritte und vierte Band dargestellten Zonen sind gegenüber den Zonen des ersten und zweiten Bandes verschoben; das Zonenzentrum der beiden letzten Diagramme ist das Zentrum der quadratischen Fläche der Zone für die ersten beiden Diagramme. (Nach W. A. Harrison, *Elektronenstruktur und Eigenschaften der Festkörper* (San Francisco, Freeman, 1980). Mit Erlaubnis des Autors).

8.2 Elektronen am Nullpunkt der absoluten Temperatur 267

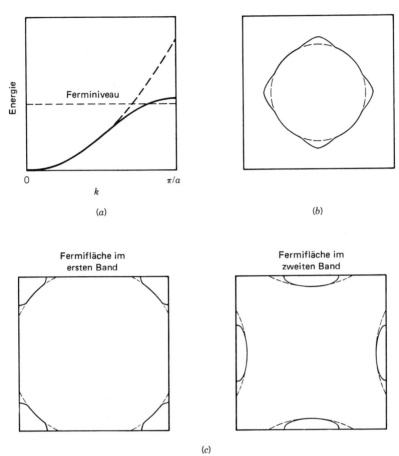

Bild 8-9 (a) Freie (gestrichelte Kurve) und quasifreie (durchgezogene Kurve) Elektronenbänder in der gleichen Darstellung. (b) Fermiflächen für freie (gestrichelte Kurve) und quasifreie (durchgezogene Kurve) Elektronen. Wenn die Elektronen mit den Atomen des Kristalls wechselwirken, baucht die Fermifläche zu den Zonengrenzen hin aus. (c) Der Einfluß eines schwachen Potentials auf eine Zwei-Band Fermifläche. Jede Fermifläche verbiegt sich in Richtung zur Zonengrenze.

Die Anwesenheit von d Bändern hat den gleichen Effekt. Das Ferminiveau von Kupfer zum Beispiel schneidet die Energiekurve für quasifreie Elektronen in der [100] und in der [110] Richtung von **k**, in der [111] Richtung von **k** dagegen tritt kein Schnitt auf. Die Fermifläche ist in Bild 8-10 dargestellt. Der Grundkörper ist nahezu eine Kugel, aber es gibt Hälse vom Zentralbereich zu den Zentren der hexagonalen Flächen in den [111] Richtungen.

Wir haben zwei Kriterien angegeben, um Metalle von Isolatoren zu unterscheiden. Bezüglich der Bindung: die Funktion der potentiellen Energie in einem Metall ist schwach und die Wellenfunktionen der äußeren Elektronen sind über den ganzen Festkörper ausgebreitet und erzeugen eine fast einheitliche Wahrscheinlichkeitsdichte. Bezüglich der Bandstruktur: ein Metall hat teilweise besetzte

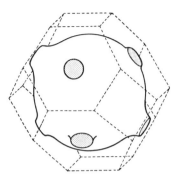

Bild 8-10 Die Fermifläche von Kupfer. Es erstrecken sich Hälse von der Zentralkugel zu den Zentren der hexagonalen Flächen der Brillouin-Zone. Die Bereiche, die in Kontakt mit den Flächen kommen, sind schattiert. (Nach C. Kittel, *Einführung in die Festkörperphysik*, 8. Auflage (München, Wien; Oldenbourg, 1988). Mit Genehmigung des Autors.)

Bänder bei $T = 0$ K oder, was gleichbedeutend ist, es hat eine Fermifläche. Ein Zusammenhang zwischen diesen beiden Betrachtungsweisen bei einem Metall wird in Bild 8-9 c dargestellt durch eine Zwei-Band Fermifläche quasifreier Elektronen. In der dort dargestellten Situation sind die Zustände im ersten und im zweiten Band nur teilweise besetzt und das Material ist eindeutig metallisch. Die Zustände des ersten Bandes sind in den Ecken und die Zustände des zweiten Bandes sind im Zentrum der Zone leer. Wir nehmen nun an, daß die Größe der potentiellen Energie ansteigt; dadurch werden die Elektronen stärker an die Ionenrümpfe gebunden. Die Energiebänder werden dann stärker zur Zonengrenze hin verbogen und die Fermifläche des ersten Bandes bewegt sich nach außen zu den Zonenecken, während sich die Fermifläche des zweiten Bandes zum Zentrum der Zonenfläche bewegt. Es werden mehr Zustände im ersten Band und weniger Zustände im zweiten Band besetzt.

Wenn die potentielle Energie genügend groß ist, verschwindet die Fermifläche des ersten Bandes in den Zonenecken und die Fläche des zweiten Bandes verschwindet im Zentrum der Zonenflächen. Alle Zustände des zweiten Bandes haben jetzt eine Energie, die größer ist als die der Zustände des ersten Bandes, und eine verbotene Zone erscheint im Energiespektrum. Der Festkörper ist ein Isolator geworden.

8.3 Elektronen bei Temperaturen oberhalb des absoluten Nullpunktes: Metalle

Die Fermi-Dirac Verteilungsfunktion

Wenn die Temperatur eines Festkörpers höher als $T = 0$ K ist, erhalten die Elektronen einen Teil der Energie, die vom Festkörper absorbiert wurde und bewegen sich von Zuständen unterhalb des Ferminiveaus zu vorher unbesetzten Zuständen oberhalb. Die Wahrscheinlichkeit dafür, daß ein Elektronenzustand mit der Energie E besetzt ist, wird für einen Festkörper im thermischen Gleichgewicht bei der Temperatur T durch die Fermi-Dirac Verteilungsfunktion angegeben

8.3 Elektronen: Metalle

$$f(E) = \frac{1}{e^{\beta(E-\eta)} + 1} . \qquad (8\text{-}29)$$

Dabei ist $\beta = 1/k_B T$ und η eine Größe, die chemisches Potential des Systems genannt wird. Sie wird bald detaillierter diskutiert werden. Alle Zustände mit der gleichen Energie werden mit derselben Wahrscheinlichkeit besetzt.
Die Fermi-Dirac Verteilungsfunktion folgt aus dem Pauliprinzip und den Gesetzen der statistischen Mechanik. Für ihre Herleitung behandeln wir jeden Elektronenzustand als ein unabhängiges System im Gleichgewicht mit einem thermischen Reservoir der Temperatur T. Da sich die Zahl der Teilchen in jedem Zustand mit der Temperatur ändert, nehmen wir zusätzlich an, daß der Zustand Elektronen mit einem Teilchenreservoir austauschen kann. Die Energie von jedem Teilchen in dem Reservoir ist das chemische Potential η. Wenn s Elektronen das Reservoir verlassen und einen Zustand mit der Energie E besetzen, der davor leer gewesen sein soll, steigt die Energie um $s(E - \eta)$ an und nach der statistischen Mechanik ist die Wahrscheinlichkeit dafür proportional zu $e^{-\beta s(E-\eta)}$. $P_s = Ae^{-\beta s(E-\eta)}$ ist die Wahrscheinlichkeit dafür, daß ein Zustand mit s Elektronen besetzt ist und A ist dabei eine Proportionalitätskonstante. Natürlich ist s entweder 0 oder 1, weil die Elektronen dem Pauliprinzip gehorchen.
Da ein Zustand entweder mit einem einzigen Elektron besetzt oder unbesetzt ist, gilt $P_0 + P_1 = 1$. Deshalb ist

$$A = \frac{1}{1 + e^{-\beta(E-\eta)}} \qquad (8\text{-}30)$$

und

$$P_1 = \frac{e^{-\beta(E-\eta)}}{1 + e^{-\beta(E-\eta)}} = \frac{1}{e^{-\beta(E-\eta)} + 1} . \qquad (8\text{-}31)$$

Das ist die Fermi-Dirac Verteilungsfunktion. Sie gibt auch die mittlere Zahl von Elektronen in einem Zustand mit der Energie E bei der Temperatur T an. Sogar im thermischen Gleichgewicht finden kontinuierlich Übergänge von Elektronen in und aus den Zuständen statt und $f(E)$ kann deshalb auch als Bruchteil der Zeit interpretiert werden, in dem der Zustand besetzt ist. Dieser Wert liegt zwischen 0 und 1.
Die Elektronen in einem Festkörper bilden ein Teilchenreservoir und, um uns an die vorherige Diskussion anzuschließen, denken wir uns ein Elektron, das vorübergehend die Energie η besitzt, wenn es von einem Zustand zum anderen übergeht. Ein Reservoir, das frei Elektronen mit einer Probe austauscht, ist jedoch von der aktuellen Situation in einem wesentlichen Gesichtspunkt verschieden. Wenn das chemische Potential, das zum Reservoir gehört, festgelegt ist, ist die Zahl der Elektronen in der Probe temperaturabhängig. Nach Gleichung 8-29 ist die Gesamtelektronenkonzentration

$$n = \frac{1}{\tau_s} \sum \frac{1}{e^{\beta(E-\eta)} + 1} . \qquad (8\text{-}32)$$

Summiert wird dabei über alle Elektronenzustände und τ_s ist das Probenvolumen. Es ist klar, daß n eine Funktion der Temperatur ist, wenn es η nicht ist. Für jede Temperatur wählt man jedoch für das chemische Potential einen solchen Wert aus, daß die Summe auf der rechten Seite gleich der tatsächlichen Elektronenkonzentration in der Probe ist. Dann ist η temperaturabhängig und n nicht. In den meisten Fällen ist n bekannt und Gleichung 8-32 wird nach η aufgelöst. Dann wird Gleichung 8-29 dazu verwendet, die Besetzungswahrscheinlichkeit eines Zustandes zu bestimmen.

Die Fermi-Dirac Funktion für $T = 0$ ist in Bild 8-11a dargestellt. Für Zustände mit $E < \eta$ wird der Exponent in Gleichung 8-29 negativ und, wenn β groß wird, verschwindet der Exponentialausdruck. Im Tieftemperaturbereich ist $f(E) \approx 1$ für diese Zustände. Der Exponent ist dagegen positiv für die Zustände mit $E > \eta$ und für diese Zustände gilt $f(E) \to 0$ für $T \to 0$. Am Nullpunkt der absoluten Temperatur sind die Zustände, deren Energien kleiner als das chemische Potential sind, garantiert besetzt, während die Zustände, deren Energien größer als das chemische Potential sind, mit Sicherheit unbesetzt sind. Wir identifizieren η bei $T = 0$ mit der Fermienergie.*

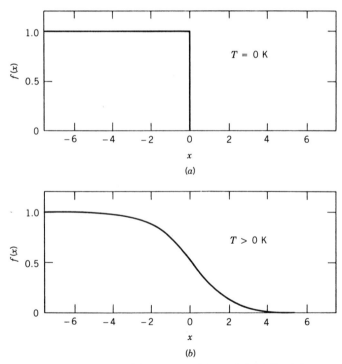

Bild 8-11 Die Fermiverteilung für (a) $T = 0$ und (b) $T > 0$ K, als Funktion von $x = \beta (E - \eta)$ dargestellt. Die Kurven unterscheiden sich nur in einem Bereich von wenigen $k_B T$ Breite in der Nähe von $E = \eta$.

---

* In der Isolator- und Halbleiterphysik wird bei allen Temperaturen das Ferminiveau für das chemische Potential verwendet.

8.3 Elektronen: Metalle 271

Die Fermi-Dirac Verteilungsfunktion ist für $T > 0$ in Bild 8-11b dargestellt. Für $E = \eta$ hat die Funktion den Wert 0.5 bei jeder Temperatur oberhalb des absoluten Nullpunktes. Für Energien, die deutlich verschieden vom chemischen Potential sind, strebt die Funktion exponentiell gegen 0 oder 1. Das folgende Beispiel zeigt, wie die Funktion quantitativ von der Temperatur abhängt.

Beispiel 8-4
(a) Man bestimme die Besetzungswahrscheinlichkeit für einen Zustand, der 0.110eV unter dem chemischen Potential liegt, bei $T = 50$, 300 und 1200 K. (b) Man wiederhole die Rechnung für einen Zustand 0.110eV über dem chemischen Potential.

Lösung
Für $T = 50$ K ist $\beta = 1/(k_B T) = 1/(8.62 \times 10^{-5} \times 50) = 2.32 \times 10^2$ eV^{-1}. Für $T = 300$ K ist $\beta = 38.7$ eV^{-1} und für $T = 1200$ K ist $\beta = 9.67$ eV^{-1}. (a) Bei 500 K ist $f(E) = [e^{\beta(E-\eta)} + 1]^{-1} = [e^{-232 \times 0.110} + 1]^{-1} = 1.00$. Bei 300 K ist $f(E) = 0.986$ und bei 1200 K ist $f(E) = 0.744$. Dieser Zustand ist bei 50 K immer besetzt. Bei 300 K ist er einen kleinen Bruchteil der Zeit unbesetzt und bei 1200 K ist er ungefähr ein Viertel der Zeit leer. (b) Bei 50 K ist $f(E) = [e^{+232 \times 0.110} + 1]^{-1} = 8.24 \times 10^{-12} = 0$. Bei 300 K ist $f(E) = 1.41 \times 10^{-2}$ und bei 1200 K ist $f(E) = 0.256$. Dieser Zustand ist bei 50 K unbesetzt, bei 300 K einen geringen Bruchteil der Zeit und bei 1200 K etwa ein Viertel der Zeit besetzt. ◆

Das Beispiel ist etwas irreführend, weil das chemische Potential temperaturabhängig ist. $E - \eta$ hängt von der Temperatur ab, aber wie wir sehen werden, ist die Abhängigkeit nicht stark und das Beispiel kann als Leitfaden für das Verhalten der Fermi-Dirac Verteilungsfunktion betrachtet werden. Man beachte, daß die Besetzungswahrscheinlichkeit für einen Zustand mit kleinerer Energie als das chemische Potential bei Temperaturanstieg von 1 abfällt, während die Besetzungswahrscheinlichkeit für einen Zustand mit größerer Energie als das chemische Potential von 0 ansteigt. Die Elektronen werden thermisch angeregt von den Zuständen mit $E < \eta$ zu den Zuständen mit $E > \eta$.
Die Besetzungswahrscheinlichkeit eines Zustandes mit der Energie E unterscheidet sich nicht stark von ihrem Wert bei $T = 0$, wenn $k_B T$ nicht in der Größenordnung von $|E - \eta|$ liegt. Bedeutende thermische Anregungen finden nur in einem Energiebereich von wenigen $k_B T$ Breite statt. Das Zentrum liegt bei $E = \eta$. Die Energiebreite ΔE der Funktion beträgt zum Beispiel von $f(E) = 0.99$ zu $f(E) = 0.01$ ungefähr 4.6 $k_B T$. Sogar am Schmelzpunkt eines Festkörpers ist dieser Bereich schmal, verglichen mit dem Gesamtbereich der Elektronenenergien: bei 300 K ist $k_B T = 0.0259$eV und bei 1200 K ist $k_B T = 0.104$eV.
Um das chemische Potential zu berechnen, wird jedes Band als kontinuierliches behandelt und Gleichung 8-32 wird durch die Dichte der Zustände ausgedrückt

$$n = \frac{1}{\tau_s} \int_{E_0}^{\infty} f(E) \varrho(E) \, dE. \tag{8-33}$$

Dabei ist E_0 die Energie des geringsten Elektronenzustandes im Festkörper. Normalerweise bezeichnet n die Elektronenkonzentration in den Zuständen außerhalb der Atomrümpfe und E_0 ist die minimale Energie dieser Elektronen. Dieses Verfahren ist korrekt, weil $f(E)$ für die Rumpfelektronen 1 ist. Wir betrachten nun die Berechnung des chemischen Potentials für ein einfaches Modell eines Metalls.

Das chemische Potential eines Metalls

Das Integral in Gleichung 8-33 kann leicht durch eine Potenzreihe der Temperatur T abgeschätzt werden. Man kann schreiben

$$n = \int_{E_0}^{\infty} h'(E) f(E)\, dE, \tag{8-34}$$

wobei

$$h(E) = \int_{E_0}^{E} \varrho(E)\, dE. \tag{8-35}$$

Dabei ist h' die Ableitung von h nach E. Integrale dieser Form werden in Anhang D betrachtet und es wird gezeigt, daß sie folgende Reihenentwicklung haben

$$n = h(\eta) + \frac{\pi^2}{6}(k_B T)^2 h''(\eta) + \ldots . \tag{8-36}$$

Dabei ist h'' die zweite Ableitung von h. Wir benötigen nur die ersten beiden Terme. Wenn man Gleichung 8-35 in Gleichung 8-36 einsetzt, erhält man

$$n = \frac{1}{\tau_s} \int_{E_0}^{\eta} \varrho(E)\, dE + \frac{\pi^2}{6\tau_s}(k_B T)^2 \varrho'(\eta). \tag{8-37}$$

Diese Gleichung muß nach η aufgelöst werden.
Bei $T = 0$ K sind alle Zustände mit Energien unterhalb E_F ausnahmslos mit Elektronen besetzt. Deshalb gilt

$$n = \frac{1}{\tau_s} \int_{E_0}^{E_F} \varrho(E)\, dE. \tag{8-38}$$

Durch Einsetzen dieser Beziehung in Gleichung 8-37 und unter Verwendung von

$$\int_{E_0}^{\eta} \varrho\, dE - \int_{E_0}^{E_F} \varrho\, dE = \int_{E_F}^{\eta} \varrho\, dE \tag{8-39}$$

erhält man

$$\frac{1}{\tau_s} \int_{E_F}^{\eta} \varrho(E)\, dE + \frac{\pi^2}{6\tau_s}(k_B T)^2 \varrho'(\eta) = 0. \tag{8-40}$$

Da η sich nicht stark von der Fermienergie E_F unterscheidet, können wir $\varrho(E)$ durch $\varrho(E_F)$ im Integral ersetzen und im letzten Term $\varrho'(\eta)$ durch $\varrho'(E_F)$. Dann erhält man

$$\frac{1}{\tau_s}(\eta - E_F)\varrho(E_F) + \frac{\pi^2}{6\tau_s}(k_B T)^2 \varrho'(E_F) = 0 \tag{8-41}$$

und

$$\eta = E_F - \frac{\pi^2}{6}(k_B T)^2 \frac{\varrho'(E_F)}{\varrho(E_F)}. \tag{8-42}$$

Wenn die Dichte der Zustände direkt oberhalb des Ferminiveaus größer ist als direkt unterhalb des Ferminiveaus, dann ist $\varrho'(E_F)$ positiv und das chemische Potential fällt von E_F mit ansteigender Temperatur. Umgekehrt steigt das chemische Potential mit ansteigender Temperatur, wenn $\varrho'(E_F)$ negativ ist.

Die Gleichung 8-42 kann qualitativ verstanden werden. Bei einem Temperaturanstieg verbreitet sich der zentrale Teil der Fermi-Dirac Verteilungsfunktion und die Besetzungswahrscheinlichkeiten für Zustände oberhalb E_F nehmen zu, während die Besetzungswahrscheinlichkeiten für Zustände unterhalb E_F abnehmen. Wir nehmen an, daß $\varrho'(E_F)$ positiv ist. Wenn sich nun das chemische Potential nicht ändern würde, würde die Zunahme der Elektronenzahl oberhalb E_F größer sein als die Abnahme der Zahl unterhalb E_F. Eine leichte Verschiebung des chemischen Potentials nach unten ist erforderlich, um die Elektronen zu erhalten. Das folgende Beispiel zeigt die Größe dieser Verschiebung.

Beispiel 8-5
(a) Man bestimme einen Ausdruck für das chemische Potential als Funktion der Temperatur, wenn das Ferminiveau in einem einzelnen freien Elektronenband liegt. (b) Man schätze das chemische Potential in bezug auf das Ferminiveau für Natrium ab. Man rechne für die Temperaturen 50 K und 390 K. Die zweite Temperatur liegt nahe am Schmelzpunkt.

Lösung
(a) Die Zustandsdichte für ein freies Elektronenband ist proportional zu $E^{1/2}$, deshalb wird $\varrho'(E_F)/\varrho(E_F) = 1/2\, E_F$ und nach Gleichung 8-42 ist $\eta = E_F - (\pi^2/12)(k_B T)^2/E_F$. (b) Bei 50 K ist $k_B T = 4.31 \times 10^{-3}$ eV und bei 390 K ist $k_B T = 3.36 \times 10^{-2}$ eV. Aus Beispiel 8-3 kennen wir die Fermienergie von Natrium bezogen auf die untere Kante des freien Elektronenbandes. Sie beträgt $E_F = 3.22$ eV. Bei 50 K ist $\eta - E_F = -(\pi^2/12)(4.31 \times 10^{-3})^2/3.22 = -4.74 \times 10^{-6}$ eV und bei 390 K ist $\eta - E_F = -2.88 \times 10^{-4}$ eV. Diese Abweichungen des chemischen Potentials von der Fermienergie sind sehr gering im Vergleich zur Fermienergie. ◆

Die Gesamtenergie der Elektronen

Die Gesamtenergie eines Elektronensystems im thermischen Gleichgewicht bei der Temperatur T ist durch

$$E_T = \Sigma \, E f(E) \tag{8-43}$$

gegeben. Summiert wird dabei über alle Elektronenzustände. Jeder Term ist ein Produkt aus der Energie eines Zustandes und der mittleren Zahl der Elektronen, die diesen Zustand besetzen. Die Zustandsdichte $\varrho(E)$ kann dazu verwendet werden, die Gesamtenergie in Integralform zu schreiben.

$$E_T = \int_{E_0}^{\infty} E\varrho(E)f(E)\, dE. \tag{8-44}$$

E_0 ist die niedrigste Elektronenenergie des Festkörpers. Die Gleichung 8-44 hat die selbe Form wie das Integral in Gleichung 8-34

$$h(E) = \int_{E_0}^{E} E\varrho(E)\, dE. \tag{8-45}$$

Nach Gleichung 8-36 gilt

$$E_T = \int_{E_0}^{\eta} E\varrho(E)\, dE + \frac{\pi^2}{6}(k_B T)^2[\varrho(\eta) + \eta\varrho'(\eta)]. \tag{8-46}$$

Da der Unterschied zwischen η und E_F gering ist, können wir schreiben

$$\int_{E_0}^{\eta} E\varrho(E)\, dE = \int_{E_0}^{E_F} E\varrho(E)\, dE + \int_{E_F}^{\eta} E\varrho(E)\, dE$$

$$= \int_{E_0}^{E_F} E\varrho(E)\, dE + E_F \varrho(E_F)[\eta - E_F]$$

$$= \int_{E_0}^{E_F} E\varrho(E)\, dE - \frac{\pi^2}{6}(k_B T)^2 E_F \varrho'(E_F). \tag{8-47}$$

Gleichung 8-42 wurde benutzt, um $\eta - E_F$ zu ersetzen. Wenn man in den Klammern von Gleichung 8-46 η durch E_F ersetzt, erhält man

$$E_T = \int_{E_0}^{E_F} E\varrho(E)\, dE + \frac{\pi^2}{6}(k_B T)^2 \varrho(E_F). \tag{8-48}$$

Der erste Ausdruck in Gleichung 8-48 stellt die Gesamtenergie der Elektronen bei $T = 0$ K dar, während der zweite die durch Temperaturerhöhung erscheinende zusätzliche Energie der Elektronen bedeutet. Dieser Ausdruck wird manchmal thermische Energie der Elektronen genannt.

Wir können qualitativ die quadratische Abhängigkeit der Größe E_T von T verstehen. Wir nehmen an, daß die Temperatur von 0 K auf T ansteigt. Am meisten werden die Elektronen im Bereich weniger $k_B T$ um die Fermienergie beeinflußt. Ihre Zahl ist proportional zu $k_B T$. Im Mittel erhalten sie alle eine Energie $k_B T$, so daß die Gesamtenergie proportional zu T^2 ist. Wenn die Elektronen jedoch als klassische Teilchen betrachtet würden, dann würde jedes die Energie $k_B T$ erhalten und die Gesamtenergie würde proportional zu T sein. Die tatsächliche thermische Energie ist viel kleiner als der klassische Wert.

8.4 Elektronen bei Temperaturen oberhalb des absoluten Nullpunktes: Halbleiter

Das chemische Potential

Der Einfachheit halber betrachten wir einen reinen Kristall mit einem einzigen Leitungsband und einem einzigen Valenzband. Bei $T = 0$ K ist das Valenzband völlig gefüllt, das Leitungsband völlig leer und das chemische Potential liegt in der verbotenen Zone zwischen diesen Bändern.
Der Integrationsbereich in Gleichung 8-33 wird in zwei Teile unterteilt, in das Valenzband und in das Leitungsband. Die Gesamtkonzentration beträgt $n = n_c + n_v$, wobei n_c die Elektronenkonzentration des Leitungsbandes und n_v die Elektronenkonzentration des Valenzbandes ist. Für einen reinen Isolator oder Halbleiter ist die Gesamtzahl der Elektronen gerade so groß, um das Valenzband zu füllen.

$$n_c + n_v = N_v. \tag{8-49}$$

N_v ist die Zahl der Zustände pro Volumeneinheit im Valenzband.
Die Beiträge des Valenzbandes zu den Materialeigenschaften werden im allgemeinen durch Löcher und nicht durch Elektronen ausgedrückt. Details werden im Kapitel 9 angegeben. Hier stellen wir einfach fest, daß die Zahl der Löcher die gleiche ist wie die Zahl der leeren Zustände. Deshalb ist die Löcherkonzentration p_v im Valenzband durch $p_v = N_v - n_v$ gegeben und Gleichung 8-49 wird zu

$$n_c = p_v. \tag{8-50}$$

Ein Loch im Valenzband wird durch jedes thermisch in das Leitungsband angeregte Elektron erzeugt.
Für Elektronen im Leitungsband gilt

$$n_c = \frac{1}{\tau_s} \int_{E_c}^{\infty} \varrho_c(E) f(E) \, dE = \frac{1}{\tau_s} \int_{E_c}^{\infty} \frac{\varrho_c(E)}{e^{\beta(E-\eta)} + 1} \, dE$$

$$\approx \frac{1}{\tau_s} \int_{E_c}^{\infty} \varrho_c(E) e^{-\beta(E-\eta)} \, dE. \tag{8-51}$$

$\varrho_c(E)$ ist die Zustandsdichte des Leitungsbandes und E_c ist die Energie an der unteren Leitungsbandkante. Da $f(E)$ oben im Leitungsband extrem klein ist, wird die obere Integrationsgrenze nach ∞ gelegt.

8. Thermodynamik von Phononen und Elektronen

Um die letzte Form von Gleichung 8-51 zu erhalten, haben wir angenommen, daß $e^{\beta(E-\eta)} \gg 1$ für alle Energien im Band. Diese Annahme kann durch genaue numerische Berechnungen gerechtfertigt werden, die zeigen, daß η in der Nähe des Zentrums der verbotenen Zone zwischen Valenz- und Leitungsband liegt. Da $E - \eta$ ungefähr ein halbes Elektronenvolt ist und β etwa $40\,\text{eV}^{-1}$ bei Zimmertemperatur ist, erscheint diese Annahme gerechtfertigt. Sogar bei $T = 2000$ K erhält man erst im dritten Ausdruck einen Fehler.

Wir betrachten ein isotropes parabolisches Band mit

$$\varrho_c(E) = \frac{\sqrt{2}\tau_s(m_e)^{3/2}}{\pi^2\hbar^3}(E - E_c)^{1/2} \tag{8-52}$$

Dabei ist m_e die effektive Elektronenmasse. Das Integral in Gleichung 8-51 kann abgeschätzt werden und man erhält

$$n_c = N_c^* e^{-\beta(E_c - \eta)}, \tag{8-53}$$

wobei

$$N_c^* = 2\left[\frac{m_e k_B T}{2\pi\hbar^2}\right]^{3/2}. \tag{8-54}$$

N_c^* wird die effektive Zahl der Zustände des Leitungsbandes pro Volumeneinheit genannt. Gleichung 8-53 kann schön interpretiert werden. Wir ersetzen das tatsächliche Leitungsbandspektrum durch ein einziges Niveau bei E_c und nehmen an, daß es N_c^* dazugehörige Zustände pro Volumeneinheit gibt. Dann gibt Gleichung 8-53 die Elektronenkonzentration an, wenn $E_c - \eta \gg kT$ ist.

Für die Zustände des Valenzbandes schreiben wir

$$f(E) = 1 - \frac{1}{e^{-\beta(E - \eta)} + 1}, \tag{8-55}$$

Das ist algebraisch identisch mit Gleichung 8-29. Die Elektronenkonzentration im Valenzband wird gegeben durch

$$n_v = \frac{1}{\tau_s}\int_{-\infty}^{E_v}\varrho(E)f(E)\,dE = N_v - \int_{-\infty}^{E_v}\frac{\varrho(E)}{e^{-\beta(E - \eta)} + 1}\,dE. \tag{8-56}$$

E_v ist die Energie an der oberen Valenzbandkante und der erste Term stammt von dem Integral $\varrho_v(E)$ über das Band. Die untere Integrationsgrenze wird $-\infty$ gesetzt, weil der Integrand extrem klein bei unteren Energien ist.
Ein Vergleich von $n_v = N_v - p_v$ mit Gleichung 8-56 zeigt, daß die Löcherkonzentration ist

$$p_v = \int_{-\infty}^{E_v}\frac{\varrho_v(E)}{e^{-\beta(E - \eta)} + 1}\,dE \approx \int_{-\infty}^{E_v}\varrho_v(E)e^{\beta(E - \eta)}\,dE. \tag{8-57}$$

Die letzte Form ist gültig, weil $\eta - E \gg k_B T$ für alle Zustände im Band ist.
Die Zustandsdichte soll sein

$$\varrho_v(E) = \frac{\sqrt{2}\tau_s(m_h)^{3/2}}{\pi^2 \hbar^3} (E_v - E)^{1/2}. \tag{8-58}$$

Hierbei ist m_n die effektive Masse für das Valenzband. Sie wird effektive Löchermasse genannt. Die Gleichung 8-57 wird zu

$$p_v = N_v^* e^{\beta(E_v - \eta)}, \tag{8-59}$$

wobei

$$N_v^* = 2 \left[\frac{m_h k_B T}{2\pi \hbar^2} \right]^{3/2} \tag{8-60}$$

die effektive Anzahl der Zustände pro Einheitsvolumen im Valenzband ist. Wenn die Gleichungen 8-53 und 8-59 in Gleichung 8-50 eingesetzt werden, erhält man

$$N_c^* e^{-\beta(E_c - \eta)} = N_v^* e^{\beta(E_v - \eta)}. \tag{8-61}$$

Deshalb gilt

$$\eta = \frac{E_c + E_v}{2} + \frac{k_B T}{2} \ln \left[\frac{N_v^*}{N_c^*} \right]. \tag{8-62}$$

Bei $T = 0$ K gilt $\eta = 1/2 (E_c + E_v)$. Das Ferminiveau liegt in der Mitte der verbotenen Zone zwischen Valenz- und Leitungsband. Wenn die Temperatur ansteigt, bewegt es sich vom Zentrum der verbotenen Zone weg, genau wie bei einem Metall. Sein Wert wird durch Gleichung 8-33 eingestellt, die besagt, daß die Gesamtzahl der Elektronen für alle Temperaturen die gleiche ist. Wenn zum Beispiel $N_v^* > N_c^*$ ist, dann ist die Dichte der Zustände im Valenzband größer als die Dichte der Zustände im Leitungsband und η wächst mit der Temperatur an.
Die Konzentration der Elektronen im Leitungsband ist durch $n_c = N_c^* e^{-\beta(E_c - \eta)}$ gegeben und, wenn Gleichung 8-62 für η angewandt wird, erhält man

$$n_c = [N_c^* N_v^*]^{1/2} e^{-\beta E_g/2}. \tag{8-63}$$

$E_G = E_c - E_v$ ist die Breite der verbotenen Zone zwischen Valenz- und Leitungsband. Die Gleichung 8-63 gibt auch die Konzentration der Löcher im Valenzband an. Da sowohl N_v^* als auch N_c^* schwach von der Temperatur abhängen, wird die Temperaturabhängigkeit von n_c hauptsächlich durch den Exponentialfaktor in Gleichung 8-63 bestimmt. Wenn man den natürlichen Logarithmus der Konzentration als Funktion von β aufträgt, erhält man eine nahezu gerade Linie mit dem Anstieg $-1/2\, E_g$.

Beispiel 8-6

In einem vereinfachenden Modell nehmen wir an, daß Germanium ein einzelnes Valenzband und ein einzelnes Leitungsband mit einer verbotenen Zone von 0.670 eV besitzt. Die effektiven Massen sind $m_h = 0.370 m_0$ und $m_e = 0.550 m_0$, wobei m_0 die freie Elektronenmasse angibt. Man berechne: (a) Die Fermienergie bezogen auf die obere Valenzbandkante; (b) das chemische Potential bei 300 K relativ zur Fermienergie; (c) die Besetzungswahrscheinlichkeit bei 300 K für einen Zustand an der unteren Leitungsbandkante und (d) die Wahrscheinlichkeit dafür, daß ein Zustand bei 300 K an der oberen Valenzbandkante leer ist; (e) die Elektronenkonzentration im Leitungsband bei 300 K.

Lösung

(a) Man setze $E_v = 0$ und $E_c = 0.670$ eV. Dann ist $E_F = 1/2 (E_v + E_c) = 1/2 (0 + 0.67) = 0.335$ eV. (b) Wenn man die Gleichungen 8-54 und 8-60 in Gleichung 8-62 einsetzt, dann erhält man $\eta - E_F = 3/4 \, k_B T \ln (m_h/m_e) = 3/4 \times 8.62 \cdot 10^{-5} \times 300 \times \ln(0.370/0.550) = 7.69 \times 10^{-3}$ eV. (c) Da $E_c - \eta \gg k_B T$ ist, erhält man für die Wahrscheinlichkeit, daß ein Zustand mit der Energie E_c besetzt ist $f(E_c) = e^{-\beta(E_c - \eta)} = \exp[-(0.670 - 0.335 + 0.008)/8.62 \times 10^{-5} \times 300] = 1.74 \times 10^{-6}$. (d) Da $\eta - E_v \gg k_B T$ gilt, ist die Wahrscheinlichkeit, daß ein Zustand mit der Energie E_v leer ist, gleich $1 - f(E_v) = e^{\beta(E_v - \eta)} = \exp[(0 - 0.335 + 0.008)/8.62 \times 10^{-5} \times 300] = 3.22 \times 10^{-6}$. (e) $N_c^* = 2(m_e k_B T/2\pi \hbar^2)^{3/2} = 2[0.550 \times 9.11 \times 10^{-31} \times 1.38 \times 10^{-23} \times 300/2\pi (1.05 \times 10^{-34})^2]^{3/2} = 1.04 \times 10^{25}$ Zustände/m³ und $n_c = N_c^* f(E) = 1.04 \times 10^{25} \times 1.74 \times 10^{-6} = 1.80 \times 10^{19}$ Elektronen/m³. ◆

Ob ein Festkörper ein Isolator oder ein Halbleiter ist, hängt von der Größe der verbotenen Zone zwischen Valenz- und Leitungsband ab. Obwohl die Unterscheidung nicht sehr scharf ist, betrachtet man Festkörper mit einer verbotenen Zone, die kleiner als etwa 2.5 eV ist, als Halbleiter, während man Festkörper mit verbotenen Zonen, die größer als 3 eV sind, als Isolatoren betrachtet.

Dotierte Halbleiter

Die Funktionsweise vieler Halbleiterbauelemente hängt von der Elektronenverteilung ab, wenn das Material geringe Mengen bestimmter Störstellen enthält. Solche Halbleiter werden als dotierte bezeichnet. Die Störstellenatome ersetzen Wirtsatome in der Kristallstruktur und dadurch wird die Elektronenverteilung im Festkörper verändert, weil das Störstellenatom eine andere Zahl von Elektronen besitzt als das Wirtsatom.

Atome mit fünf Elektronen in den äußeren Schalen wie Phosphor, Arsen und Antimon werden oft zur Dotierung verwendet. Bei $T = 0$ K besetzen vier Elektronen pro Störstelle Valenzbandzustände. Das fünfte Elektron befindet sich in einem Zustand, der in der Nähe der Störstelle lokalisiert ist. Seine Wellenfunktion ist wie ein Atomorbital, allerdings mit beträchtlich größerer Ausdehnung, weil die potentielle Energie in einem Festkörper viel geringer ist als in einem isolierten Atom. Die Energie dieses Zustandes liegt in der verbotenen Zone zwischen Valenz- und Leitungsband, wie das schematisch in Bild 8-12a angedeutet ist. Jedes Niveau im Diagramm repräsentiert viele Zustände, einen für jedes Störstellenatom. Wenn die Störstellenkonzentration hoch ist, überlappen sich benachbarte Orbitale und die einzelnen Niveaus, die in der Abbildung dargestellt sind, verbreitern sich zu einem Band.

Am Nullpunkt der absoluten Temperatur sind alle Valenzbandzustände und ein lokalisierter Zustand von jedem Störstellenatom besetzt. Das Leitungsband bleibt leer. Wenn die Temperatur ansteigt, werden die Elektronen von den Störstellenniveaus thermisch ins Leitungsband angeregt. Da diese Störstellen Elektronen ans Leitungsband abgeben, werden sie Donatoren genannt, und, weil Halbleiter mit Donatoren mehr Elektronen im Leitungsband haben, als Löcher im Valenzband, werden sie n-leitende Halbleiter genannt.

Atome mit drei Elektronen in ihren äußeren Schalen wie Gallium und Indium, werden Akzeptoren genannt. Sie produzieren auch Elektronenzustände, deren Energien in der verbotenen Zone liegen, wie das Bild 8-12b zeigt, diese Zustände sind jedoch am Nullpunkt der absoluten Temperatur leer. Wenn die Temperatur erhöht wird, werden Elektronen aus dem Valenzband zu diesen Zuständen angeregt. Deshalb haben mit Akzeptorstörstellen dotierte Halbleiter mehr Löcher in den Valenzbändern als Elektronen in den Leitungsbändern und werden deshalb p Halbleiter genannt.

Eine große Zahl sehr verschiedener Arten von Störstellenatomen wirken als Donatoren oder als Akzeptoren. Einige sind für Silizium in Bild 8-13 zusammen mit den dazugehörigen Energieniveaus angegeben. Zu jedem Niveau im Diagramm gehören viele Zustände, einer für jedes Störstellenatom.

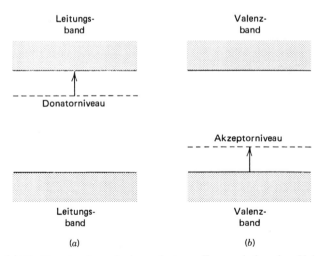

Bild 8-12 (a) Ein Donatorniveau in der verbotenen Zone zwischen dem Valenz- und dem Leitungsband eines Halbleiters. Bei $T = 0$ K ist das Niveau besetzt, bei höheren Temperaturen jedoch werden die Elektronen vom Donatorniveau zum Leitungsband angeregt. (b) Ein Akzeptorniveau. Bei $T = 0$ K ist das Niveau leer, jedoch bei höheren Temperaturen werden Elektronen aus dem Valenzband in das Akzeptorniveau angeregt. Dabei werden Löcher im Valenzband erzeugt.

280   8. Thermodynamik von Phononen und Elektronen

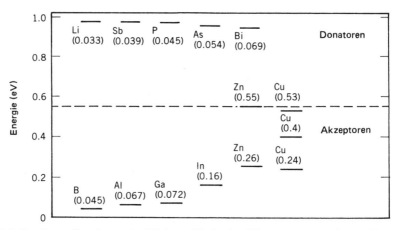

Bild 8-13 Störstellenniveaus in Silizium. Die in den Klammern angegebenen Energien wurden bei Donatoren von der unteren Leitungsbandkante und bei Akzeptoren von der oberen Valenzbandkante gemessen. Zn und Cu Atome können jeweils mehr als ein Elektron aufnehmen. (Nach S. M. Sze, *Physik der Halbleiterbauelemente* (New York: Wiley, 1981). Mit Erlaubnis der Autoren.)

Wir wollen nun die Elektronenkonzentration im Leitungsband und die Löcherkonzentration im Valenzband berechnen, wenn Störstellen vorhanden sind. Wenn jede Störstelle zwei oder mehr Zustände mit der selben Energie erzeugt, muß die Fermi-Dirac Verteilungsfunktion modifiziert werden. Die Modifikation muß deshalb erfolgen, weil die Besetzungszahlen für solche Zustände nicht unabhängig voneinander sind.

Wir betrachten zuerst ein Donatoratom mit g Zuständen der Energie E_D in der verbotenen Zone. Ein Elektron hat die gleiche Wahrscheinlichkeit für die Besetzung von irgendeinem der g Zustände, wenn jedoch ein Zustand besetzt ist, wird die Besetzungswahrscheinlichkeit für die anderen wegen der gegenseitigen Abstoßung der Elektronen deutlich geringer. Wir nehmen an, daß entweder alle Zustände leer sind oder einer besetzt ist. Die Summe der Wahrscheinlichkeiten für die zwei Möglichkeiten ist $A\,[1 + ge^{-\beta(E_D - \eta)}]$. Da das 1 sein muß, wird $A = [1 + ge^{-\beta(E_D - \eta)}]^{-1}$ und die Konzentration der Elektronen im Donatorzustand ist

$$n_d = N_d \frac{ge^{-\beta(E_d - \eta)}}{1 + ge^{-\beta(E_d - \eta)}} = \frac{N_d}{(1/g)e^{\beta(E_d - \eta)} + 1}. \tag{8-64}$$

N_d ist die Donatorkonzentration in der Probe.

Jetzt betrachten wir Akzeptoren mit der Energie E_A, von denen jeder g Zustände erzeugt. Wir nehmen an, daß entweder einer der Zustände leer ist oder alle besetzt sind. Die Summe der Wahrscheinlichkeiten ist $A\,[g + e^{-\beta(E_a - \eta)}]$ und die Elektronenkonzentration in den Akzeptorzuständen ist

$$n_a = N_a \frac{e^{-\beta(E_a - \eta)}}{g + e^{-\beta(E_a - \eta)}} = \frac{N_a}{ge^{\beta(E_a - \eta)} + 1}. \tag{8-65}$$

N_a ist die Konzentration der Akzeptoratome.

8.4 Elektronen: Halbleiter

Da die Zahl der Elektronen die gleiche bleibt, wenn die Temperatur sich ändert, kann Gleichung 8-33 so geschrieben werden

$$n_c + n_v + n_d + n_a = N_v + N_d \tag{8-66}$$

oder

$$n_c + n_d + n_a = p_v + N_d. \tag{8-67}$$

Die linke Seite der Gleichung 8-66 ist die Gesamtkonzentration der Elektronen, die Summe der Konzentrationen im Leitungsband, im Valenzband und in den Störstellenniveaus. Diese Gesamtkonzentration reicht aus, um das Valenzband und einen Zustand pro Donatoratom zu besetzen. Die Gleichung 8-67 erhält man, wenn p_v durch $N_v - n_v$ ersetzt wird. Die Gleichungen 8-51, 8-57, 8-64 und 8-65 werden verwendet, um für die verschiedenen Konzentrationen einzusetzen. Dann wird Gleichung 8-67 nach dem chemischen Potential aufgelöst. Schließlich werden die selben Gleichungen benutzt, zusammen mit dem für η bestimmten Wert, um die verschiedenen Elektronenkonzentrationen zu erhalten. Für viele interessante Aufgabenstellungen liegt das chemische Potential in der Nähe des Störstellenniveaus oder in der Nähe einer Bandkante, deshalb können die Näherungen, um die endgültigen Ausdrücke in den Gleichungen 8-51 und 8-57 zu erhalten, nicht angewendet werden. Numerische Verfahren müssen angewendet werden, um einen Wert für η zu erhalten.

Bild 8-14 zeigt die Ergebnisse für einen typischen n Halbleiter. Bei tiefen Temperaturen liegt das chemische Potential zwischen der Donatorenergie und der unteren Leitungsbandkante. Das ist vernünftig, da das Donatorniveau besetzt und das Leitungsband leer ist. Mit ansteigender Temperatur fällt das chemische Potential in die Nähe der Mitte der verbotenen Zone. Dann sind fast alle Donatorzustände entleert und die Anregung vom Valenzband dominiert. In diesem Temperaturbereich verhält sich das chemische Potential so, als würden keine Donatoren vorhanden sein. Man spricht dann von Eigenleitung des Materials. Die Gleichungen 8-62 und 8-63 sind dann gültig.

Das zweite Diagramm von Bild 8-14 stellt den natürlichen Logarithmus der Elektronenkonzentration im Leitungsband als Funktion von β dar. Bei tiefen Temperaturen erkennt man einen deutlichen Anstieg, der auf Anregung der Elektronen aus den Donatorzuständen zurückzuführen ist. Danach bleibt n_c über einen weiten mittleren Bereich der Kurve konstant. Die Donatorzustände sind entleert, aber die Temperatur ist noch nicht hoch genug für eine merkliche Anregung von Elektronen aus dem Valenzband. Schließlich findet bei hohen Temperaturen eine Anregung aus dem Valenzband statt und die Probe wird eigenleitend. Dieser Teil der Kurve ist eine Gerade mit dem Anstieg $-1/2 E_G$.

Wenn die Zahl der Donatoren ansteigt, steigt auch erwartungsgemäß die Zahl der Elektronen im Leitungsband an. Nicht zu erwarten ist allerdings, daß sich die Zahl der Löcher im Valenzband verringert, aber sie macht es tatsächlich. Wenn $|E_c - \eta|$ und $|E_v - \eta|$ groß im Verhältnis zu $k_B T$ sind, dann werden die Elektronen- und Löcherkonzentrationen durch die letzten Ausdrücke der Gleichungen 8-51 und 8-57 angegeben und das Produkt der Konzentrationen ist unabhängig vom chemischen Potential.

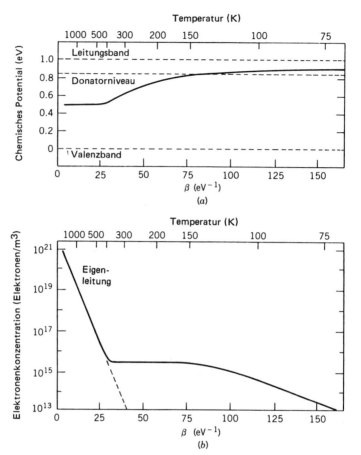

Bild 8-14 (a) Das chemische Potential als Funktion von β für einen n Halbleiter. Die gestrichelten Linien zeigen die Bandkanten und das Donatorniveau an. (b) Die Elektronenkonzentration im Leitungsband als Funktion von β. Die senkrechte Skala ist logarithmisch. Die gestrichelte Linie gibt die Konzentration für eigenleitendes Material an. Für diese Darstellungen wurde für die Zahl der Zustände pro Volumeneinheit im Valenzband und im Leitungsband jeweils 5.0×10^{21} Zustände/m³ angenommen. Für die Zahl der Donatorstörstellen wurde 3.0×10^{15} Donatoren/m³ angenommen.

$$n_c p_v = N_c^* N_v^* e^{-\beta(E_c - E_v)} = N_c^* N_v^* e^{-\beta E_g}. \tag{8-68}$$

Störstellen ändern den Wert des chemischen Potentials und die Einzelkonzentrationen, aber bei einer beliebigen Temperatur hat das Produkt $n_c p_c$ den gleichen Wert wie bei einem reinen Halbleiter, vorausgesetzt, das chemische Potential liegt weit von den Bandkanten entfernt. Durch Zugabe von Donatoren zum Beispiel wächst n_c und fällt p_v, aber das Produkt $n_c p_v$ bleibt dasselbe.

Wenn sehr hohe Störstellenkonzentrationen das chemische Potential in die Nähe einer Bandkante oder in ein Band verlagern, dann ist die Gleichung 8-68 nicht mehr gültig.

Die Gleichung 8-68 wird oft in Verbindung mit Gleichung 8-67 dazu verwendet, n_c und p_v zu bestimmen, wenn alle Donatorniveaus leer sind ($n_d = 0$) oder alle Akzeptorniveaus besetzt sind ($n_a = N_a$).

Beispiel 8-7
Ein Halbleiter ist mit N_D Donatoren dotiert und bei der interessierenden Temperatur sollen alle Donatorzustände leer sein. Die Zahl der Elektronen im Leitungsband soll für eigenleitendes Material bei der gleichen Temperatur n_i sein. Man leite einen Ausdruck für die Zahl der Elektronen im Leitungsband des dotierten Halbleiters her.

Lösung
Man setze in Gleichung 8-67 $n_d = 0$ und $n_a = 0$. Man erhält dann $n_c = p_v + N_D$. Wenn man $p_v = n_i^2/n_c$, was aus Gleichung 8-68 folgt, einsetzt, erhält man $n_c^2 - N_d n_c - n_i^2 = 0$. Daraus folgt

$$n_c = \frac{N_d + [N_d^2 + 4n_i^2]^{1/2}}{2}.$$

Da n_c positiv sein muß, verwenden wir die positive Wurzel. Man beachte, daß im Fall $N_D \gg n_i$ dann $n_c = N_D$ gilt. Diese Situation herrscht in dem Temperaturbereich vor, in dem die Kurve in Bild 8-14 flach ist. Wenn $n_i \gg N_D$ ist, dann gilt $n_c = n_i$. Das tritt bei hohen Temperaturen auf, bei denen der Halbleiter eigenleitend ist. ◆

8.5 Spezifische Wärme

Die spezifische Wärme C eines Festkörpers wird durch Messung der Wärmemenge ΔQ, die durch einen Festkörper absorbiert wird und dabei seine Temperatur um einen kleinen Betrag ΔT erhöht, bestimmt. Das bedeutet

$$C = \frac{\Delta Q}{\Delta T}. \tag{8-69}$$

Wenn sich die Energie ändert, können viele Arten von Energieübertragung auftreten. Die Probe kann zum Beispiel Arbeit gegen die Umwelt verrichten. Die Magnetisierung oder die elektrische Polarisation der Probe können sich ändern, was eine Änderung der im elektromagnetischen Feld gespeicherten Energie bedeutet. Das bedeutet, daß jedes Material mehrere verschiedene spezifische Wärmen hat, die sich voneinander in den Größen unterscheiden, die während der Temperaturerhöhung konstant gehalten werden.
Wir betrachten eine Probe, bei der sich nur die Schwingungsenergie und die elektrische Energie ändern. Solch eine Probe wird durch die spezifische Wärme bei

konstantem Volumen $C_\tau = (dQ/dT)_\tau$ und die spezifische Wärme bei konstantem Druck $C_p = (dQ/dT)_p$ charakterisiert. Dabei gibt der Index an, welche Größe während der Temperaturerhöhung konstant gehalten wird. Die zwei spezifischen Wärmen hängen folgendermaßen zuzsammen:*

$$C_p - C_\tau = \frac{T\tau_s \alpha^2}{\varkappa}. \tag{8-70}$$

τ_s ist das Probenvolumen, $\alpha = (1/\tau_s)(\partial \tau_s/\partial T)_p$ ist der Koeffizient der Volumenausdehnung und $\varkappa = -(1/\tau_s) + (\partial \tau_s/\partial P)_T$ ist die Kompressibilität.
Da es schwierig ist, das Volumen einer Probe während der Temperaturerhöhung konstant zu halten, wird C_τ normalerweise nicht gemessen. C_p dagegen ist schwer theoretisch zu behandeln, da die Frequenzen der normalen Schwingungen und die Energieniveaus der Elektronen von den Atomabständen abhängen. Deshalb wird C_p gemessen und C_τ berechnet. Die Gleichung 8-70 wird dazu verwendet, die experimentellen und theoretischen Ergebnisse zu vergleichen. Bei den meisten Festkörpern ist die Differenz zwischen diesen beiden spezifischen Wärmen gering mit Ausnahme der Resultate bei hohen Temperaturen.
Nach dem ersten Hauptsatz der Thermodynamik hängen die von der Probe absorbierte Wärme dQ, der Anstieg der Gesamtenergie der Probe dE_T und die von der Probe geleistete Arbeit $Pd\tau_s$ wie folgt zusammen.

$$dQ = dE_T + P\, d\tau. \tag{8-71}$$

Bei einem Prozeß mit konstantem Volumen ist der letzte Term Null, so daß für die spezifische Wärme bei konstantem Volumen gilt

$$C_\tau = \left[\frac{dQ}{dT}\right]_\tau = \left[\frac{\partial E_T}{\partial T}\right]_\tau. \tag{8-72}$$

Um C_τ zu berechnen, bestimmen wir die Ableitung der Gesamtenergie nach der Temperatur. Da das Probenvolumen konstant bleibt, ändern sich nur die Anzahl der Phononen in den einzelnen Schwingungszuständen und die Zahl der Elektronen in den einzelnen Energieniveaus, aber nicht die Frequenzen der normalen Schwingungen und die Energien der Niveaus selbst.
Bild 8-15 zeigt C_τ als Funktion der Temperatur für einen typischen Festkörper. Bei hohen Temperaturen ist C_τ unabhängig von der Temperatur, aber bei tiefen Temperaturen fällt es stark mit sinkender Temperatur ab. Für die meisten Materialien fällt C_τ etwa proportional zu T^3 bei tiefen Temperaturen ab. Wir werden sehen, daß dieses Verhalten auf die Anregung von Atomschwingungen zurückzuführen ist. Bei Metallen und Halbleitern mit sehr hohen Elektronenkonzentrationen im Leitungsband wird C_τ proportional zu T bei sehr tiefen

---

* Siehe z.B. Kapitel 11 von M. W. Zemansky, *Heat and Thermodynamics* (New York: McGraw-Hill, 1957).

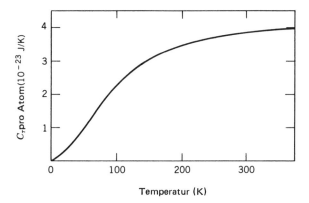

Bild 8-15 Spezifische Wärme pro Atom bei konstantem Volumen als Funktion der Temperatur T für einen Festkörper. Sie ist für die meisten Materialien bei tiefen Temperaturen proportional zu T^3 und steigt dann auf den Hochtemperaturwert $3k_B$ ($= 4.14 \times 10^{-23}$ J/K) an. Für Metalle ist sie bei extrem tiefen Temperaturen proportional zu T.

Temperaturen verlaufen. Dieses Verhalten ist auf die Anregung von Elektronen zurückzuführen. Wir diskutieren die Elektronen- und Phononenbeiträge getrennt.

Phononenbeitrag zur spezifischen Wärme

Ein Ausdruck für die Gesamtenergie der Phononen als Funktion der Temperatur wurde in Gleichung 8-13 angegeben. Wenn er nach der Temperatur differenziert wird, erhält man

$$C_\tau = \frac{\hbar^2}{k_B T^2} \int \frac{\omega^2 e^{\beta\hbar\omega}}{(e^{\beta\hbar\omega} - 1)^2} g(\omega)\, d\omega. \tag{8-73}$$

Dabei ist $g(\omega)$ die Dichte der Zustände und integriert wird über das gesamte Frequenzspektrum. Man beachte, daß die Nullpunktbewegung nicht zu C_τ beiträgt, zu C_p liefert sie dagegen einen Beitrag.
Wenn die Temperatur so hoch ist, daß $\beta\hbar\omega \ll 1$ für alle Frequenzen der normalen Schwingungen gilt, dann kann der Exponentialausdruck im Zähler durch 1 und im Nenner durch $1 + \beta\hbar\omega$ ersetzt werden. Dann ist der Integrand unabhängig von ω und, da $\int g(\omega) d\omega = 3N$, wobei N die Anzahl der Atome im Festkörper ist, erhält man nun

$$C_\tau = 3Nk_B. \tag{8-74}$$

Bei hohen Temperaturen ist die spezifische Wärme unabhängig von der Temperatur und proportional zur Zahl der Atome im Festkörper. Das ist als Dulong-Petitsche Regel bekannt. Sie ist für jedes Material gültig, solange $\beta\hbar\omega \ll 1$ für alle Schwingungsfrequenzen ist.

Hochfrequente Schwingungen sind bei tiefen Temperaturen eingefroren. Nur akustische Schwingungen tragen zur spezifischen Wärme bei und für diese kann die Debye-Näherung für die Zustandsdichte angewendet werden. Wenn der Ausdruck für $g(\omega)$ aus Gleichung 8-20 in Gleichung 8-73 eingesetzt wird und für $\beta\hbar\omega$ x geschrieben wird, erhält man

$$C_\tau = 9Nk_B \left[\frac{T}{T_D}\right]^3 \int_0^{x_m} \frac{x^4 e^x}{(e^x - 1)^2} dx. \tag{8-75}$$

Dabei ist $x_m = \beta\hbar\omega_m = T_D/T$, T_D ist die Debyetemperatur und N ist hier die Zahl der Einheitszellen in der Probe. Da $T \ll T_D$ ist, kann die obere Grenze durch $+\infty$ ersetzt werden. Dann ist der Wert des Integrals $12\pi^4/45$ und

$$C_\tau = \frac{12\pi^4 N}{5} k_B \frac{T^3}{T_D^3}. \tag{8-76}$$

Das ist das bekannte Debyesche T^3 Gesetz für den Phononenbeitrag zur spezifischen Wärme eines Festkörpers bei tiefen Temperaturen. Man kann es auch durch Differentiation von Gleichung 8-23 erhalten.
Gleichung 8-76 wird oft dazu verwendet, um die Debyetemperatur zu erhalten. Die spezifische Wärme wird gemessen, die anderen Beiträge werden subtrahiert, um den reinen Phononenbeitrag zu erhalten und die Gleichung wird nach T_D aufgelöst. Wenn die spezifische Wärme vom T^3 Gesetz abweicht, wird der für T_D erhaltene Wert temperaturabhängig und der Grad der Abhängigkeit ist ein Maß für die Gültigkeit der Debyeschen Näherung.
Optische Schwingungen liefern Beiträge, wenn $k_B T$ den Wert der Energie des optischen Phonons erreicht. Diese werden manchmal durch die Einsteinsche Näherung berücksichtigt. Dabei wird angenommen, daß alle Schwingungen eines Zweiges die selbe Kreisfrequenz ω_E, die Einsteinfrequenz, haben. Der Beitrag des Zweiges zur Gesamtenergie ist

$$E = \frac{N\hbar\omega_E}{e^{\beta\hbar\omega_E} - 1}. \tag{8-77}$$

N ist hier wieder die Zahl der Einheitszellen in der Probe. In dieser Näherung trägt ein optischer Zweig zur spezifischen Wärme folgendes bei:

$$\left[\frac{\partial E}{\partial T}\right]_\tau = \frac{N\hbar^2\omega_E^2}{k_B T^2} \frac{e^{\beta\hbar\omega_E}}{(e^{\beta\hbar\omega_E} - 1)^2} \tag{8-78}$$

Man beachte, daß dieser Beitrag exponentiell nach tiefen Temperaturen hin abfällt.
Die hochfrequenten akustischen Schwingungen werden unterhalb der Temperaturen wichtig, bei denen die optischen Phononen dominieren. Da die Dichte der Schwingungen in diesem Bereich des Spektrums nicht durch eine einfache Funktion von ω dargestellt werden kann, müssen numerische Verfahren verwendet werden, um das Integral in Gleichung 8-73 abzuschätzen.

8.5 Spezifische Wärme

Beispiel 8-8
Bei tiefen Temperaturen kann der Phononenbeitrag zur spezifischen Wärme durch aNT^3 angegeben werden, wobei a eine Konstante ist. Man verwende die Debyetemperatur von Germanium (363 K) und berechne den Wert für a. Danach berechne man den Phononenbeitrag pro Einheitszelle zur spezifischen Wärme bei 10 K, 20 K und 30 K unter der Annahme, daß die Debyenäherung gültig bleibt.

Lösung
Aus einem Vergleich mit Gleichung 8-76 ergibt sich: $a = 12\pi^4 \, k_B/5T_D^3 = 12\pi^4 \times 1.38 \times 10^{-23} / 5 \times 363^3 = 6.60 \times 10^{-29}$ J/K^4. Bei 10 K ist $C_\tau/N = 6.60 \times 10^{-26}$ J/K; bei 20 K ist $C_\tau/N = 5.28 \times 10^{-25}$ J/K und bei 30 K ist $C_\tau/N = 1.78 \times 10^{-24}$ J/K. ◆

Elektronenbeitrag zur spezifischen Wärme eines Metalls

Einen Ausdruck für den Elektronenbeitrag bei tiefen Temperaturen zu C_τ erhält man durch Differentiation von Gleichung 8-48 nach der Temperatur.

$$C_\tau = \frac{\pi^2}{3} \varrho(E_F) k_B^2 T. \tag{8-79}$$

Dabei ist $\varrho(E_F)$ die Dichte der Zustände am Ferminiveau. Wir rufen uns ins Gedächtnis zurück, daß die Zahl der Elektronen, die durch eine Temperaturänderung beeinflußt wird, proportional zu $k_B \cdot T$ ist und deshalb die Gesamtenergie der Elektronen proportional zu T^2 ist. Daher ist der Elektronenbeitrag zur spezifischen Wärme proportional zu T. Wenn die Elektronen klassische Teilchen sein würden, würden sie bei einem Temperaturanstieg von 0 K zu T die Energie $k_B \cdot T$ erhalten. Die spezifische Wärme würde dann unabhängig von der Temperatur sein und sehr viel größer als der tatsächlich beobachtete Wert. Die gesamte spezifische Wärme eines Metalls ist die Summe aus dem Elektronen- und dem Phononenbeitrag:

$$C_\tau = \gamma T + aT^3. \tag{8-80}$$

Die Größen γ und a sind Konstanten. Sie werden aus experimentellen Daten durch Auftragen von C_τ/T als Funktion von T^2 und der am besten angepaßten Geraden durch diese Punkte bestimmt. Der Anstieg der Geraden liefert a und der Schnittpunkt ergibt γ. Der Wert von γ kann dazu verwendet werden, die Dichte der Elektronenzustände $\varrho(E_F)$ an der Fermienergie mit Hilfe von Gleichung 8-79 zu bestimmen. In Gleichung 8-80 sind die Größen C_τ, γ und a proportional zur Zahl der primitiven Einheitszellen in der Probe. Experimentell bestimmte Werte werden normalerweise pro Atom oder pro Mol angegeben. Einige sind in Tabelle 8-2 zusammengestellt.

8. Thermodynamik von Phononen und Elektronen

Tabelle 8-2 Werte der elektronischen Konstanten γ für ausgewählte Elemente

Element	γ (mJ/mol·K^2)	Element	γ (mJ/mol·K^2)
Aluminium	1.35	Mangan	14
Antimon	0.112	Quecksilber	1.79
Barium	2.7	Nickel	7.1
Cadmium	0.69	Niobium	7.79
Cäsium	3.2	Platin	6.8
Chrom	1.40	Kalium	2.1
Kupfer	0.688	Silber	0.650
Indium	1.6	Natrium	1.4
Lanthan	10	Yttrium	10.2
Blei	3.0	Zink	0.65
Magnesium	1.3	Zirconium	2.80

Quelle: American Institute of Physics Handbook, 3rd ed. (New York: McGraw-Hill, 1972).

Beispiel 8-9
Man verwende Gleichung 8-79, um den Koeffizienten γ für ein Mol Natrium zu bestimmen. Es werden nur Elektronen in einem Band, einem Band freier Elektronen, durch den Anstieg der Temperatur beeinflußt. Die Würfelkanten sollen 4.225 Å betragen.

Lösung
Wenn der Nullpunkt der Energie an der unteren Kante des freien Elektronenbandes liegt, ist $\varrho(E_F) = (\sqrt{2}\, N\tau m^{3/2} / \pi^2 \hbar^3)\, E_F^{1/2}$. Wenn a die Würfelkante ist, dann ist $\tau = a^{3/2}$, weil Natrium ein kubisch raumzentriertes Gitter hat. N soll gleich der Avogadroschen Zahl sein (6.02 × 10^{23} Atome/Mol) und E_F soll 3.22 eV oder 5.15 × 10^{-19} J oberhalb der unteren Bandkante liegen. Wenn diese Werte in die Gleichung

$$\gamma = \frac{k_B^2}{3} \frac{\sqrt{2}\,(N/2)a^3 m^{3/2}}{\hbar^3} E_F^{1/2}$$

eingesetzt werden, ist das Resultat gleich 1.10 × 10^{-3} J/K^2. ◆

8.6 Literatur

In Ergänzung zu der Literatur, die am Ende der letzten beiden Kapitel angegeben wurde, enthalten die folgenden Zitate Abschnitte über die

Thermodynamik von Phononen und Elektronen:

C. Kittel, H. Krömer, *Physik der Wärme* (München Wien: R. Oldenbourg, 1989).

8.6 Literatur

P. G. Klemens, „Thermal Conductivity and Lattice Vibrational Modes" in *Solid State Physics* (F. Seitz and D. Turnbull, Eds.), Vol. 8, p. 110 (New York: Academic, 1959).

L. A. Girifalco, *Statistical Physics of Materials* (New York: Wiley, 1973).

F. Mandl, *Statistical Physics* (New York: Wiley, 1973).

F. Reif, *Fundamentals of Statistical And Thermal Physics* (New York: McGraw-Hill, 1965).

F. W. Sears and G. L. Salinger, *Thermodynamics, Kinetic Theory, and Statistical Thermodynamics* (Reading, MA: Addison-Wesley, 1975).

K. Stowe, *Introduction to Statistical Mechanics and Thermodynamics* (New York: Wiley, 1984).

Einige moderne physikalische Bücher enthalten Material, das wichtig für dieses Kapitel ist:

R. Eisberg and R. Resnick, *Quantum Physics* (New York: Wiley, 1985).

J. D. McGervey, *Introduction to Modern Physics* (New York: Academic, 1971).

R. L. Sproull and W. A. Phillips, *Modern Physics* (New York: Wiley, 1980).

Beispiele für Fermiflächen sind angegeben in:

A. P. Cracknell, *The Fermi Surfaces of Metals* (New York: Barnes & Noble, 1971).

W. A. Harrison and W. B. Webb (Eds.), *The Fermi Surface* (New York: Wiley, 1960).

Aufgaben

1. Für viele Festkörper ist $\omega_1 = 6.00 \times 10^8$ rad/s eine niedrige Kreisfrequenz und $\omega_2 = 6.00 \times 10^{13}$ rad/s eine hohe Kreisfrequenz in einem akustischen Zweig. Man bestimme für einen Schwingungszustand mit jeder dieser Kreisfrequenzen: (a) die Temperatur, bei der der Zustand ein Phonon besitzt; (b) den relativen Anstieg der Temperatur $\Delta T/T$, der nötig ist, um die Zahl der Phononen von 1 auf 2 zu verdoppeln und (c) die Zahl der Phononen und die Energie des Schwingungszustandes bei 50 K und bei 300 K.

2. Die Zahl der Phononen bleibt anders als die Zahl der Elektronen in einem Festkörper nicht erhalten, wenn sich die Temperatur ändert. Wir betrachten eine dreidimensionale Probe mit einem Atom in der Basis und nähern die Dispersionsbeziehung durch $\omega = v \cdot q$ an, wobei v die Schallgeschwindigkeit ist. Um die Rechnung zu vereinfachen, nehmen wir an, daß die Schallgeschwindigkeit für alle Richtungen von **q** gleich groß ist und daß alle drei Zweige des Spektrums die gleiche maximale Kreisfrequenz ω_m haben. (a) Man zeige, daß die Gesamtzahl der Phononen durch

$$n_T = \frac{9\tau_s}{2\pi^2 v^3} \left[\frac{k_B T}{\hbar}\right]^3 \int_0^{x_m} \frac{x^2\,dx}{e^x - 1},$$

angegeben wird, wobei $x_m = \hbar\omega_m/k_B T$ ist. (b) Man zeige, daß für $k_B T \ll \hbar\omega_m$ die Gesamtzahl der Phononen proportional zu T^3 ist.

3. Wenn ein Festkörper im thermischen Gleichgewicht ist, schwankt die Energie für jede normale Schwingung. Das Quadrat der Standardabweichung S wird durch $S^2 = \langle E^2 \rangle - \langle E \rangle^2$ angegeben, wobei

$$\langle E^2 \rangle = \frac{\sum n^2 \hbar^2 \omega^2 e^{-\beta n \hbar \omega}}{\sum e^{-\beta n \hbar \omega}}$$

für eine Schwingung der Frequenz ω gilt. Jede Summe läuft von $n = 0$ bis $n = \infty$. Man zeige, daß: (a) $S^2 = \hbar^2 \omega^2 e^{\beta \hbar \omega} (e^{\beta \hbar \omega} - 1)^{-2}$ gilt; (b) der Beitrag zur spezifischen Wärme bei konstantem Volumen $S^2/k_B T^2$ ist; (c) die relative Standardabweichung $S/\langle E \rangle$ proportional zu $e^{\beta \hbar \omega}$ ist, wenn T klein wird und (d) die relative Standardabweichung gegen 1 strebt, wenn T groß wird.

4. Man betrachte eine lineare monoatomare Kette von N Atomen, von denen jedes nur mit den nächsten Nachbarn wechselwirkt. (a) Man zeige, daß $(Na/2\pi)\,dq$ Schwingungen eine Ausbreitungskonstante zwischen q und $q + dq$ haben. Hier ist a der Gleichgewichtsabstand zwischen den Atomen. (b) Man zeige, daß die Dichte der Schwingungen durch $g(\omega) = (2N/\pi)(\omega_m^2 - \omega^2)^{-1/2}$ gegeben wird, wobei ω_m die maximale Kreisfrequenz der normalen Schwingungen ist. (c) Man zeige, daß die Gesamtenergie der Phononen bei tiefen Temperaturen proportional zu T^2 ist.

5. Man verwende für die hier angegebenen Festkörper die Debyetemperatur, um die mittlere Schallgeschwindigkeit abzuschätzen: (a) Kalium (krz mit $a = 5.225$ Å; $T_D = 89$ K); (b) Magnesium (hexagonal mit $a = 3.21$ Å und $c = 5.21$ Å; $T_D = 450$ K) und (c) Germanium (Diamantstruktur mit $a = 5.658$ Å; $T_D = 363$ K). Man verwende $(1/v_{\text{ave}})^3 = \frac{1}{3} \sum (1/v_s)^3$, wobei die Summe über die drei akustischen Zweige geht.

6. Die Maximalfrequenz ω_m, die man bei der Debyeschen Näherung verwendet, kann man auf einem anderen Wege erhalten. Die Brillouin-Zone wird durch eine Kugel von gleichem Volumen im reziproken Raum ersetzt, und eine lineare isotrope Dispersionsbeziehung $\omega = v \cdot q$ wird angenommen. Hier ist v eine mittlere Schallgeschwindigkeit für die drei akustischen Zweige. Man zeige, daß: (a) der Radius der Debyeschen Kugel $q_D = (6\pi^2/\tau)^{1/3}$ ist, wobei τ das Volumen der Einheitszelle des Raumgitters ist; (b) es $3N$ normale Schwingungen mit Ausbreitungsvektoren innerhalb der Debyeschen Kugel gibt und (c) die Maximalfrequenz für irgendeine Schwingung mit einem Ausbreitungsvektor innerhalb der Kugel $\omega_m = (6\pi^2 v^3/\tau)^{1/3}$ ist. (d) In welcher Beziehung sollte die mittlere Schallgeschwindigkeit zu den Geschwindigkeiten der einzelnen Zweige stehen, damit eine Übereinstimmung mit Gleichung 8-18 erhalten wird?

7. Ein s-Band mit fester Bindung für die Elektronen in einem einfachen kubischen Gitter mit der Würfelkantenlänge a wird angegeben durch

$$E(\mathbf{k}) = E_a - \alpha - 2\gamma[\cos(k_x a) + \cos(k_y a) + \cos(k_z a)].$$

8.6 Literatur 291

Dabei ist E_a das Atomniveau und α und γ sind positive Überlappungsintegrale. Man zeichne Schnitte der Grenzen der Brillouin-Zone mit der Ebene $k_z = 0$ und stelle für jeden der folgenden Energiewerte die Schnitte der Flächen konstanter Energie mit dieser Fläche im selben Diagramm graphisch dar: (a) $E_a - \alpha - 4\gamma$; (b) $E_a - 2\gamma$ und (c) $E - \alpha - \gamma$. Nach Möglichkeit benutze man einen Rechner.

8. Man betrachte Bänder quasifreier Elektronen für einen einfach kubischen Kristall mit der Kantenlänge $a = 5.80$ Å. Man nehme für jeden Zustand an, daß nur die Fourier-Komponente der Funktion der potentiellen Energie wichtig ist, die der nächsten Fläche der Brillouin-Zone entspricht. Diese Komponente soll in jedem Falle den Wert 0.113 eV besitzen. (a) Man zeichne den (001) Schnitt der Brillouin-Zone und stelle die Fläche konstanter Energie für $E = 0.666$ eV, bezogen auf die untere Bandkante des niedrigsten quasifreien Elektronenbandes, graphisch dar. Es gibt nur einen Zweig, der zum untersten Band gehört. (b) Man stelle die Fläche konstanter Energie für $E = 1.28$ eV graphisch dar. Es gibt zwei Zweige. Nach Möglichkeit benutze man einen Rechner.

9. Aluminium hat eine kubisch flächenzentrierte Struktur mit einer Kantenlänge von 4.05 Å. Jedes Atom liefert drei Elektronen zu den quasifreien Elektronenbändern, und das Ferminiveau liegt 12.0 eV über der unteren Bandkante des niedrigsten quasifreien Elektronenbandes. Man nehme an, daß das Modell freier Elektronen mit einer effektiven Masse gültig ist und berechne (a) den Radius der Fermikugel und (b) die effektive Masse für Elektronen in Aluminium. (c) Man vergleiche das Volumen der Fermikugel mit dem Volumen der Brillouin-Zone.

10. Strontium hat eine kubisch flächenzentrierte Struktur mit einer Kantenlänge von $a = 6.08$ Å. Jedes Atom liefert zwei Elektronen zu den quasifreien Elektronenbändern. Man nehme an, daß die Elektronen vollkommen frei sind. Man berechne (a) den Radius der Fermikugel und (b) die Fermienergie. (c) Die Fermikugel schneidet nur die hexagonalen Flächen der Brillouin-Zone. Welcher Anteil der Zustände im untersten freien Elektronenband ist bei $T = 0$ K besetzt?

11. Man nehme an, daß die Elektronenbänder für einen einfach kubischen Kristall durch freie Elektronenbänder angenähert werden können. Man berechne für jede der folgenden Bedingungen den Anteil der Zustände, die bei $T = 0$ K im untersten freien Elektronenband besetzt sind: (a) jedes Atom trägt ein Elektron zu den freien Elektronenbändern bei; (b) jedes Atom trägt zwei Elektronen bei und (c) jedes Atom trägt drei Elektronen bei.

12. Man betrachte ein quasifreies Elektronenband und untersuche die Fläche konstanter Energie für die Energie $E = 2.60$ eV oberhalb der unteren Bandkante. Die Fläche der Brillouin-Zone soll senkrecht zur x-Richtung bei $k_x = 0.780 \times 10^{10}$ m^{-1} liegen und die verbotene Zone zwischen dem ersten und zweiten Band soll dort 0.150 eV betragen. Die verbotene Zone soll durch eine einzige Fourier-Komponente $U(G)$ der Funktion der potentiellen Energie

hervorgerufen werden. (a) Zuerst nehme man an, daß die Elektronen völlig frei sind und berechne den Radius der Kugel konstanter Energie. (b) Die Schnittfläche der Kugel konstanter Energie und der Fläche der Brillouin-Zone ist ein Kreis. Man berechne seinen Radius. (c) Wenn die Funktion der potentiellen Energie berücksichtigt wird, wird die Kugel verzerrt, aber die Schnittfläche zwischen der Fläche konstanter Energie und der Fläche der Brillouin-Zone ist immer noch für jedes Band ein Kreis. Man bestimme den Radius. (d) Für welchen Wert von $U(G)$ verschwindet die Fläche des zweiten Bandes?

13. (a) Man betrachte einen Elektronenzustand, der mit einer Wahrscheinlichkeit von 0.95 bei der Temperatur T besetzt ist. Man leite einen Ausdruck für $E - \eta$, seine Energie relativ zum chemischen Potential her. Man schätze den Ausdruck für $T = 100$, 300 und 1200 K ab. (b) Man wiederhole die Rechnung für einen Zustand, der mit der Wahrscheinlichkeit von 0.05 besetzt ist.

14. Man betrachte freie Elektronenzustände für zwei Metalle mit derselben Kristallstruktur, mit derselben Größe der Einheitszelle und mit derselben Elektronenkonzentration. Jedes Metall hat ein einziges besetztes freies Elektronenband, die effektive Masse des einen ist m_1^* und die des zweiten ist $m_2^* = 2m_1^*$. Der Nullpunkt der Energie soll in jedem Fall an der unteren Kante des freien Elektronenbandes liegen. Man bestimme das Verhältnis von: (a) ihren Fermienergien; (b) ihren Zustandsdichten an der Fermienergie; (c) ihren chemischen Potentialen für $T > 0$, gemessen relativ zur Fermienergie und (d) den thermischen Energien ihrer freien Elektronen für $T > 0$.

15. Ein Halbleiter hat Diamantstruktur mit einer Würfelkantenlänge von 5.4 Å. Er hat ein parabolisches Leitungsband und ein parabolisches Valenzband mit den effektiven Massen $m_e = 0.88 m_0$ und $m_h = 0.42 m_0$. Die verbotene Zone zwischen Valenz- und Leitungsband beträgt 0.82 eV. Das Material soll rein sein. Man berechne: (a) die Fermienergie; (b) das chemische Potential bei 300 K, bezogen auf die Fermienergie; (c) die Anzahl der Elektronen pro Einheitsvolumen im Leitungsband bei 300 K und (d) die Zahl der Elektronen pro Einheitsvolumen im Valenzband bei 300 K. (e) Durch numerisches Einsetzen in die Gleichungen 8-60 und 8-61 zeige man, daß $n_c = p_v$ bei 300 K gilt.

16. Zwei Halbleiter haben dieselbe Kristallstruktur und dieselbe Größe der Einheitszelle. Jeder hat ein einziges parabolisches Valenzband mit der effektiven Masse m_h und ein einziges parabolisches Leitungsband mit der effektiven Masse m_e. Die verbotene Zone zwischen Valenz- und Leitungsband beträgt für den ersten Halbleiter $E_{g1} = 0.65$ eV und für den zweiten $E_{g2} = 2E_{g1}$. $|E - \eta| \gg k_B T$ soll für alle Zustände gelten. Man vergleiche (a) ihre Fermienergien, von der oberen Valenzbandkante aus gemessen; (b) die Änderungen ihrer chemischen Potentiale, wenn die Temperatur von 0 auf 300 K ansteigt und (c) die Anzahl der Leitungsbandelektronen bei 300 K.

17. Man betrachte einen Isolator mit nur einem Leitungsband und nur einem Valenzband; beide sollen parabolisch sein. Die Zustandsdichten sind durch die Gleichungen 8-52 und 8-58 gegeben. Man zeige, daß die Gesamtenergie aller

Elektronen im Leitungsband pro Volumeneinheit durch $n\,(E_c + 3/2\,k_BT)$ und die Gesamtenergie aller Elektronen im Valenzband pro Volumeneinheit durch $E_f - p\,(E_v - 3/2\,k_BT)$ bestimmt wird. E_f stellt die Energie pro Volumeneinheit für das gefüllte Valenzband dar.

18. Man skizziere für einen n-Halbleiter mit einem einzigen Donatorniveau, das in der verbotenen Zone in der Nähe der unteren Leitungsbandkante liegt, die Fermi-Dirac Verteilungsfunktion und kennzeichne die möglichen Positionen der oberen Valenzbandkante, der unteren Leitungsbandkante und des Donatorniveaus, (a) wenn der Donatorzustand teilweise und das Valenzband im Wesentlichen gefüllt ist, (b) wenn der Donatorzustand leer und das Valenzband gefüllt ist und (c) wenn der Donatorzustand leer und das Valenzband teilweise gefüllt ist.

19. In der Nähe des Leitungsbandminimums können die Elektronenenergien für Silizium, Germanium und einige andere Halbleiter wie folgt geschrieben werden

$$E(k) = \hbar^2 \left[\frac{k_x^2}{2m_1} + \frac{k_y^2}{2m_2} + \frac{k_z^2}{2m_3} \right].$$

m_1, m_2 und m_3 sind Parameter der effektiven Masse. (a) Man zeige, daß der Beitrag eines Zustandes um solch ein Minimum herum zur Zustandsdichte

$$\varrho(E) = \frac{\sqrt{2}\tau_s(m_d^*)^{3/2}}{\pi^2\hbar^3}\,E^{1/2}$$

beträgt. Dabei ist $m_d^* = (m_1\,m_2\,m_3)^{1/3}$. Diese Größe wird effektive Zustandsdichtemasse genannt. Hinweis: Man berechne die Zahl der Zustände mit **k** innerhalb eines konstanten Energieellipsoides, dann differenziere man den Ausdruck nach E. Die Zahl der Zustände ist $(\tau_s/4\pi^3)\int dk_x\,dk_y\,dk_z$. Wenn $k'_x = (m/m_1)^{1/2}k_x$, $k'_y = (m/m_2)^{1/2}k_y$ und $k'_z = (m/m_3)^{1/2}k_z$, dann ist das Integral über das Volumen der Kugel mit dem Radius $k' = [(k'_x)^2 + (k'_y)^2 + (k'_z)^2]^{1/2} = (2mE/\hbar^2)^{1/2}$. (b) Silizium hat sechs gleichwertige Minima und Germanium hat vier, deshalb muß der Ausdruck für $\varrho(E)$ mit sechs bzw. mit vier für diese Materialien multipliziert werden. Das wird dadurch getan, daß man die effektive Zustandsdichtemasse wie folgt definiert: $m_d^* = (m_1\,m_2\,m_3)^{1/3} \cdot s^{2/3}$, wobei s die Zahl der gleichwertigen Minima angibt. Für Silizium ist $m_1 = 0.9163\,m_0$ und $m_2 = m_3 = 0.1905\,m_0$, m_0 ist die freie Elektronenmasse. Man berechne die effektive Zahl der Zustände pro Volumeneinheit im Leitungsband von Silizium bei 300 K.

20. Wenn ein bestimmter Halbleiter rein ist, hat er in seinem Leitungsband n_i Elektronen pro Volumeneinheit. Man zeige, daß die Elektronenkonzentration in seinem Leitungsband $n = n_i + N_D/2$ ist, wenn er mit N_D Donatoren pro Volumeneinheit dotiert ist und $N_D \ll n_i$. Wie groß ist dann die Löcherkonzentration im Valenzband? Alle Donatoren sollen einfach ionisiert sein.

294   8. Thermodynamik von Phononen und Elektronen

21. Reines Germanium hat bei 300 K 2.5×10^{19} Elektronen/m^3 im Leitungsband. Ein Germaniumkristall ist mit 7.6×10^{18} Akzeptoren/m^3 dotiert. Jede Störstelle soll ein Elektron aufnehmen. Man berechne die Konzentration der Elektronen im Leitungsband und die Konzentration der Löcher im Valenzband bei 300 K.

22. Man betrachte eine halbleitende Probe, die bei 300 K 2.70×10^{16} Zustände/m^3 im Valenzband und 3.50×10^{16} Zustände/m^3 im Leitungsband hat. Die verbotene Zone zwischen den Bändern beträgt 1.06 eV. Die Probe ist mit 4.50×10^{11} Donatoratomen/m^3 dotiert und das chemische Potential liegt 0.760 eV oberhalb der oberen Valenzbandkante. Das Störstellenniveau soll zweifach entartet sein. (a) Wie viele Elektronen pro Volumeneinheit sind im Leitungsband? (b) Wie viele Valenzbandzustände pro Volumeneinheit sind leer? (c) Wie viele Elektronen pro Volumeneinheit sind in Störstellenzuständen? (d) Wo liegt das Energieniveau des Donators, bezogen auf die obere Valenzbandkante?

23. Man verwende das Modell zweier Niveaus, um die Temperatur abzuschätzen, bei der ein n-Halbleiter eigenleitend wird. Die effektive Konzentration der Zustände im Leitungsband soll N_c^* sein, die effektive Konzentration der Zustände im Valenzband soll N_v^* sein und die Konzentration der Donatoren soll N_D sein. Jeder Donator soll einen einzigen Zustand in der verbotenen Zone bilden. Die Temperaturabhängigkeit von N_c^* und N_v^* soll vernachlässigt werden. (a) Man zeige, daß sich die Konzentration der Elektronen im Leitungsband vom eigenleitenden Wert um 10% unterscheidet, wenn $n_i = 5.24\, n_D$ ist und (b) daß das bei einer Temperatur T auftritt, die durch folgenden Ausdruck bestimmt wird:

$$T = \frac{E_g}{k_B \ln\left[\dfrac{N_c^* N_v^*}{27.4 N_d^2}\right]}$$

E_G ist hier die verbotene Zone zwischen Valenz- und Leitungsband. (c) Man setze $N_c^* = N_v^* = 1.04 \times 10^{25}$ Zustände/m^3, $E_G = 0.67$ eV und $N_D = 2.71 \times 10^{19}$ Donatoren/m^3 und schätze damit den Ausdruck für die Temperatur ab.

24. Für jede der zwei Kreisfrequenzen von Normalschwingungen, die in Aufgabe 1 gegeben wurden, bestimme man den Beitrag der Schwingung zu der spezifischen Wärme bei konstantem Volumen bei 50 K und bei 300 K. Die Antwort soll in J/K und als Vielfaches von k_B angegeben werden.

25. Für jeden der Festkörper, die in Aufgabe 5 angegeben wurden, soll die Debyesche Näherung benutzt werden, um den Phononenbeitrag zur spezifischen Wärme bei konstantem Volumen pro primitive Einheitszelle bei 10 K und 25 K zu berechnen.

26. Man verwende die Debyesche Näherung und das Modell freier Elektronen, um den Phononenbeitrag und den Elektronenbeitrag zur spezifischen Wärme bei konstantem Volumen für Kalium bei 0.1 K, 1 K und 10 K miteinander

zu vergleichen. Zuerst soll die elektronische Konstante γ berechnet und mit dem in Tabelle 8-2 angegebenen Wert verglichen werden. Kalium hat eine kubisch raumzentrierte Struktur mit einer Würfelkante von 5.225 Å und seine Debye-Temperatur beträgt 89 K. Jedes Atom trägt ein Elektron zu dem untersten freien Elektronenband bei. Die effektive Masse soll die Masse eines freien Elektrons sein.

27. Für (a) Kalium und (b) Lanthan soll die Temperatur bestimmt werden, bei der der Phononenbeitrag und der Elektronenbeitrag zur spezifischen Wärme bei konstantem Volumen gleich groß sind. Dazu verwende man die Angaben in den Tabellen 8-1 und 8-2. (c) Für diese beiden Metalle schätze man die Dichte der Elektronenzustände pro Atom am Ferminiveau unter Verwendung der γ Werte aus der Tabelle 8-2 ab.

9. Elektrische- und Wärmeleitfähigkeit

Ein Forschungskryostat zur Messung elektrischer, thermischer, magnetischer und optischer Eigenschaften als Funktion der Temperatur. Die Probe ist im unteren Teil hinter dem Fenster montiert, und die elektrischen Zuleitungen verlaufen vom Zentrum des unteren Teils nach oben zu den Meßinstrumenten. Das für die Kühlung benötigte flüssige Helium wird in dem Tank aufbewahrt, der den oberen Teil des Kryostaten bildet.

9.1 Elektronendynamik 299
9.2 Die Boltzmannsche
    Transportgleichung 307
9.3 Elektrische Leitfähigkeit . 316
9.4 Wärmeleitfähigkeit 320
9.5 Streuung 328

Wenn ein elektrisches Feld oder ein Temperaturgradient an einen Festkörper angelegt werden, fließen die Ladung und die Energie. Metalle sind hervorragende Leiter von Elektrizität und Wärme. Bei ihnen sind die Elektronen die dominierenden Träger für die Ladung und für die Energie. Die thermische Leitung in den meisten Halbleitern und allen Isolatoren wird dagegen vom Phononenfluß beherrscht. Ausnahmen bilden Halbleiter mit sehr hoher Dotierung, bei denen die Elektronen- oder Löcherkonzentration sehr hoch ist.

In diesem Kapitel studieren wir die fundamentalen Leitungsprozesse: die Beschleunigung der Elektronen in einem elektrischen Feld und die Diffusion von Elektronen und Phononen in einem Temperaturgradienten. Die Ergebnisse werden dazu verwendet, Ausdrücke für die elektrische und Wärmeleitfähigkeit der Stoffe herzuleiten. Die Streuung von Elektronen und Phononen an Defekten und an schwingenden Atomen spielt eine wichtige Rolle für die elektrische und Wärmeleitfähigkeit. Sie wird phänomenologisch betrachtet und qualitativ im letzten Abschnitt diskutiert.

9.1 Elektronendynamik

Elektronengeschwindigkeit

Um makroskopische elektrische Ströme zu diskutieren, betrachten wir den Impuls eines Elektrons mit der Wellenfunktion ψ. Der Mittelwert des Impulses sei

$$\langle \mathbf{p} \rangle = -i\hbar \int \psi^* \nabla \psi \, d\tau. \tag{9-1}$$

Das Integral verläuft über das Probenvolumen. Die Gleichung 9-1 vereinfacht sich erheblich, wenn die Probe ein Kristall ist. Wir betrachten einen eindimensionalen Kristall, für den gilt

$$\langle p \rangle = -i\hbar \int \psi^* \frac{\partial \psi}{\partial x} \, dx. \tag{9-2}$$

und

$$\psi = e^{ikx} u(k, x), \tag{9-3}$$

$u(k, x)$ ist dabei periodisch. Da $d\psi/dx = (iku + \partial u/\partial x)e^{ikx}$ und $\int u^* u \, dx = 1$ ist, gilt

$$\langle p \rangle = \hbar k - i\hbar \int u^* \frac{\partial u}{\partial x} \, dx. \tag{9-4}$$

Man beachte, daß $\langle p \rangle = \hbar k$ ist, wenn u unabhängig von x ist.
Die Differentialgleichung, der $u(k, x)$ gehorcht, kann verwendet werden um das Integral von Gleichung 9-4 in kompakter Form zu schreiben. In einer Dimension wird aus Gleichung 7-11

9. Elektrische- und Wärmeleitfähigkeit

$$-\frac{\hbar^2}{2m}\frac{\partial^2 u}{\partial x^2} - i\frac{\hbar^2 k}{m}\frac{\partial u}{\partial x} + \frac{\hbar^2 k^2}{2m}u + U(x)u = E(k)u. \tag{9-5}$$

Wenn dieser Ausdruck nach k differenziert und dann mit u^* multipliziert wird, erhält man

$$-\frac{\hbar^2}{2m} u^* \frac{\partial^3 u}{\partial k \, \partial^2 x} - i\frac{\hbar^2}{m} u^* \frac{\partial u}{\partial x} - i\frac{\hbar^2 k}{m} u^* \frac{\partial^2 u}{\partial k \, \partial x} + \frac{\hbar^2 k}{m} u^* u$$

$$+ \frac{\hbar^2 k^2}{2m} u^* \frac{\partial u}{\partial k} + U u^* \frac{\partial u}{\partial k} = \frac{dE}{dk} u^* u + E u^* \frac{\partial u}{\partial k}. \tag{9-6}$$

Die konjugiert Komplexe von Gleichung 9-5 wird mit $\partial u/\partial k$ multipliziert und das Resultat dann von Gleichung 9-6 substrahiert. Man erhält

$$-\frac{\hbar^2}{2m}\left[u^* \frac{\partial^3 u}{\partial k \, \partial x^2} - \frac{\partial^2 u^*}{\partial x^2}\frac{\partial u}{\partial k}\right] - i\frac{\hbar^2 k}{m}\left[u^* \frac{\partial^2 u}{\partial k \, \partial x} + \frac{\partial u^*}{\partial x}\frac{\partial u}{\partial k}\right]$$

$$- i\frac{\hbar^2}{m} u^* \frac{\partial u}{\partial x} + \frac{\hbar^2 k}{m} u^* u = \frac{dE}{dk} u^* u. \tag{9-7}$$

Diese Gleichung wird über die Probe integriert. Die ersten beiden Terme sind exakt Ableitungen: der erste Term ist die Ableitung von $(\hbar^2/2m)\,[u^*\,(\partial^2 u/\partial k\,\partial x) - (\partial u^*/\partial x)(\partial u/\partial k)]$, und der zweite Term ist die Ableitung von $(i\hbar^2 k/m)\,u^*\,(\partial u/\partial k)$. Die unbestimmten Integrale sind periodisch, und jedes hat den gleichen Wert an der oberen und unteren Grenze, deshalb verschwinden die bestimmten Integrale. Daher gilt

$$-i\frac{\hbar^2}{m}\int u^* \frac{\partial u}{\partial x} dx + \frac{\hbar^2 k}{m} = \frac{dE}{dk}. \tag{9-8}$$

Wenn dieses Ergebnis verwendet wird, um das Integral in Gleichung 9-4 zu ersetzen, dann erhält man die Gleichung

$$\langle p \rangle = \frac{m}{\hbar}\frac{\partial E}{\partial k}. \tag{9-9}$$

Wenn eine ähnliche Ableitung für alle drei Dimensionen durchgeführt wird, dann gilt für den mittleren Impuls eines Elektrons mit dem Ausbreitungsvektor $\mathbf{k}$ im Band n

$$\langle p \rangle = \frac{m}{\hbar}\nabla_k E_n(\mathbf{k}), \tag{9-10}$$

Dabei ist $\nabla_k E_n$ der Gradient der Elektronenenergie im reziproken Raum. Die Elektronengeschwindigkeit wird dann

9.1 Elektronendynamik

$$\mathbf{v}_n(\mathbf{k}) = \frac{\langle \mathbf{p} \rangle}{m} = \frac{1}{\hbar} \nabla_k E_n(\mathbf{k}). \tag{9-11}$$

Da $E_n = \hbar\omega$ gilt, wobei ω die Kreisfrequenz der Elektronenwellenfunktion ist, sind die Teilchengeschwindigkeit und die Gruppengeschwindigkeit der Welle, die durch $\nabla_k \omega$ bestimmt wird, identisch.

Weil $\nabla_k E_n$ senkrecht auf der Fläche konstanter Energie des Bandes n steht, deshalb ist $\mathbf{v}_n(\mathbf{k})$. Wenn die Energie mit dem Abstand vom Zentrum der Brillouin-Zone ansteigt, ist $\mathbf{v}_n$ vom Zentrum weg gerichtet. Für einen eindimensionalen Kristall ist $v_n(k) = (1/\hbar)(dE_n/dk)$, und die Richtung der Geschwindigkeit wird durch das Vorzeichen der Neigung des Bandverlaufs $E_n(k)$ angezeigt. Für das untere Band in Bild 9-1 ist die Elektronengeschwindigkeit positiv für positive k und negativ für das obere Band. In der Nähe der Grenze der Brillouin-Zone ist die Energie fast unabhängig von k und die Elektronengeschwindigkeit gering.

Beispiel 9-1
Man bestimme einen Ausdruck für die Geschwindigkeit eines quasifreien Elektrons in einem eindimensionalen Kristall mit der Zellenlänge a. Man nehme an, daß nur die Fourier-Komponenten $U(G)$ und $U(-G)$ der Funktion der potentiellen Energie wichtig sind. Man bestimme den Ausdruck für $a = 4.5 \times 10^{-10}$ m, $G = -2\pi/a$, $U(G) = 1.7$ eV und $k = -\frac{1}{4} G$.

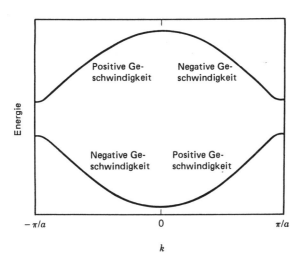

Bild 9-1 Zwei Energiebänder für Elektronen in einem eindimensionalen Kristall. Das Vorzeichen der Elektronengeschwindigkeit wird durch die Neigung von $E(k)$ bestimmt. An der Grenze der Brillouin-Zone ist $dE/dk = 0$, und die Geschwindigkeit verschwindet. Die Elektronengeschwindigkeiten für einen dreidimensionalen Kristall sind proportional zum Gradienten der Energie im reziproken Raum.

Lösung
Für einen eindimensionalen Kristall erhält man nach Gleichung 7-50

$$E(k) = \frac{\hbar^2}{4m}(2k^2 + 2kG + G^2) - \frac{1}{2}\left[\left(\frac{\hbar^2}{2m}\right)^2 (2kG + G^2)^2 + 4|U(G)|^2\right]^{1/2},$$

für U_0 wurde 0 angenommen und das Elektron soll im unteren Band sein. Die Elektronengeschwindigkeit ist

$$v = \frac{1}{\hbar}\frac{dE}{dk} = \frac{\hbar}{2m}(2k + G) - \frac{\hbar^3}{4m^2}\frac{G^2(2k + G)}{\left[\left(\frac{\hbar^2}{2m}\right)^2 (2k + G)^2 G^2 + 4|U(G)|^2\right]^{1/2}}.$$

Für $k = -1/4\, G$ gilt

$$v = \frac{\hbar G}{4m} - \frac{\hbar^3 G^3}{4m^2}\left[\left(\frac{\hbar^2 G^2}{2m}\right)^2 + 16|U(G)|^2\right]^{-1/2}$$

Für die angegebenen Werte $\hbar G = -2\pi\hbar/a = -2\pi \times 1.05 \times 10^{-34} / 4.5 \times 10^{-10} = -1.47 \times 10^{-24}$ kg·m/s und $|U(G)| = 1.7 \times 1.60 \times 10^{-19} = 2.72 \times 10^{-19}$ J. ergibt sich

$$v = -\frac{1.47 \times 10^{-24}}{4 \times 9.11 \times 10^{-31}}$$
$$+ \frac{(1.47 \times 10^{-24})^3}{4(9.11 \times 10^{-31})^2}\left[\frac{(1.47 \times 10^{-24})^4}{4(9.11 \times 10^{-31})^2} + 16(2.72 \times 10^{-19})^2\right]^{-1/2}$$
$$= 1.91 \times 10^5 \text{ m/s}.$$

Das ist eine typische Geschwindigkeit für ein Elektron in der Mitte eines quasifreien Elektronenbandes. ◆

Beschleunigung der Elektronen

Ein äußeres elektrisches Feld verursacht eine Änderung des Elektronenzustandes. Wenn der Festkörper ein Kristall ist und wenn das Feld konstant und schwach ist, bleibt das Elektron im gleichen Band. Wenn das Feld zusätzlich homogen ist, ändert jedes Elektron seinen Zustand so, daß sein Kristallimpuls folgender Gleichung gehorcht

$$\frac{d\hbar\mathbf{k}}{dt} = -e\mathcal{E}, \qquad (9\text{-}12)$$

$\mathcal{E}$ ist die angelegte Feldstärke und e die Elektronenladung. Diese Gleichung wird oft mit dem zweiten Newtonschen Axiom verglichen. Die rechte Seite ist die elektrische Kraft auf das Elektron und die linke die Änderung des Kristallimpulses.

9.1 Elektronendynamik

Wir müssen hier jedoch betonen, daß $\hbar \mathbf{k}$ ein Kristallimpuls und nicht der wahre Impuls ist. Die beiden stimmen nur für freie Elektronen überein und sind in vielen Beispielen völlig verschieden voneinander.

Die Elektronenwellenfunktion stellt das oben beschriebene Verhalten dar. Sie ist jetzt zeitabhängig, und wir bezeichnen sie durch $\psi(\mathbf{r}, t)$. Wenn das Elektron anfangs in einem Zustand mit einem Kristallimpuls $\hbar \mathbf{k}_0$ ist, dann ist der räumliche Anteil von $\psi(\mathbf{r}, 0)$ gleich $\psi_n(\mathbf{k}_0, r)$. Zu einer späteren Zeit t ist der räumliche Anteil von $\psi(\mathbf{r}, t)$ in etwa $\psi_n(\mathbf{k}', r)$, wobei $\mathbf{k}' = \mathbf{k}_0 - e\mathcal{E}t/\hbar$ ist. Dieses Resultat, das der Gleichung 9-12 gleichwertig ist, kann man aus der zeitabhängigen Schrödingergleichung erhalten, wenn man den Ausdruck $+e\mathcal{E} \cdot r$ in die potentielle Energiefunktion mit einschließt. Die Ableitung ist kompliziert, aber das Resultat ist für Studien der Materialeigenschaften wichtig. Details findet man im Anhang E.

Nach Gleichung 9-12 ändert sich der Kristallimpuls gleichförmig. Wenn ein Elektron anfangs in einem Zustand mit einem Kristallimpuls $\hbar \mathbf{k}_0$ ist, dann ist es zu einem späteren Zeitpunkt t in einem Zustand mit einem Kristallimpuls $\hbar \mathbf{k}_0 - e\mathcal{E}t$ im selben Band. Diese Änderung wird durch Bild 9-2 verdeutlicht. Der Kreis markiert einen durch ein Elektron besetzten Zustand. Mit zunehmender Zeit bewegt sich das Elektron entlang des Bandes; dabei überstreicht es in gleichen Zeiten gleiche Intervalle von k. Die Änderung des Kristallimpulses ist zum äußeren Feld entgegengesetzt gerichtet.

Wenn keine anderen äußeren Kräfte einwirken, besetzt das Elektron schließlich einen Zustand mit einem $\mathbf{k}$-Wert an der Grenze der Brillouin-Zone, wenn auch nur für einen Augenblick. Im nächsten Augenblick bewegt es sich entsprechend Gleichung 9-12 zu einem Zustand mit einem $\mathbf{k}$-Wert außerhalb der Zone. Dieser neue Zustand ist identisch mit dem bei $\mathbf{k}$ innerhalb der Zone, nur um einen reziproken Gittervektor versetzt. Im reduzierten Zonenschema macht ein Elektron,

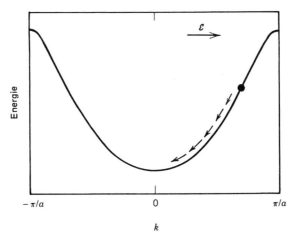

Bild 9-2 Ein Elektronen-Energieband für eine eindimensionalen Kristall. Der Kreis markiert den Zustand, der anfangs von dem Elektron besetzt wurde. Wenn ein elektrisches Feld in der angegebenen Richtung angelegt wird, geht das Elektron in andere Zustände des Bandes über, die hier durch Pfeile gekennzeichnet sind. Für das dargestellte Band fällt seine Energie bis es $k = 0$ passiert.

das sich in einem Zustand mit einem **k**-Wert an der Grenze der Brillouin-Zone befindet, einen Übergang zu einem Zustand mit dem gleichen **k** an der entgegengesetzten Grenze. Genauso wie ein Elektron den Zustand ändert, ändert es auch seine Geschwindigkeit, einfach deshalb, weil zu unterschiedlichen Zuständen unterschiedliche Geschwindigkeiten gehören. Die Änderung der Geschwindigkeit ist nicht notwendig gleichförmig mit der Zeit, sogar dann nicht, wenn es die Änderung des Ausbreitungsvektors ist. Um die Beschleunigung zu erhalten, differenzieren wir die Geschwindigkeit nach der Zeit und berücksichtigen dabei, daß **k** von der Zeit abhängt. Wenn wir verwenden, daß $dk_j/dt = -(e/\hbar)\mathcal{E}_j$ und $v_j = (1/\hbar)(\partial E/\partial k_j)$ sind, dann beträgt die Komponente i in der Beschleunigung

$$a_i = \frac{dv_i(\mathbf{k})}{dt} = \sum_j \frac{\partial v_i}{\partial k_j}\frac{dk_j}{dt} = \frac{1}{\hbar}\sum_j \frac{\partial v_i}{\partial k_j}(-e\mathcal{E}_j)$$

$$= \frac{1}{\hbar^2}\sum_j \frac{\partial^2 E}{\partial k_j \partial k_j}(-e\mathcal{E}_j) = \sum_j \left[\frac{1}{m^*}\right]_{ij}(-e\mathcal{E}_j). \tag{9-13}$$

Dabei ist

$$\left[\frac{1}{m^*}\right]_{ij} = \frac{1}{\hbar^2}\frac{\partial^2 E(k)}{\partial k_j \partial k_j} \tag{9-14}$$

ein Element des reziproken effektive Masse Tensors, der in Abschnitt 7.5 eingeführt wurde. Die Indizes bezeichnen die Komponenten der kartesischen Koordinaten. Gleichung 9-13 zeigt, daß die Beschleunigung eines Elektrons nicht notwendigerweise in Richtung der angelegten Kraft verlaufen muß. Wenn das Feld $\mathcal{E}$ in x-Richtung angelegt wird, hat z. B. die Beschleunigung eine nicht verschwindende y-Komponente, falls $(1/m^*)_{xy} \neq 0$. Das Elektron bewegt sich zu einem neuen Zustand und erlangt eine neue Geschwindigkeit, deren Richtung durch die Form des Bandes und letztlich durch die Wechselwirkungen mit den Ionenrümpfen bestimmt wird.

Wenn die effektive Masse ein Skalar ist, erhält man aus Gleichung 9-13

$$m^*\mathbf{a} = -e\mathcal{E}, \tag{9-15}$$

die zeigt, daß die Beschleunigung parallel zum Feld verläuft. Sogar in diesem Falle braucht die Beschleunigung nicht die gleiche Richtung wie die angelegte Kraft zu haben. In der Nähe eines Bandmaximums z. B. kann d^2E/dk^2 negativ sein, und die Beschleunigung ist dann entgegengesetzt zur Kraft. Solch ein Elektron hat eine negative effektive Masse.

Wenn ein Elektron Zustände ändert, kann seine Energie bei einigen Übergängen ansteigen und bei anderen abfallen. Die Rate der Energieänderung ist durch $dE/dt = \nabla_k E \cdot (d\mathbf{k}/dt)$ gegeben, und wenn man die Gleichungen 9-11 und 9-12 benutzt, erhält man den Ausdruck $dE/dt = -(e/\hbar)\nabla_k E \cdot \mathcal{E} = -e\upsilon \cdot \mathcal{E}$, ein Resultat, das man auch aus der klassischen Physik gewinnen kann. Aus dem Diagramm in

Bild 9-2 werden sowohl Übergänge mit Energieanstieg als auch Übergänge mit Energieabfall deutlich.

Löcher

Eigenschaften von fast vollen Bändern werden im allgemeinen durch Löcher und nicht durch Elektronen beschrieben. Obwohl die Zahl der Löcher in einem Band gleich der Zahl der leeren Zustände ist, ist ein Loch nicht einfach ein leerer Zustand. Insbesondere muß ein einzelnes Loch in einem sonst vollen Band die Kollektiveigenschaften aller Elektronen im Band berücksichtigen.
Um den Kristallimpuls eines Loches in einem Band zu bestimmen, nehmen wir an, daß das Band mit Ausnahme des Zustandes mit dem Kristallimpuls $\hbar\mathbf{k}_{leer}$ vollkommen gefüllt ist. Der Kristallimpuls $\hbar\mathbf{k}_L$ des Loches ist nicht der Kristallimpuls des leeren Zustandes, sondern eher der Gesamtkristallimpuls aller Elektronen in dem Band:

$$\hbar\mathbf{k}_L = \sum_{\substack{\text{besetzte} \\ \text{Zustände}}} \hbar\mathbf{k} = \sum_{\substack{\text{alle} \\ \text{Zustände}}} \hbar\mathbf{k} - \hbar\mathbf{k}_{leer} = -\hbar\mathbf{k}_{leer}. \qquad (9\text{-}16)$$

Die Summe über alle Zustände verschwindet, weil der Gesamtkristallimpuls eines vollkommen besetzten Bandes null ist: zu jedem Ausbreitungsvektor $\mathbf{k}$ in der Brillouin-Zone gibt es auch ein $-\mathbf{k}$ in der Zone und über beide wird summiert. Das Band kann beschrieben werden wie ein mit Elektronen besetztes, mit Ausnahme des Zustandes mit dem Kristallimpuls $\hbar\mathbf{k}_{leer}$, oder als hätte es ein einzelnes Loch mit dem Kristallimpuls $-\hbar\mathbf{k}_{leer}$.
In einem homogenen äußeren elektrischen Feld ändern sich die Kristallimpulse aller Elektronen um die gleiche Rate. Wie in Bild 9-3a dargestellt, ändert sich der Vektor $\mathbf{k}_{leer}(t)$, der zur Kennzeichnung des Zustandes, der zur Zeit t leer ist, verwendet wird, genau in der gleichen Weise wie der Ausbreitungsvektor eines Elektrons. Ganz anders verhält sich dagegen $\mathbf{k}_L$. Wir differenzieren Gleichung 9-16 und verwenden Gleichung 9-12. Man erhält

$$\frac{d\hbar\mathbf{k}_h}{dt} = +e\mathcal{E}. \qquad (9\text{-}17)$$

Die Bilder 9-3b und 9-3c verdeutlichen die Dynamik. Nach Gleichung 9-17 ändert sich der Kristallimpuls eines Loches genauso wie der eines Teilchens mit der Ladung $+e$. Das heißt, Elektronen in einem Band mit nur einem leeren Zustand verhalten sich in einem elektrischen Feld als Gesamtheit wie eine einzige positive Ladung.
Die Geschwindigkeit eines Loches ist die Gruppengeschwindigkeit der Welle, die zu dem leeren Zustand gehört, und deshalb ist sie gleich der Geschwindigkeit, die ein Elektron haben würde, wenn es diesen Zustand besetzen würde. Damit erhält man, wenn der Zustand mit dem Wellenvektor $\mathbf{k}$ leer ist,

$$\mathbf{v}_h = \frac{1}{\hbar}\nabla_k E_n(\mathbf{k}). \qquad (9\text{-}18)$$

306   9. Elektrische- und Wärmeleitfähigkeit

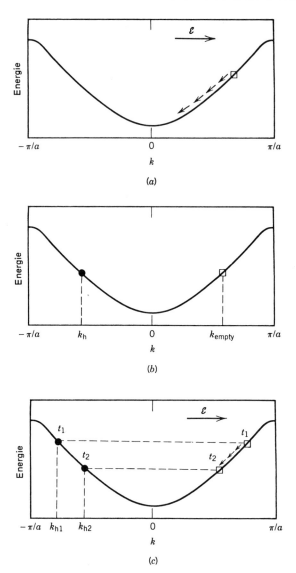

Bild 9-3 Ein Elektronenenergieband für einen eindimensionalen Kristall. Die Quadrate kennzeichnen einen Zustand, der in einem sonst gefüllten Band am Anfang leer ist. (a) Wenn ein elektrisches Feld mit der dargestellten Richtung angelegt wird, werden die durch Pfeile markierten Zustände nacheinander leer, so wie sich das Elektron nach links bewegt. (b) Das Band ist mit Ausnahme eines Zustandes, der durch ein Quadrat gekennzeichnet ist, vollkommen gefüllt. Mit Ausnahme des Elektrons, das durch einen Kreis markiert ist, kann jedes Elektron mit einem anderen in einer solchen Weise gepaart werden, daß die Summe ihrer Kristallimpulse verschwinden. Der Gesamtkristallimpuls für das Band und der Kristallimpuls für das Loch sind beide $\hbar k_L$. (c) Der leere Zustand und das ungepaarte Elektron für zwei Zeiten $t_2 > t_1$, wenn ein elektrisches Feld der angegebenen Richtung anliegt. Die Änderung von k_L ist in Richtung des Feldes.

Die effektive Masse eines Loches erhält man durch Differentiation von Gleichung 9-18 nach der Zeit. Die Komponente i der Beschleunigung beträgt

$$a_i = \frac{dv_{hi}}{dt} = -\frac{1}{\hbar^2} \sum_j \frac{\partial^2 E(\mathbf{k})}{\partial k_j \partial k_j} e\mathcal{E}_j = \sum_j \left[\frac{1}{m_h^*}\right]_{ij} e\mathcal{E}_j. \quad (9\text{-}19)$$

Dabei ist $(1/m_h^*)_{ij} = -(1/\hbar^2)[\partial^2 E(\mathbf{k})/\partial k_i \partial k_j]$ ein Element des reziproken effektive Masse Tensors für Löcher. Jedes Element ist das negative des entsprechenden Elementes des reziproken effektive Elektronenmasse Tensors für den leeren Zustand. Das negative Vorzeichen in Gleichung 9-19 ist im reziproken Masse Tensor enthalten, da die Kraft auf ein Loch $+e\mathcal{E}$ ist.

Wir können jedes Band als Ansammlung negativer Elektronen (eins für jeden besetzten Zustand) oder als Ansammlung positiver Löcher (eins für jeden leeren Zustand) betrachten. Für die Geschwindigkeiten und effektiven Massen werden wir, unabhängig davon welche Betrachtungsweise wir verwenden, die gleichen Resultate erhalten, vorausgesetzt wir sind bei der Bestimmung der Kristallimpulse sorgfältig.

Für einen kristallinen Halbleiter im thermischen Gleichgewicht ist ein kleiner Teil der Leitungsbandzustände in der Nähe der unteren Leitungsbandkante von Elektronen besetzt, und ein kleiner Teil der Valenzbandzustände in der Nähe der oberen Valenzbandkante ist leer. Da alle Leitungsbandelektronen nahezu gleiche Geschwindigkeiten und effektive Massen haben, werden die Beiträge dieses Bandes zu den Materialeigenschaften gewöhnlich in Elektronen angegeben. Auch die Löcher im Valenzband haben fast gleiche Geschwindigkeiten und effektive Massen. Deshalb werden die Beiträge dieses Bandes durch Löcher beschrieben. Da die Krümmung eines Bandes in der Nähe seines Minimums positiv ist, haben die meisten Leitungsbandelektronen positive effektive Massen, und ihre Beschleunigung ist in grober Näherung der Richtung des angelegten Feldes entgegengesetzt gerichtet. Die Krümmung eines Bandes in der Nähe seines Maximums ist negativ. Deshalb haben die meisten Valenzbandlöcher eine positive effektive Masse, und ihre Beschleunigung hat in grober Näherung die gleiche Richtung wie das angelegte Feld.

9.2 Die Boltzmannsche Transportgleichung

Zusätzlich zu den vom Feld verursachten Übergängen werden die Elektronen an Phononen, Störstellen und anderen Defekten gestreut. Diese Wechselwirkungen verursachen Elektronenübergänge und sind mit Änderungen des Kristallimpulses verbunden. Die Boltzmannsche Transportgleichung ist eine Differentialgleichung, die Änderungen in der Elektronenverteilung beschreibt, die durch äußere Felder, Temperaturgradienten und Streuung hervorgerufen werden. In diesem Abschnitt werden wir die Ursprünge dieser Gleichung diskutieren und die Lösung für eine Festkörper in einem konstanten homogenen elektrischen Feld betrachten.

Die Relaxationszeitnäherung

Wir betrachten ein einzelnes Band, und die Wahrscheinlichkeit dafür, daß ein Zustand mit dem Wellenvektor **k** zur Zeit t besetzt ist, soll $f(\mathbf{k}, t)$ sein. Wenn der Festkörper im thermischen Gleichgewicht ist, ist f die Fermi-Dirac Verteilungsfunktion, die zeitlich konstant ist und von **k** über die Energie $E(\mathbf{k})$ abhängt. Wenn der Festkörper nicht im thermischen Gleichgewicht ist, kann sich f mit der Zeit ändern, weil sowohl das elektrische Feld als auch die Streuung Übergänge verursachen. Man schreibt deshalb

$$\frac{\partial f}{\partial t} = \left[\frac{\partial f}{\partial t}\right]_{\text{Feld}} + \left[\frac{\partial f}{\partial t}\right]_{\text{Streuung}}. \tag{9-20}$$

Der erste Term wird als Grenzwert berechnet

$$\left[\frac{\partial f}{\partial t}\right]_{\text{Feld}} = \lim_{\Delta t \to 0} \frac{f(\mathbf{k}, t + \Delta t) - f(\mathbf{k}, t)}{\Delta t}\bigg|_{\text{Feld}}. \tag{9-21}$$

Der Zähler stellt die durch das Feld in der Zeit Δt verursachte Änderung von f dar. Man beachte, daß der gleiche **k**-Wert in beiden Termen auftritt. Die Gleichung 9-21 beschreibt die Änderung in der Besetzungswahrscheinlichkeit für einen einzelnen Zustand. In der Zeit Δt bewegt sich ein Elektron vom Zustand $\mathbf{k} + (e\mathcal{E}/\hbar)\Delta t$ zu dem Zustand **k**, deshalb ist $f(\mathbf{k}, t + \Delta t) = f(\mathbf{k} + e\mathcal{E}\Delta t/\hbar, t) = f(\mathbf{k}, t) + e\mathcal{E} \cdot \nabla_k f \Delta t/\hbar$ für den Grenzfall, daß Δt klein wird. Daher gilt

$$\left[\frac{\partial f}{\partial t}\right]_{\text{Feld}} = +\frac{e}{\hbar}\mathcal{E} \cdot \nabla_k f. \tag{9-22}$$

Der Streuterm soll sein

$$\left[\frac{\partial f}{\partial t}\right]_{\text{Streuung}} = -\frac{f(\mathbf{k}, t) - f_0(\mathbf{k})}{\bar{t}}. \tag{9-23}$$

Der Parameter $\bar{t}$ wird Relaxationszeit genannt, und $f_0(\mathbf{k})$ ist die Fermi-Dirac Verteilungsfunktion. Die Gleichung 9-23 ist eine Näherung. Bei geeigneter Auswahl von $\bar{t}$ führt sie jedoch in vielen Fällen zu einer genauen Beschreibung der Elektronenverteilung. Am wichtigsten für unsere Absichten ist, daß sie die Tendenz der Streuung zur Wiederherstellung des thermischen Gleichgewichts beschreibt. Wenn $f > f_0$ ist, dann ist $(\partial f/\partial t)_{\text{streu}}$ negativ, und f wird durch Streuung reduziert. Wenn andererseits $f < f_0$ ist, dann ist $(\partial f/\partial t)_{\text{streu}}$ positiv, und f wird größer. Wir nehmen an, daß die Elektronen eine Nichtgleichgewichtsverteilung $f(\mathbf{k}, 0)$ zur Zeit $t = 0$ haben. Wenn kein elektrisches Feld vorhanden ist, genügt die Verteilungsfunktion $\partial f/\partial t = -(f - f_0)/\bar{t}$, einer Differentialgleichung, die folgende Lösung hat

$$f(\mathbf{k}, t) = f_0(\mathbf{k}) + [f(\mathbf{k}, 0) - f_0(\mathbf{k})]e^{-t/\bar{t}}. \tag{9-24}$$

9.2 Die Boltzmannsche Transportgleichung

Die Verteilung ändert sich exponentiell zur Gleichgewichtsverteilung und nach einem Zeitintervall, das einem kleinen Vielfachen von $\bar{t}$ entspricht, ist das Elektronensystem im wesentlichen wieder im thermischen Gleichgewicht.
Wenn die Gleichungen 9-22 und 9-23 in Gleichung 9-20 eingesetzt werden, erhält man

$$\frac{\partial f}{\partial t} = \frac{e}{\hbar} \mathcal{E} \cdot \nabla_k f - \frac{f - f_0}{\bar{t}}. \tag{9-25}$$

Diese Gleichung ist ein Beispiel für die Boltzmannsche Transportgleichung für den Spezialfall, daß nur ein elektrisches Feld anliegt.
Wir erhalten nun eine Lösung, die geeignet für ein schwaches elektrisches Feld und eine Elektronenverteilung ist, die nahezu der thermischen Gleichgewichtsverteilung entspricht. Wir nehmen $f(\mathbf{k}, t) = f_0(\mathbf{k}) + f_1(\mathbf{k}, t)$, wobei f_1 klein ist und vernachlässigen $\mathcal{E} \cdot \nabla_k f_1$. Dann erhält man aus Gleichung 9-25

$$\frac{\partial f_1}{\partial t} = \frac{e}{\hbar} \mathcal{E} \cdot \nabla_k f_0 - \frac{f_1}{\bar{t}} = e\mathcal{E} \cdot \mathbf{v} \frac{\partial f_0}{\partial E} - \frac{f_1}{\bar{t}}. \tag{9-26}$$

Um die zweite Gleichung zu erhalten, wurde die Kettenregel der Differentiation verwendet. Man kann deshalb schreiben $\nabla_k f_0 = (\partial f_0/\partial E)\nabla_k E$. Danach wurde $\hbar v$ für $\nabla_k E$ eingesetzt. Wenn das Feld zum Zeitpunkt $t = 0$ angeschaltet war, mit der Elektronenverteilung im thermischen Gleichgewicht, dann gilt

$$f_1(\mathbf{k}, t) = e\mathcal{E} \cdot \mathbf{v} \bar{t} \frac{\partial t_0}{\partial E} [1 - e^{-t/\bar{t}}]. \tag{9-27}$$

Für $t \gg \bar{t}$ erreicht das Elektronensystem einen stationären Zustand mit

$$f(\mathbf{k}) = f_0(\mathbf{k}) + f_1(\mathbf{k}) = f_0(\mathbf{k}) + e\mathcal{E} \cdot \mathbf{v}\bar{t} \frac{\partial f_0}{\partial E}, \tag{9-28}$$

Dabei wurde das Argument t weggelassen, weil die Verteilung nicht mehr zeitabhängig ist.
Da $\partial f_0/\partial E$ negativ ist, sagt Gleichung 9-28 aus, daß die Zustände, für die die Elektronengeschwindigkeit entgegen der Feldrichtung gerichtet ist, eine etwas höhere Wahrscheinlichkeit haben besetzt zu sein, als im thermischen Gleichgewicht. Die Zustände, für die Elektronengeschwindigkeit und Feldrichtung übereinstimmen, haben eine etwas geringere Wahrscheinlichkeit. Bild 9-4 beschreibt die Situation.
Das Verhalten des mittleren Kristallimpulses, der durch $\hbar\mathbf{k}_M = \Sigma\hbar\mathbf{k}f(\mathbf{k}, t)/N$ definiert wird, ist aufschlußreich. Man multipliziere jeden Term von Gleichung 9-20 mit $\hbar\mathbf{k}$ und summiere über alle Zustände des Bandes. Die linke Seite wird $d(\hbar\mathbf{k}_M)/dt$. Da $(d\hbar\mathbf{k}/dt)_{\text{Feld}} = -e\mathcal{E}$ für jedes Elektron gilt, ist $(d\hbar\mathbf{k}_M/dt)_{\text{Feld}}$ auch $-e\mathcal{E}$. Wenn die Relaxationszeit unabhängig von $\mathbf{k}$ ist, wird $(d\hbar\mathbf{k}_M/dt)_{\text{streu}} =$

310   9. Elektrische- und Wärmeleitfähigkeit

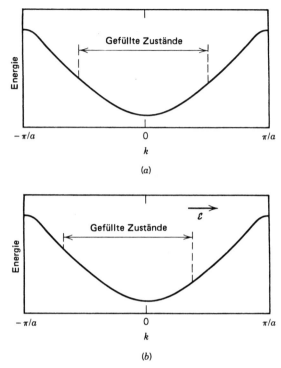

Bild 9-4 Besetzte Zustände eines teilweise gefüllten Elektronenenergiebandes. (a) In Abwesenheit eines elektrischen Feldes sind die untersten Energiezustände besetzt. Sowohl der Gesamtkristallimpuls als auch die mittlere Elektronengeschwindigkeit verschwinden. (b) Wenn ein elektrisches Feld angelegt wird, verschiebt sich die Verteilung und der Nettokristallimpuls und die mittlere Elektronengeschwindigkeit verschwinden nicht mehr. Der stationäre Zustand ist erreicht, wenn die vom Feld erzeugten Übergänge links durch die von der Streuung induzierten Übergänge rechts im Mittel ausgeglichen werden. Die Verschiebung ist in diesem Diagramm stark übertrieben dargestellt.

$-\hbar \mathbf{k}_M/t$. Deshalb ist

$$\frac{d\hbar \mathbf{k}_M}{dt} = -e\mathcal{E} - \frac{\hbar \mathbf{k}_M}{\bar{t}}. \tag{9-29}$$

Im stationären Zustand

$$\hbar \mathbf{k}_M = -e\mathcal{E}\bar{t}. \tag{9-30}$$

Der mittlere Kristallimpuls im stationären Zustand ist nicht wie im thermischen Gleichgewicht gleich Null.
Die Gleichung 9-30 gestattet eine interessante Interpretation. Wir stellen uns ein Elektron vor, das sich wie der Mittelwert aller Elektronen im Band verhält und nehmen an, daß sein Kristallimpuls zur Zeit $t = 0$ Null ist. Es wird ein Zeitintervall $\bar{t}$ beschleunigt und erhält dabei einen Kristallimpuls $-e\mathcal{E}\bar{t}$, dann wird es zu

dem Zustand **k** = 0 zurückgestreut und der Vorgang wiederholt sich. In dieser Interpretation stellt $\bar{t}$ die mittlere Zeit zwischen den Streuereignissen dar, und deshalb wird es mittlere freie Zeit genannt.

Beweglichkeit

Im stationären Zustand ist die mittlere Elektronengeschwindigkeit proportional zum elektrischen Feld. Die Proportionalitätskonstante wird Beweglichkeit genannt. Bei vielen Materialien ist die mittlere Elektronengeschwindigkeit nicht parallel zum elektrischen Feld, und die Beweglichkeit wird deshalb durch einen Tensor dargestellt. Wenn v_{Mi} und $\mathcal{E}_j$ kartesische Komponenten sind, dann werden die Elemente μ_{ij} des Beweglichkeitstensors definiert durch

$$v_{Mi} = -\sum_j \mu_{ij} \mathcal{E}_j. \tag{9-31}$$

Die mittlere Geschwindigkeit wird oft als Elektronendriftgeschwindigkeit bezeichnet.
Um einen Ausdruck für μ_{ij} zu erhalten, beginnen wir mit

$$v_{ave\,i} = \frac{1}{N} \sum_{\text{states}} v_i(\mathbf{k}) f(\mathbf{k}). \tag{9-32}$$

N ist die Zahl der Elektronen im Band. Für $f(\mathbf{k})$ setze man den Wert aus Gleichung 9-28 ein. Die $f_0(\mathbf{k})$ enthaltenden Terme summiere man zu Null und die Terme, die $\partial f_0/\partial E$ enthalten ergeben

$$v_{ave\,i} = \frac{e}{N} \sum_{\text{Zustände}} v_i \mathcal{E} \cdot \mathbf{v}\bar{t}\, \frac{\partial f_0}{\partial E}. \tag{9-33}$$

Ein Vergleich mit Gleichung 9-32 zeigt, daß

$$\mu_{ij} = -\frac{e}{N} \sum_{\text{Zustände}} \bar{t} v_i v_j \frac{\partial f_0}{\partial E}. \tag{9-34}$$

Da $\partial f_0/\partial E$ sehr stark abfällt, wenn die Differenz zwischen der Energie und dem chemischen Potential ansteigt, dominieren jene Zustände in der Summe von Gleichung 9-34, die energetisch am nächsten zum chemischen Potential liegen. Zum Beispiel ist die mittlere Geschwindigkeit der Elektronen in einem Band von Rumpfelektronen Null, weil $f_0 = 1$ für alle Zustände des Bandes ist und $\partial f_0/\partial E = 0$. Bei Metallen ist die Beweglichkeit nur in den Bändern groß, die das Ferminiveau enthalten. Bei Halbleitern sind nur die Beweglichkeiten im Leitungs- und Valenzband von Bedeutung.
Für kubische Kristalle ist die Beweglichkeit ein Skalar. Für $i \neq j$ treten $v_i v_j$ und $-v_i v_j$ mit den gleichen Gewichtsfaktoren auf, so daß die Terme, die diese Faktoren enthalten, verschwinden. Darüber hinaus sind die Gewichtsfaktoren für v_x^2,

312 9. Elektrische- und Wärmeleitfähigkeit

v_y^2 und v_z^2 alle gleich, deshalb sind $\mu_{xx} = \mu_{yy} = \mu_{zz}$. Die skalare Beweglichkeit μ soll eine dieser Diagonalelemente sein. Dann gilt

$$\mathbf{v}_{\text{Mittel}} = -\mu\mathcal{E}, \tag{9-35}$$

wobei

$$\mu = 1/3(\mu_{xx} + \mu_{yy} + \mu_{zz}) = -\frac{e}{3N} \sum_{\text{Zustände}} \bar{t}v^2 \frac{\partial f_0}{\partial E}. \tag{9-36}$$

Hier ist v der Betrag der Geschwindigkeit eines Elektrons in einem Zustand mit dem Wellenvektor $\mathbf{k}$. Da $\partial f_0/\partial E$ negativ ist, wird μ positiv, und die Richtung der mittleren Geschwindigkeit ist zu der des Feldes entgegengesetzt. Die Gleichung 9-35 behält ihre Gültigkeit auch für nichtkubische Kristalle, wenn die Bandenergien und die Relaxationszeit nur von dem Wert von $\mathbf{k}$, aber nicht von seiner Richtung abhängen.

Löcher

Eine ähnliche Analyse kann auch für Löcher durchgeführt werden. In der Relaxationszeitnäherung gilt für die Verteilungsfunktion f_h der Löcher

$$\frac{\partial f_h}{\partial t} = -\frac{e}{\hbar}\mathcal{E} \cdot \nabla_{k_h} f_h - \frac{f_h - f_{h0}}{t}. \tag{9-38}$$

Dabei ist f_{h0} die Gleichgewichtsverteilungsfunktion für Löcher $[e^{-\beta(E-n)} - 1]^{-1}$. Die Gleichung 9-37 ist Gleichung 9-25 ähnlich. Allerdings ersetzt der Kristallimpuls der Löcher den der Elektronen, und das Vorzeichen der Ladung wird verändert.

Wenn ein stationärer Zustand in einem schwachen elektrischen Feld erreicht ist, erhält man

$$f_h(\mathbf{k}_h) = f_{h0}(\mathbf{k}_h) + e\mathcal{E} \cdot \mathbf{v}\bar{t}\frac{\partial f_{h0}}{\partial E}. \tag{9-38}$$

Dabei wurde verwendet, daß $\nabla_{k_h} f_{h0} = (\partial f_0/\partial E)\nabla_{k_h}E = -(\partial f_{h0}/\partial E) \cdot \hbar\mathbf{v}$. Wenn N Löcher im Band sind, dann ist ihre mittlere Geschwindigkeit

$$\mathbf{v}_{h\,\text{mittel}} = \frac{1}{N} \sum_{\text{Zustände}} \mathbf{v}(\mathbf{k})f_h(\mathbf{k}). \tag{9-39}$$

Dieser Ausdruck hängt linear vom elektrischen Feld ab. Der Tensor der Löcherbeweglichkeit mit den Elementen μ_{ij} wird definiert durch

$$v_{h\,\text{mittel}\,i} = \sum_j \mu_{ij}\mathcal{E}_j. \tag{9-40}$$

9.2 Die Boltzmannsche Transportgleichung   313

Diese Definition unterscheidet sich von der für Elektronen nur im Vorzeichen. Unter Verwendung der Gleichungen 9-38 und 9-39 und durch Vergleich mit Gleichung 9-40 erhält man

$$\mu_{ij} = \frac{e}{N} \sum_{\text{Zustände}} v_i v_j \frac{\partial f_{h0}}{\partial E}. \tag{9-41}$$

Wenn der Kristall kubisch ist, verschwinden die Nichtdiagonalelemente des Beweglichkeittensors, und die Diagonalelemente sind alle gleich. Dann gilt

$$\mathbf{v}_{\text{h mittel}} = \mu \mathcal{E}, \tag{9-42}$$

wobei

$$\mu = \frac{e}{3N} \sum_{\text{Zustände}} v^2 \bar{t} \frac{\partial f_{h0}}{\partial E}. \tag{9-43}$$

Da $\partial f_{h0}/\partial E$ positiv ist, wird auch μ positiv, und die mittlere Löchergeschwindigkeit hat die gleiche Richtung wie das angelegte Feld.

Elektronenbeweglichkeiten in Metallen und Halbleitern

Wir betrachten ein Band, für das die Beweglichkeit ein Skalar ist, und beginnen mit einer Umwandlung von Gleichung 9-36 in ein Integral über die Energie:

$$\mu = -\frac{e}{3N} \int \bar{t} v^2 \frac{\partial f_0}{\partial E} \varrho(E) \, dE, \tag{9-44}$$

$\varrho(E)$ ist die Zustandsdichte.
Zuerst wenden wir diesen Ausdruck auf Elektronen in einem Metall an, dessen Ferminiveau in einem einzigen isotropen Band liegt. Die Gleichung 9-44 hat dieselbe Form wie die Integrale, die im Anhang D untersucht werden, wenn $h(E) = (e/3N) \bar{t} v^2 \varrho(E)$. Wir verwenden den ersten Term von Gleichung D-7 in der niedrigsten Ordnung der Temperatur und ersetzen η durch E_F. Dann ergibt sich

$$\mu = \frac{e}{3N} \bar{t} v_F^2 \varrho(E_F), \tag{9-45}$$

v_F ist die Geschwindigkeit eines Elektrons an der Fermifläche. Wenn die Relaxationszeit von der Energie abhängt, verwenden wir den Wert, der für die Fermienergie geeignet ist.
Der Nettoeffekt des elektrischen Feldes besteht in einem Transport der Elektronen, deren Geschwindigkeiten etwa in Richtung des Feldes liegen, von Zuständen innerhalb der Fermifläche zu Zuständen außerhalb mit Geschwindigkeiten etwa in der entgegengesetzten Richtung. Wenn die Zustandsdichte in der Nähe

der Fermifläche groß ist, macht eine große Zahl von Elektronen diesen Übergang, und die mittlere Geschwindigkeit ist hoch. Sie ist auch hoch, wenn die Geschwindigkeit von einzelnen Zuständen groß ist.
Für den Spezialfall eines parabolischen Bandes gilt: $v_F^2 = 2E_F/m^*$, $\varrho(E_F) = \sqrt{2}\,\tau_s\,(m^*)^{3/2}\,E_F^{1/2}/\pi^2\hbar^3$ und $E_F = (\hbar^2/2m^*)(3\pi^2 n)^{2/3}$, wobei n die Elektronenkonzentration ist. Aus Gleichung 9-45 wird

$$\mu = \frac{e\bar{t}}{m^*}. \qquad (9\text{-}46)$$

Die Beweglichkeit ist proportional zur Relaxationszeit und umgekehrt proportional zur effektiven Masse. Eine große Relaxationszeit bedeutet, daß die Elektronen im Mittel eine lange Zeit zwischen den Streuereignissen beschleunigt werden und deshalb eine hohe mittlere Geschwindigkeit erhalten. Eine kleine effektive Masse bedeutet eine starke Beschleunigung und eine entsprechend hohe mittlere Geschwindigkeit.

Beispiel 9-3
In einer Kupferprobe beträgt die Elektronendriftgeschwindigkeit bei einer elektrischen Feldstärke von 500 V/m 2.16 m/s. Man schätze (a) die Elektronenbeweglichkeit und (b) die Relaxationszeit ab.

Lösung
(a) Die Beweglichkeit ist gegeben durch $\mu = v_M/\mathcal{E} = 2.16/500 = 4.32 \times 10^{-3}$ m²/Vs. (b) Die Relaxationszeit ist gegeben durch $\bar{t} = m^* \cdot \mu/e$. Wenn m^* der freien Elektronenmasse entspricht, dann ist $\bar{t} = 9.11 \times 10^{-31} \times 4.32 \times 10^{-3}/1.60 \times 10^{-19}$
$= 2.46 \times 10^{-14}$ s. ◆

Als nächstes betrachten wir das Leitungsband eines Halbleiters, das deutlich oberhalb des chemischen Potentials liegen soll. Dann kann die Fermi-Dirac Verteilungsfunktion durch $f_0(E) = e^{-\beta \Delta E}$ angenähert werden. Dabei ist $\Delta E = E - \eta$ und damit $\partial f_0/\partial E = -\beta e^{-\beta \Delta E}$. Wenn die Elektronenenergien durch $E(\mathbf{k}) = (\hbar^2/2m^*)k^2$ gegeben sind, dann ist die Zustandsdichte $AE^{1/2}$, wobei A eine Konstante ist. Aus Gleichung 9-44 wird

$$\mu_e = \frac{2eA\beta}{3Nm^*} \int_0^\infty \bar{t} E^{3/2} e^{-\beta \Delta E}\, dE. \qquad (9\text{-}47)$$

Wie wir sehen werden, ist die Relaxationszeit für verschiedene Zustände unterschiedlich und muß als Funktion der Energie betrachtet werden.
Die Zahl der Elektronen im Band wird durch $N = \int f_0(E)\varrho(E)dE$ angegeben, und eine Integration ergibt $N = (2A\beta/3)\int E^{3/2} e^{-\beta \Delta E} dE$. Wenn dieser Ausdruck verwendet wird, um A/N in Gleichung 9-47 zu ersetzen, kürzen sich die Faktoren, die

das chemische Potential enthalten, und man erhält

$$\mu_e = \frac{e\langle \bar{t}\rangle}{m^*}, \qquad (9\text{-}48)$$

wobei

$$\langle \bar{t}\rangle = \frac{\int \bar{t} E^{3/2} e^{-\beta E}\, dE}{\int E^{3/2} e^{-\beta E}\, dE}. \qquad (9\text{-}49)$$

Beide Integrale gehen über das Band. Gleichung 9-48 hat die gleiche Form wie Gleichung 9-46, aber anstelle des Wertes am Ferminiveau wird eine mittlere Relaxationszeit verwendet. Die Mittlung wird berechnet unter Verwendung des Gewichtsfaktors $E^{3/2} e^{-\beta E}$.

Zur Darstellung der Löcherbeweglichkeit betrachten wir ein Valenzband mit einer durch $E = -(\hbar^2/2m_h^*)k^2$ gegebenen Energie, wobei m_h^* die effektive Löchermasse ist und der Energienullpunkt an der oberen Valenzbandkante angenommen wird. Die Zustandsdichte kann geschrieben werden $\varrho(E) = A\,(-E)^{1/2}$. Wenn das Valenzband deutlich unterhalb des chemischen Potentials liegt, kann die Gleichgewichtsverteilungsfunktion der Löcher durch $f_{h0} = e^{-\beta \Delta E}$ angenähert werden, wobei $\Delta E = E - \eta$ ist. Die Berechnung ist ähnlich wie bei Elektronen und das Resultat ist

$$\mu_h = \frac{e\langle \bar{t}\rangle}{m_h^*}, \qquad (9\text{-}50)$$

wobei

$$\langle \bar{t}\rangle = \frac{\int \bar{t}(-E)^{3/2} e^{\beta E}\, dE}{\int (-E)^{3/2} e^{\beta E}\, dE}. \qquad (9\text{-}51)$$

Beide Integrale gehen über die Valenzbandenergien. Die mittlere Relaxationszeit für Löcher in einem Valenzband ist normalerweise nicht die gleiche wie für Elektronen im Leitungsband. In Tabelle 9-1 sind die Elektronen- und Löcherbeweglichkeiten für einige Halbleiter zusammengestellt.

Beispiel 9-4
Elektronen im Leitungsband von Silizium haben eine effektive Masse von 0.259 m_0 und eine Beweglichkeit von 0.1350 m^2/Vs. Die Löcher in einem der Valenzbänder haben eine effektive Masse von 0.537 m_0 und eine Beweglichkeit von 0.0480 m^2/Vs. m_0 ist die freie Elektronenmasse. Man bestimme die mittlere Relaxationszeit (a) für Elektronen und (b) für Löcher.

Tabelle 9-1 Breite der verbotenen Zone und Elektronen- und Löcherbeweglichkeiten für ausgewählte reine Halbleiter bei 300 K.

Kristall	Breite der verbotenen Zone (eV)	Elektronenbeweglichkeit (m²/V · s)	Löcherbeweglichkeit (m²/V · s)
Germanium	0.66	0.390	0.190
Silizium	1.12	0.150	0.045
Aluminiumantimonid	1.58	0.020	0.042
Galliumantimonid	0.72	0.50	0.085
Galliumarsenid	1.42	0.850	0.040
Galliumphosphid	2.26	0.011	0.075
Indiumantimonid	0.17	8.0	0.125
Indiumarsenid	0.36	3.3	0.046
Indiumphosphid	1.35	0.46	0.015
Cadmiumsulfid	2.42	0.034	0.005
Zinksulfid	3.68	0.0165	0.0005
Bleisulfid	0.41	0.060	0.070
Bleitellurid	0.31	0.60	0.40

(*Quelle:* Handbuch für elektronische Materialien, zusammengestellt durch das Informationszentrum für elektronische Eigenschaften der Hughes Aircraft Company).

Lösung
Man verwende die Gleichungen 9-48 und 9-50. (a) Für Elektronen im Leitungsband ergibt sich

$$\langle \bar{t} \rangle = m_e^* \mu/e = 0.259 \times 9.11 \times 10^{-31} \times 0.1350/1.6 \times 10^{-19}$$
$$= 1.99 \times 10^{-13}\,\text{s}.$$

(b) Für Löcher im Valenzband ergibt sich

$$\langle \bar{t} \rangle = m_h^* \mu/e = 0.537 \times 9.11 \times 10^{-31} \times 0.0480/1.60 \times 10^{-19}$$
$$= 1.47 \times 10^{-13}\,\text{s}. \qquad \blacklozenge$$

9.3 Elektrische Leitfähigkeit

Stromdichte und Leitfähigkeit

Die Stromdichte für ein Kollektiv von Teilchen, von denen sich jedes mit der Geschwindigkeit **v** bewegt und die Ladung q besitzt, wird durch **J** $= q\,n\,$**v** bestimmt. n ist hier die Teilchenkonzentration.* **J** ist für positive Ladungen ein Vektor in Richtung der Teilchengeschwindigkeit und für negative Ladungen entgegengesetzt gerichtet.

---

* Siehe z. B., J. R. Reitz, F. J. Milford und R. W. Christy, *Foundations of Electromagnetic Theory*.

9.3 Elektrische Leitfähigkeit

Zur Bestimmung der Stromdichte in einem Festkörper betrachten wir die zu einem Zustand gehörige Elektronenkonzentration $f(\mathbf{k})/\tau_s$ und summieren die Beiträge aller Elektronen. τ_s ist hier das Probenvolumen. Man erhält:

$$\mathbf{J} = -\frac{e}{\tau_s} \sum_{\text{Zustände}} f(\mathbf{k})\mathbf{v}(\mathbf{k}). \tag{9-52}$$

Bei einem Kristall kann man über die Zustände eines Bandes zu einer Zeit summieren, und die Summe $\Sigma f\mathbf{v}$ über die Zustände eines einzigen Bandes kann mit $N\mathbf{v}_M$ gleichgesetzt werden. Dabei ist N die Zahl der Elektronen in dem Band, und $\mathbf{v}_M$ ist ihre mittlere Geschwindigkeit. So ergibt sich

$$\mathbf{J} = -e \sum_{\text{Bänder}} \frac{N}{\tau_s} \mathbf{v}_{\text{Mittel}} = -e \sum_{\text{Bänder}} n\mathbf{v}_{\text{Mittel}}. \tag{9-53}$$

wobei $n = N/\tau_s$ der Beitrag des Bandes zur Elektronenkonzentration ist. Unter Verwendung von Gleichung 9-31 ergibt sich bei einem stationären Zustand und bei schwachem elektrischen Feld

$$J_i = e \sum_{\text{Bänder}} \left[n \sum_j \mu_{ij} \mathcal{E}_j \right]. \tag{9-54}$$

Nach Gleichung 9-54 ist die Stromdichte proportional zum angelegten Feld. Üblicherweise wird diese Beziehung so geschrieben

$$J_j = \sum_j \sigma_{ij} \mathcal{E}_j, \tag{9-55}$$

wobei

$$\sigma_{ij} = e \sum_{\text{Bänder}} n\mu_{ij} \tag{9-56}$$

ein Element des Leitfähigkeitstensors ist. Man muß einen Tensor verwenden, da die Stromdichte nicht dieselbe Richtung wie das Feld haben könnte. Für amorphe Materialien und kubische Kristalle ist der Leitfähigkeitstensor diagonal mit drei gleichen Diagonalelementen. Deshalb wird

$$\mathbf{J} = \sigma \mathcal{E}, \tag{9-57}$$

Hier ist σ eins der Diagonalelemente. Stromdichte und Feld haben für diese Materialien die gleiche Richtung. Die Gleichung 9-57 wird oft $\mathcal{E} = \varrho \cdot \mathbf{J}$ geschrieben, wobei $\varrho = 1/\sigma$ der spezifische elektrische Widerstand des Materials ist.

Beispiel 9-5
Die Energien eines Bandes sollen durch $E(\mathbf{k}) = E_0 + (\hbar^2/2m^*) \cdot k^2$ gegeben sein.
(a) Man nehme an, daß das Band durch ein einziges Elektron mit dem Kristallim-

puls $\hbar \mathbf{k}_1$ besetzt ist. Man bestimme einen Ausdruck für die Stromdichte. (b) Nun soll das Band noch durch ein zweites Elektron mit dem Kristallimpuls $-\hbar \mathbf{k}_1$ besetzt sein. Man zeige, daß die Stromdichte dann verschwindet. (c) Zur Zeit $t = 0$ soll ein elektrisches Feld $\mathcal{E}$ angeschaltet werden. Man bestimme einen Ausdruck für die Stromdichte zu einer späteren Zeit t, wenn eine Anfangsbedingung wie im Teil b vorliegt. Man vernachlässige Streuung.

Lösung
(a) Die Geschwindigkeit des Elektrons ist $\mathbf{v} = \hbar \mathbf{k}_1/m^*$ und für die Stromdichte gilt $\mathbf{J} = -(e/\tau_s)\mathbf{v} = -(e\hbar/\tau_s m^*)\mathbf{k}_1$. (b) Für das zweite Elektron ist $\mathbf{v} = -\hbar \mathbf{k}_1/m^*$, deshalb ist die Gesamtstromdichte gleich $\mathbf{J} = -(e\hbar/\tau_s m^*)\mathbf{k}_1 - (-e\hbar/\tau_s m^*)\mathbf{k}_1 = 0$. (c) Nachdem das Feld eingeschaltet wurde, hat das erste Elektron zur Zeit t den Kristallimpuls $\hbar \mathbf{k}_1 - e\mathcal{E}t$, und das zweite Elektron hat den Kristallimpuls $-\hbar \mathbf{k}_1 - e\mathcal{E}t$. Damit ist die Gesamtstromdichte gleich $\mathbf{J} = -(e/\tau_s m^*)(\hbar \mathbf{k}_1 - e\mathcal{E}t) - (e/\tau_s m^*)\cdot(-\hbar \mathbf{k}_1 - e\mathcal{E}t) = (2e^2 t/\tau_s m^*)\mathcal{E}$. ◆

Metalle

Man betrachte ein Metall, dessen Fermifläche in einem einzigen Band liegt und dessen Elektronenenergie durch $E(\mathbf{k}) = (\hbar^2/2m^*)k^2$ gegeben ist. m^* ist die effektive Masse.
Wenn die Relaxationszeit $\bar{t}$ auch isotrop ist, dann ist der Beweglichkeitstensor diagonal, und seine Diagonalelemente sind $\mu = e\bar{t}/m^*$. In guter Näherung können wir annehmen, daß dieses Band den einzigen wichtigen Beitrag zum Leitfähigkeitstensor liefert. Dieser Tensor ist dann diagonal, und ein Diagonalelement wird beschrieben durch

$$\sigma = \frac{e^2 n \bar{t}}{m^*}, \qquad (9\text{-}58)$$

n ist die Elektronenkonzentration im Band.

Beispiel 9-6
Der elektrische Widerstand einer Kupferprobe beträgt $1.77 \times 10^{-8}\ \Omega\ m$. Man verwende die freie Elektronennäherung um (a) die Relaxationszeit und (b) die mittlere Elektronengeschwindigkeit bei einem elektrischen Feld von 100 V/m abzuschätzen. Kupfer ist kubisch flächenzentriert mit einer Würfelkantenlänge von 3.61 Å. Jedes Atom liefert ein Elektron ins quasifreie Elektronenband.

Lösung
(a) Da jeweils vier Kupferatome zu jeder kubischen Einheitszelle gehören, ergibt sich für die Elektronenkonzentration im Band $n = 4/a^3 = 4/(3.61 \times 10^{-10})^3 = 8.50 \times 10^{28}$ Elektronen/m^3. Die Leitfähigkeit σ ist der Reziprokwert des Spezifischen

Widerstandes ϱ. Deshalb gilt

$$\bar{t} = \frac{m^*}{ne^2\varrho} = \frac{9.11 \times 10^{-31}}{8.50 \times 10^{28} \times (1.60 \times 10^{-19})^2 \times 1.77 \times 10^{-8}} = 2.37 \times 10^{-14}\,\text{s},$$

Dabei haben wir m^* mit der freien Elektronenmasse gleichgesetzt. (b) Die mittlere Geschwindigkeit ist

$$v_M = \frac{e\bar{t}}{m^*}\mathcal{E} = \frac{1.6 \times 10^{-19} \times 2.37 \times 10^{-14}}{9.11 \times 10^{-31}} \times 100 = 0.416\,\text{m/s}.$$

Diese Geschwindigkeit ist viel geringer als die Geschwindigkeit eines Elektrons an der Fermifläche (etwa 1.6×10^6 m/s für Kupfer). ◆

Tabelle 9-2 gibt die spezifischen Leitfähigkeiten einiger Metalle bei Zimmertemperatur an. Cadmium, Magnesium und Zink haben die hexagonal dichteste Kugelpackung, während Indium tetragonal ist. Bei diesen Metallen bezieht sich $\sigma_\parallel$ auf Felder, die parallel zur Achse höchster Symmetrie liegen und $\sigma_\perp$ auf Felder, die senkrecht zu dieser Achse verlaufen.

Tabelle 9-2 Spezifische elektrische Leitfähigkeit ausgewählter Metalle bei Zimmertemperatur.

Kristall	σ ($10^7\,\Omega^{-1}\cdot\text{m}^{-1}$)	Kristall	σ ($10^7\,\Omega^{-1}\cdot\text{m}^{-1}$)
Aluminium	4.12	Magnesium	
Cadmium		$\sigma_\parallel$	2.87
$\sigma_\parallel$	1.28	$\sigma_\perp$	2.39
$\sigma_\perp$	1.59	Nickel	1.60
Kalzium	3.25	Platin	1.02
Cäsium	0.56	Kalium	1.61
Kupfer	6.49	Rubidium	0.89
Gold	4.92	Silber	6.82
Indium		Natrium	2.33
$\sigma_\parallel$	1.27	Zinn	0.77
$\sigma_\perp$	1.23	Wolfram	2.07
Iridium	2.15	Zink	
Eisen	1.16	$\sigma_\parallel$	1.79
Blei	0.52	$\sigma_\perp$	1.86
Lithium	1.20	Zirconium	0.26

Quelle: K. H. Hellwege (Ed.), *Landolt-Bornstein Numerical Data and Functional Relationships in Science and Technology*, New Series, Group III, Vol. 15a (Berlin: Springer-Verlag, 1982).

Halbleiter

Die Stromdichte kann sowohl durch Löcher als auch durch Elektronen ausgedrückt werden. Da $f(\mathbf{k}) = 1 - f_L(\mathbf{k})$ ist, kann der Beitrag eines Bandes zur Stromdichte geschrieben werden

$$\mathbf{J} = \frac{e}{\tau_s} \Sigma \, [1 - f_h(\mathbf{k})]\mathbf{v} = + \frac{e}{\tau_s} \Sigma \, f_h(\mathbf{k})\mathbf{v}. \tag{9-59}$$

Summiert wird hier über alle Zustände des Bandes. Die letzte Gleichung ist gültig, da die Summe der Geschwindigkeiten, die zu allen Zuständen gehören, in einem Band verschwindet. Man beachte, daß die Löcher wie Teilchen mit positiver Ladung zur Stromdichte beitragen.
Bei Halbleitern werden die Beiträge der Leitungsbandzustände durch Elektronen beschrieben und die Beiträge der Valenzbandzustände durch Löcher. Daher ergibt sich

$$\mathbf{J} = - \frac{e}{\tau_s} \sum_{CB} f(\mathbf{k})\mathbf{v} + \frac{e}{\tau_s} \sum_{VB} f_n(\mathbf{k})\mathbf{v}. \tag{9-60}$$

Die erste Summe geht über die Leitungsbandzustände und die zweite über die Valenzbandzustände. Im stationären Zustand sind sowohl die mittlere Elektronengeschwindigkeit als auch die mittlere Löchergeschwindigkeit proportional zum angelegten elektrischen Feld. Für einen Halbleiter mit einem einzigen Leitungsband und einem einzigen Valenzband, die beide isotrop sind, gilt

$$\mathbf{J} = e(n\mu_e + p\mu_h)\mathcal{E}. \tag{9-61}$$

Hier ist n die Konzentration der Leitungsbandelektronen und p die Konzentration der Valenzbandlöcher, μ_e ist die Elektronenbeweglichkeit und μ_h ist die Löcherbeweglichkeit. Die Leitfähigkeit wird angegeben durch

$$\sigma = e(n\mu_e + p\mu_h). \tag{9-62}$$

Für einen eigenleitenden Halbleiter gilt natürlich $n = p$ und $\sigma = en(\mu_e + \mu_h)$. Für viele Halbleiter mit tetraedrischer Bindung muß die Summe in Gleichung 9-62 auf mehr als ein Valenzband ausgedehnt werden.

9.4 Wärmeleitfähigkeit

Wärmeleitfähigkeit

Wir betrachten zwei aneinander angrenzende Bereiche mit unterschiedlichen Teilchenkonzentrationen. Im Laufe der Bewegungen passieren die Teilchen die Grenze in beiden Richtungen, da aber die Konzentrationen in den beiden Bereichen unterschiedlich sind, verlassen mehr Teilchen pro Zeiteinheit den Bereich hoher Konzentration als in ihn hineingehen. Man spricht davon, daß die Teilchen aus dem Bereich hoher Konzentration in den Bereich niedriger Konzentration diffundieren. In diesem Abschnitt interessiert uns die Energie, die durch in einem

9.4 Wärmeleitfähigkeit

Temperaturgradienten diffundierende Elektronen und Phononen übertragen wird. Die Rolle des Gradienten besteht nur darin, unterschiedliche Teilchenkonzentrationen in verschiedenen Bereichen des Festkörpers aufrechtzuerhalten. Der Energiefluß für ein Kollektiv von Teilchen, von denen jedes die Energie E hat und sich mit der Geschwindigkeit $\mathbf{v}$ bewegt, wird durch $\mathbf{Q} = E n \mathbf{v}$ beschrieben. Dabei ist n die Teilchenkonzentration. Man vergleiche diesen Ausdruck mit dem analogen Ausdruck für die Stromdichte. Wir summieren die Beiträge aller normalen Schwingungen und Elektronenzustände und berücksichtigen die speziellen Energien, Teilchenkonzentrationen und Teilchengeschwindigkeiten. Phononen und Elektronen werden getrennt behandelt.

Phononen

Wir unterteilen die Probe in kleine makroskopische Bereiche, die aber so groß sind, daß das Schwingungsspektrum in jedem Bereich im wesentlichen mit dem des Volumenmaterials übereinstimmt. $n(\mathbf{q}, \mathbf{r}, t)$ soll die Konzentration der Phononen nahe $\mathbf{r}$ in einem Schwingungszustand mit dem Ausbreitungsvektor $\mathbf{q}$ sein. Die Phononenkonzentration ändert sich mit der Zeit, weil die Phononen in den und aus dem Bereich diffundieren und weil Streuprozesse die Zahl der Phononen in einem Zustand ändern können. Das bedeutet

$$\frac{\partial n}{\partial t} = \left(\frac{\partial n}{\partial t} \right)_{\text{diff}} + \left(\frac{\partial n}{\partial t} \right)_{\text{streu}}. \tag{9-63}$$

Da die Schwingungsenergie mit der Gruppengeschwindigkeit der Welle transportiert wird, setzen wir für die Phononengeschwindigkeit die Gruppengeschwindigkeit der Welle: $\mathbf{v} = \nabla_q \omega$. Für langwellige Zustände im akustischen Bereich ist v die Schallgeschwindigkeit. Wenn keine Streuung stattfindet, bewegen sich die Phononen in der Umgebung von $\mathbf{r} - \mathbf{v}\Delta t$ zur Zeit t in die Nachbarschaft von $\mathbf{r}$ in der Zeit Δt. Das bedeutet $n(\mathbf{q}, \mathbf{r}, t + \Delta t) = n(\mathbf{q}, \mathbf{r} - \mathbf{v}\Delta t, t) = n(\mathbf{q}, \mathbf{r}, t) - \mathbf{v} \cdot \nabla n \, \Delta t$ in erster Ordnung von Δt. Somit gilt $(\partial n/\partial t)_{\text{Diff}} = - \mathbf{v} \cdot \nabla n$. Wir verwenden die Relaxationszeitnäherung für den zweiten Ausdruck in Gleichung 9-63 und setzen $(\partial n/\partial t)_{\text{streu}} = -(n - n_0)/\bar{t}$. Dabei ist $\bar{t}$ die Relaxationszeit, und n_0 ist die Gleichgewichtsphononenkonzentration: $(1/\tau_s)(e^{\beta \hbar \omega} - 1)^{-1}$. Aus Gleichung 9-63 wird

$$\frac{\partial n}{\partial t} = - \mathbf{v} \cdot \nabla n - \frac{n - n_0}{\bar{t}}. \tag{9-64}$$

Das ist die Boltzmannsche Transportgleichung für Phononen.
Wir nehmen an, daß der Temperaturgradient klein ist und suchen die Lösung von Gleichung 9-64 für den stationären Zustand: man setze $\partial n/\partial t = 0$ und löse nach n auf. Da sich n nicht stark von n_0 unterscheidet, ersetzen wir ∇n durch $\nabla n_0 = (\partial n_0/\partial T)\nabla T$, wobei die Ableitung für die mittlere Temperatur der Probe bestimmt wurde. Daher ergibt sich

$$n(\mathbf{q},\mathbf{r}) = n_0(\mathbf{q},\mathbf{r}) - \bar{t}\,\frac{\partial n_0}{\partial T}\mathbf{v}\cdot\nabla T. \tag{9-65}$$

Da das die Lösung für den stationären Zustand ist, hängt n nicht von t ab.
Man setze Gleichung 9-65 in $\mathbf{Q} = E n \mathbf{v}$ ein und bestimme so den Beitrag des Zustandes zum Energiefluß. Zur Bestimmung des Gesamtenergieflusses muß über alle Zustände summiert werden. Der Term, der n_0 enthält, ergibt Null. Jedes Phonon besitzt die Energie $E = \hbar\omega$, deshalb wird

$$\mathbf{Q} = \sum_{\text{Moden}} \hbar\omega\mathbf{v}(\mathbf{q})n(\mathbf{q},\mathbf{r}) = -\sum_{\text{Moden}} \hbar\omega\bar{t}\,\frac{\partial n_0}{\partial T}\mathbf{v}\mathbf{v}\cdot\nabla T. \tag{9-66}$$

Die Gleichung 9-66 wird üblicherweise so geschrieben

$$Q_i = -\sum_j \varkappa_{ij}\frac{\partial T}{\partial x_j} \tag{9-67}$$

wobei

$$\varkappa_{ij} = \sum_{\text{Moden}} \hbar\omega\bar{t}\,\frac{\partial n_0}{\partial T}\,v_i v_j. \tag{9-68}$$

$\varkappa_{ij}$ ist ein Element des Wärmeleitungstensors. Für kubische und amorphe Materialien ist der Tensor diagonal und aus Gleichung 9-67 wird

$$\mathbf{Q} = -\varkappa\nabla T, \tag{9-69}$$

Dabei ist $\varkappa$ die skalare Wärmeleitfähigkeit, eins der Diagonalelemente des Tensors. Da $\varkappa = 1/3\,(\varkappa_{xx} + \varkappa_{yy} + \varkappa_{zz})$ ist, ergibt sich aus Gleichung 9-68

$$\varkappa = \frac{1}{3}\sum_{\text{Moden}} \hbar\omega\bar{t}\,\frac{\partial n_0}{\partial T}\,v^2. \tag{9-70}$$

Die Gleichung 9-69 wird manchmal $\nabla T = -W\mathbf{Q}$ geschrieben, wobei $W = 1/\varkappa$ der thermische Widerstand der Probe ist.
Man beachte, daß die rechte Seite von Gleichung 9-65 aus den ersten beiden Termen der Potenzreihenentwicklung von $n_0(\mathbf{q},\mathbf{r} - \mathbf{v}\bar{t})$ besteht. Die Phononenkonzentration bei $\mathbf{r}$ ist die thermische Gleichgewichtskonzentration für die Temperatur bei $\mathbf{r} - \mathbf{v}\bar{t}$, nicht für die Temperatur bei $\mathbf{r}$. Man stelle sich eine Gruppe von Phononen vor, die zu einem Ausbreitungsvektor $\mathbf{q}$ gehört und die im Gleichgewicht mit der Temperatur ist, die sich bei $\mathbf{r} - \mathbf{v}\bar{t}$ durchsetzt. Sie bewegen sich mit der Geschwindigkeit $\mathbf{v}$ für eine Zeit t den Temperaturgradienten abwärts. $\bar{t}$ ist die mittlere Zeit zwischen den Streuereignissen. Während dieser Zeit ändert sich die Gesamtenergie der Gruppe nicht. Bei $\mathbf{r}$ werden jedoch Phononen durch Streuung verloren, und die Gruppe erreicht das Gleichgewicht bei einer Temperatur, die sich dort einstellt.

9.4 Wärmeleitfähigkeit

Der Energieverlust der Phononengruppe ist gleich dem Produkt ihrer Beiträge zur spezifischen Wärme und der Differenz in den Temperaturen bei $\mathbf{r} - \mathbf{v}\bar{t}$ und $\mathbf{r}$. Die Temperaturdifferenz ist $\bar{t}\mathbf{v} \cdot \nabla T$, und der Energieverlust pro Volumeneinheit ist $c\bar{t}\mathbf{v} \cdot \nabla T$. Dabei ist c der Beitrag des Zustandes pro Volumeneinheit zur spezifischen Wärme bei konstantem Volumen. Das gibt auch die Nettoenergie an, die pro Volumeneinheit den Temperaturgradienten hinab befördert wird. Um den Gesamtenergiefluß zu bestimmen, muß dieser Ausdruck mit $\mathbf{v}$ multipliziert und über alle Zustände summiert werden. Wir erwarten

$$\varkappa = \frac{1}{3} \sum_{\text{Moden}} c\bar{t}v^2. \tag{9-71}$$

Da $c = \hbar\omega\,(\partial n_0/\partial T)$ ist, stimmen die Gleichungen 9-70 und 9-71 überein.

Beispiel 9-7
Man verwende die Debyesche Näherung, um den Phononenbeitrag zur Wärmeleitfähigkeit eines Festkörpers bei tiefen Temperaturen abzuschätzen. Das Volumen der primitiven Einheitszelle soll τ sein, die Debyetemperatur T_D und die mittlere Schallgeschwindigkeit v. Für alle Zustände soll die Relaxationszeit gleich sein.

Lösung
Wir nehmen ein isotropes Schwingungsspektrum an. Dann ist die Wärmeleitfähigkeit ein Skalar. Wenn $g(\omega)$ die Zustandsdichte ist, wird aus Gleichung 9-70

$$\varkappa = \frac{1}{3\tau_s} \frac{\bar{t}v^2}{k_B T^2} \int_0^{\omega_m} \frac{(\hbar\omega)^2 e^{\beta\hbar\omega}}{(e^{\beta\hbar\omega} - 1)^2} g(\omega)\,d\omega.$$

Dabei haben wir verwendet, daß $\partial n_0/\partial T = \hbar\omega e^{\beta\hbar\omega}/k_B T^2\,(e^{\beta\hbar\omega} - 1)^2$ und v unabhängig von ω ist. In der Debyeschen Näherung ist $g(\omega) = (9N\hbar^3/k_B^3 T_D^3)\omega^2$, wobei N die Zahl der primitiven Einheitszellen in der Probe ist. Diese Zustandsdichte beinhaltet automatisch die Summe über die drei akustischen Zweige. Die optischen Zweige tragen normalerweise nicht wesentlich zur Wärmeleitfähigkeit bei tiefen Temperaturen bei, und wir vernachlässigen sie deshalb. Wenn τ_s/N durch τ, $\beta\hbar\omega$ durch x und die obere Integrationsgrenze durch ∞ ersetzt werden, erhält der Ausdruck für $\varkappa$ folgende Gestalt

$$\varkappa = \frac{3\bar{t}v^2}{\tau}\,k_B \left(\frac{T}{T_D}\right)^3 \int_0^{\infty} \frac{x^4 e^x}{(e^x - 1)^2}\,dx.$$

Der Wert des Integrals ist $4\pi^2/15$ und so ergibt sich

$$\varkappa = \frac{4\pi^4 \bar{t}v^2}{5\tau}\,k_B \left(\frac{T}{T_D}\right)^3.$$

◆

324   9. Elektrische- und Wärmeleitfähigkeit

Elektronen

Wir setzen voraus, daß der Kristall in makroskopisch kleine Bereiche unterteilt ist, die aber so groß sind, daß die Energiebänder in jedem Bereich im wesentlichen mit denen des Gesamtkristalls übereinstimmen. Zuerst betrachten wir ein einziges Band und bezeichnen $f(\mathbf{k}, \mathbf{r}, t)/\tau_s$ als Elektronenkonzentration in der Nähe von $\mathbf{r}$ in einem Zustand mit dem Kristallimpuls $\hbar \mathbf{k}$. Der Energiefluß durch f ausgedrückt ist

$$\mathbf{Q} = \frac{1}{\tau_s} \sum_{\text{Zustände}} E(\mathbf{k})\mathbf{v}(\mathbf{k})f(\mathbf{k}, \mathbf{r}, t), \tag{9-72}$$

$E(\mathbf{k})$ ist hier die Elektronenenergie und $\mathbf{v}(\mathbf{k})$ die Elektronengeschwindigkeit. Zusätzlich zu den Änderungen von f, die durch das elektrische Feld und durch Streuung verursacht werden, können Änderungen auch durch Elektronendiffusion von Bereichen mit hoher Konzentration zu Bereichen mit niedriger Konzentration auftreten. Der Anteil, um den sich f durch Diffusion ändert, wird durch $-\mathbf{v} \cdot \nabla f$ beschrieben. Damit wird die Boltzmanngleichung

$$\frac{\partial f}{\partial t} = \frac{e}{h} \mathcal{E} \cdot \nabla_k f - \mathbf{v} \cdot \nabla f - \frac{f - f_0}{\bar{t}}, \tag{9-73}$$

f_0 ist die Fermi-Dirac Verteilungsfunktion. Zur Lösung von Gleichung 9-73 wird $f = f_0 + f_1$ gesetzt und angenommen, daß f_1 so klein ist, daß es in dem Feld- und dem Diffusionsterm vernachlässigt werden kann. Im stationären Zustand ist $\partial f/\partial t = 0$ und es gilt

$$f_1 = \frac{\bar{t}e}{h} \mathcal{E} \cdot \nabla_k f_0 - \bar{t}\mathbf{v} \cdot \nabla f_0. \tag{9-74}$$

Wir sind an dem Energiefluß interessiert, wenn der Strom Null ist. Um diese Situation herzustellen, muß ein elektrisches Feld vorhanden sein. Dieses Feld kann von außen angelegt werden oder es kann die Folge von Ladungen im Material sein, aber in jedem Falle erhalten wir den feldabhängigen Term von Gleichung 9-74.
Da $\nabla_k f_0 = (\partial f_0/\partial E)\nabla_k E = \hbar(\partial f_0/\partial E)\mathbf{v}$ und $\nabla f_0 = (df_0/dT)\nabla T$ ist, kann Gleichung 9-74 so geschrieben werden

$$f_1 = \bar{t} \frac{\partial f_0}{\partial E} \mathbf{v} \cdot \mathcal{E} - \bar{t} \frac{\partial f_0}{\partial T} \mathbf{v} \cdot \nabla T. \tag{9-75}$$

Wir können einige gemeinsame Größen von dem Feldterm und dem Diffusionsterm abspalten, wenn wir berücksichtigen, daß

$$\frac{\partial f_0}{\partial T} = \frac{\partial f_0}{\partial E} T \frac{d}{dT}\left(\frac{E - \eta}{T}\right). \tag{9-76}$$

9.4 Wärmeleitfähigkeit

Diese Beziehung wird klar, wenn die beiden Ableitungen $\partial f_0/\partial E$ und $\partial f_0/\partial T$ verglichen werden. Man beachte, daß die Temperaturabhängigkeit des chemischen Potentials η berücksichtigt wird. Die Gleichung 9-75 wird zu

$$f_1 = \bar{t}\, \frac{\partial f_0}{\partial E}\, \mathbf{v} \cdot \left[e\mathcal{E} + \nabla T \left(\frac{E}{T} + T\, \frac{d}{dT}\, \frac{\eta}{T} \right) \right]. \tag{9-77}$$

Nach Gleichung 9-52 ist die Stromdichte

$$\mathbf{J} = -\frac{e}{\tau_s} \sum_{\text{Zustände}} \bar{t}\, \frac{\partial f_0}{\partial E}\, \mathbf{vv} \cdot \left[e\mathcal{E} + \nabla T \left(\frac{E}{T} + T\, \frac{d}{dT}\, \frac{\eta}{T} \right) \right] \tag{9-78}$$

und nach Gleichung 9-72 gilt für den Energiefluß

$$\mathbf{Q} = \frac{1}{\tau_s} \sum_{\text{Zustände}} \bar{t}\, \frac{\partial f_0}{\partial E}\, E\mathbf{vv} \cdot \left[e\mathcal{E} + \nabla T \left(\frac{E}{T} + T\, \frac{d}{dT}\, \frac{\eta}{T} \right) \right]. \tag{9-79}$$

Das Auftreten von $\partial f_0/\partial E$ in den Ausdrücken für $\mathbf{J}$ und $\mathbf{Q}$ bedeutet, daß Zustände mit einer Energie, die in der Nähe des chemischen Potentials liegt, in den Summen dominieren. Für ein Metall sind nur Elektronen in der Nähe der Fermifläche für den Energietransport und Ladungstransport verantwortlich. Bei Halbleitern sind dafür nur Elektronen in der Nähe der unteren Leitungsbandkante und Löcher in der Nähe der oberen Valenzbandkante verantwortlich. $\mathbf{J}$ wird in Gleichung 9-78 gleich Null gesetzt, und dann werden die Gleichungen 9-78 und 9-79 nach $\mathbf{Q}$ und $\mathcal{E}$ aufgelöst. Obwohl diese Idee recht einfach ist, wird die Durchführung durch das Auftreten von $\mathcal{E}$ und ∇T in Skalarprodukten mit $\mathbf{v}$ kompliziert. Anstelle des allgemeinen Falls behandeln wir nun das einfache Beispiel eines Metalls, bei dem der Energiefluß durch Elektronen in einem einzigen isotropen Band geschieht und der Temperaturgradient in z Richtung verläuft, so daß $\nabla T = (dT/dz)\hat{\mathbf{z}}$. Dann verlaufen $\mathbf{J}$, $\mathcal{E}$ und $\mathbf{Q}$ auch in z Richtung. Wenn die Summen in Integrale über das Band umgewandelt werden, ergibt sich aus den Gleichungen 9-78 und 9-79

$$\mathbf{J} = \Gamma_1 \mathcal{E} + \Gamma_2\, \frac{dT}{dz} \tag{9-80}$$

und

$$\mathbf{Q} = -\Gamma_3 \mathcal{E} - \Gamma_4\, \frac{dT}{dz}. \tag{9-81}$$

Dabei sind

$$\Gamma_1 = -\frac{e^2}{3\tau_s} \int \bar{t} v^2\, \frac{\partial f_0}{\partial E}\, \varrho(E)\, dE, \tag{9-82}$$

$$\Gamma_2 = -\frac{e}{3\tau_s} \int \bar{t}v^2 \left[\frac{E}{T} + T\frac{d}{dT}\frac{\eta}{T} \right] \frac{\partial f_0}{\partial E} \varrho(E)\, dE, \qquad (9\text{-}83)$$

$$\Gamma_3 = -\frac{e}{3\tau_s} \int \bar{t}v^2 E \frac{\partial f_0}{\partial E} \varrho(E)\, dE, \qquad (9\text{-}84)$$

und

$$\Gamma_4 = -\frac{1}{3\tau_s} \int \bar{t}v^2 E \left[\frac{E}{T} + T\frac{d}{dT}\frac{\eta}{T} \right] \frac{\partial f_0}{\partial E} \varrho(E)\, dE. \qquad (9\text{-}85)$$

J wird gleich null gesetzt und Gleichung 9-80 wird nach $\mathcal{E}$ aufgelöst.

$$\mathcal{E} = -\frac{\Gamma_2}{\Gamma_1} \frac{dT}{dz} \qquad (9\text{-}86)$$

Das ist das elektrische Feld, das existieren muß, wenn der Strom verschwinden soll. Wenn Gleichung 9-86 in Gleichung 9-81 eingesetzt wird, erhält man

$$Q = -\left[\Gamma_4 - \frac{\Gamma_2 \Gamma_3}{\Gamma_1} \right] \frac{dT}{dz}. \qquad (9\text{-}87)$$

Deshalb wird die Wärmeleitfähigkeit gegeben durch

$$\varkappa = \Gamma_4 - \frac{\Gamma_2 \Gamma_3}{\Gamma_1}. \qquad (9\text{-}88)$$

Jeder der Koeffizienten Γ_1, Γ_2, Γ_3 und Γ_4 kann für ein parabolisches Band und für eine einheitliche Relaxationszeit leicht abgeschätzt werden. Man ersetze v^2 durch $2E/m^*$ und $\varrho(E)$ durch $[\sqrt{2}\,\tau_s\,(m^*)^{3/2}/\pi^2\hbar^3]\,E^{1/2}$. Dann hat jedes der Integrale eine Form wie in Anhang D. Wir müssen sorgfältig die Terme, die porportional zu T sind, berücksichtigen, da die Terme niedrigster Ordnung in Gleichung 9-88 verschwinden. Wir geben hier nur die Resultate an:

$$\Gamma_1 = e^2 K E_F^{3/2}, \qquad (9\text{-}89)$$

$$\Gamma_2 = e\frac{\pi^2}{3} K k_B^2 T E_F^{1/2}, \qquad (9\text{-}90)$$

$$\Gamma_3 = e K E_F^{5/2}, \qquad (9\text{-}91)$$

und

$$\Gamma_4 = \frac{2\pi^2}{3} K k_B^2 T E_F^{3/2}, \qquad (9\text{-}92)$$

wobei

$$K = \frac{2\sqrt{2}(m^*)^{1/2}\bar{t}}{3\pi^2\hbar^3}.\qquad(9\text{-}93)$$

Wenn wir diese Ausdrücke in Gleichung 9-89 einsetzen und E_F durch $(\hbar^2/2m^*)$ $(3\pi^2 n)^{2/3}$ ersetzen, wobei n die Elektronenkonzentration ist, dann erhält man

$$\varkappa = \frac{\pi^2 n\bar{t}}{3m^*}k_B^2 T.\qquad(9\text{-}94)$$

Wenn die Relaxationszeit oder die effektive Masse von der Energie abhängen, dann werden in Gleichung 9-94 die Werte benutzt, die der Fermienergie entsprechen. Tabelle 9-3 gibt die Wärmeleitfähigkeit einiger Metalle bei Zimmertemperatur an. Bei hexagonalen und tetragonalen Kristallen geben $\varkappa_\parallel$ und $\varkappa_\perp$ die Wärmeleitfähigkeit für einen Temperaturgradienten an, der parallel bzw. senkrecht zur c-Achse verläuft.

Tabelle 9-3 Wärmeleitfähigkeiten ausgewählter Metalle bei Zimmertemperatur.

Kristall	$\varkappa$ (W·m^{-1}·K^{-1})	Kristall	$\varkappa$ (W·m^{-1}·K^{-1})
Aluminium	237	Blei	35.2
Antimon	24.3	Lithium	76.8
Beryllium	200	Nickel	90.5
Wismut		Platin	71.4
$\varkappa_\parallel$	5.28	Rubidium	58.2
$\varkappa_\perp$	9.15	Silber	427
Cadmium		Natrium	132
$\varkappa_\parallel$	83.0	Tellur	
$\varkappa_\perp$	104	$\varkappa_\parallel$	3.96
Kupfer	398	$\varkappa_\perp$	2.08
Gold	315	Wolfram	178

Quelle: Y. S. Touloukian (series Ed.), *Thermophysical Properties of Matter* (New York: Plenum, various years).

Beispiel 9-8
Man schätze die Wärmeleitfähigkeit der Kupferprobe, die in Beispiel 9-6 beschrieben wurde, ab. Man nehme an, daß die Daten für 300 K gelten und daß die Relaxationszeit für die elektrische Leitfähigkeit und die Wärmeleitfähigkeit gleich ist.

Lösung
Man nehme an, daß das freie Elektronenmodell gültig ist mit $m^* = 9.11 \times 10^{-31}$ kg. Dann ist

$$\varkappa = \frac{\pi^2 n \bar{t}}{3m^*} k_B^2 T = \frac{\pi^2 \times 8.5 \times 10^{28} \times 2.37 \times 10^{-14}}{3 \times 9.11 \times 10^{-31}} \times (1.38 \times 10^{-23})^2 \times 300$$

$$= 4.16 \times 10^2 \, \text{W} \cdot \text{m}^{-1} \cdot \text{K}^{-1}.$$

Dieser Wert ist etwas größer als das experimentelle Ergebnis, das ungefähr $4.0 \times 10^2 \, \text{W} \cdot \text{m}^{-1} \text{K}^{-1}$ beträgt. Ein Phononenbeitrag müßte auch noch dazugezählt werden. Der würde das errechnete Resultat noch größer machen. Der Fehler liegt in der Annahme, daß die Elektronenrelaxationszeit für die elektrische Leitfähigkeit und für die Wärmeleitfähigkeit gleich sein soll. In Wirklichkeit ist die Relaxationszeit für die Wärmeleitfähigkeit bei Zimmertemperatur etwa da 0,9 fache des Wertes für die elektrische Leitfähigkeit, und der Phononenfluß trägt etwa 10% zum Energiefluß bei einem Temperaturgradienten bei. ◆

9.5 Streuung

Im einfachsten Kristallmodell sind die atomaren Gleichgewichtslagen über den gesamten Raum mit perfekter Periodizität angeordnet, und jedes Atom bewegt sich nur unter dem Einfluß harmonischer Kräfte. Die Elektronen besetzen einzelne Zustände und beeinflussen sich untereinander nur durch ihre mittlere elektrostatische Wechselwirkung. Ihre Wellenfunktionen deformieren sich, wenn sich die Atome bewegen, aber die Deformationen sind der Art, daß die Wellenfunktionen zu jedem Zeitpunkt der Schrödingergleichung gehorchen, die für die Atome gültig ist, die an den momentan besetzten Positionen fixiert sind. In einem solchen Kristall bleibt die Zahl der Elektronen in jedem Zustand und die Zahl der Phononen in jedem Schwingungszustand zeitlich konstant. Die Relaxationszeit wird unendlich und der Ladungs- oder Energiefluß bleibt unverändert erhalten, wenn er erst einmal angeregt wurde.

Abweichungen von der idealen Kristallinität ändern die Elektronen- und Phononenverteilungen und führen zu Streutermen in der Boltzmannschen Transportgleichung. Diese sind ausschlaggebend für die Temperaturabhängigkeit der elektrischen und der Wärmeleitfähigkeit.

Streuung durch Phononen

Die Funktion der potentiellen Energie, die die Wechselwirkungen zwischen den Atomen beschreibt, ist in ihren Verrückungen nicht exakt quadratisch, sondern enthält auch anharmonische Terme, was wir bereits bei der Wärmeausdehnung festgestellt haben. Im klassischen Bild haben die Ausdrücke für die Atomverrückungen die Form von fortschreitenden Wellen mit zeitabhängigen Amplituden. Energie wird zwischen harmonischen Normalschwingungen übertragen oder, in der Sprache der Quantenphysik, es findet eine Phonon-Phonon-Streuung statt.

9.5 Streuung

Die wahrscheinlichste Phonon-Phonon-Streuung ist die, daß zwei Phononen verschwinden und ein anderes erscheint. Energie und Kristallimpuls gehorchen den Beziehungen

$$\hbar\omega_1 + \hbar\omega_2 = \hbar\omega_3 \tag{9-95}$$

und

$$\hbar\mathbf{q}_1 + \hbar\mathbf{q}_2 = \hbar\mathbf{q}_3 + \hbar\mathbf{G}, \tag{9-96}$$

Die Indizes 1 und 2 beschreiben die ursprünglichen Phononen und 3 bezeichnet das erzeugte Phonon.
Der reziproke Gittervektor **G** wird so gewählt, daß $\mathbf{q}_1$, $\mathbf{q}_2$ und $\mathbf{q}_3$ in der Brillouin-Zone liegen. Wenn $\mathbf{q}_1$ und $\mathbf{q}_2$ in der Nähe des Zonenzentrums liegen, befindet sich ihre Resultierende auch innerhalb der Zone, und $\mathbf{G} = 0$. Solche Ereignisse werden normale Streuprozesse genannt. Wenn dagegen $\mathbf{q}_1$ und $\mathbf{q}_2$ kurzen Wellenlängen entsprechen, kann ihre Vektorsumme außerhalb der Zone liegen, und dann muß ein reziproker Gittervektor zu $\mathbf{q}_3$ addiert werden, um $\mathbf{q}_3$ in das Innere der Zone zu bringen. Ereignisse, bei denen $\mathbf{G} \neq 0$ ist, werden Umklappprozesse genannt. Dieser Begriff kommt aus der deutschen Sprache. Normale und Umklappprozesse sind in Bild 9-5 dargestellt. Wir werden feststellen, daß die Umklappprozesse außerordentlich wichtig für die Relaxation des Phononensystems sind.
Zusätzlich zur Deformation der Elektronenwellenfunktionen rufen die schwingenden Atome elektrische Übergänge hervor, die Elektron-Phonon-Streuung genannt werden. Im grundlegenden Prozeß, wird ein einzelnes Elektron vom Anfangszustand **k** zum Endzustand **k**′ gestreut, und ein Schwingungszustand mit dem Ausbreitungsvektor **q** gewinnt oder verliert dabei ein Phonon. Energie und Kristallimpuls werden dabei bestimmt durch

$$E(\mathbf{k}') = E(\mathbf{k}) \pm \hbar\omega(\mathbf{q}) \tag{9-97}$$

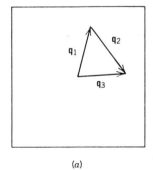
(a)
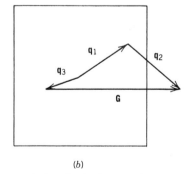
(b)

Bild 9-5 Phonon-Phonon Streuung. Phononen mit den Ausbreitungsvektoren $\mathbf{q}_1$ und $\mathbf{q}_2$ verschwinden, und ein Phonon mit dem Ausbreitungsvektor $\mathbf{q}_3$ wird erzeugt. Alle drei Ausbreitungsvektoren liegen in der Brillouin-Zone. (a) Normale Streuung: $\mathbf{q}_1 + \mathbf{q}_2 = \mathbf{q}_3$. (b) Ein Umklappprozeß: $\mathbf{q}_1 + \mathbf{q}_2 = \mathbf{q}_3 + \mathbf{G}$, wobei **G** ein reziproker Gittervektor ist.

und

$$\hbar \mathbf{k}' = \hbar \mathbf{k} \pm \hbar \mathbf{q} + \hbar \mathbf{G}. \qquad (9\text{-}98)$$

Das obere Vorzeichen wird verwendet, wenn der Schwingungszustand ein Phonon verliert und das untere, wenn er ein Phonon gewinnt. Die Ausbreitungsvektoren $\mathbf{k}'$, $\mathbf{k}$ und $\mathbf{q}$ liegen alle in der Brillouin-Zone. Wenn $\mathbf{G} = 0$ ist, heißt der Prozeß normal, sonst Umklappprozeß.

Die Zahl der Streuereignisse pro Zeiteinheit ist proportional zur Phononenzahl, die mit geeigneter Ausbreitungskonstanten vorhanden ist und ist deshalb temperaturabhängig. Die Relaxationszeit ist umgekehrt proportional zur Zahl der Streuereignisse pro Zeiteinheit.

Streuung durch Defekte

Alle Strukturdefekte ändern die Atomschwingungen und die Elektronenwellenfunktionen. Ein Punktdefekt kann im Vergleich zu einem Atom im Idealkristall eine unterschiedliche Verteilung von umgebenden Atomen haben, kann mit unterschiedlichen Kraftkonstanten an die Nachbaratome gebunden sein, kann eine andere Masse haben und kann für eine unterschiedliche Funktion der potentiellen Energie der Elektronen verantwortlich sein. Ähnliche Effekte treten bei Grenzflächen und Versetzungen auf. Im Endeffekt liefern Defekte einen Mechanismus, durch den sich die Zahl der Phononen in einer Normalschwingung und die Besetzungswahrscheinlichkeit der Elektronenzustände ändern kann.
Der Einfluß der Strukturdefekte wird zweckmäßigerweise über die mittlere freie Weglänge l von Elektronen oder Phononen diskutiert. Sie hängt mit der Relaxationszeit über $l = \upsilon \bar{t}$ zusammen, wobei υ entweder die Elektronen- oder die Phononengeschwindigkeit ist, und sie gibt den mittleren Weg an, den ein Phonon oder ein Elektron zwischen den Streuereignissen zurücklegt. Wenn die Streuung an Punktdefekten dominiert, erwarten wir, daß die mittlere freie Weglänge sowohl für Phononen als auch für die Elektronen etwa in der Größenordnung des mittleren Abstandes zwischen den Defekten liegt. Wenn die Streuung an Grenzen vorherrscht, ist sie in der Größenordnung der Abmessungen der Probe. In beiden Fällen ist sie relativ unempfindlich gegenüber der Temperatur und folglich ist es auch die Relaxationszeit.

Mehrfachstreumechanismen

Normalerweise wirken mehr als ein Streumechanismus, und im einfachsten Modell beeinflussen sich die unterschiedlichen Streumechanismen nicht. Die Phononenstreuung zum Beispiel ändert sich nicht wesentlich bei Anwesenheit von Punktdefekten. Um $(\partial f/\partial t)_{streu}$ zu bestimmen, summieren wir die entsprechenden Terme verschiedener Streumechanismen, von denen jeder in Abwesenheit der anderen Streumechanismen für einen Festkörper gemessen oder berechnet wurde. In der Relaxationszeitnäherung ist jeder Streuterm umgekehrt proportional zur Relaxationszeit, die charakteristisch für den Streumechanismus ist. Deshalb

9.5 Streuung

wird die Gesamtrelaxationszeit $\bar{t}$ gegeben durch

$$\frac{1}{\bar{t}} = \sum_i \frac{1}{\bar{t}_i}, \qquad (9\text{-}99)$$

$\bar{t}_i$ ist die Relaxationszeit des Mechanismus i, und summiert wird über alle Mechanismen. Wenn die Relaxationszeit für einen Streumechanismus viel kürzer als für alle anderen ist, dann dominiert die Streuung nach diesem Mechanismus. Der elektrische Widerstand und der Wärmewiderstand, nicht die Leitfähigkeiten, sind proportional zur reziproken Relaxationszeit. Deshalb kann der Gesamtwiderstand in jedem Fall als Summe der Beiträge der verschiedenen Streumechanismen geschrieben werden. Der Phononenbeitrag zum Wärmewiderstand W eines kubischen Kristalls kann z. B. geschrieben werden

$$W = W_p + W_b + W_i + W_v, \qquad (9\text{-}100)$$

W_p ist der Beitrag der Phonon-Phonon-Streuung, W_b ist der Beitrag der Phonon-Grenzfläche-Streuung, W_i ist der Beitrag der Phonon-Störstellen-Streuung und W_v ist der Beitrag der Phonon-Leerstellen-Streuung. Natürlich könnte es noch andere Terme geben, die auf andere Streumechanismen zurückzuführen sind. Wenn alle diese Terme aufsummiert worden sind, kann der Phononenbeitrag zur Wärmeleitfähigkeit aus dem Reziprokwert von W berechnet werden. Ein ähnlicher Ausdruck wie Gleichung 9-100 kann für den Elektronenbeitrag zum Wärmewiderstand formuliert werden. Zur Bestimmung der Gesamtleitfähigkeit werden der Elektronenbeitrag und der Phononenbeitrag der Leitfähigkeit addiert.

Die Wärmeleitfähigkeit eines Isolators

Das Bild 9-6 zeigt die Wärmeleitfähigkeit $\varkappa$ als Funktion der Temperatur T für Magnesiumoxid, einen Isolator. Bei tiefen Temperaturen verläuft $\varkappa$ proportional zu T^3, bei hohen Temperaturen dagegen proportional zu $1/T$. Um dieses Verhalten zu erklären, müssen wir die Temperaturabhängigkeit der Relaxationszeit prüfen.
Bei hohen Temperaturen wird die Relaxation durch Phonon-Phonon-Streuung beherrscht. Umklappprozesse sind wichtiger als normale Prozesse. Normale Prozesse ändern tatsächlich die Besetzungszahlen der Zustände, und sie können auch den Energiefluß ändern, aber diese Änderungen treten so auf, daß der Gesamtkristallimpuls der Phononen sich nicht ändert, wie die Gleichung 9-96 mit $\mathbf{G} = 0$ zeigt. Für viele Umklappereignisse dagegen ist $\mathbf{q}_3$ in Gleichung 9-96 viel näher am Zonenzentrum als $\mathbf{q}_1$ oder $\mathbf{q}_2$, und der Gesamtkristallimpuls wird zu seinem Gleichgewichtswert von Null reduziert.
Die Zahl der Umklappereignisse, die pro Zeiteinheit auftreten, ist proportional zur Zahl der vorhandenen Phononen mit kurzer Wellenlänge. Da die Zahl der Phononen auf einem Schwingungszustand bei hohen Temperaturen proportional zu T ist, erwarten wir, daß die Phonon-Phonon-Relaxationszeit bei hohen Temperaturen umgekehrt proportional zu T ist. Das bedeutet, daß der Wärmewider-

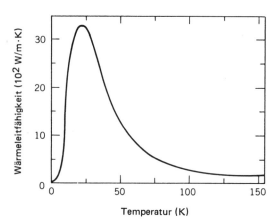

Bild 9-6 Die Wärmeleitfähigkeit von Magnesiumoxid als Funktion der Temperatur. Bei tiefen Temperaturen ist die Kurve in etwa proportional zu T^3, während sie bei hohen Temperaturen proportional zu $1/T$ ist. (Nach Y. S. Touloukian, R. W. Powell, C. Y. Ho und P. G. Klemens; Wärmeleitfähigkeit von nichtmetallischen Festkörpern (New York: Plenum; 1970) Mit Erlaubnis der Autoren).

stand eines Isolators bei hohen Temperaturen proportional zu T ist. Um das zu verstehen, beziehen wir uns auf Gleichung 9-71 und erinnern uns daran, daß der Beitrag jedes Schwingungszustandes zur spezifischen Wärme bei hohen Temperaturen unabhängig von der Temperatur ist.

Für Schwingungszustände mit der Kreisfrequenz $\omega \gg k_B T/\hbar$ ist die Zahl der Phononen proportional zu $e^{-\beta\hbar\omega}$. Wenn die Temperatur deutlich unter der Debyetemperatur liegt, schließt diese Kategorie alle Schwingungszustände ein, die an Umklappprozessen beteiligt sind. Deshalb erwarten wir, daß die Phonon-Phonon-Relaxationszeit bei tiefen Temperaturen proportional zu $e^{\alpha T_D/T}$ ist, wobei α ein positiver Parameter ist, der von der Kristallstruktur und von der Form der Dispersionskurve in der Nähe der Grenze der Brillouin-Zone abhängt. Wenn die Temperatur fällt, vermindert sich die Zahl der Umklappprozesse drastisch und die Phonon-Phonon-Relaxationszeit wächst genauso dramatisch an. Die Umklappprozesse sind sogar bei der Verringerung des Energieflusses bei tiefen Temperaturen unwirksam.

Schließlich wird die Phonon-Phonon-Relaxationszeit viel größer als die Relaxationszeit für Streuung an Defekten oder Grenzflächen, und dieses Mechanismen dominieren dann. Wir benutzen die Debyesche Näherung und eine Rechnung, die der in Beispiel 9-7 ähnlich ist, um die Temperaturabhängigkeit der Wärmeleitfähigkeit bei tiefen Temperaturen zu bestimmen. Die Rechnung ist etwas kompliziert, weil die Relaxationszeit von der Frequenz der normalen Schwingung abhängt. Sie ist proportional zu ω^{-4} bei Streuung an Punktdefekten und proportional zu $1/\omega$ bei Streuung an Versetzungen. Bei der Streuung an Grenzflächen ist sie unabhängig von ω.

Wenn $\bar{t}$ proportional zu ω^{-n} ist, dann führt die Abschätzung von Gleichung 9-70 unter Verwendung der Debyeschen Näherung zu einem Wärmewiderstand, der proportional zu T^{n-3} ist. Daher hat W die Form

$$W = \frac{A}{T^3} + \frac{B}{T^2} + CT. \tag{9-101}$$

Dabei beschreibt der erste Term die Streuung an Grenzflächen, der zweite die Streuung an Versetzungen und der dritte die Streuung an Punktdefekten. A hängt von den Probenabmessungen ab, B ist proportional zur Zahl der Versetzungen und C ist proportional zur Zahl der Punktdefekte. Bei tiefen Temperaturen sind die Konzentrationen von Leerstellen und Zwischengitteratomen klein, deshalb hängt C in erster Linie von der Störstellenkonzentration ab. Für einen Kristall bei genügend tiefen Temperaturen dominiert die Streuung an Grenzflächen und die Leitfähigkeit ist proportional zu T^3. Bei einigen Kristallen sind die Exponenten von T in Gleichung 9-101 etwas anders als angegeben, weil die Debyesche Näherung nicht exakt gilt.

Wärmeleitfähigkeit von Metallen

In Metallen sind die Elektronen in erster Linie Träger der Energie. Bei hohen Temperaturen liefern die Elektron-Phonon-Wechselwirkungen den dominierenden Relaxationsmechanismus. Deshalb ist die Relaxationszeit wie bei der Phonon-Phonon-Relaxation umgekehrt proportional zur Temperatur. Nach Gleichung 9-94 ist der Beitrag der Elektronen zur Wärmeleitfähigkeit unabhängig von der Temperatur. Wenn die Temperatur fällt, steigt die Leitfähigkeit dramatisch an, weil die Zahl der Phononen geringer wird. Um diesen Sachverhalt zu demonstrieren, ist in Bild 9-7 die Wärmeleitfähigkeit einer Kupferprobe als Funktion der Temperatur dargestellt. Sowohl normale als auch Umklappprozesse tragen zur Elektronenrelaxation bei. Bei tiefen Temperaturen ist die Gesamtzahl der Phononen proportional zu T^3,

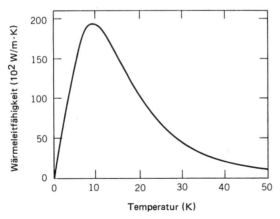

Bild 9-7 Wärmeleitfähigkeit von Kupfer als Funktion der Temperatur. Bei hohen Temperaturen erreicht sie einen konstanten Wert. Bei tiefen Temperaturen dominiert Streuung an Defekten, und die Leitfähigkeit ist proportional zu T. (Nach Y. S. Touloukian, R. W. Powell, C. H. Ho und P. G. Klemens, Wärmeleitfähigkeit von metallischen Elementen und Legierungen (New York: Plenum 1970. Mit Erlaubnis der Autoren).

deshalb erwarten wir, daß die Elektron-Phonon-Relaxationszeit bei tiefen Temperaturen proportional zu T^{-3} ist. Nach Gleichung 9-94 ist der Phononenstreuterm im Elektronenbeitrag zur Wärmeleitfähigkeit bei tiefen Temperaturen proportional zu T^2. Dieses Resultat ist jedoch nur für Metalle mit kugelförmigen Fermiflächen gültig. Für die meisten Metalle ist dieser Term proportional zu T^n, wobei die gemessenen Werte für n normalerweise zwischen 2 und 3 liegen.
Bei tiefen Temperaturen dominiert die Streuung an Defekten oder an Grenzflächen. Die bedeutsamen Relaxationszeiten sind fast temperaturunabhängig im Gegensatz zu der bei Phonon-Defekt-Streuung. Die Differenz beruht darauf, daß wir bei Elektronen die Relaxationszeit an der Fermienergie abschätzen und nicht über alle Elektronen mitteln. Der Term für Defektstreuung im Wärmewiderstand ist proportional zu $1/T$.
Nach der obigen Diskussion kann man den Elektronenbeitrag zum Wärmewiderstand eines kubischen Metalls bei tiefen Temperaturen wie folgt schreiben

$$W_e = AT^n + \frac{B}{T}. \qquad (9\text{-}102)$$

Dabei sind A und B Konstante. Der erste Term bezeichnet die Elektron-Phonon-Streuung und der zweite die Elektronen-Defekt- und die Elektronen-Grenzflächen-Streuung. Bei der Kupferprobe in Bild 9-7 dominiert der zweite Term klar. Die Wärmeleitfähigkeit ist proportional zu T.
Bei Übergangsmetallen mit einer hohen Zustandsdichte für Elektronen dient auch die Elektron-Elektron-Streuung dazu, das thermische Gleichgewicht wiederherzustellen. Der Elektron-Elektron-Beitrag zum thermischen Widerstand ist bei tiefen Temperaturen proportional zu T, und ein Term der Form CT muß dann zu Gleichung 9-102 addiert werden.
Der Elektronenbeitrag zur Wärmeleitfähigkeit ist der Reziprokwert von W_e. Dazu muß der Phononenbeitrag addiert werden, der üblicherweise 10% des Gesamtwertes ausmacht. Der Phononenbeitrag zum Wärmewiderstand wird genauso berechnet wie bei Isolatoren mit Ausnahme des Falles, daß ein zusätzlicher Elektron-Phonon-Streuterm existiert. Die Streuung durch Elektronen unterstützt die Phononenrelaxation und als Resultat dessen wird der Phononenbeitrag zur Leitfähigkeit deutlich geringer als bei Abwesenheit einer solchen Streuung.

Elektrische Leitfähigkeit von Metallen

Das Bild 9-8 zeigt den elektrischen Widerstand einer Kupferprobe als Funktion der Temperatur. Für ein qualitatives Verständnis betrachten wir ein Metall mit freien Elektronen, dessen elektrische Leitfähigkeit durch Gleichung 9-58 gegeben wird. Bei hohen Temperaturen dominiert die Elektron-Phonon-Streuung und wir erwarten eine Relaxationszeit, die umgekehrt proportional zur Temperatur ist. Der elektrische Widerstand ändert sich dann mit T. Diese Temperaturabhängigkeit setzt sich auch im größten Teil des in der Abbildung dargestellten Bereichs durch.

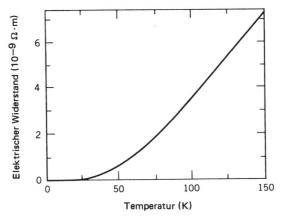

Bild 9-8 Der elektrische Widerstand eines Metalls als Funktion der Temperatur. Im größten Teil des dargestellten Temperaturbereichs dominiert die Elektron-Phonon Streuung, und der Widerstand ist proportional zu T. Er verschwindet nicht, eventuell mit Ausnahme von $T = 0$. Die Tieftemperaturwerte sind zu klein, um in dieser Abbildung dargestellt werden zu können.

Bei tiefen Temperaturen ist die Situation komplizierter. Die Zahl der Phononen ist proportional zu T^3, aber nicht alle sind in gleicher Weise bei der Wiederherstellung des thermischen Gleichgewichts des Elektronensystems mit einem Nettokristallimpuls von Null wirksam. Ein Streuereignis, das wirksam ist, stellt Bild 9-9 dar. Grob gesagt, vergrößert ein nach rechts gerichtetes Feld $\mathcal{E}$ die Besetzungswahrscheinlichkeit für Zustände, die gerade außerhalb der linken Seite der Fermifläche liegen und um das Gleichgewicht wiederherzustellen, müssen die Elektronen in diesen Zuständen auf Zustände der entgegengesetzten Seite gestreut werden. Für eine kleine Relaxationszeit muß eine große Zahl von Großwinkelstreuereignissen pro Zeiteinheit auftreten. Kleinwinkelstreuung erscheint nur selten, da für diese Ereignisse die zu erwartenden Endzustände in der Nähe der Anfangszustände im reziproken Raum liegen, und die sind mit hoher Wahrscheinlichkeit schon besetzt.

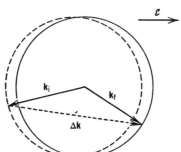

Bild 9-9 Ein Streuereignis, das zum elektrischen Widerstand beiträgt. Der durchgezogene Kreis stellt die Fermikugel eines Metalls mit freien Elektronen im thermischen Gleichgewicht dar, der gestrichelte Kreis dagegen zeigt die nach links durch das nach rechts gerichtete elektrische Feld verschobene Kugel. Um einen stationären Zustand zu erreichen, müssen die Elektronen von den besetzten Zuständen links zu den unbesetzten Zuständen rechts gestreut werden.

Eine sorgfältige Analyse für freie Elektronen unter Verwendung der Debyeschen Näherung zeigt, daß der Anteil der Phononen, die eine bedeutende Großwinkelstreuung produzieren, proportional zu $(T/T_D)^2$ ist. Deshalb ist die Zahl solcher Phononen proportional zu T^5. Das bedeutet, daß die Elektron-Phonon-Relaxationszeit bei tiefen Temperaturen proportional zu T^{-5} ist und der Widerstand sich bei Abwesenheit von anderen Streumechanismen dem Nullpunkt mit T^5 annähert. Für Kristalle mit nichtkugelförmigen Fermiflächen ist die Temperaturabhängigkeit etwas anders. Die Relaxationszeit für Elektron-Phonon-Streuung bei tiefen Temperaturen ist proportional zu T^{-n}, wobei n üblicherweise zwischen 3 und 5 liegt.

Bei genügend tiefen Temperaturen dominieren die Defekt- und die Grenzflächenstreuung und die Relaxationszeit, die zu diesen Ereignissen gehört, ist unabhängig von der Temperatur. Die Elektron-Elektron-Streuung mit einer Relaxationszeit, die proportional zu T^{-2} ist, kann zusätzlich Einfluß haben, insbesondere bei Übergangsmetallen. Wenn diese drei Mechanismen in Betracht gezogen werden, kann der elektrische Widerstand eines kubischen Metalls bei tiefen Temperaturen wie folgt geschrieben werden

$$\varrho(T) = \varrho_0 + BT^n + CT^2. \tag{9-103}$$

Der erste Term wird Restwiderstand genannt und ist die Folge der Streuung an Defekten. Der zweite beruht auf Elektron-Phonon-Streuung und der dritte auf Elektron-Elektron-Streuung. Mit Ausnahme von Kristallen extrem hoher Qualität wird der Elektron-Elektron-Term nicht beobachtet.

Der Restwiderstand ϱ_0 hängt empfindlich von der Zahl der in der Probe vorhandenen Störstellen ab und, bei sehr geringen Störstellenkonzentrationen, von den Probenabmessungen. Zur Verdeutlichung dieses Sachverhalts zeigt Bild 9-10 den

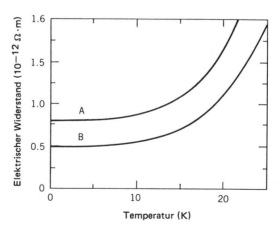

Bild 9-10 Elektrische Widerstände bei tiefen Temperaturen von zwei Metallproben in Abhängigkeit von der Temperatur. Störstellenstreuung dominiert, und die Widerstände erreichen einen konstanten Wert, wenn die Temperatur sinkt. Die Probe A hat eine höhere Störstellenkonzentration, deshalb erreicht ihr Widerstand einen höheren Grenzwert als bei Probe B. Bei höheren Temperaturen werden beide Kurven der Kurve in Bild 9-8 ähnlich.

Widerstand von zwei Kupferproben bei tiefen Temperaturen. Die obere Kurve stellt eine Probe mit etwas höherer Störstellenkonzentration dar. Sie hat deshalb einen höheren Restwiderstand als die untere Kurve.

Die Gleichung 9-103 bildet die Grundlage für die sogenannte Matthiessensche Regel: der Widerstand vieler Metalle ist die Summe von zwei Termen, der erste hängt von der Störstellenkonzentration aber nicht von der Temperatur ab, und der zweite hängt von der Temperatur aber nicht von der Störstellenkonzentration ab. Diese Regel wird oft verwendet, um den Beitrag der Phononenstreuung zum elektrischen Widerstand zu bestimmen. Zuerst wird der Tieftemperaturwiderstand in dem Bereich, in dem der Widerstand konstant ist, gemessen. Dann wird dieser Widerstand von dem bei anderen Temperaturen gemessenen Widerstand abgezogen. Das Widerstandsverhältnis $\varrho(273\ K)/\varrho_0$ wird oft als Maß für die Kristallqualität eines Materials benutzt. Das Verhältnis ist groß, wenn die Probe wenige Defekte hat.

Die vielleicht bemerkenswerteste Abweichung von der oben beschriebenen Temperaturabhängigkeit tritt auf, wenn magnetische Störstellen in einem Metall existieren: z.b. Eisen- oder Manganstörstellen in Kupfer, Silber oder Gold. Der Beitrag der magnetischen Störstelle zum elektrischen Widerstand enthält einen Term, der proportional zu $-\ln(T)$ und zur Konzentration der magnetischen Störstellen ist. Dieser Term wächst, wenn die Temperatur fällt, deshalb hat der Widerstand ein Minimum bei einer Temperatur, die ungefähr am absoluten Nullpunkt ist. Diese Erscheinung ist als Kondoeffekt bekannt.

Wiedemann-Franz Verhältnis

Wenn die beiden Gleichungen 9-58 und 9-94 benutzt werden, um das Verhältnis $\varkappa/\sigma T$ für ein Metall mit freien Elektronen und mit der gleichen Relaxationszeit für die elektrische Leitfähigkeit und die Wärmeleitfähigkeit zu berechnen, so ergibt sich $(\pi^2/3)\,(k_B/e)^2 = 2.443 \times 10^{-8}\ J^2/K^2 \cdot C^2$. Dieser Wert, der als Lorentzzahl bekannt ist, ist unabhängig von der Temperatur. Für die einfachsten Metalle ist das Wiedemann-Franz Verhältnis $\varkappa/\sigma T$ fast genau gleich der Lorentzzahl. Der Wert für Gold bei 373K ist z.B. $2.40 \times 10^{-8}\ J^2/K^2 \cdot C^2$, der Wert für Kupfer bei derselben Temperatur beträgt $2.33 \times 10^{-8}\ J^2/K^2 \cdot C^2$.

Weil elektrische Felder und Temperaturgradienten die Elektronenverteilung unterschiedlich verzerren, können die Relaxationszeiten für elektrische Leitfähigkeit und Wärmeleitfähigkeit unterschiedlich sein. Sowohl Groß- als auch Kleinwinkelstreuung tragen zum Wärmewiderstand bei, aber nur die Großwinkelstreuung zum elektrischen Widerstand. Eine sorgfältige Analyse zeigt jedoch, daß die beiden Relaxationszeiten fast gleich sind, wenn die Änderung der Elektronenenergie durch Streuung klein im Verhältnis zu $k_B T$ ist. Da fast die gesamte Streuung von Zuständen in der Nähe der Fermifläche zu anderen Zuständen in der Nähe der Fermifläche passiert, ist die Energieänderung gering. Bei hohen Temperaturen ist $k_B T$ groß und das Kriterium ist erfüllt. Bei genügend tiefen Temperaturen ist $k_B T$ kleiner als die mit einem Phonon in einem typischen Streuereignis ausgetauschte Energie, und das Kriterium ist dann für Elektron-Phonon-Streuung nicht erfüllt. Wenn die Temperatur so gering ist, daß Defektstreuung überwiegt, dann ist das Kriterium wieder erfüllt, weil die meisten Defektstreuereignisse elastisch sind. Mit sinkender Temperatur fällt das Wiedemann-Franz Verhältnis im allgemeinen unter die Lorentzzahl und steigt dann wieder zu dieser Zahl hin an.

Halbleiter

Bei geringen Konzentrationen beeinflussen die Elektronen und Löcher in einem Halbleiter die Wärmeleitfähigkeit nicht wesentlich. Ihr Beitrag zum Energiefluß in einem Temperaturgradienten ist normalerweise weniger als das 10^{-4} fache des Phononenbeitrages. Außerdem trägt die Elektron-Phonon-Streuung nicht stark zur Phononenrelaxation bei. Deshalb ist die Wärmeleitfähigkeit der eines Isolators ähnlicher, und man kann Gleichung 9-68 anwenden. Wenn der Halbleiter dagegen hochdotiert ist und die Temperatur hoch ist, kann das Ferminiveau in das Leitungsband oder das Valenzband eindringen; dann verhält sich das Material eher wie ein Metall.

Für einen kubischen Halbleiter beträgt die elektrische Leitfähigkeit $\sigma = e\,(n\mu_e + p\mu_h)$, wobei n die Elektronenkonzentration, μ_e die Elektronenbeweglichkeit, p die Löcherkonzentration und μ_h die Löcherbeweglichkeit sind. Die Beweglichkeiten eines eigenleitenden Halbleiters sind viel weniger temperaturempfindlich als die Elektronenkonzentration und die Löcherkonzentration, deshalb bestimmen die letzteren die Temperaturabhängigkeit der elektrischen Leitfähigkeit.

Die elektrische Leitfähigkeit eines eigenleitenden Halbleiters steigt dramatisch mit der Temperatur an, so wie die Elektronen thermisch vom Valenzband zum Leitungsband angeregt werden. Da die Elektronen- und Löcherkonzentrationen proportional zu $e^{-\beta E_g/2}$ sind, ergibt eine Darstellung von ln (σ) als Funktion von β in etwa eine Gerade und der negative Anstieg der Geraden entspricht dem halben Wert der verbotenen Zone. Bild 9-11 zeigt ein Beispiel. Darstellungen dieser Art werden verwendet, um die verbotene Zone experimentell zu bestimmen.

Wie Bild 8-14b zeigt, können die Elektronen- und Löcherkonzentrationen von dotierten Halbleitern in einem weiten Temperaturbereich fast temperaturunabhängig sein. In diesem Bereich wird die Temperaturabhängigkeit der Leitfähigkeit durch die Beweglichkeiten bestimmt. Wie Gleichung 9-47 zeigt, ist die Energieabhängigkeit der Relaxationszeit wichtig und sie verursacht eine Temperaturabhängigkeit, die sich von der für Elektronenbeweglichkeiten von Metallen unterscheidet. Ein einfaches Modell der Elektron-Phonon-Streuung sagt voraus, daß $\bar{t}$ proportional zu $E^{-1/2}/T$ bei hohen Temperaturen ist. Wenn die Bänder parabolisch sind und die Debyesche Näherung gültig ist, führt dieses Modell zu Beweglichkeiten, die proportional zu $T^{-3/2}$ sind.

Bei vielen Halbleitern ist die Situation recht kompliziert, weil mehrere gleichwertige Minima des Leitungsbandes und mehrere Valenzbänder auftreten. Dadurch kann Streuung von einem Minimum zu einem anderen und von einem Band zu einem anderen auftreten. Außerdem sind die Bänder häufig nicht parabolisch, und bei hohen Temperaturen kann Streuung an optischen Phononen auftreten. Daraus resultieren Beweglichkeiten, die proportional zu T^{-n} sind, wobei n im allgemeinen größer als 3/2 ist. Der Wert für n beträgt für Elektronen in Silizium z. B. 2.42 und für Löcher 2.20.

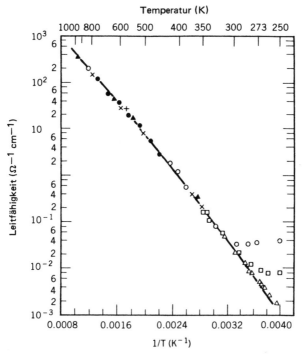

Bild 9-11 Der natürliche Logarithmus der elektrischen Leitfähigkeit für eigenleitendes Germanium als Funktion von $1/T$. Die Kurve ist nahezu eine Gerade mit einem Anstieg, der proportional zur verbotenen Zone zwischen Leitungsband und Valenzband ist. (Nach F. J. Morin und J. P. Maita, Phys. Rev. **94**:1525, 1954. Mit Erlaubnis der Autoren).

9.6 Literatur

A. A. Abrikosov, *Introduction to the Theory of Normal Metals* (New York: Academic, 1972).

F. J. Blatt, *Physics of Electronic Conduction in Solids* (New York: McGraw-Hill, 1968).

E. Conwell, „Transport: The Boltzmann Equation" in *Handbook on Semiconductors* (T. S. Moss, Ed.), Vol. 1 (Amsterdam: North-Holland, 1982).

P. G. Klemens, „Thermal Conductivity and Lattice Vibrational Modes" in *Solid State Physics* (F. Seitz and D. Turnbull, Eds.), Vol. 7, p. 1 (New York: Academic, 1958).

G. A. Slack, „The Thermal Conductivity of Nonmetallic Crystals" in *Solid State Physics* (H. Ehrenreich, F. Seitz, and D. Turnbull, Eds.), Vol. 34, p. 1 (New York: Academic, 1979).

Aufgaben

1. Die Energien der Elektronen in einem quasifreien Elektronenband werden für einen eindimensionalen Kristall folgendermaßen angegeben

$$E = \frac{\hbar^2 k_0^2}{2m} \left[\frac{k^2}{k_0^2} + 0.61 \frac{k^4}{k_0^4} - 0.74 \frac{k^6}{k_0^6} \right],$$

   k_0 ist die Ausbreitungskonstante an der Grenze der Brillouin-Zone. Sie beträgt 5.4×10^9 m^{-1}. Man bestimme die Geschwindigkeit eines Elektrons mit der Ausbreitungskonstanten (a) $k = 0$, (b) $k = 1/2 k_0$, (c) $k = -1/2 k_0$, (d) $k = k_0$ und (e) $k = -k_0$.

2. Der eindimensionale Kristall aus Aufgabe 1 ist einem elektrischen Feld von 100 V/m ausgesetzt. Die Feldrichtung ist die positive k Richtung. Man bestimme die Beschleunigung eines Elektrons mit der Ausbreitungskonstanten (a) $k = 0$, (b) $k = 1/2 k_0$, (c) $k = -1/2$, (d) $k = k_0$ und (e) $k = -k_0$. Streuung wird vernachlässigt.

3. Die Elektronenenergien für einen eindimensionalen Kristall sind durch

$$E = \frac{\hbar^2 k^2}{2m} [1.00 + 4.71 \times 10^{-20} k^2 - 4.41 \times 10^{-39} k^4],$$

   in SI Einheiten angegeben. Das Band soll mit Ausnahme eines Elektrons, das ein $k = 3.10 \times 10^9$ m^{-1} hat, leer sein. (a) Welche Geschwindigkeit hat das Elektron? (b) Wie groß ist die Ausbreitungskonstante des Elektrons 5.00×10^{-9} s nach dem Einschalten eines elektrischen Feldes der Stärke 150 V/m? Das Feld soll in Richtung der positiven k-Richtung verlaufen. Streuung wird vernachlässigt. (c) Wie groß ist die Geschwindigkeit des Elektrons 5.00×10^{-9} s nach Anschalten des elektrischen Feldes? (d) Wie groß ist die Energieänderung des Elektrons während der ersten 5.00×10^{-9} s nach Anschalten des Feldes? Ist die Energie größer oder kleiner geworden?

4. Das Band aus Aufgabe 3 soll mit Ausnahme des Zustandes mit $k = 3.10 \times 10^9$ m^{-1} mit Elektronen gefüllt sein. Ein elektrisches Feld mit 150 V/m, das parallel zur positiven k-Richtung verläuft, wird angeschaltet. (a) Wie groß ist die Ausbreitungskonstante des leeren Zustandes 5.00×10^{-9} s nach dem Einschalten? (b) Wie groß ist die Änderung des Gesamtkristallimpulses der Elektronen während der ersten 5.00×10^{-9} s nach Anschalten des Feldes? (c) Wie ändert sich die Gesamtenergie des Bandes während der ersten 5.00×10^{-9} s? Ist die Energie größer oder kleiner geworden?

5. In der Nähe eines Leitungsbandminimums können die Energien für die Elektronen in Silizium wie folgt beschrieben werden

$$E = \frac{\hbar^2}{2m} [3.30 k_x^2 + 7.75 k_y^2 + 5.57 k_z^2 + 6.24 k_x k_z.$$

Das Koordinatensystem wurde so gelegt, daß das Minimum bei **k** = 0 ist. (a) Man bestimme die Beschleunigung eines Elektrons mit **k** = 0 in einem elektrischen Feld mit 100 V/m, das in positiver x-Richtung verläuft. (b) Man bestimme die Beschleunigung eines Elektrons mit **k** = 0 in einem elektrischen Feld mit 100 V/m, das in positiver z-Richtung verläuft. (c) In welchen Richtungen kann ein elektrisches Feld angelegt werden, damit die Beschleunigung des Elektrons mit **k** = 0 entgegengesetzt zur Feldrichtung gerichtet ist?

6. Für das eindimensionale Band aus Aufgabe 1 bestimme man: (a) die effektive Masse eines Elektrons mit $k = 1/4 k_0$, (b) die effektive Masse eines Loches mit $k_h = -1/4 k_0$, (c) die Beschleunigung eines Elektrons mit $k = 1/4 k_0$ in einem elektrischen Feld von 150 V/m und (d) die Beschleunigung eines Loches mit $k = -1/4 k_0$ in einem elektrischen Feld von 150 V/m. Für die letzten beiden Teilaufgaben soll das Feld in positiver k-Richtung verlaufen.

7. Für das eindimensionale Band aus Aufgabe 1 bestimme man: (a) die effektive Masse eines Elektrons mit $k = 3/4 k_0$, (b) die effektive Masse eines Loches mit $k_h = 3/4 k_0$, (c) die Beschleunigung eines Elektrons mit $k = 3/4\, k_0$ in einem elektrischen Feld von 150 V/m und (d) die Beschleunigung eines Loches mit $k_h = 3/4 k_0$ in einem elektrischen Feld von 150 V/m. Für die letzten beiden Teilaufgaben soll das Feld in positiver k-Richtung verlaufen.

8. Man schätze die Änderung $f_1(\mathbf{k})$ ab, die durch ein elektrisches Feld von 150 V/m in einer sich im stationären Zustand befindlichen Elektronenverteilungsfunktion an der Fermienergie hervorgerufen wird. Die Temperatur soll 300 K betragen. Die Elektronen sollen frei sein und eine Fermigeschwindigkeit von 5.0×10^5 m/s sowie eine Relaxationszeit von 1.0×10^{-14} s haben. Die geringe Differenz zwischen Fermienergie und chemischem Potential soll vernachlässigt werden. Man berechne f_1 insbesondere für Elektronen mit einer Geschwindigkeit (a) in Richtung des Feldes, (b) entgegengesetzt zur Feldrichtung und (c) senkrecht zum Feld. (d) Man berechne die durch das elektrische Feld in einem Zeitintervall, das der Relaxationszeit entspricht, an jedem dieser Elektronen verrichtete Arbeit.

9. Man betrachte ein Metall mit einer einfachen kubischen Struktur (Würfelkantenlänge a) und nehme an, daß das Ferminiveau in einem einzigen quasifreien Elektronenband liegt, dessen Energien gegeben sind durch

$$E(\mathbf{k}) = \frac{\hbar^2}{2m} k^2 \left[1 - \frac{a^2}{2\pi^2} k^2 \right].$$

Jede Einheitszelle gibt ein Elektron ans Band ab. (a) Man zeige, daß die Zustandsdichte am Ferminiveau

$$\varrho(E) = 102.2 \, \frac{Na^2 m}{\pi^2 \hbar^2},$$

ist, wobei N die Zahl der Einheitszellen im Kristall ist. (b) Man zeige, daß die

Elektronenbeweglichkeit $\mu = 0.0303\ e\bar{t}/m$ ist, wobei $\bar{t}$ die Relaxationszeit für Elektronen an der Fermifläche ist.

10. (a) Die Relaxationszeit $\bar{t}$ für Elektronen im Leitungsband eines eigenleitenden Halbleiters soll unabhängig von der Temperatur aber proportional zu E^{-2} sein. Das Band soll parabolisch sein. Man bestimme die Temperaturabhängigkeit der mittleren Relaxationszeit $\langle \bar{t} \rangle$. (b) Wenn dagegen die mittlere Relaxationszeit temperaturunabhängig ist, wie ist dann die Energieabhängigkeit von $\bar{t}$?

11. Wenn die x- und die y-Achse eines Koordinatensystems parallel zu den Kanten einer quadratischen Zellfläche eines tetragonalen Kristalls liegen, ist der Leitfähigkeitstensor diagonal und $\sigma_{xx} = \sigma_{yy}$. (a) Man zeige, daß für ein elektrisches Feld in der xy-Ebene die Stromdichte die gleiche Richtung wie das Feld hat. (b) Man zeige, daß für ein elektrisches Feld in der xz-Ebene, aber nicht längs der x- oder der z-Achse, die Stromdichte nicht die gleiche Richtung wie das Feld hat.

12. Man verwende das Modell zweier Niveaus für einen Halbleiter, um die elektrische Leitfähigkeit von eigenleitendem Silizium bei 300 K abzuschätzen. Die Elektronenbeweglichkeit soll 0.1350 m²/Vs, die Löcherbeweglichkeit 0.0480 m²/Vs und die Breite der verbotenen Zone soll 1.11 eV betragen. Für die Berechnung der Zahl der Zustände pro Volumeneinheit verwende man für die effektive Elektronenmasse 1.08 m_0 und für die effektive Löchermasse 0.81 m_0, wobei m_0 die freie Elektronenmasse ist.

13. Die Siliziumprobe der vorhergehenden Aufgabe wird mit 7.50×10^{16} Donatoren/m³ dotiert. Alle Donatoren sollen einfach ionisiert sein, und die Dotierung soll die Beweglichkeit nicht verändern. Man bestimme die elektrische Leitfähigkeit bei 300 K.

14. Man benutze das Modell freier Elektronen und die Leitfähigkeit, die in Tabelle 9-2 angegeben wurde, um die Relaxationszeit für Leitungselektronen in Natrium bei Zimmertemperatur abzuschätzen. Danach bestimme man die Elektronenbeweglichkeit. Die Geschwindigkeit eines Elektrons an der Fermifläche und der mittlere Weg solch eines sich bewegenden Elektrons zwischen den Stößen sollen auch bestimmt werden. Natrium ist kubisch raumzentriert mit einer Würfelkantenlänge von 4.225 Å und jedes Atom liefert ein Elektron zu dem quasifreien Elektronenband. Die Fermienergie liegt 3.22 eV über der unteren Bandkante.

15. Wenn das Koordinatensystem geeignet gewählt wird, gilt für die Elektronenenergie in der Nähe des Leitungsbandminimums von Silizium

$$E(\mathbf{k}) = 1/2\hbar^2 \left[\frac{k_z^2}{m_1} + \frac{k_x^2 k_y^2}{m_2} \right],$$

$1/m_1$ und $1/m_2$ sind Elemente des reziproken effektive Masse Tensors. Alle Energien im Band sollen viel größer als das chemische Potential sein und die

Relaxationszeit soll unabhängig von **k** sein. (a) Man zeige, daß der Beweglichkeitstensor die Elemente $\mu_{zz} = e\bar{t}/m_1$, $\mu_{xx} = \mu_{yy} = e\bar{t}/m_2$ hat und alle anderen Elemente verschwinden, wenn die einzigen Elektronen im Band sich in der Nähe dieses Minimums befinden. (b) Das Band hat in Wirklichkeit sechs solcher Minima, die untereinander wegen der kubischen Symmetrie in Beziehung stehen. Man zeige, daß die Beweglichkeit für Elektronen in dem Band gegeben wird durch

$$\mu_{xx} = \mu_{yy} = \mu_{zz} = \frac{e\bar{t}}{3}\left(\frac{1}{m_1} + \frac{2}{m_2}\right).$$

Alle anderen Elemente verschwinden. (c) Die Größe m^*, die durch $\mu_{xx} = e\bar{t}/m^*$ definiert ist, wird effektive Beweglichkeitsmasse genannt. Für Silizium ist $m_1 = 0.9163\, m_0$ und $m_2 = 0.1905\, m_0$, wobei m_0 die freie Elektronenmasse ist. Man berechne m^* und vergleiche es mit der effektiven Zustandsdichtemasse $m_d^* = (m_1 \cdot m_2^2)^{1/3}$. Man betrachte Aufgabe 19 von Kapitel 8. (d) Die Beweglichkeit der Elektronen im Leitungsband von Silizium beträgt 0.1350 m²/Vs bei 300 K. Man bestimme die Relaxationszeit bei dieser Temperatur.

16. Um zu verstehen, warum die elektrische Leitfähigkeit von Metallen größer als die elektrische Leitfähigkeit von eigenleitenden Halbleitern ist, vergleiche man die Leitfähigkeit σ_m eines kubischen Metalls mit quasifreien Elektronen mit der Leitfähigkeit σ_s eines eigenleitenden, kubischen Halbleiters. Alle Bänder sollen parabolisch sein. Die effektiven Massen sollen gleich sein und alle Relaxationszeiten ebenfalls. Die Zahl der Zustände pro Volumeneinheit soll in allen Bändern auch gleich sein. Das freie Elektronenband des Metalls soll halb gefüllt sein. Man zeige, daß das Verhältnis $\sigma_m/\sigma_s = 1/4 e^{\beta E_G/2}$ ist, wobei E_G die verbotene Zone des Halbleiters ist. Man schätze dieses Verhältnis für $E_G = 1.0$ eV und $T = 300$ K ab. Das tatsächliche Verhältnis zwischen Metallen und Halbleitern kann sich von dem oben angegebenen Ausdruck um mehrere Größenordnungen unterscheiden.

17. Ein Halbleiter hat ein einziges Leitungsband mit den Energien $E(\mathbf{k}) = E_C + (\hbar^2/2m^*)k^2$. Das Ferminiveau soll in der verbotenen Zone weit weg von beiden Bändern liegen. Die Änderung des chemischen Potentials mit der Temperatur soll vernachlässigt werden. Die Relaxationszeit $\bar{t}$ soll unabhängig von **k** sein. (a) Man zeige, daß der Elektronenbeitrag zur Stromdichte durch

$$J_z = \frac{en\bar{t}}{m^*}\left[e\mathcal{E}_z + \left(\frac{5}{2}k_B + \frac{E_c}{T}\right)\frac{dT}{dz}\right],$$

gegeben wird, wenn ein Temperaturgradient längs der z-Achse existiert. n ist die Elektronenkonzentration im Leitungsband. (b) Man zeige, daß für den Energiefluß gilt

$$Q_z = -\frac{n\bar{t}}{m^*}\left[\left(E_c + \frac{5}{2}k_BT\right)e\mathcal{E} + \left(\frac{35}{4}k_B^2T + 5k_BE_c + \frac{E_c^2}{T}\right)\right]\frac{dT}{dz}.$$

(c) Man nehme an, daß der Halbleiter stark n-dotiert ist (das chemische Potential soll aber weiterhin in der verbotenen Zone liegen). Löcher tragen deshalb nicht wesentlich zur Stromdichte und zum Energiefluß bei. Man zeige, daß der Elektronenbeitrag zur Wärmeleitfähigkeit dann $\varkappa = (5n\bar{t}/2m^*)k_B^2 T$ ist. (d) Man erkläre, warum für einen eigenleitenden Halbleiter die Summe von $\varkappa$, das in der Teilaufgabe c angegeben wurde, und einem ähnlichen Ausdruck für Löcher nicht den Elektronenbeitrag zur Wärmeleitfähigkeit angibt, sogar dann nicht, wenn die einzelnen Terme für n- und p-Material korrekt bestimmt wurden.

18. Man betrachte die elektrische Leitfähigkeit eines Halbleiters als Funktion der Dotierungskonzentration. Die Störstellenniveaus sollen in der verbotenen Zone weit weg von den Bandkanten liegen. Man zeige, daß σ ein Minimum hat, wenn $n = n_i \sqrt{\mu_n/\mu_e}$ ist, wobei n_i die Eigenleitungselektronenkonzentration ist, μ_e ist die Elektronenbeweglichkeit und μ_h ist die Löcherbeweglichkeit. Man zeige, daß $\sigma_{min} = 2en_i \sqrt{\mu_e \mu_h}$ ist. Man berechne das Verhältnis σ_{min} zur Leitfähigkeit bei Eigenleitung für Galliumarsenid ($\mu_e = 0.850$ m^2/Vs und $\mu_h = 0.0400$ m^2/Vs bei Zimmertemperatur).

19. Man verwende das Debyesche Modell für den Tieftemperaturgrenzfall, um den Phononenbeitrag zur Wärmeleitfähigkeit von Germanium bei 300 K abzuschätzen. Germanium hat Diamantstruktur mit einer Würfelkantenlänge von $a = 5.658$ Å. Seine Debyetemperatur beträgt 370 K. Die Phononenrelaxationszeit soll 1.90×10^{-12} s betragen. (b) Man verwende das Ergebnis von Aufgabe 17, um den Elektronenbeitrag zur Wärmeleitfähigkeit von Germanium abzuschätzen. Die Elektronenkonzentration soll 2.35×10^{21} Elektronen/m^3 betragen, etwa das Hundertfache der Eigenleitungskonzentration bei 300 K. Die Relaxationszeit soll 8.65×10^{-12} s und die effektive Masse der Elektronen $0.0393\, m_0$ sein. m_0 ist die freie Elektronenmasse.

20. Man benutze die Debyesche Näherung und die experimentell bestimmte Wärmeleitfähigkeit von Kupfer, um die Relaxationszeit in Folge der Phononenstreuung bei Zimmertemperatur abzuschätzen. Der Phononenbeitrag soll 10% der Gesamtwärmeleitfähigkeit betragen. Kupfer ist kubisch flächenzentriert mit einer Würfelkante von 3.61 Å, und seine Debyetemperatur beträgt 343 K.

21. Der erste Term in Gleichung 9-77 wird oft Driftstromdichte genannt, die Summe aus dem zweiten und dritten Term wird Diffusionsstromdichte genannt. Bei einer Messung der Wärmeleitfähigkeit wird ein solches elektrisches Feld angelegt, daß diese Stromdichten den gleichen Betrag aber entgegengesetzte Richtungen haben. Ein Temperaturgradient von 1.00 K/m in der positiven z-Richtung längs der Kupferprobe von Beispiel 9-6 soll aufrechterhalten werden. Man nehme an, daß die Daten für 300 K gelten und daß die Elektronenkonzentration 8.50×10^{28} Elektronen/m^3 beträgt. (a) Man bestimme Größe und Richtung der Diffusionsstromdichte. (b) Man bestimme Größe und Richtung des elektrischen Feldes.

22. (a) Welche Größe hat der längste Ausbreitungsvektor in einem einfachen kubischen Kristall mit der Würfelkante a, daß die beiden anfangs vorhandenen Phononen bei einem Umklappstreuprozeß keinen kürzeren Ausbreitungsvektor haben können? (b) Welcher Teil der Schwingungen in akustischen Zweigen hat Ausbreitungsvektoren, die kürzer als die in Teil a gefundenen sind? (c) Die Schallgeschwindigkeit soll isotrop sein und einen Wert von 5.50×10^3 m/s haben, und a soll 5.65 Å betragen. Man vergleiche die Zahl der Phononen in einem Schwingungszustand mit einem Ausbreitungsvektor an der Ecke der Brillouin-Zone mit der Zahl in einem Zustand mit einem Ausbreitungsvektor, dessen Größe im Teil a bestimmt wurde. Zunächst soll bei 300 K und dann bei 10 K gerechnet werden.

23. Man benutze die Debyesche Näherung für den Tieftemperaturgrenzfall, um zu zeigen, daß der Wärmewiderstand eines kubischen Isolators proportional zu T^{3-n} ist, wenn die Relaxationszeit proportional zu ω^{-n} ist.

24. Tieftemperaturdaten des elektrischen Widerstandes eines Goldkristalles können durch die Funktion $\varrho = \varrho_0 + AT^n$ angepaßt werden, wobei $\varrho_0 = 7.8 \times 10^{-4}$ μΩ·cm ist, $n = 3.99$ und $A = 5.07 \times 10^{-8}$ μΩcm/K^n. (a) Bei welcher Temperatur ist der Beitrag der Phononenstreuung der gleiche wie der der Streuung an Defekten? (b) Man nehme an, daß die Defektkonzentration um einen Faktor 10 verringert wird. Bei welcher Temperatur stimmen die beiden Beiträge nun überein?

25. (a) Die Relaxationszeit für Elektronen in einem isotropen parabolischen Leitungsband eines Halbleiters wird durch $\bar{t} = AE^{-s}$ gegeben, wobei A unabhängig von der Energie ist. Man zeige, daß die mittlere Relaxationszeit $\langle \bar{t} \rangle$, die durch Gleichung 9-49 definiert ist, durch

$$\langle \bar{t} \rangle = \frac{2A\Gamma(5/2 - s)}{3\sqrt{\pi}(k_B T)^s},$$

bestimmt wird. Γ ist die Gammafunktion. (b) Man kann vernünftige Werte für A und s erhalten, wenn man annimmt, daß die mittlere freie Weglänge umgekehrt proportional zur Temperatur ist. Man setze $l = \gamma/T$, wobei γ eine Konstante ist. Man benutze $\bar{t} = l/v$ und zeige, daß

$$\bar{t} = \frac{\gamma\sqrt{m^*}E^{-1/2}}{\sqrt{2}T}$$

für ein parabolisches Band gilt. (c) Man setze $s = 1/2$ und $A = \gamma\sqrt{m^*}/\sqrt{2}T$ und zeige, daß $\langle \bar{t} \rangle$ dann proportional zu $T^{-3/2}$ ist.

10. Dielektrische und optische Eigenschaften

Die Experimentierhalle der National Synchrotron Light Source in Brookhaven. Intensive Röntgenstrahlen und ultraviolettes Licht werden durch den Raum von der Quelle zu den Experimentierapparaturen geführt.

10.1 Statische dielektrische
Eigenschaften 349
10.2 Ferroelektrische und piezoelektrische Materialien . . 360
10.3 Elektromagnetische Wellen
in Festkörpern 366
10.4 Frequenzabhängige Polarisierbarkeiten 372

10.5 Elektronische Polarisierbarkeit 377
10.6 Effekte freier
Ladungsträger 384
10.7 Ionische Polarisier-
barkeit 393

In diesem Kapitel betrachten wir die Wirkung eines statischen elektrischen Feldes auf einen Isolator und die Wirkung eines oszillierenden elektrischen Feldes auf Isolatoren und Metalle. Positive und negative Ladungen werden durch das Feld in entgegengesetzte Richtungen gestoßen, und die verschobene Ladungsverteilung verursacht ein eigenes elektrisches Feld. Wenn ein statisches Feld an ein Metall angelegt wird, bewegen sich die quasifreien Elektronen so, daß sie das Metall abschirmen. Wenn der Stromkreis nicht geschlossen ist, verschwindet das makroskopische Feld im Inneren. Die Elektronen in Isolatoren sind dagegen fest an die Atome gebunden und werden durch ein angelegtes Feld nur leicht verschoben. Ein elektrisches Feld existiert dann im Inneren.

Die verschobene Ladungsverteilung in einem Isolator kann durch eine Ansammlung von elektrischen Dipolen angenährt werden. Die Dipole resultieren aus der Verschiebung der mittleren Lage der fest gebundenen Elektronen relativ zu ihren jeweiligen Kernen und, bei ionischen und teilweise ionischen Festkörpern, auch aus der Verschiebung der Lagen der entgegengesetzt geladenen Ionen. Moleküle in einigen molekularen Festkörpern haben permanente Dipolmomente und können mehr oder weniger frei rotieren. Ein angelegtes elektrisches Feld bewirkt eine Ausrichtung der Momente und induziert so ein nicht verschwindendes Nettomoment.

Wenn ein oszillierendes Feld angelegt wird, wie z. B. eine elektromagnetische Welle, dann oszillieren auch die Ladungen im Inneren und ändern das Feld wieder. Sowohl Reflexion als auch Brechung von elektromagnetischen Wellen sind eng verbunden mit Oszillationen von Ladungen wie auch die Absorption von elektromagnetischer Energie.

10.1 Statische dielektrische Eigenschaften

Grundlegende Konzepte

Das elektrische Dipolmoment von zwei Ladungen $-q$ und $+q$ ist gegeben durch $\mathbf{p} = q\mathbf{r}$, wobei $\mathbf{r}$ die Verschiebung der positiven Ladung von der negativen angibt. Jedes Elektron in einem Atom ist mit einem Kern gepaart und bildet so einen Dipol. Zur Bestimmung des Gesamtmomentes werden die einzelnen Momente summiert. Wenn $n(\mathbf{r})$ die Elektronenkonzentration am Orte $\mathbf{r}$ ist, der relativ zum Kern gemessen wird, dann wird das Gesamtdipolmoment durch das Volumenintegral

$$\mathbf{p} = -e \int \mathbf{r} n(\mathbf{r}) \, d\tau, \tag{10-1}$$

über alle Atome angegeben.

Da die mittlere Elektronenposition $\mathbf{r}_{\text{mittel}} = (1/N) \int \mathbf{r} n(\mathbf{r}) \, d\tau$ ist, wobei N die Zahl der Elektronen in einem Atom ist, kann Gleichung 10-1 $\mathbf{p} = -eN\mathbf{r}_{\text{mittel}}$ geschrieben werden. Für die meisten Atome im Festkörper liegt das Zentrum der Elektronenverteilung im Kern und $\mathbf{p} = 0$. Wenn jedoch ein elektrisches Feld angeschaltet wird, ist $\mathbf{r}_{\text{mittel}}$ nicht mehr gleich Null, und die Atome erhalten ein Dipol-

350   10. Dielektrische und optische Eigenschaften

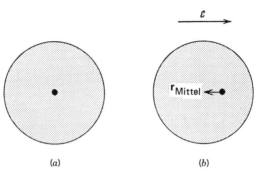

Bild 10-1 Eine schematische Darstellung der Elektronenverteilung um einen Kern herum. Der Kern ist durch einen schwarzen Kreis gekennzeichnet. (a) Die angelegte Feldstärke ist Null. Die mittlere Elektronenposition fällt mit dem Kern zusammen, und das elektronische Dipolmoment verschwindet. (b) Ein elektrisches Feld, das nach rechts zeigt, wird angelegt. Die Elektronenverteilung wird nach links und der Kern nach rechts verschoben. Das Dipolmoment beträgt jetzt $\mathbf{p} = -eN\mathbf{r}_{\text{mittel}}$, wobei N die Anzahl der Elektronen ist.

moment. Bild 10-1 stellt schematisch die Verschiebung der Elektronenverteilung durch ein elektrisches Feld dar.

Für schwache Felder ist die mittlere Elektronenverschiebung aus dem Kern proportional zum Feld, und das atomare Dipolmoment wird angegeben durch

$$\mathbf{p} = \alpha \mathcal{E}_{\text{loc}}, \tag{10-2}$$

$\mathcal{E}_{\text{loc}}$ ist das Feld am Atomplatz und α ist eine Proportionalitätskonstante, die als Polarisierbarkeit des Atoms bezeichnet wird. Sie wird aus der Schrödingergleichung mit einem Term, der dem lokalen Feld entspricht, berechnet. Dann wird n in Gleichung 10-1 durch die Summe $\Sigma \psi^* \psi$ über die besetzten Zustände ersetzt. Die elektronischen Polarisierbarkeiten einiger Atome und Ionen sind in Tabelle 10-1 angegeben.

Genau genommen gilt Gleichung 10-2 nur für freie Atome. Weil Nachbaratome die Verschiebung der Elektronenverteilung beeinflussen, braucht das Dipolmoment eines Atoms in einem Festkörper nicht dieselbe Richtung wie das lokale

Tabelle 10-1 Elektronische Polarisierbarkeiten von ausgewählten Atomen und Ionen (ausgedrückt durch $\alpha/4\pi\varepsilon_0$ in 10^{-30} m).

H	0.66	Ne	0.390	K^+	1.136
H^-	10.0	Na	27	Ca^{2+}	0.47
He	0.201	Na^+	0.312	Br^-	4.276
Li	12	Mg^{2+}	0.094	Kr	2.46
Li^+	0.029	Cl^-	3.063	Rb^+	1.758
Be^{2+}	0.008	Ar	1.62	Xe	3.99
O^{2-}	3.88	K	34	Cs^+	3.015
F^-	0.867				

Sources: A. M. Portis, *Electromagnetic Fields* (New York: Wiley, 1978); L. Pauling, *Proc. R. Soc. (London) Ser. A* **114:** 181, 1927; J. Tessman, A. Kahn, and W. Shockley, *Phys. Rev.* **92:** 890, 1953.

10.1 Statische dielektrische Eigenschaften 351

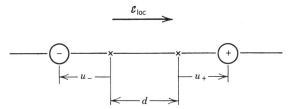

Bild 10-2 Zwei entgegengesetzt geladene Ionen in einem elektrischen Feld. Sie werden in entgegengesetzte Richtungen verschoben und ihr Dipolmoment wird gegenüber dem Gleichgewichtswert vergrößert. Die Gleichgewichtspositionen sind durch Kreuzchen markiert.

Feld zu haben und die Polarisierbarkeit muß deshalb durch einen Tensor dargestellt werden.

In einem ionischen Festkörper ist auch das Nettodipolmoment eines Bereiches, der eine große Zahl von Ionen enthält, proportional zum lokalen Feld. Wir betrachten ein einfaches eindimensionales Modell, das zwei entgegengesetzt geladene Ionen pro Einheitszelle enthält, wie das in Bild 10-2 gezeigt wird. u_- und u_+ stellen die Verrückungen der Ionen aus ihren Gleichgewichtslagen dar. γ soll eine Kraftkonstante sein, die die gegenseitige Wechselwirkung berücksichtigt. Wenn keine anderen zwischenatomaren Kräfte wirksam sind, beträgt die Kraft auf ein negatives Ion $-2\gamma(u_- - u_+) - Q\mathcal{E}_{loc}$. Die Kraft auf ein positives Ion ist $-2\gamma(u_+ - u_-) + Q\mathcal{E}_{loc}$. In der neuen Gleichgewichtslage verschwindet die Kraft auf jedes Ion und $u_+ - u_- = Q\mathcal{E}_{loc}/2\gamma$. Das Dipolmoment des Paares beträgt

$$p = Qa + Q(u_+ - u_-) = Qa + \frac{Q^2}{2\gamma}\mathcal{E}_{loc}, \tag{10-3}$$

a ist hier der Gleichgewichtsabstand bei Abwesenheit des elektrischen Feldes. Um das Nettodipolmoment des Bereiches zu bestimmen, wird Gleichung 10-3 über alle Ionenpaare des Bereichs aufsummiert. Der erste Term ergibt Null, und die verbleibenden Terme sind alle proportional zum lokalen Feld. Die Verschiebungen der Elektronenverteilungen über jedem Ion tragen auch zum Nettodipolmoment bei, sind aber nicht in Gleichung 10-3 enthalten.

Das elektrische Feld, das durch einen Dipol mit dem Moment **p** erzeugt wird, wird bestimmt durch

$$\mathcal{E}(\mathbf{r}) = \frac{3(\mathbf{p}\cdot\mathbf{r})\mathbf{r} - r^2\mathbf{p}}{4\pi\varepsilon_0 r^5}, \tag{10-4}$$

r ist der Verschiebungsvektor von dem Dipol zum Feldpunkt. Das Gesamtfeld in einem Festkörper ist die Vektorsumme aus dem äußeren Feld und den Feldern, die durch die einzelnen Dipole erzeugt werden. Man muß sorgfältig zwischen dem Gesamtfeld und dem lokalen Feld unterscheiden, das ein Moment an einem beliebigen Atom induziert. Zum Gesamtfeld tragen alle Dipole bei, während das lokale Feld nicht das Feld des Dipols einschließt, auf das es wirkt. Das gemessene

Feld ist ein makroskopisches Feld, eine Mittlung des Gesamtfeldes über ein Volumen, das makroskopisch klein ist, aber trotzdem viele Atome enthält. Der Mittlungsprozeß glättet die Änderungen von Punkt zu Punkt zwischen benachbarten Atompositionen, deshalb ist das makroskopische Feld normalerweise geringer als das lokale Feld.

Polarisation

Die Mittlung kann bequem mit Hilfe des Polarisationsfeldes $\mathbf{P}(\mathbf{r})$, dem Dipolmoment pro Volumeneinheit am Ort $\mathbf{r}$, durchgeführt werden. $\mathbf{P}(\mathbf{r})$ wird aus dem Verhältnis von Dipolmoment und Volumen eines kleinen Bereiches um $\mathbf{r}$ berechnet. Die Polarisation ist eine makroskopische Größe: das für seine Berechnung verwendete Volumen ist im atomaren Maßstab groß, aber im makroskopischen klein. Bei einem Kristall können wir sie aus dem Nettodipolmoment der Einheitszelle dividiert durch das Zellenvolumen berechnen. Wenn die Konzentration der Atome in einem Bereich n ist und jedes Atom ein Dipolmoment $\mathbf{p}$ hat, dann ist der Beitrag zur Polarisation $\mathbf{P} = n\mathbf{p}$.
Das Nettodipolmoment eines Bereiches mit dem Volumen dT' am Ort $\mathbf{r}'$ ist $\mathbf{P}(\mathbf{r}') d\tau'$, damit ist das makroskopische elektrische Feld, das durch Dipole des Festkörpers am Punkt $\mathbf{r}$ erzeugt wird, gleich

$$\mathcal{E}(\mathbf{r}) = \int \frac{3\mathbf{P}(\mathbf{r}') \cdot (\mathbf{r} - \mathbf{r}')(\mathbf{r} - \mathbf{r}) - \mathbf{P}(\mathbf{r}')|\mathbf{r} - \mathbf{r}'|^2}{4\pi\varepsilon_0|\mathbf{r} - \mathbf{r}'|^5} d\tau'. \tag{10-5}$$

In den meisten Arbeiten* zur elektromagnetischen Theorie wird gezeigt, daß die Gleichung 10-5 mathematisch identisch ist mit

$$\mathcal{E}(\mathbf{r}) = \frac{1}{4\pi\varepsilon_0} \int \frac{-\nabla' \cdot \mathbf{P}(\mathbf{r}')(\mathbf{r} - \mathbf{r}')}{|\mathbf{r} - \mathbf{r}'|^3} d\tau'$$
$$+ \frac{1}{4\pi\varepsilon_0} \int \frac{\mathbf{P}(\mathbf{r}') \cdot \hat{\mathbf{n}}(\mathbf{r} - \mathbf{r}')}{|\mathbf{r} - \mathbf{r}'|^3} dS'. \tag{10-6}$$

Dabei geht das erste Integral über das Volumen des polarisierten Materials und das zweite über seine Oberfläche. Der Einheitsvektor $\hat{\mathbf{n}}$ gibt die nach außen gerichtete Oberflächennormale an, und ε_0 ist die Dielektrizitätskonstante des leeren Raumes, 8.854×10^{-12} F/m. $\mathcal{E}(\mathbf{r})$ ist genau das Feld, das durch eine Volumenverteilung der Ladung mit der Ladungsdichte $-\nabla \cdot \mathbf{P}$ und einer Oberflächenverteilung der Ladung mit einer Oberflächendichte $\mathbf{P} \cdot \hat{\mathbf{n}}$ erzeugt wird. Die meisten Proben, die wir betrachten, sind einheitlich polarisiert; deshalb ist $\nabla \cdot \mathbf{P} = 0$, und der einzige Beitrag kommt von der Polarisationsladung $\mathbf{P} \cdot \hat{\mathbf{n}}$ der Oberfläche.
Bei den meisten Festkörpern sind die Komponenten der Polarisation an einem Punkt bei schwachen elektrischen Feldern proportional zum makroskopischen

---

* Siehe zum Beispiel Abschnitt 4-2 von J. R. Reitz, F. J. Milford, and R. W. Christy, *Foundations of Electromagnetic Theory* (Reading, MA: Addison-Wesley, 1979).

10.1 Statische dielektrische Eigenschaften

Feld an diesem Punkt. Solche Festkörper werden lineare Dielektrika genannt, und für sie gilt

$$P_i(\mathbf{r}) = \sum_j \chi_{ij}\varepsilon_0 \mathcal{E}_j(\mathbf{r}). \quad (10\text{-}7)$$

P_i ist die Komponente i der Polarisation, und $\mathcal{E}_j$ ist die Komponente j des elektrischen Feldes. Die Proportionalitätskonstanten χ_{ij} sind Elemente des elektrischen Suszeptibilitätstensors. Ein Tensor ist notwendig, weil Polarisation und elektrisches Feld verschiedene Richtungen haben können. Wir werden sehen, daß Gleichung 10-7 aus einer linearen Beziehung zwischen dem Dipolmoment eines Atoms oder dem Dipolmoment eines Ionenpaares und dem lokalen Feld resultiert. Sie gilt nicht mehr bei Festkörpern, die permanent auch bei Abwesenheit eines äußeren Feldes polarisiert sind. Solche Festkörper werden in Abschnitt 10.2 diskutiert.

Bei den meisten kubischen und amorphen Materialien ist der Suszeptibilitätstensor diagonal und alle drei Diagonalelemente identisch. Bei diesen Materialien liegen Polarisation und Feld in der gleichen Richtung, und es gilt

$$\mathbf{P} = \chi\varepsilon_0\mathcal{E}, \quad (10\text{-}8)$$

χ ist eins der Diagonalelemente des Suszeptibilitätstensors. Um eine zu große mathematische Komplexität zu vermeiden, werden wir im allgemeinen solche Festkörper diskutieren, für die Gleichung 10-8 gilt.
Manchmal werden andere Größen als die Suszeptibilität verwendet, um dielektrische Festkörper zu charakterisieren. Die Elemente des Dielektrizitätstensors sind definiert durch $\varepsilon_{ij} = \varepsilon_0(\delta_{ij} + \chi_{ij})$, und die Elemente der relativen Dielektrizitätskonstanten sind definiert durch $k_{ij} = \varepsilon_{ij}/\varepsilon_0$ ($= \delta_{ij} + \chi_{ij}$), wobei δ_{ij} das Kronek-

Tabelle 10-2 Relative statische Dielektrizitätskonstanten von ausgewählten reinen Festkörpern bei etwa 20 K.

Festkörper	k	Festkörper	K
Aluminiumoxid	9.5	Bleitellurid	800
Ammoniumchlorid	7.22	Lithiumfluorid	9.27
Bariumfluorid	7.34	Lithiumniobat	80
Cadmiumjodid	68	Nickelmonoxid	12.6
Cadmiumtellurid	11.00	Kaliumbromid	4.7
Kalziumfluorid	6.81	Kaliumchlorid	4.68
Cäsiumbromid	6.60	Kaliumjodid	5.1
Cäsiumchlorid	6.83	Selen	
Cäsiumjodid	6.49	(amorph)	6.0
Cobaltoxid	10.6	Natriumbromid	5.99
Europiumoxid	24	Natriumchlorid	5.8
Galliumarsenid	13.08	Natriumjodid	4.94
Germanium	15.3	Thalliumjodid	20.4
Bleifluorid		Titandioxid	44.7
(kubisch)	29.3	Zinkoxid	16.8

Sources: Digest of Literature on Dielectrics, published annually by the National Academy of Sciences; I. S. Zheludev, *Physics of Crystalline Dielectrics* (New York: Plenum, 1971).

kersche Deltasymbol darstellt. Wenn die Suszeptibilität ein Skalar ist, reduzieren sich diese Definitionen zu $\varepsilon = \varepsilon_0 (1 + \chi)$ und $k = \varepsilon/\varepsilon_0$. Suszeptibilitäten, Dielektrizitätskonstanten und relative Dielektrizitätskonstanten sind in vielen Handbüchern zusammengestellt. Relative Dielektrizitätskonstanten einiger Proben sind in Tabelle 10-2 angegeben. Für viele binäre Isolatoren sind sowohl elektronische als auch ionische Beiträge zur Dielektrizitätskonstanten von Bedeutung. So ist z. B. die statische Dielektrizitätskonstante von Natriumchlorid 5.7, davon ist der Faktor 2.2 die Folge der elektronischen Polarisation und 3.5 die Folge der ionischen Polarisation. Die extrem hohen Dielektrizitätskonstanten von Titandioxid und anderen Oxiden sind dagegen fast ausschließlich auf die große elektronische Polarisierbarkeit von Sauerstoff zurückzuführen.

Das folgende Beispiel verdeutlicht einige der Ideen, die gerade diskutiert wurden.

Beispiel 10-1

Man betrachte einen parallelen Plattenkondensator mit der Oberflächenladungsdichte $+\sigma$ auf einer Platte und $-\sigma$ auf der anderen. Das Gebiet zwischen den Platten ist mit einem einheitlichen isotropen Dielektrikum mit der Suszeptibilität χ ausgefüllt, wie in Bild 10-3 gezeigt. Man bestimme einen Ausdruck für das makroskopische elektrische Feld und das Polarisationsfeld in dem Dielektrikum. Randbereiche sollen vernachlässigt werden.

Lösung

Das elektrische Feld, das durch die Oberflächenladungsdichte σ auf der Fläche erzeugt wird, beträgt $\sigma/2\varepsilon_0$. Das Gesamtfeld im Inneren des Kondensators ist infolge der zwei Platten σ/ε_0 und von der positiven zur negativen Platte gerichtet. Die Polarisation ist einheitlich und verläuft von der negativen zur positiven Platte. Die Oberflächenladungsdichte der Polarisation ist $\mathbf{P} \cdot \hat{\mathbf{n}} = -P$ an der positiven Platte und $\mathbf{P} \cdot \hat{\mathbf{n}} = +P$ an der negativen Platte. Das elektrische Feld der Polarisation beträgt P/ε_0 und verläuft von der negativen zur positiven Platte. Daher ist das Gesamtfeld im Inneren $\mathcal{E} = (\sigma - P)/\varepsilon_0$. Da $P = \chi \varepsilon_0 \mathcal{E}$, gilt $\mathcal{E} = (\sigma - \chi \varepsilon_0 \mathcal{E})/\varepsilon_0$ oder $\mathcal{E} = \sigma/\varepsilon_0 (1 + \chi) = \sigma/k\varepsilon_0$. Die Polarisation beträgt $P = \chi \varepsilon_0 \mathcal{E} = (k - 1)\sigma/k$.

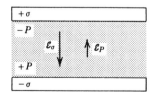

Bild 10-3 Ein paralleler Plattenkondensator, der ein Dielektrikum enthält. Die obere Platte hat die Oberflächenladungsdichte $+\sigma$, die obere Oberfläche des Dielektrikums hat die Oberflächenpolarisationsladungsdichte $-P$. Die untere Platte und die untere Oberfläche des Dielektrikums haben die Oberflächenladungsdichten $-\sigma$ bzw. $+P$. Das Feld der Plattenladung $\mathcal{E}_\sigma$ und das Feld der Polarisationsladung $\mathcal{E}_P$ sind durch Pfeile gekennzeichnet.

Das elektrische Feld wird um den Faktor k von dem Wert reduziert, den es ohne Dielektrikum haben würde. Wenn k ansteigt, nähert sich die Polarisation σ, und das durch die Polarisation erzeugte Feld nähert sich $-\sigma/\varepsilon_0$ an. Das Gesamtfeld verschwindet für den Grenzwert sehr großer k. ◆

Die Kapazität eines mit einem Dielektrikum gefüllten Kondensators beträgt kC_0, wobei C_0 die Kapazität ohne Dielektrikum ist. Dielektrische Konstanten können deshalb experimentell durch Messung der Kapazität bestimmt werden. Wenn die Probe kristallin ist, müssen mehrere Messungen gemacht werden, wobei der Kristall jedesmal anders orientiert werden sollte. Eine hohe Meßgenauigkeit erhält man, wenn man eine Kapazitätsbrücke mit einer niederfrequenten Quelle verwendet. Wie wir sehen werden, ist die Dielektrizitätskonstante bei niedrigen Frequenzen nahezu unabhängig von der Frequenz, deshalb gibt diese Meßmethode die statische Dielektrizitätskonstante an.

Das lokale Feld

Die elektronische und die ionische Polarisierbarkeit sind die fundamentalen mikroskopischen Parameter, die die Suszeptibilität und die dielektrische Konstante eines Festkörpers bestimmen. Um eine Verbindung zwischen beiden zu finden, müssen wir zuerst einen Ausdruck für das lokale Feld finden, das in den Gleichungen 10-2 und 10-3 auftritt. Dieses Feld ist die Summe aus dem äußeren Feld und den Feldern, die durch die Dipole hervorgerufen werden, mit Ausnahme des betrachteten Dipols.

Wir betrachten jetzt nur die elektronische Polarisation und nehmen an, daß die Probe ein homogenes lineares Dielektrikum mit n Atomen pro Volumeneinheit in einem einheitlichen äußeren Feld ist. Um das lokale Feld an einem Atom zu bestimmen, stelle man sich eine Kugel mit dem Radius R vor, deren Mittelpunkt das entsprechende Atom ist, wie das in Bild 10-4 dargestellt ist. Wenn R genügend groß gewählt wird, ist der Beitrag des Materials außerhalb der Kugel zu dem lokalen Feld im Zentrum nahezu gleich dem makroskopischen Feld. Da das Material einheitlich polarisiert ist, wird das makroskopische Feld durch die Polarisationsladung auf der Oberfläche der Probe und der Oberfläche der Kugel erzeugt. Die Atome innerhalb der Kugel betrachten wir dagegen als diskrete Dipole und summieren die Felder, die sie produzieren. Insgesamt wird das lokale Feld beschrieben durch

$$\mathcal{E}_{\text{loc}} = \mathcal{E}_a + \mathcal{E}_1 + \mathcal{E}_2 + \mathcal{E}_3, \tag{10-9}$$

$\mathcal{E}_a$ ist das außen angelegte Feld, $\mathcal{E}_1$ ist das Feld infolge der Polarisationsladung auf der Probenoberfläche, $\mathcal{E}_2$ ist das Feld infolge der Polarisationsladung auf der Kugeloberfläche, und $\mathcal{E}_3$ ist das Feld infolge der Dipole innerhalb der Kugel. $\mathcal{E}_a + \mathcal{E}_1$ bilden das makroskopische Feld $\mathcal{E}$.

$\mathcal{E}_2$, das durch das zweite Integral von Gleichung 10-6 gegeben ist, kann leicht abgeschätzt werden. Man wähle ein Koordinatensystem mit dem Ursprung im Zen-

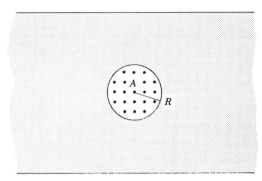

Bild 10-4 Ein Dipol befindet sich bei A im Inneren einer Festkörperprobe. Zur Bestimmung des lokalen elektrischen Feldes bei A stelle man sich eine Kugel mit dem Radius R vor, deren Mittelpunkt in A liegt. Die Felder der Dipole innerhalb der Kugel werden einzeln berechnet. Das Feld der Dipole außerhalb der Kugel wird durch das makroskopische Feld angenähert, das sie erzeugen.

trum der Kugel. Die z-Achse soll in Richtung der Polarisation verlaufen. Die äußere Oberflächennormale zeigt zum Zentrum der Kugel. Deshalb ist in den üblichen Kugelkoordinaten $\mathbf{P} \cdot \hat{\mathbf{n}} = - P\cos\theta$, $\mathbf{r} = 0$, $\mathbf{r}' = R\,(\hat{\mathbf{x}}\sin\theta\cos\emptyset + \hat{\mathbf{y}}\sin\theta\sin\emptyset + \hat{\mathbf{z}}\cos\theta)$ und $dS = R^2 \sin\theta\,d\theta\,d\emptyset$. Die x- und die y-Komponente von $\mathcal{E}$ verschwinden, für die z-Komponente gilt

$$\mathcal{E}_2 = \frac{1}{4\pi\varepsilon_0} \int_{\theta=0}^{\pi} \int_{\emptyset=0}^{2\pi} \frac{P\cos\theta}{R^3} R\cos\theta\, R^2 \sin\theta\, d\theta\, d\emptyset = \frac{P}{3\varepsilon_0}. \tag{10-10}$$

In Vektorschreibweise ist $\mathcal{E}_2 = \mathbf{P}/3\varepsilon_0$, deshalb wird Gleichung 10-9 zu

$$\mathcal{E}_{\text{loc}} = \mathcal{E} + \frac{\mathbf{P}}{3\varepsilon_0} + \mathcal{E}_3. \tag{10-11}$$

Das makroskopische Feld $\mathcal{E}$ wurde für $\mathcal{E}_a + \mathcal{E}_1$ eingesetzt.
Als Bürde bei der Berechnung bleibt jetzt $\mathcal{E}_3$ übrig. Wenn der Kristall ein Atom pro primitive Einheitszelle besitzt, erfahren alle Atome das gleiche lokale Feld und haben das gleiche Dipolmoment $\mathbf{p}$. Deshalb ist

$$\mathcal{E}_3 = {\sum}' \frac{3(\mathbf{p}\cdot\mathbf{r}_i)\mathbf{r}_i - r^2 - r_i^2\mathbf{p}}{4\pi\varepsilon_0 r_i^5}, \tag{10-12}$$

$\mathbf{r}_i$ ist die Lage des Atoms i relativ zum Kugelmittelpunkt. Summiert wird über alle Atome der Kugel mit Ausnahme des Atoms im Zentrum.
Im Prinzip wird Gleichung 10-12 dazu verwendet, $\mathcal{E}_3$ in Gleichung 10-11 zu ersetzen; $\mathbf{p}$ wird ersetzt durch $\alpha\mathcal{E}_{\text{loc}}$ und das Resultat wird nach $\mathcal{E}_{\text{loc}}$ aufgelöst. Wenn jedoch die Umgebung des Atoms im Ursprung kubische Symmetrie hat, dann ist $\mathcal{E}_3 = 0$ (siehe Aufgabe 3), und die Berechnung vereinfacht sich beträchtlich. Wir

betrachten solch eine Situation. Wenn $\mathcal{E}_3 = 0$ in Gleichung 10-11 gesetzt wird und **P** durch $\chi\varepsilon_0\mathcal{E}$ ersetzt wird, findet man

$$\mathcal{E}_{\text{loc}} = \left(1 + \frac{\chi}{3}\right)\mathcal{E}. \tag{10-13}$$

Da χ positiv ist, wird das lokale Feld immer größer als das makroskopische Feld sein.
Da **P** = $n\alpha\mathcal{E}_{\text{loc}}$ vom mikroskopischen Standpunkt aus ist und **P** = $\chi\varepsilon_0\mathcal{E}$ vom makroskopischen Standpunkt aus ist, gilt $n\alpha\mathcal{E}_{\text{loc}} = \chi\varepsilon_0\mathcal{E}$. Wenn Gleichung 10-13 verwendet wird, erhält man

$$\chi = \frac{n\alpha/\varepsilon_0}{1 - n\alpha/3\varepsilon_0} \tag{10-14}$$

Gleichung 10-14 ist als Clausius-Mossotti Beziehung zwischen χ und α bekannt. Lokale Feldeffekte bewirken, daß der Nenner verschieden von 1 wird. Wenn sie vernachlässigt werden, ist die Polarisation gleich $n\alpha\mathcal{E}$, wobei $\mathcal{E}$ das makroskopische Feld ist und $\chi = n\alpha/\varepsilon_0$ viel kleiner als in Gleichung 10-14 ist.
Da $\chi = k - 1$ ist, kann Gleichung 10-14 in folgender Form geschrieben werden

$$\frac{k-1}{k+2} = \frac{n\alpha}{3\varepsilon_0}. \tag{10-15}$$

Für einen Kristall mit mehr als einem Atom in seiner primitiven Basis wird Gleichung 10-15 verallgemeinert zu

$$\frac{k-1}{k+2} = \frac{1}{3\varepsilon_0} \sum_i n_i\alpha_i. \tag{10-16}$$

Dabei wird über die Atome der Basis summiert. Damit Gleichung 10-16 gültig ist, muß $\mathcal{E}_3$ für jedes Atom der Einheitszelle verschwinden.

Beispiel 10-2
Im Beispiel 10-1 wird der Bereich zwischen den Kondensatorplatten mit amorphem Selen ausgefüllt, das eine Dielektrizitätskonstante von 6.0 und eine Konzentration von 3.67×10^{28} Atomen/m^3 hat. (a) Man schätze die Polarisierbarkeit der Selenatome ab. (b) Man bestimme das lokale Feld an einem Selenatom, wenn die Ladung der Platten ein Feld von 1500 V/m erzeugt. (c) Man bestimme das Dipolmoment eines Selenatoms im Feld der Teilaufgabe b. (d) Wie groß würde die dielektrische Konstante sein, wenn das lokale Feld genau so groß wie das makroskopische Feld wäre?

Lösung

(a) Aus Gleichung 10-15 folgt

$$\alpha = \frac{3\varepsilon_0}{n}\frac{k-1}{k+2} = \frac{3 \times 8.85 \times 10^{-12}}{3.67 \times 10^{28}}\frac{5.0}{8.0} = 4.5 \times 10^{-40}\,\text{F}\cdot\text{m}^2.$$

(b) Das makroskopische Feld ist $\mathcal{E} = \mathcal{E}_a/k = 1500/6 = 250$ V/m, und das lokale Feld hat den Wert

$$\mathcal{E}_{\text{loc}} = \left(1 + \frac{k-1}{3}\right)\mathcal{E} = \left(1 + \frac{5.0}{3}\right)250 = 670\,\text{V/m}.$$

Es ist damit mehr als doppelt so groß. (c) Das Dipolmoment ist $p = \alpha\mathcal{E}_{\text{loc}} = 4.5 \times 10^{-40} \times 670 = 3.0 \times 10^{-37}$ C · m. (d) $k = 1 + \chi = 1 + n\alpha/\varepsilon_0 = 1 + 3.67 \times 10^{28} \times 4.5 \times 10^{-40}/8.85 \times 10^{-12} = 2.87$, dabei haben wir $\chi = n\alpha/\varepsilon_0$ an Stelle von Gleichung 10-14 verwendet. ◆

Festkörper mit permanenten Dipolen

Wir betrachten nun einen Festkörper, der aus Molekülen mit permanenten Dipolmomenten zusammengesetzt ist. Ein elektrisches Feld übt ein Drehmoment $\mathbf{p} \times \mathcal{E}$ auf den Dipol aus und versucht, ihn in Feldrichtung auszurichten. Das Feld verrichtet Arbeit am Dipol. Er rotiert, und die Wechselwirkungsenergie wird durch $U = -\mathbf{p} \cdot \mathcal{E} = -\mathbf{p} \cdot \mathcal{E}\cos\theta$ bestimmt, wobei θ den Winkel zwischen Feld und Moment angibt. Die Ausrichtung der Moleküle wirkt der thermischen Bewegung entgegen. Wenn ein Dipolmoment frei rotieren kann, ist die Wahrscheinlichkeit dafür, daß es einen Winkel θ mit dem Feld einschließt, gleich $Ae^{-\beta p\mathcal{E}\cos\theta}$, wobei A eine Konstante ist. Da die Winkelverteilung der Dipole normiert werden muß, setzt man für den Reziprokwert von A das Integral von $e^{-\beta p\mathcal{E}\cos\theta}$ über einen festen Winkel.

Die Komponenten des mittleren Moments in Richtung senkrecht zum Feld verschwinden. Zur Bestimmung der Komponenten längs des Feldes wird $Ae^{-\beta p\mathcal{E}\cos\theta}$ mit $p\cos\theta$ multipliziert und über einen festen Winkel integriert. Ein Element des festen Winkels ist $\sin\theta\,d\theta\,d\phi$, wobei θ und ϕ die üblichen Kugelkoordinaten sind. Man erhält

$$p_{\text{mittel}} = \frac{\int e^{-\beta p\mathcal{E}\cos\theta}p\cos\theta\sin\theta\,d\theta}{\int e^{-\beta p\mathcal{E}\cos\theta}\sin\theta\,d\theta} = p\left[\coth(\beta p\mathcal{E}) - \frac{1}{\beta p\mathcal{E}}\right]. \qquad (10\text{-}17)$$

Die Integrationsgrenzen sind 0 und π. Die Integrale über ϕ verschwinden im Zähler und im Nenner. Der Wert der Polarisation wird angegeben durch

$$P = np_{\text{mittel}} = np\left[\coth(\beta p\mathcal{E}) - \frac{1}{\beta p\mathcal{E}}\right], \qquad (10\text{-}18)$$

10.1 Statische dielektrische Eigenschaften

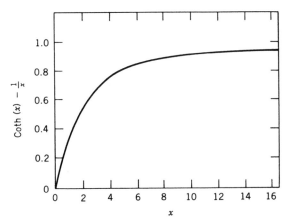

Bild 10-5 Die Langevin Funktion $L(x) = \coth(x) - 1/x$. In der Nähe von $x = 0$ ist die Funktion nahezu linear mit einem Anstieg von 1/3, für den Grenzwert großer x nähert sie sich dagegen dem Wert 1. Die Polarisation des Materials, das aus frei rotierenden dipolaren Molekülen zusammengesetzt ist, ist proportional zu L. Für schwache Felder oder hohe Temperaturen ist das Material ein lineares Dielektrikum, für hohe Felder und tiefe Temperaturen sättigt sich die Polarisation dagegen.

n ist hier die Zahl der Moleküle pro Volumeneinheit. P verläuft in Richtung des Feldes.

Die Langevin Funktion $L(x) = \coth(x) - 1/x$ ist im Bild 10-5 dargestellt. Durch diese Funktion ausgedrückt ist $P = npL(\beta p\mathcal{E})$. Bei niedrigen Temperaturen und hohen Feldern ist $\beta p\mathcal{E} \gg 1$, und L wird nahezu 1. Alle Dipole sind in Feldrichtung ausgerichtet, und die Polarisation hat ihren Maximalwert np. Man sagt die Polarisation ist gesättigt. Bei mittleren Feldern und Zimmertemperatur ist $\beta p\mathcal{E} \ll 1$, und die Langevin Funktion ist in guter Näherung linear. Eine Potenzreihenentwicklung zeigt, daß $L(\beta p\mathcal{E}) \to 1/3\, \beta p\mathcal{E}$, wenn $\beta p\mathcal{E}$ klein wird, und für diesen Grenzwert ist $P = 1/3\, n\beta p^2 \mathcal{E}$. Der Festkörper ist nun ein lineares Dielektrikum und der Dipolbeitrag zur Suszeptibilität wird durch

$$\chi = \frac{n\beta p^2}{3\varepsilon_0} \tag{10-19}$$

gegeben, vorausgesetzt, daß lokale Feldeffekte vernachlässigt werden können. An diesem Grenzwert ändert sich die Suszeptibilität mit $1/T$. Bei hohen Temperaturen sind nur wenige Dipole in Feldrichtung ausgerichtet, und χ ist deshalb klein.

Gleichung 10-18 ist eigentlich mehr für Gase und Flüssigkeiten als für Festkörper geeignet. Die inneren Wechselwirkungen in einem Festkörper begrenzen die Dipolorientierungen auf wenige Richtungen, zwischen denen hohe Energiebarrieren existieren. Dieser Effekt wird in Bild 10-6 dargestellt. Oberhalb des Schmelzpunktes können die Moleküle frei rotieren. Deshalb ist die Dielektrizitätskonstante groß und proportional zu $1/T$. Unterhalb des Schmelzpunktes wird die Rotation behindert, die Dielektrizitätskonstante ist viel kleiner, und ihre Temperaturabhängigkeit ist nicht stark.

10. Dielektrische und optische Eigenschaften

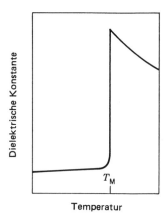

Bild 10-6 Die Dielektrizitätskonstante einer polaren Substanz als Funktion der Temperatur. Oberhalb des Schmelzpunktes T_M können die Moleküle frei rotieren. Die Dielektrizitätskonstante ist groß und proportional zu $1/T$. Unterhalb des Schmelzpunktes ist die Molekülrotation durch Wechselwirkungen zwischen den Molekülen behindert.

10.2 Ferroelektrische und piezoelektrische Materialien

Ferroelektrische Festkörper

Eine kleine Zahl von Festkörpern, die man Pyroelektrika nennt, kann auch bei Abwesenheit eines äußeren Feldes polarisiert sein. Wie der Name sagt, hängt die Größe der spontanen Polarisation in diesen Materialien von der Temperatur ab. Ferroelektrika sind Pyroelektrika, die zusätzlich zur spontanen Polarisation auch eine elektrische Hysterese zeigen, ein Phänomen, das später erklärt wird.* Einige Ferroelektrika und ihre Eigenschaften sind in Tabelle 10-3 zusammengestellt.

Bei hohen Temperaturen verhalten sich die meisten Ferroelektrika wie Dielektrika, die im letzten Abschnitt diskutiert wurden. Sie sind nur in einem äußeren Feld polarisiert und ihre Polarisation verschwindet, wenn das Feld abgeschaltet wird. Diese Hochtemperaturphasen werden als Paraelektrika bezeichnet. Einige Ferroelektrika haben keine paraelektrische Phase, da die Temperatur, die zum Erreichen einer solchen Phase benötigt würde, oberhalb des Schmelzpunktes liegt. Der Übergang zwischen ferroelektrischer und paraelektrischer Phase erscheint bei einer wohldefinierten Temperatur und ist gewöhnlich mit einer Änderung der atomaren Struktur verbunden.

Kristallines Bariumtitanat ist ein wichtiges Beispiel. Oberhalb 393 K ist es paraelektrisch und hat Perovskitstruktur. Die Einheitszelle ist im Bild 10-7a gezeigt.

---

* Das Wort ferroelektrisch wird verwendet, weil diese Festkörper das elektrische Gegenstück zu den ferromagnetischen Materialien sind, die wegen ihrer spontanen Magnetisierung und nicht weil sie Eisen enthalten, so genannt werden.

10.2 Ferroelektrische und piezoelektrische Materialien

Das Gitter ist einfach kubisch mit Ba^{2+} Ionen an den Würfelecken, O^{2-} Ionen in den Flächenzentren und Ti^{4+} Ionen in den Raumzentren. Unterhalb 393 K hat es drei ferroelektrische Phasen. Zwischen 278 und 393 K ist das Gitter tetragonal, gebildet durch eine geringe Dehnung einer der vierzähligen kubischen Achsen. Man vergleiche Bild 10-7b. Zwischen 180 und 273 K ist das Gitter orthorhombisch, und unter 180 K ist es trigonal. Die Änderungen im Gitter sind sehr klein. Beim Übergang vom kubischen zum tetragonalen Gitter werden z. B. die Titanionen um ungefähr 0,13 Å verrückt. Die Würfelkantenlänge ist im Vergleich dazu etwas größer als 4 Å.

Die spontane Polarisation von Bariumtitanat unter 393 K ist auf eine Kopplung zwischen ionischen und elektronischen Dipolmomenten zurückzuführen. Eine Verschiebung eines Titanions während der Schwingungsbewegung erzeugt ein ionisches Dipolmoment in Richtung der Verschiebung, und das damit verbundene elektrische Feld verursacht, daß einige Sauerstoffionen in entgegengesetzter Richtung polarisiert werden, wie das in Bild 10-7c dargestellt ist. Wenn die Titanverschiebung längs einer ⟨100⟩ Richtung vor sich geht, verstärkt das elektrische Feld der Sauerstoffionen die Titanverschiebung, und die Gleichgewichtslagen von Titan bewegen sich vom Würfelzentrum weg. Sowohl das lokale Feld am Sauerstoffplatz als auch die Sauerstoffdipolmomente werden größer, und der Prozeß setzt sich fort. Die Polarisation steigt aber nicht unbegrenzt an, weil anharmonische elastische Kräfte die Titanverschiebung begrenzen. Das Endresultat ist eine Strukturänderung und eine Änderung des Nettodipolmoments.

Für jede ferroelektrische Phase gibt es eine Richtung leichter Polarisation, und das Nettodipolmoment der Einheitszelle wird in dieser Richtung ausgerichtet. Für die tetragonale Phase ist das längs einer ⟨100⟩ Richtung*, für die orthorhom-

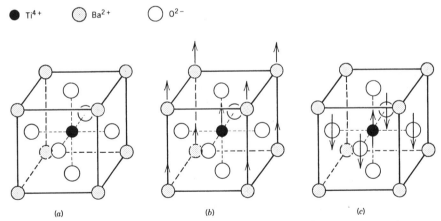

Bild 10-7 Einheitszellen von Bariumtitanat. (a) Die kubische Zelle des paraelektrischen Zustands. (b) Die tetragonale Zelle des ferroelektrischen Zustandes mit der höchsten Temperatur. Die Barium- und die Titanionen sind relativ zu den Sauerstoffionen verschoben. Das ist durch Pfeile angezeigt. Die Zelle ist längs der vertikalen Achse etwas gestreckt. (c) Die Pfeile markieren die Richtung des lokalen elektrischen Feldes am Ort der Ti und O-Ionen für den ferroelektrischen Zustand.

---
* Die Richtungen sind hier so angegeben als wären die Einheitszellen kubisch.

bische Phase längs einer $\langle 110 \rangle$ Richtung und für die trigonale Phase längs einer $\langle 111 \rangle$ Richtung. Für die meisten paraelektrischen Phasen hat die Dielektrizitätskonstante als Funktion der Temperatur in der Nähe der Umwandlungstemperatur die Form

$$k = \frac{C}{T - T_c}, \tag{10-20}$$

C und T_c sind Parameter, die für jeden Festkörper verschieden sind. Gleichung 10-20 wird als Curie-Weiß-Gesetz für Ferroelektrika bezeichnet. Der Name wurde von der analogen Gleichung, die für ferromagnetische Stoffe gültig ist, übernommen. C wird Curiekonstante und T_c Curietemperatur des Festkörpers genannt. Für viele Ferroelektrika fällt T_c ungefähr mit der Umwandlungstemperatur zusammen, bei anderen dagegen ist T_c einige Grade tiefer. Einige Werte für C und T_c sind in Tabelle 10-3 angegeben. Die Gültigkeit des Gesetzes für ein bestimmtes Material wird durch eine Auftragung von $1/k$ als Funktion von T überprüft. Wenn sich eine Gerade ergibt, ist das Gesetz gültig und die Werte für C und T_c können aus dem Anstieg und dem Schnittpunkt bestimmt werden.

Tabelle 10-3 Die spontane Polarisation P_s, (bei der in Klammern angegebenen Temperatur), die Curietemperatur T_c und die Curiekonstante C für ausgewählte Ferroelektrika.

Material	P_s ($\mu C/cm^2$)		T_c (K)	C (K)
$BaTiO_3$	26	(300 K)	293	1.6×10^5
$PbTa_2O_6$	10	(300 K)	533	1.5×10^5
KNO_3	6.3	(397 K)	397	4300
$NaNO_3$	6.4	(416 K)	433	5000
NH_4HSO_4	0.8	(200 K)	270	–
$(NH_4)_2SO_4$	6.4	(const)	–50	–
SbSI	25	(273 K)	295	–
$NaKC_4H_4O_6 \cdot 4H_2O$ (Rochellesalz)	0.25	(278 K)	24	2240
$C(NH_2)_3Al(SO_4)_2 \cdot 6H_2O$	0.35	(300 K)	–	–
$(NH_2CH_2COOH)_3H_2BeF_4$	3.2	(300 K)	70	2350

Source: J. C. Burfoot, *Ferroelectrics* (Princeton, NJ: Van Nostrand, 1967).

Ferroelektrische Domänen und Hysterese

Wenn die Temperatur eines Ferroelektrikums verringert wird, dann geht das Material von der paraelektrischen in die ferroelektrische Phase bei Abwesenheit eines äußeren Feldes über, das Nettodipolmoment ist fast Null, obwohl jede Einheitszelle spontan polarisiert ist. Wie in Bild 10-8a schematisch dargestellt, kann die Probe in makroskopische Domänen unterteilt werden. Die Polarisation in jeder Domäne ist einheitlich, jedoch anders gerichtet als in der Nachbardomäne. Die Domänengrenzen, die eine Domäne von ihrer Nachbardomäne abgrenzen, sind im allgemeinen wenige Einheitszellen dick. Die äußeren Domänenoberflächen können mit polarisiertem Licht oder durch Aufsprühen von geladenem Pulver auf die Probenoberflächen sichtbar gemacht werden.

10.2 Ferroelektrische und piezoelektrische Materialien

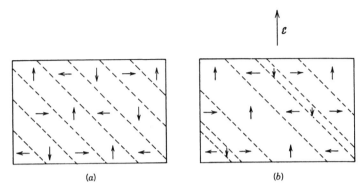

Bild 10-8 Schematische Darstellung ferroelektrischer Domänen in einer Bariumtitanatprobe. Die Pfeile zeigen die Richtungen der spontanen Polarisation an. (a) Es ist kein äußeres Feld angelegt, und die Nettopolarisation ist Null. (b) Ein angelegtes Feld verursacht, daß sich die Domänen mit einer Polarisation in Richtung des äußeren Feldes vergrößern und die anderen Domänen kleiner werden. Es können auch neue Domänen mit einer Polarisation parallel zur Feldrichtung erzeugt werden.

Das Dipolmoment einer Domäne mit der Polarisation **P** und dem Volumen V ist **P**V und das Gesamtdipolmoment der Probe verschwindet, wenn das Domänenvolumen so beschaffen ist, daß $\Sigma \mathbf{P}_i V_i = 0$, wobei über alle Domänen summiert wird. Wenn ein elektrisches Feld angelegt wird, werden Domänen, deren Polarisation etwa die gleiche Richtung wie das Feld hat, wachsen, während Domänen mit anderen Richtungen ihr Volumen verringern werden, wie das in Bild 10-8b gezeigt ist. Im Resultat erwirbt die Probe ein Nettodipolmoment. Das Moment bleibt erhalten, wenn das äußere Feld nicht mehr da ist.

Die Nettopolarisation eines Ferroelektrikums hängt nicht nur von der Feldstärke des angelegten Feldes ab, sondern auch von den vorherigen Polarisationsbedingungen. Dieses Phänomen, das elektrische Hysterese genannt wird, ist in Bild 10-9 dargestellt. Dort ist die Nettopolarisation als Funktion der angelegten Feldstärke aufgetragen. Die Punkte rechts vom Ursprung geben zum Beispiel ein Feld in positiver z-Richtung an, während die linken Punkte ein Feld in negativer z-Richtung bezeichnen. Analog beschreiben Punkte oberhalb des Ursprungs die Polarisation in positiver z-Richtung und die Punkte unterhalb die Polarisation in negativer z-Richtung.

Wir nehmen an, daß das Material anfangs in einer unpolarisierten ferroelektrischen Phase ist und das äußere Feld Null ist. Diese Bedingung ist durch den Ursprung der Darstellung gekennzeichnet. Wenn die Feldstärke in positiver z-Richtung größer wird, wachsen die Domänen mit einer Polarisation in Feldrichtung, während die anderen kleiner werden, und damit steigt auch die Nettopolarisation an. Ihre Werte sind durch die Punkte auf der Kurve OA gegeben. Wenn A erreicht ist, besteht die Probe im wesentlichen aus einer einzigen Domäne, und P steigt nur noch gering an. Wenn das Feld nun verringert wird, folgt die Polarisation BAC und ist fast konstant solange das äußere Feld in positiver z-Richtung bleibt. Bei C ändert das Feld die Richtung und die Polarisation folgt $CDEF$. Domänen mit einer Polarisation in der neuen Richtung des Feldes werden erzeugt, und sie wachsen mit zunehmender Feldstärke. Zuerst ist der größte Teil des Pro-

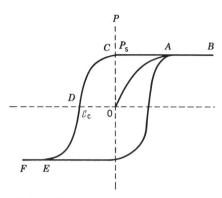

Bild 10-9 Polarisation als Funktion des angelegten elektrischen Feldes für ein ideales Ferroelektrikum, das Hysterese zeigt. P_s ist die Sättigungspolarisation und $\mathcal{E}_c$ ist die Koerzitivfeldstärke. Wenn ein ansteigendes elektrisches Feld an ein Ferroelektrikum mit einer Nettopolarisation, die am Anfang Null war, angelegt wird, wächst die Polarisation entsprechend der Kurve OAB. Wenn das angelegte elektrische Feld kleiner wird, folgt die Polarisation der Kurve BACDEF. Das elektrische Feld kehrt sich bei C um, die Polarisation kehrt sich dagegen bis zum Punkt D nicht um.

benvolumens in der alten Feldrichtung polarisiert: die Nettopolarisation kehrt sich erst um, wenn D erreicht ist.

Die Hysteresekurve für reale Proben weicht meistens von der dargestellten idealen Form ab. Der Hauptgrund dafür sind Defekte in der Probe, die Veränderungen in der Domänengröße behindern. Deshalb verläuft BAC im allgemeinen nicht horizontal und die Flanken sind nicht so steil wie dargestellt.

Eine Hysteresekurve wird durch die spontane Polarisation P_s, den Wert der Polarisation am Punkte C, und durch die Koerzitivfeldstärke $\mathcal{E}_c$, die Feldstärke am Punkte D, charakterisiert. Die spontanen Polarisationen für einige Ferroelektrika sind in Tabelle 10-3 angegeben.

Piezoelektrische Festkörper

Die Gleichgewichtspositionen der Ionen ändern sich, wenn eine mechanische Spannung an die Probe angelegt wird, und bei einigen Materialien resultiert daraus eine Polarisation. Die durch mechanische Spannung hervorgerufene Polarisation ist als piezoelektrischer Effekt bekannt, und die Materialien, bei denen dieser Effekt auftritt, heißen piezoelektrische Stoffe. Diese Materialien zeigen auch den inversen Effekt: ein angelegtes elektrisches Feld verursacht eine Änderung der Probengröße oder Form. Alle Ferroelektrika sind piezoelektrische Stoffe, viele in paraelektrischen Phasen. Einige piezoelektrische Stoffe, wie z. B. Quarz, sind nicht ferroelektrisch.

Bild 10-10 zeigt, wie eine spannungsinduzierte Polarisation in einem nichtferroelektrischen Material auftreten kann. Die Einheitszelle hat in diesem Bild vier Ionen, ein einziges A^{3-}-Ion im Zentrum und drei B^+ Ionen darum herum. Wenn die Probe nicht verformt ist, heben sich die drei Dipolmomente auf und die Nettopolarisation verschwindet. Wenn die Probe in einer Achsenrichtung unter Span-

10.2 Ferroelektrische und piezoelektrische Materialien

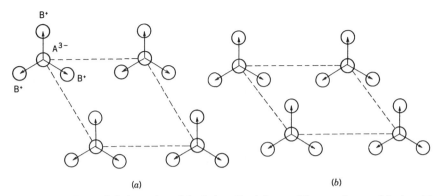

Bild 10-10 Ein Modell eines piezoelektrischen Festkörpers. Ein negatives und drei positive Ionen bilden drei Dipolmomente. (a) Im unverformten Zustand verschwinden diese Momente. (b) Im verformten Zustand besitzt die Probe ein Nettopolmoment, in diesem Falle längs der Achse der einachsigen Spannung.

nung steht, bewegen sich die Ionen zu einer Konfiguration, die in (b) gezeigt ist, und dann verschwindet das Nettodipolmoment nicht mehr. Natürlich ist die Geometrie der Zelle für die Piezoelektrizität wichtig. Die Einheitszelle eines piezoelektrischen Kristalls darf z.B. kein Inversionszentrum haben.

Bei einem piezoelektrischen Material sind sowohl Polarisation als auch Dehnung proportional zum elektrischen Feld und zur mechanischen Spannung. Wir betrachten eine Probe, die einer einachsigen Spannung T und einem elektrischen Feld $\mathcal{E}$, das in der gleichen Richtung verläuft, unterliegt. Wir nehmen an, daß dadurch eine Polarisation P und eine einachsige Dehnung e längs der gleichen Achse erzeugt wird. Die Polarisation ist dann gegeben durch

$$P = \chi\varepsilon_0\mathcal{E} + dT \tag{10-21}$$

und die Dehnung durch

$$e = sT + d\mathcal{E}. \tag{10-22}$$

d wird Polarisations-Dehnungs Konstante genannt, und s ist eine reziproke elastische Federkonstante, der Reziprokwert einer elastischen Konstanten. Man beachte, daß dieselbe Konstante d in beiden Gleichungen auftritt. Für Quarz ist $d = 2{,}3 \times 10^{-12}$ m/V, und für Bariumtitanat ist $d = 3 \times 10^{-10}$ m/V, wenn die Spannung in [100] Richtung angelegt wird.

Beispiel 10-3
Wir betrachten eine 0,30 mm dicke Scheibe von einkristallinem Quarz, dessen Flächen parallel zu den Flächen der kubischen Einheitszelle verlaufen. Um wieviel müßte die Scheibe zusammengepreßt werden, damit man eine Potentialdifferenz von 350 mV zwischen den Flächen erhält? Die dielektrische Konstante von Quarz ist 4,5 und die entsprechende reziproke Federkonstante beträgt $s = 0{,}941$

× 10^{-11} m²/N. Elektrisches Feld und Polarisation sollen gleichförmig und senkrecht zu den Flächen sein.

Lösung
Da die Kompression so gering ist, können wir die ursprüngliche Dicke zur Berechnung des gewünschten elektrischen Feldes verwenden. Das ist $350 \times 10^{-3}/0{,}30 \times 10^{-3} = 1170$ V/m. Das Feld wird durch Polarisationsladung auf den Flächen der Scheibe erzeugt und ist durch $\mathcal{E} = -P/\varepsilon_0$ gegeben. Man ersetze P durch $-\varepsilon_0 \mathcal{E}$ in Gleichung 10-21 und löse nach T auf: $T = -(1 + \chi)\chi\varepsilon_0\mathcal{E}/d = -k\varepsilon_0\mathcal{E}/d$. Man setze diesen Wert für T in Gleichung 10-22 ein und löse nach e auf:

$$e = \frac{-sk\varepsilon_0 + d^2}{d}\mathcal{E}$$

$$= \frac{-0.941 \times 10^{-11} \times 4.5 \times 8.85 \times 10^{-12} + (2.3 \times 10^{-12})^2}{2.3 \times 10^{-12}} \times 1170$$

$$= -1.9 \times 10^{-7}.$$

Das ist die relative Dickenänderung. Die Scheibe muß also um $1.9 \times 10^{-7} \times 0.30 \times 10^{-3} = 5.6 \times 10^{-11}$ m zusammengedrückt werden. ◆

Sowohl der direkte als auch der inverse piezoelektrische Effekt werden vielfältig in Dehnungsmeßgeräten, Wandlern und anderen Geräten genutzt. Bei einem piezoelektrischen Dehnungsmeßgerät wird die Probe kontaktiert, und dann wird die Spannungsdifferenz über der Probe zur Bestimmung der Probendehnung benutzt. Wenn man ein elektrisches Wechselfeld an einen piezoelektrischen Wandler anlegt, der mit der Probe verbunden ist, verursacht er mechanische Schwingungen und erzeugt Schallwellen in der Probe.

10.3 Elektromagnetische Wellen in Festkörpern

Elektromagnetische Wellen

Wir sind hier hauptsächlich an ultravioletten und niedrigeren Frequenzen interessiert, bei denen die Wellenlängen viel größer als die Atomabstände sind und Beugungseffekte deshalb nicht wichtig sind. Für solche Wellen ist eine makroskopische Beschreibung angemessen.
Die Maxwellschen Gleichungen für ein elektromagnetisches Feld in einem nichtmagnetischen dielektrischen Medium mit einer freien Ladungsdichte ϱ und einer freien Stromdichte **J** lauten

$$\nabla \cdot \mathcal{E} = \frac{\varrho}{\varepsilon_0} - \frac{\nabla \cdot \mathbf{P}}{\varepsilon_0}, \qquad (10\text{-}23)$$

10.3 Elektromagnetische Wellen in Festkörpern

$$\nabla \cdot \mathbf{B} = 0, \tag{10-24}$$

$$\nabla \times \mathcal{E} = -\frac{\partial \mathbf{B}}{\partial t}, \tag{10-25}$$

und

$$\nabla \times \mathbf{B} = \mu_0 \mathbf{J} + \mu_0 \varepsilon_0 \frac{\partial \mathcal{E}}{\partial t} + \mu_0 \frac{\partial \mathbf{P}}{\partial t}. \tag{10-26}$$

μ_0 ist die Permeabilität des freien Raumes, $4\pi \times 10^{-7}$ H/m. Man beachte, daß $-\nabla \cdot \mathbf{P}$ und $\partial \mathbf{P}/\partial t$ in die Ladung und in die Stromdichte eingehen. Wenn die Ladungen eines oszillierenden Dipols in Bewegung sind, tragen sie einen sogenannten Polarisationsstrom bei.

Eine sinusförmige ebene Welle mit der Kreisfrequenz ω und dem Ausbreitungsvektor $\mathbf{s}$ breitet sich in einem linearen Dielektrikum mit der skalaren Dielektrizitätskonstanten ε aus. Freie Ladungen oder Ströme sollen nicht vorhanden sein, deshalb sind ϱ und $\mathbf{J}$ beide gleich Null. Wenn komplexe Exponentialfunktionen zur Beschreibung des elektrischen und des magnetischen Induktionsfeldes verwendet werden, ergibt sich

$$\mathcal{E}(\mathbf{r}, t) = \mathcal{E}_0 e^{i(\mathbf{s} \cdot \mathbf{r} - \omega t)} \tag{10-27}$$

und

$$\mathbf{B}(r, t) = \mathbf{B}_0 e^{i(\mathbf{s} \cdot \mathbf{r} - \omega t)}. \tag{10-28}$$

Physikalische Felder werden durch die Realteile dieser Ausdrücke dargestellt. Wenn die Gleichungen 10-27 und 10-28 und die Beziehung $\mathbf{P} = \chi \varepsilon_0 \mathcal{E}$ in die Maxwellschen Gleichungen eingesetzt werden, ergibt sich

$$\mathbf{s} \cdot \mathcal{E}_0 = 0, \tag{10-29}$$

$$\mathbf{s} \cdot \mathbf{B}_0 = 0, \tag{10-30}$$

$$\mathbf{s} \times \mathcal{E}_0 = \omega \mathbf{B}_0, \tag{10-31}$$

und $\quad \mathbf{s} \times \mathbf{B}_0 = -\omega \mu_0 \varepsilon \mathcal{E}_0. \tag{10-32}$

Dabei ist $\varepsilon = (1 + \chi) \varepsilon_0$. Die ersten beiden Gleichungen zeigen, daß sowohl $\mathcal{E}_0$ als auch $\mathbf{B}_0$ senkrecht zur Ausbreitungsrichtung stehen, die dritte und vierte Gleichung dagegen zeigen, daß $\mathcal{E}_0$ und $\mathbf{B}_0$ senkrecht aufeinander stehen. Wir nehmen an, daß sich die Welle in positiver z-Richtung ausbreitet, ihr elektrisches Feld in der x-Richtung und ihr magnetisches Feld in der y-Richtung liegt. Da $\mathbf{s}$ in der z-Richtung liegt, werden die ersten beiden Maxwellschen Gleichungen identisch erfüllt. Aus der dritten und der vierten wird $s\mathcal{E}_0 = \omega B_0$ und $sB_0 = \omega \mu_0 \varepsilon \mathcal{E}_0$. Sie können leicht nach s als Funktion von ω und nach dem Verhältnis der Feldamplituden aufgelöst werden:

$$s = \omega \sqrt{\mu_0 \varepsilon}. \tag{10-33}$$

und

$$\frac{B_0}{\mathcal{E}_0} = \sqrt{\mu_0 \varepsilon}. \tag{10-34}$$

$P = \chi \varepsilon_0 \mathcal{E}$ ist sogar gültig, wenn das elektrische Feld und die Polarisation nicht in Phase sind, aber die Suszeptibilität χ eine komplexe Zahl ist. Wenn $\chi = |\chi|e^{i\emptyset}$ ist, dann gilt $P = \chi \varepsilon_0 \mathcal{E}_0 e^{i(sz - \omega t)} = |\chi| \varepsilon_0 \mathcal{E}_0 e^{i(sz - \omega t + \emptyset)}$, wobei ø die Phase von P bezogen auf die von $\mathcal{E}$ ist. Da die Dielektrizitätskonstante $\varepsilon = 1 + \chi$ auch komplex ist, wie Gleichung 10-33 zeigt, ist die Ausbreitung konstant.
Die Amplitude einer Welle mit einer komplexen Ausbreitungskonstanten fällt exponentiell im Festkörper ab. s' und s'' sollen Real- und Imaginärteil von s sein. Wir setzen $s = s' + is''$ in Gleichung 10-27 ein und erhalten

$$\mathcal{E} = \mathcal{E}_0 e^{-s''z} e^{i(s'z - \omega t)}. \tag{10-35}$$

Auf einer Strecke von $1/s''$ fällt die Amplitude der Welle um den Faktor $1/e$ ($\approx$ 0.37). Wenn $1/s''$ klein im Vergleich zu den Probenabmessungen ist, dringt nur wenig Strahlung durch, und die Probe ist undurchlässig. Die Probe ist dagegen transparent, wenn $1/s''$ groß ist. Dieselbe Probe kann für die Wellen einer Frequenz transparent und für die Wellen einer anderen Frequenz undurchlässig sein. Die Gleichung 10-33 kann verwendet werden, um s' und s'' über die Real- und Imaginärteile von ε zu bestimmen. Man setze $s = s' + is''$ und $\varepsilon = \varepsilon' + i\varepsilon''$ in diese Gleichung ein und setze die Realteile der beiden Seiten gleich; das gleiche muß man mit den Imaginärteilen machen. Die beiden resultierenden Gleichungen lauten

$$s'^2 = 1/2\, \mu_0 \varepsilon' \omega^2 \left[1 \pm \left(1 + \frac{\varepsilon''^2}{\varepsilon'^2} \right)^{1/2} \right] \tag{10-36}$$

und

$$s''^2 = 1/2\, \mu_0 \varepsilon' \omega^2 \left[\pm \left(1 + \frac{\varepsilon''^2}{\varepsilon'^2} \right)^{1/2} \right]. \tag{10-37}$$

Die Vorzeichen sind so gewählt, daß sowohl s' als auch s'' reell sind. Wenn ε reell und positiv ist, ist die Ausbreitungskonstante reell und hat den Wert $s = \sqrt{\mu_0 \varepsilon \omega}$. Die Felder breiten sich in solch einer Probe mit unverminderter Amplitude aus. Wenn ε reell und negativ ist, dann ist $s' = 0$ und $s'' = \sqrt{-\mu_0 \varepsilon \omega}$. Die Felder breiten sich nicht aus, sondern oszillieren vielmehr mit Amplituden, die zum Probeninneren hin abnehmen. Wenn ε komplex ist, dann ist auch s komplex und die Felder breiten sich aus, werden aber abgeschwächt.
Wir zeigen jetzt die Verbindung zwischen dem Imaginärteil der Dielektrizitätskonstanten und dem Anteil der elektromagnetischen Energie, der im Festkörper

10.3 Elektromagnetische Wellen in Festkörpern

umgewandelt wird. Die Berechnung wird mit Hilfe des Poynting-Vektors durchgeführt. Dieser Vektor, $\Pi = (1/\mu_0)\mathcal{E} \times \mathbf{B}$, verläuft in Richtung der Wellenausbreitung mit einer Größe, die gleich dem Energieanteil pro Flächeneinheit ist, mit der die Energie eine Fläche senkrecht zur Ausbreitungsrichtung durchdringt. Für die Wellen, die wir hier diskutieren, ist der Betrag des Poyntingvektors $\Pi = \mathcal{E}B/\mu_0$.

Wir betrachten zwei Ebenen, jede mit dem Flächeninhalt A und beide senkrecht zur Ausbreitungsrichtung, eine bei z und die andere bei $z + \Delta z$. Der Energieanteil, der in der Region zwischen den Ebenen der Welle verlorengeht, beträgt $A[\Pi(z) - \Pi(z + \Delta z)]$ oder $-A(d\Pi/dz)\Delta z$ für den Grenzfall kleiner Δz. Der Anteil pro Volumeneinheit beträgt $-d\Pi/dz$.

Die Realteile von den Gleichungen 10-27 und 10-28 müssen zur Berechnung von Π verwendet werden. Da der Realteil von $\mathcal{E}$ gleich $\mathcal{E}_0 e^{-s''z} \cos(s'z - \omega t)$ ist und der Realteil von B ($-s\mathcal{E}/\omega$) gleich $(\mathcal{E}_0/\omega)e^{-s''z}[s' \cos(s'z - \omega t) - s'' \sin(s'z - \omega t)]$ ist, ergibt sich für den Betrag des Poyntingvektor $(\mathcal{E}_0^2/\mu_0\omega)e^{-2s''z}[s' \cos^2(s'z - \omega t) - s'' \sin(s'z - \omega t)\cos(s'z - \omega t)]$. Für einige Werte von t ist der Betrag positiv, für andere negativ. Das zeigt, daß die Energie zwischen Festkörper und Feld hin und zurück fließt. Nur die Energie, die zum Festkörper fließt und nicht zurückkehrt, wird umgewandelt. Deshalb benötigen wir den Mittelwert des Poyntingvektors über einen Zyklus, um die Dissipationsrate zu berechnen. Da der Mittelwert von $\cos^2(s'z - \omega t)$ gleich $1/2$ ist und der Mittelwert von $\cos(s'z - \omega t)\sin(s'z - \omega t)$ gleich 0 ist, ergibt sich für den Mittelwert von Π $1/2 (s'/\mu_0\omega)\mathcal{E}_0^2 e^{-2s''z}$ und die Dissipationsrate der Energie pro Volumeneinheit beträgt $(-d\Pi/dz)_{ave} = (s's''/\mu_0\omega)\mathcal{E}_0^2 e^{-2s''z}$.

Das Produkt der Gleichungen 10-36 und 10-37 ergibt $s's'' = 1/2 \mu_0|\varepsilon''|\omega^2$, daher ist die Dissipationsrate der Energie pro Volumeneinheit auch durch die Gleichung

$$-\left[\frac{d\Pi}{dz}\right]_{\text{mittel}} = 1/2 \omega |\varepsilon''| \mathcal{E}_0^2 e^{-2s''z} \tag{10-38}$$

gegeben. Diese Größe ist proportional zu ε''. Verluste treten auf, wenn ε komplex ist und, wie die Diskuussion nach der Gleichung 10-37 gezeigt hat, wird die Amplitude der Welle abgeschwächt. Wenn ε reell und negativ ist, tritt eine Abschwächung ohne Energieverlust auf. Die Dielektrizitätskonstante wird oft $|\varepsilon|e^{i\delta}$ geschrieben, wobei $\tan \delta = \varepsilon''/\varepsilon'$ ist. Der Phasenwinkel δ wird als Verlustwinkel bezeichnet und ist in einigen Handbüchern tabelliert.

Optische Konstanten

Die Ausbreitungskonstante steht mit der Dielektrizitätskonstanten durch die Gleichung $s = \omega \sqrt{\mu_0\varepsilon}$ in Beziehung. Wenn $c = 1\sqrt{\mu_0\varepsilon_0}$ verwendet wird, gilt $s = (\omega/c)\sqrt{\varepsilon/\varepsilon_0}$. Diese Beziehung wird oft folgendermaßen geschrieben

$$s = \frac{\omega}{c}(n + i\varkappa). \tag{10-39}$$

n und $\varkappa$ sind Real- und Imaginärteil von $\sqrt{\varepsilon/\varepsilon_0}$. Der erste wird Brechungsindex genannt und der zweite Extinktionskoeffizient. Manchmal wird die Kombination $n + i\varkappa$ als komplexer Brechungsindex bezeichnet.
Da $\varepsilon/\varepsilon_0 = (n + i\varkappa)^2 = (n^2 - \varkappa^2) + 2in\varkappa$ ist, gilt

$$\frac{\varepsilon'}{\varepsilon_0} = n^2 - \varkappa^2 \qquad (10\text{-}40)$$

und

$$\frac{\varepsilon''}{\varepsilon_0} = 2n\varkappa. \qquad (10\text{-}41)$$

Diese Gleichungen ergeben

$$2\varepsilon_0 n^2 = \varepsilon' \pm (\varepsilon'^2 + \varepsilon''^2)^{1/2} \qquad (10\text{-}42)$$

und

$$2\varepsilon_0 \varkappa^2 = -\varepsilon' \pm (\varepsilon'^2 + \varepsilon''^2)^{1/2}. \qquad (10\text{-}43)$$

Die Vorzeichen wurde so gewählt, daß n und $\varkappa$ reell sind. Wenn $\varepsilon' = \varepsilon_0$ und $\varepsilon'' = 0$ ist, wie bei der Ausbreitung im leeren Raum, dann wird $n = 1$ und $\varkappa = 0$. Bei der Ausbreitung in einem Festkörper ist n größer als 1 und $\varkappa$ größer als 0. Wir werden auf eine Situation treffen, bei der ε' negativ ist und ε'' verschwindet. Dann müssen die unteren Vorzeichen verwendet werden und $n = 0$, während $\varkappa = \sqrt{-\varepsilon'/\varepsilon_0}$ ist.
Eine elektromagnetische Welle breitet sich mit der Phasengeschwindigkeit $v_p = \omega/s' = c/n$ aus. Weil ein elektrisches Feld einen Festkörper polarisiert, wird die Phasengeschwindigkeit gegenüber ihrem Vakuumwert um den Faktor $1/n$ reduziert. Da sich die Wellengeschwindigkeit beim Übergang vom Vakuum in eine Probe ändert, wird die Welle an der Probenoberfläche gebrochen. Zur Messung des Brechungsindexes wird das Snelliussche Brechungsgesetz verwendet, wenn die durchtretende Welle verfolgt werden kann.
Der Imaginärteil der Ausbreitungskonstanten kann direkt gemessen werden, wenn der Festkörper genügend durchsichtig ist. Eine Platte der Dicke z soll mit monochromatischem Licht beleuchtet werden. Wenn I_0 die Intensität beim Eintritt in den Festkörper ist und I die Intensität beim Austritt auf der anderen Seite, dann gilt $I = I_0 e^{-2s''z}$ und $s'' = (1/2 \, z) \, ln \, (I_0/I)$. Die einfallende und die austretende Intensität werden gemessen, und die Reflexionen an der Vorder- und Rückseite der Probe werden berücksichtigt. Der Extinktionskoeffizient wird durch $\varkappa = (c/2z\omega) \cdot ln \, (I_0/I)$ beschrieben. Der Schwächsungskoeffizient $\alpha = 2s''$ wird oft anstelle des Extinktionskoeffizienten verwendet. Sein reziproker Wert, die Eindringtiefe, ist ein Maß dafür, wie tief die Wellen in die Probe eindringen.
Das Reflexionsvermögen einer Probe ist eine andere interessante optische Konstante. Wir betrachten Strahlung, die senkrecht auf die Oberfläche einer Probe einfällt, so wie das in Bild 10-11 dargestellt ist. Die z-Achse verläuft parallel zur

10.3 Elektromagnetische Wellen in Festkörpern

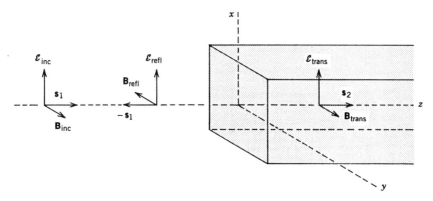

Bild 10-11 Reflexion und Transmission einer elektromagnetischen Welle an der Oberfläche eines Festkörpers. Die Oberfläche liegt in der xy-Ebene und die Welle fällt von links parallel zur z-Achse ein. Die elektrischen Felder $\mathcal{E}_{inc}$, $\mathcal{E}_{refl}$ und $\mathcal{E}_{trans}$ für die einfallende, die reflektierte und die Transmissionswelle sind zum gleichen Zeitpunkt dargestellt. Die magnetische Induktion und die Ausbreitungsvektoren sind auch gezeigt.

Normalen und $z = 0$ liegt an der Grenze. Die einfallende Welle hat eine Ausbreitungskonstante $s_1 = \omega/c$ und bewegt sich in positiver z-Richtung. Die eingedrungene Welle bewegt sich in derselben Richtung, hat aber, weil sie in der Probe ist, die Ausbreitungskonstante $s_2 = (n + i\varkappa)s_1$. Die reflektierte Welle bewegt sich in negativer z-Richtung und hat die Ausbreitungskonstante $-s_1$. Die Kontinuität des elektrischen Feldes bei $z = 0$ führt zu der Beziehung

$$\mathcal{E}_{inc} + \mathcal{E}_{refl} = \mathcal{E}_{trans}. \tag{10-44}$$

Die Kontinuität des magnetischen Feldes führt dagegen zu

$$\frac{s_1}{\omega}\mathcal{E}_{inc} - \frac{s_1}{\omega}\mathcal{E}_{refl} = \frac{s_2}{\omega}\mathcal{E}_{trans}. \tag{10-45}$$

Dabei wurden die Gleichungen 10-33 und 10-34 verwendet. Die Gleichung 10-44 wird dazu verwendet, $\mathcal{E}_{trans}$ aus Gleichung 10-45 zu eliminieren. Man erhält $\mathcal{E}_{trans}/\mathcal{E}_{inc} = -(s_2 - s_1)/(s_2 + s_1) = -(n + i\varkappa - 1)/(n + i\varkappa + 1)$. Das Reflexionsvermögen $R(\omega)$ χ der Probe ist das Verhältnis der reflektierten Intensität zur einfallenden Intensität:

$$R(\omega) = \frac{|\mathcal{E}_{refl}|^2}{|\mathcal{E}_{inc}|^2} = \frac{(n-1)^2 + \varkappa^2}{(n+1)^2 + \varkappa^2}. \tag{10-46}$$

Die Werte für das Reflexionsvermögen liegen zwischen 0 und 1. $R(\omega) = 0$ und keine Reflexion tritt auf, wenn $n = 1$ und $\varkappa = 0$ sind. Das Reflexionsvermögen nähert sich dem Wert 1, wenn entweder n oder $\varkappa$ sehr groß werden.

Beispiel 10-4

Auf eine Cadmiumsulfidprobe der Dicke 0.020 mm fällt Strahlung mit der Kreisfrequenz $\omega = 7.2 \times 10^{12}$ rad/s. Der Brechungsindex der Probe ist 11.7 und der Extinktionskoeffizient ist 8.5. (a) Welche Geschwindigkeit hat die Welle in der Probe? (b) Welche Wellenlänge hat die Welle vor und nach dem Eintritt in die Probe? (c) Welcher Anteil der Intensität geht in die Probe und welche Intensität hat die Strahlung beim Verlassen der Probe? (d) Wie groß sind Real- und Imaginärteil der Suzeptibilität bei dieser Frequenz?

Lösung
(a) Die Phasengeschwindigkeit beträgt $v_p = c/n = 3.0 \times 10^8/11.7 = 2.6 \times 10^7$ m/s.
(b) Für die Welle im Vakuum gilt $\lambda = 2\pi/s' = 2\pi c/\omega = 2\pi \times 3.0 \times 10^8/7.2 \times 10^{12} = 2.6 \times 10^{-4}$ m. Für die Welle im Festkörper gilt $\lambda = 2\pi c/\omega n = 2\pi \times 3.0 \times 10^8/7.2 \times 10^{12} \times 11.7 = 2.2 \times 10^{-5}$ m. (c) $I/I_0 = e^{-2s''z} = e^{-2(\omega/c)\varkappa z} = \exp[-2(7.2 \times 10^{12}/3.0 \times 10^8)] \times 8.5 \times 2.0 \times 10^{-5} = 2.8 \times 10^{-4}$. (d) $\varepsilon'/\varepsilon_0 = n^2 - \varkappa^2 = 11.7^2 - 8.5^2 = 64$. $\varepsilon''/\varepsilon_0 = 2n\varkappa = 2 \times 11.7 \times 8.5 = 200$. ◆

10.4 Frequenzabhängige Polarisierbarkeiten

Bild 10-12a stellt schematisch die verschiedenen Beiträge zum Realteil der Dielektrizitätskonstanten bei einem typischen Isolator oder Halbleiter als Funktion der Frequenz dar. In ähnlicher Weise zeigt Bild 10-12b die Beiträge zur Absorption. Die Kurven für einen realen Festkörper können viel mehr Strukturen zeigen als dieses Bild. Einige der dargestellten Strukturen brauchen dagegen bei einem speziellen Festkörper nicht zu erscheinen. Nicht alle Festkörper enthalten z. B. dipolare Moleküle oder Ionen, und die Beiträge freier Ladungsträger sind nur bei Halbleitern (und Metallen) bedeutend.

Valenz- und Leitungsbandelektronen leisten im allgemeinen bei Ultraviolettfrequenzen und darunter einen Beitrag, während Rumpfelektronen bei Ultraviolettfrequenzen und höheren Frequenzen einen Beitrag leisten. Wenn dipolare Moleküle in einem Festkörper sind, liefern sie nur bei Mikrowellenfrequenzen und darunter Beiträge, während die Ionen im allgemeinen bis hinauf zu Infrarotfrequenzen einen Beitrag leisten. Der Rest dieses Kapitels ist dem Verständnis solcher graphischer Darstellungen wie dieser gewidmet.

Ein oszillierender Dipol

Wir beginnen mit einem einzelnen Dipol in einem oszillierenden lokalen elektrischen Feld und prüfen die Frequenzabhängigkeit seiner Polarisierbarkeit. Das negative Teilchen soll die Masse m_- haben und am Ort $\mathbf{r}_-(t)$ sein. Das positive Teilchen soll die Masse m_+ haben und am Ort $\mathbf{r}_+(t)$ sein. Weiterhin nehmen wir an, daß bei geringen Verschiebungen aus dem Gleichgewicht die Kraftwirkung von einem Teilchen auf das andere linear zur relativen Verschiebung ist und

10.4 Frequenzabhängige Polarisierbarkeit

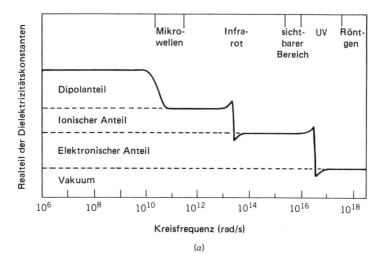

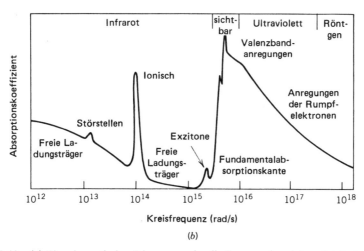

Bild 10-12 (a) Ein schematisches Diagramm, das die Frequenzbereiche zeigt, in denen die dipolaren, die elektronischen und die ionischen Beiträge zum Realteil der Dielektrizitätskonstanten wichtig sind. In allen Festkörpern liefern die Elektronen im UV und bei tieferen Frequenzen einen Beitrag. Ionen liefern in ionischen und teilweise ionischen Festkörpern im Infraroten und bei tieferen Frequenzen einen Beitrag. Permanente Dipole liefern in dipolaren Materialien bei Mikrowellenfrequenzen und darunter einen Beitrag. (b) Absorption von Strahlung in einem hypothetischen Festkörper. Unterhalb des sichtbaren Bereichs absorbieren Elektronen in den Leitungsbändern und Löcher in den Valenzbändern (quasifreie Ladungsträger) Strahlung. Störstellen können auch absorbieren. Das Phononensystem von ionischen und teilweise ionischen Festkörpern absorbiert im Infraroten. Interbandabsorption tritt im sichtbaren Bereich und darüber auf: Valenzbandelektronen werden an der Fundamentalabsorptionskante und etwas darüber angeregt, die Rumpfelektronen dagegen werden bei höheren Frequenzen angeregt. Bei Isolatoren sind die Beiträge freier Ladungsträger gering, und die Fundamentalabsorptionskante liegt bei höheren Frequenzen als bei Halbleitern.

durch die Kraftkonstante γ charakterisiert werden kann. Wenn Q der Wert der Ladung ist, dann gilt für die Bewegungsgleichung der Teilchen

$$m_- \frac{d^2 \mathbf{r}_-}{dt^2} = -\gamma(\mathbf{r}_- - \mathbf{r}_+) - Q\mathcal{E}_{\text{loc}} \qquad (10\text{-}47)$$

und

$$m_+ \frac{d^2 \mathbf{r}_+}{dt^2} = -\gamma(\mathbf{r}_+ - \mathbf{r}_-) - Q\mathcal{E}_{\text{loc}}. \qquad (10\text{-}48)$$

Das Dipolmoment ist durch $\mathbf{p}(t) = Q(\mathbf{r}_+ - \mathbf{r}_-)$ gegeben. Um die Differentialgleichung zu finden, genügt es die Gleichung 10-47 mit Qm_+ und die Gleichung 10-48 mit Qm_- zu multiplizieren, danach subtrahiert man die erste von der zweiten Gleichung. Man erhält

$$\frac{d^2 \mathbf{p}}{dt^2} + \frac{\gamma}{M}\mathbf{p} = \frac{Q^2}{M}\mathcal{E}_{\text{loc}}. \qquad (10\text{-}49)$$

Dabei ist $M = m_+ m_-/(m_+ + m_-)$ die reduzierte Masse des Systems.
Wir können die Energiedissipation durch Hinzufügung eines Termes, der proportional zu $d\mathbf{p}/dt$ ist, berücksichtigen. Solch ein Term könnte von Wechselwirkungen des oszillierenden Dipols mit Phononen oder Defekten herrühren. Wir beachten auch, daß $\gamma = M \cdot \omega_0^2$ ist, wobei ω_0 die Eigenkreisfrequenz des Dipols ist. Wenn diese Änderungen durchgeführt werden, erhält man aus Gleichung 10-49

$$\frac{d^2 \mathbf{p}}{dt^2} + \varrho \frac{d\mathbf{p}}{dt} + \omega_0^2 \mathbf{p} = \frac{Q^2}{M}\mathcal{E}_{\text{loc}}, \qquad (10\text{-}50)$$

ϱ ist eine Konstante mit der Maßeinheit einer reziproken Zeit.
Für das Verständnis der Rolle, die der Dissipationsterm spielt, nehmen wir an, daß das lokale Feld entfernt wird und das Dipolmoment zu Beginn $\mathbf{p}_0$ ist. Gleichung 10-50 hat dann die Lösung

$$\mathbf{p} = \mathbf{p}_0 e^{-\varrho t/2} e^{-i\omega t}, \qquad (10\text{-}51)$$

wobei $\omega^2 = \omega_0^2 - 1/4\, \varrho^2$ ist. Wenn $\omega^2 > 0$ ist, schwingt der Dipol, aber die Amplitude der Oszillation fällt exponentiell mit der Zeit ab. Die Größe $2/\varrho$ ist eine Relaxationszeit und gibt die Zeit an, die notwendig ist, um die Oszillationen wegzudämpfen. Wenn die Relaxation durch Phononenstöße verursacht wird, erwarten wir, daß ϱ mit der Temperatur ansteigt.
Wir kehren jetzt zu einem Dipol in einem oszillierenden lokalen Feld zurück. $\mathcal{E}_{\text{loc}}$ soll gleich $\mathcal{E}_0 e^{-i\omega t}$ sein und $\mathbf{p} = \alpha \mathcal{E}_{\text{loc}}$. Dann ergibt Gleichung 10-50 nach α aufgelöst:

$$\alpha(\omega) = \frac{Q^2/M}{\omega^2 - \omega^2 - i\omega\varrho} = \frac{Q^2}{M} \frac{\omega_0^2 - \omega^2 - \omega^2 + i\omega\varrho}{(\omega_0^2 - \omega^2)^2 + \omega^2 + \omega^2 \varrho^2}. \qquad (10\text{-}52)$$

10.4 Frequenzabhängige Polarisierbarkeit

Der letzte Ausdruck folgt aus dem ersten, wenn Zähler und Nenner mit $\omega_0^2 - \omega^2 + i\omega\varrho$ multipliziert werden. Weil durch die Energiedissipation eine Phasendifferenz zwischen dem lokalen Feld und dem Dipolmoment auftritt, ist α komplex. Ausdrücke für den Realteil α' und den Imaginärteil α'' können aus Gleichung 10-52 durch einfache Betrachtung erhalten werden.

Wie Bild 10-13a zeigt, hat α' ein scharfes positives Maximum, wenn der Dipol mit dem lokalen Feld in Resonanz ist. Wenn $\varrho = 0$ ist, hat die Resonanzkreisfrequenz

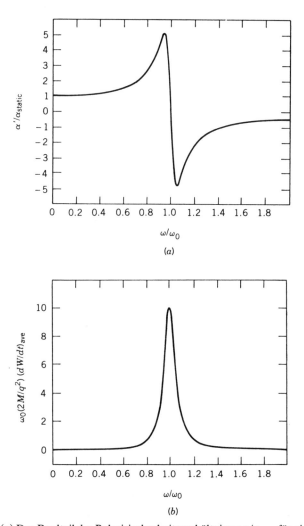

Bild 10-13 (a) Der Realteil des Polarisierbarkeitsverhältnisses α/α_{static} für einen einzelnen Dipol mit der Eigenfrequenz ω_0 und der Relaxationskonstanten $\varrho = 0.1\omega_0$ als Funktion von ω/ω_0. Die Resonanz erscheint beim positiven Maximum etwas unter der Eigenfrequenz. Bei geringen Frequenzen nähert sich das Verhältnis 1; bei hohen Frequenzen ist es negativ und nähert sich dann 0. (b) Die Dissipationsfunktion $\omega_0 (2M/Q^2) (dW/dt)_{Mittel}$ für einen einzelnen Dipol. Der Anteil der Energiedissipation ist für $\omega = \omega_0$ maximal.

denn Wert ω_0, für $\varrho \neq 0$ verschiebt sie sich etwas. Der Maximalwert von α', der durch $Q^2/M\omega^2\varrho$ berechnet wird, ist durch die Dissipation begrenzt.
Der Realteil der Polarisierbarkeit steigt leicht von seinem statischen Wert an, bis ω in der Nähe der Resonanzfrequenz ist, dann ist der Anstieg sehr steil. Bei Frequenzen, die kleiner als die Resonanzfrequenz sind, ist α' positiv. Das zeigt an, daß das lokale Feld und der Dipol in Phase sind, wenn $\varrho = 0$ ist. Der Frequenzbereich, in dem α' fast konstant ist oder nur schwach ansteigt, wird Bereich normaler Dispersion genannt. Der Bereich starker Frequenzabhängigkeit wird Bereich anormaler Dispersion genannt.
Jenseits der Resonanz wird α' negativ; das bedeutet, daß das lokale Feld und der Dipol um 180° phasenverschoben sind, wenn $\varrho = 0$ ist. Schließlich geht α' proportional zu $1/\omega^2$ gegen Null, wenn die Frequenz weiter ansteigt. Bei hohen Frequenzen können die Teilchen dem Feld nicht folgen, und die Amplitude des Dipolmomentes wird stark verringert.
Die Energie wird kontinuierlich zwischen dem lokalen Feld und dem Dipol ausgetauscht, manchmal in der einen Richtung und manchmal in der anderen. Die Rate dW/dt, mit der das Feld auf den Dipol wirkt, ist durch das Skalarprodukt der Realteile von $d\mathbf{p}/dt$ ($= \alpha d\mathcal{E}_{loc}/dt$) und $\mathcal{E}_{loc}$ gegeben. Nur die Energie, die nicht zurück zum Feld kommt, wird umgewandelt; deshalb kann die Dissipationsrate durch Mittelung von dW/dt über eine Zyklus berechnet werden. Das Resultat ist

$$\left[\frac{dW}{dt}\right]_{mittel} = \frac{1}{2}\alpha''\omega\mathcal{E}_0^2 = \frac{1}{2}\frac{Q^2}{M}\frac{\omega^2\varrho}{(\omega_0^2 - \omega^2)^2 + \omega^2\varrho^2}\mathcal{E}_0^2. \tag{10-53}$$

Wie Bild 10-13b zeigt, tritt Absorption hauptsächlich im Gebiet anormaler Dispersion auf, und das Maximum der Absorption liegt etwa bei $\omega \approx \omega_0$.

Beispiel 10-5
Für ein Ionenpaar in NaCl ist $\omega_0 = 3.1 \times 10^{13}$ rad/s und $M = 2.32 \times 10^{-26}$ kg. ϱ soll gleich 5.65×10^{11} s^{-1} sein; man berechne den Realteil der Polarisierbarkeit für $\omega = 0$, $\omega_0/10$, $0.99\omega_0$, $1.01\omega_0$ und $10\omega_0$. Man berechne auch den Anteil der Energiedissipation, wenn das lokale Feld eine Amplitude von 1.5×10^4 V/m und eine Kreisfrequenz von ω_0 hat.

Lösung
Wenn $x = \omega/\omega_0$ ist und $u = \varrho/\omega_0$ ($= 5.65 \times 10^{11}/3.1 \times 10^{13} = 1.82 \times 10^{-2}$), dann ist der Realteil von α durch

$$\alpha' = \frac{Q^2}{M\omega_0^2}\frac{1-x^2}{(1-x^2)^2 + u^2x^2} = \frac{(1.6 \times 10^{-19})^2}{2.32 \times 10^{-26} \times (3.1 \times 10^{13})^2}\frac{1-x^2}{(1-x^2) + u^2x^2}$$

$$= 1.15 \times 10^{-39}\frac{1-x^2}{(1-x^2)^2 + u^2x^2}$$

gegeben. Für $x = 0$ ist $\alpha' = 1.15 \times 10^{-39}$ F · m^2; für $x = 0.1$ ist es 1.16×10^{-39} F · m^2; für $x = 0.99$ ist es $3.18 = 10^{-38}$ F · m^2; für $x = 1.01$ ist es -3.17×10^{-38} F · m^2;

und für $x = 10$ ist es -1.16×10^{-41} F · m². Für $\omega = \omega_0$ reduziert sich Gleichung 10-53 zu

$$\left[\frac{dW}{dt}\right]_{mittel} = \frac{1}{2} \frac{Q^2}{M\varrho} \mathcal{E}_0^2 = \frac{1}{2} \frac{(1.60 \times 10^{-19})^2 \times (1.5 \times 10^4)^2}{2.32 \times 10^{-26} \times 1.82 \times 10^{-2}}$$

$$= 6.8 \times 10^{-3} \text{ J/m}^3 \cdot \text{s}. \qquad \blacklozenge$$

10.5 Elektronische Polarisierbarkeit

Quanteninterpretation

In einem oszillierenden lokalen Feld schwingt das Elektronensystem relativ zum positiven Kern. Klassisch wird r_- in Gleichung 10-47 als Zentrum der Elektronenladungsverteilung im Bereich rings um den Kern bei r_+ interpretiert. Um ein genaues Bild zu erhalten, sollten wir jedoch eine quantenmechanische Berechnung der Polarisierbarkeit durchführen. Die Elektronenwellenfunktionen ändern sich unter dem Einfluß des lokalen Feldes, und im Resultat dessen ändern sich auch die Dipolmomente. Die Resonanz entspricht einem Elektronenübergang von einem Zustand zu einem anderen und tritt auf, wenn $\hbar\omega$ mit der Energiedifferenz von zwei Niveaus des Elektronensystems übereinstimmt. Man erhält für eine einzelne Resonanz eine Gleichung, die der Gleichung 10-52 ähnlich ist, aber in der Quantenbeschreibung muß die Frequenz ω_0 als $\Delta E/\hbar$ interpretiert werden, wobei ΔE die Energiedifferenz zwischen den beiden Niveaus ist.

Um das Quantenbild zu vervollständigen nehmen wir an, daß die elektromagnetische Strahlung der Frequenz ω aus Photonen besteht, die alle die Energie $\hbar\omega$ haben. Wenn die Photonenenergie mit der Energiedifferenz zwischen zwei Elektronenniveaus übereinstimmt, kann ein Photon absorbiert werden, und ein Elektron kann in einen höheren Zustand übergehen. Ohne Dissipation kehrt das Elektron in seinen Ausgangszustand unter Emission eines Photons zurück. Energiedissipation tritt auf, wenn ein Teil oder die gesamte ursprünglich durch das Elektron absorbierte Energie an das Phononensystem oder an Störstellen abgegeben wird.

Viele Elektronenresonanzen tragen zur Polarisierbarkeit bei, und wir müssen ihre Beiträge aufsummieren. Da die Wellenfunktionen, die zu verschiedenen Übergängen gehören, unterschiedlich sind, liefern die Resonanzen nicht gleiche Beiträge. Zusätzlich muß ein Zustand auf einem niederen Niveau besetzt sein und ein Zustand auf einem höheren Niveau unbesetzt sein. Das Resultat ist ein Faktor, der Oszillatorstärke genannt wird und durch Multiplikation jedes Terms der Summe mit f gekennzeichnet wird. Der Endausdruck für die Polarisierbarkeit ist dann

$$\alpha(\omega) = \frac{e^2}{m} \sum_i f_i \frac{\omega_i^2 - \omega^2 + i\omega\varrho_i}{(\omega_i^2 - \omega^2)^2 + \omega^2\varrho_i^2}. \qquad (10\text{-}54)$$

Summiert wird hier über alle Resonanzen. Die Oszillatorstärke ist definiert, deshalb enthält der Faktor vor der Summe die Ladung und die Masse eines Elektrons. In dem verbleibenden Teil dieses Abschnitts behandeln wir Übergänge von einem Band zu einem anderen. Die Intrabandübergänge werden im folgenden Abschnitt diskutiert.

Interbandübergänge

Für einen Isolator oder einen Halbleiter beginnt der Interband-Resonanzbereich, wenn die Bedingungen erfüllt sind, daß ein Elektron ein Photon absorbiert und über die verbotene Zone vom Valenzband zum Leitungsband springt. Die entsprechende Frequenz ist als Fundamentalabsorptionskante bekannt. Bei Isolatoren kann die verbotene Zone in der Größenordnung von 10 eV liegen, das entspricht einer Frequenz von etwa 10^{16} rad/s (ultravioletter Bereich). Bei Halbleitern liegt die verbotene Zone von unter 1 eV bis zu mehreren eV. Für viele Halbleiter, dazu gehören auch Si, Ge und GaAs, liegt die Fundamentalabsorptionskante im Infraroten. Bei einigen Halbleitern, wie z. B. GaP, CdS und SiC liegt die Fundamentalabsorptionskante im sichtbaren Licht.

Sowohl Energie als auch Kristallimpuls bleiben bei einem Absorptionsprozeß erhalten. Wenn $\hbar\mathbf{k}_f$ der Kristallimpuls des Endzustandes des Elektrons, $\hbar\mathbf{k}_i$ der Kristallimpuls des Anfangszustandes des Elektrons und $\mathbf{s}$ der Ausbreitungsvektor der elektromagnetischen Welle ist, dann verschwindet die Oszillatorstärke, wenn nicht $\mathbf{k}_f = \mathbf{k}_i + \mathbf{s}$ gilt. Da $\mathbf{s}$ bei den interessierenden Frequenzen viel kürzer als die Abmessungen der Brillouin-Zone ist, können wir es vernachlässigen und setzen $\mathbf{k}_f = \mathbf{k}_i$. Eine vertikale Linie verbindet Anfangs- und Endzustände im Banddiagramm des reduzierten Zonenschemas, und die Übergänge werden vertikale Übergänge genannt.

Um die geringste Interbandresonanzfrequenz zu finden, müssen wir die geringste Energiedifferenz zwischen den Bändern bei gleichem $\mathbf{k}$ suchen. Wenn das Lei-

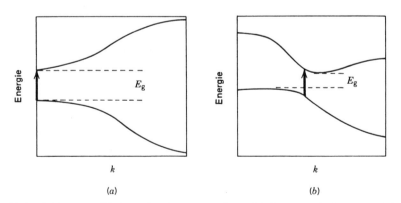

Bild 10-14 Valenz- und Leitungsbänder von zwei verschiedenen Halbleitern. Bei (a) erscheint das Minimum des Leitungsbandes am gleichen Punkt der Brillouin-Zone wie das Maximum des Valenzbandes, und die Fundamentalabsorptionskante liegt bei der Kreisfrequenz $\omega = E_G/\hbar$. GaAs, GaSb, InP, ZnS und CdS sind Beispiele dafür. Bei (b) erscheinen das Leitungsbandminimum und das Valenzbandminimum an verschiedenen Punkten, und die Fundamentalabsorptionskante tritt bei einer Frequenz auf, die größer als $E_G/\hbar$ ist. Si, Ge, AlSb, GaP und PbS sind Beispiele dafür.

10.5 Elektronische Polarisierbarkeit

tungsbandminimum beim gleichen **k**-Wert wie das Valenzbandmaximum erscheint, dann ist $\omega_0 = E_G/\hbar$. Wenn das nicht der Fall ist, dann ist ω_0 etwas größer. Diese beiden Möglichkeiten sind in Bild 10-14 illustriert.

Viele eng benachbarte Resonanzen erscheinen bei etwas höheren Frequenzen als der Fundamentalabsorptionskante. Diese Resonanzen werden durch Valenzbandelektronen erzeugt, die durch Photonen mit höheren Frequenzen angeregt werden. In diesem Bereich ist die Absorptionskante durch Maxima unterbrochen. Bild 10-15 zeigt z. B. mehrere im Absorptionsspektrum von Silizium für ω zwischen 10^{14} und 10^{15} rad/s. Betrachtungen von Zustandsdichten zeigen, daß die Maxima bei Frequenzen auftreten, für die $\nabla_k E_f(\mathbf{k}) = \nabla_k E_i(\mathbf{k})$ gilt, wobei E_i die Elektronenenergie am Anfang und E_f die Elektronenenergie am Ende des Vorgangs ist. Die Frequenzen, die zu den Maxima gehören, werden gemessen und zur Überprüfung von Bandstrukturberechnungen von Elektronen verwendet.

Bei hohen Frequenzen, jenseits des mittleren bis tiefen UV, sind die Oszillatorstärken klein, und die Resonanzen der Valenzelektronen beeinflussen nicht mehr die optischen Eigenschaften.

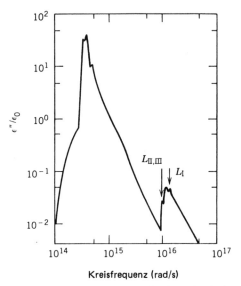

Bild 10-15 Optische Absorption von Silizium. Die Peaks links sind auf Anregungen von Valenzelektronen und die Peaks rechts auf Anregungen von Rumpfelektronen zurückzuführen. Die gezeigten Rumpfübergänge kommen von L Zuständen. K Schalen Elektronen werden bei Frequenzen angeregt, die jenseits der rechten Begrenzung der Darstellung liegen. (Nach F. C. Brown, „Ultraviolettspektroskopie von Festkörpern unter Verwendung von Synchrotronstrahlung" in *Solid State Physics* (H. Ehrenreich, F. Seitz und D. Turnbull, Herausgeber), Band 29, S. 1; New York: Academic 1974). Mit Genehmigung der Autoren. Die Daten sind von H. R. Philipp und H. Ehrenreich; Phys. Rev. 129: 1550, 1963 und C. Gahwiller und F. C. Brown, *Phys. Rev.* B2: 1918, 1970).

Rumpfelektronen

Rumpfelektronen tragen zur Polarisierbarkeit bei hohen Frequenzen bei. Diese Elektronen haben Energien, die zwischen 10 und 1000 eV oder noch mehr unter dem Leitungsband liegen, deshalb erstreckt sich ihr Resonanzbereich vom tiefen UV bis ins Gebiet der Röntgenstrahlen. Die Oszillatorstärken sind jedoch gering; deshalb sind auch die Beiträge der Rumpfelektronen zur Polarisierbarkeit gering. Der Brechungsindex ist folglich fast 1. Die Geschwindigkeit der Röntgenstrahlen in einem Festkörper ist fast gleich c.

Eine Absorption ist jedoch vorhanden, und ihr Studium hat viel zum Verständnis der Rumpfelektronenzustände in Festkörpern beigetragen. Die Absorption ist auch wichtig für die Kristallographie, da sie die Durchdringung der Probe mit Röntgenstrahlen begrenzt.

Die Synchrotronstrahlung, die von Elektronen erzeugt wird, die sich mit sehr großer Geschwindigkeit auf Kreisbahnen bewegen, hat sich als sehr brauchbar für Absorptionsuntersuchungen im ultravioletten- und Röntgenstrahlbereich erwiesen. Mit der Entwicklung der Speicherringe für Teilchen und den Elektronenbeschleunigern kann man solche Strahlung ziemlich einfach erhalten, obwohl solche Absorptionsexperimente dann natürlich in der Nähe der Beschleuniger durchgeführt werden müssen. Die Synchrotronstrahlung hat gegenüber den mehr konventionellen Quellen, wie z. B. Wasserstoff- oder Deuteriumentladungsröhren, den Vorteil, daß ein intensiver Strahl mit einer kontinuierlichen Frequenzverteilung vom nahen UV bis zum Röntgenstrahlbereich erzeugt wird.

Bild 10-15 zeigt den Imaginärteil der Dielektrizitätskonstanten von Silizium, der durch Messungen der Reflexion der Synchrotronstrahlung erhalten wurde. Das starke Maximum links ist auf Anregung von Valenzelektronen zurückzuführen; die kleineren Maxima rechts stammen von Anregungen der Rumpfelektronen. Man beachte, daß die Maxima der Rumpfelektronen um einen Faktor 10^{-3} geringer sind als das Maximum der Valenzbandelektronen.

Elektronen können aus einem Festkörper durch hochenergetische Photonen herausgeworfen werden. Ihre Energien werden gemessen und analysiert, um Informationen über die Elektronenzustände zu erhalten. Die Spektroskopie von Photoelektronen, die durch Röntgenstrahlen ausgelöst werden (XPS), wird zum Studium der Rumpfelektronenzustände benutzt, und die Spektroskopie von Photoelektronen, die durch UV ausgelöst werden (UPS), wird zum Studium der Valenzbandzustände benutzt. Photoemissionsverfahren werden auch zur Untersuchung von Oberflächenzuständen verwendet.

Frequenzen unterhalb der Fundamentalabsorptionskante

Die obige Diskussion läßt den Schluß zu, daß die Polarisierbarkeit bei Frequenzen unterhalb der Fundamentalabsorptionskante nur wenig Struktur zeigt; das ist aber nicht richtig. Wenn ein Kristall z.B. mehrere Valenzbänder hat, können Übergänge von einem zum anderen auftreten. Da die Energielücke klein ist, ist auch die Anregungsfrequenz klein. Normalerweise sind nur relativ wenige Zustände leer, und deshalb sind diese Beiträge klein. Wichtigere Beiträge kommen von anderen Prozessen. Wir beschreiben hier einige.

10.5 Elektronische Polarisierbarkeit

Exzitonen

Wenn ein Elektron von einem Valenzbandzustand in einen Leitungsbandzustand springt, hinterläßt es ein Loch. Das Elektron und das Loch sind entgegengesetzt geladen; sie können deshalb einander binden und ein Exziton bilden. Bild 10-16 veranschaulicht diesen Prozeß und den Exzitonenbeitrag zum Absorptionsspektrum. Die Bindung zwischen Elektron und Loch ist am wahrscheinlichsten, wenn ein Übergang stattfindet, bei dem Elektronen- und Lochgeschwindigkeit übereinstimmen.

In einigen Materialien, wie z. B. Cu_2O, sind die Exzitonen einem Wasserstoffatom ähnlich; das Loch spiel dabei die Rolle des Protons. Die Energieniveaus können durch die Beziehung

$$E_n = E_c - \frac{Me^4}{2\hbar^2\varepsilon^2 n^2}, \tag{10-55}$$

angenähert werden. $M = m_e m_h/(m_e + m_h)$ ist die reduzierte Masse des Elektronen-Loch Paars, ε ist die statische Dielektrizitätskonstante des Festkörpers, E_c ist die Energie des Leitungsbandes, und n ist eine ganze Zahl. Weil $\varepsilon > \varepsilon_0$ ist, sind diese Niveaus viel flacher als die Atomniveaus von Wasserstoff. Bei den verschiedenen Materialien können die niedrigsten Exzitonenniveaus zwischen einigen Millielektronenvolt und etwa 1 eV unter dem Leitungsband liegen. Wie in Bild 10-16 gezeigt, enthält die verbotene Zone eine Reihe von Niveaus direkt unterhalb des Leitungsbandes. Deshalb zeigen die Absorptionsspektren eine Reihe von Peaks direkt unterhalb der Fundamentalabsorptionskante.

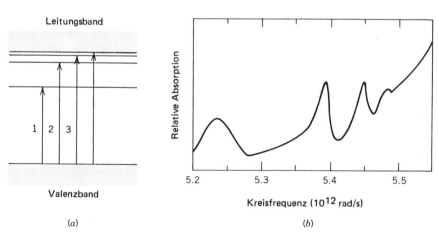

Bild 10-16 (a) Exzitonenenergieniveaus (nicht maßstabsgetreu). Das unterste Niveau ist der Grundzustand des Exzitons; die anderen Niveaus gehören zu angeregten Zuständen. Die Pfeile zeigen die möglichen Übergänge an. Der längste entspricht der Fundamentalabsorptionskante. Diese Anregungen könnten ein Absorptionsspektrum produzieren, wie es in (b) gezeigt ist.

Übergänge mit Phononenbeteiligung

Übergänge mit Phononenbeteiligung treten auf, wenn ein Phonon gleichzeitig mit der Absorption eines Photons erzeugt wird. Wenn die Phononenfrequenz ω_p ist, dann erhält die Resonanzbedingung folgende Form: $\Delta E/\hbar = \omega - \omega_p$. Da $\hbar\omega_p$ immer viel kleiner als die verbotene Zone ist, gilt $\Delta E/\hbar \approx \omega$. Das Phonon ändert jedoch den Kristallimpuls des Elektrons wesentlich. Wenn $\mathbf{q}$ der Wellenvektor des Phonons ist, dann fordert der Satz von der Erhaltung des Kristallimpulses $\mathbf{k}_f = \mathbf{k}_i - \mathbf{q} + \mathbf{s}$ oder, falls $\mathbf{s}$ vernachlässigt wird, $\mathbf{k}_f = \mathbf{k}_i - \mathbf{q}$.

Übergänge mit Phononenbeteiligung sind besonders wichtig, wenn das Valenzbandmaximum und das Leitungsbandminimum nicht beim gleichen **k**-Wert liegen. Übergänge zwischen diesen Zuständen sind nur mit Phononenunterstützung möglich und werden indirekte Übergänge genannt. Sie führen zu Absorptionspeaks unterhalb der Fundamentalabsorptionskante. Da indirekte Prozesse die gleichzeitige Absorption eines Photons und die Erzeugung eines Phonons erfordern, sind die Absorptionsmaxima viel geringer als bei direkten Übergängen.

Es sind auch noch andere Übergänge mit Phononenbeteiligung möglich. In einem Festkörper befinden sich bei hohen Temperaturen sehr viele Phononen und diese können sowohl absorbiert als auch erzeugt werden. Der Erhaltungssatz des Kristallimpulses wird dann $k_f = k_i + q$. Zusätzlich können Multiphononenprozesse auftreten. Bei diesen Prozessen wird mehr als ein Phonon erzeugt oder absorbiert oder ein Phonon mit einem Wellenvektor wird erzeugt, während eins mit einem anderen Wellenvektor absorbiert wird. Die Absorptionspeaks für solche Prozesse sind natürlich kleiner als für Einphononereignisse.

Raman- und Brillouinprozesse beinhalten die direkte Wechselwirkung der elektromagnetischen Strahlung mit den Gitterschwingungen. Absorption oder Streuung eines Photons ist begleitet von der Erzeugung oder Vernichtung eines Phonons. Der Prozeß wird Brillouinprozeß genannt, wenn das Phonon in einem akustischen Zweig ist und Ramanprozeß, wenn es in einem optischen Zweig ist. Die Energien der einfallenden und emittierten Photonen werden gemessen, und die Resultate werden dazu verwendet, Schlüsse über das Phononenspektrum des Festkörpers zu ziehen. Diese Methode hat sich als sehr erfolgreich beim Studium der Oberflächenphononenzustände erwiesen.

Farbzentren

Leerstellen in ionischen und teilweise ionischen Festkörpern liefern einen anderen Absorptionsmechanismus für Frequenzen unterhalb der Fundamentalabsorptionskante. Wenn ein negatives Ion fehlt, wirkt die resultierende Leerstelle wie eine positive Ladung, und wenn der Festkörper Überschußelektronen enthält, kann eins an die Leerstelle gebunden werden. Es gibt mehrere Energieniveaus, die zu jeder dieser Leerstellen gehören, und eine Resonanz tritt auf, wenn die Energie des einfallenden Photons mit der Energiedifferenz zwischen zwei solchen Zuständen übereinstimmt. Solche Leerstellen werden Farbzentren genannt, weil die Absorption in vielen Fällen im sichtbaren Bereich des Spektrums erscheint und dadurch eine Verfärbung eines ansonsten farblosen Kristalls bewirkt. NaCl wird z.B. gelb, wenn Farbzentren vorhanden sind.

10.5 Elektronische Polarisierbarkeit

Man beachte, daß zwei Fakten notwendig sind: Leerstellen und Überschußelektronen. Leerstellen existieren in allen Festkörpern, aber Überschußelektronen sind normalerweise nicht vorhanden. Sie werden durch Beschuß des Festkörpers mit Röntgenstrahlen, γ-Strahlen, Neutronen oder Elektronen erzeugt. Sie werden auch erzeugt, wenn eine Probe in einer Atmosphäre ionisierter Atome erhitzt wird, die in den Festkörper eindringen.

Ein Elektron ist schwächer an eine Leerstelle gebunden, als ein Elektron an einen analogen Atomzustand; hauptsächlich deshalb, weil das Elektron mit Nachbarionen wechselwirkt. Die Differenzen der Energieniveaus sind etwa 2 eV bei CsCl, RbCl und KBr und etwa 5 eV bei LiF. Daher reichen die Resonanzfrequenzen von 3×10^{15} rad/s bis 8×10^{15} rad/s, vom rotgelben Teil des sichtbaren Spektrums bis zum ultravioletten Bereich. Bild 10-17 zeigt das Absorptionsspektrum eines Farbzentrums.

Es können auch Farbzentren gebildet werden, die aus Leerstellenkomplexen bestehen. Wenn sie tatsächlich vorhanden sind, zeigt das Absorptionsspektrum der Probe stark ausgeprägte Strukturen. Eine einzelne Leerstelle und das dazugehörige Elektron werden F-Zentrum genannt. Das F kommt von dem deutschen Wort Farbe. Zwei benachbarte F-Zentren sind als M-Zentrum bekannt, während drei benachbarte Zentren R-Zentrum genannt werden. Wahrscheinlich könnte ein Farbzentrum auch aus einem Loch, das an die Leerstelle eines positiven Ions gebunden ist, gebildet werden, aber solch ein Zentrum ist bisher nicht beobachtet worden. Die V_k-Zentren, die aus Löchern bestehen, die an ein Paar von benachbarten negativen Ionen gebunden sind, sind der Grund für eine Absorption im selben Frequenzbereich wie die F-Zentren. Dabei spielen aber keine Leerstellen eine Rolle.

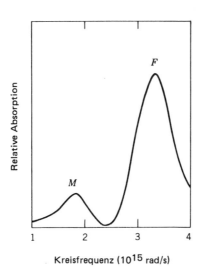

Bild 10-17 Ein typisches Absorptionsspektrum für F- und M-Farbzentren in einem ionischen Festkörper. Ein F-Zentrum besteht aus einem von einer Leerstelle eingefangenen Elektron und ein M-Zentrum ist aus zwei benachbarten F-Zentren zusammengesetzt.

Störstellen

Donator- und Akzeptorstörstellen mit Energieniveaus in der verbotenen Zone zwischen Valenz- und Leitungsband tragen auch zur elektronischen Polarisierbarkeit unterhalb der Fundamentalabsorptionskante bei. Ein Elektron in einem Störstellenzustand kann durch Absorption eines Photons in das Leitungsband angeregt werden. In ähnlicher Weise kann ein Elektron aus dem Valenzband zu einem Störstellenniveau angeregt werden. In beiden Fällen ist die Photonenfrequenz deutlich geringer als die der Fundamentalabsorptionskante.

10.6 Effekte freier Ladungsträger

In diesem Abschnitt werden wir uns mit Intrabandübergängen beschäftigen, die durch Elektronen in teilweise gefüllten Bändern von Halbleitern und Metallen erzeugt werden. Diese Elektronen machen das, was als Beiträge freier Ladungsträger zu den optischen Eigenschaften bezeichnet wird, obwohl sie nicht völlig frei sind.

Elektromagnetische Wellen bei Anwesenheit von freien Ladungsträgern

Die Intrabandreaktion der freien Ladungsträger auf ein oszillierendes elektrisches Feld kann durch die elektrische Leitfähigkeit σ beschrieben werden. Der Einfachheit halber betrachten wir einen amorphen Festkörper oder einen kubischen Kristall mit einer skalaren Leitfähigkeit: die Stromdichte $\mathbf{J}$ und das Feld $\mathcal{E}$ stehen über die Beziehung $\mathbf{J} = \sigma \mathcal{E}$ in Zusammenhang. Da das Feld schwingt, oszilliert auch die Stromdichte. Die Leitfähigkeit ist eine Funktion der Frequenz und ist komplex, wenn die Stromdichte und das Feld nicht in Phase schwingen. Wir betrachten eine ebene elektromagnetische Welle, die in positiver z-Richtung fortschreitet. Die elektrische Feldstärke ist durch $\mathcal{E} = \mathcal{E}_0 \hat{\mathbf{x}} e^{i(sz - \omega t)}$ gegeben und das magnetische Feld durch $\mathbf{B} = B_0 \hat{\mathbf{y}} e^{i(sz - \omega t)}$. Die Polarisation soll $\mathbf{P} = \chi \varepsilon_0 \mathcal{E}$ sein. Dann erhält man aus den Gleichungen 10-25 und 10-26

$$s\mathcal{E}_0 = \omega B_0 \tag{10-56}$$

und

$$sB_0 = (i\mu_0\sigma + \omega\mu_0\varepsilon)\mathcal{E}_0. \tag{10-57}$$

B_0 wird aus Gleichung 10-56 bestimmt, $B_0 = (s/\omega)\mathcal{E}_0$ und in Gleichung 10-57 eingesetzt. Man erhält

$$s^2 = \omega^2 \mu_0 \left(\varepsilon + i \frac{\sigma}{\omega} \right). \tag{10-58}$$

Diese Gleichung ersetzt Gleichung 10-33, wenn das Medium leitend ist. Nach Gleichung 10-58 können wir

$$\varepsilon_{eff} = \varepsilon + i\,\frac{\sigma}{\omega} \tag{10-59}$$

als effektive Dielektrizitätskonstante des Materials ansetzen. Dieser Ausdruck ersetzt ε in den Berechnungen für den Brechungsindex, den Extinktionskoeffizienten und für die Reflexion.

Die freien Ladungsträger schwingen in dem Feld und in Verbindung mit positiven Ionen bilden sie oszillierende Dipole. Wie die folgende Ableitung zeigt, tragen sie $i\sigma/\omega\varepsilon_0$ zur Suszeptibilität bei. Die Bewegungsgleichung für ein einzelnes Elektron in einem elektrischen Feld $\mathcal{E}$ lautet

$$m\,\frac{d^2\mathbf{r}}{dt^2} = -e\mathcal{E}. \tag{10-60}$$

Wenn das elektrische Feld die Form $\mathcal{E}_0\,e^{-i\omega t}$ hat, dann wird $r = (e/m\omega^2)\,\mathcal{E}$. Das Dipolmoment ist $\mathbf{p} = -e\mathbf{r} = -(e^2/m\omega^2)\,\mathcal{E}$. Wenn es n freie Elektronen pro Volumeneinheit gibt, beträgt ihre Polarisation $\mathbf{P} = -(ne^2/m\omega^2)\,\mathcal{E}$, und ihr Beitrag zur Suszeptibilität ist $\chi = -ne^2/m\omega^2\varepsilon_0$. Die Elektronengeschwindigkeit beträgt $\mathbf{v} = d\mathbf{r}/dt = -i\omega\mathbf{r} = -i(e/m\omega)\,\mathcal{E}$, und die Stromdichte ist $\mathbf{J} = -ne\mathbf{v} = i(ne^2/m\omega)\,\mathcal{E}$. Daraus ergibt sich eine Leitfähigkeit von $\sigma = ine^2/m\omega$. Daher ist $\chi = i\sigma/\omega\varepsilon_0$. Das ist in Übereinstimmung mit Gleichung 10-59.

Optische Leitfähigkeit

Ein Ausdruck für die frequenzabhängige Leitfähigkeit kann aus der Boltzmannschen Transportgleichung erhalten werden. Wir betrachten Elektronen in einem einzigen Band und verwenden die Relaxationszeitnäherung. Wir erhalten

$$\frac{\partial f}{\partial t} = \frac{e}{\hbar}\,\mathcal{E}\cdot\nabla_k f - \mathbf{v}\cdot\nabla f - \frac{f - f_0}{\bar{t}}, \tag{10-61}$$

$f(\mathbf{k}, \mathbf{r}, t)/\tau_s$ gibt die Konzentration der Elektronen bei $\mathbf{r}$ in einem Zustand mit dem Kristallimpuls $\hbar\mathbf{k}$ an; f_0 ist die Fermi-Dirac Verteilungsfunktion, und $\bar{t}$ ist die Relaxationszeit. Obwohl wir annehmen, daß der Temperaturgradient verschwindet, müssen wir den zweiten Term auf der rechten Seite berücksichtigen, weil das elektrische Feld von $\mathbf{r}$ abhängt. Im Prinzip übt das magnetische Feld auch eine Kraft aus, sie ist aber sehr klein, und wir vernachlässigen sie deshalb hier.
Es soll $\mathcal{E} = \mathcal{E}_0 e^{i(sz - \omega t)}$ ein schwaches Feld längs der x-Achse sein und f soll $f = f_0 + f_{10}e^{i(sz - \omega t)}$ sein, wobei der zweite Term im Vergleich zum ersten klein ist. Wir setzen diesen Ausdruck in Gleichung 10-61 ein und vernachlässigen das Produkt $f_{10}\mathcal{E}$. Wir substituieren weiterhin $\nabla_k f = (\partial f_0/\partial E)\,\nabla_k E = (\partial f_0/\partial E)\,\hbar\mathbf{v}$ und lösen dann nach f_{10} auf. Das Ergebnis ist

$$f_{10} = \frac{e \in_0 v_x \bar{t}}{1 - i\omega\bar{t} + isv_z\bar{t}} \frac{\partial f_0}{\partial E}. \tag{10-62}$$

Das Verhältnis $sv_z\bar{t}/\omega\bar{t}$ ist klein im Verhältnis zu 1, deshalb kann der letzte Ausdruck im Nenner vernachlässigt werden. Für die x-Komponente der Stromdichte ergibt sich dann

$$J = -\frac{e}{\tau_s} \sum v_x f_{10} e^{-(sz-\omega t)} = -\frac{e^2 \in}{\tau_s} \sum \frac{\bar{t}v_x^2}{1-i\omega\bar{t}} \frac{\partial f_0}{\partial E}, \tag{10-63}$$

Summiert wird hier über alle Zustände des Bandes. Der Faktor, der $\in$ multipliziert, ist die Leitfähigkeit:

$$\sigma(\omega) = -\frac{e^2}{\tau_s} \sum \frac{\bar{t}v_x^2}{1-i\omega\bar{t}} \frac{\partial f_0}{\partial E}. \tag{10-64}$$

Wenn die Relaxationszeit unabhängig von **k** ist, kann $1/(1 - i\omega\bar{t})$ aus der Summe in Faktoren zerlegt werden, und Gleichung 10-64 kann geschrieben werden

$$\sigma(\omega) = \frac{\sigma_0}{1 - i\omega\bar{t}} = \frac{\sigma_0(1 + i\omega\bar{t})}{1 + \omega^2 \bar{t}^2}. \tag{10-65}$$

σ_0 ist die Leitfähigkeit bei $\omega = 0$. Der Realteil und der Imaginärteil von σ sind explizit im zweiten Ausdruck dargestellt. Die Gleichung 10-65 bleibt eine vernünftige Näherung, auch wenn die Relaxationszeit von **k** abhängt, vorausgesetzt $\bar{t}$ wird durch eine geeignete Mittelung ersetzt.
Wenn $\omega\bar{t}$ groß ist, ist der Realteil von σ proportional zu $1/\omega^2\bar{t}^2$, und der Imaginärteil ist proportional zu $1/\omega\bar{t}$. Beide Werte sind klein, und wir schließen daraus, daß freie Ladungsträger für optische Eigenschaften nur dann wichtig sind, wenn die Kreisfrequenz in der Größenordnung von $1/\bar{t}$ liegt oder kleiner ist. Bei Zimmertemperatur liegt $\bar{t}$ im allgemeinen bei etwa 10^{-12}, und damit liegt die obere Grenze für den Einfluß der freien Ladungsträger im Mikrowellen- oder Infrarotbereich des Spektrums. In dem Frequenzbereich, in dem die freien Ladungsträger von Bedeutung sind, ist ε' im wesentlichen gleich der statischen Dielektrizitätskonstanten, und ε'' verschwindet für die meisten Materialien. Eine Ausnahme können die teilweise ionischen Halbleiter bilden. Ionische Resonanzen, die im nächsten Abschnitt diskutiert werden, liefern einen Beitrag zu ε bei Infrarotfrequenzen.

Absorption

Das elektrische Feld beschleunigt Ladungsträger, und diese übertragen Energie auf Phononen und Defekte durch Stoßereignisse. Wir untersuchen den Einfluß des elektrischen Feldes auf die freien Ladungsträger und zeigen, daß die Rate der Energiedissipation proportional zum Realteil der Leitfähigkeit ist.

10.6 Effekte freier Ladungsträger

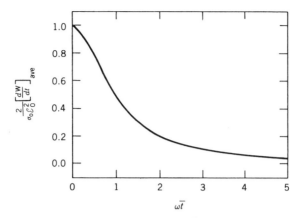

Bild 10-18 Absorption freier Ladungsträger: $(2/\sigma_0 \mathcal{E}_0^2)(dW/dt)_{\text{Mittel}}$ als Funktion von $\omega \bar{t}$, wobei ω die Kreisfrequenz und $\bar{t}$ die Relaxationszeit ist. Die Absorption ist für Kreisfrequenzen, die kleiner als $1/\bar{t}$ sind, groß. Für hohe Frequenzen strebt die Absorption gegen 0. Bei den meisten Halbleitern und Isolatoren ist $1/\bar{t}$ bei Zimmertemperatur in der Größenordnung von 10^{12} rad/s, deutlich unterhalb der Interbandübergänge.

Ein elektrisches Feld wirkt auf ein einzelnes Elektron mit $-e\mathbf{v} \cdot \mathcal{E}$, somit ist der Energieanteil, der pro Volumeneinheit auf eine Ansammlung von Elektronen übertragen wird, $dW/dt = \mathbf{J} \cdot \mathcal{E}$. Die Realteile von $\mathbf{J}$ ($= \sigma \mathcal{E}$) und $\mathcal{E}$ müssen dazu verwendet werden, dW/dt zu berechnen. Wir unterdrücken die Abhängigkeit des Feldes von z und nehmen an, daß der Realteil des lokalen Feldes in einem Bereich der Probe $\mathcal{E}_0 \cos(\omega t)$ ist. Wenn $\sigma = \sigma' + i\sigma''$ ist, dann ist der Realteil der Stromdichte $\mathcal{E}_0 [\sigma' \cos(\omega t) + \sigma'' \sin(\omega t)]$ und $dW/dt = \mathcal{E}_0^2 \cos(\omega t) [\sigma' \cos(\omega t) + \sigma'' \sin(\omega t)]$.

Die Energie geht zwischen Feld und Elektronen hin und zurück. Der Anteil, mit dem Energiedissipation pro Volumeneinheit stattfindet, ist der Mittelwert von dW/dt über einen Zyklus oder $1/2 \, \sigma' \, \mathcal{E}_0^2$. Wenn $\sigma' = \sigma_0/(1 + \omega^2 \bar{t}^2)$ verwendet wird, kann das so geschrieben werden.

$$\left[\frac{dW}{dt} \right]_{\text{mittel}} = \frac{1}{2} \frac{\sigma_0 \mathcal{E}_0^2}{1 + \omega^2 \bar{t}^2} . \tag{10-66}$$

Bild 10-18 zeigt $(2/\sigma_0 \mathcal{E}_0^2)(dW/dt)_{\text{mittel}}$ als Funktion von $\omega \bar{t}$. Diese Funktion hat ihren größten Wert für $\omega = 0$, dann verringert sich der Wert bis auf 0 mit ansteigendem ω.

Die effektive Dielektrizitätskonstante

Wir untersuchen nun die Beiträge freier Ladungsträger zu den optischen Eigenschaften, ausgedrückt durch die effektive Dielektrizitätskonstante $\varepsilon_{\text{eff}} = \varepsilon + (i\sigma/\omega)$, mit dem Realteil $\varepsilon'_{\text{eff}} = \varepsilon' - \sigma_0 \bar{t}/(1 + \omega^2 \bar{t}^2)$ und dem Imaginärteil $\varepsilon''_{\text{eff}} = \sigma_0/\omega \, (1 + \omega^2 \bar{t}^2)$, wobei ε'' gleich Null gesetzt wurde. Wir verwenden die Beziehung $\sigma_0 = ne^2\bar{t}/m^*$, wobei m^* die effektive Masse ist und nehmen ein parabolisches Band an.

Dann kann man schreiben

$$\varepsilon'_{\text{eff}} = \varepsilon' - \frac{ne^2\bar{t}^2}{m^*(1+\omega^2\bar{t}^2)} = \varepsilon'\left[1 - \frac{\omega_p^2\bar{t}^2}{1+\omega^2\bar{t}^2}\right] \qquad (10\text{-}67)$$

und

$$\varepsilon'_{\text{eff}} = \frac{ne^2\bar{t}}{m^*\omega(1+\omega^2\bar{t}^2)} = \varepsilon'' + \frac{\varepsilon'\omega_p^2\bar{t}^2}{\omega t(1+\omega^2\bar{t}^2)}, \qquad (10\text{-}68)$$

$\omega_p = \sqrt{ne^2/m^*\varepsilon'}$ wird Plasmakreisfrequenz genannt. Sie ist ein wichtiger Parameter für die Bestimmung der Beiträge der freien Ladungsträger zu den optischen Eigenschaften. Wie wir später sehen werden, ist sie auch eine Schwingungseigenfrequenz des freien Ladungsträgersystems.

Für eigenleitende Halbleiter liegt n bei Zimmertemperatur im allgemeinen zwischen 10^{15} Ladungsträgern/m³ und 10^{20} Ladungsträgern/m³. Das entspricht Plasmafrequenzen von etwa 10^9 rad/s (im Radiowellenbereich) bis etwa 10^{12} rad/s (im Mikrowellenbereich). Die Plasmafrequenzen sind bei tiefen Temperaturen geringer. Sie sind bei allen interessierenden Temperaturen deutlich unterhalb der Fundamentalabsorptionskante für eigenleitende und schwach dotierte Halbleiter.

Für einen typischen eigenleitenden oder schwach dotierten Halbleiter ist $\omega_p \bar{t}$ kleiner als 1, und $\varepsilon'_{\text{eff}}$ ist für alle Frequenzen positiv. Bild 10-19 zeigt das Verhältnis $\varepsilon'_{\text{eff}}/\varepsilon'$ als Funktion von ω für $\omega_p\bar{t} = 0.5$. Bei Frequenzen unterhalb der Plasmafrequenz bewirken die freien Ladungsträger einen Abfall der effektiven Dielektrizitätskonstanten. Gleichung 10-67 liefert für $\omega\bar{t} \ll 1$ $\varepsilon'_{\text{eff}} = \varepsilon'(1 - \omega_p^2\bar{t}^2)$. Bei hohen Frequenzen ist $\varepsilon'_{\text{eff}}$ nahezu gleich ε'.

Die Gleichungen 10-42 und 10-43 können zur Bestimmung des Brechungsindexes n und des Extinktionskoeffizienten $\varkappa$ benutzt werden. Bei tiefen Frequenzen gilt

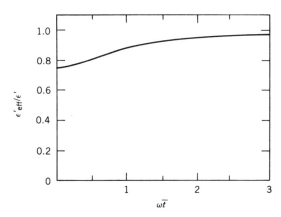

Bild 10-19 Beitrag freier Ladungsträger zum Realteil der effektiven Dielektrizitätskonstanten, dargestellt für $\omega_p\bar{t} = 0.5$. Man beachte, daß $\varepsilon'_{\text{eff}}$ kleiner als ε' ist und für große Frequenzen gegen ε' strebt.

$n = \varkappa = [\varepsilon'\omega_p^2\bar{t}/2\varepsilon_0\omega]^{1/2}$. Da n und $\varkappa$ beide viel größer als 1 sind, ist das Reflexionsvermögen fast 1. Die Wellen, die in die Probe eindringen, werden sehr stark abgeschwächt. Bei hohen Frequenzen ist $n = \sqrt{\varepsilon'/\varepsilon_0}$ und $\varkappa = (\omega_p^2/2\omega^2\bar{t})\sqrt{\varepsilon'/\varepsilon_0}$. Die freien Ladungsträger beeinflussen den Brechungsindex bei hohen Frequenzen nicht wesentlich, und die Abschwächung ist gering.

Bei den meisten Verbindungshalbleitern kann die oben angegebene Grenzbedingung für $\omega\bar{t} \gg 1$ im allgemeinen experimentell nicht bestimmt werden, weil die Frequenzabhängigkeit von ε bei hohen Frequenzen sehr bedeutend wird. Trotzdem kann der Schwächungskoeffizient für Infrarotstrahlung oft durch die Beziehung $C\omega^{-s}$ ausgedrückt werden, wobei C und s empirisch bestimmte Konstanten sind. Der Exponent s liegt im allgemeinen zwischen 2.5 und 4.5.

Wir betrachten hier ein einziges Band. Zu den optischen Konstanten tragen jedoch Ladungsträger aus allen Valenz- und Leitungsbändern bei, und die Beiträge der verschiedenen Bänder müssen aufsummiert werden, um die gesamte effektive Dielektrizitätskonstante zu finden. Die Gleichungen 10-67 und 10-68 gelten für jedes Band mit den für das Band spezifischen Werten von σ_0 und $\bar{t}$. Die Beiträge des Valenzbandes können durch Löcher besser als durch Elektronen ausgedrückt werden, wie wir das auch in Kapitel 9 getan haben.

Beispiel 10-6
Bei Zimmertemperatur beträgt die Elektronenkonzentration im Leitungsband von eigenleitendem Germanium 2.5×10^{19} Elektronen/m³, die statische Dielektrizitätskonstante ist 15.3, und die Relaxationszeit beträgt für Elektronen und für Löcher 2.0×10^{-12} s. Die effektive Elektronenmasse soll $0.55 m_0$ und die effektive Löchermasse $0.37 m_0$ sein; m_0 ist die freie Elektronenmasse. Man berechne den Brechungsindex und die Eindringtiefe bei den Frequenzen 2.0×10^{14} rad/s und 2.0×10^{10} rad/s. Diese Frequenzen liegen deutlich unterhalb der Fundamentalabsorptionskante.

Lösung
Die Plasmakreisfrequenz der Elektronen beträgt

$$\omega_{pe} = \left[\frac{ne^2}{m_e^*\varepsilon'}\right]^{1/2} = \left[\frac{2.5 \times 10^{19} \times (1.6 \times 10^{-19})^2}{0.55 \times 9.11 \times 10^{-31} \times 15.3 \times 8.85 \times 10^{-12}}\right]^{1/2}$$

$$= 9.71 \times 10^{10} \text{ rad/s}$$

und $\omega_{pe}\bar{t} = 0.194$. Die Plasmakreisfrequenz für Löcher ist

$$\omega_{ph} = \left[\frac{ne^2}{m_h^*\varepsilon'}\right]^{1/2} = \left[\frac{2.5 \times 10^{19} \times (1.6 \times 10^{-19})^2}{0.37 \times 9.11 \times 10^{-31} \times 15.3 \times 8.85 \times 10^{-12}}\right]^{1/2}$$

$$= 1.18 \times 10^{11} \text{ rad/s}$$

und $\omega_{ph}\bar{t} = 0.237$. Der Realteil der effektiven Dielektrizitätskonstanten wird gegeben durch

$$\varepsilon'_{eff} = \varepsilon' \left[1 - \frac{\omega_{pe}^2 \bar{t}^2 + \omega_{ph}^2 \bar{t}^2}{1 + \omega^2 \bar{t}^2} \right]$$

$$= 15.3\varepsilon_0 \left[1 - \frac{(0.194)^2 + (0.237)^2}{1 + (2.0 \times 10^{-12})^2 \omega^2} \right],$$

wobei die Elektronen- und Löcherbeiträge summiert worden sind. Für $\omega = 2.0 \times 10^{14}$ rad/s ist $\varepsilon'_{eff} = 15.3\varepsilon_0$ und für $\omega = 2.0 \times 10^{10}$ rad/s ist $\varepsilon'_{eff} = 13.9\varepsilon_0$. Der Imaginärteil der effektiven Dielektrizitätskonstanten ist gegeben durch

$$\varepsilon''_{eff} = \varepsilon' \frac{\omega_{pe}^2 \bar{t}^2 + \omega_{ph}^2 \bar{t}^2}{\omega \bar{t}(1 + \omega^2 \bar{t}^2)}$$

$$= 15.3\varepsilon_0 \frac{(0.194)^2 + (0.237)^2}{\omega \times 2.0 \times 10^{-12}[1 + (2.0 \times 10^{-12})^2 \omega^2]}.$$

Das ist $2.24 \times 10^{-8} \varepsilon_0$ für $\omega = 2.0 \times 10^{14}$ rad/s und $35.8 \varepsilon_0$ für $\omega = 2.0 \times 10^{10}$ rad/s. Wenn Gleichung 10-42 zur Berechnung des Brechungsindexes verwendet wird, ist das Resultat 3.91 für die höhere Frequenz und 5.11 für die niedere Frequenz. Wenn man Gleichung 10-43 benutzt, um den Extinktionskoeffizienten zu berechnen, erhält man 5.66×10^{-9} für die höhere Frequenz und 3.50 für die niedrigere Frequenz. Die Eindringtiefe, die durch $c/2\omega\varkappa$ gegeben ist, beträgt bei der höheren Frequenz 132 m und bei der niedrigeren Frequenz 2.14×10^{-3} m. ◆

Optische Eigenschaften von Metallen

Die allgemeinen Prinzipien, die in den vorhergehenden Abschnitten ausgeführt wurden, sind auch für Metalle gültig. Wie man auch erwarten würde, sind die Effekte freier Ladungsträger in Metallen viel wichtiger als in eigenleitenden Halbleitern und in Isolatoren. Wir betrachten zunächst den Imaginärteil der effektiven Dielektrizitätskonstanten von Aluminium, der in Bild 10-20 dargestellt ist. Der allgemeine Verlauf der Kurve wird durch Intrabandbeiträge bestimmt, aber mehrere Peaks, die zu Interbandübergängen gehören, sind erkennbar.

Bild 10-21 veranschaulicht Interbandübergänge bei den tiefsten Frequenzen für ein Metall mit quasifreien Elektronen. Die Fundamentalabsorption beginnt für Aluminium bei einer Kreisfrequenz von ungefähr 1.0×10^{15} rad/s im nahen Infrarot. Um das zu verdeutlichen, ist die graphische Darstellung bis über 10^{16} rad/s aufgezeichnet. Rumpfabsorptionen beginnen bei Kreisfrequenzen von etwa 9.0×10^{15} rad/s im nahen Ultraviolett. Man beachte, daß die Absorption im sichtbaren Bereich und darüber sehr klein ist.

Diese Kurve ist typisch für ε'' einfacher Metalle. Die Fundamentalabsorption beginnt bei etwa 3.3×10^{15} rad/s für Natrium und bei etwa 2.3×10^{15} rad/s für Kalium. Halbmetalle und Übergangsmetalle unterscheiden sich etwas davon. Bei diesen Materialien sind zwei oder mehrere Bänder, die sich energetisch überlappen, teilweise gefüllt. An vielen Punkten der Brillouin-Zone sind besetzte Zu-

10.6 Effekte freier Ladungsträger

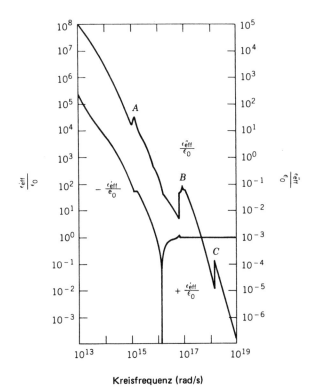

Bild 10-20 Real- und Imaginärteil der effektiven Dielektrizitätskonstanten von Aluminium als Funktion der Frequenz. Die Plasmafrequenz ist $\omega_p = 1.4 \times 10^{16}$ rad/s. Für $\omega < \omega_p$ ist das negative von $\varepsilon'_{\text{eff}}$ dargestellt. A markiert das Einsetzen der Interbandübergänge, B kennzeichnet die Rumpfelektronenübergänge von der L-Schale und C die von der K-Schale. Die Absorption unterhalb von A ist auf freie Ladungsträger zurückzuführen. (Aus D. Y. Smith, E. Shiles und M. Inokuti, „Die optischen Eigenschaften von metallischem Aluminium" im *Handbuch der optischen Konstanten von Festkörpern* (E. D. Palik, Herausgeber) (New York: Academic, 1985). Die Daten stammen von E. Shiles, T. Sasaki, M. Inokuti und D. Y. Smith, *Phys. Rev.* **B22**:1612, 1980. Mit Genehmigung der Autoren).

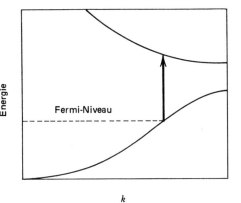

Bild 10-21 Das Einsetzen der Interbandübergänge für ein Metall mit quasifreien Elektronen. Der Pfeil verbindet besetzte und leere Zustände mit demselben **k**-Wert in verschiedenen Bändern.

stände des einen Bandes energetisch sehr nahe zu einigen leeren Zuständen des anderen Bandes. Die Frequenzen für das Einsetzen der Interbandübergänge sind bei diesen Materialien im allgemeinen eine Größenordnung niedriger als bei einfachen Metallen, und die Absorptionskurven zeigen üblicherweise Strukturen über einen großen Teil der Infrarotregion.

Wir wenden uns nun dem Realteil von ε_{eff} zu. Weil Metalle eine hohe Konzentration von quasifreien Elektronen besitzen, sind ihre Plasmafrequenzen hoch. Wenn z. B. die Elektronenkonzentration 10^{29} Elektronen/m³ beträgt, dann ist $\omega_p = 1.8 \times 10^{16}$ rad/s; diese Frequenz liegt in nahen Ultraviolett. Da die Relaxationszeiten bei rund 10^{-14} s liegen, ist $\omega_p \bar{t} > 1$. Folglich sind Metalle für einfallende Strahlung mit einer Frequenz unterhalb der Plasmafrequenz fast perfekte Reflektoren. Dieser Schluß folgt unmittelbar aus Gleichung 10-67, die vorhersagt, daß der Realteil der effektiven Dielektrizitätskonstanten negativ ist, wenn $\omega^2 < (\omega_p^2 - 1/\bar{t}^2) \approx \omega_p^2$ ist. Eine transversale Welle mit einer Frequenz, die geringer als die Plasmafrequenz ist, kann sich in einem Metall nicht ausbreiten. Wenn ε''_{eff} vernachlässigt werden kann, dann ist $n = 0$ und $R = 1$.

Bild 10-20 zeigt den Realteil von ε_{eff} für Aluminium. Da er negativ für Frequenzen unterhalb der Plasmafrequenz ist, wurde in diesem Bereich $-\varepsilon'_{eff}$ aufgetragen, dagegen wurde $+\varepsilon'_{eff}$ für $\omega > \omega_p$ aufgetragen. Die Kombination aus der Plasmafrequenz im Ultravioletten und der schwachen Absorption oberhalb des sichtbaren Bereichs bedeutet, daß die Reflexions- und die Transmissionseigenschaften einfacher Metalle dramatische Änderungen zeigen. Ein Metall ist für Frequenzen unterhalb der Plasmafrequenz ein exzellenter Reflektor, aber dann wird es plötzlich transparent.

Das gleiche Phänomen erscheint bei hochdotierten Halbleitern mit hoher Ladungsträgerkonzentration und bei sehr reinen Halbleitern mit großen Relaxationszeiten bei extrem tiefen Temperaturen. Im ersten Falle erhöht die Dotierung die Plasmafrequenz, vielleicht bis in den nahen infraroten oder sichtbaren Bereich. Im zweiten Falle fällt die Plasmafrequenz vielleicht bis in den Mikrowellenbereich hinein, aber der Anstieg von $\bar{t}$ kompensiert das wieder.

Plasmawellen

Longitudinalwellen sind in einem Medium, das eine hohe Elektronenkonzentration enthält, möglich. Die Elektronen werden längs der Ausbreitungsrichtung verschoben, und das erzeugte elektrische Feld liefert die rücktreibende Kraft. Die Eigenfrequenz der Oszillation ist die Plasmafrequenz.

Ein einfaches eindimensionales Modell kann verwendet werden, um diese Frequenz zu bestimmen. Wir nehmen an, daß das Material anfangs eine einheitliche Elektronenkonzentration n und aus Neutralitätsgründen eine identische Konzentration positiver Ladungen hatte. Weiterhin nehmen wir eine dünne Schicht von Elektronen an, die parallel zur xy-Ebene liegt, und die sich eine Strecke z in positiver z-Richtung bewegt. Dabei werden Schichten von positiven und negativen Ladungen erzeugt, und das elektrische Feld in der entleerten Region hat den Wert $\mathcal{E} = enz/\varepsilon$, wobei ε der Realteil der Dielektrizitätskonstanten ist. Das Feld zieht ein Elektron in Richtung seiner Ausgangsposition mit einer Kraft $-e^2nz/\varepsilon$, und die Bewegungsgleichung für ein Elektron hat die Form

$$m \frac{d^2z}{dt^2} = - \frac{e^2n}{\varepsilon} z. \tag{10-69}$$

Diese Gleichung ist identisch mit der Bewegungsgleichung eines harmonischen Oszillators, der die Eigenkreisfrequenz $\omega = (e^2n/\varepsilon m)^{1/2}$ hat.
Eine vollständige Analyse zeigt, daß die Verschiebung der Elektronenkonzentration als Welle durch das Material fortschreitet. Die Konzentration hat die Form $n + Ae^{-i(sz - \omega t)}$. Für Elektronen mit einer extrem großen Relaxationszeit in einem parabolischen Band hängen die Frequenz ω und die Ausbreitungskonstante s der Plasmawelle wie folgt zusammen

$$\omega^2 = \omega_p^2 + {}^3\!/\!_5 s^2 v_F^2, \tag{10-70}$$

v_F ist die Fermigeschwindigkeit $\sqrt{2E_F/m^*}$. Da sv_F viel kleiner als ω_p ist, haben alle Plasmawellen unabhängig von der Wellenlänge, Frequenzen, die in der Nähe der Plasmafrequenz liegen.
Plasmawellen werden durch mit Plasmafrequenz einfallende Strahlung angeregt. Bei einer senkrecht einfallenden Welle bewegen sich die Plasmawellen längs der Oberfläche des Festkörpers, parallel zu dem einfallenden elektrischen Feld. Bei anderen Einfallswinkeln werden Wellen angeregt, die die Probe durchdringen. Die vielleicht gebräuchlichste Methode Plasmawellen anzuregen, ist der Beschluß der Probe mit schnellen Elektronen. Die Oszillationen werden durch Coulombsche Wechselwirkung zwischen den eintretenden Elektronen und den Elektronen des Festkörpers verursacht.

10.7 Ionische Polarisierbarkeit

Ionische Resonanzen

Bei ionischen und teilweise ionischen Festkörpern erscheint unterhalb der Fundamentalabsorptionskante ein anderer Resonanzbereich, der auf ionische Polarisierbarkeit zurückgeführt werden muß. Da die Kraftwirkung des elektrischen Feldes auf entgegengesetzt geladene Ionen in entgegengesetzte Richtungen zeigt, ist das Feld mit atomaren Schwingungszuständen gekoppelt. Eine Resonanz erscheint, wenn die Frequenz der elektromagnetischen Welle in etwa mit der Frequenz eines solchen Schwingungszustandes übereinstimmt. Die stärkste Kopplung besteht zu transversal optischen Schwingungen in der Nähe von $\mathbf{q} = 0$ in der Brillouin-Zone. Wir erinnern uns, daß sich bei diesen Schwingungen entgegengesetzt geladene Ionen in entgegengesetzten Richtungen bewegen, während ihr Massenmittelpunkt stationär bleibt.
Bei den meisten ionischen Festkörpern haben die optischen Schwingungen Frequenzen im Infrarotbereich des elektromagnetischen Spektrums. Eine elektro-

magnetische Welle, die in Resonanz mit einer dieser Schwingungen ist, hat eine Ausbreitungskonstante, die viel kleiner als die Abmessungen der Brillouin-Zone ist. Wenn ω z. B. 10^{13} rad/s ist, hat der Realteil der Ausbreitungskonstanten, der näherungsweise durch ω/c gegeben ist, den Wert von 10^4 m^{-1}. Die Abmessungen der Brillouin-Zone können dagegen 10^9 m^{-1} oder größer sein.

Da die Wellenlänge (ungefähr 10^{-6} m) viel größer als die Abmessungen der Einheitszelle ist, können Veränderungen in den atomaren Verrückungen von Zelle zu Zelle vernachlässigt werden, und wir nehmen an, daß äquivalente Ionen in den verschiedenen Zellen identische Bewegungen durchführen. Wir können Gleichung 10-52 direkt verwenden, wenn wir M als reduzierte Masse von zwei Ionen in einem Paar interpretieren und ω_0 als eine transversal optische Frequenz bei $\mathbf{q} = 0$. Für diese Diskussion bezeichnen wir die Kreisfrequenz mit ω_T. Q ist kleiner als die Ladung eines isolierten Ions, weil sich die Elektronenverteilungen um die Nachbarionen herum etwas überlappen. Für NaCl ist $Q = 0.74e$, für GaAs ist $Q = 0.51e$ und für ZnS ist $Q = 0.96e$.

Um die Gesamtpolarisierbarkeit eines Ionenpaares zu erhalten, addieren wir die elektronischen Polarisierbarkeiten, α_+ für das positive Ion und α_- für das negative Ion, zu der ionischen Polarisierbarkeit dazu. Die Gesamtpolarisierbarkeit für ein Ionenpaar ist dann

$$\alpha(\omega) = \alpha_+ + \alpha_- + \frac{Q^2}{M} \frac{\omega_T^2 - \omega^2 + i\omega\varrho}{(\omega_T^2 - \omega^2) + \omega^2\varrho^2} \ . \tag{10-71}$$

Der Einfachheit halber vernachlässigen wir die Differenz zwischen dem lokalen und dem makroskopischen Feld und setzen für die Suszeptibilität

$$\varepsilon(\omega) = (1 + N\alpha)\varepsilon_0$$
$$= (1 + N\alpha_+ + N\alpha_-)\varepsilon_0 + \frac{NQ^2\varepsilon_0}{M} \frac{\omega_T^2 - \omega^2 + i\omega\varrho}{(\omega_T^2 - \omega^2) + \omega^2\varrho^2} \ , \tag{10-72}$$

N ist die Zahl der Ionenpaare pro Volumeneinheit. Der Realteil wird oft so geschrieben

$$\varepsilon(\omega) = \varepsilon(\infty) + [\varepsilon(0) - \varepsilon(\infty)] \frac{(\omega_T^2 - \omega^2)\omega_T^2}{(\omega_T^2 - \omega^2)^2 + \omega^2\varrho^2} \ , \tag{10-73}$$

$\varepsilon(0)$ ist die Dielektrizitätskonstante für eine Frequenz unterhalb der ionischen Resonanz, und $\varepsilon(\infty)$ ist die Dielektrizitätskonstante für eine Frequenz oberhalb der ionischen Resonanz; für diese ist der zweite Term vernachlässigbar klein. Wenn Beiträge freier Ladungsträger vernachlässigt werden können, wie z. B. bei Isolatoren, dann ist $\varepsilon(0)$ die statische Dielektrizitätskonstante. Eine Frequenz im sichtbaren Bereich, unterhalb der Interbandübergänge, wird benutzt, um $\varepsilon(\infty)$ zu messen. Wir können annehmen, daß sowohl $\varepsilon(0)$ als auch $\varepsilon(\infty)$ für den Bereich ionischer Resonanzen konstant sind.

Der Realteil der Polarisierbarkeit ist der Funktion, die in Bild 10-13a dargestellt ist, ähnlich, mit einem Maximum, das bei etwa ω_T auftritt. Der Imaginärteil ist der in Bild 10-13b gezeigten Funktion ähnlich. Die Energiedissipation kommt hauptsächlich durch Phonon-Phonon Wechselwirkungen zustande und ist temperaturabhängig. Die Tabelle 10-4 gibt Parameter der Polarisierbarkeit für einige Ionenkristalle an. Bild 10-22 zeigt den Brechungsindex und den Extinktionskoeffizienten von NaCl.

Tabelle 10-4 Ionische Dielektrizitätsparameter für ausgewählte Ionenkristalle.

Crystal	$\varepsilon(0)/\varepsilon_0$	$\varepsilon(\infty)/\varepsilon_0$	ω_T (10^{13} rad/s)	Q/e
LiF	9.3	1.92	4.8	0.83
NaF	6.0	1.74	4.6	0.94
NaCl	5.8	2.25	3.1	0.76
NaBr	6.0	2.62	2.5	0.85
NaI	4.9	2.91	2.2	0.71
KCl	4.7	2.13	2.7	0.80
KI	5.1	2.69	1.8	0.69
RbCl	5.0	2.19	2.2	0.86
CsCl	6.8	2.60	1.8	0.88
TlCl	32	5.10	1.6	1.11
CuCl	10	3.57	3.6	1.10
CuBr	8	4.08	3.3	1.0

Sources: B. Szigeti, *Trans. Faraday Soc.* **45**:155, 1949; I. S. Zheludev, *Physics of Crystalline Dielectrics* (New York: Plenum, 1971).

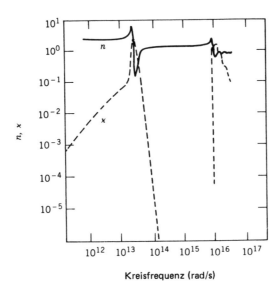

Bild 10-22 Der Brechungsindex n (durchgezogene Kurve) und Extinktionskoeffizient $\varkappa$ (gestrichelte Kurve) für NaCl. Die ionische Resonanz erscheint bei etwa 3×10^{13} rad/s, und die Fundamentalabsorptionskante liegt bei ungefähr 10^{26} rad/s. (Aus J. E. Eldridge und E. D. Palik, „Natriumchlorid" im *Handbuch der optischen Konstanten von Festkörpern* (E. D. Palik, Herausgeber) (New York: Academic, 1985. Mit Genehmigung der Autoren).

Dispersionsrelationen

Das Schwingungsspektrum ändert sich dramatisch in der Nähe von $q = 0$, wenn elektromagnetische Wellen vorhanden sind. Wir nehmen an, daß die elektronische Polarisierbarkeit frequenzunabhängig ist und vernachlässigen Dissipation. Dann ist ε reell und es gilt

$$s^2 = \frac{\omega^2 \varepsilon}{c^2 \varepsilon_0} = \frac{\omega^2}{c^2 \varepsilon_0} \left[\varepsilon(\infty) + \frac{\varepsilon(0) - \varepsilon(\infty)}{\omega_T^2 - \omega^2} \omega_T^2 \right]. \tag{10-74}$$

Diese Gleichung wird nach ω^2 als Funktion von s aufgelöst. Das Resultat ist

$$\omega^2 = \frac{1}{2} \left[\frac{\varepsilon_0}{\varepsilon(\infty)} c^2 s^2 + \frac{\varepsilon(0)}{\varepsilon(\infty)} \omega_T^2 \right]$$
$$\pm \frac{1}{2} \left\{ \left[\frac{\varepsilon_0}{\varepsilon(\infty)} c^2 s^2 + \frac{\varepsilon(0)}{\varepsilon(\infty)} \omega_T^2 \right]^2 - \frac{4\varepsilon_0}{\varepsilon(\infty)} \omega_T^2 c^2 s^2 \right\}^{1/2}. \tag{10-75}$$

Wie Bild 10-23 zeigt, hat die Dispersionskurve zwei Zweige, die den beiden möglichen Vorzeichen der Wurzel in Gleichung 10-75 entsprechen. Im Resonanzbereich entspricht jede Lösung einer Situation, in der eine elektromagnetische Welle und eine Schwingungswelle zusammen mit der gleichen Frequenz und Wellenlänge fortschreiten. Bei Frequenzen deutlich oberhalb oder deutlich unterhalb der Resonanzfrequenz, hat jede Welle jedoch entweder einen reinen elektromagnetischen- oder einen reinen Schwingungscharakter.

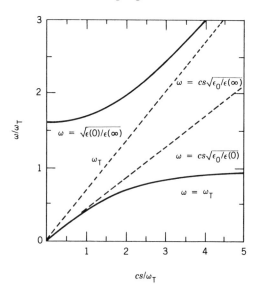

Bild 10-23 Dispersionskurven im Reststrahlenbereich eines Ionenkristalls mit den Parametern $\varepsilon(0)/\varepsilon_0 = 5.62$ und $\varepsilon(\infty)/\varepsilon_0 = 2.25$, die für NaCl gültig sind. Die Frequenz der optischen Phononen bei $q = 0$ beträgt ω_T. Diese Darstellung enthält nur einen kleinen Teil der Brillouin-Zone.

10.7 Ionische Polarisierbarkeit   397

Für große Wellenlängen, auf der linken Seite des Bildes, nähert sich der untere Zweig der Geraden $\omega = \sqrt{\varepsilon_0/\varepsilon(0)}\, cs$. Die Welle ist elektromagnetisch und bewegt sich in einem Medium mit der Dielektrizitätskonstanten $\varepsilon(0)/\varepsilon_0$. Die obere Kurve auf der rechten Seite entspricht einer Gitterschwingung mit der Kreisfrequenz

$$\omega^2 = \frac{\varepsilon(0)}{\varepsilon(\infty)}\, \omega_T^2. \tag{10-76}$$

Weil eine elektromagnetische Welle vorhanden ist, ändert sich die Frequenz des üblichen optischen Phonons um einen Faktor $\sqrt{\varepsilon(0)/\varepsilon(\infty)}$.

Bei kurzen Wellenlängen biegt die untere Kurve in die Gerade $\omega = \omega_T$ ein, die Dispersionskurve für eine reine Gitterschwingung mit der Frequenz optischer Phononen. Eine genauere Berechnung berücksichtigt Kräfte zwischen Ionen verschiedener Zellen und erzeugt eine Dispersionskurve wie sie in Bild 6-7 für den optischen Zweig gezeigt wurde. Im kurzwelligen Grenzbereich entspricht die obere Kurve einer elektromagnetischen Welle, die sich in einem Medium mit der Dielektrizitätskonstanten $\varepsilon(\infty)/\varepsilon_0$ ausbreitet. Da die Ionen dem schwingenden Feld nicht mehr folgen können, ist hier nur die elektronische Polarisierbarkeit von Bedeutung.

Im Bereich zwischen den Kreisfrequenzen ω_T und $\sqrt{\varepsilon(0)/\varepsilon(\infty)}\, \omega_T$ breitet sich keine Welle aus. Nach Gleichung 10-73 ist ε negativ, und das Reflexionsvermögen wird für diese Frequenzen 1. Wenn im Modell Dissipation berücksichtigt wird, ist das Reflexionsvermögen etwas kleiner als 1. Trotzdem zeigen die ionischen Festkörper ein hohes Reflexionsvermögen für Kreisfrequenzen zwischen ω_T und $\sqrt{\varepsilon(0)/\varepsilon(\infty)}\, \omega_T$. Dieser Frequenzbereich ist als Reststrahlenband bekannt. Das Reflexionsvermögen von NaCl ist in Bild 10-24 dargestellt.

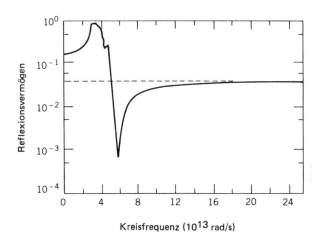

Bild 10-24 Reflexionsvermögen von kristallinem NaCl als Funktion der Kreisfrequenz. Der Bereich hoher Reflexionsvermögen liegt zwischen ω_T und $\sqrt{\varepsilon(0)/\varepsilon(\infty)}\, \omega_T$. Er ist nicht sehr scharf gezeichnet, weil Energiedissipation stattfindet. Eine gestrichelte Linie zeigt das Reflexionsvermögen für sichtbares Licht an. (Nach D. Y. Smith und C. A. Manogue, *J. Opt. Soc. Am.* **71**:935, 1981. Mit Genehmigung der Autoren).

Ausläufer der Dissipationskurven, die mit ionischen Resonanzen verbunden sind, sind im sichtbaren Bereich sehr klein. Die elektronische Absorption kann dagegen nicht beginnen, bevor die Frequenz den UV-Bereich erreicht hat. Die Transmission ist in einem ziemlich breiten Band, vom nahen Infrarot bis zum nahen Ultraviolett einschließlich des sichtbaren Bereichs, sehr hoch.

Beispiel 10-7
Man berechne für NaCl: (a) die Grenzen der Frequenzlücke, in der sich keine Wellen ausbreiten können, (b) die Geschwindigkeit einer elektromagnetischen Welle mit einer Frequenz unterhalb der Infrarotresonanz; und (c) die Geschwindigkeit einer elektromagnetischen Welle mit einer Frequenz im sichtbaren Bereich.

Lösung
Die wichtigsten Daten sind in Tabelle 10-4 angegeben. Für NaCl ist $\omega_T = 3.1 \times 10^{13}$ rad/s, $\varepsilon(0)/\varepsilon_0 = 5.8$ und $\varepsilon(\infty)/\varepsilon_0 = 2.25$. (a) Die untere Kante der Frequenzlücke liegt bei $\omega = \omega_T = 3.1 \times 10^{13}$ rad/s, während die obere Kante der Frequenzlücke bei $\omega = [\varepsilon(0)/\varepsilon(\infty)]^{1/2} \omega_T = [5.8/2.25]^{1/2} \times 3.1 \times 10^{13} = 5.0 \times 10^{13}$ rad/s liegt. (b) Die Geschwindigkeit der Welle unterhalb der Resonanz beträgt $v_p = \sqrt{\varepsilon_0/\varepsilon(0)}\ c = \sqrt{1/5.8} \times 3.0 \times 10^8 = 1.2 \times 10^8$ m/s. (c) Direkt oberhalb der Resonanz beträgt die Wellengeschwindigkeit $v_p = \sqrt{\varepsilon_0/\varepsilon(\infty)}\ c = \sqrt{1/2.25} \times 3.0 \times 10^8 = 2.0 \times 10^8$ m/s.

10.8 Literatur

Elektromagnetische Theorie

A. M. Portis, *Electromagnetic Fields: Sources and Media* (New York: Wiley, 1978).

J. R. Reitz, F. J. Milford, and R. W. Christy, *Foundations of Electromagnetic Theory* (Reading, MA: Addison-Wesley, 1979).

Statische dielektrische Eigenschaften

A. Nussbaum, *Electronic and Magnetic Behavior of Materials* (Englewood Cliffs, NJ: Prentice-Hall, 1967).

I. S. Zheludev, *Physics of Crystalline Dielectrics,* Vol. 2 New York: Plenum, 1971).

Ferroelektrika

J. C. Burfoot, *Ferroelectrics* (Princeton, NJ: Van Nostrand, 1967).

J. Grindlay, *An Introduction to the Phenomenological Theory of Ferroelectricity* (Elmsford, NY: Pergamon, 1970).

F. Iona and G. Shirane, *Ferroelectric Crystals* (New York: McMillan, 1962).
W. Kanzig, „Ferroelectrics and Antiferroelectrics" in *Solid State Physics* edited by (F. Seitz and D. Turnbull, Eds.), Vol. 4, p. 1 (New York: Academic, 1957).
H. D. Megaw, *Ferroelectricity in Crystals* (London: Methuen, 1957).

Optische Eigenschaften

A. Bienenstock and H. Winick, „Synchrotron Radiation Research – An Overview." *Phys. Today* **36**(6):48, June 1983.
F. C. Brown, „Ultraviolet Spectroscopy of Solids with the Use of Synchrotron Radiation" in *Solid State Physics* H. Ehrenreich, F. Seitz, and D. Turnbull, Eds.), Vol. 29, p. 1 (New York, Academic, 1974).
P. N. Butcher, „AC Conductivity" in *Handbook on Semiconductors* (W. Paul, Ed.), Vol. 1 (Amsterdam: North-Holland, 1982).
J. N. Hodgson, *Optical Absorption and Dispersion in Solids* (London: Chapman & Hall, 1970).
J. C. Phillips, „The Fundamental Optical Spectra of Solids" in *Solid State Physics* (F. Seitz and D. Turnbull, Eds.), Vol. 18, p. 55 (New York: Academic, 1966).
F. Stern, „Elementary Theory of the Optical Properties of Solids" in *Solid State Physics* (F. Seitz and D. Turnbull, Eds.), Vol. 15, p. 299 (New York: Academic, 1963).
J. P. Wolfe, „Thermodynamics of Excitons in Semiconductors". *Phys. Today* **35**(3): 46, March 1982.

Aufgaben

1. Ein paralleler Plattenkondensator hat einen Plattenabstand von 1.00 mm. Er wurde auf 1000 V aufgeladen, die Spannungsquelle entfernt und dann eine 0.90 mm dicke Probe zwischen die Platten gebracht. Der Abstand zwischen Probe und Platten ist auf jeder Seite gleich groß. Es wurde eine Potentialdifferenz von 675 V gemessen. Wie groß ist die Dielektrizitätskonstante der Probe?

2. Die Kraftkonstante zwischen zwei benachbarten Atomen in NaCl ist etwa 36 N/m. Ihr Gleichgewichtsabstand beträgt 2.82 Å. (a) Der Betrag der Ladung jedes Ions soll e sein. Man bestimme das Dipolmoment eines Ionenpaares, wenn sich die Ionen in ihren Gleichgewichtspositionen befinden. (b) Man bestimme die Änderung ihres Abstandes, die durch ein lokales elektrisches Feld von 1500 V/m hervorgerufen wird. (c) Man bestimme die Änderung des Dipolmoments. (d) Man schätze die statische ionische Polarisierbarkeit ab.

3. Wir betrachten einen Kristall mit einfach kubischer Struktur (Würfelkantenlänge a) und nehmen an, daß jedes Atom das gleiche Dipolmoment **p** hat. (a) Man zeige, daß das elektrische Feld, das an einem Gitterplatz durch alle Atome, die einen Abstand a haben, erzeugt wird, verschwindet. (b) Man wiederhole die Rechnung für das Feld aller Atome, die einen Abstand $\sqrt{2}a$ haben. (c) Man wiederhole die Rechnung für das Feld aller Atome, die einen Abstand $\sqrt{3}a$ haben.

4. Man betrachte einen Kristall mit einer einfachen tetragonalen Struktur (Kantenlänge des Quadrats a und Höhe c) und nehme an, daß jedes Atom ein Dipolmoment **p** hat. (a) Man zeige, daß das elektrische Feld, das an irgendeinem Gitterplatz durch alle Atome, die den Abstand a haben, erzeugt wird gleich $(1/2\pi\varepsilon_0) \cdot (\mathbf{p} - 3p_z\hat{\mathbf{z}})/a^3$ ist, wobei die z-Achse längs der vierzähligen Symmetrieachse verläuft. (b) Man finde einen Ausdruck für das Feld, das durch alle Atome mit einem Abstand c erzeugt wird. (c) Man zeige, daß die Resultierende der Felder, die in Teil a und Teil b gefunden wurden, verschwinden, wenn $c = a$ ist.

5. Die statischen elektronischen Polarisierbarkeiten von Na^+ und Cl^--Ionen sind 3.47×10^{-41} $C^2 \cdot$ m/N und 3.41×10^{-40} $C^2 \cdot$ m/N, während die statische ionische Polarisierbarkeit des Natriumchlorid-Ionenpaars 3.56×10^{-40} $C^2 \cdot$ m/N beträgt. (a) Man benutze die Clausius-Mossotti Beziehung, um die statische Dielektrizitätskonstante von Natriumchlorid abzuschätzen. NaCl ist kubisch flächenzentriert mit einer Würfelkantenlänge von 5.64 Å. (b) Wenn ein elektrisches Feld von 1500 V/m senkrecht zur Fläche einer Platte angelegt wird, wie groß ist dann das lokale elektrische Feld an einem Ionenpaar? Wie groß ist das makroskopische elektrische Feld, und wie groß ist das Polarisationsfeld in der Probe?

6. Man betrachte einen Kristall mit tetragonaler Struktur (Kantenlänge des Quadrats a und Zellenhöhe c, $c > a$). In einem statischen elektrischen Feld $\mathcal{E}$ hat jedes Atom das gleiche Dipolmoment **p**. Um das lokale Feld an einem Atom zu bestimmen, benutze man eine Kugel mit einem Radius, der etwas größer als c ist. Man betrachte 2 Atome mit einem Abstand c vom Zentrum und 4 Atome mit einem Abstand a vom Zentrum. Die z-Achse soll längs der vierzähligen Symmetrieachse verlaufen und die anderen Koordinatenachsen längs der Kanten der quadratischen Basis. Man benutze $\mathbf{p} = \alpha\mathcal{E}_{\text{loc}}$ und $\mathbf{p} = \mathbf{p}/a^2c$ um zu zeigen, daß die x-Komponente des lokalen Feldes $\mathcal{E}_x/A$ ist, die y-Komponente $\mathcal{E}_y/A$ ist und die z-Komponente $\mathcal{E}_z/B$; dabei ist $A = 1 - (\alpha/3\varepsilon_0 a^2 \cdot c) - (\alpha/2\pi\varepsilon_0)(1/a^3 - 1/c^3)$ und $B = 1 - (\alpha/3\varepsilon_0 a^2 c) + (\alpha/\pi\varepsilon_0)(1/a^3 - 1/c^3)$. (b) Man finde Ausdrücke für die Elemente des Suszeptibilitätstensors. (c) Man vergleiche χ_{xx} und χ_{zz} für $\alpha = 10^{-40} C^2 \cdot$ m/N, $a = 5.0$ Å und $c = 9.0$ Å. (d) Wie kann eine einachsige Spannung angelegt werden, um diese Differenz zu vergrößern?

7. Man zeige, daß für einen Festkörper, der der Clausius-Mossotti Beziehung genügt, der Temperaturkoeffizient der Dielektrizitätskonstanten, der durch $(1/k)(dk/dT)$ definiert ist, $-(k-1)(k+2)\Delta_\tau/3k$ beträgt. Dabei ist Δ_τ der Koeffizient der Volumenausdehnung, der durch $\Delta_\tau = (1/\tau_s)(d\tau_s/dT)$ definiert ist. Man nehme an, daß sich die Atomkonzentration mit der Temperatur ändert, aber nicht die Polarisierbarkeit.

8. Die Konzentration eines dipolaren Moleküles soll 1.6×10^{28} Moleküle/m^3 betragen, und jedes Molekül soll ein permanentes Dipolmoment von 3.5×10^{-26} $C \cdot$ m haben. Man nehme an, daß die Langevinformel gültig ist. (a) Man berechne die Sättigungspolarisation. (b) Wie groß ist die Polarisation bei 300

K in einem elektrischen Feld von 2.5 × 10⁴ V/m? (c) Man vernachlässige lokale Feldeffekte und berechne die Suszeptibilität bei 300 K.

9. Ein Kristall soll aus identischen dipolaren Molekülen auf äquivalenten Plätzen zusammengesetzt sein und jedes Dipolmoment **p** soll entweder in positiver z-Richtung oder in negativer z-Richtung liegen. Man zeige, daß das Dipolmoment im thermodynamischen Mittel $p_{\text{mittel}} = p \tanh(\beta p \mathcal{E}_z)$ beträgt, wobei $\beta = 1/k_B T$ ist. Man zeige, daß für schwache Felder die Suszeptibilität $np^2\beta/\varepsilon_0$ beträgt, wobei n die Molekülkonzentration ist. Bis auf einen numerischen Faktor, der in der Größenordnung von 1 liegt, ist dieses Resultat das gleiche wie bei Molekülen, die frei rotieren können.

10. Ein elektrisches Feld von 1000 V/m wird an eine Quarzplatte von 0.500 mm Dicke angelegt. Das Feld steht senkrecht auf den Plattenflächen, die (100)-Kristallflächen sind. (a) Wenn keine mechanische Spannung an die Platte angelegt wird, wie groß ist dann die relative Dickenänderung? (b) Welche einachsige mechanische Spannung muß an die Kristallflächen angelegt werden, damit sich die Dicke der Platte nicht ändert? Man verwende die Daten von Beispiel 10-3.

11. Licht von 500 nm Wellenlänge fällt senkrecht auf eine Probe mit dem Brechungsindex $n = 1.653$ und dem Extinktionskoeffizienten $\varkappa = 2.35 \times 10^{-2}$. (a) Welche Geschwindigkeit hat die Welle in der Probe? (b) Welche Wellenlänge hat die Welle in der Probe? (c) Nach welcher Distanz ist die Intensität der Welle auf die Hälfte reduziert worden? (d) Welches Reflexionsvermögen hat die Probe?

12. Eine Probe hat ein Reflexionsvermögen von 0.250 für senkrecht einfallendes Licht mit der Kreisfrequenz von 2.56×10^{15} rad/s. In der Probe fällt die Intensität nach 5.00 mm auf die Hälfte ab. Man bestimme für diese Frequenz (a) den Extinktionskoeffizienten, (b) den Brechungsindex, (c) den Realteil der Dielektrizitätskonstanten und (d) den Imaginärteil der Dielektrizitätskonstanten.

13. Ein binärer ionischer Festkörper soll aus N Ionenpaaren pro Volumeneinheit bestehen, und jedes Paar soll die reduzierte Masse M, die Eigenkreisfrequenz ω_0 und die Relaxationskonstante ϱ ($\ll \omega_0$) haben. Der Betrag der Ladung an jedem Ion soll Q sein. Man vernachlässige die elektronische Polarisation; die Dielektrizitätskonstante soll $\varepsilon = \varepsilon_0 + N\alpha$ sein, wobei α die ionische Polarisierbarkeit ist. (a) Man zeige, daß der Brechungsindex für $\omega \ll \omega_0$ durch $n^2 = 1 + NQ^2/M\varepsilon_0\omega_0^2$ gegeben ist und sich der Extinktionskoeffizient im Verhältnis zu ω dem Wert 0 nähert. (b) Man leite einen Ausdruck für das Reflexionsvermögen bei niedrigen Frequenzen her. Man schätze es unter Verwendung der im Beispiel 10-5 für NaCl angegebenen Parameter ab. Q soll 1.60×10^{-19} C sein und die Würfelkantenlänge 5.63 Å.

14. Bei dem Festkörper der Aufgabe 13 soll $\omega \gg \omega_0$ und $\varrho \ll \omega_0$ sein. Man zeige, daß der Brechungsindex n kleiner als 1 ist, sich aber 1 mit wachsendem ω nähert. Man zeige, daß sowohl der Extinktionskoeffizient als auch das Refle-

xionsvermögen unter den gleichen Bedingungen für ω gegen 0 streben. In Wirklichkeit werden mehrere Resonanzen zum Brechungsindex und zum Extinktionskoeffizienten beitragen.

15. Man betrachte den Festkörper der Aufgabe 13. (a) Man zeige, daß die Resonanzfrequenz ω_R durch $\omega_R^2 = \omega_0^2 - \varrho\omega_0$ gegeben ist. (b) Man setze $\varrho \ll \omega_0$ und zeige, daß der Real- und der Imaginärteil der Polarisierbarkeit unter Resonanzbedingungen $\alpha' = \alpha'' = Q^2/2M \cdot \omega_0\varrho$ ist. (c) Man zeige, daß der Brechungsindex n unter Resonanzbedingungen durch $n^2 = (1 + \sqrt{2})NQ^2/4M\varepsilon_0\omega_0\varrho$ und der Extinktionskoeffizient durch $\varkappa^2 = (\sqrt{2} - 1)NQ^2/4M\varepsilon_0\omega_0\varrho$ gegeben ist. (d) Man schätze n und $\varkappa$ unter Verwendung der im Beispiel 10-5 angegebenen Parameter ab. Die Würfelkantenlänge soll 5.62 Å, die Ladung 1.6×10^{-19} C und die Relaxationskonstante ϱ soll $0.01\omega_0$ sein. (e) Man verwende die erhaltenen Resultate, um das Reflexionsvermögen von NaCl im Resonanzfall zu bestimmen.

16. Bild 10-25 zeigt den Brechungsindex n und den Extinktionskoeffizienten $\varkappa$ von Galliumarsenid. Man identifiziere die Bereiche der Reststrahlen, der Fundamentalabsorption und der Rumpfelektronenabsorption. Man bestimme mit Hilfe des Bildes die Frequenz der optischen Phononen, die Fundamentalabsorptionskante und die Frequenz der untersten Rumpfelektronenanregung. Man berechne die Breite der verbotenen Zone und die Energie der untersten Rumpfelektronenanregung.

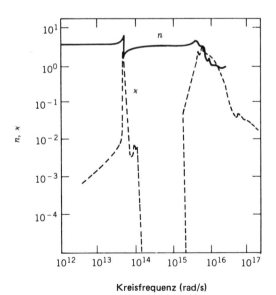

Bild 10-25 Der Brechungsindex n (durchgezogene Linie) und der Extinktionskoeffizient $\varkappa$ (gestrichelte Linie) für Galliumarsenid. (Nach E. D. Palik, „Galliumarsenid" im *Handbuch der optischen Konstanten von Festkörpern* (E. D. Palik, Herausgeber) (New York: Academic, 1985. Mit Genehmigung der Autoren).

17. Die Dielektrizitätskonstante ε soll reell und im Bereich der Absorption freier Ladungsträger konstant sein. Die Relaxationszeit freier Ladungsträger soll so groß sein, daß $\omega\bar{t} \gg 1$ für alle interessierenden Frequenzen gilt. Man zeige, daß $\varepsilon_{\text{eff}} = \varepsilon\,(1 - \omega_p^2/\omega^2)$ gilt und bestimme Ausdrücke für den Brechungsindex, den Extinktionskoeffizienten und das Reflexionsvermögen als Funktion der Kreisfrequenz. Die Fälle $\omega > \omega_p$ und $\omega < \omega_p$ sollen getrennt behandelt werden.

18. Wir betrachten quasifreie Elektronen in einem Festkörper, in dem die Dielektrizitätskonstante bei niedrigen Frequenzen den konstanten reellen Wert von $5.0\varepsilon_0$ hat. Das ist die Gesamtdielektrizitätskonstante mit Ausnahme des Beitrages der freien Elektronen. (a) Man nehme $\omega_p\bar{t} = 0.70$ an, wobei ω_p die Plasmakreisfrequenz und $\bar{t}$ die Relaxationszeit ist. Der Brechungsindex, der Extinktionskoeffizient und das Reflexionsvermögen sollen für $\omega = \omega_p/2$ und für $\omega = 2\omega_p$ abgeschätzt werden. (b) Man führe die gleichen Rechnungen für $\omega_p\bar{t} = 1.4$ durch.

11. Magnetische Eigenschaften

Bereiche, in denen ferromagnetische Domänen an die Oberfläche einer Eisenprobe treffen. Das Bild wurde mit polarisiertem Licht aufgenommen. Die Abhängigkeit des Reflexionsvermögens vom magnetischen Feld wurde dabei ausgenutzt.

11.1 Grundlagen 407
11.2 Diamagnetismus und
  Paramagnetismus 412
11.3 Spontane Magnetisierung
  und Ferromagnetismus . . 423
11.4 Ferrimagnetismus und
  Antiferromagnetismus . . 436
11.5 Spinwellen 444
11.6 Magnetische Resonanzerscheinungen 448

Elektronen und Kerne in Festkörpern produzieren Magnetfelder, weil sie sowohl sich bewegende Ladungen als auch eigene magnetische Dipolmomente haben. Die Felder, die durch Kerne erzeugt werden, sind im allgemeinen viel kleiner als die von Elektronen erzeugten, deshalb werden wir uns hauptsächlich mit den letzteren beschäftigen.

In einigen Materialien erzeugen Elektronen nur dann ein makroskopisches Feld, wenn ein äußeres Feld anliegt. Bei Paramagneten hat das induzierte Feld die gleiche Richtung wie das angelegte Feld. Bei Diamagneten hat es die entgegengesetzte Richtung. Bei anderen Materialien, die Ferromagnetika oder Ferrimagnetika heißen, existiert sogar dann ein makroskopisches Feld, wenn kein äußeres Feld angelegt ist. Der größte Teil dieses Kapitels befaßt sich mit der fundamentalen Frage: Wie bewirken die Elektronenbewegungen so einen weiten Bereich von magnetischen Eigenschaften, wie man ihn beobachtet?

11.1 Grundlagen

Quellen der Magnetfelder

Das Feld der magnetischen Induktion $\mathbf{B}(\mathbf{r})$, das durch eine stationäre Stromdichte $\mathbf{J}(\mathbf{r}')$ am Ort $\mathbf{r}$ erzeugt wird, ist durch das Biot-Savartsche Gesetz gegeben:

$$\mathbf{B}(\mathbf{r}) = \frac{\mu_0}{4\pi} \int \frac{\mathbf{J}(\mathbf{r}') \times (\mathbf{r} - \mathbf{r}')}{|\mathbf{r} - \mathbf{r}'|^3} d\tau'. \qquad (11-1)$$

Das ist ein Volumenintegral mit gestrichenen Koordinaten als Integrationsvariable. Für Punkte, die weit weg von der Stromverteilung liegen, ist das Feld gegeben durch

$$\mathbf{B}(\mathbf{r}) = \frac{\mu_0}{4\pi} \left[\frac{3(\mu \cdot \mathbf{r})\mathbf{r} - \mu r^2}{r^5} \right]. \qquad (11-2)$$

μ ist das Dipolmoment der Verteilung, das definiert wird durch

$$\mu = \frac{1}{2} \int \mathbf{r}' \times \mathbf{J}(\mathbf{r}') d\tau'. \qquad (11-3)$$

Wenn die Stromverteilung die Form einer Fadenschleife, durch die der Strom I fließt, hat und in einer Ebene liegt, dann ist die Größe des Dipolmomentes IA, wobei A die Schleifenfläche ist. Seine Richtung ist senkrecht zur Fläche und durch die Rechte-Hand-Regel gegeben; wenn die Finger der rechten Hand um die Schleife in Richtung des Stromes liegen, dann zeigt der Daumen in die Richtung von μ.

Bild 11-1 zeigt ein Elektron, das sich mit konstanter Winkelgeschwindigkeit ω auf einem Kreis mit dem Radius R bewegt. Die Umlaufzeit der Bewegung beträgt $2\pi/$

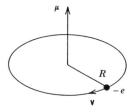

Bild 11-1 Ein Elektron auf einer Kreisbahn. Sein magnetisches Dipolmoment μ, gemittelt über einen Umlauf, steht senkrecht auf der Bahnebene und hat die eingezeichnete Richtung. Das Dipolmoment eines sich in der entgegengesetzten Richtung bewegenden Elektrons ist entgegen dem eingezeichneten gerichtet.

ω, damit ist der Strom $e\omega/2\pi$, und der Betrag des Dipolmomentes ist $\mu = (e\omega/2\pi)\pi R^2 = 1/2\, e\omega R^2$. Die Richtung des Dipolmomentes ist in dem Bild angegeben. Das Dipolmoment einer umlaufenden Ladung ist proportional zu ihrem Drehimpuls. Ein Elektron mit einer gleichförmigen Kreisbewegung hat einen Drehimpuls der Größe $L = m\omega R^2$, daraus folgt $\omega R^2 = L/m$ und $\mu = (e/2m)\, L$. Bei einer negativen Ladung sind μ und **L** entgegengesetzt gerichtet. Es gilt

$$\mu = - \frac{e}{2m} \mathbf{L}. \tag{11-4}$$

Das Verhältnis μ/L wird gyromagnetisches Verhältnis genannt. Für ein umlaufendes Elektron beträgt es $e/2m = 8.78 \times 10^{10}$ C/kg.
Ein magnetischer Dipol macht Präzessionsbewegungen um die Richtung eines konstanten magnetischen Feldes. Das Feld übt ein Drehmoment $\mu \times \mathbf{B}$ auf einen Dipol aus; damit gilt für den Drehimpuls $d\mathbf{L}/dt = \mu \times \mathbf{B}$. Wenn man für $\mathbf{L} = -(2m/e)\,\mu$ einsetzt, erhält man

$$\frac{d\mu}{dt} = - \frac{e}{2m} \mu \times \mathbf{B} \tag{11-5}$$

für ein Elektron. Wenn **B** in z-Richtung zeigt, hat Gleichung 11-5 die Lösung $\mu_x = A \cos(\omega_L t)$, $\mu_y = A \sin(\omega_L t)$ und $\mu_z = $ konstant; ω_L ist die Larmorkreisfrequenz, die durch $\omega_L = eB/2m$ berechnet wird. Der Betrag von μ bleibt konstant, während sich die Projektion von μ auf die xy-Ebene mit der Winkelgeschwindigkeit ω_L auf einer Kreisbahn bewegt.
Die Energie eines Dipols in einem Feld **B** ist gegeben durch

$$E = - \mu \cdot \mathbf{B}. \tag{11-6}$$

E stellt die Arbeit dar, die von außen verrichtet werden muß, um ein Moment, das anfangs senkrecht zum Feld stand, wieder auszurichten. Ein konstantes Feld übt keine resultierende Kraft auf einen Dipol aus. Die Kraft eines inhomogenen Feldes auf einen Dipol wird bestimmt durch

$$\mathbf{F} = (\mu \cdot \nabla)\mathbf{B}. \tag{11-7}$$

Ein Elektron hat auch ein eigenes magnetisches Dipolmoment, das auf seinem Spindrehimpuls **S** beruht. Für dieses Moment gilt

$$\mu = -g_s \frac{e}{2m} \mathbf{S}, \tag{11-8}$$

wobei $g_s = 2.0023$ ist. Bei den meisten magnetischen Erscheinungen kann g_s durch 2.00 angenähert werden, und das Spindipolmoment kann gleich $-(e/m)\mathbf{S}$ gesetzt werden. Das gyromagnetische Verhältnis für den Spin beträgt in etwa e/m. Wie das Bahnmoment erzeugt auch das Spinmoment ein magnetisches Feld und macht in einem äußeren Feld Präzessionsbewegungen. Seine Energie in einem äußeren Feld ist durch Gleichung 11-6 gegeben, und es erfährt eine Kraft, die durch Gleichung 11-7 bestimmt wird.

Magnetisierung und magnetisches Feld

Die Magnetisierung **M(r)** an einem Punkt **r** in einer Probe ist als magnetisches Dipolmoment pro Volumeneinheit von einer makroskopisch kleinen Region um **r** herum definiert. Für einen Kristall bestimmt man die Magnetisierung aus dem Gesamtdipolmoment einer einzelnen Einheitszelle, dividiert durch das Zellenvolumen.
Das magnetische Induktionsfeld einer magnetisierten Probe ist genau das gleiche wie das eines identischen unmagnetisierten Bereichs mit einer Stromdichte $\nabla \times \mathbf{M}$ in seinem Inneren.* Der Magnetisierungsstrom geht in die Maxwellschen Gleichungen auf genau dieselbe Weise ein wie ein makroskopischer Strom, der auf den Transport von Ladungen über makroskopische Entfernungen zurückzuführen ist. Für statische Bedingungen gilt

$$\nabla \cdot \mathbf{B} = 0 \tag{11-9}$$

und

$$\nabla \times \mathbf{B} = \mu_0 \mathbf{J} + \mu_0 \nabla \times \mathbf{M}. \tag{11-10}$$

J ist dabei die makroskopische Stromdichte.
An den Probenbegrenzungen kann die Magnetisierung durch eine Oberflächenstromdichte $\mathbf{M} \times \hat{\mathbf{n}}$ ersetzt werden. $\hat{\mathbf{n}}$ ist der nach außen gerichtete Einheitsvektor der Oberflächennormalen. Wenn dl ein infinitesimales Linienelement auf der Oberfläche ist, dann beträgt der Magnetisierungsstrom durch das Linienelement $(\mathbf{M} \times \hat{\mathbf{n}}) \cdot dl$. Wir betrachten Vorgänge, bei denen die Magnetisierung konstant ist. Deshalb verschwindet der Volumenstrom; einen Oberflächenstrom muß man allerdings normalerweise berücksichtigen.

---

* Siehe z.B. Kapitel 9 von J. R. Reitz, F. J. Milford und R. W. Christy, *Foundation of Electromagnetic Theory* (Reading, MA: Addison-Wesley, 1979).

Beispiel 11-1
Wir betrachten eine Probe, die die Form eines langen Zylinders und eine konstante Magnetisierung **M** parallel zur Zylinderachse hat. Man verwende das Amperesche Gesetz, um das magnetische Induktionsfeld im Inneren weit weg von den Zylinderenden zu bestimmen.

Lösung
Die Geometrie ist in Bild 11-2 dargestellt. Wenn **M** in die angegebene Richtung zeigt, wirkt die Probe wie eine lange Zylinderspule, in der der Strom im oberen Teil aus der Zeichenebene heraus und im unteren Teil in die Zeichenebene hinein fließt. Das Feld außerhalb der Probe ist fast Null, und im Inneren verläuft es parallel zur Achse. Nach dem Ampereschen Gesetzt gilt für eine beliebige geschlossene Kurve $\oint \mathbf{B} \cdot d\mathbf{l} = \mu_0 I$. Das Integral ist ein Linienintegral längs eines geschlossenen Weges, und I ist der Strom durch die Schleife. Für die gestrichelte Schleife im Bild ist das Integral Bl, wobei l die Länge der niedrigeren Schleifenkante ist. Der Strom durch die Schleife beträgt Ml, und damit wird $B = \mu_0 M$. **B** und **M** haben die gleiche Richtung. ◆

Magnetische Suszeptibilität und Permeabilität

Wir beschränken uns jetzt auf Materialien, bei denen die Magnetisierung verschwindet, wenn kein Feld angelegt wird. Wenn das Feld klein genug ist, ist die Magnetisierung an einem Punkt proportional zu **B** an diesem Punkt. Aus historischen Gründen wird diese Beziehung durch die magnetische Feldstärke, die durch $\mathbf{H}(\mathbf{r}) = (1/\mu_0)\mathbf{B}(\mathbf{r}) - \mathbf{M}(\mathbf{r})$ definiert ist, ausgedrückt und nicht durch das magnetische Induktionsfeld **B**. Das ergibt

$$\mathbf{M}(r) = \chi \mathbf{H}(r). \tag{11-11}$$

Die Proportionalitätskonstante χ wird magnetische Suszeptibilität der Probe genannt. Die Gleichung 11-11 ist zu Gleichung 10-8 für die Polarisation bei Anwe-

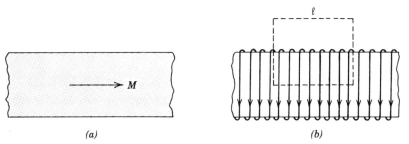

Bild 11-2 Das magnetische Induktionsfeld innerhalb eines homogen magnetisierten Zylinders ist das gleiche wie im Inneren einer Spule mit einem Oberflächenstrom der Dichte **M** × **n̂**, die in (b) gezeigt ist. Der Strom pro Längeneinheit der Spule ist M, und er geht aus der Zeichenebene heraus zum Oberteil der Spule. Die gestrichelte Linie kennzeichnet die Schleife, die zur Abschätzung des Integrals im Ampereschen Gesetz benötigt wird. Der Strom durch die Schleife beträgt Ml, wobei l die Länge ist. Deshalb gilt $\mathbf{B} = \mu_0 \mathbf{M}$.

senheit eines elektrischen Feldes analog. Bei einigen Materialien ist die Magnetisierung nicht parallel zum magnetischen Feld, und die Suszeptibilität muß dann als Tensor geschrieben werden. Wir beschränken unsere Diskussion auf Festkörper mit skalaren Suszeptibilitäten.

Um die Beziehung zwischen **M** und **B** zu finden, setzen wir $\mathbf{H} = \mathbf{M}/\chi$ in $\mathbf{H} = (1/\mu_0)\mathbf{B} - \mathbf{M}$ ein und lösen nach **M** auf. Das Ergebnis ist

$$\mathbf{M} = \frac{\chi \mathbf{B}}{\mu_0(1+\chi)}. \tag{11-12}$$

Die Größe $\mu_0(1+\chi)$ wird Permeabilität der Probe genannt und üblicherweise mit μ bezeichnet. Wir werden jedoch weiterhin das Dipolmoment mit μ bezeichnen und für die Permeabilität $\mu_0(1+\chi)$ schreiben. Für die Materialien, die wir jetzt betrachten, gilt $|\chi| \ll 1$ und $\mathbf{M} = \chi \mathbf{B}/\mu_0$.

Anders als die elektrische Suszeptibilität kann die magnetische Suszeptibilität positiv oder negativ sein. Ein diamagnetischer Festkörper hat eine negative Suszeptibilität: **M** und **H** haben entgegengesetzte Richtungen, und die Permeabilität ist kleiner als μ_0. Ein paramagnetischer Festkörper hat eine positive Suszeptibilität: **M** und **H** haben die gleiche Richtung, und die Permeabilität ist größer als μ_0.

Beispiel 11-2
Die Probe aus Beispiel 11-1 soll die magnetische Suszeptibilität χ haben und in einem konstanten äußeren Feld $\mathbf{B}_a$ liegen, dessen Richtung parallel zur Achse verläuft. Man bestimme den Betrag der Magnetisierung **M**, das magnetische Induktionsfeld **B** und das magnetische Feld **H** innerhalb der Probe.

Lösung
Wenn man annimmt, daß das Material paramagnetisch ist, dann hat die Magnetisierung die gleiche Richtung wie das angelegte Feld. Nach den Ergebnissen von Beispiel 11-1 erzeugt die Magnetisierung ein Induktionsfeld $\mu_0\mathbf{M}$, das die gleiche Richtung wie das angelegte Feld hat. Damit gilt $B = B_a + \mu_0 M$. Daraus folgt $M = \chi B/\mu_0(1+\chi) = \chi(B_a + \mu_0 M)\mu_0(1+\chi)$ oder $M = \chi \mathbf{B_a}/\mu_0$. Das Induktionsfeld ist $B = B_a + \mu_0 M = (1+\chi) B_a$, und das magnetische Feld ist $H = (1/\mu_0) B - M = B_a/\mu_0$.
Die Ergebnisse für M, B und H gelten auch, wenn das Material diamagnetisch ist. Die Suszeptibilität ist dann negativ. H ist genauso groß wie vorher, aber B ist kleiner als B_a. ◆

Die Suszeptibilität wird experimentell durch Messung der Kraft auf die Probe bestimmt, wenn sich die Probe in einem inhomogenen äußeren Feld befindet. Um einen Ausdruck für die Kraft zu finden, ersetzt man μ in Gleichung 11-7 durch $\mathbf{M}d\tau$ und integriert über das Probenvolumen:

$$\mathbf{F} = \int (\mathbf{M} \cdot \nabla)\mathbf{B}\, d\tau. \tag{11-13}$$

Im Gouy-Gleichgewicht wird eine lange, dünne Probe in ein Feld gebracht und die Komponenten der Kraft längs der Achsen gemessen. Wenn die z-Achse parallel zur längsten Probenausdehnung verläuft, ergibt Gleichung 11-13 $F_z = [\chi/2\mu_0(1+\chi)] A (B_2^2 - B_1^2)$, wobei A der Probenquerschnitt ist; B_1 ist das Induktionsfeld an einem Ende und $\mathbf{B}_2$ das Induktionsfeld am anderen Ende der Probe. F_z, A, B_1 und B_2 werden gemessen, und dann wird χ berechnet. In der Praxis wird ein Ende der Probe normalerweise in einen feldfreien Bereich gebracht.

Beim Faraday- oder Curie-Gleichgewicht wird eine extrem kleine Probe in ein inhomogenes Feld gebracht. Die Kraft ist dabei gegeben durch $F_z = (\chi/2\mu) \tau_s dB^2/dz$, wobei τ_s das Probenvolumen ist. F_z wird gemessen, und das Resultat wird zur Bestimmung von χ benutzt.

Induktanzmessungen werden auch zur Bestimmung von χ verwendet. Die Probe wird als Transformatorkern benutzt, der zwei Kreise verbindet. Der Strom in dem einen Kreis wird geändert. Die induzierte Spannung im zweiten Kreis ist proportional zur Permeabilität $\mu_0 (1 + \chi)$ der Probe. Da typische Werte für χ in der Größenordnung von 10^{-5} liegen, ist bei den Messungen eine hohe Präzision nötig.

11.2 Diamagnetismus und Paramagnetismus

Suszeptibilitäten von chemischen Elementen sind in Bild 11-3 angegeben. Übergangselemente und seltene Erden mit teilweise gefüllten d- oder f-Schalen sind stark paramagnetisch. Jedes dieser Atome hat einen resultierenden Drehimpuls und ein nichtverschwindendes Dipolmoment. Ohne äußeres Feld sind die Momente statistisch verteilt. Wir wir sehen werden, richten sie sich in einem äußeren Feld aus. Alkalimetalle sind schwach paramagnetisch. Einzelne Atome haben keine Dipolmomente, sondern Eigenmomente von quasifreien Elektronen, die sich in einem äußeren Feld ausrichten. Die Edelmetalle und die meisten, aber nicht alle, Nichtmetalle, sind diamagnetisch. In einem äußeren Feld erhalten die Atome Dipolmomente, die entgegengesetzt zum Feld gerichtet sind.

Zuerst diskutieren wir ein klassisches Modell des Diamagnetismus, danach zeigen wir, wie eine quantenmechanische Berechnung von χ sowohl für diamagnetische als auch für paramagnetische Materialien durchgeführt wird. In diesem Kapitel konzentrieren wir uns auf Beiträge der Rumpfelektronen. Freie Elektronen werden im nächsten Kapitel diskutiert.

Diamagnetisches Verhalten

Beim Einschalten eines elektrischen Feldes wird auch ein magnetisches Feld aufgebaut. Klassisch gesprochen ändert das elektrische Feld die Winkelgeschwindigkeit der umlaufenden Elektronen und ändert damit auch ihr Bahndipolmoment. Die Änderung $\Delta\mu$ ist zum magnetischen Feld entgegengesetzt gerichtet und führt zum Diamagnetismus.

Wir betrachten ein Elektron, das eine gleichförmige Kreisbewegung auf einem Kreis mit dem Radius R in der xy-Ebene durchführt, wie das in Bild 11-4 darge-

11.2 Diamagnetismus und Paramagnetismus

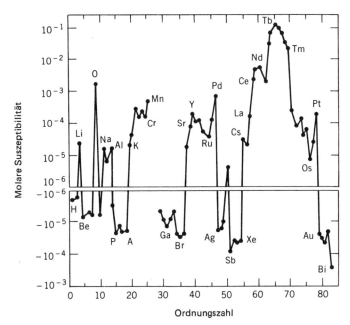

Bild 11-3 Molare Suszeptibilitäten von chemischen Elementen, aufgetragen als Funktion der Ordnungszahl (in Gaußschen Einheiten). Die diamagnetischen Elemente sind im unteren Teil aufgetragen, die paramagnetischen im oberen. Eine Lücke ist bei Eisen, Kobalt und Nickel, die spontane Magnetisierung zeigen. (Nach R. M. Bozorth, T. R. McGuire und R. P. Hudson, „Magnetische Eigenschaften von Materialien" im *American Institute of Physics Handbook* (D. W. Gray, Herausg.) (New York: McGraw-Hill, 1967). Mit Erlaubnis der Autoren).

stellt ist. Ein magnetisches Feld soll in der positiven z-Richtung angelegt werden. Wie im Bild gezeigt, ist das induzierte elektrische Feld die Tangente an der Bahn. Sein Betrag kann mit dem Faradayschen Gesetz ermittelt werden: $\oint \mathcal{E} \cdot dl = -d\Phi_B/dt$. Das Linienintegral geht rings um die Bahn, und Φ_B ist der magnetische

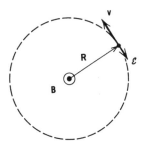

Bild 11-4 Ein Elektron, das sich in einem gleichmäßig anwachsenden magnetischen Feld bewegt. Das Magnetfeld zeigt aus der Zeichenebene heraus. Die elektrischen Feldlinien sind Kreise und einer der Kreise fällt mit der Bahn zusammen. Das Drehmoment auf das Elektron beträgt $-e\mathbf{r} \times \mathcal{E}$ und zeigt aus der Seite heraus. Die Änderung des Dipolmomentes des Elektrons, die durch das Drehmoment erzeugt wird, ist zum magnetischen Feld entgegengesetzt gerichtet; für die hier dargestellte Situation zeigt sie in die Zeichenebene hinein.

Fluß durch die Bahn. Der Wert des Integrals beträgt $2\pi R\mathcal{E}$; damit wird $\mathcal{E} = (1/2\pi R)\,(d\Phi_B/dt)$. $\mathcal{E}$ verläuft im Uhrzeigersinn, wenn man von der positiven z-Achse beobachtet.
Die Änderung des Drehimpulses ist das Zeitintegral über dem Drehmoment $eR\mathcal{E}\hat{z}$. Das heißt $\Delta \mathbf{L} = (e/2\pi)\,\Delta\Phi_B\,\hat{z} = 1/2\,eBR^2\,\hat{z}$, wobei wir für den Fluß durch die Bahn, wenn das Feld seinen Endwert erreicht hat, geschrieben haben $\Phi_B = \pi R^2 B$. Das magnetische Moment beträgt $\mu = -(e/2m)\,(\mathbf{L}_0 + \Delta L) = -(e/2m)\,\mathbf{L}_0 - (e^2/4m)\,R^2\mathbf{B}$. Die durch das Feld induzierte Änderung beträgt somit

$$\Delta\mu = -\frac{e^2 R^2}{4m}\mathbf{B}. \qquad (11\text{-}14)$$

Dieser Ausdruck hat einen Betrag, der proportional zu B ist und dessen Richtung entgegengesetzt zur Richtung des $\mathbf{B}$-Feldes ist. Dasselbe Resultat wird für ein Elektron erhalten, das sich im Uhrzeigersinn bewegt. Gleichung 11-14 ist auch gültig, wenn das Feld nicht senkrecht auf der Bahn steht, vorausgesetzt für R wird die Projektion des Bahnradius auf die Ebene senkrecht zum Feld verwendet.
Anders als das Bahnmoment ist die Größe des Spinmomentes fest und ändert sich nicht, wenn ein Feld angelegt wird. Spinmomente leisten keinen Beitrag zum Diamagnetismus.

Quantenmechanische Formulierung

Klassisch ist das Gesamtdipolmoment eines Elektrons

$$\mu = -\frac{e}{2m}(\mathbf{L} + 2\mathbf{S}) - \frac{e^2 R^2}{4m}\mathbf{B}. \qquad (11\text{-}15)$$

Die quantenmechanische Beschreibung zur Berechnung des Dipolmomentes eines Elektrons mit der Wellenfunktion Ψ folgt der Gleichung 11-15. Jede Komponente von $\mathbf{J}$ und $\mathbf{S}$ wird durch den entsprechenden Mittelwert für den Elektronenzustand ersetzt, und R^2 wird durch den Mittelwert des Quadrates der Projektion des Elektronenpositionsvektors auf die Ebene senkrecht zu $\mathbf{B}$ ersetzt. Wenn $\mathbf{B}$ z.B. in z-Richtung verläuft, gilt für die z-Komponente von μ

$$\mu_z = -\frac{e}{2m}\langle L_z + 2S_z\rangle - \frac{e^2}{4m}\langle x^2 + y^2\rangle B. \qquad (11\text{-}16)$$

Zu jeder Komponente des Drehimpulses gehört ein Operator: z.B. $L_{z\,\text{op}} \cdot \Psi = -\hbar\,(x\,\partial\Psi/\partial y - y\,\partial\Psi/\partial x)$. Dann ist der Mittelwert gegeben durch

$$\langle L_z\rangle = \int \Psi^* L_{z\,\text{op}} \Psi\,d\tau. \qquad (11\text{-}17)$$

Das Integral geht über den gesamten Raum. Für die z-Komponente des Spins gilt: $S_{z\,\text{op}}\Psi = \pm 1/2\,\hbar\,\Psi$. Das positive Vorzeichen wird für Spin-auf Elektronen und das negative für Spin-ab Elektronen verwendet. Daher ist $\langle S_z\rangle$ für einige

Elektronen $+1/2$ und für andere $-1/2$. Schließlich gilt

$$\langle x^2 + y^2 \rangle = \int \Psi^*(x^2 + y^2)\Psi \, d\tau. \tag{11-18}$$

Die Wellenfunktionen, die zur Berechnung von $\langle L_z \rangle$, $\langle S_z \rangle$ und $\langle x^2 + y^2 \rangle$ verwendet werden, sind Lösungen einer Schrödingergleichung, die die Wechselwirkung zwischen einem Elektron und dem Magnetfeld berücksichtigt. Ein Spin-Bahn Wechselwirkungsterm muß auch berücksichtigt werden. Bezüglich des Koordinatensystems eines Elektrons bewegt sich seine Umgebung und erzeugt ein Magnetfeld. Das Feld ist proportional zum Bahndrehimpuls des Elektrons und übt ein Drehmoment auf den Elektronenspin aus. Im Koordinatensystem des Labors üben Bahndrehimpuls und Spindrehimpuls aufeinander ein Drehmoment aus. Einige Konsequenzen daraus werden später beschrieben.

Die Magnetisierung am Orte **r** wird durch Summation der Dipolmomente aller Elektronen in einem makroskopisch kleinen Bereich um **r** herum und anschließende Division durch das Volumen des Bereichs gefunden. In vielen Fällen können die Dipolmomente mit einzelnen Atomen in Verbindung gebracht werden. Wenn alle Atome identisch sind und jedes ein Dipolmoment µ hat, dann ist **M(r)** = $n(\mathbf{r})\mu$, wobei n die Atomkonzentration ist.

Diamagnetismus der Rumpfelektronen

Wir betrachten zuerst einen Festkörper aus Inertglas, bei dem alle Elektronen sich in gefüllten Rumpfzuständen befinden. Dann verschwindet die Summe $\Sigma \langle L_z + 2S_z \rangle$ über alle Elektronen, und der Festkörper ist diamagnetisch.

Man kann Atomorbitale verwenden, um $\langle x^2 + y^2 \rangle$ abzuschätzen. Wenn die Wahrscheinlichkeitsdichte $\Psi^*\Psi$ für einen Zustand Kugelsymmetrie hat, ist $\langle x^2 \rangle = \langle y^2 \rangle = \langle z^2 \rangle$ und $\langle x^2 + y^2 \rangle = 2/3 \langle r^2 \rangle$, wobei r den Abstand vom Kern angibt. Obwohl $\Psi^*\Psi$ für einen einzelnen Zustand keine Kugelsymmetrie haben kann, kann die Summe über alle Zustände einer Schale sehr wohl kugelsymmetrisch sein. Wenn ein Atom Z Elektronen besitzt, die alle in abgeschlossenen Schalen sind, und wenn $\langle r^2 \rangle$ ihr mittlerer quadratischer Abstand vom Kern ist, dann gilt

$$\mu_z = -\frac{Ze^2}{6m}\langle r^3 \rangle B, \tag{11-19}$$

für das Atom als Ganzes.

Das Induktionsfeld, das in Gleichung 11-19 auftritt, ist das lokale Feld am Ort des Atoms, nicht das angelegte oder das makroskopische Feld. Im Prinzip sollten wir einen Ausdruck für das lokale Feld in Abhängigkeit vom makroskopischen Feld erhalten. Die Ableitung wird wie in Bild 10.1 durchgeführt und das Ergebnis ist $\mathbf{B}_{loc} = \mathbf{B} + 1/3 \, \mu_0 \mathbf{M}$, wobei **B** das makroskopische Feld ist. In Wirklichkeit ist $\mu_0 \mathbf{M} \ll B$; deshalb ist das lokale Feld fast mit dem makroskopischen Feld identisch, und lokale Feldeffekte können vernachlässigt werden. Sind alle Atome identisch, dann ist $M = n\mu_z = -(nZe^2/6m)\langle r^2 \rangle B$ und

$$\chi = \frac{\mu_0 M}{B} = -\frac{\mu_0 n Z e^2}{6m} \langle r^2 \rangle. \tag{11-20}$$

Die meisten diamagnetischen Suszeptibilitäten sind fast unabhängig von der Temperatur. Eine leichte Abhängigkeit ist auf eine Änderung der Atomkonzentrationen zurückzuführen. Die Änderung der Atomkonzentration hat ihre Ursache in der thermischen Ausdehnung.

Gleichung 11-20 kann zur Berechnung des Beitrags der Rumpfelektronen zur Suszeptibilität eines beliebigen Festkörpers benutzt werden. Z ist die Zahl der Rumpfelektronen in einem Atom, und $\langle r^2 \rangle$ ist ihr mittlerer quadratischer Abstand vom Kern. Die Gleichung gibt auch die Beiträge der Ionen mit abgeschlossenen Schalen zur Suszeptibilität eines ionischen Festkörpers an. Sie könnte z.B. zur Berechnung der Beiträge der Na^+- oder Cl^--Ionen im NaCl verwendet werden. Die Suszeptibilität ist die Summe der Terme, einer für jeden Ionentyp.

Die meisten kovalenten und gemischt kovalent-ionischen Festkörper sind diamagnetisch, jedoch ist Gleichung 11-20 nur für die Rumpfelektronenbeiträge gültig. Weil die Elektronen außerhalb des Rumpfes Wellenfunktionen haben, die sich in den zwischenatomaren Bereich ausbreiten und weit von Kugelsymmetrie entfernt sind, ist die Gleichung für diese Elektronen nicht gültig. Einige Halbleiter haben eine geringe paramagnetische Suszeptibilität, die auf Beiträge der Leitungsbandelektronen zurückzuführen ist.

Einige experimentelle Werte sind in Tabelle 11-1 zusammengestellt. Die molare Suszeptibilität wird durch $\chi_{molar} = N_A \chi / n$ bestimmt, wobei N_A die Avogadrozahl ist. Um χ in Gaußschen Einheiten zu erhalten, die in einigen Handbüchern verwendet werden, muß der in SI-Einheiten angegebene Wert durch 4π dividiert werden.

Tabelle 11-1 Experimentell bestimmte molare Suszeptibilitäten von ausgewählten Atomen und Ionen mit abgeschlossenen Schalen (ausgedrückt durch $\chi_{molar}/4\pi$ in 10^{-12} m³/mol).

Helium	−1.9	Lithium (+)	−0.7
Neon	−7.6	Natrium (+)	−6.1
Argon	−19	Kalium (+)	−14.6
Krypton	−29	Rubidium (+)	−22.0
Xenon	−44	Cäsium (+)	−35.1
Fluorid (−)	−9.4	Magnesium (2+)	−4.3
Chlorid (−)	−24.2	Calcium (2+)	−10.7
Bromid (−)	−34.5	Strontium (2+)	−18.0
Jodid (−)	−50.6	Barium (2+)	−29.0

Quelle: W. R. Myrers, *Rev. Mod. Phys.* **24:**1, 1952.

Beispiel 11-3

Man bestimme die Suszeptibilität von festem Argon. Argon hat die Ordnungszahl 18 und bei 4 K eine Atomkonzentration von 2.66×10^{28} Atomen/m³. Die Wurzel aus dem mittleren quadratischen Abstand eines Elektrons vom nächstliegenden Kern soll 0.62 Å betragen. Die Magnetisierung von festem Argon in einem 2.0 T Induktionsfeld soll auch bestimmt werden.

Lösung
Man setze die Werte in Gleichung 11-20 ein und erhält

$$\chi = -\frac{4\pi \times 10^{-7} \times 2.66 \times 10^{28} \times 18 \times (1.60 \times 10^{-19})^2 \times (0.62 \times 10^{-10})^2}{6 \times 9.11 \times 10^{-31}}$$

$$= -1.08 \times 10^{-5}.$$

Der Wert der Magnetisierung wird bestimmt durch

$$M = \frac{|\chi|B}{\mu_0} = \frac{1.08 \times 10^{-5} \times 2.0}{4\pi \times 10^{-7}} = 17.2 \text{ A/m}.$$

Dieser Wert rechtfertigt die Näherung $\mu_0 M \ll B$, die wir weiter oben gemacht haben. ◆

Paramagnetismus der Rumpfelektronen

Wenn $\langle L_z \rangle$ und $\langle S_z \rangle$ für ein Atom nicht gleichzeitig verschwinden, hat das Atom ein permanentes magnetisches Dipolmoment und ist paramagnetisch. Die vielleicht einfachsten Beispiele dafür sind Salze, die aus seltenen Erden oder Übergangsmetallionen und aus Ionen mit abgeschlossenen Schalen von der rechten Seite des Periodensystems gebildet werden. FeF_2 und $GdCl_3$ sind Beispiele. Die magnetischen Ionen in Salzen sind weit genug voneinander entfernt, daß sich die Orbitale, die zu den teilweise gefüllten Schalen gehören, nicht wesentlich überlappen und jedes magnetische Ion in guter Näherung ein lokalisiertes magnetisches Moment hat.

Wir nehmen an, daß ein Ion einen Gesamtbahndrehimpuls **L**, einen Gesamtspindrehimpuls **S** und einen Gesamtdrehimpuls **J** = **L** + **S** hat. Eine naive Interpretation von Gleichung 11-16 könnte uns dazu führen zu erwarten, daß das Moment proportional zu $-(\mathbf{L} + 2\mathbf{S})$ ist. Das ist aber nicht so. Als Ergebnis der Spin-Bahn-Kopplung führen sowohl der Spindrehimpuls als auch der Bahndrehimpuls Präzessionsbewegungen um die Richtung von **J** aus, und die Komponenten von **L** und **S** in den Richtungen senkrecht zu **J** mitteln sich zu Null. Spin-Bahn-Kopplungen ändern nicht den Betrag von **L** und **S**. Es gilt $\langle \mathbf{L} + 2\mathbf{S} \rangle = (\mathbf{L} + 2\mathbf{S}) \cdot \mathbf{J}\mathbf{J}/J^2$, und wir können schreiben

$$\mu = -g\mu_B \frac{\mathbf{J}}{\hbar}. \tag{11-21}$$

Dabei ist g der Landesche g-Faktor, der durch $(\mathbf{L} + 2\mathbf{S}) \cdot \mathbf{J}/J^2$ bestimmt wird, und μ_B ist das Bohrsche Magneton, das durch $e\hbar/2m = 9.27 \times 10^{-24}$ J/T gegeben ist. Atomare Drehimpulse sind in der Größenordnung von $\hbar$, deshalb sind die Dipolmomente in der Größenordnung von μ_B.

g kann durch J^2, L^2 und S^2 ausgedrückt werden. Weil $\mathbf{J} = \mathbf{L} + \mathbf{S}$ ist, wird $g = (L^2 + 2S^2 + 3\mathbf{L} \cdot \mathbf{S})/J^2$. Jetzt ist $J^2 = L^2 + S^2 + 2\mathbf{L} \cdot \mathbf{S}$; daraus folgt $\mathbf{L} \cdot \mathbf{S} = 1/2 (J^2 - L^2 - S^2)$

und $g = (3J^2 + S^2 - L^2)/2J^2$. Dieser Ausdruck wird normalerweise so angegeben

$$g = 1 + \frac{J^2 + S^2 - L^2}{2J^2} \ . \tag{11-22}$$

Die Beträge von **L**, **S** und **J** sind quantisiert: L^2 hat einen der Werte $L'(L'+1)\hbar^2$, S^2 hat einen der Werte $S'(S'+1)\hbar^2$ und J^2 hat einen der Werte $J'(J'+1)\hbar^2$. L' ist hierbei eine positive ganze Zahl, S' und J' sind dagegen positive ganze oder positive halbe Zahlen. Die z-Komponenten von jedem Drehimpuls sind auch quantisiert. J_z ist z.B. durch $M_j\hbar$ gegeben, wobei M_j irgendeinen der Werte $-J'$, $-J' + 1, \ldots, +J'$ annehmen kann. Ähnliche Betrachtungen gelten für S_z und L_z. Die Zustände einer Schale, die durch eine bestimmte Anzahl von Elektronen besetzt ist, werden durch die Werte von L', S', J' und M_j charakterisiert. Wie in vielen Texten* beschrieben, können die möglichen Werte durch Betrachtung der Drehimpulse der einzelnen Elektronen gefunden werden.
Elektron-Elektron-Wechselwirkung und Spin-Bahn-Kopplung erzeugen Energiedifferenzen zwischen den Zuständen mit verschiedenen Werten von J'. Bei seltenen Erden und Übergangsmetallionen mit Ausnahme von Europium und Samarium sind die angeregten Zustände von den Grundzuständen durch große Energiedifferenzen getrennt und sind deshalb im allgemeinen unbesetzt. Man braucht sie deshalb nicht zu betrachten. Die Hundschen Regeln liefern eine Möglichkeit zur Bestimmung von J', L' und S' für die Grundzustände. Diese Regeln wurden ursprünglich empirisch aus spektroskopischen Daten abgeleitet, aber sie wurden durch detaillierte Modellberechnungen untermauert.
Regel 1 besagt, daß jedes Elektron bis zur Hälfte der Zahl der Zustände in der Schale einen Beitrag von $+1/2$ zu S' liefert. Die Elektronen jenseits dieser Zahl liefern jeweils $-1/2$. Deshalb hat S' in Übereinstimmung mit dem Pauli Prinzip den größtmöglichen Wert. Eine f-Schale kann bis zu 14 Elektronen aufnehmen. Wenn es 7 sind, dann trägt jedes $+1/2$ zu S' bei, und $S' = 7/2$. Wenn 8 Elektronen in der Schale sind, dann tragen 7 $+1/2$ und 1 $-1/2$ zu S' bei, und $S' = 3$.
Jedes Elektron in einer d-Schale trägt entweder $-2, -1, 0, +1$ oder $+2$ zu L' bei; jedes Elektron in einer f-Schale trägt entweder $-3, -2, -1, 0, +1, +2$ oder $+3$ bei. Zwei Elektronen mit gleichem Spin können jedoch nicht den gleichen Beitrag liefern. Regel 2 sagt aus, daß L' einen Maximalwert annimmt, der in Übereinstimmung mit Regel 1 möglich ist. Wenn die Schale weniger als halb voll ist und der Maximalbeitrag eines einzelnen Elektrons l ist, dann ist $L' = l + (l - 1) + (l - 2) + \ldots$, wobei über alle Elektronen der Schale summiert wird. Wenn die Schale genau halb voll ist, dann ist $L' = 0$. Wenn die Schale mehr als halb gefüllt ist, dann ist $L' = l + (l - 1) + (l - 2) + \ldots$, wobei nur über die Elektronen summiert wird, die mehr als in einer halb vollen Schale vorhanden sind.
Schließlich wird J' durch die Regel 3 bestimmt: J' ist $|L' - S'|$, wenn die Schale weniger als halb voll ist und $L' + S'$, wenn die Schale mehr als halb gefüllt ist. $J' = S'$ für eine exakt halb gefüllte Schale. Im Grundzustand haben **L** und **S** entgegen-

---

* Siehe z.B. Kapitel 8 von R. B. Leighton, *Principles of Modern Physics* (New York: Mc Graw-Hill, 1959).

11.2 Diamagnetismus und Paramagnetismus

gesetzte Richtungen für eine weniger als halb gefüllte Schale und gleiche Richtungen für eine mehr als halb gefüllte Schale. Die Regel 3 hat ihren Ursprung in der Spin-Bahn-Kopplung.

Beispiel 11-4
Man bestimme den Landeschen g-Faktor für den Grundzustand eines Praseodymions mit 2 f-Elektronen und für den Grundzustand eines Erbiumions mit 11 f-Elektronen.

Lösung
Beide Elektronen im Praseodym haben einen Spin $+1/2$, deshalb wird $S' = 1$. Der größte Wert von L' wird erhalten, wenn ein Elektron 3 und das andere 2 zu L' beiträgt, damit wird $L' = 5$. Man beachte, daß nicht beide einen Beitrag von 3 liefern können, weil ihre Beiträge zu S' gleich sind. Die Schale ist weniger als halb gefüllt und deshalb gilt für $J' = |L' - S'| = 5 - 1 = 4$. Nach Gleichung 11-22 ist

$$g = 1 + \frac{4 \times 5 + 1 \times 2 - 5 \times 6}{2 \times 4 \times 5} = 0.55.$$

Im Erbium tragen 7 Elektronen $+1/2$ zu S' bei, während 4 Elektronen $-1/2$ beitragen, deshalb wird $S' = 3/2$. Zwei Elektronen liefern einen Beitrag von 3 zu L', zwei Elektronen 2, zwei Elektronen 1 und zwei Elektronen 0. Die anderen drei Elektronen liefern -1, -2 und -3. Damit wird $L' = 6$. Die Schale ist mehr als halb gefüllt und deshalb gilt $J' = L' + S' = 15/2$. Gleichung 11-22 ergibt $g = 1,2$. ◆

Wir betrachten ein Salz, in dem alle magnetischen Ionen identisch sind und den gleichen Wert von J' haben; dieser Wert ist für den Grundzustand anwendbar.

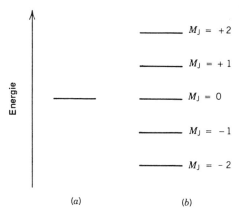

Bild 11-5 Energieniveaus für ein Ion mit $J' = 2$. (a) Es ist kein magnetisches Feld angelegt. (b) In einem magnetischen Feld $B\hat{z}$ haben benachbartee Niveaus eine Energiedifferenz von $g\mu_B B$. Im niedrigsten Niveau sind mehr Ionen als in irgendeinem anderen. Ihre Dipolmomente sind zum Feld ausgerichtet.

Ohne Magnetfeld ist jeder erlaubte Wert von J_z gleich wahrscheinlich, deshalb ist der Mittelwert des ionischen Dipolmomentes gleich Null. Wir nehmen nun an, daß ein Magnetfeld in positiver z-Richtung anliegt. Dann haben die Zustände mit verschiedenen J_z-Werten unterschiedliche Energien und unterschiedliche Besetzungswahrscheinlichkeiten. Die z-Komponente des Dipolmomentes beträgt $\mu_z = -g\mu_B(J_z/\hbar) = -g\mu_B M_j$, und seine Energie ist $E = -\mu_z B = +g\mu_B M_j B$.
Zur Veranschaulichung sind die Energieniveaus für ein Ion mit $J' = 2$ in Bild 11-5 aufgetragen. Ein Ion befindet sich mit der größten Wahrscheinlichkeit im untersten Energiezustand mit $M_j = -J'$ und $\mu_z = +g\mu_B J'$. Sein Dipolmoment hat fast die gleiche Richtung wie das Feld. Andererseits haben die Ionen die geringste Wahrscheinlichkeit in einem Zustand mit $M_j = +J'$ und $\mu_z = -g\mu_B J'$ zu sein. Kurz gesagt haben also mehr Ionen Momente mit positiven z-Komponenten als Momente mit negativen z-Komponenten.
Die Wahrscheinlichkeit dafür, daß ein Ion sich mit einem Zustand mit $J_z = M_j \hbar$ befindet, ist proportional zu $e^{-\beta E} = e^{-\beta g \mu_B M_j B}$, damit ist die z-Komponente eines mittleren Dipolmomentes gegeben durch

$$\langle \mu_z \rangle = \frac{\Sigma - g\mu_B M_j e^{-\beta g \mu_B M_j B}}{\Sigma e^{-\beta g \mu_B M_j B}} . \tag{11-23}$$

Beide Summen laufen von $M_j = -J'$ bis $M_j = +J'$. Gleichung 11-23 kann in kompakter Form folgendermaßen geschrieben werden: $\langle \mu_z \rangle = g\mu_B J' B_{J'}(\beta g \mu_B J' B)$, wobei $B_{J'}$ die Brillouinfunktion ist, die durch

$$B_{J'}(x) = \frac{2J'+1}{2J'} \coth\left[\frac{(2J'+1)x}{2J'}\right] - \frac{1}{2J'} \coth\left[\frac{x}{2J'}\right] \tag{11-24}$$

definiert wird. Die Magnetisierung ist gegeben durch $n \langle \mu_z \rangle$, wobei n die Konzentration der magnetischen Ionen ist. Daher gilt

$$M = n g \mu_B J' B_{J'}(\beta g \mu_B J' B). \tag{11-25}$$

Wenn Zustände mit anderen Werten von J' in der Nähe der Energie liegen, müssen Zähler und Nenner in Gleichung 11-23 über J' summiert werden.
Mehrere Brillouinfunktionen sind als Funktion von $x = g\mu_B J' B$ in Bild 11-6 dargestellt. Wenn $g\mu_B J' B \gg k_B T$ ist ($x \gg 1$ im Bild), dann ist der Abstand der Niveaus viel größer als die mittlere thermische Energie, und fast alle Ionen befinden sich im untersten Energiezustand. Alle Dipole sind dann in Feldrichtung ausgerichtet, und die Magnetisierung wird als gesättigt bezeichnet. $B_{J'}$ ist fast 1, und $M = ng\mu_B J'$.
Wenn $g\mu_B J' B \ll k_B T$ ist ($x \ll 1$ im Bild), dann hat ein Ion fast die gleiche Wahrscheinlichkeit in irgendeinem der Zustände zu sein, und die Magnetisierung ist gering. Wir benötigen eine Potenzreihe, um die Brillouinfunktion für den Grenzfall kleiner x abzuschätzen. Die Entwicklung von $\coth(u)$ ist $(1/u) + (u/3) - (u^2/45) + \ldots$, und der dominierende Term von $B_{J'}(x)$ ist $(J'+1)x/3J'$. Daraus ergibt sich für die Magnetisierung

11.2 Diamagnetismus und Paramagnetismus

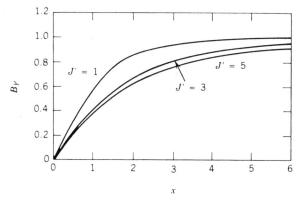

Bild 11-6 Die Brillouinfunktionen $B_{j'}(x)$ für $J' = 1, 3$ und 5. Wenn x groß wird, strebt jede Funktion gegen 1. Für kleine x strebt $B_{j'}$ gegen $(J' + 1)x/3J'$, eine lineare Funktion von x.

$$M = n\beta g^2 \mu_B^2 \frac{J'(J' + 1)}{3} B. \tag{11-26}$$

In schwachen Feldern ist die Magnetisierung proportional zum Induktionsfeld, und die Probe ist linear paramagnetisch. Natürlich müssen diamagnetische Beiträge auch berücksichtigt werden, aber die sind normalerweise verglichen mit den paramagnetischen Beiträgen klein.
Die Gleichung 11-26 ist für die meisten paramagnetischen Salze bei Zimmertemperatur und Magnetfeldern, die im Labor üblich sind, gültig. Genau genommen ist das Induktionsfeld B in dieser Gleichung das lokale Feld am Ort des magnetischen Ions. Wir vernachlässigen hier jedoch die Lokalfeldkorrekturen und nehmen an, daß $\chi \ll 1$ ist. Dann gilt

$$\chi = \frac{\mu_0 M}{B} = \frac{C}{T}, \tag{11-27}$$

$C = \mu_0 n g^2 \mu_B^2 J'(J' + 1)/3 k_B$. Das ist das Curiesche Gesetz für die Suszeptibilität eines paramagnetischen Salzes. Es kann experimentell durch eine Auftragung von $1/\chi$ als Funktion von T bestätigt werden, wie das in Bild 11-7 gezeigt ist.
Die Curiekonstante kann durch $C = \mu_0 n p^2 \mu_B^2/3 \, k_B$ bestimmt werden, wobei p als effektive Zahl der Bohrschen Magnetonen pro Ion bezeichnet wird. $p = g \sqrt{J'(J' + 1)}$. Wenn C aus experimentellen Daten bestimmt wurde, kann es verwendet werden, um p auszurechnen. Einige Werte sind in Tabelle 11-2 angegeben. Bei Ionen seltener Erden werden die Ergebnisse mit $g \sqrt{J'(J' + 1)}$ verglichen. Damit wird die oben angegebene Theorie untermauert.
Für Übergangsmetallionen erhält man jedoch keine Übereinstimmung. Anders als die f-Wellenfunktionen breiten sich die d-Wellenfunktionen in zwischenatomare Bereiche aus und werden deshalb eher durch Linearkombinationen von atomaren d-Orbitalen als durch einzelne Orbitale approximiert. $\langle L_z \rangle$ ist sehr

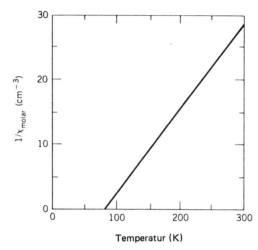

Bild 11-7 Der Reziprokwert der molaren Suszeptibilität (in Gaußschen Einheiten) als Funktion der Temperatur für EuO. Die Linie stellt die theoretischen Werte für nicht wechselwirkende Ionen in Zuständen mit $L' = 0$ und $S' = 7/2$ dar. Die Punkte kennzeichnen experimentelle Werte. Die Linearität der Darstellung beweist die Gültigkeit des Curieschen Gesetzes. (Nach D. H. Martin, *Magnetismus in Festkörpern* (Cambridge, MA: MIT Pres, 1967). (Mit Erlaubnis der Autoren).

Tabelle 11-2 Effektive Zahl der Bohrschen Magnetonen p für seltene Erden und Übergangsmetallionen (experimentell bestimmt).

Jon	Anzahl der Elektronen in Schalen	L'	S'	J'	P
Cer (3+)	1	3	1/2	5/2	2.39
Praseodym (3+)	2	5	1	4	3.60
Neodym (3+)	3	6	3/2	9/2	3.62
Promethium (3+)	4	6	2	4	–
Samarium (3+)	5	5	5/2	5/2	1.54
Europium (3+)	6	3	3	0	3.61
Gadolinium (3+)	7	0	7/2	7/2	8.2
Terbium (3+)	8	3	3	6	9.6
Dysprosium (3+)	9	5	5/2	15/2	10.5
Holmium (3+)	10	6	2	8	10.5
Erbium (3+)	11	6	3/2	15/2	9.5
Thulium (3+)	12	5	1	6	7.2
Ytterbium (3+)	13	3	1/2	7/2	4.4
Vanadium (2+)	3	3	3/2	3/2	3.8
Chrom (2+)	4	2	2	0	4.9
Mangan (2+)	5	0	5/2	5/2	5.9
Eisen (2+)	6	2	2	4	5.4
Cobalt (2+)	7	3	3/2	9/2	4.8
Nickel (2+)	8	3	1	4	3.2
Kupfer (2+)	9	2	1/2	5/2	1.9

Quelle: American Institute of Physics Handbook (D. W. Gray, Ed.) (New York: McGraw-Hill, 1963).

klein für eine geeignete Linearkombination, und man sagt, der Bahndrehimpuls wird gelöscht. Die Gleichungen 11-26 und 11-27 sind gültig, aber $J' \approx S'$ und $g = 2$. Die effektive Zahl der Bohrschen Magnetonen pro Ion ist dann $2\sqrt{S'(S'+1)}$. Dieses Resultat stimmt sehr gut mit experimentellen Daten überein. Die Spinquantenzahl S' wird immer noch durch die erste Hundsche Regel gegeben.

Beispiel 11-5
Man berechne die effektive Zahl der Bohrschen Magnetonen für ein Nickelion. Zuerst nehme man an, daß der Bahndrehimpuls nicht ausgelöscht ist und dann, daß er es ist. Nickel hat 8 Elektronen in seiner 3d-Schale.

Lösung
Da eine d-Schale bis zu 10 Elektronen aufnehmen kann, liefern 5 Elektronen in Nickel $+1/2$ zu S' und drei $-1/2$. Damit ergibt sich für $S' = 1$. Wenn die Auslöschung ignoriert wird, liefern zwei Elektronen $+2$ zu L', 2 liefern $+1$, 2 liefern 0, 1 liefert -1 und ein Elektron liefert -2. Damit wird $L' = 3$. Die Schale ist mehr als halb voll, deshalb gilt $J' = L' + S' = 4$ und $g = 1.25$. Die effektive Zahl der Bohrschen Magnetonen ist $g \times \sqrt{J'(J'+1)} = 1.25 \times \sqrt{20} = 5.59$. Wenn dagegen $L' = 0$ ist, dann ist $J' = S' = 1$ und $g = 2$. Damit wird $p = 2 \times \sqrt{2} = 2.83$. Die tatsächliche Auslöschung ist in Nickel nicht vollständig: der experimentelle Wert für p beträgt 3.2. ◆

11.3 Spontane Magnetisierung und Ferromagnetismus

Spontane Magnetisierung tritt bei einigen Materialien auf, die aus Atomen mit nicht gefüllten Schalen bestehen. Die atomaren Dipolmomente haben dann eine große Reichweite, die eine der in Bild 11-8 abgebildeten Formen erzeugen können. In einem Ferromagneten tendieren die Momente dazu, sich auszurichten. In Antiferromagneten oder in Ferrimagneten werden die Atome mit Momenten in einer Richtung systematisch von Atomen mit Momenten entgegengesetzter Richtung unterbrochen. Der Betrag der entgegengerichteten Momente ist bei Ferrimagneten nicht gleich groß, deshalb verschwindet die Nettomagnetisierung nicht. Bei Antiferromagneten haben die entgegengesetzt gerichteten Momente den gleichen Wert, und deshalb verschwindet die resultierende Magnetisierung. Eisen, Nickel und Kobalt sind mit Ausnahme des Hochtemperaturbereichs ferromagnetisch. Gadolinium und Terbium sind unterhalb der Zimmertemperatur ferromagnetisch, andere seltene Erden sind bei extrem tiefen Temperaturen ferromagnetisch. Bei mittleren Temperaturen sind alle seltenen Erden mit Ausnahme von Gadolinium antiferromagnetisch. Bei hohen Temperaturen sind alle Übergangsmetalle und seltenen Erden paramagnetisch.

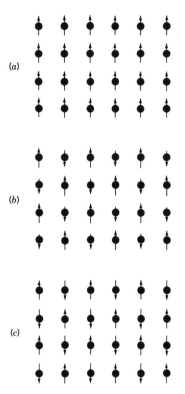

Bild 11-8 Eine schematische Darstellung der drei Typen von magnetischer Ordnung in Festkörpern. (a) Ferromagnetismus: alle Spins sind ausgerichtet. (b) Ferrimagnetismus: Spins der verschiedenen Untergitter haben unterschiedliche Richtungen. Die Nettomagnetisierung verschwindet nicht. (c) Antiferromagnetismus: der gleiche Strukturtyp wie bei Ferrimagneten, aber die resultierende Magnetisierung verschwindet.

Spontane Magnetisierung

Die spontane Magnetisierung und die magnetische Fernordnung können durch ein starkes lokales Feld verstanden werden, das als Weißsches effektives Feld bezeichnet wird und sich am Ort jedes Dipols befindet. Später werden wir die Ursache dieses Feldes diskutieren und erklären, warum die Felder in einigen Festkörpern stark und in anderen schwach sind. Im Moment nehmen wir an, daß das lokale Induktionsfeld am Orte irgendeines Atoms durch $B_{loc} = B_a + \mu_0 \gamma M$ beschrieben werden kann. B_a ist das außen angelegte Induktionsfeld, M die Magnetisierung und γ eine Konstante. Der Einfachheit halber vernachlässigen wir das durch den Magnetisierungsstrom an der Probenoberfläche erzeugte Feld.

Wir betrachten nun ein Kollektiv von n identischen Atomen pro Volumeneinheit und nehmen an, daß jedes Atom den Drehimpuls J hat. Alle Felder sollen in z-Richtung liegen. Wenn B durch $B_a + \mu_0 \gamma M$ ersetzt wird, erhält man aus Gleichung 11-25

$$M = M_s B_{j'}[\beta g \mu_B J'(B_a + \mu_0 \gamma M)], \tag{11-28}$$

11.3 Spontane Magnetisierung und Ferromagnetismus

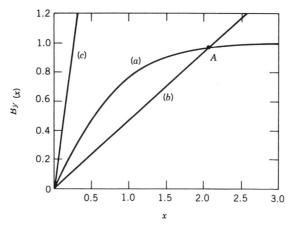

Bild 11-9 Die Kurve (a) zeigt die Brillouinfunktion $B_{j'}(x)$ für $J' = 1/2$. Die Kurven (b) und (c) stellen $x/\mu_0\beta g\mu_B J'\gamma M_s$ für unterschiedliche Temperaturen dar. Lösungen von Gleichung 11-28 mit $B_a = 0$ erhält man aus dem Schnittpunkt von (a) mit einer Geraden. Bei tiefen Temperaturen ist eine Gerade wie z.B. (b) geeignet. Sie schneidet (a) bei A und dann tritt spontane Magnetisierung auf. Bei hohen Temperaturen ist eine Gerade wie z.B. (c) geeignet. Sie schneidet (a) nur bei $x = 0$ und spontane Magnetisierung kann deshalb nicht auftreten.

M_s ist die Sättigungsmagnetisierung, die aus $ng\mu_B J'$ berechnet wird. Zur Bestimmung der spontanen Magnetisierung setzen wir $B_a = 0$ und lösen Gleichung 11-28 nach M auf. Algebraisch kann keine Lösung gefunden werden. Deshalb suchen wir in einem graphischen Verfahren einen Ausweg. Wenn $x = \mu_0\beta g\mu_B J'\gamma M$ ist, ergibt sich aus Gleichung 11-28 $x/\mu_0\beta g\mu_B J'\gamma M_s = B_{j'}(x)$. Die Kurve a in Bild 11-9 zeigt $B_{j'}(x)$, während Kurve b $x/\mu_0\beta g_B J'\gamma M_s$ zeigt. Beide sind als Funktion von x dargestellt. Der Schnittpunkt der beiden Kurven, der durch den Punkt A markiert wurde, stellt die Lösung von Gleichung 11-28 dar.

Bei tiefen Temperaturen ist der Anstieg der Kurve b gering, und der Schnittpunkt erscheint an einem Punkt, bei dem die Magnetisierung fast gesättigt ist. Mit an-

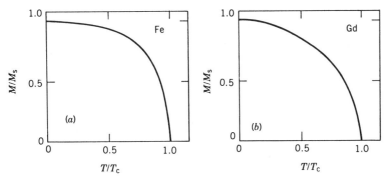

Bild 11-10 Spontane Magnetisierung als Funktion der Temperatur für eine Eisenprobe (a) und eine Gandoliniumprobe (b), die aus jeweils einer Domäne bestehen. Die Magnetisierung ist bei $T = 0$ K gesättigt und verschwindet bei $T = T_c$ und höheren Temperaturen. (Nach D. H. Martin, *Magnetismus in Festkörpern* (Cambridge, MA: MIT Press, 1967). (Mit Erlaubnis der Autoren).

steigender Temperatur wird auch der Anstieg von b steiler, das bedeutet, daß die Magnetisierung geringer wird. Kurve c gehört zu einer Temperatur, bei der der Anstieg der Geraden größer ist als der begrenzende Anstieg der Brillouinfunktion. Jetzt ist $M = 0$ die einzige Lösung von Gleichung 11-28. Das bedeutet, daß bei dieser Temperatur keine spontane Magnetisierung auftreten kann. Die Probe ist dann paramagnetisch. Bild 11-10 verdeutlicht die Temperaturabhängigkeit der spontanen Magnetisierung.

Ein Ausdruck für die Curietemperatur T_c, die die Grenze zwischen ferromagnetischem und paramagnetischem Verhalten angibt, kann durch Gleichsetzen des Grenzanstieges der Brillouinfunktion, der durch $(J' + 1)/3J'$ gegeben ist, und des Anstiegs der Kurve b, der durch $1/\mu_0 \beta g \mu_B J' \gamma M_s$ gegeben ist, und anschließendes Auflösen der Gleichung nach T erhalten werden. Dann gilt

$$T_c = \frac{\mu_0 n g^2 \mu_B^2 \gamma}{3 k_B} J'(J' + 1), \tag{11-29}$$

M_s wurde durch $n g \mu_B J'$ ersetzt.

Wir untersuchen nun den paramagnetischen Bereich. Wenn ein äußeres Feld B_a angelegt wird, verschiebt sich die Kurve a in Bild 11-9 um $\beta g \mu_B J' B_a$ nach links und schneidet die Kurve b unabhängig davon welche Werte T und B_a haben. Bei typischen im Labor verwendeten Feldstärken und Temperaturen oberhalb T_c liegt der Schnittpunkt in der Nähe des Bereichs, in dem die Brillouinfunktion im wesentlichen linear ist.

Für kleine Felder und hohe Temperaturen ergibt sich aus Gleichung 11-28

$$M = {}^1\!/_3 n \beta g^2 \mu_B^2 J'(J' + 1)(B_a + \mu_0 \gamma M), \tag{11-30}$$

und damit

$$M = \frac{C}{\mu_0(T - C\gamma)} B_a, \tag{11-31}$$

C ist die Curiekonstante $\mu_0 n g^2 \mu_B^2 J'(J' + 1)/3 k_B$. Da $C\gamma = T_c$ und $\chi = \mu_0 M/B_a$ ist, wird die Suszeptibilität durch folgende Beziehung angegeben

$$\chi = \frac{C}{T - T_c}. \tag{11-32}$$

Das ist das Curie-Weiß-Gesetz für einen Ferromagneten im paramagnetischen Bereich.

Die Curie-Weißsche Theorie ist qualitativ richtig, zumindest bei Temperaturen deutlich oberhalb der Curietemperatur. Wie das Bild 11-11 für Nickel zeigt, ist $1/\chi$ als Funktion von T bei hohen Temperaturen eine Gerade. In der Nähe der Curietemperatur steigt die Suszeptibilität jedoch schneller als $1/(T - T_c)$, wenn sich T der Curietemperatur T_c von oben nähert.

11.3 Spontane Magnetisierung und Ferromagnetismus

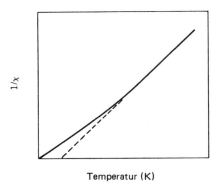

Bild 11-11 Reziprokwert der magnetischen Suszeptibilität als Funktion der Temperatur für einen Ferromagneten oberhalb seiner Curietemperatur. Die gestrichelte Linie ist die Fortsetzung der Hochtemperaturkurve.

Das Überschreiten der Curietemperatur verursacht eine deutliche Änderung in der magnetischen Ordnung. Unterhalb T_c sind die meisten Dipole ausgerichtet, oberhalb aber nicht. Eine große Entropieänderung ist mit einer Änderung der Ordnung verbunden und, da $C_\tau = T\,(\partial S/\partial T)_\tau$ ist, wächst die spezifische Wärme um die Curietemperatur herum steil an. Um das zu verdeutlichen, ist im Bild 11-12 die spezifische Wärme von Nickel dargestellt. Die magnetischen Beiträge zur spezifischen Wärme dehnen sich bis zu Temperaturen oberhalb der Curietemperatur aus und liefern einen Beweis für die magnetische Nahordnung im paramagnetischen Bereich.

Tabelle 11-3 gibt die experimentell bestimmte Curietemperatur und die effektive Zahl der Bohrschen Magnetonen für ferromagnetische Elemente an. Bei Ferromagneten ist p viel eher durch die maximale z-Komponente eines atomaren Dipolmomentes als durch den Betrag des Momentes bestimmt: $p = gJ'$. Für Übergangselemente ist p nicht exakt in Übereinstimmung mit der oben gegebenen

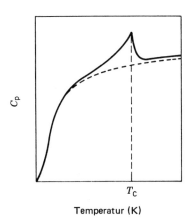

Bild 11-12 Die spezifische Wärme bei konstantem Druck für einen Ferromagneten. Ein Maximum erscheint bei der Curietemperatur. Die gestrichelte Linie zeigt die spezifische Wärme nach Subtraktion des magnetischen Beitrags.

Tabelle 11-3 Sättigungsmagnetisierung M_s, Curietemperatur T_c und effektive Zahl der Bohrschen Magnetonen p für ferromagnetische Elemente.

Material	M_s (10^6 A/m)	T_c (K)	p
Eisen	1.75	1043	2.219
Cobalt	1.45	1404	1.715
Nickel	0.512	631	0.604
Gadolinium	2.00	289	7.12
Terbium	1.44	230	4.95
Dysprosium	2.01	85	6.84
Holmium	2.55	20	8.54

Quelle: American Institute of Physics Handbook (D. W. Gray, Ed.) (New York: McGraw-Hill, 1963).

Diskussion. Wenn z.b. der Bahndrehimpuls völlig ausgelöscht ist, wird $g = 2$, und p sollte ganzzahlig sein. Sogar wenn die nicht vollständige Auslöschung des Bahndrehimpulses in Betracht gezogen wird, entsprechen die experimentellen Werte keinen ganzen Zahlen von Elektronen pro Atom. Diese Diskrepanz kann durch die Bandstrukturtheorie erklärt werden. Bevor wir jedoch die Energiebänder eines Ferromagneten betrachten, werden wir den Ursprung des lokalen Feldes diskutieren.

Die Heisenbergsche Austauschtheorie

Das durch atomare Dipole erzeugte magnetische Feld kann nicht für das Weißsche lokale Feld in einem Ferromagneten verantwortlich gemacht werden. Die Curiekonstante beträgt für Eisen mit $g = 2$, $J' = 1$ und $n = 8.5 \times 10^{28}$ Atomen/m³ 1.77 K. T_c ist nach Tabelle 11-3 gleich 1043 K, damit wird $\gamma = T_c/C = 1043/1.77 = 588$. γ ist viel größer als $1/3$, der Wert, den es haben würde, wenn das Feld die Folge der Magnetisierung wäre.

Der überwiegende Anteil des lokalen Feldes ist kein wahres Magnetfeld und geht z.B. auch nicht in die Maxwellschen Gleichungen ein. Es übt jedoch wie ein wahres Magnetfeld ein Drehmoment auf die Spins aus und ändert die Energieniveaus der Atome. Wie wir sehen werden, kann sein Ursprung und seine Stärke durch das Pauliprinzip und die elektrostatischen Wechselwirkungen zwischen den Ladungen im Festkörper verstanden werden.

In seiner grundlegenden Form fordert das Pauliprinzip, daß die Wellenfunktion eines Kollektivs von Elektronen antisymmetrisch ist, wenn die Teilchenkoordinaten und die Spins ausgetauscht werden. In der Absicht, das zu veranschaulichen, betrachten wir ein System, das nur aus zwei Elektronen besteht. $\Psi(\mathbf{r}_1, \mathbf{s}_1; \mathbf{r}_2, \mathbf{s}_2)$ soll die Wellenfunktion für die zwei Elektronen sein. Das eine Elektron hat den Ortsvektor r_1 und den Spin s_1, das andere den Ortsvektor $\mathbf{r}_2$ und den Spin $\mathbf{s}_2$. Das Pauliprinzip fordert nun, daß $\Psi(\mathbf{r}_2, \mathbf{s}_2; \mathbf{r}_1, \mathbf{s}_1) = -\Psi(\mathbf{r}_1, \mathbf{s}_1; \mathbf{r}_2, \mathbf{s}_2)$ ist.

In guter Näherung ist die Wellenfunktion das Produkt aus dem Raum- und dem Spinanteil: $\Psi(\mathbf{r}_1, \mathbf{s}_1; \mathbf{r}_2, \mathbf{s}_2) = f(\mathbf{r}_1, \mathbf{r}_2) g(\mathbf{s}_1, \mathbf{s}_2)$. Der Spinanteil ist antisymmetrisch, wenn die beiden Spins antiparallel sind und symmetrisch, wenn sie parallel sind. Im ersten Fall ist der Gesamtspin 0, und weil es nur einen möglichen Wert für die

11.3 Spontane Magnetisierung und Ferromagnetismus

z-Komponente gibt, wird der Zustand als Singlett bezeichnet. Der Raumanteil muß symmetrisch sein. Im zweiten Fall ist der Gesamtspin $\hbar$ und weil die z-Komponente entweder $-\hbar$, 0 oder $+\hbar$ sein kann, wird der Zustand Triplett genannt. Der Raumanteil muß antisymmetrisch sein.
Wenn ψ_A und ψ_B Funktionen einzelner Teilchen sind, ist $\Psi_s = N_s [\psi_A(\mathbf{r}_1) \psi_B(\mathbf{r}_2) + \psi_B(\mathbf{r}_1) \psi_A(\mathbf{r}_2)]$ symmetrisch in den Koordinaten und kann zur Darstellung eines Singlettzustandes verwendet werden. Dagegen ist $\Psi_t = N_t [\psi_A(\mathbf{r}_1) \psi_B(\mathbf{r}_2) - \psi_B(\mathbf{r}_1) \psi_A(\mathbf{r}_2)]$ antisymmetrisch und kann zur Darstellung eines Triplettzustandes verwendet werden. N_s und N_t sind Normierungskonstanten, die so gewählt wurden, daß $\int \Psi^* \Psi d\tau_1 d\tau_2 = 1$ für jeden Fall gilt. Da $N_s \approx N_t$ ist, bezeichnen wir beide mit der gleichen Konstante N.
Wir nehmen an, daß die Funktion der potentiellen Energie $U(\mathbf{r}_1, \mathbf{r}_2)$ die Wechselwirkungen der Elektronen mit den Ionen des Materials und die Wechselwirkungen der Elektronen untereinander beschreibt. Wenn die Funktion symmetrisch ist, gilt: $U(\mathbf{r}_2, \mathbf{r}_1) = U(\mathbf{r}_1, \mathbf{r}_2)$. Wir bestimmen die potentielle Energie für den Singlett- und für den Triplettzustand durch Berechnung von Integralen der Form $\langle U \rangle = \int \Psi^* U \Psi \, d\tau_1 d\tau_2$. Für den Singlettzustand gilt

$$\langle U \rangle_s = 2|N|^2 \int \psi_A^*(\mathbf{r}_1) \psi_B^*(\mathbf{r}_2) U(\mathbf{r}_1,\mathbf{r}_2) \psi_A(\mathbf{r}_1) \psi_B(\mathbf{r}_2) \, d\tau_1 d\tau_2$$
$$+ 2|N|^2 \int \psi_A^*(\mathbf{r}_1) \psi_B^*(\mathbf{r}_2) U(\mathbf{r}_1,\mathbf{r}_2) \psi_B(\mathbf{r}_1) \psi_A(\mathbf{r}_2) \, d\tau_1 d\tau_2. \quad (11\text{-}33)$$

Der Ausdruck für den Triplettzustand ist der gleiche, nur wird der zweite Term vom ersten abgezogen. Die Zustände differieren um die Energie

$$\langle U \rangle_s - \langle U \rangle_t = 4|N|^2 \int \psi_A^*(\mathbf{r}_1) \psi_B^*(\mathbf{r}_2) U(\mathbf{r}_1, \mathbf{r}_2) \psi_B(\mathbf{r}_1) \psi_A(\mathbf{r}_2) \, d\tau_1 d\tau_2. \quad (11\text{-}34)$$

Das Integral, das in Gleichung 11-34 auftaucht, wird Austauschintegral genannt, weil die Argumente der Funktionen der einzelnen Teilchen auf der linken Seite des Integranden untereinander ausgetauscht werden und so die rechte Seite erzeugen. Auf der linken Seite ist $\mathbf{r}_1$ z.B. das Argument von ψ_A^*, dagegen ist es auf der rechten Seite das Argument von ψ_B. $\langle U \rangle_s - \langle U \rangle_t$ wird als Austauschenergie bezeichnet.
Sowohl vom Singlett- als auch vom Triplettzustand kann die potentielle Energie in folgender Form angegeben werden

$$\langle U \rangle = U_0 - \frac{J_e}{\hbar^2} \mathbf{s}_1 \cdot \mathbf{s}_2, \quad (11\text{-}35)$$

J_e wird als Austauschkoeffizient bezeichnet. Da $s^2 = |\mathbf{s}_1 + \mathbf{s}_2|^2 = s_1^2 + s_2^2 + 2\mathbf{s}_1 \cdot \mathbf{s}_2$ und $s_1^2 = s_2^2 = 3/4 \hbar^2$ ist, gilt $\mathbf{s}_1 \cdot \mathbf{s}_2 = 1/2 (s^2 - 3/2 \hbar^2)$. Beim Singlettzustand ist $s^2 = 0$, damit wird $\mathbf{s}_1 \cdot \mathbf{s}_2 = -3/4 \hbar^2$. Beim Triplettzustand ist $s^2 = 2\hbar^2$, damit wird $\mathbf{s}_1 \cdot \mathbf{s}_2 = +1/4 \hbar^2$. Gleichung 11-35 sagt voraus, daß $\langle U \rangle_s - \langle U \rangle_t = -(J_e/\hbar^2)(-3/4 - 1/4) \hbar^2 = J_e$.*

---

* Viele Autoren schreiben $\langle U \rangle = U_0 - (2J_e/\hbar^2) \mathbf{S}_1 \cdot \mathbf{S}_2$, wobei $J_e = (\langle U \rangle_s - \langle U \rangle_t)/2$ ist.

Das Vorzeichen von J_e ist wichtig. Wenn es positiv ist, haben parallele Spins eine niedrigere Energie als antiparallele Spins. Das Vorzeichen hängt von der Funktion der potentiellen Energie und von der Natur der Wellenfunktion für das einzelne Teilchen ab. Um zu verstehen, wie es zu verschiedenen Vorzeichen kommen kann, schreiben wir $U(\mathbf{r}_1, \mathbf{r}_2) = U_i(\mathbf{r}_1) + U_i(\mathbf{r}_2) + U_{ee}(\mathbf{r}_1, \mathbf{r}_2)$. Die beiden ersten Terme geben die potentielle Energie der Elektron-Ion-Wechselwirkungen an, der letzte beschreibt die potentielle Energie der Elektron-Elektron-Wechselwirkungen: $U_{ee} = (e^2/4\pi\varepsilon_0)(1/|\mathbf{r}_1 - \mathbf{r}_2|)$.

Der Elektron-Elektron-Term liefert einen Beitrag

$$[\langle U \rangle_s - \langle U \rangle_t]_{ee} = 4|N|^2 \int \psi_A^*(\mathbf{r}_1)\psi_B^*(\mathbf{r}_2) U_{ee} \psi_B(\mathbf{r}_1)\psi_A(\mathbf{r}_2)\, d\tau_1 d\tau_2 \qquad (11\text{-}36)$$

zu J_e.
Das Integral gibt die Energie der Ladungsverteilung mit der Ladungsdichte $-e\psi_A^*(\mathbf{r})\psi_B(\mathbf{r})$ an und ist positiv. Wenn das der einzige Beitrag wäre, würden die meisten Elektronenspins parallel sein und das System wäre ferromagnetisch.
Der Beitrag der Elektron-Ion-Terme ist identisch, und ihre Summe ist gegeben durch

$$[\langle U \rangle_s - \langle U \rangle_t]_i = 8|N|^2 \int \psi_A^*(\mathbf{r}_2)\psi_B(\mathbf{r}_2)\, d\tau_2 \int \psi_B^*(\mathbf{r}_1) U_i(\mathbf{r}_1)\psi_A(\mathbf{r}_1)\, d\tau_1. \qquad (11\text{-}37)$$

Wenn ψ_A und ψ_B zwei verschiedene Atomorbitale kennzeichnen, die zum gleichen Atom gehören, dann ist $\int \psi_A^*(\mathbf{r}_2)\psi_B(\mathbf{r}_2)\, d\tau_2 = 0$, und J_e ist durch Gleichung 11-36 gegeben. Die Ausrichtung der Spins erzeugt ein Energieminimum. Das ist die Grundlage der ersten Hundschen Regel.
Wichtiger für das Studium magnetischer Strukturen ist der Fall, daß die Funktionen von zwei einzelnen Teilchen zu verschiedenen Atomen gehören. Die rechte Seite von Gleichung 11-37 ist dann nicht Null. Sie wird negativ, da U_i aus der Anziehung eines Elektrons durch Ionen resultiert. Das zweite Integral in Gleichung 11-37 ist ein Überlappungsintegral von dem Typ, der in Kapitel 5 bei der Diskussion der Bindung betrachtet wurde. Es nimmt einen großen Wert an, wenn die Atome dicht beieinander liegen, und es ist klein, wenn sie weit voneinander entfernt sind. Das Vorzeichen von J_e hängt von der relativen Größe der beiden Beiträge ab. Bei geringen Atomabständen ist J_e negativ, und antiparallele Spinzustände haben eine niedrigere Energie als parallele Spinzustände. Bei großen Atomabständen ist das Umgekehrte gültig.
Gleichung 11-35 wird oft durch die Schreibweise

$$E = -\frac{J_e}{\hbar^2}\mathbf{S}_i \cdot \mathbf{S}_j, \qquad (11\text{-}38)$$

für die Austauschenergie von zwei Atomen mit den Spins $\mathbf{S}_i$ und $\mathbf{S}_j$ verallgemeinert. J_e hat dann eine kompliziertere Form als bei zwei Elektronen, es ist aber, wie in Bild 11-13 gezeigt, für kleine Atomabstände negativ und für große positiv. Diese Änderung im Vorzeichen erklärt, warum einige Übergangsmetalle ferromagnetisch sind und andere nicht. Mangan ist z.B. nicht ferromagnetisch aber

11.3 Spontane Magnetisierung und Ferromagnetismus 431

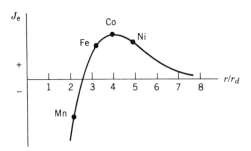

Bild 11-13 Der Heisenbergsche Austauschkoeffizient J_e als Funktion des Atomabstandes r für Übergangsmetalle. In dieser Darstellung ist r_d der mittlere Abstand der 4d-Elektronen vom Kern. Eisen, Kobalt und Nickel haben positive Koeffizienten und sind Ferromagneten. Mangan hat einen negativen Koeffizienten und ist antiferromagnetisch.

einige seiner Verbindungen wie beispielsweise MnSb und MnAs sind es. Die Manganatome haben in diesen Verbindungen einen größeren Abstand als in reinem Mangan.

Zur Abrundung der Heisenbergschen Theorie formulieren wir das Weißsche lokale Feld durch Austauschkoeffizienten. Nach Gleichung 11-38 gilt für die Austauschenergie des Atoms i $-(1/\hbar^2) (\Sigma J_e \mathbf{S}_j) \cdot \mathbf{S}_i$; dabei wird über alle Atome mit Ausnahme des Atoms i summiert. Wenn der Bahnbeitrag ausgelöscht ist, hat das Atom i ein Dipolmoment $-(g\mu_B/\hbar)\mathbf{S}_i$, und seine Austauschenergie kann dann so geschrieben werden: $(1/g\mu_B\hbar) (\Sigma J_e \mathbf{S}_j) \cdot \mathbf{\mu}$. Daher kann die Austauschwechselwirkung durch die Wechselwirkung zwischen einem Spindipolmoment und einem effektiven Induktionsfeld, das durch $-(1/g\mu_B\hbar) \Sigma J_e \mathbf{S}_j$ gegeben ist, ersetzt werden. Das lokale Feld am Ort des Atoms i ist

$$\mathbf{B}_{loc} = \mathbf{B}_a - \frac{1}{g\mu_B\hbar} \sum_j J_e \mathbf{S}_j = \mathbf{B}_a - \frac{zJ_e\mathbf{S}}{g\mu_B\hbar} \ , \qquad (11\text{-}39)$$

$\mathbf{B}_a$ ist das angelegte Feld, und summiert wird über alle Atome mit Ausnahme des Atoms i. Die zweite Gleichung ist gültig, wenn alle Atome den gleichen Spin $\mathbf{S}$ haben und J_e mit Ausnahme für die z nächsten Nachbarn des Atoms i verschwindet. Da $\mathbf{M} = n\mathbf{\mu} = -(ng\mu_B/\hbar)\mathbf{S}$, gilt für das effektive Austauschfeld $(zJ_e/ng^2\mu_B^2)\mathbf{M}$ und die Konstante γ, die in Gleichung 11-28 erscheint, wird durch

$$\gamma = \frac{zJ_e}{\mu_0 ng^2\mu_B^2} \qquad (11\text{-}40)$$

bestimmt. Gleichung 11-29 kann dazu benutzt werden, einen Ausdruck für die Curietemperatur in Abhängigkeit vom Austauschkoeffizienten zu finden.

Beispiel 11-6
Man verwende den experimentellen Wert der Curietemperatur, um den Austauschkoeffizienten J_e für Eisen abzuschätzen. Die Konzentration der Eisenato-

me ist 8.5×10^{28} Atome/m³, und jedes Eisenatom hat 12 nächste Nachbarn. Man setze $g = 2$.

Lösung
Wir haben bereits festgestellt, daß $\gamma = 588$ für Eisen ist. Nach Gleichung 11-40 ist

$$J_e = \frac{\mu_0 n g^2 \mu_B^2 \gamma}{z} = \frac{4\pi \times 10^{-7} \times 8.5 \times 10^{28} \times 4 \times (9.28 \times 10^{-24})^2 \times 588}{12}$$

$$= 1.8 \times 10^{-21} J = 11 \text{ meV}.$$

Elektrostatische Wechselwirkungen können diesen Wert leicht zunichte machen.

Für die Wellenfunktionen der f-Schalen in seltenen Erden ist die Überlappung klein, und das damit verbundene Austauschfeld ist schwach. Trotzdem sind die Austauschwechselwirkungen zwischen f-Elektronen und quasifreien Elektronen die Ursache für Ferromagnetismus in diesen Materialien bei tiefen Temperaturen. Wenn f-Elektronen um ein Atom herum im Spin-ab Zustand sind, verringert die Austauschwechselwirkung die Energien der freien Elektronen im Spin-auf Zustand, die sich in der Nähe befinden. Diese Elektronen bewegen sich zu anderen Atomen, bei denen die Austauschwechselwirkung zu einer Verringerung der Energie der Spin-ab f-Elektronen führt. Dieser Prozeß ist als indirekter Austausch bekannt.

In einigen Verbindungen befindet sich ein nichtmagnetisches Atom zwischen zwei magnetischen Atomen. Da die magnetischen Atome dann weit voneinander entfernt sind, erzeugt ein direkter Austausch keinen Ferromagnetismus. Die Elektronen des nichtmagnetischen Atoms wirken jedoch als Zwischenglied. Dieser Prozeß wird Superaustausch genannt und ist verantwortlich für Ferromagnetismus in Oxiden und anderen Verbindungen der Übergangselemente.

Elektronenbänder in Ferromagneten

Die oben dargelegte Theorie muß modifiziert werden, wenn man den Ferromagnetismus der Übergangsmetalle erklären will. Wie in Tabelle 11-3 gezeigt, ist die effektive Zahl der Bohrschen Magnetonen in Eisen 2.219 und in Nickel 0.604. Diese Zahlen sind völlig verschieden von den nach $p = gS'$ vorausgesagten. Da die Wellenfunktionen für die d-Elektronen in Übergangsmetallen nicht lokalisiert sind, muß die Theorie der Elektronenbänder verwendet werden.

Bild 11-14 zeigt die Bandstruktur für ferromagnetisches Nickel. Die Austauscheffekte wurden bei der Berechnung der Energieniveaus berücksichtigt. Die durchgezogenen Linien beziehen sich auf eine Spinrichtung, z.B. auf Spin-ab, und die in der Darstellung gestrichelten Linien auf die andere Spinrichtung. Jede Spin-auf Kurve ist fast parallel zu einer Spin-ab Kurve. Die Verschiebung zwischen beiden ist die Austauschenergie.

11.3 Spontane Magnetisierung und Ferromagnetismus

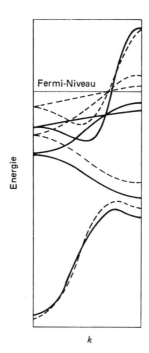

Bild 11-14 Energiebänder von Elektronen für ferromagnetisches Nickel. Der Ausbreitungsvektor **k** verläuft parallel zur Würfelkante. Die durchgezogenen Kurven kennzeichnen die Zustände mit Dipolmomenten, die parallel zur Magnetisierung liegen. Die gestrichelten Kurven kennzeichnen die Zustände mit Dipolmomenten, die antiparallel zur Magnetisierung liegen. Es sind mehr Elektronen mit Dipolmomenten in Magnetisierungsrichtung vorhanden als mit Dipolmomenten in entgegengesetzter Richtung. (Nach J. W. D. Connolly, *Phys. Rev.* **159**:415, 1967). (Mit Erlaubnis der Autoren).

Die fast parabolischen Kurven sind Energiebänder quasifreier Elektronen; die fast flachen Kurven gehören zu *d*-Bändern. Das Ferminiveau schneidet sowohl zwei der Spin-auf *d*-Bänder als auch die beiden Spin-auf und Spin-ab Bänder quasifreier Elektronen. Deshalb sind diese Bänder teilweise gefüllt. Die quasifreien Elektronenbänder enthalten 0.54 Elektronen/Atom, und die *d*-Bänder enthalten 9.46 Elektronen/Atom. Unterhalb der Curietemperatur sind die Spin-ab *d*-Zustände vollkommen gefüllt, und in den Spin-auf *d*-Zuständen sind $9.46 - 5 = 4.46$ Elektronen/Atom. Wir erwarten, daß die effektive Zahl der Bohrschen Magnetonen gleich der Zahl der ungepaarten Elektronen ist; für Nickel 0.54 pro Atom. Die unvollständige Auslöschung des Bahndrehimpulses erklärt die Differenz zu den experimentellen Werten.

Ferromagnetische Domänen

Wie im Bild 11-15 dargestellt, ist eine ferromagnetische Probe in Bereiche unterteilt, die Domänen genannt werden. Die Richtung der Magnetisierung ist in benachbarten Domänen unterschiedlich. Domänen können sichtbar gemacht werden, wenn sie an die Probenoberfläche gelangen und wenn die Oberfläche mit ei-

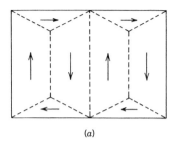 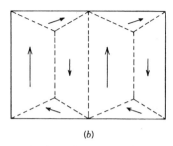

(a)   (b)

Bild 11-15 Schematische Darstellung von Domänen in einem ferromagnetischen Kristall. Die Magnetisierung jeder Domäne ist durch einen Pfeil gekennzeichnet. (a) Die resultierende Magnetisierung ist Null. (b) Die resultierende Magnetisierung zeigt im Diagramm nach oben. Die Größen der Domänen haben sich geändert, und in einigen Domänen hat sich die Magnetisierung gedreht.

ner kolloidalen Suspension von kleinen Eisenteilchen bestrichen wurde. Die Teilchen haben die Tendenz, sich in den Gebieten hoher Magnetisierung zwischen den Domänengrenzen anzusammeln. Diese Methode ist bei qualitativen Untersuchungen zu Änderungen von Domänenmustern bei Variation des äußeren Feldes gebräuchlich.

Alle ferromagnetischen Kristalle haben Richtungen leichter Magnetisierung. Die Magnetisierung von Eisen ist z.B. vorwiegend parallel zu den Würfelkanten, und die Magnetisierungsvektoren in den benachbarten Domänen haben normalerweise Winkel von 90° oder 180° zueinander. Die Richtungsabhängigkeit der Energiebeiträge ist darauf zurückzuführen, daß die Raumanteile der Elektronenwellenfunktionen etwas vom Spin abhängen. Die Überlappungsintegrale haben für verschiedene Richtungen des Spins relativ zum Gitter etwas unterschiedliche Werte.

Die Domänenbildung verursacht einen beträchtlichen Abfall in der magnetischen Feldenergie. Wir betrachten zunächst eine Probe mit einer einzigen Domäne, wie das in Bild 11-16a dargestellt ist. Die meisten Spins sind ausgerichtet, und sie erzeugen zusammen ein starkes magnetisches Feld. Die Feldenergie, die durch $(\mu_0/4\pi) \int B^2 \, d\tau$ berechnet werden kann, ist groß. Sie wird jedoch erheblich verringert, wenn sich die Domänenstruktur so wie in (b) dargestellt ändert. Die Situation ist ähnlich wie bei zwei Stabmagneten: ihre Energie ist viel geringer, wenn entgegengesetzte und nicht gleiche Pole benachbart sind.

Einer Bildung von Domänen steht der Anstieg der Spinenergien im Übergangsbereich zwischen den Domänen entgegen. Die Spins auf entgegengesetzten Seiten der Domänengrenze sind nicht parallel, deshalb ist die Austauschenergie im Bild 11-16b größer als in 11-16a. Die Austauschenergie wird zum Minimum, wenn der Übergang von einer Orientierung zu einer anderen allmählich über mehrere hundert Einheitszellen stattfindet. Dieser Übergang ist als Domänen- oder Blochwand bekannt. Jeder Spin in einer Wand rotiert nur etwas anders als sein Nachbar. Die Austauschenergie einer Reihe von 300 Spins ist z.B. viel kleiner als die Energie von zwei Spins, die einen Winkel von 180° einschließen, weil jeder Spin nur einen Winkel von 180°/300 = 0.6° zu seinen Nachbarn hat.

11.3 Spontane Magnetisierung und Ferromagnetismus

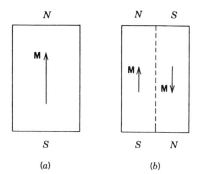

Bild 11-16 (a) Eine einzelne Domäne, die in der durch den Pfeil angegebenen Richtung magnetisiert ist. (b) Zwei benachbarte Domänen, deren Magnetisierungen entgegengesetzt gerichtet sind. Die Domänen sind Stabmagneten mit den im Bild angegebenen Polen äquivalent. Beim Übergang von (a) nach (b) wird die magnetische Energie geringer, aber die Austauschenergie und die Anisotropieenergie werden größer.

Die vorausgegangene Diskussion impliziert, daß sich die Energie der Domänenwand Null nähert, wenn die Dicke der Wand sehr groß und der Winkel zwischen benachbarten Spins damit entsprechend klein wird. Die Spins in einer Blochwand liegen jedoch nicht in den Richtungen leichter Magnetisierung, deshalb wächst die Energie der Anisotropie mit der Wandstärke. Die üblichen Wandstärken sind auf einige hundert Einheitszellen begrenzt.

Hysterese

Wenn ein relativ kleines Feld angelegt wird, bewegen sich die Domänengrenzen so, daß die Domänen größer werden, deren Magnetisierung ungefähr mit der Richtung des angelegten Feldes übereinstimmen und die Domänen mit einer dem Feld entgegengesetzten Richtung kleiner werden. Das Prinzip wird in Bild 11-15b veranschaulicht. Die Bewegung der Grenzen in defektfreien Proben ist reversibel. Wenn das angelegte Feld kleiner wird, wird das Volumen der Domänen mit einer Magnetisierung in Feldrichtung auch kleiner. Die Bewegung der Grenzen wird jedoch durch Defekte behindert, deshalb gilt die Reversibilität bei realen Proben nicht exakt.

Relativ hohe Felder drehen die Magnetisierung in einigen Domänen, deshalb gibt es dann mehr gegenüber dem Feld ausgerichtete Domänen. Domänenrotation wird im Bild 11-15b auch dargestellt. Hohe Felder sind erforderlich, um den Magnetisierungsvektor über die hochenergetische Barriere zwischen zwei Richtungen leichter Magnetisierung zu drehen. Infolgedessen ist die Änderung der Magnetisierung durch Domänenrotation nicht reversibel. Die Spins können wegen der Energiebarriere nicht ohne weiteres zurückrotieren, wenn das angelegte Feld kleiner wird.

Die Irreversibilität verursacht die Hysterese, eine Erscheinung, die durch M oder $B = \mu_0 (H + M)$ als Funktion von H dargestellt werden kann. Solch eine Darstellung ist im Bild 11-17 gezeigt. Positive Werte von H und B repräsentieren die Felder in einer Richtung und negative Werte die Felder in der Gegenrichtung.

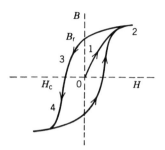

Bild 11-17 Hysteresekurve für einen Ferromagneten. Wenn ein ansteigendes Magnetfeld an eine anfangs unmagnetisierte Probe angelegt wird, folgt das Induktionsfeld den Punkten $0 \to 1 \to 2$. Wenn das Feld geringer wird, folgt die Induktion der Kurve $2 \to 3 \to 4$. H_c ist die Koerzitivfeldstärke und B_r ist die Remanenz.

Am Ursprung der Darstellung ist die mittlere Magnetisierung Null, wenn das Feld aber in positiver Richtung zunimmt, folgt B der Kurve 0, 1, 2. Im linearen Teil der Kurve resultiert die Magnetisierung hauptsächlich aus Bewegungen der Domänengrenzen. Wenn das Feld wieder reduziert würde, würde auch B auf der Kurve zum Ursprung zurücklaufen. Wenn dagegen das Feld bis zum Punkt 2 ansteigt und dann wieder verringert wird, folgt B der mit 2, 3, 4 markierten Kurve. Nun hat Domänenrotation stattgefunden.

Das Sättigungsinduktionsfeld B_s gibt den Grenzwert von B für ein sehr großes H an. Die Sättigungsmagnetisierung kann aus B_s berechnet werden. Die Koerzitivfeldstärke H_c ist das Gegenfeld, das benötigt wird, um B Null werden zu lassen. Die Remanenz B_r ist der Wert von B, wenn H gleich Null ist. Die Werte dieser Größen werden oft in Handbüchern angegeben.

Die Kenntnis der ferromagnetischen Domänen ist z.B. wichtig für die Herstellung von Permanentmagneten, Elektromagneten und Transformatorkernen. In magnetischen Blasenspeichern, die für Rechner hergestellt werden, wird eine große Zahl eng benachbarter Domänen in regelmäßiger Form in einer ferromagnetischen Probe angeordnet. Die Information ist durch die Magnetisierungsrichtungen in den Domänen codiert.

Ferromagnete brauchen nicht kristallin zu sein. Es existieren auch amorphe Ferromagnete, und sie haben sogar eine große technologische Bedeutung. Da sie keine leichten oder schweren Magnetisierungsrichtungen haben, besitzen diese Materialien eine geringe Koerzitivfeldstärke, und ihre Hysteresekurve ist schmal.

11.4 Ferrimagnetismus und Antiferromagnetismus

Die Ionen in den meisten ferrimagnetischen und antiferromagnetischen Stoffen sind in zwei Untergittern angeordnet. Die Spins jedes Untergitters haben zueinander die gleiche Richtung, aber die Spins verschiedener Untergitter haben unterschiedliche Richtungen. Das Material ist antiferromagnetisch, wenn das resultierende magnetische Moment verschwindet und ferrimagnetisch, wenn es nicht verschwindet. Es gibt Materialien mit mehr als zwei Untergittern, die wir aber hier nicht betrachten werden.

Ferrimagnetismus

Qualitativ sind die Ferrimagneten den Ferromagneten sehr ähnlich. Sie sind bei Temperaturen unterhalb ihrer Curietemperatur spontan magnetisiert, und oberhalb der Curietemperatur sind sie paramagnetisch. Es werden Domänen gebildet und auch eine Hysterese tritt in den ferrimagnetischen Phasen auf. Die spontanen Magnetisierungen unterhalb T_c und die Suszeptibilitäten oberhalb T_c haben jedoch bei Ferromagneten und bei Ferrimagneten unterschiedliche Temperaturabhängigkeiten.

Die Ferrite, die eine bedeutende Gruppe der Ferrimagnete bilden, haben alle die chemische Zusammensetzung Fe_2MO_4, wobei M ein zweiwertiges Metallion darstellt. Im allgemeinen ist das Kupfer, Blei, Mangan, Magnesium, Cobalt, Nickel oder Eisen. Das Eisen ist in der Verbindung dreifach ionisiert und das Metallatom zweifach. Magnetit, die magnetische Komponente des Magneteisensteins, hat die chemische Formel Fe_3O_4 und enthält sowohl Fe^{3+} als auch Fe^{2+} Ionen.

Eine Ferriteinheitszelle, die im Bild 11-18 gezeigt ist, enthält tetraedrische Plätze; jeder dieser Plätze hat vier benachbarte Sauerstoffatome, und oktaedrische Plätze; jeder dieser Plätze hat sechs benachbarte Sauerstoffatome. In der „normalen" Konfiguration sind die tetraedrischen Plätze mit M^{2+}-Ionen besetzt und die oktaedrischen Plätze mit den Fe^{3+}-Ionen. Bei der sogenannten inversen Fer-

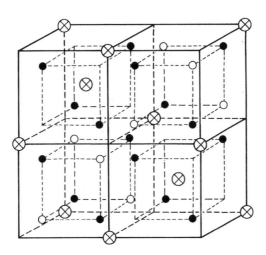

⊗ tetraedrische Plätze ○ oktaedrische Plätze ● Sauerstoff

Bild 11-18 Eine Hälfte einer primitiven kubischen Einheitszelle eines Ferriten. Die andere Hälfte würde sich hinter der dargestellten befinden und zu ihr spiegelbildlich sein. Die Spins der Ionen auf tetraedrischen Gitterplätzen tendieren dazu, die gleiche Richtung parallel zur Würfelkante einzunehmen. Die Spins der Ionen auf oktaedrischen Gitterplätzen wollen die entgegengesetzte Richtung einnehmen.

ritkonfiguration sind die tetraedrischen Plätze mit Fe^{3+}-Ionen besetzt und die oktaedrischen Plätze sowohl mit M^{2+} als auch mit Fe^{3+}-Ionen. Es treten auch viele Zwischenstufen der Konfiguration auf. Bei tiefen Temperaturen haben die Ionen auf tetraedrischen Plätzen Spins, die parallel zu einer der Würfelkanten ausgerichtet sind, und die Ionen auf den oktaedrischen Plätzen haben Spins, die eine dazu entgegengesetzte Richtung einnehmen. Die Tabelle 11-4 gibt Daten für einige Ferrite an.

Tabelle 11-4 Curietemperaturen und spontane Magnetisierungen von ausgewählten Ferriten bei $T = 0\,\mathrm{K}$.

Solid	T_c (K)	M_s (10^5 A/m)
Fe_3O_4	858	5.10
$MnFe_2O_4$	573	5.60
$NiFe_2O_4$	858	3.00
$MgFe_2O_4$	713	1.40
$BaFe_{12}O_{19}$	733	5.30
$Ba_2Co_2Fe_{11}O_{22}$	613	2.04
$BaFe_{18}O_{27}$	728	5.20

Quelle: D. H. Martin, *Magnetism in Solids* (Cambridge, MA: MIT Press, 1967).

Ionen mit Spins gleicher Richtung können dem gleichen Untergitter zugeordnet werden. Die beiden Untergitter sind ineinandergeschoben, so daß die nächsten magnetischen Nachbarn eines Ions in einem Untergitter zum anderen Untergitter gehören.

Um einen Ferrimagnetismus zu erzeugen, muß die Austauschenergie von zwei magnetisch nächsten Nachbarn negativ sein. Die Energie ist dann ein Minimum, wenn die Spins verschiedener Untergitter antiparallel sind. In vielen Fällen ist die Austauschenergie für Ionen des gleichen Untergitters auch negativ, aber diese Wechselwirkungen sind schwächer als die Wechselwirkungen nächster Nachbarn und beeinflussen deshalb die Spinrichtungen nicht stark. Spins des gleichen Untergitters richten sich in erster Linie wegen der Austauschwechselwirkungen mit Spins des anderen Untergitters aus und nicht wegen der Wechselwirkungen mit Spins ihres eigenen Untergitters.

Für eine Analyse der Magnetisierung eines Ferrimagneten nehmen wir an, daß die Spins des Untergitters A überwiegend in positiver z-Richtung liegen und die Spins des Untergitters B vorwiegend in negativer z-Richtung. M_A und M_B sollen die z-Komponenten der Magnetisierungen der einzelnen Untergitter charakterisieren. Nur die Austauschwechselwirkungen zwischen nächsten Nachbarn sollen von Bedeutung sein. Das Weißsche effektive Feld soll am Platz eines A-Ions $B_a - \mu_0 \gamma M_B$ und am Platz eines B-Ions $B_a - \mu_0 \gamma M_A$ sein. B_a ist das angelegte Feld und γ ist eine positive Konstante. Das ferrimagnetische Austauschfeld geht mit einem negativen Vorzeichen ein.

Eine zu Gleichung 11-28 ähnliche Gleichung kann für jedes Untergitter angegeben werden:

11.4 Ferrimagnetismus und Antiferromagnetismus

$$M_A = M_{sA} B_{jA}[\beta g_A \mu_B J'_A (B_a - \mu_0 \gamma M_B)] \tag{11-41}$$

und

$$M_B = M_{sB} B_{jB}[\beta g_B \mu_B J'_B (B_a - \mu_0 \gamma M_A)]. \tag{11-42}$$

Das gilt für das A- und für das B-Untergitter. Wir haben dabei verschiedene Sättigungsmagnetisierungen, g-Faktoren und Werte für J' in Anschlag gebracht. Die Sättigungsmagnetisierung für A-Ionen ist durch $M_{sA} = n_A g_A \mu_B J'_A$ gegeben, wobei n_A die Konzentration der A-Ionen ist. Ein ähnlicher Ausdruck gilt für die B-Ionen.
Die Gleichungen 11-41 und 11-42 werden simultan nach M_A und M_B aufgelöst, und die Gesamtmagnetisierung wird aus $M = M_A + M_B$ berechnet. Wir betrachten zuerst die spontane Magnetisierung bei $B_a = 0$. Da das Vorzeichen der Brillouinfunktion mit dem Vorzeichen ihres Arguments übereinstimmt, zeigen die Gleichungen deutlich, daß M_A und M_B entgegengesetzte Richtungen haben. Wir betrachten den Tieftemperaturgrenzwert und nehmen an, daß M_A positiv ist. Dann gilt nach Gleichung 11-42 $M_B = -M_{sB}$ und nach Gleichung 11-41 $M_A = +M_{sA}$. Die Gesamtmagnetisierung ist dann

$$M = M_A + M_B = n_A g_A \mu_B J'_A - n_B g_B \mu_B J'_B. \tag{11-43}$$

Bild 11-19 stellt das spontane magnetische Moment pro Massendichte von Magnesium-, Eisen- und Manganferriten als Funktion der Temperatur dar. Sowohl M_A als auch M_B fallen mit steigender Temperatur.

Paramagnetisches Verhalten

Die spontane Magnetisierung eines Ferrimagneten verschwindet bei Temperaturen oberhalb der Curietemperatur T_c, und die Probe wird paramagnetisch. Die Curietemperaturen werden aus den Kurven des Bildes 11-19 deutlich. Zur Untersuchung des Paramagnetismus behalten wir das in den Gleichungen 11-41 und 11-42 angelegte Feld bei und benutzen die Grenzform der Brillouinfunktionen: $B_{j'}(x) = (J' + 1)x/3J'$. Dann erhalten diese Gleichungen folgende Form

$$M_A = \frac{C_A}{\mu_0 T}(B_a - \mu_0 \gamma M_B) \tag{11-44}$$

und

$$M_B = \frac{C_B}{\mu_0 T}(B_a - \mu_0 \gamma M_A). \tag{11-45}$$

Hierbei sind C_A und C_B die Curiekonstanten für die zwei Untergitter. C_A ist z.B. $\mu_0 n_A g_A^2 \mu_B^2 J'_A (J'_A + 1)/3k_B$. Die Gleichungen 11-44 und 11-45 sagen eine spontane Magnetisierung für nur eine Temperatur, die Curietemperatur T_c, die durch γ

11. Magnetische Eigenschaften

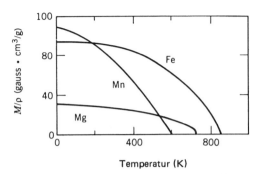

Bild 11-19 Spontane Magnetisierung von Mangan-, Eisen- und Magnesium-Ferriten als Funktion der Temperatur. (Nach D. H. Martin, *Magnetismus in Festkörpern* (Cambridge, MA: MIT Press, 1967). (Mit Erlaubnis der Autoren).

$\sqrt{C_A C_B}$ gegeben ist, voraus. Zur Ableitung dieses Ausdrucks setze man in beiden Gleichungen $B_a = 0$ und löse nach T auf.

Die Gleichungen 11-44 und 11-45 werden nach M_A und M_B aufgelöst und die Ergebnisse aufsummiert, um die Gesamtmagnetisierung zu erhalten:

$$M = M_A + M_B = \frac{(C_A + C_B)T - 2C_A C_B \gamma}{\mu_0(T^2 - T_c^2)} B_a. \tag{11-46}$$

Die Suszeptibilität ist

$$\chi = \frac{\mu_0 M}{B_a} = \frac{(C_A + C_B)T - 2C_A C_B \gamma}{T^2 - T_c^2}. \tag{11-47}$$

Bild 11-20 zeigt $1/\chi$ als Funktion der Temperatur für Manganferrit.

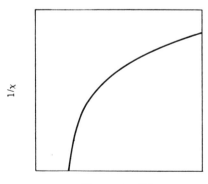

Bild 11-20 Der Reziprokwert der Suszeptibilität als Funktion der Temperatur für einen Ferriten oberhalb seiner Curietemperatur.

Antiferromagnetismus

Obwohl die resultierende Magnetisierung eines Antiferromagneten Null ist, haben die Spins bei tiefen Temperaturen einen hohen Ordnungsgrad, und zu jedem Untergitter gehört eine starke Magnetisierung. Die magnetische Ordnung wirkt der thermischen Bewegung entgegen und deshalb nimmt die Magnetisierung jedes Untergitters mit ansteigender Temperatur ab. Bei der als Neeltemperatur bekannten Temperatur verschwindet die magnetische Ordnung, und der Festkörper wird paramagnetisch. Die Neeltemperaturen von einigen Antiferromagneten sind in Tabelle 11-5 zusammengestellt.

Tabelle 11-5 Neeltemperaturen von ausgewählten antiferromagnetischen Festkörpern.

Solid	T_N (K)	Solid	T_N (K)
Ce	12.5	CuO	230
Cr	308	$FeBr_2$	11
Dy	179	$FeCl_2$	24
Er	80	FeF_2	79
Ho	132	FeF_3	394
Tm	51	FeO	198
Mn	100	FeS	613
Nd	20	FeTe	70
Tb	230	$KNiF_3$	275
$CoCl_2$	25	$MnCl_2$	2
CoF_2	38	MnF_2	68
CoF_3	460	MnO	116
$CrCl_2$	40	MnO_2	90
CrN	273	MnS	160
CrSb	720	$NdFeO_3$	760
$CuBr_2$	193	$NiCl_2$	50
$CuCl_2$	70	NiO	525

Quelle: American Institute of Physics Handbook (D. W. Gray, Ed.) (New York: McGraw-Hill, 1963).

Fluoride von Übergangsmetallen der Eisengruppe sind antiferromagnetisch und haben zwei Untergitter. Die Einheitszelle, die in Bild 11-21 für MnF_2 dargestellt wird, ist tetragonal raumzentriert. Bei $T = 0$ K sind alle magnetischen Momente parallel zur z-Achse, die Hälfte der Mn-Spins in der einen Richtung und die andere Hälfte in der Gegenrichtung. In der Darstellung zeigen die Spins an den Zellecken nach oben und die Spins in den Raumzentren nach unten.

Im einfachsten Falle ist der Antiferromagnetismus leicht durch zwei sich durchdringende Untergitter, bei denen nur die nächsten magnetischen Nachbarn miteinander wechselwirken, zu analysieren. Die Gleichungen 11-41 und 11-42, die so verändert wurden, daß sie die identische Natur der Atome widerspiegeln, ergeben

$$M_A = M_s B_{j'}[\beta g \mu_B J'(B_a - \mu_0 \gamma M_B)] \tag{11-48}$$

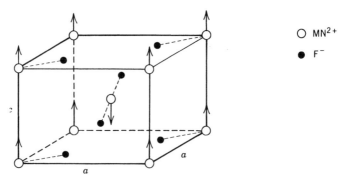

Bild 11-21 Die tetragonale primitive Einheitszelle von antiferromagnetischem MnF$_2$. Die Pfeile zeigen die Spinrichtungen an. Die resultierende Magnetisierung der Zelle ist Null.

und

$$M_B = M_s B_{j'}[\beta g \mu_B J'(B_a - \mu_0 \gamma M_A)]. \tag{11-49}$$

Jetzt gilt $M_s = \frac{1}{2} n g \mu_B J'$, wobei n die Konzentration der magnetischen Atome ist. Der Faktor 2 tritt auf, weil die Hälfte der Atome in jedem Untergitter ist. Wenn $B_a = 0$ ist, gehorchen die Lösungen dieser Gleichungen $M_A = -M_B$ und die resultierende Magnetisierung verschwindet unabhängig von der Temperatur.
Wenn $B_a = 0$ und $M_B = -M_A$ in Gleichung 11-48 eingesetzt wird, erhält man

$$M_A = M_s B_{j'}(\mu_0 \beta g \mu_B J' \gamma M_A). \tag{11-50}$$

Diese Gleichung ist der Gleichung 11-28 für die Magnetisierung eines Ferromagneten (mit $B_a = 0$) ähnlich. In Abhängigkeit von der Temperatur verhalten sich M_A und M_B wie die Magnetisierungen, die in Bild 11-10 dargestellt wurden.
Für hohe Temperaturen ergibt sich aus den Gleichungen 11-48 und 11-49

$$M_A = \frac{C}{2\mu_0 T} (B_a - \mu_0 \gamma M_B) \tag{11-51}$$

und

$$M_B = \frac{C}{2\mu_0 T} (B_a - \mu_0 \gamma M_A), \tag{11-52}$$

C ist wieder die Curiekonstante. Die Neeltemperatur ist die einzige Temperatur, für die diese Gleichungen eine Lösung haben, wenn $B_a = 0$ ist. Sie ist gegeben durch $T_N = \frac{1}{2} \gamma C$.
Die Gesamtmagnetisierung für $T > T_N$ erhält man durch Addition der zwei Gleichungen, indem man $M = M_A + M_B$ setzt. Danach muß man nach M auflösen.

Das Ergebnis ist

$$M = \frac{C}{\mu_0(T + T_N)} B_a. \tag{11-53}$$

Somit ergibt sich für die Suszeptibilität

$$\chi = \frac{\mu_0 M}{B_a} = \frac{C}{T + T_N}. \tag{11-54}$$

Wie $1/\chi$ für einen Ferromagneten in der paramagnetischen Phase, verläuft auch hier $1/\chi$ linear mit der Temperatur. Die Neeltemperatur erscheint jedoch im Gegensatz zur Curietemperatur im Nenner mit einem positiven Vorzeichen. Experimentelle Ergebnisse bestätigen die qualitative Form von Gleichung 11-54. Die Übereinstimmung wird jedoch noch verbessert, wenn Austauschwechselwirkungen zwischen Ionen des gleichen Untergitters berücksichtigt werden.

Beispiel 11-7
Die Suszeptibilität von MnF_2 ist bei der Neeltemperatur (68 K) 1.02. Unter der Annahme, daß Gleichung 11-54 gültig ist, sollen die Werte für die Konstanten C und γ bestimmt werden.

Lösung
Nach Gleichung 11-54 gilt, $\chi(T_N) = C/2T_N$, deshalb ist $C = 2T_N \chi(T_N) = 2 \times 68 \times 1.02 \times 139$ K. Da $T_N = \frac{1}{2} \gamma C$, gilt $\gamma = 2T_N/C = 2 \times 68/139 = 0.98$. Der Austauschkoeffizient ist nicht nur negativ, sondern hat auch einen beträchtlich kleineren Betrag als der Koeffizient für Eisen. ◆

Neutronenstreuung
Weil die Amplitude von Neutronenwellen, die von Atomen gestreut werden, von den relativen Richtungen zwischen dem atomaren Spin und dem Neutronenspin abhängt, wird Neutronenstreuung zur Untersuchung der magnetischen Ordnung verwendet. Wenn der einfallende Strahl polarisiert ist, haben alle Neutronenspins die gleiche Richtung. Die Atomstreufaktoren sind für Atome mit unterschiedlichen Spinrichtungen verschieden. Die Beugungsdiagramme können zur Identifizierung von ferromagnetischer, ferrimagnetischer, antiferromagnetischer und paramagnetischer Ordnung verwendet werden. Neutronenstreuung wurde bei der Entdeckung vieler Antiferromagneten und zur Bestimmung von Neeltemperaturen benutzt.
Wir betrachten antiferromagnetisches MnF_2 mit einer Einheitszelle, die im Bild 11-21 dargestellt ist. Wir nehmen an, daß (100)-Reflexionen untersucht werden, indem man einen einfallenden Strahl von polarisierten monoenergetischen Neutronen so ausrichtet, daß die Wellen, die von den Atomen an den Ecken der Zel-

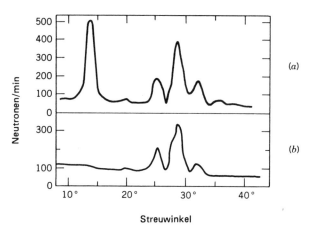

Bild 11-22 Durch Neutronenstreuung gewonnene Pulverdiagramme von MnF_2: (a) im antiferromagnetischen Zustand und (b) im paramagnetischen Zustand. Der (100)-Peak verschwindet bei hohen Temperaturen. (Nach R. A. Erickson, *Phys. Rev.* **90**:779, 1953. Mit Erlaubnis der Autoren).

len gestreut werden, ein Interferenzmaximum ergeben. In der paramagnetischen Phase sind alle Manganatome gleichwertig. Es werden keine Beugungsmaxima beobachtet, da die Wellen, die von den Atomen in den Raumzentren gestreut werden, sich mit denen auslöschen, die von den Atomen an den Ecken gestreut werden. Unterhalb der Neeltemperatur haben die Spins von diesen zwei Anordnungen von Atomen jedoch nicht die gleiche Richtung. Die Atome sind nicht mehr äquivalent. Eine völlige Auslöschung erscheint bei der Interferenz nicht mehr, und ein Maximum wird beobachtet. Bild 11-22 zeigt typische Anordnungen von Peaks für antiferromagnetisches und paramagnetisches MnF_2. Neutronenbeugung kann zur Untersuchung von Spinrichtungen benutzt werden. Nehmen wir an, die Spins der einfallenden Neutronen liegen längs der Ausbreitungsrichtung, und (001)-Reflexionen werden beobachtet. Wenn die atomaren Spins senkrecht zu den (001)-Ebenen liegen, wie das im antiferromagnetischen MnF_2 der Fall ist, werden die Wellen identisch von den Atomen beider Untergitter gestreut, und es wird kein Maximum beobachtet. Ein schwaches (001)-Maximum wird bei NiF_2 beobachtet. Das weist darauf hin, daß die atomaren Spins nicht exakt senkrecht zu den (001)-Ebenen liegen.

11.5 Spinwellen

Wir betrachten eine Reihe von N magnetischen Atomen. Jedes hat einen Spin **S** und jedes steht über die Heisenbergsche Austauschwechselwirkung in Wechselwirkung mit seinen nächsten Nachbarn. Das System ist in seinem Grundzustand, wenn alle Spins ausgerichtet sind, sagen wir z.B. parallel zur z-Achse. Wir könnten erwarten, daß der erste angeregte Zustand aus einem Atom mit $S_z = S - \hbar$ und $N - 1$ Atomen mit $S_z = S$ besteht. Das ist aber nicht so. Das effektive Feld, das durch den nicht ausgerichteten Spin erzeugt wird, liegt nicht in Richtung der

11.5 Spinwellen

z-Achse. Die benachbarten Spins machen Präzessionsbewegungen um die Richtung des effektiven Feldes und bewegen sich bald von der z-Achse weg. Wir müssen eine Kollektivbeschreibung der Spins suchen, die sehr ähnlich zur Kollektivbeschreibung der Atomschwingungen ist.

Wir beginnen mit den Bewegungsgleichungen. Das effektive Feld am Atom p wird durch $\mathbf{B}_{\text{eff}} = -(J_e/g\mu_B\hbar)(\mathbf{S}_{p-1} + \mathbf{S}_{p+1})$ bestimmt und das Drehmoment, das auf den Spin $\mathbf{S}_p$ wirkt, ist durch $\mu \times \mathbf{B}_{\text{eff}} = -(g\mu_B/\hbar)\mathbf{S} \times \mathbf{B}_{\text{eff}}$ gegeben. Damit erhält man

$$\frac{d\mathbf{S}_p}{dt} = \frac{J_e}{\hbar^2} \mathbf{S}_p \times (\mathbf{S}_{p-1} + \mathbf{S}_{p-1}). \tag{11-55}$$

Wir nehmen nun an, daß alle Spins ungefähr in der positiven z-Richtung liegen, dann sind die x- und die y-Komponenten klein, und ihre Produkte können vernachlässigt werden. Die Gleichung 11-55 wird dann befriedigt durch

$$S_{px} = A \cos(kpa - \omega t), \tag{11-56}$$

$$S_{py} = A \sin(kpa - \omega t), \tag{11-57}$$

und

$$S_{pz} = \sqrt{S^2 - A^2}, \tag{11-58}$$

a ist hier der Abstand zwischen benachbarten Spins. Sowohl S_{px} als auch S_{py} haben die Gestalt von fortschreitenden Wellen mit der Amplitude A, der Kreisfrequenz ω und der Ausbreitungskonstanten k. Die Wellen werden Spinwellen genannt. Bei periodischen Randbedingungen nimmt k einen der Werte $2\pi h/Na$ an, wobei h eine ganze Zahl ist und im Bereich von $-1/2N \leq h < +1/2 N$ liegt. Wenn man die Gleichungen 11-56, 11-57 und 11-58 in Gleichung 11-55 einsetzt, erhält man die Dispersionsbeziehung für Spinwellen.

$$\omega = \frac{4J_e S_z}{\hbar^2} \sin^2(1/2 ka). \tag{11-59}$$

Die Algebra ist ähnlich wie die, die im Kapitel 6 bei der Herleitung der Dispersionsrelation für Phononen benutzt wurde.

Eine Spinwelle wird im Bild 11-23 veranschaulicht. Jeder Spin macht Präzessionsbewegungen um die z-Achse mit der Kreisfrequenz ω. Die Phase der Präzessionsbewegung schreitet von Spin zu Spin fort. Benachbarte Spins haben die Phasendifferenz ka.

Ein Ausdruck für die Energie der Spinwelle kann leicht abgeleitet werden. Nach Gleichung 11-38 ist die Gesamtaustauschenergie durch

$$E = -\frac{J_e}{2\hbar^2} \sum_{p=1}^{N} \mathbf{S}_p \cdot (\mathbf{S}_{p-1} + \mathbf{S}_{p+1}) \tag{11-60}$$

11. Magnetische Eigenschaften

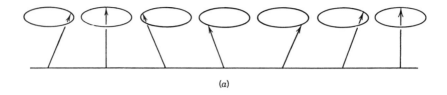

(a)

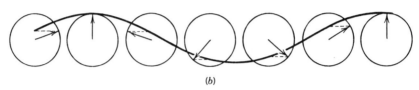

(b)

Bild 11-23 (a) Seitenansicht und (b) Draufsicht auf die Orientierungen atomarer Dipolmomente bei einer fortschreitenden Spinwelle. Alle Momente haben die gleiche Größe und z-Komponente, aber unterschiedliche Phasen in ihren Präzessionsbewegungen. Wenn die Ausbreitungskonstante k und der Atomabstand a sind, schreitet die Phase mit ka von einem Atom zum nächsten fort.

gegeben. Der Faktor $1/2$ ist eingeführt worden, um eine doppelte Zählung der Wechselwirkungen zu vermeiden. Wenn die Gleichung $\mathbf{S}_p = A \cos(kpa - \omega t)\hat{\mathbf{x}} + A \sin(kpa - \omega t)\hat{\mathbf{y}} + S_z\hat{\mathbf{z}}$ verwendet wird, ergibt sich aus Gleichung 11-60

$$E = -\frac{NJ}{\hbar^2}[S^2 - 2A^2\sin^2(1/2\,ka)]. \tag{11-61}$$

Die Dispersionsrelation wird für die folgende Beziehung benutzt

$$E = -\frac{NJ}{\hbar^2}S^2 + \frac{N\omega}{2S_z}A^2 = -\frac{NJ_e}{\hbar^2}S^2 + \frac{N\omega}{2S}A^2. \tag{11-62}$$

Im Nenner des zweiten Ausdrucks wurde S_z näherungsweise durch S ersetzt. Der erste Ausdruck stellt die Energie dar, wenn alle Spins ausgerichtet sind, und der zweite stellt die Energie der Spinwelle dar.

Magnonen

Nach der quantenmechanischen Theorie ist die Energie einer Spinwelle quantisiert. Insbesondere kann eine Welle mit der Kreisfrequenz ω nur eine der Energien $\hbar\omega(n_M + 1/2)$ haben, wobei n_M eine positive ganze Zahl oder Null ist. Ein Quant der Energie der Spinwelle wird Magnon genannt, und n_M ist die Zahl der Magnonen, die zu der Welle gehören.

Um eine Verbindung mit der klassischen Theorie herzustellen, nehmen wir an, daß der zweite Term in Gleichung 11-62 n_M Magnonen darstellt und setzen ihn gleich $n_M \hbar \omega$, danach lösen wir nach A^2 auf:

$$A^2 = \frac{2n_M \hbar}{N} S. \tag{11-63}$$

Die z-Komponente jedes Spins ist durch

$$S_z = \sqrt{S^2 - A^2} = S - \frac{n_M \hbar}{N} \tag{11-64}$$

gegeben, die niedrigste Ordnung in n_M/N.
Nach Gleichung 11-64 beträgt die z-Komponente des Gesamtspins $NS_z = NS - n_M\hbar$. Mit jedem Magnon reduziert sich die z-Komponente des Spins jedes Atoms um $\hbar/N$ und, die z-Komponente des Gesamtspins um $\hbar$. Alle Magnonen tragen in gleicher Weise zum Spindrehimpuls bei, unabhängig von der Frequenz der Spinwelle.

Thermodynamik der Magnonen

Eine der wichtigsten Voraussagen der Spinwellentheorie ist das Tieftemperaturverhalten der Magnetisierung von Ferromagneten. Nach dem Experiment strebt $M \to M_s - AT^{2/3}$, wenn T sehr klein wird. Wir skizzieren nun eine Herleitung der Voraussage der Spinwellentheorie.
Im thermodynamischen Gleichgewicht gehorchen die Magnonen einem Verteilungsgesetz, das identisch mit dem für Phononen ist. Insbesondere gilt für das thermodynamische Mittel der Zahl der Magnonen, die zu einer Welle mit der Frequenz ω gehören,

$$\langle n_M \rangle = \frac{1}{e^{\beta \hbar \omega} - 1}, \tag{11-65}$$

$\beta = 1/k_B T$. Das thermodynamische Gleichgewicht wird durch Austausch von Energie mit dem Phononensystem und mit Defekten erreicht.
Die Gesamtzahl der Magnonen aller Spinwellen wird durch

$$\langle n_M \rangle_{\text{total}} = \int_0^{\omega_{\text{max}}} \frac{D(\omega)}{e^{\beta \hbar \omega} - 1} d\omega \tag{11-66}$$

beschrieben. $D(\omega) \, d\omega$ ist die Dichte der Spinwellenzustände. Bei tiefen Temperaturen werden nur niederfrequente Wellen angeregt, und dafür ist ω proportional zu k^2. Die Dichte der Zustände ist proportional zu $\omega^{1/2}$ und wir können schreiben

$$\langle n_M \rangle_{\text{total}} = A \int_0^{\omega_{\text{max}}} \frac{\omega^{1/2}}{e^{\beta \hbar \omega} - 1} d\omega = A \frac{(k_B T)^{3/2}}{\hbar^{3/2}} \int_0^{\beta \hbar \omega_{\text{max}}} \frac{x^{1/2} dx}{e^x - 1}. \tag{11-67}$$

Dabei ist A eine Proportionalitätskonstante, und $x = \beta\hbar\omega$ wird als Integrationsvariable benutzt. Bei tiefen Temperaturen ist die obere Grenze groß und kann deshalb durch ∞ ersetzt werden. Das Integral ist dann unabhängig von T, und $\langle n_M \rangle_{total}$ ist proportional zu $T^{3/2}$. Da die Magnetisierung proportional zu $NS - \langle n_M \rangle_{total}$ ist, sagt die Theorie die Temperaturabhängigkeit der Magnetisierung korrekt voraus. Wie Aufgabe 17 zeigt, folgt aus der Curie-Weiß Theorie eine andere Temperaturabhängigkeit.

11.6 Magnetische Resonanzerscheinungen

Magnetische Resonanzexperimente werden durchgeführt, um den Landeschen g-Faktor zu bestimmen und um lokale magnetische Felder und Austauschfelder zu untersuchen. Die Resonanzmessungen werden zusammen mit theoretischen Betrachtungen dazu verwendet, die räumliche Umgebung von magnetischen Atomen zu bestimmen.

Magnetische Resonanz

Die Idee ist einfach. Wir nehmen an, daß ein statisches Induktionsfeld $B_0\hat{z}$ an einen paramagnetischen Festkörper, der identische magnetische Ionen enthält, angelegt wird. Jedes Moment macht Präzessionsbewegungen um die Richtung von $\mathbf{B}_0$ mit der Kreisfrequenz $\omega_0 = (g\mu_B/\hbar)B_0$. Das Bild 11-24a zeigt eine Gruppe von Dipolmomenten mit identischen z-Komponenten. Sie sind für den Fall dargestellt, daß der stationäre Zustand bereits erreicht ist, und sie haben eine statistische Verteilung der Phasen. Wenn alle Momente aufgezeichnet werden, die ihre Enden am selben Punkt haben, wie das in b der Fall ist, dann sind sie gleichmäßig auf der Oberfläche eines Kegels verteilt. Als Ergebnis dessen verschwinden die Komponenten der Magnetisierung senkrecht zu $\mathbf{B}$.

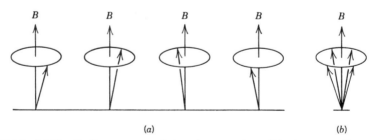

Bild 11-24 (a) Eine Reihe von magnetischen Atomen, deren Dipolmomente Präzessionsbewegungen um ein statisches magnetisches Induktionsfeld $\mathbf{B}$ ausführen. (b) Die Momentvektoren sind vom selben Ursprung aus gezeichnet. Im stationären Zustand sind die Vektoren gleichmäßig auf der Oberfläche eines Kegels verteilt, und die resultierende Magnetisierung verläuft parallel zu $\mathbf{B}$. Wenn verschiedene Atome Spins mit unterschiedlichen z-Komponenten haben, müßte das Diagramm mehrere konzentrische Kegel, einen für jeden Wert von μ_z, aufweisen.

11.6 Magnetische Resonanzerscheinungen

Bei typischen Magnetresonanzexperimenten wird ein zweites magnetisches Feld, das in der xy-Ebene liegt und in Richtung der Dipolpräzession rotiert, dazu benutzt, die Dipolverteilung zu stören. Zwei Erscheinungen treten gleichzeitig auf. Die Dipole machen Präzessionsbewegungen um die Richtung des kombinierten Feldes, und sie haben das Bestreben zu der Verteilung, die im Bild 11-24b gezeigt wird, zurückzukehren. Das rotierende Feld ist in Resonanz mit den Dipolen, wenn das Feld die gleiche Winkelgeschwindigkeit hat wie die Dipolpräzession um das statische Feld.

Relaxationszeiten

Die klassische Mechanik kann dazu verwendet werden, die meisten der von uns benötigten Relationen zu liefern. Wenn Relaxation vernachlässigt wird, ist die Bewegungsgleichung für ein Dipolmoment $d\mu/dt = -\gamma\mu \times \mathbf{B}$, wobei γ gleich $g\mu_B/\hbar$ ist und $\mathbf{B}$ die Summe aus dem statischen und dem rotierenden Feld. Die Magnetisierung folgt $d\mathbf{M}/dt = -\gamma\mathbf{M} \times \mathbf{B}$ oder, falls ein Relaxationsterm hinzugefügt wird

$$\frac{d\mathbf{M}}{dt} = -\gamma\mathbf{M} \times \mathbf{B} + \left(\frac{d\mathbf{M}}{dt}\right)_{\text{relax}}. \tag{11-68}$$

Die Relaxation der Magnetisierung kann durch zwei Relaxationszeiten, eine für die z-Komponente und eine andere für die x- und y-Komponenten, beschrieben werden. Die z-Komponente nähert sich $M_0 (= \chi B_0/\mu_0)$, deshalb wird $(dM_z/dt)_{\text{relax}} = -(M_z - M_0)/\bar{t}_1$. Die anderen Komponenten streben gegen Null, damit wird $(dM_x/dt)_{\text{relax}} = -M_x/\bar{t}_2$ und $(dM_y/dt)_{\text{relax}} = -M_y/\bar{t}_2$. Die beiden Relaxationszeiten $\bar{t}_1$ und $\bar{t}_2$ sind verschieden, weil sie zu unterschiedlichen Prozessen gehören.
Die Relaxation der z-Komponente ist in erster Linie das Ergebnis von Spin-Phonon-Wechselwirkungen[*] und schließt den Austausch von Energie zwischen dem Dipol und dem Phononensystem ein. Phononenwechselwirkungen ändern den Winkel zwischen einem Dipolmoment und der z-Achse. Sie ändern auch die x- und y-Komponenten der Magnetisierung. Sie verursachen jedoch nicht notwendig ein Verschwinden dieser Komponenten. Ein anderer Prozeß, die Spin-Spin-Relaxation, verteilt die Momente gleichmäßig über die Oberfläche eines Kegels. Jeder Dipol unterliegt kleinen Feldschwankungen, die durch Nachbarn verursacht werden. Deshalb machen Dipole Präzessionsbewegungen mit leicht unterschiedlichen Frequenzen, und die Präzessionsfrequenzen ändern sich ständig. Selbst wenn mehrere Dipole mit fast der gleichen Orientierung starten, bleiben sie im Verlaufe der Zeit nicht parallel. Schließlich sind ihre Projektionen auf die xy-Ebene statistisch verteilt, und M_x und M_y verschwinden. Die Dipole tauschen Energie untereinander aus, aber nicht mit der Umgebung. Folglich ist die Spin-Spin-Relaxation viel schneller als die Spin-Phonon-Relaxation.

---

[*] In Diskussionen der Resonanzerscheinungen wird das Wort Spin benutzt, um den Drehimpuls zu bezeichnen, sogar wenn ein Teil davon Bahndrehimpuls ist.

Wenn Relaxationsterme berücksichtigt werden, erhält man für die kartesischen Komponenten von Gleichung 11-68

$$\frac{dM_z}{dt} = -\gamma[M_x B_y - M_y B_x] - \frac{M_z - M_0}{\bar{t}_1}, \qquad (11\text{-}69)$$

$$\frac{dM_x}{dt} = -\gamma[M_y B_z - M_z B_y] - \frac{M_x}{\bar{t}_2}, \qquad (11\text{-}70)$$

und

$$\frac{dM_y}{dt} = -\gamma[M_z B_x - M_x B_z] - \frac{M_y}{\bar{t}_2}. \qquad (11\text{-}71)$$

Diese Gleichungen sind als Blochgleichungen für die Magnetisierung bekannt.

Magnetisierung und die Absorption von Leistung

Für das rotierende Feld soll gelten $B_1[\cos(\omega t)\hat{x} + \sin(\omega t)\hat{y}]$. Wenn ω positiv ist, rotiert das Feld um die z-Achse in Richtung der Dipolpräzession. Wir ersetzen **B** $= B_1 \cos(\omega t)\hat{x} + B_1 \sin(\omega t)\hat{y} + B_0\hat{z}$ in den Gleichungen 11-69, 11-70 und 11-71, und dann lösen wir nach **M** auf. Im stationären Zustand gilt $M_x = M_1 \cos(\omega t) + M_2 \sin(\omega t)$, $M_y = M_1 \sin(\omega t) - M_2 \cos(\omega t)$ und M_z = constant. Diese gefundene Lösung beschreibt eine Magnetisierung konstanter Größe, die mit dem Feld um die z-Achse rotiert. Ausdrücke für M_1, M_2 und M_z erhält man aus den Gleichungen 11-69, 11-70 und 11-71. Das sind

$$M_1 = \frac{\gamma \bar{t}_2^2 M_0(\omega_0 - \omega)}{1 + (\omega - \omega_0)^2 \bar{t}_2^2 + \gamma^2 \bar{t}_1 \bar{t}_2 B_1^2} B_1, \qquad (11\text{-}72)$$

$$M_2 = \frac{\gamma \bar{t}_2 M_0}{1 + (\omega - \omega_0)^2 \bar{t}_2^2 + \gamma^2 \bar{t}_1 \bar{t}_2 B_1^2} B_1, \qquad (11\text{-}73)$$

und

$$M_z = M_0 - \frac{\gamma^2 \bar{t}_1 \bar{t}_2 M_0}{1 + (\omega - \omega_0)^2 \bar{t}_2^2 + \gamma^2 \bar{t}_1 \bar{t}_2 B_1^2} B_1^2. \qquad (11\text{-}74)$$

Dabei ist $\omega_0 = \gamma B_0$.
Die Energie pro Volumeneinheit des Dipolsystems beträgt $-\mathbf{M} \cdot \mathbf{B}$. Im stationären Zustand ist sie konstant. Trotzdem wird natürlich Energie vom Feld geliefert und durch Phononen absorbiert. Die absorbierte Leistung pro Volumeneinheit des Festkörpers wird aus $P = \mathbf{B} \cdot (d\mathbf{M}/dt)_{\text{relax}}$ bestimmt oder, wenn die Ausdrücke für die Komponenten von $(d\mathbf{M}/dt)_{\text{relax}}$ verwendet werden, aus

$$P = -\frac{B_0}{\bar{t}_1}(M_z - M_0) - \frac{B_1}{\bar{t}_2} M_1. \qquad (11\text{-}75)$$

Schließlich erhält man unter Verwendung der Gleichungen 11-72 und 11-74

$$P = \frac{\omega\gamma\bar{t}_2 M_0 B_1^2}{1 + (\omega - \omega_0)^2 \bar{t}_2^2 + \gamma^2 \bar{t}_1 \bar{t}_2 B_1^2} \quad . \tag{11-76}$$

Im Bild 11-25a wurde ω_0 verändert und die absorbierte Leistung P als Funktion von $(\omega - \omega_0)\bar{t}_2$ graphisch dargestellt. Die Funktion hat ein Maximum, wenn $\omega_0 = \omega$ ist oder, was das gleiche ist, wenn $B_0 = \hbar\omega/g\mu_B$.

Resonanzexperimente

Bei einem Resonanzexperiment wird das angelegte statische Feld durch einen großen Elektromagneten produziert, und das rotierende Feld besteht aus der magnetischen Komponente einer zirkular polarisierten elektromagnetischen Welle.

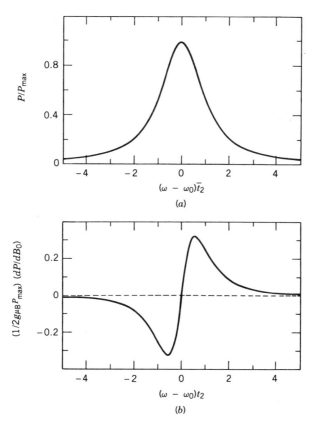

Bild 11-25 Magnetische Resonanzkurven. (a) Die absorbierte Leistung als Funktion von $(\omega - \omega_0)\bar{t}_2$, wobei $\omega_0 = (g\mu_B/\hbar) B_0$ ist. (b) Die Ableitung der absorbierten Leistung. ω ist hier immer die Kreisfrequenz des angelegten Strahlungsfeldes, und $\bar{t}_2$ ist die Spin-Spin-Relaxationszeit. Im Resonanzfall hat die absorbierte Leistung ein Maximum und ihre Ableitung ist Null.

Die Strahlungsintensität wird vor und nach der Wechselwirkung der Welle mit der Probe gemessen, und die absorbierte Leistung wird dann berechnet.
Bei im Labor üblichen Magnetfeldern liegen die Resonanzfrequenzen im Mikrowellenbereich des elektromagnetischen Spektrums. Nehmen wir an, daß ein statisches Feld von 0.3 T an ein Dipolsystem mit $g = 1$ angelegt wird. Die Resonanzkreisfrequenz beträgt dann $(g\mu_B/\hbar)B_0 = (1 \times 9.27 \times 10^{-24} / 1.05 \times 10^{-34}) \times 0.3 = 2.6 \times 10^{10}$ rad/s; das entspricht einer Wellenlänge von 7.2 cm.
Bei den meisten Experimenten wird die Mikrowellenfrequenz festgehalten, und das statische Feld wird solange verändert, bis die Resonanz erreicht ist. B_0 kann leicht durch Änderung des Stromes durch die Spulen des Elektromagneten verändert werden. Die Frequenz des Strahlungsfeldes ist dagegen durch die Geometrie des Mikrowellenresonantors und des verwendeten Wellenleiters vorgegeben und deshalb viel schwerer zu verändern.
Die absorbierte Leistung ist ein kleiner Bruchteil der Eingangsleistung und deshalb ist sie ziemlich schwer nachzuweisen. Meistens wird ein schwaches oszillierendes Induktionsfeld dem starken statischen Feld überlagert. Dann oszilliert auch P, und die Amplitude dieser Oszillation wird nachgewiesen. Die Daten werden im allgemeinen durch dP/dB_0 als Funktion von B_0 dargestellt, wie das auch in Bild 11-25b gezeigt wird. Der Wert von B_0, der der Resonanz entspricht, liegt am Nulldurchgang der Funktion.
Resonanzspektrometer haben einen weiten Kennlinienbereich. Üblicherweise kann das statische Feld von 0 bis 1 T verändert werden, einige haben sogar eine obere Grenze, die über 2 T liegt. Es wird in verschiedenen Spektrometern mit einer Frequenz von einigen hundert Hertz bis zu einigen hundert Kilohertz moduliert. Das rotierende Feld hat im allgemeinen eine Frequenz von etwa 10^{10} Hz und eine Amplitude, die zwischen 10^{-10} und 10^{-5} T liegt.
Wenn das angelegte Feld viel größer als das im Inneren erzeugte Feld ist, dann ist sein Wert etwa der gleiche wie B_0 und kann zur Bestimmung des g-Faktors für Elektronenzustände benutzt werden: $g = \hbar\omega/\mu_B B_0$. Der Wert von g kann z.B. dazu verwendet werden, den Bereich zu bestimmen, in dem der Bahndrehimpuls ausgelöscht ist. Resonanzexperimente können auch bei magnetisch geordneten Materialien durchgeführt werden, und die erhaltenen Daten können zur Bestimmung des Austauschfeldes genutzt werden.
Viele Proben liefern eine ganze Reihe von Resonanzlinien, die zu Zuständen oberhalb des Grundzustandes gehören. Eine der wichtigsten Anwendungen von Elektronenresonanzexperimenten ist das Studium der Struktur von tiefliegenden Energieniveaus an magnetischen Atomen. Die Folge von g-Faktoren, die man für eine Probe erhält, ist oft dazu geeignet, die Atome in der Probe zu identifizieren. Da die Fläche unter der Resonanzkurve proportional zur Zahl der Atome ist, die zu der Kurve einen Beitrag liefern, kann sowohl die Art als auch die Konzentration der magnetischen Atome experimentell bestimmt werden. Aus der Folge der tiefliegenden Niveaus in einer ferromagnetischen Probe kann oft auf die lokale Umgebung des Atoms geschlossen werden.

Magnetische Kernresonanz (NMR)

Resonanzexperimente können auch mit Kerndipolmomenten durchgeführt werden. Ein Proton hat ein magnetisches Moment von 2.79μ_N in der Richtung seines Spins, und ein Neutron hat ein magnetisches Moment von 1.91μ_N, entgegengesetzt zu seiner Spinrichtung gerichtet. μ_N ist das Kernmagneton, das nach $e\hbar/2M_p$ = 5.05 × 10^{-27} J/T bestimmt wird. M_p ist die Protonenmasse. Das Kernmagneton ersetzt in den Ausdrücken in diesem Abschnitt das Bohrsche Magneton. Da es um drei Größenordnungen kleiner als das Bohrsche Magneton ist, sind die Protonenresonanzfrequenzen geringer als die Elektronenresonanzfrequenzen. Für g = 1 und B = 0.3 T liegt die Kreisfrequenz der Protonenresonanz bei 1.4 × 10^7 rad/s; das entspricht einer Wellenlänge von 130 m. Sie liegt also im Radiowellenbereich des elektromagnetischen Spektrums.

Magnetische Felder, die durch Elektronen erzeugt werden, liefern einen Beitrag zum Gesamtfeld am Kern und beeinflussen die Bestimmung der Kernresonanzfrequenz. Wenn sich die Elektronenbeiträge in der Nähe des Kerns ändern, verschiebt sich folglich die Resonanzfrequenz etwas. Die chemische Verschiebung, wie diese Verschiebung genannt wird, wird zur Untersuchung der Elektronenverteilungen um die Kerne herum in Molekülen und Festkörpern benutzt.

Die NMR ist auch ein wichtiges analytisches Werkzeug in der diagnostischen Medizin geworden. Die Probe ist der Patient und das Gerät wird auf die Resonanzlinie eines Protons im Wasserstoff abgestimmt. Die absorbierte Leistung zeigt die Konzentration von Wasserstoff im untersuchten Teil des Körpers an. Dadurch können verschiedene Gewebearten voneinander unterschieden werden und Bereiche, in denen die Wasserstoffkonzentration anormal ist, wie z.B. bei Tumoren oder speziellen Herzerkrankungen identifiziert werden. In vielen Fällen kann diese Prozedur die untersuchende Chirurgie ersetzen.

11.7 Literatur

Allgemeines

L. F. Bates, *Modern Magnetism* (London/New York: Cambridge Univ. Press, 1961).

S. Chikazumi, *Physics of Magnetism* (New York: Wiley, 1964).

B. D. Cullity, *Introduction to Magnetic Materials* (Reading, MA: Addison-Wesley, 1972).

D. H. Martin, *Magnetism in Solids* (Cambridge, MA: MIT Press, 1967).

D. C. Mattis, *Theory of Magnetism* (New York: Harper & Row, 1965).

A. H. Morrish, *Physical Principles of Magnetism* (New York: Wiley, 1966).

G. T. Rado and H. Suhl (Eds.), *Magnetism* (New York: Academic, 1963–); Multivolume set.

D. Wagner, *Introduction to the Theory of Magnetism* (Elmsford, NY: Pergamon, 1972).

R. M. White, *Quantum Theory of Magnetism* (New York: McGraw-Hill, 1970).

Magnetisch geordnete Materialien

B. R. Cooper, „Magnetic Properties of Rare Earth Metals" in *Solid State Physics* (F. Seitz, D. Turnbull, and H. Ehrenreich, Eds.), Vol. 21, p. 393, (New York: Academic, 1968).

D. J. Crack and R. S. Tebble, *Ferromagnetism and Ferromagnetic Domains* (Amsterdam: North-Holland, 1966).

E. Della Torre and A. H. Bobeck, *Magnetic Bubbles* (Amsterdam: North-Holland, 1974).

H. J. Jones, *Magnetic Interactions in Solids* (London/New York: Oxford Univ. Press, 1973).

C. Kittel and J. K. Galt, „Ferromagnetic Domain Theory" in *Solid State Physics* (F. Seitz and D. Turnbull, Eds.), Vol. 3, p. 437 (New York: Academic, 1956).

C. Kittel, „Indirect Exchange Interactions in Metals" in *Solid State Physics* (F. Seitz, D. Turnbull, and H. Ehrenreich, Eds.), Vol. 22, p. 1 (New York: Academic, 1968).

J. S. Smart, *Effective Field Theories of Magnetism* (Philadelphia: Saunders, 1966).

J. H. Van Vleck, „A Survey of the Theory of Ferromagnetism" in *Rev. Mod. Phys.* **17**:27, 1945.

Magnetische Resonanz

A. Abragam, *The Principles of Nuclear Magnetism* (London/New York: Oxford Univ. Press, 1961).

M. Bersohn and J. C. Baird, *An Introduction of Electron Paramagnetic Resonance* (New York: Benjamin, 1966).

W. Low, *Paramagnetic Resonance in Solids* (New York: Academic, 1960).

G. E. Pake, *Paramagnetic Resonance* (New York: Benjamin, 1962).

C. P. Poole, Jr., *Electron Spin Resonance* (New York: Interscience, 1967).

J. Talpe, *Theory of Experiments in Paramagnetic Resonance* (Elmsford, NY: Pergamon, 1971).

J. E. Wertz and J. R. Bolton, *Electron Spin Resonance* (New York: McGraw-Hill, 1972).

Aufgaben

1. Man betrachte einen magnetischen Dipol μ in einem konstanten magnetischen Induktionsfeld **B**, das parallel zur z-Achse verläuft. (a) Man bestätige, daß $\mu_x = A \cos(\omega_L t + \phi)$ und $\mu_y = A \sin(\omega_L t + \phi)$ der Beziehung $d\mu/dt = -(e/2m)\mu \times \mathbf{B}$ genügen, wenn $\omega_L = eB/2m$ ist. (b) Was bedeutet die Rotation von μ? (c) Man zeige, daß μ einen konstanten Betrag hat. (d) Man bestimme einen Ausdruck für die Komponenten von μ, wenn **B** in negativer z-Richtung verläuft.

2. Die normierte Elektronenwellenfunktion für den Grundzustand des Wasserstoffatoms lautet

$$\psi(\mathbf{r}) = \frac{1}{\sqrt{\pi}} \frac{1}{a_0^{3/2}} e^{-r/a_0},$$

wobei a_0 der Bohrsche Radius ist, 5.29×10^{-11} m. (a) Man berechne die molare diamagnetische Suszeptibilität und vergleiche sie mit dem als richtig angenommenen Wert von 2.97×10^{-11} m³/mol. (b) Wie groß ist das magnetische Dipolmoment eines Wasserstoffatoms in einem Induktionsfeld von 0.5 T?

3. Der diamagnetische Beitrag des Rumpfes zur molaren Suszeptibilität von Natrium beträgt -6.1×10^{-12} m³/mol. Man schätze den mittleren Abstand der Rumpfelektronen vom nächsten Kern ab. Man bestimme auch das Dipolmoment eines Natriumrumpfes in einem magnetischen Induktionsfeld von 0.50 T.

4. (a) Man verwende die Hundschen Regeln, um L', S' und J' für den Grundzustand eines Vanadiumions mit drei Elektronen in der 3d-Schale zu bestimmen. Man nehme dazu an, daß der Bahndrehimpuls nicht ausgelöscht ist. Welchen Wert nimmt der Landesche g-Faktor an? Welchen Betrag hat das magnetische Dipolmoment? (b) Wenn der Bahndrehimpuls vollkommen ausgelöscht ist, welche Werte nehmen dann L', S', J' und g an? Welchen Betrag hat das magnetische Dipolmoment dann?

5. (a) Man benutze die Hundschen Regeln, um den Landeschen g-Faktor für alle möglichen Besetzungszahlen (1 bis 10) der d-Schale zu berechnen. Man setze dabei voraus, daß sich die Atome im Grundzustand befinden und der Bahndrehimpuls nicht ausgelöscht ist. (b) Bei welchen Besetzungszahlen verschwindet das magnetische Dipolmoment? Welche Atome haben diese Besetzungszahlen? (c) Bei welcher Besetzungszahl hat das magnetische Dipolmoment seinen größten Wert? Welches Atom hat diese Besetzungszahl? (d) Wie lauten die Antworten zu den Aufgaben (b) und (c), wenn der Bahndrehimpuls vollkommen ausgelöscht ist?

6. Jedes magnetische Ion in einem paramagnetischen Salz soll einen Gesamtdrehimpuls $\hbar$ und einen Landeschen g-Faktor von 2 haben. Man berechne für ein magnetisches Induktionsfeld von 0.70 T den Anteil der Atome mit $J_z = +\hbar$, mit $J_z = 0$ und mit $J_z = -\hbar$ bei einer Temperatur von $T = 300$ K. Wie groß ist das mittlere atomare Dipolmoment?

7. Die Gleichung 11-25 kann sehr leicht aus Gleichung 11-23 hergeleitet werden. (a) Man setze $W = \Sigma e^{-\beta g \mu_B M_j B}$ und zeige, daß $B \langle \mu_z \rangle = d(\ln W)/d\beta$ gilt. Man zeige, daß

$$W = \frac{\sinh[\beta g \mu_B (J' + 1/2) B]}{\sinh[1/2 \beta g \mu_B B]}$$

gilt. (c) Man kombiniere die Ergebnisse von (a) und (b) und zeige, daß

$$\langle \mu_z \rangle = g\mu_B(J' + 1/2)\coth[\beta g\mu_B(J' + 1/2)B] - 1/2 g\mu_B \coth[1/2 \beta g\mu_B B]$$

gilt.

8. Man betrachte ein paramagnetisches Salz in einem Induktionsfeld $B\hat{z}$. Wenn jedes magnetische Ion eine Drehimpulsquantenzahl J' hat, dann gilt für die Helmholtzsche freie Energie F pro magnetisches Ion

$$e^{-\beta F} = \sum_{M_j = -J'}^{J'} e^{-\beta g\mu_B M_j B}.$$

(a) Man betrachte F als Funktion von B und β und zeige, daß $\partial(\beta F)/\partial \beta = -\langle \mu_z \rangle B$ gilt. Das ist die mittlere Energie E pro magnetischem Ion. (b) Aus der Thermodynamik ist bekannt, daß $F = E - TS$ ist. Dabei ist S die Entropie pro magnetischem Ion und $E = -\langle \mu_z \rangle B$. Man zeige, daß $S = k_B \beta^2 (\partial F/\partial \beta)$ gilt. Außerdem zeige man, daß

$$S = k_B \ln \sum e^{--\beta g\mu_B M_j B} + k_B \beta \frac{\sum g\mu_B M_j B e^{-\beta g\mu_B M_j B}}{\sum e^{-\beta g\mu_B M_j B}}$$

gilt. (c) Der magnetische Beitrag zur spezifischen Wärme pro Ion bei konstantem Volumen und Induktionsfeld beträgt $C = T(\partial S/\partial T)_{\tau B}$. Man zeige, daß für den Grenzfall eines schwachen Feldes ($g\mu_B \cdot B \ll k_B T$)

$$C = \frac{k_B}{3} \left[\frac{g\mu_B B}{k_B T} \right]^2 J'(J' + 1)$$

gilt.

9. Bei Zimmertemperatur ist Sauerstoff ein paramagnetisches Gas mit einer molaren Suszeptibilität von 4.33×10^{-8} m^3/mol. Man bestimme die effektive Zahl der Bohrschen Magnetonen pro Atom und zeige, daß das Ergebnis in Übereinstimmung mit zwei Elektronen in der gleichen s-Schale ist.

10. Die Sättigungsmagnetisierung von Eisen beträgt 1.75×10^6 A/m. Man zeige, daß dieser Wert 2.22 Bohrschen Magnetonen pro Atom entspricht. Die Konzentration der Eisenatome beträgt 8.50×10^{28} m^{-3}.

11. (a) Man schätze den Wert der effektiven Feldkonstanten γ für Nickel ab. Man setze für $n = 9.14 \times 10^{28}$ m^{-3}, für $g = 2$ und für $J' = S' = 0.3$. (b) Man bestimme die Curiekonstante C. (c) Warum hat Nickel eine niedrigere Curietemperatur als Eisen? Man betrachte die Konzentrationen der Atome, die effektiven Felder und die atomaren Dipolmomente.

12. Man setze $J' = S' = 1/2$ und zeige, daß Gleichung 11-28 sich bei Fehlen eines äußeren Feldes reduziert auf

$$\frac{T}{T_c} x = \tanh x.$$

x ist hier $T_c M/TM_s$, und T_c ist die Curietemperatur. Man stelle $\tanh x$ als Funktion von x graphisch dar und verwende diese Darstellung, um M/M_s für die Temperaturverhältnisse $T/T_c = 0.1, 0.5$ und 0.9 abzuschätzen.

13. Zwei Ferromagnete sollen in ihrer Kristallstruktur und in den Abmessungen ihrer Einheitszellen übereinstimmen. Die Spins ihrer Atome sollen identisch sein, aber der Austauschkoeffizient J_e soll für den einen doppelt so groß wie für den anderen sein. Man vergleiche ihre effektiven Feldkonstanten γ, ihre Curiekonstanten C, ihre Sättigungsmagnetisierungen M_s und ihre Curietemperaturen T_c.

14. Zwei Ferromagneten sollen in ihrer Kristallstruktur und in den Abmessungen ihrer Einheitszellen übereinstimmen. Ihre Austauschkoeffizienten J_e sollen ebenfalls übereinstimmen, aber ihre atomaren Spins sollen unterschiedlich sein. Für den einen gilt $S' = 2$ und für den anderen $S' = 1$. Man vergleiche ihre effektiven Feldkonstanten γ, ihre Curiekonstanten C, ihre Sättigungsmagnetisierungen M_s und ihre Curietemperaturen T_c.

15. Man zeige, daß der Austauschkoeffizient J_e für einen Ferromagneten mit der Curietemperatur T_c gegeben ist durch

$$J_e = \frac{3k_B T_c}{zS'(S'+1)}.$$

Jedes Atom hat z identische nächste Nachbarn und jedes Atom hat den Spin S'. Der Bahndrehimpuls ist ausgelöscht. Man verwende diesen Ausdruck, um J_e für Nickel zu berechnen. Nickel hat eine kubisch flächenzentrierte Struktur und eine Curietemperatur von 631 K.

16. Man bestimme die Änderung der Energie des magnetischen Feldes, die dann auftritt, wenn sich eine Domäne bildet. Man betrachte eine einzelne Domäne der Länge l, der Breite w und der Dicke t, die längs ihrer Länge magnetisiert ist, so wie das in Bild 11-16a dargestellt wurde. Ihr Feld kann durch das eines Poles $P_1 = +Mwt$ im Mittelpunkt des einen Endes und eines Poles $P_2 = -Mwt$ im Mittelpunkt des anderen Endes approximiert werden. Die Wechselwirkungsenergie der beiden Pole ist gegeben durch $(\mu_0/4\pi)P_1 P_2/r$, wobei r ihren Abstand kennzeichnet. Die Domäne soll sich nun wie in Bild 11-16b in zwei Domänen aufspalten. Jede neue Domäne hat die Breite $1/2\,w$. (a) Wie groß ist die Änderung der Energie des magnetischen Feldes? (b) Man bestimme die Änderung der Energie, wenn l = 0.50 cm, $w = 0.0020$ cm, $t = 0.0020$ cm und $M = 5.0 \times 10^5$ A/m ist. (c) Man schätze den Anstieg der Austauschenergie ab. Man setze voraus, daß sich die Spins abrupt von $S = 1/2\,\hbar$ auf der einen Seite der Grenze auf $-1/2\,\hbar$ auf der anderen Seite ändern. Der Koeffizient der Austauschenergie soll $J_e = 0.250$ meV und der Abstand der Atome längs der Grenze soll 6.0×10^{-10} m betragen.

17. Man zeige, daß coth (x) für große x durch $1 + 2e^{-2x}$ angenähert werden kann und verwende dieses Ergebnis, um zu beweisen, daß man aus Gleichung 11-28 bei tiefen Temperaturen

$$M = M_s \left[1 - \frac{1}{J'} e^{-\mu_0 \beta g \mu_B \gamma M} \right]$$

erhält. Man schreibe für $M = M_s - \Delta M$ und ersetze M durch M_s im Exponenten und zeige dann, daß

$$\Delta M = \frac{M_s}{J'} e^{-uT_c/T},$$

wobei $u = 3/(J' + 1)$ ist. Das ergibt die Curie-Weißsche Vorhersage für das Tieftemperaturverhalten von Ferromagneten. Sie stimmt nicht mit den experimentellen Befunden überein, diese Diskrepanzen werden aber durch die Spinwellentheorie beseitigt.

18. Man zeige, daß die Energie für Spinwellen in einem dreidimensionalen Ferromagneten bei tiefen Temperaturen durch

$$E = \frac{\tau_s}{4\pi^2} \frac{(k_B T)^{5/2}}{(A\hbar)^{3/2}} \int_0^\infty \frac{x^{3/2}\,dx}{e^x - 1}$$

gegeben ist, wenn die Dispersionsrelation für Spinwellen $\omega = Ak^2$ lautet. Man verwende dieses Resultat, um zu zeigen, daß der Beitrag der Spinwellen zur spezifischen Wärme bei tiefen Temperaturen proportional zu $T^{3/2}$ ist.

19. Man nehme an, daß die übernächsten Nachbarn eines Atoms in einem Antiferromagneten zum lokalen Feld beitragen. Die lokalen Felder für die beiden Untergitter sollen sein: $B_A = -\mu_0(\gamma_1 M_B + \gamma_2 M_A)$ und $B_B = -\mu_0(\gamma_1 M_A + \gamma_2 M_B)$. (a) Man zeige, daß $T_N = 1/2\,C(\gamma_1 - \gamma_2)$ und $\chi = C/(T + \theta)$ ist, wobei $\theta = 1/2\,C(\gamma_1 + \gamma_2)$ gilt. (b) Man schätze γ_1 und γ_2 für MnO, einen Antiferromagneten mit NaCl Struktur ab. Die Würfelkantenlänge beträgt 4.445×10^{-10} m und das Dipolmoment jedes Manganions $5.0\mu_B$. $T_N = 116$ K und $\theta = 610$ K.

20. Neutronenstreuung wird zur Identifizierung eines Antiferromagneten mit einfach kubischer Struktur (Würfelkantenlänge a) verwendet. Längs der $\langle 100 \rangle$ Richtung sollen sich die Atome abwechseln, abwechselnd Spins in entgegengesetzten Richtungen und unterschiedliche Atomformfaktoren haben. Alle Atome einer (100)-Fläche haben Spins in gleicher Richtung. (a) Man nehme als magnetische Einheitszelle einen Würfel mit der Kantenlänge $2a$ und berechne den Strukturfaktor für jeden der folgenden Peaks (indiziert in

der magnetischen Einheitszelle): (100), (110), (111), (200), (210), (220), (211) und (311). (b) Welche Peaks verschwinden bei Temperaturen oberhalb der Neeltemperatur?

21. Eine elektromagnetische Resonanzlinie erscheint für $B = 0.35\,T$ in einem 9.5 GHz-Strahlungsfeld. (a) Welchen Wert hat g? (b) Man nehme zwei Dipolmomente an, die beginnen sich auszurichten, eins im Feld B_0 und das andere im Feld $B_0 + \delta B_0$. Welche Zeit später haben sie eine Phasendifferenz von π in ihren Präzessionsbewegungen? δB_0 soll einen Wert von $5.0 \times 10^{-5}\,T$ haben.

22. Bei einem Resonanzexperiment ist die Probe in einem magnetischen Induktionsfeld $\mathbf{B}_0$, das parallel zur z-Achse verläuft, positioniert. Ihre Magnetisierung hat die gleiche Richtung und beträgt $\mathbf{M}_0$. Ein transversales rotierendes Feld mit der Amplitude B_1 wird angeschaltet und bleibt die Zeit $t = \pi/2\gamma\,B_1$ wirksam. Das Feld rotiert mit der Winkelgeschwindigkeit γB_0 im gleichen Sinne wie die Magnetisierung. t_1 soll viel kürzer als $\bar{t}_1$ und $\bar{t}_2$ sein, deshalb können Relaxationseffekte vernachlässigt werden. (a) Man zeige, daß dann M_z der Beziehung $(d^2M_z/dt^2) = -\gamma^2 B_1^2 M_z$ gehorcht. (b) Man zeige, daß $M_z = 0$ wird, wenn das rotierende Feld abgeschaltet wird. (c) Welchen Wert hat $M_x^2 + M_y^2$, wenn das Feld abgeschaltet wird? (d) Man berücksichtige jetzt Relaxationsprozesse und zeichne die z-Komponente der Magnetisierung als Funktion der Zeit auf, nachdem das Feld abgeschaltet wurde.

12. Freie Elektronen und Magnetismus

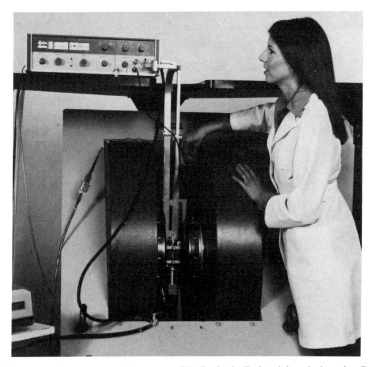

Ein Elektronenspinresonanzspektrometer. Die Probe befindet sich zwischen den Polschuhen des großen Elektromagneten. Von der Quelle über dem Magneten wird elektromagnetische Strahlung erzeugt und durch einen Wellenleiter auf die Probe gebracht.

12.1 Freie Elektronen im Magnetfeld 463	12.3 Paramagnetismus des freien Elektrons 477
12.2 Diamagnetismus des freien Elektrons 473	12.4 Ladungstransport in Magnetfeldern 480

Quasifreie Elektronen tragen zu den magnetischen Eigenschaften von Metallen und Halbleitern bei. Die Einwirkung eines statischen Magnetfeldes auf ein quasifreies Elektronensystem hat drei wichtige Konsequenzen. Erstens ändert sich der Ausbreitungsvektor jedes Elektrons mit der Zeit. Er bewegt sich entlang einer Fläche konstanter Energie im reziproken Raum. Zweitens ändern sich die Elektronenzustände und das Energiespektrum. Die Flächen konstanter Energie bei Anwesenheit eines Feldes unterscheiden sich von jenen ohne Feld. Drittens richten sich die Elektronenspins zum Feld aus. Elektronenbahnbewegungen erzeugen einen diamagnetischen Beitrag zur Suszeptibilität, während Spins einen paramagnetischen Beitrag liefern.

12.1 Freie Elektronen im Magnetfeld

Zyklotronfrequenz

Wir betrachten zuerst die Zeitabhängigkeit des Ausbreitungsvektors eines Elektrons. Im klassischen Sinne führt ein Elektron, das sich mit der Geschwindigkeit v in einer Ebene senkrecht zu einem magnetischen Induktionsfeld **B** bewegt, eine gleichförmige Kreisbewegung mit der Winkelgeschwindigkeit eB/m aus. Das Feld übt eine Zentripetalkraft der Größe evB aus, damit ergibt sich aus dem zweiten Newtonschen Axiom $evB = mv^2/R$, wobei R der Radius der Kreisbahn ist. Die Elektronengeschwindigkeit hat zum Bahnradius die Beziehung $v = (eB/m)R$, daraus ergibt sich die Kreisfrequenz der Kreisbewegung zu $\omega_c = v/R = eB/m$. Die Zyklotronkreisfrequenz, wie ω_c genannt wird, ist doppelt so groß wie die Larmor-Kreisfrequenz. Die Komponente der Geschwindigkeit entlang des Feldes ist konstant, und wenn sie nicht verschwindet, bewegt sich das Elektron auf einer Spiralbahn.

Der Impuls **p** eines Elektrons in einem Magnetfeld genügt der Gleichung $d\mathbf{p}/dt = -e\mathbf{v} \times \mathbf{B}$. Sein Betrag und die Komponente entlang des Feldes sind konstant, aber seine Spitze bewegt sich mit der Kreisfrequenz ω_c um die Richtung des Feldes.

In der Quantendarstellung wird **p** durch $\hbar\mathbf{k}$ ersetzt und **v** durch $(1/\hbar)\nabla_k E$, daraus folgt

$$\frac{d\mathbf{k}}{dt} = -\frac{1}{\hbar^2} e \nabla_k E \times \mathbf{B}. \tag{12-1}$$

Diese Gleichung entspricht Gl. 9-12 für die Änderung von **k** in einem elektrischen Feld. Die elektrische Kraft wurde durch die magnetische Kraft ersetzt.

Wenn das Elektron im Feld Übergänge ausführt, ändert sich seine Energie nicht. $\nabla_k E$ steht senkrecht zu einer Fläche konstanter Energie, und entsprechend Gl. 12-1 ist die Änderung des Ausbreitungsvektors senkrecht zu $\nabla_k E$ und **B**. Damit bewegt sich die Spitze von **k** um die Schnittlinie einer Fläche konstanter Energie und einer Ebene senkrecht zu **B**, wie es in Bild 12-1 gezeigt ist.

Ein Bestseller als Sonderausgabe!

Jearl Walker
Der fliegende Zirkus der Physik
305 Seiten, 229 Abbildungen

Eine Sammlung physikalischer Phänomene. Teils lustig, teils tiefgründig wird über Blitz und Donner, Sanddüne und Seifenblasen, Sonnenbrillen und Wasserleitungen, Colaflaschen und Zucker berichtet. 619 Probleme und Fragen aus der Alltagswelt zum Lesen, Nachdenken, Diskutieren, Knobeln.

Oldenbourg

12.1 Freie Elektronen im Magnetfeld

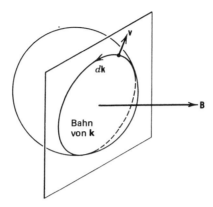

Bild 12-1 Elektronenübergänge in einem konstanten Magnetfeld. Die Kugel stellt eine Fläche konstanter Energie für freie Elektronen dar. Der Ausbreitungsvektor eines Elektrons bewegt sich auf dem Kreis, der durch die Schnittlinie der Kugel mit einer Ebene senkrecht zum Magnetfeld gebildet wird. Das Diagramm berücksichtigt nicht durch das Feld erzeugte Änderungen der Flächen konstanter Energie.

Die Bewegungsrichtung wird durch die Richtungen von $\nabla_k E$ und **B** bestimmt. Bild 12-2a zeigt eine Fläche konstanter Energie in der Nähe der unteren Bandkante. Die Energie wird vom Mittelpunkt der Zone zur Grenze hin größer, und $\nabla_k E$ zeigt nach außen. Wenn **B** aus der Zeichenebene herauszeigt, erfolgen Übergänge entgegen der Uhrzeigerrichtung. Andererseits zeigt *b* eine Fläche nahe der oberen Bandkante. Hier erhöht sich die Energie von der Zonengrenze zur Mitte hin, $\nabla_k E$ zeigt nach innen, und Übergänge erfolgen in der Uhrzeigerrichtung. Solche Bahnen werden Löcherbahnen genannt.

Ein dritter Typ, der offene Bahn genannt wird, ist in Bild 12-2c gezeigt. Die Bahn schneidet die Zonengrenze an zwei Punkten, die den Abstand eines reziproken Gittervektors haben. Wenn das Elektron zu *A* kommt, beginnt es wieder bei *A'*. In den meisten Fällen werden wir uns mit geschlossenen Bahnen beschäftigen. Wir können leicht einen allgemeinen Ausdruck für die Zeit ableiten, die ein Elektron braucht, um Übergänge um eine geschlossene Bahn auszuführen. Betrachten wir Bild 12-3. Es sei $\mathbf{k}_\parallel$ ein unendlicher Bahnabschnitt und $\mathbf{k}_\perp$ die Komponente von **k** senkrecht zur Bahn und zu **B**. Dann wird Gl. 12-1 $dk_\parallel/dt = (eB/\hbar^2) |\partial E/\partial k_\perp|$ oder $dt = (\hbar^2/eB)(1/|\partial E/\partial k_\perp|) dk_\parallel$. Die Periode *T* der Bewegung ist das Linienintegral um die Bahn

$$T = \frac{\hbar^2}{eB} \oint \frac{dk_\parallel}{|\partial E/\partial k_\perp|}. \tag{12-2}$$

Das Integral kann als $\oint |dk_\perp/dE| dk_\parallel = (d/dE) \oint k_\perp dk_\parallel = dS/dE$ geschrieben werden, wobei *S* die Bahnfläche ist. Daraus folgt

$$T = \frac{\hbar^2}{eB} \left| \frac{dS}{dE} \right|. \tag{12-3}$$

12. Freie Elektronen und Magnetismus

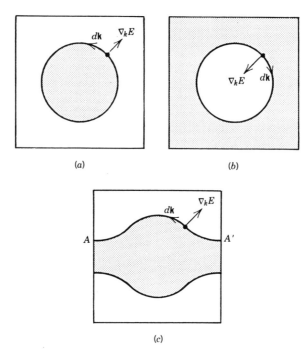

Bild 12-2 Ein aus der Zeichenebene herauszeigendes Magnetfeld hat zur Folge, daß ein Elektron in eine Reihe von Zuständen auf derselben Fläche konstanter Energie springt, wie es durch einen Pfeil angezeigt wird. Die Richtung zunehmender Energie ist durch $\nabla_k E$ angegeben, und Zustände mit einer geringeren Energie als derjenigen des Elektrons sind durch schattierte Bereiche gekennzeichnet. (a) Eine Elektronenbahn, (b) eine Löcherbahn und (c) eine offene Bahn.

Die Komponente von **k** parallel zu **B** wird konstant gehalten, wenn die Ableitung berechnet wird.

Die mit der Bahn von **k** verbundene Kreisfrequenz ist die Zyklotronkreisfrequenz

$$\omega_c = \frac{2\pi}{T} = \frac{2\pi eB}{\hbar |dS/dE|} \,. \tag{12-4}$$

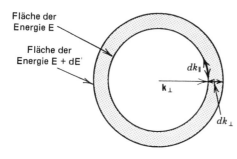

Bild 12-3 Zwei Bahnen im reziproken Raum mit den Energien E und $E + dE$. Das Magnetfeld liegt senkrecht zur Zeichenebene. Die Zeit, die ein Ausbreitungsvektor braucht, um eine Bahn zu durchlaufen, ergibt sich aus $(\hbar^2/eB)/|dS/dE|$, wobei dS das schattierte Gebiet angibt.

12.1 Freie Elektronen im Magnetfeld

Gleichung 12-4 ist komplizierter als der klassische Ausdruck $\omega_c = eB/m$, wenn die Bahn im reziproken Raum nicht kreisförmig ist. Für quasifreie Elektronen mit der skalaren effektiven Masse m^* gilt jedoch $S = \pi k_\perp^2 = \pi\,[(2m^*E/\hbar^2) - k_z^2]$, wobei k_z die Komponente von k in Feldrichtung ist. Damit wird $dS/dE = 2\pi\,m^*/\hbar^2$ und

$$\omega_c = \frac{eB}{m^*}\,. \tag{12-5}$$

Für im Labor typische Magnetfelder ist die Zyklotronkreisfrequenz in der Größenordnung von 10^{10} rad/s. Wenn zum Beispiel $B = 0.5$ T und $m^* = 9.1 \times 10^{-31}$ kg betragen, ist $\omega_c = 8.8 \times 10^{10}$ rad/s.
Selbst wenn das Bahn nicht parabolisch ist, wird Gl. 12-5 benutzt, um die sogenannte effektive Zyklotronmasse zu definieren, deren Größe durch

$$m^* = \frac{eB}{\omega_c} = \frac{eBT}{2\pi} = \frac{\hbar^2}{2\pi}\left|\frac{dS}{dE}\right| \tag{12-6}$$

gegeben ist. Sie kann sich von der effektiven Bandmasse unterscheiden.

Elektronenenergien in einem Magnetfeld

Für ein Feld in der z-Richtung oszillieren die x- und y-Koordinaten eines Elektrons mit der Kreisfrequenz ω_c. Die Quantenmechanik sagt, daß die Energie eines einfachen harmonischen Oszillators in Einheiten von $\hbar\omega$ gequantelt ist, und wir erwarten, daß dasselbe für ein kreisendes Elektron gilt. Tatsächlich ergibt sich die Energie eines quasifreien Elektrons in einem Magnetfeld $B\hat{z}$ aus

$$E = \frac{\hbar^2 k_k^2}{2m^*} + \hbar\omega_c(p + 1/2), \tag{12-7}$$

wobei p eine positive ganze Zahl oder Null ist.* Um den Einfluß der potentiellen Energiefunktion zu berücksichtigen, muß die Elektronenmasse m durch eine effektive Masse m^* ersetzt werden. Das erste Glied stellt den Beitrag der Bewegung in Feldrichtung zur kinetischen Energie dar, während das zweite Glied die Schwingungsenergie ist. Erlaubte Werte der Energie, man nennt sie Landauniveaus, werden mit k_z und p bezeichnet. Sie sind in Bild 12-4 aufgezeichnet. Alle Zustände mit demselben Wert von p liegen im reziproken Raum auf einem Zylinder. Eine Reihe von Zylindern ist in Bild 12-5 gezeigt. Wenn wir uns vorstellen, daß ein Elektron in einem Magnetfeld Übergänge von einem freien Elektronenzustand zu einem anderen macht, dann bewegt sich die Spitze seines **k**-Vektors mit der Winkelgeschwindigkeit ω_c auf einer Kreisbahn auf der Oberfläche ei-

---
* Für eine Ableitung dieses Ergebnisses von der Schrödingergleichung siehe zum Beispiel R. E. Peierls, Quantum Theory of Solids (London/New York: Oxford Univ. Press, 1954).

468   12. Freie Elektronen und Magnetismus

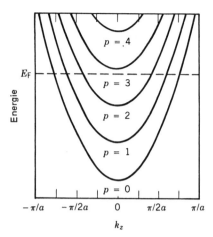

Bild 12-4 Tiefliegende Energieniveaus für ein freies Elektronensystem in einem Magnetfeld.

nes Zylinders. In diesem Sinn wird ein Landauzustand anstatt durch einen Punkt durch einen Kreis im reziproken Raum dargestellt. Da die Energie sowohl von k_z als auch von p abhängt, ist ein Landauzylinder keine konstante Energiefläche. Jede der Kurven in Bild 12-4 zeigt, wie die Energie entlang der Zylinderlänge variiert. Die Energie ist auf jedem Kreis um die Zylinderfläche konstant.

Für viele Festkörper ist natürlich die Elektronenenergie nicht mit k parabolisch. Die oben diskutierten Vorstellungen sind für sie zwar gültig, aber die Landauzylinder sind nicht kreisförmig. Stattdessen simulieren ihre Querschnitte die Querschnitte konstanter Energieflächen bei Abwesenheit eines Feldes. Der Einfachheit halber beschäftigen wir uns mit kreisförmigen Zylindern.

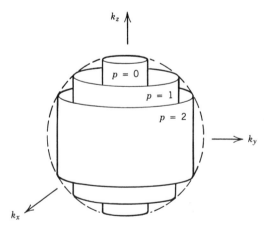

Bild 12-5 Landauzylinder im reziproken Raum. Jeder Zylinder erstreckt sich in beiden Richtungen entlang der k_z-Achse ins Unendliche, es sind aber nur die Teile innerhalb einer Fläche konstanter Energie ohne Feld gezeigt. Auf jedem Zylinder variiert die Elektronenenergie mit k_z. Ein Kreis um einen beliebigen Zylinder stellt eine Linie konstanter Energie dar.

Entsprechend Gl. 12-7 ist der Radius $k_\perp$ eines Landauzylinders durch $(\hbar^2/2m^*)\,k_\perp^2 = \hbar\omega_c\,(p + 1/2)$ oder $k_\perp^2 = (2m^*/\hbar)\,\omega_c\,(p + 1/2)$ gegeben. Die Zylinderradien sind dem Induktionsfeld direkt proportional, und die Zahl der Zylinder durch einen beliebigen festen Bereich des reziproken Raumes sinkt mit steigendem Feld. Landauniveaus sind in starkem Maße entartet. Jeder Kreis um die Oberfläche eines Zylinders entspricht vielen Zuständen. Tatsächlich ist die Anzahl von Zuständen, die durch die Länge ∇k_z eines beliebigen Zylinders repräsentiert wird, exakt dieselbe wie die Zahl von Zuständen, die durch das Volumen zwischen benachbarten Zylindern derselben Länge bei Abwesenheit eines Feldes dargestellt sind. Sie ist das Produkt des Volumens, das durch benachbarte Zylinder eingeschlossen wird und der Zahl von Zuständen pro Volumeneinheit des reziproken Raumes bei Abwesenheit eines Feldes.

Das von Segmenten zweier benachbarter Landauzylinder eingeschlossene Volumen beträgt $\pi\Delta(k_\perp^2)\,\Delta k_z = (2\pi m^*/\hbar)\,\omega_c\,\Delta k_z$. Die Anzahl von Zuständen pro Volumeneinheit des reziproken Raumes ist $\tau_s/4\pi^3$, wobei τ_s das Probenvolumen ist, der Spin wurde dabei berücksichtigt. Damit ist die Anzahl von Zuständen, die durch ein Segment eines Landauzylinders der Länge Δk_z dargestellt werden, $(\tau_s\,m^*\omega_c/2\pi^2\hbar)\,\Delta k_z$. Sie ist unabhängig von p und proportional zu B.

Als Auswirkung bewegt ein Feld alle Zustände mit einer feldfreien Energie zwischen $\hbar^2/2m)\,k_z^2 + \hbar\omega_c p$ und $(\hbar^2/2m)\,k_z^2 + \hbar\omega_c\,(p+1)$ zum selben Niveau $(\hbar^2/2m)\,k_z^2 + \hbar\omega_c\,(p + 1/2)$. Wir können uns vorstellen, daß Punkte, die im reziproken Raum Zustände darstellen, sich zum nächsten Zylinder bewegen, wie es in Bild 12-6 dargestellt ist. Spin-auf und Spin-ab Elektronen haben in einem Magnetfeld unterschiedliche Energien, und die Spinenergie sollte in Gl. 12-7 aufgenommen werden. Es gibt tatsächlich zwei Serien von Landauniveaus, eine für jede Spinrichtung. Jede hat die halbe Anzahl der oben angegebenen Zustände. Wir verschieben die Diskussion des freien Elektronenspins bis Abschnitt 12.3.

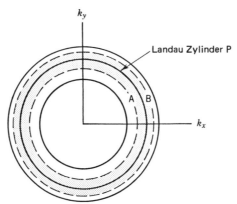

Bild 12-6 Eine Ebene im reziproken Raum senkrecht zu einem angelegten Magnetfeld. Die durchgezogenen Linien sind die Umfangslinien der Landauzylinder. Zylinder p hat den Querschnitt $(2m^*/\hbar)\omega_c\,(p+1/2)$. Zylinder A und B haben die Querschnitte $(2m^*/\hbar)\omega_c\,p$ bzw. $(2m^*/\hbar)\omega_c\,(p + 1)$. Die Zahl von Zuständen pro Längeneinheit des Landauzylinders ist gleich der Anzahl von Zuständen pro Längeneinheit im Bereich zwischen A und B ohne ein Feld. Wenn das Feld angelegt wird, bewegen sich alle Zustände, die ursprünglich zwischen A und B lagen, zum Landauzylinder.

Beispiel 12-1
Wir nehmen an, ein Festkörper habe 5.1×10^{28} freie Elektronen/m³. Man berechne die Zahl der Landauzylinder, die die Fermikugel in einem Magnetfeld von 0.50 T durchstoßen.

Lösung
Entsprechend Gl. 8-28 ist der Radius der Fermikugel

$$k_F = (3\pi^2 n)^{1/3} = (3\pi^2 \times 5.1 \times 10^{28})^{1/3} = 1.15 = 10^{10}\, \text{m}^{-1}.$$

Es sei k_F der Radius eines Landauzylinders, dann löst man $\hbar^2/2m)\, k_F^2 = \hbar\omega_c(p + 1/2)$ nach p auf:

$$p = \frac{\hbar k_F^2}{2m\omega_c} - \frac{1}{2}.$$

Die Zyklotronkreisfrequenz ist $\omega_c = eB/m = 1.6 \times 10^{-19} \times 0.5/9.1 \times 10^{-31} = 8.8 \times 10^{10}$ rad/s, damit wird

$$p = \frac{1.05 \times 10^{-34}\,(1.15 \times 10^{10})^2}{2 \times 9.11 \times 10^{-31} \times 8.8 \times 10^{10}} - \frac{1}{2} = 8.7 \times 10^4.$$

Ohne Feld sind 5.1×10^{28} Zustände gleichmäßig innerhalb der Fermikugel verteilt. In einem Induktionsfeld von 0.50 T ist dieselbe Anzahl von Zuständen auf 8.7×10^4 Zylinder verteilt. Die Umordnung der Zustände kann nur in einem Diagramm sehr feinen Maßstabes sichtbar gemacht werden. Sie ist aber für die magnetischen Eigenschaften wichtig. ◆

Landauzustände sind entsprechend der Fermi-Dirac-Statistik gefüllt. Alle Zustände, die zu tiefliegenden Niveaus gehören, sind besetzt, während alle Zustände, die zu hochliegenden Niveaus gehören, leer sind. Besetzungswahrscheinlichkeiten für Zustände nahe des Ferminiveaus liegen zwischen 0 und 1 und variieren mit der Temperatur.
Die Gesamtenergie des Elektronensystems in einem Magnetfeld wird durch

$$E_\tau = \frac{\tau_s m^* \omega_c}{2\pi^2 \hbar} \sum_{p=0}^{\infty} \int_{-\infty}^{\infty} \frac{E(k_z, p)}{e^{\beta(E-\eta)} + 1}\, dk_z \tag{12-8}$$

angegeben, wobei E durch Gl. 12-7 gegeben ist. Der vordere Faktor ist die Zahl der Zustände pro Einheitslänge eines Zylinders. Das chemische Potential η hängt auch vom Feld ab. Es ist durch die Bedingung bestimmt, daß die gesamte Elektronenzahl N durch

$$N = \frac{\tau_s m^* \omega_c}{2\pi^2 \hbar} \sum_{p=0}^{\infty} \int_{-\infty}^{\infty} \frac{dk_z}{e^{\beta(E-\eta)} + 1} \tag{12-9}$$

12.1 Freie Elektronen im Magnetfeld

gegeben ist. Das chemische Potential ist eine komplizierte Funktion des Induktionsfeldes. Wir können uns jedoch ein qualitatives Verständnis durch Berechnung der Fermienergie (η bei $T = 0$ K) verschaffen. Betrachten wir Bild 12-4. Das Ferminiveau ist so angepaßt, daß die Zahl der Zustände mit einer Energie kleiner als E_F gleich der Elektronenzahl ist. Wenn $E_F > \hbar\omega_c (p + 1/2)$ ist, sind alle Zustände auf Zylinder p von $k_z = -k_{zmax}$ bis $k_z = +k_{zmax}$ besetzt, wobei $k_{zmax} = (2m^*/\hbar^2)^{1/2} [E_F - \hbar\omega_c (p + 1/2)]^{1/2}$. Damit sind $(\tau_s\hbar\omega_c/2\pi^2) (2m^*/\hbar^2)^{3/2} [E_F - \hbar\omega_c (p + 1/2)]^{1/2}$ Zustände auf Zylinder p besetzt und es wird

$$N = \frac{\tau_s \hbar\omega_c}{2\pi^2} \left(\frac{2m^*}{\hbar^2}\right)^{3/2} \sum_{p=0}^{p_{max}} [E_F - \hbar\omega_c (p + 1/2)]^{1/2}, \tag{12-10}$$

wobei p_{max} der größte Wert von p ist, für den die Größe in den Klammern positiv ist. Zustände mit $p > p_{max}$ sind bei $T = 0$ K unbesetzt.
Um Gl. 12-10 nach E_F zu lösen, werden numerische Methoden benutzt. Ergebnisse sind in Bild 12-7a dargestellt. Für $\hbar\omega_c \ll k_B T$ ist die Verteilung von Zuständen im reziproken Raum etwa dieselbe wie beim Fehlen eines Feldes, und die Fermienergie ist nahezu unabhängig vom Feld. Bei großen Feldern weist jedoch E_F eine beträchtliche Struktur auf.
Wenn das Feld größer wird, ändert sich E_F derart, daß die rechte Seite von Gl. 12-10 konstant bleibt. Zwei konkurrierende Effekte treten auf. Die Zahl von Zuständen, die zu jedem Landauniveau gehören, wächst. Als Ergebnis wird der Faktor, der mit der Summe in Gl. 12-10 multipliziert wird, größer, und E_F wird damit kleiner. Andererseits nimmt die Energie jedes Landauniveaus zu. Das Glied $\hbar\omega_c (p + 1/2)$ in der Klammer von Gl. 12-10 wird größer, und E_F nimmt damit ab. Je näher E_F zu $\hbar\omega_c (p + 1/2)$ ist, desto größer ist der Einfluß jenes Niveaus auf E_F.
Nehmen wir an, das Ferminiveau sei gerade unter dem niedrigsten $p = 3$-Niveau, wie in Bild 12-4. Es ist dann weit über dem niedrigsten $p = 2$-Niveau und fällt ab, wenn B zunimmt. Zur selben Zeit werden die Energien aller Zustände größer. Wenn sich E_F dem niedrigsten $p = 2$-Niveau nähert, beginnt es zuzunehmen, aber nicht so schnell wie das Niveau selbst, deshalb kreuzt das Niveau für einen Wert von B das Ferminiveau. Das Ferminiveau liegt dann gerade unter dem niedrigsten $p = 2$-Niveau, und der Zyklus beginnt von vorn. Da der Abstand der Landauniveaus mit dem Feld zunimmt, sind Ausschläge der Fermienergie bei großen Feldern größer als bei kleinen Feldern.
Wie in der vorangegangenen Diskussion angedeutet, ist die Fermienergie maximal, wenn das tiefste Niveau eines Landauzylinders das Ferminiveau kreuzt. In Bild 12-7a kann man mehrere Maxima sehen. Im Bild ist für jedes der Wert von p für den höchsten Zylinder mit Zuständen unter dem Ferminiveau angegeben.
Für extrem starke Felder, also bei weitem stärkere als man im Labor erzeugen kann, sind nur Zustände auf dem $p = 0$ Landauzylinder besetzt. Die Summe in Gl. 12-10 reduziert sich dann auf ein Glied, und die Fermienergie ergibt sich zu

$$E_F = 1/2 \hbar\omega_c + \frac{\pi^4 \hbar^4}{2m^{*3}\omega_c^2} n^2, \tag{12-11}$$

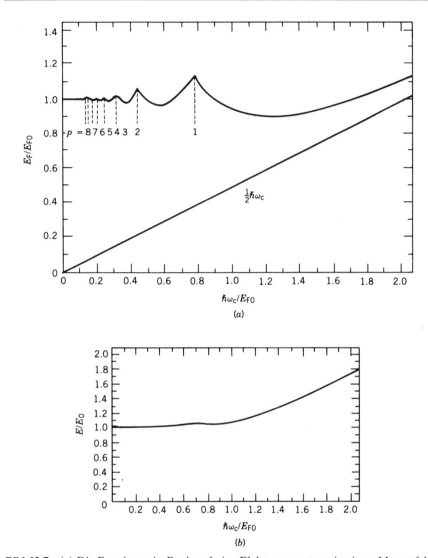

Bild 12-7 (a) Die Fermienergie E_F eines freien Elektronensystems in einem Magnetfeld als Funktion von $\hbar\omega_c/E_{F0}$, wobei E_{F0} die Fermienergie ohne Feld ist. Die gerade Linie stellt die Energie des tiefsten Landauniveaus dar. (b) Die gesamte Elektronenenergie E als Funktion von $\hbar\omega_c$. E_0 ist die Energie ohne Feld.

wobei n die Elektronenkonzentration ist. Gleich nachdem das niedrigste $p = 1$-Niveau E_F gekreuzt hat, überwiegt das zweite Glied von Gl. 12-11, und E_F nimmt ab, aber bei stärkeren Feldern ist der zweite Term viel kleiner als der erste, und die Fermienergie erreicht die niedrigste Landauenergie, $1/2\,\hbar\omega_c$.

Bild 12-7b zeigt die Gesamtenergie des Elektronensystems als Funktion von $\hbar\omega_c$. Sie hat in einem zunehmendem Feld eine Tendenz nach oben. Wir betrachten zwei konzentrische Zylinder im reziproken Raum, die so angeordnet sind, daß sich alle Zustände zwischen ihnen zu demselben Landauzylinder bewegen, wenn das Feld **B** eingeschaltet wird. Einige Energien nehmen zu und andere nehmen ab, aber der Mittelwert bleibt gleich. Wenn diese beiden Zustände vor und nach Einschalten des Feldes vollständig besetzt sind, ändert sich die gesamte Elektronenenergie nicht.

Wir nehmen jetzt an, die Fermikugel verläuft zwischen den zwei Zylindern, dann sind Zustände nahe des inneren Zylinders besetzt, während Zustände nahe des äußeren Zylinders leer sind. All diese Zustände vereinigen sich wieder auf dem gleichen Landauzylinder, wenn das Feld eingeschaltet wird, aber jetzt nehmen die Energien von mehr Elektronen zu als daß sie abnehmen, und die Gesamtenergie wächst. Obwohl diese Zunahme für schwache Felder ziemlich gering ist und in der Darstellung von Bild 12-7b kaum wahrgenommen werden kann, ist sie doch wichtig. Bei extrem starken Feldern befinden sich alle Elektronen in $p = 0$-Zuständen, und die Gesamtenergie ist proportional zu $\hbar\omega_c$.

Die Gesamtenergie oszilliert auch um den allgemeinen Kurventrend. In der Zeichnung von Bild 12-7b kann man zumindest eine Oszillation sehen. Wir werden später Oszillationen bei schwächeren Feldern betrachten.

Die oben angegebenen Ergebnisse für $T = 0$ K sind auch für hohe Temperaturen qualitativ gültig. Da einige Zustände oberhalb des chemischen Potentials besetzt sind, während einige darunterliegende nicht besetzt sind, treten Oszillationen des chemischen Potentials und der Gesamtenergie nicht so hervor wie beim absoluten Nullpunkt.

12.2 Diamagnetismus des freien Elektrons

Magnetische Suszeptibilität

Wenn einmal die Gesamtenergie als Funktion des Induktionsfeldes bekannt ist, kann die magnetische Suszeptibilität berechnet werden. Der magnetische Beitrag zur Energie eines linearen Systems beträgt $-\mathbf{M} \cdot \mathbf{B} = -(\chi/\mu_0)B^2$, wenn $\chi \ll 1$. Damit wird $\chi = -1/2\,\mu_0 d^2 E_T/dB^2$. Wenn das System nicht linear ist, verwenden wir eine Näherung für ein schwaches Feld und berechnen die Ableitung für $B = 0$. Das System ist diamagnetisch, wenn seine Energie mit wachsendem Feld zunimmt und paramagnetisch, wenn seine Energie abnimmt. Wir betrachten hier Beiträge der Elektronenbewegungen zur Suszeptibilität. Spins werden im nächsten Abschnitt behandelt. Eine Ansammlung von kreisenden Elektronen hat ein Gesamtdipolmoment, das dem angelegten Feld entgegengesetzt gerichtet ist. Dennoch sagt die klassische statistische Mechanik eine Gesamtmagnetisierung von Null voraus. Im thermodynamischen Gleichgewicht ist die Wahrscheinlichkeit, daß ein Elektron die Geschwindigkeit v hat, proportional zu $e^{-\beta v^2/2m}$, unabhängig davon ob ein Feld vorhanden ist oder nicht. Deshalb wird die Gesamtenergie eines Systems freier Elektronen nicht von einem Feld beeinflußt. Zusammenstöße mit Phononen, Defekten und Probengrenzflächen ermöglichen das thermische Gleichgewicht und zerstören so das durch das Feld erzeugte Gesamtdipolmoment.

12. Freie Elektronen und Magnetismus

Wir gehen zur Quantenbeschreibung über. Da Energien von Elektronen nahe der Fermifläche zunehmen, wenn ein Feld angelegt wird, schließen wir, daß die Magnetisierung dem Feld entgegengesetzt gerichtet ist und daß das System diamagnetisch ist. Für $k_B T \gg \hbar\omega_c$ kann man einen algebraischen Ausdruck für χ erhalten, aber die Ableitung ist kompliziert. Hier ist das Ergebnis

$$\chi = -\frac{\mu_0 n \mu_B^2 m^2}{2E_F m^{*2}}, \qquad (12\text{-}12)$$

wobei E_F die Fermienergie ohne Feld ist. Für freie Elektronen ist das Verhältnis m/m^* gleich 1 und $\chi = -\mu_0 n \mu_B^2/2E_F$. Für nichtparabolische Bänder existiert kein algebraischer Ausdruck. Im Temperaturbereich, wo Gl. 12-12 gültig ist, ist der diamagnetische Beitrag von quasifreien Elektronen zur Suszeptibilität nahezu unabhängig von der Temperatur.

Beispiel 12-2
Man berechne den diamagnetischen Beitrag freier Elektronen zur Suszeptibilität von Kalium. Kalium ist *krz* mit einer Kantenlänge von 5.225 Å. m^* sei die Masse des freien Elektrons.

Lösung
Kalium hat zwei freie Elektronen pro kubischer Einheitszelle, damit ist die Konzentration freier Elektronen $n = 2/(5.225 \times 10^{-10})^3 = 1.40 \times 10^{28}$ Elektronen/m^3. Die Fermienergie ist

$$E_F = \frac{\hbar^2}{2m}(3\pi^2 n)^{2/3} = \frac{(1.05 \times 10^{-34})^2}{2 \times 9.11 \times 10^{-19}}(3\pi^2 \times 1.40 \times 10^{28})^{2/3}$$
$$= 3.37 \times 10^{-19}\,\text{J},$$

damit wird

$$\chi = -\frac{\mu_0 n \mu_B^2}{2E_F} = -\frac{4\pi \times 10^{-7} \times 1.40 \times 10^{28} \times (9.27 \times 10^{-24})^2}{2 \times 3.37 \times 10^{-19}}$$
$$= -2.25 \times 10^{-6}. \qquad \blacklozenge$$

Der de Haas-van Alphen-Effekt

Bei Temperaturen, für die $k_B T$ in der Größenordnung von $\hbar\omega_c$ oder weniger ist, ist die Suszeptibilität eines Systems freier Elektronen eine oszillierende Funktion des Feldes. Dieses Phänomen, der sogenannte de Haas-van Alphen-Effekt, zeigt sich deutlich durch eine Darstellung der Suszeptibilität als Funktion von $1/B$, vgl. Bild 12-8. Die Suszeptibilität wird durch die Berechnung der zweiten Ableitung von E_T nach B bestimmt, aber nicht für kleine Werte von B.

12.2 Diamagnetismus des freien Elektrons

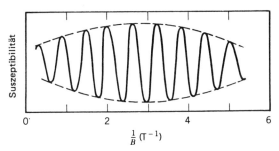

Bild 12-8 Der de Haas-van Alphen-Effekt. Eine der Suszeptibilität proportionale Größe ist als Funktion der reziproken magnetischen Feldstärke aufgetragen. Es gibt zwei Perioden, eine lange (gestrichelt) und eine kurze (durchgezogen), was anzeigt, daß das angelegte Feld senkrecht zu zwei Extremwerten des Querschnitts der Fermifläche ist.

Die Herkunft des Effektes wurde schon in Zusammenhang mit der Fermienergie eines Systems freier Elektronen in einem Magnetfeld erwähnt. Wir beobachteten, daß die Gesamtenergie eine oszillierende Funktion des Induktionsfeldes ist. Um einen einfachen Fall zu betrachten, nehmen wir jetzt an, mehrere tausend Landauzylinder durchstoßen die Fermifläche. Das Ferminiveau bleibt dann im wesentlichen konstant, wenn das Feld zunimmt.

Bild 12-9 zeigt ein stark gespreiztes Diagramm der $k_z = 0$-Energieniveaus in der Nähe von E_F. Da sich die Situation von der in (a) zu derjenigen in (b) gezeigten ändert, nimmt die Gesamtenergie zu. Die Gesamtzahl von Elektronen in Landauniveaus unter der Fermigrenze bleibt konstant, aber der Abstand der Niveaus wächst. Andererseits nimmt die Energie ab, wenn sich die Lage von der in (b) zu

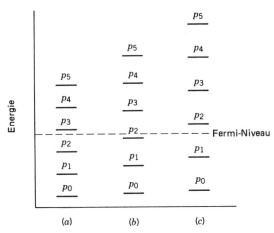

Bild 12-9 Die Energieniveaustruktur eines freien Elektronensystems in einem Magnetfeld längs der z-Achse. Es sind nur $k_z = 0$ Energien gezeigt. Die Feldstärke nimmt von links nach rechts zu. Die gesamte Elektronenenergie ist für (b) größer als für (a), weil die Energie jedes Landauniveaus mit dem Feld ansteigt. Die Elektronenenergie ist für (c) geringer als für (b), weil das niedrigste Niveau eines Landauzylinders das Ferminiveau überquert hat und unbesetzt wurde. Eine genaue Berechnung berücksichtigt Änderungen der Fermienergie, die gering sind, wenn nicht das Feld extrem stark ist.

der in (c) gezeigten ändert. Ein Landauzylinder hat die Fermifläche durchquert und ist deshalb nicht besetzt. Elektronen, die vorher Zustände dieses Niveaus besetzten, befinden sich jetzt in tieferen Niveaus, und die Gesamtenergie ist geringer. Da die Entartung jedes Niveaus zunimmt, ist gesichert, daß es genügend Zustände gibt, um die Elektronen festzuhalten. Der Prozeß wiederholt sich, wenn andere Zylinder die Fermifläche durchqueren. Ein Anwachsen der Energie bedeutet, daß die Probe stärker diamagnetisch als vorher ist, und ein Energieabfall sagt aus, daß sie weniger diamagnetisch ist. Wir ermitteln jetzt die Periode der Oszillation. Der Einfachheit halber nehmen wir an, die Bandmasse habe denselben Wert wie die effektive Zyklotronmasse. Dann ergibt sich die Querschnittsfläche des Zylinders p zu $S = (2\pi m^* \omega_c/\hbar)(p + 1/2) = (2\pi eB/\hbar)(p + 1/2)$ und es wird

$$\frac{1}{B} = \frac{2\pi e}{\hbar S}(p + 1/2). \tag{12-13}$$

Wir setzen voraus, daß das niedrigste p-Niveau anfangs am Ferminiveau ist, dann wird $(1/B)$ um $\Delta(1/B)$ verringert, so daß das niedrigste p-1-Niveau am Ferminiveau ist. Danach hat Zylinder p-1 denselben Querschnitt wie ihn Zylinder p vorher hatte. Entsprechend Gl. 12-13 gilt

$$\Delta\left(\frac{1}{B}\right) = \frac{2\pi e}{\hbar S}. \tag{12-14}$$

Jedes Mal, wenn $1/B$ um $2\pi e/\hbar S$ reduziert wird, durchsetzt ein anderer Landauzylinder die Fermifläche. Diese Größe stellt die Oszillationsperiode der Suszeptibilität dar, wenn sie als Funktion von $1/B$ betrachtet wird.
In Gl. 12-14 ist S der Querschnitt eines Zylinders im reziproken Raum, wenn die Zylinderoberfläche die Fermikugel durchsetzt. Es ist deshalb auch der maximale Querschnitt der Fermikugel. Eine Messung der Periode einer de Haas-van Alphen-Oszillation für ein Metall mit parabolischem Leitungsband ergibt somit den Radius der Fermikugel.
Der Effekt tritt auch für ein Metall mit nicht parabolischen Energiebändern auf. Querschnitte der Landauzylinder sind dann nicht kreisförmig, und die Fermifläche ist nicht kugelförmig. Als Folge kann ein Zylinder verschiedene Teile der Fermifläche bei verschiedenen Feldstärken durchsetzen. Den Ursachen wollen wir nicht nachgehen, aber die Suszeptibilität ändert sich nur dann signifikant, wenn die Durchquerung bei einem maximalen oder minimalen Querschnitt der Fermifläche auftritt. Einige Fermiflächen haben zwei oder mehrere extreme Querschnitte, je nach der Richtung des angelegten Feldes. Ist das Magnetfeld zum Beispiel längs der [111]-Richtung von Kupfer, tragen die Extremwerte der Querschnitte sowohl des Zentralkörpers als auch der Hälse zum de Haas-van Alphen-Effekt bei. Eine Darstellung von χ als Funktion von $1/B$ ist eine Linearkombination zweier oder mehrerer oszillierender Funktionen. Man sollte auf die Fourieranalyse zurückgreifen, um das Problem zu lösen.
De Haas-van Alphen-Experimente sind aufgrund der Informationen, die sie über die Fermiflächen liefern, wichtig. Man führt Messungen bei verschiedenen

Orientierungen des Feldes bezüglich der Probe aus und benutzt sie, um wichtige Besonderheiten der Fermifläche darzustellen. Die Ergebnisse werden zur Untermauerung von Bandtheorieberechnungen benutzt.

Andere Eigenschaften, wie die elektrische oder Wärmeleitfähigkeit, zeigen ähnliche Oszillationen, wenn man sie als Funktionen von $1/B$ aufträgt. Das Auftreten von Oszillationen der elektrischen Leitfähigkeit wird de Haas-Shubnikov-Effekt genannt. Auch optische Eigenschaften werden durch Magnetfelder beeinflußt. Ein Magnetfeld ändert jenen Teil des Absorptionsspektrums durch Umordnung von Energieniveaus, in dem Elektronenübergänge von tieferen Bändern zum Leitungsband vor sich gehen. Diese Veränderungen heißen magnetooptische Effekte. Auch elektromagnetische Strahlung kann Übergänge von einem Landauniveau zu einem anderen bewirken. Dieses Phänomen heißt Zyklotronresonanz und wird später diskutiert werden.

Der de Haas-van Alphen Effekt und verwandte Prozesse können nur bei tiefen Temperaturen beobachtet werden. Wenn $k_B T \gg \hbar\omega_c$ ist, sind Landauniveaus über dem Ferminiveau mit großer Wahrscheinlichkeit besetzt, und die Energieänderungen beim Durchsetzen eines Landauzylinders durch die Fermifläche sind gering.

12.3 Paramagnetismus des freien Elektrons

Das magnetische Eigendipolmoment eines Elektrons ergibt sich aus Gl. 11-8 mit $S = 1/2\hbar$. Wenn das Magnetfeld in die positive z-Richtung zeigt, hat ein Spin-auf Elektron die Energie $E_0 + (eB\hbar/2m)$, und ein Spin-ab Elektron hat die Energie $E_0 - (eB\hbar/2m)$. In jedem Fall stellt der erste Term die Elektronenenergie ohne Feld dar, und der zweite Term folgt aus der Wechselwirkung des Dipols mit dem Feld. Im thermodynamischen Gleichgewicht gibt es mehr Spin-auf Elektronen, und da die Dipolmomente von Spin-ab Elektronen dieselbe Richtung wie das Feld haben, ist das Spinsystem paramagnetisch.

Um die Magnetisierung und Suszeptibilität zu berechnen, vernachlässigen wir diamagnetische Effekte und setzen voraus, daß die kinetische Energie und die Dipol-Feld-Wechselwirkungsenergie die einzigen Beiträge zur Gesamtenergie sind. In einem Feld ist die Zahl von Spin-auf Elektronen einer bestimmten Energie E gleich der halben Zahl mit der Energie $E - e\hbar B/2m$ ohne ein Feld. Wenn das Feld eingeschaltet wird, erhöht sich die Energie jedes Spin-auf Elektrons um $e\hbar B/2m$. Wenn $\varrho(E)$ die Elektronendichte der Zustände ist und $f(E)$ die Fermi-Dirac Verteilungsfunktion, dann ist die Zahl von Spin-auf Elektronen, die eine Energie zwischen E und $E + dE$ haben, gleich $1/2 f(E) \varrho(E - e\hbar B/2m)\, dE$, und die Zahl von Spin-ab Elektronen ist $1/2 f(E) \varrho(E + e\hbar B/2m)\, dE$. Diese Verhältnisse sind in Bild 12-10 dargestellt.

Die Gesamtmagnetisierung ergibt sich zu

$$M = \frac{e\hbar}{4m\tau_s} \int_{-\infty}^{+\infty} f(E)[\varrho(E - e\hbar B/2m) - \varrho(E + e\hbar B/2m)]\, dE, \tag{12-15}$$

478 12. Freie Elektronen und Magnetismus

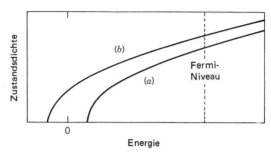

Bild 12-10 Zustandsdichte als Funktion der Energie E für freie Elektronen mit (a) Spin-auf und (b) Spin-ab in einem Magnetfeld. $E = 0$ ist die minimale Energie ohne Feld. Die Spin-auf-Verteilung ist um $e\hbar B/2m$ zur höheren Energie verschoben, während die Spin-ab-Verteilung um denselben Wert zur geringeren Energie verschoben ist. Bei $T = 0$ K sind alle Zustände mit $E < E_F$ besetzt, und es gibt mehr Elektronen mit Spin-ab als mit Spin-auf. Die gesamte Spinmagnetisierung hat die Richtung des Feldes.

wobei τ_s das Probenvolumen ist. Da die Energieverschiebung klein ist, kann $\varrho(E \pm e\hbar B/2m)$ durch $\varrho(E) \pm (e\hbar B/2m)\,[d\varrho(E)/dE]$ angenähert werden, und Gl. 12-15 wird dann

$$M = -\frac{\mu_B^2 B}{\tau_s} \int_{-\infty}^{\infty} f(E)\, \frac{d\varrho(E)}{dE}\, dE, \qquad (12\text{-}16)$$

wobei $e\hbar/2m$ durch μ_B ersetzt wurde.
Um das Integral für ein Metall zu lösen, führt man zuerst eine partielle Integration aus und nutzt dann die Näherung $\int (df/dE)\varrho\, dE = -\varrho(E_F)$, die für tiefe Temperaturen gültig ist. Das Ergebnis lautet $M = (\mu_B^2 B/\tau_s)\,\varrho(E_F)$, und der Spinbeitrag zur Suszeptibilität ergibt sich zu

$$\chi = \mu_0 \frac{\mu_B^2}{\tau_s}\, \varrho(E_F). \qquad (12\text{-}17)$$

Das ist ein sinnvolles Ergebnis. Wenn ein Feld angelegt wird, ändert der Spin einiger Elektronen seine Richtung. Bei $T = 0$ ändern nur diejenigen Elektronen ihre Spinrichtung, deren Energie innerhalb $\mu_B B$ der Fermienergie liegt. Da diese Zahl gleich $1/2\, \varrho(E_F)\mu_B B$ ist und jede Spinänderung die Magnetisierung um $2\mu_B/\tau_s$ erhöht, wird $M = (\mu_B^2/\tau_s)\,\varrho(E_F)\,B$, und χ wird durch Gl. 12-17 gegeben.
Terme höherer Ordnung, die beim Lösen des Integrals von Gl. 12-16 weggelassen wurden, sind temperaturabhängig. Wie Gl. D-7 (in Anhang D) zeigt, ist der erste weggelassene Term proportional $T^2\,(d^2\varrho/dE^2)$, setzt man für $E = E_F$. Dieser Term ist verglichen zum festen Term ziemlich klein, daher ist der paramagnetische Beitrag zur Suszeptibilität nahezu unabhängig von der Temperatur. Für ein freies Band mit N Elektronen gilt $\varrho(E_F) = 3/2\, N/E_F$ und $\chi = 3\mu_0 n\mu_B^2/2E_F$, wobei n die Elektronenkonzentration ist. Der paramagnetische Beitrag zu χ ist $3m^{*2}/m^2$ multipliziert mit dem diamagnetischen Beitrag, der durch Gl. 12-12 gegeben ist, da-

12.3 Paramagnetismus des freien Elektrons

mit ergibt sich die Gesamtsuszeptibilität freier Elektronen zu

$$\chi = \frac{3\mu_0 n \mu_B^2}{2E_F}\left(1 - \frac{m^2}{3m^{*2}}\right), \qquad (12\text{-}18)$$

wobei der erste Term den Spinbeitrag und der zweite Term den Bahnbeitrag angibt.

Für einfache Metalle, wie zum Beispiel die Alkalimetalle ist $m^{*2} > 1/3\, m^{*2}$, und das System der Leitungselektronen ist paramagnetisch. Werden jedoch Rumpfbeiträge berücksichtigt, kann die Suszeptibilität der Probe negativ sein. Silber und Gold sind zum Beispiel diamagnetisch, obwohl ihre Leistungselektronen paramagnetisch sind.

Für $m^{*2} < 1/3\, m^2$ ist das System der freien Elektronen diamagnetisch. Obwohl Einzelheiten modifiziert werden müssen, um die tatsächliche Form des Bandes zu berücksichtigen, zeigt Gl. 12-18, daß ein Metall mit einer ebenen Fermifläche, d.h. mit kleiner effektiver Masse, diamagnetisch ist. Beispiele dafür sind einige Semimetalle, wie Wismut.

Bei Übergangsmetallen und den seltenen Erden tragen auch freie Elektronen zu den Suszeptibilitäten bei. Für diese Stoffe erzeugen jedoch die Beiträge des unaufgefüllten Rumpfes einen starken Paramagnetismus.

Analoge Rechnungen können für Elektronen im Leitungsband eines Halbleiters ausgeführt werden. Wenn die untere Bandkante, verglichen mit $k_B T$, weit genug über dem chemischen Potential liegt, ist das Ergebnis

$$\chi = \frac{\mu_0 n \mu_B^2}{k_B T}\left(1 - \frac{m^2}{3m^{*2}}\right). \qquad (12\text{-}19)$$

Einen ähnlichen Ausdruck erhält man für das Valenzband. Die Beiträge von Elektronen und Löchern zu χ sind stärker temperaturabhängig als die Beiträge freier Elektronen in Metallen. Obwohl die Beiträge von Elektronen und Löchern meist positiv sind, führen die negativen Beiträge der Rumpfzustände dazu, daß die Suszeptibilitäten der meisten Halbleiter negativ sind. Sowohl Silizium als auch Germanium sind zum Beispiel diamagnetisch.

Beispiel 12-3
Man berechne den Beitrag der Spins freier Elektronen zur Suszeptibilität von Kalium und ermittle die Gesamtsuszeptibilität freier Elektronen.

Lösung
Wenn $m^* = m$, ist der Spinbeitrag dreimal so groß wie der Bahnbeitrag, der in Beispiel 12-2 zu 2.25×10^{-6} ermittelt wurde. Damit ist der Spinbeitrag 6.75×10^{-6} und $\chi = 6.75 \times 10^{-6} - 2.25 \times 10^{-6} = 4.50 \times 10^{-6}$. ◆

12.4 Ladungstransport in Magnetfeldern

In diesem Abschnitt betrachten wir einige wichtige Phänomene, die auf die Bewegung von Elektronen in einem Magnetfeld allein oder in gekreuzten elektrischen und Magnetfeldern zurückzuführen sind. Wir nehmen an, daß die Felder schwach sind und vernachlässigen die Umordnung in Landauniveaus.

Die Boltzmannsche Transportgleichung

Wie in Abschnitt 9.2 soll $f(\mathbf{k}, t)$ die Anzahl von Elektronen in einem Zustand mit der Ausbreitungskonstanten $\mathbf{k}$ sein. Für einen Festkörper im thermischen Gleichgewicht ist diese Funktion die Fermi-Dirac Verteilungsfunktion f_0. Zur Zeit $t + dt$ ist die Zahl von Elektronen in einem Zustand mit der Ausbreitungskonstanten $\mathbf{k}$ dieselbe wie die Zahl in einem Zustand mit der Ausbreitungskonstanten $\mathbf{k} - (d\mathbf{k}/dt)dt$ zur Zeit t. Das bedeutet $f(\mathbf{k}, t + dt) = f[\mathbf{k} - (d\mathbf{k}/dt)dt, t]$ oder $\partial f/\partial t = -\nabla_k f \cdot (d\mathbf{k}/dt)$. Auf der rechten Seite wird ein Relaxationsterm addiert, und $d\mathbf{k}/dt$ wird durch $-(e/\hbar)(\mathcal{E} + \mathbf{v} \times \mathbf{B})$ ersetzt, das Ergebnis ist die Boltzmannsche Transportgleichung für Elektronen in einem elektrischen Feld $\mathcal{E}$ und einem magnetischen Induktionsfeld $\mathbf{B}$:

$$\frac{\partial f}{\partial t} = \frac{e}{\hbar} \nabla_k f \cdot (\mathcal{E} + \mathbf{v} \times \mathbf{B}) - \frac{f - f_0}{\bar{t}}, \qquad (12\text{-}20)$$

wobei $\bar{t}$ die Relaxationszeit ist. Die Temperatur wird als homogen in der Probe angenommen.

Da die Felder schwach sind, können wir schreiben $f = f_0 + f_1$, wobei f_1 klein ist, und das Produkt $\nabla_k f_1 \cdot \mathcal{E}$ wird vernachlässigt. Für den Term des Magnetfeldes kann diese Näherung nicht gemacht werden, ohne daß der Einfluß des Feldes verlorengeht. Man beachte, daß $\nabla_k f_0 = (\partial f_0/\partial E) \nabla_k E = \hbar(\partial f_0/\partial E)\mathbf{v}$ eine Größe ist, die senkrecht zu $\mathbf{v} \times \mathbf{B}$ steht. In der Näherung für ein schwaches Feld lautet die Boltzmanngleichung

$$\frac{\partial f_1}{\partial t} = e \frac{\partial f}{\partial E} \mathbf{v} \cdot \mathcal{E} + \frac{e}{\hbar} \nabla_k f_1 \cdot (\mathbf{v} \times \mathbf{B}) - \frac{f_1}{\bar{t}}. \qquad (12\text{-}21)$$

Im allgemeinen Fall hat das elektrische Feld die Form $\mathcal{E} = \mathcal{E}_0 e^{i\omega t}$ und ist senkrecht zu einem konstanten magnetischen Induktionsfeld $\mathbf{B}$. Indem man $\omega = 0$ setzt, kann ein statisches elektrisches Feld betrachtet werden. Wenn $\mathcal{E}$ die elektrische Komponente einer elektromagnetischen Welle ist, nehmen wir an, daß die Wellenlänge genügend groß ist, so daß wir räumliche Änderungen von $\mathcal{E}$ und f vernachlässigen können.

Lösungen von Gl. 12-21 haben die Form $f_1 = e\bar{t}(\partial f_0/\partial E)\mathbf{v} \cdot \mathbf{A}$, wobei A unabhängig von $\mathbf{k}$ aber proportional zu $e^{i\omega t}$ ist. Dieser Ausdruck wird in Gl. 12-21 eingesetzt, und man erhält

$$i\omega \bar{t}\mathbf{v} \cdot \mathbf{A} - \mathbf{v} \cdot \mathcal{E} - \frac{e\bar{t}}{\hbar} \nabla_k(\mathbf{v} \cdot \mathbf{A}) \cdot (\mathbf{v} \times \mathbf{B}) + \mathbf{v} \cdot \mathbf{A} = 0. \qquad (12\text{-}22)$$

12.4 Ladungstransport in Magnetfeldern

Um das einfachste Beispiel anzunehmen, setzen wir voraus, daß die Elektronen in einem Band der Energie $E = \hbar^2 k^2/2m^*$ sind, damit wird $\mathbf{v} = \hbar\mathbf{k}/m^*$. Daraus folgt $\nabla_k (\mathbf{v} \cdot \mathbf{A}) \cdot (\mathbf{v} \times \mathbf{B}) = (\hbar/m^*)\mathbf{A} \cdot (\mathbf{v} \times \mathbf{B}) = (\hbar/m^*)(\mathbf{B} \times \mathbf{A}) \cdot \mathbf{v}$, und Gl. 12-22 wird

$$\mathbf{v} \cdot [i\omega \bar{t}\mathbf{A} - \boldsymbol{\mathcal{E}} - \frac{e\bar{t}}{m^*} \mathbf{B} \times \mathbf{A} + \mathbf{A}] = 0. \tag{12-23}$$

Der Vektor in der Klammer ist nicht notwendigerweise senkrecht zu $\mathbf{v}$, damit er verschwindet. Um $\mathbf{A}$ zu ermitteln, beachte man, daß $\boldsymbol{\mathcal{E}}$, $\mathbf{B}$ und $\boldsymbol{\mathcal{E}} \times \mathbf{B}$ aufeinander senkrecht stehen, dann kann man schreiben $\mathbf{A} = \alpha\boldsymbol{\mathcal{E}} + \beta\mathbf{B} + \gamma\boldsymbol{\mathcal{E}} \times \mathbf{B}$. Diese Form wird in Gl. 12-23 eingesetzt, dann verwendet man die Vektorbeziehung $\mathbf{B} \times (\boldsymbol{\mathcal{E}} \times \mathbf{B}) = B^2\boldsymbol{\mathcal{E}} - \mathbf{B} \cdot \boldsymbol{\mathcal{E}}\mathbf{E} = B^2\boldsymbol{\mathcal{E}}$ und löse nach den Koeffizienten α, β und γ auf. Das Ergebnis für A lautet:

$$\mathbf{A} = \frac{(1 + i\omega\bar{t})}{(1 + i\omega\bar{t})^2 + \omega_c^2\bar{t}^2} \boldsymbol{\mathcal{E}} - \frac{e\bar{t}}{m^*} \frac{1}{(1 + i\omega\bar{t})^2 + \omega_c^2\bar{t}^2} \boldsymbol{\mathcal{E}} \times \mathbf{B}, \tag{12-24}$$

wobei eB/m^* durch ω_c ersetzt wurde.

Die an Gl. 9-52 anschließende Diskussion kann als Anleitung benutzt werden, um einen Ausdruck für die Stromdichte abzuleiten

$$\mathbf{J} = -\frac{e}{\tau_s} \sum_{\text{Zustände}} \mathbf{v} f_1(\mathbf{k}) = -\frac{e^2}{\tau_s} \sum_{\text{Zustände}} \bar{t} \frac{\partial f_0}{\partial E} \mathbf{v}\mathbf{v} \cdot \mathbf{A} = \sigma_0 \mathbf{A}, \tag{12-25}$$

wobei die Summen über alle Zustände des Bandes laufen, und σ_0 die Gleichstromleitfähigkeit ohne Magnetfeld ist. Bei der Berechnung der Summe über die Zustände haben wir angenommen, daß das Band isotrop ist. In einem Halbleiter stellen $\bar{t}$ und ω_c geeignete Mittelwerte über das Band dar, während sie für ein Metall die Werte an der Fermienergie annehmen. Wenn Gl. 12-24 benutzt wird, lautet Gl. 12-25

$$\mathbf{J} = \frac{\sigma_0(1 + i\omega\bar{t})}{(1 + i\omega\bar{t})^2 + \omega_c^2\bar{t}^2} \boldsymbol{\mathcal{E}} - \frac{e\bar{t}}{m^*} \frac{\sigma_0}{(1 + i\omega\bar{t})^2 + \omega_c^2\bar{t}^2} \boldsymbol{\mathcal{E}} \times \mathbf{B}. \tag{12-26}$$

Ein Term ist parallel zu $\boldsymbol{\mathcal{E}}$ und einer ist senkrecht zu $\boldsymbol{\mathcal{E}}$, damit ist die Leitfähigkeit einer Probe in einem Magnetfeld ein Tensor. Wir wollen jetzt einige spezielle Fälle untersuchen.

Zyklotronresonanz

Zyklotronresonanzexperimente werden in großem Maße benutzt, um die effektiven Massen von Elektronen und Löchern in Halbleitern zu bestimmen. Wie in Bild 12-11 dargestellt ist, wird die Elektronenverteilung für ein teilweise gefülltes Band durch die Wirkung eines elektrischen Feldes senkrecht zu einem statischen

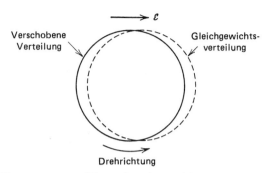

Bild 12-11 Zyklotronresonanz. Ein nach rechts gerichtetes elektrisches Feld verschiebt Elektronen, die sich ursprünglich in Zuständen des gestrichelten Kreises befanden, in Zustände auf dem durchgezogenen Kreis. Ein aus der Zeichenebene herauszeigendes Magnetfeld hat zur Folge, daß sich die Elektronenverteilung mit der Zyklotronfrequenz entgegen dem Uhrzeigersinn dreht. Resonanz tritt auf, wenn sich das elektrische Feld mit derselben Frequenz entgegen dem Gegenuhrzeigersinn dreht.

Magnetfeld verschoben. Das Magnetfeld bewirkt eine Rotation der Elektronenverteilung im reziproken Raum, und Wechselwirkungen mit Phononen und Defekten verursachen eine Relaxation zur thermischen Gleichgewichtsverteilung f_0. Resonanz tritt auf, wenn das elektrische Feld mit den Ausbreitungsvektoren bei der Zyklotronfrequenz rotiert.

Das statische Induktionsfeld sei $B_0\hat{z}$, und das elektrische Feld habe die Komponenten $\mathcal{E}_x = \mathcal{E}_0 e^{i\omega t}$ und $\mathcal{E}_y = -i\mathcal{E}_0 e^{i\omega t}$. Betrachtet man von der positiven z-Achse aus, dann bilden die Realteile der Komponenten einen Vektor, der entgegen dem Uhrzeigersinn rotiert. Das Feld kann mit einer rechts zirkular polarisierten elektromagnetischen Welle verbunden sein, die sich in Richtung des statischen Magnetfeldes ausbreitet. Nach einigen algebraischen Umformungen folgt aus Gl. 12-26

$$J_x = \frac{\sigma_0[1 - i(\omega - \omega_c)\bar{t}]}{1 + (\omega - \omega_c)^2\bar{t}^2} \mathcal{E}_0 e^{i\omega t} \tag{12-27}$$

und

$$J_y = -\frac{i\sigma_0[1 - i(\omega - \omega_c)\bar{t}]}{1 + (\omega - \omega_c)^2\bar{t}^2} \mathcal{E}_0 e^{i\omega t}. \tag{12-28}$$

J_z ist Null. **J** rotiert um die z-Achse, ist aber nicht mit $\mathcal{E}$ in Phase.
Die von dem Elektronensystem aufgenommene Leistung ist der Mittelwert über einen Zyklus von $P = \mathbf{J} \cdot \mathcal{E}$, wobei die Realteile der Ausdrücke für **J** und $\mathcal{E}$ verwendet werden müssen. Nach der Berechnung von $\mathbf{J} \cdot \mathcal{E}$ ersetzen wir $\sin^2 \omega t$ und $\cos^2 \omega t$ jeweils durch $1/2$ und $\sin \omega t \cos \omega t$ durch 0. Das Ergebnis lautet

$$P_{\text{mittel}} = \frac{\sigma_0 \mathcal{E}_0^2}{1 + (\omega - \omega_c)^2 \bar{t}^2}. \tag{12-29}$$

P_{mittel} ist für $\omega = \omega_c$ maximal, das ist die Resonanzbedingung.

12.4 Ladungstransport in Magnetfeldern

In einem typischen Experiment fällt eine zirkular polarisierte monochromatische Welle, die sich längs eines statischen Magnetfeldes ausbreitet, auf eine Probe. Um den Absorptionspeak zu ermitteln, wird die Leistung der durchgelassenen Welle aufgezeichnet, wobei die Stärke des Magnetfeldes systematisch verändert wird. Die Resonanzbedingung $eB/m^* = \omega$ wird dazu benutzt, die effektive Zyklotronmasse zu ermitteln. Resonanzdaten lassen sich experimentell nur schwierig gewinnen. Wie Gl. 12-29 zeigt, ist der Peak für $\omega\bar{t} \gg 1$ scharf, aber verwaschen für $\omega\bar{t}$ in der Größenordnung von 1 oder geringer. Deshalb werden Experimente normalerweise mit Hochfrequenzwellen, extrem reinen Proben und bei tiefen Temperaturen ausgeführt.

Zyklotronresonanzexperimente können auch an Löchern durchgeführt werden. Die Ausdrücke für die Stromdichte und die aufgenommene Leistung sind dieselben wie die oben für Elektronen angegebenen, nur muß ω_c durch $-\omega_c$ ersetzt werden. Resonanz tritt hier anstatt für rechts für links zirkular polarisierte Strahlung auf, die sich in der Richtung von **B** ausbreitet. Bei einer typischen Halbleiterprobe erhält man für jeden Polarisationstyp bei verschiedenen Feldstärken mehrere Peaks. Diese entsprechen Gruppen von Elektronen und Löchern mit verschiedenen effektiven Zyklotronmassen.

Die Eindringtiefe hochfrequenter Wellen in Metalle ist extrem gering. Trotzdem kann man Zyklotronresonanz erhalten, wenn man das statische Magnetfeld parallel zur Probenoberfläche anlegt und die Welle längs des Feldes ausrichtet, dann taucht sein elektrisches Feld bei Rotation in die Probe hinein. Die Elektronen umkreisen die Richtung des Magnetfeldes, und einmal pro Umlauf kommen sie in das schmale Gebiet an der Oberfläche, wo ein elektrisches Feld existiert. Resonanz tritt immer auf, wenn die Strahlungsfrequenz ein Vielfaches der Zyklotronfrequenz ist. Sie heißen Azbel'-Kaner-Resonanzen.

Ein anderes Phänomen, der sogenannte Faradayeffekt, ist der Zyklotronresonanz eng verwandt. Wenn eine linear polarisierte Welle durch eine Probe in der Richtung eines Magnetfeldes geht, dann dreht sich die Polarisierungsrichtung. Man kann sich eine linear polarisierte Welle als Kombination von rechts und links zirkular polarisierten Wellen vorstellen. Da sie sich in der Probe mit unterschiedlichen Geschwindigkeiten ausbreiten, drehen sich die entsprechenden elektrischen Felder während der Transmission um verschiedene Winkel. Beim Austritt aus der Probe ist die Kombination wieder linear polarisiert, aber die Richtung des resultierenden Feldes unterscheidet sich von der des einfallenden Feldes. Man benutzt die gemessenen Werte des Drehwinkels, um die effektive Zyklotronmasse zu berechnen.

Der Halleffekt

In einer typischen experimentellen Anordnung, wie sie in Bild 12-12 dargestellt ist, wird ein elektrisches Gleichfeld längs der Probenlänge und senkrecht zu einem homogenen Magnetfeld angelegt. Die Ladungsträger werden durch das Magnetfeld nach einer Probenseite hin abgelenkt und erzeugen eine Potentialdifferenz zwischen Punkten auf gegenüberliegenden Seiten der Probe, diese wird Hallspannung genannt. Aus den gemessenen Werten der Hallspannung, dem

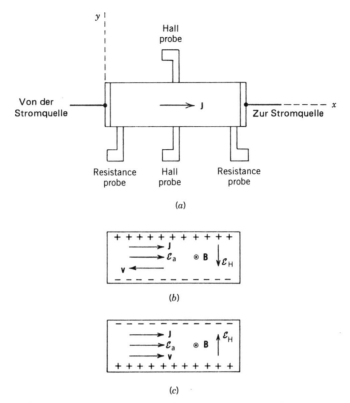

Bild 12-12 (a) Geometrie für ein Hallexperiment. Der Strom fließt nach rechts, und das Magnetfeld zeigt aus der Zeichenebene heraus. Ladungsträger, ob positive oder negative werden zur unteren Probenseite abgelenkt. Sie erzeugen ein elektrisches Hallfeld und eine Potentialdifferenz zwischen den Hallsonden. Um den Probenwiderstand zu bestimmen, verwendet man Widerstandsmeßsonden. (b) Die Ladungsträger sind negativ. Sie bewegen sich nach links, und die magnetische Kraft auf sie zeigt zur unteren Probenseite. Das elektrische Hallfeld ist nach unten gerichtet, und die obere Seite ist relativ zur unteren positiv. (c) Die Ladungsträger sind positiv. Die magnetische Kraft wirkt wieder nach unten, aber jetzt ist die obere Seite relativ zur unteren negativ.

Magnetfeld und dem Strom erhält man Informationen über die Konzentration von Ladungsträgern und ihre Beweglichkeiten.

In einigen Fällen kann man aus dem Vorzeichen der Hallspannung das Vorzeichen der Ladungsträger bestimmen und zum Beispiel n- von p-leitenden Halbleitern unterscheiden. Wir nehmen an, daß Ladungsträger eines Typs, entweder Elektronen oder Löcher überwiegen. Für die im Bild gezeigte Anordnung lenkt sie das Magnetfeld nach der unteren Probenseite ab. Diese Seite ist dann positiv im Vergleich zur gegenüberliegenden Seite, wenn die Ladungsträger Löcher sind und negativ, wenn sie Elektronen sind. Das Vorzeichen der Hallspannung gibt das Vorzeichen der Ladungsträger an.

Ladungsansammlung an den Probenseiten erzeugt ein elektrisches Feld, das sogenannte Hallfeld, und dieses Feld stößt andere Ladungen ab, wenn sie durch das

12.4 Ladungstransport in Magnetfeldern

Magnetfeld auf eine Probenseite gelenkt werden. Ein stationärer Zustand wird erreicht, wenn die transversale Komponente des Stromes verschwindet.
Es sei **B** in der positiven z-Richtung, das elektrische Feld $\mathcal{E}_a$ in der positiven x-Richtung und das Hallfeld $\mathcal{E}_H$ längs der y-Achse. Wir nehmen an, die Ladungsträger sind Elektronen von einem einzigen Band mit der effektiven Masse m^*.
Die Lösungen der Boltzmannschen Transportgleichung haben wieder die Form $e\bar{t}(\partial f_0/\partial E)\mathbf{v}\cdot\mathbf{A}$, und $\mathbf{A}$ ergibt sich mit $\omega=0$ aus Gl. 12-24. Die Stromdichte ist

$$\mathbf{J}=\sigma_0\mathbf{A}=\sigma_0\frac{\mathcal{E}_a-\omega_c\bar{t}\mathcal{E}_H}{1+\omega_c^2\bar{t}^2}\hat{\mathbf{x}}+\sigma_0\frac{\mathcal{E}_H+\omega_c\bar{t}\mathcal{E}_a}{1+\omega_c^2\bar{t}^2}\hat{\mathbf{y}}. \qquad (12\text{-}30)$$

Im stationären Zustand gilt $J_y=0$, damit wird

$$\mathcal{E}_H=-\omega_c\bar{t}\mathcal{E}_a. \qquad (12\text{-}31)$$

Die x-Komponente der Stromdichte ist dann $J_x=\sigma_0\mathcal{E}_a$, gerade so als ob das Magnetfeld verschwände. Wir setzen $\mathcal{E}_a=J_x/\sigma_0$ in Gl. 12-31 ein und ordnen um, dann wird

$$\frac{\mathcal{E}_H}{J_x B}=-\frac{\omega_c\bar{t}}{\sigma_0 B}. \qquad (12\text{-}32)$$

Das durch $R_H=\mathcal{E}_H/J_x B$ definierte Verhältnis heißt Hallkoeffizient.
Es werden der Strom und die Hallspannung gemessen, aber nicht die Stromdichte und das Hallfeld. Die Größe des Hallfeldes ergibt sich aus $\mathcal{E}_H=V_H/W$, wobei V_H die Hallspannung ist, und W ist der Abstand zwischen den Hallspannungsabgriffen. Wir nehmen an, daß der positive Ausgang des Voltmeters mit dem unteren Abgriff der Hallspannung in der Zeichnung verbunden ist, dann ist V_H positiv, wenn das Hallfeld in der positiven y-Richtung liegt. Wenn die Stromdichte durch die Probe gleichmäßig ist, gilt $J_x=I/A$, wobei I der Strom und A der Probenquerschnitt ist. Dann gilt mit den gemessenen Größen

$$R_H=\frac{A}{W}\cdot\frac{V_H}{BI}. \qquad (12\text{-}33)$$

In einem Hallexperiment werden alle Größen der rechten Seite von Gl. 12-33 gemessen und R_H wird berechnet. Der Hallkoeffizient ist negativ, wenn die Ladungsträger Elektronen sind.
Wenn $\sigma_0=e^2n\bar{t}/m^*$ und $\omega_c=eB/m^*$ in die rechte Seite von Gl. 12-32 eingesetzt werden, so daß gilt $R_H=-1/en$, dann folgt

$$n=-\frac{1}{eR_H}. \qquad (12\text{-}34)$$

Wir haben die effektiven Zyklotron- und Bandmassen vernachlässigt, das ist nicht immer richtig. Mit Hilfe von Gl. 12-34 ermittelt man die Ladungsträgerkon-

486   12. Freie Elektronen und Magnetismus

zentration aus dem experimentell bestimmten Wert von R_H. Da $\sigma_0 = en\mu$, kann auch die Elektronenbeweglichkeit μ bestimmt werden, wenn R_H und σ_0 einmal bekannt sind. Sie ergibt sich aus $\mu = -R_H\sigma_0$.
Wenn die Ladung überwiegend durch Löcher transportiert wird, ist für die oben beschriebene Anordnung das Vorzeichen der Hallspannung positiv. Der Hallkoeffizient, der sich immer noch aus Gl. 12-33 ergibt, hängt nun für ein isotropes parabolisches Band mit der Löcherkonzentration p über

$$p = +\frac{1}{eR_H} \tag{12-35}$$

zusammen. Die Löcherbeweglichkeit ergibt sich aus $\mu = +R_H \sigma_0$. R_H ist jetzt positiv.
Bei der Interpretation der gemessenen transversalen Potentialdifferenz muß man vorsichtig sein. Wenn die zwei Hallmeßsonden nicht direkt einander gegenüberliegen, befinden sie sich auf verschiedenen Äquipotentialflächen, selbst wenn **B** = 0 ist. Zur Kompensation wird eine zweite Messung mit umgekehrtem Magnetfeld ausgeführt, und V_H wird als Mittelwert der beiden Messungen berechnet. Der Probenstrom und das Magnetfeld müssen für beide Messungen gleich sein. Gleichung 12-34 gilt für ein einfaches Metall, und Gl. 12-34 und 12-35 gelten für viele hochdotierte Halbleiter, jeweils für den n- bzw. p-leitenden Typ.

Beispiel 12-4
An einer hochdotierten n-leitenden Halbleiterprobe der Länge 2.65 cm, der Breite von 1.70 cm und der Dicke von 0.0520 cm wird in einem magnetischen Induktionsfeld von 0.500 T ein Hallexperiment durchgeführt. Der Probenstrom in seiner Längsrichtung beträgt 200μA. Die Potentialdifferenz in der Längsrichtung beträgt 195 mV, und die Potentialdifferenz in seiner Querrichtung ist 21.4 mV.
(a) Wie groß ist die Konzentration der Ladungsträger? (b) Wie groß ist ihre Beweglichkeit?

Lösung
(a) Der Hallkoeffizient ist

$$R_H = \frac{AV_H}{wBI} = -\frac{1.7 \times 10^{-2} \times 0.052 \times 10^{-2} \times 21.4 \times 10^{-3}}{1.7 \times 10^{-2} \times 0.5 \times 200 \times 10^{-6}} = -0.107 \text{ m}^3/\text{C}$$

damit wird $n = -1/eR_H = 1/(1.6 \times 10^{-19} \times 0.107) = 5.84 \times 10^{19}$ Elektronen/m^3.
Der Widerstand der Probe ist $R = V/I = 195 \times 10^{-3}/200 \times 10^{-6} = 975\ \Omega$. Da $R = l/A\sigma = l/Aen\mu$, wobei μ die Beweglichkeit ist, wird

$$\mu = \frac{l}{AenR}$$

$$= \frac{2.65 \times 10^{-2}}{1.7 \times 10^{-2} \times 0.052 \times 10^{-2} \times 1.6 \times 10^{-19} \times 5.84 \times 10^{19} \times 975}$$

$$= 0.329 \text{ m}^2/\text{V} \cdot \text{s}.$$

12.4 Ladungstransport in Magnetfeldern

Wir haben vorausgesetzt, daß die Meßsonden der Spannung auf der Probenoberfläche sind. In der Praxis sind sie es normalerweise nicht. ◆

In einem schwach dotierten oder eigenleitenden Halbleiter tragen sowohl Elektronen als auch Löcher zum Halleffekt bei. Obwohl beide Ladungsträgertypen durch ein Magnetfeld zur gleichen Probenseite hin abgelenkt werden, verschwindet die Hallspannung nicht notwendigerweise.

Nehmen wir an, der Strom besteht aus zwei Gruppen von Ladungsträgern, vielleicht mit unterschiedlichen effektiven Massen, Relaxationszeiten und Konzentrationen. Die Stromdichte ergibt sich dann aus $\mathbf{J} = \sigma_1 \mathbf{A}_1 + \sigma_2 \mathbf{A}_2$, wobei die Indizes die Gruppen angeben. Um einen Ausdruck für den Hallkoeffizienten abzuleiten, setzen wir zuerst $J_y = 0$ und lösen mit Hilfe von $\mathcal{E}_a$ nach $\mathcal{E}_H$ auf, dann berechnen wir $R_H = \mathcal{E}_H / J_x B$. Der Einfachheit halber nehmen wir an, daß für jeden Teilchentyp gilt $\omega_c \bar{t} \ll 1$. Dann ist

$$\mathbf{J} = (\sigma_1 + \sigma_2)\mathcal{E}_a \hat{\mathbf{x}} + [(\sigma_1 + \sigma_2)\mathcal{E}_H + (\sigma_1 \omega_{c1} \bar{t}_1 + \sigma_2 \omega_{c2} \bar{t}_2)\mathcal{E}_a]\hat{\mathbf{y}}. \quad (12\text{-}36)$$

$J_y = 0$ führt zu

$$\mathcal{E}_H = -\frac{\sigma_1 \omega_{c1} \bar{t}_1 + \sigma_2 \omega_{c2} \bar{t}_2}{\sigma_1 + \sigma_2} \mathcal{E}_a \quad (12\text{-}37)$$

und

$$R_H = \frac{\mathcal{E}_H}{J_x B} = -\frac{\sigma_1 \omega_{c1} \bar{t}_1 + \sigma_2 \omega_{c2} \bar{t}_2}{(\sigma_1 + \sigma_2)}. \quad (12\text{-}38)$$

Wenn die mit 1 bezeichneten Teilchen Elektronen und die mit 2 bezeichneten Teilchen Löcher sind, ersetzen wir σ_1 durch $en\mu_n$, $\omega_{c1}\bar{t}_1$ durch $\mu_n B$, σ_2 durch $ep\mu_p$ und ω_{c2} durch $-\mu_p B$. Gleichung 12-38 lautet dann

$$R_H = \frac{p\mu_p^2 - n\mu_n^2}{e(p\mu_p + n\mu_n)^2}. \quad (12\text{-}39)$$

Für einen Halbleiter mit Eigenleitung gilt $n = p$ und damit

$$R_H = \frac{\mu_p - \mu_n}{en(\mu_p + \mu_n)}. \quad (12\text{-}40)$$

Wenn mehr als ein Ladungsträgertyp zum Halleffekt beiträgt, reichen die Werte des Hallkoeffizienten und der Leitfähigkeit nicht aus, um Ladungsträgerkonzentrationen und Beweglichkeiten abzuleiten. Dazu benötigt man zusätzliche Daten. Manchmal kann man zum Beispiel aus Experimenten an dotierten Proben unabhängige Werte der Beweglichkeiten erhalten. Dann können Gl. 12-39 und Leitfähigkeitsdaten benutzt werden, um Teilchenkonzentrationen zu ermitteln.

Der Quantenhalleffekt

Wenn ein zweidimensionales Elektronensystem einem starken Magnetfeld senkrecht zur Probe ausgesetzt wird, tritt ein interessantes und wichtiges Phänomen auf. In diesem Zusammenhang verstehen wir unter einem zweidimensionalen System ein solches, bei dem alle Ausbreitungsvektoren der Elektronen parallel zu derselben Ebene verlaufen. Dann zeigen die Hallspannung und der Probenwiderstand als Funktion des Ferminiveaus ein periodisches Verhalten, und tatsächlich verschwindet der Widerstand für bestimmte Werte von E_F. Normalerweise hat das angelegte Feld eine Stärke von etwa 15 bis 20 T, und die Temperatur liegt ein paar Grad über dem absoluten Nullpunkt, obwohl der Effekt auch für etwas höhere Temperaturen und schwächere Felder beobachtet wurde.

In einer Metall-Oxid-Halbleiter (MOS)-Struktur gibt es zweidimensionale Elektronensysteme in der Nähe der Halbleiter-Oxid-Grenzfläche. Solch eine Struktur kann man erzeugen, indem man eine Oberfläche der in Bild 12-12 gezeigten Probe mit einer Oxidschicht bedeckt und dann die Schicht in engen Kontakt mit einer Metallplatte bringt. Diese wird durch Strom- und Spannungszuführungen mit den Halbleiterenden verbunden. In einer solchen Struktur fließt nur in einem schmalen Kanal nahe der Grenzfläche Strom. Weiterhin kann das Ferminiveau durch Anlegen einer Potentialdifferenz zwischen Metall und Halbleiter, der sogenannten Tor- (Gate-) spannung beeinflußt werden. Für die im Bild gezeigte Probe liegen Oxid- und Metallschicht parallel zur Zeichenebene, und die Torspannung V_G wird senkrecht dazu angelegt. Die Torspannung bestimmt die Anzahl von Elektronen im Kanal, wird sie geändert, dann ändert sich auch die Fermienergie. Für die benutzten V_G-Werte ist die Fermienergie proportional zu V_G. Bild 12-13 zeigt Werte für eine Silizium MOS-Struktur. V_{pp} ist der Spannungsabfall längs der Probe, parallel zum Strom, und V_H ist die Hallspannung. Beide Größen sind als Funktion von V_G aufgezeichnet. V_{pp} hat eine Reihe von Nullpunkten mit gleichmäßigen Abständen. An diesen Punkten verschwindet der Probenwiderstand. V_H hat für jeden Wert von V_G, für den V_{pp} verschwindet, ein Plateau.

Für ein zweidimensionales System freier Elektronen in einem starken transversalen Magnetfeld ergeben sich die Landauniveaus aus $\hbar\omega_c(p + 1/2)$, wobei ω_c die Zyklotronkreisfrequenz und p eine ganze Zahl ist. Das Spektrum besteht aus einer Reihe einzelner Niveaus. Eine Überlappung von Niveaus, wie sie für Elektronen, deren Ausbreitungsvektoren Komponenten längs des Magnetfeldes haben, auftreten, gibt es hier für verschiedene Werte von p nicht.

Die Nullpunkte des Widerstandes treten auf, weil keine Streuung von Elektronen an Phononen, Defekten und Grenzflächen stattfindet, wenn das Ferminiveau mit einem Landauniveau zusammenfällt. Die Elektronen können nicht in andere Zustände derselben Energie gestreut werden, da diese Zustände alle besetzt sind, und wenn das Magnetfeld so stark ist, dann ist der Abstand der Niveaus viel größer als $k_B T$, und die Elektronen werden nur selten in andere Niveaus gestreut. Das hat zur Folge, daß die Relaxationszeit extrem lang ist. Benachbarte Landauniveaus haben eine Energiedifferenz von $\hbar\omega_c$, deshalb treten Minima von V_{pp} und Plateaus von V_H in Intervallen $\Delta E_F = \hbar\omega_c$ auf. Diesen Effekt kann man auch durch Veränderung des Magnetfeldes erzeugen, wobei der Abstand der Landauniveaus geändert wird, bis eins von ihnen mit dem Ferminiveau zusammenfällt.

12.4 Ladungstransport in Magnetfeldern

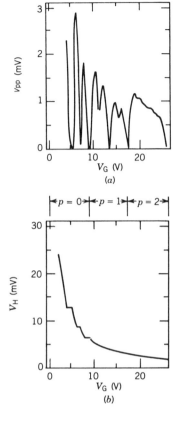

Bild 12-13 Ganzzahliger Quantenhalleffekt in einer Silizium-MOS-Struktur. (a) Längsspannung V_{pp} als Funktion der Torspannung V_G. Die Fermienergie ist proportional zu V_G. Nullwiderstand tritt auf, wenn das Ferminiveau mit einem Landauniveau zusammenfällt. (b) Hallspannung als Funktion der Torspannung. Um die Werte von V_G, wo der Widerstand Null ist, treten Plateaus auf. Die Differenz in der Hallspannung für zwei aufeinanderfolgende Plateaus ist exakt $e^2/2\pi\hbar$. (Nach K. von Klitzing, G. Dorda und M. Pepper, *Phys. Rev. Lett.* **45**:494, 1980. Mit Genehmigung der Autoren).

Wir berechnen jetzt den Wert der Hallspannung an den Plateaus. Das reziproke Gitter ist zweidimensional, und ohne ein Magnetfeld ist die Zahl von **k**-Vektoren pro Einheitsfläche gegeben durch $S/4\pi^2$, wobei S die Kanalfläche ist. In einem Magnetfeld werden Zustände durch Kreise dargestellt. Der Radius k des Kreises p ergibt sich aus $(\hbar^2 k^2/2m = \hbar\omega_c/p + 1/2)$, damit ist seine Fläche $\pi k^2 = (2\pi m\omega_c/\hbar)(p + 1/2) = (2\pi eB/\hbar)(p + 1/2)$, benutzt man einmal $\omega_c = eB/m$. Die Fläche zwischen den mit $p - 1$ und p bezeichneten Kreisen ist $2\pi eB/\hbar$, damit stellt jeder Kreis $(2\pi eB/\hbar)(S/4\pi^2) = eBS/2\pi\hbar$ Zustände dar. Wenn sich das Ferminiveau bei einem Landauniveau befindet, muß die Zahl von Zuständen in einer ganzen Anzahl von Kreisen gleich der Zahl von Elektronen in dem Kanal sein. Wenn Zustände von p Kreisen gefüllt sind, gilt $peB/2\pi\hbar = n_s$, wobei n_s die Zahl von Elektronen pro Einheitsfläche des Kanals ist.

Die Berechnung vernachlässigt den Spin nicht. In einem starken Magnetfeld haben Spin-auf-Elektronen einen genügend großen Energieabstand von Spin-ab-Elektronen, und es gibt zwei Gruppen von Landaukreisen, eine für jede Spinquantenzahl. Die von uns betrachteten gefüllten p-Kreise enthalten etwas mehr als die Hälfte Spin-ab-Elektronen und etwas weniger als die Hälfte Spin-auf-Elektronen.

Nehmen wir an, der Halbleiter sei n-leitend. Entsprechend der Gl. 12-33 und 12-34 ergibt sich die Hallspannung für eine dreidimensionale Probe aus $V_H = wBI/Aen$, wobei n die Elektronenkonzentration und A der Probenquerschnitt ist. Wir können diesen Ausdruck für eine zweidimensionale Probe anwenden, wenn wir n durch n_s/t ersetzen, wobei n_s die Anzahl von Elektronen pro Einheitsfläche und t die Kanaldicke ist. Da $tw = A$ wird $V_H = BI/n_s e$, und da $n_s = peB/2\pi\hbar$, gilt

$$\frac{V_H}{I} = \frac{2\pi\hbar}{e^2 p}. \tag{12-41}$$

Da p ganzzahlige Werte annimmt, fällt die Hallspannung in einer Reihe von Stufen ab. Die Stufenhöhe kann mit einer Genauigkeit von besser als 1 ppm gemessen werden, und das Ergebnis führt zu einer extrem genauen Bestimmung der Konstanten $2\pi\hbar/e^2$. Sie beträgt für fünf signifikante Figuren 25 813 Ω. Der Quantenhalleffekt könnte eines Tages zur Definition des Ω benutzt werden.
Dieses Modell ist in großem Maße vereinfacht. Es erklärt zum Beispiel nicht die Breite der Plateaus in der Darstellung von V_H. Die Plateaubreite kann mit Hilfe von Zuständen, die an Verunreinigungen lokalisiert sind und Energien zwischen den Landauniveaus haben, gedeutet werden. Theoretiker sagen voraus, daß die Plateaus in einem perfekt reinen Idealkristall nicht auftreten. Die Beweisführung ist ziemlich kompliziert, und wir werden sie hier nicht durchführen.
Das einfache Modell erklärt auch den fraktionalen (nicht ganzzahligen) Quantenhalleffekt nicht, ein Phänomen, das auftritt, wenn das Magnetfeld so groß ist, daß das tiefste Landauniveau nur teilweise besetzt ist. Der Anteil von besetzten Zuständen im tiefsten Niveau scheint ein rationaler Bruch zu sein: $1/3$, $2/3$, $2/5$, $3/5$, $4/5$ und $2/7$ wurden beobachtet. Zur Zeit ist dieser Effekt noch nicht vollständig erklärt.

12.5 Literatur

Zusätzlich zu den am Ende von Kapitel 9 und 11 angeführten Zitaten siehe auch

K. von Klitzing, „The Quantized Hall Effect" in *Rev. Mod. Phys.* **58**:519, 1986.
B. Lax and J. G. Mavroides, „Cyclotron Resonance" in *Solid State Physics;* (F. Seitz and D. Turnbull, Eds.), Vol. 11, p. 261 (New York: Academic, 1960).

Aufgaben

1. Die Fermienergie von Natrium beträgt 2.40×10^{-19} J. Wir nehmen an, ein Induktionsfeld von 0.25 T wird in der positiven z-Richtung an eine Natriumprobe angelegt. (a) Wie groß ist die Zyklotronfrequenz? (b) Wie groß ist der Radius der klassischen Bahn im Ortsraum für ein Elektron auf der Fermifläche mit $k_z = 0$? (c) Wie groß ist der Radius der klassischen Bahn eines Elektrons auf der Fermifläche mit $k_z = 1/2 k_F$, wobei k_F der Radius der Fermikugel ist? (d) Wie weit bewegt sich das Elektron von Teilaufgabe c während einer

Zyklotronperiode in der Richtung des Feldes bei klassischer Betrachtungsweise?

2. Energien freier Elektronen für einen bestimmten Festkörper sind gegeben durch

$$E = \frac{\hbar^2}{2}\left[\frac{k_x^2}{m_x} + \frac{k_y^2}{m_y} + \frac{k_z^2}{m_z}\right]$$

wobei m_x, m_y und m_z Elemente des Tensors der effektiven Masse sind. Man zeige, daß die Zyklotronkreisfrequenz sich aus $\omega_c = eB/\sqrt{m_x m_y}$ ergibt und daß die effektive Zyklotronmasse für ein Induktionsfeld in der z-Richtung gleich $m^* = \sqrt{m_x m_y}$ ist.

3. Die Fermienergie ohne Feld für Natrium beträgt 2.40×10^{-19} J. Die effektive Elektronenmasse sei 9.11×10^{-31} kg. (a) Wie viele Landauzylinder durchstoßen die Fermifläche ohne Feld in einem magnetischen Induktionsfeld von 0.50 T? (b) Wie viele durchstoßen die Fermifläche, wenn das Feld 5.0 T groß ist? (c) Für welche Werte des angelegten Induktionsfeldes durchstößt nur ein Zylinder die Nullfeld-Fermifläche?

4. Wir betrachten Landauzylinder für Natrium in einem magnetischen Induktionsfeld von 2.0 T. Die Fermienergie ohne Feld sei 2.40×10^{-19} J und die effektive Elektronenmasse sei 9.11×10^{-31} kg. (a) Wie groß ist der Radius des größten Zylinders, der die Fermifläche ohne Feld durchstößt? (b) Welches ist das niedrigste Energieniveau, das zu diesem Zylinder gehört? (c) Wie groß ist die Differenz der Radien zweier benachbarter Zylinder, die die Fermifläche ohne Feld an ihrer breitesten Stelle überspannen? (d) Wie groß ist die z-Komponente der Geschwindigkeit eines Elektrons in einem Zustand auf dem kleinsten Zylinder, wo er die Fermifläche ohne Feld schneidet? (e) Wir nehmen an, das Elektron von Teil d genüge den Gesetzen der klassischen Mechanik, man beschreibe seine Bahn im Ortsraum.

5. Wir nehmen an, daß sich Spin-auf- und Spin-ab-Elektronen dieselben Landauniveaus teilen. (a) Man zeige, daß der Beitrag von Landauzylinder p zur Zustandsdichte von Elektronen gegeben ist durch

$$\varrho_p(E) = \frac{\tau_s}{4\pi^2}\left[\frac{2m}{\hbar^2}\right]^{3/2} \frac{\hbar\omega_c}{[E - (p + 1/2)\hbar\omega_c]^{1/2}},$$

wenn $E > (p + 1/2)\hbar\omega_c$. Das muß über alle Zylinder summiert werden, wobei die kleinste Energie kleiner ist als E, um die Gesamtdichte von Zuständen zu ermitteln. (b) Man benutze

$$N = \sum_p \int_{(p+1/2)\hbar\omega}^{E_F} \varrho_p(E)\,dE$$

um zu beweisen, daß die Fermienergie E_F Gl. 12-10 genügt. (d) Man zeige, daß die Gesamtenergie bei 0 K gleich

$$E_\tau = \frac{\tau_s}{6\pi^2} \left[\frac{2m}{\hbar^2} \right]^{3/2} \hbar\omega_c \sum_p [E_F + (2p+1)\hbar\omega_c][E_F - (p+1/2)\hbar\omega_c]^{1/2}$$

ist, wobei die Summe über alle ganzzahligen p läuft, so daß $E_F > (p + 1/2)\hbar\omega_c$.

6. Zwei Metalle haben Einheitszellen derselben Größe und Form, aber die Konzentration freier Elektronen ist in Metall A doppelt so groß wie in Metall B. Die effektiven Massen seien gleich, man vergleiche die Beiträge der freien Elektronen zu den Suszeptibilitäten in den beiden Metallen.

7. Man berechne (a) den Spin- und (b) den Bahnbeitrag zur molaren Suszeptibilität von Natrium. (c) Man addiere den Rumpfbeitrag, der in Aufgabe 3 von Kapitel 11 angegeben ist und sage voraus, ob Natrium diamagnetisch oder paramagnetisch ist. Die Atomkonzentration von Natrium beträgt 2.65×10^{28} Atome/m³, und jedes Atom liefert ein Elektron für das Leitungsband. Die effektive Masse sei die Masse freier Elektronen.

8. (a) Wir betrachten ein Leitungsband mit Energien, die durch $E = \hbar^2 k^2/2m^*$ gegeben sind. Streuung wird vernachlässigt. (i) Wir nehmen an, alle Zustände sind leer, mit Ausnahme desjenigen mit $\mathbf{k} = k_0\hat{\mathbf{x}}$. Wie groß ist die Stromdichte? (ii) Ein Magnetfeld $\mathbf{B} = B\hat{\mathbf{z}}$ wird für eine Zeit $t = \pi m^*/2eB$ (ein Viertel einer Zyklotronperiode) eingeschaltet. Wie groß ist die Stromdichte, nachdem das Feld abgeschaltet wurde? (b) Man beantworte dieselben Fragen, wenn alle Zustände mit Ausnahme desjenigen mit $\mathbf{k} = k_0\hat{\mathbf{x}}$ gefüllt sind. (c) Man beantworte dieselben Fragen, wenn die Energie mit $E = E_0 - \hbar^2 k^2/2m^*$ gegeben sind und nur der Zustand mit $\mathbf{k} = k_0\hat{\mathbf{x}}$ anfänglich gefüllt ist. (d) Man beantworte dieselben Fragen für das Band von Teilaufgabe c, wenn alle Zustände anfänglich gefüllt sind mit Ausnahme desjenigen mit $\mathbf{k} = k_0\hat{\mathbf{x}}$.

9. Man berechne die de Haas-van Alphen-Periode für Natrium mit einer Fermienergie von 2.4×10^{-19} J. Welche relative Änderung von B muß erfolgen, damit 10 Zyklen der Suszeptibilität beobachtet werden können, wenn man mit einem Induktionsfeld von genau 0.5 T beginnt?

10. Wir betrachten zwei Zylinder mit den Radien k_1 und k_2 im reziproken Raum. Sie erstrecken sich von k_z nach $k_z + dk_z$. Man zeige, daß die Gesamtenergie der freien Elektronenzustände zwischen den Zylindern gleich

$$E_\tau = \frac{\tau_s}{8\pi^2} \frac{\hbar^2}{2m} [(k_2^4 - k_1^4) + 2(k_2^2 - k_1^2)] dk_z$$

ist. Es sei $k_1^2 = (2m^*/\hbar)\omega_c p$ und $k_2^2 = (2m^*/\hbar)\omega_c(p+1)$, das entspricht zwei Zylindern, die einen Landauzylinder überspannen. Man zeige, daß E_T genauso groß wie die Gesamtenergie von Zuständen auf dem Landauzylinder mit dem Raddius $k_1^2 = (2m^*/\hbar)\omega_c(p+1/2)$ ist.

11. Man benutze die in Aufgabe 5 abgeleiteten Gleichungen, um den de Haas-van Alphen-Effekt zu demonstrieren: (a) Man betrachte ein System freier Elektronen mit einer Fermienergie von 2.000 eV, wenn das angelegte Magnetfeld $\hbar\omega_c = 0.6200$ eV ist. Man ermittle die Elektronenkonzentration. (b) Wir nehmen jetzt an, daß das Feld größer wird, so daß $\hbar\omega_c = 0.888$ eV. Man beweise, daß die Fermienergie jetzt 2.022 eV beträgt. (c) Das Feld wird wieder erhöht, und $\hbar\omega_c$ wird 0.8500 eV. Man beweise, daß die Fermienergie 2.088 eV wird. (d) Man berechne die mittlere Energie pro Elektron für jedes der oben genannten Felder. Man trage vier signifikante Stellen auf. Die Zyklotronfrequenzen sind viel größer als die, welche man mit Labormagneten erzielen kann, und die Fermienergien variieren viel stärker als bei realistischen Feldern.

12. Elektronen im Leitungsband von Silizium haben eine effektive Masse von etwa $1.1\, m_0$, und Löcher im Valenzband haben eine effektive Masse von etwa $0.56\, m_0$, wobei m_0 die Masse freier Elektronen ist. (a) In einem Zyklotronresonanzexperiment wird die Probe in ein Magnetfeld gebracht und mit einer rechts zirkular polarisierten Welle mit einer Kreisfrequenz von 1.25×10^{11} rad/s, die sich in der Richtung des angelegten Feldes ausbreitet, bestrahlt. Bei welcher Feldstärke erwarten Sie, daß Zyklotronresonanzabsorption zu beobachten ist? (b) Bei welcher Feldstärke würde Resonanz auftreten, wenn die Welle links zirkular polarisiert wäre? (c) Wir nehmen an, die absorbierte Leistung ist über einen Bereich von 0.015 T für das in Teil a gefundene Feld größer als sein halber Maximalwert. Wie groß ist die Relaxationszeit der Ladungsträger? (d) Wir nehmen jetzt an, die Temperatur wird erhöht, und die Relaxationszeit wird im Vergleich zu Teil c um einen Faktor von 10^2 kürzer. Welchen Bereich muß das Magnetfeld überstreichen, daß die Punkte der halben Leistung beobachtet werden können?

13. In einem Halleffektexperiment wird das Magnetfeld ohne Veränderung des Stromes verdoppelt. Man nehme an, daß alle Ladungsträger freie Elektronen seien und erkläre was (a) mit dem Hallkoeffizienten, (b) der Hallspannung und (c) dem elektrischen Hallfeld passiert.

14. Was erwarten Sie für die Temperaturabhängigkeit des Hallkoeffizienten eines Halbleiters (a) mit Eigenleitung, (b) wenn er stark n-dotiert ist, bei Zimmertemperatur und darüber?

15. Man benutze ein Zweiniveau-Modell, um den Hallkoeffizienten für Silizium bei 300 K zu berechnen. Es sei die Elektronenbeweglichkeit 0.135 m²/V · s und die Löcherbeweglichkeit 0.0480 m²/V · s, die effektive Masse von Elektronen $1.1\, m_0$ und die der Löcher $0.56\, m_0$. m_0 ist die Masse freier Elektronen. (a) Man benutze die Gl. 8-54 und 8-60, um die effektive Zahl von Zuständen pro Volumeneinheit in jedem Band zu ermitteln und berechne den Hallkoeffizienten für eigenleitendes Silizium. (b) Die Probe sei mit 2.5×10^{16} Akzeptoratomen/m³ dotiert. Wir nehmen an, jeder Akzeptor habe ein Elektron aufgenommen, man berechne den Hallkoeffizienten. (c) Man identifiziere für jeden Fall die positive Seite der in Bild 12-12 gezeigten Probe. (d) Warum

ändert die Hallspannung das Vorzeichen? (e) Für welche Akzeptorkonzentration verschwindet der Hallkoeffizient?

16. An einer Probe mit zwei Gruppen von Ladungsträger desselben Vorzeichens wird ein Halleffektexperiment ausgeführt. Die Ladungsträger in den beiden Gruppen haben unterschiedliche effektive Massen, unterschiedliche Relaxationszeiten und unterschiedliche Konzentrationen. Man zeige, daß der Winkel θ zwischen der Stromdichte, von Ladungsträgern der Gruppe 1 und dem angelegten elektrischen Feld sich aus

$$\tan\theta = \frac{n_2\mu_2(\mu_1 - \mu_2)}{n_1\mu_1 + n_2\mu_2} B$$

ergibt.

13. Supraleitung

Ein großer Elektromagnet mit supraleitenden Spulen, der für einen Beschleuniger im Nationallaboratorium von Brookhaven entwickelt wurde.

13.1 Merkmale der Supraleitung 498

13.2 Theorie von Supraleitern . 507

13.3 Elektrodynamik von Supraleitern 518

13.4 Josephson-Effekte 527

13. Supraleitung

Der elektrische Widerstand eines normalen Metalls, das in Form eines reinen Einkristalls vorliegt, strebt nur dann gegen Null, wenn die Temperatur sich dem absoluten Nullpunkt nähert. Der Widerstand verschwindet für keine Temperatur oberhalb 0 K und, falls Defekte vorhanden sind, hat er einen von Null verschiedenen Grenzwert. Die Widerstände einiger anderer Metalle, die Supraleiter genannt werden, verhalten sich anders. Der Widerstand eines Supraleiters ist sogar im nichtkristallinen und verunreinigten Zustand in einem Temperaturbereich oberhalb des absoluten Nullpunktes gleich Null. Oberhalb der Übergangstemperatur zur Supraleitung, der Sprungtemperatur, wie die obere Grenze dieses Bereiches genannt wird, hat das Metall einen normalen Widerstand.

Siebenundzwanzig chemische Elemente werden bei tiefen Temperaturen supraleitend. Übergangsmetalle aus dem linken Teil des Periodensystems. (Ti, V, Zr, Nb, Mo, Tc, Ru, Rh, La, Hf, Ta, W, Re, Os und Ir) gehören genauso dazu wie Elemente rechts daneben (Al, Zn, Ga, Cd, In, Sn, Hg, Tl und Pb). Bei den Lanthaniden und Aktiniden sind Lu, Th und Pa supraleitend. Andere Elemente, wie etwa As, Ba, Ce und Ge werden supraleitend, wenn sie hohem Druck ausgesetzt sind. Zusätzlich sind viele Legierungen und Verbindungen, sowohl stöchiometrische als auch nichtstöchiometrische, supraleitend. Die Alkalimetalle und Edelmetalle sind dagegen nicht supraleitend, selbst bei den tiefsten bisher erreichten Temperaturen nicht.

Supraleiter sind fast perfekte Diamagneten: das magnetische Induktionsfeld verschwindet im Inneren des Probenvolumens. Ein Supraleiter verdrängt jedoch keine Felder beliebiger Stärke. Felder mit Beträgen, die größer als ein gewisser kritischer Wert sind, dringen ins Innere der Probe ein. Bei einigen Supraleitern, den sogenannten Supraleitern erster Art, fällt das Eindringen des Feldes mit der Zerstörung der Supraleitung zusammen. Das Metall wird dann normalleitend und hat einen nicht verschwindenden Widerstand. Bei anderen, den sogenannten Supraleitern zweiter Art, muß die Feldstärke auf einen zweiten kritischen Wert ansteigen, bevor der Widerstand wieder erscheint. In beiden Fällen ist bei tiefen Temperaturen eine höhere Feldstärke erforderlich als bei hohen.

Die Supraleitung ist auf Wechselwirkungen zwischen Bewegungen der Elektronen in einem Metall zurückzuführen, die durch Elektron-Phonon Wechselwirkung veranlaßt werden. Ihr Studium ist wichtig für das Verständnis der Wechselwirkungen und hat tiefe Einblicke in die Physik der Elektronen in Metallen bei tiefen Temperaturen gebracht.

Supraleitung ist auch von technologischer Bedeutung. Der verschwindende Widerstand wird bei der Herstellung von Elektromagneten und Elektromotoren ausgenutzt. Die Spulen solcher Geräte können hohe Ströme ohne Erzeugung von Wärme und dem damit verbundenen Verlust von Energie führen. Es sind Vorschläge gemacht worden, supraleitende Drähte zur verlustfreien Übertragung elektrischer Leistung über große Entfernungen anzuwenden.

Supraleitende Materialien bilden die Grundlage für extrem empfindliche Detektoren von Magnetfeldern und elektromagnetischer Strahlung. Sie haben damit breite Anwendung in vielen wissenschaftlichen Forschungsgebieten und in der Medizin gefunden. Durch die Entdeckung der Hochtemperatur-Supraleiter erwartet man einen gewaltigen Anstieg der Zahl der technologischen Anwendungen.

13.1 Merkmale der Supraleitung

Dieser Abschnitt enthält eine Zusammenstellung von einigen wichtigen Eigenschaften der Supraleiter. Die Theorie dazu wird im nächsten Abschnitt diskutiert.

Dauerstrom

Bild 13-1 zeigt den Widerstand von Quecksilber als Funktion der Temperatur. Oberhalb einer Temperatur von etwa 4.2 K folgt der Widerstand ungefähr dem T^5-Gesetz, das für normale Metalle erwartet wird. Unterhalb von 4.2 K ist das Metall supraleitend. Der Temperaturbereich des Übergangs ist kleiner als 10^{-5} K.
Sprungtemperaturen für andere Supraleiter sind in den Tabellen 13-1 und 13-2 angegeben. Sie liegen in einem Bereich von 0.012 K für Wolfram bis ungefähr 90 K für eine Y-Ba-Cu-0 Verbindung. Die Übergänge für defektfreie Elemente sind sehr scharf, wie z.B. beim Quecksilber. Für verformte Legierungen kann sich der Übergang dagegen über einen Temperaturbereich von bis zu 0.1 K erstrecken.
Um Temperaturen unter 20 K zu erzeugen, benötigt man flüssiges Helium, und das ist teuer. Es wurden deshalb große Anstrengungen unternommen, Supraleiter mit Sprungtemperaturen oberhalb 77 K zu finden, weil man dann flüssigen

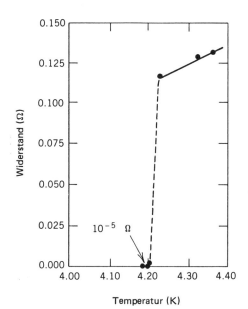

Bild 13-1 Der Widerstand einer Quecksilberprobe als Funktion der Temperatur. Wenn die Temperatur unter die Sprungtemperatur gesenkt wird, fällt der Widerstand der Probe steil ab. Anders als die normal leitenden Metalle haben die Supraleiter in einem Temperaturbereich oberhalb des absoluten Nullpunktes der Temperatur einen Widerstand von Null. (Nach K. H. Onnes, *Commun. Kamerlingh Onnes Lab. Univ. Leiden* Suppl. 346, 1913).

13.1 Die Merkmale der Supraleitung

Tabelle 13-1 Die Sprungtemperatur T_c und das kritische Feld H_c für ausgewählte Supraleiter erster Art bei $T = 0$ K.

Festkörper	T_c (K)	H_c (A/m)
Elemente		
Aluminium	1.196	7.88×10^3
Cadmium	0.56	2.36×10^3
Indium	3.4035	2.25×10^4
Blei	7.193	6.39×10^4
Quecksilber	4.154	3.02×10^4
Molybdän	0.917	7.80×10^3
Niob	9.26	1.58×10^5
Osmium	0.655	5.17×10^3
Tellur	2.39	1.36×10^4
Zinn	3.722	2.43×10^4
Wolfram	0.012	8.51×10^1
Vanadium	5.30	8.12×10^4
Zink	0.852	4.22×10^3
Zirconium	0.546	3.74×10^3
Verbindungen		
$BaBi_3$	5.69	5.89×10^4
Bi_2Pt	0.155	7.96×10^2
$Cr_{0.1}Ti_{0.3}V_{0.6}$	5.6	1.08×10^5
$In_{0.8}Tl_{0.2}$	3.223	2.01×10^4
$Mg_{0.47}Tl_{0.53}$	2.75	1.75×10^4
$NbSn_2$	2.60	4.93×10^4
$PbTl_{0.27}$	6.43	6.02×10^4

Tabelle 13-2 Sprungtemperaturen T_c und kritische Felder H_{c1} und H_{c2} für ausgewählte Supraleiter zweiter Art bei $T = 0$ K.

Festkörper	T_c (K)	H_{c1} (A/m)	H_{c2} (A/m)
Al_2CMo_3	9.8 −10.2	7.24×10^3	1.24×10^7
$C_{0.44}Mo_{0.56}$	12.5 −13.5	6.92×10^3	7.84×10^6
$Cr_{0.10}Ti_{0.30}V_{0.60}$	5.6	5.65×10^3	6.72×10^6
$In_{0.96}Pb_{0.04}$	3.68	7.96×10^3	9.55×10^3
$Mo_{0.16}Ti_{0.84}$	4.18	2.23×10^3	7.85×10^7
Nb_3Sn	18.05	–	–
Nb_3Ge	23.2	–	–
Nb_3Al	17.5	–	–
O_2SrTi	0.43	3.90×10^2	4.01×10^4
SiV_3	17.0	4.38×10^4	1.24×10^7
$Ti_{0.775}V_{0.225}$	4.7	1.91×10^3	1.37×10^7
$Ti_{0.615}V_{0.385}$	7.07	3.98×10^3	2.7×10^6
$Ti_{0.516}V_{0.484}$	7.20	4.93×10^3	2.23×10^6
$Ti_{0.415}V_{0.585}$	7.49	6.21×10^3	1.99×10^6
Hochtemperatur-Supraleiter			
$La_{1.8}Sr_{0.2}CuO_4$	36.2	–	–
$(Y_{0.6}Ba_{0.4})_2CuO_4$	≈90	–	$\approx 1.3 \times 10^8$

Stickstoff als Kühlmittel verwenden kann. Die Entdeckung von Materialien, die bei Zimmertemperatur supraleitend sind, ist ein wichtiges Ziel vieler Wissenschaftler, die auf dem Gebiet der Supraleitung arbeiten.
Eine Möglichkeit den Widerstand von Null zu testen, besteht darin, den Strom in einer Schleife aus supraleitenden Drähten bei Abwesenheit eines elektrischen Feldes zu messen. Wenn der Widerstand tatsächlich Null ist, darf sich der Strom mit der Zeit nicht verringern. Indem man ein statisches magnetisches Feld durch eine Schleife führt, kann man in ihr einen Strom induzieren, wenn die Schleife noch im normalen Zustand ist. Danach wird sie unter die Sprungtemperatur abgekühlt und das Feld auf Null reduziert. Zu späteren Zeiten wird der Strom durch Messung seines Magnetfeldes bestimmt. Man hat beobachtet, daß die Ströme in supraleitenden Schleifen über Zeiträume, die länger als ein Jahr sind, unverändert bleiben. Die Fehler der zur Messung des Magnetfeldes verwendeten Meßgeräte setzen eine untere Grenze für die Zeitdauer. Diese Grenze beträgt in einigen Fällen mehrere zehntausend Jahre. Wir werden sehen, daß theoretische Argumente uns zu der Annahme führen, daß der Widerstand exakt gleich Null ist.

Thermodynamische Eigenschaften

Daten zur spezifischen Wärme liefern einige Anhaltspunkte über die fundamentalen Prozesse, die die Supraleitung verursachen. Bild 13-2 zeigt den Elektronenbeitrag zur spezifischen Wärme von Aluminium als Funktion der Temperatur. Die deutlichste Besonderheit dieses Bildes ist die Unstetigkeit bei der Sprungtemperatur. Experimentell wurde der Wert der Unstetigkeit als proportional zur Sprungtemperatur T_c gefunden und wird näherungsweise durch 1.43 γT_c beschrieben, wobei γ der Parameter ist, der in Gleichung 8-80 für den Elektronenbeitrag zur spezifischen Wärme von normalen Metallen auftritt. Da eine ähnliche Unstetigkeit im Phononenbeitrag nicht erscheint, schließen wir daraus, daß der Supraleitungsübergang mit einer Änderung im Elektronensystem aber nicht im Phononensystem verbunden ist.

Obwohl Supraleitung mit Elektronenzuständen in Verbindung steht, zeigen die spezifische Wärme und der Widerstand an, daß Phononen auch eine Rolle spielen. Insbesondere hängt die Sprungtemperatur von der Masse der Atome im

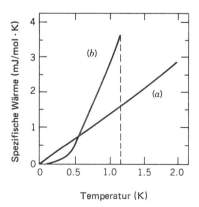

Bild 13-2 Der Elektronenbeitrag zur spezifischen Wärme für (a) normal leitendes und (b) supraleitendes Aluminium als Funktion der Temperatur. Die Angaben über die normal leitende Probe unterhalb der Sprungtemperatur wurden durch Anlegen eines magnetischen Feldes, das größer als das kritische Feld war, erhalten. Die spezifische Wärme ist an der Sprungtemperatur, die durch eine gestrichelte Linie gekennzeichnet ist, unstetig. (Nach N. E. Phillips, *Phys. Rev.* **114**: 676, 1959. Mit Erlaubnis des Autors).

Festkörper ab. Diese Abhängigkeit kann durch Messung der Sprungtemperatur für Supraleiter bestätigt werden, die aus verschiedenen Isotopen des gleichen chemischen Elements zusammengesetzt sind, die sich also nur durch die Masse ihrer Atome unterscheiden. Man hat gefunden, daß die Sprungtemperatur proportional zu $M^{-\alpha}$ ist, wobei α einen Wert von ungefähr 0.5 hat. Der Wert ist allerdings für verschiedene Supraleiter etwas unterschiedlich. Historisch gesehen wies der Isotopieeffekt den Weg zu einer brauchbaren Theorie der Supraleitung.

Die spezifische Wärme ist ein Maß für die Änderung der Entropie mit der Temperatur. Die Daten der spezifischen Wärme zeigen, daß unterhalb der Sprungtemperatur die Entropie eines Supraleiters stärker fällt als bei einem ähnlichen normalen Metall. Wir schließen daraus, daß ein supraleitendes Elektronensystem in gewissen Sinne stärker geordnet ist als ein normales Elektronensystem. Die Daten zur spezifischen Wärme können durch eine Funktion der Form $Ae^{-2\beta\Delta}$ angepaßt werden, wobei A und Δ Parameter sind, die für verschiedene Supraleiter unterschiedlich und auch temperaturabhängig sein können. Bei tiefen Temperaturen werden beide Parameter jedoch temperaturunabhängig, und die spezifische Wärme wird eine Exponentialfunktion von $1/k_BT$. Ein solches Verhalten weist auf eine verbotene Zone mit einem Wert von 2Δ im Energiespektrum der Elektronen hin.

Experimente zeigen, daß Δ proportional zur Sprungtemperatur T_c ist, und tatsächlich kann Δ durch $\Delta \approx 1.8 k_B T_c$ bei tiefen Temperaturen angenähert werden. Ein Supraleiter mit einer Sprungtemperatur von 10 K hat eine verbotene Zone von ungefähr 3×10^{-3} eV. Es ist offensichtlich, daß die meisten bekannten Supraleiter niedrige Sprungtemperaturen haben, weil ihre verbotenen Zonen klein sind. Wir erwarten, daß die Hochtemperatur-Supraleiter große verbotene Zonen haben, obwohl sie bis jetzt noch nicht direkt gemessen wurden.

Die Existenz von verbotenen Zonen bei Supraleitern kann durch Messung der Absorption elektromagnetischer Strahlung bestätigt werden. Eine verbotene Zone von 10^{-3} eV entspricht einer Kreisfrequenz von 1.5×10^{12} rad/s oder einer Wellenlänge von 1×10^{-3} m; das ist fernes Infrarot. Obwohl ein Metall Mikrowellenfrequenzen sehr stark reflektiert, kann die Transmission durch extrem dünne Filme nachgewiesen werden. Die Transmission steigt an, wenn der Film unter die Sprungtemperatur gekühlt wird. Die Mikrowellenphotonen haben Energien, die geringer sind als die verbotene Zone der Supraleiter und werden deshalb nicht durch Elektronen absorbiert. Im normalen Zustand existiert keine verbotene Zone und die Photonen werden absorbiert.

Unter speziellen Bedingungen können einige Materialien supraleitend sein, obwohl ihr Energiespektrum keine verbotene Zone besitzt. Ein Beispiel dafür sind nichtsupraleitende Proben mit geringen Konzentrationen von magnetischen Störstellen. Wir werden die Supraleiter ohne verbotene Zone hier nicht diskutieren.

Verdrängung des Flusses und Meißner Effekt

Der magnetische Fluß wird aus dem Inneren einer supraleitenden Probe in das äußere Magnetfeld verdrängt. Bild 13-3 zeigt die Induktionsfeldlinien in der Nä-

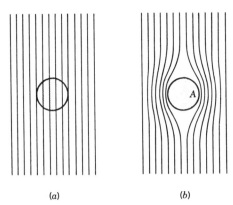

(a) (b)

Bild 13-3 Magnetische Induktionslinien in der Nähe (a) eines normalen Metallzylinders und (b) eines supraleitenden Zylinders. Weit weg von jedem Zylinder stimmen die Felder mit dem angelegten Feld überein. Das Induktionsfeld wird aus der supraleitenden Probe verdrängt und ist bei den meisten geometrischen Bedingungen direkt außerhalb der Oberfläche größer als das angelegte Feld. Das Feld bei A ist z.B. doppelt so groß wie das angelegte Feld.

he einer normalen und in der Nähe einer supraleitenden Probe bei identischen äußeren Magnetfeldern. Bei der dargestellten Geometrie fassen die Feldlinien, die eine normale Probe durchdringen, die Kanten der supraleitenden Probe ein. Sie machen dadurch das Induktionsfeld an den Punkten in der Nähe der Oberfläche größer als an den entsprechenden Punkten in der Nähe der normalen Probe. Die Flußverdrängung kann durch Messung des Magnetfeldes in der Nähe der Probe bestätigt werden.

Die Flußverdrängung ist in der Nähe der Oberfläche der Probe nicht vollständig. Vielmehr fällt das Induktionsfeld exponentiell zum Probeninneren hin ab. Die charakteristische Eindringtiefe beträgt im allgemeinen wenige hunderte Angström.

Ein Strom existiert an der Oberfläche eines Supraleiters in einem Magnetfeld, aber nicht in seinem Inneren. Nach den Maxwellschen Gleichungen für den stationären Zustand ist $\nabla \times \mathbf{B} = \mu_0 \mathbf{J}$, deshalb ist $\mathbf{J} = 0$ im Inneren eines feldfreien Bereichs. Die Oberflächenströme erzeugen dagegen ein Induktionsfeld, daß das äußere Feld im Inneren annuliert und es in dem Bereich direkt außerhalb der Oberfläche verstärkt.

Supraleiter werden oft als perfekte Diamagneten mit einer magnetischen Suszeptibilität von -1 beschrieben. Um die Flußverdrängung durch Magnetisierung und Suszeptibilität zu beschreiben, betrachten wir die Supraströme als Magnetisierungsströme. Die Magnetisierung ist durch $\mathbf{M} = \chi H$ gegeben und $\mathbf{B} = \mu_0 (\mathbf{H} + \mathbf{M}) = \mu_0 (1 + \chi) \mathbf{H}$ und, da $\mathbf{B} = 0$ ist im Inneren, ergibt sich $\chi = -1$.

Beispiel 13-1

Ein magnetisches Feld H_a wird parallel zur Achse einer langen, zylindrischen, supraleitenden Probe angelegt. Wie groß ist die Oberflächendichte des Suprastromes?

13.1 Die Merkmale der Supraleitung

Lösung
Der Suprastrom fließt rings um den Umkreis des Zylinders und erzeugt im Inneren ein magnetisches Induktionsfeld. Wenn K der Suprastrom pro Längeneinheit des Zylinders ist, gilt für das Feld, das er produziert, $B_s = \mu_0 K$ (siehe Beispiel 11-1). B_s annuliert exakt das angelegte Induktionsfeld $\mu_0 H_a$, und deshalb ist $K = H_a$. Wenn die Richtungen berücksichtigt werden, kann man das Resultat $\mathbf{K} = \hat{\mathbf{n}} \times \mathbf{H}_a$ schreiben, wobei $\hat{\mathbf{n}}$ der nach außen gerichtete Einheitsvektor der Zylindernormalen ist. ◆

Die Flußverdrängung wird plausibel, wenn das Magnetfeld angeschaltet wird, während die Probe sich im supraleitenden Zustand befindet. Eine Spannung und ein Strom werden durch die Änderung des Feldes induziert. Wenn das Feld seinen Endwert erreicht hat, verschwindet die Spannung, aber ein Strom bleibt in einem schmalen Grenzgebiet in der Nähe der Probenoberfläche bestehen, und sein Feld annuliert im Inneren das angelegte Feld.

Was passiert nun, wenn eine normalleitende Probe in ein Magnetfeld gebracht wird und dann unter die Sprungtemperatur abgekühlt wird? Man könnte erwarten, daß das Induktionsfeld vor und nach der Abkühlung das gleiche ist. Dieser Schluß basiert auf dem Faradayschen Gesetz $\partial \mathbf{B}/\partial t = -\nabla \times \mathcal{E}$, woraus bei Abwesenheit eines elektrischen Feldes $\partial \mathbf{B}/\partial t = 0$ wird.

Dieser Schluß ist aber nicht richtig. Tatsächlich werden Supraströme erzeugt und der Fluß wird aus dem Inneren verdrängt, wenn die Temperatur die Sprungtemperatur unterschreitet. Bei Supraleitern erster Art geschieht das Herausstoßen des Flusses plötzlich und mit Ausnahme der schmalen Grenzregion vollständig. Das Herausstoßen des Flusses, das bei Supraleitern erster Art auftritt, wenn sie supraleitend werden, wird Meißnereffekt genannt. Wir werden später sehen, wie die Theorie dieses überraschende Resultat erklärt.

Kritische Magnetfelder

Wenn ein Magnetfeld genügender Stärke an einen Supraleiter angelegt wird, zerstört es die Supraleitung, und die Probe wird normalleitend. Wir diskutieren hier die Supraleiter erster Art. Ein schwaches Induktionsfeld, das parallel zur Achse der zylindrischen Probe angelegt wird, wird mit Ausnahme des schmalen Grenzbereichs vollständig aus der Probe herausgedrängt. Wenn die Feldstärke des angelegten Feldes ansteigt, findet die Durchdringung plötzlich statt, wenn das kritische Feld erreicht worden ist. Die Magnetisierung als Funktion des angelegten Feldes ist im Bild 13-4 skizziert.

Die kritischen Felder für Supraleiter erster Art sind temperaturabhängig. Mit Ausnahme des Temperaturbereichs um T_c hängt das kritische Feld in etwa quadratisch von der Temperatur ab. Bild 13-5 zeigt das für einen typischen Supraleiter erster Art. In Tabelle 13-1 sind die Werte von $H_c(0)$, dem kritischen Feld bei $T = 0\,\text{K}$ angegeben.

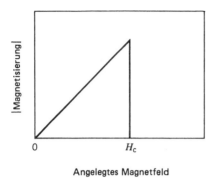

Bild 13-4 Der Betrag der Magnetisierung **M** als Funktion vom angelegten Feld $\mathbf{H}_a$ für einen Supraleiter erster Art. **M** ist durch $\mathbf{B}/\mu_0$ gegeben, wobei **B** das Induktionsfeld ist, das durch Supraströme auf der Probenoberfläche erzeugt wird. $\mathbf{M} = -\mathbf{H}_a$, wenn H_a kleiner als das kritische Feld H_c ist und $M = 0$, wenn H_a größer als H_c ist.

Wir können das kritische Feld zur Abschätzung der Energieänderung, die bei der Sprungtemperatur auftritt, verwenden. Wir betrachten einen Supraleiter bei $T = 0$ K und berechnen die magnetische Energie, die durch den Anstieg des äußeren Magnetfeldes geliefert werden muß, damit sich der Supraleiter aus dem supraleitenden in den normalen Zustand umwandelt. Die Energie pro Volumeneinheit, die benötigt wird, um die Magnetisierung um $d\mathbf{M}$ zu ändern, beträgt $dE = -\mu_0 \mathbf{H} \cdot d\mathbf{M}$ oder, weil in einem Supraleiter $\mathbf{M} = -\mathbf{H}$ ist, $dE = \mu_0 \mathbf{H} \cdot d\mathbf{H}$. Man integriert den Ausdruck von $\mathbf{H} = 0$ bis $\mathbf{H} = \mathbf{H}_c(0)$ und erhält $\Delta E = 1/2 \mu_0 H_c^2(0)$. Dieser Wert muß mit der Energie pro Volumeneinheit übereinstimmen, die frei wird, wenn die Probe die Sprungtemperatur bei Abwesenheit eines äußeren Feldes überwindet. Bei einem kritischen Feld von 5×10^4 A/m beträgt $\Delta E = 1.6 \times 10^3$ J/m³.

Wenn das kritische Feld erreicht ist und die Probe normalleitend wird, dringt der Fluß wieder in die Probe ein. Wenn die Probe ein langer Zylinder ist, der parallel zum angelegten Feld liegt, dann ist die Feldstärke an allen Punkten der Oberfläche die gleiche, und der Fluß durchdringt die Probe homogen. Bei anderen Geometrien kann für das Eindringen des Flusses an einem Punkt der Oberfläche eine äußere Feldstärke nötig sein, die von der an einem anderen Punkt verschieden sein muß. Wenn die Probe z.B. ein Zylinder ist, dessen Achse senkrecht zum angelegten Feld verläuft, wie das in Bild 13-3 gezeigt ist, dann ist das Feld am Punkt A doppelt so groß wie das angelegte Feld. Die Probe wird in der Nachbarschaft

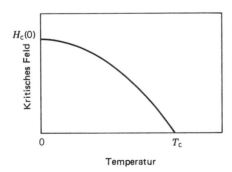

Bild 13-5 Das kritische Feld H_c als Funktion der Temperatur für einen typischen Supraleiter erster Art. Das kritische Feld hat seinen Maximalwert bei $T = 0$ und ist bei $T > T_c$ gleich Null.

des Punktes *A* schon dann normalleitend, wenn das angelegte Feld $1/2\,H_c$ erreicht. Bei von außen angelegten Feldern, die größer als $1/2\,H_c$ aber kleiner als H_c sind, wird die Probe von Streifen normalen Metalls durchzogen, wie im Bild 13-6 dargestellt. Die Feldlinien laufen durch diese Streifen, werden aber aus den anderen dazwischenliegenden Bereichen verdrängt. Solch ein Fall ist als Zwischenzustand bekannt. Wenn die angelegte Feldstärke ansteigt, wachsen die normalen Bereiche in Größe und Zahl bis die gesamte Probe normalleitend ist.
Der Widerstand einer Probe im Zwischenzustand ist Null, obwohl einige Teile normal- und andere supraleitend sind. Die Probe wirkt wie eine Reihe von parallelen Drähten mit dem Widerstand Null. Die supraleitenden Strompfade schließen die normalen Strompfade kurz, und der resultierende Widerstand verschwindet deshalb.
Die Existenz eines kritischen Feldes begrenzt den Strom, der durch eine supraleitende Probe fließen kann. Die Probe wird normal leitend, wenn das durch den Strom erzeugte Feld das kritische Feld überschreitet. Durch einen geraden Draht mit kreisförmigem Querschnitt fließt der Strom *I*. Das Feld außerhalb des Drahtes wird durch $H = I/2\pi r$ bestimmt, wobei *r* der radiale Abstand vom Zentrum des Drahtes ist. Das Feld an der Oberfläche beträgt $I/2\pi R$, wobei *R* der Radius des Drahtes ist. Wenn dieses Feld H_c übersteigt, wird die äußere Region des Drahtes normalleitend. Der Strom existiert noch, allerdings nur an der Oberfläche des supraleitenden Teils, einem Zylinder mit einem Radius, der kleiner als *R* ist. Das Feld dort ist größer als das kritische Feld, und deshalb werden diese Bereiche normalleitend. Dieses Argument kann weiterhin verwendet werden, um zu zeigen, daß die gesamte Probe normalleitend wird.

Beispiel 13-2
Man berechne den Maximalstrom, der durch einen Niobdraht mit dem Radius von 0.050 mm am absoluten Nullpunkt der Temperatur fließen kann.

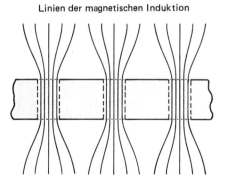

Bild 13-6 Eine schematische Darstellung durch den Querschnitt einer Probe eines Supraleiters erster Art in einem Zwischenzustand. Die Probe ist von laminaren normalen Bereichen durchzogen, durch die der magnetische Fluß durchtritt. Aus den supraleitenden Bereichen dazwischen wird der Fluß verdrängt.

Lösung

Der Maximalstrom wird durch $I_{\max} = 2\pi R H_c$ bestimmt, wobei R der Drahtradius und H_c das kritische Feld bei $T = 0$ K sind. Da $H_c = 1.58 \times 10^5$ A/m ist (siehe Tabelle 13-1), gilt

$$I_{\max} = 2\pi \times 0.05 \times 10^{-3} \times 1.58 \times 10^5 = 50 \text{ A}. \qquad \blacklozenge$$

Supraleiter zweiter Art

Zwei kritische Felder sind für Supraleiter zweiter Art wichtig. Bei dem geringeren Feld, das mit H_{c1} bezeichnet wird, durchdringt das angelegte Magnetfeld die Probe und bei dem höheren Feld, das mit H_{c2} bezeichnet wird, nimmt der Widerstand einen von Null verschiedenen Wert an. Bei Feldern zwischen diesen beiden Werten sind feine Strähnen von normalem Metall von supraleitendem Material durchsetzt. Der magnetische Fluß geht in den normalen Bereich durch die Probe und wird aus den supraleitenden Bereichen verdrängt. Die Magnetisierung als Funktion des angelegten Feldes wird im Bild 13-7 gezeigt.

Die Situation ist zu dem Zwischenzustand der Supraleiter erster Art ähnlich. Diese beiden Situationen sollten jedoch nicht durcheinander gebracht werden. Bei einer zylindrischen Probe eines Supraleiters erster Art, deren Achse längs des angelegten Feldes verläuft, wird der Fluß bei Feldern kleiner als H_c vollständig aus der Probe verdrängt und durchdringt die Probe bei Feldern größer als H_c überall. Bei einer ähnlichen Probe eines Supraleiters zweiter Art mit gleicher Orientierung wird der Fluß bei Feldern kleiner als H_{c1} vollständig verdrängt und bei höheren Feldern durchsetzt er die Probe in feinen Adern. Tabelle 13-2 stellt die kritischen Felder für einige Supraleiter zweiter Art zusammen.

Die Bereiche, in denen der Fluß durch die Oberfläche eindringt, können mit einem Elektronenmikroskop beobachtet werden, nachdem die Oberfläche mit ferromagnetischem Puder präpariert wurde. Neutronenstreuung kann auch zur Bestimmung der Verteilung der normalen Bereiche in einem Supraleiter zweiter Art herangezogen werden.

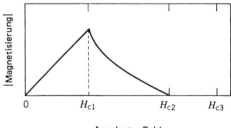

Bild 13-7 Der Betrag der Magnetisierung **M** als Funktion des angelegten Feldes H_a für einen Supraleiter zweiter Art. Unter H_{c1} wird der Fluß vollständig verdrängt, und $\mathbf{M} = -\mathbf{H}_a$. Zwischen H_{c1} und H_{c2} durchdringt der Fluß die Probe in Fäden. Zwischen H_{c2} und H_{c3} ist das Probenvolumen normal leitend, aber ein schmaler Bereich an der Oberfläche ist supraleitend. Oberhalb H_{c3} ist die gesamte Probe normal.

Die Adern von normalem Material, die durch die Probe bei Feldstärken des äußeren Feldes über H_{c1} laufen, werden als Wirbelregionen bezeichnet. Wenn die Feldstärke des angelegten Feldes steigt, nimmt auch die Zahl solcher Bereiche zu, bis schließlich beim oberen kritischen Feld die gesamte Probe normal wird. Der Widerstand der Probe ist bei Feldern unterhalb H_{c2} gleich Null. Wie beim Zwischenzustand der Supraleiter erster Art schließen die Strombahnen mit dem Widerstand Null die normalen Bahnen kurz.

Die Struktur der Wirbelregionen ist kompliziert. Ihr Kern ist normal und enthält eine dünne Faser mit magnetischem Fluß. Das Induktionsfeld fällt exponentiell mit dem Abstand von dem Kern ab, ähnlich wie das Feld an der Oberfläche einer Probe eines Supraleiters erster Art in einem äußeren Feld. Suprströme im Grenzbereich schirmen das Feld ab, und deshalb verschwindet es im supraleitenden Material zwischen den Wirbelregionen.

Schmale Bereiche in der Nähe der Oberfläche von Proben einiger Supraleiter zweiter Art bleiben sogar dann supraleitend, wenn das angelegte Feld größer als H_{c2} ist. Ein drittes kritisches Feld H_{c3} wird für diese Proben definiert. Bei Feldstärken oberhalb von H_{c3} sind dann sogar die Grenzbereiche normalleitend.

Man beachte, daß H_{c2} für einige der in Tabelle 13-2 angegebenen Supraleiter zweiter Art relativ hoch ist. Obwohl mechanische Eigenschaften wie z.B. die Sprödigkeit, die Anwendbarkeit von einigen Materialien beschränken, können viele dazu verwendet werden, supraleitende Motore und Magnete herzustellen. Ein hohes kritisches Feld bedeutet natürlich, daß die Probe einen hohen Strom führen kann und dabei supraleitend bleibt.

13.2 Theorie von Supraleitern

Eine Theorie, die auf fundamentalen Prinzipien der Quantenmechanik basiert, wurde um 1950 herum von J. Bardeen, L. N. Cooper und J. R. Schrieffer entwickelt. Diese Theorie, die nach den Anfangsbuchstaben der Familiennamen der Autoren als BCS-Theorie bekannt ist, und die Verbesserungen, die später gemacht wurden, erklären alle die Phänomene der Supraleitung, die wir bisher diskutiert haben und erlauben detaillierte Berechnungen vieler Eigenschaften der Supraleiter. Leider ist diese Theorie mathematisch sehr komplex, und wir sind deshalb nicht in der Lage, Details darzustellen.

Cooperpaare

Nach der BCS-Theorie hängt die Supraleitung von der Existenz einer anziehenden Kraft zwischen den Elektronen ab, die stark genug ist, um die gegenseitige elektrostatische Abstoßung der Elektronen zu überwinden. Das ist jedoch nicht zwingend erforderlich, weil das elektrische Feld jedes Elektrons in einem Metall effektiv durch die anderen Elektronen abgeschirmt ist. Trotzdem muß die Existenz einer anziehenden Kraft nachgewiesen werden, und es muß gezeigt werden, daß solch eine Kraft zu supraleitenden Eigenschaften führt. Diese Beweise sind die Haupterfolge der Theorie.

Eine anziehende Kraft hat ihre Ursache in Elektron-Phonon-Wechselwirkungen. Bild 13-8 veranschaulicht ein klassisches Modell. Ein Elektron zieht Ionen aus ihren Gleichgewichtslagen in seine Nähe, und im Ergebnis dessen enthält der Bereich um das Elektron herum mehr positive Ladungen als sonst. Der Bereich bleibt auch noch eine Zeit lang positiv, nachdem das Elektron den Bereich verlassen hat, und dadurch wird ein zweites Elektron zu dem Bereich hingezogen. In der quantenmechanischen Beschreibung bedeutet das, daß das erste Elektron die Zahl der Phononen in einem oder mehreren Schwingungszuständen verändert und diese dann wiederum die Wellenfunktion des zweiten Elektrons beeinflussen.

Die anziehende Kraft hat ein Maximum, wenn die Ausbreitungsvektoren der beiden Elektronen den gleichen Betrag, aber entgegengesetzte Richtungen und auch ihre Spins entgegengesetzte Richtungen haben. Die Spinbedingung hat ihre Ursache darin, daß die Energie verringert wird, wenn der räumliche Anteil der Wellenfunktion für das Paar bei Austausch der Teilchenkoordinaten symmetrisch ist. Dann ist der Spinanteil antisymmetrisch, und die Spins sind entgegengesetzt gerichtet. Elektronenpaare, die diese Bedingungen erfüllen, werden Cooperpaare genannt und sind die fundamentalen Bausteine der BCS-Theorie. Die Einteilung des Elektronensystems in Paare produziert eine Ordnung, die bereits durch die Messung der spezifischen Wärme nahegelegt wurde.

Ein Cooperpaar hat einen resultierenden Impuls von Null oder, in der klassischen Sprache, sein Massenmittelpunkt ist in Ruhe. Wir können ein Cooperpaar als ein einzelnes Teilchen mit dem Spin 0 und der Ladung $-2e$ betrachten. Solch ein Teilchen gehorcht der Bose-Einstein-Statistik und kann deshalb in jeder beliebigen Zahl den niedrigsten Energiezustand besetzen. Tatsächlich kann der Grundzustand eines Elektronensystems beschrieben werden, indem man sagt, daß jedes Elektron gepaart ist und alle Paare im niedrigsten Energiezustand sind, wobei ein Paar einen Kristallimpuls von Null hat.

Die Paarung ist nicht nur auf die Supraleitung beschränkt. Wenn wir wollen, können wir die Elektronen im Grundzustand eines normalen Metalls in der gleichen

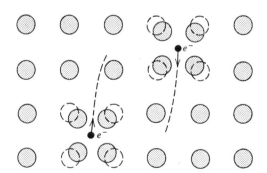

Bild 13-8 Ein klassisches Modell für eine anziehende Elektron-Elektron-Wechselwirkung, die durch die Ionen der Probe vermittelt wird. Jedes Elektron zieht die umgebenden Ionen von ihren Gitterplätzen und läßt eine positive Ladung hinter sich zurück, die dann wieder ein anderes Elektron anzieht. Die gestrichelten Kreise stellen die Gleichgewichtslagen der Ionen, die durch ein Elektron verschoben wurden, dar.

13.2 Theorie von Supraleitern

Weise als gepaart betrachten. Für Supraleitung ist die anziehende Kraft bedeutend, die zwischen den Elektronen des Paares existiert.
Eine Analyse, die ähnlich zu der in Abschnitt 7.4 bei der Bestimmung des Energiespektrums quasifreier Elektronen verwendeten ist, kann benutzt werden, um zu zeigen, wie die resultierende anziehende Wechselwirkung, unabhängig davon wie schwach sie ist, zu einer Reduzierung der Energie eines Elektronenpaares führen kann. Wir betrachten ein freies Elektronensystem bei $T = 0$ K. Die Elektronenwellenfunktionen haben die Form $e^{i\mathbf{k}\cdot\mathbf{r}}$, und alle Zustände in der Fermikugel sind besetzt. Ohne die anziehende Kraft können wir die Wellenfunktion eines Cooperpaares als Produkt von zwei freien Elektronenfunktionen mit entgegengesetzt gerichteten Ausbreitungsvektoren betrachten. Das bedeutet: $\psi = Ae^{i\mathbf{k}\cdot\mathbf{r}_1} e^{-i\mathbf{k}\cdot\mathbf{r}_2} = e^{i\mathbf{k}\cdot\mathbf{r}}$, wobei $\mathbf{r} = \mathbf{r}_1 - \mathbf{r}_2$ ist. Quadriert ergibt der Betrag dieser Funktion die Wahrscheinlichkeit pro Volumeneinheit dafür an, daß die Elektronen einen Abstand r haben. Um die vollständige Wellenfunktion zu erhalten, muß ψ mit der Funktion des Massenmittelpunktes des Paares multipliziert werden. Da der Gesamtimpuls Null ist, ergibt sich dafür gerade eine Konstante. Später, wenn wir die Suprastöme diskutieren, werden wir die Wellenfunktion überprüfen.
Um die Rechnung zu vereinfachen, nehmen wir an, daß die Elektronen des Paars sich in Zuständen an der Fermifläche befinden. Damit ist der Betrag jedes Ausbreitungsvektors k_F, und die Energie jedes Elektrons ist bei Abwesenheit der anziehenden Kraft E_F.
Die anziehende Kraft streut Paare von einem Paarzustand zu einem anderen. Die Wellenfunktion wird dadurch eine Linearkombination von ebenen Wellen. Das bedeutet

$$\psi(\mathbf{r}) = \sum_k A_k e^{i\mathbf{k}\cdot\mathbf{r}}. \tag{13-1}$$

A_k hängt nicht von r ab. Wir haben keine explizite Form für die anziehende Kraft, aber wir nehmen an, daß die mit ihr verbundene potentielle Energie U eine Funktion vom Abstand r zwischen den Elektronen ist. Die Schrödingergleichung für das Paar ist dann

$$-\frac{\hbar^2}{2m}[\nabla_1^2 + \nabla_2^2]\psi + U(\mathbf{r})\psi = (2E_F + \delta E)\psi. \tag{13-2}$$

Der Operator ∇_1^2 wirkt auf die Koordinaten des Elektrons 1, ∇_2^2 wirkt auf die Koordinaten des Elektrons 2, und δE ist die Änderung der Energie infolge der anziehenden Kraft.
Gleichung 13-1 wird in Gleichung 13-2 eingesetzt, die Beziehungen $\nabla_1^2\psi = -k^2\psi$ und $\nabla_2^2\psi = -k^2\psi$ werden verwendet, und die Terme werden etwas umgeordnet. Dann erhält man

$$\sum_k \left[\frac{\hbar^2 k^2}{m} - 2E_F - \delta E\right] A_k e^{i\mathbf{k}\cdot\mathbf{r}} = -\sum_k A_k U(r) e^{i\mathbf{k}\cdot\mathbf{r}}. \tag{13-3}$$

Zur Vereinfachung der Schreibweise setzen wir $\xi_k = (\hbar^2 k^2/2m) - E_F$. Das ist die freie Elektronenenergie von einem der Zustände in der Summe, bezogen auf die Fermienergie. Aus Gleichung 13-3 wird dann

$$\sum_{\mathbf{k}} (2\xi_k - \delta E) A_k e^{i\mathbf{k}\cdot\mathbf{r}} = -\sum_{k} A_k e^{i\mathbf{k}\cdot\mathbf{r}}. \tag{13-4}$$

Man multipliziere mit $e^{-i\mathbf{k}'\cdot\mathbf{r}}$ und integriere dann über das Probenvolumen. Das Integral von $e^{i(\mathbf{k}-\mathbf{k}')\cdot\mathbf{r}}$ verschwindet, wenn nicht $\mathbf{k} = \mathbf{k}'$ ist und es ist gleich dem Probenvolumen τ_s, wenn $\mathbf{k} = \mathbf{k}'$ ist. Daher ergibt sich

$$A_{k'} = -\frac{\sum A_k U_{kk'}}{2\xi_{k'} - \delta E}, \tag{13-5}$$

wobei

$$U_{kk'} = \frac{1}{\tau_s} \int U(\mathbf{r}) e^{i(\mathbf{k}-\mathbf{k}')\cdot\mathbf{r}} d\tau. \tag{13-6}$$

Summiert wird im Zähler über **k**.

Wir machen nun von den speziellen Merkmalen des Systems Gebrauch, die zu einer Verringerung der Energie und damit zur Supraleitung führen. Erstens kann die anziehende Kraft keine Elektronen in Zustände mit $k < k_F$ streuen, weil alle Zustände in der Fermikugel besetzt sind. Wir setzen für $k < k_F$ A_k gleich Null. Zweitens, weil die anziehende Kraft das Resultat einer Elektron-Phonon-Wechselwirkung ist, können Elektronen nicht zu Zuständen mit einer Energie größer als $E_F + \hbar\omega$ gestreut werden, wenn ω die maximale Kreisfrequenz des Phononenspektrums ist. Wir nähern ω durch die Debyesche Grenzfrequenz ω_D an. Die Summe in Gleichung 13-5 enthält keine Terme, bei denen sich entweder **k** oder **k**' auf Zustände außerhalb einer Energieschale der Breite $\hbar\omega_D$ beziehen. Die Energieschale liegt oberhalb der Fermienergie. Anstatt eines exakten Ausdrucks für $U_{kk'}$, setzen wir einen konstanten Wert $-U$ an, wenn sich sowohl **k** als auch **k**' auf Zustände innerhalb der Schale beziehen. U ist für eine anziehende Kraft positiv. Aus Gleichung 13-5 ergibt sich

$$A_{k'} = U \frac{\sum A_k}{2\xi_{k'} - \delta E}. \tag{13-7}$$

Um δE zu finden, benutzen wir **k**' als Summationsindex und summieren Gleichung 13-7 über die Zustände in der Schale. Da die Summe über **k**' auf der linken und die Summe über **k** auf der rechten Seite identisch sind, erhält man

$$1 = U \sum_{\mathbf{k}'} \frac{1}{2\xi_{k'} - \delta E}. \tag{13-8}$$

13.2 Theorie von Supraleitern

Die Zustandsdichte wird dazu verwendet, die Summe in ein Integral umzuwandeln. Da die Spins der Elektronen in einem Cooperpaar entgegengesetzte Richtungen haben, benutzen wir die Zustandsdichte, die für eine Art von Spin geeignet ist, entweder Spin-auf oder Spin-ab. Wenn $\varrho(E)$ die Hälfte der üblichen Zustandsdichte unter Einschluß des Spins ist, dann ergibt sich aus Gleichung 13-8

$$1 = U \int_0^{\hbar\omega_D} \frac{\varrho}{2\xi - \delta E} \, d\xi. \tag{13-9}$$

Da $\hbar\omega_D$ ziemlich klein im Verhältnis zu dem Bereich ist, in dem ϱ sich wesentlich ändert, können wir ϱ gleich einer Konstanten setzen, der Zustandsdichte für einen Spin am Ferminiveau. Das Integral kann dann in geschlossener Form gelöst werden: Gleichung 13-9 wird $1 = \frac{1}{2} U\varrho \ln\left[(\delta E - 2\hbar\omega_D)/\delta E\right]$ und

$$\delta E = -\frac{2\hbar\omega_D}{e^{2/U_\varrho} - 1} \approx -2\hbar\omega_D e^{-2/U_\varrho}. \tag{13-10}$$

Der letzte Ausdruck ist für $U_\varrho \ll 1$ gültig. Für alle bekannten Supraleiter ist $U_\varrho <$ 0.5, und für die meisten ist es noch beträchtlich kleiner.

Die Energieänderung ist negativ. Man sagt, die Elektronen in den Cooperpaaren seien quasigebunden, weil ihre Energie geringer als die von zwei freien Elektronen ist. Sie sind aber nicht wirklich gebunden, da ihre Gesamtenergie in Bezug auf die untere Leitungsbandkante positiv ist.

Die Quasibindung tritt nur deshalb auf, weil die Elektronen eines Paars nicht in Zustände innerhalb der Fermikugel gestreut werden können. Die Quantenmechanik sagt uns, daß kein Zustand in einem dreidimensionalen Potentialtopf existieren kann, wenn die Tiefe des Topfes nicht größer als ein beliebiger Minimalwert ist. Die Elektron-Phonon-Wechselwirkung ist schwach und produziert keine Quasibindung, wenn die Wellenfunktion viele Zustände sowohl mit einer Energie innerhalb als auch mit einer Energie außerhalb der Fermikugel mischt.

Weil die Wellenfunktion eines Paares eine Summe von ebenen Wellen und nicht eine einzelne ebene Welle ist, ist der mittlere Abstand zwischen den Elektronen endlich. Wir benutzen nun die Heisenbergsche Unschärferelation, um den mittleren Abstand von zwei Elektronen in einem Paar zu bestimmen. Die Unschärfe δk im Betrag des Ausbreitungsvektors beträgt auf δE bezogen $\delta E = \delta(\hbar^2 k^2/2m) = \hbar^2 k \delta k/m = \hbar^2 k_F \delta k/m$; deshalb ist $\delta k = m\delta E/\hbar^2 k_F$. Wir ersetzen k durch k_F, weil der Betrag der Ausbreitungskonstanten für jede ebene Welle in der Summe etwa gleich k_F ist. Die Ausdehnung der Wellenfunktion beträgt $\delta x = 1/\delta k = \hbar^2 k_F/m\delta E$ = $(2/k_F)(E_F/\delta E)$, wobei $E_F = \hbar^2 k_F^2/2m$ ist. $E_F/\delta E$ ist im allgemeinen 10^3 oder mehr, und k_F ist im allgemeinen $10^{10}\ m^{-1}$; deshalb liegt δx in der Größenordnung von 100 nm. Zu jeder beliebigen Zeit liegen die Zentren von vielen Millionen Paaren zwischen den Elektronen eines einzelnen Paares.

Der supraleitende Grundzustand

Die oben durchgeführte Analyse beschäftigt sich mit einem einzelnen Cooperpaar an der Fermifläche und muß für die Diskussion des supraleitenden Grundzustandes modifiziert werden. Weil die Mathematik dazu sehr komplex ist, werden wir nun eine qualitative Beschreibung zusammen mit einigen Resultaten geben.

Wir betrachten zunächst ein Cooperpaar mit der Energie $E_F - \delta E$, wobei δE durch Gleichung 13-10 gegeben ist. Da seine Wellenfunktion Funktionen für freie Elektronenzustände oberhalb des Ferminiveaus enthält, besetzen die Elektronen die freien Elektronenzustände am Ferminiveau nur eine bestimmte Zeit. Die restliche Zeit sind diese Zustände frei und können durch Elektronen mit weniger Energie besetzt werden. Deshalb können die Elektronen unterhalb des Ferminiveaus auch Cooperpaare bilden. Die Supraleitung ist ein kollektives Phänomen: die Bildung von Cooperpaaren in der Nähe der Fermifläche fördert die Bildung anderer Paare im Inneren.

Dieser Prozeß kann jedoch nicht sehr weit gehen. Wenn freie Elektronenzustände unterhalb des Ferminiveaus unbesetzt sind, können Paare sowohl von oben als auch von unten in diese Zustände gestreut werden und würden damit die Tendenz zur Quasibindung reduzieren. Die Verteilung, die die Gesamtenergie zum Minimum macht, wird im Bild 13-9 dargestellt. Obwohl diese Kurve für $T = 0$ K gilt, ähnelt sie etwas der Fermi-Dirac-Verteilungsfunktion für eine höhere Temperatur. Einige Zustände mit einer Energie oberhalb des Ferminiveaus sind besetzt und andere Zustände mit einer Energie unterhalb des Ferminiveaus sind es nicht. Deutlich unterhalb des Ferminiveaus ist die Besetzungszahl gleich 1.

Der Energiebereich mit teilweise besetzten Zuständen wird mit $2\Delta_0$ bezeichnet und, obwohl die Ableitung viel komplizierter als die Ableitung von Gleichung 13-10 für die Energie der Cooperpaare in der Nähe der Fermifläche ist, wird Δ_0 für den Grenzwert kleiner U_ϱ durch einen ähnlichen Ausdruck bestimmt:

$$\Delta_0 = 2\hbar\omega_D e^{-1/U_p} \qquad (13\text{-}11)$$

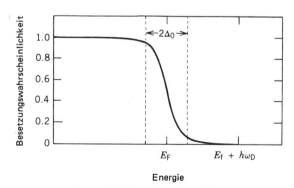

Bild 13-9 Die Besetzungswahrscheinlichkeit für einen Elektronenzustand eines Supraleiters im Grundzustand. Die Funktion lautet $1/2\,[1 - \xi\,(\Delta_0^2 + \xi^2)^{-1/2}]$, wobei $\xi = E - E_F$ und Δ_0 der Parameter der verbotenen Zone ist. Der Energiebereich, in dem die Zustände nur zeitweise besetzt sind, beträgt etwa $2\Delta_0$.

Δ_0 wird oft als die Energie interpretiert, die pro Elektron benötigt wird, um ein Cooperpaar aufzubrechen. Wir müssen uns jedoch daran erinnern, daß Δ_0 aus den kollektiven Bewegungen aller Elektronen resultiert und nicht einem einzelnen Cooperpaar zugeordnet werden kann.

Gleichung 13-11 ist nicht für alle Supraleiter gültig. Für die als stark koppelnde Supraleiter bekannten Materialien, ist die potentielle Energie der anziehenden Kraft komplizierter als die von uns verwendete einfache Funktion, und man erhält auch etwas andere Resultate für Δ_0. Blei und Quecksilber sind Beispiele dafür.

Die Gesamtenergie des Elektronensystems kann berechnet und mit der Gesamtenergie eines normalen Systems am absoluten Nullpunkt der Temperatur verglichen werden. Wie man aus der Elektronenverteilungsfunktion vermuten könnte, hängt das Ergebnis tatsächlich von Δ_0 ab. Die BCS-Theorie liefert

$$E_n - E_s = 1/2 \varrho(E_F)\Delta_0^2. \tag{13-12}$$

Für ein System von N freien Elektronen gilt $\varrho(E_F) = 3N/4E_F$, deshalb ist

$$E_n - E_s = 3/8 N\Delta_0 \left(\frac{\Delta_0}{E_F} \right). \tag{13-13}$$

Gleichung 13-13 ist in Übereinstimmung mit einem Modell, in dem ein kleiner Anteil $3/4 \Delta_0/E_F$ der Elektronen, der die Zustände in der Nähe des Ferminiveaus besetzt, quasigebundene Paare bilden. Wir können diese Interpretation unter der Voraussetzung benutzen, daß wir nicht die kollektive Natur der Supraleitung vergessen.

Verbotene Zonen der Supraleiter

Die Elektron-Phonon Wechselwirkung ändert auch das Energiespektrum der angeregten Zustände. Wenn die Energie eines Zustands außerhalb der Fermifläche von einem normalen Metall $E_n(\mathbf{k})$ ist, dann gilt für den entsprechenden Zustand eines Supraleiters nach der BCS-Theorie $E_s(\mathbf{k}) = E_F + [(E_n - E_F)^2 + \Delta_0^2]^{1/2}$, wobei Δ_0 durch Gleichung 13-11 gegeben ist. Energien für Zustände unterhalb des Ferminiveaus sind durch $E_s = E_F - [(E_n - E_F)^2 + \Delta_0^2]^{1/2}$ gegeben.
Bei $T = 0$ K liegt das Energieminimum für ein Elektron oberhalb des Ferminiveaus bei $E + \Delta_0$. Ähnlich liegt die maximale Energie für ein Elektron unterhalb des Ferminiveaus bei $E - \Delta_0$. Daher ist eine Energie von mindestens $2\Delta_0$ nötig, um ein Elektron von unterhalb des Ferminiveaus über das Ferminiveau anzuheben. Eine verbotene Zone mit einem Wert von $2\Delta_0$ spreizt das Ferminiveau auf; das Elektronensystem kann keine Energie in dieser verbotenen Zone haben. Elektronen mit einer Energie oberhalb der verbotenen Zone sind ungepaart. Sie werden normale Elektronen genannt, um sie von den Elektronen unterhalb der verbotenen Zone, den sogenannten supraleitenden Elektronen, zu unterscheiden. Bei Temperaturen über dem absoluten Nullpunkt aber unterhalb der

Sprungtemperatur ist das System eine Mischung von supraleitenden und normalen Elektronen. Bei $T = 0$ K sind alle Elektronen supraleitend. Da die Supraleitung durch Elektron-Phonon-Wechselwirkungen vermittelt wird, könnte man irrtümlich erwarten, daß die verbotenen Zonen in der Größenordnung von $\hbar\omega_D$ und die Sprungtemperaturen in der Größenordnung der Debyetemperaturen $(\hbar/k_B)\omega_D$ liegen. Man würde dann erwarten, daß viele Materialien bis weit über Zimmertemperatur supraleitend sind. Die beobachteten Werte für die Sprungtemperatur sind aber viel niedriger. Die BCS-Theorie gibt

$$k_B T_c = 0.565\Delta_0 = 1.13\hbar\omega_D e^{-1/U_P}, \tag{13-14}$$

für die Beziehung zwischen Sprungtemperatur und verbotener Zone an. Die letzte Gleichung ist für kleine U_ϱ gültig. Die kollektive Natur des supraleitenden Grundzustandes führt die Exponentialfunktion in die Gleichungen 13-11 und 13-14 ein und reduziert die verbotene Zone und die Sprungtemperatur.

Elektronensysteme, bei denen das Produkt U_ϱ groß ist, haben relativ große verbotene Zonen der Supraleitung und relativ hohe Sprungtemperaturen. Daher sind Materialien mit einer starken Elektron-Phonon-Wechselwirkung bei höheren Temperaturen supraleitender als die mit schwacher. Sowohl experimentelle als auch theoretische Bemühungen sind gegenwärtig auf Elektron-Phonon-Wechselwirkungen bei Hochtemperatursupraleitern gerichtet. Die Y-Ba-Cu-0 Verbindung, die in Tabelle 13-2 aufgeführt wurde, ist eine dieser Verbindungen. Die Wissenschaftler hoffen, daß eine detaillierte Kenntnis der Wechselwirkungen sie befähigen wird, Supraleiter mit noch höheren Sprungtemperaturen zu finden.

Die Elektron-Phonon-Wechselwirkung ist auch für den elektrischen Widerstand eines Metalls in seinem normalen Zustand verantwortlich, und eine starke Wechselwirkung führt zu einem hohen Widerstand. Wir schließen daraus, daß Metalle mit einer relativ schlechten elektrischen Leitfähigkeit in ihrem normalen Zustand die besten Supraleiter ergeben und relativ hohe verbotene Zonen der Supraleitung sowie relativ hohe Sprungtemperaturen haben. Dieser Schluß basiert auf Beobachtungen.

Die Gleichung 13-11 zeigt, daß ein Festkörper supraleitend wird, wenn eine anziehende Kraft, unabhängig davon, wie klein sie auch sein mag, zwischen den Elektronen existiert. Materialien, bei denen kein Übergang beobachtet wurde, könnten unterhalb der gegenwärtig erreichbaren tiefsten Temperaturen supraleitend werden.

Die verbotene Zone der Supraleitung ändert sich mit der Temperatur. Die BCS-Theorie gibt eine Integralgleichung für ihren Wert an. Für schwach koppelnde Supraleiter hängt das Verhältnis $\Delta(T)/\Delta_0$ nur von der Sprungtemperatur ab, und die Kurve, die im Bild 13-10 dargestellt wurde, ist für alle schwach koppelnde Supraleiter gültig. Bei tiefen Temperaturen ist $\Delta(T)$ nahezu konstant, und wenn T etwa $1/2\, T_c$ ist, beginnt $\Delta(T)$ steil abzufallen und sinkt auf Null.

Die Temperaturabhängigkeit von $\Delta(T)$ resultiert aus der kollektiven Natur der supraleitenden Zustände. Wenn die Temperatur ansteigt, werden die Elektronen über die verbotene Zone angeregt und lassen einige Zustände in der Fermifläche

13.2 Theorie von Supraleitern   515

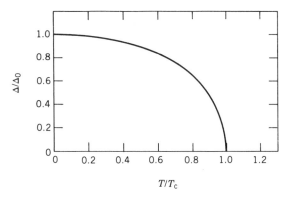

Bild 13-10 Der Parameter Δ der verbotenen Zone von Supraleitern als Funktion der Temperatur. Die verbotene Zone besitzt ihren größten Wert bei $T = 0$ K und ist bei Temperaturen $T > T_c$ gleich Null.

zumindest zeitweise unbesetzt. Daraus resultiert eine Reduzierung der verbotenen Zone, und die zur Anregung anderer Elektronen erforderliche Energie wird geringer. Die Kurve wird steil, wenn eine bedeutende Zahl von Elektronen angeregt wird, und ihr Anstieg wird bei der Sprungtemperatur unendlich. Bei T_c und höheren Temperaturen verschwindet die verbotene Zone. Alle Elektronen sind dann normal, und die Probe ist nicht mehr supraleitend.

Vorhersagen der Theorie

Hier zeigen wir, wie die BCS-Theorie einige Erscheinungen der Supraleitung erklärt. Obwohl wir eine qualitative Diskussion führen, wurden die zitierten Ergebnisse aus der Theorie durch detaillierte Berechnungen gewonnen. Die Diskussion des Meißnereffektes verschieben wir in den nächsten Abschnitt.

Der Isotopieeffekt wird durch die Gleichungen 13-11 und 13-14 vorausgesagt. Die Debyefrequenz ist proportional zu $M^{-1/2}$, wobei M die Atommasse ist, und die Proportionalität wird auf die verbotene Zone und die Sprungtemperatur ausgedehnt. Eine kleinere Atommasse führt zu einer höheren Debyefrequenz; deshalb schließt die Summe in Gleichung 13-1 freie Elektronenzustände mit Energien ein, die höher über dem Ferminiveau liegen als sonst.

Dauerströme sind auch leicht zu erklären. Ein homogenes konstantes elektrisches Feld verschiebt die Elektronenverteilung im reziproken Raum entsprechend der Beziehung $d\delta\mathbf{k}/dt = -(e/\hbar)\mathcal{E}$; daher beträgt die Verschiebung nach der Zeit t $\delta\mathbf{k} = -(e/\hbar)\mathcal{E}t$. Der Zustand eines einzelnen Teilchens bei $\mathbf{k} + \delta\mathbf{k}$ ist nun mit einem einzelnen Teilchen im Zustand $-\mathbf{k} + \delta\mathbf{k}$ gepaart und die verbotene Zone der Supraleitung wird zusammen mit der Verteilung verschoben.
Die Bewegungsgleichung für $\delta\mathbf{k}$ enthält keinen Relaxationsterm. Die Relaxation erscheint in einem normalen Metall, weil Elektronen durch Phononen und Defekte zu Zuständen gestreut werden, die durch die Verschiebung der Verteilung

leer gelassen wurden. Die Streuung beinhaltet einen Energieaustausch zwischen dem Elektronensystem und dem Phononen- und Defektsystem und kann in einem normalen Metall immer auftreten, weil die Energiedifferenzen zwischen den Anfangs- und Endzuständen extem klein sind. In einem Supraleiter dagegen muß jedes Streuereignis die Energie um einen Betrag von mindestens 2Δ ändern. Wenn diese geforderte Energie nicht vorhanden ist, findet keine Streuung statt.
Wir betrachten ein Cooperpaar als ein Teilchen mit der Masse $2m$, der Ladung $-2e$ und dem Impuls $2\hbar\delta\mathbf{k}$. Seine Geschwindigkeit beträgt $2\hbar\delta\mathbf{k}/2m = (\hbar/m)\,\delta\mathbf{k}$. Wenn die Konzentration der supraleitenden Elektronen n_s ist, dann ist die Stromdichte gegeben durch

$$J = -2e(n_s/2)v = -\frac{e\hbar n_s}{m}\delta k. \tag{13-15}$$

Wenn der Strom anfangs Null ist, bevor ein elektrisches Feld angeschaltet wird, dann ist $\delta\mathbf{k} = -(e/\hbar)\mathcal{E}t$ und

$$\mathbf{J} = \frac{n_s e^2}{m}\mathcal{E}t. \tag{13-16}$$

Da kein Mechanismus existiert, der die Elektronen zurück in die thermische Gleichgewichtsverteilung streut, die durch $\delta\mathbf{k} = 0$ charakterisiert wird, steigt die Stromdichte kontinuierlich an, solange das elektrische Feld existiert und ist konstant, nachdem das Feld abgeschaltet wurde.
Die BCS Theorie berichtet auch über das *kritische magnetische Feld* und die Parameter der verbotenen Zone bei Supraleitern erster Art. Durch Gleichsetzen der Differenz zwischen normaler und supraleitender Energie, die in Gleichung 13-12 angegeben wurde, mit $1/2\mu_0 H_c^2(0)$ erhält man

$$H_c^2(0) = \frac{\varrho(E_F)}{\mu_0 \tau_s}\Delta_0^2. \tag{13-17}$$

Weil Δ_0 proportional zu T_c ist, ist es auch H_c. Beobachtungen an schwach gekoppelten Supraleitern mit nahezu derselben Zustandsdichte bestätigen Gleichung 13-17 bis auf wenige Prozente. Deutliche Unterschiede treten bei stark gekoppelten Supraleitern, wie z.B. Blei und Quecksilber auf.
Die BCS-Theorie sagt voraus, daß das kritische Feld der Beziehung gehorcht

$$H_c(T) = H_c(0)\left[1 - 1.06\left(\frac{T}{T_c}\right)^2\right] \tag{13-18}$$

für $T \ll T_c$ und

$$H_c(T) = 1.74 H_c(0)\left[1 - \frac{T}{T_c}\right] \tag{13-19}$$

für T nahe T_c. Bei den meisten Supraleitern stimmen die berechneten und die experimentellen Werte von $H_c(T)$ mit einer Genauigkeit von wenigen Prozent überein. Die Gleichung 13-19 wird oft verwendet, um $H_c(0)$ aus Messungen von H_c in der Nähe der Sprungtemperatur zu bestimmen. Diese Methode ist insbesondere dann wichtig, wenn $H_c(0)$ deutlich oberhalb der Feldstärken liegt, die im Labor hergestellt werden können.

Beispiel 13-3
Man benutze das Modell freier Elektronen, um den Parameter für die verbotene Zone Δ_0 einer supraleitenden Probe mit 5.0×10^{28} Elektronen/m³ und einem kritischen Feld von 7.0×10^3 A/m zu bestimmen.

Lösung
Die Fermienergie ist

$$E_F = \frac{\hbar^2}{2m}(3\pi^2 n)^{2/3} = \frac{(1.05 \times 10^{-34})^2}{2 \times 9.11 \times 10^{-31}}(3\pi^2 \times 5.0 \times 10^{28})^{2/3}$$

$$= 7.86 \times 10^{-19} \text{ J}.$$

Man verwende $\varrho = 3n\tau_s/4E_F$ und Gleichung 13-17 und erhält dann

$$\Delta_0 = \left[\frac{4\mu_0 E_F}{3n}\right]^{1/2} H_c = \left[\frac{4 \times 4\pi \times 10^{-7} \times 7.86 \times 10^{-19}}{3 \times 5.0 \times 10^{28}}\right]^{1/2} \times 7.0 \times 10^3$$

$$= 3.59 \times 10^{-23} \text{ J} = 2.25 \times 10^{-4} \text{ eV}. \quad \blacklozenge$$

Die BCS-Theorie sagt auch eine Unstetigkeit in der spezifischen Wärme bei $T = T_c$ voraus. Die relative Änderung $(C_n - C_s)/C_n$ wird berechnet, und es ergibt sich ein Wert von 1.43. Bei tiefen Temperaturen ergibt die Theorie

$$C_s = 1.34\gamma T_c \left[\frac{\Delta_0}{k_B T}\right]^{3/2} e^{-\Delta_0/k_B T}. \tag{13-20}$$

Wie bereits früher erwähnt, weist das exponentielle Verhalten bei tiefen Temperaturen auf ein System mit einer verbotenen Zone hin. Die verbotene Zone und das exponentielle Verhalten der spezifischen Wärme sind natürliche Ergebnisse der Theorie.

13.3 Elektrodynamik von Supraleitern

Die London-Gleichung
Gleichung 13-16 gibt die Stromdichte für ein System von supraleitenden Elektronen an: ihre Ableitung nach der Zeit ist

$$\frac{d\mathbf{J}}{dt} = \frac{n_s e^2}{m} \mathcal{E}. \tag{13-21}$$

Wie Gleichung 13-21 zeigt, existiert ein stationärer Suprastrom nur dann, wenn das elektrische Feld verschwindet. In einem Draht, der einen stationären Suprastrom leitet, ist die Potentialdifferenz zwischen zwei beliebigen Punkten Null. Dieses Verhalten ist eine direkte Folge aus dem verschwindenden Widerstand.
Im Gegensatz dazu ist eine stationäre Stromdichte in einem normalen Metall proportional zum Feld.
Wir benutzen Gleichung 13-21, um den Meißnereffekt zu diskutieren. Wir bilden die Rotation auf beiden Seiten und verwenden das Faradaysche Gesetz $\nabla \times \mathcal{E} = -\partial \mathbf{B}/\partial t$, um $\nabla \times \mathcal{E}$ ersetzen zu können. Damit erhält man aus Gleichung 13-21

$$\frac{\partial}{\partial t}\left[\frac{n_s e^2}{m}\mathbf{B} + \nabla \times \mathbf{J} \right] = 0. \tag{13-22}$$

Die Gleichung 13-22 ist für beliebige Materialien mit dem Widerstand Null gültig. Das führt nicht von selbst zum Meißnereffekt. Der Meißnereffekt wird jedoch vorhergesagt, wenn die Größe in den Klammern verschwindet. Das heißt, für einen Supraleiter gilt:

$$\nabla \times \mathbf{J} = -\frac{n_s e^2}{m}\mathbf{B} \tag{13-23}$$

Gleichung 13-23 wird als London-Gleichung bezeichnet, nach F. London und H. London, die die Gültigkeit der Gleichung für Supraleiter postulierten.
Um zu sehen, wie die London-Gleichung zum Meißnereffekt führt, betrachten wir eine Probe oberhalb der Sprungtemperatur in einem schwachen Magnetfeld. Sowohl $\mathbf{J}$ als auch n_s verschwinden, deshalb wird Gleichung 13-23 selbst dann erfüllt, wenn ein Induktionsfeld die Probe durchsetzt. Nach Gleichung 13-22 bleibt $(n_s e^2/m)\mathbf{B} + \nabla \times \mathbf{J}$ Null, wenn die Probe unter der Sprungtemperatur abgekühlt wird. Da kein elektrisches Feld existiert, bleibt $\mathbf{J}$ im Inneren gleich Null. Weil aber n_s nicht mehr verschwindet, fordert Gleichung 13-23, daß im Inneren $\mathbf{B} = 0$ ist. Tatsächlich verschwinden weder $\mathbf{J}$ noch $\mathbf{B}$ in einem schmalen Grenzbereich in der Nähe der Oberfläche, aber Gleichung 13-23 ist noch gültig. Wir werden die Grenzschicht kurz diskutieren.
Um zu verstehen, warum die London-Gleichung von den Supraleitern befolgt wird und um die Grenzen ihrer Gültigkeit zu prüfen, müssen wir mehr über die Wellenfunktionen für Cooperpaare wissen.

13.3 Elektrodynamik von Supraleitern

Die makroskopische Wellenfunktion

Die Wellenfunktion, die in Gleichung 13-1 angegeben und zur Bestimmung der Energie der Cooperpaare verwendet wurde, ist eine Funktion der relativen Koordinaten der zwei Elektronen des Paares. Sie berücksichtigt nicht die Bewegung des Massenmittelpunktes. Da die Bewegung des Massenmittelpunktes wichtig ist, wenn ein Cooperpaar elektrischen und magnetischen Feldern ausgesetzt wird, betrachten wir sie jetzt.

Wie wir im letzten Abschnitt gelernt haben, ändert sich der Ausbreitungsvektor für jedes Elektron um $\delta\mathbf{k} = -(e/\hbar)\mathcal{E}t$ in einem konstanten homogenen elektrischen Feld. Die Wellenfunktion für ein Paar wird dann

$$\psi = \sum_k A_k e^{i(\mathbf{k} + \delta\mathbf{k}) \cdot \mathbf{r}_1} e^{i(-\mathbf{k} + \delta\mathbf{k}) \cdot \mathbf{r}_2} = e^{2i\delta\mathbf{k} \cdot \mathbf{R}} \sum_k A_k e^{i\mathbf{k} \cdot \mathbf{r}}. \qquad (13\text{-}24)$$

$\mathbf{R} = 1/2(\mathbf{r}_1 + \mathbf{r}_2)$ ist die Position des Massenmittelpunktes und $\mathbf{r} = \mathbf{r}_1 - \mathbf{r}_2$ ist wie zuvor die relative Verschiebung der Elektronen. Der erste Exponentialfaktor in Gleichung 13-24 ist die Wellenfunktion des Massenmittelpunktes für ein Cooperpaar mit dem Gesamtimpuls $2\hbar\delta\mathbf{k}$. Wir werden jetzt eine allgemeinere Definition geben.

$\Psi(\mathbf{R})$ soll die Wellenfunktion für den Massenmittelpunkt des Cooperpaares sein. Wir könnten sie so definieren, daß $|\Psi(\mathbf{R})|^2 d\tau$ die Wahrscheinlichkeit dafür angibt, daß sich der Massenmittelpunkt des Cooperpaares in einem infinitesimalen Volumenelement $d\tau$ um $\mathbf{R}$ befindet. $\Psi(\mathbf{R})$ ist jedoch für jedes Cooperpaar gleich. Ohne elektrisches Feld ist es eine Konstante und bei Anwesenheit eines elektrischen Feldes reagiert jedes Paar in gleicher Weise. Wir definieren $\Psi(\mathbf{R})$ so, daß $|\Psi(\mathbf{R})|^2$ die Konzentration der Cooperpaare n_p bei $\mathbf{R}$ angibt. Im allgemeinen ist Ψ komplex und es kann deshalb in folgender Form geschrieben werden

$$\Psi(\mathbf{R}) = n_p^{1/2} e^{i\phi(\mathbf{R})}, \qquad (13\text{-}25)$$

ø ist der Phasenwinkel, der sich von Probenort zu Probenort verändern kann. Die räumliche Abhängigkeit des Phasenwinkels ist auf die Suprastromdichte bezogen. In der Quantenmechanik ist der Impulsoperator $-i\hbar\nabla$, und für Teilchen mit der Ladung q und der Masse M beträgt die Stromdichte

$$\mathbf{J} = -i\frac{q\hbar}{2M}[\Psi^*\nabla\Psi - \Psi\nabla\Psi^*]. \qquad (13\text{-}26)$$

Zur Bestimmung der Suprastromdichte setzen wir Gleichung 13-25 in Gleichung 13-26 ein und verwenden für $q = -2e$ und für $M = 2m$. Wenn die Paarkonzentration homogen ist, ergibt sich

$$\mathbf{J} = -\frac{e\hbar}{m} n_p \nabla\phi. \qquad (13\text{-}27)$$

Das bedeutet, die Stromdichte ist proportional zum Gradienten des Phasenwinkels. Wenn kein Strom existiert, ist $\nabla\phi = 0$ und die Wellenfunktion des Massenmittelpunktes kann als Konstante $n_p^{1/2}$ betrachtet werden. Wenn dagegen ein Strom vorhanden ist, wird ϕ eine Funktion der Lage in der Probe. Wenn z.B. Ψ die ebene Welle $e^{i2\delta \mathbf{k} \cdot \mathbf{R}}$ ist, dann gilt $\nabla\phi = 2\delta\mathbf{k}$ und $\mathbf{J} = -2e\hbar\delta\mathbf{k}n_p/m$. Das ist in Übereinstimmung mit Gleichung 13-16, wenn $1/2 n_s$ für n_p und $-(e/\hbar)\mathcal{E}t$ für $\delta\mathbf{k}$ eingesetzt wird.

Ψ wird als makroskopische Wellenfunktion bezeichnet, weil ihr Betrag und ihre Phase durch die makroskopisch meßbare Größen, die Paarkonzentration und die Stromdichte, interpretiert werden können. Bei einem normalen Metall berechnen wir den Beitrag eines Elektrons zur Stromdichte durch Einsetzen der Wellenfunktion eines einzelnen Teilchens in Gleichung 13-26. Die Beiträge werden dann summiert. Dieses Verfahren ist korrekt, weil zwischen den Phasen der Wellenfunktionen der einzelnen Teilchen keine Korrelation existiert. Bei einem Supraleiter summieren wir im wesentlichen die Wellenfunktionen aller Cooperpaare, und dann setzen wir die Summe in Gleichung 13-26 ein. Dieses Verfahren ist bei diesen Materialien korrekt, weil alle Wellenfunktionen den gleichen Betrag und die gleiche Phase haben.

Wenn ein Magnetfeld vorhanden ist, muß der Ausdruck für die Stromdichte modifiziert werden. Der quantenmechanische Operator $-i\hbar\nabla$ ist nicht mehr allein dem Teilchenimpuls zuzuordnen, sondern eher der Summe von Teilchen- und Feldimpuls. Insbesondere bei einer Ladung q muß $-i\hbar\nabla$ $\mathbf{p} + q\mathbf{A}$ zugeordnet werden, wobei $\mathbf{p}$ der Teilchenimpuls und $\mathbf{A}$ das Vektorpotential des Feldes sind. Das Vektorpotential ist definiert durch $\mathbf{B} = \nabla \times \mathbf{A}$. Zur Bestimmung der Stromdichte verwenden wir den Operator $-i\hbar\nabla - q\mathbf{A}$, der dem Teilchenimpuls zugeordnet werden kann. $\mathbf{J}$ ist gegeben durch

$$\mathbf{J} = -i\frac{\hbar q}{2M}(\Psi^*\nabla\Psi - \Psi\nabla\Psi^*) - \frac{q^2}{M}\mathbf{A}\Psi^*\Psi. \tag{13-28}$$

Für Cooperpaare wird q durch $-2e$, M durch $2m$ und Ψ durch $n_p^{1/2} \cdot e^{i\phi}$ ersetzt. Man erhält unter der Voraussetzung, daß die Konzentration n_p homogen ist

$$\mathbf{J} = -\left[\frac{\hbar e}{m}\nabla\phi + \frac{2e^2}{m}\mathbf{A}\right]n_p. \tag{13-29}$$

Die Stromdichte hat zwei Terme, einer ist proportional zum Gradienten des Phasenwinkels und der andere proportional zum Vektorpotential.
Gleichung 13-29 führt unmittelbar zur London-Gleichung. Wir bilden auf beiden Seiten die Rotation und verwenden die Identität $\nabla \times \nabla\phi = 0$. Man erhält dann

$$\nabla \times \mathbf{J} = -\frac{2n_p e^2}{m}\mathbf{B} = -\frac{n_s e^2}{m}\mathbf{B}. \tag{13-30}$$

Das ist in Übereinstimmung mit Gleichung 13-23. Die London-Gleichung folgt ganz natürlich aus der Quantenmechanik der Cooperpaare.

13.3 Elektrodynamik von Supraleitern

Eindringtiefe

Bei einem Supraleiter im Magnetfeld ändert sich das Induktionsfeld nicht diskontinuierlich von seinem Wert außerhalb der Probe zu dem Wert Null innerhalb der Probe, sondern sein Wert fällt mit dem Abstand von der Grenze ab. Die London-Gleichung liefert in Verbindung mit den Maxwellschen Gleichungen einen Ausdruck für das stationäre Feld gerade innerhalb der Grenze.
Wir bilden die Rotation auf beiden Seiten der Maxwellschen Gleichung $\nabla \times \mathbf{B} = \mu_0 \mathbf{J}$, und dann ersetzen wir $\nabla \times \mathbf{J}$ durch Gleichung 13-30. Wir erhalten

$$\nabla \times \nabla \times \mathbf{B} = -\mu_0 \frac{n_s e^2}{m} \mathbf{B}. \qquad (13\text{-}31)$$

Für einen beliebigen Vektor $\mathbf{B}$ gilt: $\nabla \times \nabla \times \mathbf{B} = \nabla(\nabla \cdot \mathbf{B}) - \nabla^2 \mathbf{B}$. Da aber $\mathbf{B}$ das magnetische Induktionsfeld ist, wird $\nabla \cdot \mathbf{B} = 0$ und Gleichung 13-31 erhält die Form

$$\nabla^2 \mathbf{B} = \mu_0 \frac{n_s e^2}{m} \mathbf{B}. \qquad (13\text{-}32)$$

Diese Differentialgleichung ist nun für $\mathbf{B}$ zu lösen.
Wir betrachten eine Situation, wie sie in Bild 13-11 dargestellt wird. $\mathbf{B}$ liegt in z-Richtung, parallel zur xz-Fläche der Probe und ist eine Funktion von y. Gleichung 13-32 wird dann zu

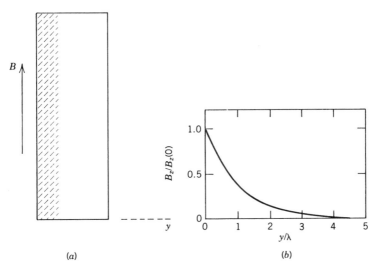

Bild 13-11 (a) Eine Platte aus supraleitendem Material in einem externen Feld. Das Induktionsfeld durchdringt die Probe in einem schmalen Bereich nahe der xz-Fläche. (b) Innerhalb der Probe ist das Induktionsfeld proportional zu $e^{-y/\lambda}$, wobei λ die Eindringtiefe ist.

$$\frac{d^2B_z}{dy^2} = \mu_0 \frac{n_s e^2}{m} B_z \tag{13-33}$$

und hat die Lösung

$$B_z(y) = B_z(0)e^{-y/\lambda}. \tag{13-34}$$

Dabei ist $B_z(0)$ das Feld an der Grenze und

$$\lambda^2 = \frac{m}{\mu_0 n_s e^2}. \tag{13-35}$$

Das Parameter λ, der Londonsche Eindringtiefe genannt wird, ist ein Maß für das Eindringen des Induktionsfeldes in die Probe. Für $n_s = 10^{28}$ Elektronen/m², liegt λ bei etwa 50 nm. Wenn die Temperatur ansteigt und die Konzentration der supraleitenden Elektronen kleiner wird, steigt die Eindringtiefe an bis schließlich, wenn $n_s = 0$ ist, das Feld die Probe durchdringt. Einige Londonsche Eindringtiefen für $T = 0$ K sind in Tabelle 13-3 angegeben.

Tabelle 13-3 Die Londonsche Eindringtiefe λ und die Eigenkohärenzlänge (intrinsische Kohärenzlänge) ξ_0 von ausgewählten Supraleitern bei $T = 0$ K.

Festkörper	λ (10^{-8} m)	ξ_0 (10^{-8} m)
Aluminium	1.6	160
Cadmium	11.0	76
Blei	3.7	8.3
Niob	3.9	3.8
Zinn	3.4	23

Quelle: C. Kittel, *Introduction to Solid Staate Physics* (New York: Wiley, 1986).

$\mathbf{J} = \nabla \times \mathbf{B}/\mu_0$ gibt die Stromdichte im Eindringbereich an. Für die im Bild dargestellte Situation gilt $\nabla \times \mathbf{B} = (dB_z/dy)\hat{\mathbf{x}} = -[B_z(0)/\lambda]e^{-y/\lambda}\hat{\mathbf{x}}$, somit ist

$$\mathbf{J} = -\frac{B_z(0)}{\mu_0 \lambda} e^{-y/\lambda}\hat{\mathbf{x}}. \tag{13-36}$$

Die Stromdichte fällt auch exponentiell mit dem Abstand ins Probeninnere ab. Weil ein Induktionsfeld in einem Eindringbereich in der Nähe der Oberfläche der Probe existieren kann, ist der Meißnereffekt bei dünnen Filmen aus supraleitendem Material nicht vollständig. Bild 13-12 zeigt Ergebnisse von einem dünnen supraleitenden Film in einem Feld, das parallel zu einer Oberfläche verläuft.

Flußquantisierung

Der magnetische Fluß durch eine geschlossene Schleife, die vollkommen in supraleitendem Material liegt, ist ein Vielfaches von $\Phi_0 = \pi\hbar/e$. Wir betrachten ei-

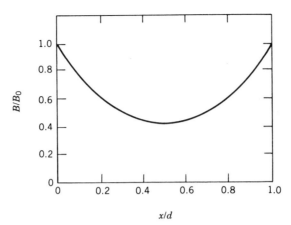

Bild 13-12 Der Betrag des magnetischen Induktionsfeldes **B** als Funktion des Abstandes x im Inneren eines dünnen supraleitenden Films. B_0 ist der Wert des Feldes sowohl an der linken als auch an der rechten Oberfläche des Films. Die Darstellung gilt für $\lambda = l/3$, wobei l die Dicke des Films ist.

nen Ring aus Drähten von Supraleitern erster Art, wie im Bild 13-13 gezeigt, und nehmen an, daß die Feldlinien des magnetischen Induktionsfeldes **B** den mittleren Bereich durchsetzen. Die als gestrichelte Linie gezeichnete Schleife liegt vollständig innerhalb des Drahtes und ist genügend weit von der Oberfläche entfernt, so daß sowohl **B** als auch **J** auf allen Punkten der Schleife Null sind.

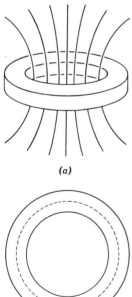

Bild 13-13 (a) Ein Ring aus einem supraleitenden Draht mit einem magnetischen Fluß, der durch die zentrale Region geht. (b) Ein Querschnitt des Ringes. Die Stromdichte und das Feld sind beide längs der gestrichelten Linie Null. Der Fluß durch den Ring ist ein Vielfaches von $\pi\hbar/e$.

Der magnetische Fluß durch die Schleife ist durch das Integral $\Phi = \int \mathbf{B} \cdot d\mathbf{S}$ über die Oberfläche, die von der Schleife eingeschlossen wird, gegeben. Da $\mathbf{B} = \nabla \times \mathbf{A}$ ist, ergibt sich $\Phi = \int \nabla \times \mathbf{A} \cdot d\mathbf{S} = \oint \mathbf{A} \cdot d\mathbf{l}$. $d\mathbf{l}$ ist ein infinitesimales Linienelement, die Tangente der Schleife. Das letzte Integral ist ein Linienintegral um die Schleife herum. Der Stokessche Satz wurde bei der Umwandlung des Oberflächenintegrals in ein Linienintegral verwendet.

Wir verwenden Gleichung 13-29, um das Vektorpotential an den Punkten der Schleife zu finden. Wir drücken es durch den Gradienten des Phasenwinkels der Wellenfunktion aus. Da $\mathbf{J} = 0$ ist, wird $\mathbf{A} = -(\hbar/2e)\nabla \phi$ und $\Phi = (\hbar/2e)\oint \nabla \phi \cdot d\mathbf{l} = (\hbar/2e)\Delta\phi$, wobei $\Delta\phi$ die Änderung der Phase bei einem kompletten Umlauf um die Schleife ist. Da Ψ eine eindeutige Funktion ist, wird $\Delta\phi$ ein Vielfaches von 2π und

$$\Phi = s\frac{\pi\hbar}{e}, \tag{13-37}$$

s ist eine ganze Zahl. Das Flußquant $\Phi_0 = \pi\hbar/e = 2.06 \times 10^{-15}$ Wb wird Fluxoid genannt.

Der Fluß durch die Schleife wird durch die externen Quellen und durch die Supraleitungsströme auf der Ringoberfläche erzeugt. Wenn sich der von außen angelegte Fluß ändert, stellen sich der Supraleitungsstrom und der von ihm produzierte Fluß so ein, daß die Gleichung 13-37 gültig bleibt. Diese Einstellung findet natürlich über die makroskopische Wellenfunktion statt, die auch dann eindeutig bleibt, wenn sich der äußere Fluß ändert. Die Phasenänderung bei einem Umlauf um die Schleife ist immer ein Vielfaches von 2π.

Gleichung 13-37 bleibt auch im Wirbelgebiet der Supraleiter zweiter Art gültig. Tatsächlich hat jeder Wirbel den minimal möglichen Fluß von $\pi\hbar/e$. Wir können den Wert von Φ_0 dazu verwenden, das kritische Feld H_{c1}, das für das Einsetzen der Wirbel erforderlich ist, abzuschätzen und über die Eindringtiefe λ auszudrücken. Das Induktionsfeld um einen Wirbel herum ist durch $B_0 e^{-\lambda/r}$ gegeben, wobei B_0 das Feld im Zentrum ist. Der Gesamtfluß beträgt somit

$$\Phi = \int B\, dS = 2\pi B_0 \int_0^\infty e^{-r/\lambda} r\, dr = 2\pi B_0 \lambda^2. \tag{13-38}$$

Der Gesamtfluß muß $\pi\hbar/e$ sein; daraus resultiert $\mathbf{B}_0 = \hbar/2e\lambda^2$ und

$$H_{c1} = \frac{B_0}{\mu_0} = \frac{\hbar}{2\mu_0 e\lambda^2}. \tag{13-39}$$

Geringe Eindringtiefen führen zu hohen kritischen Feldern.

Die Quantisierung des magnetischen Flusses und das Andauern der supraleitenden Ströme sind miteinander verbunden. Wenn der Strom in einem supraleitenden Ring abfällt, ändert sich der Fluß durch den Ring und, da sich der Fluß um ein Vielfaches von $\pi\hbar/e$ ändern muß, kann der Stromabfall auch nur in Quantensprüngen erfolgen. Der Abfall tritt nicht auf, weil das Phononen- und das Defektsystem keine genügend große Änderung des Stromes verursachen kann.

13.3 Elektrodynamik von Supraleitern

Ein supraleitender Ring fängt den Fluß ein. Wir nehmen an, daß ein magnetisches Feld eingeschaltet wird, während sich der Ring im normalen Zustand befindet; danach wird die Temperatur unter die Sprungtemperatur abgesenkt. Der Fluß wird aus dem Ring selbst verdrängt, durchsetzt aber das Loch im Ring. Nun nehmen wir an, daß das äußere Feld ausgeschaltet wird. Da Magnetfeldlinien geschlossen sind, müssen sie den Supraleiter überqueren, wenn der Fluß durch das Loch abfallen soll. Da das aber nicht möglich ist, schließen wir, daß der Fluß durch das Loch sich nicht ändert, wenn sich das von außen angelegte Feld ändert. Die supraleitenden Ströme, die rings um den Ring erzeugt werden, erhalten den Fluß durch das Loch aufrecht.

Kohärenzlänge

Die Eigen- oder Pippard-Kohärenzlänge (intrinsische Kohärenzlänge), die mit ξ_0 bezeichnet wird, ist ein wichtiger Parameter, der zur Charakterisierung von Supraleitern benutzt wird. Sie ist ein Maß für den mittleren Abstand der Elektronen in einem Cooperpaar, der in Abschnitt 13.2 mit $\delta x = (2/k_F)(E_F/\delta E)$ angegeben wurde. Wir benutzen $E_F = \hbar^2 k_F^2/2m$, $v_F = \hbar k_F/m$ und $\delta E = \Delta_0$, um $\delta x = \hbar v_F/\Delta_0$ zu erhalten. Die intrinsische Kohärenzlänge wird dann wie folgt definiert:

$$\xi_0 = \frac{\hbar v_F}{\pi \Delta_0} \ . \tag{13-40}$$

Der Faktor $1/\pi$ befindet sich in der Gleichung, weil sich dann andere Beziehungen, in denen ξ_0 auftaucht, einfacher schreiben lassen. Einige intrinsische Kohärenzlängen sind in Tabelle 13-3 zusammengestellt.
Wir betrachten nun den Eindringbereich an der Oberfläche eines Supraleiters in einem angelegten Magnetfeld. Wenn ξ_0 viel größer als die Eindringtiefe ist, ändert sich das magnetische Induktionsfeld über einen Abstand, der sehr klein im Vergleich zu dem mittleren Abstand der Elektronen in einem Cooperpaar ist, sehr stark. Der Bereich, in dem das Feld existiert, fällt dann nicht mit dem Bereich zusammen, in dem ein supraleitender Strom fließt.
Wenn $\xi_0 \gg \lambda$ ist, dann ist der zweite Term von Gleichung 13-29 nicht mehr proportional zu $\mathbf{A}(\mathbf{r})$, sondern er kann anstelle dessen $-\int \Gamma(\mathbf{r} - \mathbf{r}') \mathbf{A}(\mathbf{r}) \, d\tau'$ geschrieben werden, wobei die gestrichenen Koordinaten als Integrationsvariable verwendet werden. Die Dichte des supraleitenden Stromes an einem beliebigen Punkt wird durch das Vektorpotential an anderen Punkten beeinflußt. $\Gamma(\mathbf{r} - \mathbf{r}')$ kann durch Lösung einer der Schrödingergleichung ähnlichen Gleichung für Ψ abgeschätzt werden. Obwohl man keine algebraische Form erhält, können numerische Werte berechnet werden. Eine typische Funktion ist durch Bild 13-14 dargestellt.
Die London-Gleichung erhält man, wenn $\Gamma(\mathbf{r} - \mathbf{r}')$ für jeden Wert von $\mathbf{r}'$ mit Ausnahme $\mathbf{r}' = \mathbf{r}$ gleich Null ist. Wie Bild 13-14 zeigt, hat Γ ein Maximum für $\mathbf{r}' = \mathbf{r}$, aber es verschwindet auch nicht für andere Werte. Die Distanz, über die es deutlich verschieden von Null ist, beträgt ungefähr ξ_0. Wenn $\lambda \gg \xi_0$ ist, kann ξ_0 durch Null angenähert werden, und die London-Gleichung ist dann gültig.

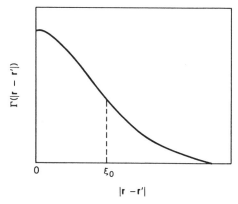

Bild 13-14 Γ(r − r′) als Funktion von |r − r′| dargestellt. Die Eigenkohärenzlänge (intrinsische Kohärenzlänge) ξ_0 ist durch eine gestrichelte Linie gekennzeichnet. Das Verhältnis λ/ξ von Eindringtiefe zu Kohärenzlänge bestimmt, ob die Probe ein Supraleiter erster Art oder ein Supraleiter zweiter Art ist.

Das Verhältnis zwischen Eindringtiefe und Kohärenzlänge bestimmt, ob eine Probe ein Supraleiter erster Art oder ein Supraleiter zweiter Art ist. Für reine Supraleiter erster Art ist das Verhältnis λ/ξ_0 kleiner als $1/\sqrt{2}$, und für einen reinen Supraleiter zweiter Art ist λ/ξ_0 größer als $1/\sqrt{2}$. Diese Bedingung folgt aus Energiebetrachtungen. Ein Beitrag zur Gesamtenergie kommt vom Feld und den Suprastömen in der Grenzregion zwischen normalem und supraleitendem Material. Für Supraleiter erster Art ist der Beitrag positiv, und die Energie des Systems wird durch das nahezu vollständige Herausstoßen des Flusses reduziert, vorausgesetzt, daß die Feldstärke des angelegten Feldes kleiner als das kritische Feld ist. Bei Supraleitern zweiter Art ist der Beitrag der Grenze negativ und die Energie wird durch Bildung von Wirbeln reduziert.

Wenn die Feldstärke des äußeren Feldes ansteigt, setzt sich die Wirbelbildung in einem Supraleiter zweiter Art solange fort, bis der Abstand zwischen den Wirbelkernen ungefähr gleich der Kohärenzlänge ist. Kurz bevor die gesamte Probe normal leitend wird, durchsetzt der Fluß von jedem Wirbel, $\pi\hbar/e$, eine Rohr mit dem Querschnitt $\pi\xi_0^2$. Eine Berechnung, die so ähnlich wie die ist, die zu Gleichung 13-39 geführt hat, kann verwendet werden, um das kritische Feld H_{c2} zu bestimmen. Man erhält das Resultat

$$H_{c2} = \frac{\hbar}{2\mu_0 e \xi_0^2} \ . \tag{13-41}$$

Die Kohärenzlänge wird durch Elektron-Defekt-Wechselwirkungen modifiziert. Bei einer Probe, die eine hohe Defektkonzentration besitzt, muß ξ_0 durch $\xi = (\xi_0 l)^{1/2}$ ersetzt werden. l ist die mittlere freie Weglänge für normale Elektronen bei der Probentemperatur. Bei geringen Störstellenkonzentrationen ist ξ nahezu ξ_0. Die Eindringtiefe wird durch Störstellen auch verändert und ist bei hohen Störstellenkonzentrationen durch $\lambda = \lambda_0 (\xi_0/l)^{1/2}$ gegeben. λ_0 ist die Londonsche Eindringtiefe. Man beachte, daß der Zusatz von Störstellen die Kohärenzlänge verringert und die Eindringtiefe vergrößert. Weil die Kohärenzlänge und die Eindringtiefe in dieser Weise von der Störstellenkonzentration abhängen, kann ein Zusatz von Störstellen einen Supraleiter erster Art in einen Supraleiter zweiter Art umwandeln.

13.4 Josephson Effekte

Normales (Giaver) Tunneln

Wir betrachten die in Bild 13-15a dargestellte Situation. Ein Streifen ist supraleitend, und der andere ist normalleitend. An der Verbindungsstelle sind die Streifen voneinander durch einen Film von isolierendem Material getrennt, vielleicht

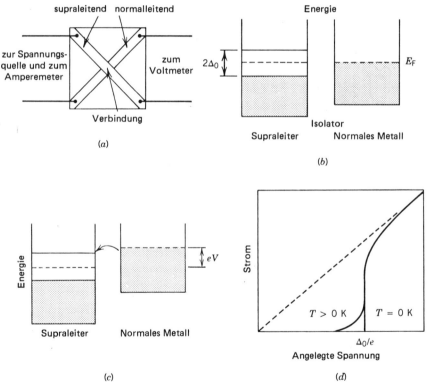

Bild 13-15 (a) Durch Aufdampfen von normalen und supraleitenden Metallstreifen auf eine Glasplatte wird ein Übergang hergestellt. Die Streifen sind voneinander durch eine dünne isolierende Schicht getrennt. (b) Energieniveaus im supraleitenden und normalen Metall, wenn keine Potentialdifferenz anliegt. Es fließt kein Strom. (c) Die Energieniveaus, wenn eine Potentialdifferenz V anliegt. Die Elektronen fließen vom normalen Metall zum Supraleiter. (d) Der Strom als Funktion der angelegten Potentialdifferenz. Bei $T = 0$ K ist der Strom für $eV < \Delta_0$ gleich Null. Bei $T > 0$ K gibt es einen geringen Strom für $eV < \Delta_0$. Die Voraussage des Ohmschen Gesetzes ist durch eine gestrichelte Linie markiert.

durch eine Oxidschicht von 5 nm Dicke. Diese Schicht ist dick genug, um den Elektronenfluß zu behindern, aber nicht so dick, daß der Fluß vollkommen gestoppt wird. Der Isolator stellt für die Elektronen eine Potentialbarriere dar; da die Elektronen jedoch quantenmechanische Objekte sind, können sie durch die Barriere durchtunneln.

Die drei Materialien sind im thermodynamischen Gleichgewicht und haben bei $T = 0$ K ein gemeinsames Ferminiveau, das durch den Mittelpunkt der verbotenen Zone des Supraleiters verläuft, wie im Bild 13-15b gezeigt. Zunächst nehmen wir an, daß keine Potentialdifferenz an den Übergang angelegt wird. Kein Elektron fließt in irgendeiner Richtung über den Übergang, weil die unbesetzten Zustände keine Energien haben, die unter denen der besetzten Zustände liegen. Wenn jedoch eine Potentialdifferenz V so an den Übergang angelegt wird, daß der Supraleiter positiver als das normale Metall wird, dann werden die Energieniveaus auf der linken Seite um eV relativ zur rechten Seite abgesenkt, wie auch im Bild 13-15c gezeigt. Elektronen fließen, wenn die Potentialdifferenz größer als Δ_0/e ist. Bild 13-15d zeigt den Strom I als Funktion der Spannung V für einen typischen Übergang. Wenn $T > 0$ K ist, wird die verbotene Zone schmaler als bei $T = 0$ K und es werden zusätzlich Zustände oberhalb des Ferminiveaus im normalen Metall besetzt. Die Elektronen fließen schon bei geringeren Potentialdifferenzen als bei $T = 0$ K.

Der Prozeß wird normales Tunneln genannt, da die Elektronen auf der rechten Seite des Übergangs normalleitend sind. Messungen des Stromes als Funktion der angelegten Spannung werden zur Bestimmung der verbotenen Zone von Supraleitern benutzt.

Der Gleichstrom-Josephson Effekt

Der experimentelle Aufbau ist der gleiche wie zuvor, aber jetzt sind beide Streifen supraleitend. Zur Aufrechterhaltung des Stromes wird die Spannungsquelle durch eine konstante Stromquelle ersetzt. Die makroskopischen Wellenfunktionen sind in jedem Supraleiter Cooperpaaren zugeordnet, und die Funktionen sind über die Barriere miteinander verbunden, wie im Bild 13-16 dargestellt. Wir nehmen nun an, daß die beiden supraleitenden Streifen aus dem gleichen Material bestehen; dann haben sie auch dieselbe Paarkonzentration. Die Wellenamplitude ist damit auf beiden Seiten des Übergangs die gleiche, aber, wie das Bild zeigt, ruft die Barriere eine Änderung der Phase am Übergang hervor. Die Phasendifferenz ist mit dem Suprastrom über die Barriere eng verbunden.

Wir nehmen an, daß die Barriere von $x = -a$ bis $x = +a$ ausgedehnt ist und die Höhe U_0 hat, so wie es das Diagramm zeigt. Im Isolator hat die makroskopische Wellenfunktion die Form

$$\Psi = Ae^{\alpha x} + Be^{-\alpha x}, \tag{13-42}$$

A und B sind Konstanten, und $\alpha = \sqrt{2mU_0/\hbar^2}$. Wenn die Phase auf der linken Seite ϕ_1 und auf der rechten Seite ϕ_2 ist, dann fordert die Kontinuität der Wellenfunktion, daß

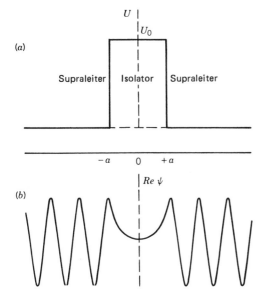

Bild 13-16 (a) Die Potentialbarriere U und (b) der Realteil der makroskopischen Wellenfunktion Ψ in einem Josephson-Übergang. Die Barriere erzeugt eine Phasenverschiebung in der Wellenfunktion.

$$Ae^{-\alpha a} + Be^{-\alpha a} = n_p^{1/2} e^{i\phi_1} \qquad (13\text{-}43)$$

und

$$Ae^{\alpha a} + Be^{-\alpha a} = n_p^{1/2} e^{i\phi_2}. \qquad (13\text{-}44)$$

Die Gleichungen 13-43 und 13-44 werden nach A und B aufgelöst:

$$A = \frac{e^{i\phi_2} e^{\alpha a} - e^{i\phi_1} e^{-\alpha a}}{e^{2\alpha a} - e^{-2\alpha a}} \; n_p^{1/2} \qquad (13\text{-}45)$$

und

$$B = \frac{e^{i\phi_1} e^{\alpha a} - e^{i\phi_2} e^{-\alpha a}}{e^{2\alpha a} - e^{-2\alpha a}} \; n_p^{1/2}. \qquad (13\text{-}46)$$

Der Strom am Isolator kann unter Verwendung von Gleichung 13-26 berechnet werden, wenn q durch $-2e$ und M durch $2m$ ersetzt wird. Wenn Gleichung 13-42 benutzt wird, um Ψ zu ersetzen und die Gleichungen 13-45 und 13-46 benutzt werden um A und B zu ersetzen, dann erhält man das Ergebnis

$$\begin{aligned} J &= i\,\frac{e\hbar\alpha}{m}\,[AB^* - A^*B] \\ &= \frac{4e\hbar\alpha}{m}\, n_s \,\frac{\sin(\phi_1 - \phi_2)}{e^{2\alpha a} - e^{-2\alpha a}}\,. \end{aligned} \qquad (13\text{-}47)$$

Das wird im allgemeinen so geschrieben

$$J = J_0 \sin(\phi_1 - \phi_2), \tag{13-48}$$

wobei

$$J_0 = \frac{4e\hbar\alpha}{m} \frac{n_s}{e^{2\alpha a} - e^{-2\alpha a}}. \tag{13-49}$$

J_0 stellt die maximale Dichte des Suprastromes dar, die über den Übergang bei einer Potentialdifferenz von Null transportiert werden kann. Für $J < J_0$ ist der Strom proportional zum Sinus der Phasendifferenz zwischen den beiden Seiten des Übergangs.
Bei vorgegebenem Supraleiter wird J_0 hauptsächlich durch die Eigenschaften der isolierenden Schicht bestimmt. Wenn die Potentialbarriere breit und hoch ist, dann gilt $\alpha a \gg 1$, und J_0 ist klein. Die Stromdichte kann durch $J_0 = (4e\hbar\alpha/m)n_s \cdot e^{-2\alpha a}$ angenähert werden. Für eine schmale und flache Barriere ist J_0 näherungsweise gleich $(e\hbar/ma)n_s$.
Am Übergang kann sowohl ein normaler Strom als auch ein supraleitender Strom fließen. Bei Stromdichten unterhalb J_0 dominiert der Suprastrom, und bei Stromdichten oberhalb J_0 verhält sich der Strom völlig normal. Folglich kann ein Josephson Übergang als Schaltbauelement verwendet werden. Wir nehmen an, daß der Strom von Null beginnend ansteigt. Solange $J < J_0$ ist, ist die Potentialdifferenz am Übergang Null und der Strom folgt der Linie AB in Bild 13-17. Um $J > J_0$ zu erhalten, muß die Stromquelle eine Potentialdifferenz am Übergang erzeugen. Das Bauelement arbeitet dann am Punkt C auf der normalen Kurve. Für einen Anstieg des Stromes von C aus muß die Potentialdifferenz am Übergang erhöht werden.
Ein Josephson-Übergang zeigt einen Hystereseeffekt. Wenn der Strom vom Punkt C oder einem darüberliegenden Punkt aus verringert wird, folgt er nicht der Kurve über B nach A, sondern er folgt der normalen Kurve nach D. Es gibt einen Suprastrom, aber mit der Potentialdifferenz am Übergang schwingt er schnell. Nur der Gleichstromanteil des Stromes, der normal ist, wurde im Bild 13-17 dargestellt.

Der Wechselstrom-Josephson-Effekt

Wenn eine Potentialdifferenz an den Übergang angelegt wird und J auf einem Wert gehalten wird, der kleiner als J_0 ist, dann oszilliert der Suprastrom. Wenn das Potential auf der linken Seite des Isolators um V über dem Potential auf der rechten Seite liegt, dann ist die Energie der Cooperpaare auf der linken Seite um $2eV$ geringer als auf der rechten Seite. Wenn die Energie des Massenmittelpunktes eines Cooperpaares E ist, dann sollte die Wellenfunktion einen Faktor der Form $e^{-iEt/\hbar}$ beinhalten. Bei einem Gleichstromexperiment ist der Faktor für beide Seiten des Übergangs gleich und hat deshalb keinen Einfluß auf den Strom. Jetzt müssen wir ihn jedoch berücksichtigen.

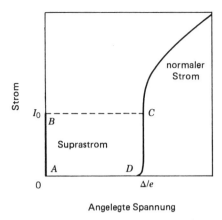

Bild 13-17 Gleichstrom als Funktion der angelegten Vorspannung am Josephson-Übergang. Bei der Spannung Null kann der Suprastrom einen beliebigen Wert kleiner als I_0 haben. Um höhere Ströme zu erreichen, ist eine Spannung von mindestens Δ/e erforderlich.

Die Wellenfunktion soll an der linken Kante des Isolators $n_p^{1/2} \cdot e^{i(\phi_1 + 2eVt/\hbar)}$ und an der rechten Kante $n_p^{1/2} \cdot e^{i\phi_2}$ sein. Dann wird aus den Gleichungen 13-45 und 13-46

$$Ae^{-\alpha a} + Be^{\alpha a} = n_p^{1/2} e^{i(\phi_1 + 2eVt/\hbar)} \tag{13-50}$$

und

$$Ae^{\alpha a} + Be^{-\alpha a} = n_p^{1/2} e^{i\phi_2}. \tag{13-51}$$

Die Gleichungen 13-50 und 13-51 werden nach A und B aufgelöst, und dann wird Gleichung 13-26 verwendet, um einen Ausdruck für die Stromdichte zu finden. Das Resultat ist

$$J = \frac{4e\hbar\alpha}{m} n_s \frac{\sin(\phi_1 - \phi_2 - 2eVt/\hbar)}{e^{2\alpha a} - e^{-2\alpha a}} \tag{13-52}$$

oder

$$J = J_0 \sin(\phi_1 - \phi_2 - 2eVt/\hbar). \tag{13-53}$$

J_0 ist wieder durch Gleichung 13-49 gegeben. Der Suprastrom ist jetzt sinusförmig und hat eine Kreisfrequenz von $\omega = 2eV/\hbar$. Für $V = 1\mu V$ wird $\omega \approx 3 \times 10^9$ rad/s; das entspricht einer Frequenz von etwa 500 MHz.
Eine besonders interessante Erscheinung tritt auf, wenn elektromagnetische Strahlung auf einen Übergang unter Spannung fällt. Die Potentialdifferenz am Isolator ist dann durch $V_0 + V_1 \sin(\omega t)$ gegeben, wobei V_0 die Gleichstrompotentialdifferenz und V_1 die Potentialamplitude der einfallenden Strahlung ist. ω ist die Kreisfrequenz der Strahlung. Nach Gleichung 13-53 gilt für die Dichte des Suprastromes

$$J = J_0 \sin[\Delta\phi - 2eV_0 t/\hbar + (2eV_1/\hbar)\sin(\omega t)]. \tag{13-54}$$

$\Delta\emptyset$ ist die Phasendifferenz bei $t = 0$. Der Ausdruck für J kann als Summe einer unendlichen Zahl von sinusförmigen Termen geschrieben werden, von denen jeder eine andere Frequenz hat. Alle Harmonischen der Strahlungsfrequenz erscheinen.

Um eine explizite Form zu erhalten, benutzen wir $\sin(A + B) = \sin A \cos B + \cos A \sin B$ und schreiben dann

$$J = J_0\{\sin(\Delta\emptyset - 2eV_0 t/\hbar)\cos[(2eV_1/\hbar)\sin(\omega t)]$$
$$+ \cos(\Delta\emptyset - 2eV_0 t/\hbar)\sin[(2eV_1/\hbar)\sin(\omega t]. \tag{13-55}$$

Sowohl $\cos[(2eV_1/\hbar)\sin(\omega t)]$ als auch $\sin[(2eV_1/\hbar)\sin(\omega t)]$ können in Fourierreihen entwickelt werden:

$$\cos[(2eV_1/\hbar)\sin(\omega t)] = \sum_{s=0}^{\infty} A_s \cos(s\omega t) \tag{13-56}$$

und

$$\sin[(2eV_1/\hbar)\sin(\omega t)] = \sum_{s=0}^{\infty} A_s \sin(s\omega t). \tag{13-57}$$

Die explizite Form der Koeffizienten A_s interessiert uns hier nicht. Wenn die Gleichungen 13-56 und 13-57 in Gleichung 13-55 eingesetzt werden, erhält man

$$J = J_0 \sum_{s=0}^{\infty} A_s \sin\left[\Delta\emptyset_0 - \left(\frac{2eV_0}{\hbar} - s\omega\right) t\right]. \tag{13-58}$$

Wenn das von außen angelegte Potential größer wird, tritt ein Gleichstrom immer dann auf, wenn

$$V_0 = s \frac{\hbar\omega}{2e}, \tag{13-59}$$

s ist eine ganze Zahl. Die Gleichstromdichte an einem Josephson-Übergang in einem Strahlungsfeld ist im Bild 13-18 gezeigt. Die Stufen erscheinen immer, wenn die Potentialdifferenz am Isolator ein Vielfaches von $\hbar\omega/2e$ erreicht.

Da sowohl Frequenz als auch Spannung mit hoher Meßgenauigkeit bestimmt werden können, liefert Gleichung 13-59 die Grundlage einer exzellenten Methode zur Abschätzung des Verhältnisses $\hbar/e$. Die Genauigkeit übersteigt mindestens acht signifikante Stellen. Das amerikanische National Bureau of Standards verwendet Gleichung 13-59 und Frequenzmessungen, um das Volt zu definieren. Josephson-Übergänge werden in breitem Maße als Detektoren für elektromagnetische Strahlung verwendet.

13.4 Josephsoneffekte   533

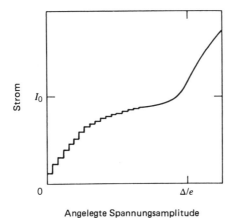

Bild 13-18 Gleichstrom als Funktion der angelegten Vorspannung V für einen Josephson-Übergang in einem elektromagnetischen Strahlungsfeld. Die Stufen sind übertrieben dargestellt, um den Effekt zu verdeutlichen. Bei Frequenzen im Megahertzbereich enthält der Bereich zwischen $V = 0$ und dem Einsetzen des normalen Tunnels im allgemeinen hunderte von Stufen.

Eine sinusförmige Potentialdifferenz wird manchmal an einen Übergang angelegt, um die Supraleitung zu testen. Die oben beschriebene Analyse ist gültig, und eine Darstellung des Gleichstromes als Funktion von der angelegten Potentialamplitude zeigt Stufen, wenn der Übergang durch Supraleiter gebildet wird.

Quanteninterferenz bei Supraleitern

Die Phasendifferenz am Übergang wird bei Anwesenheit eines magnetischen Feldes verändert. Gleichung 13-29 gibt die Beziehung zwischen der Stromdichte, dem Phasengradienten und dem magnetischen Vektorpotential an. Wir verwenden diese Beziehung, um den in Bild 13-19 gezeigten Stromkreis, der aus zwei parallel geschalteten Josephson-Übergängen besteht, zu analysieren. Der Einfachheit halber nehmen wir an, daß die beiden isolierenden Filme identisch sind und daß sie zwei identische Supraleiter verbinden.

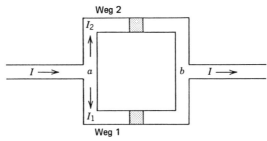

Bild 13-19 Schematische Darstellung eines SQUID-Schaltkreises, der aus zwei parallelen Josephson-Übergängen besteht. Der Magnetische Fluß fließt durch den Zentralbereich, und der Schaltkreis arbeitet unterhalb der Sprungtemperatur.

Wir bestimmen das Linienintegral der Gleichung 13-29 längs jedes der angegebenen Wege. Längs des Weges 1 von a nach b erhält man

$$\int_a^b \mathbf{J} \cdot d\mathbf{l} = -n_\text{p} \left[\frac{\hbar e}{m} \int_a^b \nabla \varnothing \cdot d\mathbf{l} + \frac{2e^2}{m} \int_a^b \mathbf{A} \cdot d\mathbf{l} \right]$$

$$= -n_\text{p} \left[\frac{\hbar e}{m} (\Delta\varnothing)_1 + \frac{2e^2}{m} \int_a^b \mathbf{A} \cdot d\mathbf{l} \right]. \tag{13-60}$$

$(\Delta\varnothing)_1$ ist die Änderung der Phase am Übergang 1. Mit Ausnahme des schmalen isolierenden Bereichs liegt der Integrationsweg im Inneren eines Supraleiters; deshalb wird die linke Seite von Gleichung 13-60 nahezu Null. Wir schreiben

$$(\Delta\varnothing)_1 = -\frac{2e}{\hbar} \int_a^b \mathbf{A} \cdot d\mathbf{l}. \tag{13-61}$$

Ähnlich schreiben wir für den Weg 2

$$(\Delta\varnothing)_2 = -\frac{2e}{\hbar} \int_a^b \mathbf{A} \cdot d\mathbf{l}. \tag{13-62}$$

Wir substrahieren Gleichung 13-61 von Gleichung 13-62. Die Differenz der beiden Integrale ist das Linienintegral von $\mathbf{A}$ rings um die vollständige Schleife und ist damit gleich dem magnetischen Fluß durch die Schleife. Daher gilt

$$(\Delta\varnothing)_2 - (\Delta\varnothing)_1 = \frac{2e}{\hbar} \Phi. \tag{13-63}$$

Der Fluß ist dabei positiv, wenn er in die Zeichenebene hinein zeigt. Man beachte, daß die Phasenänderung an den beiden Übergängen nur dann gleich ist, wenn der Fluß durch die Schleife verschwindet.
Berücksichtigt man Gleichung 13-63, dann können wir schreiben $(\Delta\varnothing)_1 = \varnothing_0 - (e/\hbar)\Phi$ und $(\Delta\varnothing)_2 = \varnothing_0 + (e/\hbar)\Phi$, wobei $\varnothing_0$ eine Konstante ist. Die Stromdichten längs der beiden Wege sind dann $J_1 = J_0 \sin[\varnothing_0 - (e/\hbar)\Phi]$ und $J_2 = J_0 \sin[\varnothing_0 + (e/\hbar)\Phi]$. Der Gesamtstrom in den Punkt a ist die Summe der Ströme durch die zwei Übergänge:

$$I = I_0 \left[\sin\left(\varnothing_0 - \frac{e}{\hbar}\Phi\right) + \sin\left(\varnothing_0 + \frac{e}{\hbar}\Phi\right) \right]$$

$$= 2I_0 \sin(\varnothing_0) \cos\left(\frac{e}{\hbar}\Phi\right). \tag{13-64}$$

I_0 ist der maximale Suprastrom, der durch einen Übergang fließen kann. Das Magnetfeld beeinflußt den maximalen Suprastrom durch einen einzelnen Übergang auch; deshalb kann der genaue Wert von I_0 nicht durch Multiplikation von J_0, das aus Gleichung 13-49 bestimmt werden kann, mit der Fläche des Übergangs berechnet werden.

Nach Gleichung 13-64 ist der Strom eine oszillierende Funktion des magnetischen Flusses durch die Schleife. Sein Betrag hat ein Maximum, wenn $e\Phi/\hbar$ ein Vielfaches von π ist oder, was das gleiche bedeutet, wenn Φ ein Vielfaches von $\pi\hbar/e$, dem Flußquant, ist. Die Schwingungen sind auf Interferenz der zwei Ströme zurückzuführen. Änderungen des Magnetfeldes verändern ihre relativen Phasen und folglich ihre Summe.

Bauelemente, die auf zwei Schleifen mit Übergängen basieren, werden SQUIDs genannt. Das ist die Abkürzung für superconducting quantum interference device (supraleitendes Quanteninterferenz-Bauelement). Ein solches Bauelement ist ein Magnetometer, das zur Messung von Magnetfeldern verwendet wird. Das angelegte Feld wird durch Aufzeichnung des Stromes, wenn der Fluß von Null ansteigt, gemessen und die Zahl der Maxima wird gezählt. Der Fluß kann mit einer Genauigkeit von weniger als $\pi\hbar/e$ gemessen werden, deshalb sind SQUIDs empfindlich für extrem kleine Felder. Wenn die Fläche der Schleife 1 cm^2 beträgt, können z.B. Felder mit einer Feldstärke kleiner als 10^{-11} T leicht gemessen werden.

SQUIDs werden in Laboratorien und kommerziellen Geräten eingesetzt, wenn magnetische Felder oder Feldgradienten genau gemessen werden müssen. Medizinische Anwendungen beinhalten den Nachweis von Magnetfeldern, die durch die Ströme im Nervensystem und durch Eisen im Verdauungssystem verursacht werden. SQUIDs werden auch zum Nachweis magnetischer Strukturen bei geologischen Studien herangezogen. Oft befinden sich die zu untersuchenden Strukturen dabei weit unter der Erdoberfläche.

SQUIDs werden auch als empfindliche Amperemeter und Voltmeter verwendet. Das Magnetfeld, das von einem unbekannten Strom erzeugt wird, wird mit Hilfe von SQUID gemessen und dann mit Feldern bekannter Ströme verglichen. Beim Gebrauch des SQUID als Voltmeter wird die unbekannte Potentialdifferenz an einen bekannten Widerstand angelegt und dann der Strom gemessen.

13.5 Literatur

Allgemeines

P. B. Allen and B. Mitrović, „Theory of Superconducting T_c in *Solid Physics* (H. Ehrenreich, F. Seitz, and D. Turnbull, Eds.), Vol. 37, p. 1 (New York: Academic, 1982).

J. M. Blatt, *Theory of Superconductivity* (New York: Academic, 1964).

R. Dalven, *Introduction to Applied Solid State Physics* (New York: Plenum, 1980).

P. G. de Gennes, *Superconductivity of Metals and Alloys* (New York: Benjamin, 1966).

R. D. Parks (Ed.), *Superconductivity* (New York: Dekker, 1969).

M. Tinkham, *Introduction to Superconductivity* (New York: McGraw-Hill, 1975).

Anwendungen

A. Barone and G. Paterno, *Physics and Applications of the Josephson Effect* (New York: Wiley, 1982).

J. Clarke, „SQUIDs, Brains and Gravity Waves" in *Phys. Today* **39**(3):36, March 1986.

H. Hayakawa, „Josephson Computer Technology" in *Phys. Today* **39**(3):46, March 1986.

D. Larbalestier, G. Fisk, B. Montgomery, and D. Hawksworth, „High-Field Superconductivity" in *Phys. Today* **39**(3):24, March 1986.

P. L. Richards, „Analog Superconducting Electronics" in *Phys. Today* **39**(3):54, March 1986.

L. Solymar, *Superconductive Tunnelling and Applications* (New York: Wiley, 1972).

Aufgaben

1. Für die Supraleiter erster Art, die in Tabelle 13-1 eingetragen sind, trage man das kritische Feld als Funktion der Sprungtemperatur auf. Die meisten Punkte fallen auf eine Gerade oder in ihre Nähe.

2. Die spezifische Wärme kann aus $C = -T(\partial^2 E/\partial T^2)$ berechnet werden, wobei E die freie Energie ist. (a) Man leite einen Ausdruck für die Unstetigkeit der spezifischen Wärme bei $T = T_c$ her, der vom kritischen Feld abhängt. Insbesondere zeige man, daß

$$C_s - C_n = \mu_0 \tau_s T_c \left[\frac{\partial H_c}{\partial T} \right]^2$$

für $T = T_c$ gilt. Hinweis: H_c ist bei Temperaturen in der Nähe von T_c linear von T abhängig. (b) Man verwende Gleichung 13-19 und die Daten aus Tabelle 13-1, um die Unstetigkeit pro Volumeneinheit für Zink und Aluminium abzuschätzen.

3. Ein langer gerader Draht mit kreisförmigem Querschnitt und dem Radius R leitet einen Strom I, der homogen über den Querschnitt verteilt ist. Wir nehmen an, daß der Draht aus einem linearen magnetischen Material mit der magnetischen Suszeptibilität χ hergestellt wurde. Die magnetischen Feldlinien sind Kreise, deren Mittelpunkte in der Drahtachse liegen. (a) Man zeige, daß innerhalb des Drahtes im Abstand r von der Achse das Magnetfeld einen Betrag von $Ir/2\pi R^2$ hat. Der Betrag des Induktionsfeldes ist durch $(1+\chi)Ir/2\pi R^2$ gegeben und der Betrag der Magnetisierung durch $\chi Ir/2\pi R^2$. Welche Richtungen haben diese Felder? Man zeige auch, daß der Gesamtstrom einschließlich des Magnetisierungsstromes im Inneren des Drahtes $(1+\chi)I$ beträgt und daß es zusätzlich einen Oberflächenstrom gibt, der durch $-\chi \cdot I$ gegeben ist. (b) Man bestimme die Grenzwerte dieser Ausdrücke für $\chi \to -1$.

13.5 Literatur 537

4. Eine supraleitende Kugel mit dem Radius R befindet sich in einem konstanten Induktionsfeld $B_0 \hat{z}$. (a) Man zeige, daß außerhalb der Kugel die Beziehung

$$\mathbf{B} = \hat{\mathbf{a}}_r \left[A - \frac{2C}{r^3} \right] \cos\theta - \hat{\mathbf{a}}_\theta \left[A + \frac{C}{r^3} \right] \sin\theta$$

gültig ist und die Bedingungen $\nabla \cdot \mathbf{B} = 0$ und $\nabla \times \mathbf{B} = 0$ erfüllt. A und C sind Konstanten, $\hat{\mathbf{a}}_r$ ist der Einheitsvektor $\hat{\mathbf{x}} \sin\theta \cos\phi + \hat{\mathbf{y}} \sin\theta \sin\phi + \hat{\mathbf{z}} \cos\theta$, $\hat{\mathbf{a}}_\theta$ ist der Einheitsvektor $\hat{\mathbf{x}} \cos\theta \cos\phi + \hat{\mathbf{y}} \cos\theta \sin\phi - \hat{\mathbf{z}} \sin\theta$ und r, θ und ϕ sind die üblichen Kugelkoordinaten. Der erste Einheitsvektor ist radial nach außen gerichtet und der zweite bildet die Tangente an einen Kreis von konstantem ϕ und zeigt in Richtung von ansteigendem θ. (b) Man finde einen Ausdruck für die Konstanten A und C, so daß $\mathbf{B}$ den folgenden Randbedingungen genügt: $\mathbf{B}$ wird weit weg von der Kugel $B_0 \cdot \hat{z}$ und seine Radialkomponente $[A - 2C/r^3] \cos\theta$ verschwindet an der Kugeloberfläche. (c) Man bestimme die maximale Feldstärke des Induktionsfeldes auf der Kugeloberfläche. An welchen Punkten der Oberfläche hat das Feld ein Maximum? (d) Man nehme an, daß die Kugel aus einem Supraleiter erster Art besteht und daß das kritische Feld H_c ist. Wie groß darf die maximale außen angelegte Feldstärke sein, damit der Fluß noch aus dem Volumenmaterial verdrängt wird?

5. Wenn sich die supraleitende Kugel aus Aufgabe 4 in einem schwachen Feld befindet, soll der Suprastrom auf Kreisen von konstantem θ auf der Kugeloberfläche fließen, und die Oberflächenstromdichte soll $(3/2\mu_0)/B_0 \cdot \sin\theta$ betragen. Das Amperesche Gesetz in der Form $\oint \mathbf{B} \cdot d\mathbf{l} = \mu_0 I$ kann verwendet werden. Der Integrationsweg wird durch zwei Linien von konstantem θ und ϕ mit einer Länge dr und zwei Linien von konstantem r und ϕ mit der Länge $dl = R\,d\theta$, von denen die eine gerade noch innerhalb und die andere gerade außerhalb der Kugel verlaufen, gebildet.

6. Man nehme an, daß Gleichung 13-18 für die unten angegebenen Temperaturen gültig ist und verwende die Angaben aus Tabelle 13-1 um das kritische Feld für Blei bei 2, 4 und 6 K abzuschätzen. Wie groß ist bei jeder der drei Temperaturen der maximale Suprastrom, der durch einen Bleidraht mit dem Radius von 0.10 mm fließen kann?

7. Man verwende das Modell freier Elektronen, um den Parameter Δ_0 der verbotenen Zone und die Sprungtemperatur T_c für (a) Aluminium (1.81×10^{29} Elektronen/m^3) und (b) Zink (1.31×10^{29} Elektronen/m^3) abzuschätzen. Die kritischen Felder kann man in Tabelle 13-1 finden. (c) Für jeden dieser Supraleiter bestimme man das Produkt ϱU der Zustandsdichte für eine Spinrichtung und den Elektron-Phonon-Wechselwirkungsparameter. Die Debye Temperaturen betragen 428 K (Al) und 327 K (Zn).

8. Nach der BCS-Theorie kann die Temperaturabhängigkeit des Parameters $\Delta(T)$ der verbotenen Zone für schwach koppelnde Supraleiter durch Lösung der Beziehung

$$\mathbf{B} = \hat{\mathbf{a}}_r \left[A - \frac{2C}{r^3} \right] \cos\theta - \hat{\mathbf{a}}_\theta \left[A + \frac{C}{r^3} \right] \sin\theta$$

gefunden werden. α soll $\alpha = T_c \Delta / T \Delta_0$ sein. Man stelle $\tanh \alpha$ als Funktion von α graphisch dar. Man verwende diese Darstellung, um zu zeigen, daß: (a) $\Delta \to \Delta_0$, wenn $T \to 0$ K strebt und (b) $\Delta = 0$ für $T \geq T_c$. (c) Man benutze eine Reihenentwicklung von $\tanh \alpha$ für $\alpha \ll 1$, um zu zeigen, daß

$$\frac{\Delta}{\Delta_0} \approx \sqrt{3} \left[1 - \frac{T}{T_c} \right]^{1/2} \left[\frac{T}{T_c} \right]$$

für T nahe bei T_c gilt. (d) Man verwende den gesamten Ausdruck, um Δ/Δ_0 für $T/T_c = 0.25, 0.5$ und 0.75 zu bestimmen.

9. Man betrachte eine unendliche supraleitende Platte der Dicke d, die parallel zur xy-Ebene liegt, und nehme an, daß das magnetische Feld an jeder Fläche $H_0 \hat{\mathbf{y}}$ beträgt. Man finde einen Ausdruck für das magnetische Feld an jedem Punkt der Platte als Funktion von H_0 und der Eindringtiefe λ.

10. Für die Platte aus Aufgabe 9 zeige man, daß die magnetische Energiedichte in der Probe gegeben ist durch

$$U_M = \frac{B_0^2}{2\mu_0} \left[1 - \frac{\cosh(x/\lambda)}{\cosh(d/2\lambda)} \right]$$

und daß die Mittelung über die Platte durch

$$U_{M\,\text{Mitel}} = \frac{B_0^2}{2\mu_0} \left[1 - \frac{2\lambda}{d} \tanh(d/2\lambda) \right].$$

gegeben ist. Die Platte wird normal leitend, wenn $H_{M\,\text{ave}} = 1/2\, H_c^2$, wobei H_c das kritische Feld für das Volumenmaterial ist. Man zeige, daß die Platte für den Grenzwert $d/\lambda \gg 1$ normal leitend ist bei

$$H_0^2 > \frac{H_c^2}{1 - (2\lambda/d)}$$

und daß sie für den Grenzwert $d/\lambda \ll 1$ normal leitend ist für

$$H_0^2 > 12 \frac{\lambda^2}{d^2} H_c^2.$$

Eine dünne Platte wird bei höheren angelegten Feldern supraleitend als das Volumenmaterial.

11. Man verwende die Angaben aus der Tabelle 13-2, um die Eindringtiefen für die fünf angegebenen Titan-Vanadium Legierungen abzuschätzen. Was ist nach Ihrer Meinung für die Unterschiede in den Eindringtiefen verantwortlich?

12. Man benutze das Modell freier Elektronen, um die Eigenkohärenzlänge (intrinsische Kohärenzlänge) für Aluminium (1.81×10^{29} Elektronen/m³) zu bestimmen. Der Parameter Δ_0 der verbotenen Zone wurde in Aufgabe 7 berechnet. Man vergleiche die Antwort mit dem in Tabelle 13-3 angegebenen Wert.

13. Ein Josephson Übergang mit einer Fläche von 8.9×10^{-6} m² wird aus zwei identischen Supraleitern hergestellt. Jeder hat eine Konzentration von 1.8×10^{29} Elektronen/m³. Der Isolator zwischen den beiden Supraleitern hat einen Widerstand von $31.1 \, \Omega \cdot$ m und bildet eine Potentialbarriere von 1.25×10^{-4} eV. (a) Wie groß ist die Dicke des isolierenden Filmes, wenn der maximale Suprastrom des Übergangs 2.22 mA beträgt? (b) Welche Potentialdifferenz muß an den Übergang angelegt werden, um einen Strom von 4.44 mA zu erhalten? (c) Wenn eine 5.0 µV Potentialdifferenz angelegt wird, welche Amplitude und welche Frequenz hat dann der supraleitende Wechselstrom?

14. Physik von Halbleiterbauelementen

Die Erfinder des Transistors, Walter H. Brattain (links), William Shockley (Mitte) und John Bardeen (rechts). Kleines Bild: Der erste Transistor.

14.1 Überschußladungsträger und Fotoleitfähigkeit 543
14.2 Diffusion von Ladungsträgern 552
14.3 p-n-Übergänge 559
14.4 Halbleiterbauelemente 571

In diesem Kapitel besprechen wir zwei Prozesse, die für die Herstellung von Halbleiterbauelementen wichtig sind und wenden die Ergebnisse auf verschiedene Bauelemente an. Der erste Prozeß ist die Rekombination, wobei ein Elektron aus dem Leitungsband ein Loch im Valenzband auffüllt. Der zweite ist die Diffusion, bei der eine ursprünglich ungleichmäßige Ladungsträgerverteilung, die entweder aus Elektronen oder aus Löchern besteht, gleichmäßiger wird, da sich die Ladungsträger über die Probe verteilen.

Elektromagnetische Strahlung mit genügend hoher Frequenz verursacht Elektronenübergänge vom Valenzband zu den Leitungsbändern. Die Anhebung von Elektronen über die verbotene Zone hinweg und ihre nachfolgende Rekombination spielt eine wichtige Rolle bei der Fotoleitung, also der Zunahme der elektrischen Leitfähigkeit, die bei der Bestrahlung einer Probe mit elektromagnetischer Strahlung auftritt. Die Fotoleitfähigkeit wird in Videokameras, Lichtdetektoren und Belichtungsmessern ausgenutzt. Halbleiter, die durch Rekombination Licht emittieren, werden in Leuchtdioden und Festkörperlasern verwendet.

Ein p-n-Übergang besteht aus p- und n-leitenden Materialien, die sich in engem Kontakt befinden. Solche Übergänge sind die Grundbausteine vieler Festkörperschaltkreise, wozu auch Solarzellen und integrierte Schaltelemente gehören. Der dritte Abschnitt des Kapitels befaßt sich mit den Eigenschaften von p-n-Übergängen, und im vierten Teil werden einige Bauelemente besprochen.

14.1 Überschußladungsträger und Photoleitfähigkeit

Direkte und indirekte Halbleiter

Die wahrscheinlichste Folge von Ereignissen, die auftritt, wenn Licht von einem Halbleiter absorbiert wird, ist in Bild 14-1a dargestellt. Ein Elektron im Valenzband absorbiert ein Photon und geht über die verbotene Zone hinweg in das Leitungsband. Als Ergebnis der Wechselwirkungen mit dem Phononensystem macht es dann innerhalb des Leitungsbandes Übergänge, bis es einen Zustand in der Nähe der unteren Bandkante hat. Wenn ein Elektron die verbotene Zone überspringt, hinterläßt es ein Loch im Valenzband, und die nachfolgenden Elektron-Phonon-Wechselwirkungen verändern die Elektronenverteilung, bis das Loch einen Zustand in der Nähe der oberen Bandkante erreicht.

Als Folge der Strahlungsabsorption ist die Probe nicht im thermischen Gleichgewicht: sowohl Leitungs- als auch Valenzband enthalten Überschußladungsträger. Nach Abschalten der Lichtquelle wird das Gleichgewicht durch Rekombinationsprozesse, bei denen eine entsprechende Zahl von Elektronen aus dem Leitungsband Löcher im Valenzband auffüllen, erreicht.

In einigen Fällen tritt Rekombination durch einfache Umkehrung des Absorptionsprozesses, der sogenannten direkten Rekombination auf. Ein Übergang über die verbotene Zone nach unten wird von einer Emission eines Photons begleitet, und die Kreisfrequenz der Strahlung ergibt sich aus $\hbar\omega = E_c(\mathbf{k}) - E_v(\mathbf{k})$, wobei E_c und E_v die Ausgangs- bzw. die Endenergie des Elektrons ist. Bei einem solchen Übergang wird der Gesamtimpuls des Kristalls erhalten. Da der Photonenimpuls viel geringer als der Kristallimpuls von Elektronen ist, sind die Kristallimpulse der Elektronen am Anfang und am Ende im wesentlichen gleich groß. Ein Strahlungsübergang wird in einem Bandstrukturdiagramm durch eine vertikale Linie angezeigt.

Der Endzustand muß vor dem Übergang leer sein. Die meisten Elektronen befinden sich in Zuständen an der unteren Leitungsbandkante, während sich die meisten Löcher in Zuständen an der oberen Valenzbandkante aufhalten. Die Erhaltung des Kristallimpulses schließt Strahlungsübergänge aus, wenn nicht die untere Leitungsbandkante und die obere Valenzbandkante demselben Kristallimpuls entsprechen, wie es in Bild 14-1b dargestellt ist. Ist das der Fall, handelt es sich um einen direkten Halbleiter. Die emittierten Photonen haben Energien, die gleich E_g sind, und die Strahlung heißt Bandkantenstrahlung.

Halbleiter werden indirekt genannt, wenn ihre untere Leitungsbandkante und ihre obere Valenzbandkante zu unterschiedlichen Kristallimpulsen gehören. Das Bandstrukturdiagramm von Bild 14-1a entspricht zum Beispiel einem indirekten Halbleiter. Silizium, Germanium und Galliumphosphid sind indirekte, und Galliumarsenid, Indiumphosphid und Cadmiumsulfid sind direkte Halbleiter.

Auch bei indirekten Halbleitern findet Rekombination statt. Im dominierenden Prozeß erfolgen Übergänge sowohl von einem Elektron als auch einem Loch zu einem Zustand, der an einem Fremdatom lokalisiert ist, beide rekombinieren

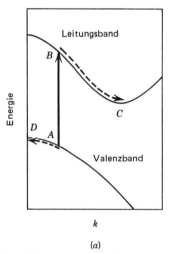
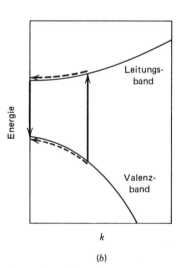

(a) (b)

Bild 14-1 (a) Bandstrukturdiagramm, das die Absorption eines Photons durch ein Elektron darstellt. Ein ursprünglich sich bei A befindliches Elektron absorbiert ein Photon und macht einen Übergang nach B. Als Folge von Phononenwechselwirkungen macht es dann Übergänge nach C, in die Nähe des Leitungsbandsminimums. Phononenwechselwirkungen führen dazu, daß das Loch bei A Übergänge nach D macht, in die Nähe des Valenzbandmaximums. (b) Bandstruktur in einem direkten Halbleiter. Das Minimum des Leitungsbandes und das Maximum des Valenzbandes haben denselben Kristallimpuls, in diesem Fall ist $\mathbf{k} = 0$. Das Elektron fällt durch die verbotene Zone hindurch und rekombiniert mit einem Loch.

dort. Normalerweise werden indirekte Übergänge nicht von einer Strahlung begleitet. Die Energie wird anstattdessen an das Phononensystem übertragen.

Direkte Rekombination

Wir betrachten einen direkten Halbleiter, der Überschußkonzentrationen an Elektronen und Löchern hat, die vielleicht aus der Absorption von Licht herrühren. Wir sind an der Rekombination nach Abschalten des Lichtes interessiert. Die Elektronenkonzentration n hängt von der Zeit ab, und wir schreiben $n(t) = n_0 + \delta n(t)$, wobei n_0 die Gleichgewichtskonzentration und $\delta n(t)$ der Überschuß ist. Die Löcherkonzentration hängt auch von der Zeit ab, und wir schreiben $p(t) = p_0 + \delta p(t)$. Da die Bildung eines Elektron-Loch-Paares notwendigerweise bedeutet, daß für jedes Elektron, das über die verbotene Zone hinweg angeregt wird, ein Loch gebildet wird und da jedes Elektron, das durch die verbotene Zone nach unten fällt, einen leeren Zustand auffüllt, gilt für alle Werte von t $\delta n(t) = \delta p(t)$. Wenn die Probe dotiert ist, haben n_0 und p_0 nicht die gleichen Werte. Trotzdem gilt, ob dotiert oder nicht $dn/dt = dp/dt$.

Die Rate, mit der Elektronen und Löcher rekombinieren, ist etwa proportional dem Produkt np. Sie ist proportional zu n, da jedes Elektron an der unteren Leitungsbandkante etwa dieselbe Wahrscheinlichkeit für einen Übergang über die verbotene Zone hinweg hat, und sie ist proportional zu p, weil jedes Loch an der oberen Valenzbandkante etwa dieselbe Wahrscheinlichkeit hat, aufgefüllt zu werden. Wenn nur Rekombinationsereignisse betrachtet werden, ist $dn/dt = -\alpha_R np$, wobei α_R ein Proportionalitätsfaktor ist; er heißt Rekombinationskoeffizient. Der Rekombinationskoeffizient hängt in erster Linie davon ab, in welchem Maße sich Wahrscheinlichkeitsdichten von Zuständen an der unteren Leitungsbandkante mit Wahrscheinlichkeitsdichten von Zuständen an der oberen Valenzbandkante überlappen. Ein Übergang ist wahrscheinlich, wenn ein Elektron sich mit hoher Wahrscheinlichkeit an demselben Platz wie ein Loch befindet.

Wir müssen auch die thermische Anregung von Elektronen vom Valenz- zum Leitungsband berücksichtigen. Wenn sich das Elektronensystem im thermischen Gleichgewicht befindet, gilt $dn/dt = 0$. Dann muß der Anteil der thermischen Anregung dem Anteil der Rekombination gleich sein, und ersterer ist dann gleich $+\alpha_R n_0 p_0$. Wenn beide Prozesse berücksichtigt werden, gilt

$$\frac{dn}{dt} = -\alpha_R np + \alpha_R n_0 p_0 \tag{14-1}$$

oder wenn $n = n_0 + \delta n$ und $p = p_0 + \delta n$ benutzt werden,

$$\frac{d\delta n}{dt} = -\alpha_R (n_0 + p_0) \delta n - \alpha_R (\delta n)^2. \tag{14-2}$$

Gleichung 14-2 ist eine nichtlineare Differentialgleichung für die überschüssige Elektronenkonzentration als Funktion der Zeit. Wenn δn anfänglich groß ist, gibt es keine algebraischen Lösungen, aber die Gleichung kann numerisch gelöst werden.

Eine algebraische Lösung erhält man jedoch, wenn $\delta n \ll n_0 + p_0$. Dann kann man den letzten Term von Gl. 14-2 vernachlässigen, und es wird

$$\frac{d\,\delta n}{dt} = -\alpha_R(n_0 + p_0)\,\delta n. \tag{14-3}$$

Gleichung 14-3 hat die Lösung

$$\delta n(t) = \delta n(0)e^{-t/\tau}, \tag{14-4}$$

wobei $\delta n(0)$ der Wert von δn bei $t = 0$ ist, wenn das Licht ausgeschaltet ist, und

$$\tau = \frac{1}{\alpha_R(n_0 + p_0)}. \tag{14-5}$$

Nach Gl. 14-4 erreicht die Elektronenkonzentration ihren Gleichgewichtswert exponentiell. τ ist die mittlere Zeit, die ein Elektron im Leitungsband vor der Rekombination verbringt und heißt Rekombinationslebensdauer tiefer Niveaus.* Gleichung 14-3 wird oft in dieser Form geschrieben

$$\frac{d\,\delta n}{dt} = -\frac{\delta n}{\tau}. \tag{14-6}$$

Rekombination beeinflußt die elektrische Leitfähigkeit σ einer Probe. Nach Gl. 9-62 gilt für eine Probe mit skalaren Beweglichkeiten: μ_n für Elektronen und μ_p für Löcher $\sigma = e(n\mu_n + p\mu_p)$. Unter Verwendung von Gl. 14-4 kann man schreiben

$$\sigma = \sigma_0 + e(\mu_n + \mu_p)\,\delta n(0)e^{-t/\tau}, \tag{14-7}$$

wobei $\sigma_0 = e(n_0\mu_n + p_0\mu_p)$ die Leitfähigkeit des Systems im thermischen Gleichgewicht ist. Die Leitfähigkeit hat ihren größten Wert, wenn das Licht ausgeschaltet wird, dann ist die Konzentration an Überschußladungsträgern am größten. Sie fällt danach exponentiell auf ihren thermischen Gleichgewichtswert ab. Die Leitfähigkeit kann, wie es in Bild 14-2 gezeigt ist, gemessen werden. Die Probe wird mit stroboskopischem Licht, das periodisch aufblitzt, bestrahlt. Die Stromversorgung erfolgt über eine konstante Stromquelle, und die Potentialdifferenz über der Probe wird als Funktion der Zeit an einem Oszilloskop aufgezeichnet. Im allgemeinen wird nur der zeitveränderliche Anteil der Potentialdifferenz aufgezeichnet und der Gleichspannungsanteil wird an einem Voltmeter abgelesen. Für die gezeigte Geometrie wird die Leitfähigkeit unter Verwendung von $\sigma(t) = |I|/AV(t)$ berechnet, wobei l der Abstand zwischen den Potentialsonden ist, A ist der

---

* In diesem Kapitel wird τ in erster Linie zur Kennzeichnung einer Rekombinationslebensdauer benutzt, und nicht für ein Volumen. In den wenigen Fällen, wo es als Volumen verwendet wird, ist das deutlich angegeben.

14.1 Überschußladungsträger und Fotoleitfähigkeit

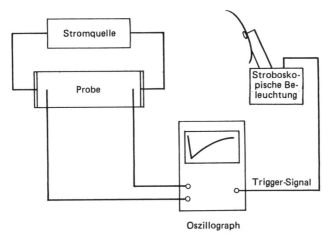

Bild 14-2 Experimentelle Anordnung zur Messung der Fotoleitfähigkeit. Wenn das Stroboskop einen Blitz abgibt, steigt die Leitfähigkeit der Probe. Wenn das Licht ausgeht, fällt die Leitfähigkeit auf ihren Wert bei Dunkelheit ab, da Überschußladungsträger rekombinieren. Das Oszilloskop wird durch den Lichtblitz ausgelöst und zeigt den zeitabhängigen Teil der Potentialdifferenz über der Probe.

Querschnitt der Probe und I ist die Stromstärke. $V(t)$ ist die gesamte Potentialdifferenz, die Summe der Wechselspannungs- und Gleichspannungsanteile. Nach Gl. 14-7 ist der natürliche Logarithmus des zeitabhängigen Teils von σ eine Gerade mit dem Anstieg $-1/\tau$, wenn er als Funktion der Zeit aufgetragen wird. Für direkte Halbleiter liegt τ normalerweise in der Größenordnung von 10^{-7} s, es wurden aber auch um mehrere Größenordnungen kürzere Rekombinationslebensdauern beobachtet.

Beispiel 14-1
Man berechne den Rekombinationskoeffizienten für einen direkten, eigenleitenden Halbleiter mit 1.7×10^{19} Elektronen/m³ im Leitungsband im thermischen Gleichgewicht. Die Rekombinationslebensdauer wurde zu 5.0×10^{-6} s gemessen.

Lösung
Nach Gl. 14-5 wird

$$\alpha_R = \frac{1}{\tau(n_0 + p_0)} = \frac{1}{5.0 \times 10^{-7} \times 2 \times 1.7 \times 10^{19}} = 5.9 \times 10^{-4} \, \text{m}^3/\text{s},$$

das ist ein typischer Wert für direkte Halbleiter. ◆

Indirekte Rekombination

In Bild 14-3 sind zwei grundlegende Rekombinationsprozesse, die Störstellenzustände beinhalten, dargestellt. In (a) ist das Fremdatom ein Akzeptor; er ist neutral, wenn der Zustand leer ist. Dieser fängt ein Elektron vom Leitungsband und dann ein Loch vom Valenzband ein. Der zweite Schritt kommt der Abgabe des Elektrons in das Valenzband gleich. In (b) ist die Störstelle ein Donator, er ist neutral, wenn der Zustand besetzt ist. Dieser fängt ein Loch und dann ein Elektron ein. In jedem Fall rekombinieren ein Elektron und ein Loch an einer Störstelle, und die Störstelle wird in ihren ursprünglichen Zustand zurückgebracht. Störstellen, die in einer solchen Weise wirksam werden, heißen Rekombinationszentren.

An einem Rekombinationszentrum findet nicht nur Rekombination statt. Bei Prozeß (a) kann das Elektron auch thermisch angeregt ins Leitungsband zurückkehren, bevor ein Loch eingefangen wurde, und bei Prozeß (b) kann das Loch thermisch angeregt in das Valenzband zurückkehren, bevor ein Elektron eingefangen wurde. Wir müssen genau wie bei der direkten Rekombination die thermische Anregung berücksichtigen.

Wir betrachten den in Bild 14-3a dargestellten Prozeß. Die Konzentration von Rekombinationszentren sei n_R, und zu jedem Zentrum gehöre ein Zustand mit der Energie E_R in der verbotenen Zone. Die Rate, mit der die Elektronen vom Leitungsband in das Störstellenniveau übergehen, ist proportional der Konzentration von Elektronen im Leitungsband, der Konzentration an Rekombinationszentren und der Wahrscheinlichkeit, daß ein solches Zentrum unbesetzt ist. Wir schreiben für die Übergangsrate $\alpha_n n_R n[1 - f(E_R)]$. Hier ist $f(E_R)$ die Wahrscheinlichkeit, daß ein Zentrum besetzt ist, und α_n ist ein Proportionalitätsfaktor. Die Rate, mit der Elektronen zum Leitungsband zurückkehren, ist proportional der Konzentration von Rekombinationszentren und der Wahrscheinlichkeit, daß ein Zentrum besetzt ist, so können wir für diese Rate $Cn_R f(E_R)$ schreiben. Hier ist C der Proportionalitätsfaktor. Im thermischen Gleichgewicht sind diese beiden Raten gleich, damit wird $C = \alpha_n n_0[1 - f_0(E_R)]/f_0(E_R)$, wobei f_0 die Fermi-Dirac Verteilungsfunktion ist. Zur einfacheren Schreibweise sei $n_1 = n_0 [1 - f_0(E_R)]/f_0(E_R)$, oder explizit $n_1 = n_0 e^{\beta(E_R - \eta)}$, wobei η das chemische Potential ist. Dann wird $C = \alpha_n n_1$.

Die Gesamtrate, mit der Elektronen Rekombinationszentren auffüllen, ist die Differenz zwischen der Rate, mit der sie vom Leitungsband kommen und der Ra-

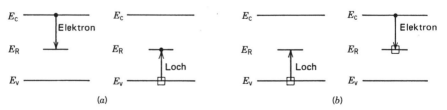

Bild 14-3 Zwei Arten von Rekombinationszentren. In (a) fällt ein Elektron vom Leitungsband auf ein Störstellenniveau, wo es mit einem Loch vom Valenzband rekombiniert. In (b) wird zuerst ein Loch eingefangen, dann rekombiniert ein Elektron mit ihm.

14.1 Überschußladungsträger und Fotoleitfähigkeit

te, mit der sie thermisch angeregt werden, somit gilt

$$\frac{dn}{dt} = -\alpha_n n_R n[1 - f(E_R)] + Cn_R f(E_R)$$

$$= -\alpha_n n_R [n - nf(E_R) - n_1(E_R)]. \tag{14-8}$$

Ein ähnliche Analyse kann für Löcher ausgeführt werden, das Ergebnis lautet

$$\frac{dp}{dt} = -\alpha_p n_R [pf(E_R) - p_1 + p_1 f(E_R)], \tag{14-9}$$

wobei $p_1 = p_0 f_0(E_R)/[1 - f_0(E_R)] = p_0 e^{-\beta(E_R - \eta)}$ ist.
Man setze die rechten Seiten der Gl. 14.8 und 14.9 gleich und löse nach $f(E_R)$ auf:

$$f(E_R) = \frac{\alpha_n n + \alpha_p p_1}{\alpha_n(n + n_1) + \alpha_p(p + p_1)}. \tag{14-10}$$

Wenn man das Ergebnis entweder in Gl. 14.8 oder 14.9 einsetzt, erhält man

$$\frac{dn}{dt} = \frac{dp}{dt} = -\frac{n_R \alpha_n \alpha_p (np - n_i^2)}{\alpha_n(n + n_1) + \alpha_p(p + p_1)}, \tag{14-11}$$

wobei n_i die Elektronenkonzentration bei Eigenleitung ist, außerdem wurde $n_1 p_1 = n_0 p_0 = n_i^2$ verwendet.
Für die Anregung tiefer Niveaus sind δn und δp im Vergleich zu $n_0 + p_0$ klein, und aus Gl. 14-11 wird

$$\frac{d\delta n}{dt} = -\frac{n_R \alpha_n \alpha_p (n_0 + p_0)}{\alpha_n(n_0 + n_1) + \alpha_p(p_0 + p_1)} \delta n. \tag{14-12}$$

Gleichung 14-12 hat dieselbe Form wie Gl. 14-6, wobei sich die Rekombinationslebensdauer aus

$$\tau = \frac{\alpha_n(n_0 + n_1) + \alpha_p(p_0 + p_1)}{n_R \alpha_n \alpha_p (n_0 + p_0)} \tag{14-13}$$

ergibt.
Die Rekombinationslebensdauer hängt außer von der Konzentration an Rekombinationszentren und den Rekombinationskoeffizienten α_n und α_p auch von den Lagen der Rekombinationsniveaus und des chemischen Potentials innerhalb der verbotenen Zone ab. Bild 14-4 stellt die Änderung der Rekombinationslebensdauer in Abhängigkeit vom chemischen Potential für ein Rekombinationsniveau in der Nähe der Mitte der verbotenen Zone dar. Ist die Probe stark n-dotiert, dann ist n_0 groß, und p_0 ist klein. Das chemische Potential ist in der Nähe der unteren Leitungsbandkante genügend weit über dem Rekombinationsniveau, somit

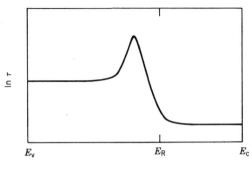

Bild 14-4 Natürlicher Logarithmus der Rekombinationslebensdauer als Funktion des chemischen Potentials für einen indirekten Halbleiter, der Rekombinationszentren enthält. E_v ist die obere Valenzbandkante, E_c ist die unter Leitungsbandkante, und E_R ist das Rekombinationsniveau. In Wirklichkeit ändert sich das chemische Potential durch Veränderung der Dotierungskonzentrationen.

ist n_1 klein. Der Parameter p_1 ist größer als p_0, aber er ist immer noch um mehrere Größenordnungen kleiner als p_0. In Gl. 14-13 vernachlässigen wir n_1, n_0 und p_1 im Vergleich zu n_0 und schreiben für die Rekombinationsdauer

$$\tau = \frac{1}{n_R \alpha_p} . \tag{14-14}$$

Das ist der Grenzwert auf der rechten Diagrammseite. Für eine stark n-dotierte Probe wird die Rekombinationslebensdauer in erster Linie durch die Geschwindigkeit bestimmt, mit der Rekombinationszentren in das Valenzband entleert werden.

Wenn die Probe stark p-dotiert ist und das chemische Potential in der Nähe der oberen Valenzbandkante liegt, gilt

$$\tau = \frac{1}{n_R \alpha_n} . \tag{14-15}$$

Das ist der Grenzwert auf der linken Diagrammseite. Er wird in erster Linie durch die Geschwindigkeit bestimmt, mit der Elektronen auf das Störstellenniveau fallen. Das Maximum von τ tritt für Werte des chemischen Potentials in der Mitte der verbotenen Zone auf. Seine genaue Lage hängt von den Werten von α_n, α_p, E_R und η ab, aber wenn $\alpha_n = \alpha_p$ ist, dann wird τ maximal, wenn das chemische Potential seinen Eigenleitungswert hat.

Ein Vergleich der Gl. 14-14 oder 14-15 mit Gl. 14-5 zeigt, daß Lebensdauern bei indirekten Übergängen (indirekte Lebensdauern) länger als direkte Lebensdauern sind, weil n_R gewöhnlich viel kleiner als $n_0 + p_0$ ist. Typische Werte reichen von einigen Hundert Mikrosekunden bis zu einigen Hundert Millisekunden. Indirekte Rekombination kann in direkten Halbleitern auftreten, aber da indirekte Lebensdauern viel länger als direkte Lebensdauern sind, ist fast jede Rekombination direkt. Andererseits sind in indirekten Halbleitern direkte Prozesse selten, daher tritt Rekombination in erster Linie über Rekombinationszentren auf. Direkte und indirekte Rekombinationslebensdauern verhalten sich in ihren Abhängigkeiten von der Temperatur ganz unterschiedlich. Sowohl n_0 als auch p_0 nehmen mit steigender Temperatur zu, somit sinkt entsprechend Gl. 14-5 eine direkte Lebensdauer. Für einen indirekten Halbleiter bedeutet andererseits eine Temperaturzunahme auch eine Zunahme der Wahrscheinlichkeit, daß der erste eingefangene Ladungsträger zurück in sein ursprüngliches Band angeregt wird, bevor der zweite Ladungsträger eingefangen wird. Somit nimmt eine indirekte Lebensdauer mit steigender Temperatur zu.

Für einige Arten von Rekombinationszentren hat ein eingefangener Ladungsträger unabhängig von der Temperatur eine höhere Wahrscheinlichkeit für eine nochmalige Anregung als für eine Rekombination. Nickel und Zink in Silizium oder Germanium sind Beispiele für solche Zentren, die man Traps nennt. Ein Zinkatom in Silizium ist zum Beispiel ein Doppelakzeptor. Jedes Atom nimmt ein Elektron in ein Niveau etwa 0.31 eV über dem Valenzband auf, und ein zweites Elektron in ein Niveau etwa 0.55 eV über dem Valenzband, nahe der Mitte der verbotenen Zone. Wenn die Probe stark n-dotiert ist, haben die Störstellenniveaus eine höhere Wahrscheinlichkeit gefüllt zu werden, und Zink wirkt als Trap für Löcher. Wenn ein Zinkatom ein Loch im oberen Niveau einfängt, bleibt das Atom negativ geladen, und es ist unwahrscheinlich, daß ein Elektron vom Leitungsband den Zustand auffüllen wird, bevor das Loch zurück in das Valenzband fällt. In ähnlicher Weise ist Schwefel ein Doppeldonator in Silizium und Germanium und wirkt als ein Trap für Elektronen in stark p-dotierten Proben.

Wenn Traps vorhanden sind, kann ihr Einfluß in Fotoleitfähigkeitsdaten nachgewiesen werden. Traps verringern die Leitfähigkeit sofort, nachdem das Licht ausgeschaltet wurde, wenn sie aufgefüllt werden und erhöhen die Leitfähigkeit in Zeiten, die verglichen mit Rekombinationslebensdauern groß sind. Die Ladungsträger werden dann von den Traps freigegeben und rekombinieren über Rekombinationszentren.

Optische Erzeugung von Elektron-Loch-Paaren

Die Bildung von Überschuß-Elektron-Loch-Paaren durch Licht wird beschrieben, indem man die Anzahl von gebildeten Paaren pro Volumen- und Zeiteinheit angibt, eine Größe, die man die optische Generationsrate nennt und mit g_{op} bezeichnet. Sie hängt von der Zahl der Photonen ab, die auf die Probe pro Zeiteinheit auftrifft und von der Wahrscheinlichkeit, daß ein Elektron im Valenzband ein einfallendes Photon absorbiert.

Wir betrachten einen bestrahlten Halbleiter mit der Rekombinationslebensdauer τ. Wenn die Überschußladungsträgerkonzentrationen gering sind, gilt Gl. 14-6, vorausgesetzt, man addiert g_{op} auf der rechten Seite:

$$\frac{d\,\delta n}{dt} = -\frac{\delta n}{\tau} + g_{op}. \qquad (14\text{-}16)$$

Eine ähnliche Gleichung gilt für Löcher. Wenn δn zur Zeit $t = 0$, wenn das Licht eingeschaltet wird, Null ist, dann ist die entsprechende Lösung

$$\delta n(t) = \tau g_{op}[1 - e^{-t/\tau}]. \tag{14-17}$$

Im Grenzfall t viel größer als τ, erreicht δn den Wert des stationären Zustands. Wie das folgende Beispiel illustriert, können Halleffekt- und Leitfähigkeitsdaten verwendet werden, um g_{op} für eine bestimmte Lichtquelle und Probe zu berechnen.

Beispiel 14-2
Halleffektexperimente, die an einem bestimmten Halbleiter ausgeführt wurden, erbrachten folgende Werte für die Elektronen- und Löcherbeweglichkeiten $\mu_n = 0.850 \text{ m}^2/\text{V} \cdot \text{s}$ und $\mu_p = 0.0400 \text{ m}^2/\text{V} \cdot \text{s}$. Die Probe wurde langzeitig bestrahlt, dann wurde das Licht abgeschaltet und die Leitfähigkeit aufgezeichnet. Der zeitabhängige Teil beträgt $2.95 \, \Omega^{-1} \text{m}^{-1}$ wenn das Licht abgeschaltet wird und ist 3.80×10^{-6} s später halb so groß. Wie groß ist die Rekombinationslebensdauer für Elektronen in der Probe, und wie groß ist die optische Generationsrate für das Licht und die Probe?

Lösung
Wir setzen voraus, daß das Licht bei $t = 0$ ausgeschaltet wird, die Konzentrationen der Überschußladungsträger seien zu diesem Zeitpunkt beide τg_{op}. Dann ergibt sich der zeitabhängige Teil der Leitfähigkeit zu

$$\delta\sigma(t) = e\tau g_{op}(\mu_n + \mu_p)e^{-t/\tau}.$$

Bei $t = 3.80 \times 10^{-6}$ s ist $\delta\sigma = \frac{1}{2}e\tau g_{op}(\mu_n + \mu_p)$, und es wird $1/2 = e^{-t/\tau}$ oder

$$\tau = \frac{t}{\ln 2} = \frac{3.80 \times 10^{-6}}{\ln 2} = 5.48 = 10^{-6} \text{ s}.$$

Bei $t = 0$ ist $\delta\sigma = e\tau g_{op}(\mu_n + \mu_p)$, und es wird

$$g_{op} = \frac{\delta\sigma(0)}{e\tau(\mu_n + \mu_p)} = \frac{2.95}{1.60 \times 10^{-19} \times 5.48 \times 10^{-6}(0.850 + 0.040)}$$
$$= 3.78 \times 10^{24} \text{ Paare/m}^3 \cdot \text{s}. \qquad \blacklozenge$$

14.2 Diffusion von Ladungsträgern

In Abschnitt 9.4 haben wir die Diffusion von Elektronen und Löchern betrachtet, die aufgrund eines Konzentrationsgradienten in einer Probe mit ungleichmäßiger Temperatur auftritt. Wenn zum Beispiel nur ein Teil der Probe mit Licht be-

14.2 Diffusion von Ladungsträgern

strahlt wird, werden in dem bestrahlten Bereich überschüssige Elektronen und Löcher erzeugt, und sie diffundieren in das dunkle Gebiet hinein. Ein Elektronenstrom fließt vom dunklen Gebiet in das bestrahlte Gebiet, während ein Löcherstrom in der entgegengesetzten Richtung fließt.

Der Diffusionsprozeß

Aus der Boltzmanngleichung Gl. 9-73 kann ein Ausdruck für den Diffusionsstrom abgeleitet werden. Die Verteilungsfunktion $f(\mathbf{r}, \mathbf{k})$ gibt die Wahrscheinlichkeit dafür an, daß ein Elektron in der Nachbarschaft von $\mathbf{r}$ einen Zustand mit dem Ausbreitungsvektor $\mathbf{k}$ besetzt. Für den stationären Zustand ohne ein elektrisches Feld gilt

$$f(\mathbf{r}, \mathbf{k}) = f_0(\mathbf{k}) - \bar{t}\mathbf{v} \cdot \nabla f(\mathbf{r}, \mathbf{k}), \tag{14-18}$$

wobei f_0 die Fermi-Dirac Verteilungsfunktion ist, $\mathbf{v}$ ist die Geschwindigkeit eines Elektrons mit der Ausbreitungskonstanten $\mathbf{k}$, und t ist die Relaxationszeit.
Wenn das Leitungsband Überschußelektronen enthält, ist das System nicht im thermischen Gleichgewicht. Trotzdem können wir einen Parameter $\eta_n(\mathbf{r})$, der quasichemisches Potential des Elektrons* genannt wird, so wählen, daß $f = [e^{\beta(E - \eta_n)} + 1]^{-1}$ zur richtigen Elektronenkonzentration in der Umgebung von $\mathbf{r}$ führt. Wenn η_n in der verbotenen Zone, weit entfernt von den Bandkanten liegt, ist die Elektronenkonzentration proportional zu $e^{\beta \eta_n}$. Andererseits ist sie bei eigenleitendem Material mit dem chemischen Potential η_i proportional zu $e^{\beta \eta_i}$. Daraus folgt

$$n(\mathbf{r}) = n_i e^{\beta(\eta_n - \eta_i)}, \tag{14-19}$$

wobei n_i die Gleichgewichtskonzentration ist.
In ähnlicher Weise ergibt sich die Löcherkonzentration aus

$$p(\mathbf{r}) = p_i e^{-\beta(\eta_p - \eta_i)}, \tag{14-20}$$

wobei $\eta_p(\mathbf{r})$ das quasichemische Potential für Löcher ist. Damit Gl. 14-20 gültig ist, muß η_p innerhalb der verbotenen Zone und weit entfernt von den Bandkanten liegen. Wenn die Probe im thermischen Gleichgewicht ist, haben die zwei quasichemischen Potentiale denselben Wert, das tatsächliche chemische Potential für die Probe. Die Gleichungen 14-19 und 14-20 führen zusammen zu $n_p = n_i^2 e^{\beta(\eta_n - \eta_p)}$ und wenn $\eta_n = \eta_p$, dann wird $p_n = n_i^2$. Wenn jedoch Überschußladungsträger vorhanden sind, gilt $\eta_n \neq \eta_p$ und $n_p \neq n_i^2$.
Da $f = [e^{\beta(E - \eta_n)} + 1]^{-1}$, wird $\nabla f = -(\partial f/\partial \eta_n) \nabla \eta_n = -(\partial f/\partial E) \nabla \eta_n$, wobei die zweite Gleichung gilt, wenn η_n in f nur in der Kombination $E - \eta_n$ eingeht. Entsprechend Gl. 14-19 ist $\nabla n = \beta n \cdot \nabla \eta_n$, damit ist $\nabla \eta_n = (1/\beta n) \nabla n$ und $\nabla f = -(\partial f/\partial E)(1/$

---
* In Halbleiterartikeln wird diese Größe Quasi-Fermienergie des Elektrons genannt.

$\beta n) \nabla n$. Wenn der Konzentrationsgradient klein ist, ersetzen wir $\partial f/\partial E$ durch $\partial f_0/\partial E$, und Gl. 14-18 wird dann

$$f(\mathbf{r}, \mathbf{k}) = f_0(\mathbf{k}) - \frac{\bar{t}}{\beta n} \frac{\partial f_0}{\partial E} \mathbf{v} \cdot \nabla n. \tag{14-21}$$

Um einen Ausdruck für die Elektronenstromdichte $\mathbf{J}(\mathbf{r})$ zu erhalten, werden die Beiträge der einzelnen Elektronen summiert. Der von f_0 herrührende Term verschwindet, und es folgt

$$\mathbf{J}(\mathbf{r}) = -\frac{e}{\beta \tau_s n} \sum_{\text{Zustände}} \bar{t} \mathbf{v} \mathbf{v} \cdot \nabla n \frac{\partial f_0}{\partial E}. \tag{14-22}$$

Wir nehmen an, daß das Band und die Relaxationszeit in $\mathbf{k}$ isotrop sind, und ∇n soll in der z-Richtung verlaufen. Dann wird

$$J_z = -\frac{e k_B T}{3 \tau_s n} \frac{dn}{dz} \sum_{\text{Zustände}} \bar{t} v^2 \frac{\partial f_0}{\partial E}, \tag{14-23}$$

wobei v_z^2 durch $1/3\, v^2$ und β durch $1/k_B T$ ersetzt wurde. Da sich die Elektronenbeweglichkeit aus

$$\mu_n = -\frac{e}{3 \tau_s n} \sum_{\text{Zustände}} \bar{t} v^2 \frac{\partial f_0}{\partial E}, \tag{14-24}$$

ergibt, ist der Diffusionsstrom

$$J_z = k_B T \mu_n \frac{dn}{dz}. \tag{14-25}$$

Für einen Konzentrationsgradienten in einer beliebigen Richtung gilt

$$\mathbf{J} = k_B T \mu_n \nabla_n. \tag{14-26}$$

Elektronen fließen von Bereichen hoher Konzentration in Bereiche geringer Konzentration, entgegengesetzt dem Gradienten, und wie Gl. 14-26 anzeigt, hat die Stromdichte die Richtung des Konzentrationsgradienten.
Gleichung 14-26 wird normalerweise in folgender Form geschrieben

$$\mathbf{J} = e D_n \nabla_n(\mathbf{r}), \tag{14-27}$$

wobei

$$D_n = \frac{k_B T}{e} \mu_n. \tag{14-28}$$

14.2 Diffusion von Ladungsträgern

D_n wird Diffusionskonstante der Elektronen genannt, und Gl. 14-28 heißt Einsteinsche Beziehung zwischen der Beweglichkeit und der Diffusionskonstanten. Eine ähnliche Ableitung kann für Löcher ausgeführt werden, das Ergebnis lautet dann

$$\mathbf{J}(\mathbf{r}) = -eD_p \nabla p(\mathbf{r}), \tag{14-29}$$

wobei D_p die Diffusionskonstante für Löcher ist, die sich aus

$$D_p = \frac{k_B T}{e} \mu_p \tag{14-30}$$

ergibt. Der Löcherstrom ist dem Konzentrationsgradienten entgegengesetzt gerichtet.

Bei Raumtemperatur beträgt die Diffusionskonstante für Elektronen in Silizium etwa 3.5×10^{-3} m²/s und für Löcher etwa 1.25×10^{-3} m²/s. Die Diffusionskonstanten für Elektronen und Löcher in Germanium betragen etwa 1.0×10^{-2} m²/s bzw. 5.0×10^{-3} m²/s, jeweils bei Raumtemperatur.

Wenn in der Probe ein elektrisches Feld auftritt, ist die gesamte Elektronenstromdichte $\mathbf{J}_n$ die Summe aus Drift- und Diffusionsbeitrag. Das heißt

$$\mathbf{J}_n(\mathbf{r}) = e\mu_n n(\mathbf{r})\mathcal{E} + eD_n \nabla n(\mathbf{r}). \tag{14-31}$$

In ähnlicher Weise wird die gesamte Löcherstromdichte

$$\mathbf{J}_p(\mathbf{r}) = e\mu_p p(\mathbf{r})\mathcal{E} - eD_p \nabla p(\mathbf{r}). \tag{14-32}$$

Kontinuitäts- und Diffusionsgleichung

Wenn Ladung erhalten wird, genügen die Stromdichte $\mathbf{J}$ und die Ladungsdichte ϱ der Kontinuitätsgleichung

$$\nabla \cdot \mathbf{J} + \frac{\partial p}{\partial t} = 0. \tag{14-33}$$

Man integriert über ein beliebiges Volumen. Dann wird der erste Term $\int \nabla \cdot \mathbf{J} \, d\tau = \oint \mathbf{J} \cdot \hat{\mathbf{n}} \, dS = I$, wobei $\hat{\mathbf{n}}$ der nach außen gerichtete Einheitsvektor senkrecht zu der Oberfläche ist, die das Integrationsvolumen begrenzt, und I ist der Strom durch diese Oberfläche. Um das Volumenintegral in ein Oberflächenintegral umzuwandeln, wurde der Gaussche Satz verwendet. Der zweite Term wird $-dQ/dt$, wobei Q die Ladung im Volumen ist. Damit ist Gl. 14-33 gleich $I = -dQ/dt$. Die Ladung in einem Bereich ändert sich nur, weil durch seine Begrenzungsfläche Strom fließt.

Gleichung 14-33 gilt für die gesamte Ladung und Stromdichte in einem beliebigen Gebiet eines Halbleiters, gilt aber nicht getrennt für Elektronen und Löcher, weil Rekombination stattfindet. Wir betrachten den Löcherstrom in einem Probenbereich, wie es in Bild 14-5 dargestellt ist. Er verlaufe in der positiven z-Richtung, und wir nehmen an, daß Strom- und Ladungsdichte nur Funktionen von z sind. Die Ladung im Bereich von z bis z + dz ändert sich mit der Zeit, wenn sich der Strom an der rechten Grenze vom Strom an der linken Grenze unterscheidet oder wenn Löcher innerhalb des Volumens rekombinieren.

Der Anteil der Ladung, der durch die linke Grenze kommt, ist $AJ_p(z)$, und der Anteil, der den Bereich durch die rechte Grenze verläßt, ist $AJ_p(z + dz)$, wobei A der Probenquerschnitt ist. Der gesamte Ladungsfluß pro Zeiteinheit ist $A[J_p(z + dz) - J_p(z)]$ oder im Grenzfall, wenn die Breite des Bereichs klein wird, $A[\partial J_p/\partial z]\,dz$. Wenn im Vergleich zu $n_0 + p_0$ die Überschußlöcherkonzentration klein ist, ergibt sich der Teil der Ladung, der aus dem Bereich durch Rekombination verschwindet zu $eA[\delta p(z)/\tau]\,dz$, wobei τ die Rekombinationslebensdauer ist.

Der Gesamtanteil der Ladung, der den Bereich entweder durch Bewegung durch die Grenzfläche oder durch Rekombination verläßt, ist $A[\partial J_p/\partial z]\,dz + eA[\delta p/\tau]\,dz$. Das muß gleich $-eA[\partial p/\partial t]\,dz$ sein, und es wird

$$\frac{\partial p}{\partial t} = -\frac{1}{e}\frac{\partial J_p}{\partial z} - \frac{\delta p}{\tau}. \qquad (14\text{-}34)$$

Im Dreidimensionalen wird $\partial J_p/\partial z$ durch die Divergenz von J_p ersetzt

$$\frac{\partial p}{\partial t} = -\frac{1}{e}\nabla\cdot\mathbf{J}_p - \frac{\delta p}{\tau}. \qquad (14\text{-}35)$$

Eine ähnliche Gleichung

$$\frac{\partial n}{\partial t} = +\frac{1}{e}\nabla\cdot\mathbf{J}_n - \frac{\delta n}{\tau}, \qquad (14\text{-}36)$$

gilt für Elektronen. Die Gleichungen 14-35 und 14-36 sind die Kontinuitätsgleichungen für Löcher bzw. für Elektronen.

Die Diffusionsgleichung für Löcher wird abgeleitet, indem man Gl. 14-32 in Gl. 14-35 einsetzt. Vorausgesetzt das elektrische Feld und die Probe sind homogen, sind $\mathcal{E}$, p_0, μ_p und D_p unabhängig vom Ort in der Probe. Da p_0 konstant und homogen ist, wird $\partial p/\partial t = \partial \delta p/\partial t$ und $\nabla_p = \nabla \delta p$. Damit wird

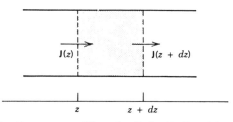

Bild 14-5 Ein Teil einer langen stromführenden Probe. Im Bereich von z bis z + dz ändert sich die Ladungsträgerkonzentration, da der Strom an den beiden Grenzen unterschiedlich ist oder weil Ladungsträger innerhalb des Bereiches rekombinieren.

$$\frac{\partial \,\delta p}{\partial t} = D_p \nabla^2 \,\delta p - \mu_p \nabla \,\delta p \cdot \mathcal{E} - \frac{\delta p}{\tau}\,. \tag{14-37}$$

Ähnlich gilt für Elektronen

$$\frac{\partial \,\delta n}{\partial t} = D_n \nabla^2 \,\delta n + \mu_n \nabla \,\delta n \cdot \mathcal{E} - \frac{\delta n}{\tau}\,. \tag{14-38}$$

Die Diffusionsgleichungen müssen für δp und δn gelöst werden. Wir wollen jetzt ein wichtiges Beispiel besprechen.

Ladungsträgerinjektion im stationären Zustand

Wir betrachten eine lange homogene Probe, die sich längs der positiven z-Achse erstreckt und ein Ende bei $z = 0$ hat. Wir nehmen an, daß bei $z = 0$, vielleicht durch Bestrahlung dieses Endes, fortwährend Löcher erzeugt werden. Sie diffundieren gleichzeitig in die Probe hinein und rekombinieren mit Elektronen. Wir wollen einen Ausdruck für die Löcherverteilung im stationären Zustand finden. Im stationären Zustand ist überall $\partial \delta p/\partial t = 0$, und Gl. 14-37 reduziert sich mit $\mathcal{E} = 0$ auf

$$D_p \frac{d^2 \,\delta p}{dz^2} - \frac{\delta p}{\tau} = 0, \tag{14-39}$$

eine Differentialgleichung, die die allgemeine Lösung

$$\delta p(z) = A e^{-z/L_p} + B e^{+z/L_p} \tag{14-40}$$

hat. A und B sind durch die Randbedingungen bestimmte Konstanten und

$$L_p^2 = D_p \tau. \tag{14-41}$$

Wenn die Probe ausreichend lang ist, verschwindet δp, da z groß wird, damit wird $B = 0$. A stellt dann die Überschußkonzentration $\delta p(0)$ bei $z = 0$ dar, das ist der durch das Licht erzeugte Löcherüberschuß. Gleichung 14-40 wird

$$\delta p(z) = \delta p(0) e^{-z/L_p}. \tag{14-42}$$

Die Überschußlöcherkonzentration sinkt mit dem Abstand vom Probenende in die Probe hinein exponentiell ab. Die Entfernung L_p, die Diffusionslänge der Löcher genannt wird, ist die mittlere Entfernung, die die Löcher in die Probe hineindiffundieren, bevor sie rekombinieren.

Beispiel 14-3
Man finde einen Ausdruck für die Stromdichte in einer langen homogenen Probe, wenn die Löcherkonzentration $\delta p(0)$ an einem Ende durch stationäre Injektion konstant gehalten wird. Welcher Strom muß fließen, damit der stationäre Zustand erhalten bleibt? Man berechne den Strom, wenn $\delta p(0) = 3.90 \times 10^{15}$ Löcher/m³. Die Probe habe einen kreisförmigen Querschnitt mit dem Radius 5.00 mm, die Diffusionskonstante der Löcher ist 8.50×10^{-3} m²/s, und die Rekombinationslebensdauer ist 4.80×10^{-6} s.

Lösung
Die Stromdichte $J_p(z)$ ergibt sich aus $-eD_p \, dp/dz$, und da $dp/dz = d\,\delta p/dz = -[\delta p(0)/L_p]e^{-z/L_p}$, wird

$$J_p(z) = \frac{eD}{L_p} \delta p(0) e^{-z/L_p}.$$

Der Strom durch den Probenquerschnitt bei z ist $I = J_p(z)A$, wobei A der Probenquerschnitt ist. Bei $z = 0$ gilt

$$I = J_p(0)A = \frac{eD_p}{L_p} A\,\delta p(0).$$

Für die gegebene Probe ist $L_p = \sqrt{D_p \tau} = \sqrt{8.50 \times 10^{-3} \times 4.80 \times 10^{-6}} = 2.02 \times 10^{-4}$ m und

$$I = \frac{1.60 \times 10^{-19} \times 8.50 \times 10^{-3}}{2.02 \times 10^{-4}} \pi (5.00 \times 10^{-3})^2 \times 3.9 \times 10^{15}$$

$$= 2.06 \times 10^{-6} \text{ A}. \qquad \blacklozenge$$

Wie im Beispiel gezeigt wurde, berechnet sich der Strom, der zur Erhaltung des stationären Zustandes fließen muß, aus

$$I = \frac{eD}{L_p} A\,\delta p(0). \tag{14-43}$$

Das ist genau der Strom, der zur Regeneration der ganzen Überschußladung in einer Zeit, die der Rekombinationslebensdauer entspricht, benötigt wird. Die gesamte Überschußladung Q ist

$$Q = eA \int_0^\infty \delta p(z)\,dz = e\,\delta p(0)A \int_0^\infty e^{-z/L_p}\,dz = e\,\delta p(0)AL_p. \tag{14-44}$$

Wenn die Ladung in der Zeit τ stationär regeneriert wird, ergibt sich der Strom durch $I = Q/\tau = e\,\delta p(0)AL_p/\tau$ oder, da $\tau = L_p^2/D_p$ in Übereinstimmung mit Gl. 14-43 durch $I = eD_pA\,\delta p(0)/L_p$.

14.3 *p-n*-Übergänge

Ein *p-n*-Übergang besteht aus einem *n*-leitenden und einem *p*-leitenden Halbleiter, die, wie es in Bild 14-6 gezeigt ist, miteinander verbunden sind. In der Praxis ist gewöhnlich das Wirtsmaterial überall dasselbe und man dotiert so, daß die beiden Bereiche *n*- bzw. *p*-leitend werden. Die ganze Probe kann zum Beispiel anfänglich *n*-leitend sein, dann werden in ein ausgewähltes Gebiet genügend Akzeptoren hineingebracht, so daß ein *p*-leitendes Gebiet erzeugt wird.
Es gibt verschiedene Möglichkeiten zur Dotierung. Zum Beispiel können Fremdatome bei höheren Temperaturen aus einer diese Fremdatome enthaltenen Atmosphere in die Probe diffundieren. Um einen Übergang zu lokalisieren, wird die Probenoberfläche mit einer Metallmaske bedeckt, die an den Stellen, wo die Fremdatome eintreten sollen, Löcher hat. In einem Gebiet, das kleiner als ein Millimeter ist, können Hunderte von Übergängen untergebracht werden. Indem man eine geringe Menge eines Metalls auf die Oberfläche aufbringt, erzeugt man Legierungsübergänge. Bei Erhitzung diffundieren Metallatome in den Halbleiter hinein und substituieren Wirtsatome. Man verwendet auch Ionenimplantation, besonders dann, wenn die Diffusionsgeschwindigkeit des Fremdatoms zu gering ist. Die Fremdionen werden mit hoher Geschwindigkeit in die Probe hineingeschossen.
All diese Methoden erzeugen Konzentrationsgradienten der Fremdatome, und die dabei gebildeten Übergänge lassen sich schwer mathematisch analysieren. Der Einfachheit halber betrachten wir einen abrupten Übergang, bei dem die Fremdatomkonzentrationen auf beiden Seiten homogen sind.

Das Kontaktpotential

Für diese Diskussion setzen wir voraus, daß der Übergang so hergestellt wurde, daß ein ursprünglich *n*-leitender Halbleiter mit einem ursprünglich *p*-leitendem Halbleiter in engen Kontakt gebracht wurde. Wird der Kontakt hergestellt, dann diffundieren Elektronen von der *n*-Seite auf die *p*-Seite, wo sie mit Löchern rekombinieren. Ähnlich diffundieren Löcher von der *p*-Seite zur *n*-Seite und diffundieren mit Elektronen. Die Elektronen hinterlassen positiv geladene Donato-

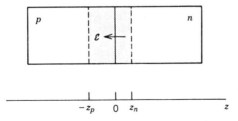

Bild 14-6 Ein nicht vorgespannter *p-n*-Übergang im thermischen Gleichgewicht. Der metallurgische Übergang befindet sich bei $z = 0$, und der Übergangsbereich erstreckt sich von $z = -z_p$ bis $z = +z_n$. In diesem Bereich baut sich ein elektrisches Feld auf, das hauptsächlich durch positive Donatoren auf der *n*-Seite und negative Akzeptoren auf der *p*-Seite gebildet wird.

ren auf der *n*-Seite, Löcher hinterlassen negativ geladene Akzeptoren auf der *p*-Seite, und diese geladenen Störstellen erzeugen ein elektrisches Feld, das von der *n*-Seite zur *p*-Seite gerichtet ist. Quer zum Übergang entsteht damit eine Potentialdifferenz, wobei die *n*-Seite positiver als die *p*-Seite ist. Das Feld wird Kontaktfeld genannt, und die Potentialdifferenz heißt Kontaktpotential.

Die Kraft infolge des Kontaktfeldes auf Elektronen ist nach der *n*-Seite hin gerichtet, während die Kraft auf Löcher nach der *p*-Seite hin gerichtet ist. Sie stoppt die Diffusion der Ladungsträger: wenn das Gleichgewicht erreicht ist, verschwinden Löcher- und Elektronenstrom. In einem engen Bereich verarmen die Ladungsträgerkonzentrationen, er wird Übergangs- oder Verarmungsschicht genannt und erstreckt sich über den metallurgischen Übergang hinaus. Außerhalb des Übergangsbereiches verschwindet das elektrische Feld, und die Ladungsträgerkonzentrationen sind dieselben wie in den ursprünglich getrennten Halbleitern. Da das elektrische Feld im Übergangsbereich genau das Feld ist, welches den Strom zum Verschwinden bringt, kann das Kontaktpotential nicht direkt mit einem Voltmeter gemessen werden.

Um einen Ausdruck für das Kontaktpotential zu finden, kann man die Bedingung, daß der Strom verschwindet, verwenden. Wir nehmen an, die Probe liegt wie in Bild 14-6 entlang der *z*-Achse, der Übergang befinde sich bei $z = 0$, und der Übergangsbereich erstrecke sich von $z = -z_p$ auf der *p*-Seite bis $z = +z_n$ auf der *n*-Seite. Wir betrachten zuerst die Stromdichte der Löcher, die sich aus Gl. 14-32 ergibt. Wir setzen $\mathbf{J}_p$ gleich Null, ersetzen $\mathcal{E}$ durch $-dV/dz$ und benutzen die Einsteinsche Beziehung, um D_p durch $(k_B T/e)\mu_p$ zu ersetzen. Dann wird

$$\frac{e}{k_B T} \frac{dV}{dz} = -\frac{1}{p} \frac{dp}{dz} \ . \tag{14-45}$$

Wir integrieren von $z = -z_p$ bis $z = +z_n$. V_p sei das Potential und p_p die Löcherkonzentration an der linken Grenze des Übergangsbereiches, und V_n sei das Potential und p_n die Löcherkonzentration an der rechten Grenze. Dann gilt $(e/k_B T)(V_n - V_p) = \ln(p_n/p_p)$. $V_n - V_p$ ist das Kontaktpotential V_0, damit wird

$$V_0 = \frac{k_B T}{e} \ln \frac{p_p}{p_n} \ . \tag{14-46}$$

Da $p_p > p_n$, ist V_0 positiv.

Ein wichtiger Spezialfall tritt auf, wenn das Wirtsmaterial auf beiden Seiten dasselbe ist, beide Seiten stark dotiert sind und die Temperatur des Übergangs sich im Anregungsbereich der Störstellen befindet. Dann gilt $p_p = N_a$ und $p_n = n_i^2/N_d$, wobei N_a die Konzentration der Akzeptoren auf der *p*-Seite ist, N_d ist die Konzentration der Donatoren auf der *n*-Seite, und n_i ist die Elektronenkonzentration der Eigenleitung. Das Kontaktpotential errechnet sich aus

$$V_0 = \frac{k_B T}{e} \ln \frac{V_a N_d}{n_i^2} \ . \tag{14-47}$$

Gleichung 14-47 hebt die Rolle der Dotierungsatome bei der Bestimmung von V_0 hervor.
Benutzt man den Elektronenstrom, ergibt eine ähnliche Ableitung

$$V_0 = \frac{k_B T}{e} \ln \frac{n_n}{n_p} , \qquad (14\text{-}48)$$

wobei n_n die Elektronenkonzentration auf der rechten Seite des Übergangsbereiches ist, und n_p ist die Elektronenkonzentration auf der linken Seite. Da sowohl $n_n p_n$ als auch $n_p p_p$ gleich n_i^2 ist, ergeben die Gl. 14-46 und 14-48 identische Werte für V_0. Das chemische Potential hat auf beiden Seiten den gleichen Wert. Es sei η_n auf der n-Seite und η_p auf der p-Seite. Wenn wir die Energien von der oberen Valenzbandkante auf der p-Seite aus messen, dann wird

$$p_p = \frac{1}{\tau_s} \sum_{\text{Zustände}} e^{\beta(E - \eta_p)} \qquad (14\text{-}49)$$

und

$$p_n = \frac{1}{\tau_s} \sum_{\text{Zustände}} e^{\beta(E - eV_0 - \eta_n)}, \qquad (14\text{-}50)$$

und damit

$$\frac{p_p}{p_n} = e^{\beta eV_0} e^{\beta(\eta_n - \eta_p)}. \qquad (14\text{-}51)$$

Vergleicht man mit Gl. 14-46, ergibt sich, daß $\eta_n = \eta_p$. Zum Beweis wird benutzt, daß η weit von den Bandkanten entfernt ist. Selbst wenn das nicht der Fall ist, muß η auf beiden Seiten gleich sein, da sich die Probe im thermischen Gleichgewicht befindet und deshalb nur ein chemisches Potential hat.
Bild 14-7a zeigt Energieniveaus für die n- und p-leitenden Materialien, bevor der Übergang erzeugt wurde. Auf der n-Seite liegt das chemische Potential in der Nähe der unteren Leitungsbandkante, während es auf der p-Seite in der Nähe der oberen Valenzbandkante liegt. Bild 14-7b zeigt die Niveaus, nachdem der Übergang gebildet wurde. Niveaus auf der n-Seite liegen um eV_0 tiefer als die entsprechenden Niveaus auf der p-Seite. Da das chemische Potential auf beiden Seiten gleich ist, ist eV_0 die Differenz der chemischen Potentiale der zwei Ausgangsmaterialien.

Der Übergangsbereich

Das Kontaktfeld ist dem Feld in einem parallelen Plattenkondensator ähnlich, obwohl die das Feld verursachende Ladung durch den ganzen Übergangsbereich verteilt ist und sich nicht nur auf den Oberflächen befindet. Mit Ausnahme eines Streufeldes verschwindet das Kontaktfeld außerhalb des Übergangsbereiches.

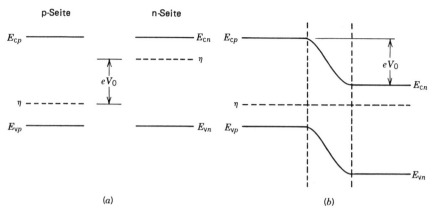

Bild 14-7 Energieniveaus in einem nicht vorgespannten p-n-Übergang. E_{cp} und E_{cn} sind die Leitungsbandminima für das p- bzw. das n-Material, und E_{vp} und E_{vn} sind die Valenzbandmaxima. (a) Getrennte Materialien. Dotierung führt dazu, daß das chemische Potential im p-Material in die Nähe des Valenzbandes und im n-Material in die Nähe des Leitungsbandes kommt. (b) Die beiden Materialien werden zu einem Übergang vereinigt. Die vertikalen gestrichelten Linien stellen die Grenzen des Übergangsbereiches dar. Niveaus auf der n-Seite werden relativ zu Niveaus auf der p-Seite um eV_0 nach unten verschoben, wobei V_0 das Kontaktpotential ist, das chemische Potential ist auf beiden Seiten gleich. Die Differenz im chemischen Potential der getrennten Materialien wird bei der Bildung des Übergangs eV_0.

Die Maxwellsche Gleichung für das elektrische Feld lautet $d\mathcal{E}/dz = \varrho/\varepsilon_0$, wobei ϱ die Ladungsdichte ist. Im Übergangsbereich auf der n-Seite ist ϱ etwa en_d, da die Ladungsträgerkonzentrationen ziemlich gering sind. Damit gilt dort

$$\mathcal{E} = \frac{en_d}{\varepsilon_0}(z - z_n). \tag{14-52}$$

Die Integrationskonstante wurde so gewählt, daß bei $z = z_n$ $\mathcal{E} = 0$ ist. Im Übergangsbereich auf der p-Seite ist ϱ etwa $-en_a$, und damit wird

$$\mathcal{E} = -\frac{en_a}{\varepsilon_0}(z + z_p), \tag{14-53}$$

wobei die Integrationskonstante so gewählt wurde, daß bei $z = -z_p$ $\mathcal{E} = 0$ ist. Da das Feld am Übergang homogen ist, müssen Gl. 14-52 und 14-53 für $z = 0$ dasselbe Ergebnis erbringen, und es wird

$$n_d z_n = n_a z_p. \tag{14-54}$$

Entsprechend Gl. 14-54, werden die Grenzen des Übergangsbereiches so festgelegt, daß der Bereich auf der n-Seite so viel positive Ladung enthält, wie er auf der p-Seite negative Ladung enthält. Der Übergangsbereich erstreckt sich weiter in die Seite der schwachen Dotierung hinein als in die Seite der starken Dotierung.

Mit Hilfe der Potentialdifferenz am Übergang kann man Werte für z_n und z_p erhalten. Auf der p-Seite gilt $-dV/dz = -en_a(z + z_p)$. Man integriert von $z = -z_p$ bis $z = 0$ und findet

$$V_p = V_j - \frac{en_a}{2\varepsilon_0} z_p^2, \tag{14-55}$$

wobei V_j das Potential am Übergang ist. Um das Potential auf der n-Seite zu erhalten, integriert man $-dV/dz = en_d(z - z_n)$ von $z = 0$ bis $z = z_n$ und findet

$$V_n = V_j + \frac{en_d}{2\varepsilon_0} z_n^2. \tag{14-56}$$

Die Potentialdifferenz $V = V_n - V_p$ ist

$$V = \frac{e}{2\varepsilon_0}(n_d z_n^2 + n_a z_p^2). \tag{14-57}$$

Die Gleichungen 14-54 und 14-57 werden gleichzeitig gelöst, und man erhält

$$z_n = \left[\frac{2V\varepsilon_0}{e} \frac{n_a}{n_d} \frac{1}{n_d + n_a} \right]^{1/2} \tag{14-58}$$

und

$$z_n = \left[\frac{2V\varepsilon_0}{e} \frac{n_d}{n_a} \frac{1}{n_d + n_a} \right]^{1/2}. \tag{14-59}$$

Die Gesamtbreite W des Übergangsbereiches ergibt sich aus

$$W = z_n + z_p = \left[\frac{2V\varepsilon_0}{e} \frac{n_d + n_a}{n_d n_a} \right]^{1/2}. \tag{14-60}$$

Für einen Übergang im thermischen Gleichgewicht ist V das Kontaktpotential. Jedoch gelten Gl. 14-58, 14-59 und 14-60 auch dann, wenn eine äußere Potentialdifferenz angelegt wird. Wie wir sehen werden, ist die Abhängigkeit der Breite des Übergangsbereiches von der Potentialdifferenz wichtig für die Funktion einiger Halbleiterbauelemente. Das folgende Beispiel gibt die Werte einiger Größen für einen typischen p-n-Übergang an.

Beispiel 14-4
In einer Siliziumprobe wird bei $T = 300$ K ein p-n-Übergang hergestellt. Eine Seite hat 7.80×10^{19} Donatoren/m³, während die andere Seite 4.40×10^{20} Akzeptoren/m³ hat. Wir nehmen an, daß jeder Donator einfach ionisiert ist und daß jeder Akzeptor ein Elektron eingefangen hat. Man errechne das Kontaktpotential, die

Ausdehnung des Übergangsbereiches auf jeder Seite, die Gesamtbreite des Übergangsbereiches und das elektrische Feld am Übergang. Die Eigenleitungskonzentration an Elektronen beträgt 1.50×10^{16} Elektronen/m^3.

Lösung
Die Gleichgewichtskonzentrationen an Löchern betragen $p_p = n_a = 4.40 \times 10^{20}$ Löcher/m^3 auf der p-Seite und $p_n = n_i^2/n_d = (1.50 \times 10^{16})^2/7.80 \times 10^{19} = 2.88 \times 10^{12}$ Löcher/m^3 auf der n-Seite. Das Kontaktpotential ist

$$V_0 = \frac{k_B T}{e} \ln \frac{p_p}{p_n} = \frac{1.38 \times 10^{-23} \times 300}{1.60 \times 10^{-19}} \ln \frac{4.40 \times 10^{20}}{2.88 \times 10^{12}} = 0.488 \text{ V}.$$

Entsprechend Gl. 14-58 gilt

$$z_n = \left[\frac{2 V_0 \varepsilon_0}{e} \frac{n_a}{n_d} \frac{1}{n_d + n_a} \right]^{1/2}$$

$$= \left[\frac{2 \times 0.488 \times 8.85 \times 10^{-12}}{1.60 \times 10^{-19}} \frac{4.40 \times 10^{20}}{7.80 \times 10^{19}} \frac{1}{7.80 \times 10^{19} + 4.40 \times 10^{20}} \right]^{1/2}$$

$$= 7.67 \times 10^{-7} \text{ m},$$

und entsprechend Gl. 14-54 gilt

$$z_p = \frac{n_d}{n_a} z_n = \frac{7.80 \times 10^{19}}{4.40 \times 10^{20}} \times 7.67 \times 10^{-7} = 1.36 \times 10^{-7} \text{ m}.$$

Das Feld am Übergang berechnet sich aus Gl. 14-52 mit $z_n = 0$:

$$\mathcal{E} = -\frac{e n_d}{\varepsilon_0} z_n = -\frac{1.60 \times 10^{-19} \times 7.80 \times 10^{19}}{8{,}85 \times 10^{-12}} \times 7.67 \times 10^{-7}$$

$$= --1.08 \times 10^6 \text{ V/m}.$$

Es bildet sich im Übergangsbereich ein starkes Feld aus. ◆

Ein Übergang unter Vorspannung

Wie in den Bildern 14-8a und b gezeigt ist, wird ein Übergang durch Anlegen einer Potentialdifferenz vorgespannt. Wenn der positive Anschluß an der p-Seite anliegt, ist der Übergang in Durchlaßrichtung vorgespannt. Wenn der negative Anschluß an der p-Seite anliegt, dann ist er in Sperrichtung vorgespannt. In Bild 14-8c ist der Strom I durch einen vorgespannten Übergang als Funktion der Vorspannung V_b aufgezeichnet. V_b soll positiv für Vorspannung in Durchlaßrichtung und negativ für Vorspannung in Sperrichtung sein; Strom, der von p nach n fließt, ist positiv, und Strom in der entgegengesetzten Richtung ist negativ.

14.3 p-n-Übergänge   565

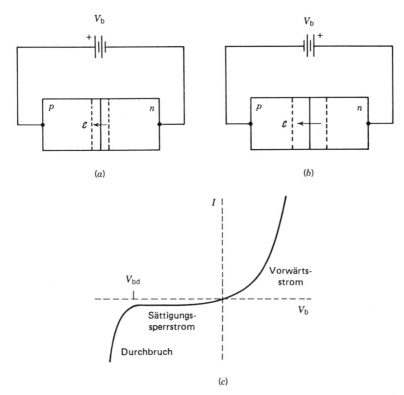

Bild 14-8 Ein in (a) Durchlaßrichtung und (b) in Sperrichtung vorgespannter *p-n*-Übergang. In (a) ist der positive Anschluß der Batterie mit der *p*-Seite des Übergangs verbunden, und in (b) ist er mit der *n*-Seite verbunden. Vorspannung in Durchlaßrichtung schwächt das elektrische Feld und verengt den Übergangsbereich. Vorspannung in Sperrichtung verstärkt das Feld und erweitert den Übergangsbereich. (c) Strom *I* durch einen *p-n*-Übergang als Funktion der Vorspannung V_b. Der Strom nimmt mit der Vorspannung in Durchlaßrichtung dramatisch zu, während er bei Vorspannung in Sperrichtung nahezu unabhängig von V_b ist, bis die Durchbruchsspannung V_{bd} erreicht ist.

Der Strom verschwindet, wenn V_b Null ist und steigt stark an, wenn V_b in Durchlaßrichtung größer wird. Andererseits erzeugt eine geringe Vorspannung in Sperrichtung nur einen extrem geringen Strom. Er bleibt über einen großen Bereich der Vorspannung nahezu konstant und wird Sättigungsstrom in Sperrichtung genannt. Wenn die Vorspannung in Sperrichtung einen bestimmten Wert überschreitet, er wird Durchbruchsspannung genannt, steigt der Strom dramatisch an. Wir wollen jetzt die drei Vorspannungsbereiche untersuchen.

Durchlaßvorspannung

Bild 14-9 zeigt Energieniveaus von Elektronen auf den zwei Seiten eines in Durchlaßrichtung vorgespannten Übergangs. Da die angelegte Spannung dem Kontaktpotential entgegenwirkt, ist die Gesamtspannung am Übergang kleiner als V_0. Das elektrische Feld im Übergangsbereich wird geschwächt, deshalb sin-

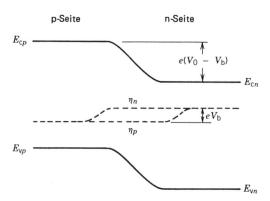

Bild 14-9 Energieniveaus für einen in Durchlaßrichtung vorgespannten p-n-Übergang. Niveaus auf der n-Seite sind um $e(V_0 - V_b)$ tiefer als entsprechende Niveaus auf der p-Seite. Die quasichemischen Potentiale η_p für Löcher und η_n für Elektronen sind als gestrichelte Linien eingezeichnet. Sie sind für eine Überschußlöcherkonzentration auf der n-Seite und eine Überschußelektronenkonzentration auf der p-Seite charakteristisch.

ken die Driftströme von Elektronen und Löchern. Wichtiger ist aber, daß die Niveaus auf der n-Seite bezüglich der in Bild 14-7b gezeigten Niveaus um eV_b angehoben werden. Die untere Leitungsbandkante auf der n-Seite ist jetzt zum Beispiel $e(V_0 - V_b)$ unter der unteren Leitungsbandkante auf der p-Seite. Als Ergebnis wird die Energiebarriere zwischen den zwei Seiten erniedrigt, und die Zahl der Elektronen, die der p-Seite von der n-Seite zugeführt werden, als auch die Zahl der Löcher, die von der p-Seite zur n-Seite kommen, steigt an. Als Folge davon nimmt der Diffusionsstrom der Elektronen und Löcher zu. Drift- und Diffusionsbeitrag zum Strom heben sich nicht auf, und ein Gesamtstrom fließt gegen das elektrische Feld von der p-Seite zur n-Seite.

Da der Widerstand des Übergangsbereiches viel größer als der in den Randzonen ist, erscheint der größte Anteil der Potentialdifferenz V_0 am Übergangsbereich, und das elektrische Feld ist in den Randgebieten extrem klein. Diesen Einfluß zeigt das Diagramm nicht. In Wirklichkeit steigen die Niveaus leicht von links nach rechts an.

Obwohl der Strom durch jeden Querschnitt der Probe gleich ist, ist seine Natur an verschiedenen Plätzen unterschiedlich. Bild 14-10 zeigt die einzelnen Beiträge. Weit vom Übergangsbereich entfernt auf der p-Seite hat der Strom hauptsächlich seine Ursache in der Löcherdrift. Die Elektronenkonzentration ist gering und homogen, deshalb ist der Elektronenstrom klein. Die Löcherkonzentration ist groß und homogen, deshalb ist die Löcherdriftkomponente groß, während die Löcherdiffusionskomponente gering ist. Ähnlich ist der Strom auf der n-Seite weit entfernt vom Übergangsbereich hauptsächlich eine Folge der Elektronendrift.

In der Nähe des Übergangsbereiches auf der p-Seite diffundieren die von der n-Seite zugeführten Elektronen nach links und rekombinieren. Ähnlich diffundieren die von der p-Seite zugeführten Löcher auf der n-Seite nach rechts und rekombinieren. Auf beiden Seiten ändern sich die Ladungsträgerkonzentrationen

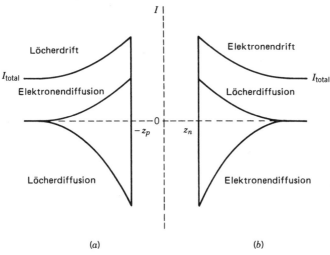

Bild 14-10 (a) Die Beiträge von Löcherdrift, Löcherdiffusion und Elektronendiffusion zum Strom auf der *p*-Seite eines *p-n*-Übergangs. (b) Dieselben Beiträge zum Strom auf der *n*-Seite.

ortsabhängig, und Elektronen- und Löcherströme haben deutliche Diffusionskomponenten.

Zur Ermittlung des Gesamtstromes als Funktion der Vorspannung dient ein einfaches Modell. Zuerst betrachten wir die Löcherdiffusion außerhalb des Übergangs auf der *n*-Seite. Wird die Vorspannung angelegt, ist die Probe nicht im thermischen Gleichgewicht, und man muß ein quasichemisches Potential $\eta_p(z)$ verwenden, um die Löcherkonzentration zu beschreiben. Wenn E_{vp} die Energie an der oberen Valenzbandkante auf der *p*-Seite ist, dann ist die Löcherkonzentration bei $-z_p$

$$p(-z_p) = N_v e^{\beta[E_{vp} - \eta_p(-z_p)]}, \tag{14-61}$$

wobei N_v die effektive Zustandsdichte pro Volumeneinheit für das Valenzband ist. Die Energie an der oberen Valenzbandkante auf der *n*-Seite ist $E_{vp} - e(V_0 - V_b)$, damit ergibt sich die Löcherkonzentration bei $z = z_n$ zu

$$p(z_n) = N_v e^{\beta[E_{vp} - eV_0 eV_b - \eta_p(z_n)]}. \tag{14-62}$$

Das Verhältnis ist

$$\frac{p(z_n)}{p(-z_p)} = e^{-\beta e(V_0 - V_b)} e^{\beta[\eta_p(-z_p) - \eta_p(z_n)]}. \tag{14-63}$$

Wir müssen jetzt einen Wert für $\eta_p(-z_p) - \eta_p(z_n)$ finden. Man kann genaue Werte für $p(z)$ und damit für $\eta_p(z)$ erhalten, wenn man die Diffusions-Drift-Differentialgleichung gleichzeitig mit der Poissongleichung löst. Es gibt keine Lösungen in geschlossener Form, aber man kann numerische Lösungen erhalten. Anstelle solche zu benutzen, setzen wir vereinfachend voraus, daß das quasichemische Potential im Übergangsbereich homogen ist, so wie es in Bild 14-9 gezeichnet ist. Dann wird aus Gl. 14-63

$$\frac{p(z_n)}{p(-z_p)} = e^{-\beta e(V_0 - V_b)}. \tag{14-64}$$

Gleichung 14-64 kann benutzt werden, um die Überschußkonzentration bei z_n mit Hilfe der Gleichgewichtskonzentration p_n auf der n-Seite zu bestimmen. Nur ein extrem geringer Anteil von Löchern auf der p-Seite rekombiniert mit Elektronen, deshalb können wir in Gl. 14-16 $p(-z_p)$ durch p_p annähern und schreiben $p(z_n) = p_p e^{-\beta e(V_0 - V_b)}$. Entsprechend Gl. 14-46 ist $p_p = p_n e^{\beta e V_0}$, damit wird $p(z_n) = p_n e^{\beta e V_b}$, und die Überschußlöcherkonzentration bei z_n ist

$$\delta p(z_n) = p(z_n) - p_n = p_n [e^{\beta e V_b} - 1]. \tag{14-65}$$

Nachdem sie den Übergangsbereich passiert haben, diffundieren die Löcher in den n-Bereich hinein. Der Ausdruck für die Stromdichte der Löcherdiffusion, den man in Beispiel 14-3 erhalten hat, kann nach geringfügiger Modifikation verwendet werden. Der Ursprung muß von $z = 0$ nach $z = z_n$ verlegt werden, und $\delta p(0)$ muß durch $\delta p(z_n)$ ersetzt werden. Das Ergebnis lautet für $z > z_n$

$$J_p = \frac{eD_p}{L_p} p_n [e^{\beta e V_b} - 1] e^{-(z - z_n)/L_p}. \tag{14-66}$$

Auf der n-Seite des Übergangs ist die Löcherkonzentration extrem gering, und als Folge kann die Driftkomponente des Löcherstroms im Vergleich zur Diffusionskomponente vernachlässigt werden. Praktisch liefert Gl. 14-66 die gesamte Stromdichte auf der n-Seite.
Eine ähnliche Berechnung kann für Elektronen ausgeführt werden. Der Elektronendiffusionsstrom nach rechts vom Übergangsbereich ($z < -z_p$) ergibt sich aus

$$J_n = \frac{eD_n}{L_n} n_p [e^{\beta e V_b} - 1] e^{(z + z_p)/L_n}, \tag{14-67}$$

wobei die Lösung der Diffusions-Drift-Gleichung, die die Randbedingung $\delta n \to 0$ wenn $z \to -\infty$ erfüllt, verwendet wurde. Auf der p-Seite ist der Elektronendriftstrom extrem gering, damit gibt Gl. 14-67 die gesamte Elektronenstromdichte dort an.
Wir sind jetzt in der Lage, den Gesamtstrom im Übergang zu ermitteln. Paarbildung und Rekombination sind im Übergangsbereich extrem selten, deshalb verlassen nahezu alle Löcher, die in den Bereich von links hereingekommen sind, ihn rechts wieder. Damit ergibt sich der Gesamtstrom an der linken Grenze des Übergangsbereiches nahezu durch die Summe des Elektronenstromes an der linken Grenze und des Löcherstromes an der rechten Grenze. Wir setzen in Gl. 14-

66 $z = z_n$ und in Gl. 14-67 $z = -z_p$, dann summieren wir die zwei Gleichungen und erhalten die Gesamtstromdichte an der linken Grenze des Übergangsbereiches:

$$J = e \left[\frac{D_n n_p}{L_n} + \frac{D_p p_n}{L_p} \right] \left[e^{eV_b/k_B T} - 1 \right]. \qquad (14\text{-}68)$$

Wenn die Stromdichte homogen ist, ergibt sich der Strom aus dem Produkt von J und dem Querschnitt A des Übergangs: $I = JA$. Obwohl wir den Strom nur an der linken Grenze des Übergangs bestimmt haben, ist er für alle Querschnitte derselbe.

Vorausgesetzt die Vorspannung ist gering, ergibt sich die Stromdichte in Durchlaßrichtung bei einem wirklichen Übergang angenähert durch Gl. 14-68. Bei hohen Vorspannungen in Durchlaßrichtung jedoch wird die Stromdichte im allgemeinen viel größer als es die Gleichung voraussagt. Tatsächlich können Potentialdifferenzen oberhalb eines kritischen Wertes, der sogenannten Grenzvorspannung in Durchlaßrichtung, nicht über den Übergang aufrecht erhalten werden.

Der Grenzwert der Vorspannung entspricht etwa dem Kontaktpotential. Wenn $V_b > V_0$ liegt das Leitungsband auf der n-Seite über dem Leitungsband auf der p-Seite, und Elektronen werden von der p-Seite zur n-Seite hin entleert. Ähnlich werden Löcher von der p-Seite in die n-Seite entleert. Außerdem wird das elektrische Feld im Übergangsbereich seine Richtung umkehren und zeigt von der p- zur n-Seite, wobei der Ladungsfluß erleichtert wird. Der Übergang hat dann einen extrem geringen elektrischen Widerstand.

Sperrvorspannung und Durchbruch

Dieselbe Analyse kann für einen in Sperrichtung vorgespannten Übergang durchgeführt werden. Jetzt ist das elektrische Feld im Übergangsbereich stärker als das Gleichgewichtsfeld, und Energieniveaus auf der n-Seite liegen um $e(V_0 + |V_0|)$ tiefer als analoge Niveaus auf der p-Seite. Der Driftstrom ist im Übergangsbereich größer als der Diffusionsstrom. Die Mathematik ist für Vorspannung in Durchlaß- und in Sperrichtung dieselbe, und man erhält wieder Gl. 14-68. Für eine Sperrvorrichtung ist jedoch V_b negativ.

Wenn $e|V_b| \gg k_B T$, wird aus Gl. 14-68

$$J = -e \left[\frac{D_n D_p}{L_n} + \frac{D_p D_n}{L_p} \right], \qquad (14\text{-}69)$$

das zeigt, daß die Stromdichte unabhängig von der Vorspannung ist. JA ist der Sättigungssperrstrom.

In einem in Sperrichtung vorgespannten Übergang fließen Löcher von der n- nach der p-Seite, während Elektronen von der p-Seite nach der n-Seite fließen, beide in der Richtung der auf sie wirkenden elektrischen Kraft. Der Sperrstrom ist durch die Zahl der verfügbaren Ladungsträger begrenzt. Wenn V_b negativ und viel größer als $k_B T$ ist, sagt Gl. 14-65 voraus, daß $\delta p(z_n) = -p_n$, damit wird $p(z_n)$

= 0. In der Nähe des Übergangsbereiches auf der n-Seite diffundiert jedes Loch zum Übergangsbereich, von wo aus es in den p-Bereich hinübergeht. Eine analoge Situation tritt für Elektronen auf.

Aber der Strom nimmt zu, wenn die Sperrvorspannung groß genug ist. Dabei wirkt einer von zwei möglichen Mechanismen, die Zener- bzw. Lawinendurchbruch genannt werden.

Der Zenerdurchbruch tritt auf, wenn die Vorspannung das Leitungsbandminimum auf der n-Seite unter das Valenzbandmaximum auf der p-Seite erniedrigt, so wie es in Bild 14-11 gezeigt ist. Da dann Elektronen vom Valenzband der p-Seite zum Leitungsband der n-Seite überwechseln können, steigt die Zahl der für den Strom verfügbaren Elektronen enorm an. Zenerdurchschlag tritt auf, wenn $e(V_0 + |V_b|) > E_g$, wobei E_g die Bandlücke ist.

Beim Lawinendurchbruch werden durch Zusammenstöße mit Atomen im Übergangsbereich zusätzliche Ladungsträger erzeugt. Das elektrische Feld beschleunigt Ladungsträger, wenn sie den Übergang durchqueren, und wenn die Energie eines Ladungsträgers groß genug ist, kann er durch einen Zusammenstoß mit einem Atom einen anderen Ladungsträger freisetzen. Nun werden alte und neue Ladungsträger beschleunigt und können weitere Ladungsträger erzeugen. Die Zahl von Zusammenstößen, die ein einzelner Ladungsträger erleidet, ist etwa dem Quotienten aus der Breite des Übergangsbereiches und der mittleren freien Weglänge gleich. Da dieser Quotient einige tausend oder mehr betragen kann, ist die Zahl der durch Zusammenstöße erzeugten Ladungsträger ziemlich groß. Für die meisten Übergänge tritt Lawinendurchbruch bei geringeren Vorspannungen als Zenerdurchbruch auf.

Als Schlußbemerkung wollen wir erwähnen, daß der Begriff Durchbruch nicht eine irreversible Veränderung des Übergangs beinhaltet. Wenn einmal eine Sperrvorspannung unterhalb des Wertes für den Durchbruch verringert wird, dann wird der Strom wieder der Sättigungssperrstrom.

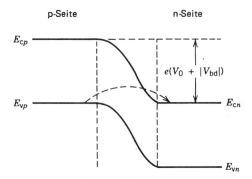

Bild 14-11 Energieniveaus in einem p-n-Übergang beim Einsetzen des Zener-Durchbruchs. Vorspannung in Sperrichtung erniedrigt die untere Leitungsbandkante auf der n-Seite bis zur oberen Valenzbandkante auf der p-Seite. Elektronen werden von der p-Seite in die n-Seite entleert.

14.4 Halbleiterbauelemente

Flächendioden

Ein als Schaltkreiselement verwendeter Halbleiterübergang wird Diode genannt und durch das Symbol→ dargestellt. Eine Diode hat für den Strom in Richtung des Pfeiles einen geringen Widerstand und einen hohen Widerstand für den Strom in der entgegengesetzten Richtung. Eine ideale Diode hat für Vorwärtsvorspannung einen Widerstand von Null und einen unendlichen Widerstand für Sperrvorspannung. Dioden haben vielfältige Anwendungen, und es gibt für jeden Verwendungszweck besondere Konstruktionsbetrachtungen. Wir beginnen mit der Gleichrichtung eines zeitabhängigen Signals, das ist vermutlich die erste Anwendung gewesen.

Wenn wie es in Bild 14-12a gezeigt ist, ein Wechselstromsignal verwendet wird, entspricht die Potentialdifferenz über dem Widerstand der in Bild b gezeigten. Wenn der obere Anschluß der Quelle positiv ist, leitet die Diode, und die Potentialdifferenz über dem Widerstand simuliert das Eingangssignal. Wenn andererseits der obere Anschluß negativ ist, wird der Strom im wesentlichen Null, und die Potentialdifferenz über dem Widerstand verschwindet. Der zeitliche Mittelwert des Eingangssignales verschwindet, aber der zeitliche Mittelwert des Ausgangssignals nicht: die Potentialdifferenz über dem Widerstand hat Wechselstrom- und Gleichstromkomponenten. Die Wechselstromkomponente kann durch Verwendung eines zum Widerstand parallel geschalteten Kondensators entfernt werden.

Eine ideale Diode ist durch einen geringen Sättigungssperrstrom, eine große Durchbruchsspannung in Sperrichtung und eine geringe Vorspannungsgrenze in Durchlaßrichtung gekennzeichnet. Das heißt, sie hat einen großen Widerstand

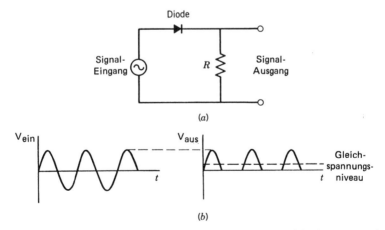

Bild 14-12 (a) Ein einfacher Dioden-Gleichrichter-Stromkreis. (b) Eingangs- und Ausgangssignale als Funktionen der Zeit für eine ideale Diode. Das Signal geht nur durch, wenn der obere Anschluß des Generators positiv ist. Das Ausgangssignal hat eine Gleichspannungskomponente, das zeitliche Mittel des gezeigten Signals.

gegenüber der Sperrvorspannung und einen Widerstand von fast Null gegenüber der Durchlaßvorspannung. Diese Charakteristika kann man nicht gleichzeitig erhalten, und so müssen bei der Konstruktion Kompromisse gemacht werden. Man kann zum Beispiel den Sättigungssperrstrom durch starke Dotierung der zwei Seiten des Übergangs klein machen, indem n_p und p_n klein werden. Aber starke Dotierung hat auch ein großes Kontaktpotential zur Folge, und damit eine große Vorspannungsgrenze in Durchlaßrichtung.

Für Gleichrichterdioden ist ein geringer Sättigungssperrstrom gewöhnlich wichtiger als eine geringe Vorspannungsgrenze in Durchlaßrichtung, deshalb benutzt man dafür stark dotierte Materialien mit großer Bandlücke. Zum Beispiel wird im allgemeinen Silizium Germanium vorgezogen.

Durchbruch in Sperrichtung wird in einer besonderen Bauelementegruppe, den sogenannten Zenerdioden, ausgenutzt. Wir betrachten den in Bild 14-12a gezeigten Stromkreis und nehmen an, das Eingangssignal bestehe aus einer 12 V Gleichstromkomponente, die als Sperrvorspannung angelegt wird und einer 1 V Spitze-zu-Spitze-Wechselstromkomponente, wie sie in Bild 14-13 gezeigt ist. Diese Wechselstromkomponente kann zum Beispiel unerwünschtes Rauschen sein. Wenn die Durchbruchsspannung in Sperrichtung der Diode geringer als 11 V ist, bleibt die Potentialdifferenz über dem Widerstand beim Durchbruchswert eine Konstante.

Man verwendet Zenerdioden zur Stabilisierung von Spannungen in Stromkreisen und als Spannungsregler. Sie werden häufig zur Erzeugung fester Referenzspannungen benutzt. Das elektrische Feld im Übergangsbereich, die Breite des Übergangsbereiches und die mittlere freie Weglänge der Ladungsträger sind wichtige Konstruktionsparameter.

Fotodioden

Man verwendet Fotodioden als Detektoren für elektromagnetische Strahlung und als Solarzellen. Bevor wir sie besprechen, untersuchen wir stationäre Injektion in einer gleichmäßig bestrahlten Probe.

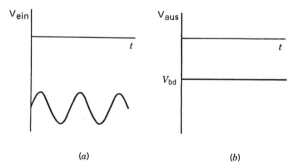

Bild 14-13 Die Arbeitsweise einer Zenerdiode. Das Eingangssignal ist eine Vorspannung in Sperrichtung, die in ihrem Betrag größer als die Durchbruchsspannung V_{bd} bleibt. Das Ausgangssignal ist eine nahezu konstante Spannung, die gleich V_{bd} ist.

14.4 Halbleiterbauelemente

In Abschnitt 14-2 untersuchten wir die stationäre Injektion von Löchern in eine lange Probe längs der positiven z-Achse, wobei ein Probenende bei $z = 0$ war. Jetzt nehmen wir an, daß die Probe gleichmäßig mit Licht bestrahlt wird, die optische Generationsrate sei g_{op}. Gleichung 14-39 wird dann

$$D_p \frac{d^2 \delta p}{dz^2} = \frac{\delta p}{\tau} - g_{op}. \tag{14-70}$$

Die entsprechende Lösung für stationäre Injektion bei $z = 0$ ist

$$\delta p(z) = [\delta p(0) - \tau g_{op}] e^{-z/L_p} + \tau g_{op}, \tag{14-71}$$

und die Löcherstromdichte ist

$$J_p(z) = -eD_p \frac{d \delta p}{dz} = \frac{eD_p}{L_p} [\delta p(0) - \tau g_{op}] e^{-z/L_p}. \tag{14-72}$$

Gleichung 14-72 kann auf den p-n-Übergang von Bild 14-8 angewandt werden. Um die Löcherstromdichte auf der rechten Seite des Übergangs zu ermitteln, ersetzen wir in Gl. 14-72 $\delta p(0)$ durch $p_n(e^{\beta e V_b} - 1)$ und z durch 0. Das Ergebnis lautet

$$J_p = \frac{eL_p}{\tau_p} [e^{\beta e V_b} - 1] - eL_p g_{op}, \tag{14-73}$$

verwendet man einmal $D_p = L_p^2 \tau_p$. Hier ist τ_p die Rekombinationslebensdauer für Löcher auf der n-Seite des Übergangs. Ähnlich ergibt sich die Elektronenstromdichte auf der linken Seite des Übergangsbereiches zu

$$J_n = \frac{eL_n}{\tau_n} [e^{\beta e V_b} - 1] - eL_n g_{op}. \tag{14-74}$$

Wenn Generation und Rekombination von Ladungsträgern im Übergangsbereich vernachlässigt werden kann, ergibt sich der Gesamtstrom im Übergang zu

$$J = \left[\frac{eL_n}{\tau_n} n_p + \frac{eL_p}{\tau_p} p_n \right] [e^{\beta e V_b} - 1] - e(L_n + L_p) g_{op}. \tag{14-75}$$

Entsprechend Gl. 14-75 wird die Kurve von Bild 14-8c um $eA(L_n + L_p)g_{op}$ nach unten verschoben, wobei A der Querschnitt des Übergangs ist. Bild 14-14 zeigt das Ergebnis.
Bei einer Vorspannung von Null und einem kurzgeschlossenen Übergang ist der Strom

$$I_{sc} = -eA(L_n + L_p)g_{op}, \tag{14-76}$$

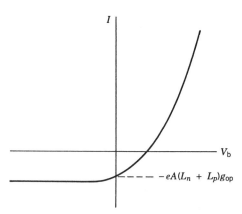

Bild 14-14 Strom I durch eine bestrahlte Diode als Funktion der Vorspannung V_b. Die Kurve von Bild 14-8c ist um $eA(L_n + L_p)g_{op}$ nach unten verschoben, wobei A die Fläche des Übergangs ist, L_n ist die Diffusionslänge für Elektronen, L_p ist die Diffusionslänge für Löcher, und g_{op} ist die optische Generationsrate.

wobei das Minuszeichen einen Sperrstrom von der n- zur p-Seite anzeigt. $AL_p g_{op}$ gibt die Zahl der Löcher an, die durch das Licht pro Zeiteinheit innerhalb einer Diffusionslänge von der rechten Kante des Übergangsbereiches erzeugt werden. Überschußlöcher diffundieren zum Übergangsbereich, wo sie durch das elektrische Feld auf die andere Seite überführt werden. Ähnlich werden die innerhalb einer Diffusionslänge von der linken Kante erzeugten Elektronen durch den Übergangsbereich gelenkt und tragen zum Strom bei. Die innerhalb des Übergangsbereiches erzeugten Ladungsträger wurden vernachlässigt, obwohl sie für einige Übergänge wichtig sind.

Wenn der Strom verschwindet, wie er es tut, wenn der Stromkreis nicht geschlossen ist, erscheint im Übergang eine Spannungsdifferenz V_b. Ihr Wert kann ermittelt werden, indem Gl. 14-74 gelöst wird, nachdem $J = 0$ gesetzt wurde. V_b ist die Summe aus einer äußeren Vorspannung, falls eine angelegt wurde, und einem zusätzlich zu V_0 durch Ladungen im Übergangsbereich gebildeten Potential. Das Auftreten einer Potentialdifferenz an einem beleuchteten nicht vorgespannten Übergang wird Fotoeffekt genannt.

Um einen Übergang als Solarzelle zu betreiben, wird der in Bild 14-15a gezeigte Stromkreis verwendet. Der Übergang wirkt wie eine Batterie, wobei die p-Seite auf höherem Potential als die n-Seite liegt. Innen fließt Strom von der n-Seite zur p-Seite, und damit wird dem äußeren Stromkreis durch den Übergang Energie zugeführt. Solarzellen werden so konstruiert, daß ihre durch IV_b gelieferte Leistung maximal wird.

Außerdem werden sie so gestaltet, daß sie so viel Licht wie möglich auffangen können. Gewöhnlich sind die Flächen einige Quadratzentimeter groß und die Übergänge liegen nahe der Oberfläche. Zum Beispiel wird eine dünne Schicht eines n-leitenden Materials auf ein p-leitendes Substrat aufgebracht. Die Dicke der Oberflächenschicht muß weniger als eine Diffusionslänge betragen, damit in der Schicht erzeugte Ladungsträger in den Übergangsbereich diffundieren, bevor sie rekombinieren. Normalerweise werden eine Vielzahl solcher Elemente in einer

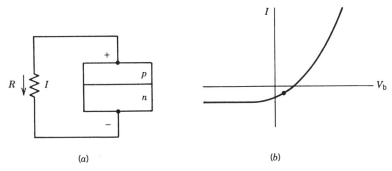

Bild 14-15 Eine als Solarzelle arbeitende Fotodiode. Der Stromkreis ist in (a) gezeigt und der Strom als Funktion der Vorspannung in (b). Der Punkt stellt einen typischen Arbeitspunkt dar. V_b wird im Inneren erzeugt.

Anordnung mit einer Fläche von einigen Quadratmetern oder mehr zusammengefaßt.

In Sperrichtung vorgespannte Fotodioden werden zur Messung der Lichtintensität verwendet. Der Strom im Stromkreis von Bild 14-16a ist über einen weiten Bereich von der Vorspannung nahezu unabhängig, aber proportional der optischen Generationsrate, wie Bild (b) zeigt. Da der Strom im Übergang von n nach p fließt, wird dem Übergang von einer äußeren Batterie Energie zugeführt. Oft ist die Reaktionszeit eines Detektors eine wichtige Größe für die Konstruktion. Einige Anwendungen erfordern, daß der Strom zum Beispiel auf Lichtimpulse in Mikrosekunden reagiert, aber die Diffusionszeit der Überschußladungsträger in den Übergangsbereich ist viel zu lang. Lichtdetektoren werden mit breiten Übergangsbereichen versehen, deshalb treten die meisten lichtabsorbierenden Prozesse dort auf, und die Überschußladungsträger werden durch das elektrische Feld schnell überführt. Solche Bauelemente werden Verarmungsschicht – Fotodioden genannt. Da die Absorption für Licht mit einer Frequenz kleiner als $E_g/\hbar$ gering ist, ist auch die Bandlücke ein wichtiger Konstruktionsparameter.

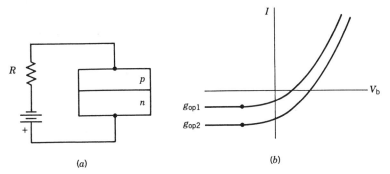

Bild 14-16 Eine als Lichtdetektor arbeitende Fotodiode. (a) Der Stromkreis und (b) der Strom als Funktion der Vorspannung für zwei Lichtintensitäten, wobei $g_{op2} > g_{op1}$. Die Punkte geben typische Arbeitspunkte an. Der Strom durch den Widerstand ist proportional der optischen Generationsrate.

Auch energetische Teilchen außer den Photonen verursachen elektrische Übergänge über die Bandlücke. Halbleiterdioden werden verwendet, um die Energie und den Strom von Teilchen zu messen, die in Experimenten der Kern- und Hochenergiephysik erzeugt werden.

Leuchtdioden

Zur Herstellung von Leuchtdioden verwendet man dotierte direkte Halbleiter. Rekombination findet aufgrund von Übergängen über die verbotene Zone statt, dabei wird das der Bandlücke entsprechende Licht emittiert. Solche Dioden finden allgemeine Verwendung als Anzeigeeinrichtungen bei Meßgeräten, Rechnern und anderen Instrumenten. Sie werden auch in Halbleiterlasern verwendet. Da die Frequenz des emittierten Lichtes gleich $E_g/\hbar$ ist, ist die verbotene Zone ein wichtiger Herstellungsparameter. Sie kann durch Veränderung der Materialzusammensetzung variiert werden. Zum Beispiel nehmen die verbotenen Zonen von festen Lösungen von Phosphor in Galliumarsenid mit dem Phosphorgehalt zu. Der $GaAs_{1-x}P_x$ Mischkristall ist für x zwischen 0 und etwa 0.44 ein direkter Halbleiter und wird dann indirekt. Das Licht der Bandlücke für reines GaAs liegt im Infraroten, aber die Wellenlänge nimmt ab, wenn x zunimmt, und für $x \approx 0.40$ wird das bekannte rote Licht vieler Anzeigeeinrichtungen erzeugt. Es treten auch Strahlungsübergänge für $x > 0.44$ auf, wenn das Material mit Stickstoff dotiert ist. Übergänge von Stickstoffniveaus haben eine Lichtemission im gelbgrünen Bereich des Spektrums zur Folge.

Bipolare Transistoren

Der Strom durch einen in Sperrichtung vorgespannten p-n-Übergang wird durch die Rate begrenzt, mit der Überschußladungsträger innerhalb einer Diffusionslänge vom Übergangsbereich erzeugt werden. Im letzten Abschnitt haben wir gesehen, daß die Generationsrate durch Bestrahlen des Überganges erhöht werden konnte. Konzentrationen von Überschußladungsträgern können auch durch Injektion von Ladungsträgern durch einen in Durchlaßrichtung arbeitenden Übergang erhöht werden.
Ein p-n-p-Übergang, wie er in Bild 14-17a dargestellt ist, besteht auf der linken Seite aus einem Übergang in Durchlaßrichtung und auf der rechten Seite aus einem Übergang in Sperrichtung. Der linke Bereich heißt Emitter, der mittlere Bereich Basis, und der rechte heißt Kollektor. Wir nehmen an, der Emitterbereich sei viel stärker dotiert als Bais- und Kollektorbereiche, deshalb sind Löcher die primären Ladungsträger. Sie werden durch den Emitterübergang in den Basisbereich injiziert und bilden dann einen Teil des Sperrstromes am Kollektorübergang. In (b) ist der Fluß von Elektronen und Löchern angezeigt.
Die Breite des Basisbereiches ist gewöhnlich viel geringer als eine Diffusionslänge von Löchern. Um die Diffusionslänge zu erhöhen, wird der Bereich aus indirektem Material mit einer geringen Konzentration von Rekombinationszentren hergestellt. Dann erreichen fast alle Löcher, die in den Baisbereich kommen, den Kollektor.

14.4 Halbleiterbauelemente

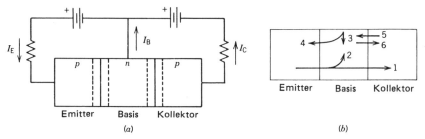

Bild 14-17 (a) Ein *p-n-p*-Bipolartransistor. Der Emitterübergang links ist in Durchlaßrichtung vorgespannt und injiziert Löcher in die Basisregion. Der Kollektorübergang rechts ist in Sperrichtung vorgespannt. Der durch ihn fließende Strom hängt von der Injektionsrate durch den Emitterübergang und von der Rekombinationsrate in der Basisregion ab. (b) Schematische Darstellung des Teilchenflusses in einem *p-n-p*-Transistor. Löcher (1) werden injiziert und bilden einen Teil des Sperrstromes durch den Kollektorübergang. Einige davon (2) rekombinieren mit Elektronen (3) in der Basisregion. Elektronen (4) durchqueren den Emitterübergang und rekombinieren. Die Ladungsträger (5 und 6) werden innerhalb einer Diffusionslänge vom Kollektorübergang thermisch erzeugt und durchqueren diesen Übergang.

Für die meisten Anwendungen wird der Elektronenfluß in den Basibereich hinein benutzt, um den Löcherstrom von Emitter zu Kollektor zu steuern. Einige Elektronen rekombinieren mit Löchern in dem Basisgebiet, während andere den Emitterübergang überqueren und in dem Emittergebiet rekombinieren. Durch den Basisstrom I_B erfolgt die Versorgung mit Elektronen.
Eine Änderung des Basisstroms verändert die Zahl der Elektronen, die zur Rekombination verfügbar sind und führt zu einer Änderung des Kollektorstromes. Da eine geringe Veränderung des Basisstromes zu einer großen Änderung des Kollektorstromes führt, werden Bipolartransistoren in großem Maße als Verstärker verwendet. Der Basisstrom ist das Eingangssignal, und der Kollektorstrom ist das Ausgangssignal.

Feldeffekttransistoren (FET)

In einem FET steuert die Breite des Übergangsbereiches den Strom, und diese wird durch eine Vorspannung bestimmt. Die Idee ist in Bild 14-18a dargestellt, es zeigt eine *n*-leitende Probe, in die auf jeder Seite in *p*-leitender Bereich eingebettet ist. Die *p*-leitenden Gebiete sind viel stärker dotiert als der *n*-leitende Bereich, deshalb reichen die Übergangsbereiche weit in das *n*-Material hinein. Der Strom fließt durch den Kanal, der sich zwischen den hochohmigen Übergangsbereichen bildet, in das *n*-Material. Für die dargestellte Anordnung findet Elektronenfluß von der rechten Seite, die Elektronenquelle (Source) genannt wird, zur linken Seite, die Elektronensenke (Drain) genannt wird, statt.*
Die *p*-Bereiche, die die Kanalseiten bilden, werden Tore (Gate)* genannt, und die zwei Gateanschlüsse, die im Bild mit *G* bezeichnet sind, sind elektrisch mit-

---

* Anmerkung des Übersetzers: Im Deutschen haben sich die englischen Ausdrücke Source, Drain und Gate eingebürgert, deshalb werden sie im folgenden verwendet.

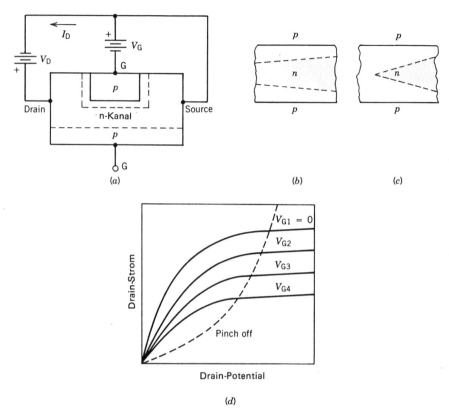

Bild 14-18 (a) Ein n-Kanal-FET. Das p-Material ist stark dotiert, damit ist der Übergangsbereich breit. Die Breite und der Widerstand des Kanals werden durch die negative Gatevorspannung V_G gesteuert. (b) Die Form des Kanals, wenn Drain eine höhere Spannung als Source hat. (c) Der Kanal bei Abschnürung (pinch-off). (d) Charakteristische Kurven für einen n-Kanal-FET. Der Drainstrom I_D ist als Funktion der Drainspannung V_D für verschiedene Werte der Gatevorspannung V_G aufgetragen. V_G nimmt von oben nach unten in seiner Größe zu.

einander verbunden und gegenüber der Source negativ vorgespannt. Wenn das Gatepotential V_G negativer wird, werden die Übergangsbereiche breiter, und der Widerstand des Kanals nimmt zu. Zur Berechnung der Kanalbreite kann Gl. 14-60 benutzt werden.

Der dargestellte Transistor ist ein n-Kanal-FET. FET's mit p-Kanal arbeiten in ähnlicher Weise, aber ihre aus n-leitendem Material hergestellten Gates sind gegenüber der Source positiv vorgespannt.

Um zu verstehen wie ein n-Kanal-FET arbeitet, untersuchen wir den Drainstrom I_D als Funktion von der Drainspannung V_D, wie es in Bild 14-18d für verschiedene Werte der Gatespannung gezeigt ist. Wir betrachten zuerst die Kurve für $V_G = 0$. Die Spannung V nimmt längs des Kanals von Source nach Drain zu, damit ist die Vorspannung links größer als rechts, und als Folge sind links die Übergangsbereiche breiter als rechts. Bild 14-18b zeigt die Geometrie. Wenn V_D zunimmt, wird

der Kanal schmaler, und sein Widerstand wächst, damit krümmt sich die Kurve von Bild 14-18d. Bei einem bestimmten Wert von V_D berühren sich die Übergangsbereiche, wie es in Bild 14-18c gezeigt ist, und es tritt eine Bedingung, die Abschnürung (pinch-off) genannt wird, auf. Liegt V_D über dem Wert von pinch-off, ist der Strom nahezu unabhängig von V_D.
Eine negative Gatespannung verringert den Wert von V_D, bei dem pinch-off auftritt und erniedrigt damit auch den Wert des Drainstromes über den pinch-off-Wert. Das erklärt die Anzahl von Kurven in der Darstellung. Da eine geringe V_G-Änderung eine große Änderung des Stromes erzeugt, kann ein FET als Verstärker verwendet werden.

MOSFET's

Die Geometrie für einen Typ eines Metall-Oxid-Halbleiter-Feldeffekttransistors (MOSFET) ist in Bild 14-19a gezeigt. Zwei stark dotierte n-Bereiche sind in ein p-leitendes Substrat eingebettet, und eine Oxidschicht bedeckt seine Oberfläche. Metallkontakte für Source und Drain durchdringen die Oxidschicht. Der Abstand zwischen Gate und Substrat ist üblicherweise in der Größenordnung von 0.1 μm. Wenn das Gate nicht vorgespannt ist, erzeugt eine Potentialdifferenz zwischen Drain und Source nur einen vernachlässigbaren Strom. Die zwei p-n-Übergänge liegen in Reihe, wobei der eine in Durchlaßrichtung und der andere in Sperrichtung vorgespannt ist, so daß die Kombination einen hohen Widerstand ergibt. Wenn das Gate gegenüber dem Substrat positiv vorgespannt ist, bildet sich ein niedrigohmiger Kanal zwischen Source und Drain aus, wie es in Bild 14-19b gezeigt ist. Seine Breite ändert sich, weil sich das elektrische Potential längs des Kanals ändert.

MOSFET's werden vor allem in digitalen elektronischen Schaltkreisen verwendet. Normalerweise muß die Gatespannung einen Minimalwert überschreiten, bevor sich ein Kanal ausbildet. Das Bauelement kann in seinem niederohmigen, mit „an" bezeichneten Zustand gebracht werden, indem eine Gatespannung

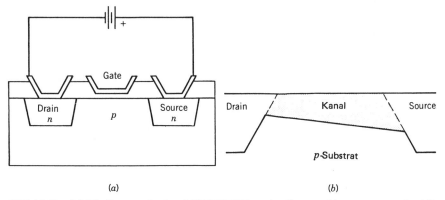

Bild 14-19 (a) Die Geometrie eines MOSFET. Wenn das Gate positiv vorgespannt ist, bildet sich im p-Substrat zwischen Source und Drain ein hochleitfähiger Kanal aus. Durch Regulierung der Gatevorspannung kann der Strom ein- und ausgeschaltet werden. (b) Die Geometrie des Kanals.

oberhalb des zur Kanalbildung notwendigen Minimalwertes angelegt wird. Es wird durch Wegnahme der Vorspannung in seinen hochohmigen oder „aus" Zustand gebracht. Der Leitungszustand für eine bestimmte Potentialdifferenz zwischen Drain und Source wird durch Messung des Stromes durch das Bauelement ermittelt.

Ein MOSFET, wie oben beschrieben, arbeitet im Anreicherungszustand. MOSFET's können auch so hergestellt werden, daß Kanäle existieren, wenn die Gatevorspannung 0 ist. Ein solcher MOSFET ist normalerweise „an" und um ihn „aus" zuschalten, muß eine Gatevorspannung angelegt werden. Diese Bauelemente arbeiten im Verarmungszustand.

Indem mehrere MOSFET's geeignet miteinander verbunden werden, kann man logische Zustände konstruieren. Zum Beispiel fließt Strom durch ein „UND"-Gate nur, wenn zwei MOSFET's „an" sind. Er fließt durch ein „ODER"-Gate, wenn einer oder beide von zwei MOSFET's auf „an" sind, und er fließt durch ein „ENTWEDER-ODER"-Gate, wenn einer von zwei MOSFET's auf „an" sind, aber nicht beide. Solche Gates werden in großem Maße in der Gerätekontrolle und in Computerschaltkreisen verwendet.

14.5 Literatur

R. Dalven, *Introduction to Applied Solid State Physics* (New York: Plenum, 1980).

A. J. Diefenderfer, *Principles of Electronic Instrumentation* (Philadelphia: Saunders, 1972).

A. S. Grove, *Physics and Technology of Semiconductor Devices* (New York: Wiley, 1967).

J. P. McKelvey, *Solid-State and Semiconductor Physics* (New York: Harper & Row, 1966).

D. H. Navon, *Semiconductor Microdevices and Materials* (New York: Holt, Rinehart & Winston, 1986).

K. Seeger, *Semiconductor Physics* (Berlin: Springer-Verlag, 1973).

B. G. Streetman, *Solid State Electronic Devices* (Englewood Cliffs, NJ: Prentice-Hall, 1980).

S. M. Sze, *Physics of Semiconductor Devices* (New York: Wiley, 1981).

A. van der Ziel, *Solid State Physical Electronics* (Englewood Cliffs, NJ: Prentice-Hall, 1976).

Für Einzelheiten über Festkörperschaltkreise, die auf einem einführenden Niveau dargestellt sind, siehe *Modular Series on Solid State Devices*, herausgegeben von R. F. Pierret und G. W. Neudeck und verlegt von Addison-Wesley (Reading, MA). Titel in den Serien sind

R. F. Pierret, *Field Effect Devices* (1983).
R. F. Pierret, *Semiconductor Fundamentals* (1983).
G. W. Neudeck, *The Bipolar Junction Transistor* (1983).
G. W. Neudeck, *The PN Junction Diode* (1983).

14.5 Literatur

Aufgaben

1. Ein direkter Halbleiter wird gleichmäßig bestrahlt, dann wird zur Zeit $t = 0$ das Licht ausgeschaltet. Die Überschußelektronenkonzentration ist durch Gl. 14-4 gegeben. (a) Man zeige, daß die Zahl von Elektronen pro Volumeneinheit, die in einem unendlich kleinen Zeitintervall dt rekombiniert, gleich $[\delta n(0)/\tau]e^{-t/\tau}dt$ ist und daß die mittlere Zeit, die ein Elektron im Leitungsband verbringt, durch

$$\langle t \rangle = \frac{1}{\tau} \int_0^\infty t e^{-t/\tau} dt$$

gegeben ist. Man führe die Integration aus und zeige, daß $\langle t \rangle = \tau$ ist. (b) Welcher Anteil der ursprünglichen Überschußelektronen rekombiniert in der Zeit $t = \tau$?

2. Wir nehmen an, die optische Generationsrate für einen homogen bestrahlten Halbleiter sei g_{op}. (a) Man zeige, daß die Überschußelektronenkonzentration im stationären Zustand durch

$$\delta n = 1/2[n_0 + p_0)^2 + 4\tau(n_0 + p_0)g_{op}]^{1/2} - 1/2(n_0 + p_0)$$

gegeben ist, wobei n_0 und p_0 die Gleichgewichtskonzentrationen für Elektronen bzw. Löcher sind und τ die Rekombinationslebensdauer ist. Anregung tiefer Niveaus soll nicht betrachtet werden. (b) Man zeige, daß $\delta n = \tau g_{op}$ wenn $\tau g_{op} \ll (n_0 + p_0)$. (c) Es sei $n_0 = 5.50 \times 10^{19}$ Elektronen/m³, $p_0 = 2.10 \times 10^{20}$ Löcher/m³, $\tau = 6.30 \times 10^{-7}$ s und $g_{op} = 1.10 \times 10^{26}$ Paare/m³ · s. Man berechne die Rate, mit der Paare rekombinieren und die Rate, mit der sie im stationären Zustand thermisch erzeugt werden.

3. Die Rekombinationslebensdauer für Ladungsträger in einer Probe kann aus Fotoleitfähigkeitswerten berechnet werden. In einer Probe der Länge l und des Querschnitts A fließe der stationäre homogene Strom I. Zur Zeit $t = 0$ bestrahle ein Lichtblitz die Probe gleichmäßig, und nach dem Blitz beträgt die Potentialdifferenz über die Probe $V_0 + \delta V(t)$, wobei V_0 die Potentialdifferenz der Probe bei langanhaltender Dunkelheit ist. (a) Man zeige, daß sich die Abweichung der Leitfähigkeit vom dunklen Wert durch

$$\delta\sigma(t) = -\frac{lI}{A}\frac{\delta V}{V_0(V_0 + \delta V)}$$

ergibt. (b) Man liest $\delta V(t)$ an einem Oszilloskop ab und benutzt es, um $\delta\sigma$ für verschiedene Zeiten nach dem Lichtblitz zu berechnen. $V_0 = 0.535$ V, und die folgende Tabelle gibt δV als Funktion der Zeit an:

$t\,(\mu s)$	$\delta V\,(\mu V)$
0	−101
2	−97.0
4	−93.4
6	−90.0
8	−86.6
10	−83.4
12	−80.4
14	−77.4
16	−74.5
18	−71.8
20	−69.1

Man berechne die Rekombinationslebensdauer. Sind Messungen von l, I und A wichtig?

4. Infrarotstrahlung mit einer Frequenz von 3.50×10^{14} Hz bestrahlt homogen einen direkten Halbleiter mit einer Bandlücke von 1.20 eV. Energie von 1.50 mW wird absorbiert. (a) Wie viele Photonen werden absorbiert? (b) Wie viel Wärmeenergie wird gebildet? (c) Wie groß ist die Frequenz der von Rekombinationspaaren emittierten Strahlung? (d) Wie groß ist die emittierte Leistung?

5. In der Nähe der Mitte der verbotenen Zone eines indirekten Halbleiters liegt ein Rekombinationsniveau. Man verwende ein Zwei-Energieniveau-Modell: Wir nehmen N_v Zustände pro Volumeneinheit im Valenzband an, alle mit der Energie E_v, und N_c Zustände pro Volumeneinheit im Leitungsband, alle mit der Energie E_c. Wir nehmen weiter an, daß $E_c - E_v \gg k_B T$. (a) Man zeige, daß die Rekombinationslebensdauer annähernd durch Gl. 14-14 gegeben ist, wenn das chemische Potential gleich der Energie des Leitungsbands ist und (b) daß sie annähernd durch Gl. 14-15 gegeben ist, wenn das chemische Potential gleich der Energie des Valenzbandes ist. (c) Man ermittle einen Ausdruck für die Rekombinationslebensdauer, wenn sich das chemische Potential bei dem Störstellenniveau befindet und spezifiziere auf den Fall, für den die Übergangsraten von Elektronen und Löchern α_n und α_p gleich sind.

6. (a) Ein direkter Halbleiter hat eine verbotene Zone von 1.10 eV. Man benutze ein Zweiniveau-Modell mit 5.30×10^{25} Zuständen/m³ im Leitungsband und einer identischen Anzahl im Valenzband. Der Rekombinationskoeffizient α sei 2.20×10^{-11} Paare/m³ · s, man berechne die Rekombinationslebensdauer für eine Temperatur von 300 K und ein chemisches Potential in der Mitte der Bandlücke. (b) Ein indirekter Halbleiter hat dieselbe Bandlücke, dieselbe Zahl von Zuständen im Valenzband und dieselbe Zahl von Zuständen im Leitungsband wie der direkte Halbleiter. Er hat 4.7×10^{15} Rekombinationszentren/m³, wobei jedes ein Energieniveau von 0.460 eV über dem Valenzband hat. Die Übergangskoeffizienten der Elektronen und Lö-

cher seien $\alpha_n = \alpha_p = 2.20 \times 10^{-11}$ Paare/m³·s, man berechne die Rekombinationslebensdauer für eine Temperatur von 300 K und ein chemisches Potential in der Mitte der Bandlücke.

7. Germanium hat bei 300 K eine Eigenelektronenkonzentration von 2.50×10^{19} Elektronen/m³. Eine Probe ist mit 6.5×10^{19} Donatoren/m³ dotiert. (a) Wie groß sind die quasichemischen Potentiale für Elektronen und Löcher, bezogen auf das chemische Potential für Eigenleitung? (b) Die Probe wird gleichmäßig mit Licht bestrahlt, und die optische Generationsrate ist 3.5×10^{25} Paare/m³·s. Die Rekombinationslebensdauer sei 7.3×10^{-7} s, man berechne die quasichemischen Potentiale für Elektronen und Löcher im stationären Zustand, bezogen auf das chemische Potential für Eigenleitung.

8. Wir betrachten eine homogene Probe mit N Elektronenzuständen pro Volumeneinheit, wobei alle dieselbe Energie E haben. (a) Es sei $E - \eta \gg k_B T$, wobei η das chemische Potential ist. Wenn ein elektrisches Feld in der positiven z-Achse angelegt wird, ist die Elektronenkonzentration bei z durch

$$n(z) = N e^{-\beta(E - eV - \eta)}$$

gegeben, wobei V das elektrische Potential bei z ist. Der Stromkreis sei nicht geschlossen, deshalb heben sich Drift- und Diffusionsströme im stationären Zustand auf. Gl. 14-31 sei gültig, und man verwende das Verschwinden des Stromes, um die Einsteinsche Beziehung für die Diffusionskonstante und Beweglichkeit der Elektronen zu beweisen. (b) Es sei $eV \ll k_B T$, man ermittle die Beziehung zwischen der Diffusionskonstanten und der Beweglichkeit, wenn die Fermi-Dirac-Statistik benutzt werden muß.

9. (a) In einem bestimmten Halbleiter beträgt die Relaxationszeit für Elektronen bei 300 K 3.1×10^{-12} s. Das Leitungsband sei parabolisch und die effektive Masse betrage $1.1\, m_0$, wobei m_0 die Masse freier Elektronen ist. Man berechne die Elektronenbeweglichkeit und die Diffusionskonstante. (b) Die mittlere freie Weglänge sei unabhängig von der Temperatur, und damit ist die mittlere Wärmeenergie proportional $k_B T$. Man errechne die Elektronenbeweglichkeit und die Diffusionskonstante bei 150 K.

10. Wir betrachten stationäre Injektion von Löchern in ein Ende einer langen homogenen Probe und zwar entlang der positiven z-Achse. Bei $z = 0$ starten δN_p Löcher. Man zeige, daß $(\delta N_p/L_L)\, e^{-z/L_p}\, dz$ Löcher in dem infinitesimalen Bereich von z bis $z + dz$ rekombinieren und daß L_p die mittlere Entfernung ist, die die Löcher zurücklegen bevor sie rekombinieren.

11. Die Probe von Aufgabe 10 hat einen Querschnitt von 2.2×10^{-5} m², und die Überschußlöcherkonzentration bei $z = 0$ wird auf 1.8×10^{12} Löcher/m³ gehalten. Die Diffusionskonstante für Löcher beträgt 5.5×10^{-3} m²/s, und ihre Rekombinationslebensdauer ist 2.4×10^{-7} s. Man ermittle für den stationären Zustand die Anzahl von Löchern, die $z = L_p$ pro Zeiteinheit passieren, diejenige Anzahl, die $z = 2L_p$ pro Zeiteinheit passieren und die Anzahl, die pro Zeiteinheit in dem Bereich von $z = L_p$ bis $z = 2L_p$ rekombinieren.

12. (a) Man beginne mit Gl. 14-29 und zeige, daß sich der Löcherdiffusionsstrom aus $\mathbf{J}_p = p\mu_p \nabla \eta_p$ ergibt. (b) Man zeige für stationäre Injektion von Löchern in die Probe von Aufgabe 10, daß sich das quasichemische Potential aus

$$\eta_p = \eta_i - k_B T \ln \frac{p_0}{p_i} - k_B T \ln \left[1 + \frac{\delta p(0)}{p_0} e^{-z/L_p} \right]$$

ergibt, wobei η_i das chemische Potential für Eigenleitung ist, p_0 ist die Gleichgewichtskonzentration von Löchern, p_i ist die Eigenlöcherkonzentration, und L_p ist die Diffusionslänge von Löchern. (c) Man benutze die Ergebnisse der Teilaufgaben a und b um zu zeigen, daß $J = (eD_p/L_p)\delta p(0)e^{-z/L_p}$, was in Übereinstimmung mit einem in Beispiel 14-3 abgeleiteten Ausdruck steht.

13. Ein symmetrischer p-n-Übergang mit einem konstanten Querschnitt von 5.0×10^{-7} m² hat Minoritätsladungsträgerkonzentrationen $n_p = p_n = 7.1 \times 10^{13}$ Ladungsträger/m³, mit Diffusionskonstanten $D_n = D_p = 4.3 \times 10^{-3}$ m²/s und Diffusionslängen $L_n = L_p = 2.30 \times 10^{-5}$ m. Man ermittle für eine Durchlaßvorspannung von 0.50 V (a) den Gesamtstrom, (b) den Löcherstrom an der Grenze des Übergangsbereiches auf der n-Seite und (c) den Elektronenstrom an der Grenze des Übergangsbereiches auf der p-Seite.

14. An den Übergang von Aufgabe 13 wird eine Vorspannung von 0.50 V in Sperrichtung angelegt. Man ermittle (a) den Gesamtstrom, (b) den Löcherstrom an der Grenze des Übergangsbereiches auf der n-Seite und (c) den Elektronenstrom an der Grenze des Übergangsbereiches auf der p-Seite.

15. Ein p-n-Übergang hat bei 300 K ein Kontaktpotential von 0.40 V, und sein Übergangsbereich erstreckt sich in die p-Seite dreimal so weit wie in die n-Seite. Die Eigenkonzentration an Elektronen beträgt auf jeder Seite 2.5×10^{19} Elektronen/m³. Beide Seiten seien stark dotiert, aber das chemische Potential liege in der Bandlücke weit entfernt von Leitungs- und Valenzband. Man berechne die Donatorkonzentration auf der n-Seite und die Akzeptorkonzentration auf der p-Seite. Wie weit erstreckt sich der Übergangsbereich in jede Seite hinein? Wie groß ist das elektrische Feld am metallurgischen Übergang?

16. Aus Silizium mit einer Eigenkonzentration an Elektronen von 1.50×10^{16} Elektronen/m³ bei 300 K wurde ein p-n-Übergang mit einer Fläche von 3.6×10^{-7} m² hergestellt. Die n-Seite hat 2.40×10^{17} Donatoren/m³, und die p-Seite hat 3.40×10^{16} Akzeptoren/m³. Jeder Donator sei einfach ionisiert, und jeder Akzeptor habe ein Elektron eingefangen. Wie groß sind (a) das Kontaktpotential, (b) die Breite des Übergangsbereiches, (c) das elektrische Feld am metallurgischen Übergang und (d) die gesamte Störstellenladung im Übergangsbereich auf der n-Seite des metallurgischen Übergangs?

17. Man verwende Gl. 14-68 für den Übergang von Aufgabe 16, um den Strom für (a) eine Vorspannung von 0.050 V in Durchlaßrichtung, (b) eine Vorspannung von 0.20 V in Durchlaßrichtung, (c) eine Vorspannung von 0.050 V in Sperrichtung und (d) eine Vorspannung von 0.20 V in Sperrichtung zu be-

rechnen. Die Diffusionskonstante für Elektronen sei 2.5×10^{-3} m²/s, die Diffusionskonstante für Löcher sei 1.25×10^{-3} m²/s und die Rekombinationslebensdauer betrage 4.70×10^{-7} s.

18. Man benutze Gl. 14-65 für den Übergang von Aufgabe 16, um die Überschußlöcherkonzentration an der Grenze des Übergangsbereiches auf der *n*-Seite zu berechnen (a) für eine Vorspannung von 0.050 V in Durchlaßrichtung, (b) für eine Vorspannung von 0.20 V in Durchlaßrichtung, (c) für eine Vorspannung von 0.50 V in Sperrichtung und (d) für eine Vorspannung von 0.20 V in Sperrichtung. Man vergleiche in jedem Falle die Überschußlöcherkonzentration mit der Gleichgewichtskonzentration p_n auf der *n*-Seite und der Gleichgewichtskonzentration p_p auf der *p*-Seite.

19. Man zeige für einen homogen bestrahlten *p-n*-Übergang in einem offenen Stromkreis, daß sich die Potentialdifferenz V_b am Übergang aus

$$V_b = \frac{k_B T}{e} \ln \left[1 + \frac{I_{sc}}{I_R} \right]$$

ergibt, wobei I_{sc} die Größe des Kurzschlußstromes ist, und I_R ist die Größe des Sättigungssperrstromes. Man berechne V_b bei 300 K für eine optische Generationsrate von 6.20×10^{24} Paare/m³ · s. Die Löcherkonzentration auf der *n*-Seite beträgt 7.5×10^{18} Löcher/m³, und die Diffusionslänge für Löcher ist 5.5×10^{-5} m. Die Elektronenkonzentration auf der *p*-Seite beträgt 4.2×10^{18} Elektronen/m³, und die Diffusionslänge für Elektronen ist 7.4×10^{-5} m. Die Rekombinationslebensdauer ist auf beiden Seiten 9.30×10^{-7} s, und der Probenquerschnitt beträgt 6.4×10^{-4} m².

20. Der Stromkreis von Bild 14-15 wird verwendet, um eine Diode als Solarzelle zu betreiben. (a) Man zeige, daß die Leistungsabgabe maximal wird, wenn die Potentialdifferenz V_b über der Zelle der Bedingung

$$\left[1 + \frac{eV_b}{k_B T} \right] e^{\beta e V_b} = 1 + \frac{I_{sc}}{I_R}$$

genügt, wobei I_{sc} die Größe des Kurzschlußstromes ist, und I_R ist die Größe des Sättigungssperrstromes. (b) Unter Verwendung der Diode und des Lichtes von Aufgabe 19 berechne man die Potentialdifferenz, wenn die Ausgangsleistung maximal ist. Man benutze eine systematische Trial-and-Error-Methode oder einen programmierten Computer, um die Wurzeln zu ziehen. (c) Wie groß ist der Strom über den Übergang, wenn die Ausgangsleistung maximal ist? (d) Wie groß sollte der Gesamtwiderstand des Stromkreises sein, um maximale Leistung zu erzielen? (e) Wie groß ist die erreichbare Maximalleistung?

Anhang A

Gleichungen des Elektromagnetismus

In SI-Einheiten	*In Gaußschen Einheiten*
$\nabla \cdot \mathcal{E} = \dfrac{\varrho}{\varepsilon_0}$	$\nabla \cdot \mathcal{E} = 4\pi\varrho$
$\nabla \cdot \mathbf{B} = 0$	$\nabla \cdot \mathbf{B} = 0$
$\nabla \times \mathcal{E} = -\dfrac{\partial \mathbf{B}}{\partial t}$	$\nabla \times \mathcal{E} = -\dfrac{1}{c}\dfrac{\partial \mathbf{B}}{\partial t}$
$\nabla \times \mathbf{B} = \mu_0 \mathbf{J} + \mu_0\varepsilon_0 \dfrac{\partial \mathcal{E}}{\partial t}$	$\nabla \times \mathbf{B} = \dfrac{4\pi}{c}\mathbf{J} + \dfrac{1}{c}\dfrac{\partial \mathcal{E}}{\partial t}$
$\oint \mathcal{E} \cdot d\mathbf{S} = \dfrac{q}{\varepsilon_0}$	$\oint \mathcal{E} \cdot d\mathbf{S} = 4\pi q$
$\oint \mathbf{B} \cdot d\mathbf{S} = 0$	$\oint \mathbf{B} \cdot d\mathbf{S} = 0$
$\oint \mathcal{E} \cdot d\mathbf{l} = -\dfrac{dC_B}{dt}$	$\oint \mathcal{E} \cdot d\mathbf{l} = -\dfrac{1}{c}\dfrac{d\Phi_B}{dt}$
$\oint \mathbf{B} \cdot d\mathbf{l} = \mu_0 I + \mu_0\varepsilon_0 \dfrac{dC_E}{dt}$	$\oint \mathbf{B} \cdot d\mathbf{l} = \dfrac{4\pi}{c} I + \dfrac{1}{c}\dfrac{d\Phi_E}{dt}$
$\mathbf{D} = \varepsilon_0 \mathcal{E} + \mathbf{P}$	$\mathbf{D} = \mathcal{E} + 4\pi\mathbf{P}$
$\mathbf{B} = \dfrac{1}{\mu_0}\mathbf{B} - \mathbf{M}$	$\mathbf{H} = \mathbf{B} - 4\pi\mathbf{M}$
$\mathbf{F} = q\mathcal{E} + q\mathbf{v} \times \mathbf{B}$	$\mathbf{F} = q\mathcal{E} + \dfrac{q}{c}\mathbf{v} \times \mathbf{B}$

$\Phi_\mathcal{E} = \int \mathcal{E} \cdot d\mathbf{S}$ und $\Phi_B = \int \mathbf{B} \cdot d\mathbf{S}$ in beiden Einheitssystemen

Anhang B

Fourierreihen

Eine Fourierreihe ist eine Reihe von Sinus- und Kosinusfunktionen oder sonstigen Exponentialfunktionen, die zur Darstellung einer beliebigen Funktion benutzt wird. Für alle in unseren Anwendungen betrachteten Funktionen konvergiert eine geeignete Reihe gegen die Funktion. Solche Reihen werden in der Festkörperphysik sehr häufig zur Darstellung von Elektronenwellenfunktionen und von Atomverrückungen angewandt. In diesem Anhang geben wir einige allgemeine Eigenschaften von Fourierreihen an.

$f(x)$ soll eine periodische Funktion einer Variablen mit der Periode a sein: $f(x) = f(x + na)$ für alle x-Werte und für alle ganzzahligen n. Wenn $f(x)$ eine eindeutige Funktion ist, eine endliche Zahl von Maxima und Minima in einem beliebigen Bereich der Breite a hat, stetig ist oder zumindest nur eine endliche Zahl von endlichen Unstetigkeitsstellen in einem Bereich der Breite a hat und wenn das Integral $\int |f(x)|^2 \, dx$ über ein Intervall der Breite a endlich ist, dann kann $f(x)$ durch eine konvergente Fourierreihe dargestellt werden:

$$f(x) = \tfrac{1}{2}A_0 + \sum_{h=0}^{\infty} A_h \cos\left(\frac{2\pi h x}{a}\right) + \sum_{h=0}^{\infty} B_h \sin\left(\frac{2\pi h x}{a}\right). \tag{B-1}$$

Summiert wird dabei über alle positiven Zahlen. Die Fourierkoeffizienten erhält man durch

$$A_h = \frac{2}{a} \int_{-a/2}^{+a/2} f(x) \cos\left(\frac{2\pi h x}{a}\right) dx \tag{B-2}$$

und

$$B_h = \frac{2}{a} \int_{-a/2}^{+a/2} f(x) \sin\left(\frac{2\pi h x}{a}\right) dx. \tag{B-3}$$

Wenn die Funktion bekannt ist, können die Gleichungen B-2 und B-3 zur Bestimmung der Koeffizienten verwendet werden. In den meisten praktischen Fällen ist die Funktion jedoch nicht bekannt, aber trotzdem nehmen wir an, daß sie in eine Fourierreihe entwickelt werden kann und setzen die Reihe z. B. in eine geeignete Differentialgleichung ein. Die Differentialgleichung wird dann zur Bestimmung der Fourierkoeffizienten benutzt. In einigen Fällen werden nur wenige Glieder der Reihe benötigt, um die Funktion mit ausreichender Genauigkeit darzustellen. Bei vielen Anwendungen in der Festkörperphysik werden jedoch mehrere tausend Glieder der Reihe benötigt. Zur Abschätzung der Summen wird dann ein Hochgeschwindigkeitsrechner verwendet.

Wenn $f(x)$ am Punkt x_0 stetig ist, dann konvergiert die Reihe gegen $f(x_0)$. Wenn $f(x)$ am Punkt x_0 unstetig ist, dann ist der Grenzwert von $f(x)$, wenn sich x von oben an x_0 annähert, ein anderer als bei einer Annäherung von unten. Für $x = x_0$ konvergiert die Reihe gegen den Mittelwert der zwei Grenzwerte.

Man beachte, daß die Reihe aus sinusförmigen Funktionen besteht, deren Periode kürzer ist als die Periode von $f(x)$. In die Summe geht keine sinusförmige Funktion mit einer Periode ein, die größer als die von $f(x)$ ist. Sinusförmige Funktionen mit kurzen Perioden werden benötigt, um Details von $f(x)$ wiederzugeben, die natürlich notwendigerweise in Bereichen erscheinen müssen, die kleiner als a sind. Qualitativ kann man feststellen, daß die Koeffizienten, die hohen h-Termen zuzuordnen sind, um so größer sind, je stärker sich $f(x)$ ändert.

Da $\cos(2\pi hx/a) = 1/2[e^{i2\pi hx/a} + e^{-i2\pi hx/a}]$ ist und $\sin(2\pi hx/a) = 1/2\,i\,[e^{i2\pi hx/a} - e^{-i2\pi hx/a}]$ ist, kann eine Fourierreihe auch durch Exponentialfunktionen ausgedrückt werden:

$$f(x) = \sum_{h=-\infty}^{+\infty} C_h e^{i2\pi h \times s/a}, \tag{B-4}$$

wobei

$$C_h = \frac{1}{a} \int_{-a/2}^{+a/2} f(x) e^{-i2\pi hx/a}\,dx. \tag{B-5}$$

Es müssen sowohl positive als auch negative Exponenten berücksichtigt werden, deshalb nimmt h alle positiven und negativen ganzen Zahlen an. Eine Reihe von Exponentialfunktionen ist oft günstiger als eine Reihe von Sinus- und Kosinusfunktionen.

Der Ausdruck für C_h folgt aus Gleichung B-4. Wir bemerken zunächst, daß

$$\int_{-a/2}^{+a/2} e^{i2\pi(h-h')/a}\,dx = a\delta_{hh'}, \tag{B-6}$$

gilt, wobei $\delta_{hh'}$ das Kroneckersche Deltasymbol ist. Es ist 1, wenn $h = h'$ und 0, wenn $h \neq h'$. Durch Multiplikation von Gleichung B-4 mit $e^{-i2\pi h'x/a}$ und Integration des Resultates von $-a/2$ bis $+a/2$ erhält man

$$\int_{-a/2}^{+a/2} f(x) e^{-i2\pi h'x/a}\,dx = \sum_h c_h a\delta_{hh'}. \tag{B-7}$$

Jeder Term in der Summe verschwindet mit Ausnahme des Terms $h = h'$, deshalb ergibt sich für die Summe $aC_{h'}$. Die Gleichung B-5 folgt daraus unmittelbar, wenn h' durch h ersetzt wird.

Die oben getroffenen Feststellungen lassen sich leicht auf drei Dimensionen verallgemeinern. Wir nehmen an, daß $f(\mathbf{r})$ periodisch ist und seine Periodizität durch ein Gitter mit den primitiven Vektoren $\mathbf{a}$, $\mathbf{b}$ und $\mathbf{c}$ beschrieben wird. Das bedeutet, daß $f(\mathbf{r} + n_1\mathbf{a} + n_2\mathbf{b} + n_3\mathbf{c}) = f(\mathbf{r})$ für jedes $\mathbf{r}$ und drei beliebige ganze Zahlen n_1, n_2 und n_3. ist

Wir schreiben $\mathbf{r} = u\mathbf{a} + v\mathbf{b} + w\mathbf{c}$ und betrachten u, v und w als unabhängige Variable anstatt als Komponenten von $\mathbf{r}$. Die Funktion $f(\mathbf{r})$ ist in jeder dieser Variablen periodisch, und für jede Variable ist ihre Periode 1. Zuerst betrachten wir $f(\mathbf{r})$ als Funktion von u und entwickeln $f(\mathbf{r})$ wie eine eindimensionale Fourierreihe. Die Koeffizienten hängen dann von v und w ab. Jeder Koeffizient kann nun in eine Reihe von v mit Koeffizienten entwickelt werden, die von w abhängen. Schließlich kann jeder dieser Koeffizienten in eine Reihe von w entwickelt werden. Das Endresultat ist dann

$$f(\mathbf{r}) = \sum_{h=-\infty}^{+\infty} \sum_{k=-\infty}^{+\infty} \sum_{l=-\infty}^{+\infty} C_{hkl} e^{i2\pi(hu+kv+lw)}, \tag{B-8}$$

wobei

$$C_{hkl} = \int_{-1/2}^{+1/2} \int_{-1/2}^{+1/2} \int_{-1/2}^{+1/2} f(\mathbf{r}) e^{-i2\pi(hu+kv+lw)} \, du \, dv \, dw. \tag{B-9}$$

Es ist aber $2\pi(hu + kv + lw) = \mathbf{G} \cdot \mathbf{r}$, wobei $\mathbf{G}$ der reziproke Gittervektor $h\mathbf{A} + k\mathbf{B} + l\mathbf{C}$ ist. Das Volumen der Einheitszelle beträgt $\tau = |\mathbf{a} \cdot \mathbf{b} \times \mathbf{c}|$, und ein infinitesimales Volumenelement ist $d\tau = |\mathbf{a} \cdot \mathbf{b} \times \mathbf{c}| \, du \, dv \, dw = \tau \, du \, dv \, dw$. Die Gleichungen B-8 und B-9 können deshalb folgendermaßen geschrieben werden

$$f(\mathbf{r}) = \sum_{\mathbf{G}} C(\mathbf{G}) e^{i\mathbf{G}\cdot\mathbf{r}} \tag{B-10}$$

und

$$C(\mathbf{G}) = \frac{1}{\tau} \int_{\text{Einheitszelle}} f(\mathbf{r}) e^{-i\mathbf{G}\cdot\mathbf{r}} \, d\mathbf{r}. \tag{B-11}$$

Wir haben hier für C_{hkl} $C(\mathbf{G})$ geschrieben. Summiert wird in Gleichung B-10 über alle reziproke Gittervektoren.

Anhang C

Bestimmung der Madelungkonstanten

Die Madelungkonstante α für einen Ionenkristall mit zwei Atomen in der primitiven Einheitszelle wird durch die Gleichung

$$\alpha = R_0 \left[\sum_{\mathbf{R}} \frac{1}{|\mathbf{R}+\mathbf{P}|} - \sum_{\mathbf{R}}' \frac{1}{|\mathbf{R}|} \right] \tag{C-1}$$

bestimmt. $\mathbf{R}$ ist hier ein Gittervektor, $\mathbf{P}$ ein Basisvektor und R_0 ist der Abstand nächster Nachbarn. Der Strich am zweiten Summationszeichen bedeutet, daß der Term $\mathbf{R} = 0$ wegfällt. Jede Summe in Gleichung C-1 hat die Form

$$S = \sum_{\mathbf{R}} \frac{1}{|\mathbf{R}+\mathbf{r}|} \,, \tag{C-2}$$

$\mathbf{R}$ läuft über alle Gittervektoren. $\mathbf{r}$ ist entweder 0 oder $\mathbf{p}$. Die Summe divergiert, aber die Kombination, die in Gleichung C-1 auftritt, ist endlich. Wir werden divergente Terme isolieren und sie annulieren, wenn die beiden Summen kombiniert werden.

Wir machen von der Identitätsbeziehung*

$$\frac{1}{x} = \frac{2}{\sqrt{\pi}} \int_0^\infty e^{-x^2 \varrho^2} d\varrho \tag{C-3}$$

Gebrauch und teilen den Integrationsbereich in zwei Teile, einen von Null bis zu einer beliebigen Zahl η und den anderen von η bis ∞. Dann gilt

$$S = \frac{2}{\sqrt{\pi}} \int_0^\eta \left[\sum_{\mathbf{R}} e^{-|\mathbf{R}+\mathbf{r}|^2 \varrho^2} \right] d\varrho + \frac{2}{\sqrt{\pi}} \int_\eta^\infty \left[\sum_{\mathbf{R}} e^{-|\mathbf{R}+\mathbf{r}|^2 \varrho^2} \right] d\varrho. \tag{C-4}$$

Jeder Integrand besteht aus einer Reihe von Gaußschen Funktionen. In der ersten ist ϱ kleiner als η, und jede Funktion in der Summe hat eine große Reichweite. Wir werden das Integral durch seine Fourierreihe darstellen und erwarten, daß nur Terme mit großer Wellenlänge von Bedeutung sind. Wenn η genügend

---
* Siehe z.B., Standard Mathematical Tables (Boca, Raton, FL: CRC Press).

klein ist, konvergiert die Fourierreihe sehr schnell. Im zweiten Integranden ist ϱ größer als η, und die Gaußschen Funktionen haben kurze Reichweiten. Wenn η groß ist, konvergiert die Summe über **R** schnell. Wir wählen η so, daß S mit nur wenigen Termen der Fourierreihe und wenigen Termen in der Summe über **R** berechnete werden kann.

Die Summe der Gaußschen Funktionen im ersten Integral von Gleichung C-4 ist wie eine Funktion von **r** periodisch und hat die Periodizität des Gitters. Sie kann deshalb als Fourierreihe geschrieben werden

$$\sum_{\mathbf{R}} e^{-|\mathbf{R}+\mathbf{r}|^2 \varrho^2} = \sum_{\mathbf{G}} F(\mathbf{G}) e^{i\mathbf{G}\cdot\mathbf{r}}, \tag{C-5}$$

wobei

$$F(\mathbf{G}) = \frac{1}{\tau_s} \sum_{\mathbf{R}} \int e^{-|\mathbf{R}+\mathbf{r}|^2 \varrho^2} e^{-i\mathbf{G}\cdot\mathbf{r}} d\tau. \tag{C-6}$$

Integriert wird hier über das Volumen der Probe τ_s. Wenn wir den Faktor $e^{-i\mathbf{G}\cdot\mathbf{R}}$ ($=1$) in den Integranden von Gleichung C-6 einsetzen, dann verwenden wir die Komponenten von $\mathbf{r}+\mathbf{R}$ als Integrationsvariable, und wir sehen, daß alle Terme in der Summe den gleichen Wert haben. Wir schätzen das Integral für $\mathbf{R} = 0$ ab und multiplizieren es mit N, der Zahl der Einheitszellen in der Probe. Wir legen die z-Achse parallel zu **r** und verwenden Kugelkoordinaten:

$$\int \int \int e^{-r^2 \varrho^2} e^{-iGr \cos\theta} r^2 \, dr \sin\theta \, d\theta \, d\phi$$

$$= 2\pi \int_0^\infty \left[\frac{e^{-r^2 \varrho^2} e^{-Gr\cos\theta}}{-iGr} \right]_{\cos\theta = -1}^{+1} r^2 \, dr$$

$$= 4\pi \int_0^\infty \frac{e^{-r^2 \varrho^2} \sin(Gr)}{G} r \, dr = \pi \sqrt{\pi} \frac{e^{-G^2/4\varrho^2}}{\varrho^3}. \tag{C-7}$$

Daher gilt

$$F(\mathbf{G}) = \frac{N}{\tau_s} \pi \sqrt{\pi} \frac{e^{-G^2/4\varrho^2}}{\varrho^3}, \tag{C-8}$$

und der erste Term von Gleichung C-4 wird

$$S_1 = \frac{2\pi N}{\tau_s} \sum_{\mathbf{G}} \int_0^\eta \frac{e^{-G^2/4\varrho^2}}{\varrho^3} e^{-\mathbf{G}\cdot\mathbf{r}} d\varrho. \tag{C-9}$$

Für $\mathbf{G} \neq 0$ kann die Integration über ϱ leicht ausgeführt werden. Wenn $u = G/2\varrho$ die Integrationsvariable ist, dann gilt

$$\int_0^\eta \frac{e^{-G^2/4\varrho^2}}{\varrho^3} d\varrho = -\frac{4}{G^2} \int_\infty^{G/2\eta} u e^{-u^2} du = \frac{2}{G^3} e^{-G^2/4\eta^2}. \tag{C-10}$$

So ergibt sich

$$S_1 = \frac{4\pi N}{\tau_s} \sum_{\mathbf{G}}{}' \frac{e^{-G^2/4\eta^2}}{G^2} e^{i\mathbf{G}\cdot\mathbf{r}} + \frac{2\pi N}{\tau_s} \int_0^\eta \frac{d\varrho}{\varrho^3} \; . \tag{C-11}$$

Der Strich am Summationszeichen gibt an, daß der Term $\mathbf{G} = 0$ weggelassen wird; dieser Term ist als letzter separat aufgeschrieben worden. Das Integral divergiert, hat aber genau die gleiche Form für $\mathbf{r} = \mathbf{p}$ wie für $\mathbf{r} = 0$, und die beiden divergenten Terme werden annulliert, wenn wir die Gleichung C-1 bestimmen.
Das Integral, das im zweiten Term von Gleichung C-4 auftritt, kann wie folgt geschrieben werden

$$\frac{2}{\sqrt{\pi}} \int_\eta^\infty e^{-|\mathbf{R}+\mathbf{r}|^2 \varrho^2} d\varrho = \frac{\mathrm{erfc}(\eta|\mathbf{R}+\mathbf{r}|)}{|\mathbf{R}+\mathbf{r}|} \; , \tag{C-12}$$

erfc (u) ist die komplementäre Fehlerfunktion, die in vielen Handbüchern tabelliert ist.*
Wir können nun die beiden Beiträge, die in Gleichung C-4 auftreten, summieren. Dabei müssen wir uns daran erinnern, daß wir für $\mathbf{r} = 0$ den $\mathbf{R} = 0$ Term weglassen. Das ist bei der Summation über die komplementäre Fehlerfunktion leicht zu machen. Wir müssen jedoch auch den $\mathbf{R} = 0$ Beitrag von S_1 subtrahieren, da alle Werte von $\mathbf{R}$ bei der Herleitung von Gleichung C-11 verwendet wurden. Dieser Beitrag ist

$$\frac{2}{\sqrt{\pi}} \int_0^\eta d\varrho = \frac{2\eta}{\sqrt{\pi}} \; . \tag{C-13}$$

Das Ergebnis für die Madelungkonstante α ist dann

$$\alpha = R_0 \left[\frac{\pi N}{\tau_s \eta^2} \sum_{\mathbf{G}}{}' \frac{e^{-G^2/4\eta^2}}{G^2/4\eta^2} (e^{i\mathbf{G}\cdot\mathbf{p}} - 1) + \eta \sum_{\mathbf{G}} \frac{\mathrm{erfc}(\eta|\mathbf{R}+\mathbf{p}|)}{\eta|\mathbf{R}+\mathbf{p}|} \right.$$
$$\left. - \eta \sum_{\mathbf{R}}{}' \frac{\mathrm{erfc}(\eta R)}{\eta R} + \frac{2\eta}{\sqrt{\pi}} \right]. \tag{C-14}$$

Dieser Ausdruck sieht recht kompliziert aus, ist es aber nicht. Bei der Summation über $\mathbf{G}$ ordnen wir die Terme nach ansteigenden Werten von $|\mathbf{G}|$ an. Wenn η klein ist, liefern nur die ersten Terme, die den kürzesten reziproken Gittervektoren entsprechen, einen bedeutenden Beitrag. Ebenso ordnen wir die Terme in den anderen Summen nach ansteigenden Werten von $|\mathbf{R}|$ oder $|\mathbf{R}+\mathbf{p}|$ an. Wenn η groß ist, sind nur die ersten Terme von Bedeutung.
Wir wählen η so aus, daß nur wenige Terme in jeder Summe betrachtet werden müssen. Ein geeigneter Wert ist ungefähr der Reziprokwert der Abmessungen

---

* Siehe zum Beispiel, Standard Mathematical Tables (Boca Raton, FL: CRC Press).

der primitiven Einheitszelle. Der letzte Ausdruck von Gleichung C-14 dominiert dann.

Als Beispiel betrachten wir nun die CsCl-Struktur. Sie ist einfach kubisch, deshalb sind die Gittervektoren gegeben durch $\mathbf{R} = n_1 a\hat{\mathbf{x}} + n_2 a\hat{\mathbf{y}} + n_3 a\hat{\mathbf{z}}$ (a ist die Würfelkante); die reziproken Gittervektoren sind gegeben durch $\mathbf{G} = (2\pi h/a)\hat{\mathbf{x}} + (2\pi k/a)\hat{\mathbf{y}} + (2\pi l/a)\hat{\mathbf{z}}$. Der Basisvektor $\mathbf{p}$ ist $\mathbf{p} = 1/2a(\hat{\mathbf{x}} + \hat{\mathbf{y}} + \hat{\mathbf{z}})$.

Wir nehmen $\eta = 2/a$ und verwenden $\tau_s = Na^3$. Wir betrachten zuerst die Summe über die reziproken Gittervektoren. Außer $\mathbf{G} = 0$ sind die kürzesten Vektoren $\pm(2\pi/a)\hat{\mathbf{x}}$, $\pm(2\pi/a)\hat{\mathbf{y}}$ und $\pm(2\pi/a)\hat{\mathbf{z}}$. Für jeden dieser Vektoren ist $e^{-G^2/4\eta^2}/(G^2/4\eta^2) = 3.4370 \times 10^{-2}$ und $e^{-i\mathbf{G}\cdot\mathbf{p}} - 1 = -2$. Der Gesamtbeitrag der sechs Terme ist $6 \times (\pi/4) \times (R_0/a) \times 3.4370 \times 10^{-2} \times (-2) = -0.32393\,R_0/a$.

Die nächst längsten reziproken Gittervektoren sind $\pm(2\pi/a)\hat{\mathbf{x}} \pm(2\pi/a)\hat{\mathbf{y}}$, $\pm(2\pi/a)\hat{\mathbf{x}} \pm(2\pi/a)\hat{\mathbf{z}}$ und $\pm (2\pi/a)\hat{\mathbf{y}} \pm(2\pi/a)\hat{\mathbf{z}}$. Für jeden dieser Vektoren gilt $e^{i\mathbf{G}\cdot\mathbf{p}} - 1 = 0$; deshalb liefern sie keinen Beitrag zu α. Die nächst längsten sind $\pm(2\pi/a)\hat{\mathbf{x}} \pm(2\pi/a)\hat{\mathbf{y}} \pm(2\pi/a)\hat{\mathbf{z}}$. Für jeden dieser Vektoren ist $e^{-G^2/4\eta^2}/(G^2/4\eta^2) = 8.2397 \times 10^{-5}$ und $e^{-i\mathbf{G}\cdot\mathbf{p}} - 1 = -2$. Ihr Gesamtbeitrag ist $8 \times (\pi/4) \times (R_0/a) \times 8.2397 \times 10^{-5} \times (-2) = -1.0354 \times 10^{-3}\,R_0/a$. Der nächste Satz Vektoren liefert keinen Beitrag und der folgende liefert einen Beitrag in der Größenordnung von $10^{-5} R_0/a$. Wir vernachlässigen diese und die weiteren Terme.

Als nächstes betrachten wir die Summe der Terme, die $|\mathbf{R} + \mathbf{p}|$ enthalten. Acht Terme haben $|\mathbf{R} + \mathbf{p}| = \sqrt{0.75}\,a$. Für jeden von ihnen gilt $\text{erfc}(|\mathbf{R} + \mathbf{p}|\eta)/|\mathbf{R} + \mathbf{p}|\eta = 8.2593 \times 10^{-3}$, somit ist ihr Gesamtbeitrag $8 \times 8.2593 \times 10^{-3} \times 2 \times R_0/a = 0.13215\,R_0/a$. Die anderen Terme liefern einen Beitrag von $10^{-5}\,R_0/a$ oder weniger und werden deshalb vernachlässigt.

Sechs Gittervektoren haben die Länge a, und für jeden von ihnen gilt $\text{erfc}(R\eta)/R\eta = 2.3387 \times 10^{-3}$. Zusammen liefern sie einen Beitrag von $2.8064 \times 10^{-2}\,R_0/a$ zu α. Zwölf Vektoren haben eine Länge von $\sqrt{2}a$. Für jeden von ihnen ist $\text{erfc}(R\eta)/R\eta = 2.2260 \times 10^{-5}$, und ihr Gesamtbeitrag ist somit $5.3424 \times 10^{-4}\,R_0/a$. Schließlich ist $2R_0\eta/\sqrt{\pi} = 2.2568\,R_0/a$. Wenn man alle diese Beiträge aufsummiert, erhält man für $\alpha = 2.0353 R_0/a$. Nun ist aber $R_0 = (\sqrt{3}/2)a$, und α erhält so den Wert $\alpha = 1.7626$. Dieses Ergebnis ist auf fünf Stellen genau. Eine höhere Genauigkeit erhält man, wenn mehr Terme in den Reihen berücksichtigt werden.

Anhang D

Integrale, die die Fermi-Dirac-Verteilungsfunktion enthalten

Wir wollen Integrale abschätzen, die die Form haben

$$I = \int_{E_0}^{\infty} h'(E)f(E)\,dE, \tag{D-1}$$

$h'(E)$ ist die Ableitung der Funktion $h(E)$ nach E, die an der unteren Grenze E_0 verschwindet, und $f(E)$ ist die Fermi-Dirac-Verteilungsfunktion, die gegeben ist durch

$$f(E) = \frac{1}{e^{\beta(E-\eta)} + 1}. \tag{D-2}$$

Hier ist $\beta = 1/k_B T$. Wir nehmen an, daß E_0 deutlich unter dem chemischen Potential η liegt. Dann ist $f(E_0) = 1$. Die partielle Integration von Gleichung D-1 ergibt

$$I = h(E)f(E)\Big|_{E_0}^{\infty} - \int_{E_0}^{\infty} h(E)f'(E)\,dE = -\int_{E_0}^{\infty} h(E)f'(E)\,dE, \tag{D-3}$$

weil $h(E_0) = 0$ und $f(\infty) = 0$ sind. Die Fermi-Dirac-Verteilungsfunktion ist überall mit Ausnahme in der Nähe von $E = \eta$ nahezu konstant; deshalb ist $f'(E)$ nahezu Null mit Ausnahme in der Nähe von $E = \eta$. Wir entwickeln nun $h(E)$ in eine Taylorreihe:

$$h(E) = h(\eta) + (E-\eta)h'(\eta) + 1/2\,(E-\eta)^2 h''(\eta) + \ldots \tag{D-4}$$

Die Striche kennzeichnen die Ableitungen nach E. Dann ist

$$I = -h(\eta)\int_{E_0}^{\infty} f'(E)\,dE - h'(\eta)\int_{E_0}^{\infty}(E-\eta)f'(E)\,dE$$

$$- 1/2\,h''(\eta)\int_{E_0}^{\infty}(E-\eta)^2 f'(E)\,dE + \ldots \tag{D-5}$$

Da $f(E) = 1$ und $f(\infty) = 0$ ist, ergibt der erste Term $+h(\eta)$. Die untere Grenze können wir in den anderen Termen durch $-\infty$ ersetzen. Der zweite Term ist Null, weil der Integrand eine ungerade Funktion von $E - \eta$ ist. Das Integral im dritten Term kann abgeschätzt werden, nachdem man $\beta(E - \eta) = x$ gesetzt hat. Dann ist $(E - \eta)^2 = x^2/\beta^2$ und $dE = dx/\beta$. Die Ableitung von f ist durch folgende Beziehung gegeben

$$f'(E) = \frac{d}{dE} \frac{1}{e^{\beta(E-\eta)} + 1} = -\frac{\beta e^{\beta(E-\eta)}}{[e^{\beta(E-\eta)} + 1]^2}$$

$$= -\frac{\beta e^x}{[e^x + 1]^2} = -\frac{\beta}{e^x + 2 + e^{-x}} = -\frac{\beta}{2} \frac{1}{1 + \cosh x} . \qquad (D-6)$$

Das Integrand des dritten Terms ist $-(1/2\beta^2)x^2/(1 + \cosh x)$ und das Integral hat den Wert $-\pi^2/3\beta^2$, so ergibt sich

$$I = h(\eta) + \frac{\pi^2}{6} (k_B T)^2 h''(\eta) + \ldots \qquad (D-7)$$

Die Gleichung D-7 gibt I in der niedrigsten Potenz von T^2 an. Der nächste Term ist proportional zu $(k_B T)^4$ und zu der vierten Ableitung von h. Unter den meisten Bedingungen können wir diesen Term vernachlässigen.

Anhang E

Elektronenübergänge in einem homogenen elektrischen Feld

Wir beginnen mit der zeitabhängigen Schrödingergleichung für ein Elektron in einem konstanten elektrischen Feld und zeigen, daß sich der Kristallimpuls nach der Gleichung

$$\frac{d\hbar \mathbf{k}}{dt} = -e\mathcal{E}. \tag{E-1}$$

ändert. Der Einfachheit halber betrachten wir einen eindimensionalen Kristall in x-Richtung und nehmen an, daß das Feld in positiver x-Richtung verläuft. Die potentielle Energie der Elektron-Feld-Wechselwirkung ist dann $e\mathcal{E}x$. Deshalb gilt für die Schrödingergleichung

$$-\frac{\hbar^2}{2m}\frac{\partial^2 \Psi}{\partial x^2} + U\Psi + e\mathcal{E}x\Psi = i\hbar \frac{\partial \Psi}{\partial t}, \tag{E-2}$$

$U(x)$ ist die Funktion der potentiellen Energie ohne Feld. Wir schreiben Ψ als Linearkombination von Wellenfunktionen, die zu Elektronenzuständen gehören, wenn kein Feld vorhanden ist:

$$\Psi(x, t) = \sum_{k'} A(k', t)\psi(k', x). \tag{E-3}$$

Summiert wird über alle Ausbreitungskonstanten in der Brillouin-Zone. Wir nehmen an, daß nur Funktionen eingehen, die zum ursprünglichen Elektronenband gehören. Der Bandindex wurde weggelassen. Die Koeffizienten $A(k' t)$ sind hier die Größen von Interesse. $|A(k', t)|^2$ gibt die Wahrscheinlichkeit dafür an, daß der Zustand mit der Wellenkonstanten k' zum Zeitpunkt t besetzt ist.

Im Verlaufe der Ableitung werden wir das folgende Resultat benötigen

$$\int_{\text{Probe}} \psi^*(k, x)\psi(k', x)\, dx = \delta_{kk'}. \tag{E-4}$$

Das ist ein Spezialfall einer allgemeinen Eigenschaft von Wellenfunktionen, die derselben zeitunabhängigen Schrödingergleichung genügen*. Wenn $k' \neq k$ ist,

---

* Details kann man in den meisten quantenmechanischen Arbeiten finden. Siehe z.B. D. Park, *Introduction to the Quantum Theory,* (New York: McGraw-Hill, 1964); oder L. I. Schiff, *Quantum Mechanics* (New York: McGraw-Hill, 1968).

verschwindet das Integral. Wenn $k' = k$ ist, hat das Integral den Wert 1. Das zeigt an, daß die Wellenfunktion normiert ist.

Wir werden auch das folgende Theorem benötigen: wenn k und k' zwei Ausbreitungskonstanten in der Brillouin-Zone sind und $f(k', x)$ eine beliebige Funktion mit der Translationssymmetrie des Raumgitters ist, dann gilt

$$\int_{\text{Probe}} f(k', x)\, e^{i(k' - k)x}\, dx = N\delta_{kk'} \int_{\text{Zelle}} f(k, x)\, dx, \qquad \text{(E-5)}$$

N ist die Zahl der Einheitszellen in der Probe. Um Gleichung E-5 zu beweisen, wird das Integral auf der linken Seite für jeweils eine Zelle abgeschätzt. Da $f(k', x)$ periodisch ist, erhält man

$$\int_{\text{Probe}} f(k', x)\, e^{i(k' - k)x}\, dx = \left[\sum_n e^{i(k' - k)na}\right] \int_{\text{Zelle}} f(k', x)\, e^{i(k' - k)x}\, dx, \qquad \text{(E-6)}$$

a ist die Zellenbreite. Weil $k - k'$ die Form $2\pi h/Na$ hat, wobei h eine ganze Zahl ist, verschwindet die Summe, wenn h nicht ein Vielfaches von N ist. Deshalb ist $k' - k$ ein reziproker Gittervektor und, da sowohl k als auch k' in der Brillouin-Zone liegen, besteht nur die Möglichkeit, daß $k' - k = 0$ ist. Daher ergibt die Summe N, und Gleichung E-5 folgt daraus unmittelbar.

Um die Zeitabhängigkeit von $A(k, t)$ zu bestimmen, setzt man Gleichung E-3 in Gleichung E-2 ein und verwendet die Schrödingergleichung, die von $\psi(k', x)$ befolgt wird, um $-(\hbar^2/2m)\,(\partial^2 \psi(k', x)/\partial x^2) + U(x)\psi(k', x)$ durch $E(k')\psi(k', x)$ zu ersetzen. Das Ergebnis ist

$$\sum_{k'} E(k')A(k', t)\psi(k', x) + \sum_{k'} e\mathcal{E}xA(k', t)\psi(k', x)$$

$$= \sum_{k'} i\hbar \frac{\partial A(k', t)}{\partial t}\, \psi(k', x). \qquad \text{(E-7)}$$

Man multipliziere mit $\psi^*(k, x)$ und integriere dann über die Probe. Man erhält

$$A(k, t)E(k) + e\mathcal{E} \sum_{k'} A(k', t) \int \psi^*(k, x)x\psi(k', x)\, dx = i\hbar \frac{\partial A(k, t)}{\partial t}. \qquad \text{(E-8)}$$

Die Gleichung E-4 wurde zur Abschätzung einiger Integrale benutzt. Um die Summe in Gleichung E-8 zu bestimmen, ersetze man $\psi(k', x)$ durch $e^{ik'x} u(k', x)$ und $\psi^*(k, x)$ durch $e^{-ikx} u^*(k, x)$ und man beachte, daß $xe^{-ikx} = i\partial e^{-ikx}/\partial k$ ist. Im einzelnen gilt:

$$\sum_{k'} A(k', t) \int \psi^*(k, x)x\psi(k', x)\, dx$$

$$= i \sum_{k'} A(k', t) \int \left[\frac{\partial}{\partial k} e^{-ikx}\right] u^*(k, x) e^{ik'x} u(k', x)\, dx$$

E. Elektronenübergänge in einem homogenen elektrischen Feld

$$= i \frac{\partial}{\partial k} \left[\sum_{k'} A(k', t) \int u^*(k, x) u(k', x) e^{i(k' - k)x} dx \right]$$

$$- i \sum_{k'} A(k', t) \int \frac{\partial u^*(k, x)}{\partial k} u(k', x) e^{i(k' - k)x} dx. \tag{E-9}$$

Für die zweite Gleichung wurde die Produktregel der Differentiation angewandt. Die beiden Integrale können unter Verwendung der Gleichungen E-4 und E-5 abgeschätzt werden. Das erste ist gerade $\int \psi^*(k, x) \psi(k', x) dx = \delta_{kk'}$. Das zweite ist $N\delta_{kk'} \int [\partial u^*(k, x)/\partial k] u(k', x) dx$, wobei das Integral über die Einheitszelle geht. Aus Gleichung E-8 wird dann

$$\frac{\partial A(k, t)}{\partial t} = \frac{i}{\hbar} A(k, t) E(k) + \frac{e\mathcal{E}}{\hbar} \frac{\partial A(k, t)}{\partial k}$$

$$- N \frac{e\mathcal{E}}{\hbar} A(k, t) \int_{\text{Zelle}} \frac{\partial u(k, x)}{\partial k} u(k, x) dx. \tag{E-10}$$

Um $\partial |A|^2/\partial t = (\partial A^*/\partial t) A + A^*(\partial A/\partial t)$ zu erhalten, multipliziere man Gleichung E-10 mit A^*, dann multipliziere man die konjugiert Komplexe von Gleichung E-10 mit A und summiere die beiden Ergebnisse. Die Terme, die $E(k)$ enthalten, annuliere man genauso wie die Terme, die Integrale enthalten. Das kann man erkennen, wenn man schreibt

$$\int_{\text{Zelle}} \frac{\partial u^*}{\partial k} u \, dx + \int_{\text{Zelle}} u^* \frac{\partial u}{\partial k} dx = \frac{\partial}{\partial k} \int_{\text{Zelle}} |u|^2 dx \tag{E-11}$$

und wenn man beachtet, daß das Integral auf der rechten Seite $1/N$ für jeden Wert von k ist. Daher gilt

$$\frac{\partial}{\partial t} |A(k, t)|^2 = + \frac{e\mathcal{E}}{\hbar} \frac{\partial}{\partial k} |A(k, t)|^2. \tag{E-12}$$

Gleichung E-12 hat die Lösung $|A|^2 = f(k + e\mathcal{E}t/\hbar)$, wobei f eine beliebige Funktion ist. Wenn das Elektron anfangs in einem Zustand mit der Ausbreitungskonstanten k_0 ist, dann ist $f(k)$ eine Funktion, die für $k = k_0$ gleich 1 und für alle anderen k-Werte 0 ist. Zur Zeit t ist $|A|^2 = 0$ für alle Werte von k mit Ausnahme des einen, für den $k + e\mathcal{E}t/\hbar = k_0$ gilt. Das bedeutet, daß das Elektron in einem Zustand mit der Ausbreitungskonstanten $k = k_0 - e\mathcal{E}t/\hbar$ ist. Dieses Ergebnis ist in Übereinstimmung mit Gleichung E-1.

Sachregister

Absorption 380, 386, 545
Absorptionskante 379
Absorptionskoeffizient 15
Absorptionsspektrum 379
Abstoßungskräfte 141
Akzeptoren 279, 560
Akzeptorniveau 283
Alkalimetalle 9
Antibindungszustände 139
Antiferromagnete 423
Antiferromagnetismus 441
Atomgruppe 23
Augerprozeß 120
Ausbreitungsvektor 190, 221
Ausbreitungsvektoren, erlaubte 223
Austauschenergie 429
Austauschintegral 429
Austauschkoeffizient 429

Band, parabolisches 266, 276, 326
Bänder bei fester Bindung 226
Bandindex 224
Bandstrukturberechnungen 237
Bandstrukturen 238
Basisvektoren 25
BCS-Theorie 507
Beiträge freier Ladungsträger zu den optischen Eigenschaften 384
Beweglichkeit 311, 338, 484
Bindung, kovalente 143
Bindung, metallische 156
Bindungszustände 134
Biot-Savartsches Gesetz 407
Blochfunktionen 218
Blochwand 434
Bohrscher Radius 135
Bohrsches Magneton 417, 427
Boltzmannsche Transportgleichung 307, 321, 480
Braggbedingung 104
Braggwinkel 105
Bravaisgitter 35
Brechungsindex 15, 370
Brechungsindex, komplexer 370
Brillouin-Zone 191, 193, 223
Brillouinfunktion 420
Brillouinprozeß 382
Broglie-Beziehung 107

Clausius-Mossotti Beziehung 357
Cooperpaare 507, 519
Curie-Weiß-Gesetz 426
– für Ferroelektrika 362
Curiekonstante 421

Curiepunkt 15
Curiesches Gesetz 421
Curietemperatur 427

d Bänder 267
Dauerstrom 498
de Haas-Shubnikov-Effekt 477
de Haas-van Alphen-Effekt 17, 474
Debyesche Näherung 256, 286
Debyetemperatur 257
Defekte 7
Defekte, Streuung durch 330
Defekte, zweidimensionale 74
Deformation 203
Dehnung 202, 203
Diamagnetismus 412
– der Rumpfelektronen 415
Dielektrizitätstensor 353
Diffusion von Ladungsträgern 552
Diffusionsgleichung 555
Dipole, magnetische 408
–, permanente 358
Dipolmoment 350
–, magnetisches 408
Dispersionsrelationen 183, 194, 396
Domänen, ferroelektrische 362
–, ferromagnetische 433
Donatoren 279, 559, 560
Donatorniveau 283
Drehkristallmethode 113
Dulong-Petitsche Regel 285
Durchbruch 569
Durchlaßrichtung 564

Edelgase 8
Effekte, piezoelektrische 364
–, magnetooptische 477
Eigenleitung 281, 487
Eigenschaften, elektrische 13
–, magnetische 14
–, mechanische 11
–, optische 15
–, thermische 12
– von Metallen, optische 390
Eindringtiefe 370
Einheitszellen 27, 224
–, primitive 50
Einsteinfrequenz 286
Einsteinsche Näherung 286
Elastizitätsmodul 205
Elektrische Leitfähigkeit von Metallen 334
Elektromagnetismus, Gleichungen des 587
Elektron, Impuls eines 300
Elektron-Elektron-Streuung 336

Elektron-Elektron-Wechselwirkung 133
Elektron-Kern-Wechselwirkung 133
Elektron-Phonon-Streuung 329, 336
Elektron-Phonon-Wechselwirkung 333
Elektronen, äußere 6
–, Beschleunigung der 302
–, fest gebundene 224
–, freie 228
–, Gesamtenergie der 273
–, quasifreie 228, 231
Elektronenbeweglichkeit 313, 486
Elektronenenergie in einem Magnetfeld 467
Elektronenenergien, Berechnungen von 237
Elektronengeschwindigkeit 300, 311
Elektronenkonzentration 263, 275
Elektronenmasse, effektive 240, 276
Elektronenstrahlen 109
Elektronenzustände in Kristallen 218
Energie, freie 71
–, potentielle 171, 216, 238
Energiebänder 217, 220, 222
Energielücken 238
Energiespektrum 215
Energietransport 325
Entropie 71
Erdalkalimetalle 9
Erhaltungssätze 196, 199
Ewaldkonstruktion 102
Extinktionskoeffizient 370
Exzitonen 381

Faradayeffekt 483
Farbzentren 382
Feld, elektrisches 299, 311
–, kritisches 499
–, lokales 355
–, magnetisches 408
Feldeffekttransistoren 577
Feldstärke, magnetische 410
Fermi-Dirac Verteilungsfunktion 268, 269, 308, 595
Fermienergie 259
Fermiflächen von Metallen 264
Fermikugel 264
Ferminiveau 259
Fernordnung 77
Ferrimagnete 423
Ferrimagnetismus 437
Ferrite 437
Ferromagnete 423
Ferromagnetismus der Übergangsmetalle 432
Festkörper, kovalente 79
–, amorphe 79
–, diamagnetische 15

–, paramagnetische 15
–, ferroelektrische 360
Flußdichte, magnetische 15
Flußquant 524
Flüssigkristalle 81
Flußverdrängung 502
Fotodioden 572
Fourierreihen 231, 588
Freiheitsgrad 191
Funktion der potentiellen Energie 133

Gesamtpolarisierbarkeit 394
Gesamtsuszeptibilität freier Elektronen 479
Gitter, hexagonale 42
–, kubische 35
–, monokline 42
–, orthorhombische 41
–, reziprokes 222
–, tetragonale 40
–, trigonale 42
–, trikline 42
–, zweidimensionale 32, 241
Gitterebene 45
Gitterschwingungen, dreidimensionale 188
Gittersysteme 35
Gittervektoren, reziproke 100

Halbleiter 278
–, direkte 544
–, dotierter 278
–, indirekte 544
Halbleiterbauelemente 571
Halleffekt 17, 483
Hallkoeffizient 485
Hallspannung 483
Heisenbergsche Austauschtheorie 428
Hochtemperatur-Supraleiter 501
Hookesches Gesetz 204
Hundsche Regeln 418
Hysterese 435
–, elektrische 360, 363
–, ferroelektrische 362

Idealstruktur 70
Induktion, magnetische 407
Induktionsfeld, magnetisches 410
Interbandübergänge 378
Interferenz von Wellen 91
Intrabandübergänge 378, 384
Inversionen 30
Inversionssymmetrie 32
Ionenbindung 149
Ionizität einer Bindung 149
Isolator 278

Josephson Effekt 527

Kernresonanz, magnetische 453
Kette, lineare 173
Kristallimpuls 305
Koerzitivfeldstärke 364, 436
Kompressibilität 206, 284
Kompression 203
Konstanten, optische 369
–, elastische 11, 202
Kontaktpotential 560
Kontinuitätsgleichung 555
Kräfte, anharmonische 172
Kraftkonstanten 171
Kristalle, einatomige 188
Kristallimpuls 302
Kristallstrukturen 59
Kristallsymmetrie 23, 30
Krümmung des Bandes 240

Ladungstransport 325
Lamesche Konstante 205
Landauniveau 467
Landauzylinder 469
Landescher g-Faktor 417
Langevin Funktion 359
Larmorkreisfrequenz 408, 463
Lauebedingung 99
Lauediagramm 111
Lauemethode 110
Lawinendurchbruch 570
LEED 116
Leerstelle 70
Leitfähigkeit 13
–, elektrische 316
Leitfähigkeitssensor 317
Leitungsband 275
–, Zustand des 276
Leitungsbandminimum 382
Leuchtdioden 576
lineare Kette, zweiatomare 181
Löcher 275, 305
Löcherbeweglichkeit 312, 486
Löcherkonzentration 275
Löchermasse, effektive 277
London-Gleichung 518
Londonsche Eindringtiefe 522
Longitudinalwellen 190

Madelungenergie 151
Madelungkonstante 152
–, Bestimmung der 591
Magnetfelder, kritische 503
Magnetisierung 15, 409, 420
–, spontane 423
Magnonen 446
Masse, effektive 240
Masse Tensor, effektiver 240
Maxwellsche Gleichung 366

Mehrfachstreumechanismen 330
Meißner Effekt 501
Metalle, amorphe 78
Millersche Indizes 47, 102
Multiphononenprozeß 382

Näherung, harmonische 170
Nahordnung 77
Neeltemperatur 441
Neutronen 109
Neutronenbeugung 444
Neutronenstreuung, unelastische 199
Neutronenwelle 199
normalen Schwingungen, Frequenzen der 176
Nullpunktbewegung 285
Nullpunktenergie 196

Oberflächenschwingungen 197
Oberflächenzustand 241
Oszillatorstärke 377

Paraelektrika 360
Paramagnetismus der Rumpfelektronen 417
Pauliprinzip 5, 428
Periodensystem 8
Periodizität des Gitters 219
Periodizität, kristalline 23
Permeabilität 411
Phasengeschwindigkeit 370
Phononen 7, 196, 321
Phononenbeteiligung, Übergänge mit 382
Phononenstatistik 251
Phonon-Phonon-Relaxation 333
Phonon-Phonon-Streuung 328
Photoleitfähigkeit 543
Pippard-Kohärenzlänge 525
Plasmakreisfrequenz 388
Plasmawellen 392
Poissonsche Zahl 205
Polarisation 352
–, elektronische 355
–, spontane 360, 364
Polarisierbarkeit 351
–, elektronische 377, 394
–, frequenzabhängige 372
–, ionische 355, 393, 394
Potential, chemisches 270, 275, 281
Potential eines Metalls, chemisches 272
Poynting-Vektor 369
Pulvermethode 115
Punktdefekte 70

Quantenhalleffekt 488

Sachregister

Ramanprozeß 382
Raumgitter 222
Reflexionen 370
Reflexionsvermögen 15, 371
Rekombination 545
Rekombinationszentrum 548
Relaxationszeit 308, 331
Relaxationszeitnäherung 308
Resonanz, magnetische 448
Röntgenstrahlen 107
Rotationen 30
Rotationssymmetrien 30
Rumpfelektronen 5, 216, 380

Sättigungsmagnetisierung 425
Schallgeschwindigkeit 185
Scherung 204
Schraubenversetzung 72
Schrödingergleichung 131, 220
–, zeitabhängige 597
Schwingungen, normale 7, 167, 186, 195
Schwingungen, Gesamtenergie der 257
Schwingungen, optische 187, 286
Snelliussches Brechungsgesetz 370
Spannung 202, 203
Sperrichtung 564, 569
spezifische Wärme, Elektronenbeitrag zur 287
spezifische Wärme, Phononenbeitrag zur 285
Spiegelsymmetrie 31
Spiegelungen 30
Spin 216, 224
Spin-Bahn-Wechselwirkung 223
Spinwellen 444
Sprungtemperatur 498
SQUID 535
Störstellen 278
Streuintensität 97
Streuung 328
– an Defekten 336
– an Grenzflächen 333
– an Punktdefekten 333
– an Versetzungen 333
– durch Phononen 328
–, elastische 92, 97
Stromdichte 316
Strukturen, amorphe 74
Strukturfaktoren 97, 105
Stufenversetzung 72
Supraleiter 14, 498
Supraleiter erster Art 503
Supraleiter zweiter Art 506
Supraleiter, verbotene Zonen der 513
Supraleitung 498
Suprastrom 503

Suszeptibilität, magnetische 15, 410, 473
Suszeptibilitätstensor 353
Symmetrieachsen 32
Symmetrieeigenschaften 194
Symmetrieoperationen 194

Temperaturabhängigkeit 338
– der elektrischen Leitfähigkeit 338
Temperaturgradient 299
Tensor zweiter Ordnung 203
Thermodynamik, erster Hauptsatz der 284
Torsion 204
Transistoren, bipolare 576
Translationssymmetrie 25
Transversalwellen 190
Traps 551

Übergang unter Vorspannung 565
Übergangsmetalle 10
Umklappprozesse 329

Valenzband 275
Valenzbandmaximum 382
Van der Waals-Bindung 156
Verhältnis, gyromagnetisches 408
Versetzungen 72
Verteilungsfunktion, radiale 74
Verunreinigung 70
Volumenausdehnung 284
Volumenschwingungen 197

Wärme bei konstantem Druck, spezifische 284
Wärme bei konstantem Volumen, spezifische 284
Wärme, spezifische 283
Wärmeleitfähigkeit 12, 320, 322, 326
Wärmeleitfähigkeit eines Isolators 331
Wärmeleitfähigkeit von Metallen 333
Wasserstoffbrücken 160
Wasserstoffion, molekulares 134
Weißsches Feld 424
Wellen, elektromagnetische 366
Wellenfunktionen 218
Widerstand, spezifischer 318, 319
Wiedemann-Franz Verhältnis 337
Wigner-Seitz-Zelle 29

Zenerdurchbruch 570
Zonen, verbotene 215, 241, 275, 277,
Zweig, akustischer 184, 186
–, optischer 184
Zwischengitteratom 70
Zyklotronfrequenz 463
Zyklotronresonanz 481

Vektorbeziehungen

A, **B**, **C** und **D** sind Vektoren und u und v sind Skalare. Die Indizes x, y und z kennzeichnen kartesische Komponenten. $\hat{\mathbf{x}}$, $\hat{\mathbf{y}}$ und $\hat{\mathbf{z}}$ sind die Einheitsvektoren der kartesischen Komponenten.

In kartesischer Form

$$\mathbf{A} = A_x\hat{\mathbf{x}} + A_y\hat{\mathbf{y}} + A_z\hat{\mathbf{z}}$$

$$u\mathbf{A} = uA_x\hat{\mathbf{x}} + uA_y\hat{\mathbf{y}} + uA_z\hat{\mathbf{z}}$$

$$\frac{\partial \mathbf{A}}{\partial x} = \frac{\partial A_x}{\partial x}\hat{\mathbf{x}} + \frac{\partial A_y}{\partial y}\hat{\mathbf{y}} + \frac{\partial A_z}{\partial z}\hat{\mathbf{z}}$$

$$\mathbf{A} \cdot \mathbf{B} = A_xB_x + A_yB_y + A_zB_z$$

$$\mathbf{A} \times \mathbf{B} = (A_yB_z - A_zB_y)\hat{\mathbf{x}} + (A_zB_x - A_xB_z)\hat{\mathbf{y}} + (A_xB_y - A_yB_x)\hat{\mathbf{z}}$$

$$\nabla u = \frac{\partial u}{\partial x}\hat{\mathbf{x}} + \frac{\partial u}{\partial y}\hat{\mathbf{y}} + \frac{\partial u}{\partial z}\hat{\mathbf{z}}$$

$$\nabla \cdot \mathbf{A} = \frac{\partial A_x}{\partial x} + \frac{\partial A_y}{\partial y} + \frac{\partial A_z}{\partial z}$$

$$\nabla \times \mathbf{A} = \left[\frac{\partial A_z}{\partial y} - \frac{\partial A_y}{\partial z}\right]\hat{\mathbf{x}} + \left[\frac{\partial A_x}{\partial z} - \frac{\partial A_z}{\partial x}\right]\hat{\mathbf{y}} + \left[\frac{\partial A_y}{\partial x} - \frac{\partial A_x}{\partial y}\right]\hat{\mathbf{z}}$$

$$\nabla^2 u = \frac{\partial^2 u}{\partial x^2} + \frac{\partial^2 u}{\partial y^2} + \frac{\partial^2 u}{\partial z^2}$$

$$\nabla^2 \mathbf{A} = \frac{\partial^2 \mathbf{A}}{\partial x^2} + \frac{\partial^2 \mathbf{A}}{\partial y^2} + \frac{\partial^2 \mathbf{A}}{\partial z^2}$$

$$(\mathbf{A} \cdot \nabla)\mathbf{B} = A_x\frac{\partial \mathbf{B}}{\partial x} + A_y\frac{\partial \mathbf{B}}{\partial y} + A_z\frac{\partial \mathbf{B}}{\partial z}$$